Análise Quantitativa para Administração

R397a Render, Barry
        Análise quantitativa para administração / Barry Render, Ralph Stair, Michael E. Hanna ; tradução Lori Viali. – 10. ed. – Porto Alegre : Bookman, 2010.
        776 p. ; 28 cm.

        ISBN 978-85-7780-632-4

        1. Administração – Análise quantitativa. 2. Análise de dados. I. Stair, Ralph. II. Hanna, Michael E. III. Título.

CDU 658

Catalogação na publicação: Renata de Souza Borges CRB-10/1922

Barry Render
*Graduate School of Business,
Rollins College*

Ralph M. Stair Jr.
Florida State University

Michael E. Hanna
*University of Houston –
Clear Lake*

Análise Quantitativa para Administração

Décima Edição

Tradução:
Lori Viali, Dr.
Prof. Titular da Faculdade de Matemática da PUCRS
Prof. Adjunto do Instituto de Matemática da UFRGS

2010

Obra originalmente publicada sob o título *Quantitative Analysis for Management 10th. ed.*
ISBN 978-0-13-603625-8

Authorized translation from the English language edition, entitled QUANTITATIVE ANALYSIS FOR MANAGEMENT, 10th Edition by RENDER, BARRY M; STAIR, RALPH M; HANNA, MICHAEL E, published by Pearson Education, Inc., publishing as Prentice Hall, Copyright © 2009. All rights reserved. No part of this book may be reproduced or transmitted in any form or by any means, electronic or mechanical, including photocopying, recording or by any information storage retrieval system, without permission from Pearson Education, Inc.

Portuguese language edition published by Bookman Companhia Editora Ltda, a Division of Artmed Editora SA, Copyright © 2010

Tradução autorizada a partir do original em língua inglesa da obra intitulada QUANTITATIVE ANALYSIS FOR MANAGEMENT, 10ª Edição por RENDER, BARRY M; STAIR, RALPH M; HANNA, MICHAEL E, publicado por Pearson Education, Inc., sob o selo de Prentice Hall, Copyright © 2009. Todos os direitos reservados. Este livro não poderá ser reproduzido nem em parte nem na íntegra, nem ter partes ou sua íntegra armazenado em qualquer meio, seja mecânico ou eletrônico, inclusive fotoreprografação, sem permissão da Pearson Education, Inc.

A edição em língua portuguesa desta obra é publicada por Bookman Companhia Editora Ltda, uma divisão da Artmed Editora SA, Copyright © 2010

Capa: *Rogério Grilho, arte sobre capa original*

Preparação de original: *Gabriela Seger de Camargo*

Editora Sênior: *Arysinha Jacques Affonso*

Editora Pleno: *Denise Weber Nowaczyk*

Projeto e editoração: *Techbooks*

Reservados todos os direitos de publicação, em língua portuguesa, à
ARTMED® EDITORA S.A.
(BOOKMAN® COMPANHIA EDITORA é uma divisão da ARTMED® EDITORA S. A.)
Av. Jerônimo de Ornelas, 670 – Santana
90040-340 – Porto Alegre – RS
Fone: (51) 3027-7000   Fax: (51) 3027-7070

É proibida a duplicação ou reprodução deste volume, no todo ou em parte, sob quaisquer formas ou por quaisquer meios (eletrônico, mecânico, gravação, fotocópia, distribuição na Web e outros), sem permissão expressa da Editora.

Unidade São Paulo
Av. Embaixador Macedo de Soares, 10735 – Galpão 5 – Vila Anastacio
05035-000 – São Paulo – SP
Fone: (11) 3665-1100   Fax: (11) 3667-1333

SAC 0800 703-3444

IMPRESSO NO BRASIL
PRINTED IN BRAZIL

Sobre os Autores

Barry Render é Ilustre Professor Charles Harwood de Ciência da Administração da Faculdade de Administração Roy E. Crummer em Winter Park, Flórida. Fez seu Mestrado em Pesquisa Operacional e seu Doutorado em Análise Quantitativa na Universidade de Cincinnati. Lecionou na Universidade George Washington, na Universidade de New Orleans, Universidade de Boston e na Universidade George Mason, onde era responsável pela cátedra da Fundação GM das Ciências de Decisão e era chefe do Departamento da Ciência da Decisão. Dr. Render também trabalhou na indústria aeroespacial para a General Electric, para a McDonnell Douglas e para a NASA.

Dr. Render coescreveu dez livros publicados pela Prentice Hall, incluindo *Managerial Decision Modeling with Spreadsheets, Operations Management, Principles of Operations Management, Service Management, Introduction to Management Science* e *Cases and Readings in Management Science*. Mais de 100 artigos, em uma variedade de tópicos da administração, foram publicados na *Decision Sciences, Production and Operation Management, Interfaces, Information and Management, Journal of Management Information Systems, Socio-Economic Planning Sciences* e *Operations Management Review*, entre outros.

Dr. Render foi homenageado com o AACSB Fellow e foi nomeado Senior Fulbright Scholar em 1982 e 1993. Duas vezes vice-presidente do Instituto da Ciência da Decisão da região Sudeste, serviu como Editor de Revisão de Software para a *Decision Line* de 1989 a 1995. Trabalhou como editor das edições especiais do Gerenciamento de Operações do *New York Times* de 1996 a 2001. Também tem se envolvido ativamente em consultorias para agências do governo e muitas corporações, incluindo a NASA, o FBI, a Marinha dos Estados Unidos, o condado de Fairfax (Virgínia) e a Companhia Telefônica C&P.

Ele leciona Gerenciamento de Operações no MBA da Faculdade Rollins e em programas de MBA Executivos. Em 1995, foi escolhido Professor do Ano e em 1996 foi apontado pela Universidade de Roosevelt para receber o Prêmio St. Claire Drake por notável conhecimento. Em 2005, os estudantes escolheram o curso do Dr. Render como o melhor curso da Faculdade de Administração da Rollins College.

Ralph Stair é Professor Emérito da Universidade Estadual da Flórida. Ele tem graduação em Engenharia Química pela Universidade de Purdue e um MBA pela Universidade Tulane. É PhD em Gerenciamento de Operações pela Universidade do Oregon sob a orientação de Ken Ramsing e Alan Eliason. Lecionou nas Universidades do Oregon, de Washington, de New Orleans e na Estadual da Flórida.

Ralph lecionou duas vezes no Programa de Estudos no Estrangeiro da Universidade Estadual da Flórida em Londres. No decurso dos anos, suas aulas tem se concentrado na área de sistemas de informação, pesquisa de operações e gerenciamento de operações.

Dr. Stair é membro de muitas organizações acadêmicas, incluindo o Instituto de Ciências da Decisão e INFORMS, e participa regularmente de encontros nacionais. Ele publicou muitos artigos e livros, dentre eles: *Managerial Decision Modeling with Spreadsheets, Introduction to Management Science, Cases and Readings in Management Science, Production and*

Operations Management: A Self-Correction Approach, Fundamentals of Information Systems, Principles of Information Systems, Introduction to Information Systems, Computers in Today's World, Principles of Data Processing, Learning to Live with Computers, Programming in BASIC, Essentials of BASIC Programming, Essentials of FORTRAN Programming e *Essentials of COBOL Programming*. Dr. Stair divide seu tempo entre a Flórida e o Colorado. Ele gosta de esquiar, andar de bicicleta, de caiaque e outras atividades ao ar livre.

Michael E. Hanna é Professor de Ciências da Decisão da Universidade de Houston em Clear Lake (UHCL). Ele tem graduação em Economia, mestrado em Matemática e doutorado (PhD) em Pesquisa de Operações pela Texas Tech. Leciona há mais de 25 anos em cursos de estatística, ciência da administração, previsão e outros métodos quantitativos. Sua dedicação ao magistério foi reconhecida com o prêmio da Beta Alpha Psi em 1995 e o Prêmio de Educador de Destaque em 2006 do *Southwest Decision Sciences Institute* (SWDSI).

Dr. Hanna escreveu livros sobre a ciência do gerenciamento e métodos quantitativos, publicou muitos artigos profissionais e prestou serviços no Quadro de Conselheiro Editorial da *Computers and Operations Research*. Em 1996, a associação Beta Gamma Sigma da UHCL deu a ele o Prêmio de Educador de Destaque.

Dr. Hanna é muito ativo no Instituto das Ciências da Decisão, tendo trabalhado no Comitê de Educação Inovadora, Comitê Regional de Assessoria e Comitê de Premiações. Ele serviu dois mandatos no quadro dos diretores do Instituto das Ciências da Decisão (ICD) e foi regionalmente eleito vice-presidente do ICD. No SWDSI, ele ocupou vários cargos, incluindo o de Presidente, e recebeu o Prêmio por Serviços Ilustres em 1997. Pelo total de serviços prestados à profissão e à Universidade, recebeu o Prêmio do Presidente por Serviços Ilustres em 2001.

Para minha esposa e filhos – BR

Para Lila e Leslie – RMS

Para Susan, Mickey e Katie – MEH

Prefácio

SÍNTESE

Análise Quantitativa para a Administração é um dos livros mais adotados no campo da análise quantitativa e ciência da administração. Graças aos comentários e às sugestões de inúmeros usuários e revisores, estamos continuamente aprimorando este livro e acreditamos que a 10ª edição está melhor do que nunca.

Ainda enfatizamos a construção de modelos e aplicações computacionais para ajudar os estudantes a entender como as técnicas apresentadas neste livro são utilizadas na administração hoje. Em cada capítulo, problemas são apresentados, motivando a aprendizagem das técnicas que podem ser usadas para lidar com eles. Em seguida, os modelos matemáticos, com todas as suposições necessárias, são mostrados de uma maneira clara e concisa. As técnicas são aplicadas aos exemplos com todos os detalhes fornecidos. Acreditamos que esse método de apresentação é muito eficaz e que os alunos aprovam essa abordagem. Se os cálculos matemáticos para uma técnica são muito detalhados (como os do algoritmo simplex), os detalhes matemáticos são explicados de tal maneira que o professor pode, facilmente, omitir essas seções sem interromper o fluxo do material. O uso de software permite ao professor focar os problemas de administração e gastar menos tempo nos detalhes matemáticos dos algoritmos. Saídas de computador são fornecidas para muitos exemplos.

O único pré-requisito para este livro é o conhecimento de álgebra. Um capítulo sobre probabilidade e outro sobre análise de regressão fornecem cobertura introdutória para esses tópicos. Usamos notações padrão, terminologia e equações ao longo do texto e elas são cuidadosamente explicadas.

CARACTERÍSTICAS ESPECIAIS

Diversas características se tornaram muito populares nas edições anteriores deste livro e elas foram atualizadas e expandidas nesta edição. Elas incluem:

- Quadros de *Modelagem no Mundo Real* demonstram as aplicações da abordagem quantitativa para cada técnica discutida no livro. Novos quadros foram acrescentados.
- Quadros de *Procedimentos* resumem as técnicas quantitativas mais complexas, apresentado-as como uma série de etapas compreensíveis.
- *Notas de Margem* destacam tópicos importantes do texto.
- Quadros de *História* fornecem informações interessantes relacionadas ao desenvolvimento das técnicas e das pessoas que as desenvolveram.
- Quadros da *AQ em ação* resumem artigos publicados que ilustram como empresas reais tem usado a análise quantitativa (AQ) para solucionar problemas. Vários quadros de AQ foram acrescentados.
- *Problemas resolvidos*, incluídos no final de cada capítulo, servem de modelo para os alunos na solução dos seus próprios problemas de tarefa de casa.

- *Questões para discussão* são apresentadas no final de cada capítulo para testar a compreensão dos alunos dos conceitos vistos e definições fornecidas no capítulo.
- *Problemas*, incluídos em cada capítulo, são aplicações orientadas e testam as habilidades dos alunos para solucionar problemas similares aos do exame. Eles são classificados por nível de dificuldade: introdutória (um marcador), moderado (dois marcadores) e desafiador (três marcadores). Mais de 30 novos problemas foram adicionados.
- *Problemas extras na Internet* fornecem problemas adicionais (em inglês) para os estudantes. Eles estão disponíveis no site www.bookman.com.br.
- *Autotestes* permitem aos estudantes testar seus conhecimentos de termos e conceitos importantes na preparação para provas e exames.
- *Estudo de Casos*, ao final de cada capítulo, fornecem aplicações gerenciais desafiadoras.
- *Glossários*, ao final de cada capítulo, definem termos importantes.
- *Equações-chave*, fornecidas no final de cada capítulo, listam as equações apresentadas naquele capítulo.
- *Bibliografias* do final de capítulo apresentam uma seleção atual dos mais avançados livros e artigos.
- O *software POM-QM para Windows* usa toda a capacidade do Windows para solucionar problemas de análise quantitativa.
- *Excel QM*, para o Excel 2003 e Excel 2007, é usado para resolver problemas por todo o livro.
- Arquivos de dados de planilhas Excel e POM-QM para todos os exemplos do livro estão disponíveis para os estudantes baixarem no site da Bookman Editora. Os professores podem baixar arquivos adicionais contendo soluções computacionais aos problemas relevantes de final de capítulo na exclusiva Área do Professor.
- *Módulos no CD* (em português) fornecem material adicional dos tópicos de análise quantitativa.

MUDANÇAS SIGNIFICATIVAS DA 10ª EDIÇÃO

Excel 2003 e 2007 Com introdução ao pacote Office 2007. A interface gráfica do Excel apresenta algumas mudanças importantes na versão 2007. A instalação e o acesso aos suplementos mudaram completamente. Incluímos instruções e recortes de telas tanto para o Excel 2003 quanto para o 2007 de modo que professores e alunos possam utilizar as duas versões.

POM-QM para Windows versão 3 Está incluído no CD que acompanha este livro.

Modelo de estoque de período único Uma seção sobre modelos de estoque de período único foi adicionada ao Capítulo 6. Ela representa uma abordagem de análise marginal ou de incremento para minimizar o custo do estoque quando um único período de tempo está envolvido.

Distribuição F O Capítulo 2 de probabilidade foi revisado para incluir a distribuição F, além da distribuição binomial, distribuição normal e outras que já haviam sido incluídas.

Teste de significância para a regressão A seção sobre testes de significância no Capítulo 4 foi bastante expandida. O uso da distribuição F (com uma tabela no apêndice) permite aos professores tratar esse tópico de forma mais completa ao ensinar a análise de regressão.

Notação revisada Os professores podem observar uma mudança na notação nos eventos complementares nos Capítulos 2 e 3 e uma mudança na notação usada para prever uma série temporal no Capítulo 5.

Exemplos atualizados O livro *Análise Quantitativa para Administração* tem sido usado por professores de todo o mundo por mais de 25 anos. Para refletir a inflação nos custos durante esses anos, os exemplos da 10ª edição foram atualizados.

MÓDULOS DO CD

Para tornar o livro eficiente, seis tópicos foram disponibilizados (em português) como módulos no CD que acompanha o livro.

- Processos analíticos hierárquicos
- Programação dinâmica
- Teoria da decisão e a distribuição normal
- Teoria dos jogos
- Ferramentas matemáticas: determinantes e matrizes
- Otimização baseada no cálculo

SOFTWARE

Excel 2003 e 2007 Para os estudantes já familiarizados com o Excel, instruções e recortes de tela são fornecidos para enfatizar funções e ferramentas diretamente relacionadas à análise quantitativa. Instruções para o Excel 2003 e 2007 estão incluídas. Os apêndices fornecem instruções sucintas e exemplos em vários capítulos.

Excel QM O Excel QM é um suplemento que torna o uso do Excel ainda mais fácil. Ele é usado para resolver muitos dos problemas e exemplos do livro. O uso do Excel QM está presente na maioria dos capítulos.

POM-QM para Windows versão 3 O software usado na 9ª edição, QM para Windows versão 2, desenvolvido pelo Professor Howard Weiss, há muito tem sido o pacote de software preferido para técnicas quantitativas. Esse software agora foi combinado com o POM para Windows a fim de fornecer um pacote abrangente que pode ser usado em cursos de métodos quantitativos assim como gerenciamento operacional. Alguns dos módulos QM foram expandidos e melhorados e o resultado é um pacote de software que os estudantes acharão extremamente útil e fácil de usar. Ele é operado pelo menu, assim, é bastante amigável ao usuário. A versão completa desse software (em inglês) está no CD que acompanha o livro.

MATERIAL NA INTERNET PARA O ALUNO

Problemas extras e Estudos de caso extras fornecem mais oportunidades para os estudantes praticarem as técnicas que aprenderam. Entre no site da Bookman (www.bookman.com.br), procure por este livro e acesse os materiais extras (em inglês).

ÁREA DO PROFESSOR

Na exclusiva Área do Professor em www.bookman.com.br, os professores podem acessar os seguintes materiais (em inglês): banco de testes, apresentações em PowerPoint, Manual de Soluções e dados para o Excel e POM-QM para Windows para todos os exemplos relevantes e problemas de final de capítulo.

AGRADECIMENTOS

Agradecemos aos usuários/leitores das edições anteriores e aos revisores que nos forneceram valiosas sugestões e ideias para esta edição. Seu retorno é imprescindível para nosso contínuo aprimoramento. O sucesso de *Análise Quantitativa para Administração* é resultado direto do retorno dos estudantes e professores, que é realmente bem-vindo.

Os autores são gratos a muitas pessoas que deram contribuições importantes a este livro. Agradecimentos especiais aos Professores F. Bruce Simmons III, Khala Chand Seal, Victor E. Sower, Michael Ballot, Curtis P. McLaughlin e Zbigniew H. Przanyski por suas contribuições aos excelentes casos incluídos nesta edição.

Agradecemos a Howard Weiss por fornecer o Excel QM e POM-QM para o Windows, dois dos melhores pacotes no campo dos métodos quantitativos. Gostaríamos também de agradecer aos revisores que nos ajudaram a tornar este livro um dos mais usados no campo de análise quantitativa:

Stephen Achtenhagen, *Universidade de San Jose*
M. Jill Austin, *Universidade Estadual do Médio Tennessee*
Raju Balakrishnan, *Universidade Clemson*
Hooshang Beheshti, *Universidade Radford*
Bruce K. Blaylock, *Universidade Radford*
Rodney L. Carlson, *Universidade Tecnológica do Tennessee*
Edward Chu, *Universidade Estadual da California, Dominguez Hills*
John Cozzolino, *Universidade Pace-Pleasantville*
Shad Dowlatshahi, *Universidade de Wisconsin, Platteville*
Ike Ehie, Southeast *Universidade Estadual do Missouri*
Ephrem Eyob, *Universidade Estadual da Virginia*
Wade Ferguson, *Universidade do Oeste do Kentucky*
Robert Fiore, *Faculdade Springfield*
Frank G. Forst, *Universidade Loyola de Chicago*
Ed Gillenwater, *Universidade do Mississippi*
Stephen H. Goodman, *Universidade do Centro Florida*
Irwin Greenberg, *Universidade George Mason*
Nicholas G. Hall, *Universidade Estadual de Ohio*
Robert R. Hill, *Universidade de Houston–Clear Lake*
Gordon Jacox, *Universidade Estadual de Weber*
Bharat Jain, *Universidade Estadual de Towson*
Vassilios Karavas, *Universidade de Massachusetts-Amherst*
Darlene R. Lanier, *Universidade Estadual de Louisiana*
Jooh Lee, *Faculdade Rowan*
Richard D. Legault, *Universidade de Massachusetts-Dartmouth*
Douglas Lonnstrom, *Faculdade Siena*
Daniel McNamara, *Universidade de St. Thomas*
Robert C. Meyers, *Universidade da Louisiana*
Peter Miller, *Universidade de Windsor*
Ralph Miller, *Universidade Estadual Politécnica da California*
Shahriar Mostashari, *Universidade Campbell*
David Murphy, *Faculdade de Boston*
Robert Myers, *Universidade da Louisville*
Barin Nag, *Universidade Estadual de Towson*
Harvey Nye, *Universidade Estadual Central*
Alan D. Olinsky, *Faculdade Bryant*
Savas Ozatalay, *Universidade Widener*
Young Park, California *Universidade da Pennsylvania*
Cy Peebles, *Universidade do Leste de Kentucky*
Dane K. Peterson, *Universidade Estadual do Sudeste do Missouri*
Ranga Ramasesh, *Universidade Cristã do Texas*
William Rife, *Universidade do Oeste de Virgínia*
Bonnie Robeson, *Universidade Johns Hopkins*
Grover Rodich, *Universidade Estadual de Portland*
L. Wayne Shell, *Universidade Estadual de Nicholls*
Richard Slovacek, *Faculdade do Norte Central*
John Swearingen, *Faculdade Bryant College*
F. S. Tanaka, *Universidade Estadual de Slippery Rock*
Jack Taylor, *Universidade Estadual de Portland*
Madeline Thimmes, *Universidade Estadual de Utah*
M. Keith Thomas, *Faculdade Olivet*
Andrew Tiger, *Universidade Estadual do Sudoeste de Oklahoma*
Chris Vertullo, *Faculdade Marist*
James Vigen, *Universidade Estadual da California, Bakersfield*
William Webster, *A Universidade do Texas em San Antonio*
Larry Weinstein, *Universidade do Leste de Kentucky*

Somos muito gratos a todos da Prentice Hall que trabalharam muito para tornar este livro um sucesso. Entre eles, Mark Pfaltzgraff, nosso editor executivo, Judy Leale, editora chefe, Susie Abraham, editora assistente e Kelly Loftus, editora assistente. Agradecemos também a Heidi Allgair, editora de produção sênior da GGS Book Services para o nosso livro. Apreciamos muito o trabalho de Vijay Gupta na correção dos erros do livro e do Manual de Soluções. Obrigado a todos!

Barry Render
brender@rollins.edu

Ralph Stair

Michael Hanna
hanna@uhcl.edu

Sumário Resumido

Capítulo 1	Introdução à Análise Quantitativa	25
Capítulo 2	Probabilidade: Conceitos e Aplicações	47
Capítulo 3	Análise de Decisão	93
Capítulo 4	Modelos de Regressão	141
Capítulo 5	Previsão	181
Capítulo 6	Modelos de Controle de Estoque	223
Capítulo 7	Modelos de Programação Linear: Métodos Gráficos e Computacionais	279
Capítulo 8	Aplicações de Modelagem com Programação Linear em Excel e QM para Windows	337
Capítulo 9	Programação Linear: O Método Simplex	377
Capítulo 10	Modelos de Transporte e Atribuição	435
Capítulo 11	Programação Inteira, Programação por Objetivo e Programação não Linear	495
Capítulo 12	Modelos de Redes	541
Capítulo 13	Gestão de Projetos	569
Capítulo 14	Filas e Modelos de Teoria das Filas	611
Capítulo 15	Modelagem por Simulação	651
Capítulo 16	Análise de Markov	695
Capítulo 17	Controle Estatístico de Qualidade	725

Apêndices 745

Índice 769

MÓDULOS do CD (em português)

Módulo 1	Processos Analíticos Hierárquicos	M1-1
Módulo 2	Programação Dinâmica	M2-1
Módulo 3	Teoria da Decisão e a Distribuição Normal	M3-1
Módulo 4	Teoria dos Jogos	M4-1
Módulo 5	Ferramentas Matemáticas: Determinantes e Matrizes	M5-1
Módulo 6	Otimização Baseada no Cálculo	M6-1

Sumário

Capítulo 1 **Introdução à Análise Quantitativa** 25

1.1 Introdução 26
1.2 O Que é a Análise Quantitativa? 26
1.3 A Abordagem Quantitativa 27
  Definindo o problema 27
  Desenvolvendo um modelo 27
  Obtendo dados de entrada 28
  Desenvolvendo uma solução 29
  Testando a solução 29
  Analisando os resultados e a análise de sensibilidade 29
  Implementando os resultados 31
  A abordagem quantitativa e a modelagem no mundo real 31
1.4 Como Desenvolver um Modelo da Análise Quantitativa 31
  As vantagens da modelagem matemática 33
  Modelos matemáticos categorizados por risco 33
1.5 O Papel dos Computadores e das Planilhas na Abordagem Quantitativa 33
1.6 Possíveis Problemas na Abordagem Quantitativa 36
  Definindo o problema 36
  Desenvolvendo um modelo 38
  Obtendo dados de entrada 39
  Desenvolvendo uma solução 39
  Testando a solução 40
  Analisando os resultados 40
1.7 Implementação – Não Apenas a Etapa Final 41
  Falta de comprometimento e resistência à mudança 41
  Falta de comprometimento dos analistas quantitativos 41

Resumo 42 Glossário 42 Equações-chave 42 Questões para discussão e problemas 43 Estudo de caso: Comida e bebida nos jogos de futebol na Southwestern 44 Bibliografia 45

Capítulo 2 **Probabilidade: Conceitos e Aplicações** 47

2.1 Introdução 48
2.2 Conceitos Básicos 48
  Tipos de probabilidade 49
2.3 Eventos Mutuamente Exclusivos e Coletivamente Exaustivos 50
  Adicionando eventos mutuamente exclusivos 52
  Regra da adição para eventos não mutuamente exclusivos 52
2.4 Eventos Independentes 53
2.5 Eventos Dependentes 54
2.6 Revisando Probabilidades com o Teorema de Bayes 56
  Forma geral do Teorema de Bayes 57
2.7 Revisões Adicionais de Probabilidade 58
2.8 Variáveis Aleatórias 60
2.9 Distribuições de Probabilidade 61
  Distribuições de probabilidade de uma variável aleatória discreta 61
  Valor esperado de uma distribuição de probabilidade discreta 62
  Variância de uma distribuição de probabilidade discreta 63
  Distribuição de probabilidade de uma variável aleatória contínua 64
2.10 A Distribuição Binomial 65
  Resolvendo problemas com a fórmula binomial 66
  Resolvendo problemas com tabelas binomiais 66
2.11 A Distribuição Normal 68
  Área sob a curva normal 69
  Utilizando a tabela da normal padrão 71
  Exemplo da Construtora Haynes 73
2.12 A Distribuição F 75
2.13 A Distribuição Exponencial 76
2.14 A Distribuição de Poisson 77

Resumo 78 Glossário 78 Equações-chave 79 Problemas resolvidos 80 Questões para discussão e problemas 84 Estudo de caso: A WTVX 89 Bibliografia 89

Apêndice 2.1: Derivação do Teorema de Bayes 89
Apêndice 2.2: Estatística Básica Utilizando o Excel 90

Capítulo 3	**Análise de Decisão 93**		4.5	Usando Software para a Regressão 148
3.1	Introdução 94		4.6	Suposições do Modelo de Regressão 150
3.2	As Seis Etapas na Tomada de Decisão 94			Estimando a variância 151
3.3	Tipos de Ambientes de Tomada de Decisão 95		4.7	Determinando a Significância do Modelo 152
3.4	Tomada de Decisão sob Incerteza 97			Exemplo da Construtora Triple A 154 A tabela da análise da variância (ANOVA) 155
	Maximax 97 Maximin 97 Critério realista (*Hurwicz criterion*) 98 Igualmente provável (Laplace) 99 Arrependimento minimax 99			Exemplo da ANOVA da Construtora Triple A 155
3.5	Tomada de Decisão sob Risco 100		4.8	Análise da Regressão Múltipla 155
	Valor monetário esperado 101 Valor esperado da informação perfeita 102 Oportunidade esperada perdida 103 Análise de sensibilidade 103 Usando Excel QM para solucionar problemas da teoria da decisão 105			Avaliando o modelo de regressão múltipla 157 Exemplo da Administradora de Imóveis Jenny Wilson 157
			4.9	Variáveis Binárias ou Auxiliares 158
			4.10	Construção do Modelo 159
			4.11	Regressão Não Linear 160
3.6	Árvores de Decisão 105 Análise de sensibilidade 111		4.12	Cuidados e Armadilhas na Análise de Regressão 163
3.7	Como Valores de Probabilidade são Estimados pela Análise Bayesiana 112			*Resumo 164 Glossário 164 Equações-chave 164 Problemas resolvidos 165 Questões para discussão e problemas 168 Estudo de caso: Linhas aéreas North–South 172 Bibliografia 173*
	Calculando as probabilidades revisadas 112 Problema potencial usando resultados da pesquisa 114			
			Apêndice 4.1:	Fórmulas para Cálculos de Regressão 173
3.8	Teoria da Utilidade 115 Mensurando a utilidade e construindo uma curva da utilidade 115 Utilidade como um critério de tomada da decisão 118		Apêndice 4.2:	Modelos de Regressão Usando o QM para Windows 174
			Apêndice 4.3:	Acessando Análise de Regressão no Excel 2007 176
	Resumo 121 Glossário 121 Equações-chave 122 Problemas resolvidos 123 Questões para discussão e problemas 128 Estudo de caso: Corporação Starting Right 135 Estudo de caso: Eletrônica Blake 136 Bibliografia 138		Capítulo 5	**Previsão 181**
			5.1	Introdução 182
			5.2	Tipos de Previsão 182 Modelos de séries temporais 182 Modelos causais 183 Modelos qualitativos 183
Apêndice 3.1:	Modelos de Decisão com QM para Windows 138			
			5.3	Diagramas de Dispersão e Séries Temporais 184
Apêndice 3.2:	Árvores de Decisão com QM para Windows 139		5.4	Medidas da Acurácia da Previsão 186
Apêndice 3.3:	Usando o Excel para o Teorema de Bayes 139		5.5	Modelos de Previsão de Séries Temporais 187
Capítulo 4	**Modelos de Regressão 141**			Decomposição de uma série temporal 188 Médias móveis 189 Alisamento exponencial 192 Projeção da tendência 196 Variações sazonais 199 Variações sazonais com tendência 201 O método de previsão da decomposição com tendência e componente sazonal 203 Utilizando a regressão com tendência e os componentes sazonais 205
4.1	Introdução 142			
4.2	Diagrama de Dispersão 142			
4.3	Regressão Linear Simples 143			
4.4	Medindo o Ajuste do Modelo de Regressão 145 Coeficiente de determinação 147 Coeficiente de correlação 147			

5.6 Monitorando e Controlando Previsões 208
   Alisamento adaptativo 209

5.7 Utilizando o Computador para Prever 210

Resumo 211 Glossário 211 Equações-chave 212 Problemas resolvidos 212 Questões para discussão e problemas 215 Estudo de caso: Prevendo o público dos jogos de futebol da SWU 218 Bibliografia 219

Apêndice 5.1: Prevendo com o QM para Windows 219

Capítulo 6 Modelos de Controle de Estoque 223

6.1 Introdução 224

6.2 A Importância do Controle do Estoque 225
   Função de separação 225
   Armazenar recursos 225
   Fornecimento irregular e demanda 225
   Descontos por quantidade 225
   Evitando a falta e o déficit de estoques 226

6.3 Decisões de Estoque 226

6.4 O Lote Econômico: Determinando Quanto Comprar 227
   Custos do estoque na situação do LE 229
   Encontrando o LE 230
   Exemplo da empresa de reservatórios para bombas Sumco 231
   Custo da compra de itens do estoque 232
   Análise de sensibilidade do modelo LE 233

6.5 Ponto de Renovar o Pedido: Determinar Quando Pedir 234

6.6 O LE sem a Suposição do Recebimento Instantâneo 235
   Custo anual do manuseio para o modelo de execução da produção 236
   Custo anual de preparação ou custo anual do pedido 236
   Determinando a quantidade ótima a ser produzida 237
   Exemplo da Fábrica Brown 237

6.7 Modelos de Desconto por Quantidade 240
   Exemplo da loja de departamentos Brass 241

6.8 Uso do Estoque de Segurança 243
   PRP com custos conhecidos da falta de estoque 245
   Estoque de segurança com custos desconhecidos de falta de estoque 248

6.9 Modelos de Estoque de Período Único 250
   Análise marginal com distribuições discretas 251
   Exemplo do Café du Donut 252
   Análise marginal com a distribuição normal 253
   Exemplo do jornal 253

6.10 Análise ABC 254

6.11 Demanda Dependente: O Caso do Planejamento das Necessidades de Material 256
   Árvore da estrutura do material 256
   Plano das necessidades de material bruto e acabado 257
   Dois ou mais produtos finais 260

6.12 Controle de Estoque Just-in-Time (JIT) 261

6.13 Planejamento de Recursos Empresariais 263

Resumo 263 Glossário 264 Equações-chave 264 Problemas resolvidos 265 Questões para discussão e problemas 268 Estudo de caso: Empresa de bicicletas Martin-Pullin 275 Bibliografia 276

Apêndice 6.1: Controle de Estoque com QM para Windows 276

Capítulo 7 Modelos de Programação Linear: Métodos Gráficos e Computacionais 279

7.1 Introdução 280

7.2 Requerimentos de um Problema de Programação Linear 280
   Hipóteses básicas da PL 281

7.3 Formulando Problemas de PL 282
   Empresa de móveis Flair 282

7.4 Solução Gráfica para um Problema de PL 284
   Representação gráfica das restrições 284
   Método de solução da linha do mesmo lucro 289
   Método da solução pelo vértice 292

7.5 Solucionando o Problema de PL da Empresa de Móveis Flair Usando QM para Windows e o Excel 294
   Usando o QM para Windows 294
   Usando o procedimento Solver do Excel para solucionar problemas de PL 295

7.6 Solucionando Problemas de Minimização 300
   Fazenda de perus Holiday Meal 300

7.7 Quatro Casos Especiais em PL 303
   Solução não viável 303
   Não finito 305

Redundância 306
Soluções ótimas alternativas 306

7.8 Análise de Sensibilidade 308
Empresa de som High Note 308
Mudanças no coeficiente da função
    objetivo 309
QM para Windows e mudanças nos
    coeficientes da função objetivo 310
O Solver e as mudanças nos coeficientes da
    função objetivo 311
Mudanças nos coeficientes
    tecnológicos 312
Mudanças nos recursos ou valores do lado
    direito 313
QM para Windows e mudanças dos valores
    do lado direito 314
O Solver do Excel e mudanças nos valores
    do lado direito 314

*Resumo 316 Glossário 316 Problemas
resolvidos 317 Questões para discussão e
problemas 322 Estudo de caso: Mexicana
Wire Works 331 Bibliografia 332*

Apêndice 7.1: Instalando o Suplemento Solver no
Excel 2007 333

CAPÍTULO 8 Aplicações de Modelagem com Programação Linear em Excel e QM para Windows 337

8.1 Introdução 338
8.2 Aplicações em Marketing 338
Seleção de mídias 338
Pesquisa de marketing 340
8.3 Aplicações na Manufatura 342
Mix de produção 342
Cronograma de produção 343
8.4 Aplicações na Programação dos
Colaboradores 347
Problemas de atribuição 347
Planejamento de atividades 349
8.5 Aplicações Financeiras 351
Seleção de portfólio 351
8.6 Aplicações de Transporte 352
Problema de transporte 352
O problema da carga do caminhão 355
8.7 Aplicações de Baldeação 357
Centros de distribuição 357
8.8 Aplicações de Mistura de
Ingredientes 359
O problema da dieta 359
Problemas da mistura e combinação de
    ingredientes 360

*Resumo 363 Problemas 364 Estudo de
caso: Enlatados Red Brand 372
Estudo de caso: Banco Chase Manhattan 374
Bibliografia 375*

CAPÍTULO 9 Programação Linear: O Método Simplex 377

9.1 Introdução 378
9.2 Como Configurar a Solução Simplex
Inicial 378
Convertendo as restrições em equações 379
Encontrando uma solução inicial
    algebricamente 379
Primeiro quadro simplex 380
9.3 Procedimentos da Solução
Simplex 384
9.4 O Segundo Quadro Simplex 385
Interpretando o segundo quadro 388
9.5 Desenvolvendo o Terceiro
Quadro 389
9.6 Revisão dos Procedimentos para a
Solução de Problemas de Maximização
de PL 392
9.7 Variáveis de Excesso e Artificiais 392
Variáveis de excesso 393
Variáveis artificiais 393
Variáveis de excesso e artificiais na função
    objetivo 394
9.8 Solucionando Problemas de
Minimização 394
Exemplo da empresa química Muddy
    River 394
Análise gráfica 395
Convertendo as restrições e a função
    objetivo 396
Regras do método simplex para problemas
    de minimização 397
Primeiro quadro simplex para o problema da
    empresa química Muddy River 397
Desenvolvendo o segundo quadro 399
Desenvolvendo o terceiro quadro 400
Quarta tabela para o problema da empresa
    química Muddy River 402
9.9 Revisão dos Procedimentos para
a Solução dos Problemas de
Minimização de PL 403
9.10 Casos Especiais 404
Não viabilidade 404
Soluções não limitadas 404
Degeneração 405
Mais de uma solução ótima 406
9.11 Análise de Sensibilidade com a Tabela
Simplex 406
A empresa High Note revisitada 406
Mudanças nos coeficientes da função
    objetivo 407
Mudanças nos recursos ou valores do lado
    extremo direito (RHS) 409
Análise de sensibilidade por
    computador 411

9.12 O DUAL 412
Procedimentos da formulação dual 414
Solucionando o dual do problema da empresa High Note 414

9.13 O Algoritmo Karmarkar 416
Resumo 416 *Glossário* 417 *Equações-chave* 417 *Problemas resolvidos* 418 *Questões para discussão e problemas* 425 *Bibliografia* 433

CAPÍTULO 10 Modelos de Transporte e Atribuição 435

10.1 Introdução 436
Modelo de transporte 436
Modelos de atribuição 436
Algoritmos de propósito especial 436

10.2 Estabelecendo o Problema de Transporte 437

10.3 Desenvolvendo uma Solução Inicial: Regra do Vértice Noroeste 438

10.4 O Método do Degrau (Stepping-Stone): Encontrando a Solução de Menor Custo 440
Testando a solução para possíveis melhorias 441
Obtendo uma melhoria na solução 444

10.5 O Método MODI 449
Como utilizar a abordagem MODI 449
Resolvendo o problema da empresa de móveis Executivo com o MODI 450

10.6 O Método de Aproximação de Vogel: Outra Forma de Encontrar uma Solução Inicial 452

10.7 Problemas de Transporte não Balanceados 455
Demanda menor do que a oferta 455
Demanda maior do que a oferta 456

10.8 Degeneração em Problemas de Transporte 457
Degeneração em uma solução inicial 457
Degeneração durante estágios posteriores da solução 458

10.9 Mais do Que uma Solução Ótima 459

10.10 Problemas de Transporte de Maximização 459

10.11 Rotas Inaceitáveis ou Proibidas 459

10.12 Análise de Localização de Instalações 460
Determinando a localização de uma nova fábrica para a Hardgrave 460

10.13 Abordagem do Modelo de Atribuição 463
O método húngaro (técnica de Flood) 464
Fazendo a atribuição final 468

10.14 Problemas de Atribuição Desbalanceados 470

10.15 Maximização de Problemas de Atribuição 470
Resumo 472 *Glossário* 472 *Equações-chave* 473 *Problemas resolvidos* 473 *Questões para discussão e problemas* 480 *Estudo de caso: Andrew-Carter, Inc.* 490 *Estudo de caso: Old Oregon Wood Store* 491 *Bibliografia* 492

Apêndice 10.1: Usando o QM para Windows 492

Apêndice 10.2: Comparação entre os Algoritmos Simplex e do Transporte 494

CAPÍTULO 11 Programação Inteira, Programação por Objetivo e Programação não Linear 495

11.1 Introdução 496

11.2 Programação Inteira 496
Método *branch and bound* 498
Companhia Elétrica Harrison revisitada 499
Usando software para resolver o problema de programação inteira da Harrison 502
Exemplo de problema de programação inteira mista 504

11.3 Modelando com Variáveis 0-1 (Binárias) 508
Exemplo do controle orçamentário de capital 508
Limitando o número de alternativas selecionadas 509
Seleções dependentes 509
Exemplo do problema da despesa fixa 509
Exemplo de investimento financeiro 511

11.4 Programação por Objetivos 512
Exemplo de programação por objetivos: Companhia Elétrica Harrison revisitada 514
Extensão a múltiplos objetivos igualmente importantes 515
Classificação dos objetivos por níveis de prioridade 516
Resolvendo problemas de programação por objetivo graficamente 517
Método simplex modificado para a programação por objetivo 520
Programação por objetivos com objetivos ponderados 522

11.5 Programação Não Linear 524
Função objetiva não linear e restrições lineares 524
Função objetiva não linear e restrições não lineares 526
Função objetiva com restrições não lineares 526
Procedimentos computacionais para a programação não linear 527

Resumo 528 Glossário 528 Problemas resolvidos 529 Questões para discussão e problemas 532 Estudo de caso: Schank Marketing Research 537 Estudo de caso: Ponte do rio Oakton 538 Estudo de caso: Shopping Center Puyallup 538 Bibliografia 539

Capítulo 12 Modelos de Redes 541

12.1 Introdução 542
12.2 Técnica da Árvore Geradora Mínima 542
12.3 Técnica do Fluxo Máximo 545
12.4 A Técnica da Rota Mais Curta 549

Resumo 553 Glossário 553 Problemas resolvidos 553 Questões para discussão e problemas 557 Estudo de caso: Bebidas Binder 563 Estudo de caso: Problemas de trânsito da Southwestern University 564 Bibliografia 565

Apêndice 12.1: Modelos de Rede com o QM para Windows 565

Capítulo 13 Gestão de Projetos 569

13.1 Introdução 570
13.2 PERT/CPM 570
Exemplo de PERT/CPM da General Foundry 571
Traçando a rede do PERT/CPM 572
Tempos de atividades 573
Como encontrar o caminho crítico 575
Probabilidade de finalização do projeto 580
O que o PERT foi capaz de fornecer 582
Análise da sensibilidade e gestão do projeto 582
13.3 PERT/Custo 583
Planejando e programando os custos do projeto: processo orçamentário 584
Monitorando e controlando os custos do projeto 587
13.4 Aceleração do Projeto 589
Exemplo da General Foundry 590
Aceleração do projeto com a programação linear 591
13.5 Outros Tópicos em Gestão de Projetos 594
Subprojetos 594
Marcos 595
Nivelamento do recurso 595
Software 595

Resumo 595 Glossário 596 Equações-chave 596 Problemas resolvidos 597 Questões para discussão e problemas 600 Estudo de caso: Construção do estádio da Universidade Southwestern 605 Estudo de caso: Centro de Pesquisa e Planejamento Familiar da Nigéria 606 Bibliografia 608

Apêndice 13.1: Gestão de Projeto com o QM para Windows 608

Capítulo 14 Filas e Modelos de Teoria das Filas 611

14.1 Introdução 612
14.2 Custos das Filas 612
Exemplo da companhia de transporte Three Rivers 613
14.3 Características de um Sistema de Filas 614
Características de chegada 614
Características das filas de espera 616
Características das instalações de serviços 616
Identificando modelos utilizando a notação de Kendall 618
14.4 Modelo de Filas de um Único Canal com Chegadas de Poisson e Tempos de Serviço Exponenciais ($M/M/1$) 620
Hipóteses do modelo 620
Equações do modelo $M/M/1$ 621
Caso da Oficina de Surdinas do Arnold 622
Melhorando o ambiente de filas 626
14.5 Modelo de Filas Multicanal com Chegadas de Poisson e Tempos de Serviço Exponenciais ($M/M/M$) 626
Equações para o modelo de filas multicanal 627
Oficina de Surdinas do Arnold Revisitada 628
14.6 Modelo com Tempo de Serviço Constante ($M/D/1$) 630
Equações do modelo de tempo de serviço constante 631
A Reciclagem Garcia-Golding 632
14.7 Modelo de População Finita ($M/M/1$ com Fonte Finita) 633
Equações para o modelo de população finita 633
Exemplo do departamento de comércio 634
14.8 Algumas Relações Gerais de Características Operacionais 636
14.9 Modelos de Filas Mais Complexos e o Uso da Simulação 636

Resumo 637 Glossário 637 Equações-chave 638 Problemas resolvidos 639 Questões para discussão e problemas 643 Estudo de caso: Fundição New England 647 Estudo de caso: Hotel Winter Park 648 Bibliografia 649

Apêndice 14.1: Usando o QM para Windows 649

Capítulo 15	**Modelagem por Simulação 651**		16.5	Análise de Markov de Operações de Máquinas 701
15.1	Introdução 652		16.6	Condições de Equilíbrio 702
15.2	Vantagens e Desvantagens da Simulação 653		16.7	Estados Absorventes e Matriz Fundamental: Aplicações de Contas a Receber 705
15.3	A Simulação Monte Carlo 654			

15.3 A Simulação Monte Carlo 654
Exemplo: Loja de pneus do Harry 655
Utilizando o QM para Windows para a simulação 660
Simulação com a planilha do Excel 661

15.4 Simulação e Análise de Estoques 663
Ferragem Simkin 663
Analisando os custos de estoque do Simkin 667

15.5 Simulação de um Problema de Fila 669
Porto de New Orleans 669
Utilizando o Excel para simular o problema da fila do porto de New Orleans 671

15.6 Modelos de Simulação com Incrementos de Tempo Fixo e do Próximo Evento 672

15.7 Modelo de Simulação para uma Política de Manutenção 672
Empresa de energia Three Hills 673
Análise de custo da simulação 677
Construindo um modelo de simulação no Excel para a companhia de energia Three Hills 678

15.8 Dois Outros Tipos de Modelos de Simulação 678
Jogos operacionais 678
Simulação de sistemas 680

15.9 Verificação e Validação 680

15.10 O Papel da Simulação Computacional 681

Resumo 682 Glossário 682 Problemas resolvidos 683 Questões para discussão e problemas 687 Estudo de caso: Alabama Airlines 692 Estudo de caso: Statewide Development Corporation 693 Bibliografia 694

Capítulo 16   Análise de Markov 695

16.1 Introdução 696

16.2 Estados e Probabilidades de Estado 696
O vetor das probabilidades de estado para o exemplo das três mercearias 697

16.3 Matriz das Probabilidades de Transição 699
Probabilidades de transição para as três mercearias 699

16.4 Prevendo a Participação de Mercado Futura 700

16.5 Análise de Markov de Operações de Máquinas 701

16.6 Condições de Equilíbrio 702

16.7 Estados Absorventes e Matriz Fundamental: Aplicações de Contas a Receber 705

Resumo 710 Glossário 710 Equações-chave 710 Problemas resolvidos 711 Questões para discussão e problemas 715 Estudo de caso: Rentall Trucks 719 Bibliografia 721

Apêndice 16.1: Análise de Markov com o QM para Windows 721

Apêndice 16.2: Análise de Markov com Excel 722

Capítulo 17   Controle Estatístico de Qualidade 725

17.1 Introdução 726

17.2 Definindo Qualidade e a Gestão da Qualidade Total (TQM) 726

17.3 Controle Estatístico do Processo (CEP) 727
Variabilidade no processo 727

17.4 Gráficos de Controle para Variáveis 729
O teorema central do limite 729
Estabelecendo os limites de gráfico de $\bar{x}$ 730
Determinando os limites do gráfico da amplitude 732

17.5 Gráficos de Controle para Atributos 734
Gráficos-p 734
Gráficos-c 737

Resumo 738 Glossário 738 Equações-chave 738 Problemas resolvidos 739 Questões para discussão e problemas 741 Bibliografia 744

Apêndice 17.1: Usando o QM para Windows para o CEP 744

Apêndices 745

Apêndice A: Áreas sob a Curva Normal Padrão 746

Apêndice B: Probabilidades Binomiais 748

Apêndice C: Valores de $e^{-\lambda}$ para Uso na Distribuição de Poisson 753

Apêndice D: Valores da Distribuição F 754

Apêndice E: Utilizando o Pom-QM para Windows 756

APÊNDICE F: **Usando o Excel QM   760**

APÊNDICE G: **Soluções dos Problemas Selecionados   761**

APÊNDICE H: **Soluções dos Autotestes   765**

ÍNDICE **769**

MÓDULOS DO CD (EM INGLÊS)

MÓDULO 1 **Processos Analíticos Hierárquicos   M1-1**

M1.1 Introdução   M1-2

M1.2 Processo de Avaliação Multifator   M1-2

M1.3 Processo Analítico Hierárquico   M1-3
A decisão de compra de um computador de Judy Grim   M1-4
Utilizando comparações aos pares   M1-5
Avaliações do hardware   M1-6
Determinando a razão de consistência   M1-7
Avaliações dos demais fatores   M1-8
Determinado o peso dos fatores   M1-9
Classificação global   M1-10
Usando o computador para resolver problemas de processos analíticos hierárquicos   M1-10

M1.4 Comparação entre a Avaliação Multifator e o Processo Analítico Hierárquico   M1-11

Resumo M1-11   Glossário M1-12   Equações-chave M1-12   Problemas resolvidos M1-12   Questões para discussão e problemas M1-14   Bibliografia M1-15

Apêndice M1.1: Utilizando o Excel para o Processo Analítico Hierárquico   M1-16

MÓDULO 2 **Programação Dinâmica   M2-1**

M2.1 Introdução   M2-2

M2.2 Resolução do Problema da Rota mais Curta por Programação Dinâmica   M2-2

M2.3 Terminologia da Programação Dinâmica   M2-6

M2.4 Notação da Programação Dinâmica   M2-8

M2.5 O Problema da Mochila   M2-9
Tipos de problemas da mochila   M2-9
Problema do serviço de transporte aéreo Roller   M2-9

Resumo M2-15   Glossário M2-15   Equações-chave M2-16   Problemas resolvidos M2-16   Questões para discussão e problemas M2-19   Estudo de caso: Caminhões United M2-22   Bibliografia M2-23

MÓDULO 3 **Teoria da Decisão e a Distribuição Normal   M3-1**

M3.1 Introdução   M3-2

M3.2 Análise do Ponto de Equilíbrio e a Distribuição Normal   M3-2
Decisão de um novo produto da Barclay Brothers   M3-2
Distribuição de probabilidade da demanda   M3-3
Usando o valor monetário esperado para tomar uma decisão   M3-5

M3.3 Valor Esperado da Informação Perfeita e a Distribuição Normal   M3-6
Função da oportunidade perdida   M3-6
Perda esperada da oportunidade   M3-6

Resumo M3-8   Glossário M3-8   Equações-chave M3-8   Problemas resolvidos M3-9   Questões para discussão e problemas M3-10   Bibliografia M3-12

Apêndice M3.1: Derivação do Ponto de Equilíbrio   M3-12

Apêndice M3.2: Integral da Perda Normal   M3-13

MÓDULO 4 **Teoria dos Jogos   M4-1**

M4.1 Introdução   M4-2

M4.2 Linguagem dos Jogos   M4-2

M4.3 O Critério Minimax   M4-3

M4.4 Jogos de Estratégia Pura   M4-4

M4.5 Jogos de Estratégia Mista   M4-4

M4.6 Dominância   M4-6

Resumo M4-7   Glossário M4-8   Problemas resolvidos M4-8   Questões para discussão e problemas M4-10   Bibliografia M4-12

Apêndice M4.1: Teoria dos Jogos com o QM para Windows   M4-12

MÓDULO 5 **Ferramentas Matemáticas: Determinantes e Matrizes   M5-1**

M5.1 Introdução   M5-2

M5.2 Matrizes e Operações com Matrizes   M5-2
Adição e subtração de matrizes   M5-2
Multiplicação de matrizes   M5-3
Notação da matriz para os sistemas de equações   M5-6
Matriz transposta   M5-6

M5.3 Determinantes, Cofatores e Adjuntas   M5-7
Determinantes   M5-7
Matriz dos cofatores e adjunta   M5-9

M5.4	Encontrando a Inversa de uma Matriz M5-10		M6.3	Inclinação de uma Função não Linear M6-3
	Resumo M5-12 Glossário M5-12 Equações-chave M5-12 Questões para discussão e problemas M5-13 Bibliografia M5-14		M6.4	**Algumas Derivadas Comuns** M6-5 Segundas derivadas M6-6
			M6.5	**Máximo e Mínimo** M6-6
Apêndice M5.1:	Usando o Excel para Cálculos com Matrizes M5-15		M6.6	**Aplicações** M6-8 Lote econômico M6-8 Receita total M6-9
MÓDULO 6	**Otimização Baseada no Cálculo M6-1**			*Resumo M6-10 Glossário M6-10 Equações-chave M6-10 Problemas resolvidos M6-11 Questões para discussão e problemas M6-12 Bibliografia M6-12*
M6.1	Introdução M6-2			
M6.2	Inclinação da Linha Reta M6-2			

CAPÍTULO **1**

Introdução à Análise Quantitativa

OBJETIVOS DE APRENDIZAGEM

Depois de ler este capítulo, os alunos serão capazes de:

1. Descrever a abordagem da análise quantitativa
2. Compreender a aplicação da análise quantitativa em situações reais
3. Descrever o uso da modelação na análise quantitativa
4. Usar computadores e modelos de planilha para fazer a análise quantitativa
5. Discutir possíveis problemas sobre o uso da análise quantitativa
6. Realizar uma análise do equilíbrio entre receitas e despesas

VISÃO GERAL DO CAPÍTULO

1.1 Introdução
1.2 O que é a análise quantitativa?
1.3 A abordagem quantitativa
1.4 Como desenvolver um modelo da análise quantitativa
1.5 O papel dos computadores e das planilhas na abordagem quantitativa
1.6 Possíveis problemas na abordagem quantitativa
1.7 Implementação – não apenas a etapa final

Resumo • Glossário • Equações-chave • Autoteste • Questões para discussão e problemas • Estudo de caso: Comida e bebida nos jogos de futebol na Southwestern • Bibliografia

1.1 INTRODUÇÃO

As ferramentas matemáticas têm sido utilizadas como recurso para solução de problemas por milhares de anos; entretanto, o estudo formal e a aplicação de técnicas quantitativas para a tomada de decisões é, em grande parte, produto do século XX. As técnicas que estudamos neste livro têm sido aplicadas com sucesso em uma ampla variedade de problemas complexos em administração, governo, saúde, educação entre outras áreas. Muitos casos bem-sucedidos serão discutidos nesta obra.

Não é suficiente, no entanto, apenas saber a matemática de como uma determinada técnica quantitativa funciona; você deve, também, estar familiarizado com as limitações, suposições e a aplicabilidade específica da técnica. A utilização bem-sucedida de técnicas quantitativas resulta numa solução que é oportuna, exata, flexível, econômica, confiável e fácil de usar e entender.

Neste e em outros capítulos apresentaremos a AQ (Análise Quantitativa) EM AÇÃO em quadros que fornecem relatos de sucesso nas aplicações de ciência da administração. Eles irão mostrar como as empresas têm usado as técnicas quantitativas para tomar decisões melhores, operar com mais eficiência e gerar mais lucros. A Taco Bell relatou uma economia de mais de $150 milhões com uma melhor previsão da demanda e um melhor planejamento do cronograma dos seus empregados. A rede de televisão NBC aumentou a receita dos comerciais para mais de $200 milhões entre 1996 e 2000 utilizando um modelo para desenvolver planos de vendas para os anunciantes. A Continental Airlines economiza mais de $40 milhões por ano usando modelos matemáticos para se recuperar rapidamente de transtornos causados por atrasos devido ao mau tempo e outros fatores. Essas são apenas algumas das muitas companhias discutidas nos quadros AQ EM AÇÃO deste livro.

1.2 O QUE É A ANÁLISE QUANTITATIVA?

A análise quantitativa utiliza uma abordagem científica na tomada de decisões.

A *análise quantitativa* é a abordagem científica para a tomada de decisão gerencial. Capricho, emoções e adivinhação não fazem parte da abordagem da análise quantitativa. A abordagem começa com dados. Assim como a matéria-prima para uma fábrica, esses dados são manipulados ou processados em informação valiosa para aqueles que tomam decisões. Esse processamento e a transformação dos dados brutos em informação significativa é o coração da análise quantitativa. Os computadores têm sido importantes para o uso crescente da análise quantitativa.

Na resolução de problemas, os administradores devem considerar tanto os fatores qualitativos quanto os quantitativos. Por exemplo, podemos considerar diferentes alternativas de investimento, incluindo certificados de depósito num banco, investimentos no mercado de ações e investimentos imobiliários. Podemos utilizar a análise quantitativa para determinar quanto nosso investimento valerá no futuro quando depositado num banco com uma determinada taxa de juros por certo número de anos. A análise quantitativa também pode ser usada para calcular taxas de retorno dos balanços de companhias cujas ações estamos considerando comprar. Algumas companhias imobiliárias desenvolveram programas de computador que usam a análise quantitativa para analisar fluxos de caixa e taxas de retorno nos investimentos em propriedades.

Tanto os fatores qualitativos quanto os quantitativos devem ser considerados.

Além da análise quantitativa, fatores *qualitativos* devem também ser considerados. O tempo, a legislação estadual e federal, os novos avanços em tecnologias, o resultado de uma eleição e, assim por diante, podem ser fatores difíceis de quantificar.

Por causa da importância dos fatores qualitativos, o papel da análise quantitativa no processo de tomada de decisões pode variar. Quando existe uma carência de fatores qualitativos e quando o problema, o modelo e os dados de entrada permanecem os mesmos, os resultados da análise quantitativa podem *automatizar* o processo de tomada de decisões. Por exemplo, algumas empresas usam modelos quantitativos de estoque para determinar automaticamente *quando* solicitar novos materiais. Na maioria dos casos, entretanto, a análise quantitativa *ajudará* no processo de tomada de decisões. Os resultados da análise quantitativa serão combinados com outras informações (qualitativas) no processo de tomada de decisão.

> **HISTÓRIA** — A origem da análise quantitativa
>
> A análise quantitativa existe desde os primeiros registros históricos, mas foi Frederick W. Taylor, no início de 1990, que lançou os princípios da abordagem científica para a administração. Durante a Segunda Guerra Mundial, novas técnicas científicas e quantitativas foram desenvolvidas para auxiliar os militares. Esses novos desenvolvimentos tiveram tanto sucesso que, após a guerra, muitas empresas começaram a usar técnicas similares na tomada de decisões em gestão e planejamento. Hoje, muitas organizações empregam uma equipe de consultores em pesquisa operacional ou ciência da administração para aplicar os princípios da administração científica a problemas e oportunidades. Neste livro, utilizamos os termos *ciência da administração*, *pesquisa operacional* e *análise quantitativa* de forma intercambiável.
>
> A origem de muitas das técnicas discutidas nesta obra pode nos levar a indivíduos e empresas que aplicaram os princípios da gestão científica inicialmente desenvolvida por Taylor; eles são discutidos nos quadros *História* ao longo do livro.

1.3 A ABORDAGEM QUANTITATIVA

A abordagem da análise quantitativa consiste em definir um problema, desenvolver um modelo, obter dados de entrada, determinar uma solução, testar a solução, analisar os resultados e implementar os resultados (veja a Figura 1.1). Uma etapa não precisa estar completamente finalizada antes de uma nova começar; na maioria dos casos, uma ou mais dessas etapas serão de alguma forma modificadas antes dos resultados finais serem implementados. Isso causaria a mudança de todas as etapas subsequentes. Em alguns casos, testar a solução pode revelar que o modelo ou os dados de entrada estão incorretos. Isso significaria que todas as etapas que seguem a definição do problema precisariam ser modificadas.

Definir o problema pode ser a etapa mais importante.

Concentre-se somente em alguns problemas.

Definindo o problema

O primeiro passo na abordagem quantitativa é desenvolver uma clara e concisa definição do *problema*. Essa definição fornecerá direção e significado às etapas posteriores.

Em muitos casos, definir o problema é a etapa mais importante e a mais difícil. É essencial ir além dos sintomas do problema e identificar as causas reais. Um problema pode estar relacionado a outros problemas: solucionar um deles sem considerar os outros problemas relacionados pode tornar a situação ainda pior. Assim, é importante analisar o quanto a solução de um problema afeta outros problemas ou a situação em geral.

É provável que uma empresa tenha vários problemas. Entretanto, um grupo de análise quantitativa não pode tratar de todos eles de uma só vez. Assim, geralmente é necessário concentrar-se em somente alguns problemas. Para a maioria das empresas, isso significa selecionar aqueles problemas cujas soluções resultarão em aumento de lucros ou redução de custos. A importância da seleção dos problemas certos para solucionar não pode ser subestimada. A experiência demonstra que a má definição de um problema é a maior razão do fracasso da ciência da administração ou dos grupos de pesquisa operacional em servir bem suas empresas.

Quando é difícil quantificar o problema, pode ser necessário desenvolver objetivos *específicos* e *mensuráveis*. Um problema pode ser a prestação inadequada de serviços de saúde em um hospital. Os objetivos podem ser o aumento do número de leitos, a redução da média de dias que o paciente permanece no hospital, o aumento da razão entre médico e paciente, e assim por diante. Quando objetivos são utilizados, entretanto, deve-se manter em mente o problema real. É importante evitar obter objetivos específicos e mensuráveis que podem não resolver o problema real.

Desenvolvendo um modelo

Uma vez selecionado o problema a ser analisado, o próximo passo é desenvolver um *modelo*. Dito de forma simples, um modelo é uma representação (geralmente matemática) de uma situação.

Talvez você não tenha se dado conta, mas você tem usado modelos durante a maior parte da sua vida. Talvez tenha desenvolvido modelos sobre o comportamento das pessoas. Seu modelo

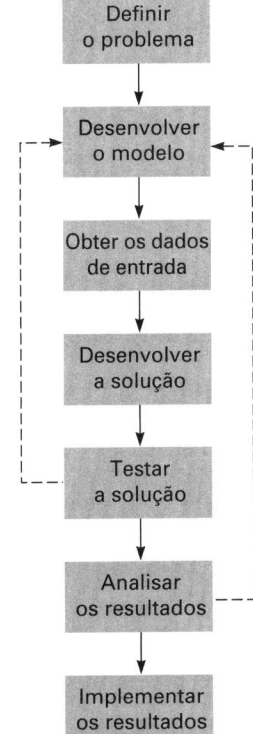

FIGURA 1.1

A abordagem da análise quantitativa.

EM AÇÃO — O grupo de ciência da administração está em alta na Merrill Lynch

Grupos de ciência da administração em empresas podem fazer uma grande diferença na redução dos custos e no aumento dos lucros. Na Merrill Lynch, o grupo de ciência da administração foi estabelecido em 1986. Sua principal missão é fornecer análise quantitativa de alta qualidade, modelagem e suporte às decisões. O grupo analisa uma variedade de problemas e oportunidades relacionadas aos serviços dos clientes, produtos e o mercado. No passado, esse grupo auxiliou a Merrill Lynch a desenvolver modelos de alocação de ativos, soluções otimizadas de carteiras de fundos mútuos, desenvolvimento de estratégias de investimento e de recursos de pesquisa, modelos de planejamento financeiro e abordagens de vendas cruzadas. Atualmente, o grupo da ciência da administração da Merrill Lynch tem 20 membros.

No final dos anos 90, a Merrill Lynch enfrentou uma pressão crescente dos corretores de descontos (*discount brokers*), como a Fidelity, a Schwab, e outros. Esses corretores ameaçaram as empresas tradicionais de serviço completo com grandes perdas nos negócios e nos lucros. A Merrill Lynch deveria negociar descontos online e enfrentar a possibilidade de perder seus aproximadamente 14000 consultores financeiros? Com a ajuda do grupo de ciência da administração, a Merrill Lynch decidiu oferecer um novo serviço denominado Escolha Integrada. A nova oferta permitiria que os clientes escolhessem o nível do serviço e aconselhamento que desejavam. Um anúncio dizia: "Por mouse, por telefone ou por humanos". Um aspecto importante do novo serviço, chamado de "vantagem ilimitada", forneceu aos clientes acesso a uma série de serviços por uma taxa fixa. As novas ofertas tiveram um sucesso estrondoso.

Para fornecer assistência significativa à Merrill Lynch, o grupo de ciência da administração se concentrou em modelos matemáticos que focavam a satisfação dos clientes. Qual é a chave para o sucesso contínuo do grupo de ciência da administração? Embora a habilidade e a perícia técnica em métodos quantitativos sejam essenciais, o grupo identificou os seguintes quatro fatores cruciais para o sucesso: (1) análise objetiva, (2) foco no impacto do negócio e na implementação, (3) trabalho em equipe, e (4) adoção de uma abordagem disciplinada de consultoria.

Fonte: Baseado em: NIGAM, Raj, et al. Bullish on Management Science. *OR/MS Today.* June 2000, p. 48–51.

Os tipos de modelos incluem modelos físicos, de escala, esquemáticos e matemáticos.

pode ser que a amizade é baseada em reciprocidade, uma troca de favores. Se precisar de um favor, como um pequeno empréstimo, seu modelo irá sugerir que você peça a um bom amigo.

É claro, existem muitos outros tipos de modelos. Arquitetos, às vezes, fazem um *modelo físico* de um prédio que irão construir. Engenheiros desenvolvem *maquetes* de fábricas químicas, chamadas de plantas piloto. Um *modelo esquemático* é uma figura, desenho ou quadro da realidade. Automóveis, máquinas de cortar grama, engrenagens, ventiladores, máquinas de escrever e inúmeros outros aparelhos têm modelos esquemáticos (desenhos e figuras) que demonstram como esses aparelhos funcionam. O que distingue a análise quantitativa das outras técnicas é que os modelos usados são matemáticos. Um *modelo* matemático é um conjunto de relacionamentos matemáticos. Na maioria dos casos, esses relacionamentos são expressos em equações e inequações, apresentados em planilhas que calculam somas, médias ou desvios padrão.

Embora exista uma considerável flexibilidade no desenvolvimento de modelos, a maioria daqueles apresentados neste livro contém uma ou mais variáveis e parâmetros. Uma *variável*, como o nome sugere, é uma quantidade mensurável que pode variar ou está sujeita a mudanças. Variáveis podem ser *controladas* ou *não controladas*. Uma variável controlada é também chamada de *variável de decisão*. Um exemplo seria a definição de quantos itens de estoque pedir. Um *parâmetro* é uma quantidade mensurável inerente ao problema. O custo para fazer um pedido de mais itens de estoque é um exemplo. Na maioria dos casos, as variáveis são quantidades desconhecidas, enquanto parâmetros são quantidades conhecidas. Todos os modelos devem ser desenvolvidos cuidadosamente. Elem devem ser solucionáveis, realistas e fáceis de entender e modificar, e os *dados de entrada* exigidos devem estar disponíveis. A pessoa que desenvolver um modelo deve ser cuidadosa na inclusão da quantidade apropriada de detalhes para que ele seja solucionável e realista.

Obtendo dados de entrada

Entra lixo, sai lixo (garbage in, garbage out) significa que dados equivocados irão fornecer resultados enganosos.

Uma vez desenvolvido um modelo, temos que obter os dados que serão usados (*dados de entrada*). Obter dados precisos para o modelo é essencial; mesmo que o modelo seja uma representação da realidade perfeita, dados equivocados fornecerão resultados enganosos. Essa situação é chamada de entra lixo, sai lixo (*garbage in, garbage out*). Para um problema maior, a coleta de dados precisos pode ser uma das etapas mais difíceis da análise quantitativa.

Existem várias fontes que podem ser usadas na coleta dos dados. Em alguns casos, relatórios da empresa e documentos podem ser usados para obter os dados necessários. Outras fontes são as entrevistas com funcionários ou outras pessoas relacionadas à empresa. Essas pessoas podem, às vezes, fornecer excelentes informações e suas experiências e julgamentos podem ser valiosos. Um supervisor de produção, por exemplo, pode ser capaz de informar, com um alto grau de precisão, o montante do tempo necessário para produzir determinado produto. Amostragem e mensuração direta fornecem outras fontes de dados para o modelo. Você pode precisar saber quantos quilos de matéria-prima são usados na produção de um novo produto fotoquímico. Essa informação pode ser obtida indo direto na fábrica e medindo a matéria-prima utilizada. Em outros casos, procedimentos de amostragem estatística podem ser usados para obter os dados necessários.

Desenvolvendo uma solução

Desenvolver uma solução envolve a manipulação do modelo para chegar à melhor solução (ótima) para o problema. Em alguns casos, isso requer que uma equação seja resolvida para se ter a melhor decisão. Em outros casos, você pode usar o método de *tentativa e erro*, tentando várias abordagens e escolhendo a que resulta na melhor decisão. Para alguns problemas, você pode querer testar todos os valores possíveis para as variáveis do modelo a fim de encontrar a melhor decisão. Isso é chamado de *enumeração* completa. Este livro também mostrará como resolver problemas muito difíceis e complexos repetindo algumas poucas etapas até encontrar a melhor solução. Uma série de etapas ou procedimentos que são repetidos é chamada de algoritmo, em homenagem a *Algorismus*, um matemático árabe do século IX.

A precisão da solução depende da precisão dos dados de entrada e do modelo. Se os dados de entrada são precisos para somente dois dígitos significativos, então os resultados podem ser precisos para somente dois dígitos significativos. Por exemplo, os resultados da divisão de 2,6 por 1,4 deve ser 1,9 e não 1,857142857.

Os dados de entrada e modelo determinam a precisão da solução.

Testando a solução

Antes que uma solução possa ser analisada e implementada, ela precisa ser testada completamente. Como a solução depende dos dados de entrada e do modelo, ambos precisam ser testados.

Testar os dados de entrada e o modelo inclui determinar a acurácia e completude dos dados usados pelo modelo. Dados não precisos irão gerar uma solução não precisa. Existem várias maneiras de testar os dados de entrada. Um método para testar os dados é coletar dados adicionais de uma fonte diferente. Se os dados originais foram coletados utilizando entrevistas, talvez alguns dados adicionais possam ser coletados pela mensuração direta ou amostragem. Esses dados adicionais podem ser comparados com os dados originais, e testes estatísticos podem ser empregados para determinar se há diferenças entre os dados originais e os dados adicionais. Se existirem diferenças significativas, maior esforço é exigido para obter dados de entrada precisos. Se os dados forem precisos, mas os resultados forem inconsistentes com o problema, o modelo pode não ser apropriado. O modelo deve ser checado para assegurar que ele é lógico e representa a situação real.

O teste dos dados e modelo é feito antes dos resultados serem analisados.

Embora a maioria das técnicas quantitativas discutidas neste livro seja computadorizada, você provavelmente terá que resolver vários problemas manualmente. Para ajudar a detectar problemas tanto lógicos quanto computacionais, confira os resultados para ter certeza de que eles são consistentes com a estrutura do problema. Por exemplo, (1,96).(301,7) está próximo de (2).(300), que é igual a 600. Se os seus cálculos são significativamente diferentes de 600, você sabe que cometeu um erro.

Analisando os resultados e a análise de sensibilidade

A análise dos resultados começa com a determinação das implicações da solução. Na maioria dos casos, a solução para um problema irá resultar em algum tipo de ação ou mudança na forma que uma empresa opera. As implicações dessas ações ou mudanças devem ser determinadas e analisadas antes de os resultados serem implementados.

A análise de sensibilidade determina como as soluções irão mudar com um modelo ou dados de entrada diferentes.

Como o modelo é apenas uma aproximação da realidade, a sensibilidade da solução a mudanças no modelo e nos dados de entrada é uma parte importante na análise dos resultados. Esse tipo de análise é denominado *análise de sensibilidade* ou *análise de pós-otimização*. Ela determina o quanto a solução irá mudar se houver mudanças no modelo ou nos dados de entrada. Quando a solução é sensível às mudanças nos dados de entrada e na especificação do modelo, testes adicionais devem ser realizados para assegurar que o modelo e os dados de entrada são precisos e válidos. Se o modelo ou dados estão errados, a solução pode estar errada, resultando em perdas financeiras e redução dos lucros.

MODELAGEM NO MUNDO REAL — **Planejando o sistema de fornecimento de eletricidade e carvão da China**

Definir o problema

A China produz aproximadamente 1,1 bilhão de toneladas de carvão por ano. A demanda, entretanto, é estimada em aproximadamente 1,6 bilhão de toneladas. Além disso, a China enfrenta problemas de poluição do ar que pode ameaçar o alto crescimento da taxa do seu produto interno bruto (PIB). Esses problemas foram identificados pela Comissão de Planejamento do Estado Chinês e pelo Banco Mundial como importantes para o crescimento do PIB.

Desenvolver o modelo

Para analisar alguns dos problemas associados ao fornecimento de carvão e eletricidade, a Comissão de Planejamento do Estado Chinês desenvolveu um modelo abrangente chamado de modelo do Estudo do Transporte do Carvão (ETC). O modelo especificou os principais componentes na geração, transmissão e demanda da eletricidade.

Obter os dados de entrada

Além dos dados históricos, o modelo exige previsões de futuras demandas e o impacto potencial ao meio ambiente de várias fontes de energia e usos. Dados específicos sobre os vários estágios da produção do carvão e eletricidade também são necessários.

Desenvolver a solução

Em vez de desenvolver e relatar uma solução, a equipe de análise quantitativa avaliou 16 soluções e possibilidades diferentes. Essas soluções revelaram que o investimento em novos sistemas de carvão-eletricidade poderia ser tão alto quanto $250 bilhões em um período de 10 anos. O novo sistema deverá fornecer aproximadamente dois bilhões de toneladas de carvão.

Testar a solução

Hipóteses do modelo e da solução foram cuidadosamente testadas. Aproximadamente meio ano foi gasto nos testes dos dados, do modelo e das soluções. Isso incluiu realizar uma série de testes nos dados e no modelo utilizando dados conhecidos para assegurar que os dados e os modelos produzissem resultados consistentes com a situação atual. Esses testes resultaram em ajustes nos dados e no modelo para torná-los mais precisos. Depois dos testes, correções e ajustes foram feitos para ter certeza de que os resultados fossem, tanto quanto possível, precisos.

Analisar os resultados

As soluções também resultaram em descobertas importantes. Primeiro, o governo deverá planejar um crescimento entre 8 a 9% nas necessidades de energia. Segundo, as estradas de ferro continuarão a ser o principal sistema de transporte para o carvão. A seguir, a distribuição do carvão poderá crescer pelo aumento do volume e do comprimento dos canais de navegação costeiros e interiores. A chance de construir e usar uma canalização dedicada era pequena. Além disso, havia um número de descobertas específicas de como o carvão deveria ser manejado e transformado em energia para reduzir a poluição e as consequências negativas para o meio ambiente.

Implementar os resultados

A implementação do modelo ETC resultou em um novo procedimento de lavagem a vapor do carvão, na construção de melhores estradas de ferro e um novo porto e no uso de carvão importado. A comissão de planejamento também desenvolveu um modelo sofisticado de planejamento estratégico dos investimentos. O modelo será ampliado para executar o planejamento de energia para o ano 2010.

Fonte: Baseado em M. Kuby, et al. "Planning China's Coal and Electricity Delivery System." *Interfaces* 25 (January-February 1995): 41-68.

A importância da análise de sensibilidade não pode ser desprezada. Como os dados de entrada nem sempre são precisos ou as hipóteses do modelo podem não ser completamente apropriadas, a análise de sensibilidade pode se tornar parte importante na abordagem quantitativa. A maioria dos capítulos deste livro aborda o uso da análise de sensibilidade como parte do processo de tomada de decisões e resolução de problemas.

Implementando os resultados

A etapa final é *implementar* os resultados. Esse é o processo da incorporação da solução à empresa. Isso pode ser muito mais difícil do que você imagina. Mesmo se a solução for ótima e resulte em milhões de dólares em lucros adicionais, se os gerentes resistem à nova solução, todos os esforços da análise não têm valor. A experiência mostra que muitas equipes de análise quantitativa falham nos seus esforços porque erram na implementação adequada de uma solução boa e viável.

Após a implementação da solução, ela dever ser monitorada de perto. Com o tempo, pode haver inúmeras mudanças que pedem modificações da solução original. Economia mutável, demanda flutuante e melhorias no modelo solicitadas por gerentes e tomadores de decisão são somente alguns exemplos que podem exigir a modificação da análise.

A abordagem quantitativa e a modelagem no mundo real

A abordagem quantitativa é muito utilizada no mundo real. Essas etapas, vistas na Figura 1.1 e descritas nesta seção, são os fundamentos para qualquer uso bem-sucedido da análise quantitativa. Como foi visto no nosso primeiro quadro de *Modelagem no Mundo Real,* as etapas da abordagem quantitativa podem auxiliar um país grande, como o plano da China para as necessidades críticas de energia de hoje e para as próximas décadas. Ao longo deste livro, você verá como as etapas da abordagem quantitativa são usadas para ajudar países e empresas de todos os tamanhos a economizar milhões de dólares, planejar o futuro, aumentar receitas e fornecer produtos e serviços de alta qualidade. Os quadros de *Modelagem no Mundo Real* em cada capítulo irão demonstrar o poder e a importância da análise quantitativa na solução de problemas reais para empresas reais. O uso das etapas da análise quantitativa, entretanto, não garante o sucesso. Essas etapas devem ser aplicadas com cuidado.

1.4 COMO DESENVOLVER UM MODELO DA ANÁLISE QUANTITATIVA

Desenvolver um modelo é parte importante da abordagem quantitativa. Veja como podemos usar o seguinte modelo matemático que representa lucro:

$$\text{Lucro} = \text{Receita} - \text{Despesas}$$

Em muitos casos, podemos expressar receitas como preço por unidade multiplicado pelo número de unidades vendidas. Em geral, as despesas podem ser determinadas somando os custos fixos e o custo variável. O custo variável é, normalmente, expresso como o custo variável por unidade multiplicado pelo número de unidades. Assim, podemos também expressar o lucro no seguinte modelo matemático:

As despesas incluem custos fixos e variáveis.

Lucro = Receita (Custo fixo + Custo variável)

Lucro = (Preço de venda por unidade).(Número de unidades vendidas)
 − [Custo fixo + (Custo variável por unidade).(Número de unidades vendidas)]

Lucro = $sX - [f + vX]$

Lucro = $sX - f - vX$ (1-1)

onde

s = preço de venda por unidade

f = custo fixo

v = custo variável por unidade

X = número de unidades vendidas

Os parâmetros nesse modelo são f, v e s, pois eles são entradas inerentes ao modelo. O número de unidades vendidas (X) é a variável de decisão de interesse.

Exemplo: Joias de Pritchett O exemplo da loja de reparos de relógios de Bill Pritchett irá demonstrar o uso de modelos matemáticos. A empresa de Bill, Joias de Prichett, compra, vende e conserta relógios antigos e peças de relógios. Bill vende molas remanufaturadas por $10 a unidade. O custo fixo do equipamento para construir as molas é de $1000. O custo variável por unidade é de $5 para o material da mola. Neste exemplo,

$$s = 10$$
$$f = 1000$$
$$v = 5$$

O número de molas vendidas é X, e nosso modelo de lucro se torna

$$\text{Lucro} = \$10X - \$1000 - \$5X$$

Se as vendas forem 0, Bill terá uma perda de $1000. Se as vendas forem de 1000 unidades, ele terá um lucro de $4000. [$4000 = ($10)(1000) − $1000 − ($5)(1000)]. Veja se você pode determinar o lucro para outros valores de unidades vendidas.

O PE resulta em $0 de lucros.

Além dos modelos de lucro aqui mostrados, os tomadores de decisão estão geralmente interessados no *ponto de equilíbrio* (PE). O PE é o número de unidades vendidas que resultará em lucro $0. Estabelecemos lucro igual a $0 e resolvemos para X, o número de unidades no ponto de equilíbrio:

$$0 = sX - f - vX$$

Isso pode ser escrito como

$$0 = (s - v)X - f$$

Resolvendo para X temos

$$f = (s - v)X$$
$$X = \frac{f}{s - v}$$

Essa quantidade (X) que resulta num lucro de zero é o PE e agora temos o seguinte modelo para o PE:

$$\text{PE} = \frac{\textit{Custo fixo}}{\textit{(Preço de venda por unidade)} - \textit{(Preço variável por unidade)}}$$

$$\text{PE} = \frac{f}{s - v} \tag{1-2}$$

Para o exemplo da Joias de Pritchett, o PE pode ser calculado da seguinte forma:

$$\text{PE} = \$1000 / (\$10 - \$5) = 200 \text{ unidades, ou molas, no ponto de equilíbrio.}$$

As vantagens da modelagem matemática

Existem inúmeras vantagens para o uso de modelos matemáticos:

1. Os modelos podem representar a realidade com precisão. Se formulado propriamente, um modelo pode ser preciso. Um modelo válido é preciso e representa corretamente o problema ou sistema sob investigação. O modelo do lucro, no exemplo, é preciso e válido para muitos problemas de negócios.
2. Os modelos podem auxiliar um decisor a formular problemas. No modelo do lucro, por exemplo, um decisor pode determinar os fatores importantes ou contribuições para receitas e despesas, como vendas, retornos, despesas de vendas, custos de produção, custos de transporte e assim por diante.
3. Modelos podem fornecer discernimento e informação. Por exemplo, utilizando o modelo do lucro da seção anterior, podemos ver o impacto que as mudanças na receita e nas despesas causariam nos lucros. Como discutido na seção anterior, estudar o impacto das mudanças em um modelo, como o modelo do lucro, é chamado de análise de sensibilidade.
4. Os modelos podem economizar tempo e dinheiro na tomada de decisão e na solução de problemas. Normalmente, é necessário menos tempo, esforço e despesa para analisar um modelo. Podemos usar o modelo do lucro para analisar o impacto de uma campanha nova de marketing em lucros, receitas e despesas. Na maioria dos casos, usar modelos é mais rápido e menos caro do que realmente testar uma nova campanha em um negócio real e observar os resultados.
5. Um modelo pode ser a única maneira de resolver alguns problemas grandes e complexos de maneira oportuna. Uma grande empresa pode, por exemplo, produzir, literalmente, milhares de tamanhos de porcas, parafusos e fechaduras. A empresa desejaria ter o maior lucro possível dado suas restrições de produção. Um modelo matemático pode ser o único modo de determinar os lucros mais altos que a empresa pode atingir nessas circunstâncias.
6. Um modelo pode ser usado para comunicar os problemas e soluções para outras pessoas. Um analista pode compartilhar seu trabalho com outros analistas. Soluções para um modelo matemático podem ser dadas aos gerentes e executivos para auxiliá-los na tomada de decisões finais.

Modelos matemáticos categorizados por risco

Alguns modelos matemáticos, como o do lucro e do ponto de equilíbrio, não envolvem risco ou chance. Nós supomos que sabemos todos os valores usados no modelo. Eles são chamados de *modelos determinísticos*. A empresa, por exemplo, pode querer minimizar custos de produção enquanto mantém certo nível de qualidade. Se você conhece todos esses valores com certeza, o modelo é determinístico.

Determinístico significa certo.

Outros modelos envolvem riscos ou chance. Por exemplo, o mercado para um novo produto pode ser "bom" com chance de 60% (uma probabilidade de 0,6) ou "ruim" com chance de 40% (uma probabilidade de 0,4). Modelos que envolvem chance ou risco geralmente são mensurados probabilisticamente e são chamados de *modelos probabilísticos*. Neste livro, iremos investigar os modelos determinísticos e os probabilísticos.

1.5 O PAPEL DOS COMPUTADORES E DAS PLANILHAS NA ABORDAGEM QUANTITATIVA

Desenvolver uma solução, testar a solução e analisar os resultados são etapas importantes na abordagem quantitativa. Como utilizaremos modelos matemáticos, essas etapas requerem cálculos matemáticos. Felizmente, podemos usar o computador para tornar essas etapas mais fáceis. Dois programas que permitem resolver muitos dos problemas encontrados nesta obra estão no CD que acompanha o livro.

PROGRAMA 1.1
O menu Principal do QM para Windows para modelos quantitativos.

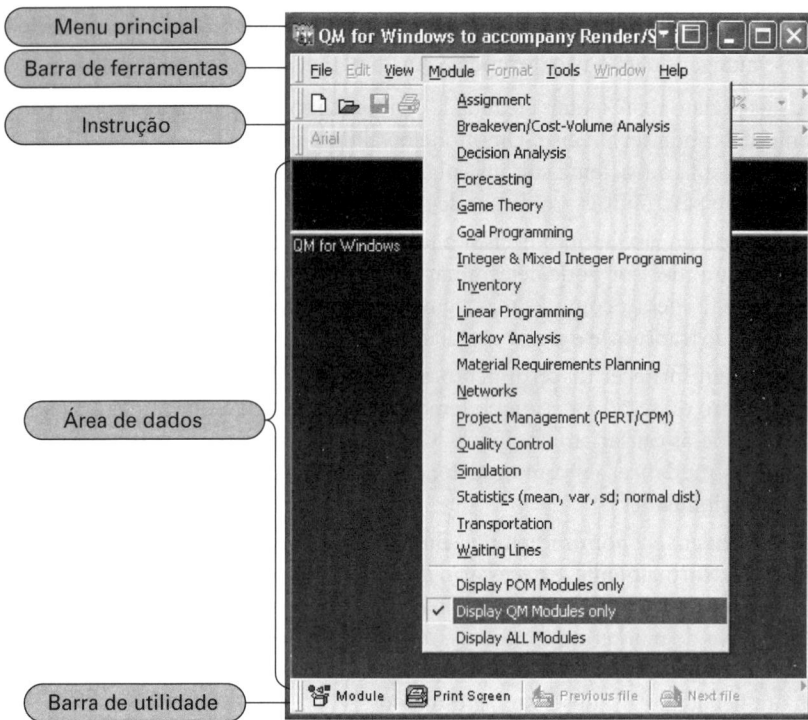

1. **QM para Windows (também chamado de POM-QM para Windows)** é um sistema de apoio à decisão fácil de usar desenvolvido para ser utilizado na administração da produção ou gerenciamento de operações (POM) e em cursos de métodos ou gerenciamento quantitativo (QM).* O POM para Windows e o QM para Windows eram originalmente softwares separados para cada tipo de curso. Eles agora estão combinados em um programa chamado de POM-QM para Windows. Como pode ser visto no Programa 1.1, é possível apresentar todos os módulos, apenas os módulos POM ou apenas os módulos QM. As imagens apresentadas neste livro geralmente mostrarão apenas os módulos QM. Da mesma forma, as referências normalmente serão ao QM para Windows. O Apêndice E no final do livro e muitos dos apêndices nos finais de capítulos fornecem mais informações sobre o QM para Windows.

PROGRAMA 1.2A
Menu Principal do Excel QM dos Modelos Quantitativos no Excel 2003.

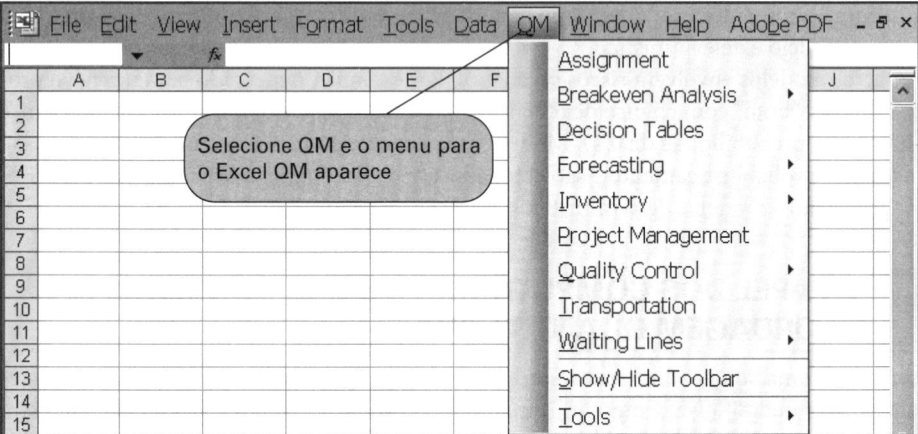

* N. de T.: Como esse programa está em inglês, optou-se por não traduzir as siglas ou o nome do programa.

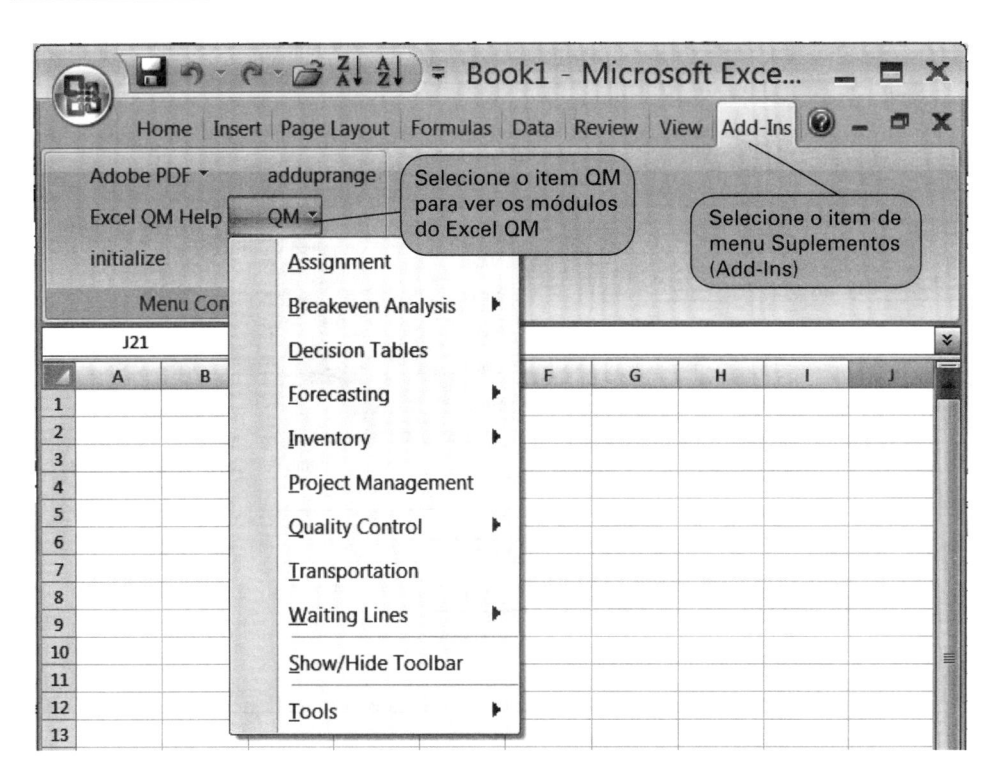

PROGRAMA 1.2B
Menu principal do Excel QM dos modelos quantitativos do Excel 2007.

2. **Excel QM**, que também pode ser utilizado para resolver muitos dos problemas discutidos neste livro, funciona automaticamente com a planilha Excel. O Excel QM facilita o uso da planilha fornecendo menus customizados e procedimentos resolutivos que orientam o usuário em cada etapa. O Programa 1.2A mostra o menu principal para o Excel QM com o Excel 2003. No Excel 2007, o menu é o mesmo, mas ele é encontrado no item do menu Suplementos, como mostra o Programa 1.2B. O Apêndice F fornece mais detalhes sobre a instalação do programa suplementar para o Excel 2003 e 2007. Para solucionar o problema do ponto de equilíbrio discutido na Seção 1.4, ilustramos os recursos do Excel QM nos Programas 1.3A e 1.3B.

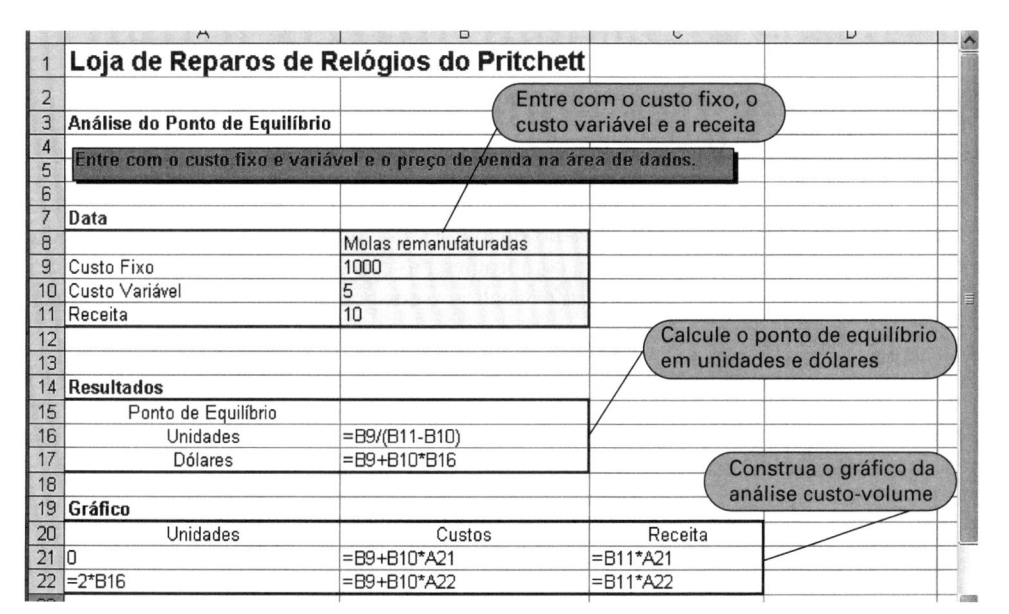

PROGRAMA 1.3A
Dados de entrada do Excel QM para o problema do ponto do equilíbrio.

PROGRAMA 1.3B
A solução do Excel QM para o problema do ponto de equilíbrio.

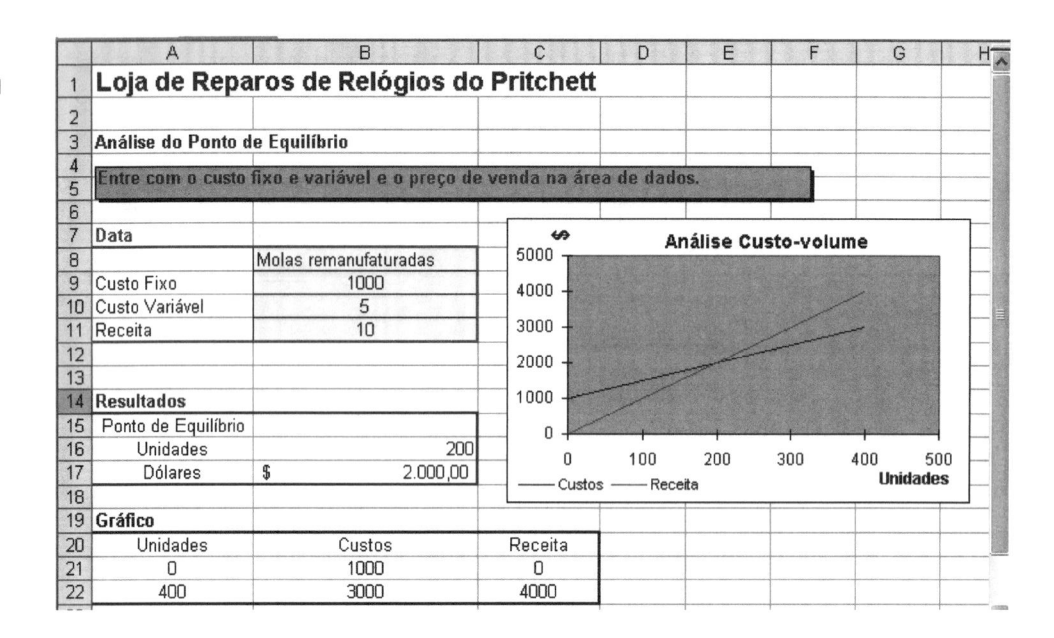

	A	B	C	D	E	F	G	H
1	Loja de Reparos de Relógios do Pritchett							
2								
3	Análise do Ponto de Equilíbrio							
4	Entre com o custo fixo e variável e o preço de venda na área de dados.							
5								
6								
7	Data							
8		Molas remanufaturadas				Análise Custo-volume		
9	Custo Fixo	1000						
10	Custo Variável	5						
11	Receita	10						
12								
13								
14	Resultados							
15	Ponto de Equilíbrio							
16	Unidades	200						
17	Dólares	$ 2.000,00						
18								
19	Gráfico							
20	Unidades	Custos	Receita					
21	0	1000	0					
22	400	3000	4000					

Os programas suplementares tornam o Excel, que já é uma ferramenta maravilhosa para a modelagem, mais poderosa na solução de problemas de análise quantitativa. O Excel QM e os arquivos do Excel utilizados nos exemplos neste texto também estão incluídos no CD que acompanha o livro. Há duas outras características do Excel que tornam os problemas de análise quantitativas mais fáceis:

1. **Solver.** Solver é uma técnica de otimização que pode maximizar ou minimizar uma quantidade dado um conjunto de limitações ou restrições. Utilizaremo o Solver ao longo do livro para resolver problemas de otimização. Ele é descrito em detalhes no Capítulo 7 e utilizado nos Capítulos 7 a 13.
2. **Atingir Meta.** Esse recurso do Excel permite especificar um objetivo ou alvo (Célula Determinada) e qual variável (Célula Variável) que você quer que o Excel mude para atingir um objetivo desejado. Bill Pritchett, por exemplo, queria determinar em quanto ele precisaria baixar o preço de equilíbrio para reduzir a produção de 200 para 175 molas. O Programa 1.4 mostra como Atingir Meta é utilizado para fazer os cálculos necessários.

1.6 POSSÍVEIS PROBLEMAS NA ABORDAGEM QUANTITATIVA

Apresentamos a abordagem quantitativa como um meio lógico e sistemático de lidar com problemas de tomada de decisões. Mesmo quando essas etapas são seguidas com cuidado, existem muitas dificuldades que podem comprometer as chances da implementação de soluções para problemas do mundo real. Vamos analisar o que pode ocorrer durante cada etapa.

Definindo o problema

Uma visão dos tomadores de decisão é que eles ficam sentados numa mesa o dia inteiro esperando um problema aparecer e, então, levantam e atacam o problema até resolvê-lo. Uma vez resolvido o problema, eles sentam, relaxam e esperam pelo próximo grande problema. No mundo dos negócios, do governo e da educação, infelizmente os problemas, não são facilmente identificáveis. Existem quatro obstáculos potenciais com que os analistas se deparam na definição de um problema. Utilizamos uma aplicação, a análise de estoque, como exemplo nesta seção.

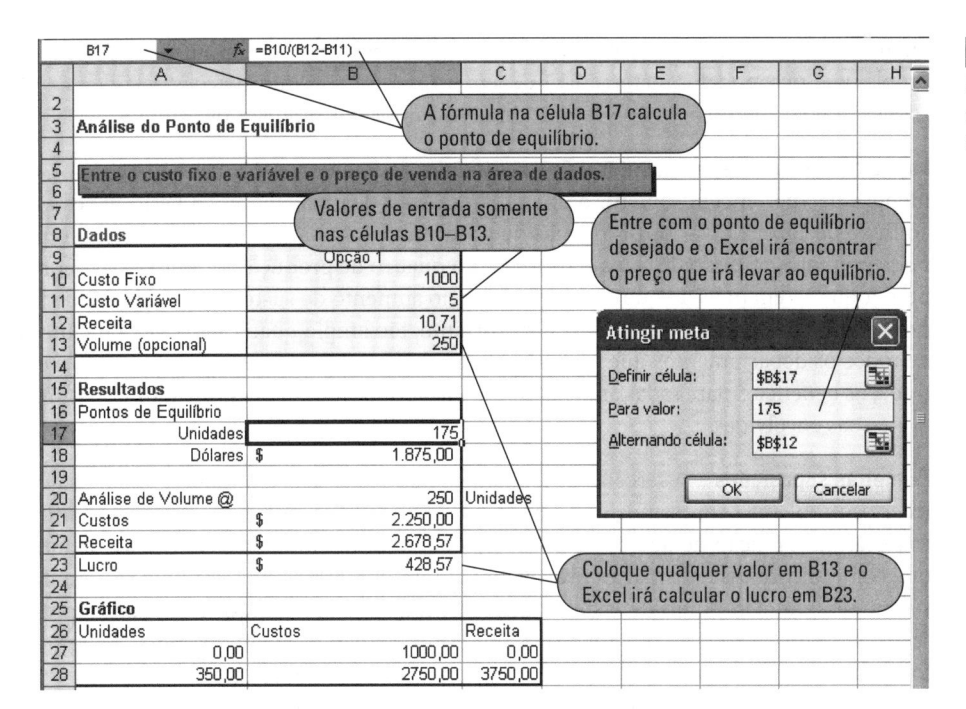

PROGRAMA 1.4
Usando o Atingir Meta no problema do ponto de equilíbrio.

Célula B17: `=B10/(B12-B11)`

A fórmula na célula B17 calcula o ponto de equilíbrio.

Entre o custo fixo e variável e o preço de venda na área de dados.

Valores de entrada somente nas células B10–B13.

Entre com o ponto de equilíbrio desejado e o Excel irá encontrar o preço que irá levar ao equilíbrio.

Coloque qualquer valor em B13 e o Excel irá calcular o lucro em B23.

	A	B	C	D
3	**Análise do Ponto de Equilíbrio**			
8	**Dados**			
9		Opção 1		
10	Custo Fixo	1000		
11	Custo Variável	5		
12	Receita	10,71		
13	Volume (opcional)	250		
15	**Resultados**			
16	Pontos de Equilíbrio			
17	Unidades	175		
18	Dólares	$ 1.875,00		
20	Análise de Volume @	250	Unidades	
21	Custos	$ 2.250,00		
22	Receita	$ 2.678,57		
23	Lucro	$ 428,57		
25	**Gráfico**			
26	Unidades	Custos		Receita
27	0,00	1000,00		0,00
28	350,00	2750,00		3750,00

Caixa de diálogo **Atingir meta**:
- Definir célula: $B$17
- Para valor: 175
- Alternando célula: $B$12

Pontos de vista conflitantes A primeira dificuldade é que os analistas quantitativos devem, normalmente, considerar pontos de vista conflitantes na definição do problema. Por exemplo, existem, no mínimo, dois pontos de vista que os gerentes apresentam quando tratam de problemas de estoque. Os gerentes financeiros geralmente acreditam que o estoque está muito alto porque ele representa dinheiro não disponível para outros investimentos. Os gerentes de vendas, por outro lado, normalmente acham que o estoque está muito baixo porque altos níveis de estoque podem ser necessários para completar uma ordem inesperada. Se os analistas assumem qualquer uma dessas afirmações como a definição do problema, eles basicamente aceitaram uma das opiniões de um gerente e podem esperar resistência do outro gerente

Todos os pontos de vista devem ser considerados antes de definir formalmente o problema.

EM AÇÃO — Melhor modelagem para um melhor controle da poluição

Geralmente, é difícil equilibrar o retorno econômico com controle da poluição. Quando a poluição é um problema, modelar instalações industriais pode manter a lucratividade alta e ao mesmo tempo respeitar as normas de controle da poluição e as leis. Esta é a situação no Chile.

O Chile é o maior produtor de cobre do mundo, produzindo 2,2 milhões de toneladas desse metal em 1994. Essa grande produção de cobre representa aproximadamente 8% do produto interno bruto (PIB). Embora empresas particulares controlem aproximadamente 50% das operações da mineração do cobre, o Chile controla grande parte do refino. Infelizmente, a produção do cobre produz subprodutos sólidos, líquidos e gasosos que acabam no meio ambiente. Como resultado, o governo chileno decidiu exigir padrões da qualidade do ar e do controle da poluição para muitos dos subprodutos do processo da mineração do cobre.

Para auxiliar no controle dos padrões de qualidade de ar e da poluição, foi desenvolvido um modelo de otimização quantitativa. O objetivo do modelo era minimizar os custos da mineração do cobre mantendo os padrões de poluição e qualidade do ar estabelecidos pelo governo chileno. O modelo resultou em inúmeras mudanças. Em primeiro lugar, a solução do modelo foi substancialmente diferente dos planos de limpeza desenvolvidos anteriormente. Como resultado, muitos dos planos de limpeza anteriores foram adiados, refeitos ou abandonados. Além disso, alguns planos de limpeza do ar e da poluição previamente desenvolvidos foram aprovados, pois eram consistentes com a solução do problema. O modelo também forneceu dados de entrada fundamentais a um sistema de suporte de decisão computadorizado para analisar o impacto das muitas estratégias de mineração do cobre no custo total e no controle da poluição. O resultado desse modelo de otimização é um meio ambiente mais limpo a um custo mínimo.

Fonte: Baseado em: MONDSCHEIN, et al. "Optimal Investment Policies for Pollution Control in the Copper Industry." *Interfaces* 27 (November-December 1997): 68-87.

quando a solução "surgir". Assim, é importante considerar as duas opiniões antes de iniciar o problema. Bons modelos matemáticos devem incluir todas as informações pertinentes. Como será visto no Capítulo 6, os dois fatores estão incluídos nos modelos de estoque.

Impacto em outros departamentos Outra dificuldade é que os problemas não existem isoladamente e não pertencem somente a um departamento de uma empresa. O estoque está ligado ao fluxo de caixa e a vários problemas de produção. A mudança na política de encomendas pode prejudicar o fluxo de caixa e atrapalhar o quadro de produção a ponto de as economias no estoque serem mais do que compensadas pelo aumento de custos das finanças e da produção. O enunciado do problema deve ser, portanto, tão amplo quanto possível e incluir dados de todos os departamentos que tenham interesse na solução. Quando uma solução é encontrada, os benefícios para todas as áreas da organização devem ser identificados e comunicados às pessoas envolvidas.

Uma solução ótima para o problema errado deixa o problema real sem solução.

Primeiras suposições A terceira dificuldade é que as pessoas têm uma tendência a estabelecer os problemas em termos de soluções. A afirmação de que o estoque está muito baixo implica uma solução de que os níveis do estoque devem aumentar. O analista quantitativo que começa com essa afirmação provavelmente irá descobrir que o estoque realmente deve ser aumentado. Do ponto de vista da implementação, uma solução "boa" para o problema "certo" é muito melhor do que uma solução "ótima" para o problema "errado". Se o problema foi definido em termos de uma solução desejada, o analista quantitativo deve fazer perguntas sobre por que essa solução é desejada. Investigando mais, o problema aparecerá e poderá ser definido de modo adequado.

Solução obsoleta Mesmo com a melhor definição de problema, existe um quarto perigo. O problema pode mudar à medida que o modelo está sendo desenvolvido. Em um mundo de negócios em constante mudança, não é incomum os problemas aparecerem ou desaparecerem praticamente da noite para o dia. O analista que apresenta uma solução a um problema que não existe mais não pode esperar créditos por fornecer ajuda oportuna. Entretanto, uma das vantagens dos modelos matemáticos é que uma vez que o modelo original foi desenvolvido, ele pode ser usado várias vezes sempre que problemas semelhantes aparecerem. Isso permite que uma solução seja encontrada mais facilmente e em tempo oportuno.

Desenvolvendo um modelo

Ajustando os modelos do livro-texto Um problema no desenvolvimento de modelos quantitativos é que a percepção de um problema pelo gerente não irá, sempre, coincidir com a abordagem do livro-texto. Muitos modelos de estoque envolvem minimizar o custo total de manter e obter os estoques. Alguns gerentes consideram esses custos sem importância; eles veem o problema em termos de fluxo de caixa, faturamento e níveis de satisfação dos clientes. Resultados de um modelo baseado em custos de manutenção e obtenção de estoques provavelmente não serão aceitos por tais gerentes. Por isso, o analista deve compreender o modelo e não simplesmente usar o computador como uma "caixa preta" onde valores são colocados e resultados são obtidos sem o entendimento do processo. O analista que compreende o processo pode explicar ao gerente como o modelo considera esses outros fatos ao estimar os diferentes tipos de custos do estoque. Se outros fatores também são importantes, o analista deve considerá-los e utilizar a análise de sensibilidade junto com um bom julgamento para modificar a solução do computador antes de implementá-la.

Entendendo o modelo Uma segunda preocupação envolve o equilíbrio entre a complexidade do modelo e a facilidade do entendimento. Os administradores não usarão o resultado de um modelo que eles não entendem. Problemas complexos requerem modelos complexos. Um equilíbrio é simplificar as suposições para tornar o modelo mais fácil de entender. O modelo perde um pouco de sua realidade, mas ganha mais aceitação pelo administrador.

Uma suposição simplista na análise de estoques é que a demanda é constante e conhecida. Isso significa que distribuições de probabilidade não são necessárias, permitindo a construção de modelos mais simples e, portanto, mais fáceis de entender. A demanda, entretanto, é raramente conhecida e constante, assim, o modelo que construímos não será realista. Introduzir distribuições de probabilidade fornece mais realismo, mas o seu entendimento pode estar além da capacidade de compreensão dos administradores com menor conhecimento em Matemática. Uma opção é o analista quantitativo começar com um modelo simples e ter certeza de que ele é entendido completamente. Mais tarde, modelos mais complexos podem ser introduzidos aos poucos, à medida que os administradores adquirem mais confiança em usar a nova abordagem. Explicar o impacto de modelos mais sofisticados (por exemplo, sustentar o estoque extra chamado de estoque de segurança) sem se ater a detalhes matemáticos às vezes é útil. Os administradores podem entender e identificar esse conceito, mesmo que a matemática específica usada para encontrar a quantidade apropriada do estoque de segurança não seja totalmente entendida.

Obtendo dados de entrada

Reunir dados para serem usados na abordagem quantitativa para a solução de problema, em geral, não é uma tarefa simples. Um quinto de todas as empresas, num estudo recente, tem dificuldades com o acesso aos dados.

Usando dados da contabilidade Um problema é que a maioria dos dados gerados numa empresa vem de relatórios básicos da contabilidade. O departamento de contabilidade coleta seus dados de estoque, por exemplo, em termos de fluxo de caixa e faturamento. Mas analistas quantitativos lidando com um problema de estoque precisam coletar dados sobre custos de armazenamento e manuseio. Se eles solicitarem esses dados, podem ficar chocados ao descobrir que essas informações simplesmente nunca foram coletadas para esses custos específicos.

Obter dados de entrada precisos pode ser muito difícil.

O professor Gene Woolsey conta a história de um jovem analista quantitativo que foi enviado à contabilidade para conseguir o "custo da manutenção do estoque por item por dia para a peça 23456/AZ". O contador perguntou ao jovem se ele queria um valor do primeiro que entra primeiro que sai, do último que entra último que sai, do custo mais baixo ou de mercado ou o de "como nós fazemos". O jovem respondeu que o modelo de estoque exigia somente um número. O contador da mesa ao lado disse: "Diabos, Joe. Dê um número ao garoto". Foi dado um número ao garoto e ele partiu.

Validade dos dados A falta de "dados bons e limpos" significa que qualquer dado que esteja disponível deve ser geralmente destilado e manipulado (chamamos de "falsificar") antes de ser usado em um modelo. Infelizmente, a validade dos resultados de um modelo não é melhor do que a validade dos dados que são usados no modelo. Você não pode culpar o administrador por resistir aos resultados "científicos" de um modelo quando ele ou ela sabe que dados questionáveis foram usados como entrada. Isso ressalta a importância de o analista entender outras funções da empresa para que dados bons possam ser encontrados e avaliados. Ele também enfatiza a importância da análise de sensibilidade, usada para determinar o impacto de pequenas mudanças nos dados de entrada. Algumas soluções são bem robustas e não se alteram com certas mudanças nos dados de entrada.

Desenvolvendo uma solução

Matemática difícil de entender A primeira preocupação no desenvolvimento de soluções é que, embora os modelos matemáticos que usamos possam ser complexos e poderosos, talvez eles não sejam completamente entendidos. Soluções extravagantes para os problemas podem ter uma lógica falha ou dados imperfeitos. A aura da matemática geralmente faz com que os administradores fiquem em silêncio em vez de serem críticos. O famoso pesquisador de operações C. W. Churchman adverte que "por a matemática ser uma disciplina tão venerada nos últimos anos, ela tende a iludir o leigo em acreditar que aquele que pensa de modo complexo, pensa bem."[1]

Uma matemática difícil de entender ou apenas uma resposta pode ser um problema no desenvolvimento de uma solução.

---
[1] CHURCHMAN, C. W. Relativity Models in the Social Services. *Interfaces*. v. 4, n. 1, November 1973.

Somente uma resposta é limitador O segundo problema é que modelos quantitativos geralmente fornecem somente uma resposta a um problema. Muitos administradores gostariam de ter uma *gama* de opções e não estar em uma posição de pegar ou largar. Uma estratégia mais adequada para um analista é apresentar uma gama de opções indicando o efeito que cada solução tem na função objetivo. Isso fornece aos administradores uma escolha, assim como informação, de quanto irá custar o desvio da solução ótima. Isso permite, também, a visualização dos problemas de uma perspectiva mais ampla, visto que fatores não quantitativos podem ser considerados.

Testando a solução

Os resultados da análise quantitativa geralmente tomam a forma de previsões de como as coisas irão funcionar no futuro se certas mudanças forem feitas agora. Para ter uma prévia de quão bem as soluções irão funcionar, os administradores são geralmente questionados sobre quão boa a solução lhes parece. O problema é que modelos complexos tendem a dar soluções que não são óbvias. Tais soluções tendem a ser rejeitadas pelos administradores. O analista quantitativo, então, tem a chance de trabalhar o modelo e as suposições com o administrador num esforço de convencê-lo da validade dos resultados. No processo de convencimento do administrador, o analista terá de rever cada suposição que estava no modelo. Se houver erros, eles devem aparecer durante essa revisão. Além disso, o administrador poderá analisar de forma crítica tudo o que entrou no modelo e, se ele puder ser convencido de que o modelo é válido, existe uma boa chance de que os resultados da solução também sejam válidos.

Suposições devem ser revisadas.

Analisando os resultados

Testada a solução, os resultados devem ser analisados em termos de como afetarão toda a empresa. Você deve estar ciente de que mesmo pequenas mudanças nas organizações são difíceis de implantar. Se os resultados indicarem grandes mudanças na política da organização, o

---

EM AÇÃO POLTA ajuda os Jogos Olímpicos de 2004 em Atenas

Os Jogos Olímpicos de 2004 foram realizados em Atenas, Grécia, num período de 16 dias. Mais de 2000 atletas competiram em 300 eventos em 28 esportes. Os eventos foram realizados em 36 lugares diferentes (estádios, centros de competições etc.) e 3,6 milhões de ingressos foram vendidos. Além disso, 2500 membros de comitês internacionais e 22000 jornalistas e locutores compareceram aos jogos. Telespectadores passaram mais de 34 bilhões de horas assistindo a esses eventos desportivos. Os Jogos Olímpicos de 2004 foram o maior evento desportivo da história até aquele ano.

Além dos locais para os esportes, outros locais não competitivos, como o aeroporto e a vila olímpica, tinham de ser considerados. Uma Olimpíada de sucesso requer um tremendo planejamento para o sistema de transporte que irá atender milhões de espectadores. Foram necessários três anos de trabalho e planejamento para os 16 dias das Olimpíadas.

O Comitê Organizador dos Jogos Olímpicos de Atenas (COJOA) precisou planejar, projetar e coordenar sistemas que seriam entregues para empreiteiros externos. Os funcionários do COJOA seriam responsáveis, mais tarde, pelo gerenciamento dos voluntários e pelo pagamento do pessoal durante a realização dos jogos. Para as Olimpíadas de Atenas transcorrerem de modo eficiente, o projeto Processo de Otimização de Logística Técnica Avançada (POLTA) foi iniciado. Técnicas inovadores de ciência da gestão e tecnologia da informação foram usadas para mudar o planejamento, projeto e operação dos locais do evento.

Os objetivos do POLTA foram (1) facilitar a transformação organizacional, (2) auxiliar no planejamento e gerenciamento de recursos de forma custo-eficaz e (3) documentar lições aprendidas para que futuros comitês Olímpicos pudessem se beneficiar. O projeto POLTA desenvolveu modelos de técnicas em negócios para vários locais, modelos de simulação que possibilitaram a criação de cenários "e se?", software para auxiliar na criação e gerenciamento desses modelos e etapas do processo para treinar os funcionários do COJOA na utilização desses modelos. Soluções genéricas foram desenvolvidas para que esse conhecimento e abordagem estivessem disponíveis a outros usuários.

Foi creditada ao POLTA a redução de mais de $69 milhões no custo das Olimpíadas de 2004. Talvez mais importante seja o fato de que os jogos de Atenas foram universalmente considerados um sucesso absoluto. Espera-se que o aumento no turismo resulte em benefícios econômicos para a Grécia no futuro.

Fonte: Baseado em BEIS D. A., et al. "PLATO Helps Athens Win Gold: Olympic Games Knowledge Modeling for Organizational Change and Resource Management." *Interfaces* 36, 1 (January-February 2006): 26-42.

analista quantitativo pode esperar resistência. Na análise dos resultados, o analista deve averiguar quem deve mudar e quanto, se as pessoas que devem mudar ficarão melhores ou piores e quem tem o poder de dirigir a mudança.

1.7 IMPLEMENTAÇÃO – NÃO APENAS A ETAPA FINAL

Apresentamos alguns dos muitos problemas que podem afetar a aceitação final da abordagem da análise quantitativa e o uso dos seus modelos. Deve estar claro, agora, que a implementação não é apenas mais uma etapa, posterior à finalização do processo de modelagem. Cada uma dessas etapas afeta muito as chances de implementação dos resultados de um estudo quantitativo.

Falta de comprometimento e resistência à mudança

Embora muitas decisões de negócios possam ser feitas de modo intuitivo, baseadas em palpites e experiência, existem cada vez mais situações em que os modelos quantitativos podem auxiliar. Alguns administradores, entretanto, temem que o uso de um processo de análise formal irá diminuir seu poder de tomada de decisões. Outros temem que algumas decisões intuitivas prévias possam ser expostas como inadequadas. Outros ainda apenas se sentem desconfortáveis em ter que mudar seus padrões de pensamento com uma tomada de decisão formal. Esses administradores, geralmente, argumentam contra o uso dos métodos quantitativos.

Muitos administradores orientados à ação não gostam do processo de tomada de decisões formal e demorada e preferem fazer as coisas rapidamente. Eles preferem técnicas "rápidas e sujas" que podem produzir resultados imediatos. Uma vez que os administradores virem resultados rápidos e com uma recompensa substancial, o palco está preparado para convencê-los de que a análise quantitativa é uma ferramenta vantajosa.[2]

Sabemos, já há algum tempo, que o apoio gerencial e o envolvimento do usuário são cruciais para o sucesso da implementação dos projetos de análise quantitativa. Um estudo sueco descobriu que 40% dos projetos sugeridos pelos analistas quantitativos nunca foram implementados. No entanto, 70% dos projetos quantitativos começados pelos usuários e 98% de projetos sugeridos pela alta administração *foram* implantados.

Apoio gerencial e envolvimento do usuário são importantes.

Falta de comprometimento dos analistas quantitativos

Assim como as atitudes dos administradores são responsáveis por alguns problemas na implementação, as atitudes dos analistas são responsáveis por outros. Quando o analista quantitativo não faz parte do departamento que está enfrentando o problema, ele às vezes tende a tratar a atividade de modelagem como o seu único objetivo. Isto é, o analista aceita o problema estabelecido pelo administrador e constrói um modelo para resolver somente aquele problema. Quando os resultados são calculados, ele ou ela devolve-os ao administrador e considera o trabalho finalizado. O analista que não se importa se esses resultados irão auxiliar na tomada de decisão final não está preocupado com a implementação.

Uma implementação de sucesso requer que o analista não *diga* aos usuários o que fazer, mas trabalhe com eles e leve em conta suas opiniões. Um artigo na *Operations Research* descreve um sistema de controle de estoque que calculava quando e em que quantidade os estoques precisavam ser repostos. Mas em vez de insistir que as quantidades calculadas pelo computador fossem solicitadas, um recurso manual de substituição foi instalado. Isso permitia aos usuários desprezar os números calculados e substituí-los por seus próprios. A substituição foi usada com frequência no início da instalação do sistema. Entretanto, à medida que os usuários percebiam que os números calculados estavam, geralmente, mais certos do que errados, eles começaram a utilizar o sistema. Finalmente, o recurso da substituição foi usado somente em circunstâncias especiais. Esse é um exemplo de como um bom relacionamento ajuda na implementação de um modelo.

---

[2] NEBIKE, R. Five Suggestions to Save OR. *OR/MS Today*. August 1995, p. 10-11.

RESUMO

A análise quantitativa é uma abordagem científica para a tomada de decisões. A abordagem quantitativa inclui a definição do problema, o desenvolvimento do problema, a aquisição de dados de entrada, o desenvolvimento da solução, o teste da solução, a análise dos resultados e a implementação dos resultados. A utilização da abordagem quantitativa, entretanto, pode gerar problemas, incluindo pontos de vista conflitantes, o impacto dos modelos de análise quantitativa nos outros departamentos, suposições iniciais, soluções obsoletas, modelos adequados ao livro-texto, entendimento do modelo, aquisição de bons dados de entrada, matemática de difícil compreensão, obtenção de somente uma resposta, teste da solução e análise dos resultados. Na análise quantitativa, a implementação não é a etapa final. Pode haver uma falta de comprometimento em relação a abordagem e resistência à mudança.

GLOSSÁRIO

Algoritmo. Conjunto de operações lógicas e matemáticas efetuadas numa sequência específica.

Análise de sensibilidade. Processo que envolve a determinação da sensibilidade da solução a mudanças na formulação ou dados de um problema.

Análise quantitativa ou ciência da administração. Abordagem científica que usa técnicas quantitativas como uma ferramenta na tomada de decisão.

Dados de entrada. Dados utilizados em um modelo para chegar à solução final.

Modelo. Representação da realidade ou de uma situação da vida real.

Modelo determinístico. Modelo no qual todos os valores usados são conhecidos com certeza.

Modelo estocástico. Outro nome para um modelo probabilístico.

Modelo probabilístico. Modelo em que os valores utilizados não são conhecidos com certeza, mas que envolvem alguma chance ou risco, geralmente mensurado como uma probabilidade.

Modelos matemáticos. Modelo que usa equações matemáticas e afirmações para representar seus relacionamentos internos.

Parâmetro. Quantidade de entrada mensurável inerente a um problema.

Ponto de equilíbrio. Quantidade de vendas que resulta em lucro zero.

Problema. Declaração de um administrador indicando um problema a ser resolvido ou um objetivo ou uma meta a ser atingido.

Variável. Quantidade mensurável que está sujeita a mudanças.

EQUAÇÕES-CHAVE

(1-1) $\text{Lucro} = sX - f - vX$

onde

s = preço de venda por unidade

f = custo fixo

v = custo variável por unidade

X = número de unidades vendidas

Uma equação para determinar o lucro como uma função do preço de venda por unidade, custos fixos, custos variáveis e número de unidades vendidas.

(1-2) $\text{PE} = \dfrac{f}{s - v}$

Uma equação para determinar o ponto de equilíbrio (PE) em unidades como uma função do valor de venda por unidade (s), custos fixos (f) e custos variáveis (v).

AUTOTESTE

- Antes de fazer o autoteste, consulte os objetivos de aprendizagem no início do capítulo, as notas nas margens e o glossário no final do capítulo.
- Corrija seu teste utilizando o Apêndice H ao final do livro.
- Estude novamente as páginas que correspondem a todas as perguntas que você respondeu errado ou que não tem certeza.

1. Ao analisar um problema, geralmente você deve estudar
   a. os aspectos qualitativos.
   b. os aspectos quantitativos.
   c. as alternativas a e b estão corretas.
   d. as alternativas a e b estão erradas.
2. Análise quantitativa é
   a. uma abordagem lógica para tomada de decisão.
   b. uma abordagem racional para tomada de decisão.
   c. uma abordagem científica para a tomada de decisão.
   d. todas as alternativas acima estão corretas.
3. Frederick Winslow Taylor
   a. foi um pesquisador militar durante a Segunda Guerra Mundial.
   b. lançou os princípios do gerenciamento científico.
   c. desenvolveu o uso do algoritmo para **QA**.
   d. todas as alternativas acima estão corretas.
4. Uma entrada (como o custo variável por unidade ou custo fixo) para um modelo é um exemplo de
   a. uma variável de decisão.
   b. um parâmetro.
   c. um algoritmo.
   d. uma variável estocástica.
5. O ponto em que o total da receita se iguala ao custo total (significando lucro zero) é chamado de
   a. solução lucro zero.
   b. solução lucro ótimo.
   c. ponto de equilíbrio.
   d. solução custo fixo.
6. A análise quantitativa é, normalmente, associada ao uso de
   a. modelos esquemáticos.
   b. modelos físicos.
   c. modelos matemáticos.
   d. modelos de escala.
7. A análise de sensibilidade é geralmente associada a qual etapa da abordagem da análise quantitativa?
   a. Definição do problema.
   b. Aquisição de dados de entrada.
   c. Implementação dos resultados.
   d. Análise dos resultados.
8. Um modelo determinístico é aquele em que
   a. existe alguma incerteza sobre os parâmetros usados no modelo.
   b. existe um resultado mensurável.
   c. todos os parâmetros usados no modelo são reconhecidos com certeza.
   d. não existe um software disponível.
9. O termo *algoritmo*
   a. é em homenagem a Algorismus.
   b. é uma homenagem a um matemático árabe do século IX.
   c. descreve uma série de etapas ou procedimentos a serem repetidos.
   d. todas as alternativas acima estão corretas.
10. Uma análise para determinar o quanto uma solução mudaria se houvesse mudanças no modelo ou nos dados de entrada é chamada de
    a. sensibilidade ou análise de pós-otimalidade.
    b. esquemáticas ou análise icônica.
    c. condição futura.
    d. as alternativas b e c estão corretas.
11. Variáveis de decisão são
    a. controláveis.
    b. incontroláveis.
    c. parâmetros.
    d. valores numéricos constantes associados a qualquer problema complexo.
12. _____ é a abordagem científica para a tomada de decisão empresarial.
13. _____ é o primeiro passo na análise quantitativa.
14. A _____ é uma figura, desenho ou quadro da realidade.
15. Uma série de etapas repetidas até a solução ser encontrada é chamada de um(a) _____.

QUESTÕES PARA DISCUSSÃO E PROBLEMAS

Questões para discussão

1-1 Qual é a diferença entre a análise quantitativa e qualitativa? Dê alguns exemplos.

1-2 Defina *análise quantitativa*. Quais são algumas das organizações que utilizam a abordagem científica?

1-3 Qual é o processo da análise quantitativa? Dê exemplos desse processo.

1-4 Trace brevemente a história da análise quantitativa. O que aconteceu com o desenvolvimento da análise quantitativa durante a Segunda Guerra Mundial?

1-5 Dê alguns exemplos de vários tipos de modelo. O que é um modelo matemático? Desenvolva dois exemplos de modelos matemáticos.

1-6 Liste algumas fontes de dados de entrada.

1-7 O que é implementação e por que ela é importante?

1-8 Descreva o uso da análise de sensibilidade e da análise de pós-otimalidade na análise dos resultados.

1-9 Os administradores são rápidos em alegar que os analistas quantitativos falam em um jargão que não parece português. Liste quatro termos que podem não ser entendidos por um administrador. Depois, explique em termos não-técnicos o que cada um significa.

1-10 Por que você acha que muitos analistas quantitativos não gostam de participar do processo de implantação? O que pode ser feito para mudar essa atitude?

1-11 As pessoas que usarão os resultados de um novo modelo quantitativo deverão se envolver nos aspectos técnicos do procedimento de solução de problema?

1-12 C. W. Churchman uma vez disse que "a matemática ... tende a iludir o leigo em acreditar que aquele que pensa de modo complexo pensa bem." Você acha que os melhores modelos de QA são os mais elaborados e complexos matematicamente? Por quê?

1-13 O que é ponto de equilíbrio? Quais os parâmetros necessários para encontrá-lo?

Problemas*

1-14 Gina Fox começou sua empresa, Camisetas Foxy, que manufatura camisetas com impressão para ocasiões especiais. Desde que ela iniciou essa operação, ela aluga o equipamento de uma loja local de impressão quando necessário. O custo do uso do equipamento é de $350. O material usado em uma camiseta custa $8 e Gina pode vendê-las por $15 cada.
(a) Se Gina vende 20 camisetas, qual será sua receita total? Qual será o total do seu custo variável?
(b) Quantas camisetas Gina deve vender para atingir o ponto de equilíbrio? Qual é o total da receita nesse caso?

1-15 Ray Bond vende decorações artesanais para jardim em feiras regionais. O custo variável para fazer os objetos é de $20 cada e ele os vende por $50. O custo para alugar uma barraca na feira é de $150. Quantos objetos Ray deve vender para atingir o ponto de equilíbrio?

1-16 Ray Bond, do Problema 1-15, está tentando encontrar um novo fornecedor que irá reduzir seu custo variável da produção a $15 por unidade. Se ele conseguir reduzir esse custo, qual seria o ponto de equilíbrio?

1-17 Katherine D'Ann planeja financiar sua faculdade vendendo programas nos jogos de futebol para a Universidade Estadual. Existe um custo fixo de $400 para imprimir esses programas e o custo variável é de $3. Há também uma taxa de $1000 paga à Universidade pelo direito de vender esses programas. Se Katherine conseguir vender os programas a $5 cada, quantos ela teria de vender para atingir o ponto de equilíbrio?

1-18 Katherine D'Ann, do Problema 1-17, está preocupada com a queda nas vendas porque o time está num período de perdas e o comparecimento aos jogos caiu. Katherine acredita que irá vender somente 500 programas para o próximo jogo. Se fosse possível aumentar o preço de venda do programa e ainda vender 500, qual seria o preço para Katherine atingir o ponto de equilíbrio vendendo 500?

1-19 A Materiais Farris Billiard vende todos os tipos de equipamentos para bilhar e cogita fabricar sua própria marca de tacos de bilhar. Mysti Farris, gerente de produção, atualmente analisa a produção de tacos de bilhar para uso doméstico que deve ser bem popular. Depois de examinar os custos, Mysti determina que o custo dos materiais e a mão de obra para cada taco é de $25, e o custo fixo que precisa ser coberto é de $2400 por semana. Com o preço de venda de $40 cada, quantos tacos devem ser vendidos para atingir o ponto de equilíbrio? Qual será o total da receita nesse ponto de equilíbrio?

1-20 Mysti Farris (veja o Problema 1-19) considera aumentar o preço de venda de cada taco para $50 em vez de $40. Se isso for feito enquanto os custos permanecerem os mesmos, qual será o novo ponto de equilíbrio? Qual será o total da receita nesse ponto de equilíbrio?

1-21 Mysti Farris (veja o Problema 1-19) acredita existir uma grande probabilidade de vender 120 tacos de bilhar se o preço de venda for estabelecido de modo adequado. Qual é o preço de venda que levaria o ponto de equilíbrio a ser 120?

1-22 A Planos de Aposentadoria Anos Dourados é especialista no fornecimento de conselhos financeiros para pessoas que planejam uma aposentadoria confortável. A empresa oferece seminários sobre tópicos importantes do planejamento da aposentadoria. Para um seminário típico, o aluguel de uma sala num hotel é $1.000 e o custo da propaganda e outros acessórios é de aproximadamente $10.000 por seminário. O custo dos materiais e presentes específicos para cada participante do seminário é de $60 por pessoa. A empresa cobra $250 por pessoa para participar do seminário, um valor competitivo comparado a outras empresas do ramo. Quantas pessoas devem participar do seminário da Anos Dourados para atingir o equilíbrio?

ESTUDO DE CASO

Comida e bebida nos jogos de futebol na Southwestern

A Southwestern University (SWU), uma grande faculdade estadual em Stephenville, Texas, 30 milhas a sudoeste de Dallas, área metropolitana de Fort Worth, tem quase 20000 estudantes matriculados. A faculdade é a força dominante nessa pequena cidade, com mais alunos durante o outono e primavera do que residentes permanentes.

Há muito tempo uma potência em futebol, a SWU é membro da conferência dos Big Eleven e geralmente figura entre os 20 melhores nos rankings do futebol universitário. Para reforçar suas chances de alcançar o difícil e há muito desejado número um do ranking, em 2002 a SWU contratou o famoso Bo Pitterno

---

* Nota: Q significa que o problema pode ser resolvido com o QM para Windows, X significa que o problema pode ser resolvido com o Excel e Q/X significa que ele pode ser resolvido tanto com o QM para Windows quanto com o Excel.

como técnico-chefe. Embora a posição número um do ranking ainda permaneça fora de alcance, o comparecimento aos cinco jogos de sábado em casa aumentou a cada ano. Antes da chegada de Pitterno, a média do comparecimento era de 25000-29000 pessoas. A venda dos ingressos para a temporada subiu para mais de 10000 somente com o anúncio da chegada do novo técnico. Stephenville e a SWU estão prontos para a diversão!

Com o aumento dos comparecimentos veio a fama, a necessidade de um estádio maior e mais reclamações sobre as acomodações, longas filas para o estacionamento, concessões e preços. O presidente da Southwestern University, Dr. Marty Starr, estava preocupado não somente com o custo da expansão do estádio existente *versus* construir um novo estádio, mas também com as atividades auxiliares. Ele queria ter certeza de que essas várias atividades de suporte gerariam receita própria. Consequentemente, ele queria que os estacionamentos, os programas dos jogos e a alimentação fossem operados como centros de lucros. Numa recente reunião para a discussão do novo estádio, Starr pediu ao gerente do estádio, Hank Maddux, para determinar um ponto de equilíbrio e dados relacionados para cada um dos centros. Ele pediu a Maddux o relatório do equilíbrio da área de alimentação pronto para a próxima reunião. Após discutir com gerentes de outras instalações e seus subordinados, Maddux desenvolveu a seguinte tabela mostrando os preços de venda sugeridos e sua estimativa dos custos variáveis e a percentagem da receita por item. Ela também fornece uma estimativa da percentagem do total das receitas esperado para cada item com base em dados históricos de venda.

Item	Preço de venda/ unidade	Custo variável/ unidade	Percentual da receita
Refrigerantes	$1,50	$0,75	25%
Café	2,00	0,50	25%
Cachorros-quentes	2,00	0,80	20%
Hambúrgueres	2,50	1,00	20%
Lanches em geral	1,00	0,40	10%

Os custos fixos de Maddux são interessantes. Ele estimou que o custo da parte rateada do estádio seria como segue: salários para os serviços de alimentação em $100000 ($20000 para cada um dos cinco jogos em casa); 2400 metros quadrados do espaço do estádio a $2 por metro quadrado por jogo e cinco pessoas por guichê em cada um dos seis guichês por 5 horas a $7 a hora. Esses custos fixos serão proporcionalmente alocados para cada um dos produtos baseados em percentagens fornecidas pela tabela. Por exemplo, espera-se que a receita dos refrigerantes cubra 25% do total dos custos fixos.

Maddux quer ter certeza de que tem algumas coisas para apresentar ao presidente Starr: (1) o custo total que deve ser coberto a cada um dos jogos; (2) a parte do custo fixo alocado a cada um dos itens; (3) quais seriam suas vendas em unidades no ponto de equilíbrio para cada item, isto é, que vendas de refrigerantes, café, cachorros-quentes e hambúrgueres seriam necessárias para cobrir a porção do custo fixo alocado a cada um desses; (4) que vendas em dólar para cada um deles estariam nesses pontos de equilíbrio e (5) vendas reais estimadas por espectador para uma audiência de 60000 e 35000 (em outras palavras, ele quer saber quantos dólares cada espectador gasta em comida nas suas vendas de equilíbrio projetadas no momento, e se a audiência aumentar para 60000). Essa última informação seria útil para entender quão realistas as suposições do modelo são e esse dado poderia ser comparado a números similares das temporadas anteriores.

Questão para discussão

1. Prepare um breve relatório com os itens mencionados para o Dr. Starr na próxima reunião.

Adaptado de HEIZER J., RENDER, B. *Operations Management*, 6th ed. Upper Saddle River, NJ: Prentice Hall, 2000, p. 274-75.

BIBLIOGRAFIA

ACKOFF, R. L. *Scientific Method: Optimizing Applied Research Decisions*. New York: John Wiley & Sons Inc., 1962.

BEAM, Carrie. ASP, the Art and Science of Practice: How I Started an OR/MS Consulting Practice with a Laptop, a Phone, and a PhD. *Interfaces*, v. 34, July-August 2004, p. 265-71.

BOARD, John, SUTCLIFFE, Charles, ZIEMBA, William T. Applying Operations Research Techniques to Financial Markets. *Interfaces*, v. 33, March-April 2003, p. 12-24.

CHURCHMAN, C.W. Relativity Models in the Social Sciences. *Interfaces*, v.4, 1 November 1973.

CHURCHMAN, C.W. *The Systems Approach*. New York: Delacort Press, 1968.

DUTTA, Goutam. Lessons for Success in OR/MS Practice Gained from Experiences in Indian and U.S. Steel Plants. *Interfaces*, v. 30 n.5, September-October 2000, p. 23-30.

GINZBERG, M. J. Finding an Adequate Measure of OR/MS Effectiveness. *Interfaces*, v. 8 n. 4, August 1978, p. 59-62.

GRAYSON, C. J. Management Science and Business Practice. *Harvard Business Review*, v. 51, 1973.

HOROWITZ, Ira. Aggregating Expert Ratings Using Preference-Neutral Weights: The Case of the College Football Polls. *Interfaces*, v. 34, July-August 2004, p. 314-20.

KESKINOCAK, Pinar e TAYUR, Sridhar. Quantitative Analysis for Internet-Enabled Supply Chains. *Interfaces*, v. 31, n. 2, March-April 2001, p. 70-89.

LAVAL, Claude, FEYHL, Marc e KAKOUROS, Steve. Hewlett-Packard Combined OR and Expert Knowledge to Design Its Supply Chains. *Interfaces*, v. 35, May-June 2005, p.238-47.

MCFADZEAN, Elspeth. Creativity in MS/OR: Choosing the Appropriate Technique. *Interfaces*, v. 29 n.5, September-October 1999, p.110-122.

PIDD, Michael. Just Modeling Through: A Rough Guide to Modeling. *Interfaces*, v. 29, n. 2, March-April 1999, p. 118-32.

SAATY, T. L. Reflections and Projections on Creativity in Operations Research and Management Science: A Pressing Need for a Shifting Paradigm. *Operations Research*, v. 46, n. 1, 1998, p. 9-16.

SALVESON, Melvin. The Institute of Management Science: A Prehistory and Commentary. *Interfaces*, v. 27, n. 3, May–June 1997, p. 74-85.

VAZSONI, Andrew. The Purpose of Mathematical Models Is Insight, Not Numbers. *Decision Line*, January 1998), p. 20–1.

WRIGHT, P. Daniel, LIBERATORE, Matthew J., NYDICK, Robert L. A Survey of Operations Research Models and Applications in Homeland Security. *Interfaces*, v. 36, November-December, 2006, p. 514-29.

CAPÍTULO 2

Probabilidade: Conceitos e Aplicações

OBJETIVOS DE APRENDIZAGEM

Depois de ler este capítulo, os alunos serão capazes de:

1. Entender os fundamentos básicos da análise probabilística
2. Descrever eventos dependentes e independentes
3. Utilizar o teorema de Bayes para determinar probabilidades condicionadas
4. Descrever e fornecer exemplos de variáveis aleatórias discretas e contínuas
5. Explicar a diferença entre distribuições discretas e contínuas
6. Calcular valores esperados e variâncias e utilizar a tabela da normal

VISÃO GERAL DO CAPÍTULO

2.1 Introdução
2.2 Conceitos básicos
2.3 Eventos mutuamente exclusivos e coletivamente exaustivos
2.4 Eventos independentes
2.5 Eventos dependentes
2.6 Revisando probabilidades com o Teorema de Bayes
2.7 Revisões adicionais de probabilidade

2.8 Variáveis aleatórias
2.9 Distribuições de probabilidade
2.10 A distribuição binomial
2.11 A distribuição normal
2.12 A distribuição F
2.13 A distribuição exponencial
2.14 A distribuição de Poisson

Resumo • Glossário • Equações-chave • Problemas resolvidos • Autoteste • Questões para discussão e problemas • Problemas extras na Internet • Estudo de caso: A WTVX • Bibliografia

Apêndice 2.1: Derivação do Teorema de Bayes
Apêndice 2.2: Estatística básica utilizando o Excel

2.1 INTRODUÇÃO

A vida seria mais simples se soubéssemos com certeza o que vai acontecer no futuro. O resultado de qualquer decisão dependeria somente de quão lógica e racional a decisão fosse. Se você perdesse dinheiro na bolsa de valores, seria porque falhou em considerar todas as informações ou em tomar uma decisão lógica. Se você fosse apanhado pela chuva, seria simplesmente porque esqueceu seu guarda-chuva. Você sempre poderia evitar construir um prédio grande demais, investir em uma companhia que perderá dinheiro, ficar sem mantimentos ou perder a colheita em virtude do mau tempo. Não existiriam investimentos de risco. A vida seria simples, mas chata.

As pessoas começaram a quantificar o risco e aplicar esse conceito às situações do cotidiano apenas a partir do século XVI. Hoje, a ideia de risco ou probabilidade é parte de nossas vidas. "Existe uma probabilidade de 40% de que chova hoje em São Paulo." "Os Seminoles da Florida State University tem uma vantagem de 2 a 1 contra os Tigers da Louisiana State University este sábado." "Existe uma chance de 50-50 de que o mercado de ações alcance um pico máximo no próximo mês."

*A **probabilidade** é uma afirmação numérica sobre a possibilidade de um evento ocorrer.* Neste capítulo, iremos examinar os conceitos básicos, termos e relacionamentos da probabilidade e das distribuições de probabilidade úteis na solução de muitos problemas da análise quantitativa. A Tabela 2.1 lista alguns dos tópicos abordados neste livro baseados na teoria da probabilidade. O estudo da análise quantitativa seria bastante difícil sem eles.

A probabilidade é uma avaliação quantitativa sobre a possibilidade de um evento ocorrer.

2.2 CONCEITOS BÁSICOS

Existem duas regras básicas sobre a teoria da probabilidade:

1. A probabilidade, *P*, de qualquer evento ou estado da natureza ocorrer é maior ou igual a zero e menor ou igual a um. Isto é:

$$0 \leq P(\text{Evento}) \leq 1 \tag{2-1}$$

Uma probabilidade de zero indica que se espera que um evento nunca ocorra e uma probabilidade de um significa que se espera que o evento sempre ocorra.

2. A soma das probabilidades para todas as possíveis ocorrências simples de uma atividade deve ser igual a 1. Os dois conceitos estão ilustrados no Exemplo 1.

As pessoas às vezes quebram as duas regras básicas da probabilidade quando fazem afirmações do tipo: "Estou 110% confiante de que venceremos o próximo jogo".

TABELA 2.1 Capítulos do livro que utilizam probabilidade

Capítulo	Título
3	Análise de decisão
4	Modelos de regressão
5	Previsão
6	Modelos de controle de estoque
13	Gestão de projetos
14	Filas e modelos de teoria das filas
15	Modelagem por simulação
16	Análise de Markov
17	Controle estatístico de qualidade
Módulo 3	Teoria da decisão e a distribuição normal
Módulo 4	Teoria dos jogos

Exemplo 1: As duas regras da probabilidade A demanda por tinta látex branca na loja de pintura Diversos tem sido sempre de 0, 1, 2, 3 ou 4 galões por dia. (Não existe outra opção possível e quando uma ocorre, nenhuma outra pode ocorrer.) Nos últimos 200 dias de trabalho, o proprietário anotou os seguintes valores para a demanda:

Demanda (galões)	Número de dias
0	40
1	80
2	50
3	20
4	10
Total	200

Se essa demanda passada é um bom indicador das vendas futuras, podemos encontrar os valores aproximados da probabilidade de cada possível valor de procura ocorrer no futuro convertendo os dados em percentuais em relação ao total de dias observados:

Demanda (galões)	Número de dias
0	0,20 = 40/200
1	0,40 = 80/200
2	0,25 = 50/200
3	0,10 = 20/200
4	0,05 = 10/200
Total	1,00 = 200/200

Assim, a probabilidade de que as vendas sejam de dois galões de tinta em qualquer um dos dias é $P(2 \text{ galões}) = 0,25 = 25\%$. A probabilidade de qualquer nível de vendas deve ser maior ou igual a zero e menor ou igual a um. Uma vez que 0, 1, 2, 3 e 4 galões esgotam todos os possíveis eventos simples, a soma de suas probabilidades deve ser igual a 1.

Tipos de probabilidade

Existem duas formas diferentes de determinar probabilidades: a *abordagem objetiva* e a *abordagem subjetiva*.

Probabilidade objetiva O Exemplo 1 fornece uma ilustração da avaliação objetiva da probabilidade. A probabilidade de qualquer nível de demanda por tinta é a *frequência relativa* da ocorrência de tal demanda em um grande número de observações (200 dias, neste caso). Em geral,

$$P(\text{evento}) = \frac{\text{Número de ocorrências de um evento}}{\text{Número de tentativas ou repetições}}$$

A probabilidade objetiva também pode ser determinada pela utilização do denominado *método clássico ou lógico*. Sem executar uma série de tentativas ou repetições de um experimento, podemos determinar logicamente quais são as probabilidades dos vários eventos. Por exemplo, a probabilidade de lançarmos uma moeda e obtermos cara é:

$$P(\text{cara}) = \frac{1}{2} \begin{array}{l} \longleftarrow \textit{Número de maneiras de obter cara} \\ \longleftarrow \textit{Número de resultados possíveis (cara ou coroa)} \end{array}$$

De modo semelhante, a probabilidade de retirarmos uma carta de espadas de um baralho de 52 cartas pode ser determinada como:

$$P(\text{cara}) = \frac{13}{52} \begin{array}{l} \leftarrow \textit{Número de maneiras de retirar uma carta de espadas} \\ \leftarrow \textit{Número de resultados possíveis (cartas do baralho)} \end{array}$$

$$= 1/4 = 0{,}25 = 25\%$$

De onde surgem as probabilidades? Às vezes elas são subjetivas e baseadas em experiências pessoais. Outras vezes elas são baseadas objetivamente em observações lógicas, como o lançamento de um dado. Muitas vezes são derivadas de dados históricos.

Probabilidade subjetiva Quando a lógica ou o histórico anterior não são apropriados, os valores da probabilidade podem ser determinados *subjetivamente*. A acurácia das probabilidades subjetivas depende da experiência e do julgamento da pessoa que está fazendo as estimativas. Uma série de valores de probabilidades não pode ser determinada a menos que a abordagem subjetiva seja utilizada. Qual é a probabilidade de que o preço do litro da gasolina esteja acima de R$ 3,00 nos próximos anos? Qual é a probabilidade de que nossa economia sofra uma severa depressão em 2015? Qual é a probabilidade de que você seja presidente de uma grande companhia dentro dos próximos 20 anos?

Existem muitos métodos para fazer avaliações sobre probabilidades subjetivas. Pesquisas de opinião podem ser utilizadas como auxílio na determinação de probabilidades subjetivas para a possível eleição e os candidatos políticos potenciais. Em alguns casos, a experiência e a opinião devem ser utilizadas para fazer avaliações de valores de probabilidades subjetivas. Um gerente de produção, por exemplo, pode crer que a probabilidade de fabricar um novo produto sem um único defeito seja 0,85. No método Delphi, um painel de especialistas é organizado para fazer suas previsões futuras. Essa abordagem é discutida no Capítulo 5.

2.3 EVENTOS MUTUAMENTE EXCLUSIVOS E COLETIVAMENTE EXAUSTIVOS

Eventos são ditos *mutuamente exclusivos* se apenas um dos eventos puder ocorrer em uma dada realização do experimento. Eles são *coletivamente exaustivos* se os elementos de todos os eventos incluem todas as saídas possíveis em um dado experimento. Muitas experiências comuns envolvem eventos que apresentam essas duas propriedades. No lançamento de uma moeda, por exemplo, os possíveis resultados são cara e coroa. Uma vez que ambos não podem ocorrer em um único lançamento, os eventos que envolvem cara e coroa são mutuamente exclusivos. Ainda, uma vez que obter cara e coroa representa todos os resultados possíveis, os eventos são também coletivamente exaustivos.

Exemplo 2: Lançamento de um dado Lançar um dado é um experimento simples com seis possíveis resultados, cada um listado na tabela com as probabilidades correspondentes:

Faces	Probabilidade
1	1/6
2	1/6
3	1/6
4	1/6
5	1/6
6	1/6
Total	1

Esses eventos são tanto mutuamente exclusivos (em qualquer lançamento, somente um dos seis eventos – faces – pode ocorrer) quanto coletivamente exaustivos (um deles deve ocorrer e a soma total das probabilidades é 1).

MODELAGEM NO MUNDO REAL — Transplantes de fígado nos Estados Unidos

Definir o problema

A falta de fígados para transplante alcançou níveis críticos nos Estados Unidos; 1131 pessoas morreram em 1997 enquanto esperavam por um transplante. Com apenas 4000 doadores de fígado por ano, existem 10000 pacientes na lista de espera, com 8000 surgindo a cada ano. É necessário desenvolver um modelo para avaliar políticas a fim de distribuir fígados aos pacientes terminais que precisam deles.

Desenvolver o modelo

Médicos, engenheiros, pesquisadores e cientistas trabalharam em conjunto com a empresa de Consultoria Pritsker no processo de criar um modelo de distribuição de fígados denominado ULAM. Uma das tarefas do modelo era avaliar se a lista dos potenciais beneficiados seria de base regional ou nacional.

Obter os dados de entrada

Dados históricos estavam disponíveis pela United Network for Sharing Organs (UNOS, Rede Americana para Compartilhamento de Órgãos), de 1990 a 1995. Os dados foram armazenados no ULAM. Um processo probabilístico de Poisson descreveu as chegadas de doadores em cada um dos 63 centros de captação de órgãos e a chegada de pacientes em cada um dos 106 centros de transplante de fígados.

Desenvolver a solução

O modelo ULAM forneceu as probabilidades de um fígado doado ser aceito, onde a probabilidade é uma função do status médico do paciente, do centro de transplante e da qualidade do fígado disponível. O ULAM modelou também a probabilidade diária de um paciente mudar de um estado crítico para outro.

Testar a solução

O teste envolveu uma comparação da saída do modelo com os valores reais no período de 1992–1994. Os resultados do modelo foram próximos o suficiente dos resultados reais e o ULAM foi validado.

Analisar os resultados

O ULAM foi utilizado para comparar mais de 100 políticas de distribuição de fígados e foi então atualizado em 1998, com dados mais recentes, para uma apresentação ao Congresso.

Implementar os resultados

Com base nos resultados estimados, o comitê UNOS votou 18-0 na implementação de uma política de distribuição com base em listas regionais em vez de nacionais. Com essa decisão, espera-se que 2414 vidas sejam salvas em um período de oito anos.

Fonte: Baseado em PRITSKER, A. A. B. "Life and Death Decisions." *OR/MS Today*. August 1998, p. 22–28.

Exemplo 3: Retirando uma carta Você é solicitado a retirar uma carta de um baralho de 52 cartas. Utilizando a determinação lógica, é fácil estabelecer alguns relacionamentos, como:

$$P(\text{retirar um sete}) = 4/52 = 1/13$$

$$P(\text{retirar uma carta de copas}) = 13/52 = 1/4$$

Esses eventos (retirar um sete e retirar uma carta de copas) não são mutuamente exclusivos uma vez que o sete de copas pode ser retirado. Eles também não são coletivamente exaustivos uma vez que existem outras cartas no baralho além de setes e copas.

Essa tabela é bastante útil para auxiliar no entendimento da diferença entre eventos mutuamente exclusivos e coletivamente exaustivos.

Experimento	Mutuamente exclusivos	Coletivamente exaustivos
1. Retirar uma carta de espada e uma de paus	Sim	Não
2. Retirar uma figura e um número	Sim	Sim
3. Retirar um ás e um 3	Sim	Não
4. Retirar uma carta de paus e uma de outro naipe	Sim	Sim
5. Retirar um 5 e um ouro	Não	Não
6. Retirar uma vermelha e uma de ouro	Não	Não

Você pode testar o seu entendimento desses conceitos examinando os seguintes casos:

Adicionando eventos mutuamente exclusivos

Frequentemente, estamos interessados em se um *ou* outro evento irá ocorrer. Isso é denominado *união* de dois eventos. Quando esses eventos são mutuamente exclusivos, a regra de adição é:

$$P(\text{Evento } A \text{ ou evento } B) = P(\text{Evento } A) + P(\text{Evento } B)$$

ou, de forma mais resumida,

$$P(A \text{ ou } B) = P(A) + P(B) \quad (2\text{-}2)$$

Por exemplo, vimos que os eventos retirar uma carta de espadas ou uma de paus de um baralho são mutuamente exclusivos. Como $P(\text{Espada}) = 13/52$ e $P(\text{Paus}) = 13/52$, a probabilidade de retirar uma carta de espadas ou uma de paus é:

$$P(\text{espada ou paus}) = P(\text{espada}) + P(\text{paus})$$
$$= 13/52 + 13/52$$
$$= 26/52 = 1/2 = 0{,}50 = 50\%$$

O *Diagrama de Venn* na Figura 2.1 ilustra a probabilidade de ocorrência de eventos mutuamente exclusivos.

Regra da adição para eventos não mutuamente exclusivos

Quando dois eventos não são mutuamente exclusivos, a Equação 2.2 deve ser modificada para levar em consideração a dupla contagem. A equação correta reduz a probabilidade pela subtração da probabilidade de que ambos os eventos ocorram simultaneamente:

$$P(\text{evento } A \text{ ou evento } B) = P(\text{evento } A) + P(\text{evento } B)$$
$$- P(\text{evento } A \text{ e } B \text{ ocorram simultaneamente})$$

Isso pode ser expresso de forma resumida como:

$$P(A \text{ ou } B) = P(A) + P(B) - P(A \text{ e } B) \quad (2\text{-}3)$$

$P(A \text{ ou } B) = P(A) + P(B)$

FIGURA 2.1 Regra da adição para eventos mutuamente exclusivos.

A fórmula para somar probabilidades de eventos que não são mutuamente exclusivos é $P(A \text{ ou } B) = P(A) + P(B) - P(A \text{ e } B)$. Você sabe por que subtraímos $P(A \text{ e } B)$?

A Figura 2.2 ilustra o conceito de subtrair a probabilidade da ocorrência simultânea dos dois eventos. Quando os eventos são mutuamente exclusivos, a área de sobreposição, chamada de *intersecção*, é 0, como mostrado na Figura 2.1.

Vamos considerar os eventos de retirar um cinco e uma carta de ouros de um baralho. Esses eventos não são mutuamente exclusivos, assim, a Equação 2.3 deve ser utilizada para obter a probabilidade de obtermos um cinco ou uma carta de ouros:

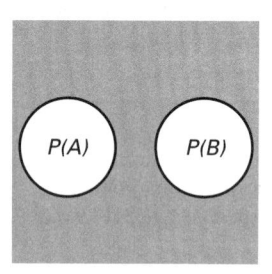

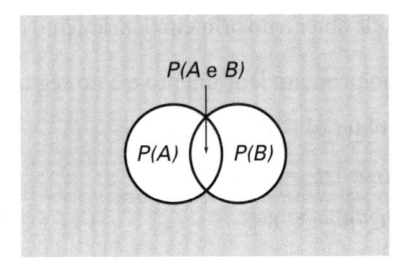

$P(A \text{ ou } B) = P(A) + P(B) - P(A \text{ e } B)$

FIGURA 2.2 Regra da adição para eventos que não são mutuamente exclusivos.

$P(\text{cinco } ou \text{ uma carta de ouros}) = P(\text{cinco}) + P(\text{ouros}) - P(\text{cinco } e \text{ carta de ouros})$

$= 4/52 + 13/52 - 1/52$

$= 16/52 = 4/13$

2.4 EVENTOS INDEPENDENTES

Eventos podem ser tanto *dependentes* quanto *independentes*. Quando eles são *independentes*, a ocorrência de um evento não tem efeito na probabilidade da ocorrência do segundo evento. Vamos examinar quatro conjuntos de eventos e determinar quais são independentes:

1. (a) Sua educação
   (b) Seu nível de renda
   } *Eventos dependentes* Você pode explicar por quê?

2. (a) Retirar um valete de copas de um baralho de 52 cartas
   (b) Retirar um valete de paus de um baralho de 52 cartas
   } *Eventos independentes*

3. (a) Os Cubs de Chicago vencerem o campeonato nacional
   (b) Os Cubs de Chicago vencerem o campeonato mundial
   } *Eventos dependentes*

4. (a) Neve em Santiago, Chile
   (b) Chuva em Tel Aviv, Israel
   } *Eventos independentes*

Os três tipos de probabilidade tanto para os eventos dependentes quanto independentes são: (1) marginal, (2) conjunta e (3) condicional. Quando os eventos são independentes, esses três tipos são muito fáceis de calcular, como veremos.

Uma *probabilidade marginal* (ou *simples*) é a probabilidade de um evento ocorrer. Por exemplo, se lançarmos um dado honesto, a probabilidade marginal de obtermos uma face 2 é $P(\text{face dois}) = 1/6 = 0{,}1667 = 16{,}67\%$. Como cada lançamento é um evento independente (isto é, o que obtemos no primeiro lançamento não tem efeito algum nos lançamentos posteriores), a probabilidade marginal de cada uma das possíveis saídas é 1/6.

A probabilidade marginal é a probabilidade de um evento ocorrer.

A *probabilidade conjunta* da ocorrência de dois ou mais eventos independentes é o produto de suas probabilidades marginais. Isso pode ser escrito como:

$$P(AB) = P(A) \times P(B) \qquad (2\text{-}4)$$

A probabilidade conjunta é o produto das probabilidades marginais.

onde:

$P(AB)$ = probabilidade dos eventos A e B ocorrerem juntos, ou um após o outro

$P(A)$ = probabilidade marginal do evento A

$P(B)$ = probabilidade marginal do evento B

A probabilidade, por exemplo, de obter 6 no primeiro lançamento de um dado e 2 no segundo é:

P(6 no primeiro lançamento e 2 no segundo)

= P(obter 6) × P(obter 2)

= 1/6 × 1/6 = 1/36

= 0,0278 = 2,78%

A probabilidade condicional é a probabilidade de um evento ocorrer dado que outro evento tenha ocorrido.

O terceiro tipo, *probabilidade condicional*, é expresso como P(B/A) ou a "probabilidade de o evento B ocorrer dado que o evento A ocorreu". Uma vez que os eventos são independentes, a ocorrência de um não afeta a ocorrência de outro, assim, P(A/B) = P(A) e P(B/A) = P(B).

Exemplo 4: Probabilidades quando os eventos são independentes Uma urna contém três bolas pretas (P) e sete verdes (V). Retiramos uma bola da urna, repomos e então retiramos uma segunda bola. Podemos, então, determinar a probabilidade da ocorrência dos seguintes eventos:

1. Uma bola preta é retirada na primeira vez;

P(P) = 0,30 *(Essa é uma probabilidade marginal.)*

2. Duas bolas verdes são retiradas;

P(VV) = P(V)P(V) = (0,70)(0,70) = 0,49

(Essa é uma probabilidade conjunta para dois eventos independentes.)

3. Uma bola preta é retirada na segunda vez se uma verde foi retirada na primeira;

P(P/V) = P(P) = 0,30 *(Essa é uma probabilidade condicional, mas igual à marginal porque as duas retiradas são eventos independentes.)*

4. Uma bola verde é retirada na segunda vez se uma verde também foi retirada na primeira.

P(V/V) = P(V) = 0,70 *(Essa é uma probabilidade condicional como no evento 3.)*

2.5 EVENTOS DEPENDENTES

Quando os eventos são dependentes, a ocorrência de um dos eventos afeta a probabilidade da ocorrência do outro. Probabilidades marginais, condicionais e conjuntas existem na dependência assim como na independência, mas a forma das últimas duas se altera.

A *probabilidade marginal* é calculada exatamente da mesma forma que para os eventos independentes. Novamente, a probabilidade marginal de ocorrência de um evento A é representada por P(A).

Calcular uma *probabilidade condicional* sob dependência é mais complicado do que sob independência. A fórmula para a probabilidade condicional de A, dado que o evento B tenha ocorrido, é:

$$P(A|B) = \frac{P(AB)}{P(B)} \quad (2\text{-}5)$$

Da Equação 2-5, a fórmula para a probabilidade conjunta é:

$$P(AB) = P(A|B)P(B) \quad (2\text{-}6)$$

Exemplo 5: Probabilidades quando os eventos são dependentes Imagine que temos uma urna contendo 10 bolas com as seguintes características:

4 são brancas (B) e contém uma letra (L).

2 são brancas (B) e numeradas (N).

3 são amarelas (A) e contém uma letra (L).

1 é amarela (A) e numerada (N).

Você aleatoriamente retira uma bola da urna e verifica que ela é amarela. Qual é a probabilidade de que a bola contenha uma letra? (Veja a Figura 2.3.)

Uma vez que existem 10 bolas, é simples tabular uma série de probabilidades úteis:

$P(BL) = 4/10 = 0,40 \qquad P(AL) = 3/10 = 0,30$

$P(BN) = 2/10 = 0,20 \qquad P(AN) = 1/10 = 0,10$

$P(B) = 6/10 = 0,60$ ou $\quad P(B) = P(BL) + P(BN) = 0,40 + 0,20 = 0,60$

$P(L) = 7/10 = 0,70$ ou $\quad P(L) = P(BL) + P(AL) = 0,40 + 0,30 = 0,70$

$P(A) = 4/10 = 0,40$ ou $\quad P(A) = (AL) \; + P(AN) = 0,30 + 0,10 = 0,40$

$P(N) = 3/10 = 0,30$ ou $\quad P(N) = P(BN) + P(AN) = 0,20 + 0,10 = 0,30$

Agora podemos calcular a probabilidade condicional de que a bola retirada contém uma letra, dado que é amarela:

$$P(L \mid A) = \frac{P(AL)}{P(A)} = \frac{0,3}{0,4} = 0,75$$

Essa equação mostra que dividimos a probabilidade de uma bola ser *amarela* e conter uma *letra* (3 em 10) pela probabilidade de bolas amarelas (4 em 10). Existe uma probabilidade de 0,75 que uma bola amarela retirada contenha uma letra.

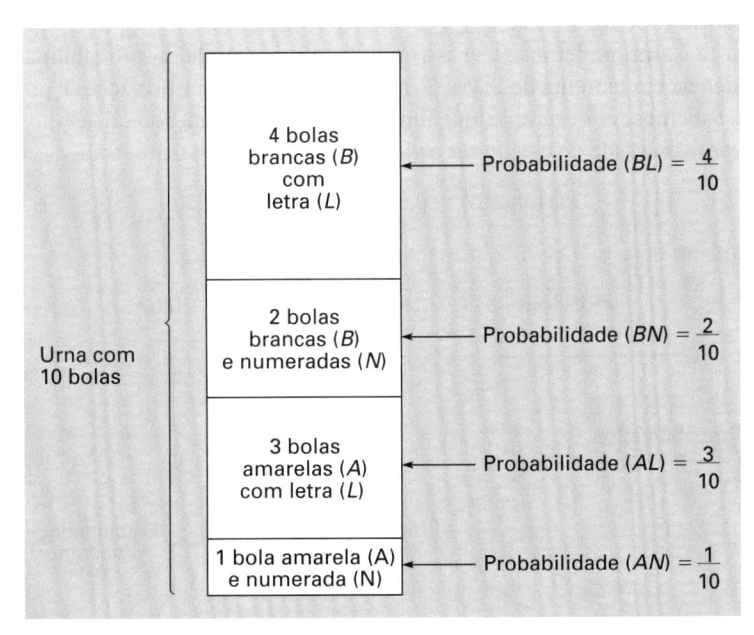

FIGURA 2.3 Eventos dependentes do Exemplo 5.

Podemos utilizar a fórmula da probabilidade conjunta para verificar que $P(AL) = 0,30$, obtida por inspeção no Exemplo 5 pela multiplicação de $P(L/A)$ por $P(A)$.

$$P(AL) = P(L/A) \mid P(A) = (0,75)(0,40) = 0,30$$

Exemplo 6: Probabilidades conjuntas quando os eventos são dependentes Seu corretor lhe informa que se o mercado de ações alcançar 12500 pontos em Janeiro existe uma probabilidade de 70% de que a Eletrônica Desentuba terá um aumento substancial de suas ações. Sua percepção é de que existe uma probabilidade de apenas 40% de o mercado alcançar 12500 pontos em Janeiro. Você consegue calcular a probabilidade de que *tanto* o mercado alcance os 12500 pontos *quanto* os preços da Desentuba aumentem?

Se M é a probabilidade de o mercado de ações alcançar o nível dos 12500 pontos e D, a probabilidade de a Desentuba aumentar de valor, então:

$$P(MD) = P(D/M) \mid P(M) = (0,70)(0,40) = 0,28$$

Existe apenas uma probabilidade de 28% de que os dois eventos ocorram.

2.6 REVISANDO PROBABILIDADES COM O TEOREMA DE BAYES

O Teorema de Bayes é utilizado para incorporar informações adicionais assim que elas estejam disponíveis e ajudar a determinar probabilidades revisadas ou *posteriores*. Isso significa que podemos utilizar dados recentes e então revisar e melhorar nossas probabilidades estimadas de um evento (veja a Figura 2.4). Considere o seguinte exemplo.

Exemplo 7: Probabilidades posteriores Um copo contém dois dados de aparência idêntica. No entanto, um é honesto e o outro é viciado. A probabilidade de obter um três no dado honesto é 0,1667. A probabilidade de obter o mesmo valor com o dado viciado é 0,60.

Não temos como saber qual dos dados é viciado e um deles é selecionado ao acaso e lançado. O resultado é três. Com essa informação adicional, podemos determinar a probabilidade (revisada) de que o dado lançado foi o honesto? Podemos determinar a probabilidade de que o dado lançado foi o viciado?

A resposta é sim: podemos fazer isso utilizando a fórmula da probabilidade conjunta com dependência e o teorema de Bayes. Primeiro, pegamos as informações e probabilidades disponíveis. Sabemos, por exemplo, que uma vez que o dado lançado foi selecionado aleatoriamente, a probabilidade de o dado ser o viciado ou o honesto é 0,50.

$$P(\text{Honesto}) = 0,50 \text{ e } P(\text{Viciado}) = 0,50$$

Sabemos também que:

$$P(3/\text{Honesto}) = 0,1667 \text{ e } P(3 \mid \text{Viciado}) = 0,60$$

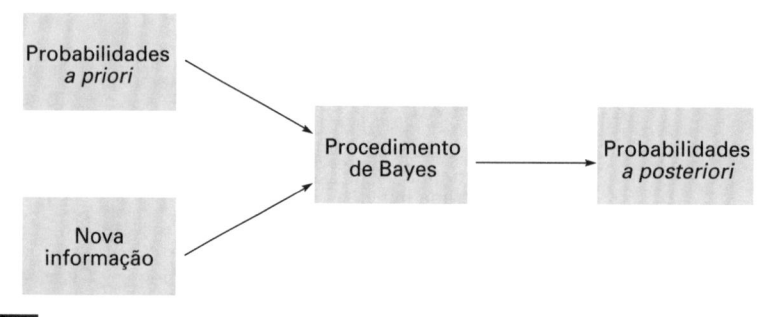

FIGURA 2.4 Utilizando o procedimento de Bayes.

O próximo passo é calcular as probabilidades conjuntas $P(3$ e Honesto$)$ e $P(3$ e Viciado$)$ utilizando a fórmula $P(AB) = P(A \mid B) \times P(B)$:

$$P(3 \text{ e honesto}) = P(3 \mid \text{honesto}) \times P(\text{honesto})$$
$$= (0,166)(0,50) \times 0,083$$
$$P(3 \text{ e viciado}) = P(3 \mid \text{viciado}) \times P(\text{viciado})$$
$$= (0,60)(0,50) \times 0,300$$

Um 3 pode ocorrer tanto com um dado honesto quanto com um dado viciado. A soma dessas probabilidades fornece a probabilidade incondicional ou marginal de obtermos um 3 em uma jogada, isto é, $P(3) = 0,0833 + 0,3000 = 0,383$.

Se um 3 ocorrer, não sabemos de que dado ele se originou, então a probabilidade de que o dado lançado tenha sido o honesto é:

$$P(\text{honesto} \mid 3) = \frac{P(\text{honesto e } 3)}{P(3)} = \frac{0,083}{0,383} = 0,22$$

A probabilidade de que o dado lançado tenha sido o viciado é:

$$P(\text{viciado} \mid 3) = \frac{P(\text{viciado e } 3)}{P(3)} = \frac{0,300}{0,383} = 0,78$$

Essas duas probabilidades condicionais são denominadas *probabilidades revisadas* ou *probabilidades posteriores* para o próximo lançamento do dado.

Antes de o dado ter sido lançado no exemplo anterior, podíamos afirmar apenas que existia uma chance de 50-50 de que o dado fosse o honesto (ou uma probabilidade de 0,50) e uma chance de 50-50 de que ele fosse o viciado. Após uma jogada do dado, contudo, podemos revisar as estimativas das *probabilidades a priori*. A nova estimativa *a posteriori* é que existe uma probabilidade de 0,783 de que o dado lançado tenha sido o viciado e uma probabilidade de somente 0,217 de que tenha sido o dado honesto.

Utilizar uma tabela é, muitas vezes, útil para executar os cálculos associados ao Teorema de Bayes. A Tabela 2.2 fornece um esquema geral para esse tipo de situação e a Tabela 2.3 fornece um exemplo específico.

Forma geral do Teorema de Bayes

As probabilidades revisadas podem ser determinadas de maneira mais direta utilizando a forma geral do *Teorema de Bayes*:

Outra maneira de revisar probabilidades é com o Teorema de Bayes.

$$P(A \mid B) = \frac{P(B \mid A) P(A)}{P(B \mid A) P(A) + P(B \mid A') P(A')} \quad (2\text{-}7)$$

onde:

A' = é o complemento do evento A;
    por exemplo, se A é o evento "dado honesto", então A' é o "dado viciado".

TABELA 2.2 Forma tabular dos cálculos do Teorema de Bayes dado que um evento B ocorreu

Estado da natureza	P(B | estado da natureza)	Probabilidade *a priori*	Probabilidade conjunta	Probabilidade *a posteriori*
A	$P(B \mid A)$	$\times P(A)$	$= P(A \text{ e } B)$	$= P(A \text{ e } B)/P(B) = P(A \mid B)$
A'	$P(B \mid A')$	$\times P(A')$	$= P(B \text{ e } A')$	$= P(A \text{ e } A')/P(B) = P(A' \mid B)$
			$P(B)$	

TABELA 2.3 Cálculos do Teorema de Bayes dado que um 3 tenha sido obtido no Exemplo 7

Estado da natureza	P(3 | estado da natureza)	Probabilidade a priori	Probabilidade conjunta	Probabilidade a posteriori
Dado honesto	0,167	× 0,5	= 0,083	0,083/0,383 = 0,22
Dado viciado	0,600	× 0,5	= 0,300	0,300/0,383 = 0,78
			P(3) = 0,383	

Vimos na Equação 2-5 que a probabilidade condicional de um evento A, dado um evento B, é:

$$P(A \mid B) = \frac{P(AB)}{P(B)}$$

O ministro presbiteriano Thomas Bayes (1702 – 1761) desenvolveu esse teorema.

Thomas Bayes derivou seu teorema a partir desse resultado. O Apêndice 2.1 mostra os passos que levam à Equação 2-7. Agora vamos retornar ao Exemplo 7.

Embora possa não parecer óbvio à primeira vista, nós utilizamos essa equação básica para determinar as probabilidades revisadas. Por exemplo, se queremos definir a probabilidade de que no lançamento de um dado honesto tenhamos um valor 3, isto é, P(dado honesto/ face 3), podemos fazer as seguintes substituições na Equação 2-7:

evento A por "dado honesto"

evento A' por "dado viciado"

evento B por "face 3"

Podemos reescrever a Equação 2-7 da seguinte forma:

P(dado honesto | face 3)

$$= \frac{P(\text{face 3} \mid \text{dado honesto})P(\text{dado honesto})}{P(\text{face 3} \mid \text{dado honesto})P(\text{dado honesto}) + P(\text{face 3} \mid \text{dado viciado})P(\text{dado viciado})}$$

$$= \frac{(0,167)(0,50)}{(0,167)(0,50) + (0,60)(0,50)}$$

$$= \frac{0,083}{0,383} = 0,22$$

Esse é o mesmo resultado que obtivemos no Exemplo 7. Você pode utilizar essa abordagem alternativa para mostrar que P(dado viciado/ face 3) = 0,78? Os dois métodos são perfeitamente aceitáveis, mas quando formos lidar com probabilidades revisadas novamente no Capítulo 3, veremos que a Equação 2-7 ou a abordagem tabular é mais fácil de aplicar.

2.7 REVISÕES ADICIONAIS DE PROBABILIDADE

Embora uma revisão das probabilidades *a priori* possa fornecer estimativas úteis das probabilidades *a posteriori*, informações adicionais podem ser adquiridas se o experimento for executado uma segunda vez. Se for financeiramente viável, um tomador de decisão pode executar várias revisões.

Exemplo 8: Segunda revisão das probabilidades Retornando ao Exemplo 7, vamos agora tentar obter informações adicionais sobre as probabilidades posteriores para ver se o dado lançado é honesto ou viciado. Para tanto, vamos lançar o dado uma segunda vez. Novamente, um 3 é obtido. Quais são as novas probabilidades revisadas?

Para responder a essa questão, vamos proceder como antes, mas com uma exceção. As probabilidades $P(\text{dado honesto}) = P(\text{dado viciado}) = 0{,}50$ permanecem as mesmas, porém, agora devemos calcular $P(\text{faces } 3, 3/\text{dado honesto}) = 0{,}166 \cdot 0{,}166 = 0{,}027$ e $P(\text{faces } 3, 3/\text{dado viciado}) = 0{,}60 \cdot 0{,}60 = 0{,}36$. Com as probabilidades conjuntas de duas face 3 em lançamentos sucessivos, dado os dois tipos de dados, podemos revisar as probabilidades:

$$P(\text{faces } 3, 3 \text{ e dado honesto}) = P(\text{faces } 3, 3 \mid \text{dado honesto}) \times P(\text{dado honesto})$$

$$= (0{,}027)(0{,}5) = 0{,}013$$

$$P(\text{faces } 3, 3 \text{ e dado viciado}) = P(\text{faces } 3, 3 \mid \text{dado viciado}) \times P(\text{dado viciado})$$

$$= (0{,}36)(0{,}5) = 0{,}18$$

Assim, a probabilidade de obtermos duas vezes o 3, uma probabilidade marginal, é $0{,}013 + 0{,}18 = 0{,}193$, a soma de duas probabilidades conjuntas.

$$P(\text{dado honesto} \mid \text{faces } 3, 3) = \frac{P(\text{faces } 3, 3 \text{ e honesto})}{P(\text{faces } 3, 3)}$$

$$= \frac{0{,}013}{0{,}193} = 0{,}067$$

$$P(\text{dado viciado} \mid \text{faces } 3, 3) = \frac{P(\text{faces } 3, 3 \text{ e viciado})}{P(\text{faces } 3, 3)}$$

$$= \frac{0{,}18}{0{,}193} = 0{,}933$$

EM AÇÃO — Segurança nas viagens aéreas e análise probabilística

Após os eventos terríveis de 11 de setembro de 2001 e com o uso de aviões como arma de destruição em massa, a segurança das companhias aéreas tornou-se uma questão internacional de ordem prioritária. Como podemos reduzir o impacto do terrorismo nessa situação? O que pode ser feito para tornar as viagens áreas mais seguras? Uma resposta é avaliar os vários programas de segurança aérea e utilizar a teoria da probabilidade na análise dos custos desses programas.

Para determinar a segurança das linhas áreas, é necessário aplicar os conceitos de probababilidade objetiva. A chance de morte em um voo doméstico marcado é de aproximadamente uma em 5 milhões. Essa probabilidade é aproximadamente 0,0000002. Outro valor é o número de mortes por milha voada por passageiro. O número é aproximadamente um passageiro por bilhão de milhas por passageiro voadas, ou uma probabilidade de aproximadamente 0,000000001. Sem dúvida, voar é mais seguro do que qualquer outra forma de transporte, incluindo dirigir. Em um fim de semana típico, mais pessoas morrem em acidentes de carro do que em qualquer acidente aéreo.

Analisar as novas medidas de seguranças das empresas aéreas envolve custos e a probabilidade subjetiva de que vidas serão salvas. Um especialista em transporte aéreo propôs algumas novas medidas de segurança. Quando os custos envolvidos e a probabilidade de salvar vidas foram estimados, o resultado foi de aproximadamente um bilhão de custos para cada vida salva em média. Utilizando a análise probabilística, é possível determinar que programas de segurança resultarão em maiores benefícios, e esses programas poderão ser expandidos.

Além disso, algumas medidas de segurança não são completamente seguras. Por exemplo, um aparelho de análise termal de nêutrons para detectar explosivos nos aeroportos tem uma probabilidade de 0,15 de fornecer um alarme falso, resultando em altos custos de inspeção e grandes atrasos nos voos. Isso indica que se deve investir no desenvolvimento de equipamentos mais confiáveis para detectar explosivos. O resultado será voos mais seguros com atrasos menores.

Sem dúvida, a utilização da análise probabilística para determinar e melhorar a segurança dos voos é indispensável. Muitos especialistas em transporte esperam que os modelos probabilísticos utilizados na indústria da aviação sejam algum dia aplicados ao sistema muito mais perigoso das estradas e dos motoristas que as utilizam.

Fonte: Baseado nos artigos de MACHOL, Robert, "Flying Scared," *OR/MS Today* (October 1997): 32–37 e de BARNETT, Arnold, "The Worst Day Ever," *OR/MS Today* (December 2001): 28–31.

O que esse segundo lançamento acrescentou? Antes do primeiro lançamento, sabíamos somente que existia uma probabilidade de 0,50 de o dado ser o honesto ou o viciado. Quando o dado foi lançado pela primeira vez no Exemplo 7, fomos capazes de revisar essas probabilidades:

Probabilidade de o dado ser honesto = 0,22

Probabilidade de o dado ser viciado = 0,78

Após o segundo lançamento no Exemplo 8, nossas revisões mostram que:

Probabilidade de o dado ser honesto = 0,067

Probabilidade de o dado ser viciado = 0,933

Esse tipo de informação pode ser extremamente valiosa nas decisões administrativas.

2.8 VARIÁVEIS ALEATÓRIAS

Discutimos várias formas de atribuir probabilidades aos valores resultantes de um experimento. Vamos utilizar essa informação probabilística para determinar o valor esperado, a variância e o desvio padrão de um experimento. Isso pode ser útil para selecionar a melhor decisão entre várias alternativas.

Uma *variável aleatória* atribui um número real a cada possível resultado ou evento elementar de um experimento. Ela é normalmente representada por letras maiúsculas como X ou Y. Quando o próprio resultado é numérico, o resultado pode ser a variável aleatória. Por exemplo, considere a venda de geladeiras em uma loja de eletrodomésticos. O número de geladeiras vendidas durante um dia pode ser uma variável aleatória. Utilizando X para representar essa variável, podemos expressar esse relacionamento da seguinte maneira:

X = número de geladeiras vendidas durante um dia

Em geral, mesmo que o experimento tenha resultados quantitativos, é útil definir as saídas como as variáveis aleatórias. A Tabela 2.4 fornece alguns exemplos.

Quando a saída não é numérica ou quantitativa, é necessário definir a variável aleatória que associa cada resultado do experimento a um único número. Vários exemplos são apresentados na Tabela 2.5.

Existem dois tipos de variáveis aleatórias: *as discretas* e as *contínuas*. A determinação da distribuição e das demais características leva em consideração o tipo de variável envolvida.

Crie outros exemplos de variáveis aleatórias discretas para garantir que o conceito foi bem-entendido.

Uma variável aleatória é dita *discreta* quando pode assumir apenas um número contável ou enumerável de valores. Quais das variáveis na Tabela 2.4 são discretas?

Olhando a Tabela 2.4, vemos que estocar 50 árvores de Natal, inspecionar 600 itens e enviar 5000 cartas comerciais são exemplos de variáveis discretas aleatórias. Cada uma dessas

TABELA 2.4 Exemplos de variáveis aleatórias

Experimento	Resultado	Variável aleatória	Conjunto de valores
Fazer estoque de 50 árvores de Natal	Número de árvores de natal vendidas	X = número de árvores de natal vendidas	0, 1, 2, ..., 50
Inspecionar 600 itens	Número de itens aceitáveis	Y = número de itens aceitáveis	0, 1, 2, ..., 600
Enviar 5000 cartas comerciais	Número de pessoas que respondem às cartas	Z = número de pessoas que respondem as cartas	0, 1, 2, ..., 5000
Construir um edifício	Percentual do prédio pronto depois de 4 meses	R = percentual do prédio completado após 4 meses	$0 \leq R \leq 100$
Testar a vida útil de uma lâmpada	Quantas lâmpadas restam após 80000 minutos	S = tempo em que uma lâmpada queima	$0 \leq S \leq 80000$

TABELA 2.5 Variáveis aleatórias com saídas não numéricas

Experimento	Resultado	Variável aleatória	Conjunto de valores
Estudantes respondem a um questionário	Concorda totalmente (CT) Concorda (C) Indiferente (I) Discorda (D) Discorda totalmente (DT)	$X = \begin{cases} 5 \text{ se CT} \\ 4 \text{ se C} \\ 3 \text{ se I} \\ 2 \text{ se D} \\ 1 \text{ se DT} \end{cases}$	0, 1, 2, 4, 5
Uma máquina é inspecionada	Defeituosa Não Defeituosa	$Y = \begin{cases} 0 \text{ se defeituosa} \\ 1 \text{ se não defeituosa} \end{cases}$	0, 1
Consumidores respondem sobre o quanto gostam de um produto	Bom Médio Pobre	$Z = \begin{cases} 3 \text{ se bom} \\ 2 \text{ se médio} \\ 1 \text{ se pobre} \end{cases}$	1, 2, 3

variáveis aleatórias pode assumir apenas um número finito de valores. O número de árvores de Natal vendidas, por exemplo, pode assumir apenas valores inteiros entre 0 e 50. Existem 51 valores que essa variável pode assumir nesse exemplo.

Uma *variável aleatória contínua*, por outro lado, pode assumir um número não contável de valores ou não enumerável de valores. Existem exemplos desse tipo de variável nas Tabelas 2.4 e 2.5? Olhando para a Tabela 2.4, vemos que testar a durabilidade de uma lâmpada é um experimento que pode ser descrito por uma variável contínua. Nesse caso, a variável aleatória, S, é o tempo que uma lâmpada leva para queimar. Ela pode durar, por exemplo, 3206 minutos, 6500,7 minutos, 251,726 minutos ou qualquer outro valor entre 0 e 80000 minutos. Em muitos casos, o conjunto de valores de uma variável aleatória contínua é apresentado como: valor inferior $\leq S \leq$ valor superior, como $0 \leq S \leq 80000$. A variável aleatória R na Tabela 2.4 também é contínua. Você consegue explicar por quê?

2.9 DISTRIBUIÇÕES DE PROBABILIDADE

Anteriormente, discutimos os valores da probabilidade de um evento. Vamos explorar agora as propriedades das *distribuições de probabilidade*. Veremos de que maneira distribuições populares, como a Normal, Pisson, Binomial e Exponencial, podem economizar tempo e esforço. Como a seleção adequada de uma distribuição de probabilidade depende parcialmente do fato de ela ser discreta ou contínua, vamos considerar os dois tipos separadamente.

Distribuições de probabilidade de uma variável aleatória discreta

Quando temos uma *variável aleatória discreta*, existe uma probabilidade associada a cada evento. Esses valores devem variar entre 0 e 1 e a soma de todos deve ser igual a 1. Vejamos um exemplo. Os 100 alunos na turma de Estatística do professor Pat Shannon acabaram de responder a um questionário de avaliação das aulas. O Dr. Shannon está particularmente interessado nas avaliações dos alunos em relação ao livro-texto, pois ele deseja publicar um livro de Estatística concorrente. Uma das questões da avaliação foi: "O livro-texto está bem escrito e me ajudou a obter as informações necessárias?".

5. Concordo totalmente
4. Concordo
3. Indiferente
2. Discordo
1. Discordo totalmente

TABELA 2.6 Distribuição de probabilidade da questão do livro-texto

Resultado	Valores da variável (x)	Número de respostas	Probabilidade(X)
Concordo totalmente	5	10	0,1 = 10/100
Concordo	4	20	0,2 = 20/100
Indiferente	3	30	0,3 = 30/100
Discordo	2	30	0,3 = 30/100
Discordo totalmente	1	10	0,1 = 10/100
		Total 100	1,0 = 100/100

As respostas dos alunos a essa questão estão resumidas na Tabela 2.6. Também são mostradas a variável aleatória X e a probabilidade correspondente para cada resultado possível. Essa distribuição discreta foi determinada utilizando a abordagem da frequência relativa já apresentada.

A distribuição segue as três regras exigidas por todas as distribuições de probabilidade: (1) os eventos são mutuamente exclusivos e coletivamente exaustivos, (2) os valores das probabilidades variam no intervalo de 0 a 1 e (3) a soma de todos os valores das probabilidades é igual a 1.

Embora listar os valores de uma distribuição de probabilidade como fizemos na Tabela 2.4 seja adequado, pode ser difícil ter uma ideia das características da distribuição. Para resolver esse problema, a distribuição pode ser representada graficamente. O gráfico da distribuição apresentada na Tabela 2.6 é mostrado na Figura 2.5.

O gráfico dessa distribuição de probabilidade fornece uma ideia da sua forma. Isso nos ajuda a identificar a tendência central da distribuição, denominada *valor esperado* ou média, e a quantidade de variabilidade ou espalhamento dos dados, denominada *variância*.

Valor esperado de uma distribuição de probabilidade discreta

Depois que uma distribuição de probabilidade é determinada, em geral a primeira característica de interesse é a *tendência central* da distribuição. O valor esperado, uma medida da tendência central, é calculado como uma média ponderada dos valores da variável aleatória, onde:

O valor esperado de uma distribuição discreta é uma média ponderada dos valores da variável aleatória.

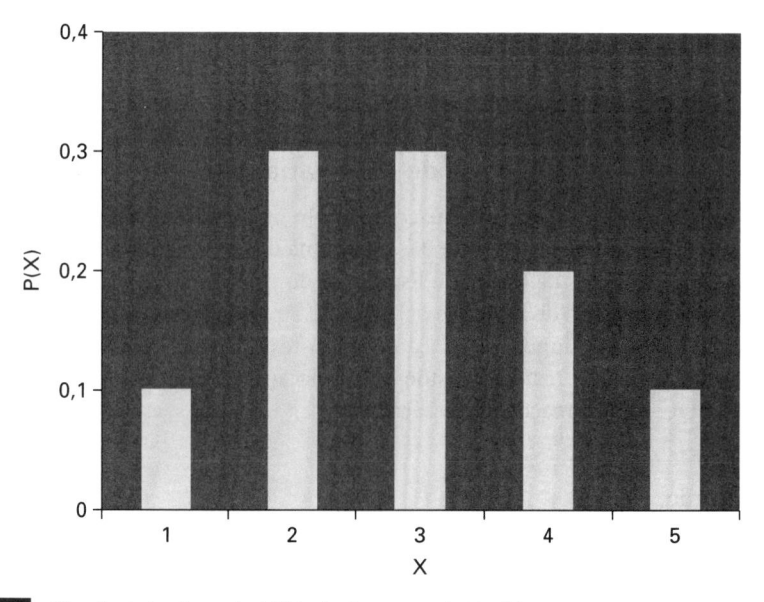

FIGURA 2.5 Distribuição de probabilidade da turma do Dr. Shannon.

$$E(X) = \sum_{i=1}^{n} X_i P(X_i)$$

$$= X_1 P(X_1) + X_2 P(X_2) + \cdots + X_n P(X_n) \qquad (2\text{-}8)$$

onde

X_i = valores possíveis da variável aleatória

$P(X_i)$ = probabilidade de cada um dos possíveis valores da variável aleatória

$\sum_{i=1}^{n}$ = símbolo de soma indicando que estamos somando todos os n possíveis valores

$E(X)$ = valor esperado ou média da variável aleatória

O valor esperado de qualquer distribuição de probabilidade discreta pode ser calculado pela multiplicação dos valores possíveis da variável, X_i, pelas probabilidades que esses valores, $P(X_i)$, ocorram e somando então todos os produtos, Σ. O valor esperado para a variável questão do livro-texto pode ser calculado da seguinte forma:

$$E(X) = \sum_{i=1}^{5} X_i P(X_i)$$

$$= X_1 P(X_1) + X_2 P(X_2) + X_3 P(X_3) + X_4 P(X_4) + X_5 P(X_5)$$

$$= (5)(0,1) + (4)(0,2) + (3)(0,3) + (2)(0,3) + (1)(0,1)$$

$$= 2,9$$

O valor esperado de 2,9 implica que a resposta média está entre discordo (2) e indiferente (3) e que ela está mais próxima do valor indiferente, que é 3. Olhando para a Figura 2.5, vemos que o resultado é consistente com a forma da função de probabilidade.

Variância de uma distribuição de probabilidade discreta

Além da tendência central de uma distribuição de probabilidade, muitas pessoas estão interessadas na variabilidade ou espalhamento da distribuição. Se a variabilidade é baixa, é muito mais provável que o resultado do experimento esteja próximo da média ou do valor esperado. Por outro lado, se a variabilidade de uma distribuição é alta, o que significa que os valores estão bem espalhados, existe uma chance menor de que um resultado do experimento fique próximo do valor esperado.

A *variância* de uma distribuição de probabilidade é um número que revela o espalhamento total ou dispersão da distribuição. Para uma distribuição discreta de probabilidade, ela pode ser calculada com a seguinte equação:

$$\sigma^2 = \text{Variância} = \sum_{i=1}^{n} [X_i - E(X)]^2 P(X_i) \qquad (2\text{-}9)$$

onde

X_i = valores possíveis da variável aleatória

$E(X)$ = valor esperado ou média da variável aleatória

$[X_i - E(X)]$ = diferença entre cada valor da variável aleatória e o valor esperado

$P(X_i)$ = probabilidade de cada um dos possíveis valores da variável aleatória

Para calcular a variância, cada valor da variável é subtraído do valor esperado, elevado ao quadrado e multiplicado pela probabilidade de sua ocorrência. Os resultados são então soma-

Uma distribuição de probabilidade é, muitas vezes, descrita por sua média e variância. Mesmo se a maioria dos homens em aula (ou no país) tem alturas entre 1,50m e 2,0m, ainda existe uma pequena probabilidade de valores atípicos.

dos para obter a variância. Aqui está esse procedimento para a questão sobre o livro-texto do Dr. Shannon:

$$\text{variância} = \sum_{i=1}^{5} [X_i - E(X)]^2 P(X_i)$$

$$\text{variância} = (5 - 2{,}9)^2(0{,}1) + (4 - 2{,}9)^2(0{,}2) + (3 - 2{,}9)^2(0{,}3) + (2 - 2{,}9)^2(0{,}3) + (1 - 2{,}9)^2(0{,}1)$$

$$= (2{,}1)^2(0{,}1) + (1{,}1)^2(0{,}2) + (0{,}1)^2(0{,}3) + (-0{,}9)^2(0{,}3) + (-1{,}9)^2(0{,}1)$$

$$= 0{,}441 + 0{,}242 + 0{,}003 + 0{,}243 + 0{,}361$$

$$= 1{,}29$$

Uma medida de dispersão ou espalhamento relacionada é o *desvio padrão*. Essa quantidade também é utilizada em muitos cálculos envolvendo distribuições de probabilidade. O desvio padrão é a raiz quadrada da variância:

$$\sigma = \sqrt{\text{Variância}} = \sqrt{\sigma^2} \qquad (2\text{-}10)$$

onde:

$$\sqrt{} = \text{raiz quadrada}$$
$$\sigma = \text{desvio padrão}$$

O desvio padrão para a questão do livro-texto é:

$$\sigma = \sqrt{\text{Variância}}$$
$$= \sqrt{1{,}29} = 1{,}14$$

Distribuição de probabilidade de uma variável aleatória contínua

Existem muitos exemplos de *variáveis aleatórias contínuas*. O tempo necessário para finalizar um projeto, o peso de uma pessoa, o valor máximo da temperatura de um dia, o comprimento exato de um determinado tipo de tábua, o peso de um carro são alguns. Uma vez que variáveis aleatórias contínuas podem assumir um número infinito contínuo de valores, as regras fundamentais de probabilidade para uma distribuição contínua devem ser adaptadas.

Como ocorre com as variáveis aleatórias discretas, a soma de todas as probabilidades dos valores da variável deve ser igual a um. Só que, nesse caso, em virtude de a variável ser contínua, a probabilidade em um valor individual da variável é igual a zero, pois se elas fossem maiores do que zero, a soma desses valores seria infinita.

Com distribuições contínuas, existe uma função matemática contínua que descreve a distribuição de probabilidade. Essa função é denominada *densidade de probabilidade* ou simplesmente *função densidade*. Ela é normalmente representada por $f(X)$. Quando trabalhamos com distribuições de probabilidade contínuas, a função de probabilidade pode ser representada graficamente e a área sob a curva representa a probabilidade. Assim, para encontrar qualquer probabilidade, simplesmente determinamos a área sob a curva associada ao intervalo de interesse.

Uma função densidade de probabilidade, f(x) é uma forma matemática de descrever como as probabilidades se distribuem.

Vamos examinar o gráfico da função densidade da Figura 2.6. Essa curva representa a função densidade de probabilidade do peso de uma peça manufaturada. O peso pode variar de 5,06 a 5,30 gramas, sendo os valores mais prováveis encontrados em torno de 5,18 gramas. A área sombreada representa a probabilidade de um peso estar entre 5,22 e 5.26 gramas.

Se quisermos saber a probabilidade de uma peça pesar exatamente 5,1300000 gramas, por exemplo, teremos que calcular a área de uma fatia de largura zero. É claro que esse resultado também será zero. Isso pode parecer estranho, mas se insistirmos em um número suficien-

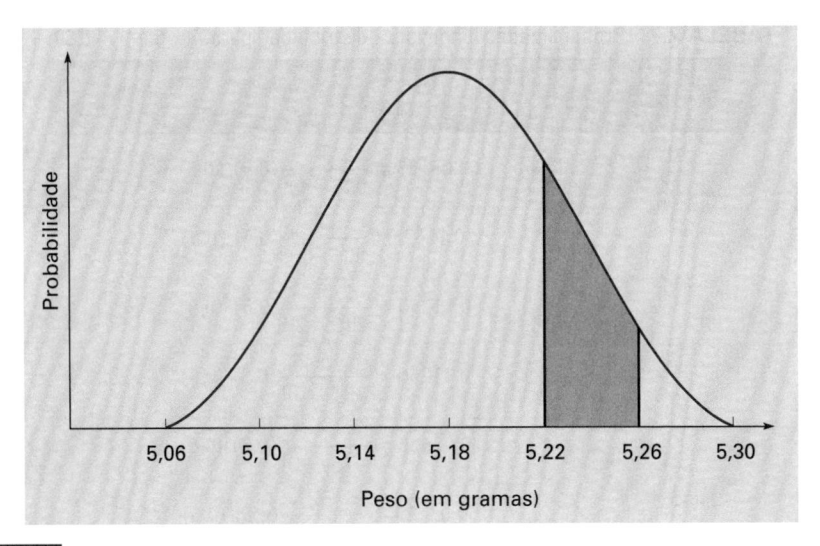

FIGURA 2.6 Função densidade amostral.

te de casas decimais, estaremos limitados a encontrar que os pesos diferem por exatamente 5,1300000, sendo as diferenças tão pequenas.

Nesta seção, investigamos as características fundamentais e as propriedades das distribuições de probabilidade em geral. Nas próximas três seções, iremos apresentar duas distribuições contínuas importantes – a normal e a exponencial – e duas distribuições discretas – a Poisson e a Binomial.

2.10 A DISTRIBUIÇÃO BINOMIAL

Muitos experimentos de negócios podem ser caracterizados por um *processo de Bernoulli*. A probabilidade de obter resultados específicos em um processo de Bernoulli é descrito pela distribuição binomial de probabilidade. Para ser um processo de Bernoulli, um experimento deve apresentar as seguintes características:

1. Cada tentativa em um processo de Bernoulli apresenta apenas dois resultados possíveis. Eles são tipicamente denominados sucesso e fracasso, embora os exemplos possam ser do tipo sim ou não, cara ou coroa, passar ou reprovar, defeituoso ou bom e assim por diante.
2. A probabilidade não muda de um experimento para outro.
3. As tentativas são independentes.
4. O número de tentativas é um inteiro positivo.

Um exemplo típico desse processo é o lançamento de uma moeda.

A distribuição binomial é utilizada para encontrar a probabilidade de um número específico de sucessos em n tentativas de um processo de Bernoulli. Para encontrar essa probabilidade, é necessário saber:

n = número de tentativas ou repetições do experimento

p = a probabilidade de sucesso em uma tentativa

Fazendo:

r = número de sucessos

$q = 1 - p$ = a probabilidade de uma falha

TABELA 2.7 Probabilidades binomiais – distribuição para $n = 5$ e $p = 0{,}50$

Número de caras (r)	Probabilidade $= \dfrac{5!}{r!(5-r)!}(0{,}5)^r (0{,}5)^{5-r}$
0	$0{,}03125 = \dfrac{5!}{0!(5-0)!}(0{,}5)^0 (0{,}5)^{5-0}$
1	$0{,}15625 = \dfrac{5!}{1!(5-1)!}(0{,}5)^1 (0{,}5)^{5-1}$
2	$0{,}31250 = \dfrac{5!}{2!(5-2)!}(0{,}5)^2 (0{,}5)^{5-2}$
3	$0{,}31250 = \dfrac{5!}{3!(5-3)!}(0{,}5)^3 (0{,}5)^{5-3}$
4	$0{,}15625 = \dfrac{5!}{4!(5-4)!}(0{,}5)^4 (0{,}5)^{5-4}$
5	$0{,}03125 = \dfrac{5!}{5!(5-5)!}(0{,}5)^5 (0{,}5)^{5-5}$

A fórmula binomial é:

$$\text{Probabilidade de } r \text{ sucessos em } n \text{ tentativas} = \frac{n!}{r!(n-r)!} p^r q^{n-r} \qquad (2\text{-}11)$$

O símbolo ! significa fatorial e $n! = n(n-1)(n-2)\ldots(1)$. Por exemplo,

$$4! = (4)(3)(2)(1) = 24$$

Também $1! = 1$ e $0! = 1$ por definição.

Resolvendo problemas com a fórmula binomial

Um exemplo de uma distribuição binomial é lançar uma moeda e contar o número de caras. Por exemplo, se quiséssemos determinar a probabilidade de 4 caras em 5 lançamentos de uma moeda, teríamos:

$$n = 5, r = 4, p = 0{,}5 \quad \text{e} \quad q = 1 - 0{,}5 = 0{,}5$$

Assim:

$$P(X = 4) = \frac{5!}{4!(5-4)!} 0{,}5^4 0{,}5^{5-4}$$

$$= \frac{5(4)(3)(2)(1)}{4(3)(2)(1)(1!)} (0{,}0625)(0{,}5) = 0{,}15625$$

Dessa forma, a probabilidade de 4 caras em 5 lançamentos de uma moeda é 0,15625 ou aproximadamente 16%.

Utilizando a Equação 2-11, também é possível encontrar as probabilidades de toda a distribuição (todos os possíveis valores de r e as probabilidades correspondentes) para o experimento binomial. A distribuição de probabilidade do número de caras em 5 lançamentos de uma moeda honesta é mostrada na Tabela 2.7 e sua representação gráfica, na Figura 2.7. O Apêndice 2.2 ilustra como o Excel pode ser utilizado para encontrar essas probabilidades.

Resolvendo problemas com tabelas binomiais

A Eletrônica MSA está testando a manufatura de um novo tipo de transistor muito difícil de produzir em grande quantidade com um nível de qualidade aceitável. A cada hora, um supervisor toma uma amostra aleatória de 5 transistores produzidos na linha de montagem. A

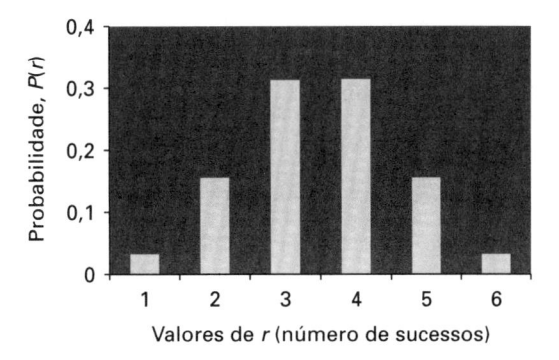

FIGURA 2.7 Probabilidades binomiais – distribuição para $n = 5$ e $p = 0{,}50$.

probabilidade de que qualquer um dos transistores seja defeituoso é estimada em 0,15. A MSA quer saber a probabilidade de encontrar 3, 4 ou 5 defeituosos se a verdadeira percentagem de defeituosos é 15%.

Para esse problema, $n = 5$, $p = 0{,}15$ e $r = 3$, 4 ou 5. Embora possamos utilizar a fórmula para calcular a probabilidade de cada um desses valores, é mais fácil, utilizar as tabelas binomiais. O Apêndice B fornece uma tabela binomial para um grande número de valores de n, r e p. Parte desse apêndice é mostrada na Tabela 2.8. Para encontrar as probabilidades desejadas, olhamos para a seção de $n = 5$ e para a coluna de $p = 0{,}15$. Na linha onde $r = 3$, encontramos

TABELA 2.8 Uma amostra da tabela para a distribuição binomial

							p				
n	r	0,05	0,10	0,15	0,20	0,25	0,30	0,35	0,40	0,45	0,50
1	0	0,9500	0,9000	0,8500	0,8000	0,7500	0,7000	0,6500	0,6000	0,5500	0,5000
	1	0,0500	0,1000	0,1500	0,2000	0,2500	0,3000	0,3500	0,4000	0,4500	0,5000
2	0	0,9025	0,8100	0,7225	0,6400	0,5625	0,4900	0,4225	0,3600	0,3025	0,2500
	1	0,0950	0,1800	0,2500	0,3200	0,3750	0,4200	0,4550	0,4800	0,4950	0,5000
	2	0,0025	0,0100	0,0225	0,0400	0,0625	0,0900	0,1225	0,1600	0,2025	0,2500
3	0	0,8574	0,7290	0,6141	0,5120	0,4219	0,3430	0,2746	0,2160	0,1664	0,1250
	1	0,1354	0,2430	0,3251	0,3840	0,4219	0,4410	0,4436	0,4320	0,4084	0,3750
	2	0,0071	0,0270	0,0574	0,0960	0,1406	0,1890	0,2389	0,2880	0,3341	0,3750
	3	0,0001	0,0010	0,0034	0,0080	0,0156	0,0270	0,0429	0,0640	0,0911	0,1250
4	0	0,8145	0,6561	0,5220	0,4096	0,3164	0,2401	0,1785	0,1296	0,0915	0,0625
	1	0,1715	0,2916	0,3685	0,4096	0,4219	0,4116	0,3845	0,3456	0,2995	0,2500
	2	0,0135	0,0486	0,0975	0,1536	0,2109	0,2646	0,3105	0,3456	0,3675	0,3750
	3	0,0005	0,0036	0,0115	0,0256	0,0469	0,0756	0,1115	0,1536	0,2005	0,2500
	4	0,0000	0,0001	0,0005	0,0016	0,0039	0,0081	0,0150	0,0256	0,0410	0,0625
5	0	0,7738	0,5905	0,4437	0,3277	0,2373	0,1681	0,1160	0,0778	0,0503	0,0313
	1	0,2036	0,3281	0,3915	0,4096	0,3955	0,3602	0,3124	0,2592	0,2059	0,1563
	2	0,0214	0,0729	0,1382	0,2048	0,2637	0,3087	0,3364	0,3456	0,3369	0,3125
	3	0,0011	0,0081	0,0244	0,0512	0,0879	0,1323	0,1811	0,2304	0,2757	0,3125
	4	0,0000	0,0005	0,0022	0,0064	0,0146	0,0284	0,0488	0,0768	0,1128	0,1563
	5	0,0000	0,0000	0,0001	0,0003	0,0010	0,0024	0,0053	0,0102	0,0185	0,0313
6	0	0,7351	0,5314	0,3771	0,2621	0,1780	0,1176	0,0754	0,0467	0,0277	0,0156
	1	0,2321	0,3543	0,3993	0,3932	0,3560	0,3025	0,2437	0,1866	0,1359	0,0938
	2	0,0305	0,0984	0,1762	0,2458	0,2966	0,3241	0,3280	0,3110	0,2780	0,2344
	3	0,0021	0,0146	0,0415	0,0819	0,1318	0,1852	0,2355	0,2765	0,3032	0,3125
	4	0,0001	0,0012	0,0055	0,0154	0,0330	0,0595	0,0951	0,1382	0,1861	0,2344
	5	0,0000	0,0001	0,0004	0,0015	0,0044	0,0102	0,0205	0,0369	0,0609	0,0938
	6	0,0000	0,0000	0,0000	0,0001	0,0002	0,0007	0,0018	0,0041	0,0083	0,0156

0,0244. Assim, $P(r = 3) = 0,0244$. Do mesmo modo podemos encontrar $P(r = 4) = 0,0022$ e $P(r = 5) = 0,0001$. Adicionando essas probabilidades, teremos a probabilidade de que o número de peças defeituosas seja 3 ou mais:

$$P(3 \text{ ou mais peças defeituosas}) = P(r = 3) + P(r = 4) + P(r = 5)$$
$$= 0,0244 + 0,0022 + 0,0001 = 0,0267$$

O valor esperado (ou média) e a variância de uma variável aleatória binomial podem ser facilmente determinados:

$$\text{Valor esperado ou média} = np \quad (2\text{-}12)$$

$$\text{Variância} = np(1 - p) \quad (2\text{-}13)$$

O valor esperado e a variância para o exemplo da Eletrônica MSA são calculados da seguinte forma:

$$\text{Valor esperado} = np = 5(0,15) = 0,75$$
$$\text{Variância} = np(1 - p) = 5(0,15)(0,85) = 0,6375$$

2.11 A DISTRIBUIÇÃO NORMAL

A distribuição normal afeta vários processos na nossa vida (por exemplo, encher caixas de cereais de 300 gramas). Cada distribuição normal depende da média e do desvio padrão.

Uma das mais populares e úteis distribuições de probabilidade contínuas é a *distribuição normal*. A função densidade de probabilidade dessa distribuição é dada por uma fórmula complexa:

$$f(X) = \frac{1}{\sigma\sqrt{2\pi}} e^{\frac{-(x-\mu)^2}{2\sigma^2}} \quad (2\text{-}14)$$

A distribuição normal é completamente especificada quando os valores da média, μ, e o desvio padrão, σ, são conhecidos. A Figura 2.8 mostra várias distribuições normais diferentes com o mesmo desvio padrão e médias distintas. Como mostrado, valores diferentes de μ irão deslocar o centro da distribuição. A forma geral da curva, no entanto, permanecerá a mesma. Por outro lado, quando o desvio padrão é alterado, a curva normal fica mais alta ou mais baixa. Isso é mostrado na Figura 2.9.

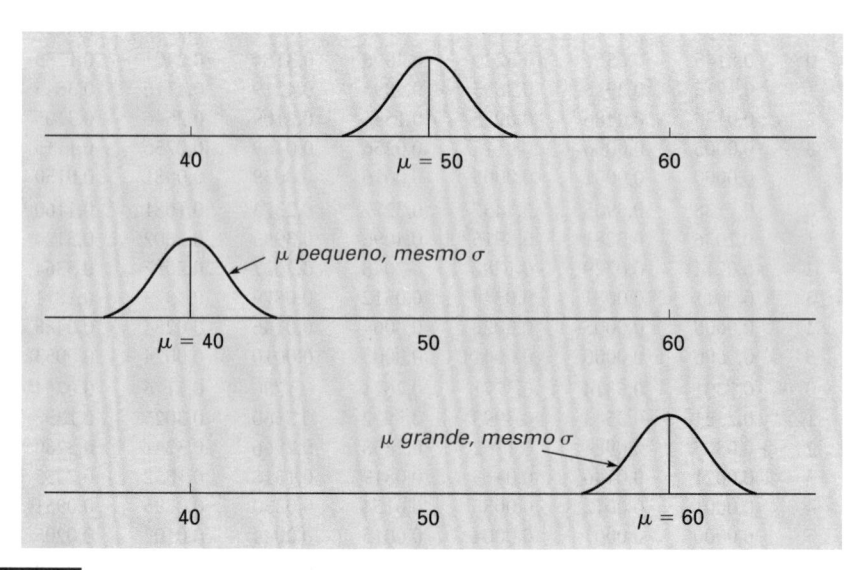

FIGURA 2.8 Distribuições normais com diferentes valores de μ.

> **EM AÇÃO** — Determinação de probabilidades de campeões de Curling

Probabilidades são utilizadas diariamente em atividades esportivas. Em muitos eventos esportivos, questões envolvendo estratégias devem ser respondidas para fornecer a melhor chance de vencer o jogo. No beisebol, um batedor deve caminhar intencionalmente em situações-chave no fim do jogo? No futebol americano, um time deve tentar converter dois pontos após um *touchdown*? No futebol, um chute a pênalti deve ser alguma vez direcionado diretamente ao goleiro? No jogo de *curling*, na última rodada, ou "final" do jogo, é melhor estar atrás por um ponto e ter o martelo ou estar à frente por um ponto e não ter o martelo? Uma tentativa foi feita para responder essa última questão.

No *curling*, uma pedra de granito é deslizada sobre uma pista de gelo de 42 metros de comprimento e 4,25 metros de largura. Quatro jogadores em cada um dos dois times alternadamente fazem a pedra deslizar sobre gelo tentando aproximá-la o máximo possível de um círculo chamado de "casa". O time com a pedra mais próxima do alvo marca pontos. O time que estiver atrás após a finalização de uma rodada tem a vantagem na próxima, sendo o último time a lançar a rocha. Nesse caso, diz-se que o time "tem o martelo". Uma pesquisa foi feita com uma equipe de especialistas nesse jogo, incluindo alguns ex-campeões mundiais. Nesse levantamento, aproximadamente 58% dos consultados foi a favor de ter o martelo na última rodada do jogo. Somente 42% preferiu estar à frente e não ter o martelo.

Dados também foram coletados no Campeonato Masculino Canadense de *Curling* no período de 1985 a 1997 (também chamado de Brier). Com base nos dados desse período, é melhor estar à frente por um ponto e não ter o martelo ao final da nona rodada em vez de estar atrás por um ponto e ter o martelo, como muitos preferem. Esse resultado foi diferente dos resultados do levantamento anterior. Aparentemente, campeões mundiais e outros especialistas preferem ter mais controle dos seus destinos com a posse do martelo mesmo que isso os coloque em uma situação pior.

Fonte: Baseado em WILLOUGHBY, Keith A., KOSTUK Kent J. "Preferred Scenarios in the Sport of Curling." *Interfaces*, 34,2 (March–April 2004): 117–122.

À medida que o desvio padrão, σ, torna-se menor, a distribuição normal torna-se mais fina e mais alta. Quando o desvio padrão torna-se maior, a distribuição tende a tornar-se mais achatada.

Área sob a curva normal

Como a distribuição normal é simétrica, seu ponto médio (e mais alto) é a média. Valores no eixo-x são mensurados em termos de quantos desvios padrão eles se afastam da média. Como você deve se lembrar da discussão anterior sobre distribuições de probabilidade, a área sob a curva (nas distribuições contínuas) fornece a probabilidade de que a variável aleatória apresente valores em um intervalo especificado. Quando lidamos com a distribuição uniforme, é fácil calcular a área entre os pontos *a* e *b*. A distribuição normal não pode ser avaliada por métodos tradicionais de cálculo, assim tabelas são utilizadas para fornecer as áreas desejadas. Por exemplo, a Figura 2.10 ilustra três relações comuns derivadas da tabela da curva normal padrão (que serão discutidas em breve). A área do ponto *a* ao ponto *b* no primeiro gráfico representa a probabilidade, 68%, de que a variável aleatória esteja entre um desvio padrão da média. No gráfico do meio, podemos ver que aproximadamente 95,4% da área está entre mais ou menos dois desvios padrão da média. A terceira figura mostra que 99,7% dos valores da variável estão entre $\pm 3\sigma$.

Transformar a Figura 2.10 em uma aplicação implica que se o QI no país é normalmente distribuído com $\mu = 100$ e desvio padrão $\sigma = 15$ pontos, podemos fazer as seguintes afirmações:

1. 68% da população tem QI entre 85 e 115 pontos (isto é, $\pm 1\sigma$).
2. 95,4% das pessoas têm QI entre 70 e 130 pontos ($\pm 2\sigma$).
3. 99,7% da população tem QI no intervalo entre 55 a 145 pontos ($\pm 3\sigma$).
4. Somente 16% das pessoas têm QI maior do que 115 pontos (pelo primeiro gráfico é a área à direita de $+1\sigma$).

95% de confiança é, na verdade, $\pm 1,96$ desvios padrão, enquanto ± 3 desvios padrão representa, de fato, 99,7% da área.

Muitas outras observações interessantes podem ser feitas a partir desses dados. Você pode determinar a probabilidade de que uma pessoa selecionada ao acaso tenha QI menor do que 70? Maior do que 145? Menor do que 130?

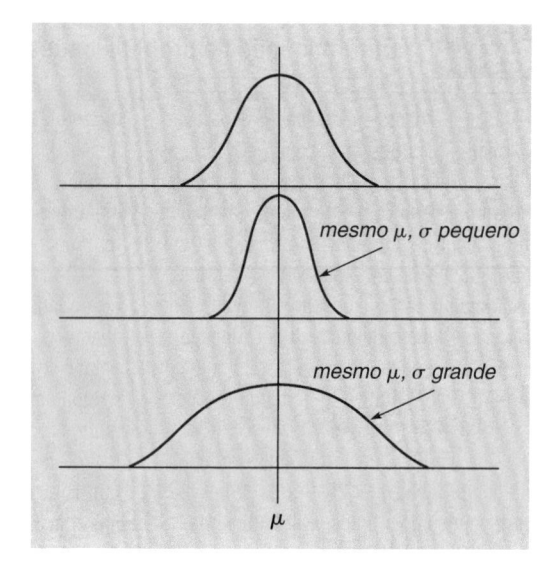

FIGURA 2.9 Distribuições normais com diferentes valores de μ.

A Figura 2.10 é muito importante e você deve entender o significado de ±1, 2 e 3 desvios padrão em áreas simétricas.

Gerentes frequentemente falam de intervalos de confiança de 95% e 99%, que aproximadamente se referem a ±2 e 3 desvios padrão.

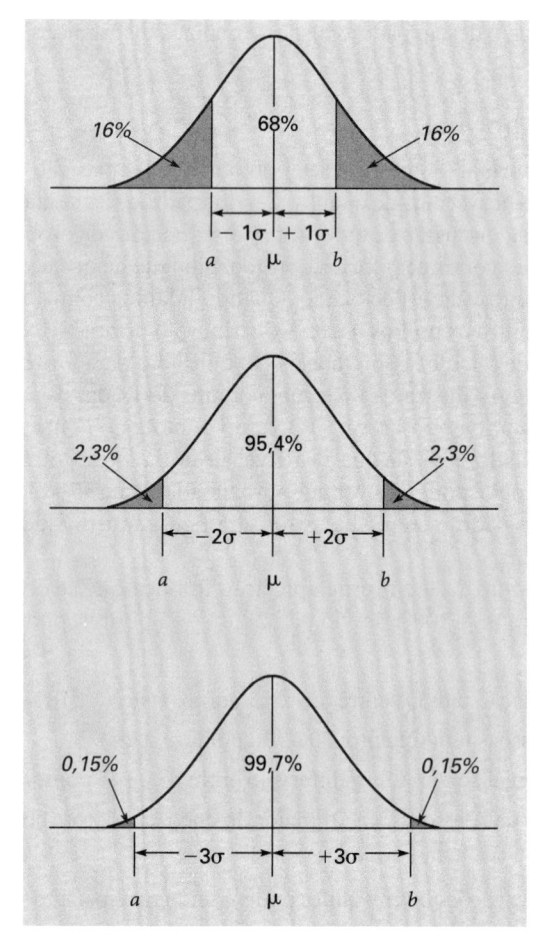

FIGURA 2.10 Três áreas comuns sob curvas normais.

Utilizando a tabela da normal padrão

Para utilizar a tabela de valores de probabilidades da normal padrão, seguimos duas etapas.

Etapa 1. Converter um valor da distribuição normal para o que denominamos *distribuição normal padrão*. Uma distribuição normal padrão é aquela que apresenta média de 0 e desvio padrão de 1. Todas as tabelas normais são construídas para fornecer valores de variáveis aleatórias com $\mu = 0$ e $\sigma = 1$. Sem a distribuição normal padrão, seria necessário uma tabela diferente para cada par de variáveis com $\mu = 0$ e $\sigma = 1$. A variável normal padrão é representada por Z. O valor de Z para qualquer distribuição normal é calculado pela seguinte equação:

$$Z = \frac{X - \mu}{\sigma} \qquad (2\text{-}15)$$

onde

X = valor da variável aleatória que queremos medir
μ = média da distribuição
σ = desvio padrão da distribuição
Z = número de desvios padrão entre X e μ

Por exemplo, se $\mu = 100$, $\sigma = 15$ e estamos interessados em encontrar a probabilidade de a variável aleatória X ser menor do que 130, isto é, queremos $P(X < 130)$, então:

$$Z = \frac{X - \mu}{\sigma} = \frac{130 - 100}{15}$$

$$= \frac{30}{15} = 2 \text{ desvios padrão}$$

Isso significa que o ponto $X = 130$ está 2,0 desvios padrão à direita (acima) da média. Isso é mostrado na Figura 2.11.

Etapa 2. Procurar a probabilidade em uma tabela de áreas sob a normal padrão. A Tabela 2.9, que também aparece como Apêndice A, é uma tabela de áreas para a distribuição normal

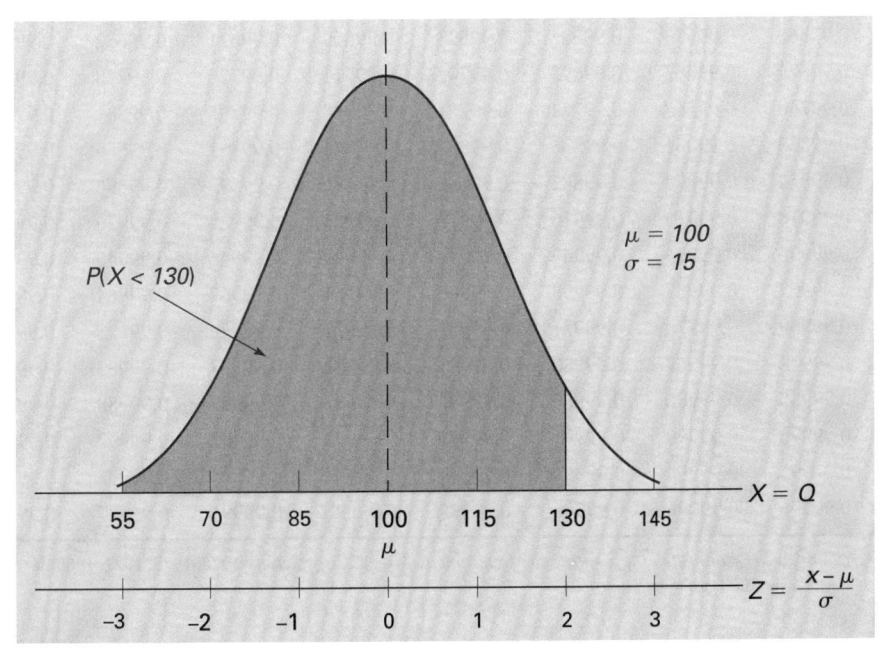

FIGURA 2.11 Distribuição normal mostrando o relacionamento entre valores de Z e X.

TABELA 2.9 Distribuição normal padronizada

Z	\multicolumn{10}{c}{Áreas sob a curva normal padrão}
	0,00	0,01	0,02	0,03	0,04	0,05	0,06	0,07	0,08	0,09
0,0	0,50000	0,50399	0,50798	0,51197	0,51595	0,51994	0,52392	0,52790	0,53188	0,53586
0,1	0,53983	0,54380	0,54776	0,55172	0,55567	0,55962	0,56356	0,56749	0,57142	0,57535
0,2	0,57926	0,58317	0,58706	0,59095	0,59483	0,59871	0,60257	0,60642	0,61026	0,61409
0,3	0,61791	0,62172	0,62552	0,62930	0,63307	0,63683	0,64058	0,64431	0,64803	0,65173
0,4	0,65542	0,65910	0,66276	0,66640	0,67003	0,67364	0,67724	0,68082	0,68439	0,68793
0,5	0,69146	0,69497	0,69847	0,70194	0,70540	0,70884	0,71226	0,71566	0,71904	0,72240
0,6	0,72575	0,72907	0,73237	0,73536	0,73891	0,74215	0,74537	0,74857	0,75175	0,75490
0,7	0,75804	0,76115	0,76424	0,76730	0,77035	0,77337	0,77637	0,77935	0,78230	0,78524
0,8	0,78814	0,79103	0,79389	0,79673	0,79955	0,80234	0,80511	0,80785	0,81057	0,81327
0,9	0,81594	0,81859	0,82121	0,82381	0,82639	0,82894	0,83147	0,83398	0,83646	0,83891
1,0	0,84134	0,84375	0,84614	0,84849	0,85083	0,85314	0,85543	0,85769	0,85993	0,86214
1,1	0,86433	0,86650	0,86864	0,87076	0,87286	0,87493	0,87698	0,87900	0,88100	0,88298
1,2	0,88493	0,88686	0,88877	0,89065	0,89251	0,89435	0,89617	0,89796	0,89973	0,90147
1,3	0,90320	0,90490	0,90658	0,90824	0,90988	0,91149	0,91309	0,91466	0,91621	0,91774
1,4	0,91924	0,92073	0,92220	0,92364	0,92507	0,92647	0,92785	0,92922	0,93056	0,93189
1,5	0,93319	0,93448	0,93574	0,93699	0,93822	0,93943	0,94062	0,94179	0,94295	0,94408
1,6	0,94520	0,94630	0,94738	0,94845	0,94950	0,95053	0,95154	0,95254	0,95352	0,95449
1,7	0,95543	0,95637	0,95728	0,95818	0,95907	0,95994	0,96080	0,96164	0,96246	0,96327
1,8	0,96407	0,96485	0,96562	0,96638	0,96712	0,96784	0,96856	0,96926	0,96995	0,97062
1,9	0,97128	0,97193	0,97257	0,97320	0,97381	0,97441	0,97500	0,97558	0,97615	0,97670
2,0	0,97725	0,97784	0,97831	0,97882	0,97932	0,97982	0,98030	0,98077	0,98124	0,98169
2,1	0,98214	0,98257	0,98300	0,98341	0,98382	0,98422	0,98461	0,98500	0,98537	0,98574
2,2	0,98610	0,98645	0,98679	0,98713	0,98745	0,98778	0,98809	0,98840	0,98870	0,98899
2,3	0,98928	0,98956	0,98983	0,99010	0,99036	0,99061	0,99086	0,99111	0,99134	0,99158
2,4	0,99180	0,99202	0,99224	0,99245	0,99266	0,99286	0,99305	0,99324	0,99343	0,99361
2,5	0,99379	0,99396	0,99413	0,99430	0,99446	0,99461	0,99477	0,99492	0,99506	0,99520
2,6	0,99534	0,99547	0,99560	0,99573	0,99585	0,99598	0,99609	0,99621	0,99632	0,99643
2,7	0,99653	0,99664	0,99674	0,99683	0,99693	0,99702	0,99711	0,99720	0,99728	0,99736
2,8	0,99744	0,99752	0,99760	0,99767	0,99774	0,99781	0,99788	0,99795	0,99801	0,99807
2,9	0,99813	0,99819	0,99825	0,99831	0,99836	0,99841	0,99846	0,99851	0,99856	0,99861
3,0	0,99865	0,99869	0,99874	0,99878	0,99882	0,99886	0,99889	0,99893	0,99896	0,99900
3,1	0,99903	0,99906	0,99910	0,99913	0,99916	0,99918	0,99921	0,99924	0,99926	0,99929
3,2	0,99931	0,99934	0,99936	0,99938	0,99940	0,99942	0,99944	0,99946	0,99948	0,99950
3,3	0,99952	0,99953	0,99955	0,99957	0,99958	0,99960	0,99961	0,99962	0,99964	0,99965
3,4	0,99966	0,99968	0,99969	0,99970	0,99971	0,99972	0,99973	0,99974	0,99975	0,99976
3,5	0,99977	0,99978	0,99978	0,99979	0,99980	0,99981	0,99981	0,99982	0,99983	0,99983
3,6	0,99984	0,99985	0,99985	0,99986	0,99986	0,99987	0,99987	0,99988	0,99988	0,99989
3,7	0,99989	0,99990	0,99990	0,99990	0,99991	0,99991	0,99992	0,99992	0,99992	0,99992
3,8	0,99993	0,99993	0,99993	0,99994	0,99994	0,99994	0,99994	0,99995	0,99995	0,99995
3,9	0,99995	0,99995	0,99996	0,99996	0,99996	0,99996	0,99996	0,99996	0,99997	0,99997

Fonte: LEVIN, Richard I., KIRKPATRICK Charles A. *Quantitative Approaches to Management*, 4th ed. Copyright © 1978, 1975, 1971, 1965 de McGraw-Hill, Inc. Usada sob permissão da *McGraw-Hill Book Company*.

padrão. Ela é construída de forma a fornecer a área sob a curva à esquerda de um valor Z especificado.

Vejamos como a Tabela 2.9 pode ser utilizada. A coluna da esquerda lista valores de Z, onde a segunda casa decimal de Z aparece na linha superior da tabela. Por exemplo, dado um valor $Z = 2,00$, como recentemente calculado, encontre 2,0 na coluna da esquerda e 0,00 na linha superior. No cruzamento da linha 2,0 com a coluna 0,00 no corpo da tabela, encontramos 0,97725 ou 97,7%. Assim:

$$P(X < 130) = P(Z < 2,00) = 97,7\%.$$

Isso sugere que se a média de QI é 100 e o desvio padrão é 15 pontos, a probabilidade de o QI de uma pessoa aleatoriamente selecionada ser menor do que 130 é 97,7%. Pela Figura 2.10, vemos que essa probabilidade pode ser derivada do gráfico do meio (note que $1,0 - 0,977 = 0,023 = 2,3\%$, que é a área na cauda direita da curva.)

Para nos acostumarmos com o uso da tabela de probabilidades da curva normal padrão, precisamos analisar mais alguns exemplos. Vejamos agora o caso da Construtora Haynes.

Para assegurar que você entendeu o conceito de simetria na Tabela 2.9, tente encontrar a seguinte probabilidade: $P(X < 85)$. Note que a tabela da normal padrão mostra apenas valores positivos de Z.

Exemplo da Construtora Haynes

A Construtora Haynes constrói principalmente edifícios com 3 ou 4 apartamentos (denominados triplex ou quadruplex) para investidores e acredita-se que o tempo total de construção (em dias) segue uma distribuição normal. O tempo médio para a construção de um triplex é 100 dias com desvio padrão de 20 dias. Recentemente, o presidente da Construtora Haynes assinou um contrato para completar um triplex em 125 dias. O não cumprimento desse prazo irá acarretar em multas pesadas. Qual é a probabilidade de a construtora não ser multada por violação de contrato? A distribuição normal para a construção de edifícios triplex é apresentada na Figura 2.12.

Para calcular essa probabilidade, precisamos encontrar a área sombreada sob a curva normal. Começamos determinando Z para esse problema:

$$Z = \frac{X - \mu}{\sigma}$$

$$= \frac{125 - 100}{20}$$

$$= \frac{25}{20} = 1,25$$

Procurando na Tabela 2.9 um valor de Z de 1,25, encontramos que a área sob a curva normal é de 0,89435 (fazemos isso olhando para a linha do 1,2 – na primeira coluna da esquerda

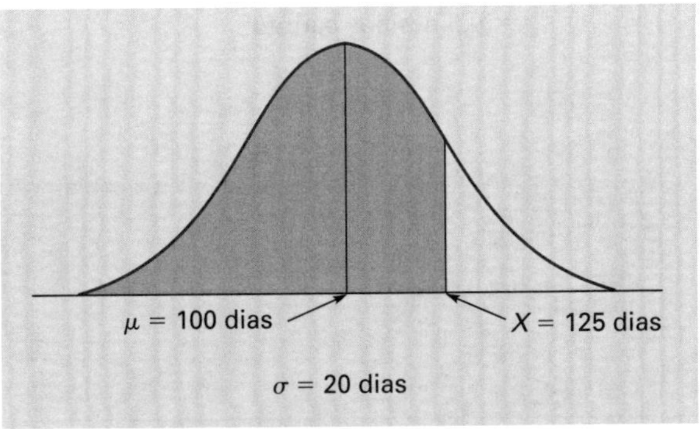

FIGURA 2.12 Distribuição normal para a Construtora Haynes.

– e a coluna do 0,05 – na primeira linha da tabela). Assim, a probabilidade de o contrato ser violado é de aproximadamente 89%.

Agora vamos olhar o problema sob outra perspectiva. Se a firma termina o triplex em 75 dias ou menos, ela receberá um bônus de $5000,00. Qual é a probabilidade de a empresa receber esse bônus?

A Figura 2.13 ilustra a probabilidade que estamos procurando na área sombreada. O primeiro passo, novamente, é calcular o valor Z:

$$Z = \frac{X - \mu}{\sigma}$$

$$= \frac{75 - 100}{20}$$

$$= \frac{-25}{20} = -1,25$$

Esse valor de Z indica que 75 dias é $-1,25$ desvios padrão à esquerda da média. Mas a tabela da normal padrão está estruturada para apresentar apenas valores positivos de Z. Para contornar o problema, observamos que a curva é simétrica. Assim, a probabilidade de a empresa Haynes terminar a construção em *menos de 75 dias* é equivalente à probabilidade de ela precisar de *mais de 125 dias*. Há pouco (na Figura 2.12) encontramos a probabilidade de a Haynes terminar o serviço em menos de 125 dias. Esse valor é 0,89435. Assim, a probabilidade de ela demorar mais do que 125 dias é:

$$P(X > 125) = 1 = P(X < 125)$$

$$= 1,0 - 0,89435 = 0,10565$$

Portanto, a probabilidade de completar o triplex em 75 dias ou menos é 0,10565, ou aproximadamente 11%.

Um último exemplo: qual é a probabilidade de que a construção do triplex leve entre 110 e 125 dias? Podemos ver na Figura 2.14 que:

$$P(110 < X < 125) = P(X < 125) - P(X < 110)$$

Isto é, a área sombreada no gráfico pode ser determinada encontrando-se a probabilidade de completar o edifício em menos de 125 dias subtraída da probabilidade de completá-lo em 110 ou menos.

Lembre que $P(X < 125) = 0,89435$. Para encontrar $P(X < 110)$, seguimos as duas etapas definidas anteriormente:

1. $$Z = \frac{X - \mu}{\sigma} = \frac{110 - 100}{20} = \frac{10}{20}$$

$$= 0,5 \text{ desvios padrão}$$

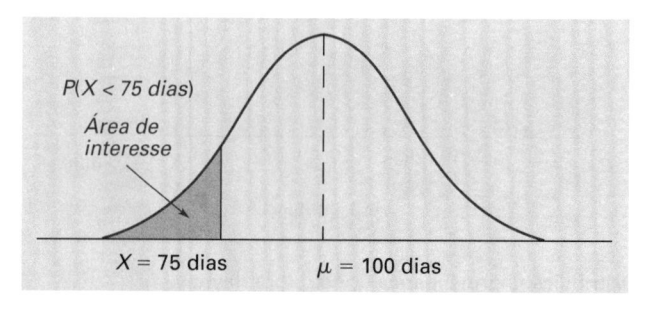

FIGURA 2.13 Probabilidade de que a Haynes receba o bônus por terminar em 75 dias.

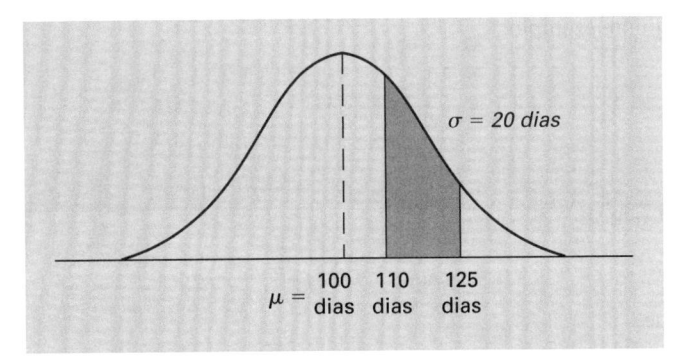

FIGURA 2.14 Probabilidade de que a Haynes complete a construção em 110 a 125 dias.

2. Da Tabela 2.9, temos que a área para $Z = 0,50$ é 0,69146. Assim, a probabilidade de que o triplex seja completado em menos do que 110 dias é 0,69146. Finalmente, a probabilidade de que o serviço seja feito entre 110 e 125 dias é aproximadamente 20%.

2.12 A DISTRIBUIÇÃO F

A distribuição F é um modelo probabilístico útil no teste de hipóteses sobre variâncias. Ela será utilizada no Capítulo 4 quando a significância dos modelos de regressão for testada. A Figura 2.15 apresenta um gráfico da distribuição F. Como ocorre com o gráfico de qualquer distribuição contínua, a área sob a curva representa probabilidades. Note que para grandes valores de F, a probabilidade é pequena.

A estatística F é a razão entre duas variâncias amostrais retiradas de populações normais independentes. Cada distribuição F depende de dois parâmetros denominados graus de liberdade. Um desses valores está associado ao numerador da razão e o outro ao denominador dessa mesma razão. Os graus de liberdades estão baseados nos tamanhos das amostras que foram utilizadas para calcular a variância do numerador e do denominador.

O apêndice D fornece valores de F associados à cauda superior da distribuição para certas probabilidades (representadas por α) e graus de liberdade do numerador (gl_1) e do denominador (gl_2).

Para encontrar um valor F associado a uma determinada probabilidade e graus de liberdade específicos, veja o Apêndice D. A seguinte notação será utilizada:

gl_1 = graus de liberdade do numerador

gl_2 = graus de liberdade do denominador

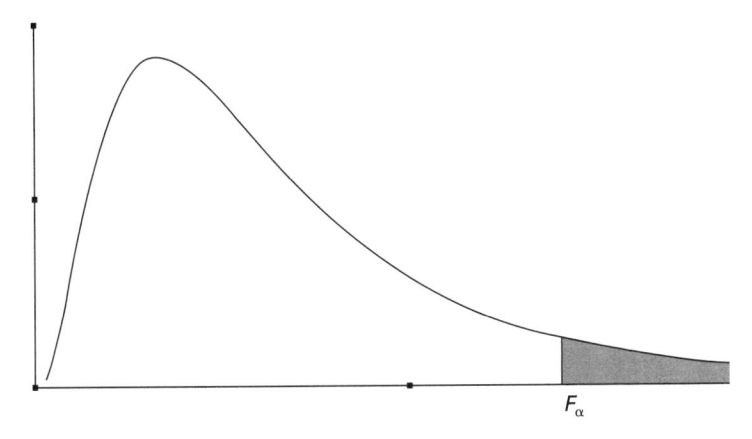

FIGURA 2.15 A distribuição F.

Considere o seguinte exemplo:

$gl_1 = 5$

$gl_2 = 6$

$\alpha = 0,05$

Do Apêndice D, temos:

$$F_{\alpha\ gl1, gl2} = F_{0,05, 5, 6} = 4,39$$

Isso significa que:

$$P(F > 4,39) = 0,05$$

A probabilidade é bem pequena (somente 5%) de que o valor F exceda 4,39. Existe uma probabilidade de 95% de que ele não exceda 4,39. Isso é ilustrado na Figura 2.16. O Apêndice D fornece, ainda, valores de F associados a uma probabilidade $\alpha = 0,01$.

2.13 A DISTRIBUIÇÃO EXPONENCIAL

A *distribuição exponencial*, também denominada *distribuição exponencial negativa*, é utilizada em problemas de filas. Ela frequentemente descreve o tempo gasto para atender a um consumidor. A distribuição exponencial é uma variável contínua e sua função densidade de probabilidade é dada por:

$$f(X) = \mu e^{-\mu x} \qquad (2\text{-}16)$$

onde:

X = é a variável aleatória (tempos de serviço)

μ = número médio de unidades que a estação de serviço pode atender em uma unidade de tempo especificada

$e = 2,718$ (base dos logaritmos naturais)

A forma geral da distribuição exponencial é apresentada na Figura 2.17. Seu valor esperado e variância podem ser mostrados como:

$$\text{Valor esperado} = \frac{1}{\mu} = \text{tempo médio de serviço} \qquad (2\text{-}17)$$

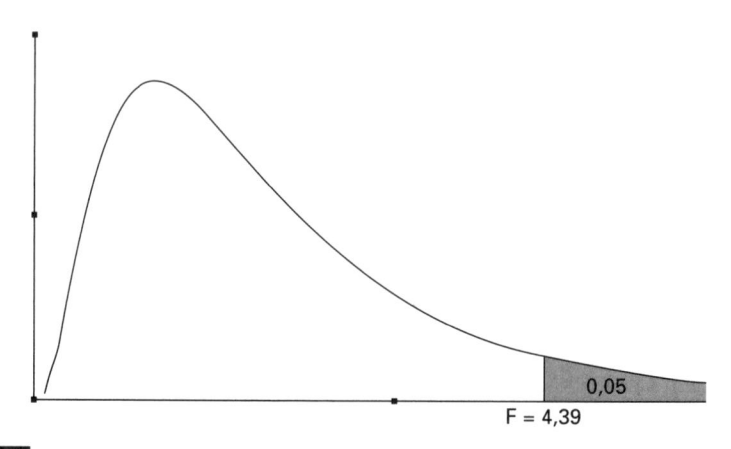

FIGURA 2.16 Valores de *F* para a probabilidade 0,05 com 5 e 6 graus de liberdade.

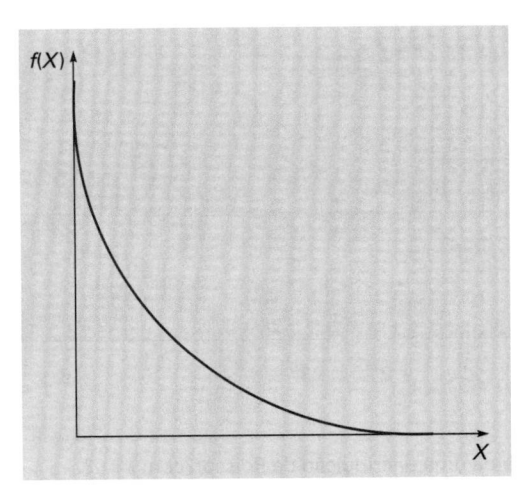

FIGURA 2.17 Distribuição exponencial negativa.

$$\text{Variância} = \frac{1}{\mu^2} \qquad (2\text{-}18)$$

A distribuição exponencial será vista novamente no Capítulo 14.

2.14 A DISTRIBUIÇÃO DE POISSON

Uma distribuição discreta importante é a de Poisson.[1] Vamos estudá-la porque é um modelo básico que complementa a distribuição exponencial na teoria das filas no Capítulo 14. A distribuição descreve situações nas quais consumidores chegam de forma independente durante certo intervalo de tempo e o número de chegadas depende do tamanho do intervalo considerado. Alguns exemplos são pacientes chegando em uma clínica de saúde, consumidores que chegam em um caixa de banco, passageiros chegando em um aeroporto, e chamadas telefônicas atendidas em uma central.

A fórmula da distribuição de Poisson é:

$$P(X) = \frac{\lambda^x e^{-\lambda}}{X!} \qquad (2\text{-}19)$$

onde:

$P(X)$ = Probabilidade de um número exato "X" de chegadas ou ocorrências

λ = número médio de chegadas por unidade de tempo (taxa média de chegadas), pronuncia-se "lambda"

e = 2,718, a base dos logaritmos naturais

X = valores específicos (0, 1, 2, 3, e assim por diante) da variável aleatória

A média e a variância da distribuição de Poisson são iguais e determinadas como:

$$\text{Valor esperado} = \lambda \qquad (2\text{-}20)$$

$$\text{Variância} = \lambda \qquad (2\text{-}21)$$

Um exemplo de uma distribuição desse tipo para $\lambda = 2$ chegadas é mostrada na Figura 2.18 (os valores apresentados são derivados das tabelas no Apêndice C).

---

[1] Essa distribuição foi derivada por Simeon Denia Poisson em 1837.

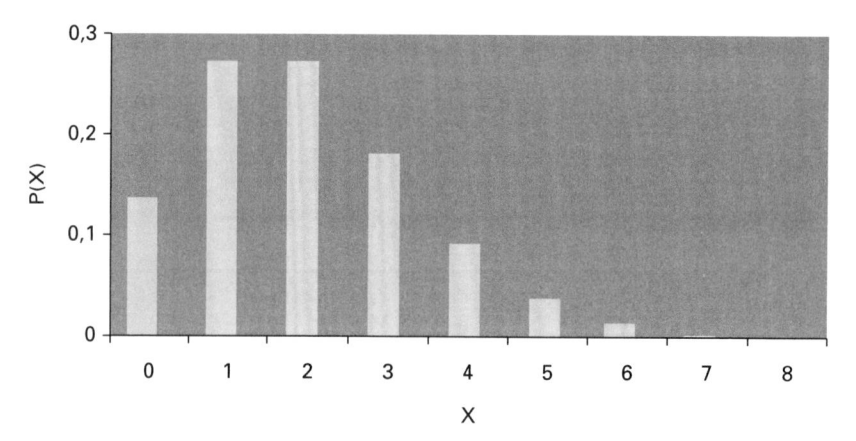

FIGURA 2.18 Exemplo de uma distribuição de Poisson com $\lambda = 2$.

As distribuições Exponencial e Poisson estão relacionadas. Se o número de ocorrências em determinado período de tempo segue uma distribuição de Poisson, o tempo entre ocorrências segue uma distribuição Exponencial. Por exemplo, se o número de chamadas telefônicas a um centro de atendimento ao consumidor segue uma distribuição de Poisson com média de 10 chamadas por hora, o tempo entre cada chamada é exponencialmente distribuído com tempo médio entre chamadas de 1/10 horas (seis minutos).

RESUMO

Este capítulo apresentou os conceitos fundamentais da probabilidade e das distribuições de probabilidade. Os valores das probabilidades podem ser obtidos objetivamente ou subjetivamente. Uma probabilidade deve ser um número entre zero e um e a soma dos valores para todos os eventos elementares deve ser um. Além disso, probabilidades e eventos apresentam várias propriedades que incluem eventos mutuamente exclusivos e coletivamente exaustivos, e eventos dependentes e independentes. Regras para calcular probabilidades dependem dessas propriedades básicas. Também é possível revisar valores de probabilidades quando novas informações tornam-se disponíveis. Isso pode ser feito utilizando o Teorema de Bayes. Abordamos ainda tópicos de variáveis aleatórias, distribuições discretas de probabilidade (como a Poisson e a binomial) e distribuições contínuas de probabilidade (como a Normal e a Exponencial). Uma distribuição de probabilidade é uma função que regula um conjunto coletivamente exaustivo e mutuamente exclusivo de eventos. Todas as distribuições de probabilidade seguem as regras básicas mencionadas anteriormente.

Os tópicos apresentados aqui são importantes em muitos capítulos posteriores. Conceitos básicos de probabilidade e distribuições são utilizados na teoria da decisão, controle de estoques, análise de Markov, gerenciamento de projetos, simulação e controle estatístico de qualidade.

GLOSSÁRIO

Abordagem clássica ou lógica. Forma objetiva de determinar probabilidades com base na lógica.

Abordagem da frequência relativa. Maneira objetiva de determinar probabilidades com base nas frequências observadas de um determinado número de tentativas.

Abordagem subjetiva. Método para determinar valores probabilísticos com base na experiência ou julgamento.

Desvio padrão. Raiz quadrada da variância.

Distribuição binomial. Distribuição que descreve o número de sucessos em n tentativas independentes de um processo de Bernoulli.

Distribuição de Poisson. Distribuição discreta de probabilidade utilizada na teoria das filas.

Distribuição de probabilidade. Conjunto de todos os possíveis valores de uma variável aleatória com as respectivas probabilidades associadas.

Distribuição de probabilidade contínua. Distribuição de Probabilidade com uma variável aleatória contínua.

Distribuição de probabilidade discreta. Distribuição de probabilidade com uma variável aleatória discreta.

Distribuição exponencial negativa. Distribuição contínua de probabilidade que descreve o tempo entre as chegadas de consumidores em uma fila.

Distribuição F. Distribuição de probabilidade contínua que é a razão entre as variâncias de duas amostras independentes retiradas de populações normais.

Distribuição normal. Distribuição contínua com forma de sino descrita por dois parâmetros que são também a média e o desvio padrão da variável.

Eventos coletivamente exaustivos. Coleção de todos os possíveis resultados de um experimento.

Eventos dependentes. Situação na qual a ocorrência de um evento afeta a probabilidade da ocorrência de outro evento.

Eventos independentes. Situação na qual a ocorrência de um evento não tem efeito na probabilidade da ocorrência de um segundo evento.

Eventos mutuamente exclusivos. Situação na qual somente um evento pode ocorrer em uma situação ou experimento.

Função densidade de probabilidade. Função matemática que descreve uma distribuição de probabilidade contínua. É representada por $f(X)$.

Probabilidade. Afirmação na forma de um número entre zero e um sobre a possibilidade da ocorrência de um evento.

Probabilidade a priori. Probabilidade determinada antes que uma nova informação seja obtida. Também é chamada de estimativa da probabilidade *a priori*.

Probabilidade condicional. Probabilidade de um evento ocorrer dado que outro evento ocorreu.

Probabilidade conjunta. Probabilidade da ocorrência simultânea de dois ou mais eventos.

Probabilidade marginal. Probabilidade simples da ocorrência de um evento.

Probabilidade revisada ou *a posteriori*. Probabilidade que resulta de uma informação nova ou revisada e de uma probabilidade *a priori*.

Processo de Bernoulli. Processo com apenas dois resultados em uma série de tentativas independentes na qual as probabilidades de cada resultado não se alteram.

Teorema de Bayes. Fórmula utilizada para revisar probabilidades tendo como base uma nova informação.

Valor esperado. Média, ponto de equilíbrio ou centro de gravidade de uma distribuição de probabilidade.

Variância. Medida de dispersão ou espalhamento de uma distribuição de probabilidade.

Variável aleatória. Variável que atribui um número a todos os possíveis resultados de um experimento.

Variável aleatória contínua. Variável aleatória que pode assumir um número incontável de valores.

Variável aleatória discreta. Variável aleatória que pode assumir somente um número finito ou infinito contável de valores.

EQUAÇÕES-CHAVE

(2-1) $0 \leq P(\text{evento}) \leq 1$
Regra básica da probabilidade

(2-2) $P(A \text{ ou } B) = P(A) + P(B)$
Lei da adição para eventos mutuamente exclusivos

(2-3) $P(A \text{ ou } B) = P(A) + P(B) - P(A \text{ e } B)$
Lei da adição para eventos que não são mutuamente exclusivos

(2-4) $P(AB) = P(A)P(B)$
Probabilidade conjunta para eventos independentes

(2-5) $P(A/B) = P(AB)/P(B)$
Probabilidade condicional

(2-6) $P(AB) = P(A \mid B) P(B)$
Probabilidade conjunta para eventos dependentes

(2-7) $P(A \mid B) = \dfrac{P(B \mid A)P(A)}{P(B \mid A)P(A) + P(B \mid A')P(A')}$
Regra de Bayes na forma geral

(2-8) $E(X) = \sum_{i=1}^{n} X_i P(X_i)$
Equação que calcula o valor esperado (média) de uma distribuição discreta de probabilidade

(2-9) $\sigma^2 = \text{Variância} = \sum_{i=1}^{n} [X_i - E(X)]^2 P(X_i)$
Equação que calcula a variância de uma distribuição discreta de probabilidade

(2-10) $\sigma = \sqrt{\text{Variância}} = \sqrt{\sigma^2}$
Equação que calcula o desvio padrão a partir da variância

(2-11) Probabilidade de r sucessos em n tentativas $= \dfrac{n!}{r!(n-r)!} p^r q^{n-r}$
Fórmula que calcula as probabilidades para a distribuição binomial

(2-12) Valor esperado (média) $= np$
Valor esperado para a distribuição binomial

(2-13) Variância $= np(1-p)$
Variância para a distribuição binomial

(2-14) $f(X) = \dfrac{1}{\sigma\sqrt{2\pi}} e^{\dfrac{-(x-\mu)^2}{2\sigma^2}}$
Função densidade para a distribuição normal

(2-15) $Z = \dfrac{X - \mu}{\sigma}$
Equação que calcula o número de desvios padrão, Z, do ponto X para a média μ

(2-16) $f(x) = \mu e^{-\mu x}$
Distribuição exponencial

(2-17) Valor esperado $= \dfrac{1}{\mu}$
Valor esperado da distribuição exponencial

(2-18) Variância = $\dfrac{1}{\mu^2}$

Variância da distribuição exponencial

(2-19) $P(X) = \dfrac{\lambda^x e^{-\lambda}}{X!}$

Distribuição de Poisson

(2-20) Valor esperado = λ

Média da distribuição de Poisson

(2-21) Variância = λ

Variância da distribuição de Poisson

PROBLEMAS RESOLVIDOS

Problema resolvido 2-1

Nos últimos 30 dias, a empresa Rural Roger vendeu 8, 9, 10, ou 11 bilhetes de loteria. Ela nunca vendeu menos do que 8 ou mais do que 11. Supondo que o passado é semelhante ao futuro, encontre as probabilidades para o número de bilhetes vendidos, se as vendas foram de 8 bilhetes em 10 dias, 9 bilhetes em 12 dias, 10 bilhetes em 6 dias e 11 bilhetes em 2 dias.

Solução

Vendas	Número de dias	Probabilidade
8	10	0,333
9	12	0,400
10	6	0,200
11	2	0,067
Total	30	1,000

Problema resolvido 2-2

Uma sala de aula contém 30 alunos. Desses, 10 são mulheres (F) e norte-americanas (U); 12 são homens (M) e norte-americanos; 6 são mulheres e não norte-americanas (N) e 2 são homes e não norte-americanos.

Um nome é aleatoriamente selecionado da sala e ele é de uma mulher. Qual é a probabilidade de que a estudante seja norte-americana?

Solução

$$P(\text{FU}) = {}^{10}\!/_{30} = 0{,}333$$

$$P(\text{FN}) = {}^{6}\!/_{30} = 0{,}200$$

$$P(\text{MU}) = {}^{12}\!/_{30} = 0{,}400$$

$$P(\text{MN}) = {}^{2}\!/_{30} = 0{,}067$$

$$P(\text{F}) = P(\text{FU}) + P(\text{FN}) = 0{,}333 + 0{,}200 = 0{,}533$$

$$P(\text{M}) = P(\text{MU}) + P(\text{MN}) = 0{,}400 + 0{,}067 = 0{,}467$$

$$P(\text{U}) = P(\text{FU}) + P(\text{MU}) = 0{,}333 + 0{,}400 = 0{,}733$$

$$P(\text{N}) = P(\text{FN}) + P(\text{MN}) = 0{,}200 + 0{,}067 = 0{,}267$$

$$P(\text{U}\,|\,\text{F}) = \dfrac{P(\text{FU})}{P(\text{F})} = \dfrac{0{,}333}{0{,}533} = 0{,}625$$

Problema resolvido 2-3

Seu professor informa que se você tirar 85 ou mais na prova, tem 90% de chance de obter conceito A no curso. Você acha que tem apenas 50% de chance de tirar 85 ou mais. Encontre a probabilidade que tanto seu escore seja 85 ou mais e você receba um A no curso.

Solução

$$P(A \text{ e } 85) = P(A/85)P(85) = (0{,}90)(0{,}50) = 0{,}45 = 45\%$$

Problema resolvido 2-4

Em uma aula de estatística foi perguntado se os alunos acreditavam que todos os testes marcados para uma segunda-feira após vitória do time de futebol deveriam ser automaticamente transferidos. Os resultados foram:

Concordo plenamente	40
Concordo	30
Indiferente	20
Discordo	10
Discordo plenamente	0
	100

Transforme esses dados em escores numéricos utilizando a seguinte escala aleatória e encontre a distribuição de probabilidade para os resultados.

Concordo plenamente	5
Concordo	4
Indiferente	3
Discordo	2
Discordo plenamente	1

Solução

Resultado	Probabilidade, $P(X)$
Concordo plenamente (5)	$0{,}4 = 40/100$
Concordo (4)	$0{,}3 = 30/100$
Indiferente (3)	$0{,}2 = 20/100$
Discordo (2)	$0{,}1 = 10/100$
Discordo plenamente (1)	$0{,}0 = 0/100$
Total	$1{,}0 = 100/100$

Problema resolvido 2-5

Para o Problema Resolvido 2-4, seja X o escore numérico. Calcule o valor esperado de X.

Solução

$$E(X) = \sum_{i=1}^{5} X_i P(X_i) = X_1 P(X_1) + X_2 P(X_2)$$
$$+ X_3 P(X_3) + X_4 P(X_4) + X_5 P(X_5)$$
$$= 5(0{,}4) + 4(0{,}3) + 3(0{,}2) + 2(0{,}1) + 1(0)$$
$$= 4{,}0$$

Problema resolvido 2-6

Calcule a variância e o desvio padrão para a variável aleatória X nos Problemas Resolvidos 2-4 e 2-5.

Solução

$$\text{Variância} = \sum_{i=1}^{5}(x_i - E(x))^2 P(x_i)$$

$$=(5-4)^2(0,4)+(4-4)^2(0,3)+(3-4)^2(0,2)+(2-4)^2(0,1)+(1-4)^2(0,0)$$

$$=(1)^2(0,4)+(0)^2(0,3)+(-1)^2(0,2)+(-2)^2(0,1)+(-3)^2(0,0)$$

$$=0,4+0,0+0,2+0,4+0,0+1,0$$

O desvio padrão é

$$\sigma = \sqrt{\text{Variância}} = \sqrt{1} = 1$$

Problema resolvido 2-7

Um candidato afirma que 60% dos eleitores votarão nele. Se cinco eleitores registrados forem amostrados, qual é a probabilidade de que exatamente 3 sejam a favor do candidato?

Solução

Utilizamos a distribuição binomial com $n = 5$, $p = 0,6$ e $r = 3$.

$$P(\text{exatamente 3 sucessos em 5 tentativas}) = \frac{n!}{r!(n-r)!}p^r q^{n-r} = \frac{5!}{3!(5-3)!}(0,6)^3(0,4)^{5-3} = 0,3456$$

Problema resolvido 2-8

O comprimento das varetas manufaturadas por uma nova máquina de corte tem uma distribuição normal com média de 10 polegadas e desvio padrão de 0,2 polegadas. Encontre a probabilidade de que uma vareta selecionada ao acaso tenha um tamanho:

- **a.** menor do que 10,0 polegadas.
- **b.** entre 10,0 e 10,4 polegadas
- **c.** entre 10,0 e 10,1 polegadas.
- **d.** entre 10,1 e 10,4 polegadas.
- **e.** entre 9,6 e 9,9 polegadas.
- **f.** entre 9,9 e 10,4 polegadas.
- **g.** entre 9,886 e 10,406 polegadas.

Solução

Primeiro calculamos o valor Z para cada valor de X dado.

$$Z = \frac{X - \mu}{\sigma}$$

Depois, encontramos a área sob a curva para o valor Z utilizando a tabela da distribuição normal padrão.

- **a.** $P(X < 10,0) = 0,50000$
- **b.** $P(10,0 < X < 10,4) = 0,97725 - 0,50000 = 0,47725$
- **c.** $P(10,0 < X < 10,1) = 0,69146 - 0,50000 = 0,19146$
- **d.** $P(10,1 < X < 10,4) = 0,97725 - 0,69146 = 0,28579$
- **e.** $P(9,6 < X < 9,9) = 0,97725 - 0,69146 = 0,28579$
- **f.** $P(9,9 < X < 10,4) = 0,19146 + 0,47725 = 0,66871$
- **g.** $P(9,886 < X < 10,406) = 0,47882 + 0,21566 = 0,69448$

AUTOTESTE

- Antes de fazer o autoteste, consulte os objetivos de aprendizagem no início do capítulo, as notas nas margens e o glossário no final do capítulo.
- Corrija seu teste utilizando o Apêndice H ao final do livro.
- Estude novamente as páginas que correspondem a todas as perguntas que você respondeu errado ou que não tem certeza.

1. Se somente um evento pode ocorrer em uma tentativa, então os eventos são:
   a. independentes.
   b. exaustivos.
   c. mutuamente exclusivos.
   d. contínuos
2. Novas probabilidades que forem encontradas com a utilização do Teorema de Bayes são denominadas:
   a. probabilidades *a priori*
   b. probabilidades *a posteriori*
   c. probabilidades Bayesianas
   d. probabilidades conjuntas
3. Uma medida de tendência central é:
   a. valor esperado
   b. variância
   c. desvio padrão
   d. todas as anteriores
4. Para calcular a variância, é preciso saber:
   a. todos os valores possíveis da variável
   b. o valor esperado da variável
   c. a probabilidade de cada valor possível da variável
   d. todas as anteriores
5. A raiz quadrada da variância é:
   a. o valor esperado
   b. o desvio padrão
   c. a área sob a curva normal
   d. todas as anteriores
6. Qual dos seguintes é um exemplo de uma distribuição discreta?
   a. a distribuição normal
   b. a distribuição exponencial
   c. a distribuição de Poisson
   d. a distribuição-Z
7. A área total sobre a curva de qualquer distribuição contínua deve ser igual a:
   a. 1
   b. 0
   c. 0,5
   d. nenhuma das anteriores
8. A probabilidade para todos os valores possíveis de uma variável aleatória discreta:
   a. pode ser maior do que 1
   b. pode ser negativa em algumas ocasiões
   c. deve somar 1
   d. são representadas pela área sob a curva

9. Em uma distribuição normal padrão a media é igual a:
   a. 1
   b. 0
   c. a variância
   d. o desvio padrão
10. A probabilidade de dois ou mais eventos independentes ocorrerem é:
    a. probabilidade marginal
    b. probabilidade simples
    c. probabilidade condicional
    d. probabilidade conjunta
    e. todas as anteriores
11. Na distribuição normal, 95,45% dos valores estão entre:
    a. 1 desvio padrão da média
    b. 2 desvios padrão da média
    c. 3 desvios padrão da média
    d. 4 desvios padrão da média
12. Se uma distribuição normal tem uma média de 200 e desvio padrão de 10, 99,7% da população está em que intervalo de valores?
    a. 170 − 230
    b. 180 − 220
    c. 190 − 210
    d. 175 − 225
    e. 170 − 220
13. Se dois eventos são mutuamente exclusivos, a probabilidade da interseção entre esses dois eventos é igual a:
    a. 0
    b. 0,5
    c. 1,0
    d. não pode ser determinada sem mais informações
14. Se $P(A) = 0,4$, $P(B) = 0,5$ e $P(A\ e\ B) = 0,2$, então $P(B|A)$ é igual a:
    a. 0,80
    b. 0,50
    c. 0,10
    d. 0,40
    e. nenhuma das anteriores
15. Se $P(A) = 0,4$, $P(B) = 0,5$ e $P(A\ e\ B) = 0,2$, então $P(A\ ou\ B)$ é igual a:
    a. 0,7
    b. 0,9
    c. 1,1
    d. 0,2
    e. nenhuma das anteriores

QUESTÕES PARA DISCUSSÃO E PROBLEMAS

Questões para discussão

2-1 Quais são as duas leis básicas da probabilidade?

2-2 O que significam eventos mutuamente exclusivos? E eventos coletivamente exaustivos? Forneça um exemplo de cada.

2-3 Descreva as várias abordagens na determinação dos valores de probabilidades.

2-4 Qual é a probabilidade da intersecção de dois eventos subtraída na soma da probabilidade de dois eventos?

2-5 Qual é a diferença entre eventos que são dependentes e eventos que são independentes?

2-6 O que é o Teorema de Bayes e quando ele pode ser utilizado?

2-7 Descreva as características de um processo de Bernoulli. Como um processo de Bernoulli está associado à distribuição binomial?

2-8 O que é uma variável aleatória? Quais são os vários tipos de variáveis aleatórias?

2-9 Qual é a diferença entre uma distribuição de probabilidades discreta e uma distribuição de probabilidades contínua? Dê um exemplo de cada.

2-10 Qual é o valor esperado e o que ele mede? Como ele é calculado para uma distribuição discreta de probabilidade?

2-11 O que é variância e o que ela mede? Como ela é calculada para uma distribuição discreta de probabilidade?

2-12 Forneça três processos de negócios que podem ser descritos por uma distribuição normal.

2-13 Após avaliar a resposta dos estudantes a uma questão sobre um caso utilizado em aula, o professor construiu a seguinte distribuição de probabilidade. Que tipo de distribuição ela é?

Resposta	Variável aleatória, X	Probabilidade
Excelente	5	0,05
Bom	4	0,25
Médio	3	0,40
Regular	2	0,15
Ruim	1	0,15

Problemas

• 2-14 Um estudante fazendo a disciplina Ciência da Administração na East Haven University irá receber uma de cinco possíveis notas: A, B, C, D ou F. A distribuição das notas nos últimos três anos é:

Nota	Número de alunos
A	80
B	75
C	90
D	30
F	25
Total	300

Se a distribuição passada é um bom indicativo das notas futuras, qual é a probabilidade de um estudante receber um C na disciplina?

• 2-15 Uma moeda é jogada duas vezes. Calcule a probabilidade da ocorrência dos seguintes eventos:
(a) cara no primeiro lançamento.
(b) coroa no segundo lançamento dado que no primeiro ocorreu cara.
(c) duas coroas.
(d) coroa no primeiro lançamento e cara no segundo.
(e) coroa no primeiro lançamento e cara no segundo ou cara no primeiro e coroa no segundo.
(f) pelo menos uma cara nos dois lançamentos.

• 2-16 Uma urna contém 8 fichas vermelhas, 10 verdes e 2 brancas. Uma ficha é retirada e devolvida e então uma segunda ficha é retirada. Qual é a probabilidade de:
(a) retirar uma ficha branca na primeira vez?
(b) retirar uma ficha branca na primeira vez e uma vermelha na segunda?
(c) retirar duas fichas verdes?
(d) retirar uma ficha vermelha na segunda vez, dado que uma branca foi retirada na primeira?

• 2-17 Evertight é uma empresa líder na produção de pregos de qualidade, produzindo pregos de 1, 2, 3, 4 e 5 polegadas para vários usos. No processo de produção, os produtos defeituosos são separados e colocados em uma caixa. Ontem, 651 pregos de 1 polegada, 243 de 2 polegadas, 41 de 3 polegadas, 451 de 4 polegadas e 333 de 5 polegadas foram colocados na caixa.
(a) Qual é a probabilidade de retirarmos um prego de 4 polegadas da caixa?
(b) Qual é a probabilidade de retirarmos um prego de 5 polegadas?
(c) Se uma determinada aplicação exige um prego que tenha 3 polegadas ou menos, qual é a probabilidade de retirarmos um prego que satisfaça as exigências da aplicação?

⁞ 2-18 No último ano, 200 pessoas ficaram gripadas na companhia Manufatura Nordeste. Cento e vinte cinco pessoas que não fazem exercícios tiveram gripe e o restante das pessoas que tiveram gripe estavam envolvidas em um programa de exercícios semanais. Metade dos 1000 empregados da empresa estava envolvida em algum tipo de programa de exercícios.

---

* Nota: ✖ significa que o problema pode ser resolvido com o Excel utilizando as funções estatísticas básicas descritas no Apêndice 2.2.

(a) Qual é a probabilidade de que um empregado tenha gripe no próximo ano?
(b) Dado que um empregado está envolvido em um programa de exercícios, qual é a probabilidade de que ele tenha gripe no próximo ano?
(c) Qual é a probabilidade de que um empregado que não participa de um programa de exercícios tenha gripe no próximo ano?
(d) Participar em um programa de exercícios e pegar uma gripe são eventos independentes? Explique sua resposta.

2-19 O Springfield Kings, time profissional de basquete, ganhou 12 dos últimos 20 jogos e espera-se que continue vencendo com o mesmo percentual. O gerente de venda de ingressos do time está ansioso para atrair uma grande torcida para o jogo de amanhã, mas acredita que isso irá acontecer se o time tiver um bom desempenho no jogo desta noite contra o Galveston Comets. Ele estima a probabilidade de atrair um grande público em 0,90 se o time vencer essa noite. Qual é a probabilidade de que o time vença esta noite e de que tenha um grande público no jogo de amanhã?

2-20 O professor David Mashley leciona duas disciplinas de Estatística para a graduação no Kansas College. A disciplina Estatística 201 é formada por 7 alunos do primeiro ano e 3 do segundo. A disciplina Estatística 301, mais avançada, tem 2 alunos do primeiro ano e 8 do segundo ano. Como um exemplo de uma técnica de amostragem nos negócios, o professor Mashley seleciona um aluno aleatoriamente da disciplina de Estatística 201. Se o aluno for do primeiro ano ele seleciona um novo aluno da mesma turma, se não, ele seleciona aleatoriamente um aluno da Estatística 301. Esses dois eventos são independentes? Qual é probabilidade de:
(a) um aluno do primeiro ano ser selecionado?
(b) um aluno do segundo ano ser selecionado na segunda vez, dado que um aluno do primeiro ano tenha sido selecionado na primeira vez?
(c) um aluno do segundo ano ser selecionado na segunda vez, dado que um aluno do segundo ano tenha sido selecionado na primeira vez?
(d) um aluno do primeiro ano ser selecionado nas duas vezes?
(e) um aluno do segundo ano ser selecionado nas duas vezes?
(f) um aluno do primeiro ano e um do segundo ano ser selecionado nas duas vezes, independentemente da ordem?

2-21 O oásis Abu Ilan, no coração do deserto de Negev, tem uma população de 20 membros da tribo dos Beduínos e 20 da tribo dos Farima. O oásis El Kamin, próximo de Abu Ilan, tem uma população de 32 membros da tribo dos Beduínos e 8 dos Farima. Um soldado israelense perdido, que foi acidentalmente separado de sua unidade, está vagando pelo deserto e chega às imediações de um dos oásis. Ele não sabe em que oásis se encontra, mas a primeira pessoa que avista à distância é um Beduíno. Qual é a probabilidade de que esteja em Abu Ilan? Qual é a probabilidade de que esteja em El Kamin?

2-22 O soldado israelense perdido mencionado no Problema 2-21 decide descansar por alguns minutos antes de entrar no oásis que recém encontrou. Ele cochila por 15 minutos, acorda e entra no oásis. A primeira pessoa que enxerga, dessa vez, é novamente um Beduíno. Qual é a probabilidade *a posteriori* de que ele esteja em El Kamin?

2-23 A empresa Máquinas Ás estima que a probabilidade de seu torno estar bem-ajustado é de 0,8. Quando o torno está ajustado de forma correta, existe uma probabilidade de 0,9 de que as peças produzidas passem na inspeção. Se o torno não estiver ajustado, contudo, a probabilidade de que uma peça boa seja produzida é somente de 0,20. Uma peça é escolhida aleatoriamente e verifica-se que ela passou na inspeção. Qual é a probabilidade *a posteriori* de que o torno esteja propriamente ajustado?

2-24 A Liga de Softball Boston Sul é formada por três times: Filhinhos da Mamãe, time 1, Os Matadores, time 2, e Os Machos, time 3. Cada time joga com o outro apenas uma vez durante a temporada. O registro das vitórias e derrotas dos últimos cinco anos é:

Vencedor	(1)	(2)	(3)
Filhinhos da Mamãe	X	3	4
Os Matadores	2	X	1
Os Machos	1	4	X

Cada linha representa o número de vitórias nos últimos cinco anos. Os Filhinhos da Mamãe venceram Os Matadores 3 vezes e Os Machos 4 vezes e assim por diante.
(a) Qual é a probabilidade de que Os Matadores vençam todos os jogos no próximo ano?
(b) Qual é a probabilidade de que Os Machos vençam pelo menos um jogo no próximo ano?
(c) Qual é a probabilidade que os Filhinhos da Mamãe vençam exatamente um jogo no próximo ano?
(d) Qual é a probabilidade de que Os Matadores vençam menos de dois jogos no próximo ano?

2-25 A programação dos Matadores para o próximo ano é (veja o Problema 2.24):
Jogo 1: Os Machos
Jogo 2: Filhinhos da Mamãe
(a) Qual é a probabilidade de que Os Matadores vençam o primeiro jogo?
(b) Qual é a probabilidade de que Os Matadores vençam o seu segundo jogo?
(c) Qual é a probabilidade de que Os Matadores vençam exatamente um jogo?
(d) Qual é a probabilidade de que Os Matadores vençam todos os jogos?
(e) Qual é a probabilidade de que Os Matadores percam todos os jogos?
(f) Você gostaria de ser o treinador dos Matadores?

2-26 A equipe Northside Rifle tem dois atiradores, Dick e Sally. Dick acerta o centro do alvo 90% das vezes e Sally, 95% das vezes.
  (a) Qual é a probabilidade de que Dick ou Sally ou ambos acertem o centro do alvo se cada um atira uma vez?
  (b) Qual é a probabilidade que Dick e Sally acertem o centro do alvo?
  (c) Você fez alguma suposição para responder a questão anterior? Se respondeu sim, você acha que a suposição feita pode ser justificada?

2-27 Em uma amostra de 1000 pessoas de um levantamento de uma população, 650 pessoas são de Laketown e o restante de River City. Das pessoas da amostra, 19 tem algum tipo de câncer. Dos que têm câncer, 13 são de Laketown.
  (a) Viver em Laketown e ter algum tipo de câncer são eventos independentes?
  (b) Em qual cidade você preferiria viver, supondo que seu objetivo principal seja evitar o câncer?

2-28 Calcule a probabilidade de que "o dado seja viciado, sabendo que um 3 foi obtido", como mostrado no Exemplo 7, dessa vez utilizando a fórmula geral do Teorema de Bayes (Equação 2-7).

2-29 Quais das variáveis abaixo são distribuições de probabilidade? Por quê?

(a)

Variável aleatória X	Probabilidade
−2	0,1
−1	0,2
0	0,3
1	0,25
2	0,15

(b)

Variável aleatória Y	Probabilidade
1	1,1
1,5	0,2
2	0,3
2,5	0,25
3	−1,25

(c)

Variável aleatória Z	Probabilidade
1	0,1
2	0,2
3	0,3
4	0,4
5	0,0

2-30 A Harrington Comida Saudável estoca 5 unidades do Pão-Neutro. A distribuição de probabilidade das vendas desse tipo de pão está listada na tabela. Quantos pães a Harrington vende em média?

Número de pães vendidos	Probabilidade
0	0,05
1	0,15
2	0,20
3	0,25
4	0,20
5	0,15

2-31 Qual é o valor esperado e a variância da seguinte distribuição de probabilidade?

Variável aleatória X	Probabilidade
1	0,05
2	0,05
3	0,10
4	0,10
5	0,15
6	0,15
7	0,25
8	0,15

2-32 Um teste do tipo verdadeiro ou falso é composto por 10 questões. Um estudante sente que não está preparado para o teste e responde ao acaso as questões. Qual é a probabilidade de que o estudante:
  (a) Acerte exatamente 7 questões?
  (b) Acerte exatamente 8 questões?
  (c) Acerte exatamente 9 questões?
  (d) Acerte todas as questões?
  (e) Acerte mais do que 6 questões?

2-33 Gary Schwartz é o melhor vendedor da sua companhia. Os registros indicam que ele consegue uma venda em 70% das suas chamadas telefônicas. Se ele ligar para quatro clientes potenciais, qual é a probabilidade de que consiga exatamente três vendas? Qual é probabilidade de que faça exatamente quatro vendas?

2-34 Se 10% de todos os discos rígidos produzidos por uma linha de montagem são defeituosos, qual é a probabilidade de que exista exatamente um defeituoso em uma amostra de 5 desses discos? Qual é a probabilidade de que não existam defeituosos em uma amostra aleatória de 5 discos?

2-35 A manufatura Trowbridge produz gabinetes para computadores pessoais e outros equipamentos eletrônicos. O inspetor de controle de qualidade da companhia acredita que um determinado processo está fora de controle. Normalmente, somente 5% de todos os gabinetes são considerados defeituosos devido à descoloração. Em uma amostragem de 6 gabinetes, qual é a probabilidade de que não existam gabinetes defeituosos, se o processo estiver operando corretamente? Qual é a probabilidade de que exista exatamente um gabinete defeituoso?

2-36 Considere o exemplo da manufatura Trowbridge em 2-35. O procedimento de inspeção de qualidade é selecionar 6 itens; se não existir defeituosos, ou se existir apenas um o processo está sob controle. Se o número de defeitos é maior do que 1, o processo está fora de controle. Suponha que a verdadeira proporção de itens defeituosos é 0,15. Qual é a probabilidade de que não exista um produto defeituoso ou de que exista apenas um produto defeituoso em uma amostra de 6 itens, se a verdadeira proporção de defeitos é 0,15?

2-37 Um forno industrial para curar moldes para uma manufatura de bloco de motores de um carro pequeno é capaz de manter regularmente temperaturas constantes. A variação da temperatura do forno segue uma distribuição normal com média de 450°F e um desvio padrão de 25°F. Leslie Larsen, diretor da fábrica, está preocupado com a grande quantidade de moldes defeituosos produzida nos últimos meses. Se o forno ficar mais quente do que 475°F, o molde sairá defeituoso. Qual é a probabilidade de que o forno provoque o defeito de um molde? Qual é a probabilidade de que a temperatura do forno esteja entre 460° a 470°F?

2-38 Steve Goodman, gerente de produção da companhia Florida Gold, estima que sua venda média de laranjas seja 4700 unidades com desvio padrão de 500 unidades. As vendas seguem uma distribuição normal.
(a) Qual é a probabilidade de que as vendas sejam maiores do que 5500 unidades?
(b) Qual é a probabilidade de que as vendas sejam maiores do que 4500 unidades?
(c) Qual é a probabilidade de que as vendas sejam menores do que 4900 unidades?
(d) Qual é a probabilidade de que as vendas sejam menores do que 4300 unidades?

2-39 Susan Williams ocupa a função de gerente de produção da empresa Suprimentos Médicos Ltda. nos últimos 17 anos. A empresa é produtora de bandagens e tipóias. Durante os últimos 5 anos, a demanda por bandagens tem se mantido praticamente constante. Na média, as vendas giram em torno de 87000 pacotes. Susan acredita que a distribuição dessas vendas segue uma distribuição normal com desvio padrão de 4000 pacotes. Qual é a probabilidade de que as vendas sejam menores do que 81000 pacotes?

2-40 A Armstrong Faber produz um lápis padrão número dois denominado Ultra-Lite. Desde que Chuck Armstrong iniciou a Armstrong Faber, as vendas tem crescido regularmente. Com o aumento do preço dos derivados de madeira, contudo, Chuck foi forçado a aumentar o preço dos lápis Ultra-Lite. Como consequência, a demanda por esse tipo de lápis estabilizou nos últimos seis anos. Em média, a Armstrong Faber vende 457000 lápis por ano. Além disso, em 90% das vezes as vendas ficaram entre 454000 a 460000 unidades. Espera-se que as vendas sigam uma distribuição normal com média de 457000 unidades. Estime o desvio padrão dessa distribuição. (*Dica*: utilize a tabela da normal para encontrar Z. Depois, aplique a Equação 2-15.)

2-41 O tempo para completar um projeto é normalmente distribuído com média de 60 semanas e desvio padrão de 4 semanas.
(a) Qual é a probabilidade de que o projeto seja terminado em menos de 62 semanas?
(b) Qual é a probabilidade de que o projeto seja terminado em menos de 66 semanas?
(c) Qual é a probabilidade de que o projeto demore mais do que 65 semanas?

2-42 Uma grande companhia quer instalar em suas filiais ao redor do mundo um novo sistema computacional integrado. Propostas para o projeto estão sendo solicitadas e o contrato será dado a uma das propostas. Um dos requisitos do projeto é que as propostas especifiquem um tempo máximo para o término do serviço e uma multa grande é estabelecida para qualquer atraso. Um fornecedor determina que o tempo médio para completar um projeto desse tipo é de 40 semanas com desvio padrão de 5 semanas. O tempo necessário para completar o projeto é suposto normalmente distribuído.
(a) Se a data estabelecida para a entrega do projeto for de 40 semanas, qual é a probabilidade que de o fornecedor pague a multa (isto é, que o projeto não seja terminado no prazo)?
(b) Se a data do projeto for estabelecida em 43 semanas, qual é a probabilidade de que o fornecedor pague a multa (isto é, que o projeto não seja terminado no prazo)?
(c) Se o fornecedor quiser estabelecer a data de modo que exista apenas 5% de chance de ultrapassar o prazo e, consequentemente, somente 5% de chance de pagar a multa, qual deve ser a data para o término do projeto?

2-43 Pacientes chegam à emergência do hospital Costa Valley a uma taxa de 5 por dia. A demanda por serviços de emergência do hospital segue uma distribuição de Poisson
(a) Utilize o Apêndice C para calcular as probabilidades de exatamente 0, 1, 2, 3, 4 e 5 chegadas por dia.
(b) Qual é a soma dessas probabilidades e por que o número é menor do que 1?

2-44 Utilizando os dados do Problema 2.43, determine a probabilidade de mais de 3 atendimentos de emergência ocorrer em um determinado dia.

2-45 Carros chegam à oficina de surdinas da Carla a uma taxa de 3 por hora, seguindo uma distribuição exponencial.
(a) Qual é o tempo esperado entre chegadas?
(b) Qual é a variância do tempo entre chegadas?

2-46 Um teste para detectar esteroides é utilizado depois de uma competição profissional de atletismo. Se existirem esteroides, o teste irá detectá-los em 95% das vezes. Contudo, se não existirem esteroides, o teste irá indicar isso em 90% das vezes (isto é, ele erra em 10% das vezes prevendo esteroides quando eles não existem). Com base em valores passados, 2% dos atletas utilizam esteroides. Esse teste é feito em um atleta e dá um resultado positivo para esteroides. Qual é a probabilidade de que a pessoa, de fato, utiliza esteroides?

2-47 A Pesquisa de Mercado Ltda. foi contratada para executar um estudo a fim de verificar se o mercado para um novo produto será bom ou ruim. Em estudos similares realizados no passado, sempre que o mercado estava bom, o estudo indicou que ele seria bom 85% das vezes. Por ouro lado, sempre que o mercado estava ruim, o estudo previu incorretamente que ele seria bom em 20% das vezes. Antes de o estudo ser feito, acredita-se que exista uma chance de 70% de que o mercado será bom. Quando a empresa realiza o estudo para o produto, o resultado indica que o mercado será bom. Dado o resultado do estudo, qual é a probabilidade de que o mercado, de fato, esteja bom?

2-48 A Política Pollsters é uma empresa de pesquisa de mercado especializada em pesquisas eleitorais. Os registros indicam que em eleições passadas, quando o candidato foi eleito, a Pollsters previu isso corretamente em 80% das vezes, errando nas restantes. Os registros indicam, também, que para candidatos que perderam a eleição, a Pollsters previu de modo correto o fato em 90% das vezes. Antes que a pesquisa seja executada, existe uma chance de 50% de vitória na eleição. Se a Política Pollsters prevê que um candidato perderá a eleição, qual é a probabilidade de que isso aconteça?

2-49 A Burger City é uma grande cadeia de restaurantes *fast-food* especializada em hambúrgueres finos. Um modelo matemático está sendo utilizado para prever o sucesso de um novo restaurante com base na localização e nas informações demográficas para a área dada. No passado, 70% de todos os restaurantes abertos tiveram sucesso. O modelo matemático foi testado nos restaurantes existentes para prever quão eficaz eles são. Para os restaurantes bem-sucedidos, o modelo acertou em 90% das vezes, e para os que não foram bem-sucedidos, o modelo acertou em 80% das vezes. Se o modelo é utilizado para uma nova localização e prevê que o restaurante será um sucesso, qual é a probabilidade de que isso realmente aconteça?

2-50 Um negociante de hipotecas quer aumentar seus negócios comercializando hipotecas subprime. Essa hipoteca foi criada para pessoas com problemas de crédito e a taxa de juros é mais elevada para compensar o risco adicional. No ano passado, 20% dessas hipotecas foram executadas porque os clientes não honraram o empréstimo. Um novo sistema foi desenvolvido para aprovar o crédito a um novo cliente. Quando o sistema é aplicado a uma requisição de crédito, ele classifica a aplicação em "Crédito Aprovado" e "Crédito Rejeitado". Quando esse novo sistema foi aplicado a clientes recentes que não pagaram seus empréstimos, 90% deles foram "rejeitados". Quando o novo sistema foi aplicado a clientes recentes que pagaram seus empréstimos, 70% foram classificados como "Aprovados".

(a) Se um cliente está pagando em dia, qual é a probabilidade de que o sistema o classifique como "Rejeitado"?

(b) Se o sistema classificou um cliente como "Rejeitado", qual é a probabilidade de que o cliente seja um bom pagador?

- **2-51** Utilize a tabela F no Apêndice D para encontrar o valor de F para a cauda superior de 5% da distribuição F com:
  (a) $gl_1 = 5, gl_2 = 10$
  (b) $gl_1 = 8, gl_2 = 7$
  (c) $gl_1 = 3, gl_2 = 5$
  (d) $gl_1 = 10, gl_2 = 4$

- **2-52** Utilize a tabela F no Apêndice D para encontra o valor de F para a cauda superior de 1% da distribuição F com:
  (a) $gl_1 = 15, gl_2 = 6$
  (b) $gl_1 = 12, gl_2 = 8$
  (c) $gl_1 = 3, gl_2 = 5$
  (d) $gl_1 = 9, gl_2 = 7$

2-53 Para cada um dos seguintes valores de F, determine se a probabilidade indicada é maior ou menor do que 5%:
  (a) $P(F_{3,4} > 6,8)$
  (b) $P(F_{7,3} > 3,6)$
  (c) $P(F_{20,20} > 2,6)$
  (d) $P(F_{7,5} > 5,1)$
  (e) $P(F_{7,5} < 5,1)$

2-54 Para cada um dos seguintes valores de F, determine se a probabilidade indicada é maior ou menor do que 1%:
  (a) $P(F_{5,4} > 14)$
  (b) $P(F_{6,3} > 30)$
  (c) $P(F_{10,12} > 4,2)$
  (d) $P(F_{2,3} > 35)$
  (e) $P(F_{2,3} < 35)$

PROBLEMAS EXTRAS NA INTERNET

Veja em **www.bookman.com.br** os problemas adicionais 2-53 a 2-60 (em inglês).

ESTUDO DE CASO

A WTVX

O canal 6, WTVX, está localizado em Eugene, Oregon, sede do time de futebol da Universidade do Oregon. A estação é de propriedade de George Wilcox, que é também seu operador. O proprietário é um ex-jogador do time da Universidade. Embora existam outras estações de televisão em Eugene, a WTVX é a única que tem um previsor do tempo que foi membro da AMS (*American Meteorological Society*, Sociedade Meteorológica Americana). Toda noite, Joe Hummel é apresentado como o único apresentador do tempo em Eugene que foi membro da AMS. Essa foi uma ideia do proprietário, George, pois ele acredita que isso dá à sua estação a qualidade capaz de aumentar sua participação no mercado.

Além de ser membro da AMS, Joe também foi considerado o apresentador mais popular de todos os programas de notícias locais. Joe está sempre tentando encontrar novas formas de tornar a previsão do tempo interessante, o que é especialmente difícil durante os meses de inverno, quando o tempo parece sempre igual por longos períodos. A previsão de Joe para o próximo mês, por exemplo, foi de que existe 70% de chance de chover todos os dias e de que o que ocorre em um dia (chuva ou sol) não é dependente do que ocorreu no dia anterior.

Uma das características mais famosas de Joe na previsão do tempo é fazer perguntas durante a apresentação. As questões podem ser feitas por telefone e elas são respondidas na hora por Joe. Uma vez um menino de 10 anos perguntou qual era a causa da neblina e Joe deu uma excelente descrição de algumas das várias causas.

Ocasionalmente, Joe comete um erro. Por exemplo, um aluno do ensino médio perguntou quais as chances de ocorrer 15 dias de chuva no próximo mês (30 dias). Joe fez um cálculo rápido: (70%)·(15 dias/30 dias) = (70%)(1/2) = 35%. Ele rapidamente sentiu o que é estar errado em uma cidade universitária. Joe recebeu mais de 50 ligações de cientistas, matemáticos e de outros professores universitários relatando que ele cometeu um grande erro no seu cálculo. Embora Joe não tenha entendido todas as fórmulas que os professores mencionaram, ele está determinado a encontrar a resposta correta e fazer a correção na próxima previsão do tempo.

Questões para discussão

1. Quais são as chances de obtermos 15 dias de chuva nos próximos 30 dias?
2. O que você pensa sobre a suposição de Joe a respeito do tempo para os próximos 30 dias?

BIBLIOGRAFIA

BERENSON, Mark, LEVINE, David, KREHBIEL, Timothy. *Basic Business Statistics*, Upper Saddle River (N. J.): Prentice Hall, 2006. 10ª ed.

CAMPBELL, S. *Flaws and Fallacies in Statistical Thinking*. Upper Saddle River (N. J.): Prentice Hall, 1974.

FELLER, W. *An Introduction to Probabilidade Theory and Its Applications*. v. 1 e 2. New York (N. Y.): John Wiley & Sons, 1957 e 1968.

HANKE, J. E., REITSCH, A. G., WICHERN, D. W. *Business Forecasting*. Upper Saddle River (N.J.): Prentice Hall, 2005. 8ª ed.

HUFF, D. *How to Lie with Statistics*. New York (N. Y.): W.W. Norton & Company. 1954.

NEWBOLD, Paul, CARLSON, William, THORNE, Betty. *Statistics for Business and Economics*. Upper Saddle River (N.J.): Prentice Hall, 2007. 6ª ed.

SHANNON, Patrick et al. *A Course in Business Statistics*, Upper Saddle River (N. J.): Prentice Hall, 2006. 4ª ed.

APÊNDICE 2.1: DERIVAÇÃO DO TEOREMA DE BAYES

Sabemos que as seguintes fórmulas estão corretas:

$$P(A\mid B) = \frac{P(AB)}{P(B)} \qquad (1)$$

$$P(B\mid A) = \frac{P(AB)}{P(A)}$$

[que pode ser escrita como $P(AB) = P(B\mid A)P(A)$] e $\qquad (2)$

$$P(B\mid A') = \frac{P(A'B)}{P(A')}$$

[que pode ser escrita como $P(A'B) = P(B\mid A')P(A')$]. $\qquad (3)$

Além disso, por definição, sabemos que:

$$P(B) = P(AB) + P(A'B)$$
$$= \underbrace{P(B|A)P(A)}_{\text{de (2)}} + \underbrace{P(B|A')P(A')}_{\text{de (3)}}$$

Substituindo as Equações 2 e 4 na Equação 1, temos:

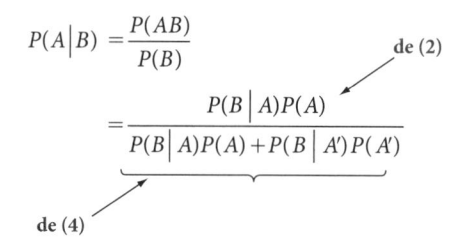

$$P(A|B) = \frac{P(AB)}{P(B)} \quad \text{de (2)}$$

$$= \frac{P(B|A)P(A)}{\underbrace{P(B|A)P(A) + P(B|A')P(A')}_{\text{de (4)}}}$$

Essa é a forma geral do Teorema de Bayes, mostrada na Equação 2-7 neste capítulo.

APÊNDICE 2.2: ESTATÍSTICA BÁSICA UTILIZANDO O EXCEL

Funções estatísticas

Muitas funções estatísticas estão disponíveis no Excel. Todas as funções no Excel podem ser acessadas pela seleção de *fx* a partir da barra de fórmulas e então clicando na categoria retirar "Estatísticas". Algumas dessas funções são:

- *MÉDIA* calcula a média de um conjunto de valores.
- *VAR* calcula a variância de uma amostra de valores.
- *DESVPAD* calcula o desvio padrão de uma amostra.
- *PADRONIZAR* calcula escores-Z.
- *DIST.NORM* determina a probabilidade para uma variável aleatória normal (dado a média e o desvio padrão).
- *DIST.NORMP* encontra a probabilidade associada a um escore-Z (normal padão).
- Uma breve descrição de cada uma dessas funções é fornecida pelo Excel.

Resumo das informações

No Excel 2003, um resumo das informações de um conjunto de dados pode ser facilmente encontrado selecionando:

FERRAMENTAS
  ANÁLISE DE DADOS
    ESTATÍSTICA DESCRITIVA (é necessário marcar a caixa resumo estatístico)

Se o item de menu ANÁLISE DE DADOS não aparecer quando o menu FERRAMENTAS for selecionado, ele não está ativo no seu computador. Nesse caso, clique no item de menu SUPLEMENTOS... e depois em FERRAMENTAS DE ANÁLISE na caixa de diálogo que abrir para torná-lo ativo.

No Excel 2007, selecione o painel Dados e depois Análise de Dados no grupo Análise. Se o item Análise de Dados não aparecer no grupo Análise, ele deve ser adicionado. Para adicionar o item, clique no botão Microsoft Office no lado superior esquerdo da tela. Selecione Opções do Excel embaixo à direita do menu suspenso. Selecione Suplementos no painel esquerdo da janela e em seguida Ferramentas de Análise do painel direito e clique em IR. Marque a caixa Ferramentas de Análise na caixa de diálogo Suplementos e clique em OK. Um item de menu Análise de Dados irá aparecer agora no grupo Análise painel Dados.

PROGRAMA 2.1A

Fórmulas na planilha Excel para calcular valores esperados e variâncias.

	A	B	C	D	E	F
1	x	p(x)	xp(x)	p(x)(x - média)²		
2	10	0,20	=A2*B2	=B2*(A2-$C$7)^2		
3	20	0,25	=A2*B3	=B2*(A2-$C$7)^3		
4	30	0,25	=A2*B4	=B2*(A2-$C$7)^4		
5	40	0,30	=A2*B5	=B2*(A2-$C$7)^5		
6						
7			=SOMA(C2:C5)	=SOMA(D2:D5)		
8			Média	Variância		

PROGRAMA 2.1B

Valores na planilha Excel para valores esperados e variâncias.

	A	B	C	D	E	F	G
1	x	p(x)	xp(x)	p(x)(x - média)²			
2	10	0,20	2,00	54,45			
3	20	0,25	5,00	10,56			
4	30	0,25	7,50	3,06			
5	40	0,30	12,00	54,68			
6							
7			26,50	122,75			
8			Média	Variância			
9							

Utilizando o Excel para calcular o valor esperado e a variância

O valor esperado ou a média e a variância de uma distribuição discreta de probabilidade podem ser facilmente calculados no Excel. O Programa 2.1A fornece as fórmulas para um exemplo simples e o Programa 2.1B fornece os resultados. A fórmula na célula C7 calcula a média e a fórmula na célula D7 determina a variância.

Utilizando o Excel para determinar probabilidades binomiais

A Excel tem uma função, DISTRBINOM(núm_s; tentativas; probabilidade_s; cumulativo), que calcula as probabilidades para a distribuição binomial, onde:

    num_s = número de tentativas bem-sucedidas ou número de sucessos (x);

    tentativas = número de tentativas independentes (n)

    probabilidade_s = probabilidade de sucesso em uma tentativa (p);

    cumulativo = probalidade $P(X = x)$ se falso e $P(X \leq x)$ se verdadeiro.

O Excel fornece a probabilidade de exatamente *num_s* sucessos com a fórmula:

    DISTRBINOM(núm_s; tentativas; probabilidade_s; *FALSO*)

Se o quarto parâmetro da função (CUMULATIVO) for FALSO ou 0, exatamente um *núm_s* de sucessos é calculado. Se quisermos encontrar a probabilidade de o número de sucessos ser igual ao *núm_s* ou menos, então CUMULATIVO deve ser igual a VERDADEIRO ou 1.

    DISTRBINOM(núm_s; tentativas; probabilidade_s; *VERDADEIRO*)

PROGRAMA 2.2A

Fórmulas na planilha Excel para probabilidades binomiais.

	A	B
1	A Distribuição Binomial	
2	n =	5
3	p =	0,5
4	r =	4
5		
6	Probabilidade Acumulada	P(r <) =DISTRBINOM(B4;B2;B3;1)
7		P(r) =DISTRBINOM(B4;B2;B3;0)
8		

Altere as células B2, B3 e B4 para encontrar qualquer probabilidade binomial.

A função DISTRBINOM(núm_s; tentativas; probabilidade_s; VERDADEIRO) retorna a probabilidade acumulada.

O Programa 2.2A fornece um exemplo e mostra as fórmulas nas células C6 e C7. Elas foram escritas de forma que você pode calcular novas probabilidades facilmente alterando as células B2, B3 e B4. O Programa 2.2B mostra os resultados.

Utilizando o Excel para a distribuição de Poisson

O Excel também apresenta uma função para a distribuição Poisson, *POISSON(x; média; cumulativo)*. A probabilidade de exatamente *x* ocorrências em um período de tempo é determinada pela função *POISSON(x; média; FALSO)*. A probabilidade acumulada é determinada fazendo o parâmetro CUMULATIVO = VERDADEIRO. Por exemplo, a probabilidade de exatamente 3 ocorrências para uma Poisson com média de 4 ($\lambda = 4$) para um período de tempo determinado pode ser encontrada com POISSON(3, 4, FALSO).

Utilizando o Excel para a distribuição normal

Duas funções no Excel são utilizadas com a distribuição normal como ilustrado aqui. Se *X* é uma variável aleatória normal com $\mu = 40$ e $\sigma = 5$, encontramos $P(X \leq 45)$ com:

DIST.NORM(*x*; média; desv_padrão; cumulativo) =
DIST.NORM(45; 40; 5; VERDADEIRO) = 0,84134.

Para encontrar um valor tal que $P(X \leq x) = 0,90$, utilizamos:

INV.NORM(probabilidade; média; desv_padrão) = INV.NORM(0,90; 40; 5) = 46,40775

Para uma distribuição normal padrão ($\mu = 0$ e $\sigma = 1$; normalmente representada como valor-*z*), utilizamos: DIST.NORMP(*z*) e DIST.NORMP(probabilidade). Por exemplo, para encontrar $P(z \leq 1,0)$, temos:

DIST.NORMP(*z*) = DIST.NORMP(1,0) = 0,84134

Para encontrar um valor-*z* tal que $P(Z \leq z) = 0,90$, utilizamos:

DIST.NORMP(probabilidade) = DIST.NORMP(0,90) = 1,28155.

Utilizando o Excel para a distribuição *F*

Existem duas funções no Excel relacionadas à distribuição *F*: *DISTF* e *INVF*. A função DISTF é utilizada para encontrar probabilidades associadas a valores de *F* com determinados graus de liberdade. Isso requer que os graus de liberdade para o numerador e o denominador sejam fornecidos. Para encontrar $P(F > x)$ no Excel, utilize DISTF(x; graus_liberdade1; graus_liberdade2). Por exemplo, para encontrar a probabilidade de a estatística *F* com 10 graus de liberdade no numerador e 15 no denominador ser maior que 3, insira a seguinte função em uma célula:

DISTF(3, 10, 15)

Isso irá retornar o valor 0,0270 na célula. Assim $P(F > 3) = 0,0270$ quando $gl_1 = 10$ e $gl_2 = 15$.

A função *INVF* é utilizada para encontrar o valor de *F* associado a uma probabilidade específica, α. Para encontrar o valor, insira $INVF(\alpha; gl_1; gl_2)$ em uma célula. Por exemplo, para encontrar o valor de *F* associado aos 5% superiores de uma distribuição *F* com 6 e 7 graus de liberdade, devemos entrar com:

INVF(0,05; 6; 7).

Isso irá retornar o valor 3,87. Assim, $P(F > 3,87) = 0,05$ quando $gl_1 = 6$ e $gl_2 = 7$.

PROGRAMA 2.2B
Valores na planilha Excel para probabilidades binomiais.

	A	B	C	D	E	F	G	H
1	A Distribuição Binomial							
2	n =	5						
3	p =	0,5						
4	r =	4						
5								
6	Probabilidade Acumulada		P(r <)	0,9688				
7			P(r)	0,1563				
8								

CAPÍTULO 3

Análise de Decisão

OBJETIVOS DE APRENDIZAGEM

Depois de ler este capítulo, os alunos serão capazes de:

1. Listar as etapas do processo de tomada de decisão
2. Descrever os tipos de ambientes de tomada de decisão
3. Tomar decisões sob incerteza
4. Usar probabilidades para tomar decisões sob risco
5. Desenvolver árvores de decisão precisas e úteis
6. Revisar probabilidades usando a análise Bayesiana
7. Usar computadores para resolver problemas básicos de tomada de decisão
8. Entender a importância e o uso da teoria da utilidade na tomada de decisão

VISÃO GERAL DO CAPÍTULO

3.1 Introdução
3.2 As seis etapas na tomada de decisão
3.3 Tipos de ambientes de tomada de decisão
3.4 Tomada de decisão sob incerteza
3.5 Tomada de decisão sob risco
3.6 Árvores de decisão
3.7 Como valores de probabilidade são estimados pela análise Bayesiana
3.8 Teoria da utilidade

Resumo • Glossário • Equações-chave • Problemas resolvidos • Autoteste • Questões para discussão e problemas • Problemas extras na Internet • Estudo de caso: Corporação Starting Right • Estudo de caso: Eletrônica Blake • Estudos de caso na Internet • Bibliografia

Apêndice 3.1: Modelos de decisão com QM para Windows
Apêndice 3.2: Árvores de decisão com QM para Windows
Apêndice 3.3: Usando o Excel para o Teorema de Bayes

3.1 INTRODUÇÃO

A teoria da decisão é uma maneira analítica e sistemática de resolver um problema.

Uma boa decisão é baseada na lógica.

Em grande parte, os sucessos ou fracassos que uma pessoa tem na vida dependem das decisões que ela toma. O responsável pela malfadada nave espacial Challenger não trabalha mais para a NASA. Quem projetou o Mustang, campeão de vendas, tornou-se presidente da Ford. Por que e como essas pessoas tomam suas respectivas decisões? O que está envolvido na boa tomada de decisão? Uma decisão pode fazer a diferença entre uma carreira de sucesso e uma de fracasso. A *Teoria da Decisão* é uma abordagem analítica e sistemática para o estudo da tomada de decisão. Neste capítulo, apresentamos os modelos matemáticos úteis para auxiliar os administradores a tomarem as melhores decisões possíveis.

O que faz a diferença entre decisões boas ou ruins? Uma decisão boa é aquela baseada na lógica, que considera todos os dados disponíveis e as alternativas possíveis e aplica a abordagem quantitativa que iremos descrever. Ocasionalmente, uma boa decisão resulta em uma saída inesperada ou desfavorável. Mas se for tomada de modo adequado, ela *ainda* é uma boa decisão. Uma decisão ruim não é baseada na lógica, não utiliza toda a informação disponível, não considera todas as alternativas e não emprega técnicas quantitativas apropriadas. Se você tomar uma decisão ruim, mas por sorte tiver um resultado favorável, você *ainda* tomou uma decisão ruim. Embora, ocasionalmente, decisões boas gerem resultados ruins, no longo prazo, usar a teoria da decisão irá gerar resultados bem-sucedidos.

3.2 AS SEIS ETAPAS NA TOMADA DE DECISÃO

Se hoje você decidir cortar seu cabelo, construir uma fábrica multimilionária ou comprar uma nova máquina fotográfica, as etapas para tomar uma boa decisão são basicamente as mesmas:

Seis etapas na tomada de decisão

1. Defina claramente o problema.
2. Liste as alternativas possíveis.
3. Identifique os possíveis resultados ou estados da natureza.
4. Liste o resultado ou lucro de cada combinação das alternativas e saídas.
5. Selecione um dos modelos matemáticos da teoria da decisão.
6. Aplique o modelo e tome a sua decisão.

Utilizamos o caso da empresa Thompson Lumber como um exemplo para ilustrar as etapas da teoria da decisão. John Thompson é fundador e presidente da Thompson Lumber, uma empresa rentável localizada em Portland, Oregon.

Etapa 1. O problema que Thompson identifica é se ele deve expandir sua linha de produção fabricando e comercializando um novo produto, um galpão de armazenagem para jardim.

A primeira etapa é definir o problema.

A segunda etapa de Thompson é gerar alternativas disponíveis. Na teoria da decisão, uma *alternativa* é definida como um curso da ação ou uma estratégia que o decisor pode escolher.

A segunda etapa é listar as alternativas.

Etapa 2. John decide que suas alternativas são construir (1) uma fábrica de grande capacidade para manufaturar o novo produto; (2) uma fábrica de pequena capacidade ou (3) nenhuma fábrica (isto é, ele tem a opção de não construir uma nova linha de produto).

Um dos grandes erros que os decisores cometem é deixar de fora algumas alternativas importantes. Embora uma alternativa específica pareça errada ou de pouco valor, ela pode vir a ser a melhor escolha.

A próxima etapa envolve idenficar os possíveis resultados das várias alternativas. Um erro comum é esquecer alguns dos possíveis resultados. Decisores otimistas tendem a ignorar resultados ruins enquanto administradores pessimistas podem desconsiderar um resultado favorável. Se você não considerar todas as possibilidades, não estará tomando uma decisão lógica e os resultados podem não ser os desejados. Se você não pensar que o pior pode acontecer, pode projetar outro automóvel Edsel. Na teoria da decisão, os resultados em que os decisores têm pouco ou nenhum controle são chamados de *estados da natureza*.

Etapa 3. Thompson determina que existem somente duas opções possíveis: o mercado para o galpão de armazenagem é favorável, significando que existe muita demanda para o produto, ou não favorável, significando que existe pouca demanda para o produto.

Uma vez que as alternativas e os estados da natureza foram identificados, a próxima etapa é expressar os resultados de cada combinação possível de alternativas e resultados. Na teoria da decisão, chamamos os rendimentos ou lucros de *valores condicionais*. É claro, nem toda decisão é baseada somente em dinheiro – qualquer meio de mensurar os benefícios é aceitável.

A terceira etapa é identificar os resultados possíveis.

Etapa 4. Como Thompson desejar maximizar seus lucros, ele pode usar o *lucro* para avaliar cada consequência.

A quarta etapa é listar os rendimentos.

John Thompson já avaliou os lucros potenciais associados aos vários resultados. Com um mercado favorável, ele acredita que uma grande instalação irá resultar em um lucro líquido de $200000 para sua empresa. Esse é um *valor condicional,* pois para Thompson receber esse dinheiro ele depende da construção de uma grande fábrica e de que exista um bom mercado. O valor condicional se o mercado não for favorável seria de uma perda líquida de $180000. Uma fábrica pequena resultaria em um lucro líquido de $100000 em um mercado favorável, mas em uma perda líquida de $20000 se o mercado não for favorável. Finalmente, fazer nada resultaria em um lucro de $0 em qualquer mercado. A maneira mais fácil de apresentar esses valores é construir uma *tabela de decisão*, às vezes chamada de *tabela de retorno*. A tabela de decisão para os valores condicionais de Thompson é mostrada na Tabela 3.1. Todas as alternativas estão listadas no lado esquerdo da tabela e todos os resultados possíveis ou estados da natureza estão listados no topo. O corpo da tabela contém os rendimentos reais.

Durante a quarta etapa o decisor pode construir tabelas de decisão ou rendimentos.

Etapa 5 e 6. As últimas duas etapas são selecionar um modelo da teoria da decisão e aplicá-lo aos dados para auxiliar na tomada de decisão. A seleção do modelo depende do ambiente em que você está operando e o montante de risco e incerteza envolvidos.

As últimas duas etapas são selecionar e aplicar o modelo de teoria da decisão.

3.3 TIPOS DE AMBIENTES DE TOMADA DE DECISÃO

Os tipos de decisão que as pessoas tomam dependem de quanto conhecimento e informação elas têm sobre a situação. Existem três tipos de ambientes de tomada de decisão:

- Tomada de decisão sob certeza
- Tomada de decisão sob incerteza
- Tomada decisão sob risco

TABELA 3.1 Tabela de decisão com valores condicionais para a Thompson Lumber

Alternativa	Estado da natureza	
	Mercado favorável ($)	Mercado desfavorável ($)
Construir uma fábrica grande	200000	−180000
Construir uma fábrica pequena	100000	−20000
Nada a fazer	0	0

Nota: É importante incluir todas as alternativas, inclusive a de "nada a fazer".

MODELAGEM NO MUNDO REAL: Decisões importantes em um mundo nuclear

Definir o problema
Armas nucleares precisam que o tritium (um isótopo do rádio) seja substituído periodicamente. Espera-se que o fornecimento do tritium termine em 2011. O problema é determinar a melhor maneira de produzir mais tritium antes de 2011.

Desenvolver o modelo
O modelo de decisão usou 11 alternativas. Cada alternativa era uma das maneiras possíveis de produzir tritium.

Obter os dados de entrada
Várias agências e indivíduos estavam envolvidos na aquisição de dados, incluindo o Departamento de Energia dos Estados Unidos, a Secretaria de Energia, o Escritório de Programas de Defesa e o Programa de Reconfiguração do Complexo de Armas.

Desenvolver a solução
Por não haver tempo para explorar mais alternativas detalhadamente, a solução foi investigar mais duas alternativas previamente identificadas, incluindo o uso de um acelerador e um reator comercial. O teste é contínuo e inclui planejamento, capacidade, disponibilidade, custo e análise ambiental.

Testar a solução
Para analisar com mais profundidade os resultados, o Departamento de Energia criou dois novos gabinetes: o Gabinete da Produção Comercial do Reator e o Gabinete da Produção do Acelerador.

Analisar os resultados
Esses gabinetes foram financiados com centenas de milhões de dólares para investigar essas duas alternativas.

Implementar os resultados
Os resultados finais serão implementados antes que o tritium acabe em 2011.

Fonte: Baseado em WINTERDELDT, Detlof von, et al. An Assessment of Tritium Supply Alternatives in Support of the US Nuclear Weapons Stockpile. *Interfaces* (January-February 1998):92-112.

Tipo 1: Tomada de decisão sob certeza Em um ambiente de *tomada de decisão sob certeza*, os decisores sabem com certeza a consequência de cada alternativa ou escolha de uma decisão. Naturalmente, eles escolherão a alternativa que irá maximizar seu bem-estar ou gerar o melhor resultado. Por exemplo, suponha que você tem $1000 para investir durante o período de um ano. Uma alternativa é abrir uma poupança que pague 6% de juros e outra é investir em Títulos do Tesouro do governo pagando 10% de juros. Se ambos os investimentos são seguros e garantidos, existe uma certeza de que os Títulos do Tesouro terão um retorno maior. O retorno após um ano será de $100 em juros.

As probabilidades não são conhecidas.

Tipo 2: Tomada de decisão sob incerteza Na *tomada de decisão sob incerteza*, existem vários resultados para cada alternativa e o decisor não conhece as probabilidades dos vários resultados. Como exemplo, a probabilidade de que um democrata seja o presidente dos Estados Unidos daqui a 25 anos não é conhecida. Às vezes é impossível determinar a probabilidade de sucesso de uma nova promessa ou produto. Os critérios para a tomada de decisão sob incerteza são explicados na Seção 3.4.

Tipo 3: Tomada de decisão sob risco Na *tomada de decisão sob risco* existem vários resultados para cada alternativa e o decisor sabe a probabilidade de ocorrência de cada resultado. Sabemos, por exemplo, que quando jogamos cartas usando um baralho padrão, a probabilidade de receber uma carta de paus é 0,25. A probabilidade de obter um cinco em um dado é 1/6. Na tomada de decisão sob risco, o decisor, geralmente, tenta maximizar seu bem-estar esperado. Modelos de tomada de decisão para problemas de negócios nesse ambiente tipicamente empregam dois critérios equivalentes: a maximização do valor monetário esperado e a minimização da perda de oportunidade esperada.

As probabilidades são conhecidas.

Vejamos como a tomada de decisão sob certeza (o ambiente do tipo 1) poderia afetar John Thompson. Presumimos que John sabe exatamente o que acontecerá no futuro. Se ele sabe com certeza que o mercado para o galpão de jardim será favorável, o que ele deve fazer? Observe novamente na Tabela 3.1 os valores condicionais da Thompson Lumber. Como o mercado está favorável, ele deveria construir a fábrica maior, que apresenta maior lucro, $200000.

Poucos administradores têm a sorte de possuir toda a informação e o conhecimento sobre os estados da natureza considerados. A tomada de decisão sob incerteza, discutida a seguir, é a situação mais difícil. Podemos descobrir que duas pessoas diferentes com perspectivas diversas podem escolher de modo adequado duas alternativas distintas.

3.4 TOMADA DE DECISÃO SOB INCERTEZA

Quando vários estados da natureza existem e o administrador *não* pode determinar a probabilidade com confiança ou quando as probabilidades não estão disponíveis, o ambiente é chamado de tomada de decisão sob incerteza. Muitos critérios existem para tomar decisões sob essas condições. Nesta seção, os critérios que abordamos são:

As probabilidades não são conhecidas.

1. Maximax (otimista)
2. Maximin (pessimista)
3. Critério realista (Hurwicz)
4. Igualmente provável (Laplace)
5. Arrependimento Minimax

Os quatro primeiros critérios podem ser calculados diretamente da tabela da decisão (resultado), enquanto o critério do Arrependimento Minimax usa a tabela da oportunidade perdida. Vamos examinar cada um dos cinco modelos e aplicá-los à empresa Thompson Lumber.

Maximax

O critério *maximax* é utilizado para encontrar a alternativa que *maximize* o rendimento *máximo* ou a consequência de cada alternativa. Você primeiro localiza o rendimento máximo de cada alternativa e, depois, escolhe a alternativa com o maior valor. Esse critério de decisão localiza a alternativa com o ganho mais *alto* possível: portanto, ela é chamada de *critério de decisão otimista*. Na Tabela 3.2, vemos que a escolha maximax da Thompson é a primeira alternativa, "construir uma fábrica grande". Essa é a alternativa associada ao valor máximo do máximo de cada linha ou alternativa. Usando esse critério, o máximo de todos os possíveis resultados pode ser alcançado.

Maximax é uma abordagem otimista.

Maximin

O critério maximin é usado para encontrar a alternativa que *maximize* o resultado *mínimo* ou consequência para cada alternativa. Você localiza, em primeiro lugar, o resultado mínimo para cada alternativa e, depois, escolhe a alternativa com o número máximo. Esse critério de decisão localiza a alternativa que dá o melhor dos piores (mímino) resultados e, por isso, é

TABELA 3.2 Decisão maximax da Thompson

Alternativa	Estado da natureza		Máximo em uma linha ($)
	Mercado favorável ($)	Mercado desfavorável ($)	
Construir uma fábrica grande	200000	−180000	**200000** ← Maximax
Construir uma fábrica pequena	100000	−20000	100000
Nada a fazer	0	0	0

chamado de *critério de decisão pessimista*. Esse critério garante que o resultado será pelo menos o valor maximin. A escolha de qualquer outra alternativa pode permitir que ocorra um resultado mais baixo (pior).

A escolha maximin da Thompson, "nada a fazer", aparece na Tabela 3.3. Essa decisão está associada ao máximo do número mínimo entre cada linha ou alternativa.

Ambos os critérios, maximax e maximin, consideram somente um resultado extremo para cada alternativa, enquanto todos os outros resultados são ignorados. O próximo critério considera ambos esses extremos.

Critério realista (*Hurwicz criterion*)

O critério realista usa a abordagem da média ponderada.

Geralmente chamado de *média ponderada*, o *critério realista* (*critério Hurwicz*) é o meio-termo entre uma decisão otimista e uma pessimista. Para começar, um *coeficiente de realismo* α é selecionado; ele mede o grau de otimismo do decisor. Esse coeficiente é um valor entre 0 e 1. Quando α é 1, o decisor está 100% otimista sobre o futuro. Quando α é 0, o decisor está 100% pessimista sobre o futuro. A vantagem dessa abordagem é que ela permite ao decisor avaliar seus sentimentos pessoais sobre otimismo e pessimismo. A média ponderada é calculada como segue:

$$\text{Média ponderada} = \alpha(\text{máximo na linha}) + (1 - \alpha)(\text{mínimo na linha})$$

Note que quando α = 1, isso é o mesmo que o critério otimista e quando α = 0, isso é o mesmo que o critério pessimista. Esse valor é calculado para cada alternativa e a alternativa com a maior média ponderada é, então, escolhida.

Se assumirmos que a John Thompson determina que seu coeficiente de realismo, α, é 0,80, a melhor decisão seria construir uma fábrica grande. Como visto na Tabela 3.4, essa alternativa tem a média ponderada mais alta: (0,80)($200000) + (0,20)(−$180000) = $124000.

Por ter somente dois estados de natureza no exemplo da Thompson Lumber, apenas dois resultados para cada alternativa estão presentes e ambos são considerados. Entretanto, se existem mais do que dois estados da natureza, esse critério irá ignorar todos os resultados exceto o melhor e o pior. O próximo critério considera todos os resultados possíveis para cada decisão.

TABELA 3.3 Decisão maximin de Thompson

Alternativa	Estado da natureza		Máximo em uma linha ($)
	Mercado favorável ($)	Mercado desfavorável ($)	
Construir uma fábrica grande	200000	−180000	−180000
Construir uma fábrica pequena	100000	−20000	−20000
Nada fazer	0	0	0 ← Maximin

TABELA 3.4 O critério de decisão realista da Thompson

Alternativa	Estado da natureza		Máximo em uma linha ($)
	Mercado favorável ($)	Mercado desfavorável ($)	
Construir uma fábrica grande	200000	−180000	124000 ← Realista
Construir uma fábrica pequena	100000	−20000	76000
Nada a fazer	0	0	0

Igualmente provável (Laplace)

Um critério que usa todos os resultados para cada alternativa é o critério de decisão *igualmente provável*, também chamado de *Critério de decisão de Laplace*. Ele envolve determinar a média dos resultados de cada alternativa e a seleção da alternativa com a média mais alta. A abordagem igualmente provável presume que todas as probabilidades de ocorrência dos estados da natureza são iguais.

A escolha igualmente provável para a Thompson Lumber é a segunda alternativa "construir uma fábrica menor". Essa estratégia, mostrada na Tabela 3.5, é a que apresenta a média máxima dos reultados.

O critério igualmente provável usa a média dos resultados.

Arrependimento minimax

O próximo critério de decisão que discutiremos é baseado na *oportunidade perdida* ou *arrependimento*. A oportunidade perdida refere-se à diferença entre o lucro ótimo ou resultado para um dado estado da natureza e o resultado real recebido por uma decisão específica. Em outras palavras, é o montante perdido por não escolher a melhor alternativa para um dado estado da natureza.

O arrependimento minimax é baseado na oportunidade perdida.

EM AÇÃO — Análise da decisão ajuda a alocar fundos para o serviço de saúde no Reino Unido

Indivíduos e empresas têm geralmente utilizado técnicas de tomada de decisão para auxiliá-los a investir ou alocar fundos para vários projetos. Em alguns casos, técnicas de tomada da decisão podem ser usadas para determinar como milhões de dólares devem ser gastos. Esse mesmo tipo de análise também pode ser usado numa escala maior para países ou governos. Esse foi o caso para a alocação de fundos para o serviço de saúde do Reino Unido (UK).

Por muitos anos, os Estados Unidos têm debatido a possível implementação de um programa abrangente de serviço de saúde. Embora isso não seja provável para os Estados Unidos num fututo próximo, outros países, como o Reino Unido, usam uma forma de sistema nacional de serviço de saúde há décadas. Para o Reino Unido, a questão não é ter ou não um sistema nacional de serviço de saúde, mas como fundos para tal sistema são alocados.

O Sistema Nacional de Serviço de Saúde do Reino Unido (National Health Service, NHS) é financiado por arrecadações fiscais gerais. Os fundos são distribuídos para 105 diferentes autoridades locais do serviço de saúde. O fundo anual para o NHS é de aproximadamente $35 bilhões. Com um valor tão alto de fundos nacionais destinado a uma área tão importante, o processo de tomada da decisão para a alocação justa dos fundos pode ser bem difícil.

Nos anos 1970, uma fórmula, baseada parcialmente na taxa de mortalidade padrão, foi desenvolvida para distribuir os fundos da saúde para as autoridades locais. Essa fórmula, entretanto, falhou em levar em conta a privação social e as necessidades gerais do serviço de saúde. Como resultado, o NHS decidiu procurar uma maneira melhor de alocar os recursos do serviço de saúde para as autoridades locais.

Uma equipe da York University passou 4 meses desenvolvendo o modelo original de alocação e outros 14 meses refinando o modelo de tomada de decisão. Utilizando a teoria da decisão, a equipe identificou um conjunto de variáveis-chave para explicar as necessidades do serviço de saúde e o seu uso no Reino Unido. Isso resultou em modificações na abordagem da tomada da decisão em relação a fundos do serviço de saúde. Muitos acreditam que o novo modelo irá alocar de modo mais justo os fundos do serviço nacional de saúde do Reino Unido para aqueles que realmente precisam de assistência.

Fonte: Baseado em BISTRITZ, Nancy. Rx for UK Healthcare Woes. *OR/MS Today* (April 1997): 18.

TABELA 3.5 A decisão igualmente provável da Thompson

Alternativa	Estado da natureza		Máximo em uma linha ($)
	Mercado favorável ($)	Mercado desfavorável ($)	
Construir uma fábrica grande	200000	−180000	10000
Construir uma fábrica pequena	100000	−20000	40000 ← Igualmente provável
Nada fazer	0	0	0

A primeira etapa é criar a tabela da oportunidade perdida determinando a oportunidade perdida por não escolher a melhor alternativa para cada estado de natureza. A oportunidade perdida para cada estado da natureza ou cada coluna é calculada subtraindo cada resultado da coluna do *melhor* resultado da mesma coluna. Para um mercado favorável, o melhor resultado é $200000 em decorrência da primeira alternativa, "construir uma fábrica grande". Se a segunda alternativa for selecionada, um lucro de $100000 seria obtido num mercado favorável, comparado ao melhor resultado de $200000. Assim, a oportunidade perdida é 200000 − 100000 = 100000. Da mesma forma, se "nada a fazer" for selecionado, a oportunidade perdida seria 200000 − 0 = 200000.

Para um mercado desfavorável, o melhor resultado é $0 em decorrência da terceira alternativa "nada a fazer"; assim, a oportunidade perdida é de $0. As oportunidades perdidas para a outra alternativa são encontradas subtraindo os resultados desse melhor resultado ($0) nesse estado da natureza, como mostra a Tabela 3.6. A tabela da oportunidade perdida da Thompson é apresentada em 3.7.

Usando a tabela da oportunidade perdida (arrependimento), o critério do *arrependimento minimax* encontra a alternativa que *minimiza* a *máxima* oportunidade perdida dentro de cada alternativa. Primeiro, você encontra a máxima (pior) oportunidade perdida para cada alternativa. A seguir, analisando esses valores máximos, escolhe a alternativa com o número mínimo (ou melhor). Ao fazer isso, a oportunidade perdida realmente atingida é garantidamente não mais do que esse valor *minimax*. Na Tabela 3.8, a escolha arrependimento minimax é a segunda alternativa, "construir uma fábrica pequena". Escolhê-la minimiza a máxima oportunidade perdida.

Consideramos vários critérios de tomada de decisão para serem usados quando as probabilidades dos estados da natureza não são conhecidas e não podem ser estimadas. Agora veremos o que fazer quando as probabilidades estão disponíveis.

3.5 TOMADA DE DECISÃO SOB RISCO

A tomada de decisão sob risco é uma situação de decisão em que vários estados da natureza possíveis podem ocorrer e as probabilidades desses estados da natureza são conhecidas. Nesta seção, iremos considerar um dos mais populares métodos de tomada de decisão sob risco: a seleção da alternativa com o valor monetário mais alto (ou simplesmente o valor esperado).

TABELA 3.6 Determinando oportunidades perdidas para a Thompson

Estado da natureza	
Mercado favorável ($)	Mercado desfavorável ($)
200000 − 200000	0 − (−180000)
200000 − 100000	0 − (−20000)
200000 − 0	0 − 0

TABELA 3.7 A tabela da oportunidade perdida da Thompson

Alternativa	Estado da natureza	
	Mercado favorável (US$)	Mercado desfavorável (US$)
Construir uma fábrica grande	0	180000
Construir uma fábrica pequena	100000	20000
Nada a fazer	200000	0

Também usamos as probabilidades com a tabela da oportunidade perdida para minimizar a oportunidade perdida esperada.

Valor monetário esperado

Dado uma tabela da decisão com valores condicionais (resultados) que são valores monetários e probabilidades determinadas para todos os estados da natureza, é possível determinar o *valor monetário esperado* (VME) para cada alternativa. O *valor esperado*, ou o *valor médio*, é o valor da média a longo prazo daquela decisão. O VME para uma alternativa é apenas a soma dos resultados possíveis da alternativa, cada um ponderado pela probabilidade de que aquele resultado ocorra. (Veja o conteúdo sobre valor esperado na Seção 2.9 do Capítulo 2.)

O VME é a soma ponderada de todos os possíveis resultados para cada alternativa.

$$\begin{aligned}\text{VME (alternativa } i) = & \text{ (resultado do primeiro estado da natureza)} \\ & \times \text{ (probabilidade do primeiro estado da natureza)} \\ & + \text{ (resultado do segundo estado da natureza)} \\ & \times \text{ (probabilidade do segundo estado da natureza)} \\ & + \ldots + \text{ (resultado do último estado da natureza)} \\ & \times \text{ (probabilidade do último estado da natureza)} \end{aligned} \quad (3\text{-}1)$$

A alternativa com o máximo VME é, então, escolhida.

Suponha que John Thompson acredite, agora, que a probabilidade de um mercado favorável é exatamente igual à probabilidade de um mercado desfavorável; isto é, cada estado da natureza tem 0,50 de probabilidade de ocorrer. Qual alternativa resultará no maior valor monetário esperado? Para determinar isso, John expandiu a tabela de decisão, como aparece na Tabela 3.9. Seus cálculos foram:

VME (fábrica grande) = (0,50)($200000) + (0,50)(−$180000) = $10000

VME (fábrica pequena) = (0,50)($100000) + (0,50)(−$20000) = $40000

VME (não fazer nada) = (0,50)($0) + (0,50)($0) = $0

O maior valor esperado ($40000) resulta da segunda alternativa, "construir uma fábrica pequena". Assim, Thompson deveria prosseguir com o projeto e construir uma fábrica pequena para manufaturar o seu produto. Os VMEs para a fábrica maior e para nada fazer são $10000 e $0, respectivamente.

TABELA 3.8 A decisão minimax da Thompson usando a oportunidade perdida

Alternativa	Estado da natureza		Máximo em uma linha ($)
	Mercado favorável ($)	Mercado desfavorável ($)	
Construir uma fábrica grande	0	180000	180000
Construir uma fábrica pequena	100000	20000	100000 ← Minimax
Nada fazer	200000	0	200000

TABELA 3.9 Tabela da decisão com probabilidades e VMEs para a Thompson Lumber

	Estado da natureza		
Alternativa	Mercado favorável ($)	Mercado desfavorável ($)	VME ($)
Construir uma fábrica grande	200000	−180000	10000
Construir uma fábrica pequena	100000	−20000	40000
Nada a fazer	0	0	0
Probabilidades	0,50	0,50	

Valor esperado da informação perfeita

John Thompson foi sondado pela Scientific Marketing, Inc., empresa que deseja ajudar John a tomar a decisão sobre construir a fábrica para produzir os galpões. A Scientific Marketing alega que sua análise técnica irá informar John com certeza se o mercado está favorável para o produto proposto. Em outras palavras, ela irá mudar o ambiente de decisão tomada sob risco para decisão tomada sob certeza. Essa informação pode impedir John de cometer um erro que sairia muito caro. A Scientific Marketing irá cobrar $65000 da Thompson pela informação. O que você recomendaria a John? Ele deve contratar a empresa para fazer o estudo de mercado? Mesmo se a informação do estudo for precisa, ela vale $65000? Quanto ela valeria? Embora algumas dessas perguntas sejam difíceis de responder, determinar o valor da *informação perfeita* pode ser muito útil. Isso coloca um valor limite no que você deveria gastar em uma informação como a vendida pela Scientific Marketing. Nesta seção, dois termos relacionados são investigados: o *valor esperado da informação perfeita* (VEIP) e o *valor esperado com a informação perfeita* (VEcIP). Essas técnicas podem ajudar John a tomar sua decisão sobre a contratação da empresa de marketing.

O VEIP coloca um valor limite sobre o quanto pagar pela informação.

O valor esperado *com* informação perfeita é o retorno médio ou esperado, a longo prazo, se tivermos a informação perfeita antes que a decisão precise ser tomada. Para calcular esse valor, escolhemos a melhor alternativa para cada estado da natureza e multiplicamos seu resultado pela probabilidade da ocorrência daquele estado da natureza.

Valor esperado *com* informação perfeita (VEcIP)

= (melhor resultado ou consequência para o primeiro estado da natureza)

× (probabilidade do primeiro estado da natureza)

+ (melhor resultado para o segundo estado da natureza)

× (melhor resultado do segundo estado da natureza)

+ ... + (melhor resultado do último estado da natureza)

× (probabilidade do último estado da natureza)

(3-2)

O valor esperado *da* informação perfeita, VEIP, é o valor esperado *com* a informação perfeita menos o valor esperado *sem* a informação perfeita (isto é, o VME máximo). Assim, VEIP é o aumento no VME que resulta da informação perfeita.

O VEIP é o valor esperado com a informação perfeita menos o VME máximo.

VEIP = Valor esperado *com* informação perfeita − VME Máximo (3-3)

Consultando a Tabela 3.9, Thompson pode calcular o máximo que ele pagaria pela informação, isto é, o valor esperado da informação perfeita, ou VEIP. Ele segue um processo de duas etapas. Primeiro, o valor esperado *com* informação perfeita é calculado. A seguir, usando esse resultado, o VEIP é calculado. O procedimento é resumido como segue:

1. A melhor alternativa para o estado da natureza "mercado favorável" é "construir uma fábrica grande" com uma receita de $200000. A melhor alternativa para o estado da natureza "mercado desfavorável" é "nada a fazer", com uma receita de $0.

VEcIP = ($200000)(0,50) + ($0)(0,50) = $100000.

Assim, se tivermos a informação perfeita, o resultado seria uma receita média de $100000.

2. O VME máximo sem informação adicional é $40000 (da Tabela 3.9).
Portanto, o aumento do VME é

   VEIP = (valor esperado com informação perfeita) − (VME máximo)

   = $100000 − $40000

   = $60000

Assim, *o máximo* que Thompson estaria disposto a pagar pela informação perfeita é $60000. Isso, obviamente, é baseado na suposição de que a probabilidade de cada estado da natureza é 0,50.

Esse VEIP também nos informa que o máximo que pagaríamos por qualquer informação (perfeita ou imperfeita) seria $60000. Posteriormente, veremos como precificar uma informação imperfeita ou amostral.

Oportunidade esperada perdida

Uma abordagem alternativa para maximizar o VME é minimizar a *oportunidade esperada perdida* (OEP). Primeiro, um tabela da oportunidade perdida é construída. Depois, a OEP é calculada para cada alternativa multiplicando a oportunidade perdida pela probabilidade e somando-as. Na Tabela 3.7, apresentamos a tabela da oportunidade perdida para o exemplo da Thompson Lumber. Usando essas oportunidades perdidas, calculamos a OEP para cada alternativa multiplicando a probabilidade de cada estado da natureza pelo valor perdido apropriado e somando:

A OEP é o custo por não escolher a melhor solução.

OEP(construir uma fábrica grande) = (0,5)($0) + (0,5)($180000)

= $90000

OEP(construir uma fábrica pequena) = (0,5)($100000) + (0,5)($20000)

= $60000

OEP(nada fazer) = (0,5)($200000) + (0,5)($0)

= $100000

A Tabela 3.10 fornece esses resultados. Usando a OEP mínima como critério de decisão, a melhor decisão seria a segunda alternativa, "construir uma fábrica pequena".

É importante notar que a OEP mínima sempre irá resultar na mesma decisão como o VME máximo e que o VEIP sempre irá se igualar ao OEP mínimo. No caso de Thompson, usamos a tabela do resultado para calcular o VEIP para $60000. Isso é a OEP mínima que acabamos de calcular.

A OEP sempre resultará na mesma decisão do VME máximo.

Análise de sensibilidade

Nas seções anteriores, determinamos que a melhor decisão (com as probabilidades conhecidas) para a Thompson Lumber era construir a fábrica pequena com um valor esperado de $40000. Essa conlusão depende dos valores das consequências econômicas e dos dois valores da probabilidade de um mercado favorável e desfavorável. A *análise de sensibilidade* investiga

A análise de sensibilidade investiga como nossa decisão pode mudar com dados de entrada diferentes.

TABELA 3.10 Tabela da OEP para a Thompson Lumber

Alternativa	Estado da natureza		OEP ($)
	Mercado favorável ($)	Mercado desfavorável ($)	
Construir uma fábrica grande	0	180000	90000
Construir uma fábrica pequena	100000	20000	60000
Nada a fazer	0	0	100000
Probabilidades	0,50	0,50	

como nossa decisão muda dada uma mudança nos dados do problema. Nesta seção, investigamos o impacto que a mudança nos valores da probabilidade teria na decisão da Thompson Lumber. Definimos, em primeiro lugar, a seguinte variável:

P = probabilidade de um mercado favorável

Porque existem somente dois estados da natureza, a probabilidade de um mercado desfavorável deve ser $1 - P$.

Agora, podemos expressar VME em termos de P, como mostram as seguintes equações. Um gráfico desses valores VME é mostrado na Figura 3.1.

$$\text{VME (fábrica grande)} = \$200000P - \$180000(1 - P)$$
$$= \$200000 - \$180000 + 180000P$$
$$= \$380000P - US\$180000$$
$$\text{VME (fábrica pequena)} = \$100000P - \$20000(1 - P)$$
$$= \$100000 - \$20000 + 20000P$$
$$= \$120000P - \$20000$$
$$\text{VME (não fazer nada)} = \$0P + \$0(1 - P) = \$0$$

Como visto na Figura 3.1, a melhor decisão é nada fazer desde que P esteja entre 0 e a probabilidade associada com o ponto 1, onde o VME para nada fazer é igual ao VME para a fábrica pequena. Quando P está entre as probabilidades para os pontos 1 e 2, a melhor decisão é construir a fábrica pequena. O ponto 2 é onde o VME para a fábrica pequena é igual ao VME para a fábrica grande. Quando P é maior do que a probabilidade para o ponto 2, a melhor decisão é construir a fábrica grande. É claro, isso é o que você esperaria à medida que P aumenta. O valor de P nos pontos 1 e 2 podem ser calculados como segue:

Ponto 1: VME (nada fazer) = VME (fábrica pequena)
$$0 = \$120000P - \$20000 \quad P = \frac{20.000}{120.000} = 0,167$$

Ponto 2: VME (fábrica pequena) = VME (fábrica grande)
$$\$120000P - \$20000 = \$380000P - \$180000$$
$$260000P = 160000 \quad P = \frac{160.000}{260.000} = 0,615$$

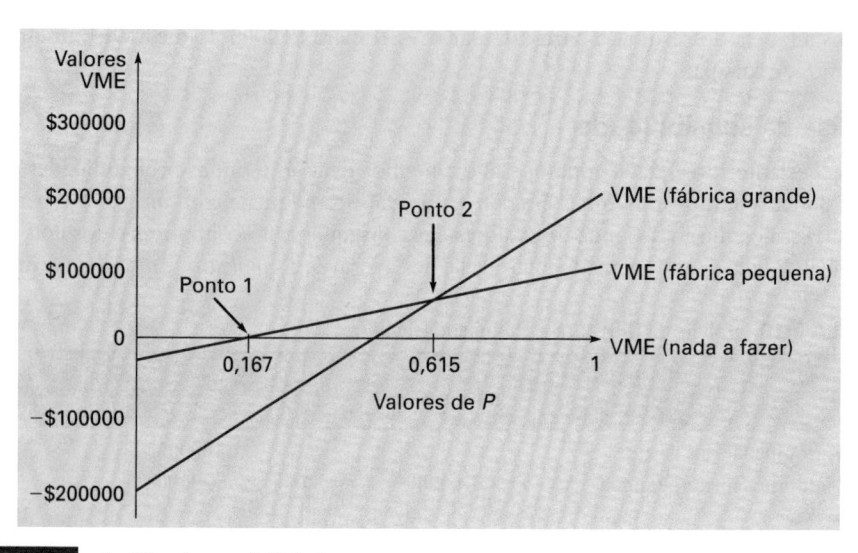

FIGURA 3.1 Análise de sensibilidade.

Os resultados da análise de sensibilidade estão na seguinte tabela:

Melhor alternativa	Faixa dos valores de P
Nada a fazer	Menor do que 0,167
Construir uma fábrica pequena	0,167 – 0,615
Construir uma fábrica grande	Maior do que 0,615

Usando Excel QM para solucionar problemas da teoria da decisão

O Excel QM pode ser usado para solucionar diversos problemas da teoria da decisão discutidos neste capítulo. Os programas 3.1A e 3.1B mostram o uso do Excel QM para solucionar o caso da Thompson Lumber. O programa 3.1A fornece as fórmulas necessárias para calcular o VME máximo, mínimo e outras medidas. O programa 3.1B mostra os resultados dessas fórmulas.

3.6 ÁRVORES DE DECISÃO

Qualquer problema que pode ser apresentado em uma tabela de decisão também pode ser ilustrado graficamente em uma *árvore de decisão*. Todas as árvores de decisão são parecidas porque contêm *pontos de decisão* ou *nós de decisão* e *pontos do estado da natureza* ou *nós do estado da natureza*:

- Um nó de decisão a partir do qual uma de várias alternativas pode ser escolhida.
- Um nó estado da natureza a partir do qual um estado de natureza irá ocorrer.

No desenho da árvore, começamos à esquerda e nos movemos para a direita. Assim, a árvore apresenta as decisões e as saídas em ordem sequencial. Linhas e ramos a partir dos quadrados (nós da decisão) representam as alternativas e os ramos a partir dos círculos repre-

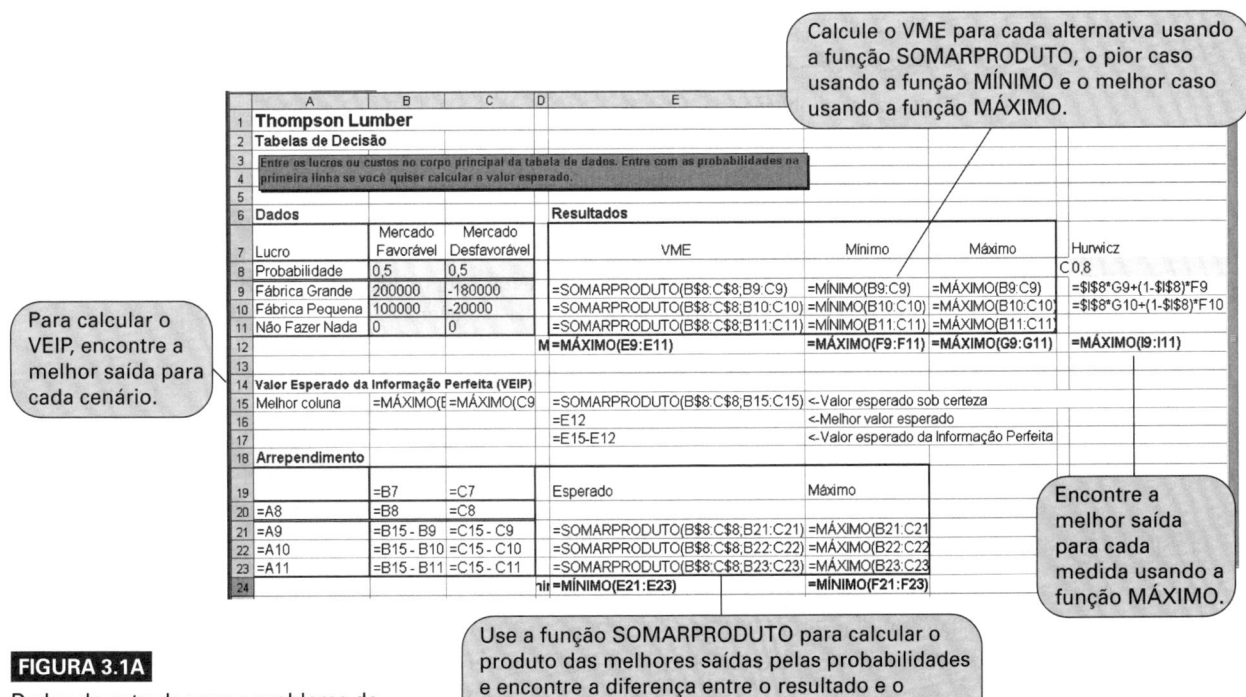

FIGURA 3.1A
Dados de entrada para o problema da Thompson Lumber usando Excel QM.

PROGRAMA 3.1B

Dados de saída para o problema da Thompson Lumber usando Excel QM.

	A	B	C	D	E	F	G	H	I
1	**Thompson Lumber**								
2	Tabelas de Decisão								
3									
4	Entre os lucros ou custos no corpo principal da tabela de dados. Entre com as probabilidades na primeira linha se você quiser calcular o valor esperado.								
5									
6	Dados				Resultados				
7	Lucro	Mercado Favorável	Mercado Desfavorável		VME	Mínimo	Máximo		Hurwicz
8	Probabilidade	0,5	0,5					Coeficiente	0,8
9	Fábrica Grande	200000	-180000		10000	-180000	200000		124000
10	Fábrica Pequena	100000	-20000		40000	-20000	100000		76000
11	Não Fazer Nada	0	0		0	0	0		
12				Máximo	40000	0	200000		124000
13									
14	Valor Esperado da Informação Perfeita								
15	Melhor coluna	200000	0			100000	<-Valor esperado sob certeza		
16						40000	<-Melhor valor esperado		
17						60000	<-Valor esperado da Informação Perfeita		
18	Arrependimento								
19		Mercado Favorável	Mercado Desfavorável		Esperado	Máximo			
20	Probabilidade	0,5	0,5						
21	Fábrica Grande	0	180000		90000	180000			
22	Fábrica Pequena	100000	20000		60000	100000			
23	Não Fazer Nada	200000	0		100000	200000			
24				Mínimo	60000	100000			

sentam os estados da natureza. A Figura 3.2 apresenta uma árvore de decisão básica para o exemplo da Thompson Lumber. Em primeiro lugar, John decide se constrói a fábrica grande, pequena ou nenhuma fábrica. Uma vez tomada a decisão, os estados da natureza ou saídas possíveis (mercado favorável ou desfavorável) irão ocorrer. O próximo passo é colocar os resultados e as probabilidades na árvore e iniciar a análise.

A análise de problemas com árvores da decisão envolve cinco etapas:

Cinco etapas da análise com uma árvore de decisão

1. Definir o problema.
2. Estruturar ou desenhar a árvore de decisão.
3. Determinar as probabilidades para os estados da natureza.
4. Estimar resultados para cada combinação possível de alternativas e estados da natureza.
5. Solucionar o problema calculando os valores monetários esperados (VMEs) para cada nó do estado da natureza. Isso é feito trabalhando de trás para frente, isto é, começando à direita da árvore e voltando para os nós da decisão à esquerda. Também, em cada nó da decisão, a alternativa com o melhor VME é selecionada.

A árvore da decisão final com os resultados e probabilidades para a situação de decisão para John Thompson está na Figura 3.3. Note que os resultados estão dispostos no lado direito de cada um dos ramos da árvore. As probabilidades estão exibidas nos parênteses próximos a cada estado da natureza. Começando com os resultados à direita da figura, os VMEs para cada nó do estado da natureza são, então, calculados e colocados pelos seus respectivos nós. O VME do primeiro nó é $10000. Isso representa o ramo do nó da decisão para construir uma fábrica grande. O VME para o nó 2, construir uma fábrica pequena, é $40000. Não construir uma fábrica ou nada fazer tem, é claro, uma receita de $0. O ramo que sai do nó da decisão e se dirige ao nó do estado da natureza com o VME mais alto deve ser escolhido. No caso da Thompson, uma fábrica pequena deve ser construída.

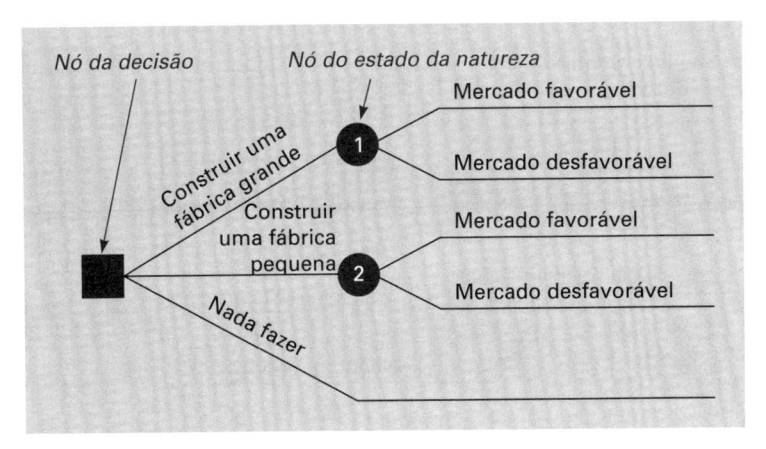

FIGURA 3.2 Árvore de decisão de Thompson.

Uma decisão mais complexa para a Thompson Lumber – informação amostral   Quando *decisões sequenciais* precisam ser tomadas, árvores de decisão são ferramentas muito mais poderosas do que tabelas de decisão. Digamos que John Thompson precisa tomar duas decisões, a segunda decisão dependendo do resultado da primeira. Antes de decidir sobre a construção de uma nova fábrica, John tem a opção de conduzir sua própria pesquisa de marketing, por um custo de $10000. A informação de sua pesquisa pode auxiliá-lo na decisão de construir uma fábrica grande, uma fábrica pequena ou não construir uma fábrica. John reconhece que tal pesquisa de mercado não irá fornecer a informação *perfeita*, mas irá ajudá-lo muito.

A nova árvore da decisão de John está representada na Figura 3.4. Vamos olhar atentamente essa árvore mais complexa. Observe que *todas as saídas possíveis e alternativas* estão incluídas na sua sequência lógica. Esse é um dos poderes do uso das árvores da decisão na tomada de decisões. O usuário é forçado a examinar todas as saídas possíveis, incluindo as desfavoráveis. Ele também é forçado a tomar decisões de uma maneira lógica e sequencial.

Todas as saídas e alternativas devem ser consideradas.

Examinando a árvore, vemos que a primeira decisão de Thompson é se ele conduz a pesquisa de mercado de $10000. Se ele escolher não fazer o estudo (a parte mais baixa da árvore), pode tanto construir uma fábrica grande, uma fábrica pequena ou nenhuma fábrica. Esse é o segundo ponto de decisão de John. O mercado pode estar tanto favorável (0,50 de probabilidade) ou desfavorável (também 0,50). Os resultados para cada consequência possível estão

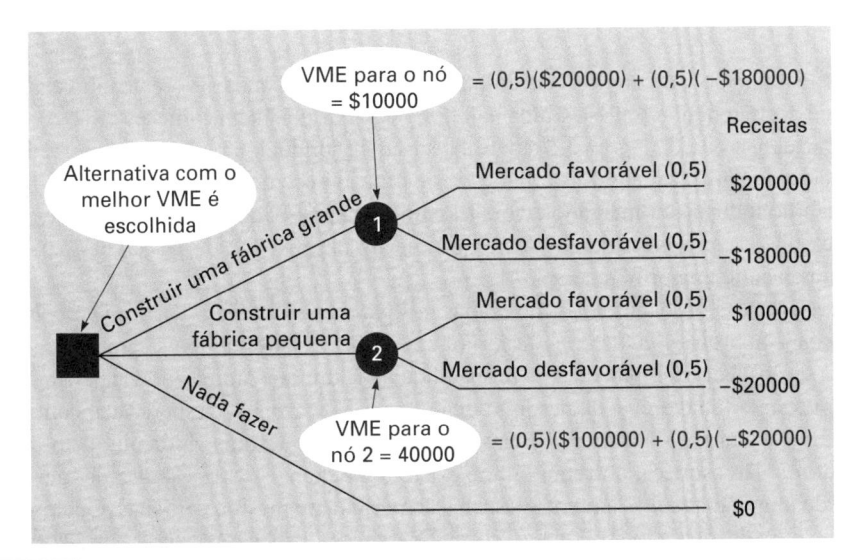

FIGURA 3.3 Árvore de decisão completa e resolvida para a Thompson Lumber.

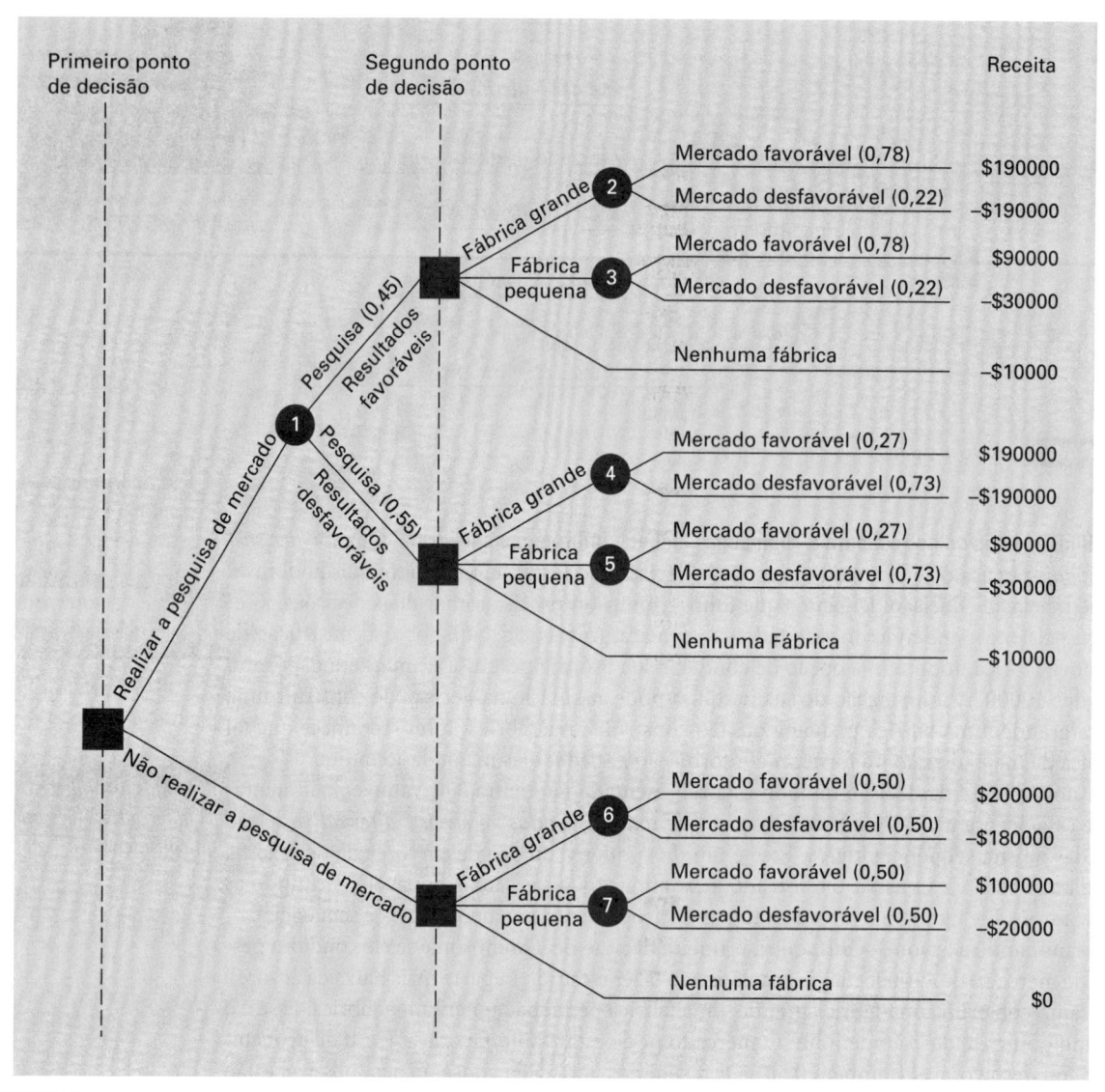

FIGURA 3.4 Grande árvore de decisão com receitas e probabilidades para John Lumber.

listados ao longo do lado direito. Na verdade, a parte mais baixa da árvore de John é *idêntica* à árvore de decisão mais simples exibida na Figura 3.3. Por que isso acontece?

A parte mais alta da Figura 3.4 reflete a decisão de conduzir a pesquisa de mercado. O nó 1 do estado da natureza tem dois ramos. Existe uma chance de 45% de que os resultados da pesquisa irão indicar um mercado favorável para os galpões. Também notamos que a probabilidade é 0,55 de que os resultados da pesquisa sejam negativos. A derivação dessa probabilidade será discutida na próxima seção.

A maioria das probabilidades é probablidade condicional.

O restante das probabilidades mostradas nos parênteses na Figura 3.4 são *probabilidades condicionais* ou *probabilidades a posteriori* (essas probabilidades também serão discutidas na próxima seção). Por exemplo, 0,78 é a probabilidade de um mercado favorável para os galpões dado um resultado favorável da pesquisa de mercado. É claro, você esperaria encontrar uma probabilidade alta para um mercado favorável dado que a pesquisa indicou que o mercado estava bom. Não esqueça, entretanto, que existe uma chance de a pesquisa de mercado de $10000 de John não resultar em uma informação perfeita ou mesmo confiável. Qualquer estudo de pesquisa de mercado está sujeito ao erro. Nesse caso, existe uma chance de 22% de que o mercado para os galpões seja favorável, dado que os resultados da pesquisa são positivos.

Observamos que existe uma chance de 27% de que o mercado para galpões seja favorável, dado os resultados negativos da pesquisa de John. A probabilidade muito maior, 0,73, é de que o mercado não seja favorável, dado que a pesquisa foi negativa.

Finalmente, quando analisamos a coluna dos resultados na Figura 3.4, vemos que $10000, o custo do estudo de marketing, teve que ser subtraído de cada um dos 10 galhos do topo da árvore. Assim, uma fábrica grande com um mercado favorável teria, normalmente, um lucro líquido de $200000. Mas, porque foi conduzido um estudo de mercado, essa quantia tem a redução de $10000, ficando $190000. No caso não favorável, a perda de $180000 aumentaria para uma perda maior de $190000. Da mesma forma, conduzir a pesquisa e não construir a fábrica resulta, agora, em uma receita de −$10000.

O custo da pesquisa deve ser subtraído dos resultados originais.

Com todas as probabilidades e resultados especificados, podemos começar calculando o VME em cada nó do estado da natureza. Começamos no final, ou no lado direito da árvore da decisão, e continuamos em direção à origem. Quando terminarmos, a melhor decisão será conhecida.

Iniciamos calculando o VME de cada ramo.

1. Dado resultados favoráveis da pesquisa,

    VME(nó 2) = VME(fábrica grande | pesquisa positiva)

    = (0,78)($190000) + (0,22)(−$190000) = $106400

    VME(nó 3) = VME(fábrica pequena | pesquisa positiva)

    = (0,78)($90000) + (0,22)(−$30000) = $63600

    O VME de não construir fábrica nesse caso é −$10000. Assim, se os resultados da pesquisa são favoráveis, uma fábrica grande deve ser construída. Note que trazemos o valor esperado dessa decisão ($106400) para o nó de decisão a fim de indicar que, se os resultados da pesquida forem positivos, nosso valor esperado será de $106400. Isso é mostrado na Figura 3.5.

    Os cálculos do VME para resultados de mercado favoráveis são feitos primeiro.

2. Dado resultados negativos da pesquisa,

    VME(nó 4) = VME(fábrica grande | pesquisa negativa)

    = (0,27)($190000) + (0,73)(−$190000) = −$87400

    VME(nó 5) = VME(fábrica pequena | pesquisa negativa)

    = (0,27)($90000) + (0,73)(−$30000) = $2400

    O VME de não construir fábrica é novamente −$10000 para esse ramo. Assim, dado um resultado negativo da pesquisa, John deveria construir um fábrica pequena com um valor esperado de $2400 e esse número está indicado no nó da decisão.

    Os cálculos para os resultados de pesquisa não favoráveis são feitos a seguir.

3. Continuando na parte superior da árvore e indo de trás para frente, calculamos o valor esperado ao conduzir a pesquisa de mercado:

    VME(nó 1) = VME(conduzir pesquisa)

    = (0,45)($106400) + (0,55)($2400)

    = $47880 + $1320 = $49200

    Continuamos trabalhando até a origem, calculando os valores VME.

4. Se a pesquisa de mercado não for conduzida,

    VME(nó 6) = VME(fábrica grande)

    = (0,50)($200000) + (0,50)(−$180000)

    = $10000

    VME(nó 7) = VME(fábrica pequena)

    = (0,50)($100000) + (0,50)(−$20000)

    = $40000

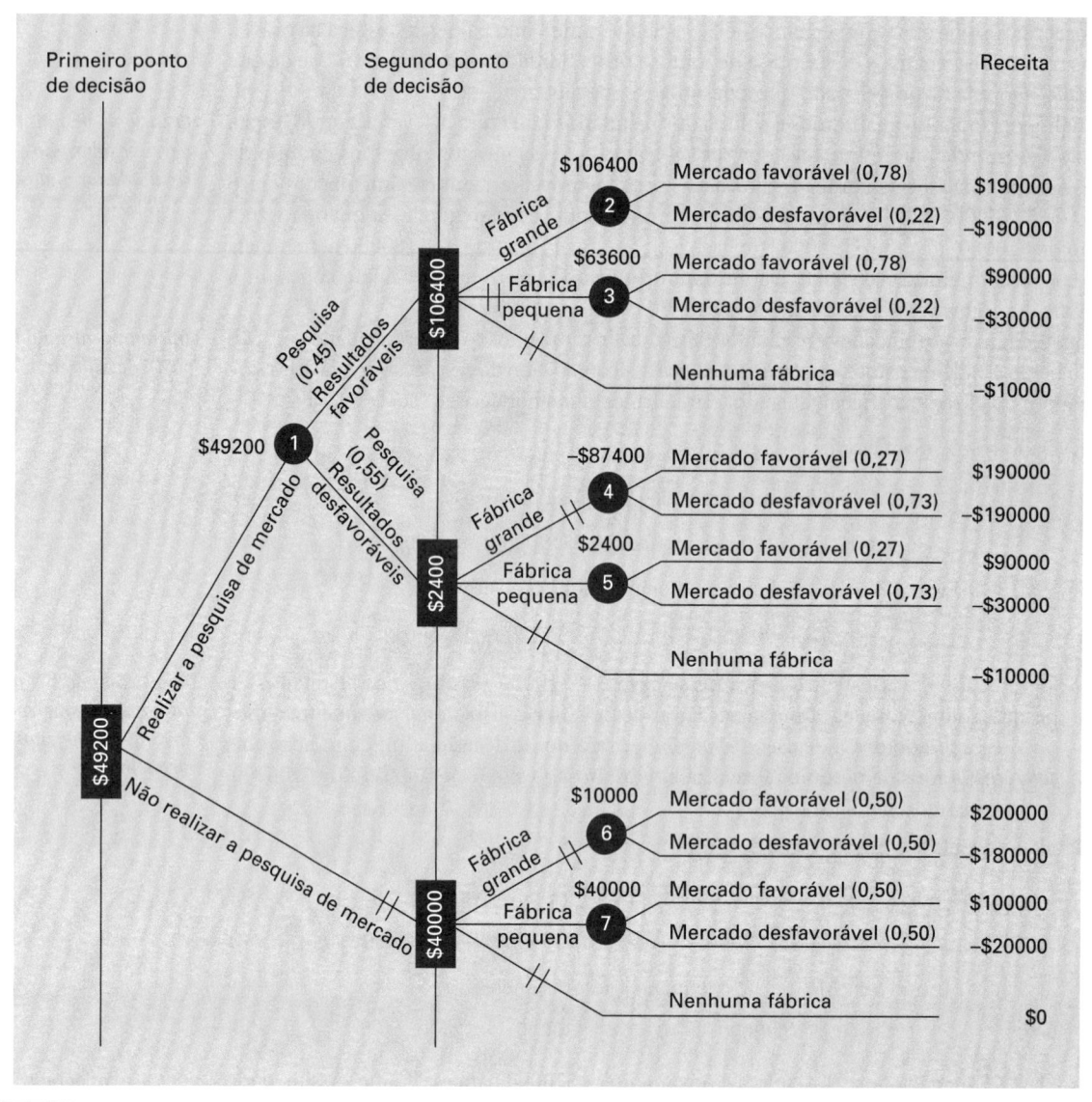

FIGURA 3.5 A árvore de decisão de Thompson com VME.

O VME de não construir fábrica é $0.

Assim, construir uma fábrica pequena é a melhor escolha, dado que a pesquisa de mercado não foi conduzida, como vimos anteriormente.

5. Vamos até o primeiro nó de decisão e escolhemos a melhor alternativa. O valor monetário esperado de conduzir a pesquisa é $49200 *versus* um VME de $40000 para não conduzir o estudo. Assim, a melhor escolha é *procurar* por informação sobre o mercado. Se os resultados da pesquisa forem favoráveis, John deverá construir uma fábrica grande, mas se a pesquisa for negativa, John deverá construir uma fábrica pequena.

Na Figura 3.5, esses valores esperados estão colocados na árvore da decisão. Note na árvore que um par de barras \\ cortando os ramos da decisão indica que uma determinada alternativa não será mais considerada. Isso ocorre porque seu VME é menor do que o VME para a melhor alternativa. Depois de resolver vários problemas com árvores de decisão, você achará mais fácil fazer todos os seus cálculos com o diagrama da árvore.

Valor esperado da informação amostral Com a pesquisa de mercado que pretende conduzir, John Thompson sabe que sua melhor decisão será construir uma fábrica grande se a pesquisa for favorável ou uma fábrica pequena se os resultados forem negativos. Porém, John percebe que a condução da pesquisa não é gratuita. Ele gostaria de saber qual é o valor real para fazer a pesquisa. Uma maneira de mensurar o valor da informação de mercado é calcular o *valor esperado da informação amostral* (VEIA), que é o acréscimo no valor esperado resultante da informação da amostra.

O VEIA mensura o valor da informação amostral.

$$\text{VEIA} = \begin{pmatrix} \text{Valor esperado } com \text{ a} \\ \text{informação amostral} \\ \text{supondo que nada foi} \\ \text{gasto para coletá-la} \end{pmatrix} - \begin{pmatrix} \text{Valor esperado} \\ \text{da melhor decisão} \\ sem \text{ a informação} \\ \text{amostral} \end{pmatrix} \quad (3\text{-}4)$$

$$= (\text{VE com informação amostral} + \text{custo}) - (\text{VE sem informação amostral})$$

No caso de John, seu VME seria de US$59200 *se* ele já não tivesse subtraído os US$10000 do custo do estudo de cada resultado. (Você entende por que isso é assim? Se não, some os US$10000 para cada resultado como no problema original de Thompson e recalcule o VME da realização do estudo do mercado.) Do ramo mais baixo da Figura 3.5, vemos que o VME de *não* coletar a informação amostral é de US$40000. Assim,

$$\text{VEIA} = (\text{US\$49200} + \text{US\$10000}) - \text{US\$40000} = \text{US\$59200} - \text{US\$40000} = \text{US\$19200}$$

Isso significa que John poderia pagar mais de US$19200 para um estudo de mercado e ainda lucrar. Como a pesquisa custa somente US$10000, ela realmente vale a pena.

Análise de sensibilidade

Assim como com as tabelas de resultados, a análise de sensibilidade também pode ser aplicada às árvores de decisão. A abordagem geral é a mesma. Considere a árvore da decisão para o problema espandido de Thompson Lumber mostrado na Figura 3.5. Quão sensível é a nossa decisão (para conduzir a pesquisa de mercado) à probabilidade de resultados favoráveis da pesquisa?

Seja p a probabilidade de resultados favoráveis da pesquisa. Então $(1 - p)$ é a probabilidade dos resultados negativos da pesquisa. Dada essa informação, podemos desenvolver uma expressão para o VME da condução da pesquisa, que é o nó 1:

$$\text{VME(nó 1)} = (\text{US\$106400})p + (\text{US\$2400})(1 - p)$$

$$= \text{US\$104000}p + \text{US\$2400}$$

Ficamos indiferentes quando o VME para a condução da pesquisa de mercado, nó 1, é o mesmo que o VME para a não condução da pesquisa, que é US$40000. Podemos encontrar o ponto de indiferença igualando o VME (nó 1) a US$40000:

$$\$104000p + \$2400 = \$40000$$

$$\$104000p = \$37600$$

$$p = \frac{\$37600}{\$104000} = 0{,}36$$

Enquanto a probabilidade de resultados favoráveis da pesquisa, p, for maior do que 0,36, nossa decisão permanecerá a mesma. Quando p for menor do que 0,36, nossa decisão será de não conduzir a pesquisa.

Também poderíamos fazer uma análise de sensibilidade para outros parâmetros do problema. Por exemplo, poderíamos descobrir quão sensível nossa decisão é para a probabilidade de um mercado favorável dado que os resultados da pesquisa foram favoráveis. Nesse caso, a probabilidade é de 0,78. Se esses valores aumentarem, a fábrica grande se torna mais atraente. Nesse caso, nossa decisão não mudaria. O que acontece quando essa probabilidade diminui? A análise se torna mais complexa. À medida que a probabilidade de um mercado favorável, dados resultados de uma pesquisa favorável, diminui, a fábrica pequena torna-se mais atraente. Em algum momento, a fábrica pequena resultará em um VME mais alto (dados resultados favoráveis da pesquisa) do que a fábrica grande. Isso, estretanto, não conclui nossa análise. À medida que a probabilidade de um mercado favorável, dados resultados de um pesquisa favorável, continuar a diminuir, haverá um ponto em que não conduzir a pesquisa, com um VME de US$40000, será mais atraente do que conduzir a pesquisa de mercado. Deixamos os cálculos para você. É importante observar que a análise de sensibilidade deve considerar *todas* as consequências possíveis.

3.7 COMO VALORES DE PROBABILIDADE SÃO ESTIMADOS PELA ANÁLISE BAYESIANA

O Teorema de Bayes permite aos tomadores de decisão revisar os valores probabilísticos.

Existem muitas maneiras de colher dados de probabilidade para um problema como o da Thompson. Os números (como 0,78, 0,22, 0,27, 0,73 na Figura 3.4) podem ser estimados por um administrador baseado em experiência e intuição. Eles podem derivar de dados históricos ou podem ser calculados de outros dados disponíveis usando o Teorema de Bayes. A vantagem do Teorema de Bayes é que ele incorpora nossas estimativas iniciais das probabilidades, assim como informação sobre a precisão da fonte da informação (por exemplo, pesquisa de mercado).

A abordagem do Teorema de Bayes reconhece que o tomador de decisão não sabe com certeza qual estado da natureza irá ocorrer. Ele permite ao administrador revisar suas estimativas de probabilidades iniciais ou *a priori* com base na nova informação. As probabilidades revisadas são chamadas de *probabilidades posteriores* (antes de continuar, revise o Teorema de Bayes no Capítulo 2).

Calculando as probabilidades revisadas

No caso do problema da Thompson Lumber solucionado na Seção 3.6, assumimos que as quatro probabilidades condicionais seguintes eram conhecidas:

P (mercado favorável (MF) | resultados positivos da pesquisa) = 0,78

P (mercado desfavorável (MD) | resultados positivos da pesquisa) = 0,22

P (mercado favorável (MF) | resultados negativos da pesquisa) = 0,27

P (mercado desfavorável (MD) | resultados negativos da pesquisa) = 0,73

Agora mostraremos como John Thompson foi capaz de derivar esses valores com o Teorema de Bayes. Em discussões com especialistas de pesquisa de mercado da universidade local, John sabe que pesquisas especiais, como a sua, podem ser tanto positivas (isto é, prever um mercado favorável) quanto negativas (isto é, prever um mercado desfavorável). Os especialistas disseram a John que, estatisticamente, de todos os novos produtos com um *mercado favorável* (MF), pesquisas de mercado foram positivas e previram o sucesso corretamente 70% das vezes. Em 30% das vezes as pesquisas previram resultados negativos erroneamente ou um *mercado desfavorável* (MD). Por outro lado, quando realmente havia um mercado desfavorável para um produto novo, 80% das pesquisas previram corretamente resultados negativos. Os pesquisadores previram erroneamente os restantes 20% das vezes. Essas probabilidades condicionais estão resumidas na Tabela 3.11. Elas indicam a precisão da pesquisa que John pensa em fazer.

Lembre que sem informação de mercado, as melhores estimativas de John para um mercado favorável e desfavorável são:

TABELA 3.11 Confiabilidade da pesquisa de mercado na previsão dos estados da natureza

Resultado da pesquisa	Estado da natureza	
	Mercado favorável (MF)	Mercado desfavorável (MD)
Positiva (prevê mercado favorável para o produto)	P(pesquisa positiva / MF) = 0,70	P(pesquisa positiva / MD) = 0,20
Negativa (prevê mercado desfavorável para o produto)	P(pesquisa negativa / MF) = 0,30	P(pesquisa negativa// MD) = 0,80

$$P(\text{MF}) = 0{,}50$$

$$P(\text{MD}) = 0{,}50$$

Elas são chamadas de *probabilidades a priori*.

Agora estamos prontos para calcular as probabilidades revisadas ou *a posteriori* de Thompson. Essas probabilidades desejadas são o reverso das probabilidades na Tabela 3.11. Precisamos da probabilidade de um mercado favorável ou desfavorável dado um resultado positivo ou negativo do estudo do mercado. A forma geral do teorema de Bayes apresentada no Capítulo 2 é:

$$P(A \mid B) = \frac{P(B \mid A)P(A)}{P(B \mid A)P(A) + P(B \mid A')P(A')} \tag{3-5}$$

onde

$$A, B = \text{dois eventos quaisquer}$$

$$A' = \text{complemento de A}$$

A representa um mercado favorável e *B* representa uma pesquisa favorável. Substituindo pelos números apropriados nessa equação, obtemos as probabilidades condicionais, dado que a pesquisa de mercado seja positiva:

$P(\text{MF} \mid \text{pesquisa positiva})$

$$= \frac{P(\text{pesquisa positiva} \mid \text{MF})P(\text{MF})}{P(\text{pesquisa positiva} \mid \text{MF})P(\text{MF}) + P(\text{pesquisa positiva} \mid \text{MD})P(\text{MD})}$$

$$= \frac{(0{,}70)(0{,}50)}{(0{,}70)(0{,}50) + (0{,}20)(0{,}50)} = \frac{0{,}35}{0{,}45} = 0{,}78$$

$P(\text{MD} \mid \text{pesquisa positiva})$

$$= \frac{P(\text{pesquisa positiva} \mid \text{MD})P(\text{MD})}{P(\text{pesquisa positiva} \mid \text{MD})P(\text{MD}) + P(\text{pesquisa positiva} \mid \text{MF})P(\text{MF})}$$

$$= \frac{(0{,}20)(0{,}50)}{(0{,}20)(0{,}50) + (0{,}70)(0{,}50)} = \frac{0{,}10}{0{,}45} = 0{,}22$$

Note que o denominador (0,45) nesses cálculos é a probabilidade de uma pesquisa positiva. Um método alternativo para esses cálculos é usar uma tabela da probabilidade como a da Tabela 3.12. Uma planilha do Excel para fazer esses cálculos está no Apêndice 3.3.

As probabilidades condicionais, dada que a pesquisa de mercado seja negativa, são:

TABELA 3.12 Revisões das probabilidades dado uma pesquisa positiva

Estado da natureza	Probabilidade condicional p(pesquisa positiva / estado da natureza)	Probabilidade a priori	Probabilidade conjunta	Probabilidade a posteriori P(estado da natureza | pesquisa positiva)
MF	0,70	× 0,50	= 0,35	0,35/0,45 = 0,78
MD	0,20	× 0,50	= 0,10	0,10/0,45 = 0,22
		P(Pesquisa com resultado positivo)	= 0,45	= 1,00

$P(\text{MF} \mid \text{pesquisa negativa})$

$$= \frac{P(\text{pesquisa negativa} \mid \text{MF}) P(\text{MF})}{P(\text{pesquisa negativa} \mid \text{MF}) P(\text{MF}) + P(\text{pesquisa negativa} \mid \text{MD}) P(\text{MD})}$$

$$= \frac{(0,30)(0,50)}{(0,30)(0,50) + (0,80)(0,50)} = \frac{0,15}{0,55} = 0,27$$

$P(\text{MD} \mid \text{pesquisa negativa})$

$$= \frac{P(\text{pesquisa negativa} \mid \text{MD}) P(\text{MD})}{P(\text{pesquisa negativa} \mid \text{MD}) P(\text{MD}) + P(\text{pesquisa negativa} \mid \text{MF}) P(\text{MF})}$$

$$= \frac{(0,80)(0,50)}{(0,80)(0,50) + (0,30)(0,50)} = \frac{0,40}{0,55} = 0,73$$

Note que o denominador (0,55) nesses cálculos é a probabilidade de uma pesquisa negativa. Esses cálculos, dado uma pesquisa negativa, poderiam também ser feitos em uma tabela, como na Tabela 3.13.

Novas probabilidades fornecem informações valiosas.

As probabilidades *a posteriori* fornecem a John Thompson estimativas para cada estado da natureza se os resultados da pesquisa forem positivos ou negativos. A *probabilidade a priori* de sucesso de John sem a pesquisa de mercado era de somente 0,50. Agora ele sabe que a probabilidade de comercializar com sucesso os galpões será de 0,78 se a sua pesquisa mostrar resultados positivos. Suas chances de sucesso caem para 27% se o relatório da pesquisa for negativo. Essa é uma informação valiosa para gestão, como vimos na análise da árvore de decisão.

Problema potencial usando resultados da pesquisa

Em muitos problemas de tomada da decisão, resultados de pesquisas ou estudos piloto são feitos antes da decisão real (como construir uma fábrica nova ou tomar determinado curso de ação) ser tomada. Como já discutido nesta seção, a análise de Bayes é usada para ajudar a determinar as probabilidades condicionais corretas necessárias para resolver esses tipos de problemas da

TABELA 3.13 Revisões das probabilidades dado uma pesquisa negativa

Estado da natureza	Probabilidade condicional P(pesquisa negativa / estado da natureza)	Probabilidade a priori	Probabilidade conjunta	Probabilidade a posteriori P(estado da natureza | pesquisa negativa)
MF	0,30	× 0,50	= 0,15	0,15/0,55 = 0,27
MD	0,80	× 0,50	= 0,40	0,40/0,55 = 0,73
		P (Pesquisa com resultados negativos)	= 0,55	= 1,00

teoria da decisão. Ao calcular essas probablidades condicionais, precisamos ter dados sobre as pesquisas e sua precisão. Se a decisão de construir uma fábrica ou tomar outro curso de ação é realmente tomada, podemos determinar a precisão de nossas pesquisas. Infelizmente, não podemos ter sempre dados sobre situações em que a decisão foi de não construir uma fábrica ou de não tomar determinado curso de ação. Portanto, às vezes quando usamos os resultados da pesquisa, estamos baseando nossas probabilidades somente naqueles casos em que a decisão de construir uma fábrica ou tomar determinado curso de ação foi realmente tomada. Isso significa que, em algumas situações, a informação da probabilidade condicional pode não ser tão precisa quanto você gostaria. Mesmo assim, calcular probabilidades condicionais ajuda a aprimorar o processo de tomada de decisão e, em geral, a tomar melhores decisões.

3.8 TEORIA DA UTILIDADE

Nos concentramos no critério do VME para tomar decisões sob risco. Entretanto, existem várias ocasiões em que as pessoas tomam decisões que podem parecer inconsistentes com o critério do VME. Quando as pessoas compram seguros, o valor do prêmio é maior do que o reembolso da companhia de seguros porque o prêmio inclui o reembolso esperado, o custo geral e o lucro da companhia de seguros. Uma pessoa envolvida em uma ação judicial pode escolher fazer um acordo fora do tribunal do que ir a julgamento, mesmo que o valor esperado de ir a julgamento seja maior do que o acordo proposto. Uma pessoa compra um bilhete da loteria mesmo que o retorno esperado seja negativo. Todos os tipos de jogos de azar têm retornos esperados negativos para o jogador e, mesmo assim, milhões de pessoas participam desses jogos. Um executivo pode descartar uma decisão potencial porque ela poderia falir a empresa se desse errado, mesmo se o retorno esperado da sua decisão é melhor do que todas as demais alternativas.

Por que as pessoas tomam decisões que não maximizam seu VME? Porque o valor monetário não é sempre um indicador real do valor geral do resultado da decisão. O valor geral de uma saída específica é chamado de utilidade, e pessoas racionais tomam decisões que maximizam a utilidade esperada. Embora, às vezes, o valor monetário seja um bom indicador da utilidade, outras vezes ele não é. Isso é especialmente verdadeiro quando alguns dos valores envolvem um resultado extremamente alto ou uma perda muito grande. Por exemplo, suponha que você tem um bilhete da loteria. Daqui a cinco minutos uma moeda será jogada e se der cara, você ganha US$5 milhões. Se der coroa, você ganha nada. Alguns minutos atrás uma pessoa rica lhe ofereceu US$2 milhões pelo seu bilhete. Vamos assumir que você não tem dúvidas da validade da oferta pelo seu bilhete. A pessoa lhe dará um cheque autêntico de todo o valor e você está absolutamente certo de que o cheque é bom.

O valor geral do resultado de uma decisão é chamado de utilidade.

A árvore de decisão para essa situação está na Figura 3.6. O VME para rejeitar a oferta indica que você deve ficar com seu bilhete, mas o que você faria? Pense: US$2 milhões com *certeza* em vez de 50% de chance de nada. Suponha que você seja ganancioso o suficiente para ficar com seu bilhete e perde. Como você explicaria isso para os seus amigos? Os US$2 milhões não seriam o suficiente para você viver com tranquilidade durante um bom tempo?

A maioria das pessoas escolheria vender o bilhete por US$2 milhões. Na verdade, a maioria de nós estaria disposta a vender por muito menos. Até quanto baixaríamos o valor do bilhete é, de fato, uma questão de preferência pessoal. As pessoas têm sentimentos diferentes sobre procurar ou evitar riscos. Usar somente o VME não é sempre uma boa maneira de tomar esses tipos de decisões.

Uma maneira de incorporar suas próprias atitudes em relação ao risco é pela *teoria da utilidade*. Na próxima seção, analisaremos primeiro como mensurar utilidade e, depois, como usar medidas da utilidade na tomada de decisão.

O VME não é sempre a melhor abordagem.

Mensurando a utilidade e construindo uma curva da utilidade

A primeira etapa no uso da teoria da utilidade é atribuir valores de utilidade para cada valor monetário numa dada situação. É conveniente começar a *estimativa da utilidade* atribuindo 0 para o pior resultado e 1 para o melhor resultado. Embora qualquer valor possa ser usa-

A estimativa da utilidade atribui 0 para o pior resultado e 1 para o melhor resultado.

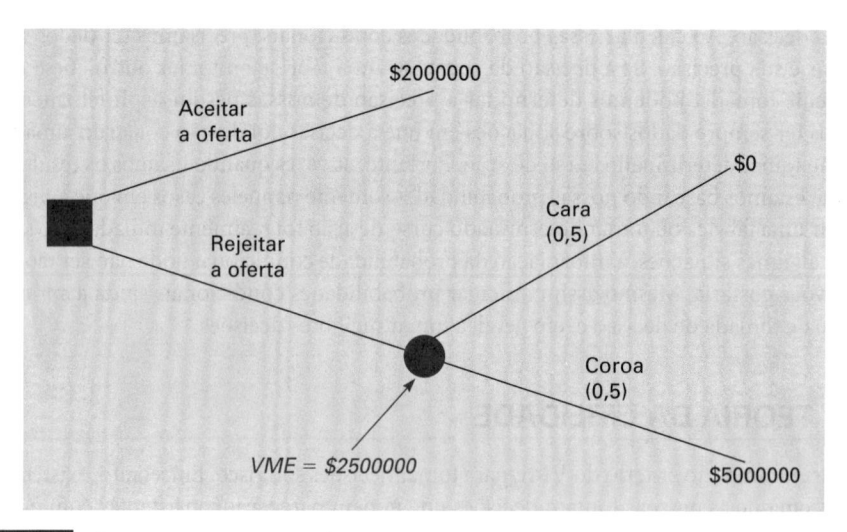

FIGURA 3.6 Sua árvore de decisão para o cartão da loteria.

Quando você está indiferente, as utilidades esperadas são iguais.

do desde que a utilidade para o melhor resultado seja maior do que a utilidade para o pior resultado, utilizar 0 e 1 tem algumas vantagens. Por termos escolhido 0 e 1, todos os outros resultados terão o valor de utilidade entre 0 e 1. Ao determinar as utilidades de todos os resultados em vez do melhor ou pior resultado, um *jogo padrão* é considerado. Esse jogo está na Figura 3.7.

Na Figura 3.7, p é a probabilidade da obtenção do melhor resultado e $(1 - p)$ é a probabilidade da obtenção do pior resultado. Estimar a utilidade de qualquer outro resultado envolve determinar a probabilidade (p), o que torna você indiferente entre a alternativa 1, que é o jogo entre os resultados melhor e pior, e a alternativa 2, que é a obtenção do outro resultado, com certeza. Quando você está indiferente entre as alternativas 1 e 2, as utilidades esperadas para essas duas alternativas devem ser iguais. Esse relacionamento é mostrado como:

Utilidade esperada da alternativa 2 = Utilidade esperada da alternativa 1

Utilidade de outro resultado = (p) (utilidade do *melhor* resultado, que é 1)
+ $(1 - p)$ (utilidade do *pior* resultado, que é 0) (3-6)

Utilidade de outro resultado = $(p)(1) + (1 - p)(0) = p$

Agora tudo o que você precisa fazer é determinar o valor da probabilidade (p) que o torna indiferente entre as alternativas 1 e 2. Ao fazer isso, você deve saber que determinar a utilidade

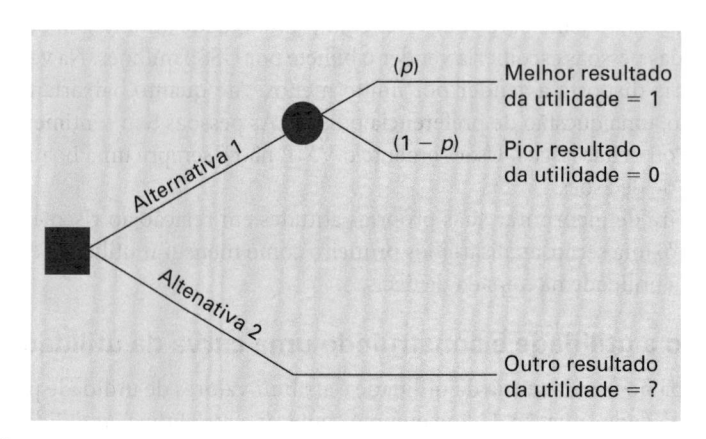

FIGURA 3.7 Jogo padrão para a estimativa da utilidade.

é uma operação completamente subjetiva. É um valor determinado pelo tomador de decisão que não pode ser mensurado numa escala objetiva. Vejamos um exemplo.

Jane Dickson quer construir uma curva de utilidade revelando sua preferência por dinheiro entre US$0 e US$10000. Uma *curva da utilidade* é um gráfico que traça o valor utilitário *versus* o valor monetário. Ela pode investir seu dinheiro numa caderneta de poupança ou investir a mesma quantidade em imóveis.

Se o dinheiro for investido no banco, em três anos Jane teria US$5000. Se ela investir em imóveis, depois de três anos ela pode ter nada ou US$10000. Jane, entretanto, é muito conservadora. A não ser que exista 80% de chance de obter US$10000 no negócio com imóveis, Jane prefere ter o seu dinheiro aplicado no banco, onde ele estará seguro. O que a Jane fez foi estimar sua utilidade para US$5000. Quando existe uma chance de 80% (isso significa que p é 0,8) de conseguir US$10000, Jane está indiferente entre colocar seu dinheiro no mercado de imóveis ou no banco. A utilidade de Jane para US$5000 é, desse modo, igual a 0,8, o que é igual ao valor para p. Essa estimativa utilitária é mostrada na Figura 3.8.

Outros valores das utilidades podem ser determinados da mesma forma. Por exemplo, qual é a utilidade de Jane para US$7000? Qual valor de p tornaria Jane indiferente entre US$7000 e o jogo que resultaria em US$10000 ou US$0? Para Jane deve haver uma chance de 90% de conseguir US$10000, do contrário, ela escolheria os US$7000, com certeza. Portanto, sua utilidade para US$7000 é de 0,90. A utilidade de Jane para US$3000 pode ser determinada da mesma forma. Se existe uma chance de 50% de obter US$10000, Jane estaria indiferente entre ter US$3000 com certeza ou apostar em conseguir os US$10000 ou nada. Assim, a utilidade de US$3000 para Jane é 0,5. É claro, esse processo pode continuar até Jane ter estimado sua utilidade para tantos valores monetários quantos ela queira. Essas estimativas, entretanto, são suficientes para ter uma ideia dos sentimentos de Jane sobre risco. Na verdade, podemos traçar esses pontos numa curva de utilidade, como foi feito na Figura 3.9. Na figura, as utilidades estimadas de US$3000, US$5000 e US$7000 são mostradas por pontos e o restante da curva é inferido a partir deles.

A curva da utilidade de Jane é típica de uma *pesoa que evita riscos*. Uma pessoa que evita riscos é um tomador de decisão que consegue menos utilidade ou prazer em um risco maior e tende a evitar situações em que perdas podem ocorrer. À medida que o valor monetário aumenta na sua curva da utilidade, a utilidade aumenta em uma proporção menor.

A Figura 3.10 ilustra que uma *pessoa que procura riscos* tem uma curva da utilidade com forma oposta. O tomador de decisão obtém mais utilidade de um risco maior e um resultado potencial maior. À medida que o valor monetário aumenta na sua curva de utilidade, a utilidade aumenta a uma taxa crescente. Uma pessoa que é *indiferente* ao risco tem uma curva da utilidade que é uma linha reta. A forma da curva da utilidade de uma pessoa depende da

Uma vez determinados os valores utilitários, é possível construir uma curva da utilidade.

A forma da curva da utilidade de uma pessoa depende de muitos fatores.

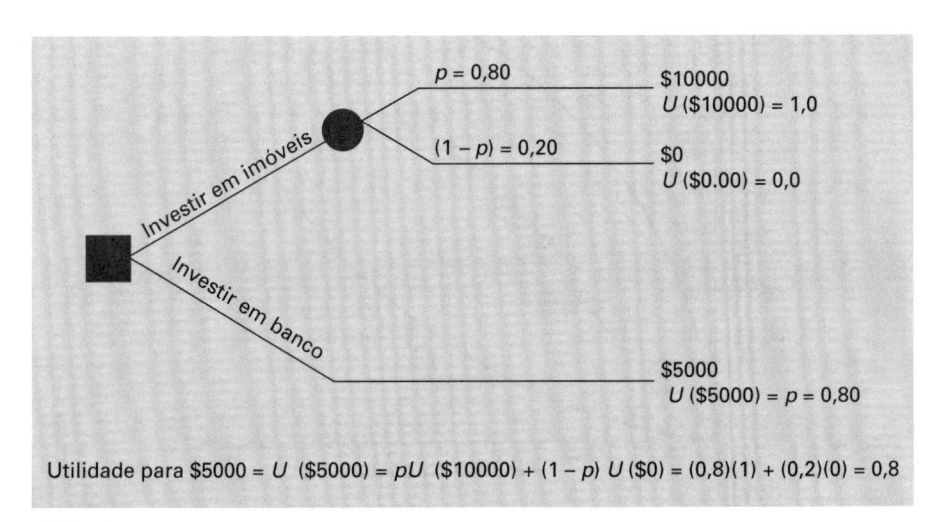

Utilidade para $5000 = U(\$5000) = pU(\$10000) + (1 - p) U(\$0) = (0,8)(1) + (0,2)(0) = 0,8

FIGURA 3.8 Utilidade de US$5000.

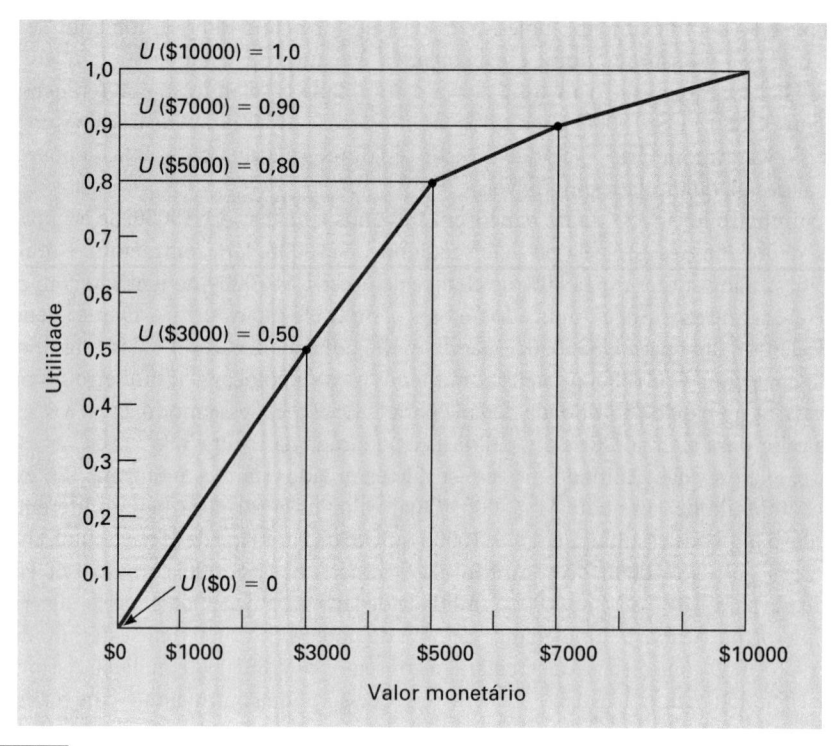

FIGURA 3.9 Curva da utilidade para Jane Dickson.

decisão específica considerada, dos valores monetários envolvidos na situação e do estado de espírito da pessoa e o seu sentimento sobre o futuro. Você pode ter uma curva da utilidade para algumas situações e curvas completamente diferentes para outras.

Utilidade como um critério de tomada da decisão

Os valores da utilidade substituem os valores monetários.

Depois de determinar a curva da utilidade, os valores da utilidade da curva são usados na tomada de decisão. Resultados monetários ou valores são recolocados com os valores da uti-

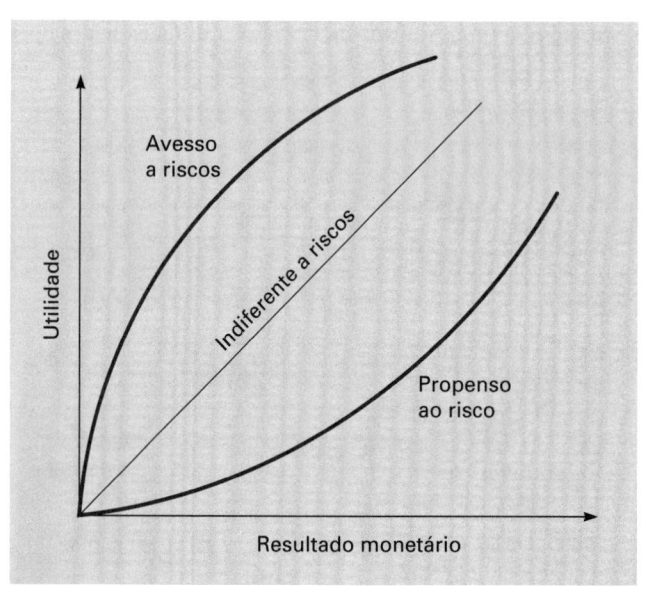

FIGURA 3.10 Preferências para riscos.

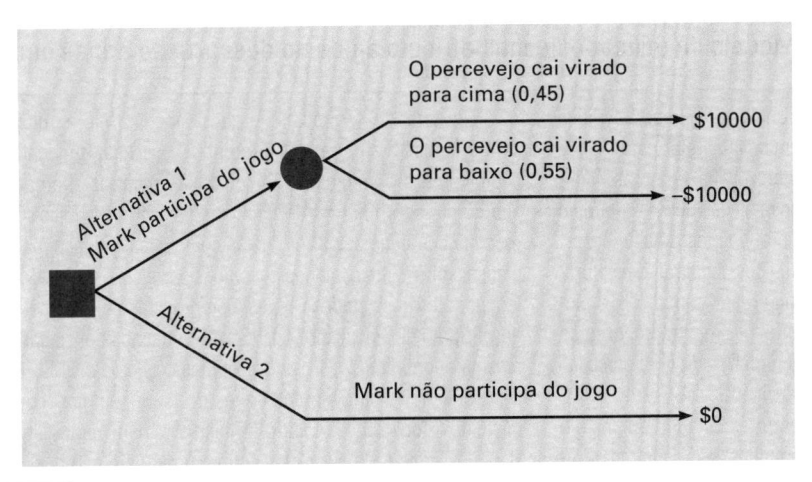

FIGURA 3.11 Decisão enfrentada por Mark Simkin.

lidade apropriados e, então, a análise da decisão é realizada como de costume. A utilidade esperada para cada alternativa é calculada em vez do VME. Vejamos um exemplo em que uma árvore da decisão é usada e valores da utilidade esperados são calculados ao selecionar a melhor alternativa.

Mark Simkin adora jogar. Ele decide participar de um jogo que envolve atirar percevejos no ar. Se o percevejo cai com a ponta para cima, Mark ganha US$10000. Se a ponta do percevejo estiver virada para baixo, Mark perde US$10000. Mark deve participar do jogo (alternativa 1) ou não (alternativa 2)?

As alternativas 1 e 2 estão expostas na árvore mostrada na Figura 3.11. A alternativa 1 é participar do jogo. Mark acredita que exista 45% de chance de ganhar os US$10000 e 55% de perder US$10000. A alternativa 2 é não jogar. O que Mark deve fazer? É claro, isso depende da utilidade de Mark para o dinheiro. Como foi declarado anteriormente, ele gosta de jogar. Utilizando o procedimento que acabamos de resumir, Mark foi capaz de construir uma curva da utilidade mostrando sua preferência por dinheiro. Mark tem um total de US$20000 para jogar, assim, ele construiu a curva da utilidade baseado em um melhor resultado para US$20000 e um resultado pior para uma perda de US$20000. Essa curva aparece na Figura 3.12.

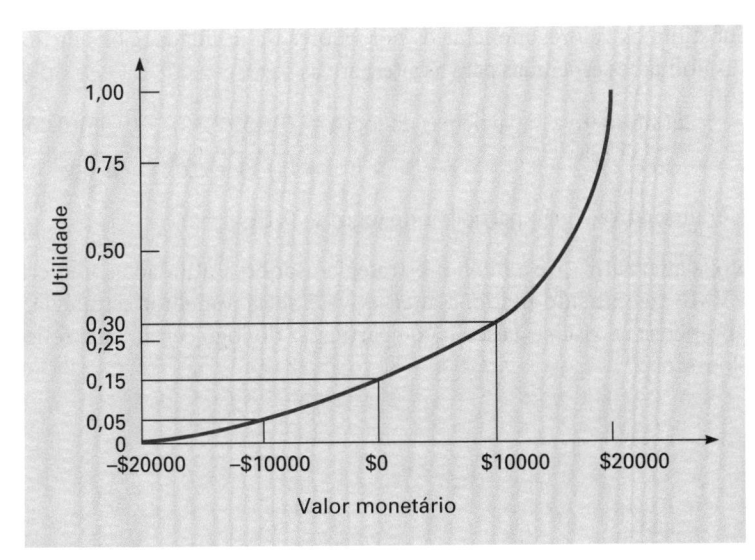

FIGURA 3.12 Curva da utilidade para Mark Simkin.

EM AÇÃO — Modelo da utilidade de multiatributo ajuda no descarte de armas nucleares

Quando a Guerra Fria entre os Estados Unidos e a União Soviética terminou, os dois países concordaram em desmantelar uma grande quantidade de armas nucleares. O número exato de armas não é conhecido, mas o total foi estimado como mais de 40000. O plutônio recuperado das armas desmanteladas gerou muitas preocupações. A Academia Nacional de Ciências julgou a possibilidade de o plutônio cair nas mãos de terroristas um perigo real. Além disso, o plutônio é muito tóxico para o meio ambiente, assim, um processo de descarte seguro e protegido era fundamental. Decidir qual processo de descarte utilizar não era uma tarefa fácil.

Devido ao longo relacionamento entre os Estados Unidos e a União Soviética durante a Guerra Fria, era necessário que o descarte do plutônio para cada país ocorresse quase ao mesmo tempo. O método selecionado por cada país deveria ser aprovado pelo outro. O Departamento de Energia dos Estados Unidos (Department of Energy, DOE) formou o Departamento de Descarte de Materias Físsil (Office of Fissile Materials Disposition, OFMD) para supervisionar o processo de seleção da abordagem para o descarte do plutônio. Reconhecendo que a decisão poderia ser polêmica, o OFMD utilizou uma equipe de analistas de pesquisa operacional associados ao Centro de Pesquisa Nacional Amarillo. Esse grupo de PO usou um modelo da utilidade multiatributo (UMA) para combinar o desempenho de várias medidas em uma única.

Um total de 37 medidas de desempenho foram utilizadas na avaliação de 13 alternativas diferentes possíveis. O modelo (UMA) combinou essas medidas e ajudou a classificar as alternativas assim como identificar as deficiências de algumas delas. O OFMD recomendou duas das alternativas com a classificação mais alta e o desenvolvimento começou em ambas. Esse desenvolvimento paralelo permitiu aos Estados Unidos reagir rapidamente quando o plano da URSS foi desenvolvido. A URSS utilizou uma análise baseada na mesma abordagem do UMA. Os Estados Unidos e a URSS escolheram converter o plutônio das armas nucleares em um combustível misto de óxido usado em reatores nucleares para gerar eletricidade. Uma vez convertido para essa forma, o plutônio não poderia mais ser usado em armas nucleares.

O modelo UMA ajudou os Estados Unidos e a URSS a lidar com uma questão muito sensível e potencialmente perigosa de uma maneira que levou em conta questões econômicas, de não proliferação e ecológicas. Essa estrutura está sendo usada agora pela Rússia para avaliar outras políticas relacionadas à energia nuclear.

Fonte: Baseado em BUTLER, John C. et al. The United States and Russia Evaluate Plutonium Disposition Options with Multiattribute Utility Theory. *Interfaces*, v. 35, 1 (January-February 2005): 88–101.

O objetivo de Mark é maximizar a utilidade esperada.

Vemos que a utilidade de Mark para $-US\$10000$ é 0,05, sua utilidade para não jogar (US\$0) é de 0,15 e sua utilidade para US\$10000 é 0,30. Esses valores podem agora ser usados na árvore de decisão. O objetivo de Mark é maximizar sua utilidade esperada, o que pode ser feito como segue:

Etapa 1.
$$U(-\$10000) = 0{,}05$$
$$U(\$0) = 0{,}15$$
$$U(\$10000) = 0{,}30$$

Etapa 2. Substitua os valores monetários por valores da utilidade. Consulte a Figura 3.13. Aqui estão as utilidades esperadas para as alternativas 1 e 2.

$$E(\text{alternativa 1: participar do jogo}) = (0{,}45)(0{,}30) + (0{,}55)(0{,}05)$$
$$= 0{,}135 + 0{,}027 = 0{,}162$$

$$E(\text{alternativa 2: não participar do jogo}) = 0{,}15$$

Portanto, a alternativa 1 é a melhor estratégia usando a utilidade como critério de decisão. Se o VME tivesse sido usado, a alternativa 2 seria a melhor estratégia. A curva da utilidade é propensa ao risco e a escolha de participar do jogo certamente reflete esssa preferência pelo risco.

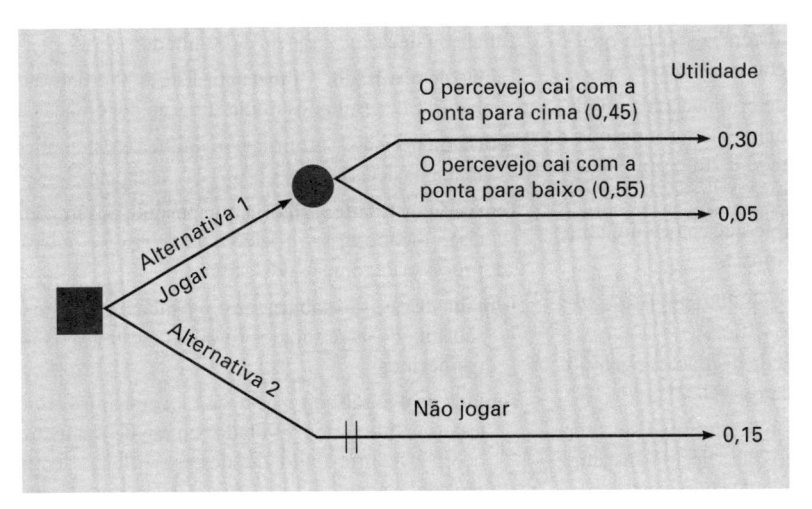

FIGURA 3.13 O uso das utilidades esperadas na tomada de decisão.

RESUMO

A teoria da decisão é uma abordagem analítica e sistemática para estudar a tomada de decisão. Em geral, seis etapas estão envolvidas na tomada das decisões em três ambientes: tomada da decisão sob certeza, incerteza e risco. Na tomada da decisão sob incerteza, tabelas das decisões são construídas para calcular critérios como maximax, maximin, critério de realismo, igualmente provável e arrependimento minimax. Métodos de como determinar o valor monetário esperado (VME), valor esperado da informação perfeita (VEIP), oportunidade perdida esperada (OPE) e análise de sensibilidade são utilizados na tomada da decisão sob risco.

As árvores da decisão são outra opção, especialmente para problemas de decisão maiores, quando uma decisão deve ser tomada antes que outra possa ser tomada. Por exemplo, uma decisão de tomar uma amostra ou realizar uma pesquisa de mercado é feita antes de decidir sobre a construção de uma fábrica grande, uma fábrica pequena ou não construir uma fábrica. Nesse caso, também podemos calcular o valor esperado da amostra da informação (VEAI) para determinar o valor da pesquisa de mercado. A análise Bayesiana pode ser utilizada para revisar ou atualizar valores probabilísticos usando as probabilidades *a priori* ou outras probabilidades relacionadas à precisão da fonte de informação. Por exemplo, podemos determinar a probabilidade de um mercado favorável considerando que recebemos resultados positivos da pesquisa utilizando a análise Bayesiana.

GLOSSÁRIO

Alternativa. Curso de ação ou uma estratégia que pode ser escolhida pelo decisor.

Arrependimento. Perda da oportunidade.

Arrependimento Minimax. Critério que minimiza a perda da oportunidade máxima.

Árvore da decisão. Representação gráfica de uma situação de tomada da decisão.

Avesso ao risco. Pessoa que evita riscos. Na curva da utilidade, como o valor monetário, a utilidade aumenta em uma taxa decrescente. O tomador de decisão consegue menos utilidade por um risco maior e retornos potenciais maiores.

Coeficiente de realismo (α). Número entre 0 e 1. Quando o coeficiente está próximo de 1, o critério da decisão é otimista. Quando o coeficiente está próximo do 0, o critério da decisão é pessimista.

Critério da média ponderada. Outro nome para o critério de realismo.

Critério de realismo. Critério de tomada da decisão que usa uma média ponderada dos melhores e piores resultados para cada alternativa.

Critério Hurwicz. Critério de realismo.

Critério Laplace. Critério igualmente provável.

Critério otimista. Critério maximax.

Curva da utilidade. Gráfico ou curva que revela o relacionamento entre a utilidade e valores monetários. Quando essa curva é construída, valores da utilidade da curva podem ser usados no processo de tomada de decisão.

Decisões sequenciais. Decisões em que o resultado de uma decisão influencia outras.

Estado da natureza. Resultado ou ocorrência sobre o qual o tomador de decisão tem pouco ou nenhum controle.

Estimativa da utilidade. Processo da determinação da utilidade de vários resultados. Isso é normalmente feito usando a jogada padrão entre qualquer resultado certo e uma jogada entre os resultados piores e melhores.

Igualmente provável. Critério de decisão que coloca uma medida igual em todos os estados da natureza.

Jogo padrão. Processo usado para determinar valores da utilidade.

Maximax. Critério otimista da tomada da decisão. Ele seleciona a alternativa com o maior retorno possível.

Maximin. Critério de tomada da decisão pessimista. Essa alternativa maximiza o resultado mínimo. Ele seleciona as alternativas com o melhor dos piores resultados possíveis.

Nó da decisão (Ponto). Em uma árvore da decisão, esse é o ponto onde a melhor das alternativas disponíveis é escolhida. Os ramos representam as alternativas.

Nó do estado da natureza. Em uma árvore da decisão, um ponto onde o VME é calculado. Os ramos que saem desse nó representam o estado da natureza.

Perda da oportunidade. Montante que você perderia por não escolher a melhor alternativa. Para qualquer estado da natureza, essa é a diferença entre as consequências de qualquer alternativa e a melhor altenativa possível.

Probabilidade *a posteriori*. Probabilidade condicional de um estado da natureza ajustado baseado numa informação amostral. É encontrada usando o Teorema de Bayes.

Probabilidade *a priori*. Probabilidade inicial de um estado da natureza antes da informação amostral ser usada com o Teorema de Bayes para obter a probabilidade *a posteriori*.

Probabilidade condicional. Probabilidade *a posteriori*.

Propenso ao risco. Pessoa que procura risco. Na curva da utilidade, à medida que o valor monetário aumenta, a utilidade aumenta em uma taxa crescente. Esse decisor tem mais prazer em um risco maior e retornos potenciais maiores.

Tabela da decisão. Tabela de resultado.

Tabela de resultado. Tabela que lista as alternativas, estados da natureza e resultados numa situação de tomada da decisão.

Teoria da decisão. Abordagem anlítica e sistemática para a tomada da decisão.

Teoria da utilidade. Teoria que permite aos tomadores de decisão incoporar sua preferência de risco e outros fatores no processo de tomada de decisão.

Tomada de decisão sob certeza. Ambiente de tomada da decisão em que os resultados futuros ou estados da natureza são conhecidos.

Tomada de decisão sob incerteza. Ambiente de tomada da decisão em que vários resultados ou estados da natureza podem ocorrer. As probabilidades desses resultados, entretanto, não são conhecidas.

Tomada de decisão sob risco. Ambiente de tomada da decisão em que vários resultados ou estados da natureza podem ocorrer em decorrência de uma decisão ou alternativa. As probabilidades dos resultados ou estados da natureza são conhecidas.

Utilidade. Valor geral ou o valor de um resultado em particular.

Valor condicional ou resultado. Consequência, normalmente expressa num valor monetário, que ocorre como um resultado de uma alternativa específica e um estado da natureza.

Valor Esperado com Informação Perfeita (VEcIP). Valor médio ou esperado de uma decisão se um conhecimento perfeito do futuro está disponível.

Valor Esperado da Amostra da Informação (VEAI). Aumento do VME que resulta por ter uma amostra ou uma informação imperfeita.

Valor Esperado da Informação Perfeita (VEIP). Valor médio ou esperado da informação se ela for completamente precisa. O aumento no VME resultante da informação perfeita.

Valor Monetário Esperado (VME). Valor médio de uma decisão se ela pode ser repetida muitas vezes. Isso é determinado multiplicando os valores monetários por suas respectivas probabilidades. Os resultados são somados para chegar ao VME.

EQUAÇÕES-CHAVE

(3-1) VME (alternativa i) = (resultado do primeiro estado da natureza)×(probabilidade do primeiro estado da natureza) + (resultado do segundo estado da natureza)×(probabilidade do segundo estado da natureza) + ... + (resultado do último estado da natureza) × (probabilidade do último estado da natureza)

Equação que calcula o valor monetário esperado.

(3-2) Valor esperado *com* a informação perfeita = (melhor resultado para o primeiro estado da natureza) × (sua probabilidade) + (melhor resultado para o segundo estado da natureza)×(sua probabilidade) + ... + (melhor resultado para o último estado da natureza)×(sua probabilidade)

(3-3) VEIP = Valor esperado *com* a informação perfeita − VME Máximo.

Equação que calcula o valor esperado da informação perfeita.

(3-4) Valor esperado da informação amostral (VEIA)

$$\text{VEIA} = \begin{pmatrix} \text{Valor esperado } com \text{ a} \\ \text{informação amostral} \\ \text{supondo que nada foi} \\ \text{gasto para coletá-la.} \end{pmatrix} - \begin{pmatrix} \text{Valor esperado} \\ \text{da melhor decisão} \\ sem \text{ a informação} \\ \text{amostral} \end{pmatrix}$$

= (VE com informação amostral + custo) − (VE sem informação amostral)

(3-5) $P(A|B) = \dfrac{P(B|A) \times P(A)}{P(B|A) \times P(A) + P(B|A') \times P(A')}$

Teorema de Bayes – a probabilidade condicional do evento A dado que o evento B tenha ocorrido.

(3-6) Utilidade de outro resultado $= (p)(1) + (1 - p)(0) = p$

Uma equação que determina a utilidade de um resultado intermediário.

PROBLEMAS RESOLVIDOS

Problema resolvido 3-1

Maria Rojas considera a possibilidade de abrir uma pequena loja de vestidos na Avenida Fairbanks, a poucas quadras da universidade. Ela localizou um pequeno shopping que atrai estudantes. Suas opções são abrir uma loja pequena, uma loja média ou não abrir uma loja. O mercado para uma loja de vestidos pode ser bom, mediano ou ruim. As probabilidades para essas três possibilidades são de 0,2 para um mercado bom, 0,5 para um mercado mediano e 0,3 para um mercado ruim. O lucro líquido ou prejuízo para a loja de tamanho médio estão na tabela a seguir. Não abrir uma loja dá margem a nenhuma perda ou ganho. O que você recomenda?

Alternativa	Mercado bom (US$)	Mercado mediano (US$)	Mercado ruim (US$)
Loja pequena	75000	25000	−40000
Loja média	100000	35000	−60000
Nehuma loja	0	0	0

Solução

Visto que o ambiente da tomada da decisão é de risco (as probabilidades são conhecidas), é apropriado o uso do critério do VME. O problema pode ser solucionado desenvolvendo uma tabela de resultado que contenha todas as alternativas, estados da natureza e valores de probabilidade. O VME para cada alternativa é, também, calculado como na tabela seguinte:

Alternativa	Estado da natureza			
	Mercado bom (US$)	Mercado moderado (US$)	Mercado ruim (US$)	VME (US$)
Loja pequena	75000	25000	−40000	15500
Loja média	100000	35000	−60000	19500
Nehuma loja	0	0	0	0
Probabilidades	0,20	0,50	0,30	0,30

$$\text{VME(loja pequena)} = (0,2)(\$75000) + (0,5)(\$25000) + (0,3)(-\$40000) = \$15500$$
$$\text{VME(loja média)} = (0,2)(\$100000) + (0,5)(\$35000) + (0,3)(-\$60000) = \$19500$$
$$\text{VME (nehuma loja)} = (0,2)(\$0) + (0,5)(\$0) + (0,3)(\$0) = \$0$$

A melhor decisão é abrir uma loja de tamanho médio. O VME para essa alternativa é US$19500.

Problema resolvido 3-2

Cal Bender e Becky Addison se conhecem desde o ensino médio. Dois anos atrás eles entraram na mesma universidade e hoje estão cursando algumas disciplinas na faculdade de administração. Ambos esperam se graduar em Finanças. Na tentativa de ganhar um dinheiro extra e usar o conhecimento obtido nas disciplinas da administração, Cal e Becky decidiram analisar a possibilidade de abrir uma pequena empresa que forneça serviços de processamento de texto para estudantes que precisam de trabalhos ou outros relatórios preparados de uma maneira profissional. Usando uma abordagem de sistemas, Cal e Becky identificaram três estratégias. A estratégia 1 é investir em um computador muito caro com uma impressora a laser de alta qualidade. Em um mercado favorável, eles poderiam obter um lucro líquido de US$10000 ao longo de dois anos. Se o mercado for desvavorável, eles podem perder US$8000. A estratégia 2 é comprar um sistema não tão caro. Com um mercado favorável, eles poderiam ter um retorno, nos próximos dois anos, de US$8000. Com um mercado desfavorável, eles teriam uma perda de US$4000. Sua estratégia final, a estratégia 3, é nada fazer. Cal é propenso a riscos enquanto que Becky tenta evitar riscos.

a. Qual tipo de procedimento de decisão Cal deve usar? Qual seria a decisão de Cal?
b. Que tipo de tomadora de decisão é Becky? Que decisão ela tomaria?
c. Se Cal e Becky estavam indiferentes ao risco, qual tipo de abordagem da decisão eles deveriam usar? O que você recomendaria, se esse fosse o caso?

Solução

O problema é de tomada de decisão sob incerteza. Antes de responder as perguntas específicas, uma tabela de decisão deve ser desenvolvida mostrando as alternativas, estados da natureza e consequências relacionadas.

Alternativa	Mercado favorável (US$)	Mercado desfavorável (US$)
Estratégia 1	10000	−8000
Estratégia 2	8000	−4000
Estratégia 3	0	0

a. Visto que Cal é propenso a riscos, ele deveria usar o critério da decisão maximax. Essa abordagem seleciona a linha que tem o valor mais alto ou máximo. O valor de US$10000, valor máximo da tabela, está na linha 1. Assim, a decisão de Cal é selecionar a estratégia 1, uma abordagem de decisão otimista.
b. Becky deve usar o critério da decisão maximin porque ela quer evitar riscos. O resultado mínimo ou pior para cada linha, ou estratégia, é identificado. Esses resultados são de −US$8000 para a estratégia 1, −US$4000 para a estratégia 2 e de US$0 para a estratégia 3. O máximo desses valores é selecionado. Assim, Becky selecionaria a estratégia 3, o que reflete uma abordagem de decisão pessimista.
c. Se Cal e Becky são indiferentes ao risco, eles poderiam usar a abordagem igualmente provável. Essa abordagem seleciona a alternativa que maximiza a média das linhas. A média da linha para a estratégia 1 é US$1000[US$1000 = (US$10000 − US$8000)/2]. A média da linha para a estratégia 2 é US$2000 e a média da linha para a estratégia 3 é US$0. Assim, usando a abordagem igualmente provável, a decisão é selecionar a estratégia 2 que maximiza a média das linhas.

Problema resolvido 3-3

Monica Britt gosta de velejar desde os sete anos de idade, quando sua mãe começou a velejar com ela. Hoje, Monica considera a possibilidade de começar uma empresa que produza pequenos barcos para o mercado de recreação. Diferentemente dos outros barcos produzidos em grande escala, esses barcos serão feitos especificamente para crianças com idade entre 10 e 15 anos. Os barcos serão de alta qualidade e extremamente estáveis e o tamanho da vela será reduzido para prevenir que vire. Devido ao gasto envolvido no desenvolvimento dos moldes iniciais e na aquisição do equipamento necessário para produzir barcos de fibra de vidro para crianças, Monica decidiu conduzir um estudo-piloto para assegurar que o mercado para barcos será adequado. Ela estima que o estudo-piloto custe US$10000. Além disso, o estudo-piloto pode ser bem-sucedido ou não. Sua decisão básica é construir uma instalação grande para a produção, uma instalação pequena para a produção ou não construir uma instalação. Com um mercado favorável, Monica pode esperar ganhar US$90000 com uma instalação grande ou US$60000 com a instalação menor. Se o mercado não for favorável, entretanto, Monica estima que perderia US$30000 com a instalação grande e apenas US$20000 com a instalação menor. Monica estima que a probabilidade de um mercado favorável dado um estudo-piloto bem-sucedido é 0,8. A probabilidade de um mercado desfavorável, dado um estudo-piloto mal-sucedido, é estimada em 0,9. Monica acredita que existe uma chance de 50–50 que o estudo-piloto terá sucesso. É claro, Monica poderia evitar o estudo-piloto e simplesmente decidir construir uma fábrica grande, uma fábrica pequena ou não construir uma instalação. Sem utilizar o estudo-piloto, ela estima que a probabilidade de um mercado com sucesso é 0,6. O que você recomenda?

Solução

Antes de começar a solução desse problema, ela deveria desenvolver uma árvore de decisão que mostre todas as alternativas, estados da natureza, valores da probabilidade e consequências econômicas. Essa árvore de decisão está na Figura 3.14.

Uma vez que a árvore de decisão for desenvolvida, Monica pode solucionar o problema calculando os VME iniciando nos pontos finais da árvore da decisão. A solução final está na árvore de decisão revisada na Figura 3.15. A solução ótima é *não* conduzir o estudo, mas construir a fábrica grande logo. O valor monetário esperado é US$42000.

Problema resolvido 3-4

Desenvolver um pequeno carrinho de golfe para jogadores de golfe é um desejo antigo de John Jenkins. John, entretanto, acredita que a chance de um carrinho de golfe bem-sucedido é de mais ou menos 40%. Um amigo de John sugeriu que ele faça uma pesquisa na comunidade para ter uma melhor impressão sobre a demanda para tal recurso. Existe uma probabilidade de 0,9 de que a pesquisa seja favorável se o carrinho de golfe for um sucesso. Além disso, está estimado que existe uma probabilidade de

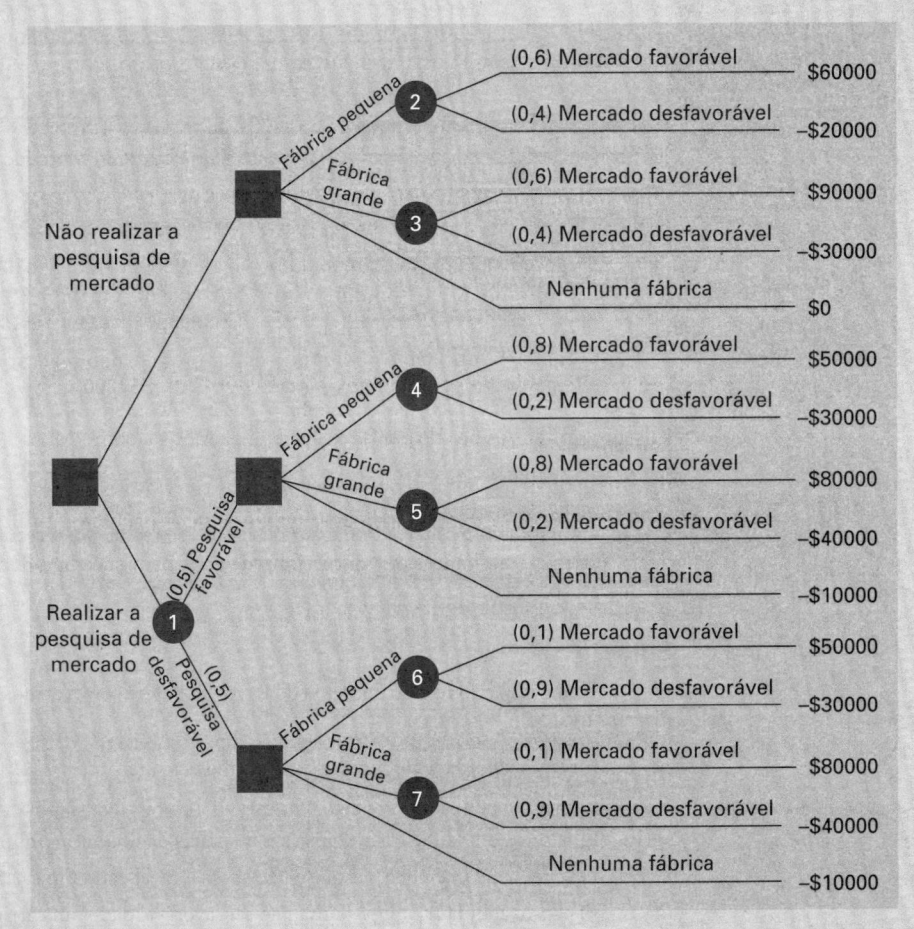

FIGURA 3.14 Árvore de decisão de Monica, listando as alternativas, os estados da natureza, as probabilidades e os resultados financeiros para o Problema Resolvido 3-3.

126 Análise Quantitativa para Administração

```
                          VME(2) = (0,6)(US$60000) + (0,4)(−US$20000) = US$28000
                          VME(3) = (0,6)(US$90000) + (0,4)(−US$30000) = US$42000
```

VME (sem pesquisa de mercado) = US$42000

- Fábrica pequena (nó 2):
  - (0,6) Mercado favorável → $60000
  - (0,4) Mercado desfavorável → −$20000
- Fábrica grande (nó 3):
  - (0,6) Mercado favorável → $90000
  - (0,4) Mercado desfavorável → −$30000
- Nenhuma fábrica → $0

Não realizar a pesquisa de mercado

```
VME(4) = (0,8)(US$50000) + (0,2)(−US$30000) = US$34000
VME(5) = (0,8)(US$80000) + (0,2)(−US$40000) = US$56000
```

VME(Pesquisa favorável) = US$56000

- Fábrica pequena (nó 4):
  - (0,8) Mercado favorável → $50000
  - (0,2) Mercado desfavorável → −$30000
- Fábrica grande (nó 5):
  - (0,8) Mercado favorável → $80000
  - (0,2) Mercado desfavorável → −$40000
- Nenhuma fábrica → −$10000

Realizar a pesquisa de mercado (nó 1)
- (0,5) Pesquisa favorável
- (0,5) Pesquisa desfavorável

- Fábrica pequena (nó 6):
  - (0,1) Mercado favorável → $50000
  - (0,9) Mercado desfavorável → −$30000
- Fábrica grande (nó 7):
  - (0,1) Mercado favorável → $80000
  - (0,9) Mercado desfavorável → −$40000
- Nenhuma fábrica → −$10000

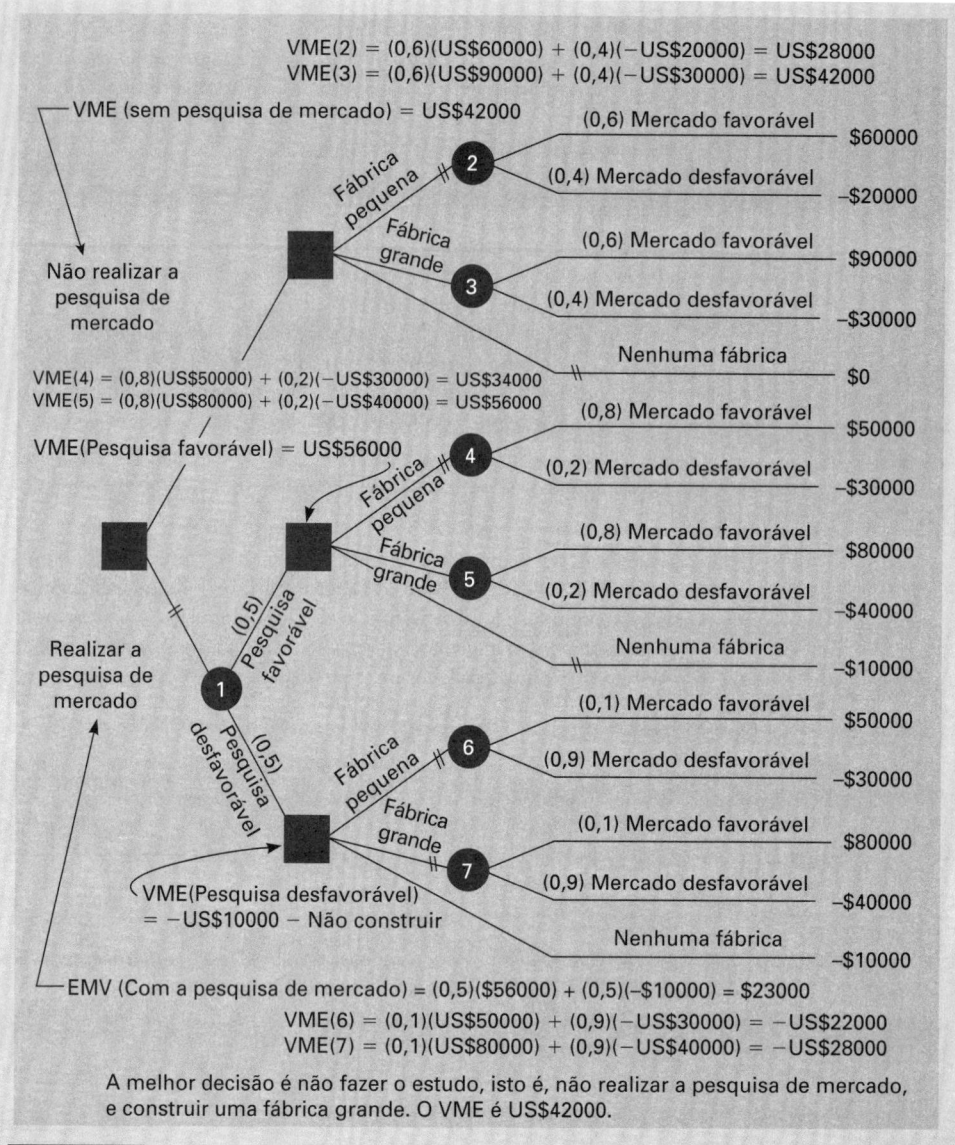

VME(Pesquisa desfavorável) = −US$10000 − Não construir

EMV (Com a pesquisa de mercado) = (0,5)($56000) + (0,5)(−$10000) = $23000

```
VME(6) = (0,1)(US$50000) + (0,9)(−US$30000) = −US$22000
VME(7) = (0,1)(US$80000) + (0,9)(−US$40000) = −US$28000
```

A melhor decisão é não fazer o estudo, isto é, não realizar a pesquisa de mercado, e construir uma fábrica grande. O VME é US$42000.

FIGURA 3.15 Árvore de decisão revisada de Monica com VMEs.

0,8 de que a pesquisa de mercado não seja favorável se realmente o recurso não for um sucesso. John quer determinar as chances de um carrinho de golfe bem-sucedido dado um resultado favorável da pesquisa de mercado.

Solução

Esse problema requer o uso do Teorema de Bayes. Antes de começarmos a solução do problema, definiremos os seguintes termos:

$P(\text{UF})$ = probabilidade de sucesso do carrinho de golfe

$P(\text{UF})$ = probabilidade de não ter sucesso com o carrinho de golfe

$P(\text{RF/SF})$ = probabilidade de a pesquisa ser favorável dado um carrinho de golfe de sucesso

$P(\text{RU/SF})$ = probabilidade de a pesquisa não ser favorável dado um carrinho de golfe de sucesso

$P(\text{RU/UF})$ = probabilidade de a pesquisa não ser favorável dado um carrinho de golfe sem sucesso

$P(\text{RF/UF})$ = probabilidade de a pesquisa ser favorável dado um carrinho de golfe sem sucesso

Agora, podemos resumir o que sabemos:

$$P(SF) = 0,4$$
$$P(RF/SF) = 0,9$$
$$P(RU/UF) = 0,8$$

Dessa informação podemos calcular três probabilidades adicionais que precisamos para solucionar o problema:

$$P(UF) = 1 - P(SF) = 1 - 0,4 = 0,6$$
$$P(RU/SF) = 1 - P(RF/SF) = 1 - 0,9 = 0,1$$
$$P(RF/UF) = 1 - P(RU/UF) = 1 - 0,8 = 0,2$$

Agora podemos colocar esses valores no teorema de Bayes para calcular a probabilidade desejada.

$$P(SF|RF) = \frac{P(RF|SF) \times P(SF)}{P(RF|SF) \times P(SF) + P(RF|UF) \times P(UF)}$$

$$= \frac{(0,9)(0,4)}{(0,9)(0,4) + (0,2)(0,6)}$$

$$= \frac{0,36}{(0,36 + 0,12)} = \frac{0,36}{0,48} = 0,75$$

Além de usar fórmulas para solucionar o problema de John, é possível fazer todos os cálculos em uma tabela.

Probabilidades revisadas dado um resultado favorável da pesquisa

Estado da natureza	Probabilidade condicional		Probabilidade *a priori*		Probabilidade conjunta	Probabilidade *a posteriori*
Mercado favorável	0,9	×	0,4	=	0,36	0,36/0,48 = 0,75
Mercado desfavorável	0,2	×	0,6	=	0,12 / 48	0,12/0,48 = 0,25

Como você pode ver na tabela, os resultados são os mesmos. A probabilidade de um carrinho de golfe de sucesso dado um resultado favorável da pesquisa é de 0,36/0,48 ou 0,75.

AUTOTESTE

- Antes de fazer o autoteste, consulte os objetivos de aprendizagem no início do capítulo, as notas nas margens e o glossário no final do capítulo.
- Corrija seu teste utilizando o Apêndice H ao final do livro.
- Estude novamente as páginas que correspondem a todas as perguntas que você respondeu errado ou que não tem certeza.

1. Na terminologia da teoria da decisão, um curso de ação ou uma estratégia que pode ser escolhida por um tomador de decisão é chamada de:
   a. um resultado.
   b. uma alternativa.
   c. um estado da natureza.
   d. nenhuma das respostas acima.
2. Na teoria da decisão, as probabilidades são associadas com:
   a. resultados.
   b. alternativas.
   c. estados da natureza.
   d. nenhuma das respostas acima.
3. Se probabilidades estão disponíveis para o tomador de decisão, o ambiente de tomada de decisão é chamado de
   a. com certeza.
   b. incerto.
   c. de risco.
   d. nenhuma das respostas acima.
4. Qual dos seguintes é um critério de tomada de decisão usado para a tomada de decisão sob risco?
   a. critério do valor monetário esperado
   b. critério de Hurwicz (critério de realismo)
   c. critério otimista (maximax)
   d. critério igualmente provável

5. A perda de oportunidade mínima esperada:
   a. é igual ao resultado mais alto esperado.
   b. é maior do que o valor esperado com a informação perfeita.
   c. é igual ao valor esperado da informação perfeita.
   d. é calculado quando é encontrada a decisão do arrependimento minimax.
6. Usando o critério de realismo (critério de Hurwicz), o coeficiente de realismo (α):
   a. é a probabilidade de um estado da natureza bom.
   b. descreve o grau de otimismo do tomador de decisão.
   c. descreve o grau de pessimismo do tomador de decisão.
   d. é geralmente menor do que zero.
7. O máximo que uma pessoa deve pagar pela informação perfeita é
   a. o VEIP.
   b. o máximo do VME menos o mínimo do VME.
   c. o máximo da OEP.
   d. o máximo do VME.
8. O critério mínimo da OEP irá resultar sempre na mesma decisão que
   a. o critério maximax.
   b. o critério de arrependimento minimax.
   c. o critério do VME máximo.
   d. o critério igualmente provável.
9. Uma árvore da decisão é preferível a uma tabela da decisão quando
   a. inúmeras decisões sequenciais devem ser tomadas.
   b. probabilidades estão disponíveis.
   c. o critério maximax é usado.
   d. o objetivo é maximizar o arrependimento.
10. O teorema de Bayes é usado para revisar probabilidades. As probabilidades novas (revisadas) são chamadas de
    a. probabilidades *a priori*.
    b. probabilidades amostrais.
    c. probabilidades de pesquisa.
    d. probabilidades *a posteriori*.
11. Em uma árvore da decisão, em cada nó do estado da natureza
    a. a alternativa com o maior VME é selecionada.
    b. um VME é calculado.
    c. todas as alternativas são somadas.
    d. o ramo com a probabilidade maior é selecionado.
12. O VEIA
    a. é encontrado subtraindo o VME sem a informação amostral do VME com a informação amostral.
    b. é sempre igual ao valor esperado da informação perfeita.
    c. iguala o VME com a informação amostral presumindo nenhum custo para a informação menos o VME sem a informação amostral.
    d. é geralmente negativo.
13. Em uma árvore de decisão, depois de a árvore ser construída e os resultados e possibilidades serem colocados na árvore, a análise (calculando os VME e selecionando a melhor alternativa) é feita
    a. trabalhando de trás para a frente (iniciando à direita e indo para a esquerda).
    b. trabalhando à frente (iniciando à esquerda e indo para a direita).
    c. iniciando no topo da árvore e movendo para baixo.
    d. iniciando na parte de baixo da árvore e indo para cima.
14. Ao avaliar valores de utilidade
    a. é dado para o pior resultado uma utilidade de -1.
    b. é dado para o melhor resultado uma utilidade de 0.
    c. é dado para o pior resultado uma utilidade de 0.
    d. é dado para o melhor resultado uma utilidade de -1.
15. Se uma pessoa racional seleciona uma alternativa que não maximiza o VME, esperamos que essa alternativa
    a. minimize o VME.
    b. maximize a utilidade esperada.
    c. minimize a utilidade esperada.
    d. tenha uma utilidade zero associada com cada resultado possível

QUESTÕES PARA DISCUSSÃO E PROBLEMAS

Questões para discussão

3-1 Dê um exemplo de uma decisão boa que você tomou que originou um resultado ruim. Dê também um exemplo de uma decisão ruim que originou um resultado bom. Por que cada decisão foi boa ou ruim?

3-2 Descreva o que está envolvido no processo de decisão.

3-3 O que é uma alternativa? O que é um estado da natureza?

3-4 Discuta as diferenças entre a tomada de decisão sob certeza, tomada de decisão sob risco e tomada de decisão sob incerteza.

3-5 Quais técnicas são usadas para solucionar problemas de tomada de decisão sob incerteza? Qual é a técnica que resulta em uma decisão otimista? Qual técnica resulta numa decisão pessimista?

3-6 Defina perda da oportunidade. Quais critérios de tomada de decisão são usados com a tabela da perda da oportunidade?

3-7 Que informação deve ser colocada em uma árvore de decisão?

3-8 Descreva como você deve determinar a melhor decisão usando o critério do VME com uma árvore de decisão.

3-9 Qual é a diferença entre probabilidades *a priori* e *a posteriori*?

3-10 Qual é o propósito da análise Bayesiana? Descreva como você usaria a análise Bayesiana no processo de tomada de decisão.

3-11 O que é VEIA? Como ele é calculado?

3-12 Qual é o propósito geral da teoria da utilidade?

3-13 Discuta brevemente como uma função da utilidade pode ser estimada. O que é a jogada padrão e como ela é usada na determinação dos valores da utilidade?

3-14 Como é usada uma curva da utilidade na seleção da melhor decisão para um probelma específico?

3-15 O que é uma pessoa propensa a risco? O que é uma pessoa que evita riscos? Como a curva da utilidade para esses tipos de tomadores de decisão difere?

Problemas*

3-16 Kenneth Brown é o proprietário principal de Brown Oil, Inc. Depois de largar seu emprego de professor universitário, Ken aumentou seu salário anual por um fator acima de 100. No momento, Ken é forçado a considerar a compra de equipamento para a Brown Oil devido à concorrência. Suas alternativas estão na tabela a seguir:

Equipamento	Mercado favorável (US$)	Mercado desvaforável (US$)
Sub 100	300000	−200000
Oiler J	250000	−100000
Texan	75000	−18000

Por exemplo, se Ken comprar o Sub 100 e se o Mercado for favorável, ele terá um lucro de US$300000. Por outro lado, se o mercado for desvaforável, Ken irá sofrer uma perda de US$200000. Ken sempre foi um decisor otimista.
(a) Que tipo de decisão Ken está enfrentando?
(b) Qual critério de decisão ele deve usar?
(c) Qual é a melhor alternativa?

3-17 Embora Ken Brown (discutido no Problema 3-16) seja o principal proprietário de Brown Oil, seu irmão Bob foi quem tornou a empresa um sucesso financeiro. Ele é o vice-presidente financeiro. Bob atribui seu sucesso a sua atitude pessimista em relação aos negócios e à indústria do óleo. Dada a informação do Problema 3-16, é provável que Bob tome uma decisão diferente. Que critério de decisão Bob deve usar e qual alternativa ele irá selecionar?

3-18 O *Lubricant* é um informativo caro que vários gigantes do óleo assinam, inclusive Ken Brown (veja o Problema 3-16 para detalhes). Na última edição, o informativo relatava que a demanda por produtos derivados do óleo estaria extremamente elevada. Aparentemente, o consumidor americano continuaria a usar os produtos derivados do óleo mesmo se o valor desses produtos dobrasse. De fato, um dos artigos no *Lubricant* afirmava que a estimativa de um mercado favorável para produtos derivados do óleo era de 70%, enquanto que a estimativa de um mercado desfavorável era de somente 30%. Ken gostaria de usar essas probabilidades para determinar a melhor decisão.
(a) Qual modelo de decisão deve ser usado?
(b) Qual é a decisão ótima?
(c) Ken acredita que o preço de US$300000 para o Sub 100 com um mercado favorável está muito alto. Quão mais baixo esse valor deve ficar para Ken mudar sua decisão tomada na parte (b)?

3-19 Mickey Lawson considera investir um pouco do dinheiro que herdou. A tabela de receitas a seguir apresenta os lucros que ele teria durante o próximo ano para cada uma de três alternativas de investimento que está considerando:

Alternativa da decisão	Estado da natureza	
	Economia boa	Economia ruim
Mercado de ações	80000	−20000
Títulos	30000	20000
CDBs	23000	23000
Probabilidade	0,50	0,50

(a) Qual decisão irá maximizar os lucros esperados?
(b) Qual valor máximo deve ser pago para uma previsão perfeita da economia?

3-20 Desenvolva uma tabela da oportunidade perdida para o problema de investimento de Mickey Lawson no Problema 3-19. Que decisão minimizaria o valor esperado da oportunidade perdida (VEOP)? Qual é o VEOP mínimo?

3-21 Allen Young sempre foi orgulhoso de suas estratégias pessoais de investimento e tem se dado muito bem nos últimos anos. Ele investe principalmente no mercado de ações. Nos últimos meses, entretanto, Allen tem questionado o mercado de ações como um bom investimento. Em alguns casos seria melhor ter seu dinheiro em um banco do que no mercado. Durante o próximo ano, Allen deve decidir se investe US$10000 no mercado de ações ou em um certificado de depósito bancário (CDB) com uma taxa de juros de 9%. Se o mercado for bom, Allen acredita que pode conseguir 14% de retorno do seu dinheiro. Com um mercado regular, ele espera ter um retorno de 8%. Se o mercado for ruim, ele provavelmente não terá retorno algum; em outras palavras, o retorno seria de 0%. Allen estima que a probabilidade de um bom mercado seja 0,4, a probabilidade de um mercado regular seja 0,4 e a probabilidade de um mercado ruim, 0,2. Ele deseja maximizar a média do seu retorno a longo prazo.

---

*Nota: Q significa que o problema pode ser resolvido com o QM para Windows; X significa que o problema pode ser resolvido com o Excel; e Q/X significa que ele pode ser resolvido tanto com o QM para Windows quanto com o Excel.

(a) Desenvolva uma tabela da decisão para este problema.
(b) Qual é a melhor decisão?

3-22 No Problema 3-21, você ajudou Allen Young a determinar a melhor estratégia de investimento. Agora, Young pensa em pagar por um informativo do mercado de ações. Um amigo de Young afirmou que esse tipo de informativo pode prever com muita precisão se o mercado será bom, regular ou ruim. Com base nessas previsões, Allen poderia tomar melhores decisões para os seus investimentos.
(a) Até quanto Allen pagaria pelo informativo?
(b) Agora, Young acredita que um mercado bom dará um retorno de somente 11% em vez de 14%. Essa informação mudará o valor que Allen pagaria pelo informativo? Se a sua resposta é sim, determine o valor máximo que Allen pagaria, dado essa nova informação.

3-23 A Today's Electronics é especialista na fabricação de componentes eletrônicos modernos. Ela também constrói os equipamentos que produzem os componentes. Phyllis Weinberger, reponsável pelo aconselhamento do presidente da Today's Electronics na produção de equipamentos eletrônicos, desenvolveu a seguinte tabela para uma instalação proposta:

	Lucro US$		
	Mercado forte (US$)	Mercado mediano (US$)	Mercado ruim (US$)
Instalação grande	550000	110000	−310000
Instalação média	300000	129000	−100000
Instalação pequena	200000	100000	−32000
Nenhuma instalação	0	0	0

(a) Desenvolva uma tabela da oportunidade perdida.
(b) O que é a decisão de arrependimento minimax?

3-24 A Brilliant Color é um pequeno fornecedor de suprimentos e equipamentos químicos usados por algumas lojas de fotografia para processar filmes 35mm. Um produto que a Brilliant Color fornece é o BC-6. John Kubick, presidente da Brilliant Color, normalmente estoca 11, 12 ou 13 caixas cada semana. Para cada caixa que John vende, ele tem um lucro de US$35. Como muitos produtos químicos fotográficos, o BC-6 tem uma vida muito curta nas prateleiras; se uma caixa não é vendida até o final da semana, John deve descartá-la. Como cada caixa custa US$56, ele perde US$56 para cada caixa não vendida até o final da semana. Existe uma probabilidade de 0,45 para a venda de 11 caixas, uma probabilidade de 0,35 para a venda de 12 caixas e uma probabilidade de 0,20 para a venda de 13 caixas.

(a) Construa uma tabela da decisão para esse problema. Inclua todos os valores condicionais e probabilidades na tabela.
(b) Qual é o curso de ação recomendado?
(c) Se John for capaz de desenvolver o BC-6 com um ingrediente que o estabilize para que ele não precise mais ser descartado, como isso mudaria o seu curso de ação?

3-25 A companhia Megley Cheese é um pequeno fabricante de vários produtos de queijo. Um dos produtos é uma pasta de queijo vendida no varejo. Jason Megley precisa decidir quantas caixas da pasta de queijo fabricar a cada mês. A probabilidade de que a demanda será de seis caixas é de 0,1, de 7 caixas, 0,3, de 8 caixas, 0,5 e de 9 caixas, 0,1. O custo de cada caixa é US$45 e o preço que Jason consegue para cada caixa é US$95. Infelizmente, as caixas não vendidas até o final do mês não tem valor algum, pois o produto estraga. Quantas caixas de queijo Jason deve fabricar por mês?

3-26 A empresa Farm Grown produz caixas de produtos comestíveis perecíveis. Cada caixa contém uma variedade de vegetais e outros produtos agrícolas. Cada caixa custa US$5 e é vendida por US$15. Se uma caixa não for vendida até o final do dia, ela é vendida a uma grande empresa de processamento de alimentos por US$3. A probabilidade de que a demanda diária seja de 100 caixas é de 0,3, a probabilidade de que a demanda diária seja de 200 caixas é 0,4 e de 300 caixas, 0,3. A Farm Grown tem a política de sempre satisfazer a demanda dos clientes. Se o seu próprio suprimento de caixas for menor do que a demanda, ela compra os vegetais necessários de um competidor. O custo estimado dessa compra é US$16 por caixa.
(a) Construa uma tabela da decisão para esse problema.
(b) O que você recomenda?

3-27 Embora postos de gasolina independentes estejam enfrentando tempos difíceis, Susan Solomon pensa em abrir seu próprio posto de gasolina. O problema de Susan é decidir o tamanho do seu posto. O retorno anual irá depender tanto do tamanho quanto do número de fatores de comercialização relacionados à indústria do petróleo e à demanda por gasolina. Depois de uma análise cuidadosa, Susan desenvolveu a seguinte tabela:

Tamanho do primeiro posto	Mercado bom US$	Mercado mediano US$	Mercado ruim US$
Pequeno	50000	20000	−10000
Médio	80000	30000	−20000
Grande	100000	30000	−40000
Muito grande	300000	25000	−160000

Por exemplo, se Susan construir um pequeno posto e o mercado for bom, ela terá um lucro de US$50000.

(a) Desenvolva uma tabela de decisão para essa situação.
(b) Qual é a decisão maximax?
(c) Qual é a decisão maximin?
(d) Qual é a decisão igualmente provável?
(e) Qual é o critério de decisão de realismo? Use um valor de 0,8.
(f) Desenvolva uma tabela da oportunidade perdida.
(g) Qual é a decisão do arrependimento minimax?

3-28 Um grupo de profissionais de medicina considera a construção de uma clínica privada. Se a demanda por médicos for alta (isto é, existe um mercado favorável para a clínica), os médicos poderiam conseguir um lucro líquido de US$100000. Se o mercado não for favorável, eles poderiam perder US$40000. É claro, eles podem não prosseguir e, nesse caso, não há custo. Na falta de qualquer dado sobre o mercado, o máximo que os médicos podem conjecturar é que existe uma chance de 50-50 de que a clínica seja um sucesso. Construa uma árvore da decisão para ajudar na análise desse problema. O que os profissionais da medicina devem fazer?

3-29 Os médicos do Problema 3-28 foram abordados por uma empresa de pesquisa de mercado que ofereceu um estudo de mercado por US$5000. Os pesquisadores afirmam que a sua experiência os capacita a usar o teorema de Bayes para fazer as seguintes afirmações sobre probabilidade:

Probabilidade de um mercado favorável
    dado um estudo favorável = 0,82
Probabilidade de um mercado desfavorável
    dado um estudo favorável = 0,18
Probabilidade de um mercado favorável
    dado um estudo desfavorável = 0,11
Probabilidade de um mercado desfavorável
    dado um estudo desfavorável = 0,89
Probabilidade de uma pesquisa favorável = 0,55
Probabilidade de uma pesquisa desfavorável = 0,45

(a) Desenvolva uma nova árvore de decisão para os médicos a fim de refletir as opções agora criadas com o estudo do mercado.
(b) Use a abordagem do VME para recomendar uma estratégia.
(c) Qual é o valor esperado da informação amostral? Quanto os médicos estariam dispostos a pagar por um estudo do mercado?

3-30 Jerry Smith pensa em abrir uma loja de bicicletas na sua cidade. Jerry adora levar sua bicicleta em passeios de 50 milhas com seus amigos, mas ele acredita que todos os pequenos negócios deveriam começar somente se existe uma boa chance de lucro. Jerry pode abrir uma loja pequena, uma loja grande ou nenhuma loja. Os lucros dependerão do tamanho da loja e se o mercado é favorável ou desfavorável para seus produtos. Como haverá um contrato de aluguel de cinco anos para o prédio que Jerry pensa em utilizar, ele quer ter certeza de que tomou a decisão certa. Jerry também cogita contratar seu antigo professor de marketing para realizar um estudo de mercado. Se o estudo for conduzido, ele pode ser favorável (isto é, prever um mercado favorável) ou desfavorável. Desenvolva uma árvore da decisão para Jerry.

3-31 Jerry Smith (veja Problema 3-30) fez algumas análises sobre a rentabilidade da loja de bicicletas. Se Jerry construir uma loja grande, ele ganhará US$60000 se o mercado for favorável, mas perderá US$40000 se o mercado for desfavorável. A loja pequena terá um lucro de US$30000 em um mercado favorável e uma perda de US$10000 em um mercado desfavorável. No momento, ele acredita que existe uma chance de 50-50 de que o mercado seja favorável. Seu antigo professor de marketing cobrará US$5000 pela pesquisa de mercado. É estimada uma probabilidade de 0,6 de que a pesquisa seja favorável. Além disso, existe uma probabilidade de 0,9 de que o mercado seja favorável dado um resultado favorável do estudo. Entretanto, o professor de marketing preveniu Jerry de que existe somente uma probabilidade de 0,12 para um mercado favorável se os resultados da pesquisa de mercado não forem favoráveis. Jerry está confuso.
(a) Jerry deve usar a pesquisa de mercado?
(b) Jerry não está seguro de que a probabilidade de 0,6 do estudo de pesquisa de mercado favorável esteja correta. Quão sensível é a decisão de Jerry para esse valor da probabilidade? Quanto esse valor da probabilidade pode diferir de 0,6 sem causar uma mudança na decisão de Jerry?

3-32 Bill Holliday está inseguro sobre o que fazer. Ele pode construir um quadriplex (isto é, um prédio com quatro apartamentos), construir um duplex, coletar informação adicional ou simplesmente fazer nada. Se ele coletar informação adicional, os resultados podem ser tanto favoráveis quanto desfavoráveis, mas ele terá um custo de US$3000 pela coleta. Bill acredita que exista uma chance de 50-50 de que a informação seja favorável. Se o mercado de aluguéis for favorável, Bill irá ganhar US$15000 com o quadruplex ou US$5000 com o duplex. Bill não tem recursos financeiros para construir os dois. Com um mercado desfavorável, entretanto, Bill poderia perder US$20000 com o quadruplex ou US$10000 com o duplex. Se coletar informação adicional, Bill estima que a probabilidade de um mercado favorável de aluguel seja 0,7. Um relatório favorável do estudo aumentaria a probabilidade de um mercado favorável de aluguéis para 0,9. Além disso, um relatório desfavorável diminuiria a probabilidade de um mercado favorável de aluguéis para 0,4. É claro, Bill poderia esquecer todos esses números e nada fazer. Qual é o seu conselho para o Bill?

3-33 Peter Martin ajudará seu irmão que deseja abrir uma loja de alimentos. Peter acredita que, inicialmente, exista uma chance de 50-50 de que a loja de alimentos de seu irmão poderá ser bem-sucedida. Peter considera fazer uma pesquisa de mercado. Com base em dados históricos, existe uma probabilidade de 0,8 de que a pesquisa de mercado será favorável dado uma loja de alimentos bem-sucedida. Além disso, existe uma probabilidade de 0,7 de que a pesquisa de mercado seja desfavorável dado uma loja de alimentos mal-sucedida.
(a) Se a pesquisa de mercado for favorável, qual é a probabilidade revisada de Peter para uma loja de alimentos bem-sucedida para o seu irmão?
(b) Se a pesquisa de mercado for desfavorável, qual é a probabilidade revisada de Peter para uma loja de alimentos bem-sucedida para o seu irmão?
(c) Se a probabilidade inicial de uma loja de alimentos bem-sucedida for 0,60 (em vez de 0,50), encontre as probabilidades dos itens a e b.

3-34 Mark Martinko tem sido um jogador classe A de raqueteball nos últimos cinco anos e um dos seus maiores objetivos é ser proprietário e operar uma instalação para esse jogo. Infelizmente, Mark acredita que a chance de uma instalação para raqueteball ser bem-sucedida é de somente 30%. O advogado de Mark recomendou que ele contratasse um dos grupos locais de pesquisa de mercado para conduzir um levantamento a respeito do sucesso ou fracasso de uma instalação para esse jogo. Existe uma probabilidade de 0,8 de que a pesquisa seja favorável dada uma instalação de raqueteball bem-sucedida. Além disso, existe uma probabilidade de 0,7 de que a pesquisa será desfavorável dada uma instalação sem sucesso. Calcule as probabilidades revisadas de uma instalação de raqueteball bem-sucedida dada uma pesquisa favorável e dada uma pesquisa desfavorável.

3-35 Um assessor financeiro recomendou dois possíveis fundos mútuos para investimentos: o Fundo A e o Fundo B. O retorno que será alcançado por cada um deles depende de a economia ser boa, regular ou ruim. Uma tabela de retornos foi construída para ilustrar essa situação.

Investimento	Estado da natureza		
	Economia boa	Economia moderada	Economia ruim
Fundo A	US$10000	US$2000	−US$5000
Fundo B	US$6000	US$4000	0
Probabilidade	0,2	0,3	0,5

(a) Desenhe uma árvore da decisão para representar essa situação.
(b) Execute os cálculos necessários para determinar qual dos dois fundos mútuos é o melhor. Qual dos dois você deveria escolher para maximizar o valor esperado?
(c) Suponha que exista uma dúvida sobre o retorno do Fundo A em uma economia boa. Ele poderia ser maior ou menor do que US$10000. Qual valor para isso causaria a indiferença de uma pessoa entre o Fundo A e o Fundo B (isto é, os VMEs seriam os mesmos)?

3-36 Jim Sellers pensa em produzir um novo tipo de babeador elétrico para homens. Se o mercado for favorável, ele terá um retorno de US$100000, mas se o mercado for desfavorável, ele perderá US$60000. Visto que Ron Bush é um bom amigo de Jim Sellers, Jim considera usar a empresa de pesquisas de mercado de Bush para coletar informações adicionais sobre o mercado para barbeadores. Ron sugeriu que Jim use a pesquisa ou um estudo-piloto para testar o mercado. A pesquisa seria um questionário sofisticado administrado para um teste de mercado. Ela custaria US$5000. Outra alternativa seria executar um estudo-piloto. Isso envolveria a produção de um número limitado de novos barbeadores e sua venda em duas cidades tipicamente americanas. O estudo-piloto é mais preciso, mas também mais caro. Ele custará US$20000. Ron Bush sugeriu que seria recomendável para Jim realizar a pesquisa ou o o estudo-piloto antes de tomar a decisão de produzir o novo barbeador. Porém, Jim não sabe se a pesquisa ou o piloto valem o custo. Jim estima que a probabilidade de um mercado bem-sucedido sem executar uma pesquisa ou estudo-piloto é de 0,5. Além do mais, a probabilidade de um resultado favorável da pesquisa dado um mercado favorável para barbeadores é 0,7 e a probabilidade de um resultado favorável da pesquisa dado um mercado mal-sucedido é 0,2. Adicionalmente, a probabilidade de um estudo-piloto desfavorável dado um mercado mal-sucedido é 0,9 e a probabilidade de um resultado de um estudo-piloto mal-sucedido dado um mercado favorável para barbeadores é 0,2.
(a) Desenhe a árvore de decisão para esse problema sem os valores da probabilidade.
(b) Calcule as probabilidades revisadas necessárias para completar a decisão e coloque esses valores na árvore da decisão.
(c) Qual é a melhor decisão para Jim? Use o VME como critério de decisão.

3-37 Jim Sellers foi capaz de estimar sua utilidade para vários valores diferentes. Ele quer usar esses valores da utilidade para tomar a decisão considerada no Problema 3-36: $U(-US\$80000) = 0$, $U(-US\$65000) = 0,5$, $U(-US\$60000) = 0,55$, $U(-US\$20000) = 0,7$, $U(-US\$5000) = 0,8$, $U(US\$0) = 0,81$, $U(US\$80000) = 0,9$, $U(US\$95000) = 0,95$ e $U(US\$100000) = 1$. Resolva o Problema 3-36 usando os valores da utilidade. Jim é uma pessoa avesssa ao risco?

3-38 Dois estados da natureza existem para uma situação específica: uma economia boa e uma economia ruim. Um estudo de economia pode ser realizado para obter mais informações sobre qual desses estados realmente ocorrerá no próximo ano. O estudo pode prever tanto uma economia boa quanto uma economia ruim. Atualmente, existe uma chance de 60% de que a economia será boa e uma chance de 40% de que ela será ruim. No passado, sempre que a economia estava boa, o estudo da economia previa que ela seria boa 80% das vezes. (Os outros 20% das vezes a previsão estava errada.) No passado, sempre que a economia estava ruim, o estudo da economia previa que ela seria ruim 90% das vezes. (Os outros 10% das vezes a previsão estava errada.)

(a) Use o Teorema de Bayes e encontre o seguinte:
P(economia boa / previsão de uma economia boa)
P(economia ruim / previsão de uma economia boa)
P(boa economia / previsão de uma economia ruim)
P(economia ruim / previsão de uma economia ruim)

(b) Suponha que a probabilidade inicial (*a priori*) de uma economia boa é de 70% (em vez de 60%) e a probabilidade de uma economia ruim é de 30% (em vez de 40%). Encontre as probabilidades *a posteriori* na parte (a) com base nesses novos valores.

3-39 A Companhia de Seguros Long Island vende seguros de vida. Se o segurado morre durante o prazo da apólice, a companhia paga US$100000. Se a pessoa não morre, a companhia nada paga e a apólice perde o valor. A companhia usa tabelas atuariais para determinar a probabilidade de que uma pessoa com certas características morrerá no próximo ano. Para um indivíduo em particular, é determinado que existe uma chance de 0,001 de que a pessoa morrerá no próximo ano e uma chance de 0,999 de que a pessoa viverá e a companhia nada pagará. O custo dessa apólice é US$200 por ano. Com base no critério VME, o indivíduo deveria comprar essa apólice de seguro? Como a teoria da utilidade poderia ajudar na explicação do por que a pessoa compraria essa apólice de seguro?

3-40 No Problema 3-29, você ajudou os médicos a analisarem sua decisão utilizando o valor monetário esperado como critério de decisão. Esse grupo avaliou, também, sua utilidade para o dinheiro: $U(-US\$45000) = 0$, $U(-US\$40000) = 0,1$, $U(-US\$5000) = 0,7$, $U(US\$0) = 0,9$, $U(US\$95000) = 0,99$ e $U(US\$100000) = 1$. Use a utilidade esperada como critério de decisão e determine a melhor decisão para os médicos. Os médicos são propensos ao risco ou avessos ao risco?

3-41 Neste capítulo, uma árvore de decisão foi desenvolvida para John Thompson (veja a Figura 3.5 para a análise completa da árvore de decisão). Depois de completar a análise, John não estava completamente certo de que é indiferente ao risco. Após experimentar certo número de jogos padrão, John foi capaz de estimar sua utilidade para o dinheiro. Eis algumas estimativas dessa utilidade: $U(-US\$190000) = 0$, $U(-US\$180000) = 0,05$, $U(-US\$30000) = 0,10$, $U(-US\$20000) = 0,15$, $U(-US\$10000) = 0,2$, $U(US\$0) = 0,3$, $U(US\$90000) = 0,5$, $U(US\$100000) = 0,6$, $U(US\$190000) = 0,95$ e $U(US\$200000) = 1,0$. Se John maximizar sua utilidade esperada, sua decisão muda?

3-42 Nos últimos anos, os problemas com tráfego na cidade de Lynn McKell tem se tornado piores. Hoje, a Rua Broad está congestionada quase sempre. O tempo padrão que Lynn leva para o trabalho é de somente 15 minutos, quando usa a Rua Broad e não há congestionamento. Com congestionamento, entretanto, Lynn leva 40 minutos para ir ao trabalho. Se Lynn tomar a autoestrada, ele levará 30 minutos independentemente das condições do tráfego. A utilidade de Lynn para o tempo de viagem é: $U(15$ minutos$) = 0,9$, $U(30$ minutos$) = 0,7$ e $U(40$ minutos$) = 0,2$.

(a) Que rota irá minimizar o tempo de viagem esperado de Lynn?
(b) Que rota irá maximizar a utilidade de Lynn?
(c) Quanto ao tempo de viagem, Lynn é propenso ao risco ou avesso ao risco?

3-43 A companhia Coren Chemical desenvolve materiais químicos industriais usados por outros fabricantes para produzir materiais químicos fotográficos, preservativos e lubrificantes. Um dos seus produtos, o K-1000, é usado por várias indústrias fotográficas para fazer um produto químico utilizado no processo de revelação de filmes. Para produzir o K-1000 de modo eficaz, a Coren Chemical usa a abordagem de lotes, em que certo número de galões é produzido de uma vez. Isso reduz custos de preparação e permite à Coren Chemical produzir o K-1000 a um preço competitivo. Infelizmente, o K-1000 tem uma vida muito curta na prateleira, de aproximadamente um mês.

A Coren Chemicals produz o K-1000 em lotes de 500 galões, 1000 galões, 1500 galões e 2000 galões. Usando dados históricos, David Coren determinou que a probabilidade de vender 500 galões do K-1000 é de 0,2. As probabilidades de vender 1000, 1500 e 2000 galões são 0,3, 0,4 e 0,1, respectivamente. A questão com que David se depara é quantos galões do K-1000 produzir no próximo lote. O K-1000 é vendido por US$20 o galão. O custo de produção é US$12 por galão e os custos de manuseio e armazenamento são estimados em US$1 por galão. No passado, David determinou os custos com publicidade em US$3 por galão. Se o K-1000 não for vendido depois de fabricado o lote, os produtos químicos perdem muito das suas propriedades de revelação. Ele pode, entretanto, ser vendido por um valor residual de US$13 por galão. Além disso, David garantiu aos seus fornecedores que sempre haverá um estoque adequado do K-1000. Se David ficar sem o produto, ele concordou em comprar um produto químico similar de um concorrente a US$25 o galão. David vende todo o produto químico por US$20 o galão, assim, sua carência significa que ele perde os US$5 para comprar produtos químicos mais caros.

(a) Desenvolva uma árvore de decisão para esse problema.
(b) Qual é a melhor solução?
(c) Determine o valor esperado da informação perfeita.

3-44 A Corporação Jamis está envolvida com o tratamento do lixo. Durante os últimos 10 anos, ela se tornou uma das maiores empresas de tratamento do lixo da região centro-oeste, servindo principalmente Wisconsin, Illinois e Michigan. Bob Jamis, presidente da companhia, considera a possibilidade de construir uma usina de tratamento de lixo no Mississippi. Com base na experiência, Bob acredita que uma usina pequena na região norte de Mississipi renderia US$500000 em lucros desconsiderando o mercado. O sucesso de uma usina de tratamento de lixo de tamanho médio dependerá do mercado. Com pouca demanda para o tratamento do lixo, Bob espera um retorno de US$200000. Uma demanda média geraria um retorno de US$700000 na estimativa de Bob e uma demanda alta, um retorno de US$800000. Embora uma instalação grande seja mais arriscada, o retorno potencial é muito maior. Com uma demanda alta para o tratamento do lixo no Mississipi, a instalação grande deve dar um retorno de um milhão de dólares. Com uma demanda média, a instalação grande retornará somente US$400000. Bob estima que a instalação grande resulte em uma grande perda se houver uma demanda baixa para tratamento do lixo. Ele estima que perderá aproximadamente US$200000 com a instalação de tratamento grande se a demanda for realmente baixa. Observando as condições econômicas para a parte superior do estado do Mississipi e utilizando sua experiência nesse campo, Bob estima que a probabilidade de uma demanda baixa para usinas de tratamento é de 0,15. A probabilidade de uma demanda média para a instalação é de aproximadamente 0,40 e a probabilidade de uma demanda alta para uma instalação de tratamento do lixo é de 0,45.

Devido a um investimento potencial alto e a possibilidade de perda, Bob decidiu contratar um equipe de pesquisa de mercado sediada em Jackson, Mississipi. Essa equipe executará uma pesquisa a fim de ter uma percepção melhor da probabilidade de uma demanda baixa, média ou alta para a instalação da usina de tratamento de lixo. O custo da pesquisa é US$50000. Para ajudar Bob a determinar se ele deve contratar a pesquisa, a empresa de pesquisa de mercado forneceu as seguintes informações:

P(resultados da pesquisa / possíveis resultados)

Possíveis resultados	Resultados baixos da pesquisa	Resultados médios da pesquisa	Resultados altos da pesquisa
Demanda baixa	0,7	0,2	0,1
Demanda média	0,4	0,5	0,1
Demanda alta	0,1	0,3	0,6

A pesquisa pode resultar em três consequências possíveis. Resultados baixos da pesquisa significam que uma demanda baixa é provável. Do mesmo modo, resultados médios da pesquisa ou resultados altos da pesquisa significariam uma demanda média ou alta, respectivamente. O que Bob deve fazer?

3-45 Mary pensa em abrir uma nova quitanda na cidade. Ela está avaliando três locais: no centro, no shopping e próximo a um movimentado cruzamento. Mary calculou o valor das lojas bem-sucedidas nesses locais como segue: no centro, US$250000; no shopping, US$300000; e no cruzamento movimentado, US$400000. Mary calculou que as perdas, caso não tenha sucesso, seriam de US$100000 tanto no centro quanto no shopping e de US$200000 no cruzamento. Mary calcula que sua chance de sucesso é de 50% no centro, 60% no shopping e 75% no cruzamento.

(a) Desenhe uma árvore de decisão para Mary e selecione sua melhor alternativa.
(b) Mary foi abordada por uma empresa de pesquisa de mercado que se ofereceu para estudar a área a fim de determinar se uma nova quitanda era necessária. O custo desse estudo é US$30000. Mary acredita que exista uma chance de 60% de que os resultados da pesquisa sejam positivos (isto é, mostrem a necessidade de outra quitanda). RPP = resultados positivos da pesquisa, RNP = resultados negativos da pesquisa, SC = sucesso no centro, SS = sucesso no shopping, SCR = sucesso no cruzamento, SC = sem sucesso no centro e assim por diante. Para estudos dessa natureza: P(RPP / sucesso) = 0,7; P(RNP / sucesso) = 0,3; P(RPP / sem sucesso) = 0,2; e P(RNP / sem sucesso) = 0,8. Calcule as probabilidades revisadas para sucesso (e fracasso) para cada local, dependendo dos resultados da pesquisa.
(c) Quanto vale a pesquisa de mercado para Mary? Calcule o VEIA.

3-46 Sue Reynolds precisa decidir se deve coletar informação (a um custo de US$20000) para investir em uma loja a varejo. Se ela coletar informação, existe uma probabilidade de 0,6 de que a informação seja favorável e uma probabilidade de 0,4 de que a informação não seja favorável. Se a informação for favorável, existe uma probabilidade de 0,9 de que a loja seja um sucesso. Se a informação não for favorável, a probabilidade de uma loja bem-sucedida é de 0,2. Sem qualquer informação, Sue estima que a probabilidade de uma loja bem-sucedida seja de 0,6. Uma loja bem-sucedida dará um retorno de US$100000. Se a loja for construída, mas não for bem-sucedida, Sue terá uma perda de US$80000. É claro, ela pode optar por não construir uma loja de varejo.

(a) O que você recomenda?
(b) Que impacto uma probabilidade de 0,7 na obtenção de informação favorável teria na decisão de Sue? A probabilidade da obtenção de informação desfavorável seria de 0,3.
(c) Sue acredita que as probabilidades de uma loja de varejo bem-sucedida e uma loja mal-sucedida dada uma informação favorável pode ser de 0,8 e 0,2, respectivamente. Qual impacto, se algum, isso teria na decisão de Sue e no melhor VME?
(d) Sue precisa pagar US$20000 para coletar a informação. Sua decisão mudaria se o custo da informação aumentasse para US$30000?
(e) Usando os dados deste problema e a tabela de utilidade a seguir, calcule a utilidade esperada. Essa curva é de alguém propenso ao risco ou avesso ao risco?

Valor	Utilidade monetária US$
US$100000	1
US$80000	0,4
US$0	0,2
−US$20000	0,1
−US$80000	0,005
−US$100000	0

(f) Calcule a utilidade esperada dada a tabela da utilidade a seguir. Esta tabela da utilidade representa alguém propenso ao risco ou avesso ao risco?

Valor	Utilidade monetária US$
US$100000	1
US$80000	0,9
US$0	0,8
−US$20000	0,6
−US$80000	0,4
−US$100000	0

PROBLEMAS EXTRAS NA INTERNET

Veja em **www.bookman.com.br** os problemas adicionais 3-47 a 3-60 (em inglês).

ESTUDO DE CASO

Corporação Starting Right

Depois de assistir a um filme sobre uma jovem mulher que abandonou uma carreira de sucesso para começar sua própria empresa de alimentos para bebês, Julia Day decidiu que queria fazer o mesmo. No filme, a empresa de alimentos para bebês era muito bem-sucedida. Julia sabia, entretanto, que é muito mais fácil fazer um filme sobre uma mulher bem-sucedida abrindo sua própria empresa do que realmente fazê-lo. O produto precisa ser da mais alta qualidade e Julia deve conseguir envolver as melhores pessoas para começar sua nova empresa. Ela se demitiu do emprego e abriu sua nova empresa – a Starting Right.

Julia decidiu ter como objetivo o nível mais alto do mercado de comida para bebês produzindo comida para bebês saborosa e sem conservantes. Embora o preço fosse levemente mais alto do que o dos concorrentes, Julia acreditava que os pais pagariam mais pela comida de alta qualidade. Em vez de colocar o alimento em potes, que requerem conservantes para estabilizar a comida, ela tentou uma nova abordagem. A comida para bebê seria congelada. Isso permitiria ingredientes naturais, nenhum conservante e uma qualidade nutritiva excelente.

Conseguir ótimas pessoas para trabalhar na nova empresa foi, também, muito importante. Julia decidiu encontrar pessoas com experiência em finanças, marketing e produção para se envolver com a Starting Right. Com seu entusiasmo e carisma, ela conseguiu encontrar tal grupo. Seu primeiro passo foi desenvolver protótipos da nova comida para bebê e executar um pequeno teste-piloto do novo produto, que recebeu críticas muito favoráveis.

O último passo foi arrecadar fundos. Três opiniões foram consideradas: obrigações ao portador, ações preferenciais e ações comuns. Julia decidiu que cada investimento deveria ser lançado em blocos de US$30000. Além disso, cada investidor deveria ter uma renda anual de pelo menos US$40000 e um patrimônio líquido de US$100000 para ser elegível para investir na Starting Right. As obrigações ao portador teriam um retorno de 13% ao ano nos próximos cinco anos. Além disso, Julia garantiu que os investidores das obrigações ao portador teriam, pelo menos, US$20000 de volta ao final dos cinco anos. O investimento inicial dos investidores com ações prefenciais deveria aumentar quatro vezes em um mercado bom ou valer somente metade em um mercado desfavorável. A ação comum tinha o maior potencial. O investimento inicial deveria aumentar oito vezes em um mercado bom, mas os investidores perderiam tudo se o mercado fosse desfavorável. Durante os próximos cinco anos, era esperado que a inflação aumentasse por um fator de 4,5% a cada ano.

Questões para discussão

1. Sue Pansky, uma professora aposentada, considera investir na Starting Right. Ela é muito conservadora e avessa ao risco. O que você recomenda?
2. Ray Cahn, atualmente um corretor de *commodities*, também considera fazer um investimento, embora ele acredite que exista somente uma chance de 11% de sucesso. O que você recomenda?
3. Lila Battle decidiu investir na Starting Right. Ao mesmo tempo em que acredita que Julia tem uma boa chance de ter sucesso, Lila é avessa ao risco e muito conservadora. Qual é o seu conselho para Lila?
4. George Yates acredita que exista uma chance igualmente provável de sucesso. Qual é a sua recomendação?
5. Peter Metarko está extremamente otimista em relação ao mercado para uma nova comida para bebê. Qual é o seu conselho para Pete?
6. Julia Day soube que a documentação legal de cada modalidade de arrecadação de fundos é cara. Ela quer oferecer alternativas para os investidores avessos ao risco ou propensos ao risco. Julia pode eliminar uma das alternativas financeiras e ainda oferecer escolhas de investimento para pessoas propensas ao risco e avessas ao risco?

ESTUDO DE CASO

Eletrônica Blake

Em 1975, Steve Blake fundou a Eletrônica Blake em Long Beach, Califórnia, para produzir resistores, capacitores, indutores e outros componentes eletrônicos. Durante a Guerra do Vietnã, Steve era um operador de rádio e foi nesse período que aprendeu a consertar rádios e outros equipamentos de comunicação. Steve avalia os quatro anos passados no Exército com uma mistura de sentimentos. Apesar de ter odiado a vida no Exército, essa experiência deu a ele a confiança e iniciativa para abrir sua própria empresa de eletrônicos.

Com o passar dos anos, Steve manteve os negócios relativamente inalterados. Por volta de 1988, as vendas anuais excederam os US$2 milhões. Em 1992, o filho de Steve, Jim, se juntou à empresa após terminar o ensino médio e dois anos de curso em eletrônica na faculdade comunitária de Long Beach. Jim sempre foi agressivo nos esportes no Ensino Médio e se tornou ainda mais agressivo como gerente geral de vendas da Blake Electronics. Essa agressividade aborrecia Steve, que era muito conservador. Jim fechava negócios para fornecer componentes eletrônicos a empresas antes mesmo de saber se a Blake Electronics tinha a habilidade ou capacidade para produzir os componentes. Em várias ocasiões, esse comportamento provocou momentos embaraçosos quando a Blake Electronics era incapaz de produzir os componentes eletrônicos para as empresas com que Jim havia negociado.

Em 1996, Jim foi atrás de contratos com o governo para equipamentos eletrônicos. Por volta de 1998, o as vendas anuais haviam aumentado para mais de US$10 milhões e o número de funcionários excedia 200. Muitos desses funcionários eram especialistas em eletrônica e pós-graduados em Engenharia Elétrica em cursos das melhores universidades do país. Porém, a tendência agressiva de Jim continuou e, por volta de 2003, a Blake Electronics tinha uma reputação com as agências governamentais de uma empresa que não entregava o que prometia.

Quase da noite para o dia os contratos com o governo pararam e a Blake Electronics ficou com uma força de trabalho ociosa e equipamentos de produção sem uso. Essas despesas altas começaram a diminuir os lucros e, em 2005, a Blake Electronics lidou com a possibilidade de enfrentar uma perda pela primeira vez na sua história.

Em 2006, Steve decidiu analisar a possibilidde de produzir componentes eletrônicos para uso doméstico. Embora isso fosse um mercado totalmente novo para Blake Electronics, Steve estava convencido de que essa era a única maneira de evitar que a empresa entrasse no vermelho. A equipe de pesquisa da Blake Electronics tinha a tarefa de desenvolver um novo dispositivo eletrônico para uso doméstico. A primeira ideia da equipe foi um Centro de Controle Principal. Os componentes básicos para esse sistema estão na Figura 3.16.

O centro desse sistema é a caixa de comando principal. Essa unidade, que teria um preço ao consumidor de US$250, tem duas filas de cinco botões. Cada botão controla uma lâmpada ou um aparelho elétrico e pode ser ajustado como um interruptor ou um reostato. Quando ajustado como um interruptor, um leve toque no botão liga ou desliga a luz ou um aparelho elétrico. Quando ajustado como um reostato, um toque no botão controla a intensidade da luz. Mantendo o botão pressionado, a luz completa um ciclo variando de desligado para ligado e para desligado novamente.

Para permitir máxima flexibilidade, cada caixa do controle principal está equipada com duas baterias de tamanho D que podem durar até um ano, dependendo do uso. Além disso, a equipe de pesquisa desenvolveu três versões para o controle principal: A, B e C. Se uma família quiser controlar mais do que dez lâmpadas ou aparelhos domésticos, outro controle principal pode ser adquirido.

O disco da lâmpada, que teria um preço ao consumidor de US$2,50, é usado para controlar a intensidade de qualquer luz, por meio do controle principal. Um disco diferente está dispo-

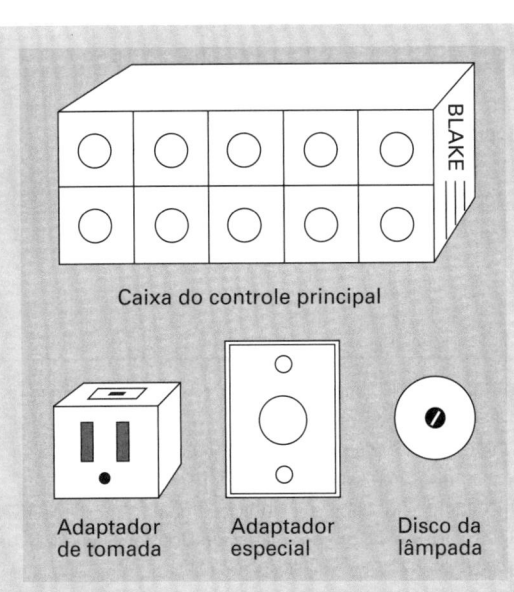

FIGURA 3.16 Centro de controle principal.

TABELA 3.14 Números de sucesso para a MAI

	Resultados da pesquisa		
Resultado	Favorável	Desfavorável	Total
Projeto bem-sucedido	35	20	55
Projeto mal-sucedido	15	30	45

nível para cada posição do botão para os três tipos de controle principal. Inserindo o disco da lâmpada entre a lâmpada e o soquete, o botão apropriado na caixa de controle principal pode controlar completamente a intensidade da luz. Se um interruptor padrão é usado, ele deve ficar ligado o tempo inteiro para que o controle principal funcione.

Uma desvantagem de usar um interruptor padrão de luz é que somente o controle principal pode ser usado para controlar uma lâmpada específica. Para evitar esse problema, a equipe de pesquisa desenvolveu um adaptador especial para o interruptor que seria vendido por US$15. Quando esse dispositivo é instalado, tanto o controle principal quanto o adaptador do interruptor podem ser usados para controlar a luz.

Quando usado para controlar aparelhos domésticos e não lâmpadas, o controle principal deve ser usado em conjunto com um ou mais adaptadores de tomada. Os adaptadores são plugados numa tomada de parede padrão e o aparelho é, então, plugado no adaptador. Cada adaptador de tomada tem um interruptor na parte de cima que permite que o aparelho seja controlado do controle principal ou do adaptador da tomada. O preço de cada adaptador de tomada seria US$25.

A equipe de pesquisadores estimou que custaria US$500000 desenvolver o equipamento e procedimentos necessários para produzir a caixa de controle principal e os acessórios. Se tiver sucesso, essa iniciativa poderia aumentar as vendas em aproximadamente US$2 milhões. Mas a caixa de controle principal será uma iniciativa de sucesso? Com uma chance de 60% de sucesso estimado pela equipe de pesquisa, Steve tem sérias dúvidas sobre comercializar as caixas de controle principal mesmo gostando da ideia. Devido às suas restrições, Steve solicitou cotações de preço para uma pesquisa adicional de mercado a 30 empresas de pesquisa de mercado do sul da Califórnia.

A primeira a dar retorno foi uma pequena empresa chamada Marketing Associates, Inc. (MAI), que cobraria US$100000 pela pesquisa. De acordo com sua proposta, a MAI existe há três anos e já realizou aproximadamente 100 projetos de pesquisa de mercado. O ponto forte dessa empresa parece ser a atenção individual para cada conta, funcionários experientes e trabalho rápido. Steve ficou especialmente interessado em uma parte da proposta, que revelou o registro de sucesso com contas anteriores. Isso esta mostrado na Tabela 3.14.

A outra proposta que retornou foi de uma filial da Iverstine and Walker, uma das maiores empresas de pesquisa de mercado do país. O custo de uma pesquisa completa seria de US$300000. Embora a proposta não contivesse o mesmo registro de sucesso que a da MAI, a proposta de Iverstine and Walker continha informações interessantes. A chance de ter um resultado favorável da pesquisa, dado uma proposta bem-sucedida, era de 90%. Por outro lado, a chance de ter um resultado da pesquisa desfavorável, dado uma proposta mal-sucedida, era de 80%. Dessa forma, pareceu a Jim que a Iverstine and Walker seria capaz de prever o sucesso ou o fracasso das caixas de controle principal com certeza.

Steve ponderou sobre a situação. Infelizmente, as duas equipes de pesquisa de mercado deram diferentes tipos de informação nas suas propostas. Ele concluiu que não havia jeito de comparar as duas propostas a não ser que conseguisse informações adicionais da Iverstine and Walker. Além disso, Steve não estava certo do que fazer com a informação e se valeria a pena contratar uma das empresas.

Questões para discussão

1. Steve precisa de informação adicional da Iverstine and Walker?
2. O que você recomendaria?

ESTUDOS DE CASO NA INTERNET

Veja em **www.bookman.com.br** os estudos de caso adicionais (em inglês).

BIBLIOGRAFIA

ABBAS, Ali E. Invariant Utility Functions and Certain Equivalent Transformations. *Decision Analysis* v. 4, n. 1, March 2007, p. 17–31.

AHLBRECHT, Martin, et al. An Empirical Study on Intertemporal Decision Making under Risk. *Management Science*, June 1997, p. 813–26.

BROWN, Mark. Evaluation of Vision Correction Alternatives for Myopic Adults. *Interfaces* v. 27, n. 2, 1997, p. 66–84.

CARASSUS, Laurence, MIKLÓS Rásonyi. Optimal Strategies and Utility-Based Prices Converge When Agents' Preferences Do. *Mathematics of Operations Research* v. 32, n. 1, February 2007, p. 102–17.

CONGDON, Peter. *Bayesian Statistical Modeling*. New York: John Wiley & Sons, 2001.

DUARTE, B. P. M. The Expected Utility Theory Applied to an Industrial Decision Problem - What Technological Alternative to Implement to Treat Industrial Solid Residuals. *Computers and Operations Research* v. 28, n. 4, April 2001, p. 357–80.

EWING, Paul L., Jr. Use of Decision Analysis in the Army Base Realignment and Closure (BRAC) 2005 Military Value Analysis. *Decision Analysis*, v. 3, March 2006, p. 33–49.

HAMMOND, J. S., KENNEY, R. L., RAIFFA, H. The Hidden Traps in Decision Making. *Harvard Business Review,* September-October 1998, p. 47–60.

HURLEY, William J. The 2002 Ryder Cup: Was Strange's Decision to Put Tiger Woods in the Anchor Match a Good One? *Decision Analysis,* v. 4, n. 1, March 2007, p. 41–5.

JBUEDJ, Coden. Decision Making under Conditions of Uncertainty: A Wakeup Call for the Financial Planning Profession. *Journal of Financial Planningi,* October 1997, p. 84–91.

KIRKWOOD, C.W. An Overview of Methods for Applied Decision Analysis. *Interfaces*, v. 22, n. 6, November-December 1992, p. 28–39.

KIRKWOOD, Craig W. Approximating Risk Aversion in Decision Analysis Applications. *Decision Analysis*, v. 1, March 2004, p. 51–67.

LUCE, R., RAIFFA, H. *Games and Decisions*. New York: John Wiley & Sons, 1957.

MAXWELL, Daniel T. Improving Hard Decisions. *OR/MS Today*, v. 33, n. 6, December 2006, p. 51–61.

MILLER, Craig. A Systematic Approach to Tax Controversy Management. *Tax Executive,* May 15, 1998, p. 231.

PATÉ-CORNELL, M. Elisabeth, DILLON, Robin L. The Respective Roles of Risk and Decision Analyses in Decision Support. *Decision Analysis*, v. 3, December 2006, p. 220–32.

PENNINGS, Joost M. E., SMIDTS, Ale. The Shape of Utility Functions and Organizational Behavior. *Management Science,* v. 49, n. 9, September 2003, p. 1251–63.

PERDUE, Robert K., MCALLISTER, William J., KING, Peter V., BERKEY, Bruce G. Valuation of R and D Projects Using Options Pricing and Decision Analysis Models. *Interfaces* v. 29, n. 6, November–December1999, p. 57–74.

RAIFFA, Howard, PRATT, John W. SCHLAIFER, Robert. *Introduction to Statistical Decision Theory*. Boston: MIT Press, 1995.

RAIFFA, Howard, SCHLAIFER, Robert. *Applied Statistical Decision Theory*. New York: John Wiley & Sons, Inc., 2000.

REILLY, Terence. Sensitivity Analysis for Dependent Variables. *Decision Sciences*, v. 31, n. 3, Summer 2000, p. 551–72.

RENDER, B., STAIR, R. M. *Cases and Readings in Management Science*. Boston: Allyn & Bacon, 1988, 2 ed.

SCHLAIFER, R. *Analysis of Decisions under Uncertainty*. New York: McGraw-Hill Book, 1969.

SMITH, James E., WINKLER, Robert L. T he Optimizer's Curse: Skepticism and Postdecision Surprise in Decision Analysis. *Management Science*, v. 52, March 2006, p. 311–22.

VAN BINSBERGEN, Jules H., MARX, Leslie M. Exploring Relations between Decision Analysis and Game Theory. *Decision Analysis*, v. 4, n. 1, March 2007, p. 32–40.

WALLACE, Stein W. Decision Making under Uncertainty: Is Sensitivity Analysis of Any Use? *Operations Research*, v. 48, n. 1, 2000, p. 20–5.

APÊNDICE 3.1: MODELOS DE DECISÃO COM QM PARA WINDOWS

O QM para Windows pode ser usado para resolver os problemas da teoria da decisão discutidos neste capítulo. Neste apêndice, mostramos como resolver problemas de decisão simples que envolvem tabelas.

Neste capítulo, solucionamos o problema de Thompson Lumber. As alternativas incluem a construção de uma fábrica grande, uma fábrica pequena ou nada fazer. Apresentamos as probabilidades de um mercado favorável ou desfavorável e informações financeiras na Tabela 3.9.

Para demonstrar o QM para Windows, usaremos esses dados para solucionar o problema da Thompson Lumber. O Programa 3.2 mostra os resultados. Note que a melhor alternativa é construir uma fábrica de tamanho médio com um VME de US$40000.

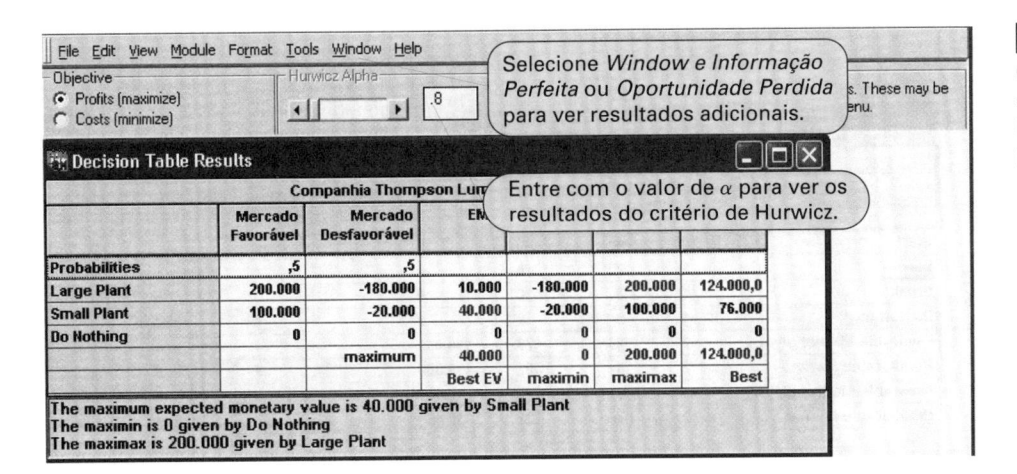

PROGRAMA 3.2

Calculando o VME para a empresa Thompson Lumber usando o QM para Windows.

Este capítulo também abordou a tomada de decisão sob incerteza, em que valores de probabilidade não estão disponíveis ou não são apropriados. Técnicas de solução para esses tipos de problemas foram apresentadas na Seção 3.4. O Programa 3.2 mostra esses resultados, incluindo as soluções maximax, maximin e o critério de Hurwicz.

O Capítulo 3 também cobre a perda da oportunidade esperada. Para demonstrar o uso do QM para Windows, podemos determinar o VEOP (Valor Esperado da Oportunidade Perdida) para o problema da Thompson Lumber. Os resultados estão apresentados no Programa 3.3. Note que esse programa também calcula o VEIP.

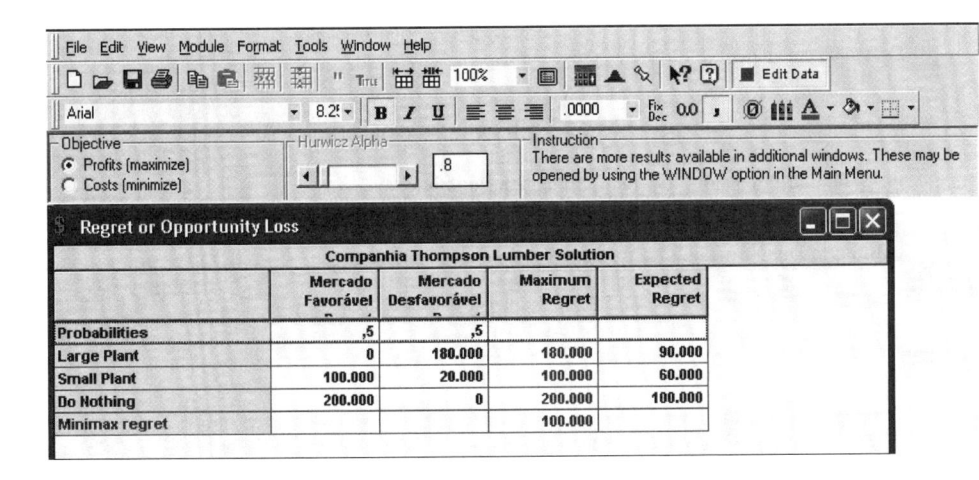

PROGRAMA 3.3

Perda da oportunidade e VEIP para o problema da Thompson Lumber usando QM para Windows.

APÊNDICE 3.2: ÁRVORES DE DECISÃO COM QM PARA WINDOWS

Para ilustrar o uso do QM para Windows para árvores de decisão, usaremos os dados do exemplo da Thompson Lumber. O Programa 3.4 mostra os resultados de saída, incluindo os dados originais, resultados intermediários e a melhor decisão, que tem um VME de US$106400. Note que os nós devem ser numerados e as probabilidades estão incluídas para cada ramo dos estados da natureza, enquanto que os resultados estão incluídos nos lugares apropriados. O Programa 3.4 fornece somente uma pequena parte da árvore, uma vez que a árvore inteira tem 25 ramos.

APÊNDICE 3.3: USANDO O EXCEL PARA O TEOREMA DE BAYES

O programa a seguir indica como o Excel pode ser usado para os cálculos envolvendo o Teorema de Bayes quando existem dois estados da natureza. O exemplo da Thompson Lumber está mostrado aqui no Programa 3.5A e no Programa 3.5B. As únicas entradas necessárias são as probabilidades para as células B7, B8 e C7. Fórmulas foram usadas para calcular todos os outros valores. Esses resultados correspondem ao exemplo mostrado nas Tabelas 3.12 e 3.13 no início do capítulo.

PROGRAMA 3.4
O QM para Windows para decisões sequenciais.

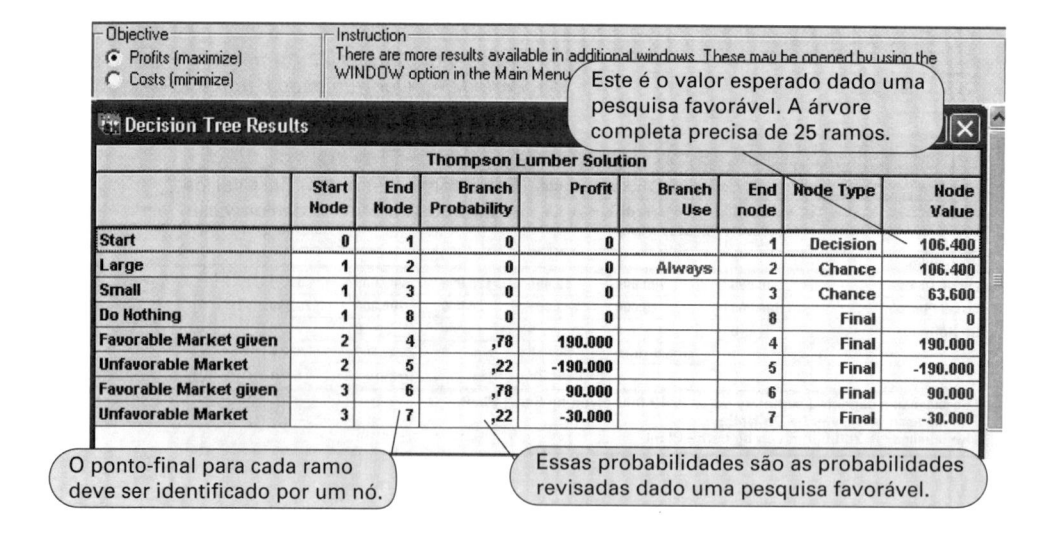

Objective
● Profits (maximize)
○ Costs (minimize)

Instruction
There are more results available in additional windows. These may be opened by using the WINDOW option in the Main Menu.

Decision Tree Results

Thompson Lumber Solution

	Start Node	End Node	Branch Probability	Profit	Branch Use	End node	Node Type	Node Value
Start	0	1	0	0		1	Decision	106.400
Large	1	2	0	0	Always	2	Chance	106.400
Small	1	3	0	0		3	Chance	63.600
Do Nothing	1	8	0	0		8	Final	0
Favorable Market given	2	4	,78	190.000		4	Final	190.000
Unfavorable Market	2	5	,22	-190.000		5	Final	-190.000
Favorable Market given	3	6	,78	90.000		6	Final	90.000
Unfavorable Market	3	7	,22	-30.000		7	Final	-30.000

Este é o valor esperado dado uma pesquisa favorável. A árvore completa precisa de 25 ramos.

O ponto-final para cada ramo deve ser identificado por um nó.

Essas probabilidades são as probabilidades revisadas dado uma pesquisa favorável.

PROGRAMA 3.5A
Fórmulas usadas para os cálculos de Bayes no Excel.

	A	B	C	D	E
1	Teorema de Bayes para o Exemplo da Thompson Lumber				
2					
3	Digite nas células B7, B8 e C7				
4					
6	Estado da natureza	P(PP / EN)	Probabilidade a Priori	Probabilidade Conjunta	Probabilidade a Posteriori
7	MF	0,7	0,5	=B7*C7	=D7/$D$9
8	MD	0,2	=1-C7	=B8*C8	=D8/$D$9
9			P(PP) =	=SOMA(D7:D8)	
10					
11	Probabilidade Revisada dado uma Pesquisa Negativa				
12			Probabilidade a Priori	Probabilidade Conjunta	Probabilidade a Posteriori
13				=B13*C13	=D13/$D$15
14	MD	=1-B8	=C8	=B14*C14	=D14/$D$15
15			P(PN) =	=SOMA(D13:D14)	
16					

Entre P(Pesquisa Positiva | Mercado Favorável) na célula B7.

Entre P(Mercado Favorável) na célula C7.

Entre P(Pesquisa Positiva | Mercado Desfavorável) na célula B8.

PROGRAMA 3.5B
Resultados para os cálculos de Bayes no Excel.

	A	B	C	D	E	F	G
1	Teorema de Bayes para o Exemplo da Thompson Lumber						
2							
3	Digite nas células B7, B8 e C7						
4							
5	Probabilidades revisadas dada uma Pesquisa Positiva						
6	Estado da natureza	P(PP / EN)	Probabilidade a Priori	Probabilidade Conjunta	Probabilidade a Posteriori		
7	MF	0,7	0,5	0,35	0,78		
8	MD	0,2	0,5	0,1	0,22		
9			P(PP) =	**0,45**			
10							
11	Probabilidade Revisada dado uma Pesquisa Negativa						
12	Estado da Natureza	P(PP / EN)	Probabilidade a Priori	Probabilidade Conjunta	Probabilidade a Posteriori		
13	MF	0,3	0,5	0,15	0,27		
14	MD	0,8	0,5	0,4	0,73		
15			P(PN) =	**0,55**			
16							

CAPÍTULO 4

Modelos de Regressão

OBJETIVOS DE APRENDIZAGEM

Depois de ler este capítulo, os alunos serão capazes de:

1. Identificar variáveis e usá-las em um modelo de regressão
2. Desenvolver equações de regressão linear simples de dados amostrais e interpretar a inclinação e o intercepto
3. Calcular o coeficiente de determinação e o coeficiente de correlação e interpretar os seus significados
4. Interpretar o teste F em um modelo de regressão linear
5. Listar as suposições usadas na regressão e utilizar os resíduos para identificar problemas
6. Desenvolver um modelo de regressão múltipla e usá-lo para fazer previsões
7. Utilizar variáveis auxiliares (*dummies*) para modelar dados categóricos
8. Determinar quais variáveis devem ser incluídas em um modelo de regressão múltipla
9. Transformar uma função não linear em uma linear para usar na regressão
10. Entender e evitar erros comuns feitos no uso da análise de regressão

VISÃO GERAL DO CAPÍTULO

4.1 Introdução
4.2 Diagrama de dispersão
4.3 Regressão linear simples
4.4 Medindo o ajuste do modelo de regressão
4.5 Usando software para a regressão
4.6 Suposições do modelo de regressão
4.7 Determinando a significância do modelo
4.8 Análise da regressão múltipla
4.9 Variáveis binárias ou auxiliares
4.10 Construção do modelo
4.11 Regressão não linear
4.12 Cuidados e armadilhas na análise de regressão

Resumo • Glossário • Equações-chave • Problemas resolvidos • Autoteste • Questões para discussão e problemas • Estudo de caso: Linhas aéreas North-South • Bibliografia

Apêndice 4.1: Fórmulas para cálculos de regressão
Apêndice 4.2: Modelos de regressão usando o QM para Windows
Apêndice 4.3: Acessando análise de regressão no Excel 2007

4.1 INTRODUÇÃO

A *análise de regressão* é uma ferramenta muito valiosa para o administrador de hoje. A regressão é usada para modelar fatores como o relacionamento entre educação e renda, o preço de uma casa e o metro quadrado, e o volume de vendas de uma empresa em relação aos dólares gastos com propaganda. Quando empresários estão tentando decidir que local é melhor para uma nova loja ou filial, modelos de regressão geralmente são usados. Modelos de estimativa de custos normalmente são modelos de regressão. A aplicabilidade da análise de regressão é, praticamente, ilimitada.

Os dois objetivos da análise de regressão são entender o relacionamento entre variáveis e prever o valor de uma baseada nas outras.

Existem, em geral, dois objetivos para a análise de regressão. O primeiro é entender o relacionamento entre variáveis como gastos em propagandas e vendas. O segundo propósito é prever o valor de uma variável com base no valor de outra.

Neste capítulo, primeiro será desenvolvido um modelo de regressão linear simples e, depois, será utilizado um modelo de regressão múltpla mais complexo para incorporar ainda mais variáveis. Em qualquer modelo de regressão, a variável a ser prevista é chamada de *variável dependente* ou *variável resposta*. O valor dessa variável é dependente sobre o valor de uma *variável independente*, também chamada de *variável explicativa* ou *previsora*.

4.2 DIAGRAMA DE DISPERSÃO

Para investigar o relacionamento entre variáveis é útil examinar o gráfico dos dados, chamado de *diagrama de dispersão* ou *gráfico de dispersão*. Normalmente, a variável independente é representada no eixo horizontal e a variável dependente, no eixo vertical. O exemplo a seguir mostra isso.

Um diagrama de dispersão é um gráfico dos dados.

A empresa de construção Triple A renova casas antigas em Albany. Ao longo do tempo, a empresa descobriu que sua quantidade de dólares do trabalho de renovação depende da folha de pagamento da área de Albany. Os valores da receita bruta da Triple A e a quantia de dinheiro recebido pelos assalariados em Albany nos últimos seis anos estão apresentados na Tabela 4.1. Os economistas previram que a folha de pagamento da área local será US$600 milhões no próximo ano e a Triple A quer planejar de acordo com essas informações.

A Figura 4.1 fornece um diagrama de dispersão para os dados da Construtora Triple A apresentados na Tabela 4.1. Esse gráfico indica que valores altos da folha de pagamento local resultam em vendas altas para a empresa. Não existe um relacionamento perfeito porque nem todos os pontos estão em uma linha reta, mas existe um relacionamento. Uma linha foi desenhada através dos dados para ajudar a mostrar o relacionamento entre o valor da folha de pagamento da área local e as vendas da empresa. Nem todos os pontos estão sobre a linha, assim, haverá erro envolvido se tentarmos prever as vendas com base na folha de pagamento usando essa ou qualquer outra linha. Várias linhas poderiam ser desenhadas por esses pontos, mas qual delas representa o relacionamento verdadeiro? A análise de regressão fornece a resposta para essa pergunta.

TABELA 4.1 Vendas da Construtora Triple A e a folha de pagamento local

Vendas da Triple A (US$100000s)	Folha de pagamento local (US$100000000s)
6	3
8	4
9	6
5	4
4,5	2
9,5	5

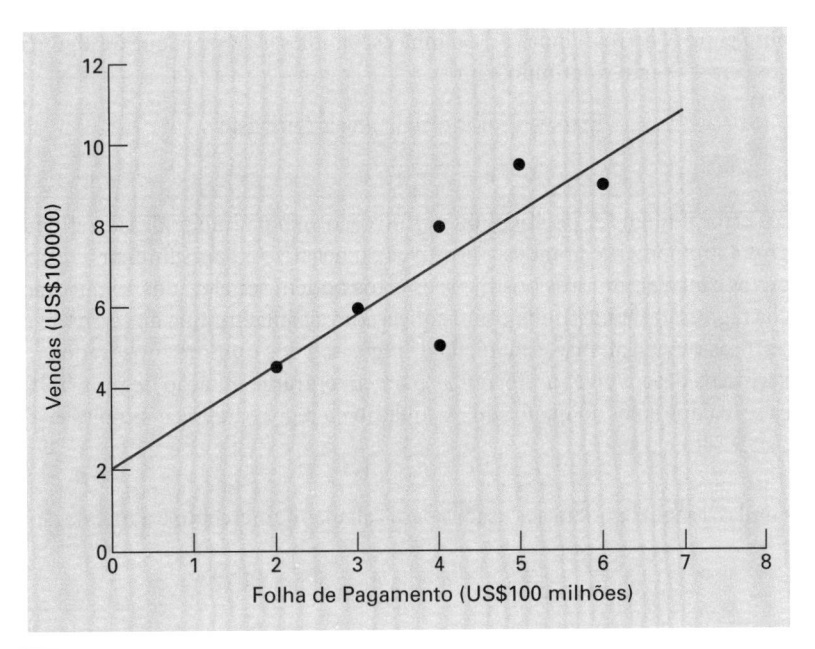

FIGURA 4.1 Diagrama de dispersão dos dados da Construtora Triple A.

4.3 REGRESSÃO LINEAR SIMPLES

Em qualquer modelo de regressão há a suposição implícita (que pode ser testada) de que existe um relacionamento entre as variáveis. Existe, também, um erro aleatório que não pode ser previsto. O modelo da regressão linear simples subjacente é:

$$Y = \beta_0 + \beta_1 X + \varepsilon \qquad (4\text{-}1)$$

onde

Y = variável dependente (variável resposta)

X = variável independente (variável previsora ou variável explicativa)

β_0 = intercepto (valor de Y quando $X = 0$)

β_1 = inclinação da linha de regressão

ε = erro aleatório

A variável dependente é Y e a variável independente é X.

Os valores reais para o interceptor e a inclinação não são conhecidos e, portanto, são estimados usando dados amostrais. A equação de regressão baseada nos dados amostrais é dada como:

Estimativas da inclinação e do intercepto são determinados a partir dos dados amostrais.

$$\hat{Y} = b_0 + b_1 X \qquad (4\text{-}2)$$

onde

$\hat{Y}$ = valor previsto de Y

b_0 = estimativa de β_0

b_1 = estimativa de β_1

No exemplo da Construtora Triple A, estamos tentando prever as vendas, assim, a variável dependente (Y) representaria as vendas. A variável que utilizamos para ajudar a prever as vendas é a folha de pagamento da área de Albany, assim, a variável independente é (X). Embora qualquer número de linhas possa ser traçado por esses pontos para mostrar um relacionamento entre X e Y na Figura 4.1, a linha escolhida será aquela que de alguma maneira minimiza os erros. O erro é definido como

$$\text{Erro} = (\text{Valor real}) - (\text{Valor previsto})$$

$$e = Y - \hat{Y} \qquad (4\text{-}3)$$

A linha de regressão minimiza a soma dos erros ao quadrado.

Visto que os erros podem ser positivos ou negativos, o erro padrão pode ser zero mesmo que existam erros extremamente grandes – positivos ou negativos. Para eliminar a dificuldade de erros negativos cancelarem erros positivos, os erros podem ser elevados ao quadrado. A melhor linha da regressão será definida como aquela com a soma mínima dos erros ao quadrado. Por essa razão, às vezes a análise é chamada de regressão dos mínimos quadrados.

Os estatísticos desenvolveram fórmulas para encontrar a equação de uma linha reta que minimiza a soma dos erros ao quadrado. A equação da regressão linear simples é:

$$\hat{Y} = b_0 + b_1 X$$

As fórmulas a seguir podem ser usadas para calcular o intercepto e a inclinação:

$$\bar{X} = \frac{\Sigma X}{n} = \text{média dos valores de X}$$

$$\bar{Y} = \frac{\Sigma Y}{n} = \text{média dos valores de Y}$$

$$b_1 = \frac{\Sigma(X - \bar{X})(Y - \bar{Y})}{\Sigma(X - \bar{X})^2} \qquad (4\text{-}4)$$

$$b_0 = \bar{Y} - b_1 \bar{X} \qquad (4\text{-}5)$$

Os cálculos preliminares são apresentados na Tabela 4.2. Existem outros atalhos (fórmulas) úteis quando fazemos cálculos no computador e eles estão no Apêndice 4.1. Eles não são mostrados aqui porque um software será usado para a maioria dos outros exemplos neste capítulo.

Calculando a inclinação e o intercepto da equação da regressão para o exemplo da empresa de construção Triple A, temos:

$$\bar{X} = \frac{\Sigma X}{6} = \frac{24}{6} = 4$$

$$\bar{Y} = \frac{\Sigma Y}{6} = \frac{42}{6} = 7$$

$$b_1 = \frac{\Sigma(X - \bar{X})(Y - \bar{Y})}{\Sigma(X - \bar{X})^2} = \frac{12{,}5}{10} = 1{,}25$$

$$b_0 = \bar{Y} - b_1 \bar{X} = 7 - (1{,}25)(4) = 2$$

TABELA 4.2 Cálculos de regressão para a Construtora Triple A

Y	X	$(X - \bar{X})^2$	$(X - \bar{X})(Y - \bar{Y})$
6	3	$(3-4)^2 = 1$	$(3-4)(6-7) = 1$
8	4	$(4-4)^2 = 0$	$(4-4)(8-7) = 0$
9	6	$(6-4)^2 = 4$	$(6-4)(9-7) = 4$
5	4	$(4-4)^2 = 0$	$(4-4)(5-7) = 0$
4,5	2	$(2-4)^2 = 4$	$(2-4)(4{,}5-7) = 5$
9,5	5	$(5-4)^2 = 1$	$(5-4)(9{,}5-7) = 2{,}5$
$\Sigma Y = 42$	$\Sigma X = 24$	$\Sigma(X-\bar{X})^2 = 10$	$\Sigma(X-\bar{X})(Y-\bar{Y}) = 12{,}5$
$\bar{Y} = 42/6 = 7$	$\bar{X} = 24/6 = 4$		

A equação da regressão estimada é, portanto,

$$\hat{Y} = 2 + 1{,}25\,X$$

ou

vendas = 2 + 1,25(folha de pagamento)

Se a folha de pagamento no próximo ano for de US$600 milhões ($X = 6$), então o valor previsto seria:

$$\hat{Y} = 2 + 1{,}25\,(6) = 9{,}5$$

ou US$950000.

Um dos propósitos da regressão é entender o relacionamento entre variáveis. Esse modelo nos diz que para cada US$100 milhões (representados por X) acrescentados à folha de pagamento, esperaríamos que as vendas aumentassem US$125000 desde que $b1 = 1{,}25$ (US$100000s). Esse modelo ajuda a Construtora Triple A a perceber como a economia local e as vendas da empresa estão relacionadas.

4.4 MEDINDO O AJUSTE DO MODELO DE REGRESSÃO

Uma equação da regressão pode ser desenvolvida para quaisquer variáveis X e Y, até mesmo para números aleatórios. Certamente não teríamos confiança na capacidade de um número aleatório prever um valor de outro número aleatório. Como sabemos que o modelo é realmente útil na previsão de Y com base em X? Devemos ter confiança nesse modelo? O modelo fornece previsões melhores (erros menores) do que simplesmente usar a média dos valores de Y?

No exemplo da Construtora Triple A, as vendas (Y) variavam de 4,5 a 9,5 e a média era 7. Se cada valor das vendas é comparado com a média, vemos o quanto eles se desviam da média e podemos determinar uma medida do total da variabilidade nas vendas. Visto que Y é, às vezes, maior ou menor do que a média, pode haver desvios positivos ou negativos. Simplesmente somar esses valores pode ser enganoso, porque os negativos iriam cancelar os positivos fazendo parecer que os números estão mais perto da média do que realmente estão. Para prevenir esse problema, usaremos a soma total dos quadrados (SST) para mensurar a variabilidade total em Y:

Desvios (erros) podem ser positivos ou negativos.

$$\text{SST} = \Sigma(Y - \bar{Y})^2 \qquad (4\text{-}6)$$

O SST mensura o total da variabilidade em Y em relação à média.

Se não usarmos X para prever Y, simplesmente usaríamos a média de Y como o previsor e o SST mensuraria a precisão das nossas previsões. Entretanto, uma linha de regressão pode ser utilizada para prever o valor de Y e, embora ainda existam erros envolvidos, a soma desses erros ao quadrado será menor do que o total da soma dos quadrados recém-calculada. A soma dos erros ao quadrado (SSE) é:

$$\text{SSE} = \Sigma e^2 = \Sigma\,(Y - \hat{Y})^2 \qquad (4\text{-}7)$$

O SSE mensura a variabilidade em Y em relação à linha da regressão.

A Tabela 4.3 fornece os cálculos para o exemplo da Construtora Triple A. A média ($\hat{Y} = 7$) é comparada para cada valor e tem-se:

$$\text{SST} = 22{,}500$$

A previsão ($\hat{Y}$) para cada observação é calculada e comparada com o valor real. Isso resulta em:

$$\text{SSE} = 6{,}875$$

O SSE é muito menor do que o SST. Usando a linha da regressão, a variabilidade da soma dos quadrados foi reduzida de 22,500 − 6,875 = 15,625. Esse resultado é denominado *soma*

TABELA 4.3 Soma dos quadrados para a Construtora Triple A

Y	X	$(Y - \bar{Y})^2$	$\hat{Y}$	$(Y - \hat{Y})^2$	$(\hat{Y} - \bar{Y})^2$
6	3	$(6 - 7)^2 = 1$	2+1,25(3)=5,75	0,0625	1,563
8	4	$(8 - 7)^2 = 1$	2+1,25(4)=7,00	1	0
9	6	$(9 - 7)^2 = 4$	2+1,25(6)=9,50	0,2500	6,250
5	4	$(5 - 7)^2 = 4$	2+1,25(4)=7,00	4	0
4,5	2	$(4,5 - 7)^2 = 6,25$	2+1,25(2)=4,50	0	6,250
9,5	5	$(9,5 - 7)^2 = 6,25$	2+1,25(5)=8,25	1,5625	1,563
$\bar{Y} = 7$		$\Sigma(Y - \bar{Y})^2 = 22,5$		$\Sigma(Y - \hat{Y})^2 = 6,875$	$\Sigma(\hat{Y} - \bar{Y})^2 = 15,625$
		SST = 22,5		SSE = 6,875	SSR = 15,625

dos quadrados devido à regressão (SSR) e indica o quanto da variabilidade total de *Y* é explicada pelo modelo de regressão. Matematicamente, esse resultado pode ser calculado da seguinte forma:

$$SSR = \Sigma(\hat{Y} - \bar{Y})^2 \tag{4-8}$$

A Tabela 4.3 mostra:

$$SSR = 15,625$$

Existe um relacionamento muito importante entre as somas dos quadrados que calculamos:

(Soma total dos quadrados) = (Soma dos quadrados devido à regressão) + (Soma dos erros ao quadrado)

$$SST = SSR + SSE \tag{4-9}$$

A Figura 4.2 mostra os dados para a Construtora Triple A. A linha de regressão é mostrada, assim como uma linha representando a média dos valores de *Y*. Os erros usados nos

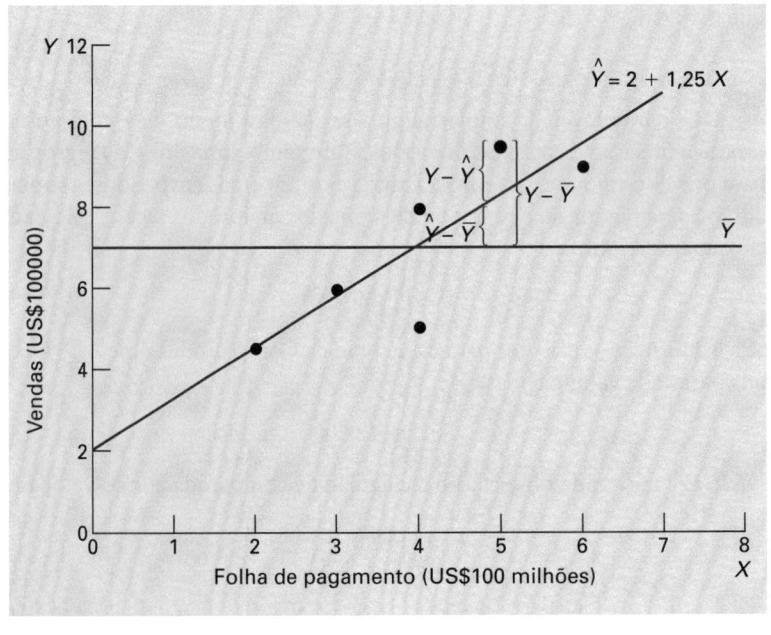

FIGURA 4.2 Desvios da linha da regressão e da média.

cálculos das somas dos quadrados são mostrados nesse gráfico. Observe como os pontos das amostras estão mais próximos da linha da regressão do que da média.

Coeficiente de determinação

Às vezes, o SSR é chamado de variação explicada em Y e o SSE, de variação não explicada em Y. A proporção da variação em Y explicada pela equação de regressão é chamada de *coeficiente de determinação* que é representado por r^2. Assim,

$$r^2 = \frac{SSR}{SST} = 1 - \frac{SSE}{SST} \qquad (4\text{-}10)$$

O r^2 mede a variação em Y que é explicada pela equação de regressão.

Desse modo, r^2 pode ser determinado usando tanto o SSR quanto o SSE. Para o exemplo da Construtora Triple A temos:

$$r^2 = \frac{15{,}625}{22{,}5} = 0{,}6944$$

Isso significa que aproximadamente 69% da variação nas vendas (Y) é explicada pela equação de regressão baseada na folha de pagamento (X).

Se cada ponto da amostra estiver sobre a linha da regressão (significando que todos os erros são 0), então 100% da variação em Y poderia ser explicada pela equação da regressão, assim $r^2 = 1$ e SSE = 0. O valor mais baixo possível de r^2 é 0, indicando que X explica 0% da variação de Y. Dessa forma, r^2 pode variar de 0 a 1. No desenvolvimento de equações de regressão, um bom modelo terá um valor de r^2 próximo a 1.

Se cada ponto estiver na linha da regressão, $r^2 = 1$.

Coeficiente de correlação

Outra medida relacionada à linha de regressão é o *coeficiente de correlação*. Essa medida expressa o grau ou a força do relacionamento linear entre as duas variáveis. Ela é geralmente expressa como r e pode ser qualquer número no intervalo fechado de -1 a $+1$. A Figura 4.3

O coeficiente de correlação varia de -1 a $+1$.

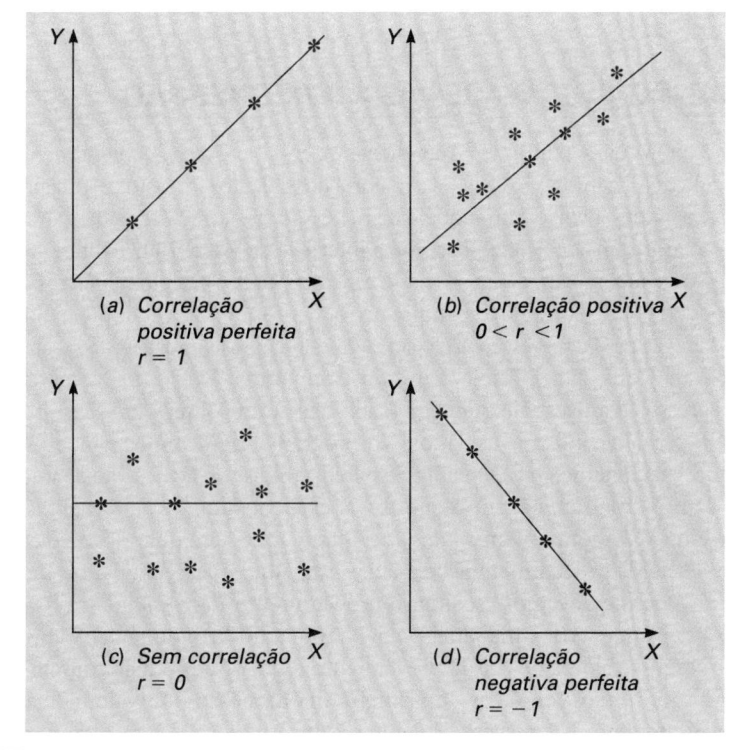

FIGURA 4.3 Quatro valores do coeficiente de correlação.

> **EM AÇÃO** — Modelando com regressão múltipla na empresa canadense TransAlta
>
> A empresa canadense TransAlta é uma companhia de energia de US$1,6 bilhões que opera no Canadá, na Nova Zelândia, na Austrália, na Argentina e nos Estados Unidos. Com sede em Alberta, Canadá, é a maior empresa de utilidade pública do país. Ela serve 340000 clientes em Alberta por meio de 57 instalações de serviço ao consumidor, cada uma com 5 a 20 funcionários. Os 270 funcionários tratam de novas conexões e reparos, vigiam as linhas de transmissão de eletricidade e checam as subestações. Esse sistema não foi resultado de um planejamento central, mas ampliado à medida que a companhia crescia. Com a ajuda da Universidade de Alberta, a TransAlta queria desenvolver um modelo causal para decidir quantos funcionários deveriam ser designados para cada instalação. A equipe de pesquisa decidiu construir um modelo de regressão com somente três variáveis independentes. A parte mais difícil da tarefa foi selecionar variáveis fáceis de quantificar com base nos dados disponíveis. No final, as variáveis explanatórias foram o número de clientes urbanos, o número de clientes rurais e o tamanho geográfico da área de serviço. As suposições implícitas nesse modelo são que o tempo gasto com clientes é proporcional ao número de clientes e o tempo gasto com as instalações (ronda das linhas e checagem das subestações) e viagens é proporcional ao tamanho da área do serviço. Por definição, o tempo não explicado no modelo responde pelo tempo que não é explicado pelas três variáveis (como reuniões, intervalos ou tempo não produtivo).
>
> Os resultados do modelo agradaram os administradores da empresa, e o projeto (que incluiu a otimização das instalações e seus locais) economizou US$4 milhões por ano.
>
> **Fonte:** Baseado em E. Erkut, T. Myroon e K. Strangway. "TransAlta Redesigns Its Service-Delivery Network." *Interfaces* (March – April 2000): 54–69.

ilustra alguns diagramas de dispersão possíveis para os diferentes valores de r. O valor de r é a raiz quadrada de r^2. Ele é negativo se a inclinação da linha for negativa e positivo se a inclinação da linha for positiva. Assim:

$$r = \pm \sqrt{r^2} \tag{4-11}$$

Para o exemplo da Construtora Triple A com $r^2 = 0,6944$

$$r = \sqrt{0,6944} = 0,8333$$

Sabemos que o resultado é positivo porque a inclinação é b = 1,25.

4.5 USANDO SOFTWARE PARA A REGRESSÃO

Software como o QM para Windows (Apêndice 4.2), Excel e Excel QM geralmente são usados para esses cálculos. Utilizamos o Excel para a maioria dos cálculos no resto deste capítulo. Quando usamos o Excel para desenvolver um modelo de regressão, as entradas e saídas para o Excel 2007 e Excel 2003 são as mesmas. Entretanto, como a interface do Excel 2007 é diferente da interface do 2003, o acesso ao suplemento do Excel usado na execução dos cálculos da regressão é diferente nas duas versões do Excel. Consulte o apêndice no final do livro para ver os procedimentos para o Excel 2007. As etapas para a regressão no Excel 2003 estão apresentadas nesta seção.

O exemplo da Construtora Triple A irá mostrar como o Excel é usado para desenvolver modelos de regressão. Para a análise de regressão no Excel 2003, selecione *Ferramentas-Análise de Dados – Regressão* e informe os dados. No Programa 4.1A, vemos o menu suspenso que aparece quando selecionamos *Ferramentas*. Se o item *Análise de Dados* não aparecer, selecione *Suplementos* da lista, marque na janela que abre a caixa ao lado de *Ferramentas de Análise* e depois clique em *OK*. Agora o item *Análise de Dados* aparecerá quando você clicar em *Ferramentas*. Uma lista de procedimentos de análise estatística aparecerá depois de selecionar o item *Análise de Dados* e devemos escolher o procedimento *Regressão* dessa lista, como está mostrado no Programa 4.1B. Uma janela semelhante a do Programa 4.1C abre, assim, podemos entrar com os valores de *X* e *Y*, previamente digitados em duas colunas na planilha. Marcamos a opção *Rótulos* (desde que a primeira fila no nosso intervalo inclua o nome das variáveis) e especificamos o *Intervalo de Saída* se quisermos que os resultados apareçam na mesma página da planilha que contém os dados e não em uma nova planilha. Finalmente,

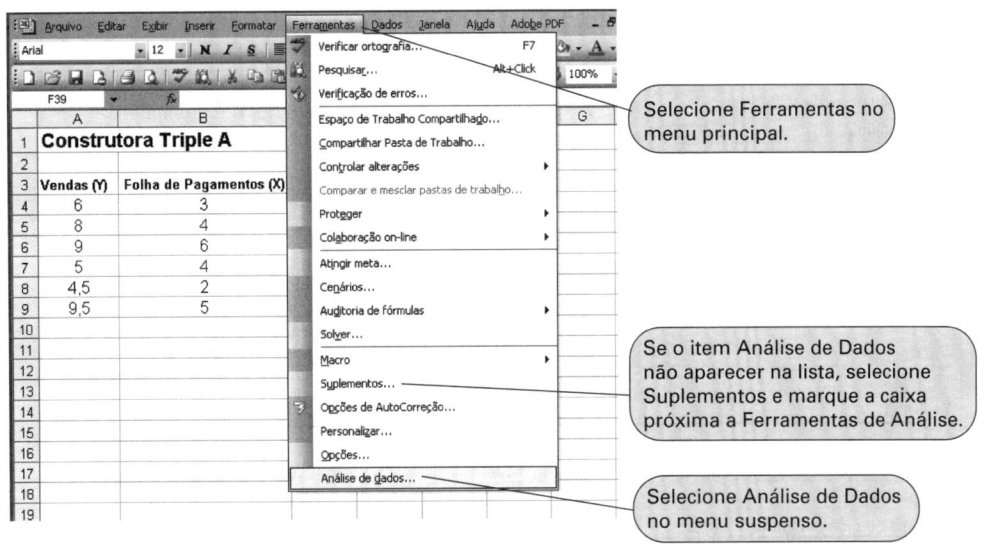

Capítulo 4 • Modelos de Regressão **149**

PROGRAMA 4.1A

Selecione *Ferramentas – Análise de Dados* para obter uma regressão no Excel 2003.

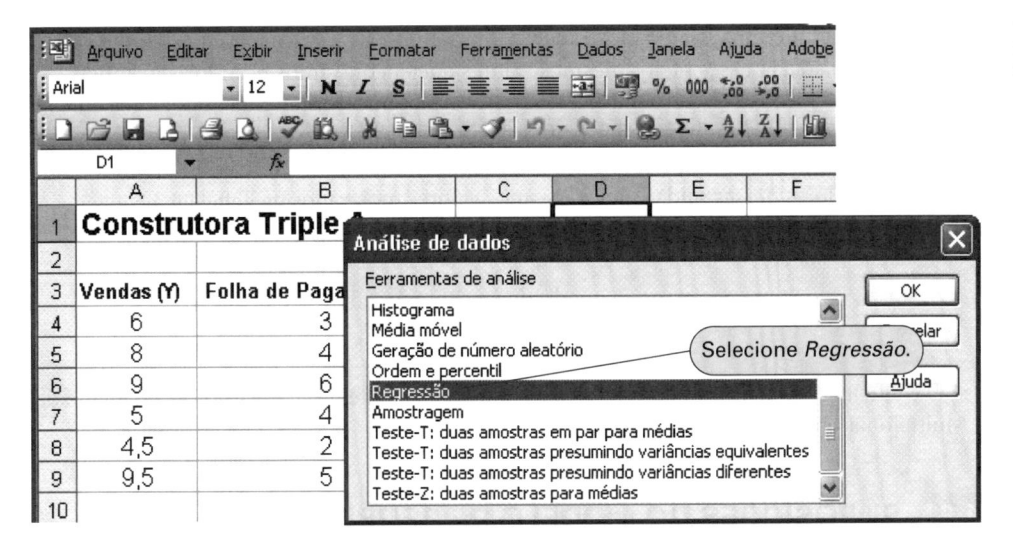

Selecione Ferramentas no menu principal.

Se o item Análise de Dados não aparecer na lista, selecione Suplementos e marque a caixa próxima a Ferramentas de Análise.

Selecione Análise de Dados no menu suspenso.

PROGRAMA 4.1B

Selecionando o procedimento Regressão como na Análise dos Dados.

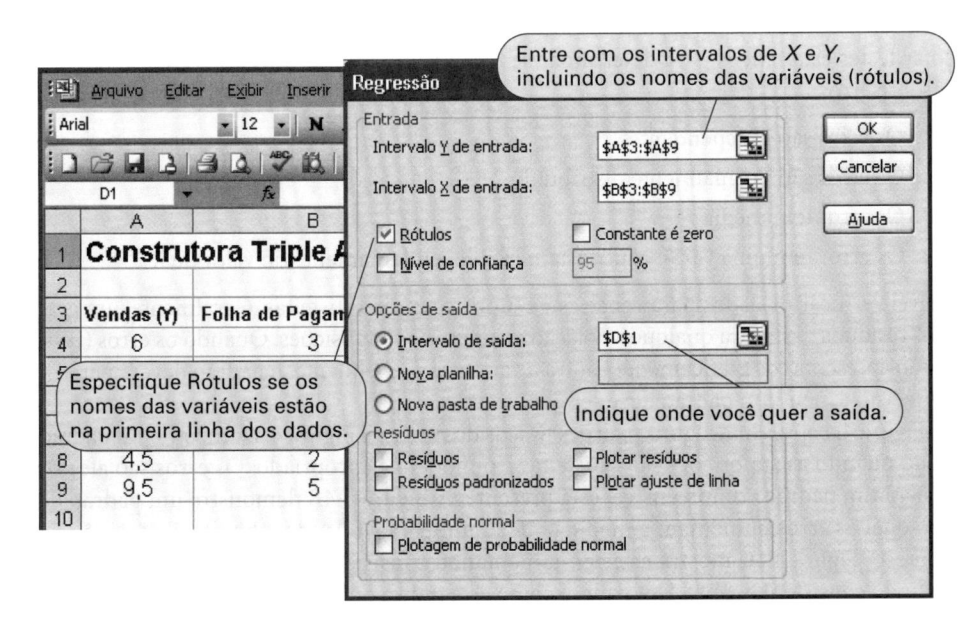

Selecione *Regressão*.

PROGRAMA 4.1C

Entrada do Excel para especificar a localização dos dados.

Entre com os intervalos de *X* e *Y*, incluindo os nomes das variáveis (rótulos).

Especifique Rótulos se os nomes das variáveis estão na primeira linha dos dados.

Indique onde você quer a saída.

PROGRAMA 4.1D
Saída da regressão no Excel.

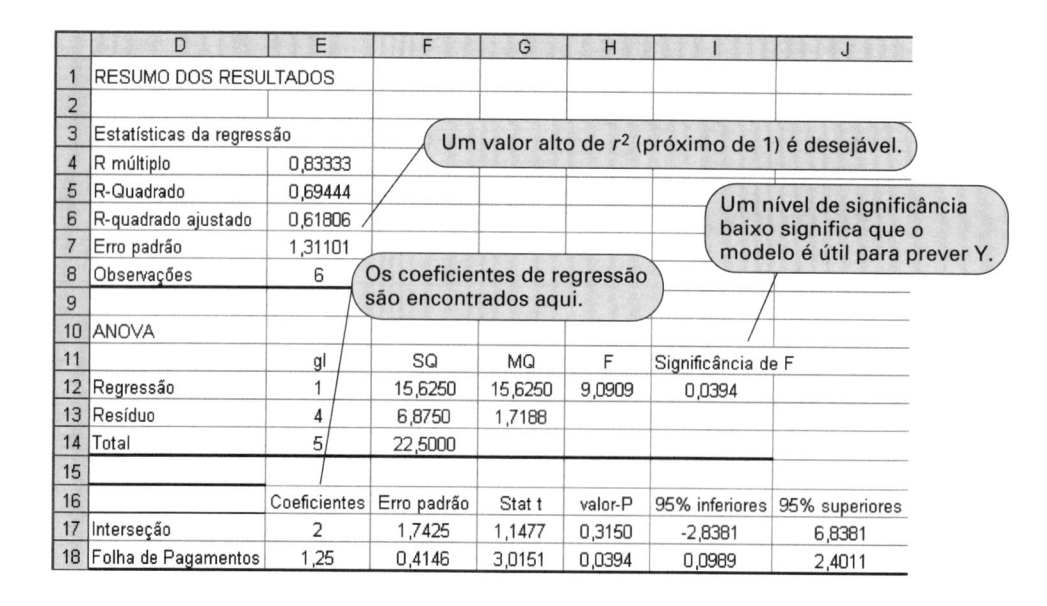

	D	E	F	G	H	I	J
1	RESUMO DOS RESULTADOS						
2							
3	Estatísticas da regressão						
4	R múltiplo	0,83333					
5	R-Quadrado	0,69444					
6	R-quadrado ajustado	0,61806					
7	Erro padrão	1,31101					
8	Observações	6					
9							
10	ANOVA						
11		gl	SQ	MQ	F	Significância de F	
12	Regressão	1	15,6250	15,6250	9,0909	0,0394	
13	Resíduo	4	6,8750	1,7188			
14	Total	5	22,5000				
15							
16		Coeficientes	Erro padrão	Stat t	valor-P	95% inferiores	95% superiores
17	Interseção	2	1,7425	1,1477	0,3150	-2,8381	6,8381
18	Folha de Pagamentos	1,25	0,4146	3,0151	0,0394	0,0989	2,4011

Um valor alto de r^2 (próximo de 1) é desejável.

Um nível de significância baixo significa que o modelo é útil para prever Y.

Os coeficientes de regressão são encontrados aqui.

pressionando *OK* teremos a saída mostrada no Programa 4.1D. Isso mostra que o intercepto é 2 e a inclinação é 1,25. Esses são os mesmos valores que encontramos usando as fórmulas.

Erros são também chamados de resíduos.

Também na saída do Excel no Programa 4.1D está a informação que calculamos antes à mão. As somas dos quadrados são apresentadas na coluna chamada SS. Outro nome para *erro* é *resíduo*. No Excel, *a soma dos erros ao quadrado* é mostrada como a soma dos quadrados dos resíduos. Os valores dessas saídas são os mesmos valores mostrados na Tabela 4.3.

Soma dos quadrados da regressão = SSR = 15,625

Soma dos erros ao quadrado (resíduos) = SSE = 6,8750

Soma total dos quadrados = SST = 22,5

O coeficiente de determinação (r^2) é 0,6944. O coeficiente de correlação (r), chamado de *R* Múltiplo na saída do Excel, é 0,8333.

4.6 SUPOSIÇÕES DO MODELO DE REGRESSÃO

Se conseguirmos fazer certas suposições sobre os erros em um modelo de regressão, podemos executar testes estatísticos para determinar se o modelo é útil. As seguintes suposições são feitas sobre erros:

1. Os erros são independentes.
2. Os erros são normalmente distribuídos.
3. Os erros têm média zero.
4. Os erros têm uma variância constante (independentemente do valor de X).

Um gráfico de erros pode destacar problemas com o modelo.

É possível verificar os dados para ver se essas suposições são satisfeitas. Geralmente, um gráfico dos resíduos destacará qualquer violação evidente nas suposições. Quando os erros (resíduos) são apresentados graficamente contra a variável independente, o padrão deverá parecer aleatório, isto é, nenhum padrão deve ser observável.

A Figura 4.4 apresenta alguns padrões típicos dos erros; a Figura 4.4A mostra um padrão esperado quando as suposições são satisfeitas e o modelo é apropriado. Os erros são aleatórios e nenhum padrão compreensível está presente. A Figura 4.4B demonstra um padrão de erro no qual os erros aumentam à medida que X aumenta, violando a hipótese da variância constante. A Figura 4.4C mostra os erros aumentando consistentemente a princípio e, então, diminuindo consistentemente. Um padrão como esse indica que o modelo não é linear e algu-

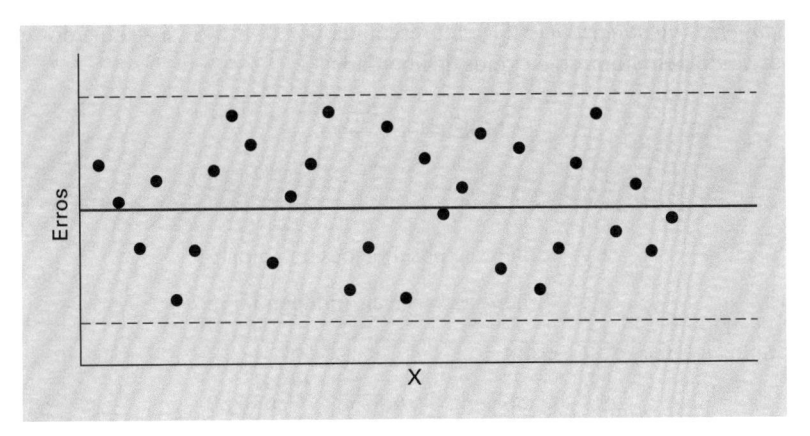

FIGURA 4.4A Padrão dos erros indicando aleatoriedade.

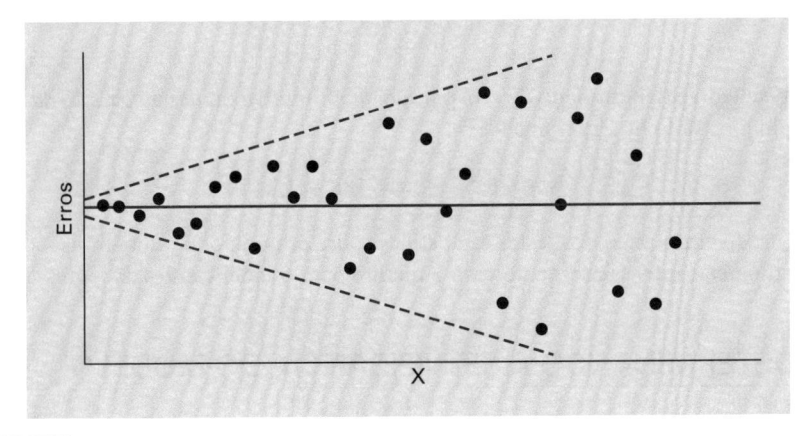

FIGURA 4.4B Variância do erro não constante.

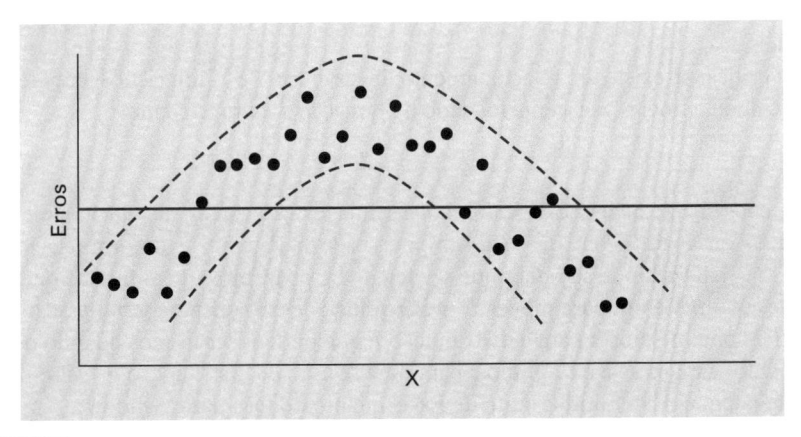

FIGURA 4.4C Erros indicam relacionamento não linear.

ma outra forma (talvez quadrática) deve ser usada. Em geral, padrões nos gráficos dos erros indicam problemas com as hipóteses ou a especificação do modelo.

Estimando a variância

Embora suponha-se que os erros tenham uma variância constante (σ^2), ela geralmente não é conhecida. Contudo, ela pode ser estimada a partir dos valores amostrais. A estimativa de σ^2

A variância do erro é estimada pelo MSE.

é a *média dos erros ao quadrado* (MSE), representada por s^2. A MSE é a soma dos quadrados dos erros dividido pelo número de graus de liberdade:*

$$s^2 = \text{MSE} = \frac{\text{SSE}}{n - k - 1} \quad (4\text{-}12)$$

onde

n = número de observações da amostra

k = número de variáveis independente

Nesse exemplo, $n = 6$ e $k = 1$. Assim

$$s^2 = \text{MSE} = \frac{\text{SSE}}{n - k - 1} = \frac{6,8750}{6 - 1 - 1} = \frac{6,8750}{4} = 1,7188$$

A partir disto podemos estimar o desvio padrão como

$$s = \sqrt{\text{MSE}} \quad (4\text{-}13)$$

Esse resultado é denominado de *erro padrão da estimativa* ou *desvio padrão da regressão*. No exemplo mostrado no Programa 4.1D,

$$s = \sqrt{\text{MSE}} = \sqrt{1,7188} = 1,31$$

Ele é usado em muitos dos testes estatísticos sobre o modelo. É também usado para encontrar estimativas intervalares tanto para Y quanto para os coeficientes da regressão.**

4.7 DETERMINANDO A SIGNIFICÂNCIA DO MODELO

Tanto o MSE e r^2 fornecem uma medida da precisão de um modelo de regressão. Entretanto, quando o tamanho da amostra for muito pequeno, é possível conseguir bons valores para ambos mesmo se não houver um relacionamento entre as variáveis no modelo de regressão. Para determinar se esses valores são significativos, é necessário determinar a significância do modelo.

Para verificar se existe um relacionamento linear entre X e Y, um teste de hipóteses é executado. O modelo linear subjacente foi dado na Equação 4-1 como sendo:

$$Y = \beta_0 + \beta_1 X + \varepsilon$$

Um teste F é usado para determinar se existe um relacionamento entre X e Y.

Se $\beta_1 = 0$, então Y não depende de X. A hipótese nula diz que não existe relacionamento linear entre as duas variáveis (isto é, $\beta_1 = 0$). A hipótese alternada é que existe um relacionamento (isto é, $\beta_1 \neq 0$). Se a hipótese nula pode ser rejeitada, provamos que um relacionamento linear existe, assim, X é útil para prever Y. A distribuição F é usada para testar essa hipótese. O Apêndice D contém valores para a distribuição F que podem ser usados quando os cálculos são executados à mão. Veja o Capítulo 2 para uma revisão da distribuição F. Os resultados do teste também podem ser obtidos tanto do Excel quanto do QM para Windows.

A estatística F usada no teste da hipótese é baseada no MSE (visto na seção anterior) e nas médias dos quadrados da regressão (MSR). O MSR é calculado como:

---

* Quando a amostra for grande ($n > 30$), o intervalo de previsão para um valor individual de Y pode ser calculado usando tabelas normais. Quando o número de observações é pequeno, a distribuição t é apropriada. Para mais detalhes, consulte um bom livro-texto sobre estatística, como HANKE, J. E, REITSCH, A. G. e WICHERN, D. W. *Business Forecasting*. Upper Sadle River (NJ): Prentice Hall, 2001, 7ª ed.

** O MSE é uma medida de precisão comum na previsão. Quando usado com técnicas além da regressão, é comum dividir o SSE por n em vez de $n - k - 1$.

$$\text{MSR} = \frac{\text{SSR}}{k} \qquad (4\text{-}14)$$

onde

k = número de variáveis independentes no modelo

A estatística F é:

$$F = \frac{\text{MSR}}{\text{MSE}} \qquad (4\text{-}15)$$

Baseado nas suposições independentes dos erros do modelo da regressão, essa estatística F calculada é descrita pela distribuição F com:

$gl_1 = k$ = graus de liberdade do numerador

$gl_2 = n - k - 1$ = graus de liberdade para o denominador

onde

k = o número de variáveis (X) independentes

Se os erros forem pequenos, o denominador (MSE) da estatística F é bem menor do que o numerador (MSR) e a estatística F resultante será grande. Isso seria uma indicação de que o modelo é útil. Um nível de significância relacionado ao valor da estatística F é, então, encontrado. Sempre que o valor de F for alto, o nível de significância (valor-p) será baixo, indicando que é extremamente improvável isso ter ocorrido por acaso. Quando o valor de F é alto (com um nível de significância correspondente pequeno), podemos rejeitar a hipótese nula de que não existe relacionamento linear. Isso significa que existe um relacionamento linear e os valores de MSE e r^2 são significativos.

Se o nível de significância para o teste F for baixo, então existe um relacionamento entre X e Y.

O teste de hipóteses é resumido a seguir:

Etapas no teste da hipótese para um modelo de regressão significativo

1. Especifique a hipótese nula e alternativa.

$$H_0: \beta_1 = 0$$
$$H_1: \beta_1 \neq 0$$

2. Selecione o nível de significância (α). Valores comuns são 0,01 e 0,05.

3. Calcule o valor da estatística teste utilizando a expressão:

$$F = \frac{\text{MSR}}{\text{MSE}}$$

4. Tome uma decisão usando um dos seguintes métodos:

   (a) Rejeite a hipótese nula se o valor da estatística teste for maior do que o valor de F obtido da tabela no Apêndice D. De outro modo, não rejeite a hipótese nula:

   $$\text{Rejeite se } F_{\text{calculado}} > F_{\alpha,\, gl1,\, gl2}$$
   $$gl_1 = k$$
   $$gl_2 = n - k - 1$$

   (b) Rejeite a hipótese nula se o nível de significância observado ou valor-p for menor do que o nível de significância (α). De outro modo, não rejeite a hipótese nula:

   $$\text{Valor-}p = P(F > \text{Estatística teste})$$
   $$\text{Rejeite se o valor-}p < \alpha$$

Exemplo da Construtora Triple A

Para ilustrar o processo a fim de testar a hipótese sobre um relacionamento significativo, considere o exemplo da Construtora Triple A. O Apêndice D será usado para fornecer valores para a distribuição F.

Etapa 1.

$$H_0: \beta_1 = 0 \quad \text{(sem relacionamento linear entre } X \text{ e } Y\text{)}$$
$$H_1: \beta_1 \neq 0 \quad \text{(existe um relacionamento linear entre } X \text{ e } Y\text{)}$$

Etapa 2.

$$\text{Selecione } \alpha = 0{,}05.$$

Etapa 3. Calcule o valor da estatística teste. O MSE já foi calculado como 1,7188. O MSR é, então, calculado para que F seja encontrado:

$$\text{MSR} = \frac{\text{SSR}}{k} = \frac{15{,}6250}{1} = 15{,}6250$$

$$F = \frac{\text{MSR}}{\text{MSE}} = \frac{15{,}6250}{1{,}7188} = 9{,}09$$

Etapa 4. (a) Rejeite a hipótese nula se a estatística teste for maior do que o valor de F da tabela no Apêndice D:

$$\text{gl}_1 = k = 1$$
$$\text{gl}_2 = n - k - 1 = 6 - 1 - 1 = 4$$

O valor de F associado com um nível de significância de 5% e com graus de liberdade 1 e 4 é encontrado no Apêndice D. A Figura 4.5 ilustra isso.

$$F_{0{,}05,\,1,\,4} = 7{,}71$$
$$F_{calculado} = 9{,}09$$

Rejeite H_0 porque $9{,}09 > 7{,}71$.

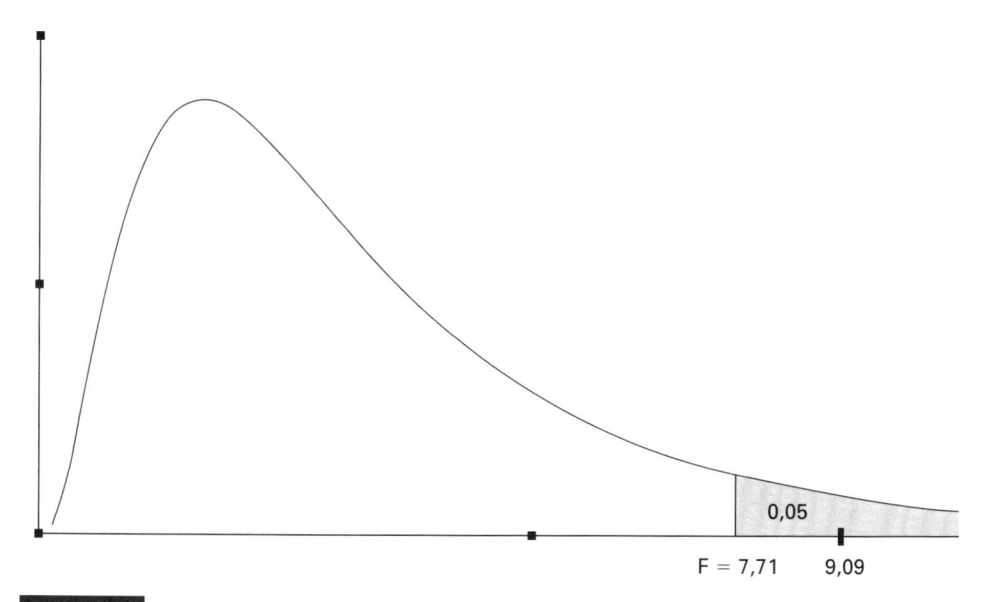

FIGURA 4.5 Distribuição F para testar a significância do modelo da Construtora Triple A.

Há evidência suficiente para concluir que existe um relacionamento estatístico significante entre X e Y, assim, o modelo é útil. A força desse relacionamento é mensurada por $r^2 = 0{,}69$. Desse modo, podemos concluir que aproximadamente 69% da variação nas vendas (Y) é explicado pelo modelo da regressão baseado na folha de pagamento local (X).

A tabela da análise da variância (ANOVA)

Quando um software como o Excel ou QM para Windows é usado para desenvolver modelos da regressão, a saída fornece o nível de significância observado, ou valor-p, para o valor de F calculado. Depois, isso é comparado ao nível de significância (α) para tomar a decisão.

A Tabela 4.4 fornece dados resumidos sobre a tabela da ANOVA. Isso mostra como os números nas últimas três colunas da tabela são calculados. A última coluna dessa tabela, rotulada de Significância F, é o valor-p ou nível de significância observada, que pode ser usado no teste da hipótese sobre o modelo da regressão.

Exemplo da ANOVA da Construtora Triple A

A saída do Excel que inclui a tabela da ANOVA para os dados da Construtora Triple A é mostrada no Programa 4.1D. O nível de significância observado para $F = 9{,}0909$ é dado como 0,0394. Isso significa que

$$P(F > 9{,}0909) = 0{,}0394$$

Como essa probabilidade é menor do que 0,05 (α), vamos rejeitar a hipótese de que não existe um relacionamento linear e concluir que existe um relacionamento linear entre X e Y. Observe na Figura 4.5 que a área sob a curva à direita de 9,09 é claramente menor do que 0,05, que é a área à direita do valor de F associado com um nível de significância 0,05.

4.8 ANÁLISE DA REGRESSÃO MÚLTIPLA

O *modelo da regressão múltipla* é uma extensão prática do modelo que acabamos observar. Ele nos permite construir um modelo com muitas variáveis independentes. O modelo subjacente é

$$Y = \beta_0 + \beta_1 X_1 + \beta_2 X_2 + \ldots + \beta_k X_k X_k + \varepsilon \qquad (4\text{-}16)$$

Um modelo de regressão múltipla tem mais do que uma variável independente.

onde

Y = variável dependente (variável resposta)

X_i = *i-ésima* variável independente (variável previsora ou variável explanatória)

β_0 = intercepto (valor de Y quando todos $X_i = 0$)

β_i = coeficiente da *i-ésima* variável independente

k = número das variáveis independentes

ε = erro aleatório

Para estimar os valores desses coeficientes, uma amostra é tomada e a seguinte equação é desenvolvida:

TABELA 4.4 Tabela da análise da variância (ANOVA) para regressão

	GL	SS	MS	F	SIGNIFICÂNCIA DO F
Regressão	k	SSR	MSR = SSR/k	MSR/MSE	$P(F > \text{MSR/MSE})$
Residual	$n - k - 1$	SSE	MSE = SSE/$(n - k - 1)$		
Total	$n - 1$	SST			

$$\hat{Y} = b_0 + b_1 X_1 + b_2 X_2 + \ldots + b_k X_k \qquad (4\text{-}17)$$

onde

$\hat{Y}$ = valor previsto para Y

b_0 = intercepto da amostra (e é uma estimativa de β_0)

b_1 = coeficiente da amostra da variável *i-ésima* (e é uma estimativa de β_i)

Considere o caso da Administradora de Imóveis Jenny Wilson, uma empresa imobiliária de Montgomery, Alabama. Jenny Wilson, proprietária e corretora da empresa, quer desenvolver um modelo para determinar uma lista de preços sugeridos para casas tendo como base o tamanho e a idade casa. Ela selecionou uma amostra das casas que vendeu recentemente em uma determinada área e registrou o preço de venda, a área em pés quadrados, a idade e a condição (boa, excelente ou nova) de cada casa, como mostra a Tabela 4.5. Inicialmente, Jenny planeja usar somente os pés quadrados e a idade para desenvolver um modelo, mas guarda a informação sobre a condição da casa para usar mais tarde. Ela quer encontrar os coeficientes para o seguinte modelo de regressão múltipla:

$$\hat{Y} = b_0 + b_1 X_1 + b_2 X_2$$

onde

$\hat{Y}$ = valor previsto da variável dependente

b_0 = intercepto

X_1 e X_2 = valor das duas variáveis independentes (pés quadrados e idade), respectivamente

b_1 e b_2 = inclinações de X_1 e X_2, respectivamente

O Excel pode ser usado para desenvolver modelos de regressão múltipla.

A matemática da regressão múltipla é bastante complexa, assim, deixamos as fórmulas para b_0, b_1 e b_2 para os livros de regressão.* O Excel pode ser usado para desenvolver um modelo de regressão múltipla assim como foi usado para um modelo de regressão linear simples. Ao entrar com os dados no Excel, é importante que todas as variáveis independentes estejam em colunas adjacentes para facilitar a entrada quando usar *Ferramentas – Análise de Dados –*

TABELA 4.5 Dados da Administradora de Imóveis Jenny Wilson

Preço de venda (US$)	Pés quadrados	Idade	Condição
95000	1,926	30	Boa
119000	2,069	40	Excelente
124800	1,720	30	Excelente
135000	1,396	15	Boa
142800	1,706	32	Nova
145000	1,847	38	Nova
159000	1,950	27	Nova
165000	2,323	30	Excelente
182000	2,285	26	Nova
183000	3,752	35	Boa
200000	2,300	18	Boa
211000	2,525	17	Boa
215000	3,800	40	Excelente
219000	1,740	12	Nova

---

* Veja, por exemplo, DRAPPER, Norman R., SMITH, Harry. *Applied Regression Analysis*. New York: John Wiley & Sons, 1998, 3ª ed.

PROGRAMA 4.2

Saída da regressão múltipla no Excel para o exemplo da Administradora de Imóveis Jenny Wilson.

	A	B	C	D	E	F	G
1	PREÇO DE VENDA	PQ	IDADE				
2	95000	1926	30				
3	119000	2069	40				
4	124800	1720	30				
5	135000	1396	15				
6	142800	1706	32				
7	145000	1847	38				
8	159000	1950	27				
9	165000	2323	30				
10	182000	2285	26				
11	183000	3752	35				
12	200000	2300	18				
13	211000	2525	17				
14	215000	3800	40				
15	219000	1740	12				
16							
17	RESUMO DOS RESULTADOS						
18							
19	*Estatísticas da regressão*						
20	R múltiplo	0,8197					
21	R-Quadrado	0,6719					
22	R-quadrado ajustado	0,6122					
23	Erro padrão	24312,6073					
24	Observações	14					
25							
26	ANOVA						
27		gl	SQ	MQ	F	Significância do F	
28	Regressão	2	13313936968,46	6656968484,23	11,26195	0,0022	
29	Resíduo	11	6502131602,97	591102873,00			
30	Total	13	19816068571,43				
31							
32		Coeficientes	Erro padrão	Stat t	valor-P	95% inferiores	
33	Intercepto	146630,8936	25482,0829	5,7543	0,0001	90545,2073	202716,5798
34	PQ	43,8194	10,2810	4,2622	0,0013	21,1911	66,4476
35	IDADE	-2898,6862	796,5649	-3,6390	0,0039	-4651,9139	-1145,4586

Notas: O coeficiente de determinação (r^2) é 0,67. Um nível de significância baixo para F prova que existe um relacionamento. Os coeficientes de regressão são encontrados aqui. Os valores-p são usados para testar as significâncias variáveis individuais.

Regressão. A saída do Excel que Jenny Wilson obtém está no Programa 4.2 e fornece a seguinte equação (os coeficientes estão arredondados):

$$\hat{Y} = b_0 + b_1 X_1 + b_2 X_2$$
$$= 146.631 + 44.000 X_1 + 2.899 X_2$$

Avaliando o modelo de regressão múltipla

Um modelo de regressão múltipla pode ser avaliado de maneira semelhante à que o modelo de regressão linear simples é avaliado. O valor-p para o teste F e o r^2 podem ser interpretados da mesma maneira tanto com os modelos de regressão múltipla quanto com os modelos de regressão linear simples.

Entretanto, como existe mais do que uma variável independente, a hipótese do teste F é que todos os coeficientes são iguais a 0. Se todos são 0, então nenhuma das variáveis independentes no modelo é útil para prever as variáveis dependentes.

Para determinar qual das variáveis independentes em um modelo de regressão múltipla é significativa, um teste de significância com o coeficiente para cada variável é executado. Embora os livros de Estatística forneçam detalhes sobre esses testes, os resultados deles são automaticamente exibidos na saída do Excel. A hipótese nula é que o coeficiente é 0 ($H_0: \beta_i = 0$) e a hipótese alternativa é que não é zero ($H_1: \beta_i \neq 0$). A estatística teste é calculada no Excel e o valor-p é dado. Se o valor-p for menor que o nível de significância (α), a hipótese nula é rejeitada e pode-se concluir que a variável é significativa.

Exemplo da Administradora de Imóveis Jenny Wilson

No exemplo da Administradora de Imóveis Jenny Wilson no Programa 4.2, o modelo geral é estatisticamente significativo e útil para prever o preço de venda da casa porque o valor-p para o teste F é 0,002. O valor de r^2 é 0,6719, assim, 67% da variação no preço de venda para essas casas pode ser explicada pelo modelo de regressão. Entretanto, existem duas variáveis independentes no modelo – pés quadrados e idade. É possível que uma delas seja significativa e a outra não. O Teste F apenas indica que o modelo como um todo é significativo.

Dois testes de significância podem ser executados para determinar se pés quadrados ou idade (ou ambos) são significativos. No Programa 4.2 os resultados das duas hipóteses são fornecidos. O primeiro teste para a variável X_1 (pés quadrados) é:

$$H_0: \beta_1 = 0$$

$$H_1: \beta_1 \neq 0$$

Usando um nível de 5% de significância ($\alpha = 0{,}05$), a hipótese nula é rejeitada porque o valor-p para essa situação é 0,0013. Dessa forma, pés quadrados é útil para prever o preço da casa.

Da mesma forma, a variável X_2 (idade) é testada na saída do Excel e o valor-p é 0,0039. A hipótese nula é rejeitada porque esse resultado é menor do que 0,05.

4.9 VARIÁVEIS BINÁRIAS OU AUXILIARES

Todas as variáveis que usamos nos exemplos de regressão foram quantitativas, como valor das vendas, folhas de pagamento, pés quadrados e idade. Todas elas numéricas e fáceis de mensurar. Muitas vezes, acreditamos que uma variável qualitativa seria mais útil do que uma variável quantitativa para prever a variável dependente Y. Por exemplo, a regressão pode ser usada para encontrar um relacionamento entre renda anual e certas características dos funcionários. Anos de experiência em um emprego específico seria uma variável quantitativa. Entretanto, informações como se a pessoa tem ou não um diploma universitário também podem ser importantes. Isso não seria um valor mensurável ou quantitativo, assim, uma variável especial chamada de *variável auxiliar* (ou *variável binária* ou *variável indicadora*) seria usada. A uma variável auxiliar é atribuído o valor de 1, se uma determinada condição é satisfeita (por exemplo, a pessoa tem curso universitário) e o valor de 0 se não for.

Uma variável auxiliar também é chamada de variável indicadora ou variável binária.

Retornando ao exemplo da Administradora de Imóveis Jenny Wilson, Jenny acredita que um modelo melhor pode ser desenvolvido se a condição da propriedade for incluída. Para incorporar o estado de conservação da casa no modelo, Jenny verifica a informação disponível (veja a Tabela 4.5) e percebe que as três categorias são: nova, em boa conservação e em excelente conservação. Visto que essas não são variáveis quantitativas, ela deve usar variáveis auxiliares. Elas são definidas como:

$X_3 = 1$ se a casa apresenta um excelente estado de conservação

$ = 0$ caso contrário

$X_4 = 1$ se a casa é nova

$ = 0$ caso contrário

O número de variáveis auxiliares deve ser um a menos do que o número de categorias da variável qualitativa.

Repare que não existe variável específica para "conservação boa". Se X_3 e X_4 forem 0, a casa não tem uma conservação excelente nem é nova, assim, ela deve estar em boa conservação. Quando usamos variáveis auxiliares, o número de variáveis deve ser 1 a menos do que o número de categorias. Nesse problema, existem três categorias (conservação boa ou excelente e casa nova), desse modo, devemos ter duas variáveis auxiliares. Se usarmos muitas variáveis auxiliares e o número de variáveis se igualar ao número de categorias, os cálculos matemáticos não poderão ser executados ou não fornecerão valores confiáveis.

Essas variáveis auxiliares serão usadas com as duas variáveis anteriores (X_1 = pés quadrados e X_2 = idade) para prever os preços de venda das casas da Jenny Wilson. O Programa 4.3 fornece a saída do Excel para esses novos dados, mostrando como as variáveis auxiliares foram codificadas. O nível de significância para o teste F é 0,00017, assim, esse modelo é estatisticamente significativo. O coeficiente de determinação (r^2) é 0,898, dessa forma, esse é um modelo melhor do que o anterior. A equação de regressão resultante é:

	A	B	C	D	E	F	G	H	I
1	PREÇO DE VENDA	PQ	IDADE	X3 (Excelente)	X4 (Nova)	Conservação			
2	95000	1926	30	0	0	Boa			
3	119000	2069	40	1	0	Excelente			
4	124800	1720	30	1	0	Excelente			
5	135000	1396	15	0	0	Boa			
6	142800	1706	32	0	1	Nova			
7	145000	1847	38	0	1	Nova			
8	159000	1950	27	0	1	Nova			
9	165000	2323	30	1	0	Excelente			
10	182000	2285	26	0	1	Nova			
11	183000	3752	35	0	0	Boa			
12	200000	2300	18	0	0	Boa			
13	211000	2525	17	0	0	Boa			
14	215000	3800	40	1	0	Excelente			
15	219000	1740	12	0	1	Nova			
16									
17	RESUMO DOS RESULTADOS								
18									
19	Estatística de regressão								
20	R múltiplo	0,9476							
21	R-Quadrado	0,8980							
22	R-quadrado ajustado	0,8526							
23	Erro padrão	14987,55							
24	Observações	14							
25									
26	ANOVA								
27		gl	SQ	MQ	F	Significância de F			
28	Regressão	4	17794427451,32	4448606862,83	19,8044	0,0002			
29	Resíduo	9	2021641120,11	224626791,12					
30	Total	13	19816068571,43						
31									
32		Coeficientes	Erro padrão	Stat t	valor-P	95% inferiores	95% superiores		
33	Intercepto	121658,45	17426,61	6,98	0,0001	82236,71	161080,19		
34	PQ	56,43	6,95	8,12	0,0000	40,71	72,14		
35	IDADE	-3962,82	596,03	-6,65	0,0001	-5311,13	-2614,51		
36	X3 (Excelente)	33162,65	12179,62	2,72	0,0235	5610,43	60714,87		
37	X4 (Nova)	47369,25	10649,27	4,45	0,0016	23278,93	71459,57		

PROGRAMA 4.3

Excel com variáveis auxiliares para o exemplo da Administradora de Imóveis Jenny Wilson.

$$\hat{Y} = 121{,}658 + 56{,}430X_1 - 3{,}962X_2 + 33{,}162X_3 + 47{,}369X_4$$

Isso indica que uma casa em conservação excelente ($X_3 = 1$ e $X_4 = 0$) seria vendida por aproximadamente US$33162 a mais do que uma casa em boa conservação ($X_3 = 0, X_4 = 0$). Uma casa nova ($X_3 = 0, X_4 = 1$) seria vendia por aproximadamente US$47,369 a mais do que uma casa em boa conservação.

4.10 CONSTRUÇÃO DO MODELO

No desenvolvimento de um bom modelo de regressão, são identificadas possíveis variáveis independentes e as melhores são selecionadas. O melhor modelo é um modelo estatisticamente significativo com um r^2 alto e poucas variáveis.

À medida que mais variáveis são adicionadas a um modelo de regressão, o r^2 geralmente aumentará e ele não pode diminuir. É tentador continuar adicionando variáveis a um modelo para aumentar o r^2. Entretanto, se muitas variáveis independentes forem incluídas no modelo, problemas surgirão. Por esse motivo, o r^2 ajustado é geralmente usado (em vez do r^2) para determinar se uma variável independente adicional é vantajosa. O r^2 ajustado leva em consideração o número de variáveis independentes no modelo e é possível que ele diminua. A fórmula para o cálculo do r^2 é:

$$r^2 = \frac{SSR}{SST} = 1 - \frac{SSE}{SST}$$

E para o r^2 ajustado é:

$$r^2 \text{ ajustado} = 1 - \frac{SSE/(n-k-1)}{SST/(n-1)} \qquad (4\text{-}18)$$

O valor de r^2 nunca pode diminuir quando mais variáveis são adicionadas ao modelo.
O r^2 ajustado pode diminuir quando mais variáveis são adicionadas ao modelo.

Observe que à medida que o número de variáveis (k) aumenta, $n - k - 1$ diminui. Isso provoca o aumento da SSE/$(n - k - 1)$ e, consequentemente, o r^2 ajustado diminuirá a não ser que a variável adicionada ao modelo cause um decréscimo significativo no SSE. Dessa forma, a redução no erro (e no SSE) deve ser suficiente para contrabalançar a mudança em k.

Como uma regra geral prática, se o r^2 ajustado aumenta quando uma nova variável é adicionada ao modelo, a variável deve, provavelmente, permanecer no modelo. Se o r^2 ajustado diminui quando uma nova variável é adicionada, a variável não deve permanecer no modelo. Outros fatores devem, também, ser considerados quando tentamos construir o modelo, mas eles estão fora do escopo deste capítulo.

Uma variável não deve ser adicionada ao modelo se ela provoca a diminuição do r^2 ajustado.

No exemplo da Administradora de Imóveis Jenny Wilson ilustrado no Programa 4.3, vimos um r^2 de aproximadamente 0,90 e um r^2 ajustado de 0,85. Embora outras variáveis, como o tamanho do terreno, o número de quartos e o número de banheiros, estejam relacionadas ao preço de venda da casa, é melhor não colocá-las no modelo. É provável que essas variáveis estejam correlacionadas aos pés quadrados da casa (por exemplo, mais quartos geralmente significa uma casa maior), o que já está incluído no modelo. Assim, a informação fornecida por essas variáveis adicionais pode ser uma duplicação da informação já contida no modelo.

Quando uma variável independente está correlacionada com outra variável independente, as variáveis são ditas *colineares*. Se uma variável independente está correlacionada a uma combinação de outras variáveis independentes, surgirá uma condição de *multicolinaridade*. Isso pode criar problemas na interpretação dos coeficientes das variáveis na medida em que muitas variáveis fornecem informação duplicada. Por exemplo, se duas variáveis independentes forem custos mensais com salário para uma empresa e custos anuais com salário para uma empresa, a informação fornecida em uma também é fornecida na outra variável. Vários conjuntos de coeficientes de regressão para essas duas variáveis produziriam exatamente os mesmos resultados. Dessa forma, a interpretação individual dessas variáveis seria questionável, embora o próprio modelo ainda seja bom para fins de previsão. Quando existe a multicolinearidade, o teste F geral é válido, mas os testes de hipóteses relacionados aos coeficientes individuais não são. Uma variável pode parecer não ser significativa quando ela, de fato, é.

Multicolinaridade existe quando uma variável está correlacionada a outras variáveis.

4.11 REGRESSÃO NÃO LINEAR

Os modelos de regressão que vimos são lineares. Entretanto, às vezes existem relacionamentos não lineares entre variáveis. Algumas transformações simples das variáveis podem ser usadas para criar um modelo linear a partir de um relacionamento não linear. Isso nos permite usar o Excel e outros programas de regressão linear para efetuar os cálculos. Demonstraremos isso no próximo exemplo.

Operações podem ser usadas para transformar um modelo não linear em um modelo linear.

Para cada automóvel novo vendido nos Estados Unidos, o rendimento do combustível (mensurado em milhas por galão ou MPG) do automóvel está destacado em um adesivo colado na janela. O MPG está relacionado a vários fatores, como o peso do automóvel. Os engenheiros da Coronel Motors foram solicitados a realizar um estudo sobre o impacto do peso do automóvel na tentativa de melhorar o rendimento do combustível ou MPG. Eles concluíram que um modelo de regressão deveria ser usado para tanto.

Uma amostra de doze automóveis novos foi selecionada e a avaliação do peso e MPG foram registrados. A Tabela 4.6 fornece esses dados. Um diagrama de dispersão desses dados visto na Figura 4.6A mostra o peso e MPG. Uma linha de regressão linear foi traçada pelos pontos. O Excel foi usado para determinar uma equação de regressão linear simples a fim de relacionar o MPG (Y) ao peso em 1000 libras (X_1) do carro, da seguinte forma:

$$\hat{Y} = b_0 + b_1 X_1$$

A saída do Excel está mostrada no Programa 4.4. Disto, temos a equação

$$\hat{Y} = 47,6 - 8,2 X_1$$

ou

$$\text{MPG} = 47,6 - 8,2 \text{ (peso em 1000 libras)}$$

TABELA 4.6 Peso do automóvel *versus* MPG

MPG	Peso (1000 libras)	MPG	Peso (1000 libras)
12	4,58	20	3,18
13	4,66	23	2,68
15	4,02	24	2,65
18	2,53	33	1,70
19	3,09	36	1,95
19	3,11	42	1,92

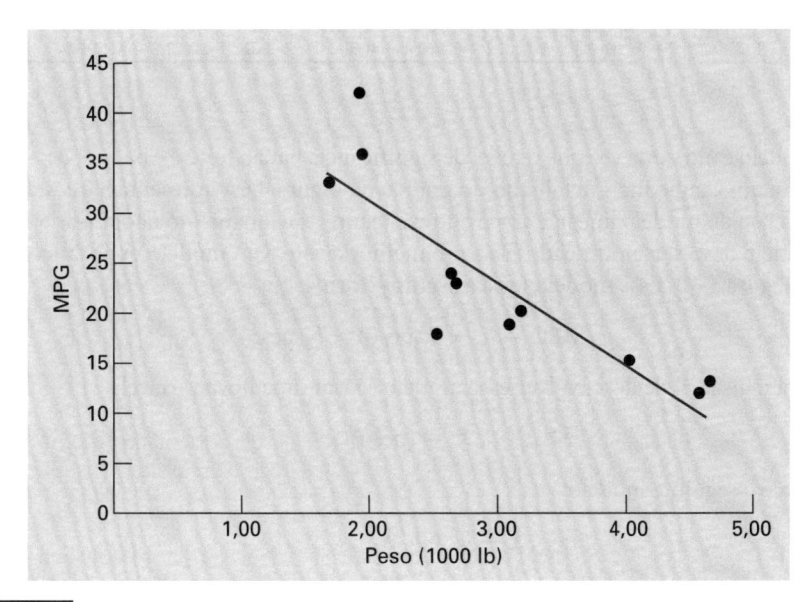

FIGURA 4.6A Modelo linear para os dados do MPG.

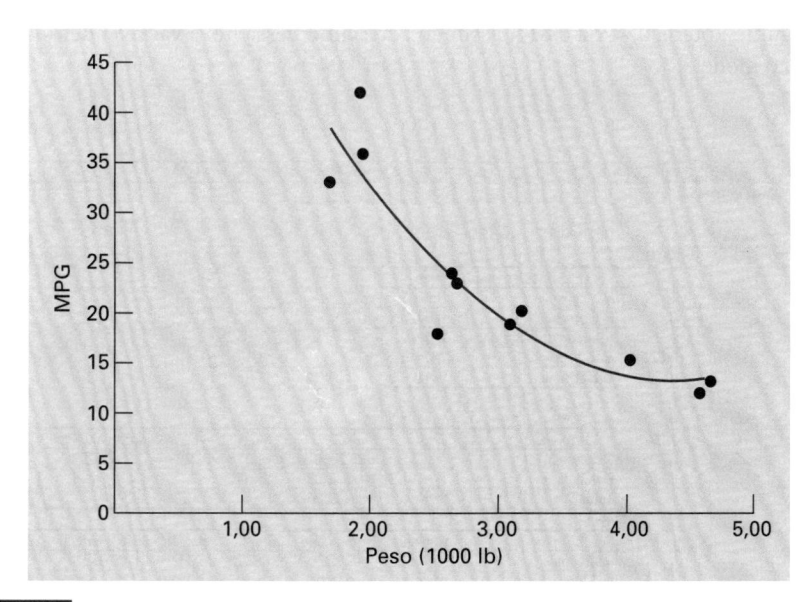

FIGURA 4.6B Modelo não linear para os dados do MPG.

PROGRAMA 4.4
Saída do Excel para o modelo de regressão linear com os dados do MPG.

	A	B	C	D	E	F	G	H	I	J
1	Peso do Carro versus MPG									
2										
3	MPG (Y)	Peso (X_1)		RESUMO DOS RESULTADOS						
4	12	4,58								
5	13	4,66		Estatística de regressão						
6	15	4,02		R múltiplo	0,8629					
7	18	2,53		R-Quadrado	0,7446					
8	19	3,09		R-quadrado ajustado	0,7190					
9	19	3,11		Erro padrão	5,0076					
10	20	3,18		Observações	12					
11	23	2,68								
12	24	2,65		ANOVA						
13	33	1,70			gl	SQ	MQ	F	Signifiância do F	
14	36	1,95		Regressão	1	730,9090	730,9090	29,1480	0,000302	
15	42	1,92		Resíduo	10	250,7577	25,0758			
16				Total	11	981,6667				
17										
18					Coeficientes	Erro padrão	Stat t	valor-P	95% inferiores	95% superiores
19				Intercepto	47,6193	4,8132	9,8936	0,0000	36,8950	58,3437
20				Peso (X_1)	-8,2460	1,5273	-5,3989	0,0003	-11,6491	-4,8428

O modelo é útil, uma vez que o nível de significância para o teste F é baixo e o $r^2 = 0{,}7446$. Entretanto, um exame mais detalhado do gráfico da Figura 4.6A apresenta a questão da adequação do uso do modelo linear. Parece que existe um relacionamento não linear e é provável que o modelo deva ser modificado para um melhor ajuste. Um modelo quadrático está ilustrado na Figura 4.6B. Esse modelo teria a seguinte forma:

$$\text{MPG} = b_0 + b_1(\text{peso}) + b_2(\text{peso})^2$$

A maneira mais fácil de desenvolver esse modelo é criar uma nova variável:

$$X_2 = (\text{peso})^2$$

Isso fornece o seguinte modelo:

$$\hat{Y} = b_0 + b_1 X_1 + b_2 X_2$$

Podemos criar outra coluna no Excel e, novamente, executar o procedimento da regressão linear. A saída está mostrada no Programa 4.5. A nova equação é:

$$\hat{Y} = 79{,}8 - 30{,}2\,X_1 + 3{,}4\,X_2$$

Um valor de significância baixo para F e um r^2 alto são indicativos de um bom modelo.

O nível de significância para F é baixo (0,0002), assim, o modelo é útil e $r^2 = 0{,}8478$. O r^2 ajustado aumentou de 0,719 a 0,814, assim, o acréscimo dessa nova variável definitivamente melhorou o modelo.

PROGRAMA 4.5
Saída do Excel para o modelo de regressão não linear com os dados de MPG.

	A	B	C	D	E	F	G	H	I	J
1	Peso do Carro versus MPG									
2										
3	MPG (Y)	Peso (X_1)	Peso² (X_2)	RESUMO DOS RESULTADOS						
4	12	4,58	20,98							
5	13	4,66	21,72	Estatísticas da regressão						
6	15	4,02	16,16	R múltiplo	0,9208					
7	18	2,53	6,40	R-Quadrado	0,8478					
8	19	3,09	9,55	R-quadrado ajustado	0,8140					
9	19	3,11	9,67	Erro padrão	4,0745					
10	20	3,18	10,11	Observações	12					
11	23	2,68	7,18							
12	24	2,65	7,02	ANOVA						
13	33	1,70	2,89		gl	SQ	MQ	F	Significância do F	
14	36	1,95	3,80	Regressão	2	832,255676	416,1278	25,0661	0,000209	
15	42	1,92	3,69	Resíduo	9	149,41099	16,60122			
16				Total	11	981,666667				
17										
18					Coeficientes	Erro padrão	Stat t	valor-P	95% inferiores	95% superiores
19				Intercepto	79,7888	13,5962	5,8685	0,0002	49,0321	110,5454
20				Peso (X_1)	-30,2224	8,9809	-3,3652	0,0083	-50,5386	-9,9062
21				Peso² (X_2)	3,4124	1,3811	2,4708	0,0355	0,2881	6,5367

Esse modelo é bom para fazer previsões. Entretanto, não devemos interpretar os coeficientes das variáveis de acordo com a correlação entre X_1 (peso) e X_2 (peso ao quadrado). Normalmente, interpretaríamos o coeficiente para X_1 como a mudança em Y que resulta da mudança da unidade 1 em X_1, enquanto mantemos todas as outras variáveis constantes. Obviamente, manter uma variável constante enquanto mudamos as outras é impossível nesse exemplo, já que $X_2 = X_1^2$. Se X_1 mudar, X_2 deve mudar também. Esse é um exemplo de um problema que ocorre quando existe multicolinearidade.

Outros tipos de multicolinearidade podem ser tratados usando uma abordagem similar. Existem várias transformações que ajudam a desenvolver um modelo linear de variáveis com relacionamentos não lineares.

4.12 CUIDADOS E ARMADILHAS NA ANÁLISE DE REGRESSÃO

Este capítulo forneceu uma breve introdução à análise de regressão, uma das técnicas quantitativas mais utilizadas em Administração. Contudo, alguns erros comuns são cometidos com modelos de regressão, assim, é preciso tomar cuidado ao usá-los.

Se as hipóteses não forem satisfeitas, os testes estatísticos podem não ser válidos. Qualquer estimativa de intervalo é, também, inválida, embora o modelo ainda possa ser usado para fins de previsão.

A correlação não significa, necessariamente, causa. Duas variáveis (como o preço dos automóveis e o seu salário anual) podem estar altamente correlacionadas entre si, mas uma não provoca a mudança da outra. Ambas podem mudar devido a outros fatores, como a economia em geral ou a taxa de inflação.

Uma correlação alta não significa que uma variável provoca uma mudança na outra.

Se a multicolinearidade está presente num modelo de regressão múltipla, o modelo continua bom para a previsão, mas a interpretação de coeficientes individuais é questionável. Os testes individuais dos coeficientes de regressão não são válidos.

Usar a equação de regressão fora do intervalo de variação de X é questionável. Um relacionamento linear pode existir dentro do intervalo dos valores de X na amostra. O que acontece fora desse intervalo é desconhecido; o relacionamento linear pode se tornar não linear em certo ponto. Por exemplo, geralmente existe um relacionamento linear entre propaganda e vendas dentro de um intervalo limitado. Se mais dinheiro for gasto em propaganda, as vendas tendem aumentar mesmo que o resto permaneça constante. Entretanto, em algum ponto, o aumento nos gastos com propaganda terá menos impacto nas vendas a não ser que a empresa faça outras coisas para ajudar, como abrir novos mercados ou expandir a oferta de produtos. Se a propaganda aumenta e nada mais muda, as vendas irão se estabilizar em certo patamar.

A equação de regressão não deve ser utilizada com valores de X que estejam acima e abaixo dos maiores valores de X encontrados na amostra.

Associado à limitação em relação à variação de X está a interpretação do intercepto (b_0). Visto que o valor mais baixo para X em uma amostra é geralmente muito maior do que 0, o intercepto é um ponto na linha de regressão fora do intervalo da variação de X. Portanto, não devemos nos preocupar se o teste t para esse coeficiente não for significativo, bem como não devemos usar a equação de regressão para prever o valor de Y quando $X = 0$. Esse intercepto é apenas usado na definição da linha que se ajusta melhor aos pontos da amostra.

Usar o teste F para validar um modelo de regressão linear é útil para prever Y, mas não significa que esse é o melhor relacionamento. Enquanto esse modelo pode explicar muito da variação em Y, é possível que um relacionamento não linear explique ainda mais. Da mesma forma, se for concluído que não existe relacionamento linear, outro tipo de relacionamento pode existir.

Um relacionamento estatisticamente significativo não implica necessariamente valor prático. Com amostras grandes o suficiente, é possível ter um relacionamento estatisticamente significativo, mas o r^2 pode ser 0,01. Isso seria de pouca utilidade para um administrador. Do mesmo modo, um r^2 alto pode ser encontrado por acaso se a amostra for pequena. O teste F deve, também, mostrar significância para estabelecer qualquer valor em r^2.

Um valor significativo de F pode ocorrer mesmo quando o relacionamento não é forte.

RESUMO

A análise de regressão é uma ferramenta quantitativa extremamente valiosa. O uso do diagrama de dispersão ajuda a ver relacionamentos entre variáveis. O teste F é usado para determinar se o resultado pode ser considerado útil. O coeficiente de determinação (r^2) é utilizado para mensurar a proporção da variação em Y que é explicada pelo modelo de regressão. O coeficiente de correlação mensura o relacionamento entre duas variáveis.

A regressão múltipla envolve o uso de mais de uma variável independente. Variáveis auxiliares (binárias ou indicadoras) são usadas com dados qualitativos ou categóricos. Modelos não lineares podem ser transformados em modelos lineares.

Vimos como usar o Excel para desenvolver modelos de regressão. A interpretação da saída do computador foi apresentada e vários exemplos foram fornecidos.

GLOSSÁRIO

Análise de regressão. Procedimento de previsão que usa a abordagem dos mínimos quadrados em uma ou mais variáveis independentes para desenvolver um modelo de previsão.

Coeficiente de correlação (r). Medida de força do relacionamento entre duas variáveis.

Coeficiente de determinação (r^2). Percentagem de variação na variável dependente (Y) explicada pela equação de regressão.

Colinearidade. Condição que existe quando uma variável independente está correlacionada a outra variável independente.

Diagrama de dispersão. Diagrama da variável a ser prevista, plotada contra outra variável, como tempo. Também chamado de gráfico de dispersão.

Erro. Diferença entre o valor real (Y) e o valor previsto ().

Erro médio ao quadrado (MSE). Estimativa da variância do erro.

Erro padrão da estimativa. Estimativa do desvio padrão dos erros, às vezes chamado de desvio padrão da regressão.

Mínimos quadrados. Referência ao critério usado para selecionar a linha da regressão, a fim de minimizar as distâncias ao quadrado entre a linha reta estimada e os valores observados.

Modelo de regressão múltipla. Modelo de regressão que tem mais do que uma variável independente.

Multicolinearidade. Condição que existe quando uma variável independente está correlacionada a outras variáveis independentes.

Nível da significância observada. Outro nome para o valor-p.

R^2 ajustado. Medida do poder explicativo de um modelo de regressão que leva em consideração o número de variáveis independentes no modelo.

Resíduo. Outro termo para erro.

Soma dos Erros ao Quadrado (SSE). Soma total das diferenças ao quadrado entre cada observação (Y) e do valor previsto ().

Soma dos Quadrados da Regressão (SSR). Soma total das diferenças ao quadrado entre cada valor previsto () e a média de ().

Soma Total dos Quadrados (SST). Soma total das diferenças ao quadrado entre cada valor de (Y) e sua média ().

Valor-p. Valor de probabilidade usado quando testamos uma hipótese. A hipótese é rejeitada quando ele for pequeno.

Variável auxiliar. Variável usada para representar um fator qualitativo ou condição. Variáveis auxiliares têm valores de 0 ou 1. Ela também é chamada de variável binária ou variável indicadora.

Variável binária. Ver Variável Auxiliar.

Variável dependente. Variável Y num modelo de regressão. Isto é o que está sendo previsto.

Variável explanatória. Variável independente em uma equação de regressão.

Variável independente. Variável X em uma equação de regressão. Ela é usada para prever a variável dependente (Y).

Variável previsora. Outro nome para a variável explanatória.

Variável resposta. Variável dependente em uma equação de regressão.

EQUAÇÕES-CHAVE

(4-1) $Y = \beta_0 + \beta_1 X + \varepsilon$

Modelo linear subjacente para a regressão linear simples.

(4-2) $\hat{Y} = b_0 + b_1 X$

Modelo de regressão linear simples calculado em uma amostra.

(4-3) $e = Y - \hat{Y}$

Resíduos ou erros da regressão.

(4-4) $b_1 = \dfrac{\Sigma(X - \bar{X})(Y - \bar{Y})}{\Sigma(X - \bar{X})^2}$

Inclinação na linha de regressão.

(4-5) $b_0 = \bar{Y} - b_1 \bar{Y}$

Intercepto na linha de regressão.

(4-6) $\text{SST} = \Sigma(Y - \bar{Y})^2$

Soma total dos quadrados.

(4-7) $SSE = \Sigma e^2 = \Sigma(Y - \hat{Y})^2$

Soma dos erros ou resíduos ao quadrado.

(4-8) $SSR = \Sigma(\hat{Y} - \bar{Y})^2$

Soma dos quadrados devido à regressão.

(4-9) $SST = SSR + SSE$

Relacionamento entre as somas dos quadrados na regressão.

(4-10) $r^2 = \dfrac{SSR}{SST} = 1 - \dfrac{SSE}{SST}$

Coeficiente de determinação.

(4-11) $r = \pm\sqrt{r^2}$

Coeficiente de correlação. Tem o mesmo sinal que coeficiente de inclinação.

(4-12) $s^2 = MSE = \dfrac{SSE}{n - k - 1}$

Estimativa da variância dos erros da regressão, onde n é o tamanho da amostra e k é o número de variáveis independentes.

(4-13) $s = \sqrt{MSE}$

Estimativa do desvio padrão dos erros. Também chamado de erro da estimativa.

(4-14) $MSR = \dfrac{SSR}{k}$

Média dos quadrados da regressão, onde k é o número das variáveis independentes.

(4-15) $F = \dfrac{MSR}{MSE}$

Estatística F usada para testar a significância do modelo de regressão.

(4-16) $Y = \beta_0 + \beta_1 X_1 + \beta_2 X_2 + \ldots + \beta_k X_k + \varepsilon$

Modelo subjacente de regressão múltipla.

(4-17) $\hat{Y} = b_0 + b_1 X_1 + b_2 X_2 + \ldots + b_k X_k$

Modelo da regressão múltipla calculado em uma amostra.

(4-18) $r^2 \text{ ajustado} = 1 - \dfrac{SSE/(n-k-1)}{SST/(n-1)}$

r^2 ajustado usado na construção de modelos de regressão múltipla.

PROBLEMAS RESOLVIDOS

Problema resolvido 4-1

Judith Thompson administra uma floricultura em Gulf Coast, Texas, especializada em arranjos florais para casamentos e outros eventos especiais. Ela anuncia semanalmente nos jornais locais e pensa em aumentar seu orçamento de publicidade. Antes de fazer isso, ela decidiu avaliar a eficácia dos anúncios anteriores. Cinco semanas foram amostradas e o dinheiro gasto em publicidade e o volume das vendas correspondente é mostrado na tabela a seguir. Desenvolva uma equação de regressão que ajudaria Judith a avaliar o seu investimento em publicidade. Encontre o coeficiente de determinação para esse modelo.

Vendas (US$1000)	Anúncio (US$100)
11	5
6	3
10	7
6	2
12	8

Solução

Vendas Y	Anúncio X	$(X - \bar{X})^2$	$(X - \bar{X})(Y - \bar{Y})$
11	5	$(5 - 5)^2 = 0$	$(5 - 5)(11 - 9) = 0$
6	3	$(3 - 5)^2 = 4$	$(3 - 5)(6 - 9) = 6$
10	7	$(7 - 5)^2 = 4$	$(7 - 5)(10 - 9) = 2$
6	2	$(2 - 5)^2 = 9$	$(2 - 5)(6 - 9) = 9$
12	8	$(8 - 5)^2 = 9$	$(8 - 5)(12 - 9) = 9$
$\Sigma Y = 45$	$\Sigma X = 25$	$\Sigma(X - \bar{X})^2 = 26$	$\Sigma(X - \bar{X})(Y - \bar{Y}) = 26$
$\bar{Y} = 45/5$	$\bar{X} = 25/5$		
$= 9$	$= 5$		

$$b_1 = \frac{\Sigma(X - \bar{X})(Y - \bar{Y})}{\Sigma(X - \bar{X})^2} = \frac{26}{26} = 1$$

$$b_0 = \bar{Y} - b_1\bar{X} = 9 - (1)(5) = 4$$

A equação da regressão é

$$\hat{Y} = 4 + 1X$$

Para calcular r^2, usaremos a seguinte tabela:

Y	X	$\hat{Y} = 4 + 1X$	$(Y - \hat{Y})^2$	$(Y - \bar{Y})^2$
11	5	9	$(11 - 9)^2 = 4$	$(11 - 9)^2 = 4$
6	3	7	$(6 - 7)^2 = 1$	$(6 - 9)^2 = 9$
10	7	11	$(10 - 11)^2 = 1$	$(10 - 9)^2 = 1$
6	2	6	$(6 - 6) = 0$	$(6 - 9)^2 = 9$
12	8	12	$(12 - 12) = 0$	$(12 - 0)^2 = 9$
$\Sigma Y = 45$	$\Sigma X = 25$		$\Sigma(Y - \hat{Y})^2 = 6$	$\Sigma(Y - \bar{Y})^2 = 32$
$\bar{Y} = 9$	$\bar{X} = 5$		SSE	SST

A inclinação ($b_1 = 1$) informa que para cada aumento de uma unidade em X (ou US$100 em publicidade), as vendas aumentam uma unidade (ou US$1000). Também, $r^2 = 0,8125$ indica que aproximadamente 81% da variação nas vendas pode ser explicada pelo modelo de regressão com a propaganda como a variável independente.

Problema resolvido 4-2

Use o Excel com os dados do Problema resolvido 4-1 para encontrar o modelo de regressão. O que o teste F informa sobre esse modelo?

Solução

O Programa 4.6 fornece a saída do Excel para esse problema. Podemos ver que a equação é:

$$\hat{Y} = 4 + 1X$$

O coeficiente de determinação (r^2) é 0,8125. O nível de significância para o teste F é 0,0366, o que é menor do que 0,05. Isso indica que o modelo é estatisticamente significativo. Assim, existe evidência suficiente nos dados para concluir que o modelo é útil e existe um relacionamento entre X (publicidade) e Y (vendas).

PROGRAMA 4.6
Saída do Excel para o Problema Resolvido 4-2.

	A	B	C	D	E	F	G
13	Estatística de regressão						
14	R múltiplo	0,9014					
15	R-Quadrado	0,8125					
16	R-quadrado ajustado	0,7500					
17	Erro padrão	1,4142					
18	Observações	5					
19							
20	ANOVA						
21		gl	SQ	MQ	F	Signficância do F	
22	Regressão	1	26	26	13	0,0366	
23	Resíduo	3	6	2			
24	Total	4	32				
25							
26		Coeficientes	Erro padrão	Stat t	valor-P	95% inferiores	95% superiores
27	Intercepto	4	1,5242	2,6244	0,0787	-0,8506	8,8506
28	Vendas X	1	0,2774	3,6056	0,0366	0,1173	1,8827

AUTOTESTE

- Antes de fazer o autoteste, consulte os objetivos de aprendizagem no início do capítulo, as notas nas margens e o glossário no final do capítulo.
- Corrija seu teste utilizando o Apêndice H ao final do livro.
- Estude novamente as páginas que correspondem a todas as perguntas que você respondeu errado ou que não tem certeza.

1. Uma das suposições na análise de regressão é que:
   a. os erros têm uma média de 1.
   b. os erros têm uma média de 0.
   c. as observações (Y) têm uma média de 1.
   d. as observações (Y) têm uma média de 0.
2. Um gráfico dos pontos amostrais utilizado para desenvolver uma linha de regressão é chamado de:
   a. gráfico da amostra.
   b. diagrama de regressão.
   c. diagrama de dispersão.
   d. gráfico de regressão.
3. Quando usamos a regressão, um erro também é chamado de:
   a. um intercepto.
   b. uma previsão.
   c. um coeficiente.
   d. um resíduo.
4. Em um modelo de regressão, Y é chamado de
   a. variável independente.
   b. variável dependente.
   c. variável de regressão.
   d. variável previsora.
5. Uma quantidade que fornece uma medida de quão longe cada ponto da amostra está da linha de regressão é:
   a. o SSR.
   b. o SSE.
   c. o SST.
   d. o MSR.
6. A percentagem da variação na variável dependente que é explicada pela equação de regressão é mensurada pelo(a):
   a. coeficiente de correlação.
   b. MSE.
   c. coeficiente de determinação.
   d. inclinação.
7. Em um modelo de regressão, se cada ponto da amostra está na linha de regressão (todos os erros são 0), então:
   a. o coeficiente de correlação seria 0.
   b. o coeficiente de correlação seria −1 ou 1.
   c. o coeficiente de determinação seria −1.
   d. o coeficiente de determinação seria 0.
8. Quando usamos variáveis auxiliares em uma equação de regressão para modelar uma variável qualitativa ou categórica, o número de variáveis auxiliares seria igual:
   a. ao número de categorias.
   b. a um a mais do que o número de categorias.
   c. a um a menos do que o número de categorias.
   d. ao número de outras variáveis independente no modelo.
9. Um modelo de regressão múltipla difere de um modelo de regressão linear simples porque o modelo de regressão múltipla tem mais do que um(a):
   a. variável independente.
   b. variável dependente.
   c. intercepto.
   d. erro.
10. A significância geral de um modelo de regressão é testada usando o teste F. O modelo é significativo se:
    a. o valor de F é baixo.
    b. o nível de significância do valor de F é baixo.
    c. o valor de r^2 é baixo.
    d. a inclinação é menor do que o intercepto.
11. Uma nova variável não deve ser adicionada a um modelo de regressão se aquela variável provoca:
    a. a diminuição do r^2.
    b. a diminuição do r^2 ajustado.
    c. a diminuição do SST.
    d. a diminuição do intercepto.
12. Um bom modelo de regressão deve ter:
    a. um r^2 baixo e um nível de significância baixo do teste F.
    b. um r^2 alto e um nível de significância alto do teste F.
    c. um r^2 alto e um nível de significância baixo do teste F.
    d. um r^2 baixo e um nível de significância alto do teste F.

QUESTÕES PARA DISCUSSÃO E PROBLEMAS

Questões para discussão

4-1 Qual é o significado dos mínimos quadrados em um modelo de regressão?

4-2 Discuta o uso das variáveis auxiliares em uma análise de regressão.

4-3 Discuta como os coeficientes de determinação e correlação estão relacionados e como eles são usados na análise de regressão.

4-4 Explique como um diagrama de dispersão pode ser usado para identificar o tipo de modelo de regressão a ser utilizado.

4-5 Explique como o valor do r^2 ajustado é usado no desenvolvimento de um modelo de regressão.

4-6 Explique que informação é fornecida pelo teste F.

4-7 O que é o SSE? Como ele está relacionado com o SST e o SSR?

4-8 Explique como um gráfico dos resíduos pode ser usado no desenvolvimento de um modelo de regressão.

Problemas*

4-9 John Smith desenvolveu o seguinte modelo de previsão:

$$\hat{Y} = 36 + 4{,}3X_1$$

onde

$\hat{Y}$ = Demanda para condicionadores de ar K10

X_1 = temperatura externa (°F)

(a) Faça uma previsão da demanda pelo K10 quando a temperatura for 70°F.
(b) Qual é a demanda para uma temperatura de 80°F?
(c) Qual é a demanda para uma temperatura de 90°F?

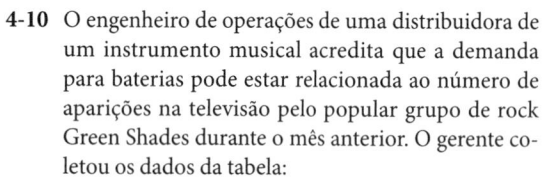

4-10 O engenheiro de operações de uma distribuidora de um instrumento musical acredita que a demanda para baterias pode estar relacionada ao número de aparições na televisão pelo popular grupo de rock Green Shades durante o mês anterior. O gerente coletou os dados da tabela:

Demanda por baterias	Aparição do Green Shades na TV
3	3
6	4
7	7
5	6
10	8
8	5

(a) Faça um gráfico desses dados para ver se uma equação linear pode descrever o relacionamento entre os shows de televisão do grupo e as vendas de baterias.
(b) Usando as equações apresentadas neste capítulo, calcule o SST, SSE e SSR. Encontre a linha da regressão dos mínimos quadrados para esses dados.
(c) Qual é a sua estimativa para as vendas das baterias se o Green Shades apareceu na televisão pelo menos seis vezes no último mês?

4-11 Usando os dados no Problema 4-10, faça um teste para verificar se existe um relacionamento estatisticamente significativo entre as vendas e as aparições na TV a um nível de significância de 0,05. Use as fórmulas deste capítulo e do Apêndice D.

4-12 Usando um software, encontre a linha de regressão dos mínimos quadrados para os dados do Problema 4-10. Com base no teste F, verifique se existe um relacionamento estatisticamente significativo entre a demanda por baterias e o número de aparições da banda de rock na TV.

4-13 Estudantes de uma aula de Ciência da Administração receberam suas notas do primeiro teste. O professor forneceu informações sobre as notas do primeiro teste em aulas anteriores, assim como a média final para os mesmos estudantes. Algumas dessas notas foram amostradas e são:

Estudante	1	2	3	4	5	6	7	8	9
Nota do 1º teste	98	77	88	80	96	61	66	95	69
Média Final	93	78	84	73	84	64	64	95	76

(a) Desenvolva um modelo de regressão para prever a média final do curso com base na nota do primeiro teste.
(b) Faça uma previsão da média final de um estudante que tirou 83 no primeiro teste.
(c) Dê os valores de r e r^2 para esse modelo. Interprete o valor de r^2 no contexto desse problema.

4-14 Usando os dados do Problema 4-13, verifique se existe um relacionamento estatisticamente significativo entre a nota do primeiro teste e a média final ao nível 0,05 de significância. Use as fórmulas deste capítulo e do Apêndice D.

4-15 Use um programa de computador e encontre a linha de regressão dos mínimos quadrados para os dados no Problema 4-13. Com base no teste F, verifique se existe um relacionamento estatisticamente significativo entre as notas do primeiro teste e a média final do curso.

4-16 Steve Caples, um avaliador imobiliário em Lake Charles, Louisiana, desenvolveu um modelo de re-

---

* Q significa que o problema pode ser resolvido com QM para Windows; X significa que o problema pode ser resolvido com o Excel QM; Q/X significa que o problema pode ser resolvido com QM para Windows e/ou Excel QM.

gressão para ajudar na avaliação de casas residenciais na área de Lake Charles. O modelo foi desenvolvido usando casas vendidas recentemente em um bairro específico. O preço (Y) da casa é baseado em pés quadrados (X). O modelo é

$$\hat{Y} = 13{,}473 + 37{,}65X$$

O coeficiente de correlação para o modelo é 0,63.
(a) Use o modelo para prever o preço de venda de uma casa que tem 1860 pés quadrados.
(b) Uma casa com 1860 pés quadrados foi recentemente vendida por US$95000. Explique por que isso não é o que o modelo previa.
(c) Se você usar a regressão múltipla para desenvolver um modelo de avaliação, que outras variáveis quantitativas podem ser incluídas no modelo?
(d) Qual é o coeficiente de determinação para esse modelo?

4-17 Contadores da firma Walker e Walker acreditam que vários executivos, quando viajam, submetem recibos de despesas muito altas quando retornam das viagens de negócios. Os contadores reuniram uma amostra de 200 recibos submetidos no último ano e desenvolveram a seguinte equação de regressão múltipla relacionando custos de viagens esperados (Y) ao número de dias de viagem (X_1) e distância percorrida (X_2) em milhas:

$$\hat{Y} = US\$9000 + 48{,}50X_1 + US\$0{,}40\,X_2$$

O coeficiente de correlação calculado foi 0,68.
(a) Se Thomas Williams retornar de uma viagem de 300 milhas para fora da cidade por cinco dias, qual é o valor esperado de suas despesas?
(b) Williams submeteu um pedido de reembolso de US$685; o que o contador deve fazer?
(c) Comente sobre a validade desse modelo. Outras variáveis devem ser incluídas? Quais? Por quê?

4-18 Treze estudantes entraram no curso de Economia da Faculdade Rollins dois anos atrás. A tabela a seguir indica quais eram as suas médias (GPAs) após cursarem dois anos e a nota de cada aluno em uma parte do exame SAT quando ainda estavam no Ensino Médio. Existe um relacionamento significativo entre as notas do curso e o escore SAT? Se um estudante tirou 450 no SAT, qual será o GPA esperado dele ou dela? E se o aluno tirou 800 pontos?

Estudante	Escore no SAT	GPA	Estudante	Escore no SAT	GPA
A	421	2,90	H	481	2,53
B	377	2,93	I	729	3,22
C	585	3,00	J	501	1,99
D	690	3,45	K	613	2,75
E	608	3,66	L	709	3,90
F	390	2,88	M	366	1,60
G	415	2,15			

4-19 O número de passageiros de ônibus e metrô em Washington, D.C., durante os meses de verão está altamente relacionado ao número de turistas que visitam a cidade. Durante os últimos 12 anos, os seguintes dados foram obtidos:

Ano	Número de turistas (1000000s)	Número de passageiros (100000s)
1	7	15
2	2	10
3	6	13
4	4	15
5	14	25
6	15	27
7	16	24
8	12	20
9	14	27
10	20	44
11	15	34
12	7	17

(a) Faça um gráfico desses dados e determine se um modelo linear é adequado.
(b) Determine um modelo de regressão.
(c) Qual é o número de passageiros esperado se 10 milhões de turistas visitam a cidade?
(d) Se não houver turistas, explique o número de passageiros previsto.

4-20 Use um programa de computador para desenvolver um modelo de regressão para os dados do Problema 4-19. Explique o que essa saída indica sobre a utilidade do modelo.

4-21 Os seguintes dados fornecem o salário inicial para estudantes recém-formados de uma universidade local e os empregos aceitos logo após a formatura. O salário inicial, a média das notas (GPA) e o curso (administração ou outro) são fornecidos.

Salário	US$29500	US$46000	US$39800	US$36500
GPA	3,1	3,5	3,8	2,9
Curso	Outro	Administração	Administração	Outro

Salário	US$42000	US$31500	US$36200
GPA	3,4	2,1	2,5
Curso	Administração	Outro	Administração

(a) Usando um programa de computador, desenvolva um modelo de regressão que poderia ser usado para prever o salário inicial com base no GPA e no curso.
(b) Use esse modelo para prever o salário inicial para um formando do curso de Administração com um GPA de 3,0.

(c) O que o modelo diz sobre o salário inicial para um formando em Administração comparado com um formando de outro curso?

(d) Você acha que esse modelo é útil para prever o salário inicial? Justifique sua resposta usando a informação fornecida pela saída do computador.

4-22 Os dados a seguir fornecem o preço de venda, pés quadrados, número de quartos e a idade de casas que foram vendidas em um bairro nos últimos seis meses. Desenvolva três modelos de regressão para prever o preço de venda com base em cada uma das três variáveis individualmente. Qual dos modelos é o melhor?

Preço de venda (US$)	Pés quadrados	Quartos	Idade
64000	1,670	2	30
59000	1,339	2	25
61500	1,712	3	30
79000	1,840	3	40
87500	2,300	3	18
92500	2,234	3	30
95000	2,311	3	19
113000	2,377	3	7
115000	2,736	4	10
138000	2,500	3	1
142500	2,500	4	3
144000	2,479	3	3
145000	2,400	3	1
147500	3,124	4	0
144000	2,500	3	2
155500	4,062	4	10
165000	2,854	3	3

4-23 Use os dados do Problema 4-22 e desenvolva um modelo de regressão para prever o preço de venda com base na metragem (em pés quadrados) e número de quartos. Use os dados para prever o preço de venda de uma casa com 2000 pés quadrados e com três quartos. Compare esse modelo com os modelos do Exercício 4-22. O número de quartos deve ser incluído no modelo? Justifique.

4-24 Use os dados do Problema 4-22 e desenvolva um modelo de regressão para prever o preço de venda com base na metragem (em pés quadrados), no número de quartos e na idade. Use esses dados para prever o preço de venda de uma casa com 10 anos, 2000 pés quadrados e três quartos.

4-25 Tim Cooper planeja investir dinheiro em um fundo mútuo ligado a um dos maiores índices de mercado, o S&P 500 ou Dow Jones Industrial Médio (DJIA). Para ter uma maior diversificação, Tim pensou em investir em ambos. A fim de determinar se investir nos dois fundos seria vantajoso, TIM coletou 20 semanas de dados e comparou os dois mercados. Os preços de fechamento para cada índice estão na tabela abaixo:

Semana	1	2	3	4	5	6	7
DJIA	10.226	10.473	10.452	10.442	10.471	10.213	10.187
S&P	1.107	1.141	1.135	1.139	1.142	1.108	1.110

Semana	8	9	10	11	12	13	14
DJIA	10.240	10.596	10.584	10.619	10.628	10.593	10.488
S&P	1.121	1.157	1.145	1.144	1.146	1.143	1.131

Semana	15	16	17	18	19	20
DJIA	10.568	10.601	10.459	10.410	10.325	10.278
S&P	1.142	1.140	1.122	1.108	1.096	1.089

Desenvolva um modelo de regressão que prevê o DJIA com base no índice S&P 500. Baseado nesse modelo, o que você esperaria do DJIA quando o S&P for 1100? Qual é o coeficiente de correlação (r) entre os dois mercados?

4-26 O total de despesas de um hospital está relacionado a muitos fatores. Dois deles são o número de camas do hospital e a quantidade de admissões. Dados foram coletados em 14 hospitais, como mostra a tabela a seguir.

Hospital	Número de camas	Admissões	Total de despesas (milhões)
1	215	77	57
2	336	160	127
3	520	230	157
4	135	43	24
5	35	9	14
6	210	155	93
7	140	53	45
8	90	6	6
9	410	159	99
10	50	18	12
11	65	16	11
12	42	29	15
13	110	28	21
14	305	98	63

Encontre o melhor modelo de regressão para prever o total das despesas de um hospital. Discuta a precisão desse modelo. As duas variáveis devem ser incluídas no modelo? Justifique.

4-27 Uma amostra de 20 automóveis foi tomada e as milhas por galão (MPG), a potência e o peso total foram registrados. Desenvolva um modelo de regressão linear para prever o MPG usando a potência como única variável independente. Desenvolva outro modelo com o peso como a variável independente. Qual desses dois modelos é o melhor? Explique.

MPG	Potência	Peso
44	67	67
44	50	50
40	62	62
37	69	69
37	66	66
34	63	63
35	90	90
32	99	99
30	63	63
28	91	91
26	94	94
26	88	88
25	124	124
22	97	97
20	114	114
21	102	102
18	114	114
18	142	142
16	156	153
16	139	139

4-28 Use os dados do Problema 4-27 para desenvolver um modelo de regressão linear múltiplo. Como ele se compara com cada um dos modelos do Problema 4-27?

4-29 Use os dados do Problema 4-27 para encontrar o melhor modelo de regressão quadrático (há mais do que um para ser considerado). Como ele se compara aos modelos dos Problemas 4-27 e 4-28?

4-30 Uma amostra de nove universidades públicas e nove universidades privadas foi coletada. O custo total anual (incluindo alojamento e refeições) e a média do escore do SAT em cada universidade foram registrados. A hipótese era de que as universidades com as médias mais altas do SAT teriam uma reputação melhor e cobrariam mais pelo ensino como resultado disso. Os dados estão na próxima tabela. Use a regressão para responder as seguintes questões baseadas nesses dados amostrais. As faculdades com os escores mais altos no SAT cobram mais pelo ensino? As instituições privadas são mais caras do que as públicas quando os escores do SAT são levados em consideração? Discuta o quão preciso você acredita que esses resultados são utilizando a informação relacionada aos modelos de regressão.

Categoria	Custo total anual (US$)	Média do SAT
Pública	14500	1330
Pública	10400	1080
Pública	11300	1210
Pública	10300	1030
Pública	15400	1030
Pública	14300	1070
Pública	11000	1040
Pública	15700	1260
Pública	13500	1080
Privada	20300	1090
Privada	27700	1230
Privada	24100	1320
Privada	28100	1290
Privada	18100	1420
Privada	23200	1340
Privada	21400	1060
Privada	21200	1150
Privada	21400	1180

4-31 Na liga de beisebol americano, a Liga Nacional é composta de 16 times. O número de vitórias em 162 jogos em 2006 para cada um desses times é mostrado a seguir. A folha de pagamento final para esses times também é apresentada. Desenvolva um modelo de regressão para prever o número de vitórias com base na folha de pagamento. Usando os testes estatísticos associados, discuta a eficácia desse modelo.

Time	Folha de pagamento (US$ milhões)	Vitórias
Mets	117	97
Astros	108	82
Dodgers	107	88
Cubs	99	66
Giants	99	76
Cardinals	96	83
Phillies	93	85
Braves	92	79
Padres	74	88
Nationals	67	71
Reds	64	80
Diamondbacks	61	76
Brewers	58	75
Rockies	53	76
Pirates	43	67
Marlins	21	78

4-32 O preço final de duas ações foi registrado por um período de 12 meses. O preço final do Dow Jones Industrial Médio (DJIA) também foi registrado no mesmo período. Esses valores estão na tabela a seguir:

Mês	DJIA	Ação 1	Ação 2
1	11.168	48,5	32,4
2	11.150	48,2	31,7
3	11.186	44,5	31,9
4	11.381	44,7	36,6
5	11.679	49,3	36,7
6	12.081	49,3	38,7
7	12.222	46,1	39,5
8	12.463	46,2	41,2
9	12.622	47,7	43,3
10	12.269	48,3	39,4
11	12.354	47,0	40,1
12	13.063	47,9	42,1
13	13.326	47,8	45,2

(a) Desenvolva um modelo de regressão para prever o preço da ação 1 com base no Dow Jones Industrial Médio.
(b) Desenvolva um modelo de regressão para prever o preço da ação 2 com base no Dow Jones Industrial Médio.
(c) Qual das duas ações está mais relacionada ao Dow Jones Industrial Médio durante esse período?

ESTUDO DE CASO

Linhas aéreas North–South

Em Janeiro de 2008, as linhas aéreas Northern se uniram às linhas aéreas Southeast, criando a quarta maior companhia de transporte aéreo dos Estados Unidos. A nova empresa North–South herdou uma frota antiga de aviões Boeing 727-300 e Stephen Ruth. Stephen era um ex-secretário da Marinha durão que entrou como novo presidente da empresa e do conselho.

A primeira preocupação de Stephen em criar uma companhia financeiramente sólida foi com os custos de manutenção. Era comumente suposto que os custos de manutenção aumentam com a idade das aeronaves. Ele logo notou que historicamente houve uma diferença significativa nos relatórios dos custos de manutenção do B727-300 (da ATA Formulário 41) tanto na estrutura das aeronaves quanto nos motores entre as linhas aéreas Northern e as linhas aéreas Southeast, com a Southeast tendo a frota mais nova.

Em 12 de fevereiro de 2008, Peg Jones, vice-presidente de operações e manutenção, foi chamado ao escritório de Stephen e solicitado a estudar esse assunto. Especificamente, Stephen queria saber se a idade média da frota estava correlacionada diretamente aos custos de manutenção da estrutura das aeronaves e se havia um relacionamento entre a idade média da frota e os custos de manutenção dos motores. Peg deveria fornecer a informação em 26 de fevereiro, junto com descrições quantitativas e gráficas dos relacionamentos.

O primeiro passo de Peg foi pedir um relatório da idade média da frota do B727-300 da Northern e Southeast, por trimestre, desde o início do serviço daquele tipo de aeronave para cada companhia aérea no final de 1993 e início de 1994. A idade média de cada frota foi calculada inicialmente multiplicando o número total dos dias do calendário que cada aeronave esteve em serviço em um ponto relevante do tempo pela média diária da utilização da respectiva frota ao número total de horas voadas. O total de horas voadas foi, então, dividido pelo número de aeronaves em serviço naquele período, fornecendo a idade média da aeronave na frota.

A utilização média foi encontrada pegando o total real de horas voadas das frotas da Northern e da Southeast em 30 de setembro de 2007 e dividindo pelo total de dias em serviço de todas as aeronaves naquele período. A utilização média para a Southeast foi de 8,3 horas por dia e a utilização média da Northern foi de 8,7 horas por dia.

Como os dados de custo disponíveis foram calculados para cada período anual terminando no final do primeiro trimestre, a idade média da frota foi calculada nos mesmos pontos do tempo. Os dados da frota estão mostrados na tabela seguinte. Os dados do custo de manutenção da estrutura do avião e do custo da manutenção dos motores são mostrados juntamente com a idade média da frota na tabela.

Questão para discussão

1. Prepare a resposta de Peg Jones para Stephen Ruth.

Nota: Datas e nomes das companhias aéreas foram modificados por questões de sigilo. Os dados e o problema descritos aqui são reais.

Dados sobre o Boeing 727-300 das linhas Aéreas North-South

	Dados da Northern			Dados da Southeast		
Ano	Custo da estrutura do avião por aeronave (US$)	Custo do motor por aeronave (US$)	Média da idade (horas)	Custo da estrutura do avião por aeronave (US$)	Custo do motor por aeronave (US$)	Média da idade (horas)
2001	51,80	43,49	6,512	13,29	18,86	5,107
2002	54,92	38,58	8,404	25,15	31,55	8,145
2003	69,70	51,48	11,077	32,18	40,43	7,360
2004	68,70	58,72	11,717	31,78	22,10	5,773
2005	63,72	45,47	13,275	25,34	19,69	7,150
2006	84,73	50,26	15,215	32,78	32,58	9,364
2007	78,74	79,60	18,390	35,56	38,07	8,259

BIBLIOGRAFIA

BERENSON, Mark L., LEVINE, David M., KRIEHBIEL, Timothy C. *Business Statistics: Concepts and Applications*, Upper Saddle River, NJ: Prentice Hall, 2006, 10ª ed.

BLACK, Ken. *Business Statistics: For Contemporary Decision Making*. New York (NY): John Wiley & Sons, 2003, 4ª ed.

DRAPER, Norman R., SMITH,Harry. *Applied Regression Analysis*. New York (NY): John Wiley & Sons, 1998, 3ª ed.

KUTNER, Michael, NETER, John, NACHTSHEIN Chris J.,WASSERMAN, William. *Applied Linear Regression Models*. Boston; New York: McGraw-Hill/Irwin, 2004, 4ª ed.

MENDENHALL,William, SINCICH, Terry L. *A Second Course in Statistics: Regression Analysis*. Upper Saddle River (NJ): Prentice Hall, 2004, 6ª ed.

APÊNDICE 4.1: FÓRMULAS PARA CÁLCULOS DE REGRESSÃO

Quando executamos cálculos de regressão à mão, existem outras fórmulas que podem tornar a tarefa mais fácil e são matematicamente equivalentes às apresentadas no capítulo. No entanto, elas dificultam a análise da lógica por trás das fórmulas e a compreensão do que os resultados realmente significam.

Quando usamos essas fórmulas, é útil fazer uma tabela com as colunas mostradas na Tabela 4.7, que tem os dados da Construtora Triple A usados anteriormente neste capítulo. O tamanho da amostra (n) é 6. Os totais para todas as colunas foram determinados e as médias para X e Y estão calculadas. Uma vez que isso for feito, podemos usar as seguintes fórmulas para determinar um modelo de regressão linear simples (uma variável independente). A equação da regressão linear simples é, novamente, dada como

$$\hat{Y} = b_0 + b_1 X$$

TABELA 4.7 Cálculos preliminares para a Construtora Triple A

Y	X	Y^2	X^2	XY
6	3	$6^2 = 36$	$3^2 = 9$	3(6) = 18
8	4	$8^2 = 64$	$4^2 = 16$	4(8) = 32
9	6	$9^2 = 81$	$6^2 = 36$	6(9) = 54
5	4	$5^2 = 25$	$4^2 = 16$	4(5) = 20
4,5	2	$4,5^2 = 20,25$	$2^2 = 4$	2(4,5) = 9
9,5	5	$9,5^2 = 90,25$	$5^2 = 25$	5(9,5) = 47,5
$\Sigma Y = 42$ $\bar{Y} = 42/6 = 7$	$\Sigma X = 24$ $\bar{X} = 24/6 = 4$	$\Sigma Y^2 = 316,5$	$\Sigma X^2 = 106$	$\Sigma XY = 180,5$

Inclinação da equação da regressão:

$$b_1 = \frac{\Sigma XY - n\bar{X}\bar{Y}}{\Sigma X^2 - n\bar{X}^2}$$

$$b_1 = \frac{180,5 - 6(4)(7)}{106 - 6(4^2)} = 1,25$$

Intercepto da equação da regressão

$$b_0 = \bar{Y} - b_1\bar{X}$$

$$b_0 = 7 - 1,25(4) = 2$$

Soma dos erros ao quadrado:

$$SSE = \Sigma Y^2 - b_0 \Sigma Y - b_1 \Sigma XY$$

$$SSE = 316,5 - 2(42) - 1,25(180,5) = 6,875$$

Estimativa da variância do erro:

$$s^2 = MSE = \frac{SSE}{n-2}$$

$$s^2 = \frac{6,875}{6-2} = 1,71875$$

Estimativa do desvio padrão do erro:

$$s = \sqrt{MSE}$$

$$s = \sqrt{1,71875} = 1,311$$

Coeficiente de determinação:

$$r^2 = 1 - \frac{SSE}{\Sigma Y^2 - n\bar{Y}^2}$$

$$r^2 = 1 - \frac{6,875}{316,5 - 6(7^2)} = 0,6944$$

Essa fórmula para o coeficiente de correlação automaticamente determina o sinal de r. Ela pode também ser encontrada calculando a raiz quadrada de r^2 e atribuindo a ela o mesmo sinal que o da inclinação.

$$r = \frac{n\Sigma XY - \Sigma X \Sigma Y}{\sqrt{[n\Sigma X^2 - (\Sigma X)^2][n\Sigma Y^2 - (\Sigma Y)^2]}}$$

$$r = \frac{6(180,5) - (24)(42)}{\sqrt{[6(106) - 24^2][6(316,5) - 42^2]}} = 0,833$$

APÊNDICE 4.2: MODELOS DE REGRESSÃO USANDO O QM PARA WINDOWS

O uso do QM para Windows a fim de determinar um modelo de regressão é muito fácil. Usaremos os dados da Construtora Triple A para ilustrá-lo. Depois de iniciar o QM para Windows, sob *Modules* (Módulos), selecionamos *Forecasting* (Previsão). Para entrar no problema, selecionamos *New* (Novo) e especificamos *Least Squares – Simple and Multiple Regression* (Mínimos Quadrados – Regressão Simples e Múltipla), como é ilustrado no Programa 4.7A. Isso abre a janela mostrada no Programa 4.7B. Entramos com o número de informações, que são 6, nesse exemplo. Existe somente uma variável (X) independente. Entramos com os dados e os resultados estão no Programa 4.7C. A equação é dada assim como outras informações sobre o modelo.

Lembre-se de que o MSE é uma estimativa do erro da variância (σ^2) e a raiz quadrada disso é o erro padrão da estimativa. A fórmula apresentada no capítulo e usada no Excel é:

$$\text{MSE} = \text{SSE}/(n - k - 1)$$

onde n é o tamanho da amostra e k é o número de variáveis independentes. Essa é uma estimativa imparcial de σ^2. No QM para Windows, o erro médio ao quadrado é calculado como

$$\text{MSE} = \text{SSE}/n$$

Isso é simplesmente o erro médio e é uma estimativa tendenciosa de σ^2. O erro padrão mostrado no Programa 4.7C não é a raiz quadrada do MSE na saída, mas sim é encontrado usando o denominador de $n - 2$. Se esse erro padrão é elevado ao quadrado, você tem o MSE que vimos anteriormente na saída do Excel.

O teste F foi usado para testar a hipótese sobre a eficácia geral do modelo. Para ver a tabela da ANOVA depois de resolvido o problema, selecione *Window – ANOVA Summary* (Janela – Sumário da ANOVA) e uma tela semelhante a do Programa 4.7D será apresentada.

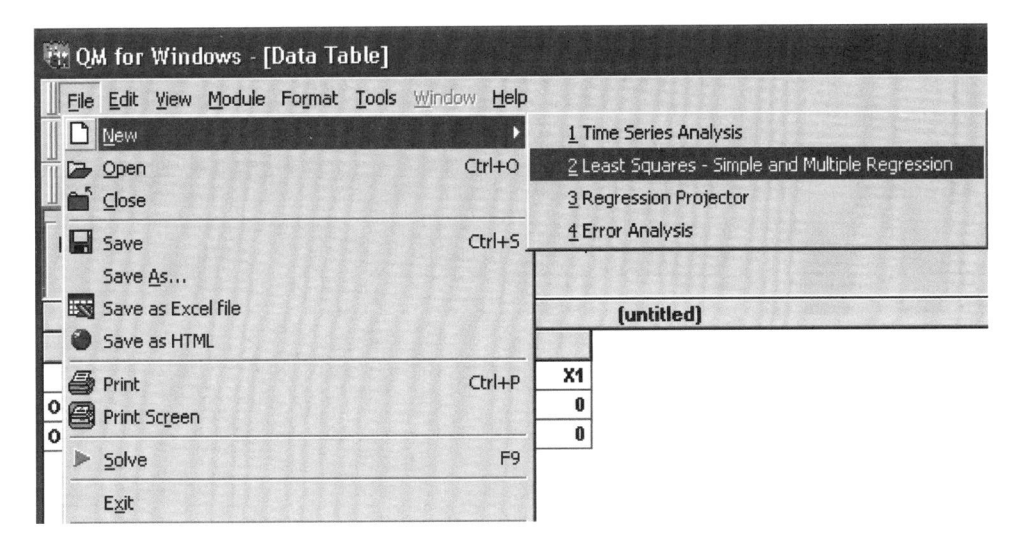

PROGRAMA 4.7A
A Tela de entrada inicial no QM para File – New – Least Squares-Simple and Multiple Regression.

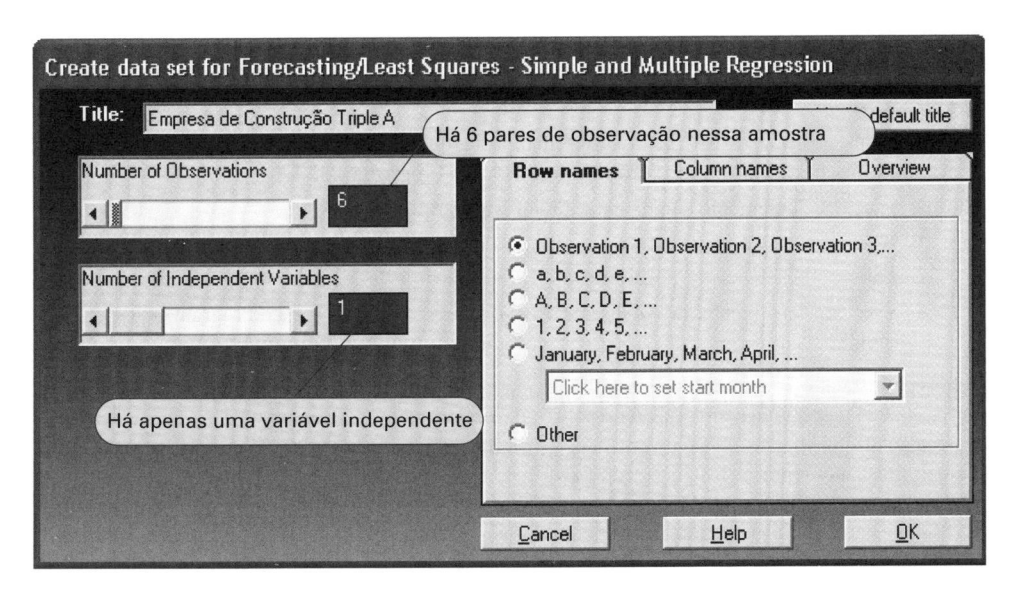

PROGRAMA 4.7B
Segunda tela de entrada no QM para Windows.

PROGRAMA 4.7C
QM para a saída do Windows para a Construtora Triple A.

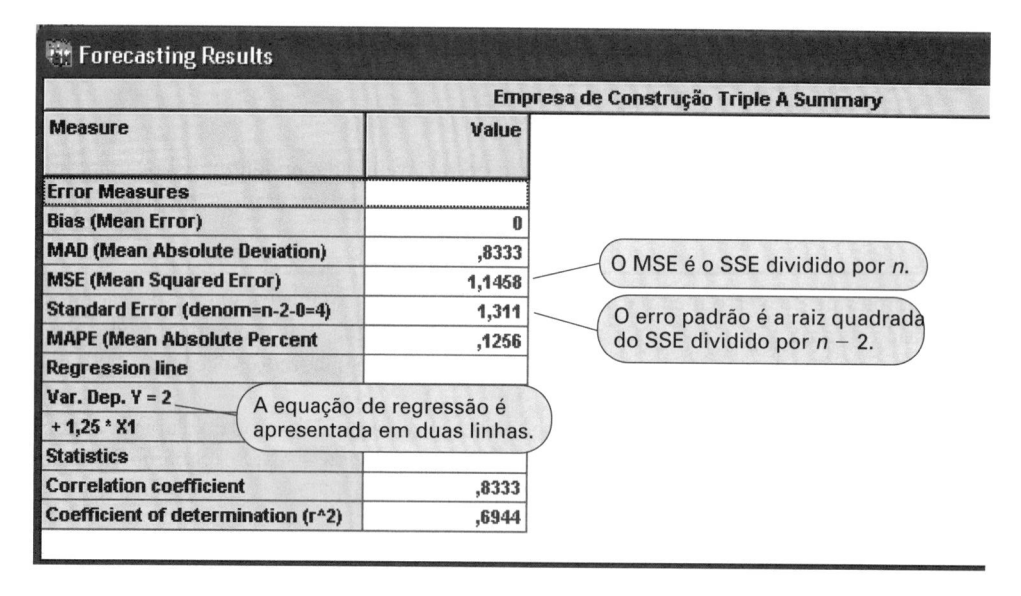

Forecasting Results

Empresa de Construção Triple A Summary

Measure	Value
Error Measures	
Bias (Mean Error)	0
MAD (Mean Absolute Deviation)	,8333
MSE (Mean Squared Error)	1,1458
Standard Error (denom=n-2-0=4)	1,311
MAPE (Mean Absolute Percent	,1256
Regression line	
Var. Dep. Y = 2	
+ 1,25 * X1	
Statistics	
Correlation coefficient	,8333
Coefficient of determination (r^2)	,6944

— O MSE é o SSE dividido por n.

— O erro padrão é a raiz quadrada do SSE dividido por $n - 2$.

— A equação de regressão é apresentada em duas linhas.

PROGRAMA 4.7D
Saída resumo da ANOVA no QM para Windows.

ANOVA Summary

Empresa de Construção Triple A Solution

	Sum	Degrees of Freedom	Mean square
SSR (Sum of squares due to regression)	15,625	1	15,625
SSE (Sum of the squared error)	6,875	4	1,7188
SST (Sum of the squares total)	22,5	5	
F statistic	9,0909		
Probability	,0394		

APÊNDICE 4.3: ACESSANDO ANÁLISE DE REGRESSÃO NO EXCEL 2007

Para executar a regressão no Excel 2007, você deve instalar primeiro o Suplemento Ferramentas de Análise. Para tanto, siga os passos a seguir:

1. Clique no botão do Microsoft Office no topo à esquerda da tela. Clique em Opções do Excel na parte debaixo à direita do menu suspenso (veja o Programa 4.8A).
2. Selecione Suplementos no painel à direita (veja o Programa 4.8B).
3. Selecione Suplementos do Excel na parte debaixo da janela e clique Ir... (veja o Programa 4.8C).
4. Selecione Ferramentas de Análise da lista no painel à esquerda (veja o Programa 4.8D). Clique em OK.

Depois de instalar o Ferramentas de Análise, execute a regressão, selecione o painel Dados (diferente do Excel 2003, em que Ferramentas de Análise aparece no menu Ferramentas) e a Análise de Dados aparece no grupo Análise (veja o último grupo à direita do painel Dados, conforme o Programa 4.8E). A partir desse momento, as instruções do Excel 2003 mostradas anteriormente no capítulo podem ser seguidas. Selecione Análise de Dados – Regressão, entre com os intervalos de X e de Y, especifique se os rótulos estão incluídos nos intervalos de X e Y e especifique onde a saída deve ser vista (o padrão é uma nova planilha).

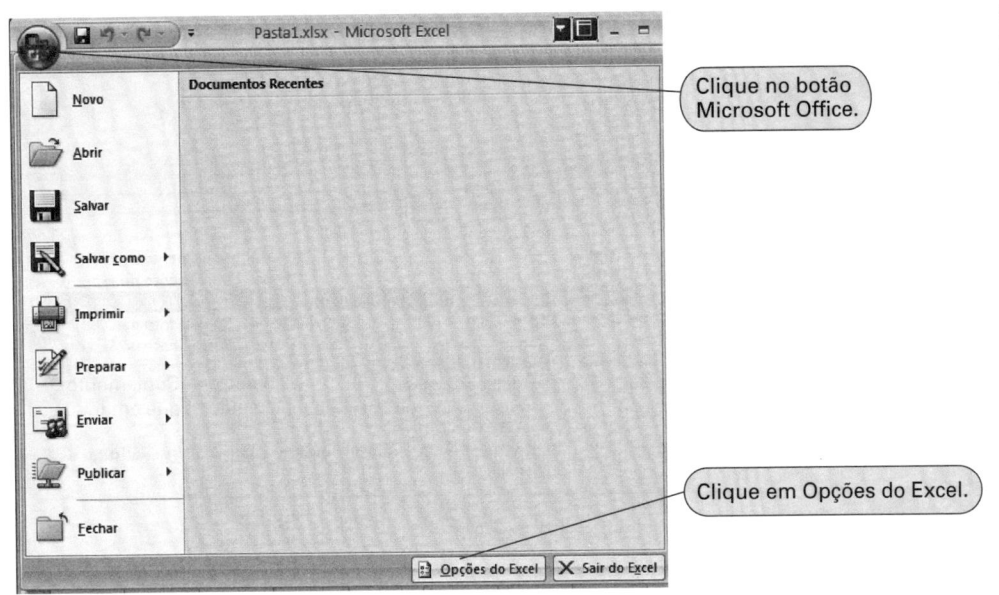

Capítulo 4 • Modelos de Regressão 177

PROGRAMA 4.8A
Instalando a análise de dados no Excel 2007.

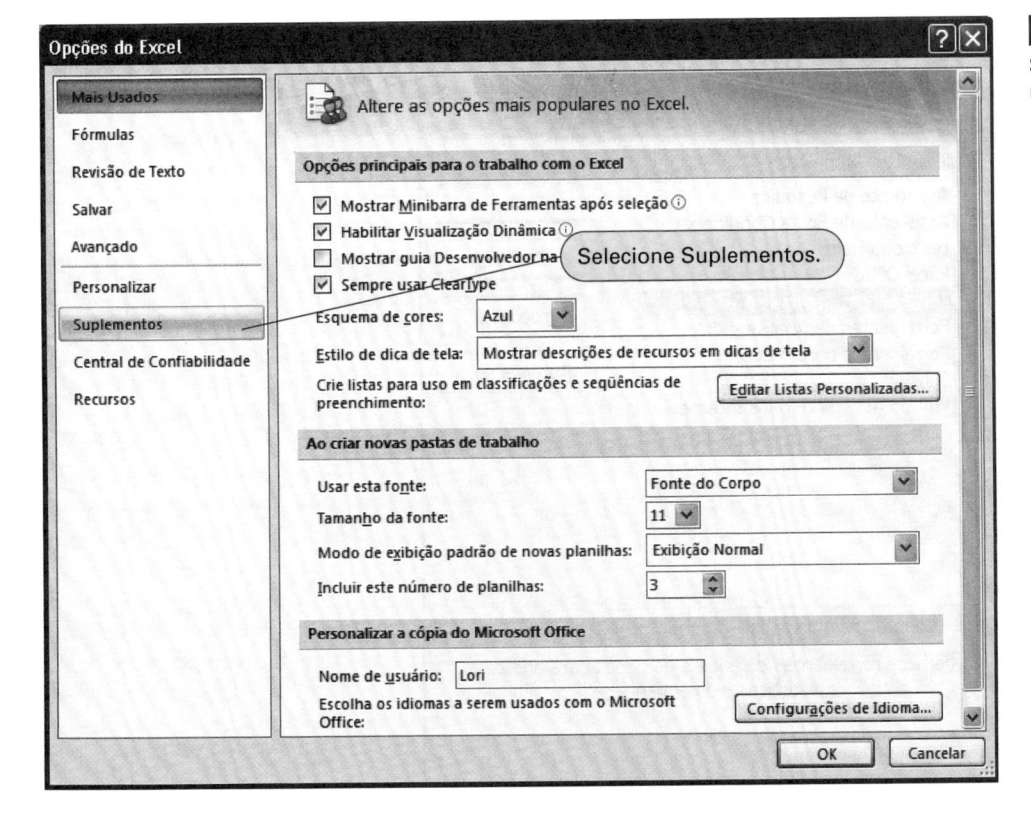

PROGRAMA 4.8B
Selecionando Suplementos no Excel 2007.

178 Análise Quantitativa para Administração

PROGRAMA 4.8C
Tela do Suplementos no Excel 2007.

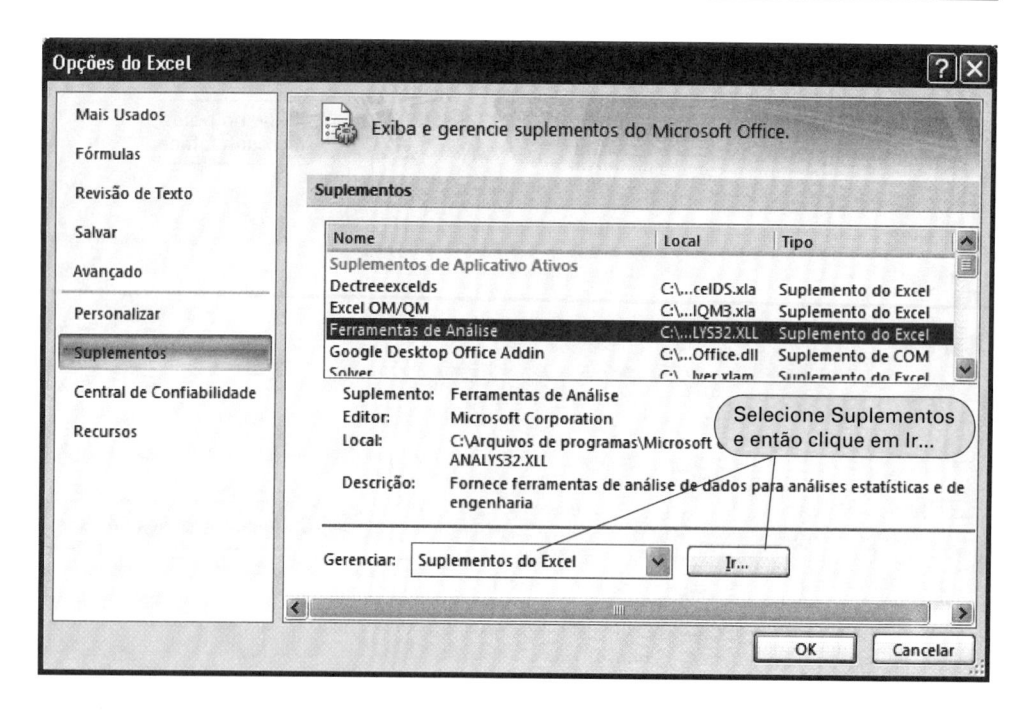

Selecione Suplementos e então clique em Ir...

PROGRAMA 4.8D
Selecionando Ferramentas de Análise no Excel 2007.

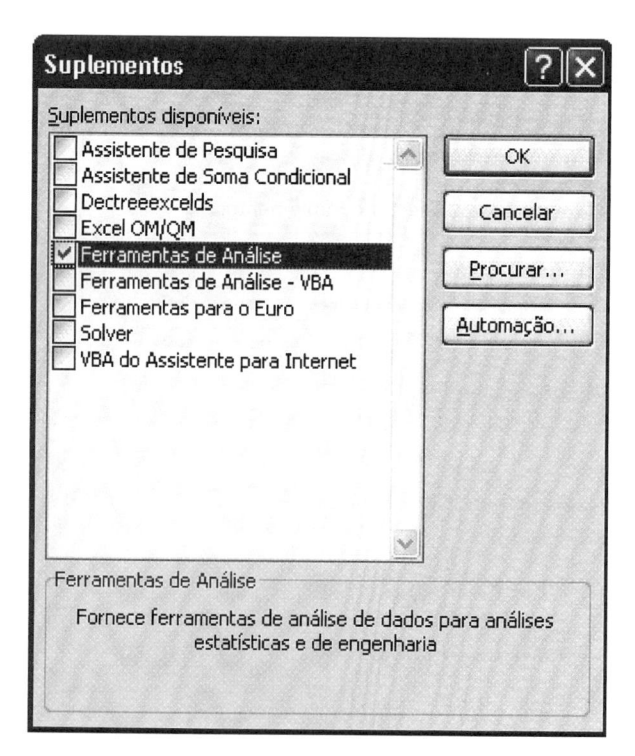

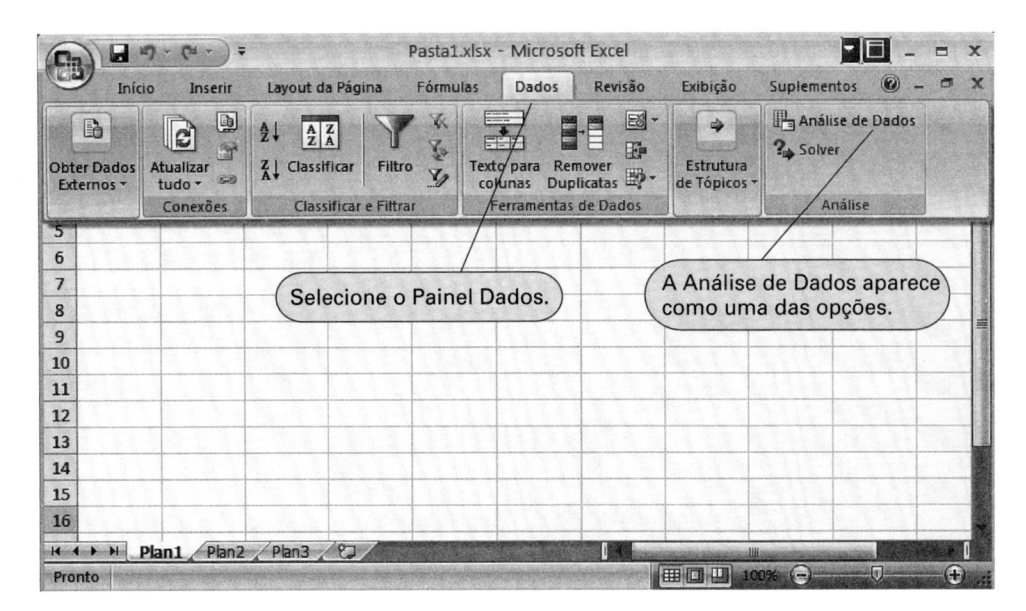

Capítulo 4 • Modelos de Regressão

PROGRAMA 4.8E
Painel Dados e Opção Análise de Dados.

CAPÍTULO 5

Previsão

OBJETIVOS DE APRENDIZAGEM

Depois de ler este capítulo, os alunos serão capazes de:

1. Entender e saber quando utilizar as várias famílias de modelos de previsão
2. Comparar médias móveis, alisamento exponencial e modelos de tendências de séries temporais
3. Ajustar os dados sazonalmente
4. Entender o método Delphi e outras abordagens qualitativas de tomadas de decisão
5. Calcular várias medidas de erros

VISÃO GERAL DO CAPÍTULO

5.1 Introdução
5.2 Tipos de previsão
5.3 Diagramas de dispersão e séries temporais
5.4 Medidas da acurácia da previsão
5.5 Modelos de previsão de séries temporais
5.6 Monitorando e controlando previsões
5.7 Utilizando o computador para prever

Resumo • Glossário • Equações-chave • Problemas resolvidos • Autoteste • Questões para discussão e problemas • Problemas extras na Internet • Estudo de caso: Prevendo o público dos jogos de futebol da SWU • Estudos de caso na Internet • Bibliografia

Apêndice 5.1: Prevendo com o QM para Windows

5.1 INTRODUÇÃO

Diariamente, administradores tomam decisões sem saber o que acontecerá no futuro. Estoques são feitos sem saber se serão vendidos, equipamentos novos são adquiridos sem saber se haverá demanda para os produtos e investimentos são feitos sem ter ideia dos lucros que darão. Os administradores tentam reduzir a incerteza de modo a estimar melhor o que ocorrerá no futuro. Esse é o principal objetivo da previsão.

Existem várias formas de fazer previsões. Em muitas empresas (especialmente nas pequenas), o processo é subjetivo, envolvendo métodos pouco lógicos, intuição e anos de experiência. Existem ainda muitos modelos quantitativos de previsão, como médias móveis, alisamento exponencial, projeções de tendência e análise de regressão.

Independentemente do método utilizado para fazer previsões, os oitos procedimentos a seguir são usados.

As oito etapas da previsão

1. Determinar o uso da previsão – que resultado queremos obter?
2. Selecionar os itens ou quantidades a serem previstas.
3. Determinar o horizonte da previsão – ela será de 1 a 30 dias (período curto), um mês a um ano (período médio) ou de mais de um ano (período longo)?
4. Selecionar o modelo ou modelos de previsão.
5. Obter os dados necessários para realizar a previsão.
6. Validar o modelo de previsão.
7. Realizar a previsão.
8. Aplicar os resultados.

Essas etapas são uma maneira sistemática de iniciar, projetar e executar um sistema de previsão. Quando a previsão for utilizada regularmente, os dados devem ser coletados com frequência e os cálculos ou procedimentos para fazer as previsões podem ser realizados automaticamente. Quando um computador é utilizado, arquivos de dados e programas serão necessários.

Nenhum método é superior. O que funcionar melhor deve ser utilizado.

Raramente há um método único e superior de previsão. Uma empresa pode julgar que a regressão é eficaz, outra pode utilizar várias abordagens, enquanto uma terceira pode combinar técnicas tanto quantitativas quanto subjetivas. A ferramenta que funcionar melhor para a empresa é a que deve ser utilizada

5.2 TIPOS DE PREVISÃO

As três categorias de modelos são séries temporais, causais e qualitativos.

Neste capítulo, vamos considerar modelos de previsão que podem ser classificados em uma de três categorias:

Modelos de séries temporais

Modelos de séries temporais tentam prever o futuro utilizando dados históricos. Esses modelos supõem que os acontecimentos do futuro são uma função do que ocorreu no passado. Em outras palavras, modelos de séries temporais verificam o que ocorreu em um período de tempo e utilizam os dados passados para fazer a previsão. Assim, se estivermos prevendo as vendas semanais para cortadores de grama, utilizamos as vendas semanais anteriores para tanto.

Os modelos de séries temporais vistos neste capítulo são: médias móveis, alisamento exponencial, projeção de tendências e decomposição. A análise de regressão pode ser utilizada na projeção de tendências e em um tipo de modelo de decomposição. O foco principal deste capítulo é a previsão de séries temporais.

```
                    Técnicas
                    de previsão
           ┌────────────┼────────────┐
      Modelos       Métodos de      Métodos
      qualitativos  séries temporais causais
        │              │              │
      Método         Médias         Análise de
      Delphi         móveis         regressão
        │              │              │
      Júri de opiniões Alisamento    Regressão
      de executivos   exponencial    múltipla
        │              │
      Composto da    Projeção
      força de vendas de tendência
        │              │
      Levantamento   Decomposição
      de mercado
```

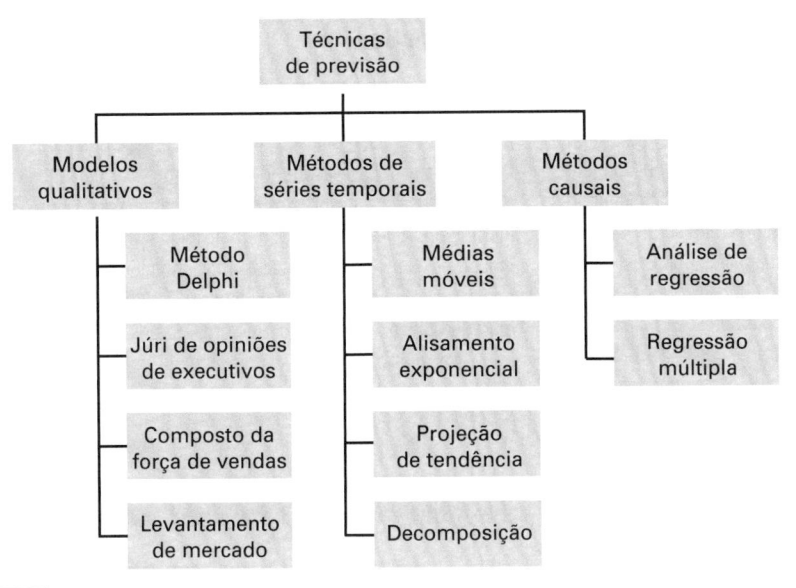

FIGURA 5.1 Modelos de previsão discutidos.

Modelos causais

Modelos causais incorporam variáveis ou fatores que podem influenciar a quantidade sendo prevista. Por exemplo, as vendas diárias de um refrigerante podem depender da estação, da temperatura média, da umidade média, se é fim de semana ou não e assim por diante. Assim, um modelo causal tentará incluir fatores para a temperatura, a umidade, a estação, o dia da semana, etc. Modelos causais ainda podem incluir dados de vendas anteriores como os modelos de séries temporais, mas eles envolvem também outros fatores.

Nosso trabalho como analista quantitativo é desenvolver a melhor relação estatística entre vendas ou a variável sendo prevista e o conjunto de variáveis independentes. O modelo causal quantitativo mais comum é a análise de regressão, apresentada no Capítulo 4. Existem outros modelos causais e muitos deles têm como base a análise de regressão.

Modelos qualitativos

Enquanto as séries temporais são modelos causais e têm como base dados quantitativos, os *modelos qualitativos* tentam incorporar julgamentos ou fatores subjetivos nas previsões. Opiniões de especialistas, experiências individuais, julgamentos e outros fatores subjetivos podem ser considerados. Modelos qualitativos são especialmente úteis quando fatores subjetivos são importantes ou quando dados quantitativos precisos são difíceis de obter.

Eis uma breve visão geral de quatro técnicas qualitativas de previsão:

1. *Método Delphi*. Esse processo iterativo de grupo permite aos especialistas, que podem estar localizados em diferentes lugares, fazerem suas previsões. Existem três tipos diferentes de participantes no processo Delphi: decisores, funcionários e respondentes. O grupo dos decisores geralmente é composto de cinco a dez especialistas que farão as previsões de fato. Os funcionários fornecem suporte aos decisores preparando, distribuindo, coletando e resumindo a coleção de questionários e pesquisas resultantes. Os respondentes são o grupo de pessoas cujos julgamentos são valiosos e procurados. Esse grupo fornece informações aos decisores antes que a previsão seja feita.

2. *Júri de opiniões de executivos*. Esse método coleta as opiniões de um pequeno grupo de administradores de alto nível, muitas vezes utilizando também modelos estatísticos, o que resulta em uma estimativa de grupo para a demanda.

Panorama das quatro abordagens qualitativas ou por julgamentos: Delphi, Júri de opiniões de executivos, Composto da força de vendas e Levantamento do mercado consumidor.

> **EM AÇÃO** — Prevendo a demanda para o Taco Bell
>
> Assim como outros restaurantes de serviço rápido, o Taco Bell entende a troca quantitativa entre a qualidade do trabalho e a velocidade do serviço. Mais de 50% dos US$5 bilhões das vendas diárias provêm de um período de 3 horas para o almoço. Os consumidores não gostam de esperar mais do que 3 minutos para serem servidos, assim, é essencial que funcionários adequados estejam nos lugares apropriados o tempo todo.
>
> O Taco Bell testou diversos modelos para prever a demanda em um intervalo específico de 15 minutos durante cada dia da semana. O objetivo da companhia era encontrar uma técnica que minimizasse o desvio médio ao quadrado entre os valores reais e os previstos. Em virtude dos computadores da companhia armazenarem apenas seis semanas de dados de negócios, o alisamento exponencial não foi considerado. Os resultados indicaram que uma média móvel de seis semanas era a melhor opção.
>
> O modelo de previsão foi implementado em cada um dos computadores das 6500 lojas do Taco Bell e fornece previsões semanais dos negócios. Esse resultado é utilizado pelos gerentes das lojas para agendar os funcionários que começam o expediente em incrementos de 15 minutos e não em blocos de 1 hora como em outras indústrias. O modelo de previsão funcionou tão bem que o Taco Bell registrou uma economia de mais de US$50 milhões em custos de mão de obra e melhoria no atendimento aos consumidores já nos primeiros quatro anos de uso do sistema.
>
> **Fonte:** Com base em J. Hueter e W. Swart. "An Integrated Labor-Management System for Taco Bell," *Interfaces* 28, 1 (January–February 1998): 75–91.

3. *Composto da força de vendas.* Nessa abordagem, cada vendedor estima as vendas na sua região. Essas previsões são analisadas para assegurar que são realistas e depois são combinadas em regiões maiores e nacionalmente, para alcançar uma previsão global.

4. *Levantamento do mercado consumidor.* Esse método solicita informações de consumidores reais ou potenciais sobre seus planos de compras. Ele pode ajudar não apenas na elaboração de previsões, mas também na melhoria de projetos de produtos e no planejamento de novos produtos.

5.3 DIAGRAMAS DE DISPERSÃO E SÉRIES TEMPORAIS

Um diagrama de dispersão auxilia na obtenção de modelos de relacionamentos.

Assim como os modelos de regressão, os *diagramas de dispersão* são úteis na previsão de séries temporais. Um diagrama de dispersão para uma série temporal pode ser apresentado em um gráfico de duas dimensões em que o eixo horizontal representa o período de tempo. A variável a ser prevista (como vendas) é colocada no eixo vertical. Vamos considerar o exemplo de uma empresa que precisa prever as vendas de três produtos diferentes.

As vendas anuais de três de seus produtos dos distribuidores Wacker– aparelhos de televisão, rádios e reprodutores de CD – nos últimos 10 anos são apresentadas na Tabela 5.1.

TABELA 5.1 Vendas anuais de três produtos

Ano	Aparelhos de televisão	Rádios	Aparelhos de CD
1	250	300	110
2	250	310	100
3	250	320	120
4	250	330	140
5	250	340	170
6	250	350	150
7	250	360	160
8	250	370	190
9	250	380	200
10	250	390	190

Uma maneira simples de examinar esses dados históricos e talvez utilizá-los para uma previsão é obter um diagrama de dispersão para cada produto (Figura 5.2). A figura mostrando o relacionamento entre as vendas de um produto ao longo do tempo é útil para destacar tendências ou ciclos. Um modelo matemático que descreva a situação pode ser desenvolvido, se necessário.

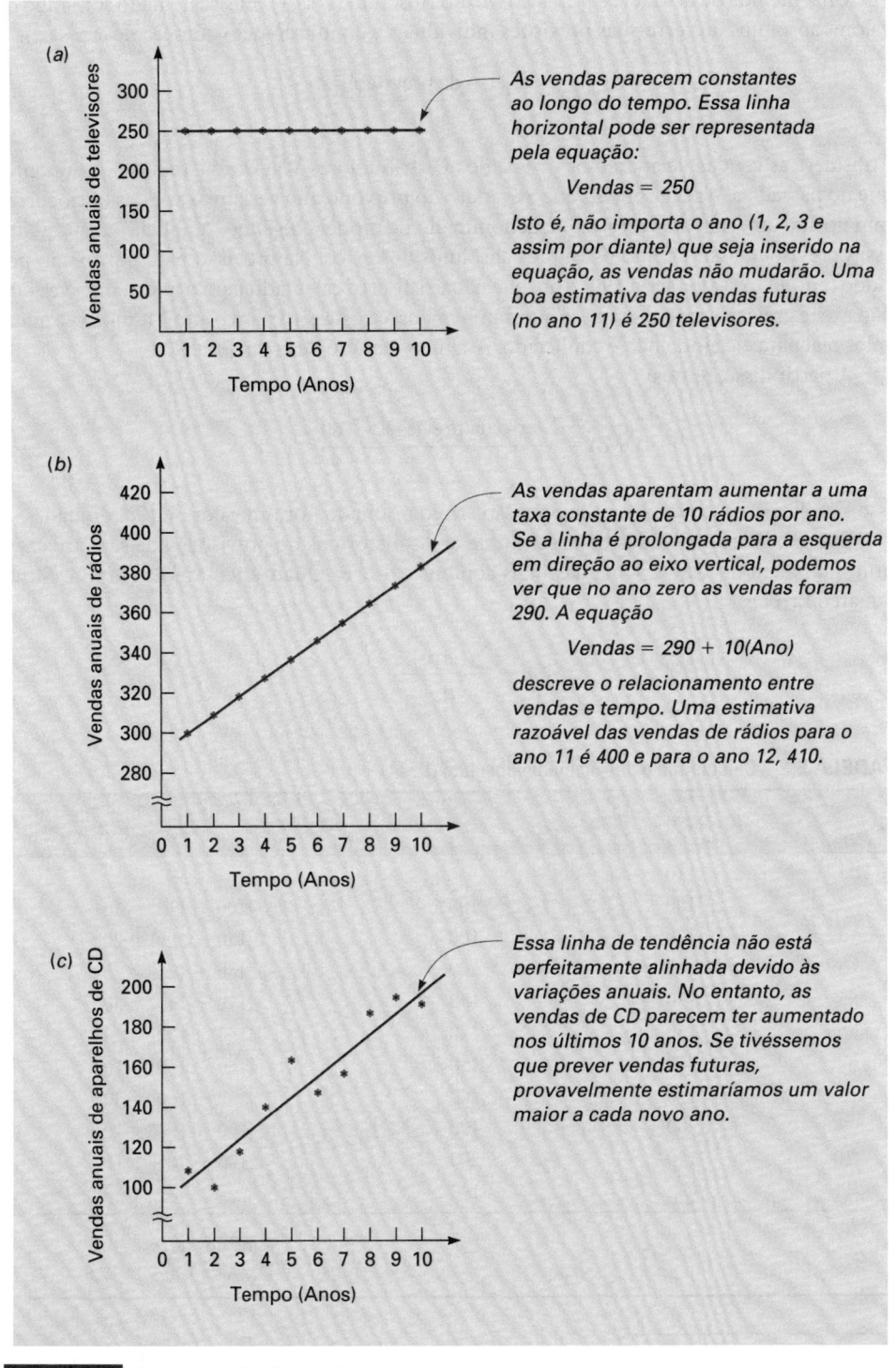

(a) As vendas parecem constantes ao longo do tempo. Essa linha horizontal pode ser representada pela equação:

$$Vendas = 250$$

Isto é, não importa o ano (1, 2, 3 e assim por diante) que seja inserido na equação, as vendas não mudarão. Uma boa estimativa das vendas futuras (no ano 11) é 250 televisores.

(b) As vendas aparentam aumentar a uma taxa constante de 10 rádios por ano. Se a linha é prolongada para a esquerda em direção ao eixo vertical, podemos ver que no ano zero as vendas foram 290. A equação

$$Vendas = 290 + 10(Ano)$$

descreve o relacionamento entre vendas e tempo. Uma estimativa razoável das vendas de rádios para o ano 11 é 400 e para o ano 12, 410.

(c) Essa linha de tendência não está perfeitamente alinhada devido às variações anuais. No entanto, as vendas de CD parecem ter aumentado nos últimos 10 anos. Se tivéssemos que prever vendas futuras, provavelmente estimaríamos um valor maior a cada novo ano.

FIGURA 5.2 Diagrama de dispersão para as vendas.

5.4 MEDIDAS DA ACURÁCIA DA PREVISÃO

Discutimos vários tipos de modelos de previsão neste capítulo. Para verificar quão bem um modelo funciona ou comparar um modelo a outro, os valores previstos são comparados com os valores reais ou observados. O erro de previsão (ou desvio) é definido como:

$$\text{Erro de previsão} = \text{Valor real} - \text{Valor previsto}$$

Uma medida de acurácia é o Desvio Médio Absoluto (DMA). Ele é calculado somando os valores absolutos dos erros das previsões individuais e dividindo pelo número de erros (n).

$$\text{DMA} = \frac{\Sigma|\text{erro da previsão}|}{n} \quad (5\text{-}1)$$

A previsão ingênua para o próximo período é o valor ocorrido no período atual.

Considere as vendas de aparelhos de CD dos Distribuidores Wacker da Tabela 5.1. Suponha que no passado a Wacker previu que as vendas do próximo ano seriam as vendas que ocorreram no ano anterior. Às vezes, isto é denominado de modelo *ingênuo*. A Tabela 5.2 apresenta essas previsões, assim como os valores absolutos dos erros. Na previsão para o próximo período (ano 11), o valor seria 190. Note que não existe erro calculado para o ano 1, uma vez que não existe previsão para esse ano, e que, também, não existe erro para o ano 11, uma vez que o valor real para ele ainda não é conhecido. Assim, o número de erros (n) é 9.

A partir disso, temos:

$$\text{DMA} = \frac{\Sigma|\text{erro da previsão}|}{n} = \frac{160}{9} = 17{,}8$$

Isso significa que, em média, cada previsão erra o resultado por um valor de 17,8 unidades.

Existem outras medidas da precisão de erros históricos de previsões que são, às vezes, utilizadas além do DMA. Uma das mais comuns é o Erro Quadrático Médio (MSE – Mean Squared Error):*

$$\text{MSE} = \frac{\Sigma(\text{erro})^2}{n} \quad (5\text{-}2)$$

TABELA 5.2 Calculando o desvio médio absoluto (DMA)

Ano	Vendas de aparelhos de CD	Vendas previstas	Valores absolutos dos erros (desvios) |ocorridos − previstos|
1	110	–	–
2	100	100	|100 − 110| = 10
3	120	100	|120 − 100| = 20
4	140	120	|140 − 120| = 20
5	170	140	|170 − 140| = 30
6	150	170	|150 − 170| = 20
7	160	150	|160 − 150| = 10
8	190	160	|190 − 160| = 30
9	200	190	|200 − 190| = 10
10	190	200	|190 − 200| = 10
11	–	190	–

Soma dos |erros| = 160
DMA = 190/9 = 17,8

---

* Na análise de regressão, a fórmula do MSE é normalmente ajustada para fornecer um estimador não tendencioso da variância do erro. Ao longo deste capítulo, utilizaremos a fórmula apresentada aqui.

MODELAGEM NO MUNDO REAL: Previsões na Tupperware International

Definir o problema
Para coordenar a produção em cada uma das 15 fábricas nos Estados Unidos, na América Latina, na África, na Europa e na Ásia, a empresa Tupperware precisa de previsões precisas da demanda de seus produtos.

Desenvolver o modelo
Vários modelos estatísticos são utilizados, incluindo o de médias móveis, alisamento exponencial e análise de regressão. A análise qualitativa é também usada no processo.

Obter os dados de entrada
Na sede mundial em Orlando, Flórida, enormes bases de dados são mantidas para rastrear as vendas de cada produto, os testes de mercado de produtos novos (uma vez que 20% das vendas da empresa originam de produtos com menos de dois anos de lançamento) e onde cada produto se encaixa em seu próprio ciclo de vida.

Desenvolver a solução
Cada um dos 50 centros mundiais de lucro da Tupperware desenvolve previsões computadorizadas das vendas mensais, quadrimestrais e anuais. Elas são agregadas por região e depois globalizadas.

Testar a solução
Revisões dessas previsões são feitas pelos departamentos de vendas, marketing, finanças e produção.

Analisar os resultados
Os gerentes participantes analisam as previsões com uma versão da Tupperware para o "júri de opiniões de executivos".

Implementar os resultados
As previsões são utilizadas para determinar a programação dos materiais, equipamentos e pessoal em cada fábrica.

Fonte: Entrevista feita pelos autores com executivos da Tupperware.

Além do DMA e do MSE, o Erro Médio Absoluto Percentual (EMAP) também é utilizado. O EMAP é a média dos valores absolutos expressos como percentuais dos valores reais. Ele é determinado da seguinte maneira:

$$\text{EMAP} = \frac{\sum \left|\frac{\text{erro}}{\text{real}}\right|}{n} 100\% \qquad (5\text{-}3)$$

Existe ainda outro termo comum associado ao erro de previsão. *Viés* é o erro médio e informa se a previsão tende a ser muito alta ou muito baixa e por quanto. Portanto, o viés pode ser negativo ou positivo. Ele não é uma boa medida do valor real dos erros porque os erros negativos podem cancelar os erros positivos.

Três medidas comuns do erro são: DMA, MSE e EMAP. O viés fornece o erro médio e pode ser positivo ou negativo.

5.5 MODELOS DE PREVISÃO DE SÉRIES TEMPORAIS

Uma série temporal é baseada em uma sequência de pontos de dados igualmente espaçados (por semana, mês, quinzena, etc.). Alguns exemplos são: vendas semanais de PCs da IBM, relatórios dos lucros quinzenais da Microsoft Corporation, carregamentos diários de baterias

Eveready e índices anuais do preço ao consumidor nos Estados Unidos. As previsões com dados de séries temporais implicam que valores futuros são previstos *somente* com base em valores passados daquela variável (como foi visto na Tabela 5.1) e que outras variáveis, independentemente da sua validade, são ignoradas.

Decomposição de uma série temporal

As quatro componentes de uma série temporal são: tendência, sazonalidade, ciclos e variações aleatórias.

Analisar uma série temporal significa decompor dados passados em componentes e projetá-los adiante. Uma série temporal tem quatro componentes:

1. *Tendência* (T) é um movimento gradual ascendente ou descendente dos dados ao longo do tempo.
2. *Sazonalidade* (S) é um padrão de flutuação dos dados acima e abaixo da linha de tendência que se repete em intervalos regulares.
3. *Ciclos* (C) são padrões de dados anuais que ocorrem a cada conjunto de anos. São normalmente identificados com ciclos de negócios.
4. *Variações aleatórias* (R) são flutuações dos dados que não seguem um padrão; são fruto do acaso, isto é, de situações não previsíveis e não controláveis.

A Figura 5.3 mostra uma série temporal e suas componentes.

Existem dois modelos genéricos de séries temporais na estatística. O primeiro é um modelo de multiplicação em que a demanda é o produto das quatro componentes. Ele é expresso da seguinte maneira:

$$\text{Demanda} = T \times S \times C \times R$$

Um modelo aditivo soma as componentes de modo a fornecer uma estimativa. A regressão múltipla às vezes é utilizada para desenvolver modelos aditivos. Um relacionamento aditivo é construído da seguinte forma:

$$\text{Demanda} = T + S + C + R$$

Existem outros modelos que podem ser uma combinação desses. Por exemplo, uma das componentes (como a tendência) pode ser aditiva enquanto outra (como a sazonalidade) pode ser multiplicativa.

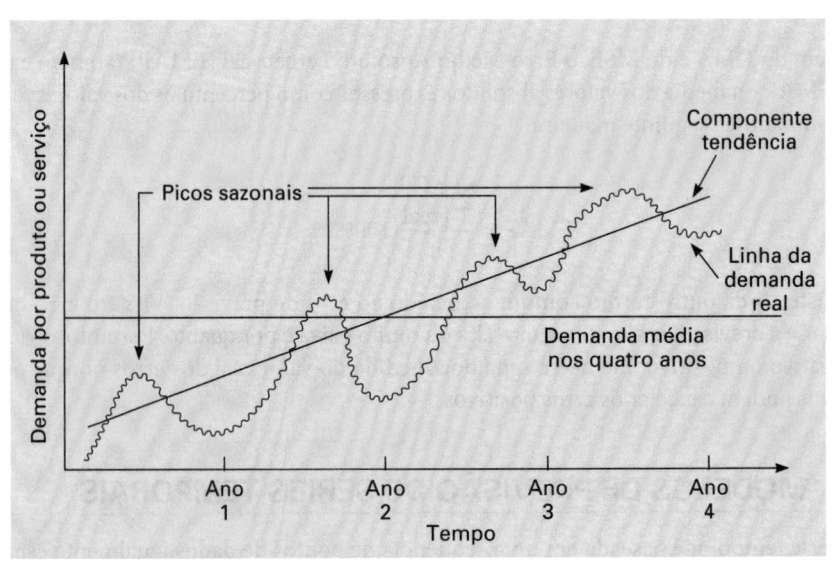

FIGURA 5.3 Demanda de um produto representada em um período de quatro anos com a tendência e a sazonalidade indicada.

Em muitos problemas reais, os previsores assumem que são calculadas as médias das variações aleatórias ao longo do tempo. Esses erros aleatórios muitas vezes são supostos como normalmente distribuídos com média zero. Começaremos verificando as previsões de séries temporais que não apresentam componentes de tendência, sazonalidade ou cíclicas. Esses modelos fornecem formas de tomar as médias dos dados para suavizar as previsões e para não sofrerem grande influência das variações aleatórias. Depois, apresentaremos modelos de previsão que incluem componentes sazonais e de tendência.

Médias móveis

As médias móveis são úteis se pudermos assumir que as demandas de mercado terão um comportamento estável ao longo do tempo. Por exemplo, uma média móvel de quatro meses é determinada pela soma da demanda dos últimos quatro meses dividida por quatro. Ao término de cada mês, os dados do mês mais recente são adicionados à soma dos dados dos meses anteriores, e o mês mais antigo é descartado. Esse processo tende a suavizar as irregularidades de curto prazo da série de dados.

As médias móveis suavizam variações quando preveem demandas bastante estáveis.

Uma previsão com média móvel de período n é expressa da seguinte forma:

$$\text{Previsão por média móvel} = \frac{\text{Soma da demanda em } n \text{ períodos prévios}}{n} \quad (5\text{-}4)$$

Matematicamente, isso é escrito como:

$$F_{t+1} = \frac{Y_t + Y_{t-1} + \cdots + Y_{t-n+1}}{n} \quad (5\text{-}5)$$

onde

F_{t+1} = previsão para o período $t + 1$

Y_t = valor real no período t

n = número de períodos que fazem parte da média

Uma média móvel de quatro meses apresenta $n = 4$; uma média móvel de cinco meses apresenta $n = 5$.

Exemplo da Equipamentos de Jardim Wallace As vendas de galpões de jardim da Equipamentos de Jardim Wallace são apresentadas na coluna do meio da Tabela 5.3. Uma média móvel de três meses está indicada ao lado. A previsão para o mês de janeiro, utilizando essa técnica, é 16. Quando quisermos determinar a previsão para o próximo janeiro, teremos apenas que fazer esse cálculo simples. As demais previsões serão necessárias somente se quisermos determinar o DMA ou outra medida de acurácia.

Quando existe um padrão ou uma tendência visível, ponderações podem ser utilizadas para acrescentar ênfase aos valores mais recentes. Isso torna a técnica mais receptiva a mudanças, porque os últimos períodos podem ter ponderações maiores. A decisão sobre os valores das ponderações a serem utilizadas requer alguma experiência e um pouco de sorte. A escolha dos pesos é, de certa forma, arbitrária, porque não existe uma fórmula para determiná-los. Contudo, vários conjuntos diferentes de pesos ou ponderações podem ser tentados e aquele que fornecer o menor DMA deve ser utilizado. Um problema potencial ao utilizar médias móveis ponderadas é que, se o último mês ou período tiver uma ponderação muito alta, a previsão pode prever uma grande mudança incomum para a demanda ou padrão de vendas rapidamente, quando, de fato, a mudança pode ser resultado de flutuações aleatórias.

Ponderações podem ser utilizadas para dar ênfase a períodos recentes.

Uma *média móvel ponderada* pode ser expressa por:

$$F_{t+1} = \frac{\sum (\text{Pesos no período } i)(\text{Valor real do período})}{\sum (\text{Pesos})} \quad (5\text{-}6)$$

TABELA 5.3 Venda de galpões para jardim da Equipamentos de Jardim Wallace

Mês	Vendas	Média móvel trimestral
Janeiro	10	
Fevereiro	12	
Março	13	
Abril	16	(10 + 12 + 13)/3 = 11,67
Maio	19	(12 + 13 + 16)/3 = 13,67
Junho	23	(13 + 16 + 19)/3 = 16,00
Julho	26	(16 + 19 + 23)/3 = 19,33
Agosto	30	(19 + 23 + 26)/3 = 22,67
Setembro	28	(23 + 26 + 28)/3 = 26,33
Outubro	18	(26 + 28 + 30)/3 = 28,00
Novembro	16	(28 + 30 + 18)/3 = 25,33
Dezembro	14	(28 + 18 + 16)/3 = 20,67
Janeiro	–	(18 + 16 + 14)/3 = 16,00

Matematicamente, isto é:

$$F_{t+1} = \frac{w_1 Y_t + w_2 Y_{t-1} + \cdots + w_n Y_{t-n+1}}{w_1 + w_2 + \cdots + w_n} \quad (5\text{-}7)$$

onde

w_i = peso ou ponderação da i-ésima observação

A Equipamentos de Jardim Wallace decide prever a venda de galpões de jardim ponderando os últimos três meses da seguinte forma:

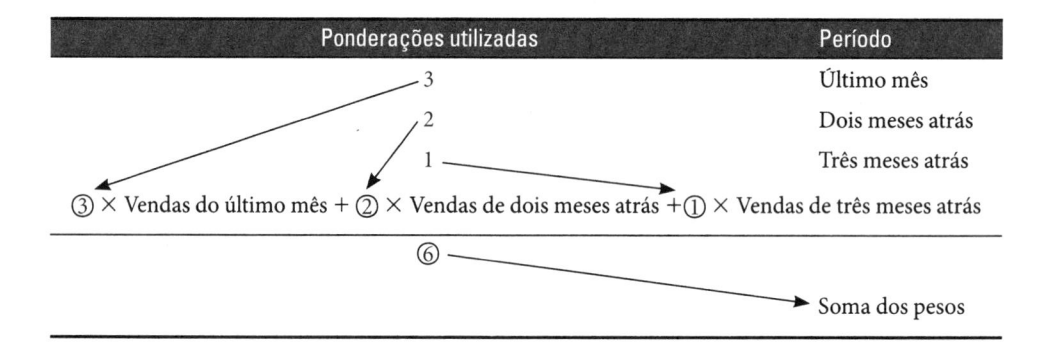

Ponderações utilizadas	Período
3	Último mês
2	Dois meses atrás
1	Três meses atrás

③ × Vendas do último mês + ② × Vendas de dois meses atrás + ① × Vendas de três meses atrás

⑥ → Soma dos pesos

Médias móveis apresentam dois problemas: uma quantidade grande de períodos pode suavizar mudanças reais e elas não detectam tendências.

Os resultados da previsão da média ponderada da Equipamentos de Jardim Wallace são mostrados na Tabela 5.4. Nesta situação de previsão específica, é possível verificar que ponderar mais o último mês produz projeções mais precisas; calcular o DMA para cada uma delas comprova isso.

Tanto as médias móveis simples quanto as ponderadas são eficazes em suavizar flutuações súbitas no padrão da demanda de forma a produzir estimativas estáveis. As médias móveis, no entanto, apresentam dois problemas. Primeiro, aumentar o valor de *n* (o número de perío-

TABELA 5.4 Previsões por médias móveis ponderadas para a Equipamentos de Jardim Wallace

Mês	Vendas	Média móvel trimestral
Janeiro	10	
Fevereiro	12	
Março	13	
Abril	16	$(1 \times 10 + 2 \times 12 + 3 \times 13)/6 = 12{,}17$
Maio	19	$(1 \times 12 + 2 \times 13 + 3 \times 16)/6 = 14{,}33$
Junho	23	$(1 \times 13 + 2 \times 16 + 3 \times 19)/6 = 17{,}00$
Julho	26	$(1 \times 16 + 2 \times 19 + 3 \times 23)/6 = 20{,}50$
Agosto	30	$(1 \times 19 + 2 \times 23 + 3 \times 26)/6 = 23{,}83$
Setembro	28	$(1 \times 23 + 2 \times 26 + 3 \times 28)/6 = 27{,}50$
Outubro	18	$(1 \times 26 + 2 \times 28 + 3 \times 30)/6 = 28{,}33$
Novembro	16	$(1 \times 28 + 2 \times 30 + 3 \times 18)/6 = 23{,}33$
Dezembro	14	$(1 \times 28 + 2 \times 18 + 3 \times 16)/6 = 18{,}67$
Janeiro	–	$(1 \times 18 + 2 \times 16 + 3 \times 14)/6 = 15{,}67$

dos envolvidos) melhora a suavização das flutuações, mas torna o método menos sensível se ocorrerem mudanças *reais* nos dados. Segundo, as médias móveis não conseguem determinar tendências muito bem. Como elas são médias, elas sempre serão baseadas em níveis anteriores e não irão prever uma mudança para um nível mais alto ou mais baixo.

Utilizando o Excel e o Excel QM na previsão O Excel e as planilhas em geral são frequentemente utilizados em previsões. Muitas técnicas de previsão têm funções prontas no Excel. Você pode ainda utilizar o módulo de previsão do Excel QM, que tem seis componentes: (1) médias móveis, (2) médias móveis ponderadas, (3) alisamento exponencial, (4) análise de

PROGRAMA 5.1A

Utilizando o Excel QM para previsões por médias móveis ponderadas (Mostrando dados de entrada e fórmulas da Equipamentos de Jardim Wallace.

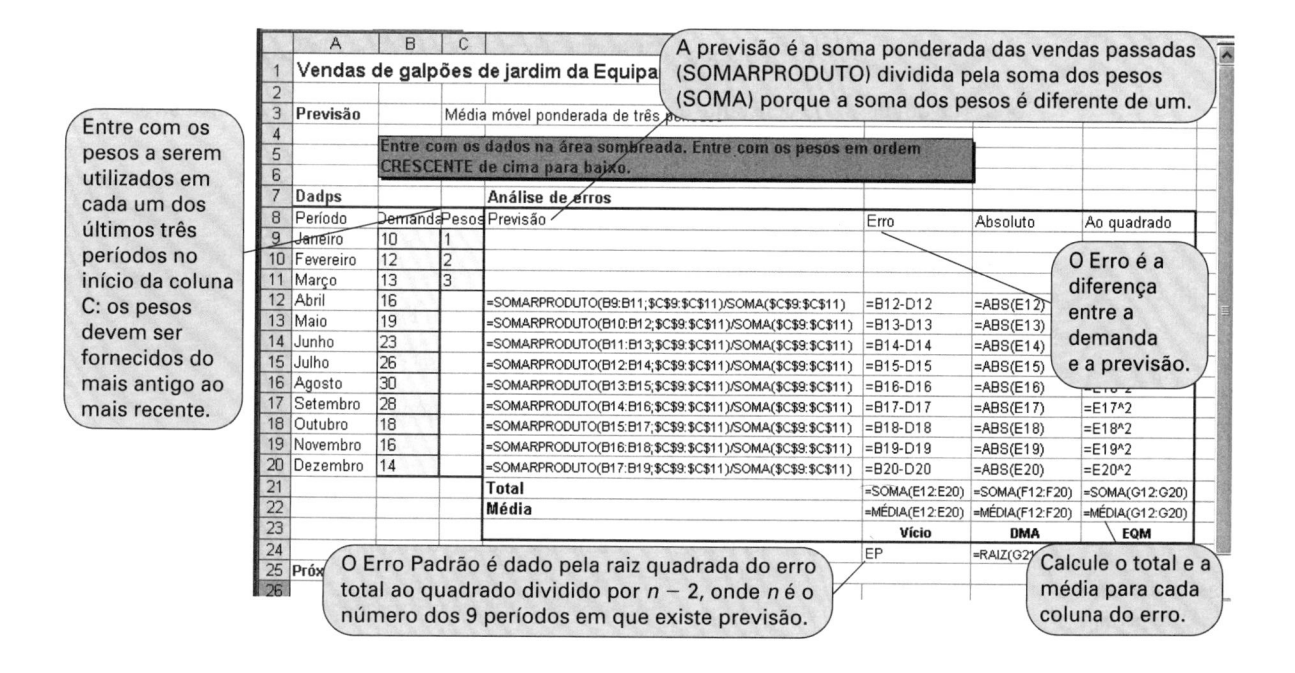

PROGRAMA 5.1B

Saída do Excel QM para previsões por médias móveis ponderadas utilizando dados da Equipamentos de Jardim Wallace.

	A	B	C	D	E	F	G	H
1	Vendas de galpões de jardim da Equipamentos de Jardim Wallace							
2								
3	Previsão			Média móvel ponderada de três períodos				
4								
5		Entre com os dados na área sombreada. Entre com os pesos em ordem CRESCENTE de cima para baixo.						
6								
7	Dadps				Análise de erros			
8	Período	Demanda	Pesos		Previsão	Erro	Absoluto	Ao quadrado
9	Janeiro	10	1					
10	Fevereiro	12	2					
11	Março	13	3					
12	Abril	16			12,1667	3,8333	3,8333	14,6944
13	Maio	19			14,3333	4,6667	4,6667	21,7778
14	Junho	23			17,0000	6,0000	6,0000	36,0000
15	Julho	26			20,5000	5,5000	5,5000	30,2500
16	Agosto	30			23,8333	6,1667	6,1667	38,0278
17	Setembro	28			27,5000	0,5000	0,5000	0,2500
18	Outubro	18			28,3333	-10,3333	10,3333	106,7778
19	Novembro	16			23,3333	-7,3333	7,3333	53,7778
20	Dezembro	14			18,6667	-4,6667	4,6667	21,7778
21					Total	4,3333	49,0000	323,3333
22					Média	0,4815	5,4444	35,9259
23						Vício	DMA	EQM
24							DP	6,7964
25	Próximo Período	15,3333						

tendência ou regressão, (5) decomposição e (6) regressão múltipla. Os programas 5.1A e 5.1B ilustram as fórmulas e as saídas, respectivamente, do Excel QM, utilizando os dados das médias móveis do exemplo da Equipamentos de Jardim Wallace na Tabela 5.4.

Alisamento exponencial

O *alisamento exponencial* é um método de previsão fácil de utilizar e manejado de modo eficaz por computadores. Embora seja um tipo de técnica de médias móveis, ele envolve poucos dados passados. A fórmula básica do alisamento exponencial pode ser mostrada da seguinte forma:

Nova previsão = Previsão do último período +
α(Demanda do último período − Previsão do último período) (5-8)

onde α é um peso (ou constante de suavização) que tem um valor entre 0 e 1, inclusive.

A Equação 5.8 também pode ser escrita matematicamente como:

$$F_{t+1} = F_t + \alpha(Y_t - F_t)$$ (5-9)

onde:

F_{t+1} = nova previsão (para o período $t + 1$)

F_t = previsão anterior (para o período t)

α = constante de suavização ou alisamento ($0 \leq \alpha \leq 1$)

Y_t = demanda real do período anterior.

O conceito aqui não é complexo. A última estimativa da demanda é igual à estimativa antiga ajustada por uma fração do erro (demanda real do último período menos a estimativa antiga).

A constante de alisamento (suavização), α, permite que os administradores atribuam pesos aos dados recentes.

A constante de suavização, α, pode ser alterada para fornecer pesos maiores aos dados mais recentes quando o valor é alto ou uma ponderação maior aos dados passados quando ele é baixo. Por exemplo, quando α = 0,5, é possível mostrar matematicamente que a nova previsão tem como base quase que inteiramente a demanda dos últimos três períodos. Quando α = 0,1, a previsão coloca pouco peso em qualquer período específico, mesmo os mais recentes, e considera muitos períodos (mais ou menos 19) dos valores históricos.*

Em janeiro, um negociante previu uma demanda de 142 unidades para determinado modelo de carro para o mês de fevereiro. A demanda real de carros desse modelo para o mês de fevereiro foi 153. Utilizando uma constante de suavização de 0,20, podemos prever a demanda para março usando o modelo de alisamento exponencial. Substituindo na fórmula, obtém-se:

$$\text{Nova previsão (para a demanda de março)} = 142 + 0{,}2(153 - 142)$$
$$= 144{,}20$$

Assim, a previsão de demanda para esse tipo de carro para o mês de março é 144 unidades.

Suponha que a demanda real para esses carros em março tenha sido 136. É possível fazer uma previsão da demanda em abril, utilizando o alisamento exponencial com uma constante α = 0,20, da seguinte maneira:

$$\text{Nova previsão (para a demanda de abril)} = 144{,}2 + 0{,}2(136 - 144{,}20)$$
$$= 146{,}6 \text{ ou } 143 \text{ carros}$$

Selecionando a constante de alisamento O alisamento exponencial é fácil de usar e tem sido aplicado com sucesso por bancos, empresas de manufatura, atacadistas e outros tipos de empreendimentos. O valor apropriado da constante de suavização, α, contudo, pode fazer a diferença entre uma previsão precisa ou não. Na escolha de um valor para a constante de suavização, o objetivo é obter a melhor previsão possível. Vários valores da constante podem ser testados e aquele com o menor DMA pode ser selecionado. Isso é análogo à seleção das ponderações na média móvel ponderada. Alguns softwares de previsão selecionarão automaticamente a melhor constante de suavização. O QM para Windows mostrará os valores do DMA que seriam obtidos com constantes variando de 0 a 1 com incrementos de 0,01.

Exemplo do Porto de Baltimore Vamos aplicar esse conceito com um teste de tentativa e erro com dois valores de α no seguinte exemplo. O porto de Baltimore recebeu uma grande quantidade de descarga de grãos de navios durante os últimos oito quadrimestres. O gerente de operações do porto quer testar o uso do alisamento exponencial para verificar quão bem a técnica funciona na previsão da tonelagem desembarcada. Ele acredita que a previsão de grãos desembarcados no primeiro quadrimestre foi de 175 toneladas. Dois valores

TABELA 5.5 Previsões do alisamento exponencial com α = 0,10 e α = 0,50 para o Porto de Baltimore

Quadrimestre	Tonelagem real desembarcada	Previsão com α = 0,50	Previsão com α = 0,50
1	180	175,00	175,00
2	168	175,50 = 175,00 + 01,0(180 − = 175)	177,50
3	159	174,75 = 175,50 + 0,10(168 − 175,50)	172,75
4	175	173,18 = 174,75 + 0,10(159 − 174,75)	165,88
5	190	173,36 = 173,18 + 0,10(175 − 173,18)	170,44
6	205	175,02 = 173,36 + 0,10(190 − 176,36)	180,22
7	180	178,02 = 175,02 + 0,10(205 − 175,02)	192,61
8	182	178,22 + 178,02 + 01,0 (180 − 178,02)	186,30
9	?	178,60 = 17,22 + 0,10(182 − 178,22)	184,15

---

* O termo *alisamento exponencial* é utilizado porque o peso de qualquer período da demanda na previsão decresce exponencialmente ao longo do tempo. Consulte um livro avançado sobre séries temporais para um prova algébrica.

TABELA 5.6 Desvios absolutos e DMAs para o exemplo do Porto de Baltimore

Quadrimestre	Tonelagem real desembarcada	Previsão com $\alpha = 0{,}10$	Desvios absolutos com $\alpha = 01{,}0$	Previsão utilizando $\alpha = 0{,}50$	Desvios absolutos com $\alpha = 0{,}50$
1	180	175,00	5	175,00	5
2	168	175,50	7,5	177,50	9,5
3	159	174,75	15,75	172,75	13,75
4	175	173,18	1,82	165,88	9,12
5	190	173,36	16,64	170,44	19,56
6	205	175,02	29,98	180,22	24,78
7	180	178,02	1,98	192,61	12,61
8	182	178,22	3,78	186,30	4,3
Soma dos desvios absolutos			82,45		98,63

$$\text{DMA} = \frac{\Sigma |\text{desvios}|}{n} = 10{,}31 \qquad \text{DMA} = 12{,}33$$

de α são considerados: $\alpha = 0{,}10$ e $\alpha = 0{,}50$. A Tabela 5.5 mostra os cálculos detalhados somente para $\alpha = 0{,}10$.

Para avaliar a precisão de cada uma das constantes de suavização, podemos calcular os desvios absolutos e os DMAs (veja a Tabela 5.6). Com base nessa análise, a constante de alisamento $\alpha = 0{,}10$ é preferida a $\alpha = 0{,}50$, pois o DMA é menor.

Utilizando o Excel QM para o alisamento exponencial Os Programas 5.2A e 5.2B ilustram como o Excel QM lida com o alisamento exponencial. Dados de entrada e fórmulas são apresentadas no Programa 5.2A e a saída, utilizando $\alpha = 0{,}1$ para o porto de Baltimore, está no Programa 5.2B.

Alisamento exponencial com ajustamento da tendência Como qualquer técnica que envolve cálculo de médias, o alisamento exponencial falha em detectar tendências. Um modelo mais complexo que ajusta para tendências pode ser considerado. A ideia é calcular uma previsão por alisamento exponencial simples e fazer o ajuste para a defasagem positiva ou negativa na tendência. A fórmula é:

Previsão incluindo tendência (PIT_t) = Nova previsão (P_t) + Correção da tendência (T_t)

PROGRAMA 5.2A

Modelo do Excel QM do problema de alisamento exponencial do Porto de Baltimore utilizando $\alpha = 0{,}10$ (mostrando dados de entrada e fórmulas).

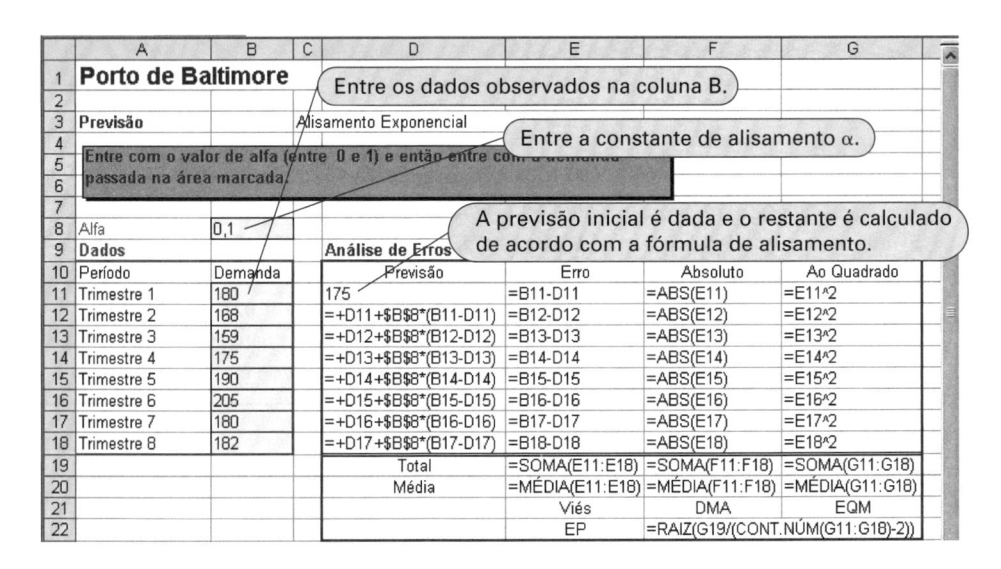

	A	B	C	D	E	F	G
1	Porto de Baltimore			Entre os dados observados na coluna B.			
2							
3	Previsão			Alisamento Exponencial		Entre a constante de alisamento α.	
4	Entre com o valor de alfa (entre 0 e 1) e então entre com a demanda						
5	passada na área marcada.						
6							
7					A previsão inicial é dada e o restante é calculado		
8	Alfa	0,1			de acordo com a fórmula de alisamento.		
9	Dados			Análise de Erros			
10	Período	Demanda		Previsão	Erro	Absoluto	Ao Quadrado
11	Trimestre 1	180		175	=B11-D11	=ABS(E11)	=E11^2
12	Trimestre 2	168		=+D11+$B$8*(B11-D11)	=B12-D12	=ABS(E12)	=E12^2
13	Trimestre 3	159		=+D12+$B$8*(B12-D12)	=B13-D13	=ABS(E13)	=E13^2
14	Trimestre 4	175		=+D13+$B$8*(B13-D13)	=B14-D14	=ABS(E14)	=E14^2
15	Trimestre 5	190		=+D14+$B$8*(B14-D14)	=B15-D15	=ABS(E15)	=E15^2
16	Trimestre 6	205		=+D15+$B$8*(B15-D15)	=B16-D16	=ABS(E16)	=E16^2
17	Trimestre 7	180		=+D16+$B$8*(B16-D16)	=B17-D17	=ABS(E17)	=E17^2
18	Trimestre 8	182		=+D17+$B$8*(B17-D17)	=B18-D18	=ABS(E18)	=E18^2
19				Total	=SOMA(E11:E18)	=SOMA(F11:F18)	=SOMA(G11:G18)
20				Média	=MÉDIA(E11:E18)	=MÉDIA(F11:F18)	=MÉDIA(G11:G18)
21					Viés	DMA	EQM
22					EP	=RAIZ(G19/(CONT.NÚM(G11:G18)-2))		

PROGRAMA 5.2B

Tela de saída do exemplo do Excel QM do problema de alisamento exponencial do Porto de Baltimore.

	A	B	C	D	E	F	G
1	**Porto de Baltimore**						
2							
3	Previsão			Alisamento Exponencial			
4	Entre com o valor de alfa (entre 0 e 1) e então entre com a demanda passada na área marcada.						
5							
6							
7							
8	Alfa	0,1					
9	Dados			Análise de Erros			
10	Período	Demanda		Previsão	Erro	Absoluto	Ao Quadrado
11	Trimestre 1	180		175,00	5,00	5,00	25,00
12	Trimestre 2	168		175,50	-7,50	7,50	56,25
13	Trimestre 3	159		174,75	-15,75	15,75	248,06
14	Trimestre 4	175		173,18	1,82	1,82	3,33
15	Trimestre 5	190		173,36	16,64	16,64	276,97
16	Trimestre 6	205		175,02	29,98	29,98	898,70
17	Trimestre 7	180		178,02	1,98	1,98	3,92
18	Trimestre 8	182		178,22	3,78	3,78	14,31
19				Total	35,96	82,46	1526,54
20				Média	4,49	10,31	190,82
21					Viés	DMA	EQM
22						EP	15,95
23	Próximo Período	178,60					

Para alisar a tendência, a equação para a correção da tendência utiliza a constante de alisamento, β, da mesma forma que um modelo exponencial simples utiliza o α.

T_t é calculado por:

$$T_{t+1} = (1 - \beta)T_t + \beta(F_{t+1} - F_t) \qquad (5\text{-}10)$$

onde:

T_{t+1} = tendência alisada para o período $t + 1$

T_t = tendência alisada para o período precedente

β = constante de alisamento da tendência selecionada

F_{t+1} = previsão simples exponencialmente alisada para o período $t + 1$

F_t = previsão do período prévio

O valor da constante de alisamento da tendência, β, é semelhante à constante α, visto que valores altos de β respondem mais a mudanças recentes na tendência. Um valor baixo de β fornece menos peso à tendência recente para alisar a tendência atual. Os valores de β podem ser determinados com base na abordagem de tentativa e erro, utilizando o DMA como medida de comparação. O alisamento exponencial com tendência é um dos métodos fornecidos no módulo de previsão do QM para o Windows.

O alisamento exponencial simples é frequentemente denominado *alisamento de primeira ordem*. O alisamento exponencial com ajustamento de tendência é chamado de *alisamento duplo, de segunda ordem* ou *método de Holt*. Outros modelos avançados de alisamento exponencial também são utilizados, como o ajustamento sazonal e o alisamento triplo, mas esses modelos estão além do escopo deste livro.*

O efeito dos β's é semelhante a do α – um β baixo coloca menos peso nas tendências recentes e um β alto coloca um peso maior.

---

* HANKE, John E., WICHERN, Dean W. *Business Forecasting*. Upper Sadle River (NJ): Prentice Hall, 2005. 8th ed.

Projeção da tendência

Uma linha de tendência é uma equação de regressão com o tempo como variável independente.

Outro método para previsão de séries temporais com tendência é denominado *projeção da tendência*. Essa técnica ajusta uma linha à série dos dados históricos e projeta essa linha no futuro para previsões de médio e longo prazo. Existem várias equações de tendência que podem ser utilizadas (por exemplo, a exponencial e a quadrática), mas nesta seção apresentaremos apenas a tendência linear (linha reta). Uma linha de tendência é simplesmente uma equação de regressão linear em que a variável independente (X) é o tempo. A forma disso é:

$$\hat{Y} = b_0 + b_1 X$$

onde:

$\hat{Y}$ = valor previsto

b_0 = intercepto

b_1 = inclinação da linha

X = período de tempo (isto é, $X = 1, 2, 3, ..., n$)

O método dos mínimos quadrados pode ser aplicado para encontrar a linha que minimiza a soma dos erros ao quadrado. Essa abordagem resulta em uma linha que minimiza a soma dos quadrados das distâncias verticais da linha a cada valor real observado. A Figura 5.4 mostra essa abordagem. Essa técnica resulta também em uma linha de tendência que minimiza o EQM.

Exemplo da Midwestern Vejamos o caso da empresa manufatureira Midwestern. A demanda pelos geradores elétricos da empresa no período 2001–2007 é apresentada na Tabela 5.7. Uma linha de tendência para prever a demanda (Y) com base no período de tempo pode ser determinada por um modelo de regressão. O período de 2001 será o primeiro ($X = 1$), 2002, o segundo ($X = 2$), e assim por diante. Entramos com os dados no Excel, selecionamos Ferramentas – Análise de dados – Regressão e especificamos os valores de entrada e saída como ilustrado no Programa 5.3A (veja a Seção 4.5 do Capítulo 4 para mais detalhes). Obtivemos a saída no Programa 5.3. Dele temos:

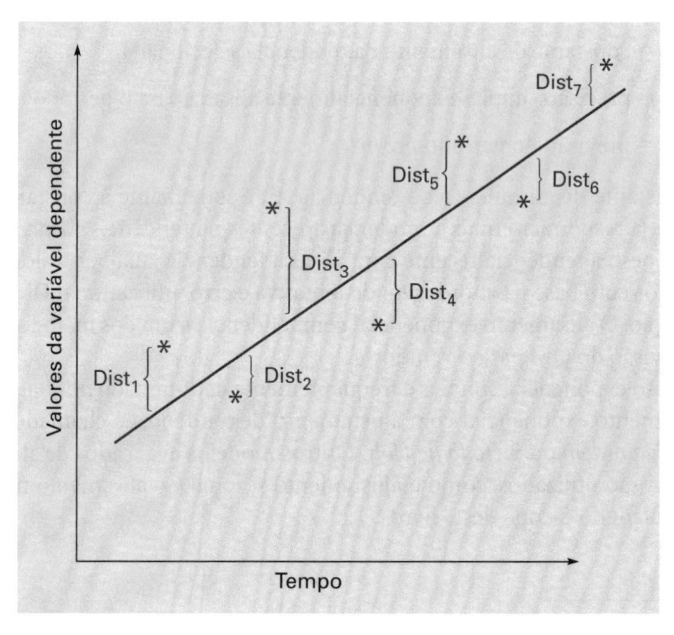

FIGURA 5.4 Método dos mínimos quadrados para encontrar a linha de melhor aderência.

TABELA 5.7 Demanda da Midwestern

Ano	Geradores elétricos vendidos
2001	74
2002	79
2003	80
2004	90
2005	105
2006	142
2007	122

$$\hat{Y} = 56{,}71 + 10{,}54X$$

Para projetar a demanda de 2008, primeiro representamos o ano de 2008 no nosso novo sistema de código como $X = 8$:

$$(\text{Vendas em 2008}) = 56{,}71 + 10{,}54(8)$$

$$= 141{,}03 \text{ ou } 141 \text{ geradores}$$

Podemos estimar a demanda para 2009 inserindo $X = 9$ na mesma equação:

$$(\text{Vendas para 2009}) = 56{,}71 + 10{,}54(9)$$

$$= 151{,}57 \text{ ou } 152 \text{ geradores}$$

Podemos avaliar a eficácia desse modelo da mesma forma que fizemos para outros modelos de regressão (veja o Capítulo 4). Podemos notar que o nível de significância para o teste F apresentado pela saída do Excel é 0,0065, assim, existe um relacionamento. A força desse relacionamento é medida pelo $r^2 = 0{,}80$, dessa forma, essa linha de tendência explica 80% da variabilidade da demanda. Um diagrama da demanda histórica e da linha de tendência é fornecido na Figura 5.5. Nesse caso, devemos ter cautela e tentar entender a virada na demanda em 2006-2007.

PROGRAMA 5.3A

Tela de entrada do Excel para a linha de tendência da Midwestern.

PROGRAMA 5.3B
Dados de saída do Excel para a linha de tendência da Midwestern.

	A	B	C	D	E	F	G
1	Manufatura Midwestern						
2							
3	Tempo (X)	Demanda (Y)					
4	1	74					
5	2	79					
6	3	80					
7	4	90					
8	5	105					
9	6	142					
10	7	122					
11							
12	RESUMO DOS RESULTADOS						
13							
14	*Estatísticas da regressão*						
15	R múltiplo	0,8949					
16	R-Quadrado	0,8009					
17	R-quadrado aj	0,7610					
18	Erro padrão	12,4324					
19	Observações	7					
20							
21	ANOVA						
22			*gl*	*SQ*	*MQ*	*F*	*Signficância de F*
23	Regressão	1	3108,0357	3108,0357	20,10837	0,0065	
24	Resíduo	5	772,82143	154,56429			
25	Total	6	3880,8571				
26							
27		*Coeficientes*	*Erro padrão*	*Stat t*	*valor-P*	*95% inferiores*	*95% superiores*
28	Interseção	56,7143	10,5073	5,3976	0,0029	29,7044	83,7241
29	Tempo (X)	10,5357	2,3495	4,4842	0,0065	4,4961	16,5753
30							

O próximo ano será o período 8.

A inclinação da linha de tendência é 10,54.

Utilizando o Excel QM na análise de tendência O Programa 5.4A e 5.4B fornecem as fórmulas de entrada e os resultados, respectivamente, para a Midwestern. Pela troca dos valores da célula C1, é possível obter previsões para qualquer período futuro.

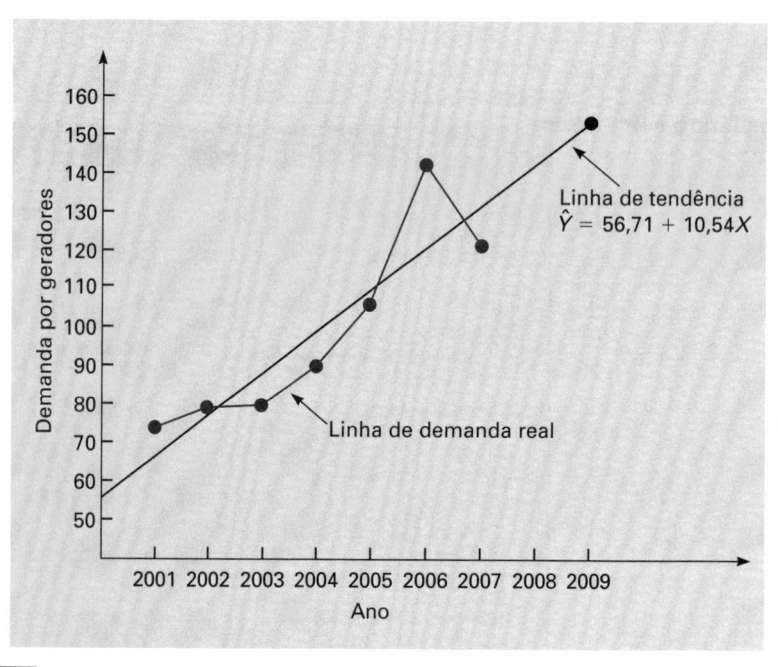

FIGURA 5.5 Geradores elétricos e a linha de tendência calculada.

PROGRAMA 5.4A
Modelo de projeção da tendência do Excel QM, dados de entrada e fórmulas utilizando os dados da Midwestern.

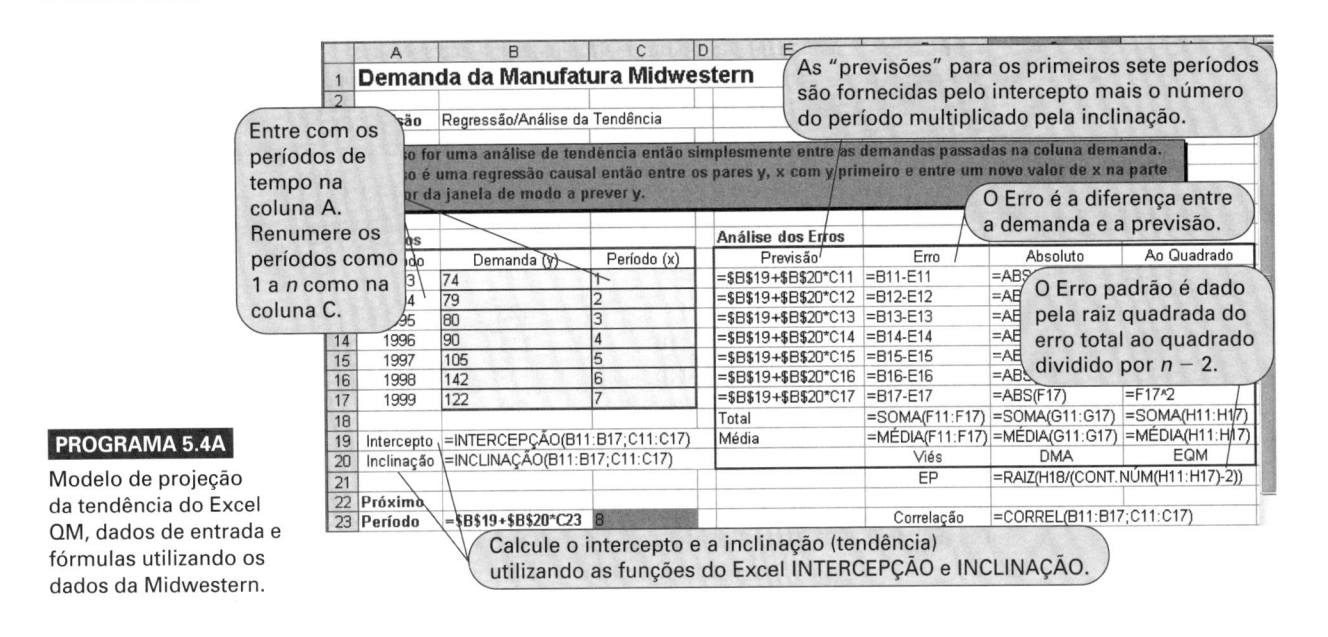

Anotações no programa:
- **Entre com os períodos de tempo na coluna A. Renumere os períodos como 1 a *n* como na coluna C.**
- **As "previsões" para os primeiros sete períodos são fornecidas pelo intercepto mais o número do período multiplicado pela inclinação.**
- **O Erro é a diferença entre a demanda e a previsão.**
- **O Erro padrão é dado pela raiz quadrada do erro total ao quadrado dividido por *n* − 2.**
- **Calcule o intercepto e a inclinação (tendência) utilizando as funções do Excel INTERCEPÇÃO e INCLINAÇÃO.**

Variações sazonais

A previsão por séries temporais como as do exemplo da Midwestern envolve olhar para a *tendência* dos dados ao longo de uma série de observações. Às vezes, contudo, variações recorrentes de certas estações do ano tornam necessário o ajuste *sazonal* na linha de tendência. Demandas por óleo combustível e carvão, por exemplo, geralmente atingem um pico nos meses de inverno. A demanda por tacos de golfe e protetor solar será maior no verão. A análise de dados em termos mensais ou trimestrais geralmente facilita a identificação de padrões sazonais. Um índice sazonal é muitas vezes utilizado na previsão com modelos de séries temporais multiplicativas para fazer um ajuste na previsão quando a componente sazonal existe. Uma alternativa é utilizar um modelo aditivo semelhante ao modelo de regressão que será apresentado em uma seção posterior.

Um índice sazonal indica como uma estação específica (por exemplo, mês ou trimestre) se compara com a estação média. Quando nenhuma tendência está presente, o índice pode ser obtido pela divisão da média dos valores de uma determinada estação pela média de todos

Um índice sazonal igual a 1 indica que a estação está na média.

PROGRAMA 5.4B
Saída para o modelo de projeção de tendência do Excel QM.

Dados da planilha (Demanda da Manufatura Midwestern — Regressão/Análise da Tendência):

Período	Demanda (y)	Período (x)	Previsão	Erro	Absoluto	Ao Quadrado
1993	74	1	67,25	6,75	6,75	45,56
1994	79	2	77,79	1,21	1,21	1,47
1995	80	3	88,32	-8,32	8,32	69,25
1996	90	4	98,86	-8,86	8,86	78,45
1997	105	5	109,39	-4,39	4,39	19,30
1998	142	6	119,93	22,07	22,07	487,15
1999	122	7	130,46	-8,46	8,46	71,64
			Total	0,00	60,07	772,82
			Média	0,00	8,58	110,40
				Viés	DMA	EQM
					EP	12,43

- Intercepto: 56,71
- Inclinação: 10,54
- Próximo Período: 141 (8)
- Correlação: 0,89

TABELA 5.8 Vendas de secretárias eletrônicas e índices sazonais

Mês	Demanda de vendas Ano 1	Demanda de vendas Ano 2	Demanda média dos dois anos	Demanda mensal[a]	Índice sazonal[b]
Janeiro	80	100	90	94	0,957
Fevereiro	85	75	80	94	0,851
Março	80	90	85	94	0,904
Abril	110	90	100	94	1,064
Maio	115	131	123	94	1,309
Junho	120	110	115	94	1,223
Julho	100	110	105	94	1,117
Agosto	110	90	100	94	1,064
Setembro	85	95	90	94	0,957
Outubro	75	85	80	94	0,851
Novembro	85	75	80	94	0,851
Dezembro	80	80	80	94	0,851
			Demanda total média = 1128		

[a] Demanda média mensal = $\dfrac{1128}{12 \text{ meses}} = 94$ [b] Índice sazonal = $\dfrac{\text{Média da demanda de 2 anos}}{\text{Demanda média mensal}}$

os dados. Assim, um índice 1 significa que a estação está na média. Por exemplo, se as vendas médias em janeiro foram 120 e as vendas médias de todos os meses foram 200, o índice sazonal para janeiro será 120/200 = 0,60, assim, janeiro está abaixo da média. O próximo exemplo ilustra como calcular os índices sazonais a partir de dados históricos e como utilizá-los para prever futuros valores.

As vendas de uma marca de secretária eletrônica na Equipamentos Eichler, para os dois últimos anos, são apresentadas na Tabela 5.8. A demanda média mensal é calculada e esses valores são divididos pela média global (94) a fim de encontrar o índice sazonal para cada mês. Depois, utilizamos os índices sazonais da Tabela 5.8 para ajustar previsões futuras. Por exemplo, suponha que esperemos que a demanda anual por secretárias eletrônicas no terceiro ano seja de 1200 unidades, o que corresponde a 100 unidades mensais. Não podemos prever que cada mês tenha uma demanda de 100 unidades, mas devemos ajustar esses valores utilizando os índices sazonais da seguinte forma:

Janeiro	$\dfrac{1200}{12} \times 0,957 = 96$	Julho	$\dfrac{1200}{12} \times 1,117 = 112$
Fevereiro	$\dfrac{1200}{12} \times 0,851 = 85$	Agosto	$\dfrac{1200}{12} \times 1,064 = 106$
Março	$\dfrac{1200}{12} \times 0,904 = 90$	Setembro	$\dfrac{1200}{12} \times 0,957 = 96$
Abril	$\dfrac{1200}{12} \times 1,064 = 106$	Outubro	$\dfrac{1200}{12} \times 0,851 = 85$
Maio	$\dfrac{1200}{12} \times 1,309 = 131$	Novembro	$\dfrac{1200}{12} \times 0,851 = 85$
Junho	$\dfrac{1200}{12} \times 1,223 = 122$	Dezembro	$\dfrac{1200}{12} \times 0,851 = 85$

TABELA 5.9 Vendas trimestrais ($1000000) das Indústrias Turner

Trimestre	Ano 1	Ano 2	Ano 3	Média
1	108	116	123	115,67
2	125	134	142	133,67
3	150	159	168	159,00
4	141	152	165	152,67
Média	131,00	140,25	149,50	140,25

Variações sazonais com tendência

Quando tanto a tendência quanto a componente sazonal estão presentes em uma série temporal, a mudança de um mês para o próximo pode ser devido à tendência, à variação sazonal ou simplesmente às flutuações aleatórias. Para solucionar esse problema, os índices sazonais podem ser calculados utilizando uma abordagem por *Média Móvel Centrada* (MMC) sempre que uma tendência estiver presente. Utilizar essa abordagem previne que a variação devido à tendência seja interpretada incorretamente como uma variação devido à estação. Considere o seguinte exemplo.

As médias móveis centradas são utilizadas para determinar índices sazonais quando existe tendência.

Os valores das vendas trimestrais das Indústrias Turner são apresentados na Tabela 5.9. Observe que existe uma tendência definida, pois o total de cada ano está aumentando e há um aumento em cada trimestre de um ano para outro também. A componente sazonal é óbvia, pois existe uma queda definida do quarto trimestre de um ano para o primeiro do seguinte. É possível observar um padrão semelhante quando comparamos os terceiros e os quartos trimestres de um mesmo ano.

Se um índice sazonal para o primeiro trimestre for calculado utilizando a medida geral, ele seria muito baixo e enganador, uma vez que esse trimestre tem uma tendência menor do que qualquer outro na amostra. Se o primeiro trimestre do ano 1 fosse omitido e substituído pelo quarto do ano 4 (se estivesse disponível), a média para o primeiro trimestre (e, consequentemente, o índice sazonal para o trimestre 1) seria consideravelmente alto. Para determinar um índice sazonal preciso, utilizaremos a MMC.

Considere o terceiro trimestre do primeiro ano para o exemplo das Indústrias Turner. As vendas reais desse trimestre foram 150. Para determinar a magnitude da variação sazonal, devemos comparar esse valor com um trimestre médio centrado nesse período de tempo. Assim, devemos ter um total de quatro trimestres (um ano de dados) com um número igual de trimestres antes e depois do terceiro trimestre para determinarmos a média. Dessa forma, precisamos de 1,5 trimestre antes do terceiro trimestre e 1,5 trimestre após ele. Para determinar a MMC, tomamos os trimestres 2, 3 e 4 do primeiro ano mais a metade do trimestre 1 do primeiro ano e a metade do trimestre 1 do segundo ano. A média será:

$$\text{MMC (terceiro trimestre do ano 1)} = \frac{0,5(108)+125+150+141+0,5(116)}{4} = 132,00$$

Comparamos agora as vendas reais desse trimestre com a MMC e determinamos o seguinte índice sazonal:

$$\text{Índice sazonal} = \frac{\text{Vendas no trimestre 2}}{\text{MMC}} = \frac{150}{132,00} = 1,136$$

Assim, as vendas no terceiro trimestre do ano 1 estão aproximadamente 13,5% mais altas do que a média do trimestre nesse período. Todas as MMC e os índices sazonais são apresentados na Tabela 5.10.

TABELA 5.10 Média Móvel Centrada e índices sazonais para as Indústrias Turner

Ano	Trimestre	Vendas (em milhões $)	MMC	Índices
1	1	108		
	2	125		
	3	150	132,000	1,136
	4	141	134,125	1,051
2	1	116	136,375	0,851
	2	134	138,875	0,965
	3	159	141,125	1,127
	4	152	143,000	1,063
3	1	123	145,125	0,848
	2	142	147,875	0,960
	3	168		
	4	165		

Uma vez que existem dois índices sazonais para cada trimestre, tomamos a média deles para obter o índice sazonal final. Portanto:

$$\text{Índice para o trimestre 1} = I_1 = (0{,}851 + 0{,}848)/2 = 0{,}85$$

$$\text{Índice para o trimestre 2} = I_2 = (0{,}965 + 0{,}960)/2 = 0{,}96$$

$$\text{Índice para o trimestre 3} = I_3 = (1{,}136 + 1{,}127)/2 = 1{,}13$$

$$\text{Índice para o trimestre 4} = I_4 = (1{,}051 + 1{,}063)/2 = 1{,}06$$

A soma dos índices deve ser igual ao número de estações (4), uma vez que uma estação média deve ter um índice de 1. Nesse exemplo, a soma é 4. Se a soma não fosse 4, um ajuste deveria ser feito. Deveríamos multiplicar cada índice por 4 e dividi-lo pela soma dos mesmos.

Etapas para calcular índices sazonais com base em MMC

1. Calcule a MMC para cada observação (onde possível).
2. Calcule o índice sazonal = observação/MMC para cada observação.
3. Determine a média dos índices para obter o índice sazonal final.
4. Se a soma dos índices não for igual ao número de subperíodos do ano, multiplique cada índice pelo número de subperíodos (estações) e divida o resultado pela soma.

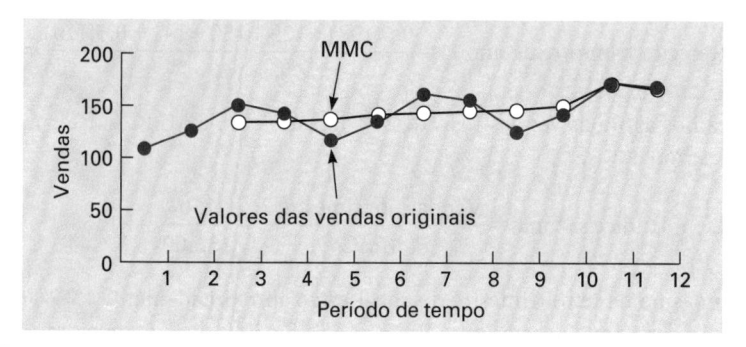

FIGURA 5.6 Diagrama de dispersão das vendas e das MMCs das Indústrias Turner.

A Figura 5.6 apresenta um diagrama de dispersão para os dados das Indústrias Turner e as MMCs. Note que a linha da MMC é bem mais suave do que a dos dados originais. Uma tendência fica evidente nos dados.

O método de previsão da decomposição com tendência e componente sazonal

O processo de isolar a tendência linear e os fatores sazonais para determinar previsões mais precisas é denominado *decomposição*. O primeiro passo é calcular os índices sazonais como foi feito com os dados das Indústrias Turner. Depois, os dados são desestacionalizados pela divisão de cada valor pelo índice sazonal correspondente, como foi mostrado na Tabela 5.11.

Uma linha de tendência é determinada utilizando os dados sem estacionalidade. Usando um software com esses dados, temos:*

$$b_1 = 2{,}34$$
$$b_0 = 124{,}78$$

A equação da tendência é:

$$\hat{Y} = 124{,}78 + 2{,}34X$$

onde:

$$X = \text{tempo}$$

Essa equação é utilizada para obter a previsão com base na tendência e o resultado é multiplicado pelo índice sazonal apropriado para realizar o ajustamento estacional. Para os dados das Indústrias Turner, a previsão para o primeiro trimestre do quarto ano (período de tempo $X = 13$ e índice sazonal $I_1 = 0{,}85$) será determinada da seguinte forma:

TABELA 5.11 Dados desestacionalizados para as Indústrias Turner

Vendas (em milhões $)	Índices sazonais	Vendas desestacionalizadas (em milhões)
108	0,85	127,059
125	0,96	130,208
150	1,13	132,743
141	1,06	133,019
116	0,85	136,471
134	0,96	139,583
159	1,13	140,708
152	1,06	143,396
123	0,85	144,706
142	0,96	147,917
168	1,13	148,673
165	1,06	155,660

---

* Se você fizer os cálculos manualmente, os números podem ser um pouco diferentes devido ao arredondamento.

$$\hat{Y} = 124{,}78 + 2{,}34X$$
$$= 124{,}78 + 2.34(13)$$
$$= 155{,}2 \text{ (previsão antes do ajuste da sazonalidade)}$$

Multiplicando esse resultado pelo índice sazonal do primeiro trimestre, obtemos:

$$\hat{Y} \times I_1 = 155{,}20 \times 0{,}85 = 131{,}92$$

Utilizando o mesmo procedimento, encontraremos que as previsões para os trimestres 2, 3 e 4 do próximo ano serão: 151,24, 180,66 e 171,95, respectivamente.

Passos para determinar uma previsão utilizando o método da decomposição

1. Calcule os índices sazonais utilizando MMCs.
2. Desestacionalize os dados dividindo cada valor pelo índice sazonal respectivo.
3. Determine a equação de tendência utilizando os dados sem estacionalidade.
4. Faça previsões para os períodos seguintes utilizando a linha de tendência.
5. Multiplique as previsões pelos índices sazonais apropriados.

Muitos softwares de previsão, como o QM para Windows, incluem o método da decomposição entre as técnicas oferecidas. Ele calcula automaticamente as MMCs, desestacionaliza os dados, obtém a linha de tendência e determina as previsões utilizando a equação de tendência, e ajusta a previsão recolocando a estacionalidade.

O próximo exemplo fornece outra aplicação desse processo. Os índices sazonais e a linha de tendência já foram calculados utilizando o processo de decomposição.

Exemplo do Hospital San Diego O Hospital San Diego utilizou 66 meses de dias de internação de pacientes adultos para obter a seguinte equação:

$$\hat{Y} = 8{,}091 + 21{,}5X$$

onde:

$\hat{Y}$ = Previsão dos dias de internação de um paciente

X = tempo em meses

Com base nesse modelo, o hospital prevê os dias de internação de um paciente para o próximo mês (período 67) como:

TABELA 5.12 Índices sazonais para os dias de internação de pacientes adultos no Hospital São Diego

Mês	Índice sazonal	Mês	Índice sazonal
Janeiro	1,0436	Julho	1,0302
Fevereiro	0,9669	Agosto	1,0405
Março	1,0203	Setembro	0,9653
Abril	1,0087	Outubro	1,0048
Maio	0,9935	Novembro	0,9598
Junho	0,9906	Dezembro	0,9805

Fonte: STERK, W. E, SHRYCOK, E. G. Modern Methods Improve Hospital Forecasting. *Healthcare Financial Management.* V. 97, March 1987. Reimpresso com permissão dos autores.

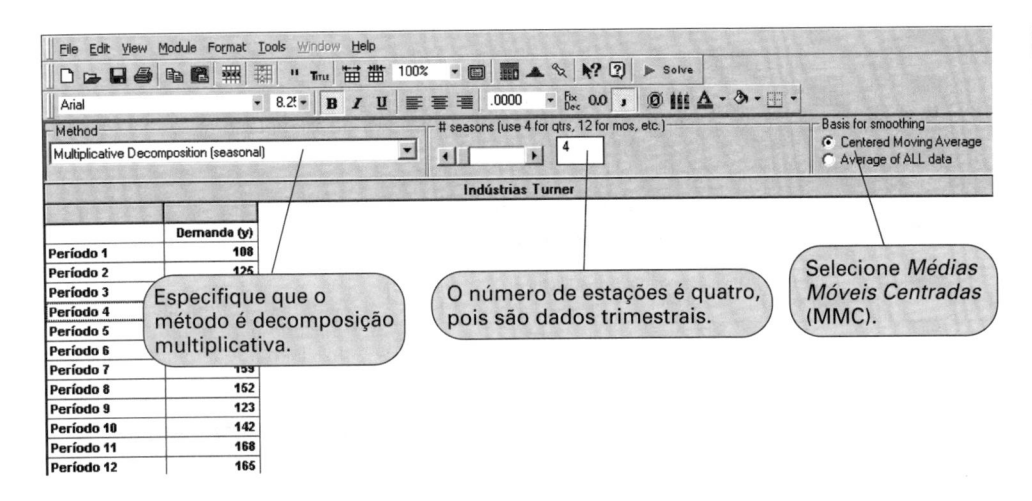

PROGRAMA 5.5A

Dados de entrada do QM para Windows para as Indústrias Turner.

$$\text{Dias de internação} = 8{,}091 + (21{,}5)(67) = 9{,}532 \text{ (apenas tendência)}$$

Esse modelo reconheceu uma leve linha de tendência para cima na demanda por serviços de internação, mas ignorou a sazonalidade que a administração sabia existir. A Tabela 5.12 fornece os índices sazonais com base nos 66 meses. Esses dados sazonais, a propósito, foram identificados como típicos dos hospitais do país. Observe que janeiro, março, julho e agosto parecem exibir dias de internação mais altos em média, enquanto fevereiro, setembro, novembro e dezembro apresentam menos dias de internação.

Para corrigir a extrapolação da série temporal para sazonalidade, o hospital multiplicou a previsão mensal pelo índice sazonal apropriado. Assim, para o período 67, que foi janeiro, tem-se:

$$\text{Dias de internação} = (9{,}532)(1{,}0436)\ 9{,}948 \text{ (tendência com sazonalidade)}$$

Utilizando esse método, os dias de internação foram previstos de janeiro a julho (período 67 a 72) como 9.948; 9.236; 9.768; 9.678; 9.554 e 9.547. Esse estudo melhorou as previsões e também tornou mais adequada as previsões orçamentárias.

Utilizando o QM para Windows com decomposição O Programa 5.5A fornece os valores de entrada do QM para Windows para o exemplo das Indústrias Turner utilizando o método de decomposição multiplicativa. As entradas envolveram entrar um problema de série temporal com 12 períodos de dados, selecionar a Decomposição Multiplicativa como Método, indicar que existem quatro estações e selecionar a Média Móvel Centrada como base para o alisamento. A saída, mostrada no Programa 5.5B, fornece tanto as previsões não ajustadas determinadas com a utilização da equação de tendência, como as previsões finais ajustadas determinadas pela multiplicação das previsões não ajustadas pelos índices sazonais. Detalhes adicionais podem ser vistos selecionando *Details and Error Analysis* (Detalhes e Análise de Erros) no menu suspenso sob *Window* (Janela), como pode ser visto no Programa 5.5B.

Utilizando a regressão com tendência e os componentes sazonais

A regressão múltipla pode ser utilizada para fazer previsões tanto com tendência quanto com componentes sazonais em uma série temporal. Uma variável independente é o tempo e as outras variáveis independentes são variáveis auxiliares (*dummies*) para indicar a estação. Se fizermos projeções trimestrais, existem quatro categoriais (trimestres), assim, precisaremos de três variáveis auxiliares. O modelo básico é um modelo de decomposição aditiva e é expresso da seguinte forma:

$$\hat{Y} = a + b_1 X_1 + b_2 X_2 + b_3 X_3 + b_4 X_4$$

A Regressão Múltipla pode ser utilizada para desenvolver um modelo de decomposição aditivo.

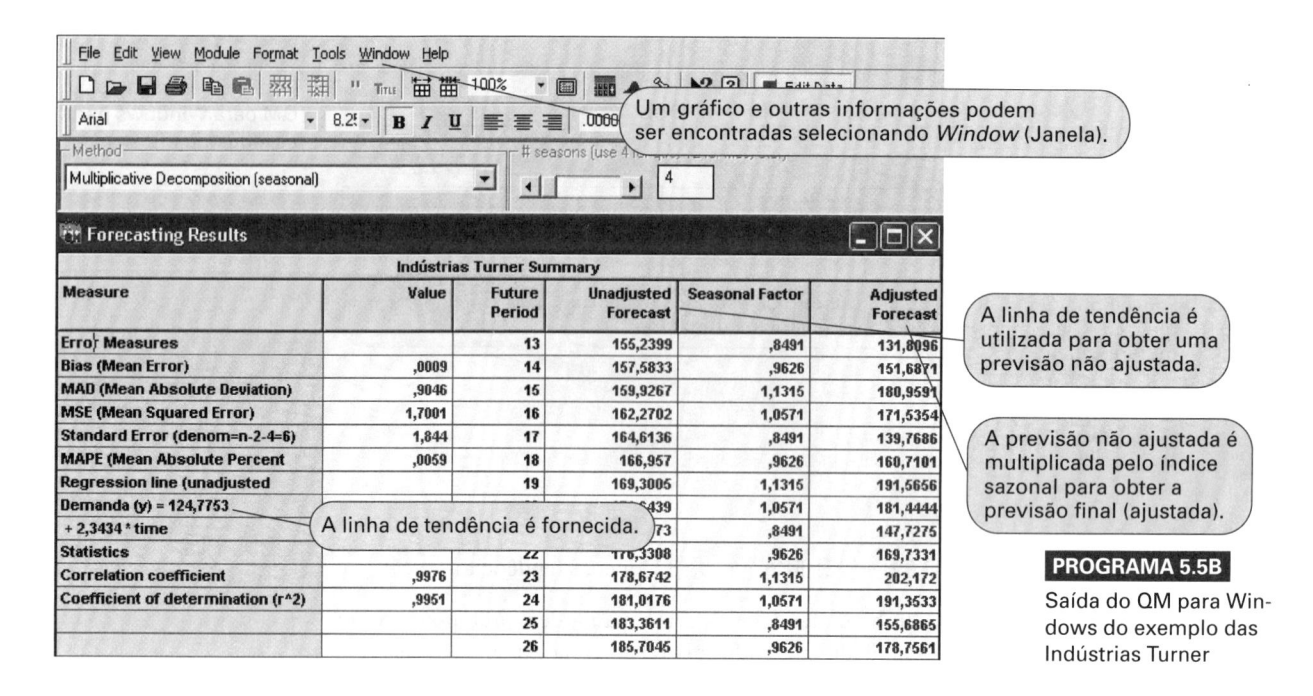

PROGRAMA 5.5B

Saída do QM para Windows do exemplo das Indústrias Turner

Indústrias Turner Summary

Measure	Value	Future Period	Unadjusted Forecast	Seasonal Factor	Adjusted Forecast
Error Measures		13	155,2399	,8491	131,8096
Bias (Mean Error)	,0009	14	157,5833	,9626	151,6871
MAD (Mean Absolute Deviation)	,9046	15	159,9267	1,1315	180,9591
MSE (Mean Squared Error)	1,7001	16	162,2702	1,0571	171,5354
Standard Error (denom=n-2-4=6)	1,844	17	164,6136	,8491	139,7686
MAPE (Mean Absolute Percent	,0059	18	166,957	,9626	160,7101
Regression line (unadjusted		19	169,3005	1,1315	191,5656
Demanda (y) = 124,7753		20	171,6439	1,0571	181,4444
+ 2,3434 * time		21	173,9873	,8491	147,7275
Statistics		22	176,3308	,9626	169,7331
Correlation coefficient	,9976	23	178,6742	1,1315	202,172
Coefficient of determination (r^2)	,9951	24	181,0176	1,0571	191,3533
		25	183,3611	,8491	155,6865
		26	185,7045	,9626	178,7561

Um gráfico e outras informações podem ser encontradas selecionando Window (Janela).

A linha de tendência é utilizada para obter uma previsão não ajustada.

A previsão não ajustada é multiplicada pelo índice sazonal para obter a previsão final (ajustada).

A linha de tendência é fornecida.

onde

$$X_1 = \text{período de tempo}$$
$$X_2 = 1 \text{ se for o segundo trimestre}$$
$$= 0 \text{ caso contrário}$$
$$X_3 = 1 \text{ se for o terceiro trimestre}$$
$$= 0 \text{ caso contrário}$$
$$X_4 = 1 \text{ se o quarto trimestre}$$
$$= 0 \text{ caso contrário}$$

Se $X_2 = X_3 = X_4 = 0$, o trimestre considerado será o primeiro. O trimestre que não terá uma variável auxiliar associada é determinado arbitrariamente. As previsões serão as mesmas independentemente de qual trimestre não tem uma variável auxiliar específica associada a ele.

O Programa 5.6A fornece uma entrada do Excel e o Programa 5.6B fornece as saídas do Excel para o exemplo das Indústrias Turner. Você pode ver como os dados são fornecidos, e a equação de regressão (com coeficientes arredondados) é:

$$\hat{Y} = 104,1 + 2,3X_1 + 15,7X_2 + 38,7X_3 + 30,1X_4$$

Se ela for utilizada para prever as vendas para o primeiro trimestre, teremos:

$$\hat{Y} = 104,1 + 2,3(13) + 15,7(0) + 38,7(0) + 30,1(0) = 134$$

Para o segundo trimestre do próximo ano, teremos:

$$\hat{Y} = 104,1 + 2,3(14) + 15,7(1) + 38,7(0) + 30,1(0) = 152$$

Note que esses não são os mesmos valores que obtivemos com o método da decomposição multiplicativa. Podemos comparar o DMA ou MSE de cada método e escolher o melhor.

EM AÇÃO — Prevendo peças sobressalentes na American Airlines

Para apoiar a operação de sua frota com mais de 400 aeronaves, a American Airlines mantém um grande estoque de peças de reposição para seus aviões. Seu sistema de previsão com base em PC, denominado Sistema de Planejamento de Alocação Reparável (SPAR), fornece previsões de demanda de peças de reposição, auxilia a alocar essas peças nos aeroportos e registra a disponibilidade de cada uma. Com 5000 tipos diferentes de peças, variando de trens de pouso a flapes de cafeteiras a altímetros, determinar a demanda de cada peça pode ser extremamente difícil e caro. O preço médio de uma peça sobressalente é aproximadamente $5000,00, com algumas (como sistemas de navegação) podendo alcançar custos acima de meio milhão de dólares cada.

Antes de desenvolver o SPAR, a American Airlines utilizava somente métodos de séries temporais para prever a demanda de peças sobressalentes. A abordagem por séries temporais era lenta para responder até mesmo a mudanças moderadas na utilização dos aviões, assim como a expansões da frota. O SPAR, por sua vez, utiliza a regressão linear para determinar o relacionamento entre a remoção mensal de peças e as várias funções das horas voadas mensalmente. Coeficientes de correlação e testes de significância são utilizados para determinar as melhores regressões, que agora são realizadas em somente uma hora, em vez dos dias que o sistema antigo levava.

Os resultados? Com o SPAR, a American Airlines teve uma economia de $7 milhões e economiza anualmente cerca de $ 1 milhão.

Fonte: Baseado em TEDONE, Mark J. "Repairable Part Management," *Interfaces* 19, 4 (July–August 1989): 61–68.

PROGRAMA 5.6A

Entradas do Excel para o exemplo das Indústrias Turner.

	A	B	C	D	E	F	G
1	Ano	Trimestre	Vendas	Período	X2 (Tr. 1)	X3 (Tr. 3)	X4 (Tr. 4)
2	1	1	108	1	0	0	0
3		2	125	2	1	0	0
4		3	150	3	0	1	0
5		4	141	4	0	0	1
6	2	1	116	5	0	0	0
7		2	134	6	1	0	0
8		3	159	7	0	1	0
9		4	152	8	0	0	1
10	3	1	123	9	0	0	0
11		2	142	10	1	0	0
12		3	168	11	0	1	0
13		4	165	12	0	0	1

PROGRAMA 5.6B

Saídas do Excel para o exemplo das Indústrias Turner.

	A	B	C	D	E	F	G
1	Ano	Trimestre	Vendas	Período	X2 (Tr. 1)	X3 (Tr. 3)	X4 (Tr. 4)
2	1	1	108	1	0	0	0
3		2	125	2	1	0	0
4		3	150	3	0	1	0
5		4	141	4	0	0	1
6	2	1	116	5	0	0	0
7		2	134	6	1	0	0
8		3	159	7	0	1	0
9		4	152	8	0	0	1
10	3	1	123	9	0	0	0
11		2	142	10	1	0	0
12		3	168	11	0	1	0
13		4	165	12	0	0	1
14							
15	RESUMO DOS RESULTADOS						
16							
17	*Estatísticas da regressão*						
18	R múltiplo	0,9972					
19	R-Quadrado	0,9944					
20	R-quadrado ajustado	0,9911					
21	Erro padrão	1,8323					
22	Observações	12					
23							
24	ANOVA						
25		gl	SQ	MQ	F	Significância do F	
26	Regressão	4	4144,7500	1036,1875	308,6516	0,0000%	
27	Resíduo	7	23,5000	3,3571			
28	Total	11	4168,2500				
29							
30		Coeficientes	Erro padrão	Stat t	valor-P	95% inferiores	95% superiores
31	Interseção	104,1042	1,3322	78,1449	0,0000	100,9540	107,2543
32	X1 (Período)	2,3125	0,1619	14,2791	0,0000	1,9296	2,6954
33	X2 (Tr. 1)	15,6875	1,5048	10,4252	0,0000	12,1293	19,2457
34	X3 (Tr. 3)	38,7083	1,5307	25,2882	0,0000	35,0888	42,3278
35	X4 (Tr. 4)	30,0625	1,5729	19,1123	0,0000	26,3431	33,7819

O trimestre 1 é representado por $X_2 = X_3 = X_4 = 0$.

5.6 MONITORANDO E CONTROLANDO PREVISÕES

Mesmo depois de completada, uma previsão não deve ser esquecida. Nenhum administrador quer ser lembrado quando suas previsões forem ruins, mas a empresa precisa determinar o motivo da demanda real (ou qualquer variável que esteja sendo examinada) ter diferido de modo significativo do projetado.*

Um sinal de rastreamento mede o quão bem uma previsão se ajusta aos dados reais.

Uma forma de monitorar as previsões a fim de que elas tenham um bom desempenho é empregar um sinal de rastreamento. Um sinal de rastreamento avalia quão bem uma previsão está prevendo um valor real. À medida que as previsões são atualizadas semanalmente, mensalmente ou trimestralmente, o novo valor real da demanda é comparado com os valores previstos.

O sinal de rastreamento é calculado como uma *Soma Móvel dos Erros de Previsão* (SMEP) divididos pelo Desvio Médio Absoluto (DMA):

$$\text{Sinal de rastreamento} = \frac{\text{SMEP}}{\text{DMA}}$$

$$= \frac{\Sigma(\text{erros de previsão})}{\text{DMA}} \quad (5\text{-}11)$$

onde

$$\text{DMA} = \frac{\Sigma |\text{Erros de previsão}|}{n}$$

como já foi visto na Equação 5-1.

Sinais de rastreamento positivos indicam que a demanda é maior do que a previsão. Sinais de rastreamento negativos mostram que a demanda é menor do que a previsão. Um bom sinal de rastreamento – isto é, um com uma SMEP pequena – terá tantos erros positivos quanto negativos. Em outras palavras, pequenos desvios são um bom indicativo, mas os sinais positivos e negativos devem aparecer de forma equilibrada de maneira que o sinal de rastreamento fique próximo de zero.

Determinar os limites de rastreamento é uma forma de obter valores adequados para os limites superior e inferior.

Quando sinais de rastreamento são calculados, eles são comparados a limites de controle pré-determinados. Se um sinal exceder um limite superior ou inferior, ele é bloqueado. Isso

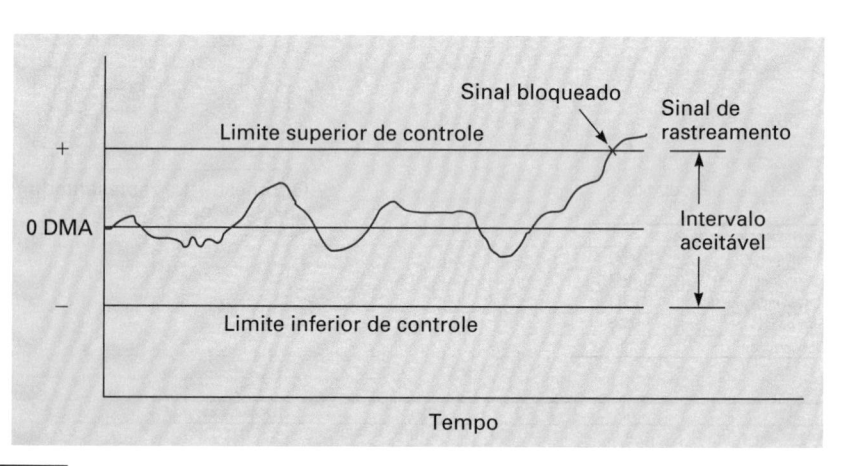

FIGURA 5.7 Diagramas de sinais de rastreamento.

---

* Se um analista faz boas previsões, geralmente ele garante que todos conheçam o seu talento. Entretanto, raramente há artigos na revista *Fortune*, *Forbes* ou no jornal *Wall Street* sobre previsões monetárias que estão consistentemente distantes por 25% ou mais dos valores previstos.

significa que existe um problema. A Figura 5.7 mostra o gráfico de um sinal de rastreamento que está excedendo o intervalo de variação aceitável. Se o modelo utilizado é o alisamento exponencial, talvez a constante de alisamento deva ser reajustada.

Como as empresas decidem quais devem ser os limites superiores e inferiores de rastreamento? Não existe uma única resposta, mas eles tentam encontrar valores razoáveis – em outras palavras, limites não tão pequenos que seriam bloqueados com qualquer pequeno erro de previsão e também não tão altos que permitam que más previsões passem regularmente. George Plossl e Oliver Wight, dois especialistas em controle de estoques, sugeriram a utilização de um valor máximo de ±4DMAs para itens com alto volume de estoques e ±8DMAs para itens com baixo volume.* Outros previsores sugerem intervalos levemente menores. Um DMA é equivalente a aproximadamente 0,8 desvios padrão, assim, ±2DMAs = 1,6 desvios padrão, ±3DMAs = 2,4 desvios padrão e ±4DMAs = 3,2 desvios padrão. Isso sugere que para uma previsão estar "sob controle", espera-se que 89% dos erros estejam no intervalo ±2DMAs, 98%, no intervalo ±3DMAs, ou 99,9%, no intervalo ±4DMAs, sempre que os erros forem normalmente distribuídos.**

Exemplo da padaria Kimball   Esse é um exemplo que mostra como o sinal de rastreamento e a SMEP podem ser calculados. As vendas trimestrais de croissants (em milhares) da padaria Kimball, bem como as previsões de demanda e os erros calculados estão na tabela seguinte. O objetivo é calcular o sinal de rastreamento e determinar se as previsões são adequadas.

Período	Previsão da demanda	Demanda real	Erro	SMEP	Erro da previsão	Erro acumulado	DMA	Sinal de rastreamento
1	100	90	−10	−10	10	10	10,0	−1
2	100	95	−5	−15	5	15	7,5	−2
3	100	115	+15	0	15	30	10,0	0
4	110	100	−10	−10	10	40	10,0	−1
5	110	125	+15	+5	15	55	11,0	+0,5
6	110	140	+30	+35	30	85	14,2	+2,5

$$\text{DMA} = \frac{\Sigma |\text{erros de previsão}|}{n} = \frac{85}{6}$$

$$= 14,2$$

$$\text{Sinal de rastreamento} = \frac{\text{SMEP}}{\text{DMA}} = \frac{35}{14,2}$$

$$= 2,5 \text{ DMA}$$

Esse sinal de rastreamento está dentro de limites aceitáveis. Vemos que ele variou de −2,00 DMAs a +2,50 DMAs.

Alisamento adaptativo

A previsão adaptativa é assunto de muitas pesquisas. Ela se refere ao monitoramento por computador do sinal de rastreamento e do auto-ajuste se o sinal ultrapassa seus limites determinados. No alisamento exponencial, os coeficientes α e β são inicialmente selecionados tendo

---

* Veja PLOSSL, G. W., WIGHT, O. W. *Production and Inventory Control*. Upper Saddle River (NJ). Prentice Hall, 1967.

** Para checar essas três percentagens, verifique os valores da curva normal para ±1,6 desvios padrão (valores Z). Utilizando a tabela da normal do Apêndice A, você encontrará que a área sob a curva é 0,89. Isso representa ±2DMAs. De maneira semelhante, ±3DMAs = 2,4 desvios padrão engloba 98% da área, e assim sucessivamente para ±4DMAs.

EM AÇÃO — Previsões na Disneylândia

O relatório que o presidente da Disney recebe sobre os seus parques temáticos em Orlando, na Flórida, apresenta somente dois números: a *previsão* do atendimento do dia anterior nos parques (Magic Kingdom, Epcot, Fort Wilderness, MGM Studios, Animal Kingdom, Typhoon Lagoon e Blizzard Beach) e o atendimento, de fato, ocorrido. Um erro próximo de zero é esperado (utilizando o EMAP – Erro Médio Absoluto Percentual). O presidente leva a previsão bastante a sério.

A equipe de previsão da Disneylândia não faz apenas a previsão diária e o presidente não é seu único cliente. Ela também fornece previsões diárias, semanais, mensais, anuais e para cinco anos aos departamentos de recursos humanos, manutenção, operações, finanças e de programação dos parques. Ela utiliza modelos de julgamentos, econométricos, médias móveis e a análise de regressão. A previsão anual feita pela equipe, em 1999, para o volume total para o ano 2000, resultou em um EMAP de zero.

Com 20% dos clientes da Disney vindo do exterior, o modelo econométrico utilizado inclui variáveis como confiança do consumidor e o produto interno bruto de sete países. A Disney também entrevista um milhão de pessoas anualmente para saber sobre os planos de viagens futuras e a experiência vivida nos parques. Isso auxilia a prever não somente o atendimento, mas o comportamento nas atrações (quanto as pessoas irão esperar na fila e quantas atrações serão utilizadas). As entradas para os modelos de previsão mensais incluem linhas aéreas especiais, discursos do presidente do banco central e as tendências de *Wall Street*. A Disney monitora também três mil distritos escolares no território americano e as épocas de férias e feriados no exterior.

Fonte: Com base em NEWKIRK, J., HASKELL, M. *Forecasting in the Service Sector*. Apresentação realizada no décimo segundo encontro anual da Sociedade de Gerenciamento de Operação e Produção. April 2001, Orlando, Flórida.

---

como base os valores que minimizam o erro da previsão e depois ajustados sempre que o computador detectar um sinal de rastreamento errôneo. Esse processo é denominado *alisamento adaptativo*.

5.7 UTILIZANDO O COMPUTADOR PARA PREVER

O Apêndice 5.1 ilustra utilizando o QM para Windows formas alternativas de realizar previsões.

Com a popularização do uso dos computadores, cálculos de previsões raramente são feitos manualmente hoje. A planilha pode gerenciar de modo eficaz problemas de pequeno e médio porte, como vimos com o Excel e o Excel QM. De forma semelhante, o QM para Windows pode ser utilizado para problemas de tamanho moderado. Diversos programas estatísticos genéricos (como SPSS, SAS, NCSS e Minitab) apresentam módulos para fazer previsões ou características que estão facilmente disponíveis e podem manejar séries temporais e projeções causais. Alguns desses programas podem selecionar automaticamente os melhores parâmetros para o modelo (por exemplo, a constante de suavização em um modelo de alisamento exponencial) logo que o usuário identificar o tipo de modelo que será utilizado.

Software de previsão dedicado também está disponível, e às vezes é completamente automático. O usuário simplesmente entra com os dados e o computador determinará que modelo de séries temporais será mais adequado para esse conjunto de dados específico.[*]

Vários softwares de previsão orientados para mainframes também estão disponíveis, como o Previsão de Séries Temporais da General Eletric (denominado FCST1 e FCST2). Eles são destinados a empresas que precisam executar projeções em larga escala por regressões e alisamento exponencial. Diversas empresas utilizam programas de previsões que também incorporam rotinas de controle de estoques. Os exemplos são a IMB com o programa IMPACT (*Inventory Manegement Program and Control Technique* ou Programa de Gerenciamento de Estoques e Técnicas de Controle) e o COGS (*Consumer Goods Program* ou Programa de Consumo de Bens).

---

[*] YURKIEWICZ, J. Forecasting Sofware Survey. *OR/MS Today*. August 2006. p. 40-9.

RESUMO

As previsões são processos cruciais da gestão. A previsão da demanda orienta a produção, a capacidade e os sistemas de programação de uma empresa e afeta as finanças, o marketing e as funções de planejamento dos recursos de pessoal.

Neste capítulo, introduzimos três tipos de modelos de previsão: séries temporais, causal e qualitativo. Médias móveis, alisamento exponencial, projeção de tendências e modelos de decomposição de séries temporais foram desenvolvidos. Modelos de regressão e de regressão múltipla foram reconhecidos como modelos causais. Quatro modelos qualitativos foram brevemente discutidos. Também explicamos o uso de diagramas de dispersão e medidas da precisão das previsões. Nos próximos capítulos, você verá a utilidade dessas técnicas na determinação de valores para os vários modelos de decisão.

Nenhum método de previsão é perfeito em todas as situações. Mesmo quando o administrador encontrar uma abordagem satisfatória, ele ainda deve monitorar e controlar suas previsões para assegurar que os erros não fujam do controle. Fazer previsões é um desafio, mas pode ser recompensador.

GLOSSÁRIO

Alisamento adaptativo. Processo de monitorar e ajustar a constante de alisamento automaticamente em um modelo de alisamento exponencial.

Alisamento exponencial. Método de previsão que é uma combinação da última previsão com o último valor observado.

Constante de alisamento. Valor entre 0 e 1 utilizado na previsão por alisamento exponencial.

Dados desestacionalizados. Dados de uma série temporal em que cada valor foi dividido pelo seu índice sazonal a fim de remover o efeito da componente sazonal.

Decomposição. Modelo de previsão que decompõe a série temporal nas suas componentes sazonal e de tendência.

Delphi. Técnica de previsão por julgamento que utiliza decisores, pessoas da administração e outros respondentes para elaborar a previsão.

Desvio. Termo para o erro utilizado na previsão de séries temporais.

Desvio Médio Absoluto (DMA). Técnica para determinar a acurácia de um modelo de previsão que leva em conta a média dos desvios absolutos.

Diagramas de dispersão. Diagramas da variável a ser prevista traçados contra outra variável, como o tempo.

Erro. Diferença entre o valor real e o previsto.

Erro Percentual Médio Absoluto (EPMA). Técnica para determinar a acurácia de um modelo de previsão que toma a média dos erros absolutos como um percentual dos valores observados.

Erro Quadrático Médio (MSE – Mean Squared Error). Técnica para determinar a acurácia de um modelo de previsão que toma a média dos termos erro ao quadrado do modelo de previsão.

Grupo de decisores. Grupo de especialistas na técnica Delphi que tem a responsabilidade de fazer a previsão.

Índice sazonal. Índice que indica como um período específico (mês, trimestre, etc) se compara à média total do período (um valor igual a 1 indica que o período está na média).

Média móvel centrada. Média de valores centrada em um ponto específico do tempo. É utilizada para calcular índices sazonais quando existe uma tendência nos dados.

Médias móveis. Técnica de previsão que toma a média de valores passados para determinar a previsão.

Médias móveis ponderadas. Método de previsão por médias móveis que atribui diferentes pesos aos valores passados.

Método de Holt. Modelo de alisamento exponencial que inclui uma componente tendência. É denominado também de modelo alisamento exponencial duplo ou modelo de alisamento de segunda ordem.

Mínimos quadrados. Procedimento utilizado na projeção da tendência e na análise de regressão para minimizar as distâncias ao quadrado entre a linha estimada e os valores observados.

Modelo ingênuo. Modelo de previsão por séries temporais em que a previsão para o próximo período é o valor do período atual.

Modelo qualitativo. Modelos que fazem previsões utilizando julgamentos, experiências e dados qualitativos e subjetivos.

Modelos causais. Modelos que fazem previsões utilizando variáveis e fatores além do tempo.

Modelos de séries temporais. Modelos que fazem previsões utilizando dados históricos.

Projeção da tendência. Uso de uma linha de tendência para prever com uma série temporal quando existe uma tendência nos dados. Uma tendência linear é uma linha de regressão em que o tempo é a variável independente.

Sinal de rastreamento. Medida de quão bem a previsão está prevendo o valor real.

Soma Móvel dos Erros de Previsão (SMEP). Utilizada para determinar o sinal de rastreamento para um modelo de previsão de série temporal, é o total móvel dos erros que podem ser positivos ou negativos.

Viés. Técnica de determinar a precisão do modelo de previsão medindo o erro médio e determinando sua direção.

EQUAÇÕES-CHAVE

(5-1) $\text{DMA} = \dfrac{\Sigma |\text{erro da previsão}|}{n}$

Medida do erro global da previsão denominado desvio médio absoluto

(5-2) $\text{EQM} = \dfrac{\Sigma(\text{erro})^2}{n}$

Medida da acurácia da previsão denominada erro ao quadrado médio

(5-3) $\text{EMAP} = \dfrac{\Sigma \left|\dfrac{\text{erro}}{\text{real}}\right|}{n} 100\%$

Medida da acurácia da previsão denominada erro médio absoluto percentual

(5-4) $\dfrac{\text{Previsão por}}{\text{média móvel}} = \dfrac{\text{soma da demanda em } n \text{ períodos prévios}}{n}$

Equação para calcular a previsão por média móvel

(5-5) $F_{t+1} = \dfrac{Y_t + Y_{t-1} + \cdots + Y_{t-n+1}}{n}$

Expressão para uma previsão por médias móveis

(5-6) $F_{t+1} = \dfrac{\Sigma(\text{Pesos no período } i)(\text{Valor real no período } i)}{\Sigma(\text{Pesos})}$

Equação para calcular uma previsão por médias móveis ponderadas

(5-7) $F_{t+1} = \dfrac{w_1 Y_t + w_2 Y_{t-1} + \cdots + w_n Y_{t-n+1}}{w_1 + w_2 + \cdots + w_n}$

Expressão para determinar uma previsão por médias móveis ponderadas

(5-8) Previsão nova = Previsão do ultimo período + α(Demanda real do último período − Previsão do último período)

Equação para calcular uma previsão por alisamento exponencial

(5-9) $F_{t+1} = F_t + \alpha(Y_t - F_t)$

Equação 5-8 em símbolos

(5-10) $T_{t+1} = (1 - \beta)T_t + \beta(F_{t+1} - F_t)$

Componente tendência para um modelo de alisamento exponencial com tendência

(5-11) Sinal de rastreamento $= \dfrac{\text{SMEP}}{\text{DMA}}$

$= \dfrac{\Sigma(\text{erro de previsão})}{\text{DMA}}$

Equação para monitorar previsões com um sinal de rastreamento

PROBLEMAS RESOLVIDOS

Problema resolvido 5-1

A demanda por cirurgias no Washington General Hospital aumentou constantemente nos últimos anos, como pode ser visto na tabela seguinte:

Ano	Cirurgias realizadas
1	45
2	50
3	52
4	56
5	58
6	—

O diretor de serviços médicos previu há seis anos que a demanda no primeiro ano seria de 42 cirurgias. Utilizando o alisamento exponencial com um peso de α = 0,20, faça previsões para os anos de 2 a 6. Qual é o MSE (Erro Quadrático Médio)?

Solução

Ano	Real	Previsão	Erro	|Erro|
1	45	42	+3	3
2	50	42,6 = 42 + 0,2(45 − 42)	+7,4	7,4
3	52	44,1 = 42,6 + 0,2(50 − 42,6)	+7,9	7,9
4	56	45,7 = 44,1 + 0,2(52 − 44,1)	+10,3	10,3
5	58	47,7 = 45,7 + 0,2(56 − 45,7)	+10,3	10,3
6	—	49,8 = 47,7 + 0,2(58 − 47,7)	—	—
		$\text{DMA} = \dfrac{\Sigma\|\text{erros}\|}{n} = \dfrac{38,9}{5} = 7,78$		38,9

Problema resolvido 5-2

A demanda trimestral do Jaguar XJ8 em uma autorizada de Nova York é prevista pela equação:

$$\hat{Y} = 10 + 3X$$

onde

X = período de tempo (trimestre): trimestre 1 do último ano = 0
trimestre 2 do último ano = 1
trimestre 3 do último ano = 2
trimestre 4 do último ano = 3
trimestre 1 deste ano = 4, e assim por diante.

e

$\hat{Y}$ = demanda trimestral prevista

A demanda por sedans de luxo é sazonal e os índices para os trimestres 1, 2, 3 e 4 são 0,80, 1,00, 1,30 e 0,90, respectivamente. Utilizando a equação de tendência, faça a previsão da demanda para cada trimestre do próximo ano. Depois, ajuste cada previsão em função da sazonalidade (trimestral).

Solução

O trimestre 2 desse ano é codificado como $x = 5$; o trimestre 3 desse ano, $x = 6$; e o trimestre 4 desse ano, $x = 7$. Desse modo, o trimestre 1 do próximo ano é codificado como $x = 8$; trimestre 2, $x = 9$; e assim por diante.

(trimestre 1 do próximo ano) = 10 + (3)(8) = 34   Previsão ajustada = (0,80)(34) = 27,2
(trimestre 2 do próximo ano) = 10 + (3)(9) = 37   Previsão ajustada = (1,00)(37) = 37
(trimestre 3 do próximo ano) = 10 + (3)(10) = 40   Previsão ajustada = (1,30)(40) = 52
(trimestre 4 do próximo ano) = 10 + (3)(11) = 43   Previsão ajustada = (0,90)(43) = 38,7

AUTOTESTE

- Antes de fazer o autoteste, consulte os objetivos de aprendizagem no início do capítulo, as notas nas margens e o glossário no final do capítulo.
- Corrija seu teste utilizando o Apêndice H ao final do livro.
- Estude novamente as páginas que correspondem a todas as perguntas que você respondeu errado ou que não tem certeza.

1. Modelos de previsão qualitativas incluem:
   a. análise de regressão
   b. Delphi
   c. modelos de séries temporais
   d. linhas de tendência
2. Um modelo de previsão que utiliza somente dados históricos para a variável sendo prevista é denominado:
   a. modelo de séries temporais
   b. modelo causal
   c. modelo Delphi
   d. modelo variável
3. Um exemplo de um modelo causal é:
   a. alisamento exponencial
   b. projeções de tendências
   c. médias móveis
   d. análise de regressão
4. Qual dos seguintes é um modelo de séries temporais?
   a. o modelo Delphi
   b. análise de regressão
   c. alisamento exponencial
   d. regressão múltipla
5. Qual dos seguintes não é uma componente de uma série temporal?
   a. sazonalidade
   b. variações causais
   c. tendência
   d. variações aleatórias
6. Qual dos seguintes pode ser negativo?
   a. DMA
   b. Viés
   c. EPMA
   d. EQM
7. Quando comparamos vários modelos de previsão para determinar qual representa melhor um determinado conjunto de dados, o modelo que deve ser selecionado é o:
   a. com o maior EQM
   b. com o DMA próximo de 1
   c. com viés de 0
   d. com o menor DMA
8. No alisamento exponencial, se você quer dar um peso significativo à observação mais recente, a constante de alisamento deve ser:
   a. próxima a 0
   b. próxima a 1
   c. próxima a 0,5
   d. menor que o erro
9. Uma equação de tendência é uma equação de regressão em que:
   a. existem múltiplas variáveis independentes
   b. a inclinação e o intercepto são os mesmos
   c. a variável dependente é o tempo
   d. a variável independente é o tempo
10. As vendas de uma companhia são tipicamente mais altas nos meses de verão do que nos de inverno. Essa variação será chamada de:
    a. tendência
    b. fator sazonal
    c. fator aleatório
    d. fator cíclico
11. Uma previsão ingênua para vendas mensais é equivalente a:
    a. um modelo de médias móveis de um mês.
    b. um modelo de alisamento exponencial com $\alpha = 0$.
    c. um modelo sazonal no qual o índice sazonal é 1.
    d. nenhuma das alternativas acima.
12. Se o índice sazonal para janeiro for 0,80, então:
    a. as vendas de janeiro tenderão a ser 80% mais altas do que a média mensal.
    b. as vendas de janeiro tenderão a ser 20% maiores do que a média mensal.
    c. as vendas de janeiro tenderão a ser 80% menores do que a média mensal.
    d. as vendas de janeiro tenderão a ser 20% menores do que a média mensal.
13. Se tanto a componente da tendência quanto a sazonalidade estão presentes em uma série temporal, os índices sazonais:
    a. devem ser calculados com base na média geral.
    b. devem ser calculados com base no MMCs.
    c. serão maiores do que 1.
    d. devem ser ignorados na previsão.
14. Qual dos seguintes é utilizado para alertar um usuário de um modelo de previsão que um erro significativo ocorreu em um dos períodos?
    a. um índice sazonal.
    b. uma constante de alisamento.
    c. um sinal de rastreamento
    d. um coeficiente de regressão.

QUESTÕES PARA DISCUSSÃO E PROBLEMAS

Questões para discussão

5-1 Descreva brevemente os passos necessários para o desenvolvimento de um sistema de previsão.

5-2 O que é um modelo de previsão de séries temporais?

5-3 Qual é a diferença entre um modelo causal e um modelo de séries temporais?

5-4 O que é um modelo de previsão qualitativa e quando ele é adequado?

5-5 Quais são alguns dos problemas e desvantagens da média móvel como um modelo de previsão?

5-6 Que efeito tem o valor da constante de alisamento no peso dado a previsão passada e o valor observado passado?

5-7 Descreva brevemente a técnica Delphi.

5-8 O que é o DMA e porque ele é importante na seleção e no uso de modelos de previsão?

5-9 Um índice sazonal pode ser menor do que um, igual a um e maior do que um. Explique o significado de cada uma dessas situações.

5-10 Explique o que aconteceria se a constante de alisamento de um modelo exponencial fosse igual a zero. Explique o que aconteceria se essa constante fosse igual a um.

5-11 Explique quando uma MMC (Média Móvel Centrada) (em vez de uma média global) deve ser utilizada no cálculo de um índice sazonal. Explique por que isso é necessário.

Problemas*

5-12 Desenvolva um modelo de média móvel de quatro meses para a Equipamentos de Jardim Wallace e calcule o DMA. Um modelo de média móvel de três meses foi desenvolvido na seção sobre médias móveis na Tabela 5.3.

5-13 Utilizando o DMA, determine se a previsão do Problema 5-12 ou se a previsão na seção referente ao Suprimento de Jardim Wallace é mais acurada.

5-14 Dados anuais coletados sobre a demanda por sacos de 25 kg de fertilizante na Equipamentos Jardim Wallace são apresentados na tabela. Desenvolva um modelo de previsão das vendas utilizando médias móveis de três anos. Depois, estime a demanda novamente com uma média móvel ponderada em que as vendas do último ano recebem peso dois e as vendas nos outros dois anos têm pesos iguais a um. Qual método é o melhor?

Ano	Demanda por fertilizantes
1	4
2	6
3	4
4	5
5	10
6	8
7	7
8	9
9	12
10	14
11	15

5-15 Determine uma linha de tendência para a demanda de fertilizantes do problema 5.14 utilizando um software de computador.

5-16 Nos problemas 5-14 e 5-15, três previsões diferentes foram desenvolvidas para a demanda por fertilizantes. Essas três previsões são uma média móvel de três anos, uma média móvel ponderada e uma linha de tendência. Qual você usaria? Explique sua resposta.

5-17 Use o alisamento exponencial com uma constante de alisamento de 0,3 a fim de prever a demanda por fertilizantes para os dados fornecidos no Problema 5-14. Assuma que a previsão do último período para o ano 1 é de 5000 sacos para iniciar o procedimento. Você prefere utilizar o modelo de alisamento exponencial ou o modelo de média ponderada desenvolvido no Problema 5-14? Explique sua resposta.

5-18 As vendas de condicionadores de ar Cool-Man cresceram regularmente durante os últimos cinco anos.

Ano	Vendas
1	450
2	495
3	518
4	563
5	584
6	?

O gerente de vendas previu, antes de os negócios iniciarem, que as vendas do primeiro ano seriam de 410 unidades. Utilizando o alisamento exponencial com um peso $\alpha = 0,30$, desenvolva previsões para os anos de 2 a 6.

5-19 Utilizando constantes de alisamento de 0,6 e 0,9, desenvolva previsões para as vendas de aparelhos de ar condicionado Cool-Man (veja os dados no Problema 5-18).

---

* Nota: Q significa que o problema pode ser resolvido com o QM para Windows; X significa que o problema pode ser resolvido com o Excel; e Q/X significa que ele pode ser resolvido tanto com o QM para Windows quanto com o Excel.

5-20 Qual é o efeito da constante de alisamento nas previsões de aparelhos de ar condicionado Cool-Man? (veja os Problemas 5-18 e 5-19.). Qual das constantes forneceu uma previsão melhor?

5-21 Utilize um modelo de previsão com médias móveis de três anos para prever as vendas de aparelhos de ar condicionado Cool-Man (veja o Problema 5-18).

5-22 Utilizando o método da projeção da tendência, desenvolva modelos de previsão para as vendas de aparelhos de ar condicionado Cool-Man (veja o Problema 5-18).

5-23 Você utilizaria o alisamento exponencial com uma constante de alisamento de 0,3, uma média móvel de três anos ou uma tendência para prever as vendas de aparelhos de ar condicionado Cool-Man? Veja os Problemas 5-18, 5-21 e 5-22.

5-24 As vendas de aspiradores industriais na empresa de suprimentos R. Lowenthal nos últimos 13 meses são:

Vendas ($1.000s)	Mês	Vendas ($1.000s)	Mês
11	Janeiro	14	Agosto
14	Fevereiro	17	Setembro
16	Março	12	Outubro
10	Abril	14	Novembro
15	Maio	16	Dezembro
17	Junho	11	Janeiro
11	Julho		

(a) Utilizando um modelo de médias móveis de três períodos, determine a demanda para os aspiradores para o próximo fevereiro.
(b) Utilizando um modelo de médias móveis ponderado de três períodos, determine a demanda de aspiradores para fevereiro próximo. Utilize 3, 2 e 1 como pesos para os períodos do primeiro mais recente ao terceiro mais recente, respectivamente. Por exemplo, se você está prevendo a demanda para fevereiro, então novembro terá peso 1, dezembro terá peso 2 e janeiro, peso 3.
(c) Avalie a precisão de cada um desses modelos.
(d) Que outros fatores a empresa de suprimentos R. Lowenthal poderia levar em consideração para prever suas vendas?

5-25 A milhagem dos passageiros da Northeast Airlines, uma empresa que faz a ponte aérea na área de Boston, nas últimas 12 semanas são:

Semana	Milhagem (em milhares)	Semana	Milhagem (em milhares)
1	17	7	20
2	21	8	18
3	19	9	22
4	23	10	20
5	18	11	15
6	16	12	22

(a) Assumindo uma previsão inicial para a semana 1 de 17000 milhas, use o alisamento exponencial para calcular a milhagem nas demais semanas (2 a 12). Utilize $\alpha = 0,2$.
(b) Determine o DMA para o modelo.
(c) Calcule a SMEP e o sinal de rastreamento. Eles estão dentro de limites aceitáveis?

5-26 As chamadas para o sistema de emergência (911) do Winter Park, Flórida, nas últimas 24 semanas, são:

Semana	Chamadas	Semana	Chamadas	Semana	Chamadas
1	50	9	35	17	55
2	35	10	20	18	40
3	25	11	15	19	35
4	40	12	40	20	60
5	45	13	55	21	75
6	35	14	35	22	50
7	20	15	25	23	40
8	30	16	55	24	65

(a) Calcule a previsão exponencialmente alisada das chamadas semanais. Assuma uma previsão inicial de 50 chamadas para a primeira semana e utilize $\alpha = 0,1$. Qual é previsão para a semana 25?
(b) Recalcule a previsão para cada período utilizando $\alpha = 0,6$.
(c) As chamadas que de fato aconteceram na vigésima quinta semana foram 85. Qual das constantes fornece uma previsão melhor?

5-27 Utilizando os dados das chamadas de emergência do Problema 5-16, faça uma previsão das chamadas para a segunda até a vigésima quinta semana utilizando $\alpha = 0,9$. Qual é melhor? (Novamente, assuma que as chamadas que, de fato, ocorreram na vigésima quinta semana foram 85 e utilize uma previsão inicial de 50 chamadas.)

5-28 A receita com consultoria da empresa Kate Walsh Associados no período de fevereiro a julho foi:

Mês	Renda ($1.000s)
Fevereiro	70,0
Março	68,5
Abril	64,8
Maio	71,7
Junho	71,3
Julho	72,8

Use o alisamento exponencial para prever a receita de agosto. Assuma que a previsão inicial para fevereiro é de uma receita de $65000. A constante de alisamento selecionada é $\alpha = 0,1$.

5-29 Resolva o Problema 5-28 com $\alpha = 0,3$. Utilizando o DMA, qual das constantes fornece uma previsão melhor?

5-30 Uma grande fonte de receitas do estado de Texas é um imposto sobre certos tipos de bens e serviços. Os dados são registrados e o controller do estado utiliza esses dados para projetar as receitas futuras para o orçamento estadual. Uma categoria específica de bens é classificada como comércio varejista. Os dados de quatro anos (em milhões de dólares) para uma área determinada do sul do estado estão na tabela:

Trimestre	Ano 1	Ano 2	Ano 3	Ano 4
1	218	225	234	250
2	247	254	265	283
3	243	255	264	289
4	292	299	327	356

(a) Calcule os índices sazonais para cada trimestre com base em uma MMC (Média Móvel Centrada).
(b) Desestacionalize os dados e determine uma linha de tendência para os dados sem estacionalidade.
(c) Utilize a linha de tendência para prever as vendas de cada trimestre do quinto ano.
(d) Utilize os índices sazonais para ajustar as previsões encontradas no item (c) para obter a previsão final.

5-31 Com os dados do Problema 5-30, desenvolva um modelo de regressão múltipla para prever as vendas (componentes de tendência e sazonais), utilizando variáveis auxiliares (dummies) para incorporar o fator sazonal ao modelo. Use esse modelo a fim de prever as vendas para cada trimestre do próximo ano. Comente sobre a precisão desse modelo.

5-32 As taxas de desemprego nos Estados Unidos durante um período de 10 anos são apresentadas na tabela seguinte. Utilize o alisamento exponencial para encontrar a melhor previsão para cada ano. Utilize constantes de alisamento de 0,2; 0,4; 0,6 e 0,8. Qual delas fornece o menor DMA?

Ano	1	2	3	4	5	6	7	8	9	10
Taxa de desemprego (%)	7,2	7,0	6,2	5,5	5,3	5,5	6,7	7,4	6,8	6,1

• 5-33 O gerente da loja de departamentos Davi utiliza a extrapolação com séries temporais a fim de prever as vendas para os próximos trimestres. As estimativas de vendas são: $100000, $120000, $140000 e $160,000 para os respectivos trimestres antes do ajuste sazonal. Os índices sazonais para os quatro trimestres foram determinados como: 1,30; 0,90; 0,70 e 1,10, respectivamente. Determine as previsões ajustadas ou com sazonalidade.

5-34 No passado, o revendedor autorizado Judy Holmes vendeu uma média de 1000 pneus radiais por ano. Nos últimos dois anos, foram vendidos, respectivamente, 200 e 250 no outono, 350 e 300 no inverno, 150 e 165 na primavera e 300 e 285 no verão. Com uma grande expansão planejada, as vendas projetadas da Judy Holmes para o próximo ano são 1200 pneus radiais. Qual será a demanda prevista para cada uma das estações?

5-35 A tabela seguinte fornece o valor do índice Dow Jones para a indústria (DJIA) no primeiro dia útil de 1990 a 2007:

Ano 1	DJIA	Ano 2	DJIA
2007	12.460	1998	7.908
2006	10.718	1997	6.448
2005	10.784	1996	5.117
2004	10.453	1995	3.834
2003	8.342	1994	3.754
2002	10.022	1993	3.301
2001	10.791	1992	3.169
2000	11.502	1991	2.634
1999	9.213	1990	2.753

Determine uma linha de tendência e faça a previsão do valor do índice para os primeiros dias úteis dos anos de 2008, 2009 e 2010. Encontre o EQM (Erro Quadrático Médio) para o modelo.

5-36 Considerando os dados do DJIA do Problema 5-35.
(a) Utilize um modelo de alisamento exponencial com uma constante de alisamento de 0,4 a fim de prever o valor do primeiro dia útil do índice DJIA para 2008. Encontre o DMA para esse modelo.
(b) Utilize o QM para Windows ou a planilha Excel a fim de encontrar a constante que fornecerá o menor valor para o EQM.

5-37 A tabela seguinte fornece a taxa de câmbio mensal média para o dólar americano e o euro em 2006. Ela mostra que um euro era equivalente a 1,210 dólares em janeiro de 2006. Determine uma linha de tendência que pode ser utilizada para prever a taxa de câmbio para 2007. Use o modelo para prever a taxa para janeiro e fevereiro de 2007.

Mês	Taxa
Janeiro	1,210
Fevereiro	1,194
Março	1,203
Abril	1,227
Maio	1,277
Junho	1,266
Julho	1,268
Agosto	1,281
Setembro	1,273
Outubro	1,262
Novembro	1,289
Dezembro	1,320

5-38 Para os dados do Problema 5-37, ajuste um modelo de alisamento exponencial com uma constante de alisamento de 0,3. Utilize o EQM a fim de compará-lo com o modelo do Problema 5-37.

> **PROBLEMAS EXTRAS NA INTERNET**
>
> Veja em **www.bookman.com.br** os problemas adicionais 5-39 a 5-47 (em inglês).

ESTUDO DE CASO

Prevendo o público dos jogos de futebol da SWU

A Southwestern University (SWU), uma grande instituição estadual em Stephenville, Texas, 30 milhas a sudoeste da grande região metropolitana de Dallas/Fort Worth, tem aproximadamente 20000 alunos matriculados. Em um relacionamento típico cidade-universidade, a instituição é a força dominante na pequena cidade com mais estudantes durante o outono a primavera do que residentes permanentes.

O time de futebol da SWU é membro da conferência dos onze grandes (Big Eleventh Conference) e geralmente está no ranking dos 20 melhores times universitários de futebol americano. Para aumentar as chances de alcançar o difícil e há muito desejado primeiro lugar no ranking, em 2002, a SWU contratou o lendário Bo Pitterno como treinador principal. Embora a primeira posição do ranking permanecesse fora de alcance, o público nos cinco jogos de sábado em casa aumentou a cada ano. Antes da chegada de Pitterno, o público presente variava de 25000 a 29000 por jogo. As vendas de ingresso para a estação cresceram em 10000 apenas com o anúncio da chegada do novo técnico. Stephenville e a SWU estavas prontas para novas conquistas!

O problema imediato enfrentado pela SWU, contudo, não foi em relação ao ranking da NCAA, mas sim à capacidade. O estádio da SWU, construído em 1953, tinha capacidade para 54000 fãs. A tabela seguinte indica o número de espectadores de cada jogo nos últimos seis anos.

Uma das demandas de Pitterno ao entrar para o SWU foi a expansão do estádio ou até mesmo a construção de um estádio novo. Com o aumento do número de espectadores, os administradores da SWU começaram a enfrentar diretamente o problema. Pitterno pedia dormitórios exclusivos para seus atletas no estádio como uma das exigências adicionais para qualquer expansão.

O presidente da SWU, Dr. Marty Starr, resolveu que chegara o momento de seu vice-presidente de desenvolvimento prever quando o estádio existente alcançaria seu limite máximo. Ele também queria uma projeção de receitas, supondo um custo médio do ingresso de $20,00 em 2008 e que haveria um aumento de 5% a cada ano.

Questões para discussão

1. Desenvolva um modelo de previsão, justificando a sua escolha em relação às demais técnicas, e projete o número de espectadores para 2009.
2. Qual é a receita esperada em 2008 e 2009?
3. Discuta as opções da universidade.

Jogo	2002 Espectadores	2002 Adversário	2003 Espectadores	2003 Adversário	2004 Espectadores	2004 Adversário
1	34200	Baylor	36100	Oklahoma	35900	TCU
2*	39800	Texas	40200	Nebraska	46500	Texas Tech
3	38200	LSU	39100	UCLA	43100	Alaska
4**	26900	Arkansas	25300	Nevada	27900	Arizona
5	35100	USC	36200	Ohio State	39200	Rice

Jogo	2005 Espectadores	2005 Adversário	2006 Espectadores	2006 Adversário	2007 Espectadores	2007 Adversário
1	41900	Arkansas	42500	Indiana	46900	LSU
2*	46100	Missouri	48200	North Texas	50100	Texas
3	43900	Florida	44200	Texas A&M	45900	Prairie View A&M
4**	30100	Miami	33900	Southern	36300	Montana
5	40500	Duke	47800	Oklahoma	49900	Arizona State

(*) Jogos não realizados

(**) Durante a quarta semana de cada estação, Stephenville é palco de um grande festival de artes bastante popular no sudoeste. Esse evento atrai milhares de turistas para a cidade, especialmente nos finais de semana, e apresenta um impacto negativo óbvio no número de espectadores dos jogos.

Fonte: HEIZER J. RENDER, B. *Operations Management*. Upper Saddle River (NJ): Prentice Hall, 2001, p. 126. 6th ed.

> **ESTUDOS DE CASO NA INTERNET**
>
> Veja em **www.bookman.com.br** os estudos de caso adicionais (em inglês).

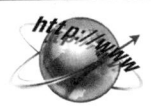

BIBLIOGRAFIA

BERENSON, Mark L., LEVINE, David M., KRIEHBIEL, Timothy C. *Business Statistics: Concepts and Applications.* Upper Saddle River (NJ): Prentice Hall, 2006. 10th ed.

BILLAH, Baki et al. Exponential Smoothing Model Selection for Forecasting, *International Journal of Forecasting.* v. 22, n. 2, April–June 2006, p. 239–247.

BLACK, Ken. *Business Statistics: For Contemporary Decision Making.* New York (NY): John Wiley & Sons, 2007. 5th ed.

DE LURGIO, S. A. *Forecasting Principles and Applications.* New York (NY): Irwin-McGraw-Hill, 1998.

DIEBOLD, F. X. *Elements of Forecasting.* Cincinnati (OH): South-Western College Publishing, 2000, 2nd ed.

GARDNER, Everette Jr. Exponential Smoothing: The State of the Art – Part II. *International Journal of Forecasting.* v. 22, n. 4, October 2006, p. 637–66.

GRANGER, Clive W., PESARAN, J. M. Hashem. Economic and Statistical Measures of Forecast Accuracy. *Journal of Forecasting.* v. 19, n. 7, December 2000, p. 537–60.

HANKE, J. E., WICHERN, D.W. *Business Forecasting*, Upper Saddle River (NJ): Prentice Hall, 2005, 8th ed.

HEIZER, J., RENDER, B. *Operations Management.* Upper Saddle River (NJ): Prentice Hall, 2004. 7th ed.

HUETER, Jackie, SWART, William. An Integrated Labor-Management System for Taco Bell. *Interfaces.* v. 28, n. 1, January–February 1998, p. 75–91.

HYNDMAN, Rob J. The Interaction Between Trend and Seasonality. *International Journal of Forecasting.* v. 20, n. 4, October–December 2004, p. 561–3.

HYNDMAN, Rob J., KOEHLER, Anne B. Another Look at Measures of Forecast Accuracy. *International Journal of Forecasting.* v. 22, n. 4, October 2006, p. 679–88.

LI, X. An Intelligent Business Forecaster for Strategic Business Planning, *Journal of Forecasting.* v. 18, n. 3, May 1999, p. 181–205.

MEADE, Nigel. Evidence for the Selection of Forecasting Methods. *Journal of Forecasting.* v. 19, n. 6, November 2000, p. 515–35.

SNYDER, Ralph D., SHAMI, Roland G. Exponential Smoothing of Seasonal Data: A Comparison. *Journal of Forecasting.* v. 20, n. 3, April 2001, p. 197–202.

YURKIEWICZ, J. Forecasting Software Survey. *OR/MS Today.* v. 33, n. 3, August 2006, p. 40–9.

APÊNDICE 5.1: PREVENDO COM O QM PARA WINDOWS

Nesta seção, utilizaremos o QM para Windows, que pode realizar médias móveis (tanto simples como ponderadas), projetar tendências simples e por alisamento exponencial, lidar com tendências por mínimos quadrados e resolver problemas de regressão.

Para ilustrar o uso do QM para Windows, utilizaremos os seguintes dados já apresentados na Tabela 5.7:

Ano	Geradores elétricos vendidos pela Midwestern
2001	74
2002	79
2993	80
2004	90
2005	105
2006	142
2007	122

O Programa 5.7A mostra a entrada de dados para uma análise de médias móveis de três anos com o QM para Windows. O método e o número de períodos para a média são selecionados arrastando o mouse e clicando nas áreas da tela apropriadas. Os resultados, no Programa 5.7B, incluem os termos erro bem como a habilidade de selecionar um gráfico (pela seleção de um ícone na parte debaixo da tela).

Da mesma forma, o Programa 5.8 ilustra uma análise do QM para Windows com os mesmos dados utilizando alisamento exponencial com $\alpha = 0{,}3$. O Programa 5.9 mostra o uso da projeção de tendência com o QM para Windows e produz o modelo:

$$\text{Vendas} = 56{,}71 + 10{,}54 \cdot \text{Ano}$$

Se ano = 8, a previsão das vendas será: $56{,}71 + 10{,}54(8) = 141$ geradores.

PROGRAMA 5.7A
Entrada de dados para médias móveis no QM para Windows.

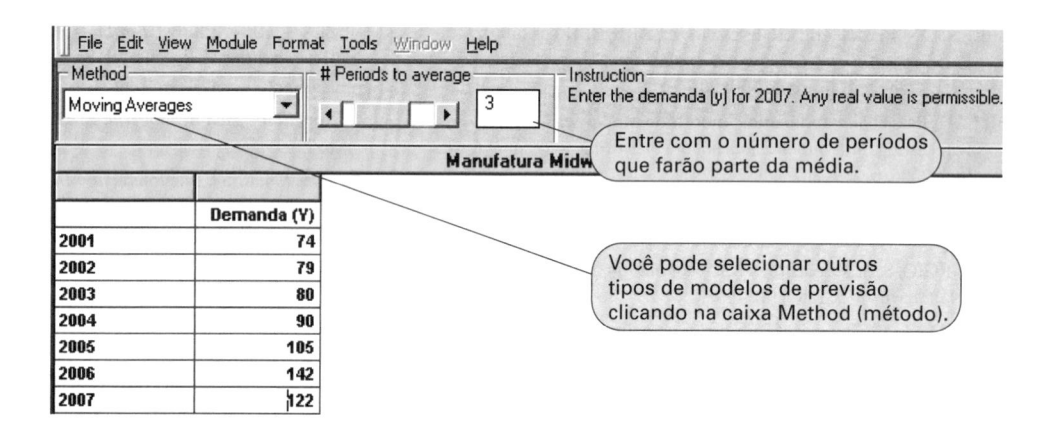

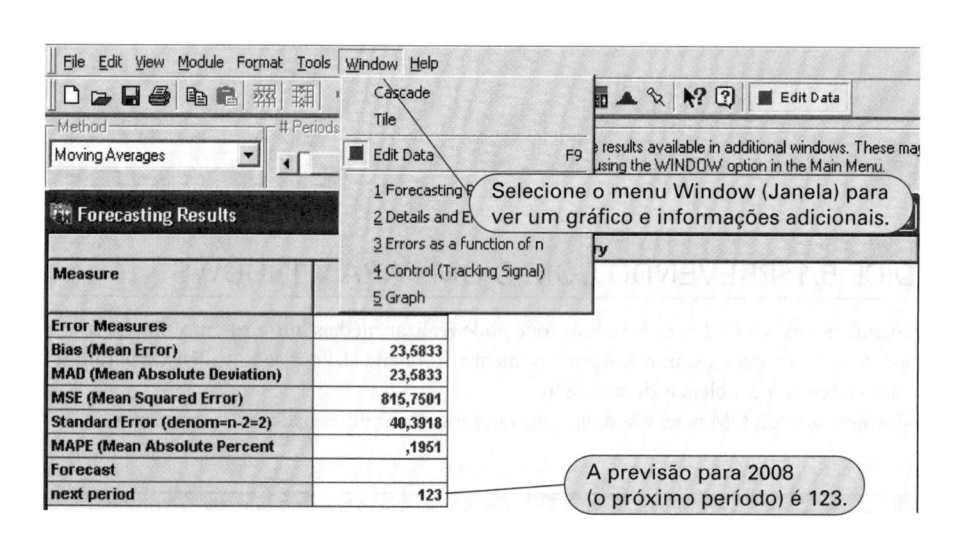

PROGRAMA 5.7B
Saída de dados para médias móveis no QM para Windows.

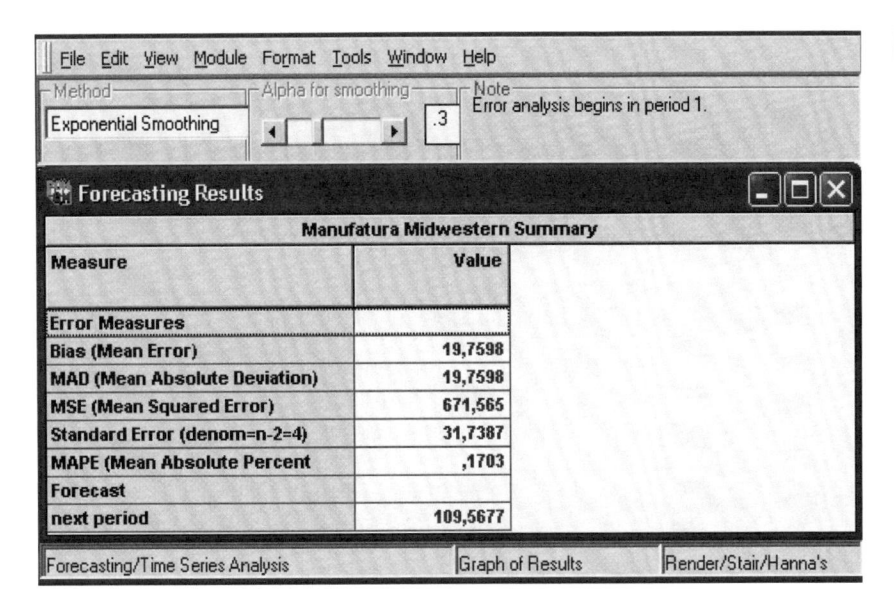

PROGRAMA 5.8
Saída do QM para Windows utilizando alisamento exponencial com $\alpha = 0{,}3$ para a Midwestern.

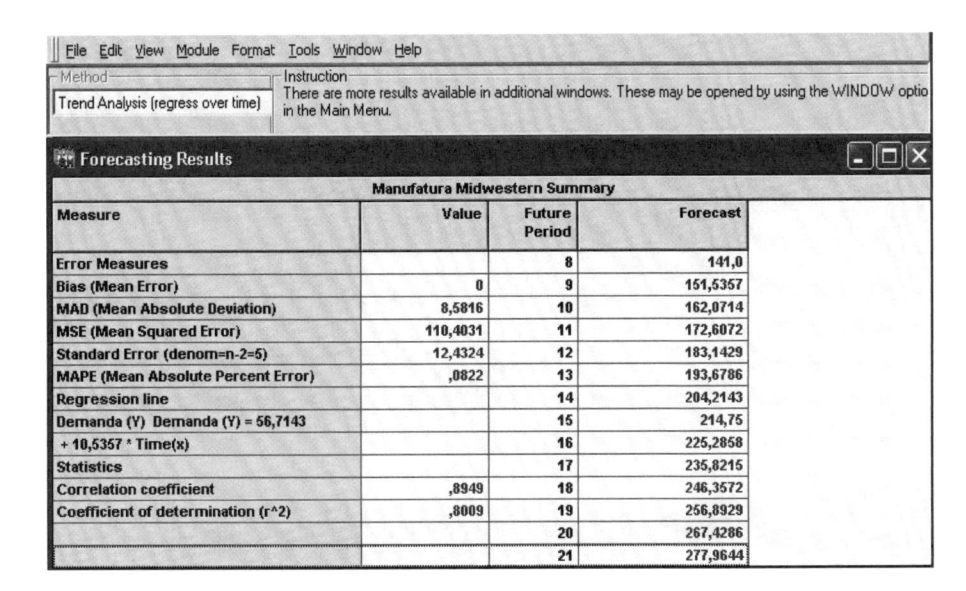

Manufatura Midwestern Summary

Measure	Value
Error Measures	
Bias (Mean Error)	19,7598
MAD (Mean Absolute Deviation)	19,7598
MSE (Mean Squared Error)	671,565
Standard Error (denom=n-2=4)	31,7387
MAPE (Mean Absolute Percent)	,1703
Forecast	
next period	109,5677

PROGRAMA 5.9
Saída do QM para Windows utilizando a análise de tendência para a Midwestern.

Manufatura Midwestern Summary

Measure	Value	Future Period	Forecast
Error Measures		8	141,0
Bias (Mean Error)	0	9	151,5357
MAD (Mean Absolute Deviation)	8,5816	10	162,0714
MSE (Mean Squared Error)	110,4031	11	172,6072
Standard Error (denom=n-2=5)	12,4324	12	183,1429
MAPE (Mean Absolute Percent Error)	,0822	13	193,6786
Regression line		14	204,2143
Demanda (Y) Demanda (Y) = 56,7143		15	214,75
+ 10,5357 * Time(x)		16	225,2858
Statistics		17	235,8215
Correlation coefficient	,8949	18	246,3572
Coefficient of determination (r^2)	,8009	19	256,8929
		20	267,4286
		21	277,9644

CAPÍTULO **6**

Modelos de Controle de Estoque

OBJETIVOS DE APRENDIZAGEM

Depois de ler este capítulo, os alunos serão capazes de:

1. Entender a importância do controle de estoque e da análise ABC
2. Usar o lote econômico (LE) para determinar quanto comprar
3. Calcular o ponto de renovação do pedido (PRP) para determinar quando pedir mais estoque
4. Lidar com problemas de estoque que permitem descontos ou recebimentos não instantâneos
5. Entender o uso do estoque de segurança com custos de estoques esgotados conhecidos e desconhecidos
6. Descrever o uso do planejamento das necessidades de materiais na solução de problemas de estoque de demanda dependente
7. Discutir conceitos de estoque *just in time* para reduzir níveis de estoque e custos
8. Discutir sistemas de planejamento de recursos

VISÃO GERAL DO CAPÍTULO

6.1 Introdução
6.2 A importância do controle do estoque
6.3 Decisões de estoque
6.4 O lote econômico: determinando quanto comprar
6.5 Ponto de renovar o pedido: determinar quando pedir
6.6 O LE sem a suposição do recebimento instantâneo
6.7 Modelos de desconto por quantidade

6.8 Uso do estoque de segurança
6.9 Modelos de estoque de período único
6.10 Análise ABC
6.11 Demanda dependente: o caso do planejamento das necessidades de material
6.12 Controle de estoque Just-In-Time (JIT)
6.13 Planejamento de recursos empresariais

Resumo • Glossário • Equações-chave • Problemas resolvidos • Autoteste • Questões para discussão e problemas • Problemas extras na Internet • Estudo de caso: Empresa de bicicletas Martin-Pullin • Estudos de caso na Internet • Bibliografia

Apêndice 6.1: Controle de estoque com QM para Windows

6.1 INTRODUÇÃO

O estoque é um dos recursos mais caros e importantes para muitas empresas, representando até 50% do total do capital investido. Administradores há muito reconhecem que um bom controle do estoque é crucial. Por um lado, uma empresa pode tentar reduzir custos diminuindo os níveis de estoque disponíveis. Por outro, os clientes ficam insatisfeitos quando ocorrem frequentes faltas de estoques, os chamados *estoques esgotados*. Portanto, as empresas devem manter um equilíbrio entre níveis altos e baixos de estoque, e a minimização dos custos é o fator principal na obtenção desse delicado equilíbrio.

Estoque é qualquer recurso armazenado usado para satisfazer uma necessidade atual ou futura.

Estoque é qualquer recurso armazenado utilizado para satisfazer uma necessidade atual ou futura. Matérias-primas, produto em processo e mercadorias finalizadas são exemplos de estoque. Níveis de estoque para mercadorias finalizadas são uma função direta da demanda. Quando identificamos a demanda por secadoras de roupas, por exemplo, é possível usar essa informação para determinar quanta chapa metálica, pintura, motores elétricos, interruptores e outras matérias-primas de produtos em processo são necessários para produzir o produto final.

Todos os empreendimentos têm algum tipo de sistema de controle e planejamento de estoque. Um banco tem métodos para controlar seu estoque de dinheiro. Um hospital tem métodos para controlar provisões de sangue e outros itens importantes. Governos estaduais e federais, escolas e praticamente qualquer organização de manufatura e produção estão interessados no planejamento e controle do estoque. Estudar como as organizações controlam seu estoque é equivalente a estudar como elas atingem seus objetivos fornecendo mercadorias e serviços aos seus clientes. O estoque é o ponto comum que liga todas as funções e departamentos de uma organização.

A Figura 6.1 ilustra os componentes básicos de um sistema de controle e planejamento de estoque. A fase de *planejamento* se preocupa primeiramente com qual estoque precisa ser armazenado e como ele deve ser adquirido (se deve ser manufaturado ou comprado). Essa informação é, então, usada na *previsão* da demanda para o estoque e no *controle* dos níveis do estoque. O ciclo de *feedback* na Figura 6.1 fornece uma maneira de revisar o plano e a previsão com base em experiência e observação.

Por meio do planejamento do estoque, uma empresa determina quais mercadorias e/ou serviços devem ser produzidos. Nos casos de produtos naturais, a organização também deve determinar se produz esses produtos ou compra-os de outro fabricante. Depois que isso é determinado, o próximo passo é prever a demanda. Como foi discutido no Capítulo 5, existem várias técnicas matemáticas que podem ser usadas na previsão da demanda para um produto específico. A ênfase deste capítulo é no controle do estoque, isto é, como manter níveis de estoque adequados dentro de uma organização.

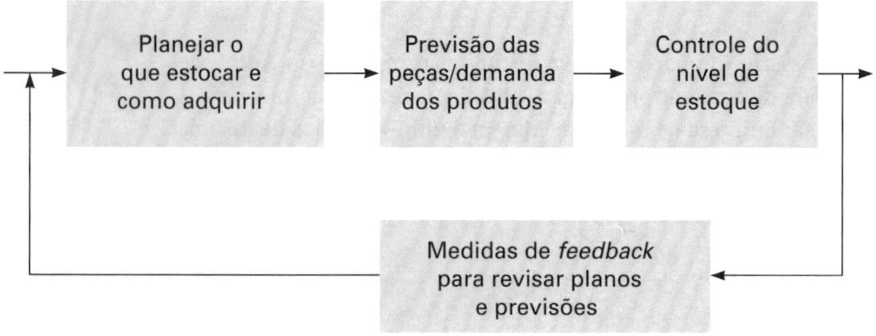

FIGURA 6.1 Controle e planejamento do estoque.

6.2 A IMPORTÂNCIA DO CONTROLE DO ESTOQUE

O controle do estoque cumpre várias funções importantes e acrescenta muita flexibilidade à operação da empresa. Considere estes cinco usos do estoque:

1. Função de separação (*decoupling*)
2. Armazenar recursos
3. Fornecimento irregular e demanda
4. Descontos por quantidade
5. Evitar falta de estoques e déficit de estoque

Função de separação

Uma das maiores funções do estoque é separar o processo de manufatura dentro da organização. Se você não armazenar o estoque, poderá haver muitos atrasos e ineficiências. Por exemplo, quando uma atividade de manufatura deve ser finalizada antes que uma segunda atividade comece, isso poderia parar todo o processo. Entretanto, se você tiver algum estoque armazenado entre os processos, ele poderia agir como um pulmão.

O estoque pode agir como um pulmão.

Armazenar recursos

Produtos agrícolas e frutos do mar geralmente têm estações definidas em que podem ser colhidos ou capturados, mas a demanda para esses produtos é de certa forma constante durante o ano. Em casos como esse, o estoque pode ser usado para armazenar os suprimentos.

Em um processo de manufatura, as matérias-primas podem ser armazenadas *in natura*, como trabalho em progresso ou como produto acabado. Assim, se a sua empresa fabrica cortadores de grama, você pode obter pneus para os cortadores de grama de outra empresa. Se você tiver 400 cortadores de gramas prontos e 300 pneus no estoque, na verdade tem 1900 pneus no estoque. Trezentos pneus estão armazenados *in natura* e 1600 (1600 = 4 pneus por cada cortador de grama × 400 cortadores de grama) estão armazenados nos cortadores de grama prontos. Do mesmo modo, *trabalho* pode ser armazenado no estoque. Se você tiver 500 montagens parciais e levar 50 horas de trabalho para produzir cada montagem, tem, na verdade, 25000 horas de trabalho armazenadas no estoque nas montagens parciais. Em geral, qualquer recurso, material ou outro, pode ser estocado.

Recursos podem ser armazenados em trabalho em andamento.

Fornecimento irregular e demanda

Quando o fornecimento ou a demanda por um item de estoque for irregular, armazenar certa quantidade de estoque pode ser importante. Se a maior demanda pela bebida Diet-Delight for durante o verão, você deve assegurar que exista suprimento suficiente para satisfazer essa demanda irregular. Isso pode significar produzir mais refrigerante no inverno do que é necessário para satisfazer a demanda dessa estação. Os níveis de estoque de Diet-Delight aumentarão gradativamente durante o inverno, mas esse estoque será usado no verão. O mesmo é verdadeiro para *fornecimentos* irregulares.

Descontos por quantidade

Outro uso do estoque é no aproveitamento de descontos por quantidade. Muitos fornecedores oferecem descontos por grandes pedidos. Por exemplo, uma serra elétrica pode custar em média $20 por unidade. Se você encomendar 300 ou mais serras em um pedido, seu fornecedor pode baixar o preço para $18,75. Comprar grandes quantidades pode reduzir significativamente o custo dos produtos. Entretanto, existem algumas desvantagens na compra de grandes quantidades. Você terá custos mais altos de armazenamento, estragos, estoque danificado, roubo, seguro e assim por diante. Além disso, se investir em mais estoque, você terá menos dinheiro para investir em outro lugar.

MODELAGEM NO MUNDO REAL	Usando um modelo de controle de estoque para reduzir custos de uma impressora Hewlett-Packard
Definir o problema	Na fabricação de produtos para mercados diferentes, empresas de manufatura geralmente produzem produtos básicos e materiais que podem ser usados em uma variedade de produtos finais. A Hewlett-Packard, fabricante líder de impressoras, queria explorar maneiras de reduzir os custos de material e estoque para sua linha de impressoras Deskjet. Um problema específico é que são necessários diferentes componentes eletrônicos em diferentes países.
Desenvolver o modelo	O modelo de controle de estoque analisa as necessidades de estoque e materiais em diferentes mercados. Um fluxograma de estoque e materiais foi desenvolvido para mostrar como cada impressora Deskjet deve ser manufaturada para vários países diferentes que exigem componentes elétricos diversos.
Obter os dados de entrada	Os dados de entrada consistiam em necessidades de estoque, custos e versões dos produtos. Uma versão diferente do Deskjet é necessária nos mercados dos Estados Unidos, da Europa e do Oriente. Os dados incluíam estimativa da demanda em semanas de fornecimento, prazo de entrega da renovação e diversos dados dos custos.
Desenvolver a solução	A solução resultou em um controle de estoque mais eficiente e uma mudança em como a impressora era manufaturada. Os componentes eletrônicos deveriam ser instalados por último em cada Deskjet durante o processo de fabricação.
Testar a solução	O teste foi feito selecionando um dos mercados e executando determinado número de testes em um período de dois meses. Os testes incluíam escassez de material, contagem do tempo ocioso, níveis de serviço e vários fluxos de estoque.
Analisar os resultados	Os resultados revelaram que uma economia de 18% nos custos do estoque poderia ser atingida usando o modelo de estoque.
Implementar os resultados	Como resultado do modelo de estoque, a Hewlett-Packard decidiu replanejar como suas impressoras Deskjet eram produzidas a fim de reduzir custos de estoque e satisfazer o mercado global para as suas impressoras.

Fonte: Baseado em LEE, H., et al. Hewlett-Packard Gains Control of Inventory and Service Through Design for Localization, *Interfaces* v.23, n.4, July-August, 1993, p.1-11.

Evitando a falta e o déficit de estoques

Outra função importante do estoque é evitar a falta e o déficit de estoque. Se você está constantemente sem estoque, provavelmente os clientes irão satisfazer suas necessidades em outro lugar. A perda da freguesia pode ser um preço muito alto a pagar por não ter o item certo na hora certa.

6.3 DECISÕES DE ESTOQUE

Embora existam milhões de diferentes tipos de produtos produzidos em nossa sociedade, há somente duas decisões fundamentais que você deve tomar no controle do estoque:

TABELA 6.1 Fatores de custos do estoque

Fatores do custo do pedido	Fatores do custo do manuseio
Desenvolver e enviar ordens de compra	Custo do capital
Produzir e inspecionar o estoque recebido	Impostos
Pagamento de contas	Seguro
Inventário do estoque	Deterioração
Despesas com luz, água, telefone, etc. para o departamento de compras	Roubo
Salários e remuneração para os funcionários do departamento de compras	Obsolência
Materiais como formulários e papel para o departamento de compras	Salários e remunerações para os empregados do almoxarifado
	Despesas com luz, água e custos com o almoxarifado
	Materiais como formulários e papel para o almoxarifado

1. Quanto pedir
2. Quando realizar o pedido

O objetivo de todos os modelos e técnicas de estoque é determinar racionalmente quanto pedir e quando fazer o pedido. O estoque realiza várias funções dentro de uma organização, mas, à medida que os níveis de estoque aumentam para satisfazer essas funções, o custo do armazenamento e da manutenção do estoque também aumenta. Assim, você deve alcançar um equilíbrio ao estabelecer os níveis de estoque. O objetivo principal no controle do estoque é minimizar o custo total de estoque. Alguns dos custos de estoque mais significativos são:

O principal objetivo dos modelos de estoque é minimizar os custos de estoque.

1. Custo dos itens (custo da compra ou do material)
2. Custo da realização do pedido
3. Custo do manuseio ou custo de estocagem
4. Custo da falta de estoque

Os fatores mais comuns associados a custos do pedido e da retenção do estoque estão na Tabela 6.1. Observe que os custos da realização do pedido são geralmente independentes do tamanho do pedido e muitos deles envolvem tempo dos funcionários. Um custo de pedido ocorre cada vez que um pedido for realizado, não importando se o pedido for para uma unidade ou para 1000 unidades. O tempo para processar a papelada, pagar a conta e assim por diante, não depende do número de unidades solicitadas.

Por outro lado, o custo de estocagem varia de acordo com o tamanho do estoque. Se 1000 unidades estão em estoque, os impostos, seguros, custo do capital e outros custos de manutenção serão maiores do que se somente uma unidade estiver no estoque. Da mesma forma, se o nível de estoque for baixo, existe uma pequena chance de deterioração e obsolência.

O custo dos itens ou o custo de compra representam o que é pago para adquirir o estoque. O custo de estoque esgotado indica vendas perdidas e perda de clientes (vendas futuras) por não ter os itens prontamente disponíveis. Isso será discutido mais adiante no capítulo.

6.4 O LOTE ECONÔMICO: DETERMINANDO QUANTO COMPRAR

O *lote econômico* (LE) é uma das mais antigas e mais conhecidas técnicas de controle de estoque. Uma das primeiras pesquisas sobre seu uso remonta a uma publicação de 1915 por Ford W. Harris. Essa técnica ainda hoje é usada por diversas organizações. Ela é relativamente fácil de usar, mas requer algumas suposições. Algumas das mais importantes são:

1. A demanda é conhecida e constante.
2. O prazo de entrega, isto é, o tempo entre fazer um pedido e o recebimento do pedido, é conhecido e constante.

EM AÇÃO — Facilitando a modelagem do estoque na Teradyne

Teradyne, uma enorme fabricante de componentes eletrônicos para testes em fábricas de semicondutores de qualquer lugar do mundo, recentemente solicitou à Wharton Business School uma avaliação do seu sistema global de peças em estoque. O sistema de Teradyne é complexo, porque armazena acima de 10000 peças com uma grande variedade de preços (de poucos dólares a $10000), seus clientes estão dispersos por todo o mundo e os consumidores exigem resposta imediata quando uma peça é solicitada.

Os professores avaliaram uma grande variedade de modelos de estoque muito sofisticados e que estão além do escopo deste livro, mas, no final, selecionaram dois modelos bem básicos que julgaram poder melhorar o atual sistema de estoque. A simplicidade dos modelos básicos melhorou a comunicação dos professores com os executivos da Teradyne. No campo da modelagem, é muito importante que os administradores entendam completamente o processo subjacente e as limitações do modelo.

Os dados de entrada para os modelos de estoque incluíram níveis reais de estoque planejados, custos de estocagem, taxas observadas de demanda e prazos de entrega estimados. As saídas incluíram níveis de serviço e uma previsão do número esperado de carregamento atrasado de peças. O primeiro modelo de estoque mostrou que a Teradyne poderia reduzir em mais de 90% as entregas atrasadas com somente 3% de acréscimo de investimento no estoque. O segundo modelo mostrou que a empresa poderia reduzir o estoque em 37%, e ao mesmo tempo melhorar seus níveis de serviço aos consumidores em 4%.

Fonte: Baseado em COHEN, M. A., ZHENG, Y, WANG, Y. Identifying Opportunities for Improving Teradyne's Service Parts Logistics System, *Interfaces* v. 29, n. 4, July-August, 1999, p. 1-18.

---

3. O recebimento do estoque é instantâneo. Em outras palavras, o estoque solicitado chega em um único lote e em um tempo especificado.

4. O custo de compra por unidade é constante durante o ano. Descontos por quantidade não são possíveis.

5. Os únicos custos variáveis são o custo da solicitação do pedido – *custo do pedido* – e custo da estocagem e do armazenamento do estoque ao longo do tempo – *custo da estocagem* ou *manuseio*. O custo da estocagem por unidade por ano e o custo do pedido são constantes durante o ano.

6. Os pedidos são feitos para que a falta de estoque e os déficits sejam evitados completamente.

A curva do uso do estoque tem uma forma de dente de serra.

Quando essas suposições *não* são satisfeitas, devem ser feitos ajustes no modelo do LE. Isso será discutido mais adiante.

Com essas suposições, o uso do estoque tem uma forma de dente de serra, semelhante à da Figura 6.2. Na Figura 6.2, Q representa a quantidade a ser pedida. Se essa quantidade for 500 vesti-

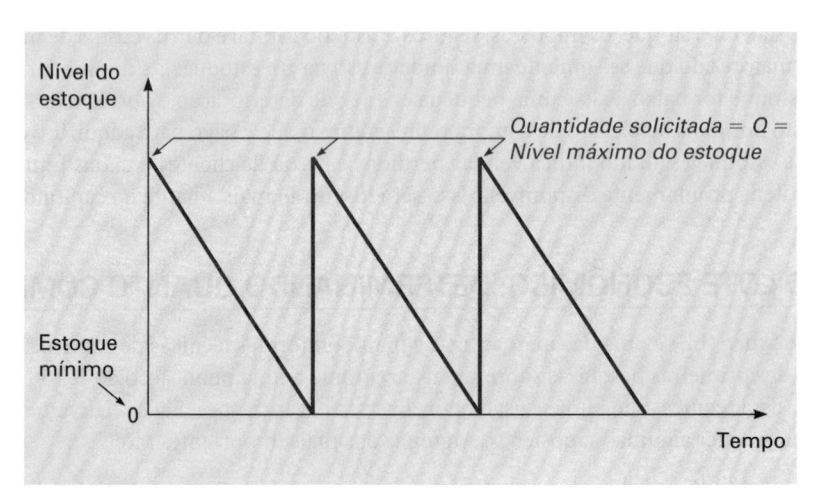

FIGURA 6.2 Uso do estoque ao longo do tempo.

dos, todos os 500 vestidos chegarão ao mesmo tempo quando um pedido for recebido. Assim, o nível do estoque pula de 0 para 500 vestidos. Em geral, o nível do estoque aumenta de 0 a Q unidades quando um pedido chega.

Devido à demanda ser constante ao longo do tempo, o estoque diminui em uma taxa uniforme ao longo do tempo. (Veja a linha inclinada da Figura 6.2.) Um novo pedido é feito de modo que quando o nível do estoque atinge 0, o novo pedido é recebido e o nível do estoque novamente aumenta para Q unidades, representado pelas linhas verticais. O processo continua indefinidamente ao longo do tempo.

Custos do estoque na situação do LE

O objetivo da maioria dos modelos de estoque é minimizar os custos totais. Os custos relevantes são os custos do pedido e custos de manuseio ou custo de estocagem. Todos os outros custos, como o custo do próprio estoque (o custo da compra), são constantes. Assim, se minimizarmos a soma dos custos do pedido e manuseio, também diminuíremos os custos totais.

O objetivo do modelo LE simples é minimizar o custo total de estoque. Os custos relevantes são os custos do pedido e estocagem.

O custo anual do pedido é simplesmente o número de pedidos por ano vezes o custo de fazer cada pedido. Uma vez que os níveis do estoque mudam diariamente, é apropriado usar o nível médio de estoque para determinar o custo anual de estocagem e manuseio. O custo anual de manuseio irá se igualar à média do estoque vezes o custo de manuseio por unidade por ano. Novamente, analisando a Figura 6.2, vemos que o estoque máximo é a quantidade de ordem (Q) e a média do estoque será a metade desse valor. A Tabela 6.2 fornece um exemplo numérico para ilustrar isso. Observe que, para essa situação, se a quantidade pedida for 10, a média do estoque será 5 ou metade de Q. Assim:

O nível médio do estoque é a metade do nível máximo.

$$\text{Média do nível do estoque} = \frac{Q}{2} \qquad (6\text{-}1)$$

Usando as seguintes variáveis, podemos desenvolver expressões matemáticas para os custos anuais do pedido e manuseio.

Q = número de peças que devem ser pedidas

$LE = Q^*$ = número ótimo de produtos a serem pedidos

D = demanda anual em unidades para o item do estoque

C_0 = custo do pedido para cada pedido

C_h = custo de estocagem e manuseio por unidade por ano

TABELA 6.2 Calculando o estoque médio

Dia	Nível do estoque		
	Início	Final	Média
Abril 1 (pedido recebido)	10	8	9
Abril 2	8	6	7
Abril 3	6	4	5
Abril 4	4	2	3
Abril 5	2	0	1

Nível máximo de Abril 1 = 10 unidades
Total das médias diárias = 9 + 7 + 5 + 3 + 1 = 25
Número de dias = 5
Nível médio do estoque = 25/5 = 5 unidades

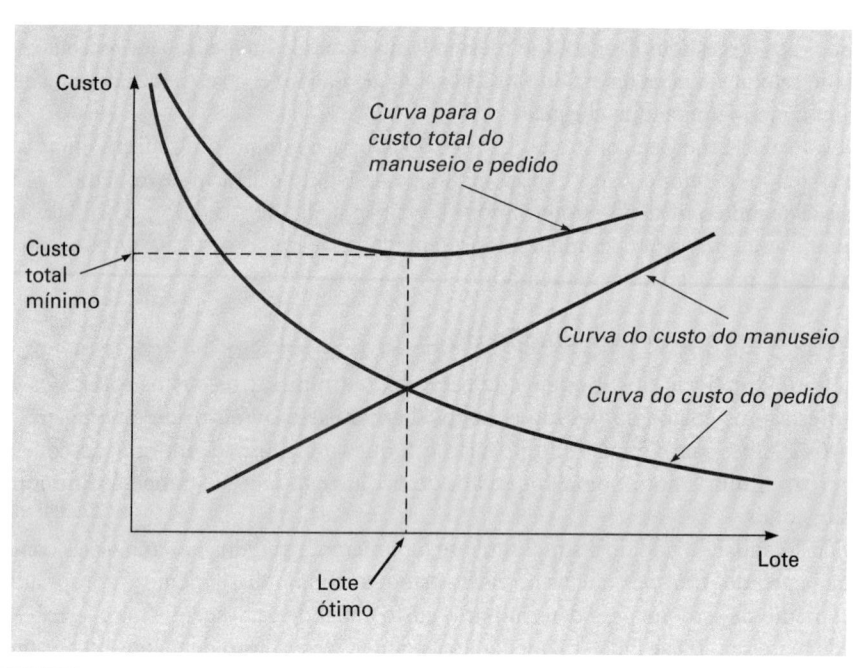

FIGURA 6.3 Custo total como uma função do lote.

Custo anual do pedido = (Número de pedidos feitos por ano) × (Custo do pedido por pedido)

$$= \frac{\text{Demanda anual}}{\text{Número de unidades em cada pedido}} \times (\text{Custo do pedido por pedido})$$

$$= \frac{D}{Q} C_o$$

Estocagem anual ou custo do manuseio = (Média do estoque) × (Custo do manuseio por unidade por ano)

$$= \frac{\text{Quantidade pedida}}{2} \times (\text{Custo do manuseio por unidade por ano})$$

$$= \frac{Q}{2} C_h$$

Um gráfico do custo da estocagem, custo do pedido e do total desses dois valores é apresentado na Figura 6.3. O ponto mais baixo na curva do custo total ocorre quando o custo do pedido é igual ao custo do manuseio. Assim, para minimizar o custo total nessa situação, o pedido deve ocorrer quando esses dois custos forem iguais.

Encontrando o LE

Derivamos a equação do LE igualando o custo do pedido ao custo do manuseio.

Quando as suposições do LE são satisfeitas, os custos são minimizados quando o Custo anual do pedido = Custo anual de estocagem:

$$\frac{D}{Q} C_o = \frac{Q}{2} C_h$$

Resolvendo a equação acima em função de Q, encontra-se o lote ótimo:

$$2DC_o = Q^2 C_h$$

$$\frac{2DC_o}{C_h} = Q^2$$

$$\sqrt{\frac{2DC_o}{C_h}} = Q$$

Esse lote ótimo é geralmente denotado por Q^*. Assim, o lote econômico é dado pela seguinte fórmula:

$$LE = Q^* = \sqrt{\frac{2DC_o}{C_h}}$$

Essa equação do LE é a base para modelos muito mais avançados e alguns deles serão discutidos mais adiante neste capítulo.

Modelo do Lote Econômico (LE)

$$\text{Custo anual do pedido} = \frac{D}{Q} C_o \tag{6-2}$$

$$\text{Custo anual de estocagem} = \frac{Q}{2} C_h \tag{6-3}$$

$$LE = Q^* = \sqrt{\frac{2DC_o}{C_h}} \tag{6-4}$$

Exemplo da empresa de reservatórios para bombas Sumco

A Sumco, uma empresa que vende reservatórios para bombas a outros fabricantes, quer reduzir seu custo de estoque determinando a quantidade ótima de casas para bombas a ser obtida por pedido. A demanda anual é de 1000 unidades, o custo do pedido é $10 por pedido e o custo médio do manuseio por unidade por ano é $0,50. Utilizando esses números, se as suposições do LE estiverem satisfeitas, podemos calcular o número ótimo de unidades por pedido:

$$Q^* = \sqrt{\frac{2DC_o}{C_h}}$$

$$= \sqrt{\frac{2(1000)(10)}{0,50}}$$

$$= \sqrt{40000}$$

$$= 200 \text{ unidades}$$

O total relevante do custo anual do estoque é a soma dos custos do pedido e dos custos do manuseio:

Custo total anual = Custo do pedido + Custo de estocagem

PROGRAMA 6.1A
Dados de entrada e fórmulas do Excel QM para o exemplo da empresa Sumco.

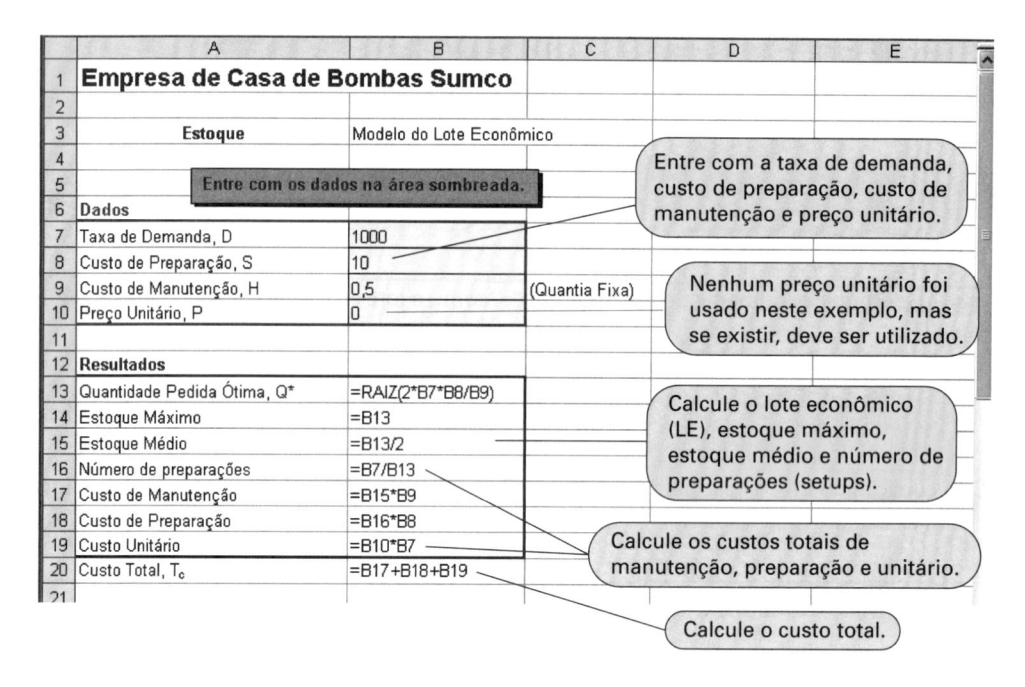

	A	B	C	D	E
1	**Empresa de Casa de Bombas Sumco**				
2					
3	Estoque	Modelo do Lote Econômico			
4				Entre com a taxa de demanda, custo de preparação, custo de manutenção e preço unitário.	
5	Entre com os dados na área sombreada.				
6	**Dados**				
7	Taxa de Demanda, D	1000			
8	Custo de Preparação, S	10			
9	Custo de Manutenção, H	0,5	(Quantia Fixa)	Nenhum preço unitário foi usado neste exemplo, mas se existir, deve ser utilizado.	
10	Preço Unitário, P	0			
11					
12	**Resultados**				
13	Quantidade Pedida Ótima, Q*	=RAIZ(2*B7*B8/B9)		Calcule o lote econômico (LE), estoque máximo, estoque médio e número de preparações (setups).	
14	Estoque Máximo	=B13			
15	Estoque Médio	=B13/2			
16	Número de preparações	=B7/B13			
17	Custo de Manutenção	=B15*B9			
18	Custo de Preparação	=B16*B8		Calcule os custos totais de manutenção, preparação e unitário.	
19	Custo Unitário	=B10*B7			
20	Custo Total, T$_c$	=B17+B18+B19			
21				Calcule o custo total.	

O custo total anual do estoque é igual aos custos do pedido e estocagem para o modelo LE simples.

Em termos de variáveis no modelo, o custo total (CT) pode ser expresso como

$$CT = \frac{D}{Q}C_o + \frac{Q}{2}C_h \quad (6\text{-}5)$$

O custo total anual de estoque para a Sumco é calculado como segue:

$$CT = \frac{D}{Q}C_o + \frac{Q}{2}C_h$$

$$= \frac{1000}{200}(10) + \frac{200}{2}(0,5)$$

$$= \$50 + \$50 = \$100$$

O número de pedidos por ano (D/Q) é 5 e o estoque médio ($Q/2$) é 100.

Como você deve esperar, o custo do pedido é igual ao custo do manuseio. Você pode tentar diferentes valores para Q, como 100 ou 300 bombas. Você descobrirá que o custo total mínimo ocorre quando Q for 200 unidades. O LE, Q^*, é 200 bombas.

Usando o Excel QM para problemas básicos de estoque LE O exemplo da empresa de reservatórios para bombas Sumco e vários outros problemas de estoque que tratamos neste capítulo podem ser facilmente resolvidos com o Excel QM. O Programa 6.1A mostra os dados de entrada para a Sumco e as fórmulas do Excel necessárias para o modelo do LE. O Programa 6.1B contém a solução para esse exemplo, incluindo a quantidade ótima do pedido, o nível máximo do estoque, o nível médio do estoque e o número de configurações ou pedidos.

Custo da compra de itens do estoque

Às vezes, a expressão do custo total do estoque inclui o custo real do material comprado. Com as suposições do LE, o custo de compra não depende da política específica de pedidos consi-

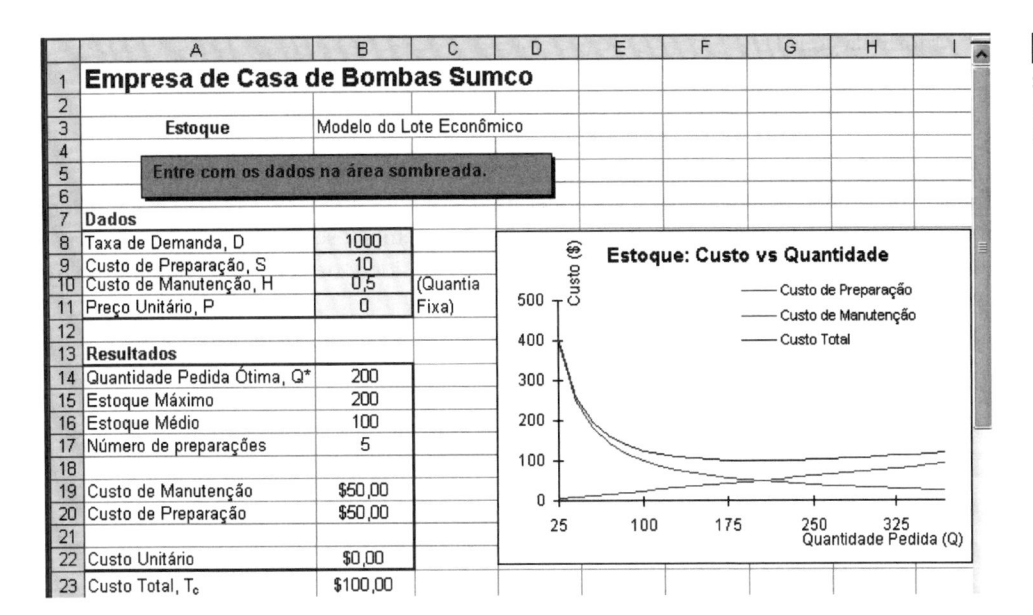

PROGRAMA 6.1B
Soluções do Excel QM para o exemplo da Sumco.

	A	B	C
1	**Empresa de Casa de Bombas Sumco**		
3	Estoque	Modelo do Lote Econômico	
5	Entre com os dados na área sombreada.		
7	Dados		
8	Taxa de Demanda, D	1000	
9	Custo de Preparação, S	10	
10	Custo de Manutenção, H	0,5	(Quantia
11	Preço Unitário, P	0	Fixa)
13	Resultados		
14	Quantidade Pedida Ótima, Q*	200	
15	Estoque Máximo	200	
16	Estoque Médio	100	
17	Número de preparações	5	
19	Custo de Manutenção	$50,00	
20	Custo de Preparação	$50,00	
22	Custo Unitário	$0,00	
23	Custo Total, T_c	$100,00	

derada ótima, pois independentemente do número de pedidos feito cada ano, ainda incorreremos no mesmo custo anual de compra de $D \times C$, onde C é o custo da compra por unidade e D é o custo da demanda em unidades.*

É útil saber calcular o nível médio do estoque em termos monetários quando o preço por unidade é dado. Isso pode ser feito como segue. Com a variável Q representando a quantidade de unidades pedida e assumindo um custo por unidade de C, podemos determinar o valor médio em valores monetários do estoque:

$$\text{Nível médio em unidades monetárias} = \frac{(CQ)}{2} \quad (6\text{-}6)$$

Essa fórmula é análoga à da Equação 6-1.

Para muitas empresas, os custos do manuseio do estoque são geralmente expressos como uma percentagem anual do custo ou preço da unidade. Quando esse é o caso, uma nova variável é introduzida. Considere I a despesa anual da estocagem entendida como uma percentagem do preço unitário ou custo. O custo de armazenamento de uma unidade do estoque por ano, C_h, é dado por $C_h = IC$, onde C é o preço da unidade ou custo do item do estoque. Nesse caso, Q^* pode ser expresso, como:

I é o custo anual do manuseio como uma percentagem do custo por unidade.

$$Q^* = \sqrt{\frac{2DC_o}{IC}} \quad (6\text{-}7)$$

Análise de sensibilidade do modelo LE

O modelo LE assume que todos os valores de entrada são fixos e conhecidos. Entretanto, visto que esses valores são geralmente estimados ou podem mudar ao longo do tempo, é importante entender como a quantidade pedida pode mudar se valores de entrada são usados. Determinar os efeitos dessas mudanças é denominado *análise de sensibilidade*.

---

* Posteriormente, discutiremos o caso em que o preço pode afetar a política de pedido, isto é, quando são oferecidos descontos por quantidade.

A fórmula do LE é:

$$LE = \sqrt{\frac{2DC_o}{C_h}}$$

Devido à raiz quadrada na fórmula, qualquer mudança nas entradas (D, C_o, C_h) resultará em mudanças relativamente menores no lote ótimo. Por exemplo, se C_o aumentar por um fator de 4, o LE aumentaria somente por um fator de 2. Considere o exemplo da Sumco recém-apresentado. O LE para essa empresa é:

$$LE = \sqrt{\frac{2(1000)(10)}{0,50}} = 200$$

Se aumentarmos C_o de \$10 para \$40,

$$LE = \sqrt{\frac{2(1000)(40)}{0,50}} = 400$$

Em geral, o LE se altera pelo valor da raiz quadrada de uma mudança em qualquer um dos valores de entradas.

6.5 PONTO DE RENOVAR O PEDIDO: DETERMINAR QUANDO PEDIR

O ponto de renovar o pedido (PRP) determina quando fazer um pedido do estoque. Ele é encontrado multiplicando a demanda diária pelo prazo de entrega em dias.

Agora que decidimos quanto pedir, respondemos a segunda pergunta sobre o estoque: quando pedir. O período entre fazer um pedido e o recebimento de um pedido, chamado de prazo de entrega ou tempo de espera, é de geralmente alguns dias ou semanas. O estoque deve estar disponível para satisfazer a demanda durante esse período. Assim, a decisão de *quando fazer o pedido* é geralmente expressa em termos de *ponto de renovar o pedido* (PRP), o nível do estoque em que um pedido deve ser feito. O PRP é dado como

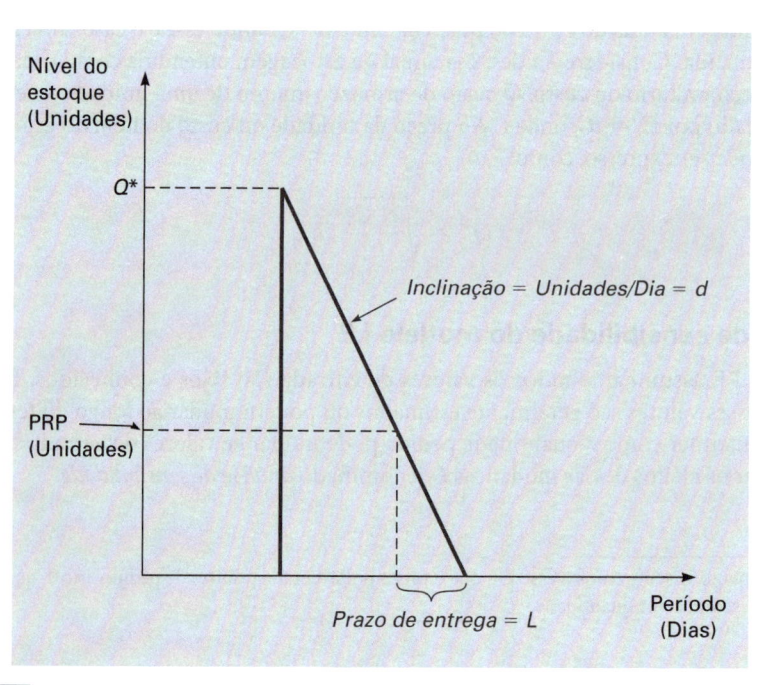

FIGURA 6.4 Curva do ponto de renovar o pedido.

PRP = (Demanda por dia) × (Prazo de entrega para um novo pedido em dias)

$$= d \times L \tag{6-8}$$

A Figura 6.4 mostra o PRP graficamente. A inclinação do gráfico é o uso diário do estoque. Ele é expresso em demanda de unidades por dia, d. O *prazo de entrega, L*, é o tempo de recebimento do pedido. Assim, se um pedido é feito quando o estoque atinge o nível do PRP, o novo estoque chegará ao mesmo tempo em que o estoque atingir o valor 0. Vejamos um exemplo.

Exemplo da Procomp A demanda da Procomp por chips de computador é 8000 por ano. A empresa tem uma demanda diária de 40 unidades. A entrega de um pedido leva três dias úteis. O ponto de renovar o pedido para chips é calculado como segue:

$$\text{PRP} = d \times L = 40 \text{ unidades por dia} \times 3 \text{ dias}$$

$$= 120 \text{ unidades}$$

Portanto, quando o estoque de chips cair para 120, um pedido deve ser feito. O pedido chegará três dias depois, exatamente quando o estoque da empresa está reduzido a 0. Observe que esses cálculos assumem que todas as hipóteses listadas previamente estão corretas. Quando não temos certeza da demanda, esses cálculos devem ser modificados. Isso será discutido mais adiante neste capítulo.

6.6 O LE SEM A SUPOSIÇÃO DO RECEBIMENTO INSTANTÂNEO

Quando uma empresa recebe seu estoque por um período de tempo, um novo modelo que não necessita da suposição de *recebimento instantâneo do estoque* é necessário. Esse novo modelo é aplicável quando o estoque flui ou aumenta continuamente em relação ao tempo depois de um pedido ser feito ou quando as unidades são produzidas e vendidas simultaneamente. Nessas circunstâncias, a demanda diária deve ser considerada. A Figura 6.5 mostra os níveis de estoque como uma função de tempo. Por ser especialmente adequado ao ambiente da produção, esse modelo é comumente chamado de *modelo da etapa de produção*.

No processo de produção, em vez de um custo do pedido, haverá um *custo de preparação (setup)*. Esse é o custo de preparar a instalação produtiva para fabricar o produto desejado. Ele geralmente inclui os salários e rendimentos dos empregados responsáveis pela preparação do equipamento, os custos da engenharia e dos projetos de preparação, o registro de dados, os suprimentos, a energia elétrica e assim por diante. O custo de manuseio por unidade é composto dos mesmos fatores do modelo do LE tradicional, embora a equação do custo anual de manuseio mude devido à mudança no estoque médio.

O modelo da etapa da produção elimina a suposição do recebimento instantâneo.

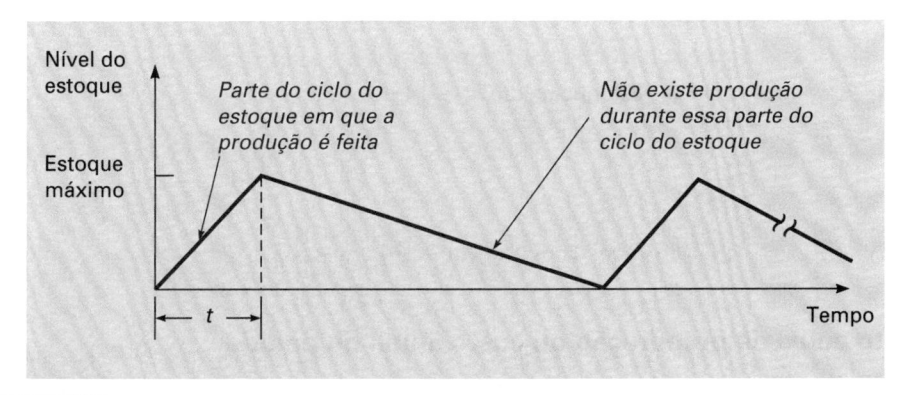

FIGURA 6.5 Controle do estoque e o processo de produção.

Solucionar o modelo da etapa de produção envolve igualar os custos de preparação aos custos de estocagem e resolver em função de Q.

A quantidade de produção ótima pode ser derivada igualando os custos de preparação aos custos de estocagem ou manuseio para a quantidade pedida. Vamos começar desenvolvendo a expressão para o custo de manuseio. Você deve notar, entretanto, que igualar o custo de preparação ao custo de estocagem e manuseio nem sempre garante soluções ótimas para modelos mais complexos do que o de execução da produção.

Custo anual do manuseio para o modelo de execução da produção

Assim como o modelo do LE, os custos de manuseio do modelo de execução da produção são baseados no estoque médio, e a média do estoque é a metade do nível máximo do estoque. Entretanto, visto que a reposição do estoque ocorre em um período do tempo e a demanda continua durante esse período, o estoque máximo será menor do que a quantidade pedida Q. Podemos desenvolver a expressão do custo anual do manuseio ou estocagem usando as seguintes variáveis:

Q = número de peças por pedido ou etapa da produção

C_s = custo de preparação

C_h = custo da estocagem ou manuseio por unidade por ano

p = taxa da produção diária

d = taxa da demanda diária

t = duração da etapa da produção em dias

O nível do estoque máximo é:

(Total produzido durante a etapa da produção) − (Total usado durante a etapa da produção)

= (Taxa da produção diária) (Número de dias da produção)
− (Demanda diária) (Número de dias da produção)

$= pt - dt$

Uma vez que:

$$\text{Total produzido} = Q = pt,$$

sabemos que

$$t = \frac{Q}{p}$$

$$\text{Nível máximo do estoque} = pt - dt = p\frac{Q}{p} - d\frac{Q}{p} = Q\left(1 - \frac{d}{p}\right)$$

Visto que o estoque médio é a metade do máximo, temos:

$$\text{Estoque médio} = \frac{Q}{2}\left(1 - \frac{d}{p}\right) \qquad (6\text{-}9)$$

e

$$\text{Custo anual da estocagem} = \frac{Q}{2}\left(1 - \frac{d}{p}\right)C_h \qquad (6\text{-}10)$$

Custo anual de preparação ou custo anual do pedido

Quando um produto é produzido ao longo do tempo, o custo de preparação substitui o custo do pedido. Ambos são independentes do tamanho do pedido e do tamanho da execução da produção. Esse custo é simplesmente o número dos pedidos (ou etapas da produção) vezes o custo do pedido (custo de preparação). Assim:

$$\text{Custo anual de preparação} = \frac{D}{Q} C_s \qquad (6\text{-}11)$$

e

$$\text{Custo anual do pedido} = \frac{D}{Q} C_o \qquad (6\text{-}12)$$

Determinando a quantidade ótima a ser produzida

Se as suposições do modelo de execução da produção são satisfeitas, os custos são minimizados quando o custo de preparação se iguala ao custo de estocagem. Assim, podemos encontrar a quantidade ótima igualando esses custos e resolvendo em função de Q. Portanto:

Custo anual da estocagem = Custo anual de preparação

$$\frac{Q}{2}\left(1 - \frac{d}{p}\right) C_h = \frac{D}{Q} C_s$$

Resolvendo essa expressão em função de Q, temos o lote ótimo de produção (Q^*):

$$Q^* = \sqrt{\frac{2DC_s}{C_h\left(1 - \frac{d}{p}\right)}} \qquad (6\text{-}13)$$

Eis a fórmula para a quantidade de produção ótima. Veja como é semelhante ao modelo LE básico.

Observe que se a situação não envolver produção, mas sim o recebimento de estoque durante um período de tempo, esse mesmo modelo é apropriado, mas C_o substitui C_s na fórmula.

Modelo da etapa de produção

$$\text{Custo anual da estocagem} = \frac{Q}{2}\left(1 - \frac{d}{p}\right) C_h$$

$$\text{Custo anual de preparação} = \frac{D}{Q} C_s$$

$$\text{Produção ótima } Q^* = \sqrt{\frac{2DC_s}{C_h\left(1 - \frac{d}{p}\right)}}$$

Exemplo da Fábrica Brown

A Fábrica Brown produz unidades de refrigeração em lotes. A demanda estimada dessa empresa para o ano é de 10000 unidades. Configurar o processo de manufatura custa aproximadamente $100 e o custo do manuseio é aproximadamente de 50 centavos por unidade por ano. Quando o processo de produção for configurado, 80 unidades de refrigeração podem ser manufaturadas diariamente. A demanda durante o período de produção tem sido, tradicionalmente, de 60 unidades por dia. A Brown opera sua área de produção de unidades de refrigeração 167 dias por ano. Quantas unidades de refrigeração a fábrica Brown deve produzir em cada lote? Quanto deve durar a parte de produção do ciclo mostrado na Figura 6.5? Eis a solução:

Demanda anual = $D = 10000$ unidades

Custo de preparação (*setup*) = $C_s = \$100$

Custo do manuseio = $C_h = \$0,50$ por unidade por ano

Taxa de produção diária = $p = 80$ unidades diárias

Taxa de demanda diária = $d = 60$ unidades diárias

1. $Q^* = \sqrt{\dfrac{2DC_s}{C_h\left(1-\dfrac{d}{p}\right)}}$

2. $Q^* = \sqrt{\dfrac{2 \times 10000 \times 100}{0,5\left(1-\dfrac{60}{80}\right)}}$

$= \sqrt{\dfrac{2000000}{0,5(\nicefrac{1}{4})}} = \sqrt{16000000}$

$= 4.000$ unidades

Se $Q^* = 4000$ unidades e sabemos que 80 unidades podem ser produzidas diariamente, a duração de cada ciclo de produção será $Q/p = 4000/80 = 50$ dias. Assim, quando a Brown decidir produzir unidades de refrigeração, o equipamento será configurado para manufaturar as unidades para um período de 50 dias.

Usando o Excel QM para modelos da etapa de produção   O modelo da etapa da produção para a Brown também pode ser resolvido com o Excel QM. O Programa 6.2A contém os dados de entrada e as fórmulas do Excel para esse problema. O Programa 6.2B fornece os resultados da solução incluindo a quantidade de produção ótima, o nível máximo do estoque, o nível médio do estoque e os números das preparações.

EM AÇÃO   Empresa da *Fortune 100* melhora sua política de estoque para veículos de serviço

A maioria dos fabricantes de eletrodomésticos fornece atendimento domiciliar para os aparelhos que estão na garantia. Uma empresa listada na *Fortune 100* tinha aproximadamente 70000 peças diferentes que eram usadas no reparo de seus eletrodomésticos. O valor anual do estoque das peças estava acima dos $7 milhões. A empresa tinha mais de 1300 veículos de serviço que eram despachados quando pedidos de serviço eram solicitados. Devido ao espaço limitado desses veículos, somente 400 peças eram carregadas em cada um. Se um funcionário não tivesse a peça necessária ao reparar um eletrodoméstico (isto é, estoque em falta), um pedido especial era feito para ser enviado por avião a fim de que o funcionário pudesse retornar e consertar o eletrodoméstico o mais rápido possível.

Decidir quais peças levar era difícil. Um projeto foi desenvolvido para encontrar a melhor maneira de prever a demanda por peças e identificar quais peças deveriam ser estocadas em cada veículo. Inicialmente, a intenção foi reduzir o estoque de peças em cada carro, pois isso representava um custo significativo de armazenamento do estoque. Entretanto, após análises mais detalhadas, foi decidido que o objetivo deveria ser minimizar o custo geral – incluindo os custos de entregas especiais de peças, de visitar novamente o cliente para o reparo quando a peça não estava disponível – e aumentar a satisfação do cliente.

A equipe de projeto melhorou o sistema de previsão usado para projetar o número de peças necessárias em cada veículo. Como resultado, o número de peças em cada veículo aumentou. Entretanto, o número de reparos na primeira visita cresceu de 86% para 90%. Isso resultou em uma economia de $3 milhões por ano no custo desses reparos. A satisfação do cliente também aumentou porque o problema foi resolvido na primeira visita do funcionário.

Fonte: Baseado em GORMAN, Michael F., AHIRE, Sanjay. A Major Appliance Manufacturer Rethinks Its Inventory Policies for Service Vehicles. *Interfaces.* v. 36, n. 5, September-October, 2006, p. 407-19.

Capítulo 6 • Modelos de Controle de Estoque **239**

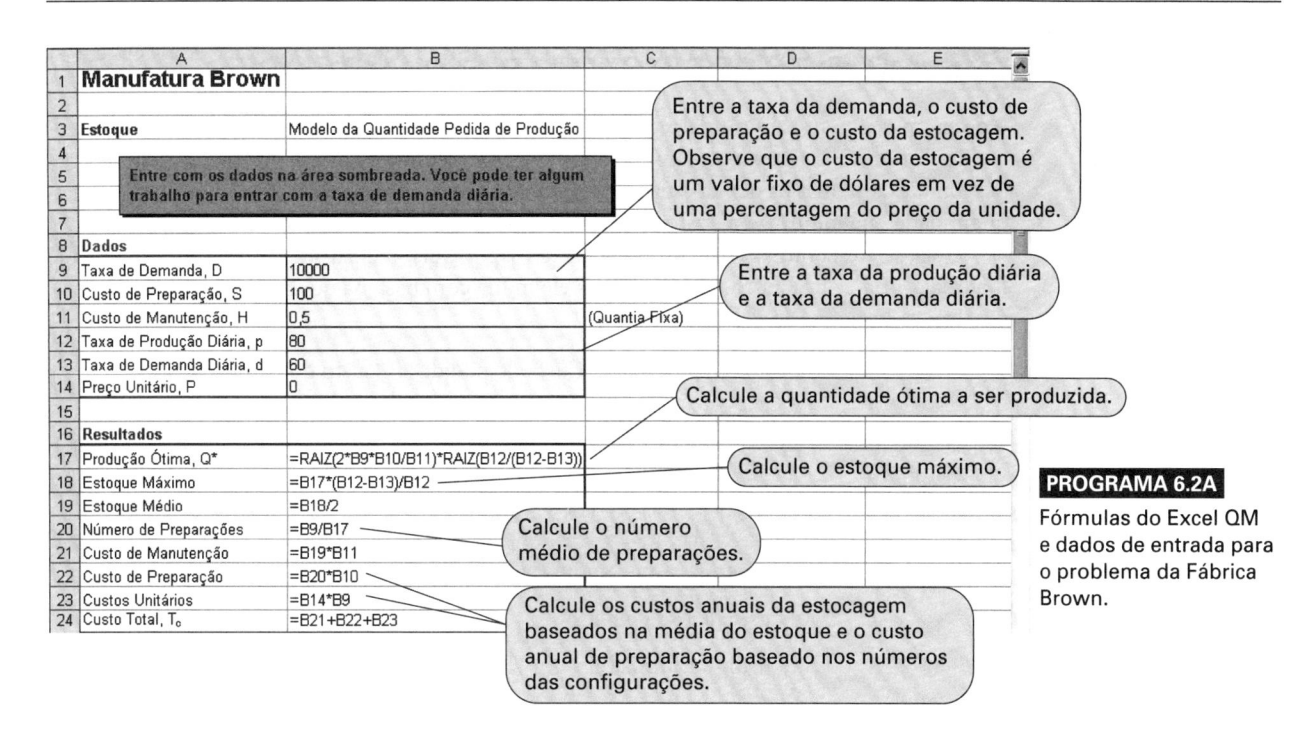

	A	B	C	D	E
1	**Manufatura Brown**				
2					
3	Estoque	Modelo da Quantidade Pedida de Produção			
4					
5	Entre com os dados na área sombreada. Você pode ter algum				
6	trabalho para entrar com a taxa de demanda diária.				
7					
8	Dados				
9	Taxa de Demanda, D	10000			
10	Custo de Preparação, S	100			
11	Custo de Manutenção, H	0,5	(Quantia Fixa)		
12	Taxa de Produção Diária, p	80			
13	Taxa de Demanda Diária, d	60			
14	Preço Unitário, P	0			
15					
16	Resultados				
17	Produção Ótima, Q*	=RAIZ(2*B9*B10/B11)*RAIZ(B12/(B12-B13))			
18	Estoque Máximo	=B17*(B12-B13)/B12			
19	Estoque Médio	=B18/2			
20	Número de Preparações	=B9/B17			
21	Custo de Manutenção	=B19*B11			
22	Custo de Preparação	=B20*B10			
23	Custos Unitários	=B14*B9			
24	Custo Total, T_c	=B21+B22+B23			

Comentários:
- Entre a taxa da demanda, o custo de preparação e o custo da estocagem. Observe que o custo da estocagem é um valor fixo de dólares em vez de uma percentagem do preço da unidade.
- Entre a taxa da produção diária e a taxa da demanda diária.
- Calcule a quantidade ótima a ser produzida.
- Calcule o estoque máximo.
- Calcule o número médio de preparações.
- Calcule os custos anuais da estocagem baseados na média do estoque e o custo anual de preparação baseado nos números das configurações.

PROGRAMA 6.2A
Fórmulas do Excel QM e dados de entrada para o problema da Fábrica Brown.

	A	B	C	D	E	F	G	H	I
1	**Manufatura Brown**								
2									
3	Estoque	Modelo da Quantidade Pedida de Produção							
4									
5	Entre com os dados na área sombreada. Você pode ter algum								
6	trabalho para entrar com a taxa de demanda diária.								
7									
8	Dados								
9	Taxa de Demanda, D	10000							
10	Custo de Preparação, S	100							
11	Custo de Manutenção, H	0,5	(Quantia Fixa)						
12	Taxa de Produção Diária, p	80							
13	Taxa de Demanda Diária, d	60							
14	Preço Unitário, P	0							
15									
16	Resultados								
17	Produção Ótima, Q*	4000							
18	Estoque Máximo	1000							
19	Estoque Médio	500							
20	Número de Preparações	2,5							
21	Custo de Manutenção	250							
22	Custo de Preparação	250							
23	Custos Unitários	0							
24	Custo Total, T_c	500							

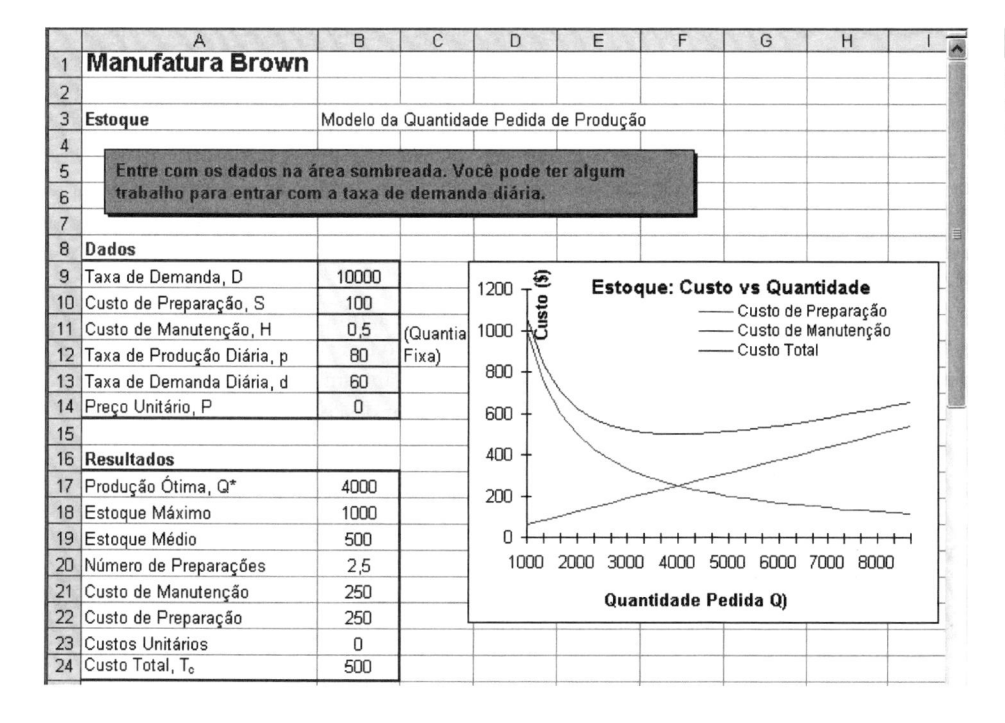

PROGRAMA 6.2B
Solução para o problema da Fábrica Brown usando o Excel QM.

Gráfico: Estoque: Custo vs Quantidade — Custo de Preparação, Custo de Manutenção, Custo Total; eixo x: Quantidade Pedida Q; eixo y: Custo ($).

6.7 MODELOS DE DESCONTO POR QUANTIDADE

No desenvolvimento do modelo de LE, assumimos que descontos por quantidade não estavam disponíveis. Entretanto, muitas empresas oferecem descontos por quantidade. Se tal desconto existir, mas as demais suposições do LE continuarem válidas, é possível encontrar a quantidade que minimiza o custo total de estoque usando o modelo LE com alguns ajustes.

Quando descontos por quantidade estão disponíveis, o custo de compra ou o custo de material torna-se um custo relevante, pois ele muda com base na quantidade pedida. Os custos totais relevantes são:

Custo total = Custo do material + Custo do pedido + Custo do manuseio

$$\text{Custo total} = DC + \frac{D}{Q}C_o + \frac{Q}{2}C_h \tag{6-14}$$

onde:

D = demanda anual em unidades

C_0 = custo de cada pedido

C = custo por unidade

C_h = custo da estocagem ou manuseio por unidade por ano

Visto que o custo de estocagem por unidade por ano é baseado no custo dos itens, é conveniente expressá-lo como:

$$C_h = IC$$

onde:

I = custo da estocagem como uma percentagem do custo da unidade (C)

Para um custo específico de compra (C), de acordo com as suposições que fizemos, solicitar o LE diminuirá os custos totais do estoque. Entretanto, na situação com desconto, talvez essa quantidade não seja grande o suficiente para receber o desconto; portanto, também precisamos considerar pedir a quantidade mínima para ganhar o desconto. Um planejamento típico para desconto por quantidade é mostrado na Tabela 6.3.

Como pode ser visto na tabela, o custo usual para o item é $5. Quando 1000 a 1999 unidades são pedidas ao mesmo tempo, o custo por unidade cai para $4,80, e quando a quantidade de um único pedido for 2000 unidades ou mais, o custo é $4,75 por unidade. Como sempre, a alta administração deve decidir quando e quanto pedir. Mas como o administrador toma essas decisões?

O objetivo geral do modelo de desconto por quantidade é minimizar os custos totais de estoque, que agora incluem custos reais do material.

Como os demais modelos de estoque discutidos até agora, o objetivo principal será minimizar o custo total. Devido ao preço por unidade para o terceiro desconto na Tabela 6.3 ser menor, você pode pensar que pedir 2000 unidades ou mais é mais vantajoso em termos econômicos. Fazer um pedido para a quantidade com o maior desconto, entretanto, talvez não diminua o custo total do estoque. À medida que o desconto por quantidade aumenta, o custo do

TABELA 6.3 Planejamento do desconto por quantidade

Número do desconto	Desconto por quantidade	Desconto ($)	Custo com desconto ($)
1	0 a 999	0	5,00
2	1000 a 1999	4	4,80
3	2000 e acima	5	4,75

material diminui, mas o custo do manuseio aumenta, porque os pedidos são maiores. Assim, para garantir a maior vantagem em relação a descontos por quantidade, é preciso considerar a relação entre redução do custo do material e aumento do custo do manuseio.

A Figura 6.6 fornece uma representação gráfica do custo total para essa situação. Observe que a curva do custo cai consideravelmente quando a quantidade pedida atinge o mínimo para cada desconto. Nos custos específicos deste exemplo, vemos que o LE para a segunda categoria de preço ($1000 \leq Q \leq 1999$) é menor do que 1000 unidades. Embora o custo total para esse LE seja menor do que o custo total para o LE com o custo na categoria um, o LE não é grande o suficiente para obter desse desconto. Portanto, o custo total mais baixo possível para esse desconto no preço ocorre na quantidade mínima requerida para obter esse desconto ($Q = 1000$). O processo para determinar a quantidade com custo mínimo nessa situação é resumido no quadro a seguir.

Modelo do desconto por quantidade

1. Para cada desconto no preço (C), calcule $LE = \sqrt{\dfrac{2DC_o}{IC}}$.

2. Se LE < mínimo para o desconto, ajuste a quantidade para Q = Mínimo para desconto.

3. Para cada LE ou Q ajustado, calcule o Custo total = $DC + \dfrac{D}{Q}C_o + \dfrac{Q}{2}C_h$.

4. Escolha a quantidade com o custo mais baixo.

Exemplo da loja de departamentos Brass

Vejamos um exemplo de como esse procedimento pode ser aplicado. A loja de departamentos Brass armazena carros de corrida de brinquedo. Recentemente, foi fornecida à loja uma tabela de descontos por quantidade para os carros, mostrada na Tabela 6.3. O custo normal de um carro de corrida de brinquedo é $5. Para pedidos entre 1000 e 1999 unidades, o custo da

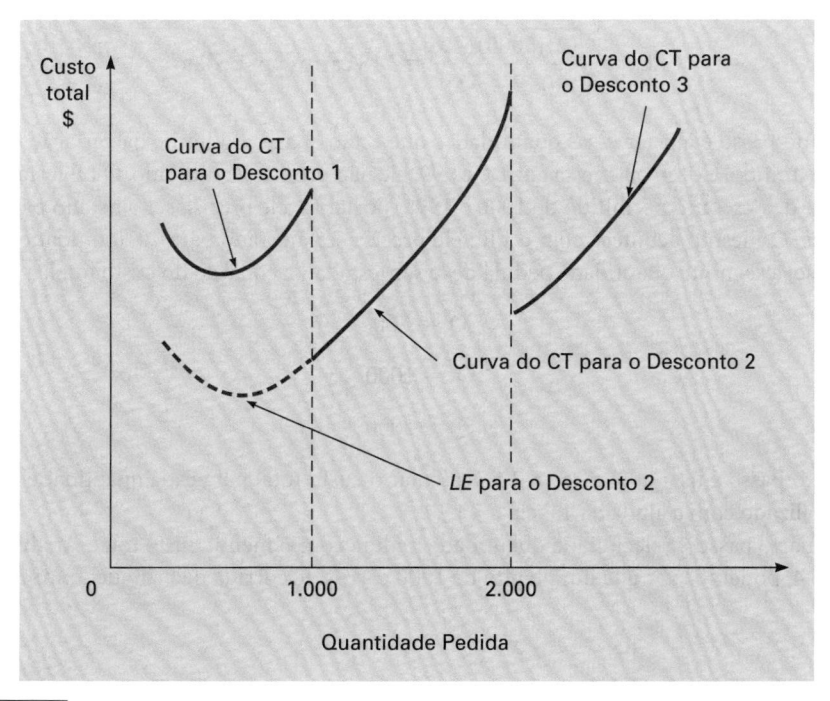

FIGURA 6.6 Curva do custo total para o modelo de desconto por quantidade.

> **EM AÇÃO**
>
> **A Lucent Technologies desenvolve um sistema de planejamento das necessidades de estoque**
>
> A empresa Lucent Technologies desenvolveu um sistema de planejamento das necessidades de estoque (PNE) a fim de determinar qual quantidade de estoque de segurança (estoque de reserva) deve ser mantida para uma variedade de produtos. Em vez de analisar somente a variabilidade da demanda durante o prazo de entrega, a empresa verificou tanto o suprimento quanto a demanda dos produtos durante o prazo de entrega. O foco estava nos desvios entre a demanda prevista e o suprimento real. Esse sistema foi usado para produtos com demanda independente e para produtos com demanda dependente.
>
> Um sistema de classificação ABC modificado foi usado para determinar quais itens receberiam atenção mais cuidadosa. Os itens foram considerados tanto pelo seu valor monetário quanto por sua necessidade. Além das categorias A, B, e C, uma categoria D foi criada para incluir itens que tinham baixo volume de valor monetário e baixa necessidade. Um sistema simples de duas caixas foi usado para esses itens.
>
> Para que o sistema PNE não tivesse problemas de aceitação, os gerentes de todas as funções foram envolvidos no processo e o sistema foi projetado de forma transparente para que todos pudessem entendê-lo. Devido ao PNE, o estoque geral foi reduzido em $55 milhões e o nível do serviço aumentou em 30%. O sucesso do sistema PNE ajudou a Lucent a receber o prêmio Malcolm Baldrige em 1992.
>
> **Fonte:** Baseado em BANGASH, Alex, et al. Inventory Requirements Planning at Lucent Technologies. *Interfaces*, v. 34, n. 5, September-October, 2004, p. 342-52.

unidade cai para $4,80, e para pedidos de 2000 ou mais unidades, o custo da unidade é $4,75. Além disso, o custo de um pedido é $49, a demanda anual é de 5000 carros de corrida e os encargos de manuseio como uma percentagem do custo, *I*, são de 20% ou 0,2. Que quantidade pedida diminuirá o custo total do estoque?

O primeiro passo é calcular o LE para cada desconto na Tabela 6.3. Isso é feito como segue:

Os valores do LE são calculados.

$$LE_1 = \sqrt{\frac{(2)(5000)(49)}{(0,2)(5,00)}} = 700 \text{ carros por pedido}$$

$$LE_2 = \sqrt{\frac{(2)(5000)(49)}{(0,2)(4,80)}} = 714 \text{ carros por pedido}$$

$$LE_3 = \sqrt{\frac{(2)(5000)(49)}{(0,2)(4,75)}} = 718 \text{ carros por pedido}$$

Os valores do LE são ajustados.

O segundo passo é ajustar essas quantidades que estão abaixo do limite da variação do desconto permitido. Como o LE_1 está entre 0 e 999, ele não precisa ser ajustado. O LE_2 está abaixo do limite de desconto permitido de 1000 e 1999, portanto, ele precisa ser ajustado para 1000 unidades. O mesmo acontece com o LE_3: ele precisa ser ajustado para 2000 unidades. Após esse passo, a seguinte quantidade pedida deve ser testada na equação do custo total:

$$Q_1 = 700$$
$$Q_2 = 1000$$
$$Q_3 = 2000$$

O terceiro passo é usar a Equação 6-14 e calcular o custo total para cada quantidade pedida. Isso é realizado com a ajuda da Tabela 6-14.

O custo total é calculado. Q* é selecionado.

O quarto passo é selecionar a quantidade pedida com o menor custo total. Analisando a Tabela 6.4, podemos ver que um pedido de 1000 carros de corrida de brinquedo minimiza o

TABELA 6.4 Cálculos do custo total para a loja de departamento Brass

Número do desconto	Preço da unidade	Quantidade pedida (Q)	Custo anual do material (\$) = DC	Custo anual do pedido (\$) = $\frac{D}{Q}C_o$	Custo anual do manuseio (\$) = $\frac{Q}{2}C_h$	Total (\$)
1	\$5,00	700	25000	350,00	350,00	25700,00
2	4,80	1000	24000	245,00	480,00	24725,00
3	4,75	2000	23750	122,50	950,00	24822,50

custo total. Deve ser reconhecido, entretanto, que o custo total por um pedido de 2000 carros é somente levemente maior do que o total para pedir 1000 carros. Assim, se o custo do terceiro desconto é diminuído para \$4,65, por exemplo, pode ser esse pedido por quantidade que minimizará o custo total do estoque.

Usando o Excel QM para problemas de descontos por quantidade   Como foi visto na análise anterior, o modelo de desconto por quantidade é mais complexo do que os modelos de estoque discutidos no início deste capítulo. Felizmente, podemos usar o computador para simplificar os cálculos. O Programa 6.3 mostra as fórmulas do Excel e dados de entrada necessários para o Excel QM para o problema da Loja de Departamentos Brass. O Programa 6.3B fornece a solução para esse problema incluindo as quantidades pedidas ajustadas e os custos totais para cada redução aguda nos preços.

6.8 USO DO ESTOQUE DE SEGURANÇA

Quando as suposições do LE são satisfeitas, é possível programar os pedidos para evitar completamente a falta de estoque. Entretanto, se a demanda ou o prazo de entrega for incerto, a

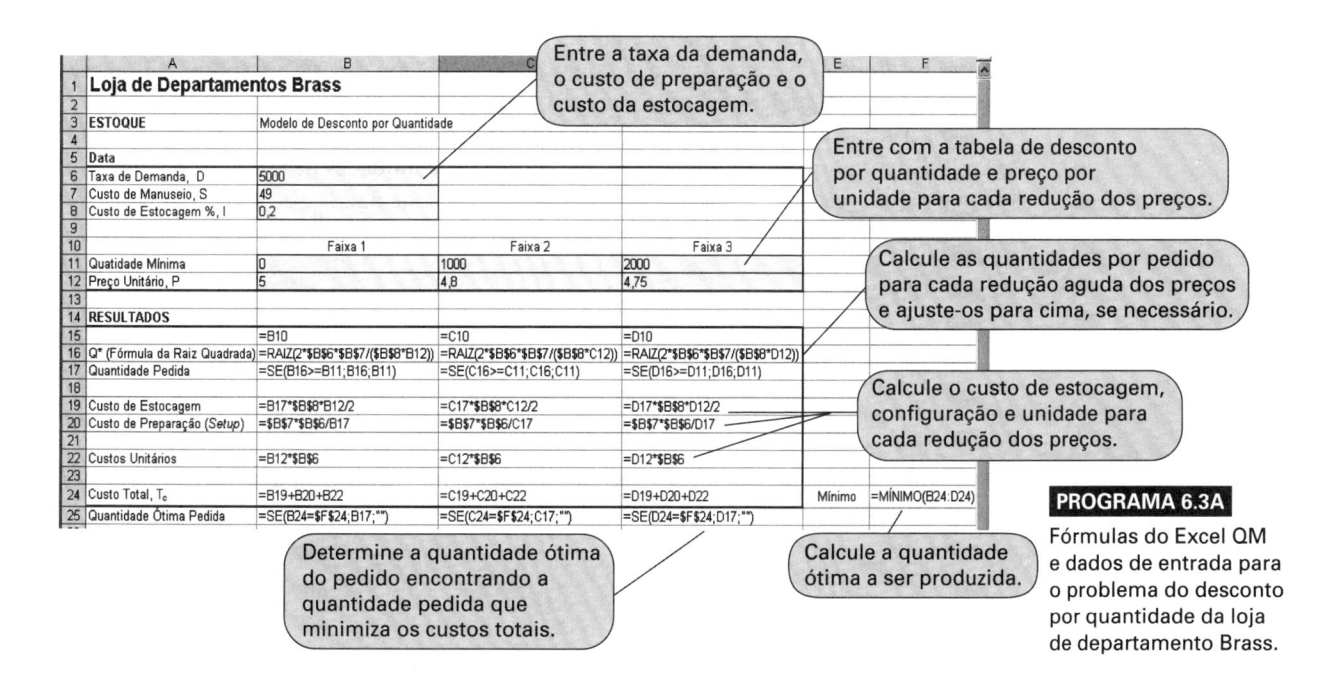

PROGRAMA 6.3A

Fórmulas do Excel QM e dados de entrada para o problema do desconto por quantidade da loja de departamento Brass.

PROGRAMA 6.3B

Soluções do Excel QM para a loja de departamento Brass.

	A	B	C	D	E	F
1	**Loja de Departamentos Brass**					
2						
3	ESTOQUE	Modelo de Desconto por Quantidade				
4						
5	Data					
6	Taxa de Demanda, D	5000				
7	Custo de Manuseio, S	49				
8	Custo de Estocagem %, I	20%				
9						
10		Faixa 1	Faixa 2	Faixa 3		
11	Quatidade Mínima	0	1000	2000		
12	Preço Unitário, P	5	4,8	4,75		
13						
14	RESULTADOS					
15		Faixa 1	Faixa 2	Faixa 3		
16	Q* (Fórmula da Raiz Quadrada)	700	714,4345	718,1848		
17	Quantidade Pedida	700	1000	2000		
18						
19	Custo de Estocagem	$350,00	$480,00	$950,00		
20	Custo de Preparação (*Setup*)	$350,00	$245,00	$122,50		
21						
22	Custos Unitários	$25.000,00	$24.000,00	$23.750,00		
23						
24	Custo Total, T₀	$25.700,00	$24.725,00	$24.822,50	Mínimo	$24.725,00
25	Quantidade Ótima Pedida		1000			

demanda exata durante o prazo de entrega (o PRP na situação LE) não será conhecida com certeza. Portanto, para prevenir a falta de estoque, é necessário ter um estoque adicional chamado de *estoque de segurança*.

O estoque de segurança ajuda a evitar a falta de estoque. É um estoque extra disponível.

Quando ocorrer uma demanda alta não prevista durante o prazo de entrega, você entra no estoque de segurança em vez de enfrentar uma falta de estoque. Assim, o objetivo principal do estoque de segurança é evitar a falta de estoque quando a demanda for maior do que a esperada. Seu uso está mostrado na Figura 6.7. Observe que embora a falta de estoque possa ser geralmente evitada com o uso do estoque de segurança, ainda existe uma chance de que ela ocorra. A demanda pode ser tão alta que exija o uso de todo o estoque de segurança.

Uma das melhores maneiras de implementar uma política de estoque de segurança é ajustar o PRP. Isso pode ser feito adicionando o número de unidades de estoque de segurança como uma reserva ao PRP. Como você lembra, quando a demanda e o prazo de entrega são constantes,

$$\text{PRP} = d \times L$$

d = demanda diária (ou média da demanda diária)

L = prazo de entrega do pedido ou o número de dias úteis que leva para a entrega de um pedido (ou média do prazo de entrega)

O estoque de segurança está incluído no PRP.

Quando a demanda durante o prazo de entrega é incerta e o estoque de segurança é necessário, o PRP torna-se:

$$\text{PRP} = d \times L + SS \qquad (6\text{-}15)$$

onde:

SS = estoque de segurança

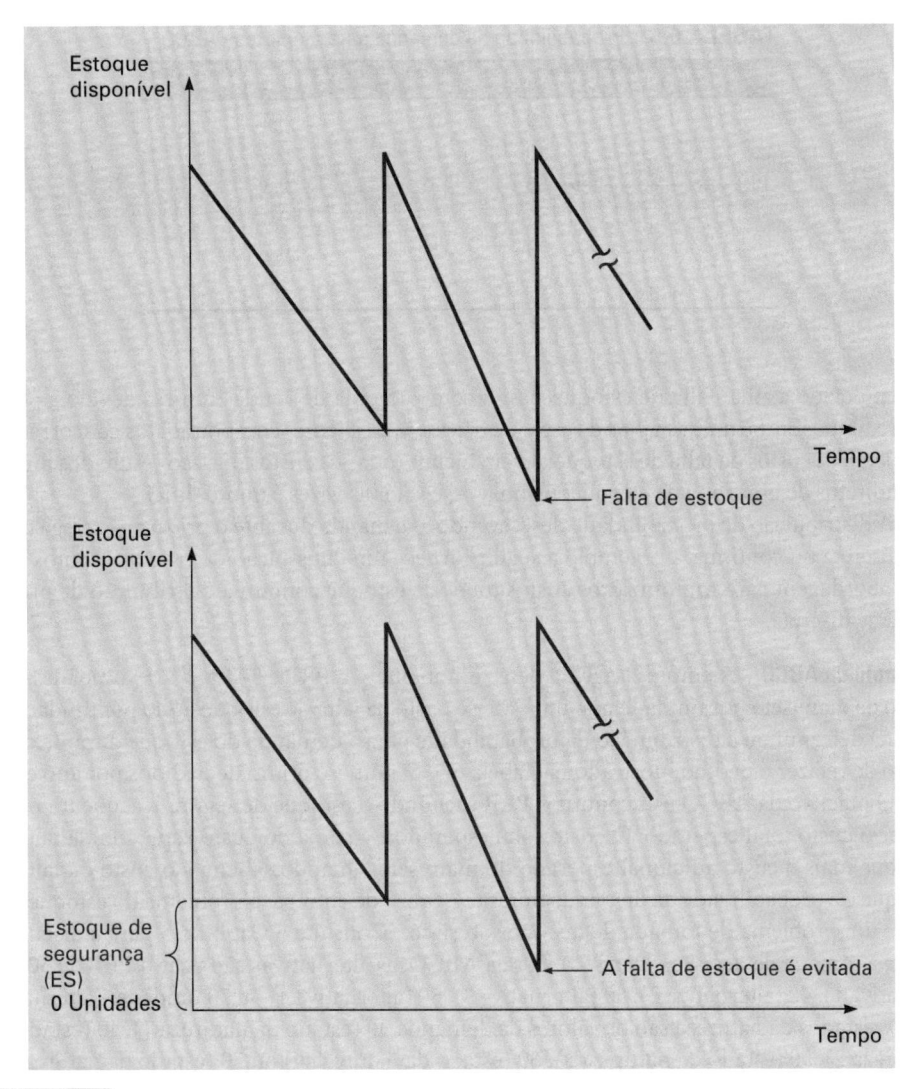

FIGURA 6.7 Uso do estoque de segurança.

Ainda existe a questão de como determinar a quantidade correta do estoque de segurança. Se os dados do custo estão disponíveis, o objetivo é minimizar o custo, o que inclui o custo da falta de estoque. Se os dados do custo não estão disponíveis, é necessário estabelecer um nível ou política de serviço.

PRP com custos conhecidos da falta de estoque

Quando o LE é fixo e o PRP é usado para fazer os pedidos, a única ocasião em que a falta de estoque pode ocorrer é durante o prazo de entrega. Como você lembra, o prazo de entrega é o período de tempo entre a solicitação do pedido e a sua entrega.

O objetivo é encontrar a quantidade do estoque de segurança que minimizará o custo total esperado da falta de estoque mais o custo esperado da estocagem. Para calcular esses custos, é preciso conhecer o custo da falta de estoque por unidade assim como a distribuição da probabilidade descrevendo a demanda durante o prazo de entrega. O custo da falta de estoque normalmente deve incluir as vendas perdidas resultantes da incapacidade do cliente de comprar

É preciso conhecer a probabilidade da demanda.

Usamos o custo da falta de estoque por unidade.

TABELA 6.5 Probabilidade da demanda para a empresa ABCO

	Número de unidades	Probabilidade
	30	0,2
	40	0,2
PRP ⟶	50	0,3
	60	0,2
	70	0,1
		1,0

o item devido a atual falta de estoque, assim como a perda de vendas futuras devido à perda da credibilidade. Se muitas faltas de estoque ocorrem, os clientes comprarão dos concorrentes. Em geral, os custos da falta de estoque devem incluir todos os custos que são resultados diretos ou indiretos de uma falta de estoque. Estimar esse valor às vezes é muito difícil.

O objetivo é minimizar o custo total.

A distribuição de probabilidade descrevendo a demanda durante o prazo de entrega pode ser discreta ou contínua. O exemplo a seguir fornece uma ilustração de como podemos usar essa abordagem para minimizar os custos totais de estoque com uma distribuição de probabilidade discreta.

Exemplo da ABCO A empresa ABCO determinou que seu PRP é 50 ($= d \times L$) unidades. Seu custo de manuseio por unidade por ano é \$5 e o custo da falta de estoque é \$40 por unidade. A ABCO determinou a distribuição da probabilidade para a demanda do estoque durante o período de refazer o pedido mostrado na Tabela 6.5. O número ótimo de pedidos por ano é 6.*

O objetivo da ABCO é encontrar o PRP, incluindo o estoque de segurança, que irá minimizar o custo total esperado. O custo total esperado é a soma do custo esperado da falta de estoque mais o custo adicional esperado do manuseio. Quando sabemos o custo da falta de estoque e a probabilidade da demanda durante o prazo de entrega, o problema do estoque torna-se um problema de tomada de decisão sob risco. (Consulte o Capítulo 3 para a discussão sobre a tomada de decisão sob risco). Para a ABCO, as alternativas são usar o PRP de 30 (alternativa 1), 40 (alternativa 2), 50 (alternativa 3), 60 (alternativa 4) ou 70 unidades (alternativa 5). Os estados da natureza são os valores da demanda 30 (estado da natureza 1), 40 (estado da natureza 2), 50 (estado da natureza 3), 60 (estado da natureza 4) ou 70 (estado da natureza 5) durante o prazo de entrega.

Determinar as consequências econômicas para qualquer combinação de alternativa e estado da natureza envolve uma análise cuidadosa da falta do estoque e do custo adicional do manuseio. Considere uma situação onde o ponto de refazer o pedido é 30 unidades. Isso significa que faremos um pedido para unidades adicionais quando o estoque atual chegar a 30 unidades. Se a demanda durante o prazo de entrega for também de 30 unidades, não haverá falta de estoque e nenhuma unidade extra quando o novo pedido chegar. Assim, os custos da falta de estoque e os custos adicionais de manuseio serão 0. Quando o PRP for igual à demanda durante o prazo de entrega, o custo total será 0.

A falta de estoque e os custos adicionais do manuseio serão zero quando PRP = demanda durante o prazo de entrega.

Considere o que acontece quando o PRP é 30 unidades, mas a demanda é 40 unidades. Nesse caso, teremos uma falta de 10 unidades. O custo dessa situação de falta de estoque será 2400 (US\$2400 = 10 unidades em falta × US\$40 por falta de estoque × 6 pedidos por ano). Observe que devemos multiplicar o custo da falta de estoque por unidade e o número de unidades em falta vezes o número de pedidos por ano (6, nesse caso) para determinar o custo *anual* esperado de falta de estoque. Se o ponto de refazer o pedido for de 30 unidades e a demanda durante o prazo de entrega for de 50 unidades, o custo da falta de estoque será de US\$4800 (US\$4800 = 20 unidades em falta × US\$40 × 6). Quando a demanda durante o prazo de entrega for de 60 unidades, o custo da falta de estoque será de US\$7200, e ele será de

---

* Assumimos que já conhecemos o Q^* e o PRP. Se essa suposição não for feita, os valores de Q^* e PRP e do estoque de segurança devem ser determinados simultaneamente. Isso exige uma solução mais complexa.

TABELA 6.6 Custo da falta de estoque da ABCO: consequências econômicas de cada alternativa e estados da natureza

Probabilidade	0,20	0,20	0,30	0,20	0,10	
Estado da natureza / Alternativa	\multicolumn{5}{c}{Demanda durante o tempo execução (*lead time*)}	VME
	30	40	50	60	70	VME
PRP 30	$0	$2400	$4800	$7200	$9600	$4320
40	50	0	2400	4800	7200	2410
50	100	50	0	2400	4800	990
60	150	100	50	0	2400	305
70	200	150	100	50	0	110

US$9600 quando a demanda durante o prazo de entrega for de 70 unidades. Em geral, quando o PRP for menor do que a demanda durante o prazo de entrega, o custo total é igual ao custo da falta de estoque:

Custo total = Custo da falta de estoque = Número de unidades em falta
× Custo da falta de estoque por unidade × Número de pedidos por ano
(quando o PRP for *menor* do que a demanda durante o prazo de entrega)

Agora considere o ponto de refazer o pedido de 70 unidades. Como anteriormente, se a demanda durante o prazo de entrega é também 70, o custo total é 0. Se a demanda durante o prazo de entrega for 60 unidades, teremos 10 unidades adicionais disponíveis quando o novo estoque for recebido. Se a situação continuar durante o ano, teremos uma média de 10 unidades adicionais disponíveis. O custo adicional de manuseio é $50 ($50 = 10 unidades adicionais × $5 custo do manuseio por unidade por ano). Se a demanda durante o prazo de entrega for de 50 unidades, teremos 20 unidades adicionais disponíveis quando o novo estoque chegar (20 = 70 − 50). Se essa situação continuar durante o ano, o custo adicional do manuseio será $100 ($100 = 20 unidades adicionais × $5 por unidade por ano). Quando o PRP for maior do que a demanda durante o prazo de entrega, os custos totais serão iguais aos custos adicionais de manuseio.

Custo total = Custo total adicional de manuseio = Número de unidades excedentes
× Custo do manuseio (quando o PRP for *maior do que* a demanda esperada
durante o prazo de entrega)

Usando os procedimentos descritos, podemos calcular a consequência econômica para cada combinação de alternativas e estados da natureza. Os resultados estão apresentados na Tabela 6.6.

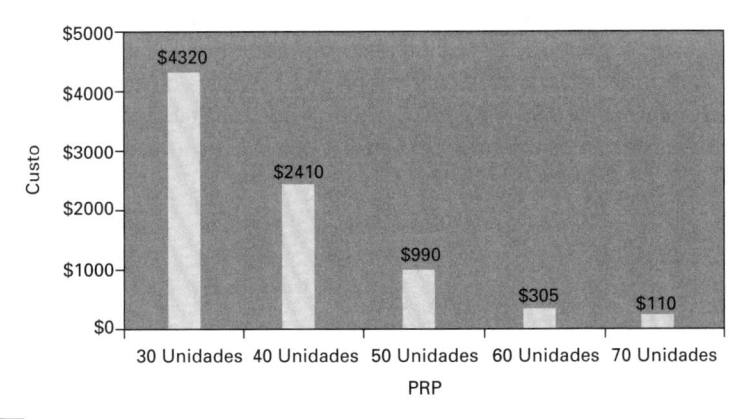

FIGURA 6.8 VME para cada ponto de refazer o pedido.

A Figura 6.8 mostra, graficamente, que a melhor alternativa é um ponto de refazer o pedido de 70 unidades com um valor monetário esperado (VME) de $110. Neste exemplo a solução ótima é usar o PRP mais alto, mas isso nem sempre ocorre. Se o custo de uma falta de estoque relativa ao custo de estocagem for modificado ou se as probabilidades forem alteradas, outra quantidade menor do que o ponto mais alto do PRP pode ser a ótima.

Estoque de segurança com custos desconhecidos de falta de estoque

Determinar os custos da falta de estoque pode ser difícil ou impossível.

Quando os custos da falta de estoque não estão disponíveis ou eles não se aplicam, o tipo anterior de análise não pode ser usado. Na verdade, existem muitas situações em que os custos da falta de estoque são desconhecidos ou extremamente difíceis de determinar. Por exemplo, suponha que você administra uma pequena loja de bicicletas que vende mobiletes e bicicletas com um ano de garantia. Qualquer ajuste feito durante o ano não tem custo para o cliente. Se o cliente precisar de uma manutenção dentro da garantia e você não tiver a peça necessária, qual é o custo da falta de estoque? Não pode ser lucro perdido porque a manutenção é feita sem custo algum. Assim, o custo maior da falta de estoque é a perda da credibilidade. O cliente talvez não compre outra bicicleta da sua loja se você tiver um péssimo serviço. Nessa situação, seria muito difícil determinar o custo da falta de estoque. Em outros casos, o custo da falta de estoque simplesmente não pode ser aplicado. Qual é o custo da falta de estoque para remédios que salvam vidas em um hospital? O medicamento pode custar somente $10 por frasco. O custo da falta de estoque seria de $10? Seria $100 ou $10000? Talvez o custo da falta de estoque seja $1 milhão. Qual é o custo de uma vida perdida devido à falta do medicamento?

Uma abordagem alternativa para determinar os níveis do estoque de segurança é usar um *nível de serviço*. Em geral, um nível de serviço é uma percentagem do período que você estará sem estoque de um item específico. Em outras palavras, a chance ou probabilidade de ter uma falta de estoque é de 1 menos o nível de serviço. Esse relacionamento é expresso como

Uma alternativa para determinar o estoque de segurança é usar o nível de serviço e a distribuição normal.

Nível de serviço = 1 − Probabilidade de falta de estoque

ou

Probabilidade de falta de estoque = 1 − Nível de serviço

Para determinar o nível do estoque de segurança, é necessário saber a probabilidade da demanda durante o prazo de entrega e o nível de serviço desejado. Eis um exemplo de como o estoque de segurança pode ser determinado quando a demanda durante o prazo de entrega segue uma distribuição normal.

Exemplo da empresa Hinsdale A empresa Hinsdale tem um item no estoque com uma demanda normalmente distribuída durante o período de refazer o pedido. A demanda média é de 350 unidades e o desvio padrão é de 10. A Hinsdale quer seguir uma política que resulte em uma probabilidade de ocorrência de falta de estoque de somente 5%. De quanto deve ser o estoque de segurança? A Figura 6.9 pode ajudar a visualizar esse exemplo.

Usamos as propriedades da curva normal padronizada para obter o valor de Z para uma área sob a curva normal de 0,95 = (1 − 0,05). Utilizando uma tabela da normal padrão (veja o Apêndice A), encontramos um valor de Z igual a 1,65.

$$Z = 1,65$$

Mas Z também é igual a:

$$\frac{X - \mu}{\sigma} = \frac{ES}{\sigma}$$

$$Z = 1,65 = \frac{ES}{\sigma}$$

μ = 350   X = ?
μ = Demanda média = 350
σ = Desvio padrão = 10
X = Demanda Média + Estoque de segurança
ES = Estoque de segurança = X − μ = Zσ

$$Z = \frac{X - \mu}{\sigma}$$

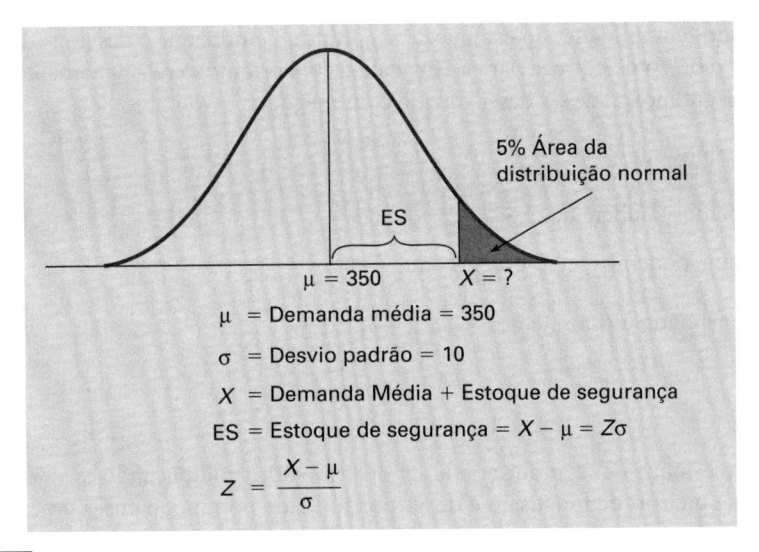

FIGURA 6.9 Estoque de segurança e a distribuição normal.

Resolvendo para o estoque de segurança obtemos o seguinte (porque o estoque geralmente é um valor inteiro):

$$ES = 16{,}5(10) = 16{,}5 \text{ unidades ou } 17 \text{ unidades.}$$

Níveis diferentes de estoque de segurança serão produzidos por *níveis de serviço* diferentes. O relacionamento entre os níveis de serviço e o estoque de segurança, entretanto, não é linear. À medida que o nível de serviço aumenta, o estoque de segurança aumenta em uma taxa crescente. De fato, em níveis de serviço maiores do que 97%, o estoque de segurança torna-se muito grande. É claro, altos níveis de estoque de segurança significam maiores custos de manuseio. Se estiver usando um nível de serviço, você deve estar ciente de quanto seu nível de serviço custa em termos de manuseio do estoque de segurança. Suponha que a Hinsdale tem um custo de manuseio de $1 por unidade por ano. Qual é o custo do manuseio para níveis de serviço variando de 90 a 99,99%? Essa informação de custo está resumida na Tabela 6.7.

Um nível de estoque de segurança é determinado para cada nível de serviço.

A Tabela 6.7 foi determinada com o auxílio de uma tabela da curva normal para determinar o valor de cada nível de serviço. Encontrando o nível de serviço no corpo da tabela, podemos obter o valor de Z da tabela de uma maneira padrão. A seguir, os valores de Z devem

TABELA 6.7 Custo dos níveis de serviço diferentes

Nível de serviço (%)	Valor de Z da tabela da curva normal	Estoque de segurança (unidades)	Custo de manuseio ($)
90	1,28	12,8	12,80
91	1,34	13,4	13,40
92	1,41	14,1	14,10
93	1,48	14,8	14,80
94	1,55	15,5	15,50
95	1,65	16,5	16,50
96	1,75	17,5	17,50
97	1,88	18,8	18,80
98	2,05	20,5	20,50
99	2,33	23,3	23,20
99,99	3,72	37,2	37,20

ser convertidos em unidades do estoque de segurança. Lembre que o desvio padrão das vendas durante o prazo de entrega para a Hinsdale é 10. Portanto, o relacionamento entre Z e o estoque de segurança pode ser desenvolvido como segue:

1. Sabemos que $Z = \dfrac{X - \mu}{\sigma}$
2. Sabemos também que $ES = X - \mu$
3. Assim, podemos reescrever Z como $Z = \dfrac{ES}{\sigma}$
4. Transpondo termos, temos:

$$\begin{aligned} ES &= Z\sigma \\ &= 10Z \end{aligned} \qquad (6\text{-}16)$$

Assim, o estoque de segurança pode ser determinado multiplicando os valores de Z por 10. Visto que o custo de manuseio é de $1 por unidade por ano, o custo do manuseio é o mesmo numericamente do que o do estoque de segurança. Um gráfico do custo de manuseio como uma função do nível de serviço é dado na Figura 6.10.

Como você pode ver da Figura 6.10, o custo do manuseio aumenta em uma taxa crescente. Além disso, o custo do manuseio torna-se extremamente alto quando o nível de serviço for maior do que 98%. Portanto, ao ajustar os níveis de serviço, você deve estar ciente do custo de manuseio adicional que terá. Embora a Figura 6.10 represente um caso específico, a forma geral da curva é a mesma para todos os problemas de nível de serviço.

Os custos do manuseio aumentam em uma taxa crescente à medida que os níveis de serviço aumentam.

6.9 MODELOS DE ESTOQUE DE PERÍODO ÚNICO

Até agora, consideramos decisões de estoque em que a demanda continua no futuro e pedidos futuros serão feitos para o mesmo produto. Existem alguns produtos para os quais a decisão

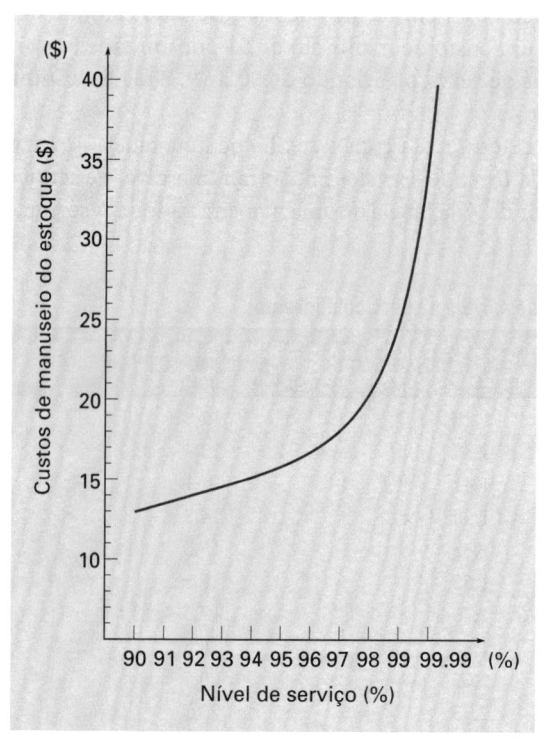

FIGURA 6.10 Nível de serviço versus custos anuais de manuseio.

de satisfazer a demanda para um período único é tomada e itens que não são vendidos durante esse período não tem valor ou terão um valor reduzido no futuro. Por exemplo, um jornal diário não tem valor depois de o próximo jornal estar disponível. Outros exemplos incluem revistas semanais, programas impressos para eventos desportivos, certos tipos de comida que tem um prazo de validade curto e algumas roupas sazonais que tem um valor menor após o final da estação. Esse tipo de problema é chamado de problema do jornaleiro ou modelo de estoque de período único.

Por exemplo, um grande restaurante pode estocar de 20 a 100 caixas de *donuts* para satisfazer uma demanda que varia de 20 a 100 caixas por dia. Embora isso possa ser modelado usando uma tabela de resultados (veja o Capítulo 3), teríamos que analisar 101 alternativas e estados da natureza possíveis, o que seria bastante entediante. Uma abordagem mais simples para esse tipo de decisão é usar análise marginal ou incremental.

Uma abordagem de tomada de decisão usando lucro e perda marginal é chamada de análise marginal. O lucro marginal (MP = *Marginal Profit*) é o lucro adicional alcançado se uma unidade adicional está estocada e vendida. A perda marginal (ML = *Marginal Loss*) é a perda que ocorre quando uma unidade adicional está estocada, mas não pode ser vendida.

Quando existe um número manejável de alternativas e estados da natureza e conhecemos as probabilidades para cada estado da natureza, a análise marginal com distribuição discreta pode ser usada. Quando existe um número muito grande de alternativas possíveis e estados da natureza e a distribuição da probabilidade dos estados da natureza pode ser descrita por uma distribuição normal, a análise marginal com a distribuição normal é adequada.

Análise marginal com distribuições discretas

Encontrar o nível de estoque com o menor custo não é difícil quando seguimos o procedimento da análise marginal. Essa abordagem diz que deveríamos estocar uma unidade adicional somente se o lucro marginal esperado para aquela unidade se igualar ou exceder a perda marginal esperada. Esse relacionamento é expresso simbolicamente da seguinte forma:

P = probabilidade de que a demanda seja maior ou igual a uma determinada oferta (ou a probabilidade de venda de pelo menos uma unidade adicional).

$1 - P$ = probabilidade de que a demanda seja menor do que a oferta (ou a probabilidade de que uma unidade adicional não será vendida).

O lucro marginal esperado é encontrado multiplicando a probabilidade de que uma unidade dada será vendida pelo lucro marginal, $P(MP)$. Similarmente, a perda marginal esperada é a probabilidade de não vender a unidade multiplicada pela perda marginal, ou $(1 - P)(ML)$.

A regra de decisão ótima é estocar a unidade adicional se:

$$P(MP) \geq (1 - P)ML$$

Com algumas manipulações matemáticas básicas, podemos determinar o nível de P em que esse relacionamento é válido:

$$P(MP) \geq ML - P(ML)$$

$$P(MP) + P(ML) \geq ML$$

$$P(MP + ML) \geq ML$$

ou

$$P \geq \frac{ML}{ML + MP} \tag{6-17}$$

Em outras palavras, enquanto a probabilidade de vender mais uma unidade (P) for maior ou igual a ML/(MP + ML), estocaremos a unidade adicional.

Etapas da análise marginal com as distribuições discretas

1. Determinar o valor de $\dfrac{\text{ML}}{\text{ML} + \text{MP}}$ para o problema.
2. Construir uma tabela da probabilidade e adicionar uma coluna de probabilidade cumulativa.
3. Continuar fazendo pedidos de estoque enquanto a probabilidade (P) de vender pelo menos uma unidade adicional for maior do que $\dfrac{\text{ML}}{\text{ML} + \text{MP}}$.

Exemplo do Café du Donut

O Café du Donut é uma cafeteria popular em uma esquina do Quarteirão Francês (*French Quarter*), em Nova Orleans. Sua especialidade é café e *donuts*; ele compra *donuts* frescos diariamente de uma grande padaria industrial. A cafeteria paga $4 por cada caixa (contendo duas dúzias de *donuts*), entregue todas as manhãs. As caixas não vendidas no final do dia são jogadas fora, porque os *donuts* não estariam frescos o suficiente para satisfazer os padrões da cafeteria. Se uma caixa de *donuts* é vendida, o total da receita é $6. Portanto, o lucro marginal por caixa de *donuts* é

$$\text{MP} = \text{Lucro marginal} = \$6 - \$4 = \$2$$

A perda marginal é ML = $4, visto que os *donuts* não podem ser devolvidos ou recuperados ao final do dia.

Com base em vendas passadas, o gerente da cafeteria estima que a demanda diária siga a distribuição da probabilidade mostrada na Tabela 6.8. Ele segue as três etapas para encontrar o número ótimo de caixas de *donuts* para pedir por dia.

Etapa 1. Determinar o valor de $\dfrac{\text{ML}}{\text{ML} + \text{MP}}$ para a regra de decisão

$$P \geq \dfrac{\text{ML}}{\text{ML} + \text{MP}} = \dfrac{\$4}{\$4 + \$2} = \dfrac{4}{6} = 0{,}67$$
$$P \geq 0{,}67$$

Assim, a regra de decisão para prover o estoque é estocar uma unidade adicional se $P \geq 0{,}67$.

Etapa 2. Acrescentar uma nova coluna à tabela para refletir a probabilidade de que as vendas de *donuts* estarão no nível ou acima. Isso é mostrado no lado direito da coluna na Tabela 6.9. Por exemplo, a probabilidade de que a demanda seja de quatro caixas ou mais é 1,00(= 0,05 + 0,15 + 0,15 + 0,20 + 0,25 + 0,10 + 0,10). Similarmente, a probabilidade de que as vendas serão de 8 caixas ou mais é 0,45 (= 0,25 + 0,10 + 0,10); ou seja, a soma das probabilidades para vendas de 8, 9, ou 10 caixas.

TABELA 6.8 Distribuição da probabilidade do Café du Donut

Vendas diárias (caixas de *donuts*)	Probabilidade (*P*) de que a demanda estará nesse nível
4	0,05
5	0,15
6	0,15
7	0,20
8	0,25
9	0,10
10	0,10
	Total 1,00

TABELA 6.9 Análise marginal para o Café du Donut

Vendas diárias (caixas de *donuts*)	Probabilidade (*P*) de que a demanda estará nesse nível	Probabilidade (*P*) de que a demanda estará nesse nível ou acima
4	0,05	1,00 ≥ 0,66
5	0,15	0,95 ≥ 0,66
6	0,15	0,80 ≥ 0,66
7	0,20	0,65
8	0,25	0,45
9	0,10	0,20
10	0,10	0,10
	Total 1,00	

Etapa 3. Continuar pedindo caixas adicionais enquanto a probabilidade de vender pelo menos uma caixa a mais seja maior do que P, a probabilidade da indiferença. Se o Café du Donut pedir seis caixas, os lucros marginais serão maiores do que as perdas marginais desde que:

$$P \text{ em 6 caixas} = 0{,}80 > 0{,}67$$

Análise marginal com a distribuição normal

Quando a demanda do produto ou as vendas seguem uma distribuição normal, uma situação comum em negócios, a análise marginal com a distribuição normal pode ser aplicada. Primeiro, precisamos encontrar quatro valores:

1. A venda média para o produto, μ
2. O desvio padrão das vendas, σ
3. O lucro marginal para o produto, MP
4. A perda marginal para o produto, ML

Uma vez que essas quantias são conhecidas, o processo de encontrar a melhor política de estocagem é semelhante à análise marginal com distribuições discretas. Fazemos $X^* =$ nível de armazenamento ótimo.

Etapas da análise marginal com a distribuição normal

1. Determinar o valor de $\dfrac{ML}{ML + MP}$ para o problema.
2. Localizar P na distribuição normal (Apêndice A) e encontrar o valor associado de Z.
3. Encontrar X^* usando a relação:

$$Z = \frac{X^* - \mu}{\sigma}$$

e expressar em função de X^* (política de armazenamento):

$$X^* = \mu + Z\sigma$$

Exemplo do jornal

A demanda por exemplares do jornal *Chicago Tribune* na banca do Joe é normalmente distribuída e tem uma média de 60 jornais por dia, com um desvio padrão de 10 jornais. Com uma perda marginal de 20 centavos e um lucro marginal de 30 centavos, qual é a política de armazenamento diário que Joe deve seguir?

Etapa 1. Joe deveria estocar o *Tribune* contanto que a probabilidade de vender a última unidade seja pelo menos ML/(ML + MP):

$$\frac{ML}{ML+MP} = \frac{20 \text{ centavos}}{20 \text{ centavos} + 30 \text{ centavos}} = \frac{20}{50} = 0,40$$

Seja $P = 0,40$.

Etapa 2. A Figura 6.11 mostra a distribuição normal. Visto que a tabela normal está tabelada em função da área à esquerda de qualquer ponto, buscamos 0,60 (= 1,0 − 0,40) para conseguir o valor correspondente de Z:

$$Z = 0,25 \text{ desvios padrão da média}$$

Etapa 3. Nesse problema, $\mu = 60$ e $\sigma = 10$, assim

$$0,25 = \frac{X^* - 60}{10}$$

ou

$$X^* = 60 + 0,25 \cdot 10 = 62,5, \text{ ou } 63 \text{ jornais.}$$

Assim, Joe deve pedir diariamente 63 cópias do *Chicago Tribune* visto que a probabilidade de vender 63 é levemente menor do que 0,40.

Quando P for maior do que 0,50, o mesmo procedimento básico é usado, mas devemos ter cuidado ao procurar o valor de Z. Digamos que a banca do Joe também armazena o *Chicago Sun-Times*, que tem uma perda marginal de 40 centavos e um lucro marginal de 10 centavos. As vendas diárias têm uma média de 100 cópias do *Sun-Times*, com um desvio padrão de 10 jornais. A política de armazenamento ótima é, então:

$$\frac{ML}{ML+MP} = \frac{40 \text{ centavos}}{40 \text{ centavos} + 10 \text{ centavos}} = \frac{40}{50} = 0,80$$

A curva normal está na Figura 6.12. Visto que a curva normal é simétrica, encontramos Z para uma área à esquerda abaixo da curva de 0,80 e multiplicamos esse número por −1, visto que todos os valores abaixo da média estão associados a um valor negativo de Z:

$$Z = 0,84 \text{ desvios padrão da média para uma área à esquerda de } 0,80.$$

Com $\mu = 100$ e $\sigma = 10$,

$$-0,84 = \frac{X^* - 100}{10}$$

ou

$$X^* = 100 - 0,84 \cdot 10 = 91,6 \text{ ou } 92 \text{ jornais.}$$

Assim, Joe deve pedir 92 cópias do *Sun-Times* todos os dias.

As políticas de armazenamento ótimo nesses dois exemplos são intuitivamente consistentes. Quando o lucro marginal for maior do que a perda marginal, esperamos que X^* seja maior do que a demanda média, μ, e quando o lucro marginal for menor do que a perda marginal, esperamos que a política de armazenamento ótima, X^*, seja menor do que μ.

6.10 ANÁLISE ABC

Previamente, mostramos como desenvolver políticas de estoque usando técnicas quantitativas. Há algumas considerações práticas que devem ser incorporadas na implementação de decisões de estoque como a *análise ABC*.

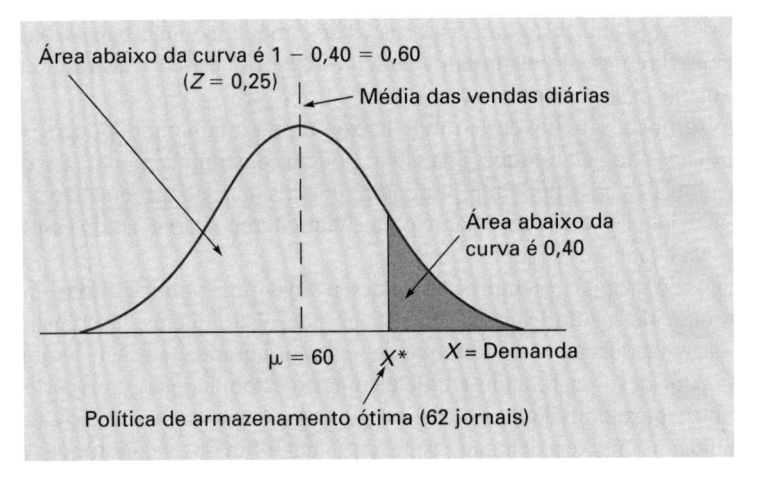

FIGURA 6.11 Decisão de armazenamento de Joe para o *Chicago Tribune*.

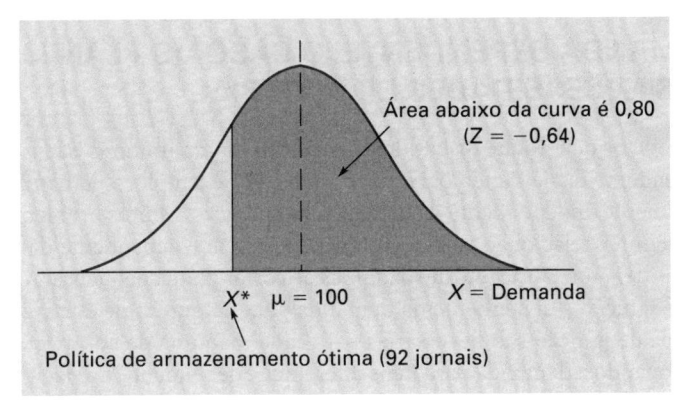

FIGURA 6.12 Decisão de armazenamento de Joe para o *Chicago-Sun Times*.

O objetivo da análise ABC é dividir todos os itens do estoque de uma empresa em três grupos (grupo A, grupo B e grupo C) com base no valor geral dos itens do estoque. Um administrador prudente deve passar mais tempo gerenciando os itens que representam o maior custo em dólar do estoque, porque neles reside o maior potencial de economia. Uma breve descrição de cada grupo é fornecida a seguir, com normas gerais de como categorizar os itens.

Os itens do estoque no grupo A respondem pela maior parte dos custos de estoque de uma empresa. Por isso, seus níveis de estoque devem ser monitorados cuidadosamente. Esses itens geralmente constituem 70% dos negócios em dólar de uma empresa, mas representam somente 10% de todos os itens do estoque. Em outras palavras, alguns poucos itens do estoque são muito caros para a empresa. Assim, muito cuidado deve ser tomado na previsão da demanda e no desenvolvimento de boas políticas de gerenciamento de estoque para esses itens (veja a Tabela 6.10). Como eles são poucos, o tempo gasto não será excessivo.

Os itens do grupo B tem preço moderado e representam bem menos investimento do que os do grupo A. Assim, não é apropriado gastar muito tempo desenvolvendo políticas ótimas

TABELA 6.10 Resumo da análise ABC

Grupo do estoque	Valor em dólar (%)	Itens do estoque (%)	As técnicas quantitativas são usadas?
A	70	10	Sim
B	20	20	Em alguns casos
C	10	70	Não

de estoque para esse grupo, visto que esses custos de estoque são mais baixos. Normalmente, os itens do grupo B representam aproximadamente 20% dos negócios da empresa em dólares e aproximadamente 20% dos itens do estoque.

Os itens no grupo C têm um custo muito baixo e representam muito pouco em termos do total em dólares investido no estoque. Esses itens podem constituir somente 10% dos negócios da empresa em dólares, mas podem representar 70% dos itens do estoque. De uma perspectiva custo-benefício, não seria interessante gastar muito tempo gerenciando esses itens como deve ocorrer com os itens dos grupos A e B.

Para os itens do grupo C, a empresa deve desenvolver uma política muito simples e deve incluir um estoque de segurança relativamente grande. Visto que os itens custam pouco, o custo da estocagem associado a um estoque de segurança grande também será muito baixo. Um cuidado maior deve ser tomado em determinar o estoque de segurança dos itens com preços mais altos do grupo B. Para os itens do grupo A, o custo do manuseio é tão alto que é útil analisar cuidadosamente a demanda para esses itens a fim de que o estoque de segurança esteja em um nível apropriado. De outra forma, a empresa pode ter custos de estocagem altos para os itens do grupo A.

6.11 DEMANDA DEPENDENTE: O CASO DO PLANEJAMENTO DAS NECESSIDADES DE MATERIAL

Em todos os modelos de estoque discutidos anteriormente, assumimos que a demanda para um item é dependente da demanda para outros itens. Por exemplo, a demanda para refrigeradores é, usualmente, independente da demanda para fogões. Muitos problemas de estoque, entretanto, estão inter-relacionados: a demanda de um item é dependente da demanda para outro item. Considere um fabricante de máquinas de cortar grama pequenas. A demanda para rodas e velas de ignição é dependente da demanda para máquinas de cortar grama. Quatro rodas e uma vela de ignição são necessárias para cada máquina de cortar grama completa. Normalmente, quando a demanda para itens diferentes é dependente, o relacionamento entre os itens é conhecido e constante. Desse modo, você deve prever a demanda para os produtos finais e calcular as necessidades para as peças componentes.

Assim como os modelos de estoque discutidos anteriormente, as questões principais são *quanto pedir* e *quando pedir*. Porém, com a demanda dependente, a programação e o planejamento do estoque podem ser muito complexos. Nessas situações, o planejamento das necessidades de material (MRP — *Material Requirements Planning*) pode ser aplicado com eficiência. Seguem algumas vantagens do MRP:

1. Aumento do serviço e satisfação do consumidor
2. Redução do custo do estoque
3. Melhoria na programação e no planejamento do estoque
4. Total das vendas mais alto
5. Resposta mais rápida às mudanças e aos movimentos do mercado
6. Redução dos níveis de estoque sem reduzir o serviço ao consumidor

Embora muitos sistemas de MRP sejam computadorizados, a análise é objetiva e semelhante em diferentes sistemas computadorizados. Eis o procedimento típico.

Árvore da estrutura do material

Pais e componentes são identificados na estrutura da árvore de materiais.

Começamos desenvolvendo uma lista de materiais (BOM — *Bill Of Materials*). A BOM identifica os componentes, suas descrições e o número necessário na produção de uma unidade do produto final. A partir da BOM, desenvolvemos uma árvore da estrutura do material. Digamos que a demanda para o produto A seja de 50 unidades. Cada unidade de A necessita de 2 unidades de B e 3 unidades de C. Assim, cada unidade de B necessita 2 unidades de D e 3 unidades de E. Além disso, cada unidade de C necessita de 1 unidade de E e 2 unidades de

F. Dessa forma, a demanda para B, C, D, E e F é completamente dependente da demanda para A. Dada essa informação, uma árvore da estrutura do material pode ser desenvolvida para os itens do estoque relacionados (veja a Figura 6.13).

A estrutura da árvore apresenta tem três níveis: 0, 1 e 2. Os itens acima de qualquer nível são chamados de pais e os itens abaixo de qualquer nível, de componentes. Existem três pais: A, B e C. Cada item pai tem, pelo menos, um item abaixo dele. Os itens B, C, D, E e F são componentes porque cada item tem, pelo menos, um nível acima deles. Nessa estrutura de árvore, B e C são tanto pais quanto componentes.

Observe que o número entre parênteses na Figura 6.13 indica quantas unidades daquele item específico são necessárias para fazer o item imediatamente acima dele. Assim, B(2) significa que são necessárias 2 unidades de B para cada unidade de A e F(2) significa que são necessárias 2 unidades de F para cada unidade de C.

A estrutura da árvore de materiais mostra quantas unidades são necessárias em cada nível de produção.

Depois de desenvolvida a estrutura da árvore de materiais, o número de unidades que cada item precisa para satisfazer a demanda pode ser determinado. Essa informação pode ser exibida da seguinte forma:

Peça B: 2 × o número de itens A = 2 × 50 = 100

Peça C: 3 × o número de itens A = 3 × 50 = 150

Peça D: 2 × o número de itens B = 2 × 100 = 200

Peça E: 3 × o número de itens B + 1 × o número de itens C = 3 × 100 + 1 × 150 = 450

Peça F: 2 × o número de itens C = 2 × 150 = 300

Assim, para 50 unidades de A, precisamos de 100 unidades de B, 150 unidades de C, 200 unidades de D, 450 unidades de E e 300 unidades de F. É claro, os números nessa tabela poderiam ter sido determinados diretamente da estrutura da árvore de materiais multiplicando os números ao longo dos ramos pela demanda para A, que é 50 unidades para esse problema. Por exemplo, o número de unidades de D necessárias é, simplesmente, 2×2×50 = 200 unidades.

Plano das necessidades de material bruto e acabado

Uma vez desenvolvida a estrutura da árvore de materiais, construímos um plano das necessidades de material bruto. Essa é uma programação que mostra quando um item deve ser pedido aos fornecedores quando não existe estoque disponível ou quando a produção de um item deve começar, a fim de satisfazer a demanda para o produto acabado em uma data específica. Suponha

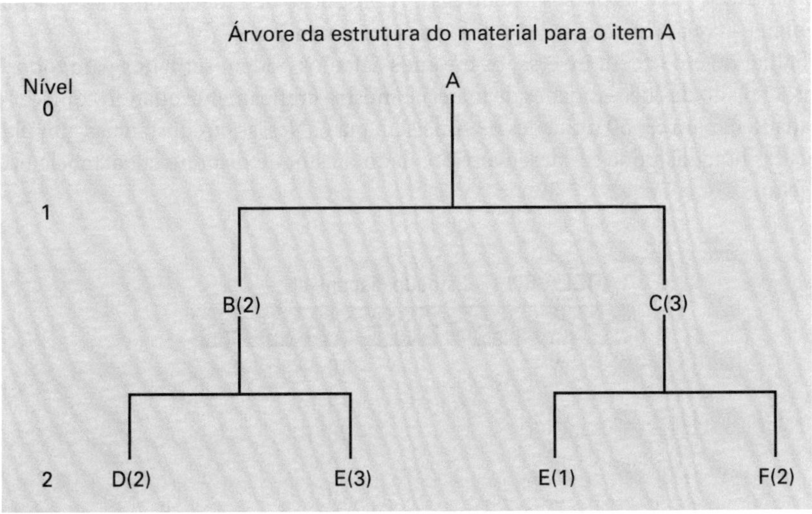

FIGURA 6.13 Árvore da estrutura do material para o item A.

Semana

		1	2	3	4	5	6	
A	Data necessária						50	Prazo de entrega = 1 Semana
A	Liberação do pedido					50		
B	Data necessária					100		Prazo de entrega = 2 Semanas
B	Liberação do pedido			100				
C	Data necessária					150		Prazo de entrega = 1 Semana
C	Liberação do pedido				150			
D	Data necessária				200			Prazo de entrega = 1 Semana
D	Liberação do pedido			200				
E	Data necessária				300	150		Prazo de entrega = 2 Semanas
E	Liberação do pedido	300	150					
F	Data necessária				300			Prazo de entrega = 3 Semanas
F	Liberação do pedido	300						

FIGURA 6.14 Plano das necessidades do material bruto para 50 Unidades de A.

que todos os itens são produzidos ou manufaturados pela mesma empresa. Demora uma semana para fazer o A, duas semanas para fazer o B, uma semana para o C, uma semana para o D, duas semanas para o E e três semanas para fazer o F. Com essa informação, o plano das necessidades de material bruto pode ser construído a fim de mostrar o programa de produção necessário para satisfazer a demanda de 50 unidades de A em uma data futura (veja a Figura 6.14).

A interpretação do material na Figura 6.12 é: se você quer 50 unidades de A na semana 6, deve começar o processo de manufatura na semana 5. Assim, na semana 5 você precisa de 100 unidades de B e 150 unidades de C. Esses dois itens levam duas semanas e uma semana para serem produzidos (veja os prazos de entrega). A produção de B deve começar na semana 3 e C, na semana 4 (veja a liberação do pedido para esses itens).

Trabalhando em ordem inversa, os mesmos cálculos podem ser feitos para todos os outros itens. O plano das necessidades de material mostra graficamente quando começar e completar cada item para ter 50 unidades de A na semana 6. Nessas circunstâncias, um plano das necessidades líquidas pode ser desenvolvido, dado o estoque disponível na Tabela 6.11; veja como é feito.

TABELA 6.11 Estoque disponível

Item	Estoque disponível
A	10
B	15
C	20
D	10
E	10
F	5

Usando esses dados podemos desenvolver um plano das necessidades de material líquido que inclui necessidades brutas, estoque disponível, necessidades líquidas, recebimentos planejados do pedido e liberações planejadas do pedido para cada item. Ele é desenvolvido a partir do A, seguindo em ordem inversa aos outros itens. A Figura 6.15 mostra o plano das necessidades de material líquido para o produto A.

Usando o estoque disponível para calcular as necessidades líquidas.

O plano das necessidades líquidas é construído como o plano das necessidades brutas. Começando com o item A, trabalhamos em ordem inversa determinando as necessidades líquidas para todos os itens. Esses cálculos são feitos consultando constantemente a estrutura de árvore e os prazos de entrega. As necessidades brutas para A são 50 unidades na semana 6. Dez itens estão disponíveis, embora as necessidades líquidas e o recebimento planejado do pedido sejam 40 itens na semana 6. Devido ao prazo de entrega de uma semana, a liberação planejada do pedido é 40 itens na semana 5. (Veja a seta conectando o recebimento do pedido e a liberação do pedido.) Verifique a coluna 5 e consulte a estrutura de árvore na Figura 6.14. Oitenta (2×40) itens de B e $120 = 3 \times 40$ itens de C são necessários na semana 5 para ter um total de 50 itens de A na semana 6. A letra A no canto esquerdo de cima para os itens B

Item		Semana						Tempo de execução
		1	2	3	4	5	6	
A	Material Bruto						50	1
	Disponível: 10						10	
	Material Acabado						40	
	Recebimento do pedido						40	
	Liberação do pedido					40		
B	Material Bruto					80^A		2
	Disponível: 15					15		
	Material Acabado					65		
	Recebimento do pedido					65		
	Liberação do pedido			65				
C	Material Bruto					120^A		1
	Disponível: 20					20		
	Material Acabado					100		
	Recebimento do pedido					100		
	Liberação do pedido				100			
D	Material Bruto			130^B				1
	Disponível: 10			10				
	Material Acabado			120				
	Recebimento do pedido			120				
	Liberação do pedido		120					
E	Material Bruto			195^B	100^C			2
	Disponível: 10			10	0			
	Material Acabado			185	100			
	Recebimento do pedido			185	100			
	Liberação do pedido	185	100					
F	Material Bruto					200^C		3
	Disponível: 5					5		
	Material Acabado					195		
	Recebimento do pedido					195		
	Liberação do pedido		195					

FIGURA 6.15 Plano das necessidades líquidas para 50 Unidades de A.

e C significa que essa demanda para B e C foi gerada como um resultado da demanda para o pai A. Nessas circunstâncias, o mesmo tipo de análise é feito para B e C a fim de determinar as necessidades líquidas de D, E e F.

Dois ou mais produtos finais

Até agora, consideramos somente um produto final. Para muitas empresas de manufatura, existem normalmente dois ou mais produtos finais que usam algumas das peças ou componentes. Todos os produtos finais devem ser incorporados em um único plano de necessidade de material.

No exemplo de MRP recém-discutido, desenvolvemos um plano das necessidades de material líquido para o produto A. Agora, mostraremos como identificar o plano das necessidades de material líquido quando um segundo produto final é introduzido. Vamos chamar o segundo produto final de AA. A árvore da estrutura do material para o produto AA é:

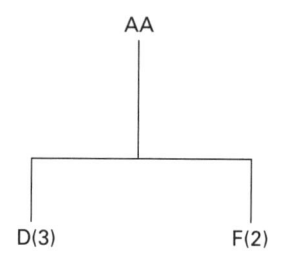

```
              AA
           ┌───┴───┐
         D(3)    F(2)
```

Suponha que precisamos de dez unidades do AA. Com essa informação, podemos calcular as necessidades brutas para AA:

Peça D: 3 × o número das unidades de AA = 3 × 10 = 30

Peça F: 2 × o número das unidades de AA = 2 × 10 = 20

Para desenvolver um plano de necessidades de material líquido, precisamos saber o prazo de entrega para AA. Digamos que seja uma semana. Suponha também que precisamos de 10 unidades de AA na semana 6 e que não temos as unidades de AA disponíveis.

Nesse momento, estamos na posição de modificar o plano das necessidades de material líquido para o produto A a fim de incluir AA. Isto é feito na Figura 6.16.

Olhe para a linha no topo da figura; temos uma necessidade bruta de 10 unidades de AA na semana 6. Não temos unidade alguma de AA disponível, assim, a necessidade líquida também é de 10 unidades de AA. Visto que leva uma semana para fazer AA, a liberação do pedido das 10 unidades do AA será na semana 5. Isso significa que começamos a fazer o AA na semana 5 e teremos as unidades finalizadas na semana 6.

Já que começamos a fazer o AA na semana 5, precisamos de 30 unidades de D e 20 unidades de F na semana 5. Veja as linhas para D e F na Figura 6.16. O prazo de entrega para D é de uma semana. Assim, precisamos dar liberar o pedido na semana 4 para conseguirmos finalizar as unidades de D na semana 5. Observe que não havia estoque disponível para D na semana 5. As 10 primeiras unidades de D do estoque foram usadas na semana 5 para fazer B, por sua vez utilizado para fazer A. Também precisamos ter 20 unidades de F na semana 5 para produzir 10 unidades de AA na semana 6. Novamente, não temos estoque disponível de F na semana 5. As 5 primeiras unidades foram usadas na semana 4 para fazer C, por sua vez utilizado para fazer A. O prazo de entrega para F é de três semanas. Assim, a liberação do pedido para 20 unidades de F deve ser na semana 2 (veja a linha do F na Figura 6.16).

Esse exemplo mostra como as necessidades de estoque de dois produtos podem refletir no mesmo plano das necessidades de material líquido. Algumas empresas de manufatura têm mais de 100 produtos finais que devem ser coordenados no mesmo plano de necessidades de material líquido. Embora tal situação seja complexa, os mesmos princípios usados nesse exemplo são empregados. Lembre que programas de computador foram desenvolvidos para lidar com operações grandes e complexas de manufatura.

Item	Estoque	Semana 1	2	3	4	5	6	Tempo de execução
AA	Material Bruto Disponível: 0 Material Acabado Recebimento do pedido Liberação do pedido					10 ←	10 0 10 10	1 semana
A	Material Bruto Disponível: 10 Material Acabado Recebimento do pedido Liberação do pedido					40 ←	50 10 40 40	1 semana
B	Material Bruto Disponível: 15 Material Acabado Recebimento do pedido Liberação do pedido			65 ←		80 ^{A} 15 65 65		2 semanas
C	Material Bruto Disponível: 20 Material Acabado Recebimento do pedido Liberação do pedido				100 ←	120 ^{A} 20 100 100		1 semana
D	Material Bruto Disponível: 10 Material Acabado Recebimento do pedido Liberação do pedido			120 ←	130 ^{B} 10 120 120 30 ←	30 ^{AA} 0 30 30		1 semana
E	Material Bruto Disponível: 10 Material Acabado Recebimento da Ordem Liberação da Ordem	185 ←	100 ←	195 ^{B} 10 185 185	100 ^{C} 0 100 100			2 semanas
F	Material Bruto Disponível: 5 Material Acabado Recebimento do pedido Liberação do pedido	195 ←	20 ←		200 ^{C} 5 195 195	20 ^{AA} 0 20 20		3 semanas

FIGURA 6.16 Plano das necessidades de material líquido, incluindo AA.

Além do uso do MRP para lidar com produtos finais e mercadorias finalizadas, ele também pode ser usado para lidar com peças sobressalentes e componentes. Isso é importante porque a maioria das empresas de manufatura vende peças sobressalentes e componentes para manutenção. Um plano das necessidades de material líquido deve, também, refletir esses tipos de peça e componentes.

6.12 CONTROLE DE ESTOQUE JUST-IN-TIME (JIT)

Durante as duas últimas décadas, houve um esforço para tornar o processo de manufatura mais eficiente. Um dos objetivos é ter menos estoque em processo disponível. Isso é conhecido como estoque JIT. Com essa abordagem, o estoque chega a tempo de ser usado durante o processo de manufatura para produzir subpartes, montagens ou produtos finalizados. Uma técnica de implementação do JIT é um procedimento manual denominado *kanban*. *Kanban* em japonês significa "cartão." Com um sistema kanban de dois cartões (*dual-card*), existe um

Com JIT, o estoque chega no momento em que é necessário.

carrinho *kanban* ou C-*kanban* e a produção *kanban* ou P-*kanban*. O sistema *kanban* é muito simples. Ele funciona assim:

Quatro etapas do *kanban*

1. Um usuário leva um contêiner de peças ou estoque junto com seu C-kanban para sua área de trabalho. Quando não existem mais peças ou o contêiner está vazio, o usuário retorna o contêiner vazio junto com o C-kanban para a área de produção.
2. Na área de produção, existe um contêiner cheio de peças junto com um P-kanban. O usuário destaca o P-kanban do contêiner cheio de peças. Depois, o usuário leva o contêiner cheio de peças junto com o C-kanban original de volta a sua área para uso imediato.
3. O P-kanban destacado volta para a área de produção junto com o contêiner vazio. O P-kanban é um sinal de que peças novas devem ser manufaturadas ou de que peças novas devem ser colocadas no contêiner. Quando o contêiner for preenchido, o P-kanban é fixado no contêiner.

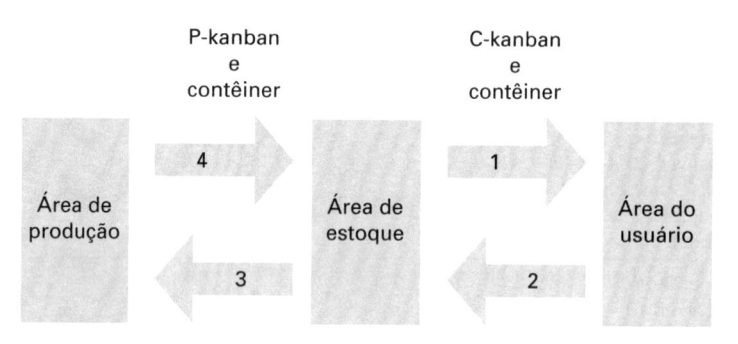

FIGURA 6.17 O sistema kanban.

4. Esse processo é repetido durante um dia de trabalho típico. O sistema *kanban dual-card* é mostrado na Figura 6.17.

Como mostrado na Figura 6.17, contêineres cheios junto com seus C-kanban vão da área de armazenamento à área do usuário, tipicamente em uma linha de manufatura. Durante o processo de produção, as peças dos contêineres são consumidas. Quando o contêiner estiver vazio, este, junto com o mesmo C-kanban, volta para a área de armazenamento. Aqui, o usuário pega um novo contêiner cheio. O P-kanban do contêiner cheio é removido e enviado de volta à área de produção junto com o contêiner vazio para ser recarregado.

No mínimo, dois contêineres são necessários para o sistema kanban. Um contêiner é usado na área do usuário e outro contêiner é recarregado para uso futuro. Na realidade, existem mais do que dois contêineres. O controle de estoque é realizado desse modo. Os gerentes de estoque podem introduzir contêineres adicionais e seus P-kanbans associados no sistema. De maneira semelhante, o gerente de estoque pode remover contêineres e os P-kanbans para ter um controle mais rígido sobre o aumento do estoque.

Além de ser um sistema simples e fácil de implementar, o sistema kanban também é muito eficaz no controle dos custos do estoque e na revelação de gargalos na produção. O estoque chega à área do usuário ou na linha da manufatura somente quando necessário. O estoque não aumenta sem necessidade, atravancando a linha de produção ou acrescentando despesas desnecessárias. O sistema kanban reduz os níveis do estoque e contribui para uma operação mais eficiente. É como colocar a linha de produção em um estoque diet. Como qualquer dieta, o estoque diet imposto pelo sistema kanban torna a operação da produção mais enxuta. Além disso, gargalos na produção e problemas podem ser descobertos. Muitos gerentes de produção removem os contêineres e seus P-kanbans associados do sistema kanban para "enfraquecer" a linha de produção a fim de descobrir gargalos e problemas potenciais.

Na implementação de um sistema kanban, várias regras de trabalho ou regras kanban são implementadas. Uma regra kanban típica é que nenhum contêiner é carregado sem o seu

P-kaban correspondente. Outra regra é que cada contêiner deve conter exatamente o número especificado de peças ou itens do estoque. Essas e outras regras semelhantes tornam o processo de produção mais eficiente. Somente as peças necessárias são produzidas. O departamento de produção não produz estoque apenas para se ocupar. Ele produz estoque ou peças quando são necessárias na área do usuário ou na linha de manufatura.

6.13 PLANEJAMENTO DE RECURSOS EMPRESARIAIS

Ao longo dos anos, o MRP evoluiu para incluir não somente os materiais necessários na produção, mas também as horas de trabalho, o custo do material e outros recursos relacionados à produção. Quando abordado dessa maneira, o termo MRPII é geralmente usado e a palavra *recurso* substitui a palavra *necessidades*. À medida que esse conceito evoluiu e programas sofisticados de computador foram desenvolvidos, esses sistemas foram chamados de sistemas de *planejamento de recursos empresariais* (ERP – *Enterprise Resource Planning*).

O objetivo de um sistema ERP é reduzir custos integrando todas as operações de uma empresa. Começa com o fornecedor dos materiais necessários e flui através da organização até o faturamento do cliente do produto final. Os dados são colocados uma única vez em uma base de dados; depois, esses dados podem ser rapidamente e facilmente acessados por qualquer pessoa da organização. Isso beneficia não somente as funções relacionadas ao planejamento e gerenciamento do estoque, mas também processos empresariais como contabilidade, finanças e recursos humanos.

As vantagens de um sistema ERP bem-desenvolvido são custos reduzidos de transações e aumento da velocidade e precisão da informação. Entretanto, existem também desvantagens. O software é caro para adquirir e customizar. A implementação de um sistema ERP pode exigir que a empresa mude suas operações normais, e os empregados são, geralmente, resistentes à mudança. Também, o treinamento dos empregados para o uso do novo software pode ser caro.

Existem vários sistemas de ERP disponíveis. Os mais comuns são das empresas SAP, Oracle, People Soft, Baan e JD Edwards. Mesmo sistemas menores podem custar centenas de milhares de dólares. Os sistemas maiores podem custar centenas de milhões de dólares.

RESUMO

Este capítulo introduziu os fundamentos da teoria do controle de estoque. Mostramos que os dois maiores problemas são (1) quanto pedir e (2) quando pedir.

Analisamos o lote econômico (LE), que determina o quanto pedir, e o ponto de renovar pedido, que determina quando pedir. Também exploramos o uso da análise de sensibilidade para determinar o que acontece aos cálculos quando um ou mais dos valores usados em uma das equações muda.

O modelo de estoque LE básico apresentado neste capítulo faz algumas suposições: (1) demanda e prazos de entrega conhecidos e constantes, (2) recebimento instantâneo do estoque, (3) ausência de descontos por quantidade, (4) ausência de falta de estoque ou déficit e (5) variação somente nos custos de pedido e de manuseio. Se essas suposições são válidas, o modelo de estoque LE fornece ótimas soluções. No entanto, se essas suposições não são verdadeiras, o modelo LE básico é inútil. Nesses casos, modelos mais complexos são necessários, incluindo a etapa de produção, desconto por quantidade e modelos de estoque de segurança. Quando o item do estoque é usado em um período único, a abordagem de análise marginal é aplicada. A análise ABC é utilizada para determinar quais itens representam o maior custo potencial do estoque, assim os itens podem ser gerenciados com mais cuidado.

Quando a demanda para o estoque não for independente de outro produto, a técnica MRP é necessária. O MRP pode ser usado para determinar as necessidades brutas e líquidas de material para os produtos. Um programa de computador é necessário para implementar com sucesso os principais sistemas de estoque, incluindo o MRP. Hoje, muitas empresas usam o programa ERP para integrar todas as operações dentro da organização, incluindo estoque, contabilidade, finanças e recursos humanos.

O JIT pode baixar os níveis do estoque, reduzir custos e tornar o processo de manufatura mais eficiente. O Kanban, palavra japonesa que significa "cartão", é uma maneira de implementar a abordagem JIT.

GLOSSÁRIO

Análise ABC. Análise que divide o estoque em três grupos. O grupo A é mais importante do que o grupo B que é mais importante do que o grupo C.

Análise de sensibilidade. Processo para determinar quão sensível é a solução ótima aos valores usados nas equações.

Análise marginal. Técnica de tomada de decisão que utiliza lucro marginal e perda marginal na determinação de políticas ótimas de decisão. A análise marginal é usada quando os números de alternativas e estados da natureza são grandes.

Custo anual de preparação. Custo de preparação da manufatura ou processo de produção para o modelo de execução da produção.

Desconto por quantidade. Custo por unidade quando pedidos grandes de um item do estoque são feitos.

Estoque de segurança. Estoque extra usado para evitar a falta de estoque.

Estoque de segurança com custos conhecidos da falta de estoque. Modelo de estoque em que a probabilidade da demanda durante o prazo de entrega e o custo da falta de estoque por unidade é conhecido.

Estoque de segurança com custos desconhecidos de falta de estoque. Modelo de estoque em que a probabilidade da demanda durante o prazo de entrega é conhecida. O custo da falta de estoque não é conhecido.

Estoque médio. Estoque médio disponível. Neste capítulo, a média do estoque é Q/2 para o modelo LE.

Falta de estoque. Situação que ocorre quando não existe estoque disponível.

Kanban. Sistema JIT manual desenvolvido pelos japoneses. Kanban significa "cartão" em japonês.

Lista de materiais (BOM – *Bill of Materials*). Lista de componentes de um produto com a descrição e a quantidade necessária para fazer uma unidade daquele produto.

Lote econômico (LE). Quantidade pedida do estoque que diminuirá o custo total do estoque. Também chamado de quantidade de pedido ótima, ou Q^*.

Lucro marginal (MP – *Marginal Profit*). Lucro adicional concretizado por armazenar e vender uma unidade a mais.

Modelo da execução da produção. Modelo de estoque em que o estoque é produzido ou manufaturado em vez de ser pedido ou comprado. Esse modelo elimina a suposição do recebimento instantâneo.

Nível do serviço. Possibilidade, expressa em percentagem, de que não haverá falta de estoque. Nível do serviço = 1 − Probabilidade de falta de estoque.

Perda marginal (ML – *Marginal Loss*). Perda que ocorre por armazenar e não vender uma unidade adicional.

Planejamento das necessidades de material (MRP – *Material Requirements Planning*). Modelo de estoque que pode lidar com uma demanda dependente.

Planejamento de recursos empresariais (ERP – *Enterprise Resource Plannig*). Sistema de informação computadorizado que integra e coordena as operações de uma empresa.

Ponto de renovação (do pedido) (PR ou PRP). Número de unidades disponíveis quando um pedido para mais estoque é feito.

Prazo de entrega (lead time). Tempo que leva para receber um pedido depois que ele é feito. (chamado de L no capítulo).

Recebimento instantâneo do estoque. Sistema em que o estoque é recebido ou obtido em um ponto no tempo e não por um período de tempo.

EQUAÇÕES-CHAVE

As equações 6-1 a 6-6 estão associadas ao lote econômico (LE)

(6-1) Nível médio do estoque $= \dfrac{Q}{2}$

(6-2) Custo anual do pedido $= \dfrac{D}{Q}C_o$

(6-3) Custo anual de estocagem $= \dfrac{Q}{2}C_h$

(6-4) $\text{LE} = Q^* = \sqrt{\dfrac{2DC_o}{C_h}}$

(6-5) $CT = \dfrac{D}{Q}C_o + \dfrac{Q}{2}C_h$

Custo relevante total do estoque

(6-6) Nível médio do dólar (unidade monetária) $= C\dfrac{Q}{2}$

(6-7) $Q^* = \sqrt{\dfrac{2DC_o}{IC}}$

LE com C_h expresso como uma percentagem do custo da unidade

(6-8) $\text{PR} = d \times L$

Ponto de renovação: d é a demanda diária e L é o prazo de entrega em dias.

As equações 6-9 a 6-13 estão associadas ao modelo da execução da produção.

(6-9) Estoque médio $= \dfrac{Q}{2}\left(1 - \dfrac{d}{p}\right)$

(6-10) Custo anual da armazenagem $= \dfrac{Q}{2}\left(1 - \dfrac{d}{p}\right)C_h$

(6-11) Custo anual de preparação $= \dfrac{D}{Q}C_s$

(6-12) Custo anual do pedido $= \dfrac{D}{Q}C_o$

(6-13) $Q^* = \sqrt{\dfrac{2DC_s}{C_h\left(1 - \dfrac{d}{p}\right)}}$

Quantidade ótima de produção

(6-14) Custo total = $DC + \dfrac{D}{Q}C_o + \dfrac{Q}{2}C_h$

Custo total do estoque (incluindo o custo da compra)

Equações 6-15 e 6-16 são usadas quando o estoque de segurança é necessário.

(6-15) PRP = $d \times L + SS$

Onde d é a demanda média durante o *lead time*, L é o *lead time* médio e ES é a quantidade do estoque de segurança.

(6-16) $ES = Z\sigma$

Estoque de segurança usando a distribuição normal.

(6-17) $P \geq \dfrac{ML}{ML + MP}$

PROBLEMAS RESOLVIDOS

Problema resolvido 6-1

A Eletrônica Patterson fornece um conjunto de circuitos de microcomputador para uma empresa que instala microprocessadores em geladeiras e em outros aparelhos domésticos. Um dos componentes tem uma demanda anual de 250 unidades, constante durante o ano inteiro. O custo de manuseio é estimado em US$1 por unidade por ano e o custo do pedido é de US$20 por pedido.

a. Para minimizar custo, quantas unidades devem ser pedidas cada vez que um pedido for feito?
b. Quantos pedidos por ano são necessários com a política ótima?
c. Qual é o estoque médio se os custos forem minimizados?
d. Suponha que o custo do pedido não seja US$20 e Patterson encomende 150 unidades cada vez que um pedido é feito. Para que essa política de pedido seja ótima, qual seria o custo do pedido?

Solução

a. As suposições do LE são satisfeitas, assim, o lote econômico é:

$$LE = Q^* = \sqrt{\dfrac{2DC_o}{C_h}} = \sqrt{\dfrac{2(250)20}{1}} = 100 \text{ unidades}$$

b. Número de pedidos por ano $= \dfrac{D}{Q} = \dfrac{250}{100} = 2{,}5$ pedidos por ano

Observe que isso significa que a empresa em um ano faria 3 pedidos e no próximo ano, somente 2 pedidos, visto que sobraria estoque do ano anterior. Isso representa uma média de 2,5 pedidos por ano.

c. Estoque médio $= \dfrac{Q}{2} = \dfrac{100}{2} = 50$ unidades

d. Dada a demanda anual de 250, um custo de manuseio de US$1 e uma quantidade pedida de 150, a Eletrônica Patterson deve determinar qual é o custo do pedido para a política de 150 unidades ser ótima. Para encontrar a resposta desse problema, precisamos resolver a equação do LE tradicional para o custo do pedido. Como você pode ver nos cálculos a seguir, um custo do pedido de US$45 é necessário para que um pedido de 150 unidades seja ótimo.

$$Q = \sqrt{\dfrac{2DC_o}{C_h}}$$

$$C_o = Q^2 \dfrac{C_h}{2D}$$

$$= \dfrac{(150)^2(1)}{2(250)}$$

$$= \dfrac{22500}{500} = \$45$$

Problema resolvido 6-2

A Acessórios Flemming produz aparelhos para cortar papel usados em escritórios e lojas de arte. O minicortador é um dos seus itens mais populares: a demanda anual é de 6750 unidades e é constante durante o ano. Kristen Flemming, proprietário da empresa, produz os minicortadores em lotes. Em média, Kristen pode manufaturar 125 minicortadores por dia. A demanda para esses minicortadores durante o processo de produção é 30 por dia. O custo de preparação do equipamento necessário para produzir os minicortadores é $150. O custo do manuseio é $1 por minicortador por ano. Quantos minicortadores Kristen deve manufaturar em cada lote?

Solução

Os dados para a Acessórios Flemming estão resumidos a seguir:

$$D = 6750 \text{ unidades}$$
$$C_s = \$150$$
$$C_h = \$1$$
$$d = 30 \text{ unidades}$$
$$p = 125 \text{ unidades}$$

Esse é um problema de etapa da produção que envolve uma taxa da produção diária e uma taxa da demanda diária. Os cálculos apropriados estão mostrados aqui:

$$Q^* = \sqrt{\frac{2DC_s}{C_h(1 + d/p)}}$$

$$= \sqrt{\frac{2(6750)(150)}{1(1 - 30/125)}}$$

$$= 1.632$$

Problema resolvido 6-3

A Distribuidora Dorsey tem uma demanda anual para detectores de metal de 1400. O custo de um detector padrão é $400. O custo do manuseio é estimado em 20% do custo da unidade e o custo do pedido é $25 por pedido. Se a Dorsey faz um pedido de 300 unidades ou mais, consegue um desconto de 5% no custo dos detectores. A Dorsey deve pegar o desconto por quantidade? Suponha que a demanda é constante.

Solução

A solução para qualquer desconto por quantidade envolve determinar o custo total de cada alternativa depois de calcular as quantidades e ajustá-las para o problema original e cada desconto. Começamos a análise sem desconto:

$$\text{LE(sem desconto)} = \sqrt{\frac{2(1400)(25)}{0,2(400)}}$$

$$= 29,6 \text{ unidades}$$

Custo total (sem desconto) = Custo do material + Custo do pedido + Custo do manuseio

$$= \$400(1400) + \frac{1400(\$25)}{29,6} + \frac{29,6(\$400)(0,2)}{2}$$

$$= \$560000 + \$1183 + \$1183 = \$562366$$

A próxima etapa é calcular o custo total para o desconto

$$\text{LE (com desconto)} = \sqrt{\frac{2(1400)(25)}{0,2(\$380)}}$$

$$= 30,3 \text{ unidades}$$

$$Q \text{ (ajustado)} = 300 \text{ unidades}$$

Visto que o último lote econômico está abaixo do preço com desconto, precisamos ajustar a quantidade pedida para 300 unidades. A próxima etapa é calcular o custo total.

Custo total (com desconto) = Custo do material + Custo do pedido + Custo do manuseio

$$= \$380(1400) + \frac{1400(25)}{300} + \frac{300(\$380)(0,2)}{2}$$

$$= \$532000 + \$117 + \$11400 = \$543517$$

A estratégia ótima é pedir 300 unidades, o que terá um custo total de $543517.

AUTOTESTE

- Antes de fazer o autoteste, consulte os objetivos de aprendizagem no início do capítulo, as notas nas margens e o glossário no final do capítulo.
- Corrija seu teste utilizando o Apêndice H ao final do livro.
- Estude novamente as páginas que correspondem a todas as perguntas que você respondeu errado ou que não tem certeza.

1. Qual das alternativas a seguir é um componente básico de um sistema de controle de estoque?
   a. Planejar que estoque armazenar e como adquiri-lo.
   b. Prever a demanda para peças e produtos.
   c. Controlar o nível do estoque.
   d. Desenvolver e implementar medidas de retroalimentação.
   e. Todas as alternativas acima são componentes de um controle de estoque.

2. Quais das seguintes alternativas é uma utilização válida do estoque?
   a. A função de separação (*decoupling*).
   b. Tirar proveito do desconto por quantidade.
   c. Evitar a falta de estoque.
   d. Suavizar um fornecimento ou demanda irregular.
   e. Todas as alternativas acima são usos válidos do estoque.

3. Uma suposição necessária para o modelo LE é o refornecimento instatâneo. Isso significa que:
   a. O prazo de entrega é zero.
   b. O tempo de produção é presumido ser zero.
   c. Todo o pedido é entregue em uma só vez.
   d. O refornecimento não pode ocorrer até que o estoque disponível seja zero.

4. Se as suposições do LE são satisfeitas e uma empresa pede o LE cada vez que um pedido for feito, então:
   a. Os custos totais anuais de estocagem são minimizados.
   b. Os custos anuais totais do pedido são minimizados.
   c. O total de todos os custos do estoque são minimizados.
   d. A quantidade pedida será sempre menor do que o estoque médio.

5. Se as suposições do LE forem satisfeitas e a empresa pede mais do que o lote econômico, então:
   a. O custo anual da estocagem será maior do que o custo anual do pedido.
   b. O custo anual da estocagem será menor do que o custo anual do pedido.
   c. O custo anual da estocagem será igual ao custo total anual do pedido.
   d. O custo total da estocagem será igual ao custo total anual da compra.

6. O ponto de refazer o pedido é:
   a. A quantidade que é pedida novamente cada vez que um pedido é feito.
   b. A quantidade de estoque necessária para satisfazer a demanda durante o prazo de entrega.
   c. Igual ao estoque médio quando as suposições do LE são satisfeitas.
   d. Presumido ser zero se existe refornecimento instantâneo.

7. Se as suposições do LE são satisfeitas, então:
   a. O custo anual da falta de estoque será zero.
   b. O custo anual da estocagem será igual ao custo anual do pedido.
   c. O estoque médio será metade da quantidade pedida.
   d. Todas as alternativas acima são verdadeiras.

8. No modelo de etapa da produção, o nível máximo do estoque será:
   a. Maior do que a quantidade da produção.
   b. Igual à quantidade da produção.
   c. Menor do que a quantidade da produção.
   d. Igual à taxa da produção diária mais a demanda diária.
9. Por que o custo anual da compra (material) não é considerado um custo relevante do estoque, se as suposições do LE forem satisfeitas?
   a. O custo será zero.
   b. Esse custo é constante e não afetado pela quantidade pedida.
   c. Esse custo é insignificante comparado com os outros custos do estoque.
   d. Esse custo nunca é considerado um custo de estoque.
10. Um sistema JIT geralmente resultará em:
    a. Custo anual baixo de estocagem.
    b. Poucos pedidos por ano.
    c. Frequentes paradas em uma linha de montagem.
    d. Níveis altos de estoque de segurança.
11. Empresas utilizam o MRP quando:
    a. A demanda por um produto é dependente da demanda por outros produtos.
    b. A demanda para cada produto é independente da demanda por outros produtos.
    c. A demanda é totalmente imprevisível.
    d. O custo da compra é extremamente alto.
12. Utilizando a análise marginal, uma unidade adicional deve ser armazenada se:
    a. MP = ML.
    b. A probabilidade de vender aquela unidade é maior ou igual a MP/(MP + ML).
    c. A probabilidade de vender aquela unidade é menor ou igual a ML/(MP + ML).
    d. A probabilidade de vender aquela unidade é maior ou igual a ML/(MP + ML).
13. Utilizando a análise marginal com a distribuição normal, se o lucro marginal for menor do que a perda marginal, esperamos que a quantidade ótima do estoque seja:
    a. Maior do que o desvio padrão.
    b. Menor do que o desvio padrão.
    c. Maior do que a média.
    d. Menor do que a média.

QUESTÕES PARA DISCUSSÃO E PROBLEMAS

Questões para discussão

6-1 Por que o estoque é uma consideração importante para administradores?

6-2 Qual é o objetivo do controle de estoque?

6-3 Em quais circunstâncias o estoque pode ser usado como uma proteção contra a inflação?

6-4 Por que uma empresa nem sempre armazena grandes quantidades de estoque para se prevenir da falta de estoque?

6-5 Quais são algumas suposições feitas na utilização do LE?

6-6 Discuta os custos maiores do estoque usados na determinação do LE.

6-7 O que é PRP? Como ele é determinado?

6-8 Qual é o objetivo da análise de sensibilidade?

6-9 Quais suposições são feitas no modelo de execução da produção?

6-10 O que acontece no modelo de execução da produção quando a taxa da produção diária é muito grande?

6-11 Descreva brevemente o que está envolvido na solução do modelo de desconto por quantidade.

6-12 Discuta os métodos usados na determinação do estoque de segurança quando o custo da falta de estoque é conhecido e quando o custo da falta de estoque é desconhecido.

6-13 Explique brevemente a abordagem da análise marginal para o problema do estoque de período único.

6-14 Descreva brevemente o que significa a análise ABC. Qual é o objetivo dessa técnica de estoque?

6-15 Qual é o objetivo geral do MRP?

6-16 Qual é a diferença entre o plano das necessidades de material bruto e líquido?

6-17 Qual é o objetivo do JIT?

Problemas*

6-18 Lila Battle determinou que a demanda anual para parafusos número 6 é de 100000 parafusos. Lila, que trabalha na loja de ferramentas do seu irmão, é responsável pelas compras. Ela estima que cada pedido custe $10. Esse custo inclui seu salário, o custo dos formulários usados para fazer o pedido e assim por diante. Além disso, ela estima que o custo do manuseio de um parafuso no estoque por um ano seja metade de 1 centavo. Suponha que a demanda seja constante durante o ano:
(a) Quantos parafusos número 6 Lila deve pedir de uma só vez se ela deseja minimizar o custo total do estoque?
(b) Quantos pedidos por ano seriam feitos? Qual seria o custo anual do pedido?

---

* Nota: Q significa que o problema pode ser resolvido com QM para Windows; X significa que o problema pode ser resolvido com o Excel QM; Q/X significa que o problema pode ser resolvido com QM para Windows e/ou Excel QM.

(c) Qual seria o estoque médio? Qual seria o custo anual de estocagem?

- **6-19** Leva aproximadamente 8 dias úteis para que um pedido dos parafusos número 6 chegue, depois de feito o pedido (conforme o Problema 6-18). A demanda para os parafusos número 6 é constante e, na média, Lila observou que a loja de ferragens de seu irmão vende 500 desses parafusos todos os dias. Visto que a demanda é constante, Lila acredita que é possível evitar completamente a falta de estoque se ela pedir somente os parafusos número 6 na hora certa. Qual é o PRP?

- **6-20** O irmão de Lila acredita que ela faz muito pedidos de parafusos por ano. Ele julga que um pedido deve ser feito somente duas vezes por ano. Se Lila seguir a política de seu irmão, quanto a mais isso custaria a cada ano, em relação à política de pedido desenvolvida no Problema 6-18? Se somente dois pedidos forem feitos por ano, que efeito isso terá no PRP?

- **6-21** Bárbara Bright é a responsável pelas compras para a empresa West Valve. A West Valve vende válvulas e aparelhos de controle de fluidos. Uma das válvulas mais populares é a Western, que tem uma demanda anual de 4000 unidades. O custo de cada válvula é $90 e o custo do manuseio do estoque é estimado em 10% do custo de cada válvula. Bárbara fez um estudo dos custos envolvidos nos pedidos para qualquer uma das válvulas que a West Valve armazena e concluiu que o custo médio é $25 por pedido. Além disso, leva aproximadamente duas semanas para um pedido chegar do fornecedor e, durante esse tempo, a demanda por semana da West Valve é de aproximadamente 80.
  (a) Qual é o LE?
  (b) Qual é o PRP?
  (c) Qual é o estoque médio? Qual é custo anual de estocagem?
  (d) Quantos pedidos por ano seriam feitos? Qual é o custo anual do pedido?

- **6-22** Ken Ramsing dedicou a maior parte de sua vida ao comércio de madeiras. O maior concorrente de Ken é a Pacific Woods. Com muitos anos de experiência, Ken sabe que o custo de um pedido de madeira compensada é de $25 e o custo do manuseio é 25% do custo da unidade. Tanto Ken quanto a Pacific Woods recebem a madeira compensada em cargas que custam $100 por carga. Além disso, Ken e a Pacific Woods utilizam o mesmo fornecedor de madeira compensada, e Ken descobriu que a Pacific Woods faz pedidos em quantidades de 4000 cargas por vez. Ken também sabe que 4000 cargas é o LE para a Pacific Woods. Qual é a demanda anual em cargas de madeira compensada para a Pacific Woods?

- **6-23** Shoe Shine é uma loja de calçados localizada na zona norte de Centerville. A demanda anual para uma sandália é de 500 pares e John Dirk, dono da empresa, tem o hábito de pedir 100 pares por vez. John estima que o custo do pedido seja de $10 por pedido. O custo da sandália é de $5 por par. Para a política de pedido de John estar correta, qual deveria ser o percentual do custo do manuseio em relação ao custo da unidade? Se o custo do manuseio for 10% do custo, qual seria a quantidade ótima do pedido?

- **6-24** No Problema 6-18, você ajudou Lila Battle a determinar a quantidade ótima do pedido para parafusos número 6. Ela estimou que o custo do pedido era de $10 por pedido. Nesse momento, entretanto, ela acredita que essa estimativa está muito baixa. Embora ela não saiba o custo exato do pedido, ela acredita que ele possa girar em torno de $40 por pedido. Como a quantidade ótima do pedido mudaria se o custo do pedido fosse $20, $30 e $40?

- **6-25** A oficina de reparos de Ross White utiliza 2500 suportes durante o ano e esse uso é relativamente constante durante o ano. Esses suportes são comprados de um fornecedor a 100 milhas de distância por $15 cada e o prazo de entrega é de 2 dias. O custo de estocagem por suportes por ano é de $1,50 (ou 10% do custo da unidade) e o custo de cada pedido é de $18,75. O ano tem 250 dias úteis de trabalho.
  (a) Qual é o LE?
  (b) Dado o LE, qual é o estoque médio? Qual é o custo anual de estocagem?
  (c) Minimizando os custos, quantos pedidos seriam feitos durante o ano? Qual seria o custo anual do pedido?
  (d) Dado o LE, qual é o custo anual do estoque (incluindo o custo da compra)?
  (e) Qual é o período de tempo entre pedidos?
  (f) Qual é o PRP?

- **6-26** Ross White (veja o Problema 6-25) quer reconsiderar sua decisão de comprar os suportes e está considerando fabricá-los. Ele estima que os custos de preparação sejam de $25 considerando o tempo do mecânico e o tempo de produção perdida, e que 50 suportes possam ser produzidos em um dia desde que a máquina esteja configurada. Ross estima que o custo (incluindo tempo de trabalho e materiais) de produzir um suporte seja $14,80. O custo de estocagem seria 10% desse valor.
  (a) Qual é a taxa diária da demanda?
  (b) Qual é a quantidade ótima de produção?
  (c) Quanto tempo levará para produzir a quantidade ótima? Quanto estoque é vendido durante esse período?
  (d) Se Ross utiliza a quantidade de produção ótima, qual seria o nível máximo do estoque? Qual seria o nível médio do estoque? Qual é o custo anual de estocagem?
  (e) Quantas etapas de produção teriam a cada ano? Qual seria o custo anual de preparação?
  (f) Dado o tamanho da etapa de produção ótima, qual é o custo total anual do estoque?
  (g) Se o prazo de entrega for meio dia, qual é o PRP?

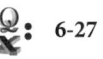

- **6-27** Sabendo que Ross White (veja os Problemas 6-25 e 6-26) considera produzir os suportes, o fornecedor avisou Ross que o preço de venda baixaria de $15

por suporte para $14,50 se Ross comprasse os suportes em lotes de 1000. O prazo de entrega, entretanto, aumentaria para 3 dias devido a maior quantidade.

(a) Qual é o custo total anual do estoque mais o custo de compra se Ross comprar os suportes em lotes de 1000 a $14,50 cada?
(b) Se Ross realmente comprar os suportes em lotes de 1000, qual é o novo PRP?
(c) Dadas às seguintes opções: compra dos suportes a $15 cada, produzi-lo a $14,80 ou comprá-los com a vantagem do desconto, qual seria seu conselho a Ross White?

6-28 Depois de analisar várias opções, Ross White (veja os Problemas 6-25, 6-26 e 6-27) reconhece que embora saiba que o prazo de entrega é de 2 dias e a demanda diária é, em média, de 10 unidades, a demanda durante o prazo de entrega geralmente varia. Ross manteve registros cuidadosos e determinou que a demanda no prazo de entrega é distribuída normalmente com um desvio padrão de 1,5 unidades.

(a) Qual é o valor de Z adequado para ter um nível de serviço de 98%?
(b) Que estoque de segurança Ross deve manter se ele quer um nível de serviço de 98%?
(c) Qual é o PRP ajustado para os suportes?
(d) Qual é o custo anual de manter o estoque de segurança se o custo anual de estocagem por unidade é $1,50?

6-29 Douglas Boats é uma empresa fornecedora de equipamentos para barcos para os estados de Oregon e Washington. Ela vende 5000 motores diesel White Marine WM-4 a cada ano. Esses motores são enviados à empresa em um contêiner de 100 pés cúbicos e a Douglas Boats mantém o depósito cheio desses motores WM-4. O depósito pode conter 5000 pés cúbicos de suprimentos para barcos. Douglas estima que o custo do pedido seja $10 por pedido e o custo do manuseio seja $10 por motor por ano. Ele considera a possibilidade de expandir o depósito para os motores WM-4. Quanto a empresa deve expandir e quanto valerá a pena essa expansão? Assuma que a demanda seja constante durante o ano.

6-30 A Distribuidora Northern é uma empresa atacadista que abastece lojas de varejo com produtos para o jardim e a casa. Um prédio é usado para armazenar máquinas de cortar grama Neverfail. O prédio tem 25 pés de largura por 40 pés de profundidade por 8 pés de altura. Anna Oldham, gerente do depósito, estima que aproximadamente 60% do depósito possa ser usado para armazenar as máquinas de cortar grama Neverfail. Os 40% restantes são usados como passagem e para um pequeno escritório. Cada máquina de cortar grama Neverfail vem em uma caixa de 5 × 4 × 2 pés de altura. A demanda anual para essas máquinas é de 12000 e o custo do pedido para a Northern é de $30 por pedido. É estimado um custo $2 por máquina de cortar grama por ano pelo armazenamento. A Distribuidora Northern pensa em aumentar o tamanho do depósito. A empresa somente pode fazer isso se tornar o depósito mais profundo. No momento, o depósito tem 40 pés de profundidade. Quantos pés de profundidade devem ser acrescentados ao depósito para minimizar os custos anuais de estoque? Quanto a empresa deve pagar por essa reforma? Lembre que somente 60% da área total pode ser usado para armazenar as máquinas Neverfail. Suponha que todas as condições do LE foram satisfeitas.

6-31 Lisa Surowski foi solicitada a ajudar na determinação da melhor política de pedido de um novo produto. A demanda projetada para o novo produto foi de aproximadamente 1000 unidades anuais. Para ter uma ideia dos custos de manuseio e de pedido, Lisa preparou uma série de custos médios do estoque. Ela achou que esses custos seriam apropriados para o novo produto. Os resultados estão resumidos na tabela a seguir. Esses dados foram compilados para 10000 itens do estoque que foram manuseados ou mantidos durante o ano e foram pedidos 100 vezes durante o último ano. Ajude Lisa a determinar o LE.

Fator do custo	Custo ($)
Taxas	2000,00
Processamento e inspeção	1500,00
Desenvolvimento do novo produto	2500,00
Pagamento de contas	500,00
Pedido de suprimentos	50,00
Seguro do estoque	600,00
Propaganda do produto	800,00
Deterioração	750,00
Envio de pedidos de compra	800,00
Pesquisa do estoque	450,00
Suprimentos do depósito	280,00
Pesquisa e desenvolvimento	2750,00
Pagamento de salários	3000,00
Salários do depósito	2800,00
Roubo de estoque	800,00
Suprimentos para pedidos de compra	500,00
Obsolência do estoque	300,00

6-32 Jan Gentry é dono de uma pequena empresa que produz tesouras elétricas usadas para cortar tecido. A demanda anual é de 8000 tesouras e Jan produz as tesouras em lotes. Em média, Jan pode produzir 150 tesouras por dia, e durante o processo de produção, a demanda para tesouras tem sido de aproximadamente 40 tesouras por dia. O custo para configurar o processo de produção é $100 e o manuseio de uma tesoura por um ano custa a Jan 30 centavos. Quantas tesouras Jan deve produzir em cada lote?

6-33 Jim Overstreet, gerente do controle de estoque da Itex, recebe rolamentos da Wheel-Rite, um pequeno fabricante de peças de metais. Infelizmente, a Wheel-Rite pode produzir somente 500 rolamentos por dia. A Itex recebe 10000 rolamentos da Wheel-Rite por ano. Visto que a Itex opera 200 dias úteis a cada ano, sua demanda média diária de rolamentos é de 50. O custo do pedido é $40 por pedido e o custo do manuseio é de 60 centavos por rolamento por ano. Quantos rolamentos a Itex deve pedir para a Wheel-Rite em uma única vez? A Wheel-Rite concordou em enviar o número máximo de rolamentos que ela pode produzir diariamente para a Itex quando um pedido for recebido.

6-34 A North Manufacturing tem uma demanda anual de 1000 bombas de água. O custo de uma bomba de água é $50. O custo para North fazer um pedido é $40 e o custo do manuseio é 25% do custo da unidade. Se as bombas de água são pedidas em quantidades de 200, a Manufatura North consegue um desconto de 3% no custo das bombas. A North deve pedir 200 bombas de uma só vez e ganhar o desconto de 3%?

6-35 A Mr. Beautiful, empresa que vende aparelhos de ginástica, tem um custo do pedido de $40 para o aparelho BB-1 (BB-1 significa *Body Beautiful* Número 1). O custo de manuseio para o BB-1 é $5 por aparelho por ano. Para satisfazer a demanda, a Mr. Beautiful faz pedidos de grandes quantidades do BB-1 sete vezes ao ano. O custo da falta de estoque para o BB-1 é estimado em $50 por aparelho. Ao longo dos últimos anos, a Mr. Beautiful observou a seguinte demanda durante o prazo de entrega para o BB-1:

Demanda durante o prazo de entrega	Probabilidade
40	0,1
50	0,2
60	0,2
70	0,2
80	0,2
90	0,1

O PRP para o BB-1 é de 60 unidades. Qual é o nível de estoque de segurança que deve ser mantido para o BB-1?

6-36 Linda Lechner está no comando da manutenção dos suprimentos para o Hospital Geral. Durante o último ano, o prazo de entrega médio para a demanda de ataduras BX-5 foi de 60. Além disso, o desvio padrão para o BX-5 foi 7. Linda gostaria de manter um nível de serviço de 90%. Qual nível de estoque de segurança você recomenda para o BX-5?

6-37 Ralph Janaro não tem tempo para analisar todos os itens do estoque de sua empresa. Administrador jovem, ele tem coisas mais importantes a fazer. A tabela seguinte tem seis itens do estoque, mais o custo e a demanda de cada unidade.

Código de identificação	Custo unitário ($)	Demanda em unidades
XX1	5,84	1200
B66	5,40	1110
3CPO	1,12	896
33CP	74,54	1104
R2D2	2,00	1110
RMS	2,08	961

(a) Descubra o total gasto em cada item durante o ano. Qual é o investimento total para todos esses itens?
(b) Encontre a percentagem do investimento total do estoque que é gasto em cada item.
(c) Com base nas percentagens da parte (b), quais item(s) seriam classificados nas categorias A, B e C usando a análise ABC?
(d) Quais itens Ralph deve controlar com mais cuidado usando técnicas quantitativas?

6-38 A demanda para churrasqueiras tem sido muito grande nos últimos anos; a Home Supplies geralmente faz um pedido para novas churrasqueiras cinco vezes por ano. Estima-se que o custo do pedido seja de $60 por pedido. O custo do manuseio é de $10 por churrasqueira por ano. Além disso, a Home Supplies estimou o custo da falta de estoque em $50 por unidade. O PRP é de 650 unidades. Embora a demanda anual seja alta, ela varia consideravelmente. A demanda durante o prazo de entrega é apresentada na tabela a seguir:

Demanda durante o prazo de entrega	Probabilidade
600	0,30
650	0,20
700	0,10
750	0,10
800	0,05
850	0,05
900	0,05
950	0,05
1000	0,05
1050	0,03
1100	0,02
	Total 1,00

O prazo de entrega é de 12 dias úteis. Qual é o estoque de segurança que a Home Supplies deve manter?

6-39 A Dillard Travey recebe 5000 tripés anualmente da Quality Suppliers para satisfazer sua demanda anual. A Dillard administra um grande ponto de revenda de material fotográfico e os tripés são usados principalmente com câmeras 35-mm. O custo do pedido é de $15 por pedido e o custo do manuseio é de 50 centavos por unidade por ano. A Quality está oferecendo uma nova opção para seus clientes. Quando

um pedido for feito, a empresa enviará um terço do pedido a cada semana por três semanas em vez de enviar todo o pedido de uma só vez. A demanda semanal durante o prazo de entrega é de 100 tripés.
(a) Qual é a quantidade do pedido se a Dillard recebe todo o pedido em uma única vez?
(b) Qual é a quantidade do pedido se a Dillard tem o pedido fracionado em três semanas usando a nova opção da Quality Suppliers? Para simplificar seus cálculos, assuma que o estoque médio seja igual à metade do nível máximo de estoque para a nova opção da Quality.
(c) Calcule o custo total para cada opção. O que você recomenda?

6-40 Linda Lechner foi duramente criticada por sua política de estoque (veja o Problema 6-36). Sue Surrowski, sua chefe, acredita que o nível de serviço deva ser de 95 ou 98%. Calcule o estoque de segurança para os níveis de serviço de 95 e 98%. Linda sabe que o custo de manuseio do BX-5 é 50 centavos por unidade por ano. Calcule o custo do manuseio associado aos níveis de serviço de 90, 95 e 98%.

6-41 A Quality Suppliers decidiu aumentar suas opções de envio (veja o Problema 6-39 para detalhes). Agora, a empresa oferece o envio da quantidade pedida fracionada em cinco carregamentos, um a cada semana. Levará cinco semanas para todo o pedido ser recebido. Qual é a quantidade pedida e o custo total para essa nova opção de envio?

6-42 A Xemex coletou os seguintes dados de estoque para os seis itens que armazena:

Código do item	Custo unitário ($)	Demanda anual (unidades)	Custo do pedido ($)	Custo do manuseio como percentagem do custo unitário
1	10,60	600	40	20
2	11,00	450	30	25
3	2,25	500	50	15
4	150,00	560	40	15
5	4,00	540	35	16
6	4,10	490	40	17

Lynn Robinson, gerente de estoque da Xemex, não acredita que todos os itens devam ser controlados. Qual quantidade de pedido você recomenda e para quais produto(s) do estoque?

6-43 A Produtos Georgia oferece a seguinte tabela de descontos nas suas placas de compensado de boa qualidade:

Pedido	Custo da unidade ($)
9 placas ou menos	18,00
10 a 50 placas	17,50
Mais de 50 placas	17,25

A Empresa Home Sweet Home faz pedidos de compensado para a Georgia. A Home Sweet Home tem um custo de pedido de $45. O custo do manuseio é de 20% e a demanda anual é de 100 placas. O que você recomenda?

6-44 A Sunbright Citrus produz suco de laranja, suco de toranja e outros itens cítricos relacionados. A empresa obtém concentrado de fruta de uma cooperativa de Orlando que consiste em aproximadamente 50 plantadores de cítricos. A cooperativa vende um mínimo de 100 latas de concentrado de fruta para processadores de cítricos como a Sunbright. O custo por lata é de $9,90.

No ano passado, a cooperativa desenvolveu um programa de incentivo para estimular os seus inúmeros consumidores a comprar em maiores quantidades. Ele funciona desta maneira: se 200 latas de concentrado são adquiridas, o comprador recebe 10 latas grátis. Além disso, os nomes das empresas que compram o concentrado são incluídos em um sorteio de um computador. O computador tem um valor aproximado de $3000,00 e, atualmente, aproximadamente 1000 empresas estão concorrendo nesse sorteio. Já a cada 300 latas de concentrado, a cooperativa fornecerá 30 latas grátis e colocará o nome da empresa no sorteio do computador. Quando a quantidade sobe para 400 latas de concentrado, 40 latas grátis de concentrado serão enviadas junto com o pedido. Além disso, a empresa participará do sorteio do computador e de uma viagem grátis para duas pessoas. O valor da viagem é de aproximadamente $5000,00. Espera-se que cerca de 800 empresas participem do sorteio da viagem.

A Sunbright estima que sua demanda anual para o concentrado de fruta seja de 1000 latas. Além disso, o custo do pedido é estimado em $10, enquanto que o custo do manuseio é estimado em 10% ou aproximadamente $1 por unidade. A empresa está intrigada com o plano do bônus de incentivo. Se a empresa decidir manter a viagem ou o computador, caso ganhe, o que deve fazer?

6-45 George Grim era professor de contabilidade de uma universidade estadual. Alguns anos atrás, ele começou a desenvolver seminários e programas para um curso de revisão para CPA (Certified Public Accountant – Auditor Independente), que ajuda alunos de contabilidade e outros interessados a passar no exame para ser um CPA. A fim de desenvolver um seminário eficaz, George escreveu alguns livros e outros materiais relacionados como auxílio. O produto principal era o manual de revisão para o CPA desenvolvido por George. O manual foi um sucesso instantâneo para os seus seminários e outros seminários e cursos por todo o país. Hoje, George gasta a maior parte do seu tempo aperfeiçoando e distribuindo esse manual de revisão para CPA. O preço do manual é $45,95. O custo total de George para manufaturar e produzir é $32,90. George quer evitar a falta de estoque ou o desenvolvimento de uma política de falta de estoque ineficaz. Se o manual de revisão para CPA estiver em falta, George perde o lucro da venda do manual.

George determinou, com base em experiências passadas, que o ponto de refazer o pedido de seu impresso é de 400 unidades sem um estoque de segurança. George precisa saber quanto estoque de segurança ele deve ter como estoque regulador. Em média, George faz um pedido por ano para o manual. A frequência da demanda para o manual durante o prazo de entrega é:

Demanda	Frequência	Demanda	Frequência
300	1	600	4
350	2	650	4
400	2	700	3
450	3	750	2
500	4	800	2
550	5		

George estima que seu custo do manuseio por unidade por ano seja $7. Qual nível de estoque de segurança George deve manter para minimizar os custos totais do estoque?

6-46 John Lindsay vende discos que contêm 25 pacotes de programas que realizam uma variedade de funções financeiras, incluindo valor atual líquido, taxa interna de retorno e outros programas financeiros muito usados por estudantes de administração. Dependendo da quantidade pedida, John oferece os descontos no preço da próxima tabela. A demanda anual é de 2000 unidades. Seu custo de configuração para produzir os discos é de $250,00. Ele estima que o custo de estocagem seja 10% do preço ou aproximadamente $1 por unidade por ano.

Faixas de preços	Quantidade do pedido		
	De	Para	Preço
	1	500	$1000
	501	1000	9,95
	1001	1500	9,90
	1500	2000	9,85

(a) Qual é o número ótimo de discos para produzir em uma só vez?
(b) Qual é o impacto da tabela de preço por quantidade a seguir na quantidade ótima do pedido?

Faixas de preços	Quantidade do pedido		
	De	Para	Preço
	1	500	$1000
	501	1000	9,99
	1001	1500	9,98
	1501	2000	9,97

6-47 Teresa Granger é gerente da Chicago Cheese, que produz pasta de queijo e outros produtos relacionados ao queijo. O E-Z Spread Cheese é um produto que sempre foi popular. A probabilidade de vendas, em caixas, é:

Demanda (caixas)	Probabilidade
10	0,2
11	0,3
12	0,2
13	0,2
14	0,1

Uma caixa de E-Z Spread Cheese é vendida por $100 e tem um custo de $75. Todo queijo que não for vendido até o final da semana é vendido para um processador de alimentos local por $50. Teresa nunca vende queijo que tenha mais do que uma semana. Use a análise marginal para determinar quantas caixas de E-Z Spread Cheese produzir a cada semana para maximizar o lucro médio.

6-48 A loja de ferragens do Harry faz vendas rápidas durante o ano. Durante a época do Natal, ela vende árvores de Natal com um lucro significativo. Infelizmente, todas as árvores não vendidas no final da estação perdem o valor. Assim, o número de árvores armazenadas para uma dada estação é uma decisão muito importante. A tabela a seguir revela a demanda por árvores de Natal:

Demanda por árvores de Natal	Probabilidade
50	0,05
75	0,10
100	0,20
125	0,30
150	0,20
175	0,10
200	0,05

Harry vende as árvores por $80 cada, mas seu custo é de somente $20.
(a) Use a análise marginal para determinar quantas árvores Harry deve armazenar na sua loja de ferragens.
(b) Se o custo aumentar para $35 por árvore e Harry continuar vendendo as árvores por $80 cada, quantas árvores Harry deve armazenar?
(c) Harry está pensando em aumentar o preço para $100 por árvore. Assuma que o preço por árvore seja de $20. Com o novo preço, a probabilidade esperada para a venda de 50, 75, 100 ou 125 árvores será de 0,25. Harry não espera vender mais do que 125 árvores com esse aumento do preço. O que você recomenda?

6-49 Além de vender árvores durante o período do Natal, a loja de ferragens do Harry vende itens comuns de ferragens (veja o Problema 6-48). Um dos itens mais populares é a Great Glue HH, uma cola exclusiva da loja do Harry. O preço de venda é de $4 por frasco, mas, infelizmente, a cola fica dura e inutilizável após um mês. O custo da cola é $1,20. Em meses passados, a média das vendas foi de 60 unidades e o desvio padrão, 7. Quantos frascos de cola Harry deve armazenar? Assuma que as vendas seguem uma distribuição normal.

6-50 A perda marginal da Washington Reds, uma marca de maçãs do estado de Washington, é de $35 por caixa. O lucro marginal é de %15 por caixa. Durante o ano passado, a média das vendas de caixas da Washington Reds foi 45000 caixas e o desvio padrão, 4450. Quantas caixas de Washington Reds devem ir para o mercado? Assuma que as vendas seguem uma distribuição normal.

6-51 Linda Stayon é gerente de produção na Plano Produce – uma pequena empresa localizada próximo a Plano, Illinois – há mais de oito anos. Um produto produzido pela Plano são os tomates, vendidos em caixas e com uma venda média diária de 400 caixas. As vendas diárias são normalmente distribuídas. Além disso, em 85% do tempo as vendas estão entre 350 a 450 caixas. Cada caixa custa $10 e é vendida por $15. Todas as caixas não vendidas são descartadas.
(a) Usando a informação fornecida, estime o desvio padrão das vendas.
(b) Usando o desvio padrão da parte (a), determine quantas caixas de tomates Linda deve estocar.

6-52 Paula Shoemaker produz um relatório semanal do mercado de ações para um público leitor exlusivo. Ela normalmente vende 3000 relatórios por semana e em 70% do tempo suas vendas variam de 2900 a 3100. O custo de produção do relatório é $15, mas Paula consegue vendê-los por $350 cada. É claro, todos os relatórios não vendidos até o final da semana perdem o valor. Quantos relatórios Paula deve produzir a cada semana?

6-53 A Utensílios Emarpy produz todos os tipos de eletrodomésticos. Richard Feehan, presidente da Emarpy, está preocupado com a política de produção para a geladeira mais vendida da empresa. A demanda tem sido relativamente constante, de aproximadamente 8000 unidades anuais. A capacidade de produção para esse produto é de 200 unidades diárias. Cada vez que a produção começa, custa à empresa $120 para mover materiais, recompor a linha de montagem e limpar os equipamentos. O custo da estocagem de uma geladeira é de $50 por ano. O plano de produção atual determina a produção de 400 geladeiras em cada etapa da produção. Assuma que o ano tenha 250 dias úteis.
(a) Qual é a demanda diária para esse produto?
(b) Se a empresa produz 400 unidades cada vez que a produção começa, por quantos dias a produção continuaria?
(c) Com a política atual, quantas etapas da produção por ano seriam necessárias? Qual seria o custo anual de preparação?
(d) Se a política atual for mantida, quantas geladeiras estarão no estoque quando a produção parar? Qual será o nível médio do estoque?
(e) Se a empresa produzir 400 geladeiras de uma só vez, qual será o custo total anual de configuração e armazenamento?

6-54 Considere a situação da Utensílios Emarpy vista no Problema 6-53. Se Richard Feehan quiser minimizar o custo total anual do estoque, quantas geladeiras devem ser produzidas em cada etapa de produção? Quanto isso economizaria, em custos de estoque, para a empresa comparada à política atual de produzir 400 em cada etapa da produção?

6-55 Este capítulo apresenta uma estrutura de árvore de material para o item A na Figura 6-13. Assuma que agora é necessária 1 unidade do item B para fazer cada unidade do item A. Que impacto isso tem na árvore da estrutura do material e a quantidade de itens de D e E necessária?

6-56 Com a informação do Problema 6-55, desenvolva um plano das necessidades de material bruto para 50 unidades do item A.

6-57 Usando os dados das Figuras 6.13-6.15, desenvolva um plano das necessidades de material líquido para 50 unidades do item A.

6-58 A demanda para o produto S é de 100 unidades. Cada unidade de S requer 1 unidade de T e ½ unidade de U. Cada unidade de T requer 1 unidade de V, 2 unidades de W e 1 unidade de X. Finalmente, cada unidade de U requer ½ unidade de Y e 3 unidades de Z. Todos os itens são manufaturados pela mesma empresa. Leva duas semanas para fazer S, uma semana para fazer T, duas semanas para fazer U, duas semanas para fazer V, três semanas para fazer W, uma semana para fazer X, duas semanas para fazer Y e uma semana para fazer Z.
(a) Construa uma estrutura de árvore de material e um plano das necessidades do material para os itens dependentes do estoque.
(b) Identifique todos os níveis, pais e componentes.
(c) Construa um plano das necessidades de material líquido usando os seguintes dados disponíveis do estoque:

Item	S	T	U	V	W	X	Y	X
Estoque disponível	20	20	10	30	30	25	15	10

6-59 A Webster Manufacturing Company produz um tipo popular de carrinho de servir. Esse produto, o SL72, é feito das seguintes peças: 1 unidade da peça A, 1 unidade da peça peça B e 1 unidade do subcomponente C. Cada subcomponente C é feito de 2 unidades da peça D, 4 unidades da peça E e 2 unidades da peça F. Desenvolva uma estrutura de árvore do material para o produto.

6-60 O prazo de entrega para cada uma das peças do SL72 (Problema 6-59) é de uma semana, com exceção da peça B que tem um prazo de entrega de duas semanas. Desenvolva um plano das necessidades de material líquido para um pedido de 800 SL72. Assuma que atualmente não existem peças em estoque.

6-61 Releia o Problema 6-60. Desenvolva um plano das necessidades de material líquido assumindo que atualmente há 150 unidades da peça A, 40 unidades da peça B, 50 unidades do subcomponente C e 100 unidades da peça F em estoque.

PROBLEMAS EXTRAS NA INTERNET

Veja em **www.bookman.com.br** os problemas adicionais 6-62 a 6-69 (em inglês).

ESTUDO DE CASO

Empresa de bicicletas Martin-Pullin

A MPBC (Martin-Pullin Bicycle Corp.), localizada em Dallas, é uma distribuidora atacadista de bicicletas e peças de bicicletas. Formada em 1981 pelos primos Ray Martin e Jim Pullin, seus principais pontos de venda a varejo estão localizados em um raio de 400 milhas do centro de distribuição. Essas lojas recebem o pedido da Martin Pullin dois dias após a notificação ao centro de distribuição, desde que o estoque esteja disponível. Entretanto, se o pedido não for atendido pela empresa, nenhum pedido posterior é feito; os varejistas procuram outro distribuidor e a MPBC perde aquele negócio.

A empresa distribui uma grande variedade de bicicletas. O modelo mais popular e a maior fonte de receita da empresa é o AirWing. A MPBC recebe todos os modelos de um único fabricante do exterior e a entrega leva quatro semanas a partir do momento em que o pedido é feito. Com o custo da comunicação, do trabalho administrativo e do desembaraço alfandegário incluído, a MPBC estima um custo de $65 cada vez que um pedido é feito. O preço de compra pago pela MPBC por bicicleta é, grosso modo, 60% do preço de venda sugerido para todos os estilos disponíveis, e o custo de manuseio é de 1% por mês (12% por ano) do preço de compra pago pela MPBC. O preço de venda (pago pelos consumidores) pela AirWing é de $170 por bicicleta.

A MPBC está interessada em fazer um plano de estoque para 2008. A empresa quer manter o nível do serviço em 95% com seus clientes para minimizar as perdas com o atraso de pedidos perdidos. Os dados coletados nos dois últimos anos estão resumidos na tabela a seguir. Uma previsão das vendas do modelo AirWing para o ano de 2008 foi desenvolvida e será usada para fazer um plano de estoque para a MPBC.

Demandas para Modelo AirWing

Mês	2006	2007	Previsão para 2008
Janeiro	6	7	8
Fevereiro	12	14	15
Março	24	27	31
Abril	46	53	59
Maio	75	86	97
Junho	47	54	60
Julho	30	34	39
Agosto	18	21	24
Setembro	13	15	16
Outubro	12	13	15
Novembro	22	25	28
Dezembro	38	42	47
Total	343	391	439

Questões para discussão

1. Desenvolva um plano de estoque para ajudar a MPBC.
2. Discuta os PRPs e os custos totais.
3. Como é possível identificar a demanda que não está no horizonte de planejamento?

Fonte: Professor Kala Chand Seal, Loyola Marymount University.

ESTUDOS DE CASO NA INTERNET

Veja em **www.bookman.com.br** os estudos de caso adicionais (em inglês).

BIBLIOGRAFIA

ANDERSON, Eric T., FITZSIMONS, Gavan J., SIMESTER, Duncan. Measuring and Mitigating the Costs of Stockouts. *Management Science*, v. 52, n. 11, November 2006, p. 1751-63.

ANDERSSON, Jonas, MARKLUND, Johan. Decentralized Inventory Control in a Two-Level Distribution System. *European Journal of Operational Research*, v. 127, n. 3, 2000, p. 483-506.

BRADLEY, James R., CONWAY, Richard W. Managing Cyclic Inventories, *Production and Operations Management*, v.12, n.4, Winter 2003, p. 464-79.

BROWN, Alexander O., LEE, Hau L., PETRAKIAN, Raja. Xilinx Improves Its Semiconductor Supply Chain Using Product and Process Postponement, *Interfaces*, v. 30, n. 4, July-August 2000, p. 65-80.

CHAN, Lap Mui Ann, SIMCHI-LEVI, David, SWANN, Julie. Pricing, Production, and Inventory Policies for Manufacturing with Stochastic Demand and Discretionary Sales, *Manufacturing & Service Operations Management*, v. 8, n. 2, Spring 2006, p. 149-68.

CHEN, Fangruo. Sales-Force Incentives and Inventory Management, *Manufacturing and Service Operations Management*, v. 2, n. 2, 2000, p. 186-202.

CHICKERING, David Maxwell, HECKERMAN, David. Targeted Advertising on the Web with Inventory Management, *Interfaces*, v. 33, n. 5, September-October 2003, p. 71-7.

CHOPRA, Sunil, REINHARDT, Gilles, DADA, Maqbool. The Effect of Lead Time Uncertainty on Safety Stocks, *Decision Sciences*, v.35, n. 1, Winter 2004, p. 1-24.

DESAI, Preyas S., KOENIGSBERG, Oded. The Role of Production Lead Time and Demand Uncertainty in Marketing Durable Goods, *Management Science*, v.53, n. 1, January 2007, p. 150-58.

HILL, Roger M. On Optimal Two-Stage Lot Sizing and Inventory Batching Policies, *International Journal of Production Economics*. v. 66, n. 2, 2000, p. 149-58.

JAYARAMAN, Vaidyanathan, BURNETT, Cindy, FRANK, Derek. Separating Inventory Flows in the Materials Management Department of Hancock Medical Center, *Interfaces*, v. 30, n. 4, July-August 2000, p. 56-64.

KAPUSCINSKI, Roman, ZHANG, Rachel Q., CARBONNEAU, Paul, MOORE, Robert, REEVES, Bill. Inventory Decisions in Dell's Supply Chain. *Interfaces*, v.34, n. 3, May-June 2004, p. 191-205.

KARABAKAL, Nejat, GUNAL, Ali, WITCHIE, Warren. Supply-Chain Analysis at Volkswagen of America, *Interfaces*, v. 30, n. 4, July-August, 2000, p. 46-55.

KÖK, A. Gürhan, SHANG, Kevin H. Inspection and Replenishment Policies for Systems with Inventory Record Inaccuracy, *Manufacturing & Service Operations Management*, v. 9, n. 2, Spring 2007, p.185-205.

RAMASESH, Ranga V., RACHMADUGU, Ram. Lot-Sizing Decision Under Limited-Time Price Reduction, *Decision Sciences*, v. 32, n. 1, Winter 2001, p. 125-43.

RAMDAS, Kamalini, SPEKMAN, Robert E. Chain or Shackles: Understanding What Drives Supply-Chain Performance, *Interfaces* v. 30, n. 4, July-August 2000, p. 3-21.

RUBIN, Paul A., BENTON, W. C. A Generalized Framework for Quantity Discount Pricing Schedules, *Decision Sciences*, v. 34, n. 1, Winter 2003, p. 173-88.

SHIN, Hojung, BENTON, W. C. Quantity Discount-Based Inventory Coordination: Effectiveness and Critical Environmental Factors, *Production and Operations Management*, v.13, n. 1, Spring 2004, p. 63-76.

APÊNDICE 6.1: CONTROLE DE ESTOQUE COM QM PARA WINDOWS

Diversos modelos de estoque foram apresentados neste capítulo. Cada modelo faz suposições diferentes e usa abordagens levemente distintas. O uso do QM para Windows é parecido para esses diferentes problemas de estoque. Como você pode ver no menu do estoque do QM para Windows, a maioria dos problemas de estoque discutidos neste capítulo podem ser solucionados usando o computador.

Para demonstrar o QM para Windows, começamos com o modelo básico do LE. A Sumco, empresa de manufatura discutida neste capítulo, tem uma demanda anual de 1000 unidades, um custo do pedido de $10 por unidade e um custo de manuseio de $0,50 por unidade por ano. Com esses dados, podemos usar o QM para Windows para determinar o lote econômico. Os resultados estão mostrados no Programa 6.4.

PROGRAMA 6.4
Resultados do QM para Windows para o modelo LE.

Parameter	Value		Parameter	Value
Demand rate(D)	1.000		Optimal order quantity (Q*)	63,2456
Setup/Ordering cost(S)	10		Maximum Inventory Level	63,2456
Holding cost(H)	,5		Average inventory	31,6228
Unit cost	0		Orders per period(year)	15,8114
			Annual Setup cost	158,1139
			Annual Holding cost	158,1139
			Unit costs (PD)	0
			Total Cost	316,2278

O problema do estoque da etapa de produção, que necessita da produção diária e da taxa da demanda além da demanda anual, do custo do pedido por pedido e do custo do manuseio por ano também foi apresentado neste capítulo. O exemplo do fabricante Brown é usado para mostrar como é possível fazer os cálculos manualmente. Podemos usar o QM para Windows nesses dados. O Programa 6.5 mostra os resultados.

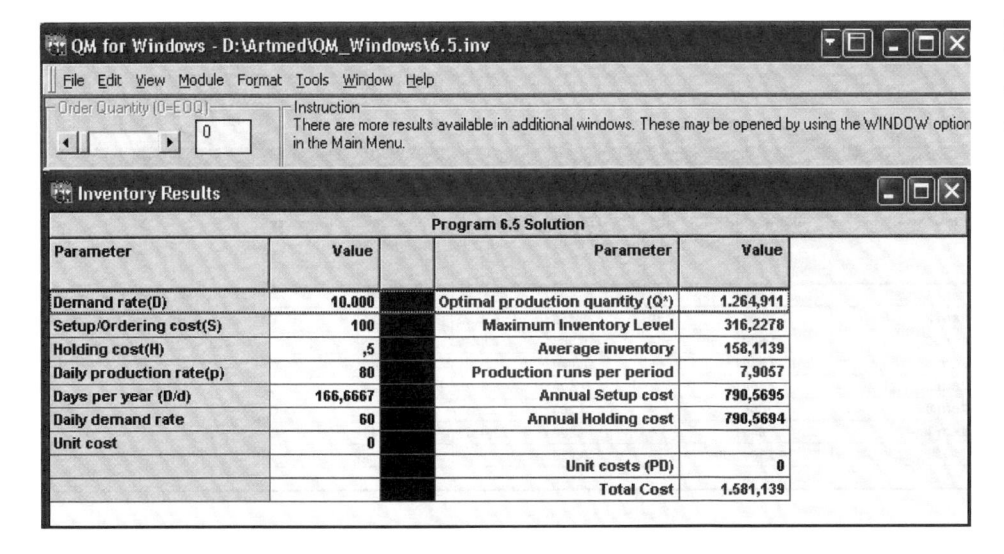

PROGRAMA 6.5
Resultados do QM para Windows para o modelo da etapa de produção.

Parameter	Value		Parameter	Value
Demand rate(D)	10.000		Optimal production quantity (Q*)	1.264,911
Setup/Ordering cost(S)	100		Maximum Inventory Level	316,2278
Holding cost(H)	,5		Average inventory	158,1139
Daily production rate(p)	80		Production runs per period	7,9057
Days per year (D/d)	166,6667		Annual Setup cost	790,5695
Daily demand rate	60		Annual Holding cost	790,5694
Unit cost	0			
			Unit costs (PD)	0
			Total Cost	1.581,139

O modelo do desconto por quantidade permite que o custo do material varie com a quantidade pedida. Nesse caso, o modelo deve considerar minimizar o material, custos do pedido e manuseio na análise de cada desconto do preço. O Programa 6.6 mostra como usar o QM para Windows para solucionar o modelo de desconto por quantidade discutido neste capítulo. Observe que a saída do programa mostra os dados de entrada, além dos resultados.

PROGRAMA 6.6
Resultados do QM para Windows para o modelo de desconto por quantidade.

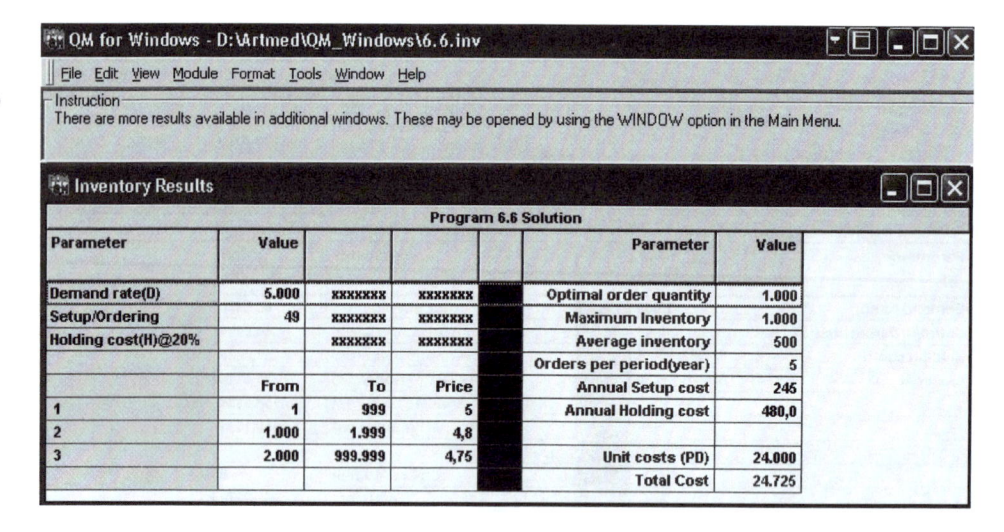

Parameter	Value			Parameter	Value
Demand rate(D)	5.000	xxxxxxx	xxxxxxx	Optimal order quantity	1.000
Setup/Ordering	49	xxxxxxx	xxxxxxx	Maximum Inventory	1.000
Holding cost(H)@20%		xxxxxxx	xxxxxxx	Average inventory	500
				Orders per period(year)	5
	From	To	Price	Annual Setup cost	245
1	1	999	5	Annual Holding cost	480,0
2	1.000	1.999	4,8		
3	2.000	999.999	4,75	Unit costs (PD)	24.000
				Total Cost	24.725

Quando uma empresa tem uma grande quantidade de itens no estoque, a análise ABC geralmente é usada. Como foi discutido neste capítulo, o volume total em unidades monetárias (dólar) de um item do estoque é uma maneira de determinar se técnicas de controle quantitativo devem ser usadas. A execução dos cálculos necessários é feita no Programa 6.7, que mostra como o QM para Windows pode ser usado para calcular o volume de moeda (dólar) e determinar se técnicas de controle de quantidade são justificadas para cada item do estoque com esse novo exemplo.

PROGRAMA 6.7
Resultados do QM para Windows para a análise ABC.

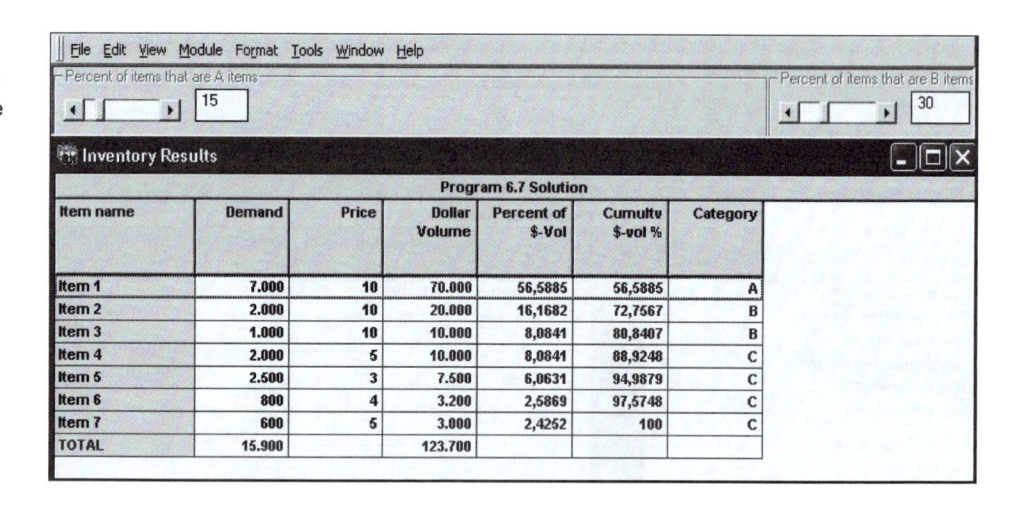

Percent of items that are A items: 15
Percent of items that are B items: 30

Item name	Demand	Price	Dollar Volume	Percent of $-Vol	Cumulty $-vol %	Category
Item 1	7.000	10	70.000	56,5885	56,5885	A
Item 2	2.000	10	20.000	16,1682	72,7567	B
Item 3	1.000	10	10.000	8,0841	80,8407	B
Item 4	2.000	5	10.000	8,0841	88,9248	C
Item 5	2.500	3	7.500	6,0631	94,9879	C
Item 6	800	4	3.200	2,5869	97,5748	C
Item 7	600	5	3.000	2,4252	100	C
TOTAL	15.900		123.700			

CAPÍTULO **7**

Modelos de Programação Linear: Métodos Gráficos e Computacionais

OBJETIVOS DE APRENDIZAGEM

Depois de ler este capítulo, os alunos serão capazes de:

1. Entender as suposições básicas e as propriedades da programação linear (PL)
2. Solucionar graficamente qualquer problema que tenha somente duas variáveis tanto pelo método do vértice quanto pelo da linha do mesmo lucro
3. Entender problemas especiais da PL, como não viáveis, sem limites, redundantes e com soluções de alternativas ótimas
4. Entender o papel da análise de sensibilidade
5. Utilizar a planilha Excel para resolver problemas de PL

VISÃO GERAL DO CAPÍTULO

7.1 Introdução
7.2 Requerimentos de um problema de programação linear
7.3 Formulando problemas de PL
7.4 Solução gráfica para um problema de PL
7.5 Solucionando o problema de PL da empresa de móveis Flair usando QM para Windows e o Excel
7.6 Solucionando problemas de minimização
7.7 Quatro casos especiais em PL
7.8 Análise de sensibilidade

Resumo • Glossário • Problemas resolvidos • Autoteste • Questões para discussão e problemas • Problemas extras na Internet • Estudo de caso: Mexicana Wire Works • Estudos de caso na Internet • Bibliografia

Apêndice 7.1: Instalando o suplemento Solver no Excel 2007

7.1 INTRODUÇÃO

Muitas decisões de gerenciamento envolvem usar de forma mais eficaz os recursos da organização. Os recursos envolvem, geralmente, maquinário, trabalho, dinheiro, tempo, espaço em depósito e matéria-prima. Esses recursos podem ser utilizados para fazer produtos (como máquinas, móveis, comida ou roupas) ou serviços (como programação de voos ou produção, políticas de propaganda ou decisões de investimento). A *programação linear* (PL) é uma técnica de modelagem amplamente utilizada projetada para auxiliar administradores no planejamento e na tomada de decisão relacionada à distribuição de recursos. Este e os próximos dois capítulos são dedicados a mostrar como e por que a programação linear funciona.

A programação linear é uma técnica que ajuda nas decisões de distribuição de recursos.

Apesar do nome, a PL e a categoria de técnicas mais gerais chamada de *programação "matemática"* tem pouco a ver com programação de computador. No mundo da ciência da administração, programação significa modelar e resolver um problema matematicamente. A programação de computadores teve, é claro, uma função importante no avanço e uso da PL. Resolver problemas reais de PL à mão ou com uma calculadora é muito enfadonho; ao longo dos capítulos dedicados à PL, damos exemplos de quão valioso um programa de computador pode ser na solução de um problema de PL.

7.2 REQUERIMENTOS DE UM PROBLEMA DE PROGRAMAÇÃO LINEAR

Nos últimos 50 anos, a PL tem sido muito empregada em problemas militares, industriais, financeiros, de marketing, de contabilidade e de agricultura. Embora as aplicações sejam diversas, os problemas de PL têm quatro propriedades em comum.

Primeira característica da PL: os problemas procuram maximizar ou minimizar um objetivo.

Todos os problemas procuram *maximizar* ou *minimizar* alguma quantidade, geralmente lucro ou custo. Referimo-nos a essa propriedade como a *função objetivo* de um problema de PL. O objetivo maior de um manufaturador típico é maximizar lucros em valor monetário. No caso do sistema de distribuição de caminhões ou estradas de ferros, o objetivo pode ser minimizar os custos de remessa. Em qualquer caso, esse objetivo deve ser expresso de forma clara e definido matematicamente. Não importa se os lucros e custos são mensurados em centavos, dólares ou milhões de dólares.

Segunda característica da PL: as restrições limitam o grau em que o objetivo pode ser alcançado.

A segunda característica que os problemas de PL têm em comum é a presença de limitações ou *restrições* que determinam o grau em que podemos perseguir nosso objetivo. Por exemplo, decidir quantas unidades de cada produto manufaturar em uma linha de produção de uma empresa é limitado pelos funcionários disponíveis e maquinário. A seleção de uma política de propaganda ou portfólio financeiro é limitada pelo montante de dinheiro disponível para ser gasto ou investido. Queremos, portanto, maximizar ou minimizar a quantidade (a função objetiva) sujeita a recursos limitados (as restrições).

Terceira característica da PL: alternativas devem estar disponíveis.

Cursos de ação alternativos devem estar disponíveis. Por exemplo, se a empresa produz três tipos diferentes de produtos, a gerência pode usar a PL para decidir como distribuir entre eles seus limitados recursos de produção (de pessoal, maquinário e assim por diante). Ela deve usar toda a capacidade de manufatura para fazer somente o primeiro produto, produzir quantidades iguais de cada produto ou distribuir recursos em outra proporção? Se não houvesse alternativas, não precisaríamos da PL.

Quarta característica da PL: os relacionamentos matemáticos são lineares.

O objetivo e as limitações nos problemas de PL devem ser expressos em termos de equações lineares ou desigualdades. Os relacionamentos matemáticos lineares apenas significam que todos os termos usados na função objetivo e as restrições são de primeira ordem (isto é, não estão ao quadrado, na terceira, ou em potências mais altas, e não aparecem mais de uma vez). Portanto, a equação $2A + 5B = 10$ é uma função linear aceitável, enquanto a equação $2A^2 + 5B^3 + 3AB = 10$ é não linear porque a variável A está ao quadrado e a variável B está ao cubo e as duas variáveis aparecem novamente como um produto de cada uma.

TABELA 7.1 Características e hipóteses da PL

Características dos programas lineares
1. Uma função objetivo
2. Uma ou mais restrições
3. Cursos alternativos de ação
4. Função objetivo e restrições são lineares

Hipóteses da PL
1. Exatidão
2. Proporcionalidade
3. Aditividade
4. Divisibilidade
5. Variáveis não negativas

O termo *desigualdade* aparecerá muitas vezes quando discutirmos problemas de PL. Desigualdade significa que nem todas as restrições precisam ser da forma $A + B = C$. Esse relacionamento específico, chamado de *equação*, implica que a junção do termo A mais o termo B é exatamente igual ao termo C. Na maioria dos problemas de PL, aparecem da forma de $A + B \leq C$ ou $A + B \geq C$. A primeiro delas significa que A mais B é menor ou igual a C. A segunda significa que A mais B é maior ou igual a C. Esse conceito fornece muita flexibilidade na definição das limitações do problema. Um resumo dessas características e hipóteses está na Tabela 7.1.

Uma desigualdade tem um sinal $\leq$ ou $\geq$.

Hipóteses básicas da PL

Tecnicamente, você deve conhecer cinco necessidades adicionais para um problema de PL.

Assumimos que existem condições de *exatidão*, isto é, os números no objetivo e nas restrições são conhecidos com certeza e não mudam durante o período que está sendo estudado.

Também assumimos que existe *proporcionalidade* no objetivo e nas restrições. Isso significa que se a produção de uma unidade do produto utiliza 3 horas de um recurso escasso específico, então produzir 10 unidades daquele produto utiliza 30 horas do recurso.

A terceira hipótese técnica trata da *aditividade*, significando que o total de todas as atividades é igual a soma das atividades individuais. Por exemplo, se um objetivo for maximizar lucro = $8 por unidade do primeiro produto feito mais $3 por unidade do segundo produto feito e se uma unidade de cada produto for realmente produzida, as contribuições ao lucro de $8 e $3 devem somar para produzir o resultado de $11.

As cinco necessidades técnicas são (1) exatidão, (2) proporcionalidade, (3) aditividade, (4) divisibilidade e (5) não negatividade.

HISTÓRIA — Como a programação linear começou

A programação linear foi desenvolvida de forma conceitual antes da Segunda Guerra Mundial pelo excelente matemático soviético A. N. Kolmogorov. Outro russo, Leonid Kantorovich, ganhou o prêmio Nobel em Economia por avanços nos conceitos de planejamento ótimo. Uma aplicação inicial da PL, feita por Stigler, em 1945, foi em uma área que hoje chamamos de "problemas da dieta".

No entanto, um progresso maior nesse campo ocorreu depois de 1947, quando George D. Dantzig desenvolveu um procedimento de resolução chamado *algoritmo simplex*. Dantzig, então um matemático da Força Aérea, foi designado para trabalhar em problemas logísticos. Ele notou que muitos problemas envolvendo recursos limitados e mais do que uma demanda poderiam ser configurados em termos de uma série de equações e desigualdades. Embora as primeiras aplicações da PL tenham sido militares em sua natureza, as aplicações industriais rapidamente surgiram, com o crescimento do uso de computadores nos negócios. Em 1984, N. Karmarkar desenvolveu um algoritmo que parece superior ao método simplex para muitas grandes aplicações.

A hipótese da *divisibilidade* indica que as soluções não precisam ser inteiras. Em vez disso, elas são divisíveis e podem assumir qualquer valor fracionário. Nos problemas de produção, geralmente definimos variáveis como o número de unidades produzidas por semana ou por mês, e um valor fracionário (por exemplo, 0,3 cadeiras) simplesmente significaria que existe trabalho em processo. Algo iniciado em uma semana pode ser concluído na próxima. Entretanto, em outros tipos de problema, valores fracionários não fazem sentido. Se uma fração de um produto não pode ser comprada (por exemplo, um terço de um submarino), existe um problema de programação inteira. A programação inteira é discutida em mais detalhes no Capítulo 11.

Finalmente, assumimos que todas as respostas ou variáveis sejam *não negativas*. Valores negativos de quantidades físicas são impossíveis; você simplesmente não pode produzir números negativos de cadeiras, camisas, lâmpadas ou de computadores.

7.3 FORMULANDO PROBLEMAS DE PL

Formular um programa linear envolve desenvolver um modelo matemático para representar o problema gerencial. Dessa forma, para formular um programa linear, é necessário entender o problema gerencial enfrentado. Uma vez entendido isso, podemos começar o desenvolvimento da declaração matemática do problema. As etapas na formulação de um programa linear são:

1. Entender completamente o problema gerencial que está sendo enfrentado.
2. Identificar o objetivo e as restrições.
3. Definir as variáveis de decisão.
4. Usar as variáveis de decisão para escrever expressões matemáticas para a função objetivo e as restrições.

Problemas de produto misto usam a PL para decidir quanto de cada produto fabricar dada uma série de restrições dos recursos.

Uma das aplicações mais comuns da PL é o *problema do produto misto*. Dois ou mais produtos são geralmente produzidos usando recursos limitados, como pessoal, máquinas, matéria-prima e assim por diante. O lucro que a empresa procura para maximizar é baseado na contribuição do lucro por unidade de cada produto. (A contribuição do lucro, como você deve lembrar, é apenas o preço de venda por unidade menos o custo variável por unidade[1].) A empresa quer determinar quantas unidades de cada produto ela deve produzir para maximizar o lucro geral dado seus recursos limitados. Um problema desse tipo é formulado no exemplo a seguir.

Empresa de móveis Flair

A empresa de móveis Flair produz mesas e cadeiras baratas. O processo de produção para cada um desses produtos é semelhante, pois ambos requerem certo número de horas de trabalho de carpintaria e determinado número de horas de trabalho de pintura e envernizamento. Cada mesa leva 4 horas de trabalho de carpintaria e 2 horas em pintura e envernizamento. Cada cadeira necessita de 3 horas de carpintaria e 1 hora em pintura e envernizamento. Durante o período de produção atual, 240 horas de trabalho de carpintaria estão disponíveis e 100 horas em pintura e envernizamento estão disponíveis. Cada mesa vendida rende um lucro de $70, cada cadeira produzida é vendida por um lucro de $50.

O problema da Flair é determinar a melhor combinação possível de mesas e cadeiras a serem produzidas de modo a alcançar o lucro máximo. A empresa deseja que essa situação de produção mista seja formulada como um problema de PL.

---

[1] Tecnicamente, maximizamos a margem da contribuição total, que é a diferença entre o preço de venda da unidade e custos que variam em relação à quantidade dos itens produzidos. Depreciação, despesas gerais fixas e propaganda são excluídas dos cálculos. O Problema 7-42 trata desses assuntos.

TABELA 7.2 Dados da empresa de móveis Flair

Departamento	Horas necessárias para produzir uma unidade		Horas disponíveis esta semana
	(T) Mesas	(C) Cadeiras	
Carpintaria	4	3	240
Pintura e verniz	2	1	100
Lucro por unidade	$70	$50	

Começamos resumindo a informação necessária para formular e resolver esse problema (veja a Tabela 7.2). Isso nos ajuda entender o problema enfrentado. A seguir, identificamos o objetivo e as restrições. O objetivo é:

Maximizar o lucro

As restrições são:

1. As horas de carpintaria não podem exceder a 240 horas por semana.
2. As horas da pintura e envernizamento não podem exceder a 100 horas por semana.

As variáveis de decisão que representam as decisões reais tomadas são definidas como:

T = número de mesas a ser produzido por semana

C = número de cadeiras a ser produzido por semana

Agora, criamos a função objetivo da PL em termos de T e C. A função objetivo é Maximizar o lucro = $70T + $50C.

Nosso próximo passo é desenvolver relacionamentos matemáticos para descrever as duas restrições desse problema. Um relacionamento geral é que a quantia de um recurso usado deve ser menor ou igual ($\leq$) à quantia do recurso *disponível*.

No caso do departamento de carpintaria, o total de horas usado é

(4 horas por mesa)(Número de mesas produzidas)
+ (3 horas por cadeira)(Número de cadeiras produzidas)

Assim, a primeira restrição pode ser expressa como:

Horas usadas na carpintaria $\leq$ Horas disponíveis de carpintaria

$4T + 3C \leq 240$ (horas de carpintaria)

As restrições de recursos limitam a quantidade de trabalho de carpintaria e pintura matematicamente.

Similarmente, a segunda restrição é:

Horas de pintura e envernizamento usadas $\leq$ Horas de pintura e envernizamento disponíveis

②$T + 1C \leq 100$ (horas de pintura e envernizamento)

(Isso significa que cada mesa produzida leva duas horas dos recursos de pintura e envernizamento.)

Ambas as restrições representam restrições na capacidade de produção e, é claro, afetam o lucro total. Por exemplo, a Flair não pode produzir 80 mesas durante o período de produção porque se $T = 80$, ambas as restrições serão violadas. Ela também não pode fazer $T = 50$ mesas e $C = 10$ cadeiras. Por quê? Porque isso violaria a segunda restrição de que não mais do que 100 horas de pintura e envernizamento estão disponíveis.

Para obter soluções significativas, os valores para T e C devem ser números não negativos. Isto é, todas as soluções possíveis devem representar mesas e cadeiras reais. Matematicamente, isso significa que

$$T \geq 0 \text{ (o número de mesas produzidas é maior ou igual a 0)}$$

$$C \geq 0 \text{ (o número de cadeiras produzidas é maior ou igual a 0)}$$

O problema completo pode ser reafirmado matematicamente como:

$$\text{Maximizar o lucro} = \$70T + \$50C$$

Eis um enunciado matemático completo do problema da PL.

Sujeito às restrições

$$4T + 3C \leq 240 \quad \text{(restrição da carpintaria)}$$
$$2T + 1C \leq 100 \quad \text{(restrição da pintura e envernizamento)}$$
$$T \geq 0 \quad \text{(primeira restrição não negativa)}$$
$$C \geq 0 \quad \text{(segunda restrição não negativa)}$$

Embora as restrições de não negatividade sejam tecnicamente restrições separadas, elas são geralmente escritas em uma única linha com as variáveis separadas por vírgulas. Nesse exemplo, isso seria escrito como:

$$T, C \geq 0$$

7.4 SOLUÇÃO GRÁFICA PARA UM PROBLEMA DE PL

A maneira mais fácil de solucionar um problema de PL como o da empresa de móveis Flair é com a abordagem da solução gráfica. O procedimento gráfico é útil somente quando existem duas variáveis de decisão (como o número de mesas a produzir, T, e o número de cadeiras a produzir, C) no problema. Quando existe mais do que duas variáveis, não é possível delinear a solução em um gráfico bidimensional e devemos utilizar abordagens mais complexas – o tópico do Capítulo 9. Porém, o método gráfico fornece uma compreensão clara de como outras abordagens funcionam. Por isso, vale a pena passar o resto deste capítulo explorando soluções gráficas como uma fundamentação intuitiva para os capítulos sobre programação matemática que vem a seguir.

O método gráfico funciona somente quando existem duas variáveis de decisão, mas ele fornece informação valiosa de como os problemas maiores são estruturados.

Representação gráfica das restrições

Para encontrar uma solução ótima para um problema de PL, devemos primeiro identificar um conjunto ou região de soluções viáveis. A primeira etapa é plotar cada uma das restrições do problema em um gráfico. A variável T (mesas) é plotada como o eixo horizontal do gráfico e a variável C (cadeiras), como o eixo vertical. As restrições não negativas significam que estamos sempre trabalhando no primeiro (ou nordeste) quadrante de um gráfico (veja a Figura 7.1).

As restrições não negativas significam que estamos sempre na área gráfica quando $T \geq 0$ e $C \geq 0$.

Para representar a primeira restrição graficamente, $4T + 3C \leq 240$, precisamos, em primeiro lugar, fazer um gráfico da porção da igualdade disso, que é:

$$4T + 3C = 240$$

Como você deve se lembrar da álgebra elementar, uma equação linear em duas variáveis é uma linha reta. A maneira mais fácil de traçar a linha é encontrar quaisquer dois pontos que satisfaçam a equação e, depois, traçar uma linha reta através deles.

Plotar a primeira restrição envolve encontrar pontos em que a linha intercepta os eixos T e C.

Os dois pontos mais fáceis de encontrar são, geralmente, os pontos em que a linha intercepta os eixos, nesse caso representados por T e C.

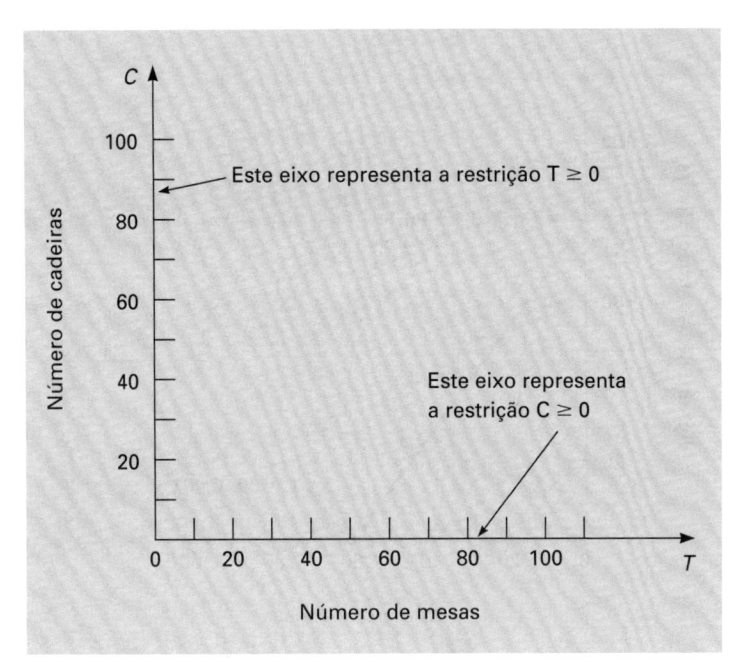

Capítulo 7 • Modelos de Programação Linear: Métodos Gráficos e Computacionais

FIGURA 7.1 Quadrante contendo todos os valores positivos.

Quando a Flair não produz mesas, ou seja, $T = 0$, isso implica que:

$$4(0) + 3C = 240$$

ou

$$3C = 240$$

ou

$$C = 80$$

Em outras palavras, se *todas* as horas de carpintaria disponíveis são usadas para produzir cadeiras, 80 cadeiras *poderiam* ser feitas. Assim, essa equação da restrição cruza o eixo vertical em 80.

Para encontrar o ponto em que a linha cruza o eixo horizontal, assumimos que a empresa não faz cadeiras, isto é, $C = 0$. Então

$$4T + 3(0) = 240$$

ou

$$4T = 240$$

ou

$$T = 60$$

Portanto, quando $C = 0$, vemos que $4T = 240$ e que $T = 60$.

A restrição da carpintaria está ilustrada na Figura 7.2. Ela está delimitada pela linha que vai de ponto $(T = 0, C = 80)$ a ponto $(T = 60, C = 0)$.

Lembre-se, entretanto, que a restrição de carpintaria real foi a *desigualdade* $4T + 3C \leq 240$. Como podemos identificar todos os pontos de solução que satisfaçam essa restrição? Constatou-se que existem três possibilidades. Primeiro, sabemos que qualquer ponto na linha

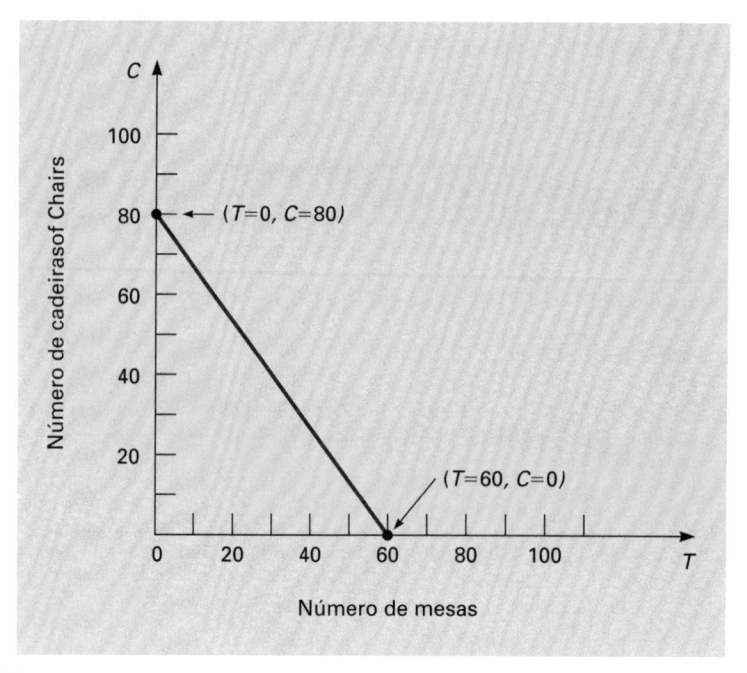

FIGURA 7.2 Gráfico da equação da restrição de carpintaria $4T + 3C = 240$.

$4T + 3C = 240$ satisfaz a restrição. Qualquer combinação de mesas e cadeiras na linha utilizará todas as 240 horas de carpintaria.[2] Vemos isso escolhendo um ponto como $T = 30$ mesas e $C = 40$ cadeiras (veja a Figura 7.3). Você deve ser capaz de ver como as exatas 240 horas do recurso de carpintaria são utilizadas.

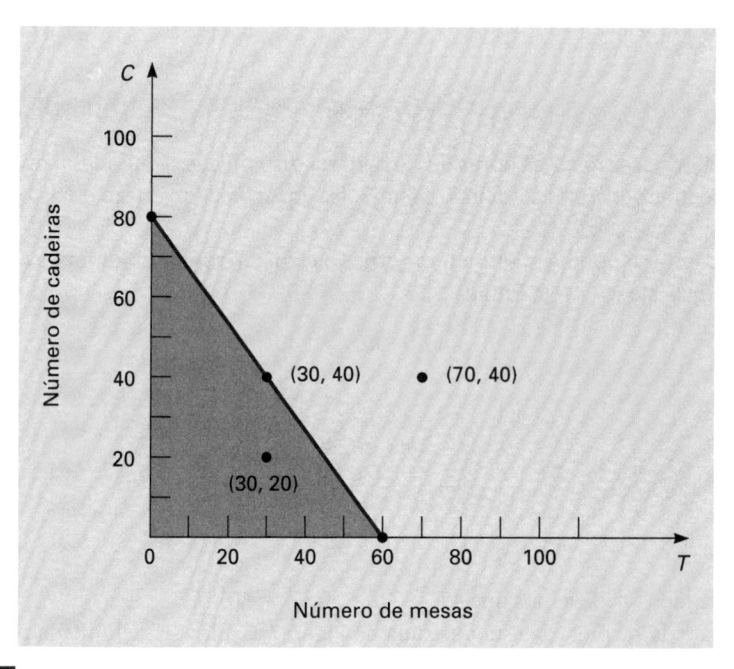

FIGURA 7.3 Região que satisfaz a restrição de carpintaria.

---

[2] Assim, o que fizemos foi plotar a equação da restrição na sua posição mais restritiva, isto é, usando todo o recurso de carpintaria.

A pergunta prática é: onde estão os pontos do problema que satisfazem $4T + 3C \leq 240$? Podemos responder essa pergunta verificando dois possíveis pontos de solução, digamos ($T = 30$, $C = 20$) e ($T = 70$, $C = 40$). Você vê na Figura 7.3 que o primeiro ponto está abaixo da linha da restrição e o segundo ponto está acima dela. Vamos examinar a primeira solução com mais atenção. Se substituirmos os valores (T, C) na restrição da carpintaria, o resultado é:

$$4(T = 30) + 3(C = 20) = (4)(30) + (3)(20) = 120 + 60 = 180$$

Visto que 180 é menor do que as 240 horas disponíveis, o ponto (30, 20) satisfaz a restrição. Para o segundo ponto da solução, seguimos o mesmo procedimento:

$$4(T = 70) + 3(C = 40) = (4)(70) + (3)(40) = 280 + 120 = = 400$$

Quatrocentos excede as horas de carpintaria disponíveis e, portanto, viola a restrição. Assim, sabemos que o ponto (70, 40) está em um nível de produção inaceitável. Na verdade, qualquer ponto *acima* da restrição viola aquela restrição (teste isso com alguns pontos). Qualquer ponto *abaixo* da linha não viola a restrição. Na Figura 7.3, a região sombreada representa todos os pontos que satisfazem a restrição de desigualdade original.

A seguir, vamos identificar a solução correspondente à segunda restrição, que limita o tempo disponível no departamento de pintura e envernizamento. A restrição foi dada como $2T + 1C \leq 100$. Como antes, começamos traçando a porção de igualdade dessa restrição, que é:

$$2T + 1C = 100$$

A linha de ($T = 0$, $C = 100$) para ($T = 50$, $C = 0$) na Figura 7.4 representa todas as combinações de mesas e cadeiras que utilizam as exatas 100 horas do departamento de pintura e envernizamento. Ela é construída de maneira semelhante à primeira restrição. Quando $T = 0$, então:

$$2(0) + 1C = 100$$

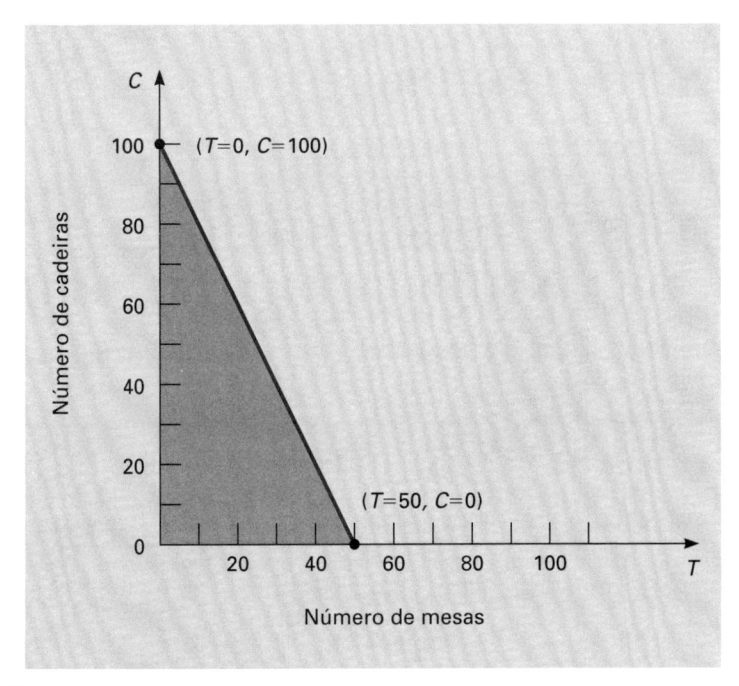

FIGURA 7.4 Região que satisfaz a restrição da pintura e envernizamento.

ou

$$C = 100$$

Quando $C = 0$, então,

$$2(T) + 1(0) = 100$$

ou

$$2(T) = 100$$

ou

$$T = 50$$

A restrição está limitada pela linha entre $(T = 0, C = 100)$ a $(T = 50, C = 0)$ e a área sombreada, novamente, contém todas as combinações possíveis que não excedem 100 horas. Assim, a área sombreada representa a desigualdade original $2T + 1C \leq 100$.

Agora que cada restrição individual foi traçada no gráfico, está na hora de passar para a próxima etapa. Sabemos que para produzir uma cadeira ou uma mesa, os departamentos de carpintaria e pintura e envernizamento devem ser usados. Em um problema de PL, precisamos encontrar um conjunto de pontos solução que satisfaça todas as restrições *simultaneamente*. Por conseguinte, as restrições devem ser traçadas novamente no gráfico (ou sobrepostas uma sobre a outra). Isso está mostrado na Figura 7.5.

A região sombreada agora representa a área das soluções que não excede qualquer das duas restrições da Flair. Ela é conhecida como *área das soluções viáveis* ou simplesmente *região viável*. A região viável em um problema de PL deve satisfazer todas as condições especificadas pelas restrições do problema e é a região onde todas as restrições se sobrepõem. Qualquer ponto na região seria uma *solução viável* para o problema da Flair; qualquer ponto fora da área sombreada representaria uma solução *não viável*. Portanto, seria viável manufaturar 30 mesas e 20 cadeiras ($T = 30, C = 20$) durante o período de produção porque ambas as restrições são observadas:

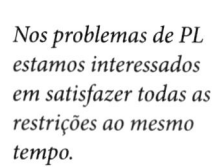

Nos problemas de PL estamos interessados em satisfazer todas as restrições ao mesmo tempo.

A região viável é a área da sobreposição das restrições que satisfaz todas as restrições nos recursos.

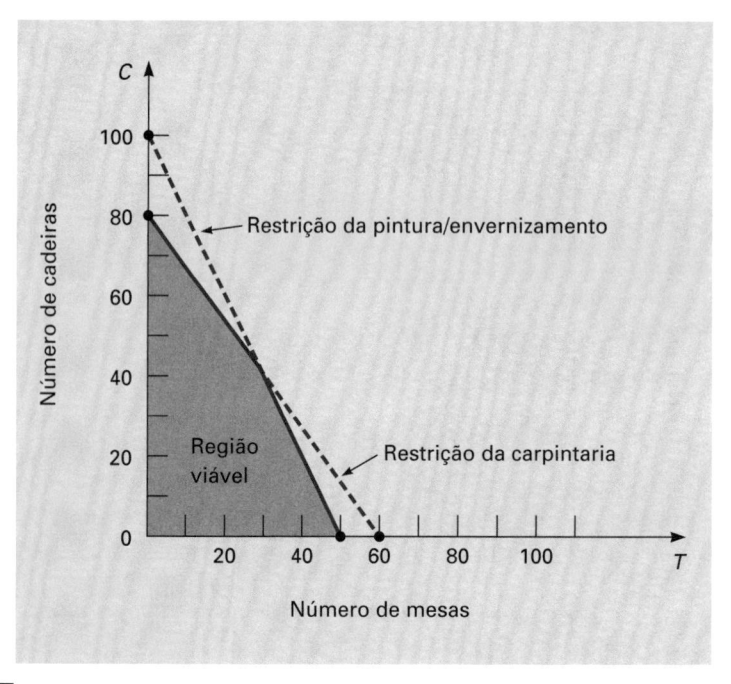

FIGURA 7.5 Região da solução viável para o problema da Flair.

Restrição da carpintaria $4T + 3C \leq 240$ horas disponíveis

$(4)(30) + (3)(20) = 180$ horas utilizadas ✓

Restrição da pintura $2T + 1C \leq 100$ horas disponíveis

$(2)(30) + (1)(20) = 80$ horas utilizadas ✓

Porém, produzir 70 mesas e 40 cadeiras violaria ambas as restrições, como podemos ver aqui, matematicamente:

Restrição da carpintaria $4T + 3C \leq 240$ horas disponíveis

$(4)(70) + (3)(40) = 400$ horas utilizadas ⊗

Restrição da pintura $2T + 1C \leq 100$ horas disponíveis

$(2)(70) + (1)(40) = 180$ horas disponíveis ⊗

Além disso, também não seria viável manufaturar 50 mesas e 5 cadeiras ($T = 50, C = 5$). Você consegue ver por quê?

Restrição da carpintaria $4T + 3C \leq 240$ horas disponíveis

$(4)(50) + (3)(5) = 215$ horas utilizadas ✓

Restrição da pintura $2T + 1C \leq 100$ horas disponíveis

$(2)(50) + (1)(5) = 105$ horas utilizadas ⊗

Essa solução possível está dentro das horas disponíveis da carpintaria, mas excede as horas disponíveis da pintura e envernizamento e, assim, está fora da região viável.

Método de solução da linha do mesmo lucro

Agora que a região viável foi traçada, podemos encontrar a solução ótima para o problema. A solução ótima é o ponto situado na região viável e que produz o lucro mais alto. Mas existem inúmeros pontos de soluções possíveis na região. Como podemos selecionar o melhor, o ponto que rende o lucro mais alto?

Existem algumas abordagens diferentes que podem ser tomadas na resolução da solução ótima quando a região viável foi estabelecida graficamente. A mais rápida de aplicar é denominada *método da linha do mesmo lucro*.

O método da linha do mesmo lucro é o primeiro método que introduzimos para encontrar a solução ótima.

Iniciamos a técnica deixando os lucros se igualarem a uma quantia arbitrária, mas pequena em unidades monetárias. Para o problema da empresa de móveis Flair, podemos escolher um lucro de $2100. Esse é um nível de lucro que pode ser atingido facilmente sem violar as duas restrições. A função objetivo pode ser escrita como $2100 = 70T + 50C$.

Essa expressão é apenas a equação da linha, que denominamos linha do mesmo lucro. Ela representa todas as combinações de (C, T) que irão gerar um lucro de $2100. Para representar graficamente, procedemos como fizemos para representar uma restrição. Primeiro fazemos $T = 0$ e determinamos o ponto que a linha cruza o eixo C:

$$\$2100 = 70(0) + 50C$$

$$C = 42 \text{ cadeiras}$$

Então, seja $C = 0$ e resolvendo para T:

$$\$2100 = 70T + 50(0)$$

$$T = 30 \text{ mesas}$$

Agora, podemos conectar esses dois pontos com uma linha reta. Essa linha do lucro está ilustrada na Figura 7.6. Todos os pontos na linha representam soluções viáveis que produzem um lucro de $2100.

Linhas de mesmo lucro envolvem o traçado de linhas paralelas.

| MODELAGEM NO MUNDO REAL | Estabelecendo a tabela de horários para a tripulação da American Airlines |

Definir o problema

A American Airlines (AA) emprega mais de 8300 pilotos e 16200 comissários de bordo para voar em mais de 5000 aeronaves. O custo total da tripulação excede $1,4 bilhão por ano, perdendo somente para o custo do combustível. Agendar a tripulação é um dos maiores e mais complexos problemas da AA. A FAA estabelece limitações de horas de trabalho para assegurar que os membros da tripulação possam desempenhar suas funções com segurança. Os acordos sindicais especificam que a tripulação será paga por um determinado número de horas diário ou por voo.

Desenvolver o modelo

O Grupo de Tecnologia da Decisão da American Airlines (grupo de consulta da AA) levou 15 anos de trabalho para desenvolver um modelo de PL chamado TRIP (um programa de reavaliação e aperfeiçoamento do voo). O modelo TRIP monta uma tabela de horários da tripulação que satisfaz ou excede a garantia de pagamento da tripulação no máximo permitido.

Obter os dados de entrada

Os dados e restrições são derivados de informações salariais, dos sindicatos e das regras da FAA que especificam o máximo de horas trabalhadas, horas noturnas, programação da companhia aérea e o tamanho dos aviões.

Desenvolver a solução

Custa aproximadamente 500 horas de um computador de grande porte (*mainframe*) por mês para desenvolver a tabela de horários da tripulação, preparada 40 dias antes do mês em questão.

Testar a solução

Os resultados do TRIP foram inicialmente comparados às tarefas da tripulação estabelecidas manualmente. Desde 1971, o modelo foi sendo aperfeiçoado com novas técnicas de PL, novas restrições e com hardware e software mais rápidos. Uma série de estudos "e se?" testou a habilidade do TRIP de alcançar soluções mais precisas e ótimas.

Analisar os resultados

A cada ano, o modelo de PL melhora a eficiência da AA e permite que a companhia aérea opere com uma tripulação proporcionalmente menor. Um sistema TRIP mais rápido agora possibilita a análise de sensibilidade da programação de trabalho na sua primeira semana.

Implementar os resultados

O modelo, completamente implantado, gera uma economia anual de mais de $20 milhões. A AA também vendeu o TRIP para outras 10 companhias aéreas e uma férrea.

Fonte: Baseado em ANBIL, R., et al. Recent Advances in Crew Pairing Optimization at American Airlines. *Interfaces* v. 21, n.1, January–February, 1991, p. 62–74.

Obviamente, a linha do mesmo lucro para $2100 não produz o lucro mais alto para a empresa. Na Figura 7.7, tentamos traçar mais duas linhas, cada uma gerando um lucro maior. A equação central, $2800 = \$70T + \$50C$, foi traçada da mesma maneira que a equação da linha mais baixa. Quando $T = 0$,

$$\$2800 = \$70(0) + \$50C$$

$$C = 56$$

Quando $C = 0$

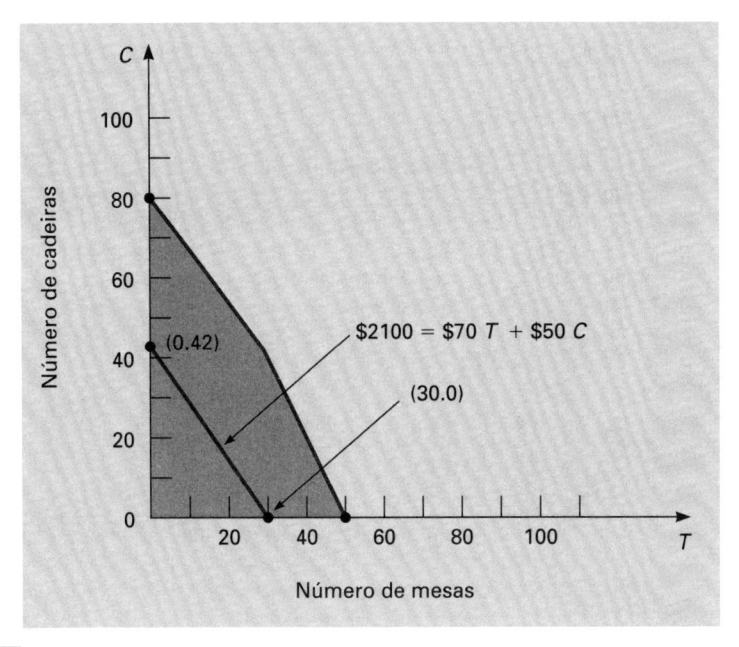

FIGURA 7.6 Linha do lucro de $2100 traçada para a empresa de móveis Flair.

$$\$ 2800 = \$70T + \$50(C)$$

$$T = 40$$

Novamente, qualquer combinação de mesas (T) e cadeiras (C) nessa linha do mesmo lucro produz um lucro total de $2800.

Observe que a terceira linha gera um lucro de $3500, mais do que um aperfeiçoamento. Quanto mais nos distanciamos do 0 (origem), mais alto nosso lucro será. Outro ponto importante é que essas linhas do mesmo lucro são paralelas. Agora temos duas pistas de como encontrar a solução ótima para o problema original. Podemos traçar uma série de linhas pa-

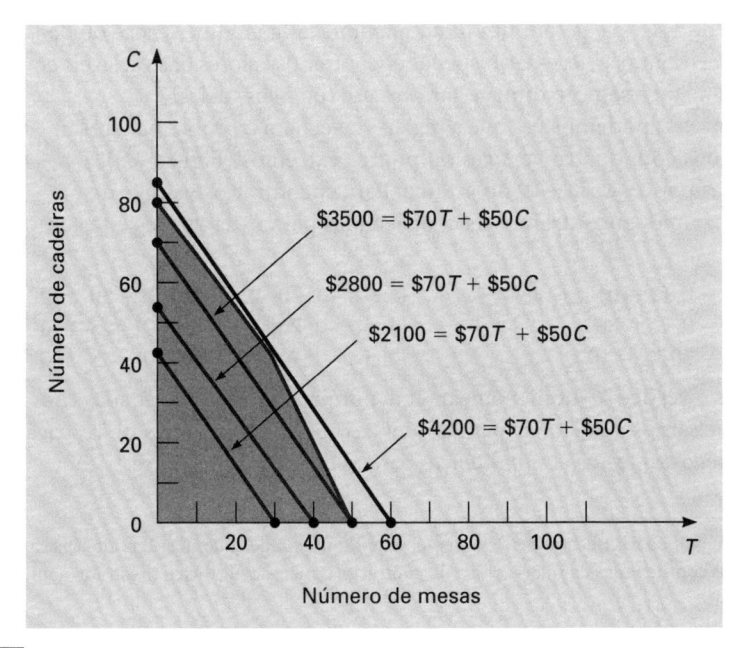

FIGURA 7.7 Quatro linhas do mesmo lucro traçadas para a empresa de móveis Flair.

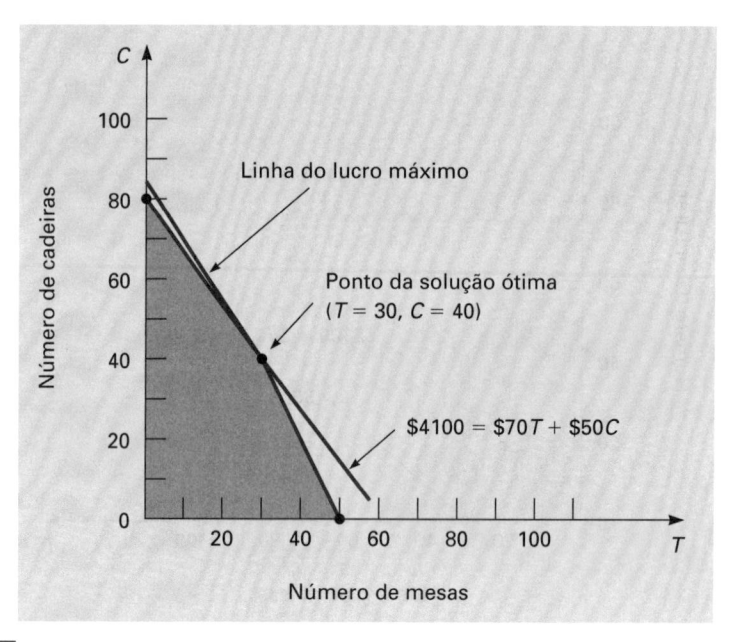

FIGURA 7.8 Solução ótima para o problema da Flair.

Traçamos uma série de linhas paralelas do mesmo lucro até encontrarmos a linha do mesmo lucro mais alta, isto é, aquela com a solução ótima.

ralelas (movendo cuidadosamente nossa régua em um plano paralelo em direção à primeira linha do lucro). A linha do maior lucro que ainda toca algum ponto da região viável aponta a solução ótima. Observe que a quarta linha ($4200) é muito alta para ser considerada.

A linha do mesmo lucro mais alta possível está ilustrada na Figura 7.8. Ela toca a ponta da região viável no vértice ($T = 30$, $C = 40$) e gera um lucro de $4100.

Método da solução pelo vértice

A teoria por trás da PL é que a solução ótima deve estar em um dos vértices da região viável.

Uma segunda abordagem para solucionar problemas de PL emprega o *método do vértice*. Essa técnica é conceitualmente mais simples do que a abordagem da linha do mesmo lucro, mas envolve a observação do lucro em cada vértice da região viável.

A teoria matemática por trás da PL afirma que uma solução para qualquer problema (isto é, os valores de T, C que geram um lucro máximo) está em um *vértice* ou *ponto extremo* da região viável. Portanto, é necessário apenas encontrar os valores das variáveis em cada vértice; o lucro máximo ou a solução ótima estará em um (ou mais) deles.

Mais uma vez, podemos ver que a região viável para o problema da Flair é um polígono de quatro lados com quatro vértices ou pontos extremos (Figura 7.9). Esses pontos estão representados por ①, ②, ③ e ④ no gráfico. Para encontrar os valores de (T, C) que produzem lucro máximo, encontramos as coordenadas para cada vértice e testamos seus níveis de lucro.

Testar os vértices ①, ② e ④ é fácil porque suas coordenadas T e C são rapidamente identificadas.

Ponto ①: ($T = 0, C = 0$)   Lucro = $70(0) + $50(0) = $0
Ponto ②: ($T = 0, C = 80$)   Lucro = $70(0) + $50(80) = $4000
Ponto ④: ($T = 50, C = 0$)   Lucro = $70(50) + $50(0) = $3500

Pulamos o vértice ③ momentaneamente porque, para encontrar suas coordenadas com precisão, precisamos solucionar para a intersecção das duas linhas de restrição.[3] Podemos aplicar o *método das equações simultâneas* para as duas equações de restrição:

Solucionar para o vértice ③ requer o uso de equações simultâneas, uma técnica algébrica.

---

[3] É claro, se um gráfico for traçado perfeitamente, você sempre pode encontrar o ponto ③ examinando cuidadosamente as coordenadas da intersecção. Do contrário, o método algébrico mostrado aqui fornece maior precisão.

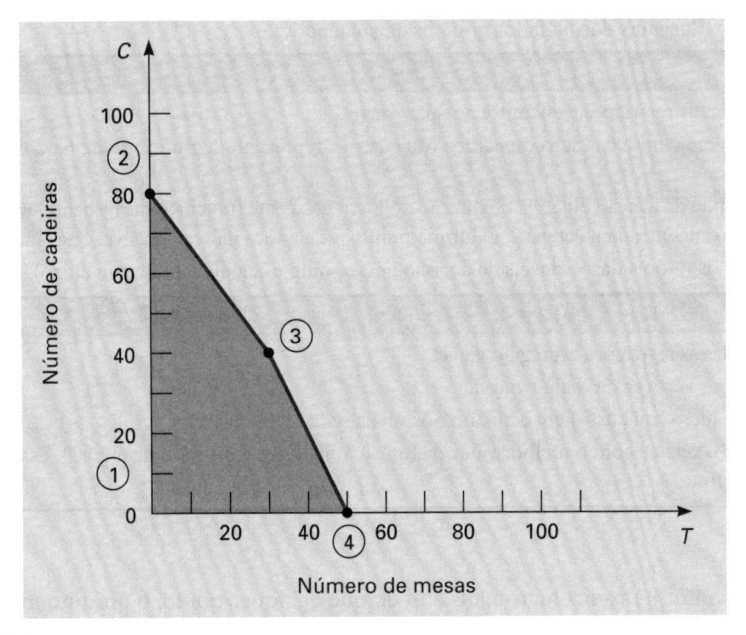

FIGURA 7.9 Pontos dos quatro vértices da região viável.

$$4T + 3C = 240 \quad \text{(linha da carpintaria)}$$
$$2T + 1C = 100 \quad \text{(linha da pintura)}$$

Para solucionar essas equações simultaneamente, multiplicamos a segunda equação por –2:

$$-2(2T + 1C = 100) = -4T - 2C = -200$$

e, então, adicionamos à primeira equação:

$$\begin{array}{r} +\ 4T + 3C = 240 \\ \hline +\ 1C = 40 \end{array}$$

ou

$$C = 40$$

Fazendo isso, foi possível eliminar uma variável, T, e solucionar para C. Agora podemos substituir 40 por C em qualquer uma das equações originais e solucionar por T. Vamos usar a primeira equação. Quando $C = 40$, então

$$4T + (3)(40) = 240$$
$$4T + 120 = 240$$

ou

$$4T = 120$$
$$T = 30$$

Assim, o ponto ③ tem as coordenadas ($T = 30$, $C = 40$); podemos calcular seu nível de lucro para completar a análise:

Ponto ③ ($T = 30$, $C = 40$) lucro = \$70(30) + \$50(40) = \$4100

TABELA 7.3 Resumos dos métodos gráficos de solução

Método das linhas do mesmo lucro

1. Trace todas as restrições e encontre a região viável.
2. Selecione uma linha de lucro específico (ou custo) e represente-a graficamente para encontrar a inclinação.
3. Mova a linha da função objetiva na direção do lucro crescente (ou custo decrescente) mantendo a inclinação encontrada na etapa 2. O último ponto que ela toca na região viável é a solução ótima.
4. Encontre os valores das variáveis de decisão nesse ponto e calcule o lucro (ou custo).

Método do vértice

1. Trace todas as restrições e a região viável.
2. Encontre os vértices da região viável.
3. Calcule o lucro (ou custo) em cada um dos vértices da região viável.
4. Selecione o vértice com o melhor valor da função objetivo encontrado na etapa 3. Essa é a solução ótima.

Visto que o ponto ③ produz lucro mais alto do que qualquer ponto, o produto misto de $T = 30$ mesas e $C = 40$ cadeiras é a solução ótima para o problema da Flair. Essa solução gera um lucro de \$4100 por período de produção, que é o resultado que obtemos usando o método da linha do mesmo lucro.

A Tabela 7.3 fornece um resumo dos dois métodos (linhas de mesmo lucro e do vértice). Qualquer um desses métodos pode ser usado quando existem somente duas variáveis de decisão. Se um problema tiver mais do que duas variáveis, devemos contar com um recurso computacional ou utilizar o algoritmo simplex que será discutido no Capítulo 9.

7.5 SOLUCIONANDO O PROBLEMA DE PL DA EMPRESA DE MÓVEIS FLAIR USANDO QM PARA WINDOWS E O EXCEL

Quase toda a organização tem acesso a programas de computador capazes de solucionar problemas complexos de PL. Embora cada programa de computador seja ligeiramente diferente, suas abordagens em relação ao manejo dos problemas de PL são basicamente as mesmas. O formato dos dados de entrada e o nível de detalhes fornecidos por resultados de entrada podem diferir de programa para programa e de computador para computador, mas, uma vez que você tenha a experiência no trato de algoritmos de PL computadorizados, pode facilmente se adaptar a pequenas mudanças.

Usando o QM para Windows

Vamos começar demonstrando o uso do QM para Windows no problema da empresa de móveis Flair. Para usar o QM para Windows, selecione o módulo de Programação Linear. Depois, especifique o número de restrições (outras que não sejam restrições de não negatividade, pois é suposto que as variáveis devam ser não negativas), o número de variáveis e se o objetivo é maximizar ou minimizar. Para o problema da Flair, existem duas restrições e duas variáveis. Uma vez que esses números são especificados, a janela de entrada abre como mostra o Programa 7.1 A. Então, você pode entrar com os coeficientes para a função objetiva e as restrições. Colocar o cursor sobre X_1 ou X_2 e digitar um novo nome como T e C mudará os nomes das variáveis. Os nomes das restrições podem ser modificados de maneira similar. O Programa 7.1B mostra a tela do QM para Windows após a entrada dos dados e antes do problema ser solucionado. Ao clicar na tecla Solve, você consegue a saída mostrada no Programa 7.1C. Modifique o programa clicando a tecla Edit e retorne à tela de entrada para fazer qualquer mudança desejada.

Uma vez solucionado o problema, um gráfico pode ser mostrado selecionando o menu Window e o item Graph. O Programa 7.1D mostra a saída com a solução gráfica. Observe que

PROGRAMA 7.1A

Janela de entrada de dados do QM para Windows, módulo de PL.

além do gráfico, os vértices e o problema original são também mostrados. Posteriormente, retornaremos ao assunto para informações adicionais sobre a análise de sensibilidade fornecida pelo QM para Windows.

Usando o procedimento Solver do Excel para solucionar problemas de PL

O Excel e outras planilhas oferecem para seus usuários a habilidade de analisar problemas de PL usando ferramentas adicionais de solução de problemas. O Excel usa uma ferramenta chamada Solver para encontrar as soluções de problemas relacionados a programação linear (que usamos nos Capítulos 7 a 9) e problemas de programação inteira e não inteira (tópico do Capítulo 11). O Excel QM não contém um módulo de PL porque o Solver é parte do programa básico do Excel. Suplementos para o Excel (como What's Best! do Sistemas Lindo) expandem as capacidades normais do Excel. Eles incrementam a velocidade e expandem as limitações do tamanho dos problemas do Solver.

Quais são as limitações do Solver na solução dos problemas de PL? O Solver depende de uma abordagem algorítmica para o conjunto de soluções ótimas, isto é, ele opera usando uma série de regras e cálculos para procurar por uma solução ótima aproximada. Ocasionalmente, o Solver pode requerer que o usuário ajuste as regras que utiliza. Além disso, o Solver pode ser sensível aos valores iniciais utilizados para procurar a solução final. Na prática, essas limitações raramente são encontradas.

O Solver está limitado a 200 células que podem mudar (variáveis) com cada uma aceitando de duas até 100 restrições adicionais. Essas capacidades tornam o Solver adequado para a solução de pequenos problemas reais.

Usando o Solver para solucionar o problema da Flair Como você deve lembrar, essa é a formulação para a Flair:

$$\text{Função Objetivo: Maximizar lucro} = \$70T + \$50C$$
$$\text{sujeito a} \quad 4T + 3C \leq 240$$
$$2T + 1C \leq 100$$

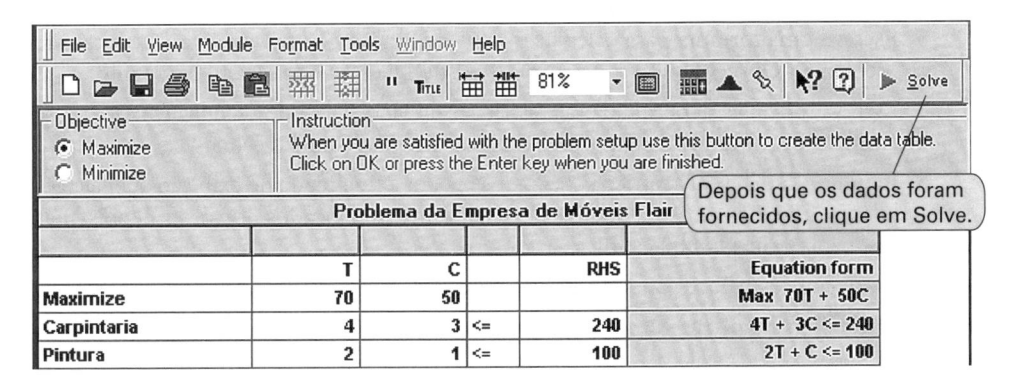

PROGRAMA 7.1B

Dados de entrada do QM para Windows para o problema da Flair.

PROGRAMA 7.1C
Dados de Saída do QM para Windows para o Problema do Móveis Flair.

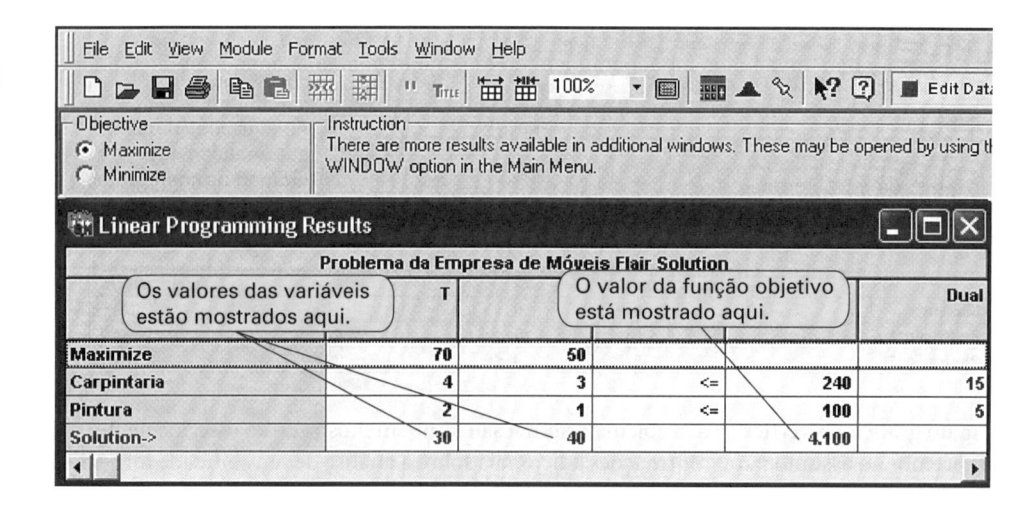

PROGRAMA 7.1D
Gráficos de saída do QM para Windows para o problema da Flair.

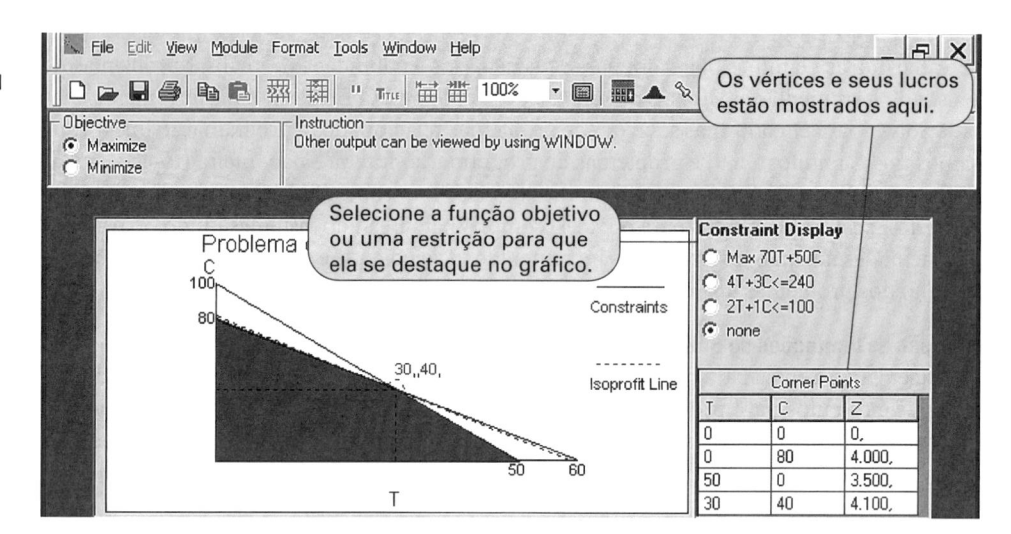

No uso da ferramenta Solver do Excel para solucionar problemas de programação linear, os problemas devem ser fornecidos como mostra o Programa 7.2A. A Coluna A na planilha é geralmente reservada para identificar o que está em cada linha. Os passos desse processo são:

1. Entre com os nomes das variáveis e os coeficientes para a função objetivo e as restrições como mostra o Programa 7.2A (células **B3:C6** no exemplo).
2. Especifique as células em que os valores das variáveis estarão localizados (células **B8:C8**, nesse caso). O Solver colocará a solução aqui.
3. Escreva uma fórmula para calcular o valor da função objetivo (célula **D4**, para esse problema). Observe que a função SOMARPRODUTO pode ser útil para tanto.
4. Escreva fórmulas para calcular as restrições do lado esquerdo (células **D5:D6**, nesse exemplo). A fórmula em **D4** pode ser copiada e colada nessas células.
5. Indique os sinais das restrições (≤, = e ≥) com a finalidade de exibição apenas (células (**E5:E6**, nesse caso). Os sinais reais devem ser colocados no Solver depois, mas sua exibição na planilha é útil.
6. Entre com os valores do lado direito para cada restrição (células **F5:F6**, para esse exemplo).

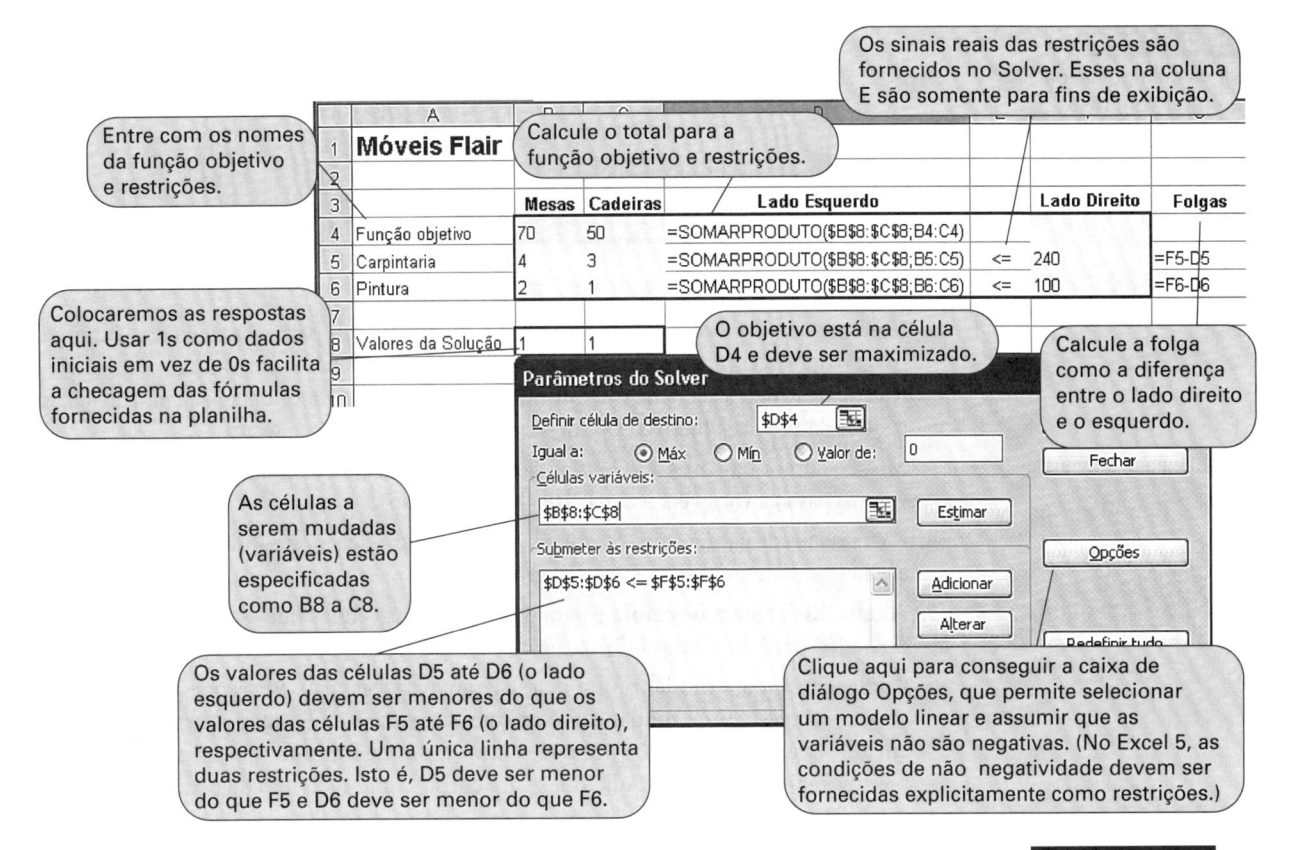

Capítulo 7 • Modelos de Programação Linear: Métodos Gráficos e Computacionais

Os sinais reais das restrições são fornecidos no Solver. Esses na coluna E são somente para fins de exibição.

Entre com os nomes da função objetivo e restrições.

Calcule o total para a função objetivo e restrições.

	A	B	C	Lado Esquerdo		Lado Direito	Folgas
1	**Móveis Flair**						
2							
3		Mesas	Cadeiras	Lado Esquerdo		Lado Direito	Folgas
4	Função objetivo	70	50	=SOMARPRODUTO($B$8:$C$8;B4:C4)			
5	Carpintaria	4	3	=SOMARPRODUTO($B$8:$C$8;B5:C5)	<=	240	=F5-D5
6	Pintura	2	1	=SOMARPRODUTO($B$8:$C$8;B6:C6)	<=	100	=F6-D6
7							
8	Valores da Solução	1	1				

Colocaremos as respostas aqui. Usar 1s como dados iniciais em vez de 0s facilita a checagem das fórmulas fornecidas na planilha.

O objetivo está na célula D4 e deve ser maximizado.

Calcule a folga como a diferença entre o lado direito e o esquerdo.

Parâmetros do Solver

Definir célula de destino: $D$4
Igual a: ⦿ Máx ○ Mín ○ Valor de: 0
Células variáveis:
$B$8:$C$8
Submeter às restrições:
$D$5:$D$6 <= $F$5:$F$6

As células a serem mudadas (variáveis) estão especificadas como B8 a C8.

Os valores das células D5 até D6 (o lado esquerdo) devem ser menores do que os valores das células F5 até F6 (o lado direito), respectivamente. Uma única linha representa duas restrições. Isto é, D5 deve ser menor do que F5 e D6 deve ser menor do que F6.

Clique aqui para conseguir a caixa de diálogo Opções, que permite selecionar um modelo linear e assumir que as variáveis não são negativas. (No Excel 5, as condições de não negatividade devem ser fornecidas explicitamente como restrições.)

PROGRAMA 7.2A
Configurando o problema de PL para a empresa de móveis Flair usando o Excel e o Solver. Essa planilha mostra as fórmulas desenvolvidas pelo usuário.

7. Se desejar, escreva uma fórmula para a folga de cada restrição (células **G5:G6**, nessa situação). O Solver também tem uma opção que permite ver a folga, assim, não é essencial que isso seja apresentado. Agora a planilha está pronta para utilizar a ferramenta Solver.

Embora as entradas não precisem ser exatamente nessas posições (células), elas devem ser colocadas em algum lugar da planilha. Uma vez feito isso, essa porção da planilha fornece um modelo do problema. Se desejar, você pode mudar manualmente os valores para as variáveis (células B8 e C8) e a função objetivo e os valores da folga para as restrições serão calculados automaticamente. Colocar 1 em cada uma dessas posições ajuda a verificar se as fórmulas foram fornecidas corretamente.

Uma vez fornecido os dados do problema em uma planilha do Excel, siga as seguintes etapas para utilizar o Solver:

1A. No Excel 2003, selecione o menu **Ferramentas**, item **Solver**. Se o Solver não aparecer no menu **Ferramentas**, selecione **Ferramentas**, depois **Suplementos** e, então, marque a caixa ao lado da opção Solver. O item Solver aparecerá em alguma posição no menu Ferramentas.

1B. No Excel 2007, selecione o painel **Dados** e depois o **Solver** no grupo **Análise**. Se o **Solver** não aparecer no grupo **Análise**, ele deve ser acrescentado. Para acrescentar o **Solver** ao grupo análise do painel **Dados**, clique no **logo do Microsoft Office** situado no vértice superior esquerdo da tela. Selecione **Opções do Excel** no final direito do menu suspenso. Selecione **Suplementos do Excel** na parte debaixo da janela, onde está escrito Gerenciar e, depois, clique em **Ir**... Clique na opção **Solver** e em **OK**. O **Solver** deve aparecer agora no grupo **Análise** do painel **Dados**. O Apêndice no final do capítulo fornece mais detalhes desse procedimento.

PROGRAMA 7.2B
Caixa de diálogo usada para entrar com restrições no Solver.

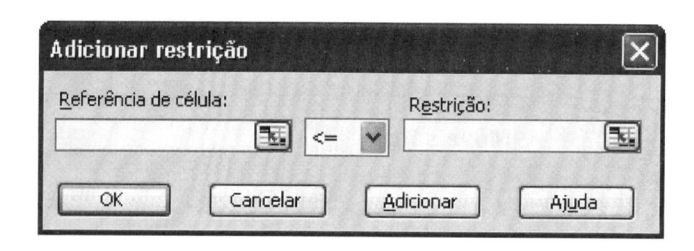

2. Uma vez que o Solver foi selecionado, uma janela abrirá para a entrada dos Parâmetros do Solver, como mostra o Programa 7.2A. Mova o cursor para a caixa **Definir célula de destino** e preencha e clique ou digite o endereço da célula usada para calcular o valor da função objetivo (**D4**, nesse exemplo).

3. Mova o cursor para a caixa **Células variáveis** e entre com as células que irão conter os valores para as variáveis (células **B8:C8**, nesse caso).

4. Mova o cursor para a caixa Submeter às restrições e selecione **Adicionar.** Isso abrirá a caixa de diálogo mostrada no Programa 7.2B.

5. A caixa **Referência de célula** é para o intervalo das células que estão no lado esquerdo das restrições (células **D5:D6**, nesse exemplo).

6. Clique em ≤ para mudar o tipo de restrição, se necessário. Visto que ambas são ≤, não é necessária uma mudança. (Note que se existirem algumas restrições ≥ ou = em adição às restrições ≤, você deve entrar todas de um tipo (por exemplo, ≤) primeiro e depois selecionar Adicionar para entrar com outro tipo de restrição.)

7. Mova o cursor para a caixa da Restrição para entrar as restrições do lado direito (F5:F6, nesse caso). Clique **Adicionar** para terminar com esse tipo de restrições e iniciar a entrada de outro conjunto ou clique em **OK** se não tiver mais restrições a adicionar.

8. Na janela dos Parâmetros do Solver no Programa 7.2A, clique em **Opções** e cheque **Presumir modelo linear** e **Presumir não negativos**, como está ilustrado no Programa 7.2C. Clique em OK.

9. Reveja a informação na janela do Solver para ter certeza que está correta e clique em **Solve**.

10. A janela das Soluções do Solver está apresentada no Programa 7.2D. Ela indica que a solução foi encontrada; os valores para as variáveis estão mostrados nas células B8 e C8 e o valor da função objetivo (célula **D4**) e folgas (células **G5:G6**) também

PROGRAMA 7.2C
Janela do Solver para selecionar o modelo linear e a não negatividade das variáveis.

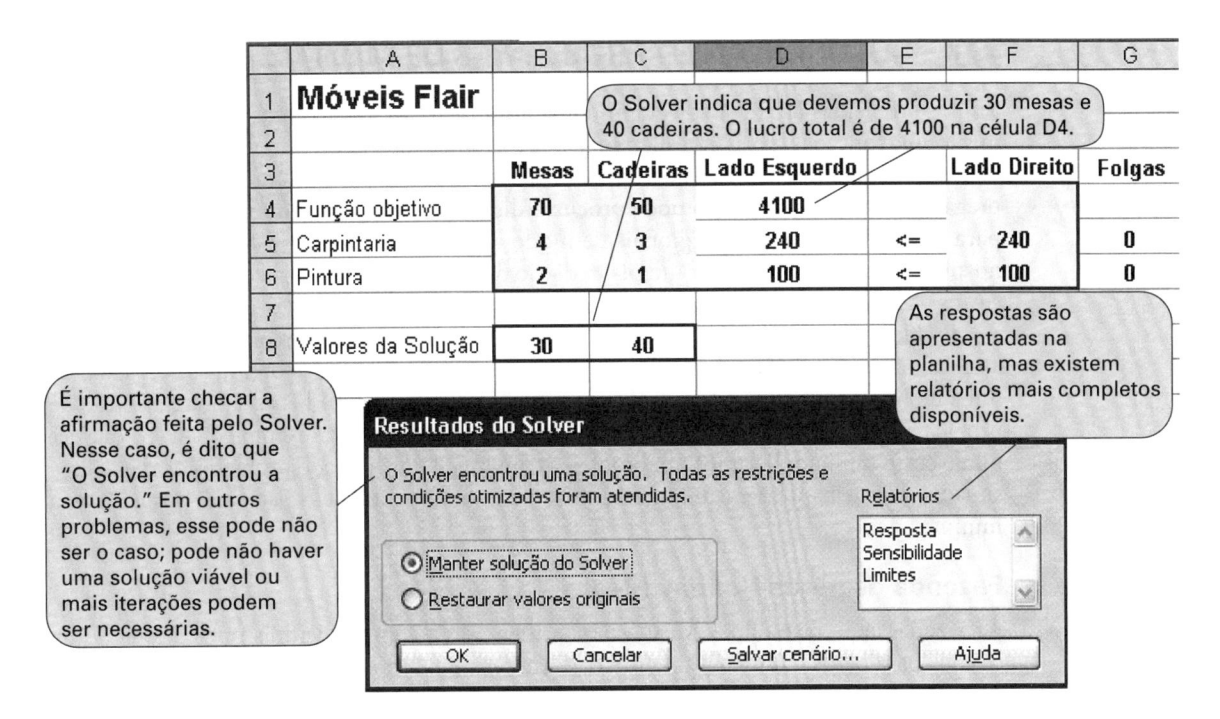

estão mostrados. Selecione Manter a solução do Solver e os valores na planilha serão mantidos na solução ótima. Você pode selecionar que tipo de informação adicional (**Resposta, Sensibilidade, Limites**) será apresentada nos relatórios da Janela Solver (eles serão discutidos mais adiante neste capítulo). Você pode selecionar qualquer um deles e, depois, clicar em OK para gerá-los automaticamente.

Observe que a solução ótima é mostrada nas *células variáveis* (células **B8** e **C8**, que servem como variáveis). A seleção dos relatórios no Programa 7.2E faz uma análise mais abrangente dessa solução. O Relatório da Resposta mostra que as duas restrições estavam ligadas à solução (sem folga).

PROGRAMA 7.2D
Soluções para a empresa de móveis Flair usando o Solver do Excel.

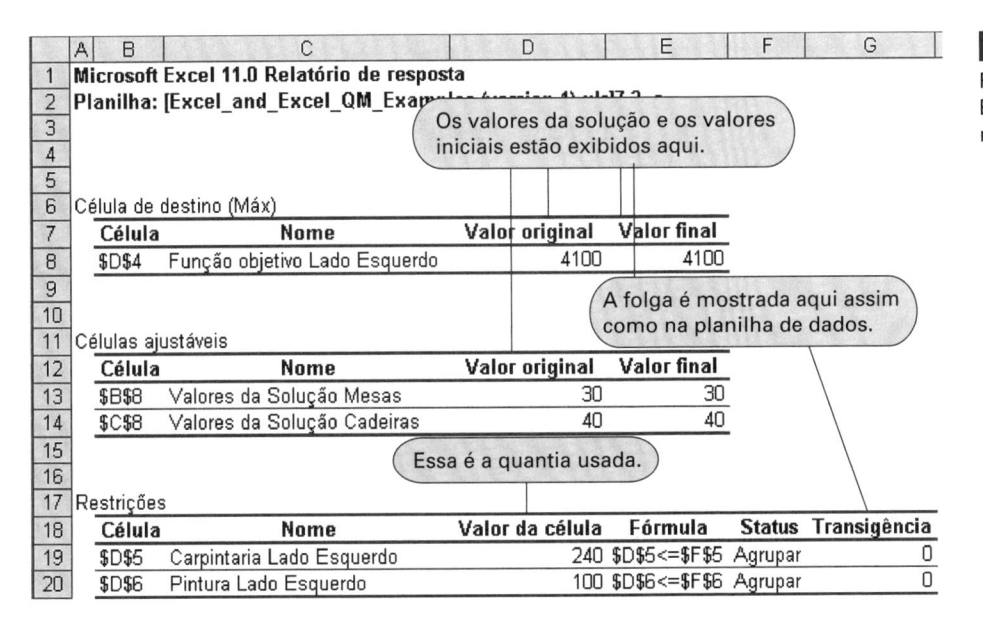

PROGRAMA 7.2E
Relatório da resposta do Excel para a empresa de móveis Flair.

7.6 SOLUCIONANDO PROBLEMAS DE MINIMIZAÇÃO

Muitos problemas de PL envolvem minimizar um objetivo, como o custo, em vez de maximizar uma função lucro. Um restaurante, por exemplo, pode querer desenvolver um horário de trabalho para satisfazer as necessidades do pessoal e minimizar o número total dos empregados. Um manufatureiro pode procurar distribuir seus produtos em diversas fábricas para seus vários depósitos regionais de modo a minimizar os custos totais de envio. Um hospital talvez queira fornecer um plano diário de refeições para seus pacientes que satisfaça certos padrões nutricionais enquanto minimiza os custos da compra de comida.

Problemas de minimização podem ser solucionados graficamente configurando primeiro a região da solução viável e, depois, usando ou o método do vértice ou uma abordagem da linha do mesmo custo (análoga à abordagem da linha do mesmo lucro na maximização de problemas) para encontrar os valores das variáveis de decisão (por exemplo, X_1 e X_2) que geram o custo mínimo. Vejamos um problema comum de PL chamado problema da dieta. Essa situação é semelhante à que o hospital enfrenta para alimentar seus pacientes por um custo mínimo.

Fazenda de perus Holiday Meal

A fazenda de perus Holiday Meal está considerando a compra de dois tipos diferentes de comida para perus e misturá-las a fim de fornecer uma dieta boa e de baixo custo para seus perus. Cada alimento contém, em proporções variadas, alguns ou todos os ingredientes nutricionais essenciais para a engorda dos perus. Cada libra da marca 1 comprada, por exemplo, contém 5 onças do ingrediente A, 4 onças do ingrediente B e 0,5 onças do ingrediente C. Cada libra da marca 2 contém 10 onças do ingrediente A, 3 onças do ingrediente B e nenhum ingrediente C. O alimento da marca 1 custa ao rancho 2 centavos a libra enquanto o alimento da marca 2 custa 3 centavos a libra. O proprietário do rancho quer usar a PL para determinar a dieta de custo mais baixo que satisfaça as necessidades de ingestão mínimas mensais para cada ingrediente nutricional.

A Tabela 7.4 resume a informação relevante. Se fizermos:

X_1 = número de libras do alimento da marca 1 comprado

X_2 = número de libras do alimento da marca 2 comprado

podemos formular esse problema de programação linear como segue:

$$\text{Minimizar o custo (em centavos)} = 2X_1 + 3X_2$$

sujeito a essas restrições:

$$5X_1 + 10X_2 \geq 90 \text{ onças} \quad \text{(restrição do ingrediente A)}$$
$$4X_1 + 3X_2 \geq 48 \text{ onças} \quad \text{(restrição do ingrediente B)}$$
$$0,5\, X_1 \geq 1,5 \text{ onças} \quad \text{(restrição do ingrediente C)}$$
$$X_1 \geq 0 \quad \text{(restrição de não negatividade)}$$
$$X_2 \geq 0 \quad \text{(restrição de não negatividade)}$$

TABELA 7.4 Dados da fazenda de perus Holiday Meal

Ingrediente	Composição de cada libra do alimento (oz.)		Necessidade mensal mínima por peru (oz.)
	Alimento da marca 1	Alimento da marca 2	
A	5	10	90
B	4	3	48
C	0,5	0	1,5
Custo por libra	2 centavos	3 centavos	

> ### EM AÇÃO
> ### A NBC usa a programação linear, inteira e por objetivos na venda de espaços comerciais
>
> A National Broadcasting Company (NBC) vende aproximadamente $4 bilhões em comerciais de televisão anualmente. É estimado que 60 a 80% do espaço transmitido para uma próxima temporada é vendido em um período de duas a três semanas no final de maio. As agências de publicidade abordam as redes de comunicação a fim de comprar espaço publicitário para seus clientes. Incluído em cada pedido está o valor em dólar, o grupo demográfico (isto é, idade da audiência) em que o cliente está interessado, o leque de programas, a transmissão semanal, a distribuição do tempo de cada comercial e o custo negociado por cada 1000 espectadores. Com essas informações, a NBC desenvolve planos de vendas detalhados para satisfazer essas necessidades. Tradicionalmente, a NBC desenvolvia esses planos manualmente e isso exigia muitas horas por plano. Muitas vezes, os planos tinham que ser refeitos devido à complexidade envolvida. Com mais de 300 planos para desenvolver e refazer em um período de duas a três semanas, isso gerava muito trabalho e não resultava, necessariamente, em uma receita máxima possível.
>
> Em 1996, um projeto na área de gerenciamento em tempo real (*yield management*) foi iniciado. Por meio desse esforço, a NBC foi capaz de criar planos de resposta rápida que satisfaziam de forma mais precisa as necessidades dos clientes e que usavam de modo rentável seu estoque de espaços comerciais ao mesmo tempo em que reduziam o retrabalho. O sucesso dessa abordagem levou ao desenvolvimento de um sistema de otimização completo baseado na programação linear, inteira e por objetivos. Foi estimado que as receitas das vendas entre 1996 e 2000 aumentaram mais de $200 milhões por causa desse esforço. Melhorias nos tempos de retrabalho, produtividade do pessoal de vendas e a satisfação do cliente também foram vantagens desse sistema.
>
> **Fonte:** Baseado em BOLLAPRAGADA, Srinivas et al. NBC's Optimization Systems Increase Revenues and Productivity. *Interfaces*. v. 32, n.1, January–February, 2002, p. 47–60.

Antes de resolver esse problema, queremos assegurar a observação de três características que afetam a sua solução. Em primeiro lugar, você deve estar ciente de que a terceira restrição implica em que o fazendeiro *deve* comprar o alimento da marca 1 o suficiente para satisfazer os padrões mínimos para o ingrediente nutricional C. Comprar somente a marca 2 não seria viável porque ela tem deficiência de C. Em segundo lugar, como formulado no problema, encontraremos uma solução que encontre a melhor mistura das marcas 1 e 2 para comprar por peru por mês. Se o rancho aloja 5000 perus em um dado mês, é necessário somente multiplicar as quantidades de X_1 e X_2 por 5000 para decidir o total de comida a pedir. Em terceiro lugar, estamos tratando agora com restrições maiores ou iguais. Isso faz com que a área da solução viável esteja acima das linhas da restrição nesse exemplo.

Usando o método do vértice em um problema de minimização Para solucionar o problema da fazenda de perus Holiday Meal, primeiro construímos a região da solução viável. Isso é feito traçando cada uma das três equações das restrições como na Figura 7.10. Observe que a terceira restrição, $0,5X_1 \geq 1,5$, pode ser reescrita e traçada como $X_1 \geq 3$ (isso envolve a multiplicação de ambos os lados da desigualdade por 2, mas não muda a posição da linha da restrição). Os problemas de minimização são geralmente ilimitados exteriormente (isto é, acima à direita), mas isso não causa dificuldade na sua solução. Desde que eles estejam limitados interiormente (abaixo à esquerda), os vértices podem ser determinados. A solução ótima estará em um dos vértices, como ocorre com um problema de maximização.

Traçamos as três restrições para desenvolver a região da solução viável para o problema de minimização.

Note que problemas de minimização geralmente são ilimitados (isto é, abertos para o exterior).

Nesse caso, existem três vértices: os pontos **a**, **b** e **c**. Para o ponto **a**, encontramos as coordenadas na intersecção das restrições do ingrediente C e B, isto é, onde a linha $X_1 = 3$ cruza a linha $4X_1 + 3X_2 = 48$. Se substituirmos $X_1 = 3$ na equação da restrição B, teremos:

$$4(3) + 3X_2 = 48$$

ou

$$X_2 = 12$$

Assim, o ponto **a** tem as coordenadas ($X_1 = 3, X_2 = 12$).

Para encontrar as coordenadas do ponto **b** algebricamente, solucionamos a equação $4X_1 + 3X_2 = 48$ e $5X_1 + 10X_2 = 90$ simultaneamente. Isso produz ($X_1 = 8,4, X_2 = 4,8$).

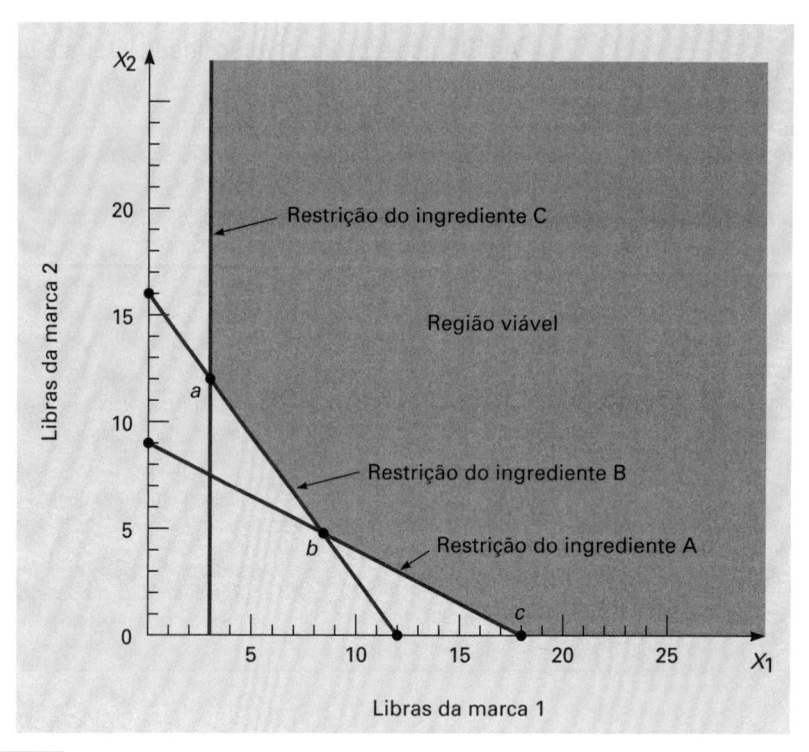

FIGURA 7.10 Região viável para o problema da fazenda de perus Holiday Meal.

As coordenadas no ponto **c** podem ser visualizadas como ($X_1 = 18$, $X_2 = 0$). Agora, avaliamos a função objetivo em cada vértice obtendo:

$$\text{Custo} = 2X_1 + 3X_2$$

$$\text{Custo no ponto } a = 2(3) + 3(12) = 42$$

$$\text{Custo no ponto } b = 2(8,4) + 3(4,8) = 31,2$$

$$\text{Custo no ponto } c = 2(18) + 3(0) = 36$$

Portanto, a solução do custo mínimo é comprar 8,4 libras da marca de comida 1 e 4,8 libras da marca de comida 2 por peru por mês. Isso irá gerar um custo de 31,2 centavos por peru.

O método da linha do mesmo custo é análogo ao método da linha do mesmo lucro usado nos problemas de maximização.

Abordagem da linha do mesmo custo Como foi mencionado, a abordagem da *linha do mesmo custo* também pode ser usada para solucionar problemas de minimização de PL como o da fazenda de perus Holiday Meal. Da mesma forma que as linhas do mesmo lucro, não precisamos calcular o custo em cada vértice, mas, em vez disso, traçar uma série de linhas paralelas do custo. A linha do custo mais baixa (isto é, a mais próxima em direção à origem) que toca a região viável nos fornece o vértice da solução ótima.

Por exemplo, na Figura 7.11, começamos traçando uma linha do custo de 54 centavos, ou seja, $54 = 2X_1 + 3X_2$. Obviamente, existem muitos pontos na região viável que gerariam um custo total mais baixo. Prosseguimos movendo nossa linha do mesmo custo em direção ao vértice inferior esquerdo, em uma paralela em direção à linha da solução de 54 centavos. O último ponto que tocamos enquanto estamos ainda em contato com a região viável é igual ao vértice **b** da Figura 7.10. Ele tem as coordenadas ($X_1 = 8,4$, $X_2 = 4,8$) e um custo associado de 31,2 centavos.

Abordagem computacional A fim de sermos abrangentes, também solucionamos o problema da fazenda de perus Holiday Meal usando o QM para Windows (veja o Programa 7.3) e com o procedimento Solver do Excel (veja os Programas 7.4A e 7.4B).

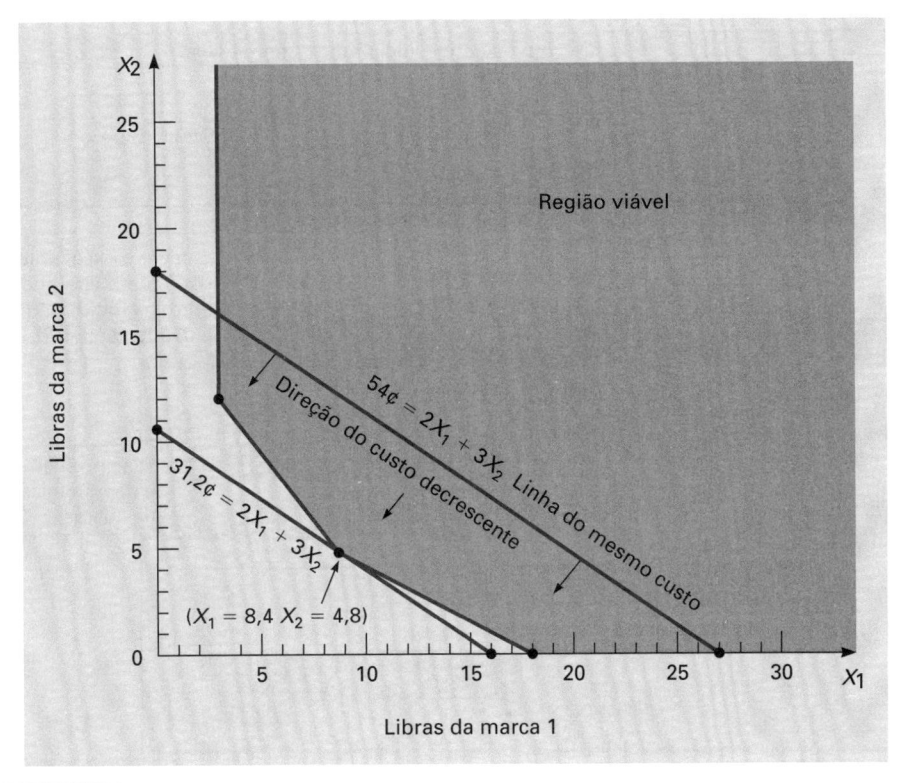

FIGURA 7.11 Solução gráfica para o problema da fazenda de perus Holiday Meal usando a linha do mesmo custo.

PROGRAMA 7.3 Solucionando o problema da fazenda de perus Holiday Meal com o QM para Windows.

7.7 QUATRO CASOS ESPECIAIS EM PL

Quatro casos especiais e dificuldades aparecem, às vezes, quando usamos a abordagem gráfica para solucionar problemas de PL: (1) não viável, (2) não finito, (3) redundante e (4) soluções ótimas alternativas.

Solução não viável

Quando não existe uma solução para um problema de PL que satisfaça todas as restrições dadas, não existe uma solução viável. Graficamente, isso significa que não existe uma região da solução viável – situação que pode ocorrer se o problema foi formulado com restrições conflitantes. A propósito, isso é frequente em problemas de PL de grande escala que envolvem

A falta da região da solução viável pode ocorrer se houver conflito entre as restrições.

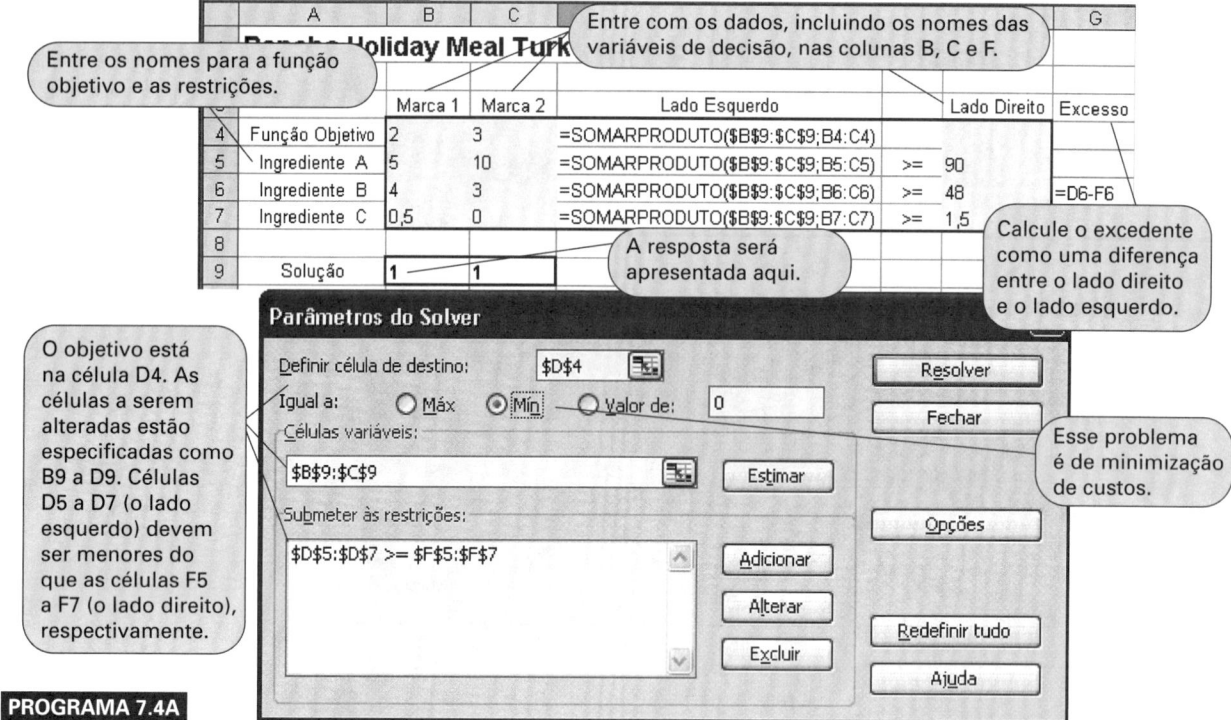

PROGRAMA 7.4A
Configurando o problema de PL da fazenda de perus Holiday Meal com o Solver.

PROGRAMA 7.4B
Solução da fazenda de perus Holiday Meal usando o Solver do Excel.

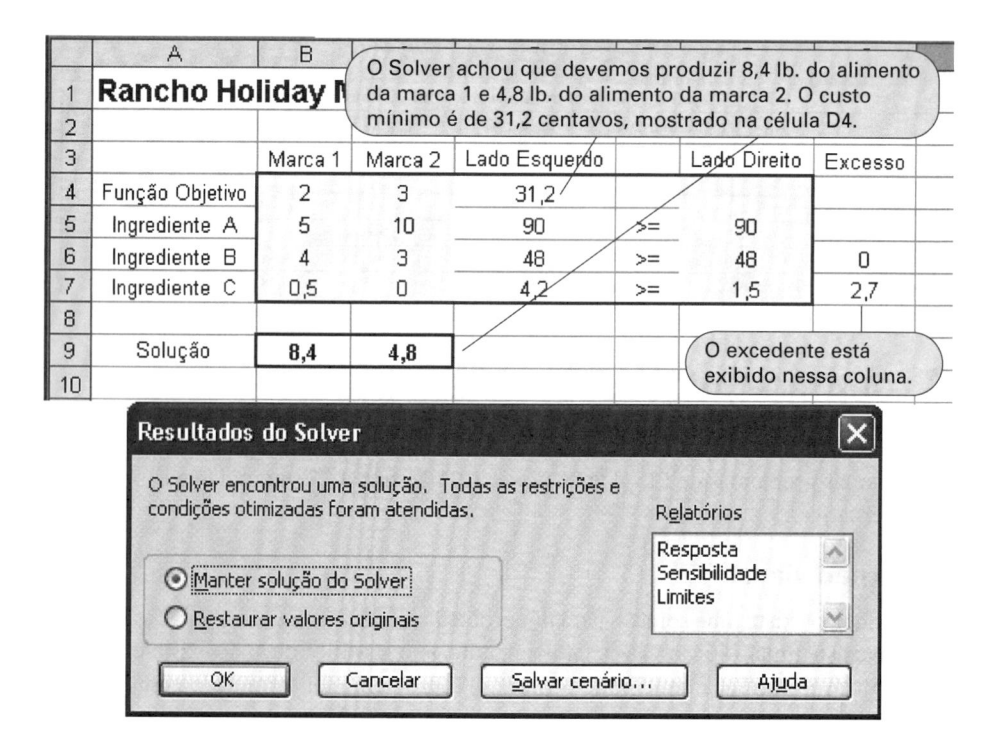

centenas de restrições. Por exemplo, se o gerente de marketing fornecer uma restrição de que pelo menos 300 mesas devem ser produzidas (a saber, $X_1 \geq 300$) para satisfazer a demanda das vendas e o gerente de produção fornecer uma segunda restrição de que não mais de 220 mesas devem ser produzidas (a saber, $X_1 \leq 220$) devido a uma escassez de madeira, isso resulta em nenhuma região de solução viável. Quando o analista de pesquisa de operações coordenando o problema de PL destaca esse conflito, um dos gerentes deve revisar seus da-

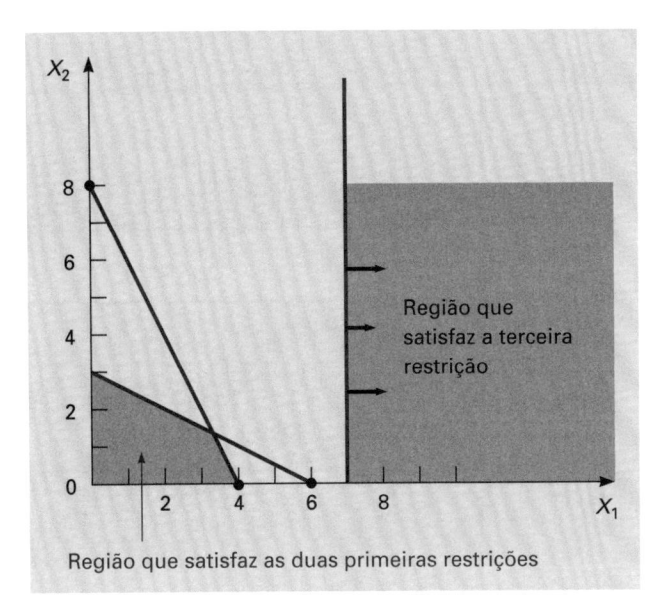

FIGURA 7.12 Um problema com solução não viável.

dos de entrada. Talvez mais matéria-prima pudesse ser obtida de uma nova fonte ou talvez a demanda das vendas pudesse ser diminuída substituindo por um modelo diferente de mesas para os clientes.

Como uma ilustração adicional dessa situação, considere as três seguintes restrições:

$$X_1 + 2X_2 \leq 6$$
$$2X_1 + X_2 \leq 8$$
$$X_1 \geq 7$$

Como pode ser visto na Figura 7.12, não existe uma região de solução viável para esse PL em virtude da presença de restrições conflitantes.

Não finito

Às vezes, um programa linear não terá uma solução finita. Isso significa que em um problema de maximização, por exemplo, uma ou mais variáveis de solução e de lucro podem ser feitas infinitamente grandes sem violar qualquer restrição. Se tentarmos solucionar tal problema graficamente, observaremos que a região viável está semiaberta.

Considere um exemplo simples para ilustrar a situação. Uma empresa formulou o seguinte problema de PL:

$$\text{Maximizar lucro} = \$3X_1 + \$5X_2$$
$$\text{Sujeito a} \quad X_1 \geq 5$$
$$X_2 \leq 10$$
$$X_1 + 2X_2 \geq 10$$
$$X_1, X_2 \geq 0$$

Quando o lucro em um problema de maximização pode ser infinitamente grande, o problema é não limitado e uma ou mais restrições estão faltando.

Como você pode ver na Figura 7.13, porque esse é um problema de maximização e a região viável se estende infinitamente à direita, não há limites ou uma solução finita. Isso implica que o problema foi formulado de modo errado. Seria maravilhoso para a empresa ser capaz de produzir um número infinito de unidades X_1 (a um lucro de $3 cada!), mas obviamente nenhuma empresa tem um número infinito de recursos disponíveis ou uma demanda infinita do produto.

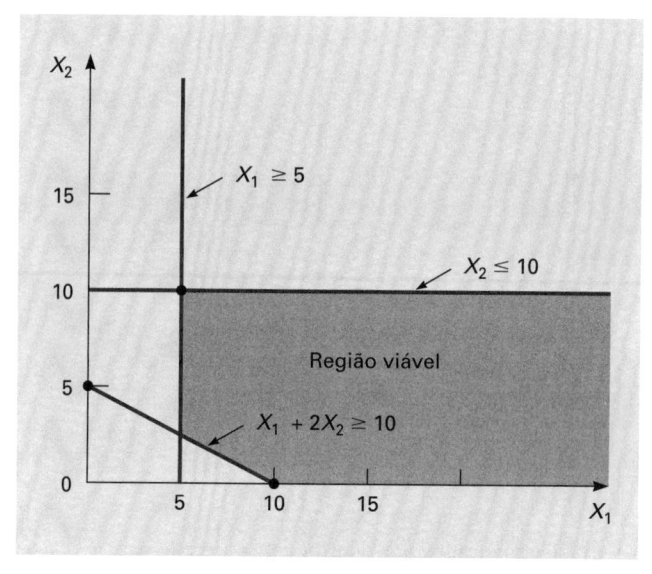

FIGURA 7.13 Uma região da solução que não é limitada à direita.

Redundância

Uma restrição redundante não afeta a região da solução viável.

A presença das restrições redundantes é outra situação comum em grandes formulações de PL. A *redundância* não dificulta a solução de problemas de PL graficamente, mas você deve ser capaz de identificar sua ocorrência. Uma restrição redundante é aquela que não afeta a região da solução viável. Em outras palavras, uma restrição pode ser mais forte ou restritiva do que outra e, portanto, devemos considerar sua eliminação.

Observe este exemplo de um problema de PL com três restrições:

$$\text{Maximizar o lucro} = \$1X_1 + \$2X_2$$
$$\text{Sujeito a} \quad X_1 + X_2 \leq 20$$
$$2X_1 + X_2 \leq 30$$
$$X_1 \leq 25$$
$$X_1, X_2 \geq 0$$

A terceira restrição, $X_1 \leq 25$, é redundante e desnecessária na formulação e solução do problema porque ela não tem efeito no conjunto da região viável para as primeiras duas restrições mais restritivas (veja a Figura 7.14).

Soluções ótimas alternativas

Soluções ótimas múltiplas são possíveis nos problemas da PL.

Um problema de PL pode, às vezes, ter duas ou mais *soluções ótimas alternativas*. Graficamente, esse é o caso quando a linha do mesmo lucro ou do mesmo custo da função objetivo é paralela a uma das restrições do problema – em outras palavras, quando elas têm a mesma inclinação.

A gerência de uma firma notou a presença de mais de uma solução ótima ao formular esse problema simples de PL:

$$\text{Maximizar o lucro} = \$3X_1 + \$2X_2$$
$$\text{Sujeito a} \quad 6X_1 + 4X_2 \leq 24$$
$$X_1 \leq 3$$
$$X_1, X_2 \geq 0$$

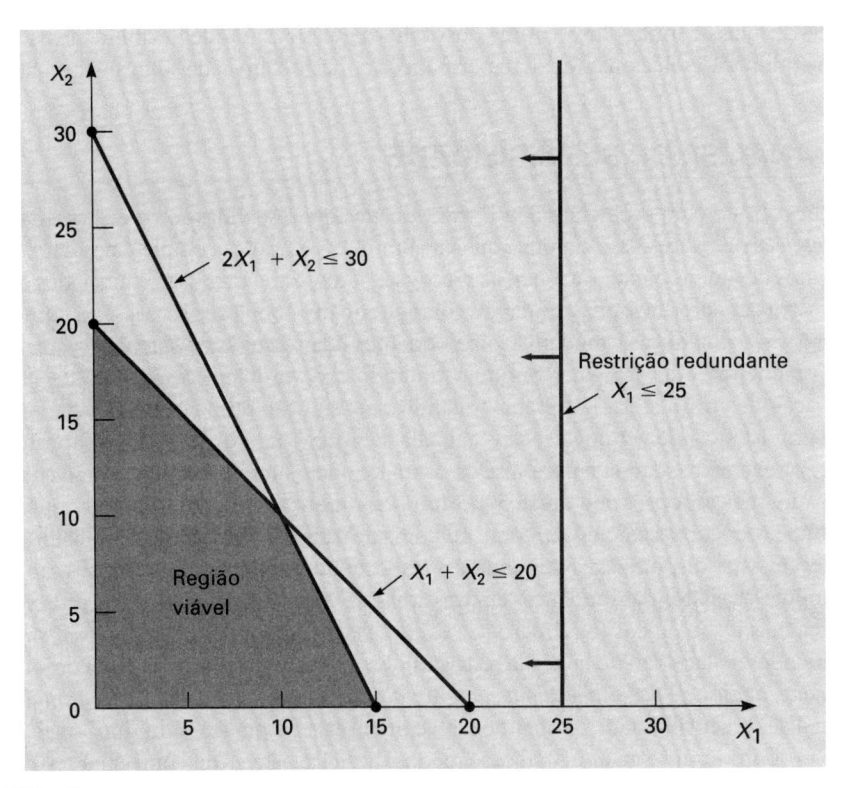

FIGURA 7.14 Problema com uma restrição redundante.

Como vemos na Figura 7.15, nossa primeira linha do mesmo lucro de $8 é paralela à equação da restrição. A um nível de lucro de $12, a linha do mesmo lucro estará diretamente no topo do segmento da primeira linha da restrição. Isso significa que qualquer ponto ao longo da linha entre A e B fornece uma combinação ótima de X_1 e X_2. Longe de causar problemas, a

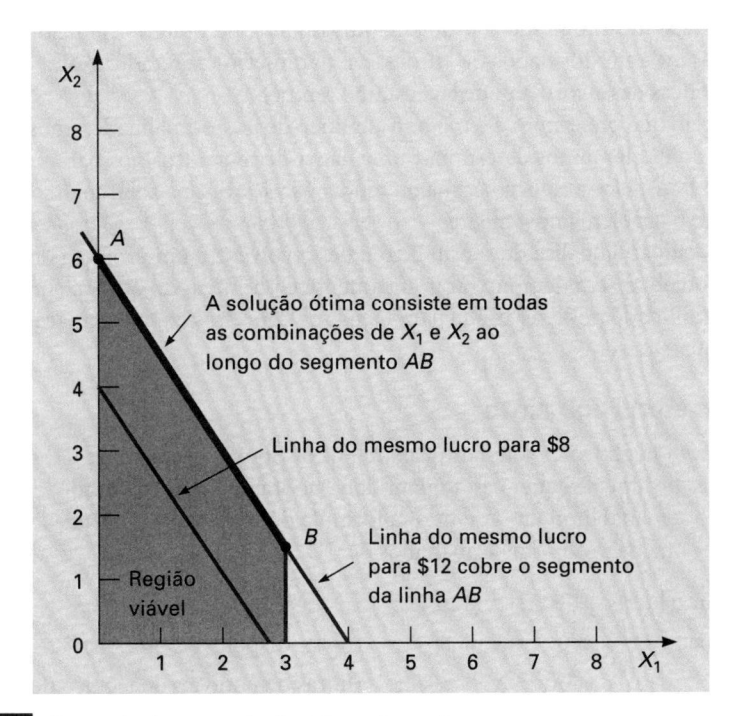

FIGURA 7.15 Exemplo de uma solução ótima alternativa.

existência de mais de uma solução ótima possibilita à gerência grande flexibilidade na decisão de qual combinação selecionar. O lucro permanece o mesmo em cada solução alternativa.

7.8 ANÁLISE DE SENSIBILIDADE

As soluções ótimas para problemas de PL têm sido até aqui resolvidas sob o que chamamos de *suposições determinísticas*. Isso significa que presumimos segurança completa nos dados e relacionamentos de um problema – a saber, os preços são fixos, os recursos são conhecidos e o tempo necessário para produzir uma unidade é configurado de modo preciso. Mas, no mundo real, as condições são dinâmicas e mudam. Como podemos lidar com essa discrepância aparente?

Quão sensível é a solução ótima a mudanças nos lucros, recursos ou outros parâmetros de entrada?

Uma maneira de fazer isso é continuar tratando cada problema específico de PL como uma situação determinística. Entretanto, quando uma solução ótima é encontrada, reconhecemos a importância de ver quão sensível aquela solução é para os dados e as suposições do modelo. Por exemplo, se uma empresa se dá conta de que o lucro por unidade não é $5 como foi estimado, mas está próximo de $5,50, como o conjunto de soluções finais e o lucro total mudarão? Se os recursos adicionais, como 10 horas de trabalho ou 3 horas de trabalho de máquina, devem estar disponíveis, isso mudará a resposta do problema? Tais análises são usadas para examinar os efeitos das mudanças em três áreas: (1) taxa de contribuição de cada variável, (2) coeficientes tecnológicos (o número nas equações de restrição) e (3) recursos disponíveis (as quantidades do lado direito em cada restrição). Essa tarefa também é chamada de *análise de sensibilidade, análise de pós-otimalidade, programação paramétrica* ou *análise de otimalidade*.

Uma função importante da análise de sensibilidade é permitir aos administradores testar valores dos parâmetros de entrada.

A análise de sensibilidade também envolve uma série de questões do tipo "e se?". E se o lucro do produto 1 aumenta em 10%? E se menos dinheiro estiver disponível na restrição do orçamento publicitário? E se cada um dos trabalhadores permanecer uma hora a mais cada dia por um pagamento adicional de 1 ½ a mais para aumentar a capacidade de produção? E se novas tecnologias permitirem que um produto seja montado em um terço do tempo que costumava levar? Assim, vemos que a análise de sensibilidade pode ser usada para tratar não somente de erros nos parâmetros de entrada estimados para o modelo de PL, mas também para prever futuras mudanças na empresa que possam afetar os lucros.

Existem duas abordagens para determinar quão sensível uma solução ótima é a mudanças. A primeira é simplesmente uma abordagem de tentativa e erro. Essa abordagem geralmente envolve a solução de todo o problema novamente, de preferência pelo computador, a cada vez que um item dos dados de entrada ou parâmetro é alterado. Testar uma série de possíveis mudanças dessa forma pode levar muito tempo.

A análise de pós-otimalidade significa examinar mudanças após a solução ótima ter sido alcançada.

A abordagem que preferimos é o método analítico de pós-otimalidade. Após a solução de um problema de PL, tentamos determinar uma gama de mudanças nos parâmetros do problema que não irão afetar a solução ótima ou mudar as variáveis na solução. Isso é feito sem a solução de todo o problema novamente.

Vamos investigar a análise de sensibilidade desenvolvendo um problema misto de produção. Nosso objetivo será demonstrar graficamente e por meio do quadro simplex como a análise de sensibilidade pode ser usada para tornar os conceitos da programação linear mais realistas e compreensíveis.

Empresa de som High Note

A empresa de som High Note manufatura aparelhos de Som e tocadores de CD de qualidade. Cada um desses produtos requer certa quantidade de trabalho especializado, do qual existe um suprimento semanal limitado. A empresa formula o seguinte problema de PL para determinar o melhor mix de produção de aparelhos de CD (X_1) e de som (X_2):

$$\text{Maximizar o lucro} = \$50X_1 + \$120X_2$$

sujeito a

$$2X_1 + 4X_2 \leq 80 \quad \text{(horas disponíveis do eletricista)}$$
$$3X_1 + X_2 \leq 60 \quad \text{(horas disponíveis do técnico de áudio)}$$
$$X_1, X_2 \geq 0$$

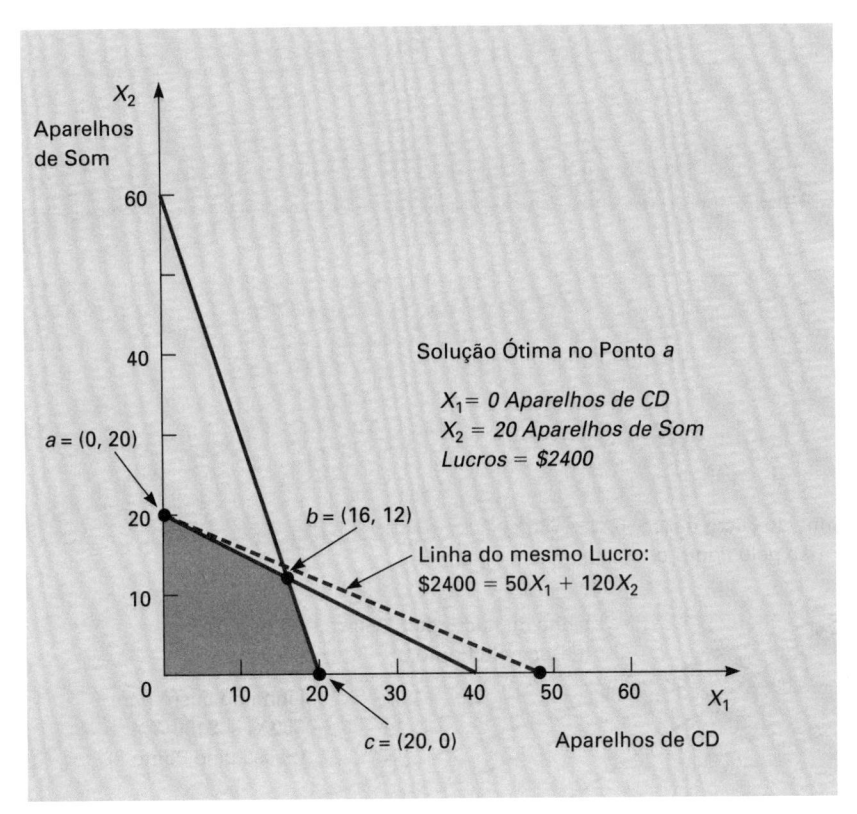

FIGURA 7.16 Solução gráfica do problema da empresa de som High Note.

A solução para esse problema está ilustrada graficamente na Figura 7.16. Dada essa informação e as suposições determinísticas, a empresa deveria somente produzir aparelhos de som (20 deles) por um lucro semanal de $2400.

Mudanças no coeficiente da função objetivo

Em problemas reais, taxas de contribuição (geralmente lucro ou custo) nas funções objetivo flutuam periodicamente, assim como a maioria das despesas da empresa. Graficamente, isso significa que embora a região da solução viável permaneça exatamente igual, a inclinação da linha do mesmo lucro ou do mesmo custo irá mudar. É fácil ver na Figura 7.17 que a linha do lucro da High Note é ótima no ponto **a**. Mas e se uma inovação técnica aumentou o lucro por aparelho de som (X_2) de $120 para $150? A solução continua ótima? A resposta é definitivamente sim, porque, nesse caso, a inclinação da linha do mesmo lucro acentua a lucratividade no ponto **a**. O novo lucro é $3000 = 0 ($50) + 20 ($150).

Mudanças nas taxas de contribuição são examinadas primeiro.

Por outro lado, se o coeficiente do lucro do X_2 foi supervalorizado e deveria ter sido somente $80, a inclinação da linha do lucro muda o suficiente para acarretar que o novo vértice (**b**) torne-se a solução ótima. Aqui o lucro é de $1760 = 16($50) + 12($80).

Esse exemplo ilustra um conceito muito importante sobre mudanças nos coeficientes da função objetivo. Podemos aumentar ou diminuir o coeficiente da função objetivo (lucro) de qualquer variável e o atual vértice pode permanecer ótimo se a mudança não for muito grande. Entretanto, se aumentarmos ou diminuirmos muito esse coeficiente, a solução ótima estaria em um ponto (vértice) diferente. Quanto o coeficiente da função objetivo pode mudar antes que outro ponto se torne ótimo? Tanto o QM para Windows quanto o Excel fornecem uma resposta.

Um novo vértice torna-se ótimo se um coeficiente da função objetivo diminuir ou aumentar muito.

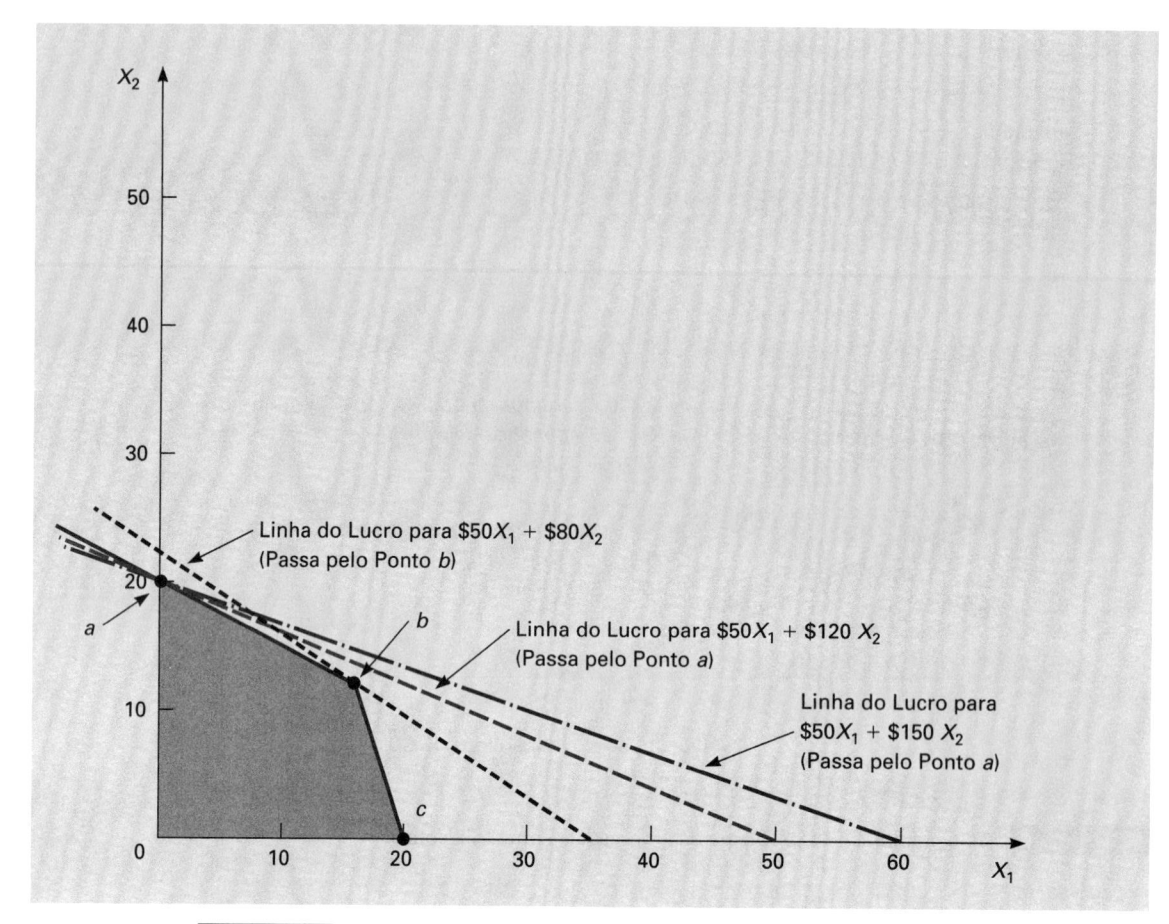

FIGURA 7.17 Mudanças nos coeficientes de contribuição do aparelho de som.

QM para Windows e mudanças nos coeficientes da função objetivo

Os dados do QM para Windows do exemplo da empresa High Note estão no Programa 7.5A. Quando a solução for encontrada, selecionar Window e Ranging permite ver informação adicional sobre a análise de sensibilidade. O Programa fornece uma saída relacionada a uma análise de sensibilidade (veja o Programa 7.5B).

PROGRAMA 7.5A
Entrada do QM para Windows para os dados da High Note.

Objective: Maximize

Instruction: This cell can not be changed.

Companhia de Som High Note

	Aparelhos de CD	Aparelhos de Som		RHS
Maximize	50	120		
Horas dos Eletrecistas	2	4	<=	80
Horas dos Técnicos de Áudio	3	1	<=	60

PROGRAMA 7.5B
Análise de sensibilidade para a High Note usando dados de entrada do Programa 7.5A.

Ranging

Companhia de Som High Note Solution

Variable	Value	Reduced	Original Val	Lower Bound	Upper Bound
Aparelhos de CD	0	10	50	-Infinity	60
Aparelhos de Som	20	0	120	100	Infinity
Constraint	Dual Value	Slack/Surplus	Original Val	Lower Bound	Upper Bound
Horas dos Eletrecistas	30	0	80	0	240
Horas dos Técnicos de	0	40	60	20	Infinity

Do Programa 7.5B, vemos que o lucro dos aparelhos de CD foi $50, que está indicado como o valor original na saída. Esse coeficiente da função objetivo tem como limite inferior o valor menos infinito e um limite superior de $60. Isso significa que o vértice atual permanece ótimo desde que o lucro dos aparelhos de CD não seja maior do que $60. Se for igual a $60, haveria duas soluções ótimas, pois a função objetivo seria paralela à primeira restrição. Os pontos (0, 20) e (16, 12) dariam um mesmo lucro de $2400. O lucro dos aparelhos de CD pode decrescer de qualquer quantia, como indicado pelo valor menos infinito, e o vértice ótimo não mudará. Esse valor menos infinito é lógico, porque atualmente não há produção de aparelhos de CD, já que o lucro é muito baixo. Qualquer decréscimo no lucro dos aparelhos de CD os tornaria menos atraentes em relação aos aparelhos de som e nós, definitivamente, não produziríamos aparelhos de CD por causa disso.

A solução atual permanece ótima a não ser que o coeficiente da função objetivo ultrapasse o limite superior ou inferior.

O lucro dos aparelhos de som tem como limite superior o infinito (ele pode aumentar por qualquer quantidade) e um limite inferior de $100. Se esse lucro for igual a $100, os vértices (0, 20) e (16, 12) seriam ambos ótimos. O lucro em cada um deles seria $2000.

Em geral, uma mudança pode ser feita a um (e somente um) coeficiente da função objetivo e o vértice ótimo atual permanecer ótimo, contanto que a mudança fique entre os limites superior e inferior. Se dois ou mais coeficientes são alterados simultaneamente, o problema deve ser solucionado com os novos coeficientes para determinar se a solução permanece ou não ótima.

Os limites superiores e inferiores estão relacionados à mudança de somente um coeficiente por vez.

O Solver e as mudanças nos coeficientes da função objetivo

O Programa 7.6A ilustra como o Solver pode ser usado com esse exemplo. A saída do Relatório de Sensibilidade é vista no Programa 7.6B. Observe que o Excel não fornece limites superiores e inferiores para os coeficientes da função objetivo. Em vez disso, ele fornece os aumentos ou decréscimos permitidos para eles. Adicionando o aumento permitido ao valor atual, podemos obter o limite superior. Por exemplo, o Aumento Permitido no lucro (coeficiente objetivo) para o aparelho de CD é 10, o que significa que o limite superior nesse lucro é de $50 + $10 = $60. De modo semelhante, podemos subtrair o decréscimo permitido do valor atual para obter o limite inferior.

O Solver do Excel fornece aumentos e diminuições em vez de limites altos e baixos.

PROGRAMA 7.6A

Análise com a planilha para a High Note.

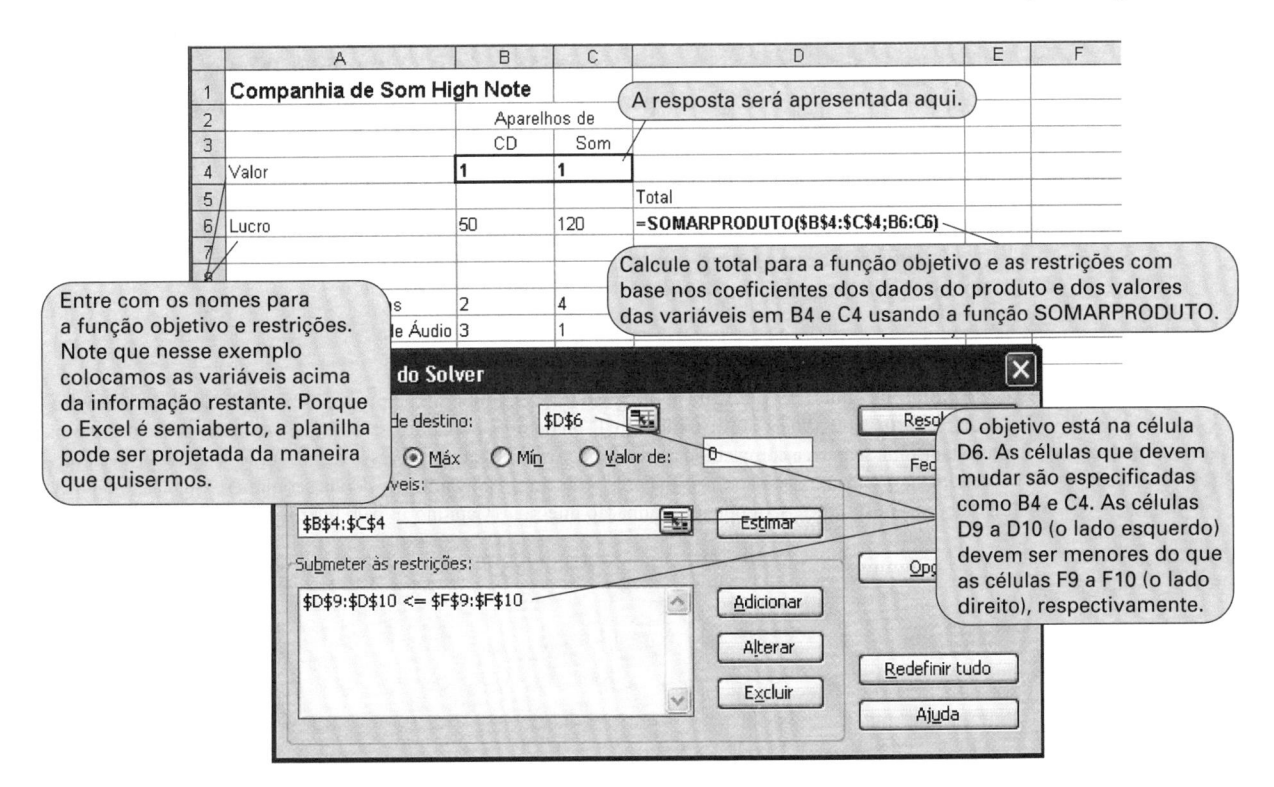

PROGRAMA 7.6B
Saída da análise de sensibilidade da planilha para a High Note.

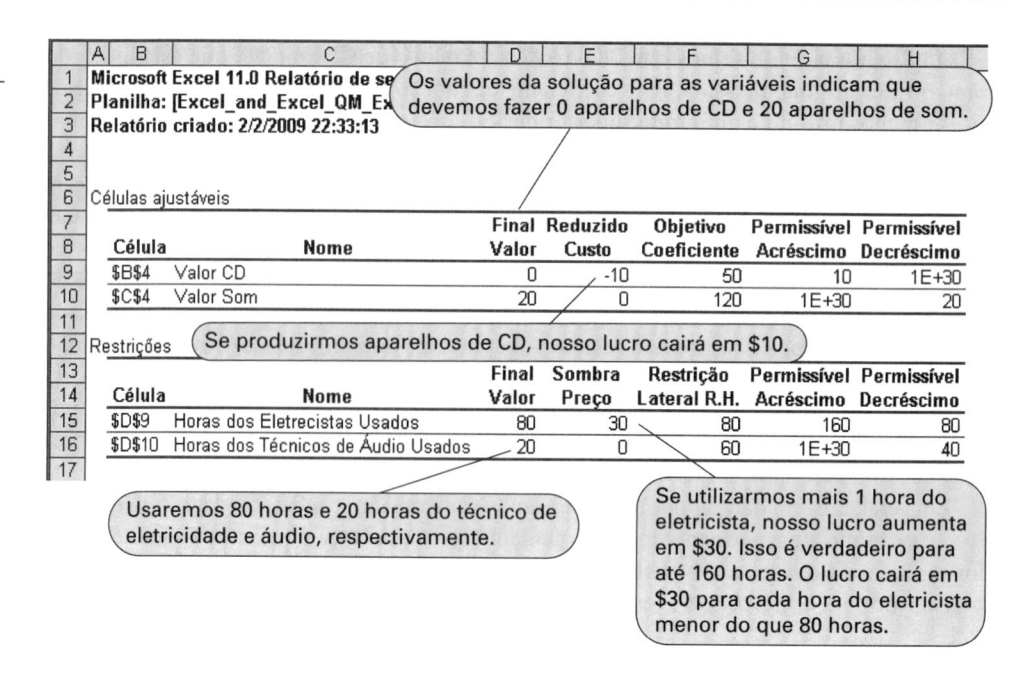

	A	B	C	D	E	F	G	H
1		Microsoft Excel 11.0 Relatório de se			Os valores da solução para as variáveis indicam que devemos fazer 0 aparelhos de CD e 20 aparelhos de som.			
2		Planilha: [Excel_and_Excel_QM_Ex						
3		Relatório criado: 2/2/2009 22:33:13						
4								
5								
6		Células ajustáveis						
7				Final	Reduzido	Objetivo	Permissível	Permissível
8		Célula	Nome	Valor	Custo	Coeficiente	Acréscimo	Decréscimo
9		$B$4	Valor CD	0	-10	50	10	1E+30
10		$C$4	Valor Som	20	0	120	1E+30	20
11								
12		Restrições	Se produzirmos aparelhos de CD, nosso lucro cairá em $10.					
13				Final	Sombra	Restrição	Permissível	Permissível
14		Célula	Nome	Valor	Preço	Lateral R.H.	Acréscimo	Decréscimo
15		$D$9	Horas dos Eletrecistas Usados	80	30	80	160	80
16		$D$10	Horas dos Técnicos de Áudio Usados	20	0	60	1E+30	40
17								

Usaremos 80 horas e 20 horas do técnico de eletricidade e áudio, respectivamente.

Se utilizarmos mais 1 hora do eletricista, nosso lucro aumenta em $30. Isso é verdadeiro para até 160 horas. O lucro cairá em $30 para cada hora do eletricista menor do que 80 horas.

Mudanças nos coeficientes tecnológicos

As mudanças nos denominados *coeficientes tecnológicos* geralmente refletem mudanças no estado da tecnologia. Se poucos ou mais recursos são necessários para produzir um produto como um aparelho de CD ou de som, os coeficientes nas equações de restrição mudarão. Essas mudanças não terão efeito na função objetivo de um problema de PL, mas elas podem produzir uma mudança significativa na região da solução viável e, portanto, no lucro ou custo ótimo.

Mudanças nos coeficientes tecnológicos afetam a forma da região da solução ótima.

A Figura 7.18 ilustra a solução gráfica original da empresa de som High Note, assim como duas mudanças separadas nos coeficientes tecnológicos. Na Figura 7.18 Parte (a), vemos que a solução ótima está no ponto **a**, que representa $X_1 = 0$, $X_2 = 20$. Você deve conseguir provar para si mesmo que o ponto **a** permanece ótimo na Figura 7.18Parte (b), apesar da mudança da restrição de $3X_1 + 1X_2 \leq 60$ para $2X_1 + 1X_2 \leq 60$. Tal mudança pode acontecer quando a empresa descobre que não são mais necessárias três horas do trabalho do técnico de áudio para produzir um aparelho de CD, mas somente duas horas.

Na Figura 7.18 Parte (c), entretanto, uma mudança na outra restrição muda a forma da região viável o suficiente para ocasionar que um novo vértice (**g**) se torne ótimo. Antes de prosseguir, veja se você atinge um valor da função objetivo de $1954 de lucro no ponto **g** (*versus* um lucro de $1920 no ponto **f**).[4]

---

[4] Note que os valores de X_1 e X_2 no ponto **g** são frações. Embora a empresa de som High Note não possa produzir 0,76, 0,75 ou 0,90 de um aparelho de CD ou de som, podemos assumir que a empresa pode *iniciar* uma unidade uma semana e completá-la na próxima. Contanto que o processo de produção seja bastante estável de semana a semana, isso não causa maiores problemas. Se as soluções *devem* ser números inteiros a cada período, veja nossa discussão sobre programação inteira no Capítulo 11 para lidar com essa situação.

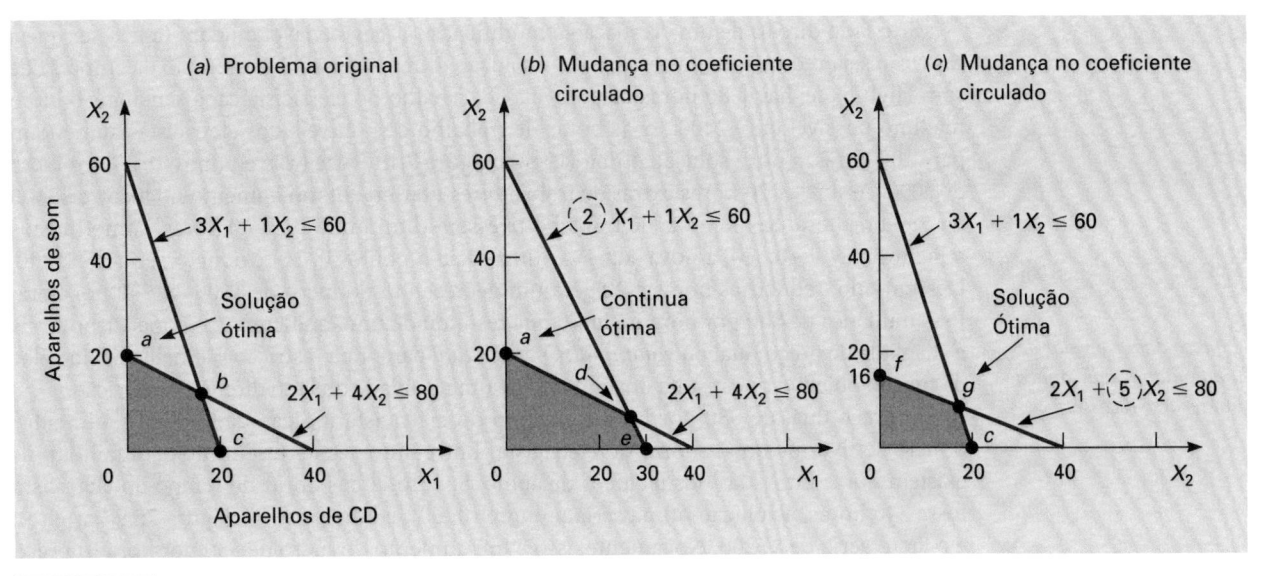

FIGURA 7.18 Mudança nos coeficientes tecnológicos para a empresa de som High Note.

EM AÇÃO O Frigorífico Swift usa PL para planejar a produção

Localizado em Greeley, Colorado, o Frigorífico Swift tem vendas anuais acima de $8 bilhões, com carne bovina e os produtos relacionados constituindo a maioria das vendas. A Swift tem cinco fábricas de processamento de alimentos que trabalham com mais de 6 bilhões de libras de carne por ano. Cada boi é cortado em dois lados, que gera o mandril, o peito, o lombo, as costelas, o coxão, a chuleta e a alcatra. Com alguns cortes com mais demanda do que outros, os representantes do serviço ao consumidor (CSRs – *costumer service representatives*) tentam satisfazer a demanda para os consumidores e fornecer descontos quando for necessário se desfazer de alguns cortes com excesso de oferta. É importante que os CSRs tenham informação precisa da disponibilidade de um produto em tempo real para que possam reagir rapidamente a mudanças na demanda.

Com um custo alto da matéria-prima de 85% e com uma margem muito pequena de lucro, é essencial que a empresa opere de maneira eficiente. A Swift começou um projeto em março de 2001 para desenvolver um modelo de programação matemática que otimizaria a cadeia de fornecimento. Dez empregados de tempo integral trabalharam com quatro consultores de pesquisa operacional da Aspen Technology no Projeto Phoenix. Inseridos no modelo final estão 45 modelos de PL integrados que permitem que a empresa programe dinamicamente suas operações em tempo real à medida que os pedidos são recebidos.

Com o Projeto Phoenix, a margem do lucro aumentou e as previsões, a aquisição de gado e a manufatura melhoraram, o que aprimorou as relações com os clientes e, consequentemente, aumentou a reputação do Frigorífico Swift no mercado. A empresa consegue entregar melhor os produtos de acordo com a especificação do cliente e, embora o modelo tenha custado acima de $6 milhões, no primeiro ano de operação ele gerou um lucro de $12,7 milhões.

Fonte: Basedo em BIXBY, Ann, DOWNS, Brian, e SELF, Mike. A Scheduling and Capable-to-Promise Application for Swift & Company. *Interfaces*, v. 36, n.1, January–February, 2006, p. 69–86.

Mudanças nos recursos ou valores do lado direito

Os valores do lado direito das restrições geralmente representam recursos disponíveis para a empresa. Os recursos podem ser horas de trabalho, tempo de máquina, dinheiro ou materiais de produção disponíveis. No exemplo da empresa de som High Note, os dois recursos são as horas de trabalho disponíveis dos eletricistas e dos técnicos de áudio. Se horas adicionais estivessem disponíveis, um lucro total mais alto poderia ser atingido. Quanto deve a empresa estar disposta a pagar por horas adicionais? É lucrativo ter alguns eletricistas trabalhando horas extras? Deveríamos estar dispostos a pagar por mais horas dos técnicos de áudio? A análise de sensibilidade sobre esses recursos ajuda a responder essas perguntas.

Se o lado direito de uma restrição é modificado, a região viável mudará (a não ser que a restrição seja redundante) e geralmente a solução ótima mudará. No exemplo da empresa de som High Note, havia 80 horas disponíveis de trabalho do eletricista cada semana e o lucro máximo possível era $2400. Se as horas de trabalho disponíveis dos eletricistas aumentam para 100 horas, a nova solução ótima vista na Figura 7.19 Parte (a) é o ponto (0, 25) e o lucro é $3000. Assim, as 20 horas extras de trabalho resultaram em um aumento no lucro de $600 ou $30 por hora. Se as horas de trabalho tivessem diminuído para 60 horas, como mostra a Figura 7.19 Parte (b), a nova solução ótima seria o ponto (0, 15) e o lucro seria de $1800. Desse modo, reduzir as horas a 20 gera um decréscimo do lucro de $600 ou $30 por hora. Essa mudança de $30 por hora no lucro que resultou de uma mudança nas horas disponíveis é chamada de preço dual ou *valor dual*. O *preço dual* para uma restrição é a melhoria no valor da função objetivo que resulta do aumento de uma unidade do lado direito da restrição.

O preço dual é o valor de uma unidade adicional de um recurso escasso.

O preço dual de $30 por hora do tempo do eletricista indica que podemos aumentar o lucro se tivermos mais horas do eletricista. Entretanto, existe um limite para tanto, pois existem horas limitadas dos técnicos de áudio. Se o total das horas do tempo do eletricista fosse 240 horas, a solução ótima seria o ponto (0, 60), como mostra a Figura 7.19 Parte (c), e o lucro seria de $7200. Novamente, isso é um aumento do lucro de $30 por hora (o preço dual) para cada uma das 160 horas que foram adicionadas à quantia original. Se o número de horas aumentar para além de 240, o lucro não aumentaria mais e a solução ótima seria ainda o ponto (0, 60), como mostra a Figura 7.19 Parte (c). Haveria simplesmente excesso (folga) de horas do tempo do eletricista e todo o tempo do técnico de áudio seria usado. Assim, o preço dual é relevante somente dentro de certos limites. Tanto o QM para Windows quanto o Solver fornecem esses limites.

QM para Windows e mudanças dos valores do lado direito

A saída da análise de sensibilidade do QM para Windows foi mostrada no Programa 7.5B. O valor dual para a restrição das horas do eletricista é dado como 30 e o limite mais baixo é zero, enquanto o limite superior é de 240. Isso significa que cada hora adicional do tempo do eletricista até um limite de 240 horas aumentará o lucro máximo possível por $30 a hora. Similarmente, se o tempo disponível do eletricista diminui, o lucro máximo possível diminuirá em $30 por hora até que o tempo disponível atinja o limite inferior de 0. Se a quantidade do tempo do eletricista (o valor de lado direito para essa restrição) estiver fora desse intervalo (0 a 240), o valor dual não é mais relevante e o problema deveria ser solucionado com um novo valor do lado direito.

Os preços duais mudarão se o recurso (o lado direito da restrição) ultrapassar o limite superior ou o inferior dado na seção Ranging da saída do QM para Windows.

No Programa 7.5B, o valor dual para as horas do técnico de áudio é $0 e a folga é 40. Existem 40 horas do tempo do técnico de áudio que não estão sendo usadas apesar de estarem disponíveis. Se horas adicionais tornarem-se disponíveis, elas não aumentariam o lucro, mas simplesmente aumentariam a folga. Esse valor dual de zero é relevante contanto que o lado direito não atinja o limite inferior de 20. O limite superior é infinito, indicando que adicionar mais horas simplesmente aumentará o valor da folga.

O Solver do Excel e mudanças nos valores do lado direito

O relatório de Sensibilidade do Solver do Excel foi mostrado no Programa 7.6B. Note que o Solver fornece o preço sombra em vez do preço dual. O preço sombra na saída do Excel é o equivalente ao preço dual para esse problema de maximização. O preço sombra é o aumento no valor da função objetivo (isto é, lucro ou custo) que resulta do aumento de uma unidade no lado direito de uma restrição.

O preço sombra fornece o valor de uma unidade adicional de um recurso escasso.

O Aumento Permitido e Decréscimo Permitido para o lado direito de cada restrição é fornecido e o preço sombra é relevante para mudanças dentro desses limites. Para as horas do eletricista, o valor do lado direito de 80 pode aumentar para 160 (de um máximo de 240) ou diminuir a 80 (de um mínimo de 0) e o preço sombra permanece relevante. Se uma mudança que exceda esses limites for feita, o problema deve ser resolvido novamente para encontrar o impacto da mudança.

Capítulo 7 • Modelos de Programação Linear: Métodos Gráficos e Computacionais **315**

(a)

Restrição representando 60 horas do recurso do tempo dos técnicos de áudio.

Restrição alterada representando 100 horas do recurso do tempo dos eletricistas.

(b)

Restrição representando 60 horas do recurso do tempo dos técnicos de áudio.

Restrição alterada representando 60 horas do recurso do tempo dos eletricistas.

(c)

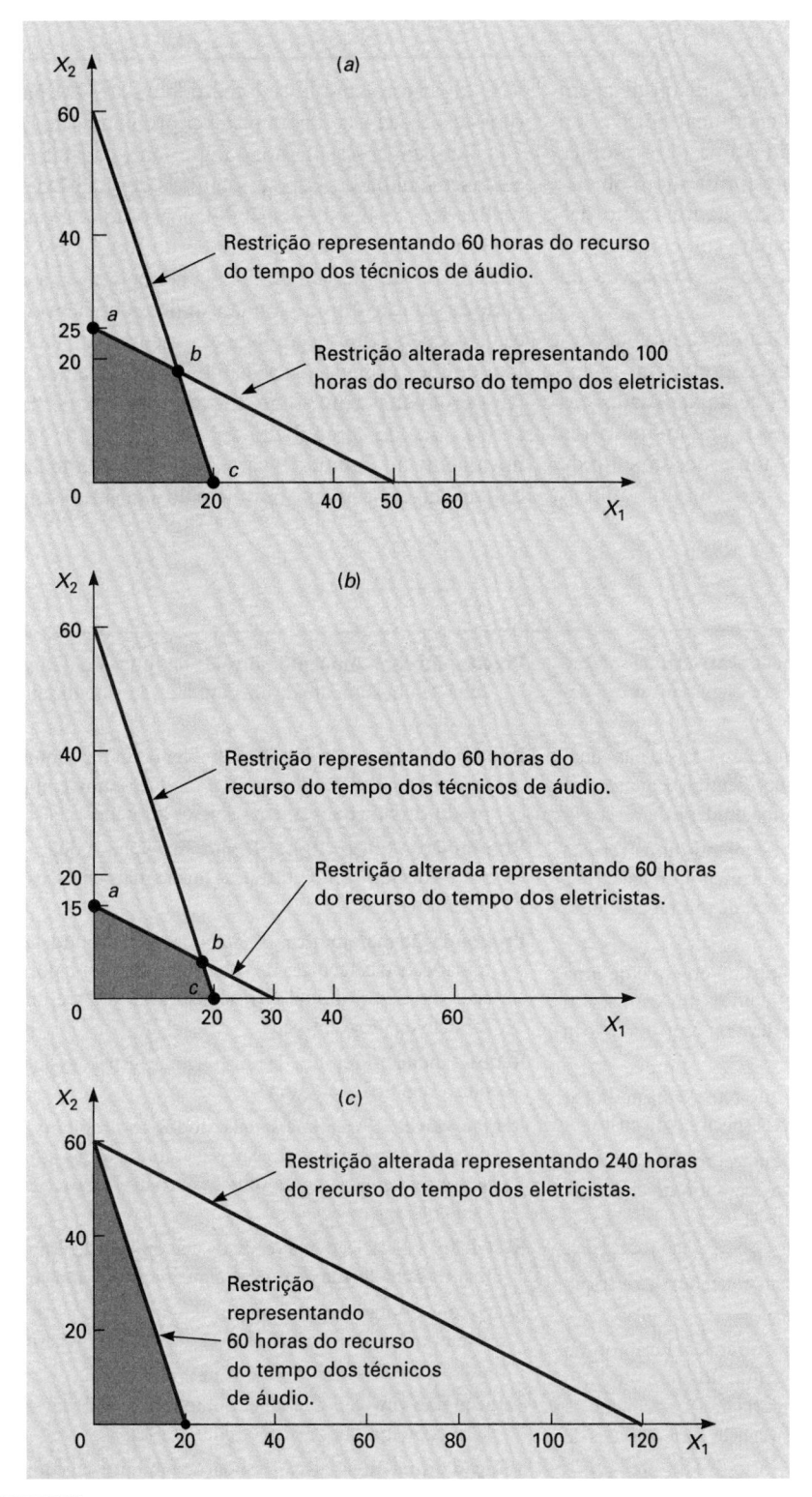

Restrição alterada representando 240 horas do recurso do tempo dos eletricistas.

Restrição representando 60 horas do recurso do tempo dos técnicos de áudio.

FIGURA 7.19 Mudanças no recurso do tempo do eletricista para a empresa de som High Note.

RESUMO

Neste capítulo, introduzimos uma técnica de modelagem matemática chamada de programação linear (PL). Ela é usada na obtenção de uma solução ótima para problemas que têm uma série de restrições limitando o objetivo. Usamos tanto o método do vértice quanto as abordagens de melhor lucro/melhor custo para solucionar esses problemas graficamente com somente duas variáveis de decisão.

As abordagens da solução gráfica deste capítulo fornecem uma base conceitual para manejar problemas maiores e mais complexos – alguns deles serão abordados no Capítulo 8. Para solucionar problemas reais com inúmeras variáveis e restrições, precisamos de um procedimento de solução como o algoritmo simplex, o assunto do Capítulo 9. O algoritmo simplex é o método que o QM para Windows e o Excel usam para resolver problemas de PL.

Também apresentamos o importante conceito da análise de sensibilidade. Às vezes chamada de análise de pós-otimalidade, a análise de sensibilidade é usada na gestão para responder uma série de perguntas do tipo "e se?" sobre os parâmetros do modelo de PL. Ela também testa a sensibilidade da solução ótima a mudanças nos coeficientes de lucro e custo, coeficientes tecnológicos e recursos do lado direito. Exploramos a análise de sensibilidade graficamente (isto é, para problemas com somente duas variáveis de decisão) e com a saída do computador, mas retornaremos ao assunto novamente no Capítulo 9 para aprender a conduzir a sensibilidade algebricamente por meio do algoritmo simplex.

GLOSSÁRIO

Análise de sensibilidade. Estudo de quão sensível uma solução ótima é para as suposições do modelo e às mudanças dos dados. Também chamada de análise de pós-otimalidade.

Coeficientes tecnológicos. Coeficientes das variáveis nas equações da restrição. Os coeficientes representam a quantia de recursos necessários para produzir uma unidade da variável.

Desigualdade. Expressão matemática contendo uma relação de maior ou igual ($\geq$) ou uma relação de menor ou igual ($\leq$), usada para indicar que o consumo total de um recurso deve ser $\geq$ ou $\leq$ de um valor limite.

Função objetivo. Afirmação matemática do objetivo de uma organização, declarada com a intenção de maximizar ou minimizar uma quantidade importante, como lucros ou custos.

Linha do mesmo custo. Linha reta que representa todas as combinações de X_1 e X_2 para um nível específico do custo.

Linha do mesmo lucro. Linha reta que representa todas as combinações não negativas de X_1 e X_2 para um nível específico do lucro.

Método da equação simultânea. Meio algébrico de determinar o ponto de intersecção de duas ou mais equações de restrição lineares.

Método do vértice. Método para encontrar a solução ótima para um problema de PL testando o nível do lucro ou custo em cada vértice da região viável. A teoria da PL afirma que a solução ótima deve estar em um dos vértices (intersecções de restrições).

Não limitada. Condição que existe quando uma variável da solução e o lucro podem ser feitos infinitamente grandes sem violar qualquer das restrições do problema em um processo de maximização.

Preço (valor) dual. Melhoria do valor da função objetivo que resulta do aumento de uma unidade do lado direito de uma restrição.

Preço sombra. Aumento no valor da função objetivo que resulta de um aumento de uma unidade no lado direito daquela restrição.

Problema do produto misto. Problema de PL comum envolvendo uma decisão sobre quais produtos uma empresa deve produzir dado que ela tem recursos limitados.

Programação linear (PL). Técnica matemática que ajuda a gerência decidir como utilizar de forma mais eficaz os recursos na empresa.

Programação matemática. Categoria geral da modelagem matemática e das técnicas de solução usadas para alocar recursos e otimizar um objetivo mensurável. A PL é um tipo de modelo de programação.

Redundância. Presença de uma ou mais restrições que não afetam a região da solução viável.

Região viável. Área que satisfaz todos os problemas das restrições dos recursos, isto é, a região onde todas as restrições se sobrepõem. Todas as soluções possíveis para o problema estão na região viável.

Restrição. Restrição nos recursos disponíveis de uma empresa (expressa na forma de uma desigualdade ou uma equação).

Restrições de não negatividade. Conjunto de restrições que requer que cada variável da decisão seja não negativa, isto é, cada X_i deve ser maior ou igual a 0.

Solução não viável. Qualquer ponto fora região viável. Ele viola uma ou mais das restrições declaradas.

Solução ótima alternativa. Situação em que mais do que uma solução ótima é possível. Ela aparece quando a inclinação da função objetivo é a mesma da inclinação de uma restrição.

Solução viável. Ponto que está na região viável. Basicamente, qualquer ponto que satisfaça todas as restrições do problema.

Vértice ou ponto extremo. Um ponto que está em um dos vértices da região viável. Isto significa que ele está na intersecção de duas restrições.

Capítulo 7 • Modelos de Programação Linear: Métodos Gráficos e Computacionais

PROBLEMAS RESOLVIDOS

Problema resolvido 7-1

A Personal Mini Warehouses planeja expandir seu negócio de sucesso de Orlando para Tampa. Para tanto, a empresa precisa determinar quantos depósitos de cada tamanho construir. Seus objetivos e restrições são:

Maximizar os lucros mensais = $50X_1 + 20X_2$

sujeito a
$2X_1 + 4X_2 \leq 400$ (orçamento de propaganda disponível)
$100X_1 + 50X_2 \leq 8000$ (pés quadrados exigidos)
$X_1 \leq 60$ (limite do aluguel esperado)
$X_1, X_2 \geq 0$

onde

X_1 = número de espaços grandes construídos

X_2 = número de espaços pequenos construídos

Solução

Uma avaliação dos vértices do gráfico associado indica que o vértice C produz ganhos maiores. Veja o gráfico e a tabela.

Vértice	Valores de X_1, X_2	Valor da função objetivo ($)
A	(0,0)	0
B	(60,0)	3000
C	(60,40)	3800
D	(40,80)	3600
E	(0,100)	2000

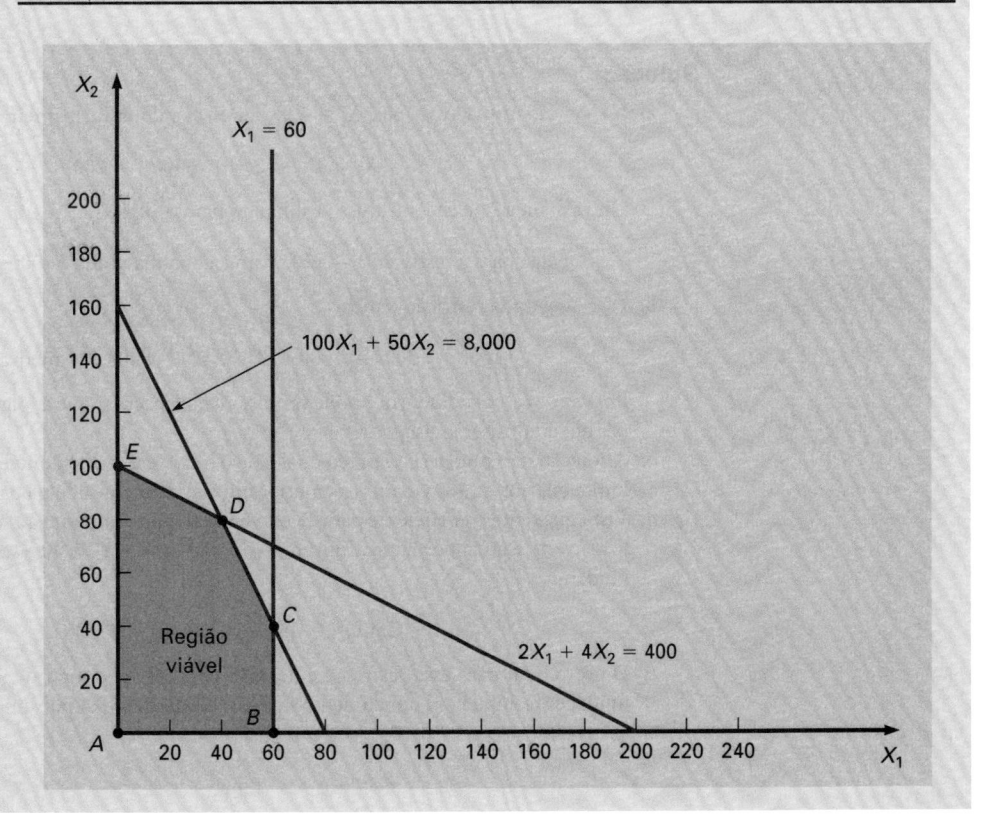

Problema resolvido 7-2

A solução obtida com o QM para Windows para o Problema Solucionado 7-1 é dado no programa seguinte. Use esse resultado para responder as seguintes perguntas:

a. Para a solução ótima, quanto do orçamento para propaganda é gasto?
b. Para a solução ótima, quantos pés quadrados serão utilizados?
c. A solução mudaria se o orçamento fosse somente $300 em vez de $400?
d. Qual seria a solução ótima se o lucro nos espaços maiores fosse reduzido de $50 para $45?
e. Qual seria o aumento nos ganhos se as necessidades de pés quadrados fossem aumentadas de 8000 para 9000?

Linear Programming Results

Problema Resolvido 7.2 Solution

	X1	X2		RHS	Dual
Maximize	50	20			
Restrição 1	2	4	<=	400	0
Restrição 2	100	50	<=	8.000	,4
Restrição 3	1	0	<=	60	10
Solution->	60	40		3.800	

Ranging

Problema Resolvido 7.2 Solution

Variable	Value	Reduced	Original Val	Lower Bound	Upper Bound
X1	60	0	50	40	Infinity
X2	40	0	20	0	25
Constraint	Dual Value	Slack/Surplus	Original Val	Lower Bound	Upper Bound
Restrição 1	0	120	400	280	Infinity
Restrição 2	,4	0	8.000	6.000	9.500
Restrição 3	10	0	60	40	80

Solução

a. Na solução ótima, $X_1 = 60$ e $X_2 = 40$. Usar esses valores na primeira restrição resulta em:

$$2X_1 + 4X_2 = 2(60) + 4(40) = 280$$

Outra maneira de encontrar isso é olhando para a folga:

Folga para a restrição 1 = 120, assim, a quantia usada é 400 − 120 = 280

b. Para a segunda restrição temos

$$100X_1 + 50X_2 = 100(60) = 50(40) = 8000 \text{ pés quadrados.}$$

Em vez de calcular isso, você pode simplesmente observar que a folga é 0, assim, todos os 8000 pés quadrados serão usados.

c. A solução não mudaria. O preço dual é de 0 e existe folga disponível. O valor 300 está entre o limite inferior de 280 e o limite superior infinito. Somente a folga para essa restrição mudaria.

d. Visto que o novo coeficiente para X_1 está entre o limite inferior (40) e o limite superior (infinito), o vértice atual permanece ótimo. Assim, $X_1 = 60$ e $X_2 = 40$ e somente os ganhos mensais mudam.

$$\text{Ganhos} = 45(60) + 20(40) = \$3500$$

e. O preço dual para essa restrição é de 0,4 e o limite superior é de 9500. O aumento de 1000 unidades resultará em um aumento nos ganhos de 1000(0,4 por unidade) = $400.

Problema resolvido 7-3

Solucione a seguinte PL graficamente, usando a abordagem da linha do mesmo lucro:

$$\text{Minimizar custos} = 24X_1 + 28X_2$$
$$\text{Sujeito a} \quad 5X_1 + 4X_2 \leq 2000$$
$$X_1 \geq 80$$
$$X_1 + X_2 \geq 300$$
$$X_2 \geq 100$$
$$X_1, X_2 \geq 0$$

Solução

Segue um gráfico das quatro restrições. As setas indicam a direção da viabilidade para cada restrição. O próximo gráfico ilustra a região da solução viável e traça as duas linhas de custo da função objetivo possíveis. A primeira, $10000, foi selecionada arbitrariamente de um ponto inicial. Para encontrar o vértice ótimo, precisamos mover a linha do custo na direção do custo mais baixo, isto é, para baixo à esquerda. O ultimo ponto onde a linha do custo toca a região viável à medida que ela se move em direção à origem é o vértice D. Assim, D, que representa $X_1 = 200$, $X_2 = 100$, com um custo de $7600, é o ponto ótimo.

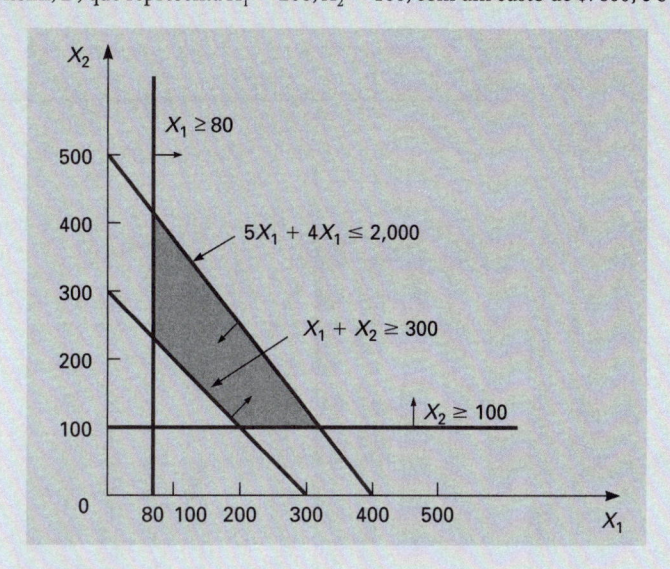

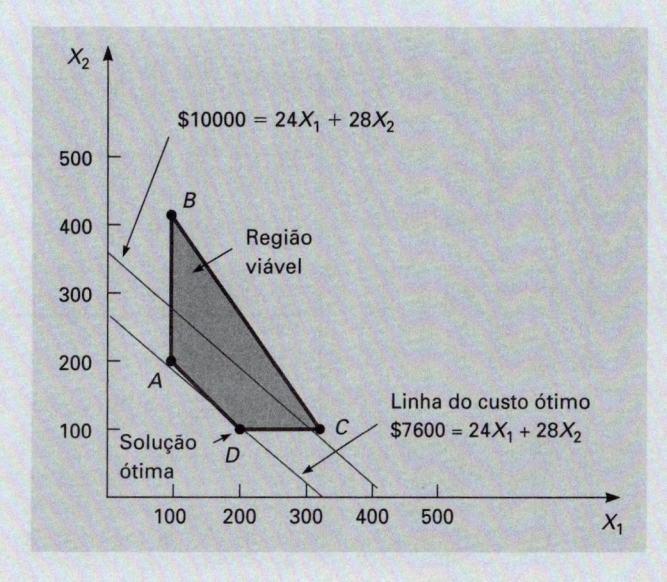

Problema resolvido 7-4

Solucione o problema a seguir usando o método do vértice.

$$\text{Maximizar o lucro} = 30X_1 + 40X_2$$

$$\text{sujeito a} \quad 4X_1 + 2X_2 \leq 16$$

$$2X_1 - X_2 \geq 2$$

$$X_2 \leq 2$$

$$X_1, X_2 \geq 0$$

Solução

O gráfico é mostrado a seguir, com a região viável sombreada.

Vértice	Coordenadas	Lucro ($)
A	$X_1 = 1, X_2 = 0$	30
B	$X_1 = 4, X_2 = 0$	120
C	$X_1 = 3, X_2 = 2$	170
D	$X_1 = 3, X_2 = 2$	140

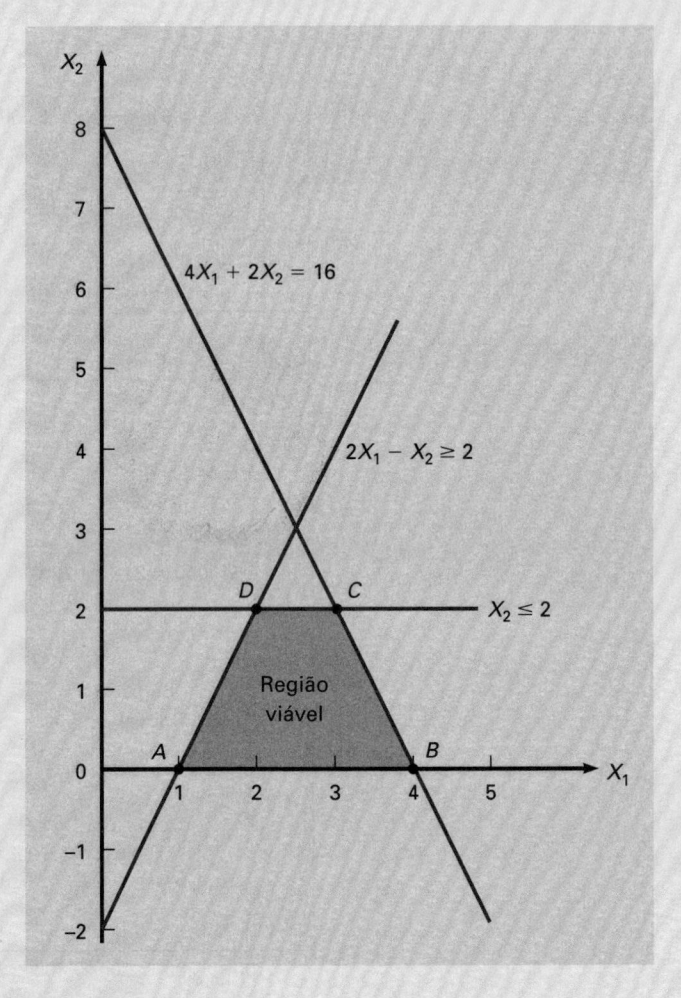

O lucro ótimo é $170 e está no vértice C.

AUTOTESTE

- Antes de fazer o autoteste, consulte os objetivos de aprendizagem no início do capítulo, as notas nas margens e o glossário no final do capítulo.
- Corrija seu teste utilizando o Apêndice H ao final do livro.
- Estude novamente as páginas que correspondem a todas as perguntas que você respondeu errado ou que não tem certeza.

1. Quando usamos o procedimento da solução gráfica, a região limitada pelo conjunto de restrições é chamada de:
   a. solução.
   b. região viável.
   c. região não viável.
   d. região do lucro máximo.
   e. nenhuma das alternativas acima.
2. Em um problema de PL, pelo menos um vértice deve ser uma solução ótima, se uma solução ótima existir.
   a. Verdadeiro
   b. Falso
3. Um problema de PL tem uma região viável limitada. Se esse problema tiver uma igualdade (=), então:
   a. esse deve ser um problema de minimização.
   b. a região viável deve ser composta de um segmento de linha.
   c. o problema deve estar degenerado.
   d. o problema deve ter mais do que uma solução ótima.
4. Qual dos seguintes causaria uma mudança na região viável?
   a. aumentar o coeficiente da função objetivo num problema de maximização.
   b. adicionar uma restrição redundante.
   c. mudar o lado direito de uma restrição não redundante.
   d. aumentar o coeficiente de uma função objetivo em um problema de minimização.
5. Se uma restrição não redundante for removida de um problema de PL, então:
   a. a região viável ficará maior.
   b. a região viável ficará menor.
   c. o problema seria não linear.
   d. o problema seria não viável.
6. Na solução ótima para um programa linear, existem 20 unidades de folga para uma restrição. Disso, deduzimos que:
   a. o preço dual para essa restrição é 20.
   b. o preço dual para essa restrição é 0.
   c. essa restrição deve ser redundante.
   d. esse deve ser um problema de maximização.
7. Um programa linear foi resolvido e a análise de sensibilidade foi executada. Os intervalos para os coeficientes foram encontrados. Para o lucro em X_1, o limite superior é de 80, o limite inferior é de 60 e o valor atual é de 75. Quais das seguintes afirmações devem ser verdadeiras se o lucro nessa variável baixar para 70 e a solução ótima for encontrada?
   a. um novo vértice se tornará ótimo.
   b. o lucro total máximo possível pode aumentar.
   c. os valores para todas as variáveis da decisão permanecerão os mesmos.
   d. todas as respostas acima são possíveis.
8. Um método gráfico deve ser usado para solucionar um problema de PL somente quando:
   a. existem somente duas restrições.
   b. existem mais do que duas restrições.
   c. existem somente duas variáveis.
   d. existem mais do que duas variáveis.
9. Na PL, variáveis não precisam ter valores inteiros e podem ter qualquer valor fracionário. Essa suposição é chamada de:
   a. proporcionalidade.
   b. divisibilidade.
   c. aditividade.
   d. certeza.
10. Na solução de um programa linear, não existe uma solução viável. Para resolver esse problema, podemos:
    a. adicionar outra variável.
    b. adicionar outra restrição.
    c. remover ou relaxar uma restrição.
    d. tentar um programa de computador diferente.
11. Se a região viável torna-se maior devido à mudança em uma das restrições, o valor ótimo da função objetivo:
    a. deve aumentar ou permanecer o mesmo para um problema de maximização.
    b. deve diminuir ou permanecer o mesmo para um problema de maximização.
    c. deve aumentar ou permanecer o mesmo para um problema de minimização.
    d. não pode mudar.
12. Quando soluções ótimas alternativas existem em um problema de PL, então:
    a. a função objetivo será paralela a uma das restrições.
    b. uma das restrições será redundante.
    c. duas restrições serão paralelas.
    d. o problema será, também, ilimitado.
13. Se um programa linear é ilimitado, ele provavelmente não foi formulado de maneira correta. Qual das seguintes afirmações poderia ter causado isso?
    a. uma restrição foi inadvertidamente omitida.
    b. uma restrição desnecessária foi adicionada ao problema.
    c. os coeficientes da função objetivo são muito grandes.
    d. os coeficientes da função objetivo são muito pequenos.
14. Uma solução viável para um problema de PL:
    a. deve satisfazer todas as restrições do problema simultaneamente.
    b. não necessita satisfazer todas as restrições, somente uma delas.
    c. deve ser um vértice da região viável.
    d. deve fornecer o lucro máximo.

QUESTÕES PARA DISCUSSÃO E PROBLEMAS

Questões para discussão

7-1 Discuta as similaridades e diferenças entre os problemas de minimização e maximização usando a abordagem da solução gráfica da PL.

7-2 É importante entender as suposições subjacentes ao uso de qualquer modelo de análise quantitativa. Quais são as suposições e necessidades para que um problema de PL possa ser formulado e usado?

7-3 Dizem que problemas de PL que têm uma região viável possuem um número infinito de soluções. Explique.

7-4 Você acabou de formular um problema de maximização de PL e está se preparando para solucioná-lo graficamente. Qual é o critério que você deve considerar para decidir se seria mais fácil resolver o problema pelo método do vértice ou pela abordagem da linha do mesmo lucro?

7-5 Sob quais condições é possível, em um problema de PL, ter mais do que uma solução ótima?

7-6 Desenvolva seu próprio conjunto de equações da restrição e desigualdades e use-as para ilustrar graficamente cada uma das seguintes condições:
(a) um problema sem limites
(b) um problema não viável
(c) um problema contendo restrições redundantes

7-7 O gerente de produção de uma grande empresa de manufatura de Cincinnati declarou: "Eu gostaria de usar PL, mas é uma técnica que opera sob condições de certeza. Minha fábrica não tem certeza, é um mundo de incertezas. Portanto, a PL não pode ser usada aqui." Você acha que essa afirmação tem algum mérito? Explique por que o gerente deve ter afirmado isso.

7-8 Os relacionamentos matemáticos a seguir foram formulados por analistas de pesquisa operacional da companhia química Smith–Lawton. Quais são inválidos para uso em um problema de PL e por quê?

$$\text{Maximizar lucro} = 4X_1 + 3X_1X_2 + 8X_2 + 5X_3$$

$$\text{sujeito a} \quad 2X_1 + X_2 + 2X_3 \leq 50$$

$$X_1 - 4X_2 \geq 6$$

$$1{,}5X_1^2 + 6X_2 + 3X_3 \geq 21$$

$$19X_2 - 0{,}35X_3 = 17$$

$$5X_1 + 4X_2 + 3\sqrt{X_3} \leq 80$$

$$-X_1 - X_2 + X_3 = 5$$

7-9 Discuta o papel da análise de sensibilidade na PL. Sob quais circunstâncias ela é necessária e sob quais ela não é necessária?

7-10 Um programa linear tem o objetivo de maximizar o lucro $= 12X + 8Y$. O lucro máximo é de $8000. Usando um computador, encontramos que o limite superior para o lucro em X é 20 e o limite inferior é 9. Discuta as mudanças na solução ótima (os valores das variáveis e o lucro) que ocorreriam se o lucro em X aumentasse para $15. Como a solução ótima mudaria se o lucro em X aumentasse para $25?

7-11 Um programa linear tem um lucro máximo de $600. Uma restrição nesse problema é $4X + 2Y \leq 80$. Usando o computador, encontramos que o preço dual para essa restrição é 3 e existe um limite inferior de 75 e um limite superior de 100. Explique o que isso significa.

7-12 Desenvolva seu próprio problema original de PL com duas restrições e duas variáveis reais.
(a) Explique o significado dos números do lado direito das suas restrições.
(b) Explique a significado dos coeficientes tecnológicos.
(c) Solucione seu problema graficamente para encontrar a solução ótima.
(d) Ilustre graficamente o efeito do aumento da taxa de contribuição da sua primeira variável (X_1) de 50% acima do valor que você inicialmente determinou. Isso mudará a solução ótima?

7-13 Explique como uma mudança no coeficiente tecnológico pode afetar a solução ótima de um problema. Como uma mudança na disponibilidade do recurso afeta a solução?

Problemas*

7-14 A corporação Electrocomp manufatura dois produtos elétricos: aparelhos de ar-condicionado e ventiladores grandes. O processo da linha de produção para cada um é parecido, porque ambos precisam de instalação elétrica e perfuração. Cada ar-condicionado leva 3 horas de instalação elétrica e 2 horas de perfuração. Cada ventilador deve passar por 2 horas de instalação elétrica e 1 hora de perfuração. Durante o próximo período de produção, 240 horas de instalação elétrica estão disponíveis e mais de 140 horas do tempo de perfuração podem ser usadas. Cada ar-condicionado vendido gera um lucro de $25. Cada ventilador montado pode ser vendido com um lucro de $15. Formule e solucione essa situação de produção mista de PL para encontrar a melhor combinação de produção de aparelhos de ar-condicionado e ventiladores que gerem o lucro máximo. Use a abordagem gráfica do método dos vértices.

7-15 A gerência da Electrocomp percebeu que esqueceu de incluir duas restrições importantes (veja o Problema 7-14). Em especial, a gerência decide que para assegurar um fornecimento adequado de aparelhos

---

* Nota: Q significa que o problema pode ser resolvido com o QM para Windows; X significa que o problema pode ser resolvido com o Excel; e Q/X significa que ele pode ser resolvido tanto com QM para Windows quanto com o Excel QM.

7-16 Um candidato para prefeito de uma cidade pequena alocou $40000 para publicidade de última hora nos dias que antecedem a eleição. Dois veículos de publicidade serão usados: rádio e televisão. Cada propaganda no rádio custa $200 e alcança cerca de 3000 pessoas. Cada propaganda na televisão custa $500 e alcança aproximadamente 7000 pessoas. No planejamento da propaganda, a gerente da campanha quer atingir tantas pessoas quanto possível, mas ela estipulou que pelo menos 10 propagandas de cada tipo devem ser usadas. Também, o número de propagandas no rádio deve ser pelo menos tão grande quanto o número das propagandas de televisão. Quantas propagandas de cada tipo devem ser usadas? Quantas pessoas serão atingidas?

7-17 A Outdoor manufatura dois produtos, bancos e mesas de piquenique para serem usadas em pátios e parques. A empresa de móveis tem dois recursos principais: seus marceneiros (força de trabalho) e um suprimento de madeira para ser usado nos móveis. Durante o próximo ciclo de produção, 1200 horas de trabalho estarão disponíveis com a concordância do sindicato. A empresa tem, também, 3500 pés quadrados de madeira de boa qualidade. Cada banco que a Outdoor produz requer 4 horas de trabalho e 10 pés de madeira. Cada mesa de piquenique requer 6 horas de trabalho e 35 pés de madeira. Bancos completos irão gerar um lucro de $9 cada e as mesas resultarão em um lucro de $20. Quantos bancos e quantas mesas a Outdoor deve produzir para obter o maior lucro possível? Use a abordagem da PL gráfica.

7-18 O diretor do Western College of Business precisa planejar os cursos que a instituição oferecerá no próximo semestre. A demanda dos estudantes faz necessária a oferta de pelo menos 30 cursos de graduação e 20 de mestrado nesse semestre. O contrato com a faculdade também impõem que pelo menos 60 cursos sejam oferecidos no total. Cada curso dado de graduação custa à universidade em média $2500 em salários do corpo docente e cada curso de mestrado custa $3000. Quantos cursos de graduação e mestrado devem ser oferecidos no semestre para que o total dos salários do corpo docente seja mínimo?

7-19 A MSA Computer manufatura dois modelos de minicomputadores, o Alpha 4 e o Beta 5. A empresa emprega cinco técnicos, que trabalham 160 horas cada um por mês, na sua linha de produção. A gerência insiste que todos os empregos (isto é, todas as 160 horas do tempo) sejam mantidos para cada trabalhador durante as operações do próximo mês. São necessárias 20 horas do trabalho para montar cada computador Alpha 4 e 25 horas de trabalho para montar cada modelo Beta 4. A MSA quer produzir pelo menos 10 Alpha 4 e 15 Beta 5 durante o período de produção. O Alpha 4 gera um lucro de $1200 por unidade e o Beta 5 gera $1800 cada. Determine o número mais lucrativo de cada modelo de minicomputador a ser produzido no próximo mês.

7-20 Um ganhador da loteria do Texas decidiu investir $50000 por ano no mercado de ações. Ele está considerando as ações de uma empresa petroquímica e uma de serviço público. Embora o objetivo a longo prazo seja conseguir o retorno mais alto possível, há algumas preocupações relacionados ao risco envolvido no investimento em ações. Um índice de risco em uma escala de 1-10 (com 10 sendo o mais arriscado) é determinado para cada uma das ações. O risco total do portfólio é encontrado multiplicando o risco de cada ação pelos dólares investidos naquela ação. A tabela a seguir fornece um resumo do retorno e do risco.

Ação	Retorno estimado	Índice de risco
Petroquímica	12%	9
Pública	6%	4

O investidor quer maximizar o retorno do investimento, mas a média do índice do risco do investimento não deve ser maior do que 6. Quanto deve ser investido em cada ação? Qual é o risco médio para esse investimento? Qual é o retorno estimado para esse investimento?

7-21 Em relação à questão do ganhador da loteria do Texas no Problema 7-20, suponha que o investidor mudou sua atitude sobre o investimento e deseja dar grande ênfase ao risco do investimento. Agora, o investidor quer minimizar o risco do investimento contanto que um retorno de pelo menos 8% seja gerado. Formule esse problema de PL e encontre a solução ótima. Quanto deve ser investido em cada ação? Qual é o retorno estimado para esse investimento?

7-22 Solucione o problema de PL a seguir usando o método do vértice e a abordagem gráfica:

Maximizar o lucro $= 4X + 4Y$

sujeito a $\quad 3X + 5Y \leq 150$

$X - 2Y \leq 10$

$5X + 3Y \leq 150$

$X, Y \geq 0$

7-23 Considere a seguinte formulação de um PPL:

$$\text{Minimizar o custo} = \$X + 2Y$$

$$\text{sujeito a} \quad X + 3Y \geq 90$$
$$8X + 2Y \geq 160$$
$$3X + 2Y \geq 120$$
$$Y \leq 70$$
$$X, Y \geq 0$$

Graficamente, ilustre a região viável e aplique o procedimento da linha do mesmo lucro para indicar qual vértice produz a solução ótima. Qual é o custo dessa solução?

7-24 A empresa corretora de ações Blank, Leibowitz, e Weinberger analisou e recomendou duas ações para um clube de investidores de professores universitários. Os professores estavam interessados em fatores como rendimento a curto e médio prazo e taxas de dividendos. Os dados de cada ação estão na tabela:

Fator	Ação ($)	
	Eletricidade e gás da louisiana	Companhia de isolamento trimex
Potencial do rendimento médio por dólar investido	0,36	0,24
Potencial do rendimento médio (nos próximos três anos) por dólar investido	1,67	1,50
Potencial da taxa de dividendos	4%	8%

Cada membro do grupo tem um objetivo no investimento (1) uma valorização de não menos do que $720 a curto prazo, (2) uma valorização de pelo menos $5000 nos próximos três anos e (3) e um dividendo de pelo menos $200 por ano. Qual é o menor investimento que um professor pode fazer para satisfazer esses três objetivos?

7-25 A Alimentos Woofer Pet produz comida canina de baixa caloria para cachorros acima do peso. Esse produto é feito com derivados de carne e cereais. Cada libra de carne custa $0,90 e cada libra de cereais custa $0,60. Uma libra da comida de cachorro deve conter pelo menos 9 unidades da Vitamina 1 e 10 unidades da Vitamina 2. Uma libra de carne contém 10 unidades da Vitamina 1 e 12 unidades da Vitamina 2. Uma libra de cereais contém 6 unidades da Vitamina 1 e 9 unidades da Vitamina 2. Formule esses dados como um problema de PL para minimizar o custo da comida de cachorro. Quantas libras de carne e cereais devem ser incluídas em cada libra da comida de cachorro? Qual é o custo e o conteúdo de vitaminas no produto final?

7-26 A safra sazonal de azeitonas de uma plantação de oliveiras em Piraeus, Grécia, é muito influenciada por um processo de poda dos galhos. Se as oliveiras são podadas a cada duas semanas, a produção aumenta. O processo de poda, entretanto, requer mais trabalho do que deixar que as oliveiras cresçam sozinhas, e resulta em azeitonas menores. No entanto, ele permite que as oliveiras sejam plantadas com um espaço menor entre elas. A safra de um barril de azeitonas por poda requer 5 horas de trabalho e um acre de terra. A produção de um barril de azeitonas pelo processo normal requer somente 2 horas de trabalho, mas precisa de 2 acres de terra. Um produtor de azeitonas tem 250 horas de trabalho disponíveis e um total de 150 acres para plantar. Devido à diferença nos tamanhos das azeitonas, um barril de azeitonas produzido em árvores podadas é vendido por $20, enquanto um barril de azeitonas padrão é vendido por $30. O produtor determinou que, devido à incerteza da demanda, não mais do que 40 barris de azeitonas podadas devem ser produzidos. Use a PL gráfica para encontrar:
(a) o lucro máximo possível.
(b) a melhor combinação de barris de azeitonas podadas e azeitonas padrão.
(c) o número de acres que o produtor de azeitonas deve dedicar a cada processo de produção.

7-27 Considere as quatro formulações de um PPL a seguir. Usando uma abordagem gráfica, determine:
(a) qual formulação tem mais do que uma solução ótima.
(b) qual formulação é ilimitada.
(c) qual formulação não tem solução viável.
(d) qual formulação está correta do jeito que está.

Formulação 1
Maximizar $10X_1 + 10X_2$
sujeito a $2X_1 \leq 10$
$2X_1 + 4X_2 \leq 16$
$4X_2 \leq 8$
$X_1 \geq 6$

Formulação 2
Maximizar $X_1 + 2X_2$
sujeito a $X_1 \leq 1$
$2X_2 \leq 2$
$X_1 + 2X_2 \leq 2$

Formulação 3
Maximizar $3X_1 + 2X_2$
sujeito a $X_1 + X_2 \geq 5$
$X_1 \geq 2$
$2X_2 \geq 8$

Formulação 4
Maximizar $3X_1 + 3X_2$
sujeito a $4X_1 + 6X_2 \leq 48$
$4X_1 + 2X_2 \leq 12$
$3X_2 \geq 3$
$2X_1 \geq 2$

7-28 Trace o seguinte problema de PL e indique o ponto da solução ótima:

$$\text{Maximizar o lucro} = \$3X + \$2Y$$

$$\text{sujeito a} \quad 2X + Y \leq 150$$
$$2X + 3Y \leq 300$$

(a) A solução ótima muda se o lucro por unidade de X for $4,50?
(b) O que acontece se a função lucro for $3X + $3Y?

7-29 Analise graficamente o seguinte problema:

Maximizar o lucro $= \$4X + \$6Y$

sujeito a $\quad X + 2Y \leq 8$ horas

$\quad\quad\quad\quad 6X + 4Y \leq 24$ horas

(a) Qual é a solução ótima?
(b) Se a primeira restrição for alterada para $X + 3Y \leq 8$ horas, a região viável ou a solução ótima mudam?

7-30 Examine a formulação de PL no Problema 7-29. A segunda restrição do problema diz:

$6X + 4Y \leq 24$ horas (tempo disponível na máquina 2)

Se a empresa decide que 36 horas do tempo podem estar disponíveis na máquina 2 (a saber, 12 horas adicionais) com um custo adicional de $10, ela deve acrescentar as horas?

7-31 Considere o seguinte problema de PL:

Maximizar o lucro $= 5X + 6Y$

sujeito a $\quad 2X + Y \leq 120$

$\quad\quad\quad\quad 2X + 3Y \leq 240$

$\quad\quad\quad\quad X, Y \geq 0$

(a) Qual é a solução ótima para esse problema? Solucione-o graficamente.
(b) Se um progresso tecnológico aumentar o lucro por unidade de X para $8, isso afetará a solução ótima?
(c) Em vez de um crescimento no coeficiente de lucro de X para $8, suponha que o lucro foi superestimado e deveria ter sido de somente $3. Isso muda a solução ótima?

7-32 Considere a formulação de PL dada no Problema 7-31. Se a segunda restrição é alterada de $2X + 3Y \leq 240$ para $2X + 4Y \leq 240$, que efeito isso terá na solução ótima?

7-33 A saída do computador dada abaixo é a solução do Problema 7-31. Use esses resultados para responder as seguintes questões:
(a) Quanto o lucro em X poderia aumentar ou diminuir sem alterar os valores de X e Y na solução ótima?
(b) Se o lado direito da restrição 1 fosse aumentado em 1 unidade, em quanto aumentaria o lucro?
(c) Se o lado direito da restrição 1 fosse aumentado em 10 unidades, em quanto aumentaria o lucro?

7-34 A saída de computador acima é para o problema do produto misto em que existem dois produtos e três restrições de recursos. Use essa saída para ajudá-lo responder as seguintes questões, supondo que você queira maximizar o lucro em cada caso:
(a) Quantas unidades do produto 1 e do produto 2 devem ser produzidas?
(b) Quanto de cada um dos três recursos está sendo utilizado?
(c) Quais são os preços duais para cada recurso?
(d) Se você poderia obter mais de um dos recursos, qual deles você obteria? Quanto você deveria pagar por ele?
(e) O que aconteceria ao lucro se, com a saída original, a gerência decidisse produzir uma unidade a mais do produto 2?

7-35 Resolva graficamente o seguinte problema:

Maximizar o lucro $= 8X_1 + 5X_2$
sujeito a $\quad X_1 + X_2 \leq 10$

$\quad\quad\quad\quad X_1 \leq 6$

$\quad\quad\quad\quad X_1, X_2 \leq 0$

Saída para o Problema 7-33

Linear Programming Results

Problema 7.33 Solution

	X1	X2		RHS	Dual
Maximize	5	6			
Restrição 1	2	1	<=	120	,75
Restrição 2	2	3	<=	240	1,75
Solution->	30	60		510	

Ranging

Problema 7.33 Solution

Variable	Value	Reduced	Original Val	Lower Bound	Upper Bound
X1	30	0	5	4	12
X2	60	0	6	2,5	7,5
Constraint	Dual Value	Slack/Surplus	Original Val	Lower Bound	Upper Bound
Restrição 1	,75	0	120	80	240
Restrição 2	1,75	0	240	120	360

Saída para o Problema 7-34

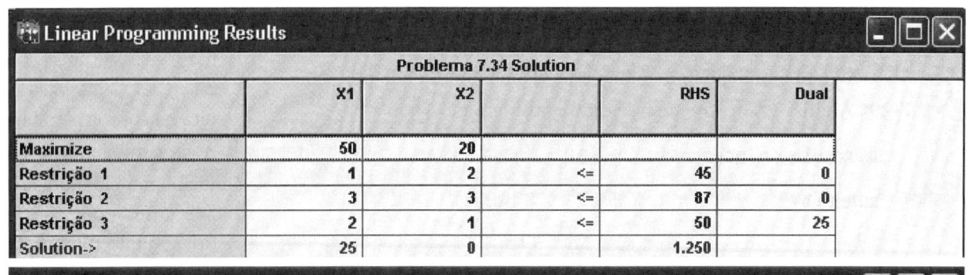

Linear Programming Results

Problema 7.34 Solution

	X1	X2		RHS	Dual
Maximize	50	20			
Restrição 1	1	2	<=	45	0
Restrição 2	3	3	<=	87	0
Restrição 3	2	1	<=	50	25
Solution->	25	0		1.250	

Ranging

Problema 7.34 Solution

Variable	Value	Reduced	Original Val	Lower Bound	Upper Bound
X1	25	0	50	40	Infinity
X2	0	5	20	-Infinity	25
Constraint	Dual Value	Slack/Surplus	Original Val	Lower Bound	Upper Bound
Restrição 1	0	20	45	25	Infinity
Restrição 2	0	12	87	75	Infinity
Restrição 3	25	0	50	0	58

(a) Qual é a solução ótima?
(b) Mude o lado direito da restrição 1 para 11 (em vez de 10) e solucione o problema. Em quanto aumentou o lucro como resultado dessa mudança?
(c) Mude o lado direito da restrição 1 para 6 (em vez de 10) e solucione o problema. Em quanto diminuiu lucro como resultado dessa mudança? Olhando para o gráfico, o que aconteceria se o lado direito estivesse abaixo de 6?
(d) Mude o lado direito da restrição 1 para 5 (em vez de 10) e solucione o problema Em quanto diminuiu o lucro do lucro original como resultado disso?
(e) Usando a saída do computador dessa página, qual é o preço dual da restrição 1? Qual é o limite inferior dela?
(f) Que conclusões você pode tirar disso em relação aos limites dos valores do lado direito e do preço dual?

7-36 Serendipidade[5]

Os três príncipes de Serendip
Fizeram uma pequena viagem
Eles não conseguiam carregar muito peso;
Mais de 300 libras já causava medo.
Eles planejaram nos mínimos detalhes. Quando retornaram ao Ceilão

---
[5] O termo Serendipidade foi cunhado pelo escritor inglês Horace Walpole a partir do conto de fadas intitulado "Os três príncipes de Serendip". A origem do problema é desconhecida.

Saída para o Problema 7-35

Linear Programming Results

Problema 7.35 Solution

	X1	X2		RHS	Dual
Maximize	50	20			
Restrição 1	2	4	<=	400	0
Restrição 2	100	50	<=	8.000	,4
Restrição 3	1	0	<=	60	10
Solution->	60	40		3.800	

Ranging

Problema 7.35 Solution

Variable	Value	Reduced	Original Val	Lower Bound	Upper Bound
X1	60	0	50	40	Infinity
X2	40	0	20	0	25
Constraint	Dual Value	Slack/Surplus	Original Val	Lower Bound	Upper Bound
Restrição 1	0	120	400	280	Infinity
Restrição 2	,4	0	8.000	6.000	9.500
Restrição 3	10	0	60	40	80

Eles descobriram que seus mantimentos haviam sumido
Mas o Príncipe William encontrou, que emoção!
Uma pilha de cocos no chão.
"Cada um renderá 60 rúpias", com um sorriso o Príncipe Richard exclamou
E quase em uma pele de leão tropeçou.
"Cuidado!" o Príncipe Robert com alegria gritou
Assim que outras peles de leão sob uma árvore avistou.
"Essas valem ainda mais – 300 rúpias cada
Se formos capazes de carregá-las até a praia em uma caminhada."
Cada pele pesava quinze libras e cada coco, cinco.
Mas eles carregaram tudo e o fizeram com muito afinco.
O barco de volta à ilha era muito pequeno
Quinze pés cúbicos de capacidade de bagagem –nem mais, nem menos.
Cada pele de leão um pé cúbico ocupava
E cada grupo de oito cocos do mesmo espaço precisava.
Com tudo armazenado eles se lançaram ao mar
E no caminho calcularam quão mais ricos iriam ficar
"Eureka!", gritou o Príncipe Robert, "Nosso valor é exato;
Não existiria outra maneira de retornarmos nesse estado
Trazer uma pele ou coco a mais seria em vão
Deixaria-nos mais pobres, e isso não queremos não!
Sabe de uma coisa? Escreverei ao meu amigo Horace, na Inglaterra, com exclusividade
Pois somente ele pode apreciar nossa serendipidade.

Formule e resolva o **Serendipidade** graficamente de modo a calcular "quão mais ricos iriam ficar".

7-37 A Investimentos Bhavika, um grupo de assessores financeiros e planos de aposentadoria, deve aconselhar seu cliente em como investir $200000. O cliente estipulou que o dinheiro deveria ir para um fundo de ações ou para um fundo mútuo e o retorno anual deveria ser de pelo menos $14000. Outras condições relacionadas ao risco também foram especificadas e o programa linear a seguir foi desenvolvido para auxiliar na decisão de investimento:

Maximizar o risco = $12S + 5M$

Sujeito a $S + M = 200000$ o investimento total é $200000

$0{,}10S + 0{,}05M \geq 14000$ o retorno deve ser pelo menos de $14000

$M \geq 40000$ pelo menos $40000 deve ficar no fundo mútuo

$S, M \geq 0$

onde:
S = dólares investidos no fundo de ações
M = dólares investidos no fundo mútuo
A saída do QM para Windows é mostrada abaixo.
(a) Quanto dinheiro deve ser investido no mercado de ações e no fundo mútuo? Qual é o risco total?
(b) Qual é o retorno total? Que taxa de retorno é essa?
(c) A solução mudaria se a medida do risco para cada dólar no fundo mútuo fosse 14 e não 12?
(d) Para cada dólar adicional que está disponível, em quanto muda o risco?

Saída para o Problema 7-37

Linear Programming Results

Investimos Bhavika Solution					
	S	M		RHS	Dual
Minimize	12	5			
Restrição 1	1	1	=	200.000	2
Restrição 2	,1	,05	>=	14.000	-140
Restrição 3	0	1	>=	40.000	0
Solution->	80.000	120.000,0		1.560.000	

Ranging

Investimos Bhavika Solution					
Variable	Value	Reduced	Original Val	Lower Bound	Upper Bound
S	80.000	0	12	5	Infinity
M	120.000,0	0	5	-Infinity	12
Constraint	Dual Value	Slack/Surplus	Original Val	Lower Bound	Upper Bound
Restrição 1	2	0	200.000	160.000	280.000
Restrição 2	-140	0	14.000	10.000	18.000
Restrição 3	0	80.000,01	40.000	-Infinity	120.000,0

(e) A solução mudaria se a quantia que deve ser investida no fundo mútuo fosse aumentada de $40000 para $50000?

7-38 Retorne à situação da Investimentos Bhavika (Problema 7-37). Foi decidido que, ao contrário de minimizar riscos, o objetivo deve ser maximizar o retorno, mas com restrições colocadas na quantidade de risco. O risco médio não deve ser mais do que 11 (com um risco total de 2200000 para os $200000 investidos). O programa linear foi reformulado e a saída do QM para Windows está mostrada abaixo.

(a) Quanto dinheiro deve ser investido no fundo mútuo e no fundo de ações? Qual é o retorno total? Que taxa de retorno é essa?
(b) Qual é o risco total? Qual é o risco médio?
(c) A solução mudaria se o retorno para cada dólar no fundo mútuo fosse 0,09 em vez de 0,10?
(d) Para cada dólar adicional que está disponível, qual é a taxa marginal de retorno?
(e) Quanto o retorno total mudará se a quantia investida no fundo mútuo for aumentada de $40000 para $50000?

Os Problemas 7-39 a 7-44 testam sua capacidade de formular problemas de PL com mais de duas variáveis. Eles não podem ser solucionados graficamente, mas possibilitam modelar e resolver um problema maior.

7-39 O rancho Feed 'N Ship engorda gado para fazendeiros locais e os envia para casas de carnes em Kansas City e Omaha. Os donos do rancho querem determinar a quantidade de comida para gado que deve ser comprada para que os padrões nutricionais mínimos sejam satisfeitos e, ao mesmo tempo, os custos totais sejam minimizados. A mistura da comida pode ser feita de três cereais que contêm os seguintes ingredientes por libra de comida.

Ingrediente	Alimento (oz.)		
	Alimento X	Alimento Y	Alimento Z
A	3	2	4
B	2	3	1
C	1	0	2
D	6	8	4

O custo por libra dos alimentos X, Y e Z são $2,00 $4,00 e $2,50, respectivamente. O mínimo necessário por gado por mês é 4 libras do ingrediente A, 5 libras do ingrediente B, 1 libra do ingrediente C e 8 libras do ingrediente D.

O rancho enfrenta uma restrição adicional: ele pode obter apenas 500 libras do alimento Z por mês do fornecedor, apesar de sua necessidade. Como há geralmente 100 reses no rancho Feed'N Ship em qualquer período, isso significa que não mais do que 5 libras do alimento Z podem ser utilizados para a alimentação de cada rês por mês.

(a) Formule essa situação como um problema de PL.
(b) Solucione o problema usando um software de PL.

7-40 A empresa Weinberger Electronics manufatura quatro produtos altamente técnicos, fornecidos a firmas aeroespaciais que têm contratos com a NASA. Cada um dos produtos deve passar pelos seguintes departamentos antes de serem enviados: fiação, perfuração, montagem e inspeção. O tempo

Saída para o Problema 7-38

Linear Programming Results

Investimos Bhavika Solution

	S	M		RHS	Dual
Maximize	,1	,05			
Restrição 1	1	1	=	200.000	,1
Restrição 2	12	5	<=	2.200.000	0
Restrição 3	0	1	>=	40.000	-,05
Solution->	160.000	40.000		18.000	

Ranging

Investimos Bhavika Solution

Variable	Value	Reduced	Original Val	Lower Bound	Upper Bound
S	160.000	0	,1	,05	Infinity
M	40.000	0	,05	-Infinity	,1
Constraint	Dual Value	Slack/Surplus	Original Val	Lower Bound	Upper Bound
Restrição 1	,1	0	200.000	40.000	206.666,7
Restrição 2	0	80.000	2.200.000	2.120.000	Infinity
Restrição 3	-,05	0	40.000	28.571,43	200.000

necessário em horas para cada unidade produzida e seu valor do lucro correspondente está resumido na tabela a seguir:

| Produto | Departamento | | | | Lucro por unidade ($) |
	Fiação	Perfuração	Montagem	Inspeção	
XJ201	0,5	0,3	0,2	0,5	9
XM897	1,5	1	4	1	12
TR29	1,5	2	1	0,5	15
BR788	1	3	2	0,5	11

A produção disponível em cada departamento a cada mês e a necessidade mínima mensal de produção para cumprir com os contratos são:

Departamento	Capacidade (horas)	Produto	Nível mínimo de produção
Fiação	15000	XJ201	150
Perfuração	17000	XM897	100
Montagem	26000	TR29	300
Inspeção	12000	BR788	400

O gerente de produção tem a responsabilidade de especificar os níveis de produção para cada produto para o próximo mês. Ajude-o formulando (isto é, configurando as restrições e a função objetivo) o problema da Weinberger usando a PL.

7-41 Um fabricante de produtos esportivos está desenvolvendo um planejamento de produção para dois tipos de raquetes de raquetebol. Um pedido foi recebido para 180 do modelo padrão e 90 para o modelo profissional. Elas devem ser entregues no final do mês. Outro pedido foi recebido para 200 do modelo padrão e 120 para o modelo profissional, mas elas não precisam ser entregues até o final do próximo mês. A produção em cada um dos dois meses pode ser em tempo normal ou em horas extras. No mês atual, uma raquete padrão pode ser produzida a um custo de $40 no tempo normal e o modelo profissional pode ser produzido a um custo de $60 no tempo regular. A hora extra aumenta o custo das raquetes para $50 e $70. Devido a um novo contrato de trabalho para o próximo mês, os custos aumentarão em 10% no final desse mês.

O número total de raquetes que pode ser produzido em um mês no tempo regular é 230, e 80 raquetes adicionais podem ser produzidas usando horas extras a cada mês. Por causa do pedido grande no final do mês, a empresa considera produzir algumas raquetes extras neste mês para mantê-las no estoque até o final do próximo mês. O custo para manter esse estoque por um mês é estimado em $2 por raquete. Formule esses dados como um problema de PL para minimizar o custo.

7-42 A Modem Corporation of America (MCA) é o maior produtor mundial de modems. A MCA vendeu 9000 unidades do modelo regular e 10400 do modelo inteligente no mês de setembro. Sua declaração de receita para o mês está mostrada na tabela a seguir. Os custos apresentados são típicos dos meses anteriores e é esperado que permaneçam no mesmo nível em um futuro próximo.

A empresa está enfrentando muitas restrições na preparação de seu plano de produção para novembro. Primeiro, ela tem tido uma alta demanda e não tem sido capaz de manter estoque algum. Não é esperada uma mudança nessa situação. Segundo, a empresa está localizada em uma pequena cidade de Iowa onde trabalho adicional não está prontamente disponível. Os trabalhadores podem ser transferidos da produção de um modem para outro, entretanto. Para produzir 9000 modems regulares em setembro, foram necessárias 5000 horas diretas de trabalho. Os 10400 modems inteligentes absorveram 10400 horas diretas de trabalho.

Tabela para o Problema 7-42
Declaração da Receita do Mês de Setembro da MCA

	Modems regulares	Modems inteligentes
Vendas	$450000	$640000
Menos: Descontos	10000	15000
Retornos	12000	9500
Substituições por garantia	4000	2500
Vendas líquidas	$424000	$613000
Custos das Vendas		
Trabalho direto	60000	76800
Trabalho indireto	9000	11520
Custo do material	90000	128000
Depreciação	40000	50800
Custos das vendas	$199000	$267120
Lucro bruto	$225000	$345880
Vendas e despesas gerais		
Despesas gerais – variáveis	30000	35000
Despesas gerais – fixas	36000	40000
Propaganda	28000	25000
Comissão das vendas	31000	60000
Custo total da operação	$125000	$160000
Receita antes dos impostos	$100000	$185880
Impostos (25%)	25000	46470
Receita líquida	$75000	$139410

Terceiro, a MCA enfrenta um problema que afeta o modelo de modems inteligentes. Seu fornecedor de componentes garante somente 8000 microprocessadores para a entrega em novembro.

Cada modem inteligente requer um desses microprocessadores especialmente produzidos. Fornecedores alternativos não estão disponíveis em curto prazo.

A MCA quer planejar a combinação ótima dos dois modelos de modems para serem produzidos em novembro de forma a maximizar os lucros.
(a) Usando os dados de setembro, formule o problema da MCA como um programa linear.
(b) Solucione o problema graficamente.
(c) Discuta as implicações da solução encontrada.

7-43 Trabalhando com químicos das universidades de Virginia Tech e George Washington, o paisagista Kenneth Golding combinou seu próprio adubo, chamado Golding-Grow. Ele consiste em quatro componentes químicos para cada composto C-30, C-92, D-21 e E-11. O custo por libra para cada composto está indicado a seguir:

Composto químico	Custo por libra ($)
C-30	0,12
C-92	0,09
D-21	0,11
E-11	0.04

As especificações para o Golding-Grow são: (1) E-11 deve constituir pelo menos 15% da mistura; (2) C-92 e C-30 devem, juntos, constituir pelo menos 45% da mistura; (3) D-21 e C-92, juntos, devem constituir de não menos do que 30% da mistura; e (4) o Golding-Grow empacotado é vendido em sacos de 50 libras.

(a) Formule um problema de PL para determinar qual é a melhor mistura dos quatro componentes que permirtirá a Golding minimizar o custo de um saco de 50 libras do fertilizante.
(b) Use o computador para encontrar a solução ótima.

7-44 A Combustíveis Raptor produz três tipos de gasolina: Regular, Premium e Super. Os três tipos são produzidos misturando dois tipos de óleo cru: o CA e o CB. Os dois tipos de óleo cru contém ingredientes específicos que ajudam a determinar o índice de octana da gasolina. Os ingredientes importantes e os custos estão na tabela a seguir:

	CA	CB
Custo por galão	$0,42	$0,47
Ingrediente 1	40%	52%
Outros ingredientes	60%	48%

Para atingir os índices de octana desejados, pelo menos 41% da gasolina Regular deve ser do Ingrediente 1; pelo menos 44% da gasolina Premium deve ser do Ingrediente 1; e pelo menos 48% da gasolina Super deve ser do Ingrediente 1. Devido a compromissos contratuais, a Raptor deve produzir pelo menos 20000 galões da Regular, 15000 galões da Premium e 10000 galões da Super. Formule um programa linear que determine quanto do CA e do CB devem ser usados em cada uma das gasolinas para satisfazer a demanda a um custo mínimo. Qual é o custo mínimo? Quanto é usado do CA e CB em cada galão dos diferentes tipos de gasolina?

PROBLEMAS EXTRAS NA INTERNET

Veja em **www.bookman.com.br** os problemas adicionais 7-45 a 7-49 (em inglês).

ESTUDO DE CASO

Mexicana Wire Works

Ron Garcia sentiu-se bem na sua primeira semana como gerente *trainee* na Mexicana Wire Winding, Inc. Ele ainda não havia adquirido conhecimento tecnológico sobre o processo de manufatura, mas tinha passeado por toda a empresa, localizada nos subúrbios da cidade do México, e conhecera várias pessoas em diversas áreas da operação.

A Mexicana é uma subsidiária da Westover Wire Works, empresa do Texas produtora de tamanho médio de bobinas usadas na produção de transformadores elétricos. Carlos Alvarez, gerente de controle de produção, descreveu os fios para Garcia como sendo de modelo padronizado. O passeio de Garcia pela fábrica, traçado pelo tipo de processo (veja a Figura 7.20), seguiu a sequência da manufatura para os fios elétricos: trefilação, extrusão, encapamento, inspeção e empacotamento. Após a inspeção, o produto bom é empacotado e enviado ao armazém de produtos acabados; produtos com defeito são armazenados separadamente até que possam ser refeitos.

No dia 8 de março, Vivian Espania, gerente geral da Mexicana, passou pelo escritório de Garcia e solicitou que ele participasse de uma reunião de pessoal às 13 horas.

"Vamos começar falando de negócios," Vivian disse, iniciando a reunião. "Todos vocês já conhecem Ron Garcia, nosso novo gerente *trainee*. Ron estudou gestão de operações no seu programa de MBA no sul da Califórnia, assim, acho que ele tem competência para nos ajudar com um problema que estamos tentando solucionar há muito tempo. Tenho certeza que todos vocês da minha equipe irão cooperar totalmente com Ron."

Vivian se voltou para José Arroyo, gerente do controle de produção: "José, por que você não descreve o problema que estamos enfrentando?". "Bem," José disse, "os negócios estão muito bons agora. Estamos registrando mais pedidos do que podemos atender. Teremos alguns equipamentos novos na linha de produção nos próximos meses, o que cuidará dos nossos problemas de capacidade, mas isso não nos ajudará em abril. Eu localizei alguns empregados aposentados que costumavam trabalhar no departamento de trefilação e planejo contratá-los como empregados temporários em abril para aumentar a capacidade nesse período. Devido ao refinanciamento de alguns débitos de longo prazo, a Vivian quer que nossos lucros sejam tão bons quanto possível em abril. Você pode me ajudar com isso?"

Garcia ficou surpreso e apreensivo ao receber uma tarefa tão importante e de alto nível tão cedo na sua carreira. Recuperando-se rapidamente, ele disse: "Forneça-me seus dados e deixe-me trabalhar com eles por um ou dois dias."

Pedidos de abril

Produto W0075C	1400 unidades
Produto W0033C	250 unidades
Produto W0005X	1510 unidades
Produto W0007X	1116 unidades

Nota: Vivian Espania deu sua palavra a um cliente importante de que iriam manufaturar 600 unidades do produto W0007X e 150 unidades do produto W0075C para ele durante o mês de abril.

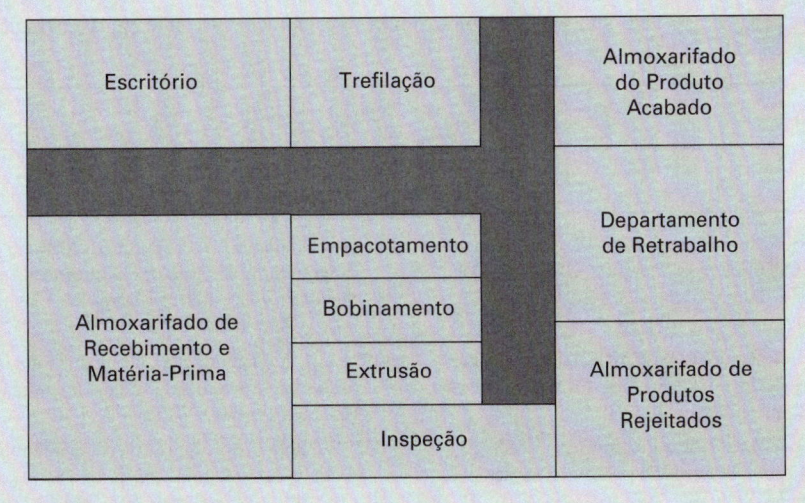

FIGURA 7.20 Mexicana Wire Winding, Inc.

Custo padrão

Produto	Material	Trabalho	Despesas gerais	Preço de venda
W0075C	$33,00	$9,90	$23,10	$100,00
W0033C	25,00	7,50	17,50	80,00
W0005X	35,00	10,50	24,50	130,00
W0007X	75,00	11,25	63,75	175,00

Dados de operação selecionados

Saída média por mês = 2400 unidades
Tempo médio de máquina = 63%
Percentual médio da produção determinado no departamento de retrabalho = 5% (principalmente do departamento de bobinamento)
Número médio de unidades rejeitadas aguardando retrabalho = 850 (principalmente do departamento de bobinamento)

Capacidade da fábrica (horas)

Trefilação	Extrusão	Bobinamento	Empacotamento
4000	4200	2000	2300

Nota: A capacidade de inspeção não é um problema: podemos trabalhar horas extras, se necessário, para acomodar qualquer programação.

Custo de trabalho (horas/unidade)

Produto	Trefilação	Extrusão	Bobinamento	Empacotamento
W0075C	1,0	1,0	1,0	1,0
W0033C	2,0	1,0	3,0	0,0
W0005X	0,0	4,0	0,0	3,0
W0007X	1,0	1,0	0,0	2,0

Questões para discussão

1. Quais recomendações Ron deve fazer, com quais justificativas? Faça uma análise detalhada contendo diagramas, gráficos e resultados de computador.
2. Discuta a necessidade de trabalhadores temporários no departamento de trefilação.
3. Discuta o layout da fábrica.

Fonte: Professor Victor E. Sower, Universidade Estadual Sam Houston. Esse estudo de caso é baseado em um problema real, com nomes e datas alterados para manter o sigilo.

ESTUDOS DE CASO NA INTERNET

Veja em **www.bookman.com.br** os estudos de caso adicionais (em inglês).

BIBLIOGRAFIA

BASSAMBOO, Achal, HARRISON, J.Michael, e ZEEVI, Assaf. Design and Control of a Large Call Center: Asymptotic Analysis of an LP-Based Method. *Operations Research*. v.54, n. 3, May–June, 2006, p. 419–35.

BEHJAT, Laleh, VANNELLI, Anthony e ROSEHART, William. Integer Linear Programming Model for Global Routing. *INFORMS Journal on Computin*. v. 18, n. 2, Spring 2006, p. 137–50.

BIXBY, Robert E. Solving Real-World Linear Programs: A Decade and More of Progress. *Operations Research*. v. 50, n. 1, January–February, 2002, p. 3–15.

BODINGTON, C. E., e BAKER, T. E. A History of Mathematical Programming in the Petroleum Industry. *Interfaces*, v. 20, n.4, July–August 1990, p. 117–32.

CHAKRAVARTI, N. Tea Company Steeped in OR. *OR/MS Today*. v. 27, n.2, April 2000, p. 32–44.

DANTZIG, George B. Linear Programming Under Uncertainty. *Management Science*. v. 50, n. 12, December 2004, p. 1764–69.

DESROISERS, Jacques. Air Transat Uses ALTITUDE to Manage Its Aircraft Routing, Crew Pairing, and Work Assignment. *Interfaces*. v. 30, n. 2, March–April 2000, p. 41–53.

DUTTA, Goutam e FOURER Robert. A Survey of Mathematical Programming Applications in Integrated Steel Plants. *Manufacturing & Service Operations Management*. v. 3, n. 4, Fall 2001, p. 387–400.

FARLEY, A. A. Planning the Cutting of Photographic Color Paper Rolls for Kodak (Australasia) Pty. Ltd.. *Interfaces*. v. 21, n. 1, January–February, 1991, p. 92–106.

FOURER, Robert. Software Survey: Linear Programming. *OR/MS Today*. v. 32, n. 3, June 2005, p. 46–55.

GARNER, Susan Garille e GASS, Saul I. Stigler's Diet Problem Revisited. *Operations Research*. v. 49, n. 1, Jaunary–February 2001, p. 1–13.

GASS, Saul I. The First Linear-Programming Shoppe. *Operations Research*. v. 50, n.1, January–February 2002, p. 61–68.

GREENBERG, H. J. How to Analyze the Results of Linear Programs—Part 1: Preliminaries. Interfaces. v. 23, n. 4, July–August 1993, p. 56–68.

GREENBERG, H. J. How to Analyze the Results of Linear Programs—Part 3: Infeasibility Diagnosis. *Interfaces*. v. 23, n. 6, November–December 1993, p. 120–39.

HIGLE, Julia L., WALLACE, Stein W. Sensitivity Analysis and Uncertainty in Linear Programming. *Interfaces*. v. 33, n. 4, July–August 2003, p. 53–60.

LEBLANC, Larry J., RANDELS, Dale, Jr., e SWANN, T. K. Heery International's Spreadsheet Optimization Model for Assigning Managers to Construction Projects. Interfaces. v. 30, n. 6, November–December 2000, p. 95–106.

LYON, Peter R., MILNE, John, ORZELL, Robert e RICE, Robert. Matching Assests with Demand in Supply-Chain Management at IBM Microelectronics, *Interfaces*. v. 31, n. 1, January–February 2001, p. 108–24.

MURPHY, Frederic H. ASP, the Art and Science of Practice: Elements of a Theory of the Practice of Operations Research: Expertise in Practice. *Interfaces*. v. 35, n. 4, July–August 2005, p. 313–22.

ORDEN, A. LP from the '40s to the '90s. *Interfaces*. v. 23, n.5, September–October 1993, p. 2–12.

PATE-CORNELL, M. E. e DILLON, T. L.. The Right Stuff. *OR/MS Today*. v.27, n.1, February 2000, p. 36–9.

ROMEIJN, H. Edwin, AHUJA, Ravindra K., DEMPSEY, James F. e KUMAR, Arvind. A New Linear Programming Approach to Radiation Therapy Treatment Planning Problems. Operations Research. v. 54, n. 2, March–April 2006, p. 201–16.

RUBIN, D. S.e WAGNER, H. M. Shadow Prices: Tips and Traps for Managers and Instructors. *Interfaces*. v. 20, n.4, July–August 1990, p. 150–57.

RYAN, David M. Optimization Earns Its Wings. *OR/MS Today*. v.27, n.2, April 2000, p. 26–30.

WENDELL, Richard E. Tolerance Sensitivity and Optimality Bounds in Linear Programming. *Management Science*. v. 50, n. 6, June 2004, p. 797–803.

APÊNDICE 7.1: INSTALANDO O SUPLEMENTO SOLVER NO EXCEL 2007

Para executar o Solver no Excel 2007, você precisa instalar o suplemento do Solver. Para tanto, siga esses passos.

1. Clique no botão com o logo MS Office no canto superior esquerdo da tela. Clique em Opções do Excel na parte de baixo do menu suspenso que irá abrir (veja o Programa 7.7A)
2. Clique em **Suplementos** (veja o Programa 7.7B).
3. Selecione o **Suplementos do Excel** na parte de baixo da janela e clique em Ir... (veja o Programa 7.7C).
4. Selecione o Suplemento **Solver** (veja o Programa 7.7D). Clique em OK.

Depois de instalar o Solver, ele irá aparecer no painel **Dados** e o Solver será mostrado no grupo **Análise** (veja o Programa 7.7E). Nesse ponto, você pode seguir as mesmas instruções para o Solver do Excel 2003 mostrado anteriormente neste capítulo.

PROGRAMA 7.7A

Instalando o suplemento Solver no Excel 2007

334 Análise Quantitativa para Administração

PROGRAMA 7.7B
Selecionando o suplemento no Excel 2007.

(Selecione Suplementos.)

PROGRAMA 7.7C
Tela do Excel 2007 mostrando o suplemento.

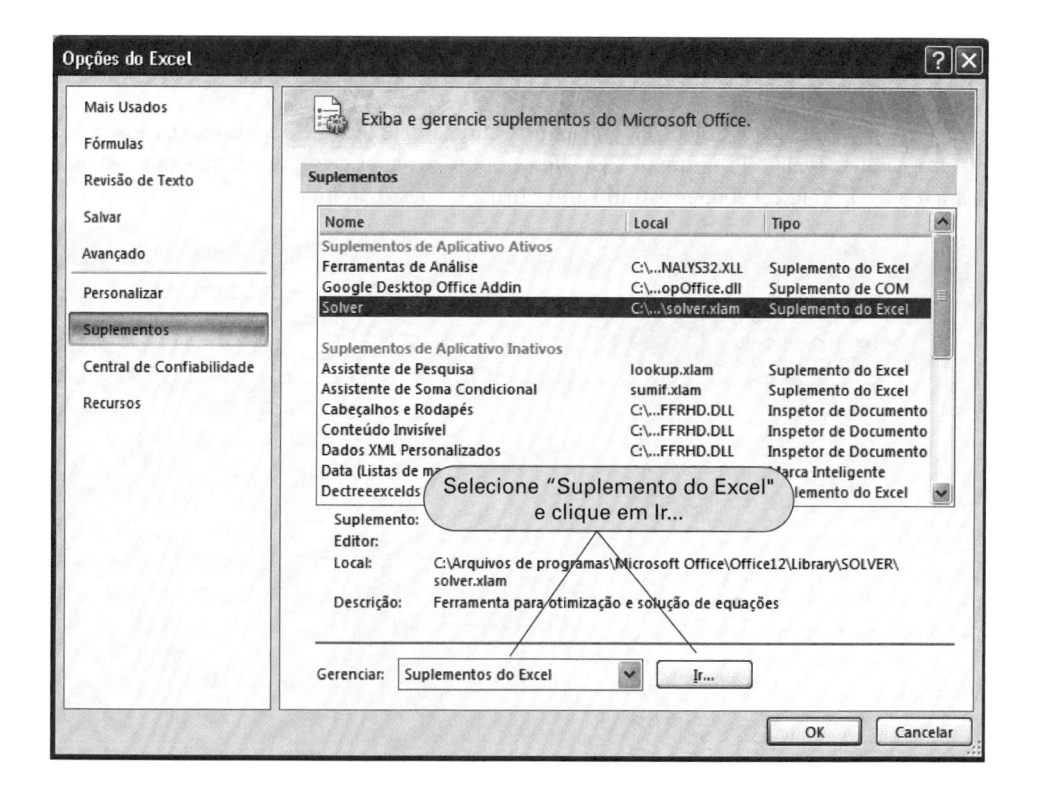

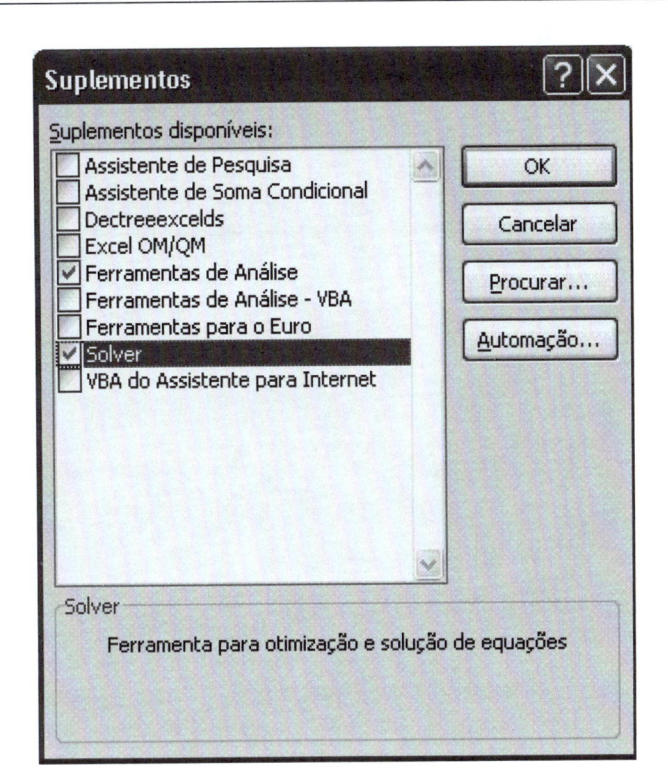

Capítulo 7 • Modelos de Programação Linear: Métodos Gráficos e Computacionais 335

PROGRAMA 7.7D
Selecionando o suplemento do Solver no Excel 2007.

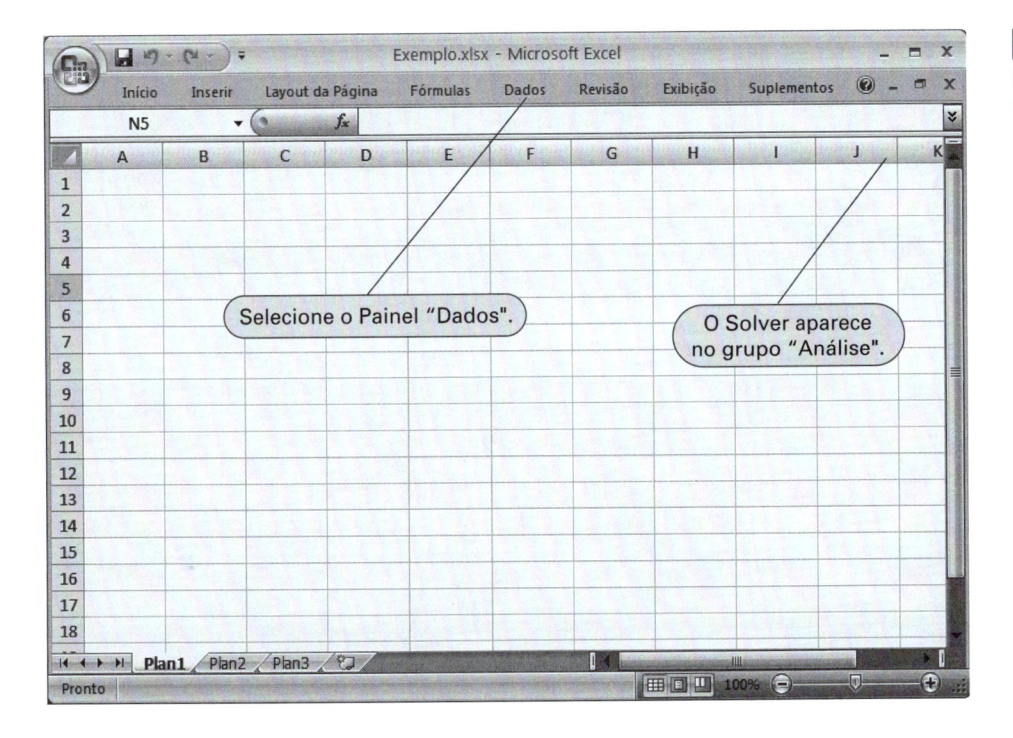

PROGRAMA 7.7E
Painel de dados e Solver no grupo de análise.

Selecione o Painel "Dados".

O Solver aparece no grupo "Análise".

CAPÍTULO 8

Aplicações de Modelagem com Programação Linear em Excel e QM para Windows

OBJETIVOS DE APRENDIZAGEM

Depois de ler este capítulo, os alunos serão capazes de:

1. Modelar uma grande variedade de problemas de Programação Linear de médio a grande porte
2. Entender as principais áreas de aplicação, incluindo publicidade, produção, cronogramas de atividades, mistura de combustíveis, transporte e finanças
3. Adquirir experiência na resolução de problemas de PL (Programação Linear) com o QM para Windows e o Solver do Excel

VISÃO GERAL DO CAPÍTULO

8.1 Introdução
8.2 Aplicações em marketing
8.3 Aplicações na manufatura
8.4 Aplicações na programação dos colaboradores
8.5 Aplicações financeiras
8.6 Aplicações de transporte
8.7 Aplicações de baldeação
8.8 Aplicações de mistura de ingredientes

Resumo • Autoteste • Problemas • Problemas extras na Internet • Estudo de caso: Enlatados Red Brand • Estudo de caso: Banco Chase Manhattan • Bibliografia

8.1 INTRODUÇÃO

O método gráfico de programação linear (PL), discutido no Capítulo 7, é útil para entender como formular e resolver pequenos problemas de PL. O objetivo deste capítulo é ir um passo além e mostrar como diversos problemas reais podem ser modelados utilizando a PL. Faremos isso apresentando exemplos de modelos na área de mix de produção, cronograma de atividades, alocação de tarefas, planejamento da produção, pesquisa de marketing, seleção de mídias, despacho e transporte, transbordo de mistura de ingredientes e seleção de portfólios financeiros. Resolveremos muitos desses problemas de PL com o Solver do Excel e o QM para Windows.

Embora alguns desses modelos sejam numericamente pequenos, os princípios aqui apresentados são aplicáveis aos grandes problemas. Além disso, essa prática de "parafrasear" a formulação de modelos de PL desenvolve habilidades no uso da técnica para outras aplicações menos comuns.

8.2 APLICAÇÕES EM MARKETING

Seleção de mídias

Problemas de seleção de mídias podem ser abordados com a PL a partir de duas perspectivas. O objetivo pode ser maximizar a exposição à audiência ou minimizar os custos de publicidade.

Modelos de programação linear são usados no campo da publicidade para auxiliar na elaboração de um mix eficaz de mídias. Às vezes, a técnica é empregada na distribuição de um orçamento limitado ou fixo por várias mídias que pode incluir comerciais de rádio ou televisão, propagandas em jornais, malas diretas, anúncios em revistas e assim por diante. Nessas aplicações, o objetivo é maximizar a exposição ao público ou audiência-alvo. Restrições sobre o mix de mídias possíveis podem ser provenientes de condições de contratos, disponibilidade limitada da mídia ou de políticas da empresa. Um exemplo é fornecido a seguir.

O clube de jogos Ganhe Muito promove viagens para jogadores de uma grande cidade do meio-oeste até o cassino situado nas Bahamas. O clube tem um orçamento de $8000 semanal para publicidade local. O dinheiro deve ser distribuído entre quatro mídias potenciais: comerciais de TV, propaganda em jornais e dois tipos de anúncios em rádio. O objetivo do Ganhe Muito é alcançar a maior audiência potencial possível por meio das várias mídias. A tabela a seguir apresenta o número de jogadores potenciais alcançados por cada uma das várias mídias. Ela também fornece os custos por comercial veiculado e o número máximo de anúncios que podem ser comprados por semana.

Mídia	Audiência alcançada por comercial	Custo por comercial ($)	Número máximo de anúncios semanais
Comerciais de TV (1 minuto)	5.000	800	12
Jornal Diário (anúncio de página inteira)	8.500	925	5
Comercial de rádio (30 segundos, horário nobre)	2.400	290	25
Comercial de rádio (1 minuto, tarde)	2.800	380	20

O arranjo contratual do Ganhe Muito requer que pelo menos cinco anúncios em rádio sejam feitos semanalmente. Para assegurar uma campanha de alcance geral, a gerência insiste em que não mais do que $1800 sejam gastos em anúncios de rádio por semana.

O problema pode ser matematicamente modelado como segue. Sejam:

X_1 = número de anúncios televisivos de um minuto feitos por semana.

X_2 = número de anúncios jornalísticos de página inteira feitos por semana.

X_3 = número de anúncios radiofônicos de 30 segundos no horário nobre feitos por semana.

X_4 = número de anúncios radiofônicos vespertinos feitos por semana.

Objetivo:

Maximizar a audiência coberta = $5000X_1 + 8500X_2 + 2400X_3 + 2800X_4$
sujeito a
$X_1 \leq 12$ (número máximo de anúncios televisivos semanais)
$X_2 \leq 5$ (número máximo de anúncios jornalísticos semanais)
$X_3 \leq 25$ (número máximo de anúncios radiofônicos de 30 segundos semanais)
$X_4 \leq 20$ (número máximo de anúncios radiofônicos de 1 minuto semanais)
$800X_1 + 925X_2 + 290X_3 + 380X_4 \leq 8000$ (orçamento de publicidade semanal)
$X_3 + X_4 \geq 5$ (número mínimo de comerciais radiofônicos contratado)
$290X_3 + 380X_4 \leq 1800$ (gasto máximo permitido com rádio)
$X_1, X_2, X_3, X_4 \geq 0$

PROGRAMA 8.1A

Formulação no Excel do problema de PL do Ganhe Muito utilizando o Solver.

	A	B	C	D	E	F	G	H
1	Clube de Jogo Ganhe Muito							
2								
3		Comercial de TV	Anúncio	Anúncio de 30"	Anúncio de 1'			
4		De um minuto	em Jornal	no rádio	no Rádio			
5	Solução							
6	Variáveis	X1	X2	X3	X4			Restrição
7	Audiência alcançado por anúncio	5000	8500	2400	2800	=SOMARPRODUTO($B$5:$E$5;B7:E7)		
8	Máximo em TV	1				=SOMARPRODUTO($B$5:$E$5;B8:E8)	<=	12
9	Máximo em Jornal		1			=SOMARPRODUTO($B$5:$E$5;B9:E9)	<=	5
10	Máximo de anúncio de 30" no Rádio			1		=SOMARPRODUTO($B$5:$E$5;B10:E10)	<=	25
11	Máximo de anúncio de 1' no Rádio				1	=SOMARPRODUTO($B$5:$E$5;B11:E11)	<=	20
12	Custo por Anúncio	800	925	290	380	=SOMARPRODUTO($B$5:$E$5;B12:E12)	<=	8000
13	Orçamento para o Rádio			290	380	=SOMARPRODUTO($B$5:$E$5;B13:E13)	<=	1800
14	Anúncios no Rádio			1	1	=SOMARPRODUTO($B$5:$E$5;B14:E14)	>=	5

Parâmetros do Solver

Definir célula de destino: $F$13
Igual a: ⊙ Máx ○ Min ○ Valor de: 0
Células variáveis: $B$5:$E$5
Submeter às restrições:
$F$11 <= $H$11
$F$12 <= $H$12
$F$13 <= $H$13
$F$14 <= $H$14
$F$8 <= $H$8
$F$9 <= $H$9

PROGRAMA 8.1B

Solução do modelo de PL do clube de jogos Ganhe Muito.

	A	B	C	D	E	F	G	H
1	Clube de Jogo Ganhe Muito							
2								
3		Comercial de TV	Anúncio	Anúncio de 30"	Anúncio de 1'			
4		De um minuto	em Jornal	no rádio	no Rádio			
5	Solução	1,97	5,00	6,21	0,00			
6	Variáveis	X1	X2	X3	X4			Restrição
7	Audiência alcançado por anúncio	5000	8500	2400	2800	67240,30		
8	Máximo em TV	1				1,97	<=	12
9	Máximo em Jornal		1			5,00	<=	5
10	Máximo de anúncio de 30" no Rádio			1		6,21	<=	25
11	Máximo de anúncio de 1' no Rádio				1	0,00	<=	20
12	Custo por Anúncio	800	925	290	380	8000,00	<=	8000
13	Orçamento para o Rádio			290	380	1800,00	<=	1800
14	Anúncios no Rádio			1	1	6,21	>=	5

A solução a essa formulação de PL, utilizando o Solver do Excel (veja os Programas 8.1A e 8.1B), é:

$X_1 = 1,97$ anúncios de TV

$X_2 = 5$ propagandas em jornal

$X_3 = 6,2$ anúncios de 30 segundos no rádio

$X_4 = 0$ anúncios de 1 minuto no rádio

Isso produzirá uma audiência estimada de 67240. Em virtude de X_1 e X_3 serem frações, o Ganhe Muito provavelmente irá arredondá-los para 2 e 6, respectivamente. Problemas que exigem que todas as soluções sejam inteiras serão discutidos em mais detalhes no Capítulo 11.

Pesquisa de marketing

A programação linear tem sido aplicada também a problemas de pesquisa em marketing e na área de pesquisa de mercado. O próximo exemplo ilustra como pesquisadores de opinião podem obter decisões estratégicas com a PL.

A Ciência da Administração Associados (CAA) é uma empresa de pesquisa em marketing e computadores com base em Washington, D.C., que faz levantamentos de mercado. Um de seus clientes é um serviço de imprensa nacional que faz levantamentos políticos sobre assuntos diversos. Em uma pesquisa para a imprensa nacional, a CAA determina que deve satisfazer várias condições para conseguir tirar conclusões estatísticas válidas sobre o assunto da nova lei de imigração americana:

1. Entrevistar pelo menos 2300 famílias americanas no total.
2. Entrevistar pelo menos 1000 famílias em que o responsável tenha 30 anos de idade ou menos.
3. Entrevistar pelo menos 600 famílias em que o responsável tenha entre 31 e 50 anos de idade.
4. Assegurar que pelo menos 15% dos entrevistados viva em um estado que faça fronteira com o México.
5. Garantir que não mais do que 20% dos entrevistados com idade igual ou superior a 51 anos vivam em um estado que faça fronteira com o México.

A CAA decide que todas as entrevistas devem ser conduzidas pessoalmente. Ela estima que os custos de entrevistar pessoas de cada idade em cada uma das regiões são:

Mídia	Custo por pessoa entrevistada ($)		
	Idade ≤ 30	Idade 31 – 50	Idade ≥ 51
Estados com fronteira com o México	$7,50	$6,80	$5,50
Estados sem fronteira com o México	$6,90	$7,25	$6,10

O objetivo da CAA é satisfazer as cinco condições da amostragem com o menor custo possível. Sejam:

X_1 = número de entrevistados com 30 anos de idade ou menos que vivem em um estado de fronteira

X_2 = número de entrevistados com idade entre 31 e 50 anos e que vivem em um estado de fronteira

X_3 = número de entrevistados com 51 anos ou mais e que vivem em um estado de fronteira

> **EM AÇÃO** — Programação dos aviões na Delta Air Lines com Coldstart
>
> Já foi dito que o assento de um avião é a commodity mais perecível do mundo. Cada vez que um avião decola com um acento vazio, uma oportunidade de lucro foi perdida para sempre. Para a Delta Air Lines, que atende mais de 2500 trechos domésticos por dia utilizando aproximadamente 450 aviões de 10 modelos diferentes, a programação dos voos é o coração da companhia.
>
> Um trecho de voo para a Delta pode consistir em um Boeing 757 programado para voar às 06h21 de Atlanta e chegar em Boston às 08h45. O problema da Delta, e de todos os concorrentes, é combinar as aeronaves como a 747, 757 ou 767 para voar trechos como o de Atlanta-Boston e preencher os assentos com passageiros pagantes. Os avanços recentes nos algoritmos de PL e no hardware computacional possibilitaram a resolução desse tipo de problemas de otimização pela primeira vez. Coldstart é o nome do gigante modelo de PL da Delta, rodado diariamente. A Delta é a primeira linha aérea a resolver um problema dessa natureza.
>
> O tamanho típico do modelo Coldstart diário é de 40000 restrições e 60000 variáveis. As restrições são as aeronaves disponíveis, as necessidades de manutenção da frota, o equilíbrio das chegadas, os aeroportos de partida e assim por diante. O objetivo do Coldstart é minimizar uma combinação de custos operacionais com perda de lucro em passageiros, denominada de custos de derramamento (*spill costs*).
>
> A economia proporcionada pelo modelo até agora tem sido fenomenal: é estimada em $220000 diários a mais em relação ao modelo de planejamento de programação anterior da Delta, apelidado de "Warmstart". A empresa espera economizar mais de $300000,00 nos próximos três anos com a utilização da PL.
>
> **Fonte:** Baseado em SUBRAMANIAN, R. et al. Coldstart: Fleet Assignment at Delta Air Lines. *Interfaces*. v. 24, n. 1, January-February de 1994, p. 104-20 e HORNER, Peter R. *OR/MS Today*. v. 22, n. 4, August 1995, p. 14-15.

X_4 = número de entrevistados com idade inferior a 30 anos e que não moram em um estado de fronteira

X_5 = número de entrevistados com idade entre 31 e 50 anos e que não moram em um estado de fronteira

X_6 = número de entrevistados com 51 anos ou mais e que não moram em um estado de fronteira

Função objetivo:

$$\text{Minimizar o custo total das entrevistas} = \$7{,}50X_1 + \$6{,}80X_2 + \$5{,}50X_3 + \$6{,}90X_4 + \$7{,}25X_5 + \$6{,}10X_6$$

Sujeito a

$X_1 + X_2 + X_3 + X_4 + X_5 + X_6 \geq 2300$ (total de entrevistados)

$X_1 + X_4 \geq 1000$ (entrevistados com até 30 anos)

$X_2 + X_5 \geq 600$ (Entrevistados com idade entre 31 e 50 anos)

$X_1 + X_2 + X_3 \geq 0{,}15(X_1 + X_2 + X_3 + X_4 + X_5 + X_6)$ (estados de fronteira)

$X_3 \leq 0{,}20(X_3 + X_6)$ (limite do grupo de 51 anos ou mais que moram em um estado de fronteira)

$X_1, X_2, X_3, X_4, X_6 \geq 0$

A solução computacional do problema CAA fornece $15166,00 e é apresentada na próxima tabela e no Programa 8.2, que ilustra as entradas e saídas do QM para Windows. Note que as variáveis nas restrições foram deslocadas para o lado esquerdo da desigualdade.

Região	Idade ≤ 30	Idade 31-50	Idade ≥ 51
Estados que fazem divisa com o México	0	600	140
Estados que não fazem divisa com o México	1000	0	560

PROGRAMA 8.2
Utilizando o QM para Windows para resolver o Problema de PL da CAA.

Linear Programming Results

Ciência da Admnistração Associados Solution

	X1	X2	X3	X4	X5	X6		RHS	Dual
Minimize	7,50	6,80	5,50	6,90	7,25	6,10			
Restrição 1	1,00	1,00	1,00	1,00	1,00	1,00	>=	2300,00	-5,98
Restrição 2	1,00			1,00			>=	1000,00	-0,92
Restrição 3		1,00			1,00		>=	600,00	-0,82
Restrição 4	0,85	0,85	0,85	-0,15	-0,15	-0,15	>=		0,00
Restrição 5			0,80			-0,20	<=		0,60
Solution->	0,00	600,00	140,00	1000,00	0,00	560,00		15166,00	

8.3 APLICAÇÕES NA MANUFATURA

Mix de produção

Um campo fértil para o uso da PL é o planejamento para o mix ótimo de produtos na manufatura. Uma empresa deve preencher uma miríade de restrições, variando de problemas financeiros à demanda de vendas, requisições de matérias-primas e problemas com o sindicato. O objetivo principal é obter o maior lucro possível.

A Fifth Avenue Industries, uma fabricante nacionalmente conhecida de roupas masculinas, produz quatro variedades de gravatas. Uma é bem cara e toda feita de seda, outra é constituída de poliéster e duas são misturas de poliéster e algodão. A tabela a seguir ilustra os custos e a disponibilidade (por período de planejamento mensal de produção) dos três materiais utilizados no processo de produção.

Material	Custo por jarda* ($)	Material disponível por mês (jardas)
Seda	21	800
Poliéster	6	3000
Algodão	9	1600

A empresa tem contrato com várias cadeias grandes de lojas de departamentos para o fornecimento de gravatas. Os contratos requerem que a Fifth Avenue forneça uma quantidade mínima de cada tipo de gravata, mas permite um aumento se a empresa estiver disposta a suprir essa demanda adicional. (Muitas gravatas não são despachadas com o nome da Fifth Avenue, mas como estoques privados com as marcas das lojas compradoras.) A Tabela 8.1 resume as demandas do contrato para cada um dos quatro tipos de gravatas, os preços de venda por gravata e os requerimentos de tecido para cada um dos estilos do produto.

O objetivo da Fifth Avenue é maximizar o lucro mensal. Ela deve decidir uma política para o mix de produtos. Sejam:

X_1 = número de gravatas de seda produzidas mensalmente

X_2 = número de gravatas de poliéster

X_3 = número de gravatas de algodão e poliéster do tipo um

X_4 = número de gravatas de algodão e poliéster do tipo dois

Mas primeiro a empresa precisa definir o lucro por gravata:

---

* N. de T.: Medida inglesa equivalente a 91,44 cm. O símbolo é yd. Assim, 1 yd = 0,9144 metros.

TABELA 8.1 Dados para a Fifth Avenue

Tipo de gravata	Preço de venda por gravata ($)	Produção mínima por contrato	Demanda mensal	Tecido necessário por gravata	Material requerido
Seda	6,70	6000	7000	0,125	100% seda
Poliéster	3,55	10000	14000	0,080	100% poliéster
Mistura de algodão e poliéster – tipo 1	4,31	13000	16000	0,100	50% poliéster e 50% algodão
Mistura de algodão e poliéster – tipo 2	4,81	6000	8500	0,100	30% poliéster e 70% algodão

1. Para as gravatas de seda (X_1), são necessários 0,125 jardas de seda por unidade a um custo de $21 por jarda. Dessa forma, o custo por gravata é $2,62. O preço de venda da unidade é $6,70, resultando em um lucro líquido de ($6,70 − $2,62 =) $4,08 por unidade de X_1.

2. Para as gravatas de poliéster (X_2), são requeridos 0,08 jardas de poliéster a um custo de $6,00 por jarda. O custo por gravata é, assim, $0,48. O preço de venda da unidade é $3,55, resultando em um lucro líquido de ($3,55 − $0,48 =) $3,07.

3. As gravatas de algodão com poliéster do tipo um (X_3), requerem 0,05 jardas de poliéster a um custo de $6,00 por jarda e 0,05 jardas de algodão a um custo de $9,00 por jarda, resultando assim em um custo de $0,30 + $0,45 = $0,75 por gravata. O lucro é $3,56.

4. Tente calcular o lucro líquido para a gravata mista do tipo dois. Você deve levar em conta um custo de $0,81 por gravata e um lucro líquido de $4,00.

Agora, a função objetivo pode ser elaborada como:

$$\text{Maximizar o lucro} = 4,80X_1 + 3,07X_2 + 3,56X_3 + 4,00X_4$$

Sujeito a
$$0,125X_1 \leq 800 \quad \text{(Jardas de seda)}$$
$$0,08X_2 + 0,05X_3 + 0,03X \leq 3000 \quad \text{(Jardas de Poliéster)}$$
$$0,05X_3 + 0,07X_4 \leq 1600 \quad \text{(Jardas de Algodão)}$$
$$X_1 \geq 6000 \quad \text{(Contrato mínimo para gravatas de seda)}$$
$$X_1 \leq 7000 \quad \text{(Contrato máximo)}$$
$$X_2 \geq 10000 \quad \text{(Contrato mínimo para gravatas de poliéster)}$$
$$X_2 \leq 14000 \quad \text{(Contrato máximo)}$$
$$X_3 \geq 13000 \quad \text{(Contrato mínimo para gravatas de poliéster do tipo 1)}$$
$$X_3 \leq 16000 \quad \text{(Contrato máximo)}$$
$$X_4 \geq 6000 \quad \text{(Contrato mínimo para gravatas de poliéster do tipo 2)}$$
$$X_4 \leq 8500 \quad \text{(Contrato máximo)}$$
$$X_1, X_2, X_3, X_4 \geq 0$$

Utilizando o Excel e o comando Solver, a solução fornecida é produzir 6400 gravatas de seda mensalmente, 14000 de poliéster, 16000 com mistura do tipo 1 de algodão e poliéster e 8500 com mistura do tipo 2 de algodão e poliéster. Esses valores resultarão em um lucro de $160020 por período de produção. Veja os Programas 8.3A e 8.3B na próxima página para mais detalhes.

Cronograma de produção

Ajustar um cronograma de produção de baixo custo sobre um período de semanas ou meses é um problema de gestão importante, mas difícil. O gerente de produção precisa considerar muitos fatores: mão de obra, custos de estoque e armazenamento, limitações de espaço, de-

Análise Quantitativa para Administração

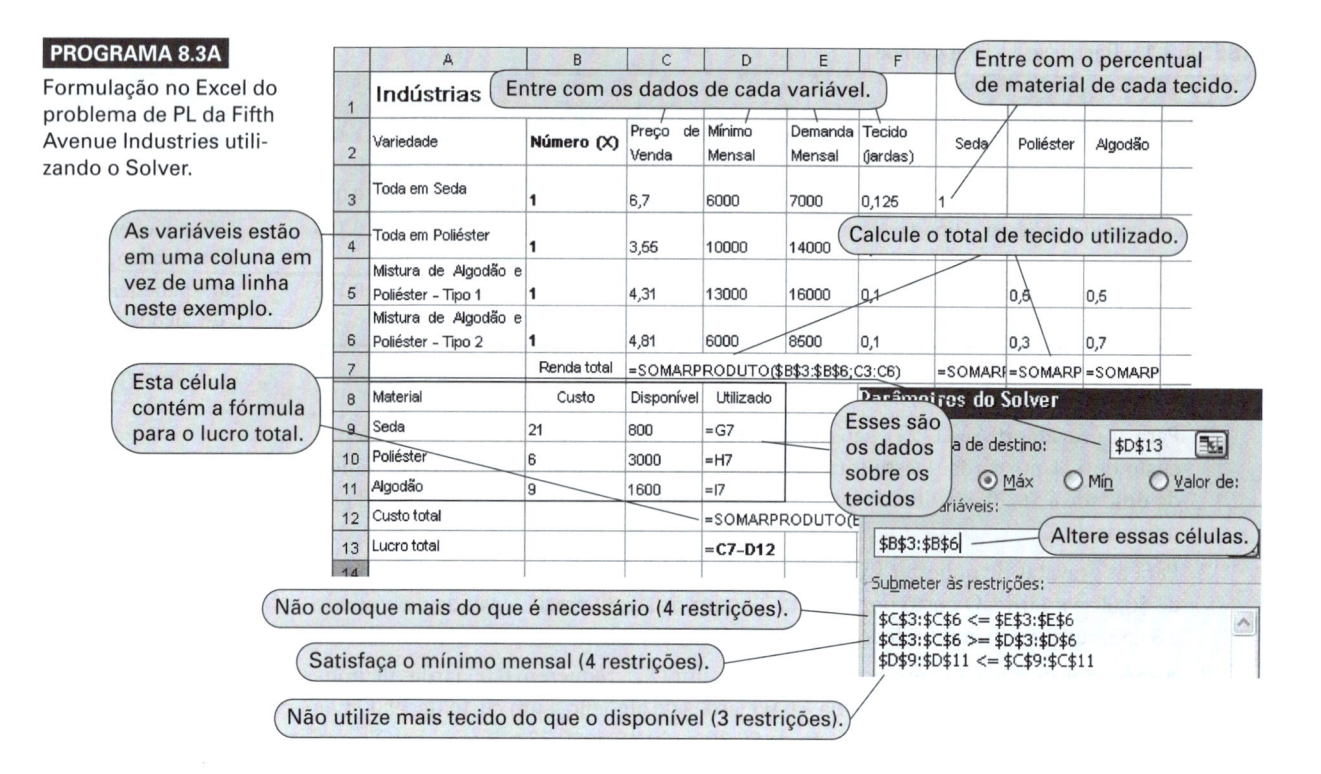

PROGRAMA 8.3A

Formulação no Excel do problema de PL da Fifth Avenue Industries utilizando o Solver.

Entre com os dados de cada variável.
Entre com o percentual de material de cada tecido.
As variáveis estão em uma coluna em vez de uma linha neste exemplo.
Calcule o total de tecido utilizado.
Esta célula contém a fórmula para o lucro total.
Esses são os dados sobre os tecidos
Altere essas células.
Não coloque mais do que é necessário (4 restrições).
Satisfaça o mínimo mensal (4 restrições).
Não utilize mais tecido do que o disponível (3 restrições).

	A	B	C	D	E	F	G	H	I
1	Indústrias								
2	Variedade	Número (X)	Preço de Venda	Mínimo Mensal	Demanda Mensal	Tecido (jardas)	Seda	Poliéster	Algodão
3	Toda em Seda	1	6,7	6000	7000	0,125	1		
4	Toda em Poliéster	1	3,55	10000	14000				
5	Mistura de Algodão e Poliéster – Tipo 1	1	4,31	13000	16000	0,1		0,5	0,5
6	Mistura de Algodão e Poliéster – Tipo 2	1	4,81	6000	8500	0,1		0,3	0,7
7		Renda total	=SOMARPRODUTO($B$3:$B$6;C3:C6)		=SOMARP	=SOMARP	=SOMARP		
8	Material	Custo	Disponível	Utilizado					
9	Seda	21	800	=G7					
10	Poliéster	6	3000	=H7					
11	Algodão	9	1600	=I7					
12	Custo total			=SOMARPRODUTO(...					
13	Lucro total			=C7–D12					

Parâmetros do Solver:
- Célula de destino: $D$13
- ● Máx ○ Mín ○ Valor de:
- Células variáveis: $B$3:$B$6
- Submeter às restrições:
  - $C$3:$C$6 <= $E$3:$E$6
  - $C$3:$C$6 >= $D$3:$D$6
  - $D$9:$D$11 <= $C$9:$C$11

PROGRAMA 8.3B

Saída do Programa 8.3A com a solução do problema de PL da Fifth Avenue.

	A	B	C	D	E	F	G	H	I	J
1		Indústrias Fifth Avenue								
2										
3		Variedade	Número (X)	Preço de Venda	Mínimo Mensal	Demanda Mensal	Material (Jardas)	Seda	Polyester	Algodão
4		Tudo Seda	6400	6,7	6000	7000	0,125	100%		
5		Tudo Polyester	14000	3,55	10000	14000	0,08		100%	
6		Mistura 1 de Polyester e Algodão	16000	4,31	13000	16000	0,1		50%	50%
7		Mistura 2 de Polyester e Algodão	8500	4,81	6000	8500	0,1		30%	70%
8										
9			Renda Total	202425				800	2175	1395
10										
11		Material	Custo	Disponível	Usado					
12		Seda	21	800	800					
13		Polyester	6	3000	2175					
14		Algodão	9	1600	1395					
15										
16		Custo Total			42405					
17										
18		Lucro Total			**160020**					

manda do produto e relações trabalhistas. Em virtude de muitas empresas produzirem mais de um produto, o processo de programação é frequentemente de alta complexidade.

Basicamente, o problema se assemelha ao do mix de produção para cada período futuro. O objetivo pode ser tanto maximizar o lucro ou minimizar os custos totais (produção mais estoque) de executar a tarefa.

O cronograma de produção pode ser resolvido com a PL, pois é um problema que deve ser resolvido em bases regulares. Quando a função objetivo e as restrições para uma empresa são determinadas, as entradas podem ser facilmente alteradas a cada mês a fim de fornecer uma programação atualizada.

A Motores Geenberg e Cia fabrica dois tipos de motores elétricos para a venda por contrato para a Drexel, fabricante conhecido de pequenos utensílios para cozinha. Seu modelo GM3A é encontrado em muitos processadores da Drexel e o seu modelo GM3B é utilizado na montagem de liquidificadores.

Um exemplo de cronograma da produção: Motores Greenberg.

Três vezes ao ano, o encarregado de compras da Drexel contrata Irwin Greenberg, o fundador da Motores Greenberg, para fazer um pedido mensal para cada um dos quatro meses seguintes. A demanda da Drexel para os motores varia mensalmente com base nas suas previsões de vendas, capacidade de produção e posição financeira. A Greenberg acabou de receber o pedido para os meses de janeiro a abril e deve começar seu plano de produção de quatro meses. A demanda dos motores é apresentada na Tabela 8.2.

O cronograma de produção da Motores Greenberg deve levar em consideração quatro fatores:

1. É desejável produzir o mesmo número de cada tipo de motor a cada mês. Isso simplifica o planejamento e a programação de pessoal e máquinas.
2. É necessário manter baixo os custos de transporte e manuseio do estoque. Deve ser produzido a cada mês somente o que for necessário para aquele mês.
3. As limitações de armazenagem não podem ser excedidas sem acarretar custos adicionais de estocagem.
4. A política de não dispensar temporariamente os empregados tem sido eficaz na prevenção da sindicalização da fábrica. Isso sugere uma capacidade de produção mínima que deve ser utilizada a cada mês.

Embora às vezes esses quatro fatores sejam conflitantes, a Greenberg percebeu que a PL é uma ferramenta eficaz na determinação de uma programação que diminuirá os custos totais de cada unidade produzida e a manutenção mensal.

Variáveis com duplo subscrito podem ser utilizadas aqui para desenvolver o modelo de PL. Sejam:

Variáveis com duplo subscrito são, às vezes, utilizadas na PL. O modelo da Motores Greenberg é mais facilmente formulado com essa abordagem, como ocorre com o próximo exemplo deste capítulo.

$X_{A,i}$ = número de motores do modelo GM3A produzidos no mês i
($i = 1, 2, 3$ e 4 – janeiro a abril).

$X_{B,i}$ = número de motores do modelo GM3B produzidos no mês i

Os custos de produção são atualmente de $10,00 para o modelo GM3A e $6,00 para o GM3B. Contudo, um contrato de trabalho que entrará em vigor a partir de primeiro de março aumentará esses valores em 10%. Agora, podemos escrever a parte da função objetivo que lida com os custos de produção como:

$$\text{Custos de produção} = \$10X_{A1} + \$10X_{A2} + \$11X_{A3} + \$11X_{A4} \\ + \$6X_{B1} + \$6X_{B2} + \$6{,}60X_{B3} + \$6{,}60X_{B4}$$

TABELA 8.2 Programação da demanda quadrimestral de motores elétricos

Modelo	Janeiro	Fevereiro	Março	Abril
GM3A	800	700	1000	1100
GM3B	1000	1200	1400	1400

Para incluir os custos de manuseio do estoque no modelo, devemos introduzir uma segunda variável. Seja:

$I_{A,i}$ = nível de estoque disponível para os motores GM3A ao final do mês i
($i = 1, 2, 3$ e 4).

$I_{B,i}$ = nível de estoque disponível para os motores GM3B ao final do mês i

Cada motor GM3A mantido no estoque custa \$0,18 por mês e cada motor GM3B tem um custo de armazenagem de \$0,13 por mês. Os contadores da Greenberg permitem um estoque mensal final como uma aproximação aceitável dos níveis médios de estoque durante o mês. Assim, a parte dos custos de manuseio e armazenagem da função objetivo é:

$$\text{Custos de produção} = \$0{,}18 I_{A1} + \$0{,}18 I_{A2} + \$0{,}18 I_{A3} + \$0{,}18 I_{A4} \\ + \$0{,}13 I_{B1} + \$0{,}13 I_{B2} + \$0{,}13 I_{B3} + \$0{,}13 I_{B4}$$

Desse modo, a função objetivo final será:

$$\text{Minimizar o custo total} = \$10 X_{A1} + \$10 X_{A2} + \$11 X_{A3} + \$11 X_{A4} + \$6 X_{B1} + \$6 X_{B2} \\ + \$6{,}60 X_{B3} + \$6{,}60 X_{B4} + + \$0{,}18 I_{A1} + \$0{,}18 I_{A2} + \$0{,}18 I_{A3} \\ + \$0{,}18 I_{A4} + \$0{,}13 I_{B1} + \$0{,}13 I_{B2} + \$0{,}13 I_{B3} + \$0{,}13 I_{B4}$$

As restrições de estoque determinam o relacionamento entre o estoque final do mês, o estoque final do último mês, a produção do mês e as vendas do mês.

Para determinar as restrições, é necessário reconhecer o relacionamento entre o estoque final do último mês, a produção do mês atual e as vendas para a Drexel no mês. O estoque ao final do mês é dado por:

$$\begin{pmatrix} \text{Estoque} \\ \text{ao final} \\ \text{desse mês} \end{pmatrix} = \begin{pmatrix} \text{Estoque ao final} \\ \text{do último mês} \end{pmatrix} + \begin{pmatrix} \text{Produção} \\ \text{do mês} \\ \text{corrente} \end{pmatrix} - \begin{pmatrix} \text{Vendas para} \\ \text{a Drexel} \\ \text{este mês} \end{pmatrix}$$

Suponha que a Greenberg esteja iniciando um novo ciclo quadrimestral de produção com uma mudança nas especificações de projeto que não irão deixar motores antigos em estoque no dia primeiro de janeiro. Lembrando que a demanda de janeiro para o modelo GM3A é 800 e para o modelo GM3B é 1000, podemos escrever:

$$I_{A1} = 0 + X_{A1} - 800$$
$$I_{B1} = 0 + X_{B1} - 1000$$

Transpondo todas as variáveis desconhecidas para a esquerda do sinal de igualdade e multiplicando todos os termos por -1, as restrições para janeiro podem ser escritas como:

$$X_{A1} - I_{A1} = 800$$
$$X_{B1} - I_{B1} = 1000$$

As restrições de demanda para os meses de fevereiro, março e abril são:

$X_{A2} - I_{A1} - I_{A2} = 700$ (Demanda de Motores GM3A de Fevereiro)
$X_{B2} - I_{B1} - I_{B2} = 1200$ (Demanda de Motores GM3B para Fevereiro)
$X_{A3} - I_{A2} - I_{A3} = 1000$ (Demanda de Motores GM3A de Março)
$X_{B3} - I_{B2} - I_{B3} = 1400$ (Demanda de Motores GM3B para Março)
$X_{A4} - I_{A3} - I_{A4} = 1100$ (Demanda de Motores GM3A de Abril)
$X_{B4} - I_{B3} - I_{B4} = 1400$ (Demanda de Motores GM3B para Abril)

Se a Greenberg também quiser ter disponível no final de abril um adicional de 450 motores GM3A e 300 GM3B, é necessário adicionar as seguintes restrições:

$$I_{A4} = 450$$
$$I_{B4} = 300$$

As restrições enunciadas atingem a demanda, mas não consideram as necessidades de espaço de armazenagem nem os problemas trabalhistas. Observe, inicialmente, que a área de armazenagem da Motores Greenberg pode estocar um máximo de 3300 motores de qualquer um dos tipos (eles são similares no tamanho) em qualquer período. Então:

$$I_{A1} + I_{B1} \leq 3300$$

$$I_{A2} + I_{B2} \leq 3300$$

$$I_{A3} + I_{B3} \leq 3300$$

$$I_{A4} + I_{B4} \leq 3300$$

Segundo, retornemos ao problema dos trabalhadores. Como nenhum trabalhador pode ser dispensado temporariamente, a Greenberg tem uma base de 2240 horas de trabalho disponíveis mensalmente. Em um período de maior demanda, entretanto, a empresa pode contar com dois ex-empregados (atualmente aposentados) para aumentar a capacidade para 2560 horas mensais. Cada motor GM3A produzido requer 1,3 horas de trabalho e cada motor GM3B precisa de 0,9 horas de trabalho para ser fabricado:

Restrições sobre horas de trabalho são determinadas para cada mês.

$1{,}3X_{A1} + 0{,}9X_{B1} \geq 2240$	(Mínimo de horas trabalhadas em janeiro)
$1{,}3X_{A1} + 0{,}9X_{B1} \leq 2560$	(Máximo de horas trabalhadas em janeiro)
$1{,}3X_{A2} + 0{,}9X_{B2} \geq 2240$	(Mínimo de horas trabalhadas em fevereiro)
$1{,}3X_{A2} + 0{,}9X_{B2} \leq 2560$	(Máximo de horas trabalhadas em fevereiro)
$1{,}3X_{A3} + 0{,}9X_{B3} \geq 2240$	(Mínimo de horas trabalhadas em março)
$1{,}3X_{A3} + 0{,}9X_{B3} \leq 2560$	(Máximo de horas trabalhadas em março)
$1{,}3X_{A4} + 0{,}9X_{B4} \geq 2240$	(Mínimo de horas trabalhadas em abril)
$1{,}3X_{A4} + 0{,}9X_{B4} \leq 2560$	(Máximo de horas trabalhadas em abril)
Todas as variáveis ≥ 0	(Restrições de não negatividade)

A solução para o problema da Greenberg Motores foi encontrada via computador e é apresentada na Tabela 8.3. O custo total para os quatro meses é $76301,61.

TABELA 8.3 Solução do problema da Motores Greenberg

Cronograma de produção	Janeiro	Fevereiro	Março	Abril
Unidades do GM3A produzidas	1277	1138	842	792
Unidades do GM3B produzidas	1000	1200	1400	1700
Estoque do GM3A disponível	477	915	758	450
Estoque do GM3B disponível	0	0	0	300
Horas de trabalho necessárias	2560	2560	2355	2560

Esse caso ilustra um exemplo de cronograma de produção relativamente simples, uma vez que somente dois produtos são considerados. As 16 variáveis e 22 restrições podem não parecer triviais, mas a técnica pode ser aplicada com sucesso com dezenas de produtos e centenas de restrições.

8.4 APLICAÇÕES NA PROGRAMAÇÃO DOS COLABORADORES

Problemas de atribuição

Problemas de atribuição consistem em determinar a forma mais eficiente de atribuir pessoas a serviços, máquinas a tarefas, carros de polícia a setores da cidade, vendedores a territórios e assim por diante. O objetivo poderá ser minimizar tempos de viagens ou custos ou maximizar a eficácia da atribuição. Atribuições podem ser manejadas com procedimentos resolutivos

Podemos associar pessoas a tarefas utilizando a PL ou utilizar um algoritmo especial de atribuição, discutido no Capítulo 10.

próprios (veja o Capítulo 10). Problemas de atribuição são especiais, porque, além de apresentar um coeficiente de 1 associado a cada variável nas restrições da PL, o lado direito de cada restrição também é sempre igual a 1. A utilização da PL na solução de problemas de atribuição, como o ilustrado pelo caso a seguir, fornece soluções de 0 ou 1 para cada variável no modelo. Discussões adicionais desse tipo especial de variável são fornecidas no Capítulo 11.

A firma de advocacia Ivan e Ivan mantém uma grande equipe de jovens advogados, denominados sócios juniores. Ivan está preocupado com a utilização eficaz desses recursos humanos e procura uma forma objetiva de designar o advogado adequado para cada cliente.

No dia primeiro de março, quatro novos clientes, procurando por assistência jurídica, compareceram à firma de Ivan. Embora o pessoal atual esteja sobrecarregado, Ivan quer acomodar os novos clientes. Ele revisa os casos atuais e identifica quatro sócios juniores que, embora ocupados, podem ser designados para os casos. Cada advogado novo é capaz de cuidar de, no máximo, um novo cliente. Além disso, cada advogado difere em habilidade e área de interesse.

Procurando maximizar a eficácia total das novas atribuições, Ivan elabora a seguinte tabela, em que estima a eficiência (em uma escala de 1 a 9) de cada um dos advogados em cada um dos novos casos.

Escala de avaliação de Ivan

Advogado	Casos dos clientes			
	Divórcio	Fusão	Fraude	Exibicionismo
Adams	6	2	8	5
Brooks	9	3	5	8
Carter	4	8	3	4
Darwin	6	7	6	4

Eis outro exemplo de variáveis com duplo subscrito.

Para resolver o problema utilizando PL, empregaremos novamente variáveis com duplo subscrito. Seja:

$$X_{ij} = \begin{cases} 1 \text{ se o advogado } i \text{ é designado ao caso } j \\ 0 \text{ caso contrário} \end{cases}$$

onde:

$i = 1, 2, 3, 4$ significam Adams, Brooks, Carter e Darwin, respectivamente

$j = 1, 2, 3, 4$ significam divórcio, fusão, fraude e exibicionismo, respectivamente

A formulação do problema é a seguinte:

$$\text{Maximizar a eficácia} = 6X_{11} + 2X_{12} + 8X_{13} + 5X_{14} + 9X_{21} + 3X_{22} \\ + 5X_{23} + 8X_{24} + 4X_{31} + 8X_{32} + 3X_{33} + 4X_{34} \\ + 6X_{41} + 7X_{42} + 6X_{43} + 4X_{44}$$

Sujeito a:
$X_{11} + X_{21} + X_{31} + X_{41} = 1$ (caso de divórcio)
$X_{12} + X_{22} + X_{32} + X_{42} = 1$ (fusão)
$X_{13} + X_{23} + X_{33} + X_{43} = 1$ (fraude)
$X_{14} + X_{24} + X_{34} + X_{44} = 1$ (exibicionismo)
$X_{11} + X_{12} + X_{13} + X_{14} = 1$ (Adams)
$X_{21} + X_{22} + X_{23} + X_{24} = 1$ (Brooks)
$X_{31} + X_{32} + X_{33} + X_{34} = 1$ (Carter)
$X_{41} + X_{42} + X_{43} + X_{44} = 1$ (Darwin)

PROGRAMA 8.4
Utilizando o QM para Windows para resolver o problema de programação da produção de Ivan e Ivan.

	x11	x12	x13	x14	x21	x22	x23	x24	x31	x32	x33	x34	x41	x42	x43	x44		RHS	Dual
Maximize	6	2	8	5	9	3	5	8	4	8	3	4	6	7	6	4			
Divórcio	1	1	1	1	0	0	0	0	0	0	0	0	0	0	0	0	=	1	5
Fusão	0	0	0	0	1	1	1	1	0	0	0	0	0	0	0	0	=	1	8
Fraude	0	0	0	0	0	0	0	0	1	1	1	1	0	0	0	0	=	1	4
Exibicionismo	0	0	0	0	0	0	0	0	0	0	0	0	1	1	1	1	=	1	5
Adams	1	0	0	0	1	0	0	0	1	0	0	0	1	0	0	0	=	1	1
Brooks	0	1	0	0	0	1	0	0	0	1	0	0	0	1	0	0	=	1	4
Carter	0	0	1	0	0	0	1	0	0	0	1	0	0	0	1	0	=	1	3
Darwin	0	0	0	1	0	0	0	1	0	0	0	1	0	0	0	1	=	1	0
Solution->	0	0	1	0	0	0	0	1	0	1	0	0	1	0	0	0		30	

O problema da firma de advocacia é resolvido no Programa 8.4 com o QM para Windows. Existe uma eficácia total de 30 se for determinado que $X_{13} = 1$, $X_{24} = 1$, $X_{32} = 1$ e $X_{41} = 1$. Todas as demais variáveis serão, portanto, iguais a zero.

Planejamento de atividades

O planejamento de atividades soluciona necessidades de pessoal durante um determinado período de tempo. Ele é especialmente útil quando administradores têm alguma flexibilidade na atribuição de trabalhadores a tarefas que requerem talentos que se sobrepõem ou são intercambiáveis. Grandes bancos utilizam frequentemente a PL para abordar seu planejamento de atividades.

O Banco de Comércio e Indústria de Hong Kong é um estabelecimento bastante frequentado e que tem necessidade de 10 a 18 caixas dependendo da hora do dia. O horário do almoço, que vai do meio dia às 14h, é geralmente o mais ocupado. A Tabela 8.4 indica os trabalhadores necessários durante as várias horas em que o banco está aberto ao público.

Atualmente, o banco emprega 12 caixas em tempo integral, mas muitas pessoas estão na lista de empregados de período parcial disponível. Um funcionário de tempo parcial deve trabalhar quatro horas diárias, mas pode iniciar em qualquer horário entre 9h e 13h. Esse tipo de funcionário custa menos para o banco, pois não tem os benefícios de aposentadoria e hora do almoço (metade desse tipo de funcionário almoça às 11h e a outra metade ao meio-dia). Os trabalhadores de tempo integral cumprem uma jornada semanal de 35 horas.

TABELA 8.4 Banco de comércio e indústria de Hong Kong

Período de tempo	Número de caixas necessários
09 – 10h	10
10 – 11h	12
11 – 12h	14
12 – 13h	16
13 – 14h	18
14 – 15h	17
15 – 16h	15
16 – 17h	10

Por questões de política corporativa, o banco limita o número de horas de tempo parcial a um máximo de 50% do necessário diariamente. Os trabalhadores de tempo parcial ganham $8,00 a hora (ou $32,00 por dia) em média, e trabalhadores de tempo integral ganham $100,00 por dia entre salários e benefícios, em média. O banco quer estabelecer um cronograma de trabalho que minimize o seu custo total com pessoal. Ele despedirá um ou mais de seus caixas de tempo integral se for lucrativo fazê-lo.

Podemos estabelecer:

F = funcionários de tempo integral

P_1 = funcionários de tempo parcial que iniciam às 9h (e saem às 13h)

P_2 = funcionários de tempo parcial que iniciam às 10h (e saem às 14h)

P_3 = funcionários de tempo parcial que iniciam às 11h (e saem às 15h)

P_4 = funcionários de tempo parcial que iniciam às 12h (e saem às 16h)

P_5 = funcionários de tempo parcial que iniciam às 13h (e saem às 17h)

A função objetivo será:

$$\text{Minimizar o custo pessoal diário} = \$100F + \$32(F_1 + F_2 + F_3 + F_4 + F_5)$$

Restrições:

Para cada hora, o número de horas disponíveis deve ser pelo menos igual ao número de horas de trabalho necessárias.

$$\begin{aligned}
F + P_1 &\geq 10 \quad \text{(necessidade das 9 às 10h)} \\
F + P_1 + P_2 &\geq 12 \quad \text{(necessidade das 10 às 11h)} \\
0{,}5F + P_1 + P_2 + P_3 &\geq 14 \quad \text{(necessidade das 11 às 12h)} \\
0{,}5F + P_1 + P_2 + P_3 + P_4 &\geq 16 \quad \text{(necessidade das 12 às 13h)} \\
F + P_2 + P_3 + P_4 + P_5 &\geq 18 \quad \text{(necessidade das 13 às 14h)} \\
F + P_3 + P_4 + P_5 &\geq 17 \quad \text{(necessidade das 14 às 15h)} \\
F + P_4 + P_5 &\geq 15 \quad \text{(necessidade das 15 às 16h)} \\
F + P_5 &\geq 10 \quad \text{(necessidade das 16 às 17h)}
\end{aligned}$$

Somente 12 caixas de tempo integral estão disponíveis, então:

$$F \leq 12$$

Trabalhores de tempo parcial não podem exceder 50% do total de horas necessárias diárias, que é a soma dos caixas necessários em cada horário:

$$4(P_1 + P_2 + P_3 + P_4 + P_5) \leq 0{,}50(10 + 12 + 14 + 16 + 18 + 17 + 15 + 10)$$

ou

$$4P_1 + 4P_2 + 4P_3 + 4P_4 + 4P_5) \leq 0{,}50(112)$$

$$F, P_1, P_2, P_3, P_4, P_5 \geq 0$$

Soluções ótimas alternativas são comuns em muitos problemas de PL. A sequência em que as restrições são fornecidas ao QM para Windows pode alterar a solução encontrada.

Existem vários esquemas alternativos de programação ótima que o Banco de Hong Kong pode utilizar. O primeiro é empregar 10 caixas de tempo integral (F = 10) e começar com dois trabalhadores de tempo parcial às 10h (P_2 = 2), 7 trabalhadores de tempo parcial às 11h (P_3 = 7), 5 de tempo parcial ao meio-dia (P_4 = 5). Nenhum trabalhador de tempo parcial começará a jornada às 9 ou 13h.

A segunda solução também utiliza 10 trabalhadores de tempo integral, mas começa com 6 de tempo parcial às 9h (P_1 = 6), 1 de tempo parcial às 10h (P_2 = 1), 2 de tempo parcial às

11h e 5 ao meio-dia ($P_3 = 2$ e $P_4 = 5$) e 0 trabalhadores de tempo parcial às 13h ($P_5 = 0$). O custo de qualquer uma dessas duas políticas é $1448 por dia.

8.5 APLICAÇÕES FINANCEIRAS

Seleção de portfólio

Um problema frequentemente enfrentado por gerentes de banco, de fundos mútuos, de serviços de investimento e de companhias de seguro é a seleção de uma determinada política de investimentos dentre um grande leque de alternativas. O objetivo geral dos administradores é maximizar o retorno esperado do investimento, dado um conjunto de restrições legais, de risco e de política.

Por exemplo, o ICT (*International City Trust*) investe a curto prazo em créditos comerciais, títulos ao portador, opções em ouro e empréstimos habitacionais. Como forma de incentivar a diversificação do portfólio, a equipe diretora estabeleceu limites na quantidade que pode ser alocada a um tipo de investimento. O ICT tem $5 milhões disponíveis para investimento imediato e quer fazer duas coisas: (1) maximizar os juros recebidos nos investimentos que serão feitos nos próximos seis meses e (2) satisfazer a necessidade de diversificação como determinado pela diretoria.

Maximizar o retorno em investimentos sujeito a um conjunto de restrições de risco é uma aplicação financeira comum da PL.

As opções específicas de investimento são:

Investimento	Juros recebidos (%)	Investimento máximo (em milhões de dólares)
Crédito comercial	7	1,0
Títulos ao portador	11	2,5
Opções em ouro	19	1,5
Empréstimos habitacionais	15	1,8

Além disso, a diretoria especificou que pelo menos 55% dos fundos investidos devem ser em ouro e empréstimos habitacionais, e não menos que 15% sejam investidos em créditos comerciais.

Para formular a política de investimento do ICT como um PL, faremos:

X_1 = Dólares investidos em crédito comercial

X_2 = Dólares investidos em títulos ao portador

X_3 = Dólares investidos em ouro

X_4 = Dólares investidos em empréstimos habitacionais

Objetivo:

Maximizar os dólares de juros obtidos = $0,07X_1 + 0,11X_2 + 0,19X_3 + 0,15X_4$

sujeito a

$X_1 \leq 1.000.000$

$X_2 \leq 2.500.000$

$X_3 \leq 1.500.000$

$X_4 \leq 1.800.000$

$X_3 + X_4 \geq 0,55 (X_1 + X_2 + X_3 + X_4)$

$X_1 \geq 0,15 (X_1 + X_2 + X_3 + X_4)$

$X_1 + X_2 + X_3 + X_4 \leq 5.000.000$

$X_1, X_2, X_3, X_4 \geq 0$

EM AÇÃO — Otimização na UPS

Em um dia normal, a UPS envia 13 milhões de encomendas para quase um milhão de consumidores em 200 países e territórios. As entregas são classificadas como: aéreas do mesmo dia, aéreas do dia seguinte e aéreas do segundo dia. A média das operações aéreas do dia seguinte é de mais de 1,1 milhão de pacotes por dia e gera uma receita anual de $5 bilhões. A companhia é proprietária de 256 aeronaves e muitas mais estão encomendadas. Durante a época mais atarefada do ano, entre o dia de ação de graças e o primeiro do ano, a companhia arrenda aviões adicionais para suprir a demanda. Em tamanho da frota, a UPS é a nona maior linha aérea comercial dos Estados Unidos e a décima primeira do mundo.

Nas operações do dia seguinte, a coleta e o envio das encomendas pela UPS envolvem vários estágios. Os pacotes são transportados por caminhões para uma central de distribuição. A partir de lá, eles são enviados aos aeroportos e depois, para um dos aeroportos centrais com no máximo uma parada em outro aeroporto para coleta adicional de pacotes. Nos aeroportos centrais, os pacotes são classificados e carregados em aviões para seguirem ao seu lugar de destino. Os pacotes são, então, carregados em grandes caminhões e levados para os centros de distribuição. Nesses centros, uma nova classificação é feita e os pacotes são colocados em caminhões menores para serem enviados ao destino final antes das 10h30. O mesmo avião é utilizado nas remessas de segundo dia, pois esses dois tipos de operação devem ser coordenados.

Equipes da UPS e do Instituto de Tecnologia de Massachusetts trabalharam juntas para desenvolver um sistema otimizado de planejamento denominado VOLCANO (*Volume, Localization, and Aircraft Network Optimizer* – Otimizador de volume, localização e rede aérea), utilizado para planejar e gerenciar as operações. Esse grupo desenvolveu métodos de otimização para minimizar o custo total (de capital e operacional), satisfazendo restrições de capacidade e de padrão de serviços. Modelos matemáticos são utilizados para determinar o custo mínimo de rotas, atribuição de aeronaves e fluxo de encomendas. As restrições incluem o número de aeronaves, restrições de pouso em aeroportos e características de operação das aeronaves (como velocidade, capacidade de carga e autonomia de voo).

Estima-se que o sistema VOLCANO tenha economizado $87 milhões do final de 2000 ao final de 2002. É esperado que $189 milhões sejam poupados na próxima década. O otimizador também é utilizado para identificar a necessidade de composição da frota e recomendar aquisições futuras de aviões.

Fonte: Baseado em ARMACOST, Andrew P., BARNHART, Cynthia, WARE, Keith A. UPS Optimizes Its Air Network. *Interfaces*, v. 34, n. 1, January-February 2004, p. 15-25.

O IIC maximiza os juros recebidos ao fazer o seguinte investimento: $X_1 = \$750000$, $X_2 = \$950000$, $X_3 = \$1500000$ e $X_4 = \$1800000$ e o juro total recebido é $712000.

8.6 APLICAÇÕES DE TRANSPORTE

Problema de transporte

O transporte eficiente de mercadorias de várias origens para vários destinos é denominado "problema do transporte". Ele pode ser resolvido por PL, como você verá aqui, ou com um algoritmo especial apresentado no Capítulo 10.

O problema do transporte ou envio envolve a determinação da quantidade de mercadoria ou itens que serão transportados de um conjunto de origens a um conjunto de destinos. O objetivo normalmente é minimizar o custo do transporte ou as distâncias. As restrições nesse tipo de problema lidam com capacidades em cada origem e necessidades em cada destino. O problema do transporte é um caso específico de PL, e um algoritmo especial foi desenvolvido para resolvê-lo. O procedimento para resolver esse tipo de problema é um dos tópicos do Capítulo 10.

A Bicicletas Velocidade Máxima Ltda. fabrica e vende uma linha de 10 bicicletas de corrida nacionalmente. A empresa tem fábricas de montagem final em duas cidades em que os custos trabalhistas são baixos, Nova Orleans e Omaha. Seus três maiores almoxarifados estão localizados próximos a grandes áreas de vendas como Nova York, Chicago e Los Angeles.

As condições de vendas para o próximo ano são de 10000 bicicletas no depósito de Nova York, 8000 em Chicago, e 15000 bicicletas em Los Angeles. A capacidade da fábrica de Nova Orleans está limitada à montagem de 20000 bicicletas, enquanto a planta de Omaha pode produzir 15000 bicicletas anualmente. O custo de envio de cada bicicleta de cada uma das fábricas até cada um dos armazéns difere e os custos unitários são:

Para De	Nova York	Chicago	Los Angeles
Nova Orleans	$2	$3	$5
Omaha	3	1	4

A empresa quer determinar uma programação de envio que minimize o seu custo total anual com transporte.

Para formular esse problema utilizando a PL, empregaremos novamente o conceito de variáveis com duplo subscrito. O primeiro subscrito representará a origem (fábrica) e o segundo subscrito, o destino (armazém ou almoxarifado). Assim, em geral, X_{ij} refere-se ao número de bicicletas enviadas da origem i para o destino j. Poderíamos, em vez disso, representar X_6 como a variável para a origem 2 ao destino 3, mas geralmente o duplo subscrito é mais descritivo e mais fácil de utilizar. Assim, sejam:

X_{11} = número de bicicletas enviadas de Nova Orleans para Nova York

X_{12} = número de bicicletas enviadas de Nova Orleans para Chicago

X_{13} = número de bicicletas enviadas de Nova Orleans para Los Angeles

X_{21} = número de bicicletas enviadas de Omaha para Nova York

X_{22} = número de bicicletas enviadas de Omaha para Chicago

X_{23} = número de bicicletas enviadas de Omaha para Los Angeles

Esse problema pode ser formulado da seguinte forma:

Minimizar os custos totais de transporte = $2X_{11} + 3X_{12} + 5X_{13} + 3X_{21} + 1X_{22} + 4X_{23}$

sujeito a:
$X_{11} + X_{21} = 10000$ (Demanda de Nova York)
$X_{12} + X_{22} = 8000$ (Demanda de Chicago)
$X_{13} + X_{23} = 15000$ (Demanda de Los Angeles)
$X_{11} + X_{12} + X_{13} \leq 20000$ (Capacidade da fábrica de Nova Orleans)
$X_{21} + 1X_{22} + 4X_{23} \leq 15000$ (Capacidade da fábrica de Omaha)
Todas as variáveis ≥ 0

Por que o problema de transporte é uma classe especial de problema de PL? A resposta é que cada coeficiente na frente de uma variável de uma equação de restrição é sempre igual a um. Essa característica especial é também vista em outra categoria especial de problemas de PL, os problemas de atribuição já discutidos (o problema da atribuição pode ser visto como um caso especial do problema do transporte, em que o suprimento em cada fonte e a demanda em cada destino é um).

Utilizando o Excel e o comando Solver, a solução computacional gerada para o problema da fábrica de bicicletas Velocidade Máxima é mostrada na tabela a seguir e nos Programas 8.5A e 8.5B. O custo total de transporte é $96000.

Para De	Nova York	Chicago	Los Angeles
Nova Orleans	10000	0	8000
Omaha	0	8000	7000

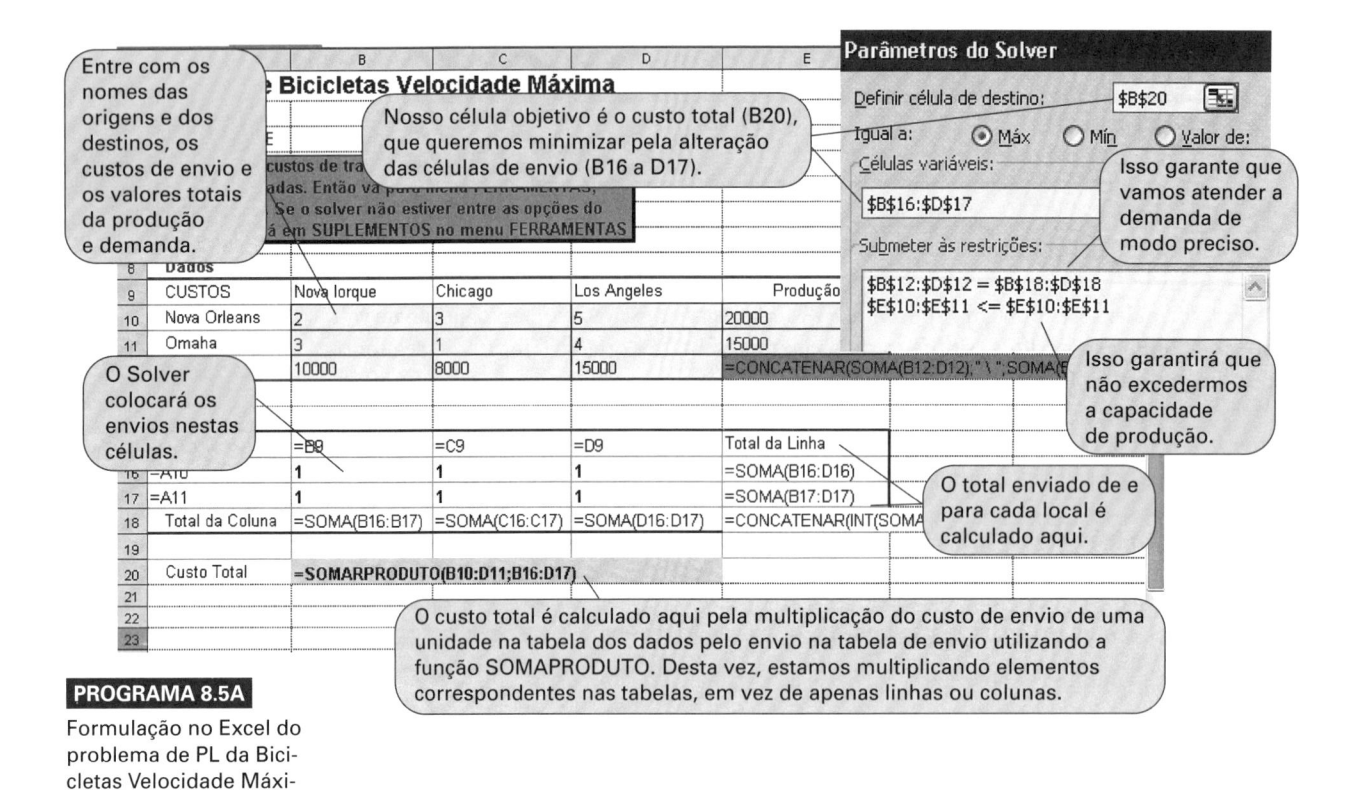

354 Análise Quantitativa para Administração

PROGRAMA 8.5A
Formulação no Excel do problema de PL da Bicicletas Velocidade Máxima utilizando o Solver.

Entre com os nomes das origens e dos destinos, os custos de envio e os valores totais da produção e demanda.

Nossa célula objetivo é o custo total (B20), que queremos minimizar pela alteração das células de envio (B16 a D17).

Isso garante que vamos atender a demanda de modo preciso.

O Solver colocará os envios nestas células.

Isso garantirá que não excedermos a capacidade de produção.

O total enviado de e para cada local é calculado aqui.

O custo total é calculado aqui pela multiplicação do custo de envio de uma unidade na tabela dos dados pelo envio na tabela de envio utilizando a função SOMAPRODUTO. Desta vez, estamos multiplicando elementos correspondentes nas tabelas, em vez de apenas linhas ou colunas.

Parâmetros do Solver
Definir célula de destino: $B$20
Igual a: Máx / Mín / Valor de:
Células variáveis: $B$16:$D$17
Submeter às restrições:
$B$12:$D$12 = $B$18:$D$18
$E$10:$E$11 <= $E$10:$E$11

	B	C	D	E
	Bicicletas Velocidade Máxima			
8	**Dados**			
9	CUSTOS	Nova Iorque	Chicago	Los Angeles	Produção
10	Nova Orleans	2	3	5	20000
11	Omaha	3	1	4	15000
12	Demanda	10000	8000	15000	=CONCATENAR(SOMA(B12:D12);" \ ";SOMA(E...
15	Envios	=B9	=C9	=D9	Total da Linha
16	=A10	1	1	1	=SOMA(B16:D16)
17	=A11	1	1	1	=SOMA(B17:D17)
18	Total da Coluna	=SOMA(B16:B17)	=SOMA(C16:C17)	=SOMA(D16:D17)	=CONCATENAR(INT(SOMA...
20	Custo Total	=SOMARPRODUTO(B10:D11;B16:D17)			

PROGRAMA 8.5B
Saída do Programa 8.5A com a solução do problema de PL da Bicicletas Velocidade Máxima.

	B	C	D	E	F
1	**Fábrica de Bicicletas Velocidade Máxima**				
3	TRANSPORTE				
4-7	Entre com os custos de transporte, produção e demanda nas áreas sombreadas. Então vá para menu FERRAMENTAS, item SOLVER. Se o solver não estiver entre as opções do menu então vá em SUPLEMENTOS no menu FERRAMENTAS para ativá-lo.				
8	**Dados**				
9	CUSTOS	Nova Iorque	Chicago	Los Angeles	Produção
10	Nova Orleans	2	3	5	20000
11	Omaha	3	1	4	15000
12	Demanda	10000	8000	15000	33000 \ 35000
14	**Envios**				
15	Envios	Nova Iorque	Chicago	Los Angeles	Total da Linha
16	Nova Orleans	**10000**	**0**	**8000**	18000
17	Omaha	**0**	**8000**	**7000**	15000
18	Total da Coluna	10000	8000	15000	33000 \ 33000
20	Custo Total	**96000**			

O problema da carga do caminhão

O problema da carga do caminhão envolve a decisão de que itens devem ser carregados em um caminhão de forma a maximizar o valor do frete. Como exemplo, consideremos a Transportadora Goodman, uma empresa de Orlando cujo dono é Steven Goodman. Um de seus caminhões, com capacidade de 10000 libras, está para ser carregado[1]. Os seguintes itens serão embarcados:

Item	Valor ($)	Peso (libras)
1	22500	7500
2	24000	7500
3	8000	3000
4	9500	3500
5	11500	4000
6	9750	3500

Cada um desses seis itens, como vemos, tem um peso e um valor monetário associado.

O objetivo é maximizar o valor total dos itens que serão carregados no caminhão sem exceder sua capacidade de transporte do mesmo. Representaremos por X_i a proporção de cada item i que será embarcada no caminhão.

Maximizar o valor total = $\$22500X_1 + \$24000X_2 + \$8000X_3 + \$9500X_4$
$$+ \$11500X_5 + \$9750X_6$$

sujeito a: $7500X_1 + 7500X_2 + 3000X_3 + 3500X_4 + 4000X_5$
$$+ 3500X_6 \leq 10000 \text{ (capacidade em libras)}$$

$$X_1 \leq 1$$
$$X_2 \leq 1$$
$$X_3 \leq 1$$
$$X_4 \leq 1$$
$$X_5 \leq 1$$
$$X_6 \leq 1$$
$$X_1, X_2, X_3, X_4, X_5, X_6 \geq 0$$

As seis restrições finais refletem o fato de que no máximo uma "unidade" de um item pode ser carregada no caminhão. De fato, se Goodman pode carregar uma porção de um item (digamos, o item 1 é um lote de 1000 cadeiras dobráveis e nem todas precisam ser despachadas juntas), os X_is serão todas as proporções variando de 0 (nada) a 1 (todos os itens serão embarcados).

Para resolver esse problema de PL, utilizaremos o Solver do Excel. O Programa 8.6A mostra a formulação e os dados de entrada e o Programa 8.6B mostra a solução do problema que apresenta um valor total da carga de $31500,00.

A resposta nos leva a um assunto interessante que abordaremos em detalhes no Capítulo 11. O que Goodman faria se valores fracionários de itens não pudessem ser carregados? Por exemplo, se os itens a serem transportados fossem carros de luxo, certamente não poderíamos despachar um terço de uma Ferrari.

Se a proporção do item um fosse arredondada para 1,00, o peso da carga aumentaria para 15000 libras. Isso violaria a restrição das 10000 libras de peso máximo. Dessa forma, o item

---

[1] Adaptado de um exemplo em SAVAGE, S. L. *What's Best!*. CA: General Optimization, Inc. and Holden Day, 1985.

PROGRAMA 8.6A

Utilizando a planilha do Excel e o Solver para estruturar o problema de PL da Goodman.

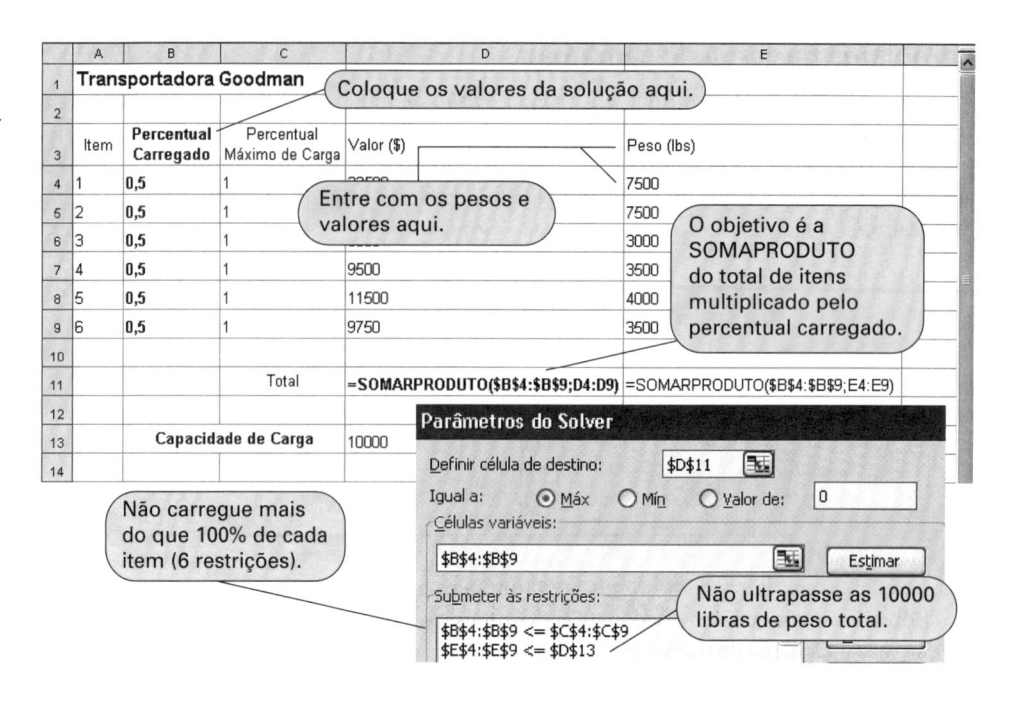

	A	B	C	D	E
1	Transportadora Goodman			Coloque os valores da solução aqui.	
2					
3	Item	Percentual Carregado	Percentual Máximo de Carga	Valor ($)	Peso (lbs)
4	1	0,5	1	22500	7500
5	2	0,5	1		7500
6	3	0,5	1		3000
7	4	0,5	1	9500	3500
8	5	0,5	1	11500	4000
9	6	0,5	1	9750	3500
10					
11			Total	=SOMARPRODUTO($B$4:$B$9;D4:D9)	=SOMARPRODUTO($B$4:$B$9;E4:E9)
12					
13			Capacidade de Carga	10000	
14					

Entre com os pesos e valores aqui.

O objetivo é a SOMAPRODUTO do total de itens multiplicado pelo percentual carregado.

Não carregue mais do que 100% de cada item (6 restrições).

Parâmetros do Solver

Definir célula de destino: $D$11
Igual a: ⦿ Máx ○ Mín ○ Valor de: 0
Células variáveis: $B$4:$B$9
Submeter às restrições:
$B$4:$B$9 <= $C$4:$C$9
$E$4:$E$9 <= $D$13

Não ultrapasse as 10000 libras de peso total.

---

fracionário deve ser arredondado para zero. Isso diminuirá o peso da carga para 7500 libras, deixando 2500 libras de capacidade de carga ociosa. Como nenhum outro item pesa menos do que 2500 libras, o caminhão não poderá ser totalmente carregado.

Assim, vemos que utilizando a PL regular e arredondando os pesos fracionários, o caminhão transportará apenas o item 2, com uma carga de 7500 libras valendo $24000,00.

O QM para Windows e os otimizadores de planilha como o Solver do Excel são capazes de lidar com problemas de *programação inteira* também, isto é, problemas de PL que exigem soluções com valores inteiros. Utilizando o Excel, a solução inteira para o Problema Goodman é carregar os itens 3, 4 e 6 para um peso total de 10000 libras e um valor de $27250,00.

PROGRAMA 8.6B

Solução do Excel para o problema Goodman utilizando os dados de entrada do programa 8.6A.

	A	B	C	D	E	F
1	Transportadora Goodman					
2						
3	Item	Percentual Carregado	Percentual Máximo de Carga	Valor ($)	Peso (lbs)	
4	1	0,3333	1	22500	7500	
5	2	1	1	24000	7500	
6	3	0	1	8000	3000	
7	4	0	1	9500	3500	
8	5	0	1	11500	4000	
9	6	0	1	9750	3500	
10						
11			Total	$ 31.500	10000	
12						
13			Capacidade de Carga		10000	

8.7 APLICAÇÕES DE BALDEAÇÃO

O problema do transporte é, na verdade, um caso especial de um problema de transbordo ou baldeação. Se os itens estão sendo transportados de uma origem para um ponto intermediário (denominado *ponto de baldeação*) antes de chegar ao seu destino, o problema é chamado de problema de transbordo ou baldeação. Por exemplo, uma empresa pode estar fabricando um produto em várias fábricas para ser despachado em um conjunto de centros regionais de distribuição. Desses centros, os itens serão, então, enviados para os distribuidores, o destino final. Segue um exemplo.

Quando mercadorias são transportadas de um ponto intermediário, um problema de transporte torna-se um problema de transbordo ou baldeação.

Centros de distribuição

A Glacial manufatura limpadores de neve em fábricas localizadas em Toronto e Detroit. Os produtos são enviados para centros de distribuição em Chicago e Buffalo, onde são então despachados para as lojas de equipamentos em Nova York, Filadélfia e St. Louis. A Figura 8.1 ilustra a rede básica representando essa situação. O custo de envio varia, como mostrado na tabela a seguir. As demandas previstas para Nova York, Filadélfia e St. Louis são também apresentadas nessa tabela, assim como os estoques disponíveis de limpadores de neve nas duas fábricas. Note que os equipamentos podem não ser enviados diretamente de Toronto ou Detroit para qualquer destino final. Esse é o motivo de Chicago e Buffalo estarem listados não apenas como destinos, mas também como fontes.

De	Para					Estoque
	Chicago	Buffalo	Nova York	Filadélfia	St. Louis	
Toronto	$4	$7	—	—	—	800
Detroit	$5	$7	—	—	—	700
Chicago	—	—	$6	$4	$5	—
Buffalo	—	—	$2	$3	$4	—
Demanda	—	—	450	350	300	

A Glacial quer minimizar os custos de transporte associados ao envio de limpadores de neve suficientes para satisfazer a demanda nos três centros, mas sem exceder a capacidade de produção de cada fábrica (estoque). Assim, temos restrições de fornecimento e demanda semelhantes ao problema do transporte. Uma vez que não existe produção em Chicago ou Buffalo, qualquer produto enviado desses centros de transbordo deve ter chegado de Toronto ou

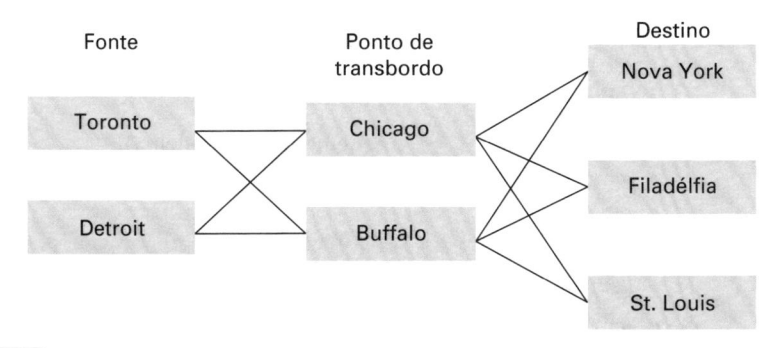

FIGURA 8.1 Rede representando o problema da Glacial.

Detroit. Portanto, Chicago e Buffalo terão uma restrição para indicar esse fato. A declaração verbal desse problema seria:

Minimizar o custo
sujeito ao:

1. Número de unidades enviado de Toronto não é maior do que 800
2. Número de unidades enviado de Detroit não é maior do que 700
3. Número de unidades enviado a Nova York é 450
4. Número de unidades enviado a Filadélfia é 350
5. Número de unidades enviado a St. Louis é 300
6. Número de unidades enviado a partir de Chicago é igual ao número de unidades recebido
7. Número de unidades enviado a partir de Búfalo é igual o número de unidades recebido

As variáveis de decisão devem representar o número de unidades enviado a partir de cada fonte para cada ponto de transbordo e o número de unidades enviado a partir de cada ponto de transbordo para o destino final, pois essas são decisões que o administrador deve tomar. As variáveis de decisão são:

T_1 = número de unidades enviado de Toronto a Chicago

T_2 = número de unidades enviado de Toronto a Buffalo

D_1 = número de unidades enviado de Detroit a Chicago

D_2 = número de unidades enviado de Detroit a Buffalo

C_1 = número de unidades enviado de Chicago a Nova York

C_2 = número de unidades enviado de Chicago a Filadélfia

C_3 = número de unidades enviado de Chicago a St. Louis

B_1 = número de unidades enviado de Buffalo a Nova York

B_2 = número de unidades enviado de Buffalo a Filadélfia

B_3 = número de unidades enviado de Buffalo a St. Louis

O problema linear é:

Minimizar o custo =

$$4T_1 + 7T_2 + 5D_1 + 7D_2 + 6C_1 + 4C_2 + 5C_3 + 2B_1 + 3B_2 + 4B_3$$

sujeito a:

$T_1 + T_2 \leq 800$ (produção de Toronto)

$D_1 + D_2 \leq 700$ (produção de Detroit)

$C_1 + B_1 = 450$ (demanda de Nova York)

$C_2 + B_2 = 350$ (demanda da Filadélfia)

$C_3 + B_3 = 300$ (demanda de St. Louis)

$T_1 + D_1 = C_1 + C_2 + C_3$ (envio por Chicago)

$T_2 + D_2 = B_1 + B_2 + B_3$ (envio por Buffalo)

$T_1, T_2, D_1, D_2, C_1, C_2, C_3, B_1, B_2, B_3 \geq 0$ (restrições de não negatividade)

Para resolver computacionalmente o problema, precisamos mover todas as variáveis de decisão para o lado esquerdo das equações das duas últimas duas restrições Assim:

$$T_1 + D_1 = C_1 + C_2 + C_3$$

torna-se:

$$T_1 + D_1 - C_1 - C_2 - C_3 = 0$$

e

$$T_2 + D_2 = B_1 + B_2 + B_3$$

torna-se:

$$T_2 + D_2 - B_1 - B_2 - B_3 = 0$$

Resolvendo com o QM para Windows, obtemos a saída apresentada no Programa 8.7. A partir dela, é possível ver que devemos enviar 650 unidades de Toronto para Chicago, 150 unidades de Toronto para Buffalo e 300 unidades de Detroit para Buffalo. Um total de 350 unidades será enviado de Chicago para Filadélfia, 300 de Chicago para St. Louis e 450 de Buffalo para Nova York. O custo total será de $9550.

PROGRAMA 8.7
Utilizando o QM para Windows para resolver o problema da Máquinas Glacial.

Linear Programming Results — Problema da Baldeação das Máquinas Glacial Solution	T1	T2	D1	D2	C1	C2	C3	B1	B2	B3		RHS	Dual
Minimize	4	7	5	7	6	4	5	2	3	4			
Produção de Toronto	1	1	0	0	0	0	0	0	0	0	<=	800	0
Produção de Detroit	0	0	1	1	0	0	0	0	0	0	<=	700	0
Demanda de NY	0	0	0	0	1	0	0	1	0	0	=	450	-9
Demanda da Filadélfia	0	0	0	0	0	1	0	0	1	0	=	350	-8
Demanda de St. Louis	0	0	0	0	0	0	1	0	0	1	=	300	-9
Chicago	1	0	1	0	-1	-1	-1	0	0	0	=	0	-4
Buffalo	0	1	0	1	0	0	0	-1	-1	-1	=	0	-7
Solution->	650	150	0	300	0	350	300	450	0	0		9.550	

8.8 APLICAÇÕES DE MISTURA DE INGREDIENTES

O problema da dieta

O problema da dieta, uma das primeiras aplicações da PL, foi originalmente usado por hospitais a fim de determinar uma dieta mais econômica para os pacientes. Conhecido na agricultura como o problema da mistura de rações, o problema da dieta envolve especificar uma comida ou combinação de ingredientes que satisfazem necessidades nutricionais especificadas a um custo mínimo.

O Centro de Nutrição Integral utiliza três porções de grãos para misturar um cereal natural que é vendido por libra. A loja informa que cada duas onças do cereal, quando utilizado com 0,5 xícaras de leite, suprem a necessidade média mínima de um adulto de proteína, riboflavina, fósforo e magnésio. O custo de cada unidade de grãos, proteína, riboflavina, fósforo e magnésio por libra estão apresentados na Tabela 8.5.

TABELA 8.5 Necessidade de cereais naturais da Nutrição Integral

Grão	Custor por libra (centavos)	Proteína (unidades/lb)	Riboflavina (unidades/lb)	Fósforo (unidades/lb)	Magnésio (unidades/lb)
A	33	22	16	8	5
B	47	28	14	7	0
C	38	21	25	9	6

A necessidade mínima diária de um adulto (denominada U.S. *Recommended Daily Allowance* – USRDA) são 3 unidades de proteína, 2 unidades de riboflavina, 1 unidade de fósforo e 0,425 unidades de magnésio. A Nutrição Integral quer selecionar a mistura de grãos que satisfaz a USRDA a um custo mínimo.

Fazendo:

X_A = Libras do grão A em uma porção de 2 onças de cereal

X_B = Libras do grão B em uma porção de 2 onças de cereal

X_C = Libras do grão C em uma porção de 2 onças de cereal

Função Objetivo:

Minimizar o custo da mistura de uma porção de 2 onças = $\$0{,}33X_A + \$0{,}47X_B + \$0{,}38X_C$

sujeito a:

$22X_A + 28X_B + 21X_C \geq 3$ (unidades de proteína)

$16X_A + 14X_B + 25X_C \geq 2$ (unidades de riboflavina)

$8X_A + 7X_B + 9X_C \geq 1$ (unidades de fósforo)

$5X_A + 0X_B + 6X_C \geq 0{,}425$ (unidades de magnésio)

$X_A + X_B + X_C = 0{,}125$ (a mistura total é 2 onças ou 0,125 libras)

$X_A, X_B, X_C \geq 0$

A solução desse problema requer a mistura de 0,025 libras do grão A, 0,050 libras do grão B e 0,050 libras do grão C. Outra forma de apresentar a solução é em termos da proporção de grãos em cada porção de duas onças, ou seja, 0,4 onças do grão A, 0,8 onças do grão B e 0,8 onças do grão C. O custo por porção é $0,05. O Programa 8.8 ilustra essa solução utilizando o programa QM para Windows.

Problemas da mistura e combinação de ingredientes

Os problemas da dieta e da mistura são, de fato, casos especiais de problemas de PL conhecidos como mistura ou combinação de ingredientes. Problemas de mistura ocorrem quando uma decisão precisa ser tomada sobre como combinar dois ou mais recursos para produzir um ou mais produtos. Recursos, nesse caso, contêm um ou mais ingredientes essenciais que devem ser misturados, de forma que o produto final contenha percentuais específicos de cada ingrediente. O exemplo a seguir lida com uma aplicação vista frequentemente na indústria do petróleo: a mistura de óleos crus para produzir gasolina refinada.

PROGRAMA 8.8
Utilizando o QM para Windows para resolver o problema da nutrição integral.

Linear Programming Results						
Centro de Nutrição Integral Solution						
	Grão A	Grão B	Grão C		RHS	Dual
Minimize	,33	,47	,38			
Proteina	22	28	21	>=	3	-,038
Riboflavina	16	14	25	>=	2	0
Fósforo	8	7	9	>=	1	-,088
Magnésio	5	0	6	>=	,425	0
Peso total da mistura	1	1	1	=	,125	1,21
Solution->	,025	,05	,05		,0508	

A Companhia de Petróleo Batida Baixa produz duas marcas de gasolina barata para distribuição industrial. As marcas regular e econômica são produzidas pelo refino de dois tipos de óleo cru, o tipo X100 e o tipo X220. Cada óleo cru difere não somente no custo por barril, mas também na composição. A tabela a seguir indica o percentual de ingredientes básicos encontrados em cada um dos óleos e o custo por barril de cada um:

Todas as grandes refinarias de petróleo utilizam PL para misturar óleos crus na produção dos vários tipos de gasolina.

Tipo de óleo	Ingrediente a (%)	Ingrediente b (%)	Custo/barril ($)
X100	35	55	30,00
X220	60	25	34,80

A demanda semanal para a marca regular da gasolina Batida Baixa é de, pelo menos, 25000 barris e a demanda para a econômica é de, pelo menos, 32000 barris por semana. Pelo menos 45% de cada barril da gasolina regular deve ser do ingrediente A. No máximo 50% de cada barril da gasolina econômica deve conter o ingrediente B.

Os gerentes da Batida Baixa devem decidir quantos barris de cada tipo de óleo cru deve ser comprado por semana de modo a satisfazer a demanda a um custo mínimo. Para resolver essa situação como um problema de LP, a empresa estabelece que:

X_1 = barris de óleo cru do tipo X100 para produzir a gasolina regular

X_2 = barris de óleo cru do tipo X100 para produzir a gasolina econômica

X_3 = barris de óleo cru do tipo X220 para produzir a gasolina regular

X_4 = barris de óleo cru do tipo X220 para produzir a gasolina econômica

Esse problema pode ser formulado da seguinte forma:
Objetivo:

$$\text{Minimizar o custo} = \$30X_1 + \$30X_2 + \$34,80X_3 + \$34,80X_4$$

sujeito a:

$X_1 + X_3 \geq 25000$ (Demanda pela gasolina regular)

$X_2 + X_4 \geq 32000$ (Demanda pela gasolina econômica)

Pelo menos 45% de cada barril de regular deve ser feito com o ingrediente A

$X_1 + X_3$ = quantidade total de óleo cru misturada para suprir a demanda de gasolina regular

Assim:

$$0{,}45(X_1 + X_3) = \text{quantidade mínima do ingrediente A necessária}$$

Mas

$$0{,}35X_1 + 0{,}60X_3 = \text{quantidade do ingrediente A na gasolina regular refinada}$$

Assim:

$$0{,}35X_1 + 0{,}60X_3 \geq 0{,}45X_1 + 0{,}45X_3$$

ou

$$-0{,}10X_1 + 0{,}15X_3 \geq 0 \text{ (Ingrediente A como restrição da gasolina regular)}$$

De forma semelhante, no máximo 50% de cada barril da gasolina econômica deve ser do ingrediente B:

$$X_2 + X_4 = \text{quantidade total de óleo cru misturado para produzir a econômica}$$

Assim:

$$0{,}50(X_2 + X_4) = \text{quantidade máxima do ingrediente B permitida}$$

Mas

0,55X2 1 0,25X4 5 quantidade do ingrediente B na gasolina econômica refinada

Assim:

$$0{,}55X_2 + 0{,}25X_4 \leq 0{,}50X_2 + 0{,}50X_4$$

ou

$$0{,}05X_2 - 0{,}25X_4 \leq 0 \text{ (ingrediente B como restrição da gasolina econômica)}$$

Eis a formulação completa da PL:

$$\begin{aligned}
\text{Minimizar o custo} &= 30X_1 + 30X_2 + 34{,}80X_3 + 34{,}80X_4 \\
\text{sujeito a} \quad & X_1 \phantom{{}+{}} + X_3 \phantom{{}+{}} \geq 25{.}000 \\
& \phantom{X_1 +{}} X_2 + \phantom{X_3 +{}} X_4 \geq 32{.}000 \\
& -0{,}10X_1 \phantom{{}+ X_2{}} + 0{,}15X_3 \phantom{{}+ X_4{}} \geq 0 \\
& \phantom{-0{,}10X_1 +{}} 0{,}05X_2 \phantom{{}+ 0{,}15X_3{}} - 0{,}25X_4 \leq 0 \\
& X_1, X_2, X_3, X_4 \geq 0
\end{aligned}$$

Utilizando o QM para Windows para resolver o Problema da Companhia de Petróleo Batida Baixa, encontramos que:

$X_1 = 15000$ barris de óleo cru do tipo X100 para produzir a gasolina regular

$X_2 = 26666{,}67$ barris de óleo cru do tipo X100 para produzir a gasolina econômica

$X_3 = 10000$ barris de óleo cru do tipo X220 para produzir a gasolina regular

$X_4 = 5333{,}33$ barris de óleo cru do tipo X220 para produzir a gasolina econômica

O custo da mistura de ingredientes é \$1783600. Veja o Programa 8.9 para detalhes.

PROGRAMA 8.9
Utilizando o QM para Windows para resolver o problema da mistura de óleos da Batida Baixa.

Companhia de Petróleo Batida Baixa Solution	X1	X2	X3	X4		RHS	Dual
Minimize	30	30	34,8	34,8			
Restrição 1	1	0	1	0	>=	25.000	-31,92
Restrição 2	0	1	0	1	>=	32.000	-30,8
Restrição 3	-,1	0	,15	0	>=	0	-19,2
Restrição 4	0	,05	0	-,25	<=	0	16
Solution->	15.000	26.666,67	10.000	5.333,333		1.783.600	

RESUMO

Neste capítulo, continuamos nossa discussão sobre modelos de PL. Para adquirir mais experiência na formulação de problemas de variadas disciplinas, examinamos aplicações de marketing, produção, programação, finanças, transportes, transbordo e mistura de ingredientes. Também resolvemos a maioria dos problemas com dois programas computacionais para Programação Linear (PL): o QM para Windows e o Solver do Excel.

AUTOTESTE

- Antes de fazer o autoteste, consulte os objetivos de aprendizagem no início do capítulo, as notas nas margens e o glossário no final do capítulo.
- Corrija seu teste utilizando o Apêndice H ao final do livro.
- Estude novamente as páginas que correspondem a todas as perguntas que você respondeu errado ou que não tem certeza.

1. A Programação Linear pode ser utilizada para selecionar um mix eficaz de mídias, distribuir orçamentos fixos ou limitados por várias mídias e maximizar a exposição a um determinado público.
   a. Verdadeiro b. Falso
2. Utilizar a Programação Linear para maximizar a exposição da audiência em uma campanha publicitária é um exemplo de um tipo de aplicação de PL conhecido como:
   a. Pesquisa de marketing.
   b. Seleção de mídias.
   c. Avaliação de portfólios.
   d. Determinação orçamentos de mídias.
   e. Todas as alternativas acima.
3. Qual das seguintes alternativas *não* representa um fator que um administrador pode considerar ao utilizar a Programação Linear no cronograma da produção:
   a. Capacidade de trabalho.
   b. Limitações de espaço.
   c. Demanda do produto.
   d. Avaliação de riscos.
   e. Custos de estoque.
4. Um problema de transporte típico tem quatro fontes e três destinos. Quantas variáveis de decisão serão necessárias no programa linear para essa situação:
   a. 3 b. 4
   c. 7 d. 12
5. Um problema de transporte típico tem quatro fontes e três destinos. Quantas restrições serão necessárias no programa linear para essa situação?
   a. 3 b. 4
   c. 7 d. 12
6. Quando a PL é aplicada ao problema da dieta, a função objetivo é normalmente designada para:
   a. maximizar lucros da mistura de nutrientes.
   b. maximizar a mistura de nutrientes.
   c. minimizar perdas de produção.
   d. maximizar o número de produtos a ser produzido.
   e. minimizar o custo da mistura de nutrientes.
7. O problema da dieta é:
   a. também denominado mistura de rações na agricultura.
   b. um caso especial do problema da mistura de ingredientes.
   c. um caso especial do problema da combinação de ingredientes
   d. todas as alternativas acima.
8. O seguinte tipo de problema é um caso tão especial de PL que possui um algoritmo desenvolvido especialmente para solucioná-lo:
   a. problema do transporte.
   b. problema da dieta.
   c. problema da mistura de ingredientes.
   d. problema da mistura da produção.
   e. nenhuma das alternativas acima.
9. Qual dos seguintes terá 1 como valor do lado direito de cada uma das restrições:
   a. o problema do transporte.
   b. o problema da atribuição ou designação.
   c. o problema da seleção do portfólio.
   d. o problema da dieta.
10. A seleção de um investimento específico entre uma variedade de alternativas é um tipo de problema de PL conhecido como:
    a. problema da mistura de ingredientes.
    b. problema do investimento bancário.
    c. problema da seleção de portfólio.
    d. problema de Wall Street.
    e. nenhuma das alternativas acima.
11. Um problema de transbordo tem duas fontes, três pontos de baldeação e 5 destinos finais. Quantas restrições esse problema terá?
    a. 7 b. 10
    c. 21 d. 30

PROBLEMAS*

8-1 (*Problema da produção*). Os móveis Winkler fabricam dois tipos de armário para louças: um modelo Provincial Francês e um Dinamarquês Moderno. Cada armário produzido deve passar por três departamentos: carpintaria, pintura e acabamento. A tabela a seguir contém todas as informações relevantes

---

* Nota: Q significa que o problema pode ser resolvido com o QM para Windows; X significa que o problema pode ser resolvido com o Excel; e Q/X significa que ele pode ser resolvido tanto com o QM para Windows quanto com o Excel.

Capítulo 8 • Aplicações de Modelagem com Programação Linear em Excel e QM para Windows

Dados para o Problema 8-1

Modelo de armário	Carpintaria	Pintura	Acabamento	Renda líquida por armário ($)
Provincial Francês	3	1,5	0,75	28
Dinamarquês Moderno	2	1	0,75	25
Capacidade por Departamento (horas)	360	200	125	

sobre os tempos de produção por armário fabricado e sobre as capacidades de produção de cada operação por dia junto com a renda líquida por armário produzido. A empresa tem um contrato com um distribuidor de Indiana para produzir no mínimo 300 de cada modelo por semana (ou 60 por dia). O proprietário Bob Winkler quer determinar o mix de produção que maximiza a renda diária.
(a) Formule o problema de PL.
(b) Resolva o problema utilizando um programa de PL ou uma planilha.

8-2 (*Problema de decisão sobre investimento*). A firma de corretagem Heinlein e Krampf foi solicitada por um cliente a investir $250000 obtidos recentemente com a venda de terras em Ohio. A cliente acredita nas opções da firma, mas também tem algumas ideias proprias sobre a distribuição dos fundos sendo investidos. Especificamente, ela quer que a Heinlein e Krampf selecione qualquer ação ou título que a empresa acredite que terá um bom rendimento, mas levando em conta os seguintes requisitos:
(a) Pelo menos 20% do investimento deve ser em títulos municipais.
(b) Pelos menos 40% dos fundos deve ser de empresas eletrônicas, aeroespaciais e de medicamentos.
(c) Não mais do que 50% da quantidade investida em títulos municipais deve ser colocada em ações de alto rendimento e alto risco de casas geriátricas.

Respeitadas essas exigências, o objetivo da cliente é maximizar o retorno projetado dos investimentos. O analista da Heinlein e Krampf, ciente dessas diretrizes, preparou uma lista de ações e títulos de alta qualidade e suas taxas de retorno correspondentes.

Investimento	Taxa estimada de retorno (%)
Títulos municipais de Los Angeles	5,3
Eletrônica Thompson	6,8
Corporação United Aeroespace	4,9
Medicamentos Palmer	8,4
Casas geriátricas Dias Felizes	11,8

(a) Formule esse problema de seleção de portfólio utilizando a PL.
(b) Resolva o problema.

8-3 (*Problema da programação de trabalho em restaurante*). O famoso restaurante Y. S. Chang está aberto 24 horas. Garçons e auxiliares de garçom têm jornadas de trabalho que iniciam às 03:00, 07:00, 11:00: 15:00, 19:00 e 23:00 horas e todos trabalham em turnos de 8 horas. A tabela mostra o número mínimo de trabalhadores necessário durante os seis períodos em que o dia foi dividido. O problema de programação de Chang é determinar quantos garçons e auxiliares devem trabalhar em cada início de período de modo a minimizar o número de funcionários necessários para um dia de operação. (*Dica*: Determine X_i como o número de garçons e auxiliares começando a trabalhar em um período i, onde $i = 1, 2, 3, 4, 5$ e 6.)

Período	Tempo	Número de garçons e auxiliares necessários
1	03:00 às 07:00	3
2	07:00 às 11:00	12
3	11:00 às 15:00	16
4	15:00 às 19:00	9
5	19:00 às 23:00	11
6	23:00 às 03:00	4

8-4 (*Problema da mistura de ração animal*). Os estábulos Battery Park alimentam e abrigam cavalos utilizados para puxar as carruagens que transportam turistas pelas ruas da cidade histórica de Charleston, Geórgia. O dono do estábulo, ex-treinador de cavalos de corrida, reconhece a necessidade de determinar uma dieta nutricional para os cavalos da empresa. Ao mesmo tempo, ele quer minimizar o custo diário da ração.

As misturas disponíveis para a dieta dos cavalos são um produto de aveia, um grão altamente enriquecido e um produto mineral. Cada um desses elementos contém certa quantidade dos cinco ingredientes necessários diariamente para manter os animais saudáveis. A tabela mostra as necessidades mínimas, as unidades de cada ingrediente por libra da mistura nutricional e o custo para os três ingredientes.

Além disso, o proprietário do estábulo está ciente de que um cavalo superalimentado é um trabalhador preguiçoso. Consequentemente, ele determinou que seis libras por dia é o máximo que cada cavalo precisa para trabalhar bem. Formule o problema e resolva para obter a dieta ótima diária dos três componentes.

Dados para o Problema 8-4

Ingredientes	Produto de aveia	Grão enriquecido	Produto mineral	Necessidade mínima diária (unidades)
A	2	3	1	6
B	0,5	1	0,5	2
C	3	5	6	9
D	1	1,5	2	8
E	0,5	0,5	1,5	5
Custo/lb	$0,09	$0,14	$0,17	

8-5 (*Problema de seleção de jogador*). O Dubuque Sackers, um time de beisebol da classe D, enfrenta uma difícil rodada de quatro jogos seguidos contra rivais da liga em Des Moines, Davenport, Omaha e Peoria. O treinador "Red" Revelle precisa decidir qual dos seus quatro lançadores é adequado para começar cada jogo. Em virtude dos jogos ocorrerem em turno e returno em menos de uma semana, Revelle não pode iniciar mais do que um jogo com o mesmo lançador.

O treinador conhece os pontos fortes e fracos dos seus lançadores e também dos seus oponentes. Ele desenvolveu uma escala de desempenho para cada um dos seus lançadores contra cada um dos times oponentes, apresentada na tabela a seguir. Que rotação de lançadores o treinador Revelle deve utilizar para obter a taxa de desempenho ótima?
(a) Formule esse problema utilizando PL.
(b) Resolva o problema.

8-6 Eddie Kelly está concorrendo à reeleição como prefeito de uma pequena cidade do Alabama. Jessica Martinez, coordenadora da campanha nessa eleição, está planejando o marketing da campanha esperando uma competição acirrada. Martinez selecionou quatro formas de publicidade: anúncios em TV, rádio, jornal e *outdoors*. O custo de cada um, o público atingido e o número máximo de cada tipo de publicidade é apresentado na tabela a seguir:

Tipo de publicidade	Custo por anúncio	Público atingido	Número máximo
TV	$800	30000	10
RADIO	$400	22000	10
OUTDOOR	$500	24000	10
JORNAL	$100	8000	10

Martinez também decidiu que são necessários pelo menos seis anúncios na TV ou rádio ou alguma combinação dos dois. A quantia gasta em *outdoors* e jornais em conjunto não deve exceder a quantia gasta em anúncios de TV. Enquanto a arrecadação de fundos acontece, o orçamento mensal para publicidade foi estabelecido em $15000. Quantos anúncios de cada tipo devem ser colocados para maximizar o total de pessoas atingidas?

8-7 (*Problema da seleção de mídias*). O diretor de publicidade da Suprimentos e Pinturas Diversey, uma cadeia de quatro lojas de varejo no lado norte de Chicago, considera a possibilidade de dois tipos de mídia. Uma opção é uma série de anúncios de meia página aos domingos no jornal *Tribuna de Chicago* e a outra é comprar tempo na TV de Chicago. As lojas estão expandindo sua linha de ferramentas do tipo "faça você mesmo" e o diretor está interessado em um nível de exposição de pelo menos 40% dentro da vizinhança da cidade e 60% nas áreas suburbanas ao nordeste.

O tempo de TV considerado tem um índice de exposição por anúncio de 5% nos domicílios da cidade e 3% nos subúrbios do nordeste. O jornal de domingo tem índices de exposição correspondentes de 4 e 3% por anúncio. O custo do anúncio de meia página no *Tribuna* é $925, enquanto um anúncio na TV custa $2000.

A Suprimentos e Pinturas Diversey quer selecionar a estratégia de publicidade de custo mínimo que satisfaça os níveis de exposição almejados.
(a) Formule o problema utilizando a PL.
(b) Resolva o problema.

8-8 (*Problema de leasing de automóveis*). A locadora de automóveis Sundown, uma grande agência de locação de carros que opera no meio-oeste, está preparando uma estratégia de leasing para os próximos seis meses. A Sundown faz leasing dos carros de uma montadora e os aluga ao público diariamente. A previsão de demanda para os carros da Sundown nos próximos seis meses é:

Dados para o Problema 8-5

Lançador inicial	Oponente			
	Des moines	Davenport	Omaha	Peoria
Jones "Braço Morto"	0,60	0,80	0,50	0,40
Baker "Cospe Bola"	0,70	0,40	0,80	0,30
Parker "Craque"	0,90	0,80	0,70	0,80
Wilson "Canaleta"	0,50	0,30	0,40	0,20

Mês	Março	Abril	Maio	Junho	Julho	Agosto
Demanda	420	400	430	460	470	440

O leasing dos carros deve ser feito com a montadora por três, quatro ou cinco meses. Eles são arrendados no primeiro dia do mês e devolvidos no último dia do mês. A cada seis meses, a montadora é notificada pela Sundown sobre o número de carros necessários nos próximos seis meses. O fabricante de automóveis estipulou que pelo menos 50% dos carros arrendados durante o período de seis meses deverão ter um leasing de cinco meses. O custo mensal de cada um dos três tipos de leasing são $420,00 para o de três meses, $400 para o de quatro meses e $370,00 para o de cinco meses.

Atualmente, a Sundown tem uma frota de 390 carros. O leasing de 120 desses carros expira no final do mês de março. O leasing de outros 140 carros termina no final de abril e o leasing do restantes dos carros termina no final de maio.

Utilize a PL para determinar quantos carros devem ser arrendados mensalmente em cada um dos tipos de contrato a fim de minimizar o custo do leasing no período de seis meses. Quantos carros restarão no final do mês de agosto?

8-9 O gerente da locadora Sundown (veja o Problema 8-8) percebeu que o custo no final do período de seis meses talvez não seja o custo apropriado a diminuir, pois a agência pode ser obrigada a ficar com carros por mais alguns meses em alguns contratos após esse tempo. Por exemplo, se a Sundown tiver alguns carros arrendados no início do sexto mês, ela será obrigada a ficar com carros por mais dois meses no contrato de leasing de três meses. Utilize a PL para determinar quantos carros deve ser arrendados mensalmente em cada tipo de contrato (leasing) a fim de minimizar o custo do leasing sobre toda a duração desses arrendamentos.

8-10 (*Problema do ônibus escolar*). O superintendente de educação do condado de Arden, em Maryland, é responsável por distribuir os alunos pelas três escolas de ensino médio do condado. Ele verificou a necessidade de um ônibus para determinado número de estudantes que moram em locais mais distantes da escola. O superintendente dividiu o condado em cinco setores a fim de minimizar a distância que os estudantes precisam percorrer de ônibus. Ele também percebeu que se um estudante mora em um determinado setor e é colocado em uma escola desse mesmo setor, ele não precisa pegar o ônibus, já que poderá ir a pé para a escola. As três escolas estão localizadas nos setores B, C e E.

A tabela apresenta o número de alunos que vivem em cada setor e a distância em milhas de cada setor até cada escola:

	Distância até a escola			
Setor	Escola do setor B	Escola do setor C	Escola do setor E	Número de alunos
A	5	8	6	700
B	0	4	12	500
C	4	0	7	100
D	7	2	5	800
E	12	7	0	400
				2500

Cada escola tem uma capacidade de 900 alunos. Estabeleça a função objetivo e as restrições desse problema utilizando a PL de forma a minimizar o número total de milhas que cada estudante percorre de ônibus. (Observe a semelhança com o problema de transporte apresentado anteriormente neste capítulo). Depois, resolva o problema.

8-11 (*Problema de estratégia de preço e marketing*). A loja I. Kruger, de pintura e papéis de parede, é um grande distribuidor da marca Supertrex de cobertura vinílica para paredes. Kruger irá reforçar sua imagem na cidade de Miami se conseguir vender mais rolos de Supertrex do que outras lojas locais no próximo ano. Ele pode estimar a função de demanda como:

Número de rolos da Supertrex vendidos = 20 × Dólares gastos em publicidade + 6,8 × Dólares gastos em expositores interiores para a loja + 12 × Dólares investidos em estoque de papel de parede à disposição − 65000 × Percentual de aumento acima do custo de atacado de um rolo (*markup*).

O orçamento total da loja é $17000 para publicidade, exposição local e manutenção de estoque de Supertrex para o próximo ano. Ele decide que deve gastar no máximo $3000 em publicidade; além disso, pelo menos 5% da quantia investida em estoque deve ser investida em expositores para dentro da loja. O markup da Supertrex em outras lojas locais variou de 20 a 45%. Kruger decide que seu markup deve variar nessa faixa também.
(a) Formule o exercício como um problema de PL.
(b) Resolva o problema.
(c) Qual é a dificuldade com a resposta?
(d) Que restrição você adicionaria?

8-12 (*Problema de seleção de refeição universitária*). Kathy Roniger, nutricionista do câmpus de uma pequena faculdade de Idaho, é responsável por elaborar o plano de nutrição dos alunos. Ela sabe que as seguintes necessidades devem ser satisfeitas pela refeição do jantar: (1) Ter entre 900 e 1500 calorias; (2) ter pelo menos quatro miligramas de ferro; (3) não ter mais do que 50 gramas de gordura; (4) ter pelo menos 26 gramas de proteína e (5) não ter mais do que 50 gramas de carboidratos. Em um dia típico, o estoque que Roniger dispõe para o jantar inclui sete componentes que podem ser preparados e servidos de modo a aten-

Dados para o Problema 8-12

Item alimentar	Tabela de valores nutricionais e custos					
	Calorias/lb	Ferro (mg/lb)	Gordura (gm/lb)	Proteína (gm/lb)	Carboidratos (gm/lb)	Custo ($/lb)
Leite	295	0,2	16	16	22	0,60
Carne moída	1216	0,2	96	81	0	2,35
Galinha	394	4,3	9	74	0	1,15
Peixe	358	3,2	0,5	83	0	2,25
Feijão	128	3,2	0,8	7	28	0,58
Espinafre	118	14,1	1,4	14	19	1,17
Batata	279	2,2	0,5	8	63	0,33

Fonte: BENNINGTON, Jean A. T., DOUGLAS, Judith S. *Bowes and Church's Food Values of Portions Commonly Used*. Philadelphia: Lippincott Williams & Wilkins, 2004, p. 100-30. 18th ed.

der as necessidades discriminadas. O custo por libra de cada componente e a contribuição em cada um dos cinco itens nutricionais necessários estão apresentados na tabela:

Que combinação e quantidade de cada alimento irão satisfazer as necessidades determinadas por Roniger a um custo mínimo?
(a) Formule o exercício como um problema de PL.
(b) Qual será o custo por refeição?
(c) Essa é uma dieta bem-balanceada?

8-13 (*Problema de produção de alta tecnologia*). A eletrônica Quitmeyer manufatura os seguintes seis componentes periféricos de computadores: modems internos e externos, placas gráficas, drives de CD, discos rígidos e módulos de expansão de memória. Cada um desses produtos técnicos requer tempo, em minutos, em três tipos de equipamentos eletrônicos de teste, como apresentado na tabela a seguir.

Os primeiros dois equipamentos de teste estão disponíveis 120 horas por semana. O terceiro requer mais manutenção preventiva e pode ser utilizado apenas 100 horas por semana. O mercado para os seis componentes computacionais fabricados é amplo e a Eletrônica Quitmeyer acredita que pode ver tantas unidades de cada produto quanto possa fabricar. A tabela a seguir resume a receita e os custos de cada produto:

Equipamento	Renda por unidade vendida ($)	Custo do material por unidade ($)
Modem Interno	200	35
Modem Externo	120	25
Placa Gráfica	180	40
Drive de CD	130	45
Disco Rígido	430	170
Módulo de Memória	260	60

Além disso, a variável custo do trabalho é de $15,00 por hora para o aparelho de teste 1, $12,00 por hora para o aparelho de teste 2 e $18,00 por hora para o aparelho de teste 3. A Eletrônica Quitmeyer quer maximizar seus lucros.
(a) Formule o problema como um modelo de PL.
(b) Resolva o problema utilizando o computador. Qual é o melhor mix de produtos?
(c) Qual é o valor de um minuto adicional de tempo por semana no equipamento de teste 1? No equipamento 2? E no 3? A Eletrônica Quitmeyer deve adicionar tempo em equipamentos de teste? Se sim, em qual equipamento?

8-14 (*Problema de pessoal de uma usina nuclear*). A Utilidades Central do Sul anunciou que no dia primeiro de agosto colocará em operação seu segundo gerador nuclear na usina situada em Baton Rouge, Louisiana. Seu departamento de pessoal foi instruído a determinar quantos técnicos nucleares precisam ser contratados e treinados durante o resto do ano.

A usina emprega atualmente 350 técnicos bem-treinados e projeta a seguinte necessidade de pessoal:

Mês	Horas de trabalho necessárias
Agosto	40000
Setembro	45000
Outubro	35000
Novembro	50000
Dezembro	45000

Pela lei de Louisiana, um funcionário que lida com reatores não pode trabalhar mais do que 130 horas por mês. Aproximadamente uma hora por dia é utilizada nos procedimentos de entrada (*check-in*) e de saída (*check-out*), em documenta-

Dados para o Problema 8-13

	Modem interno	Modem externo	Placa gráfica	Drive de CD	Disco rígido	Módulo de memória
Equipamento 1	7	3	12	6	18	17
Equipamento 2	2	5	3	2	15	17
Equipamento 3	5	1	3	2	9	2

ção e exames de saúde para controle da radiação. A política da empresa também determina que demissões temporárias não são aceitáveis nos meses que a usina está com excesso de pessoal. Assim, se mais pessoal treinado estiver disponível do que o necessário em determinado mês, cada trabalhador receberá o pagamento integral, mesmo que não trabalhe 130 horas.

Treinar novos empregados é um procedimento importante e caro. É necessário um mês de instrução a fim de que um novo técnico tenha permissão para trabalhar sozinho na sala do reator. Dessa forma, a Central Sul deve contratar novos funcionários um mês antes de eles serem, de fato, necessários. Cada novo funcionário (*trainee*) forma uma equipe com um técnico nuclear experiente e ocupa 90 horas desse funcionário treinado, significando que 90 horas de trabalho desse funcionário não estarão disponíveis naquele mês para trabalho no reator.

Registros do departamento de pessoal indicam um índice de rotatividade de técnicos treinados de 5% por mês. Em outras palavras, aproximadamente 5% dos funcionários experientes no início de cada mês se demitem no final daquele mês. Um técnico treinado ganha um salário mensal de $2000,00 (a despeito, como já mencionado, do número de horas trabalhadas). Os novos funcionários recebem $900,00 durante o mês em que são treinados.

(a) Formule esse problema de pessoal utilizando a PL.
(b) Resolva o problema. Quantos novos funcionários devem iniciar cada mês?

8-15 (*Problema de planejamento da produção agrícola*). A família de Margaret Black é proprietária de cinco parcelas de terra fértil dividida nos setores sudeste, norte, noroeste, oeste e sudoeste. Margaret está envolvida principalmente no plantio de trigo, alfafa e cevada e atualmente prepara o plano de produção para o próximo ano. O departamento de água da Pensilvânia acaba de anunciar o rateio anual de água, e a fazenda Black recebeu 7400 acres-pés*. Cada parcela pode tolerar somente uma quantidade específica de irrigação por estação, conforme designado na tabela:

Parcela	Área (acres)	Limite de irrigação (acre-pés)
Sudeste	2000	3200
Norte	2300	3400
Noroeste	600	800
Oeste	1100	500
Sudoeste	500	600

---
* N. de T.: Acre-pé (*acre-foot*): medida de volume norte-americana normalmente utilizada para recursos hídricos em larga escala, como reservatórios, canais, etc. Corresponde ao volume de um acre de área com 1 pé de altura, isto é, $66 \times 660 \times 1 = 43560$ pés cúbicos ou 1233,5 m^3, uma vez que um pé corresponde a 0,3048 metros.

Cada uma das culturas das terras de Margaret precisa de uma quantidade mínima de água por acre e existe um limite projetado de venda de cada cultura. Os dados da safra são:

Cultura	Venda máxima projetada	Água necessária por acre (acre-pés)
Trigo	110000 bushels	1,6
Alfafa	1800 toneladas	2,9
Cevada	2200 toneladas	3,5

A melhor estimativa de Margaret é que ela possa vender o trigo a um lucro líquido de $2 por bushel, a alfafa a $40 por tonelada e a cevada a $50 por tonelada. Um acre de terra permite a colheita média de 1,5 tonelada de alfafa e 2,2 toneladas de cevada. O trigo tem uma colheita média de 50 bushels por acre.

(a) Formule o plano de produção para a Margaret.
(b) Qual deve ser o plano de produção e que lucro ele dará?
(c) A companhia de água informa a Margaret que, por uma taxa especial de $6000 este ano, sua fazenda poderia dispor de uma quantidade adicional de água de 600 acre-pés. Que resposta ela deve dar?

8-16 (*Problema de combinação de materiais*). A Produtos Amalgamados recebeu um contrato para construir chassis em aço para automóveis que serão produzidos na nova fábrica japonesa no Tennessee. A montadora japonesa tem um rígido padrão de qualidade para todos os seus fornecedores e informou à Amalgamados que cada chassis deve ter os seguintes elementos no aço:

Material	Percentual mínimo	Percentual máximo
Manganês	2,10	2,30
Silício	4,30	4,60
Carbono	5,05	5,35

A Amalgamados mistura lotes de oito materiais diferentes para produzir uma tonelada de aço utilizada na produção de chassis. A tabela a seguir detalha esses materiais.

Formule e resolva o modelo de PL que indicará quanto de cada material deve ser misturado em uma tonelada de aço para que a Amalgamados cumpra as exigências ao mesmo tempo em que miniza os custos.

8-17 Volte ao problema 8-16. Encontre a causa da dificuldade e recomende como superá-la. Resolva o problema novamente.

8-18 (*Problema de expansão de hospital*). O hospital Monte Sinai em Nova Orleans é uma grande instituição privada com 600 leitos, laboratórios, salas de cirurgia e equipamentos de raios X. No intuito de aumentar a receita, a administração do Monte Sinai decidiu construir um anexo de 90 leitos em um terreno

Dados para o Problema 8-16

Materiais disponíveis	Manganês (%)	Silício (%)	Carbono (%)	Libras disponíveis	Custo por libra ($)
Liga 1	70,0	15,0	3,0	Sem limite	0,12
Liga 2	55,0	30,0	1,0	300	0,13
Liga 3	12,0	26,0	0	Sem limite	0,15
Ferro 1	1,0	10,0	3,0	Sem limite	0,09
Ferro 2	5,0	2,5	0	Sem limite	0,07
Carbureto 1	0	24,0	18,0	50	0,10
Carbureto 2	0	25,0	20,0	200	0,12
Carbureto 3	0	23,0	25,0	100	0,09

adjacente que é atualmente utilizado para o estacionamento dos funcionários. A administração acredita que os laboratórios, salas de cirurgia e aparelhos de raios X não estão sendo plenamente utilizados e, portanto, não precisam expandir para dar conta de novos pacientes. A adição de 90 leitos, contudo, envolve decidir quantos leitos devem ser alocados aos pacientes sob cuidados médicos e quantos devem ser alocados a pacientes cirúrgicos.

Os departamentos de contabilidade de registros médicos forneceram as seguintes informações pertinentes. A estadia média de um paciente sob cuidados médicos é 8 dias e gera uma renda média de $2280,00. Um paciente de cirurgia fica em média 5 dias no hospital e gasta aproximadamente $1515,00. O laboratório é capaz de realizar 15000 testes por ano a mais do que já realiza. Um paciente em tratamento médico requer em média 3,1 exames laboratoriais e um paciente de cirurgia faz uma média de 2,6 exames. Além disso, um paciente sob cuidados médicos utiliza em média um raio X, enquanto um de cirurgia requer dois raios X. Se o hospital acrescentar 90 leitos, o departamento de raio X pode executar até 7000 exames sem custos adicionais significativos. Finalmente, a administração estima que até 2800 operações adicionais podem ser feitas com as atuais instalações. Os pacientes sob cuidado médico, é claro, não precisam de cirurgia, e cada paciente cirúrgico geralmente requer uma cirurgia.

Formule esse problema de modo a determinar quantos leitos médicos e quantos cirúrgicos devem ser adicionados para maximizar a receita. Suponha que o hospital esteja aberto 365 dias ao ano. Depois, resolva o problema.

8-19 Prepare um relatório escrito para o diretor do hospital Monte Sinai do Problema 8-18 sobre a expansão do hospital. Arredonde suas respostas para o inteiro mais próximo. O formato da apresentação dos resultados é importante. O diretor é ocupado e quer encontrar a solução ótima rapidamente no seu relatório. Cubra todas as áreas abordadas nas seguintes seções, mas não mencione qualquer variável ou preço sombra.

(a) Qual é a receita máxima por ano, quantos pacientes médicos por ano existem e quantos pacientes para cirurgia por ano existem? Quantos leitos para pacientes sob cuidados médicos e quantos leitos para pacientes de cirurgia dos 90 novos leitos devem ser adicionados?

(b) Existem leitos vazios com essa solução ótima? Se sim, quantos? Discuta o efeito de adicionar novos leitos, se necessário.

(c) Os laboratórios estão sendo utilizados com plena capacidade? É possível aumentar o número de exames por ano? Se sim, quantos mais? Discuta o efeito de aumentar o espaço do laboratório, se necessário.

(d) O aparelho de raio X está sendo utilizado em sua capacidade máxima? É possível realizar mais exames por ano? Se sim, quantos mais? Discuta o efeito de adquirir mais um aparelho de raio X, se necessário.

(e) A sala de cirurgia está sendo plenamente utilizada? É possível realizar mais cirurgias anualmente? Se sim, quantas mais? Discuta o efeito de aumentar o número de salas de cirurgia. (Fonte: Professor Chris Vertullo.)

8-20 (*Problema de atribuição*). A Elliote e Elliot é uma empresa pública de contabilidade que possui quatro funcionários no departamento de auditoria: Smith, Jones, Davis e Nguyen. Cada um deles tem uma qualificação única em setores específicos do mercado. O gerente desse departamento recebeu quatro novos trabalhos que devem ser distribuídos entre os quatro funcionários, sendo que cada um só pode receber uma dessas novas tarefas. O número estimado de dias necessários para completar cada uma dessas tarefas pelos quatro funcionários está na tabela:

Funcionário	Tarefa 1	Tarefa 2	Tarefa 3	Tarefa 4
Smith	4	10	8	9
Jones	5	14	8	10
Davis	4	13	9	12
Nguyen	5	11	7	11

O gerente quer minimizar o número de dias necessários para realizar os trabalhos. Formule um modelo de PL para o problema. Resolva o modelo utilizando um dos recursos computacionais disponíveis. Quantos dias de trabalho serão necessários para completar as tarefas? Quem deve ser designado para cada trabalho?

8-21 (*Problema de transbordo de rochas*). A mineradora Bamm está atualmente extraindo pedras de duas minas. Depois de carregadas nos caminhões, elas são enviadas para duas usinas de processamento. A pedra processada é então despachada para uma de três lojas de material de construção, onde são vendidas para jardinagem. O custo do transporte, o suprimento disponível em cada mina e a capacidade de processamento de cada usina são apresentados na tabela:

Custo de envio por tonelada

	Para a usina de processamento		
Da mina	#1	#2	Fornecimento diário
A	$6	$8	320 t
B	$7	$10	450 t
Capacidade de processamento (diária)	500 t	500 t	

O custo do envio de cada usina de processamento para cada uma das lojas e a demanda diária são:

Custo de envio por tonelada

	Para		
Da usina	Loja a	Loja b	Loja c
#1	$13	$17	$20
#2	$19	$22	$21
Demanda diária	200	240	330

(a) Formule um PL que determine como suprir a demanda das três lojas com o mínimo custo.
(b) Resolva o problema utilizando o computador. Quantas toneladas devem ser enviadas de cada mina para cada planta? Quantas toneladas devem ser enviadas de cada usina para cada loja?

8-22 Na situação da mineradora Bamm (Problema 8-21), o custo de processamento das pedras é $22 por tonelada na Usina 1 e $18 por tonelada na Usina 2.
(a) Formule um modelo de PL para minimizar os custos totais de processamento e transporte.
(b) Resolva o modelo por computador. Qual é a solução ótima?

8-23 (*Problema de transporte de comida de hospital*). Northeast General, um grande hospital em Providence, Rhode Island, inaugurou um novo procedimento para assegurar que os pacientes recebam suas refeições enquanto a comida ainda está quente. O hospital continua a preparar a comida na sua cozinha, mas agora ela é enviada em lotes (não mais individualmente) para uma de três novas estações de serviço no prédio. A partir daí, a comida é reaquecida e as refeições são dispostas em bandejas individuais e colocadas em carrinhos a fim de serem distribuídas aos vários andares e alas do hospirtal.

As três novas estações de serviço estão localizadas de forma tão eficiente quanto possível para alcançar os vários corredores do hospital. O número de bandejas que cada estação pode servir está indicado na tabela:

Estação	Capacidade (refeições)
5A	200
3G	225
1S	275

Existem seis alas no hospital que devem ser atendidas. O número de pacientes em cada uma é:

Ala	1	2	3	4	5	6
Pacientes	80	120	150	210	60	80

O objetivo do novo procedimento é aumentar a temperatura das refeições que os pacientes recebem. Além disso, a quantidade de tempo necessária para liberar uma bandeja de uma estação de serviço determinará a distribuição adequada das refeições da estação de serviço para as alas. A tabela a seguir resume o tempo (minutos) associado a cada canal de distribuição possível.

Qual é a sua recomendação para manejar a distribuição das bandejas das três estações de serviço?

De \ Para	Ala 1	Ala 2	Ala 3	Ala 4	Ala 5	Ala 6
Estação 5A	12	11	8	9	6	6
Estação 3G	6	12	7	7	5	8
Estação 1S	8	9	6	6	7	9

8-24 (*Problema de seleção de portfólio*). Daniel Grady é consultor financeiro para vários atletas profissionais. Uma análise dos objetivos de longo prazo para muitos desses atletas resultou na recomendação de compra de ações, destinadas a investimentos, com uma parte dos seus rendimentos. Cinco ações foram identificadas como tendo uma expectativa bastante favorável de rendimento futuro. Embora o retorno esperado seja importante nesses investimentos, o risco, medido pelo valor Beta da ação, também é importante (um alto valor Beta indica que essa ação tem um alto risco). O retorno esperado e o valor Beta das cinco ações estão na tabela:

Ação	1	2	3	4	5
Retorno esperado (%)	11,0	9,0	6,5	15,0	13,0
Beta	1,20	0,85	0,55	1,40	1,25

Daniel quer minimizar o valor Beta do portfólio de ações (calculado como uma média ponderada dos valores investidos em cada uma das diferentes ações), mas mantendo um retorno esperado de pelo menos 11%. Uma vez que as condições podem mudar, Daniel decidiu que não mais do que 35% do portfólio deve ser investido em uma ação.

Dados para o problema 8-25

Perna	Combustível mínimo necessário (1000 galões)	Combustível máximo permitido (1000 galões)	Consumo regular de combustível (1000 galões)	Preço do combustível (por galão)
Atlanta – Los Angeles	24	36	12	$4,15
Los Angeles – Houston	15	23	7	$4,25
Houston – Nova Orleans	9	17	3	$4,10
Novas Orleans – Atlanta	11	20	5	$4,18

(a) Formule o modelo de PL. (Dica: Defina as variáveis como proporções do total do investimento que deve ser colocado em cada ação. Inclua uma restrição que limite a soma dessas variáveis como sendo igual a 1.)

(b) Resolva o problema. Qual é o retorno esperado e o valor beta do portfólio?

8-25 (*Problema de combustível de linha aérea*). A empresa de linhas aéreas Costa a Costa investiga a possibilidade de reduzir o custo da compra de combustível aproveitando o custo mais baixo em certas cidades. Uma vez que o custo do combustível representa uma porção substancial das despesas operacionais de uma linha aérea, é importante que esses custos sejam cuidadosamente monitorados. Contudo, o combustível adiciona peso a uma aeronave e, consequentemente, o excesso de combustível aumenta os custos de deslocamento de uma cidade para outra. Na avaliação da rota de um plano de voo específico, vê-se que ele inicia em Atlanta, voa de Atlanta para Los Angeles, de Los Angeles para Houston, de Houston para Nova Orleans e então novamente para Atlanta. Quando o avião chega a Atlanta, a rota está completa e é iniciada novamente. Assim, o combustível a bordo quando o voo chega a Atlanta deve ser levado em conta para o início do próximo voo. Ao longo de cada perna dessa rota, existe uma quantidade mínima e uma máxima de combustível que pode ser carregada. Essa e outras informações estão na tabela:

O consumo regular de combustível é calculado com base na hipótese de que o avião está carregado com a quantidade mínima de combustível necessária. Se mais do que o necessário é transportado, a quantidade de combustível consumida aumenta. Especificamente, para cada 1000 galões de combustível acima do mínimo, 5% (ou 50 galões em 1000 de combustível extra) é perdido devido ao consumo adicional de combustível. Por exemplo, se 25000 galões estiverem a bordo quando o avião decolar de Atlanta, o combustível consumido nessa rota será 12 + 0,05 = 12,05 milhares de galões. Se 26 mil galões estiverem a bordo, o combustível consumido aumentará em 0,05 mil, para um total de 12,1 milhares de galões.

Formule esse problema como um modelo de LP para minimizar o custo. Quantos galões devem ser comprados em cada cidade? Qual é o custo total disso?

PROBLEMAS EXTRAS NA INTERNET

Veja em **www.bookman.com.br** os problemas adicionais 8-26 a 8-28 (em inglês).

ESTUDO DE CASO

Enlatados Red Brand

Na segunda-feira, dia 13 de setembro de 1999, Mitchell Gordon, vice-presidente de operações da Enlatados Red Brand, marcou uma reunião com o controller, o gerente de vendas e o gerente de produção para discutir a quantidade de produtos de tomate que deveriam ser produzidos naquela estação. Os tomates comprados no plantio estavam começando a chegar para serem processados e as operações deveriam começar na próxima segunda. A Enlatados Red Brand é uma empresa de médio porte que embala e distribui uma variedade de produtos derivados de frutas e vegetais sob marcas privadas nos estados da região oeste.

William Cooper, o controller, e Charles Meyers, o gerente de vendas, foram os primeiros a chegar ao escritório de Gordon. Dan Tucker, gerente de produção, apareceu alguns minutos depois e disse que tinha estimativas da Inspeção de Produtos sobre a qualidade dos tomates que estavam chegando. De acordo com o relatório, cerca de 20% da colheita seria qualificada como do tipo A e o restante das 3 milhões de libras da produção seriam do tipo B.

TABELA 8.6 Demandas previstas

Produto	Preço de venda por embalagem ($)	Demanda prevista (embalagem)
24-2 ½ tomates inteiros	4,00	800000
24-2 ½ pêssegos em metades	5,40	10000
24-2 ½ nectar de pêssego	4,60	5000
24-2 ½ suco de tomate	4,50	50000
24-2 ½ maçãs cozidas	4,90	15000
24-2 ½ molho de tomate	3,80	80000

Gordon perguntou a Meyers qual seria a demanda por produtos derivados de tomate para o próximo ano. Meyes declarou que eles poderiam vender tudo o que fosse produzido de tomate enlatado. A demanda esperada para o suco de tomate e para o molho de tomate, por outro lado, era limitada. O gerente de vendas informou aos demais sobre as últimas previsões da demanda, mostradas na Tabela 8.6. Ele relembrou o grupo que os preços de venda haviam sido estabelecidos em função de estratégias de marketing de longo prazo da companhia e que as vendas potenciais tinham sido previstas a esses preços.

Depois de olhar as estimativas de demanda feitas por Myers, Bill Cooper afirmou que a companhia "deveria se dar muito bem com a cultura de tomate nesse ano". Com um novo sistema de contabilidade, ele foi capaz de calcular a contribuição de cada produto e, de acordo com a sua análise, o incremento de lucro na linha de tomates inteiros foi maior do que qualquer outro produto derivado de tomates. Em maio, após a Red Brand assinar um contrato de compra de toda a produção do agricultor a um preço médio de 6 centavos a libra, Cooper calculou a contribuição dos produtos de tomate (veja a Tabela 8.7).

Dan Tucker alertou Cooper que embora exista uma ampla capacidade de produção, seria impossível produzir somente em tomates inteiros porque a porção da produção de tomates de qualidade A foi muito pequena. A Red Brand utilizou uma escala numérica para registrar a qualidade tanto dos produtos *in natura* quanto dos elaborados. Essa escala variava de 0 a 10, com o maior valor representando a melhor qualidade. De acordo com essa escala, os tomates do tipo A tiveram uma média de nove pontos por libra e os do tipo B, uma média de cinco pontos por libra. Tucker notou que a qualidade média mínima foi de oito pontos por libra para os tomates enlatados e de seis pontos por libra para o suco. O molho poderia ser feito inteiramente com tomates do tipo B. Isso significou que a produção total de tomates ficou limitada a 800000 libras.

Gordon declarou que isso não seria uma limitação real. Ele fora recentemente solicitado a comprar 80000 libras de tomates do tipo A a 8 ½ centavos por libra e rejeitara a oferta, mas acreditava, no entanto, que os tomates ainda estavam disponíveis.

Meyers, que fizera alguns cálculos, relatou que, embora concordasse que a empresa "teria um bom desempenho este

TABELA 8.7 Lucratividade por produto

Produto	24-2 ½ tomates inteiros	24-2 ½ metades de pêssego	24-2 ½ néctar de pêssego	24-2 ½ suco de tomate	24-2 ½ maçãs cozidas	24-2 ½ molho de tomate
Preço de venda	$4,00	$5,40	$4,60	$4,50	$4,90	$3,80
Custo variável						
mão de obra	1,18	1,40	1,27	1,32	0,70	0,54
Depesas variáveis	0,24	0,32	0,23	0,36	0,22	0,26
Vendas variáveis	0,40	0,30	0,40	0,85	0,28	0,38
Material de embalagem	0,70	0,56	0,60	0,65	0,70	0,77
Frutas*	1,08	1,80	1,70	1,20	0,90	1,50
Custo variável total	3,60	4,38	4,20	4,38	2,80	3,45
Contribuição	0,40	1,02	0,40	0,12	1,10	0,35
Despesas variáveis menos alocadas	0,28	0,70	0,52	0,21	0,75	0,23
Lucro líquido	0,12	0,32	(0,12)	(0,09)	0,35	0,12

(*) A utilização dos produtos é:

Produto	Libras por embalagem
Tomate inteiro	18
Pêssegos pela metade	18
Néctar de Pêssego	17
Suco de tomate	20
Maçãs cozidas	27
Molho de tomate	25

TABELA 8.8 Análise marginal de produtos de tomate

Z = custo por libra dos tomates do tipo A em centavos
Y = custo por libra dos tomates do tipo B em centavos

$$(600000 \text{ lb} \times Z) + (2400000 \text{ lb} \times Y) = (3000000 \text{ lb} \times 6) \quad (1)$$

$$\frac{Z}{9} = \frac{Y}{5} \quad (2)$$

$Z = 9{,}32$ centavos por libra
$Y = 5{,}18$ centavos por libra

Produto	Tomates inteiros enlatados	Suco de tomate	Molho de tomate
Preço de venda	$4,00	$4,50	$3,80
Custo variável (excluindo o custo do tomate)	2,52	3,18	1,95
	$1,49	$1,32	$1,85
Custo do tomate	1,49	1,24	1,30
Lucro marginal	($0,01)	$0,08	$0,55

ano", isso não ocorreria pelo enlatamento de tomates inteiros. Ele acreditava que o custo do tomate deveria ser atribuído com base na qualidade e quantidade em vez de apenas por quantidade, como Cooper fizera. Dessa forma, ele recalculara o lucro marginal nessa base (veja a Tabela 8.8) e, a partir desse resultado, concluíra que a Red Brand deveria utilizar 2 milhões de libras de tomates do tipo B para molho e as restantes 40000 libras de tomates do tipo B e todos os tomates do tipo A para suco. Se a expectativa da demanda fosse realizada, uma contribuição de $48000 seria feita neste ano na produção de tomate.

Questões para discussão

1. Estruture esse problema verbalmente, incluindo uma descrição escrita das restrições e objetivo. Quais são as variáveis de decisão?
2. Desenvolva uma *formulação matemática* para os objetivos e restrições da Red Brand.
3. Resolva o problema e discuta os resultados.

Fonte: "Red Brand Canners" revisado com a permissão da Universidade de Stanford. Escola de Pós-Graduação em Negócios. Marca registrada de 1969 e 1977 pelo conselho de Administração da Universidade Leland Stanford Junior.

ESTUDO DE CASO

Banco Chase Manhattan

A carga de trabalho em muitas áreas das operações bancárias tem a característica de uma distribuição não uniforme relativa à hora do dia. Por exemplo, no Banco Chase Manhattan em Nova York, o total de requisições para a transferência de moeda nacional recebidas dos consumidores é representado em relação ao tempo diário e apresenta a forma de uma curva tipo U invertido com o pico em torno da 13 horas. Para o uso eficiente dos recursos, a mão de obra disponível deve variar de forma correspondente. A Figura 8.2 mostra uma curva de carga de trabalho típica e a necessidade correspondente de pessoal nas diferentes horas do dia.

Uma capacidade variável pode ser obtida empregando funcionários de meio turno. Em virtude de os funcionários desse tipo não receberem todos os benefícios, em geral eles são mais econômicos que funcionários de turno integral. Outras considerações, contudo, podem limitar a quantidade de funcionários de meio turno contratada para determinado departamento. O problema é determinar uma programação ótima da mão de obra que satisfaça requisitos de pessoal a qualquer tempo e que também seja econômica.

Alguns dos fatores que afetam a atribuição de pessoal são:

1. Por políticas corporativas, as horas de colaboradores de meio turno estão limitadas a um máximo de 40% da necessidade diária total.
2. Empregados de turno integral trabalham 8 horas (com uma hora para almoço incluída) no dia. Assim, o total de trabalho produtivo é 35 horas semanais.
3. Colaboradores de meio turno com pelo menos 4 horas diárias, mas menos de 8 horas diárias, não dispõem de uma hora para almoço.
4. Cinquenta por cento dos colaboradores de turno integral almoçam entre 11 horas e meio-dia e os 50% restantes, entre meio-dia e 13 horas.
5. O turno começa às 09 horas e termina às 19 horas (isto é, horas extras são limitadas a duas horas). Qualquer

TABELA 8.9 Necessidades de mão de obra

Período	Número de pessoas necessárias
9 – 10	14
10 – 11	25
11 – 12	26
12 – 13	38
13 – 14	55
14 – 15	60
15 – 16	51
16 – 17	29
17 – 18	14
18 – 19	9

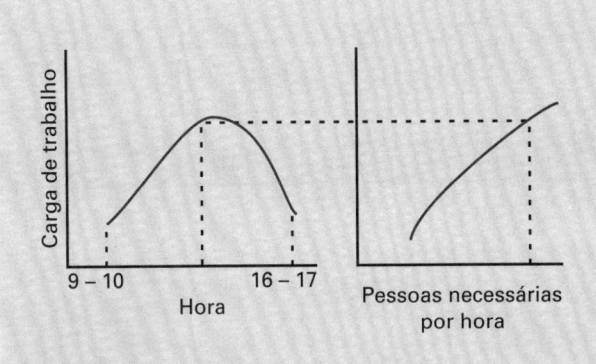

FIGURA 8.2

trabalho que sobrar após as 19 horas é adiado para o dia seguinte.

6. Um colaborador de turno integral não está autorizado a fazer mais do que 5 horas extras por semana e é pago pelo valor da hora normal de trabalho – *não* a uma vez e meia a hora normal aplicável às horas que excedem as 40 horas semanais. Benefícios não são aplicados a horas extras.

Além disso, os seguintes custos são pertinentes:

1. O custo médio por hora para o pessoal de turno integral (incluindo benefícios) é $10,11.
2. O custo médio por hora das horas extras para funcionários de hora integral (hora líquida sem benefícios) é $8,08.
3. O custo médio horário para o pessoal de meio turno é $7,82.

O número de pessoas necessárias ao longo do dia está apresentado na Tabela 8.9.

O objetivo do banco é obter o custo mínimo com pessoal que satisfaça ou exceda o número semanal regulamentado de horas trabalhadas bem como as restrições em relação aos colaboradores listadas anteriormente.

Questões para discussão

1. Qual é a programação de custo mínimo para o banco?
2. Quais são as limitações do modelo utilizado para responder a primeira questão?
3. Os custos podem ser reduzidos se a restrição de não mais de 40% das necessidades do dia ser realizada por trabalhadores de meio turno for modificada. Elevar o valor de 40% reduzirá significativamente os custos?

Fonte: Adaptado de MOONDRA, SHYAM L. An L. P. Model for Work Force Scheduling for Banks. *Journal of Bank Research*. Winter 1976. p. 299-301

BIBLIOGRAFIA

Veja as referências no final do Capítulo 7.

CAPÍTULO **9**

Programação Linear: O Método Simplex

OBJETIVOS DE APRENDIZAGEM

Depois de ler este capítulo, os alunos serão capazes de:

1. Converter as restrições de PL em igualdades com variáveis de folga, excesso e artificiais
2. Configurar e solucionar problemas de PL com quadros simplex
3. Interpretar o significado de cada número em um quadro simplex
4. Reconhecer casos especiais, como não viabilidade, sem limites e degeneração
5. Usar o quadro simplex para realizar a análise de sensibilidade
6. Construir o problema dual do problema primal

VISÃO GERAL DO CAPÍTULO

9.1 Introdução
9.2 Como configurar a solução simplex inicial
9.3 Procedimentos da solução simplex
9.4 O segundo quadro simplex
9.5 Desenvolvendo o terceiro quadro
9.6 Revisão dos procedimentos para a solução de problemas de maximização de PL
9.7 Variáveis de excesso e artificiais
9.8 Solucionando problemas de minimização
9.9 Revisão dos procedimentos para a solução dos problemas de minimização de PL
9.10 Casos especiais
9.11 Análise de sensibilidade com a tabela simplex
9.12 O dual
9.13 O algoritmo de Karmarkar

Resumo • Glossário • Equações-chave • Problemas resolvidos • Autoteste • Questões para discussão e problemas • Problemas extras na Internet • Bibliografia

9.1 INTRODUÇÃO

No Capítulo 7, vimos exemplos de programação linear (PL) que continham duas variáveis de decisão. É possível usar uma abordagem gráfica com apenas duas variáveis. Traçamos a região viável e, depois, procuramos pelo vértice ótimo e pelo lucro ou custo correspondente. Essa abordagem propicia uma maneira fácil de entender os conceitos básicos de PL. A maioria dos problemas reais, entretanto, tem mais do que duas variáveis e são grandes demais para o procedimento simples de uma solução gráfica. Os problemas enfrentados nas empresas e pelo governo podem ter dúzias, centenas ou mesmo milhares de variáveis. Precisamos de um método mais poderoso do que o gráfico, assim, neste capítulo apresentamos um procedimento chamado de *método simplex*.

Lembre que a teoria da PL afirma que a solução ótima está em um vértice da região viável. Em problemas grandes de PL, a região viável não pode ser desenhada porque ela tem muitas dimensões, mas o conceito é o mesmo.

Como funciona o método simplex? O conceito é simples e similar à PL gráfica em um aspecto importante. Na PL gráfica, examinamos cada um dos vértices; a teoria da PL informa que a solução ótima está em um deles. Nos problemas de PL contendo muitas variáveis, não poderemos traçar um gráfico da região viável, mas a solução ótima ainda estará em um vértice de uma figura com muitos lados e muitas dimensões (chamada de poliedro de dimensão n) que representa a área das soluções viáveis. O método simplex examina os vértices de uma maneira sistemática, usando conceitos algébricos básicos. Ele faz isso de uma maneira *iterativa*, isto é, repetindo o mesmo conjunto de procedimentos sem parar até que uma solução ótima seja alcançada. Cada repetição traz um valor mais alto para a função objetivo, de forma que estamos sempre nos movimentando em direção à solução ótima.

O método simplex sistematicamente examina os vértices, usando etapas algébricas, até que uma solução ótima seja encontrada.

Por que devemos estudar o método simplex? É importante entender as ideias usadas para produzir soluções. A abordagem simplex gera não somente a solução ótima para as variáveis de decisão e lucro máximo (ou custo mínimo), mas também informação econômica valiosa. Para conseguirmos usar os computadores com sucesso e interpretarmos os resultados de um PPL (Problema de Programação Linear) fornecido pelo computador, precisamos saber o que o método simplex está fazendo e por quê.

Começaremos solucionando um problema de maximização usando o método simplex. Depois, tentaremos resolver um problema de minimização e veremos algumas questões técnicas que são enfrentadas quando empregamos o procedimento simplex. A partir disso, examinamos como conduzir a análise de sensibilidade usando o quadro simplex. Concluímos com uma discussão sobre o dual, que é uma maneira alternativa de examinar problemas de PL.

9.2 COMO CONFIGURAR A SOLUÇÃO SIMPLEX INICIAL

Vejamos o caso da empresa de móveis Flair do Capítulo 7. Em vez da solução gráfica que usamos naquele capítulo, agora demonstraremos o método simplex. Você deve lembrar que:

T = números de mesas produzidas

C = números de cadeiras produzidas

e que o problema foi formulado como:

Maximizar o lucro = $\$70T + \$50C$ (função objetivo)

sujeito a $2T + 1C \leq 100$ (restrição das horas de pintura)

$4T + 3C \leq 240$ (restrição das horas da marcenaria)

$T, C \geq 0$ (restrições de não negatividade)

Convertendo as restrições em equações

O primeiro passo do método simplex requer que convertamos cada restrição de desigualdade (com exceção das restrições não negativas) de uma formulação de PL em uma equação.[1] Restrições menores ou iguais a ($\leq$), como no problema da empresa de móveis Flair, são convertidas em equações adicionando uma *variável de folga* para cada restrição. As variáveis de folga representam recursos não utilizados; eles podem estar na forma de tempo de máquina, horas de trabalho, dinheiro, espaço de um depósito ou qualquer número desse tipo de recurso em diversos problemas de negócios.

Variáveis de folga são adicionadas a cada restrição menor ou igual. Cada variável de folga representa um recurso não utilizado.

Em nosso caso, sejam:

S_1 = variável de folga representando horas não utilizadas no departamento de pintura

S_2 = variável de folga representando horas não utilizadas no departamento de marcenaria

As restrições para o problema agora podem ser escritas como

$$2T + 1C + S_1 = 100$$

e

$$4T + 3C + S_2 = 240$$

Assim, se a produção das mesas (T) e cadeiras (C) usa menos do que as 100 horas de pintura disponíveis, o tempo não utilizado é o valor da variável de folga, S_1. Por exemplo, se $T = 0$ e $C = 0$ (em outras palavras, se nada é produzido), temos $S_1 = 100$ horas de folga no departamento de pintura. Se a Flair produzir $T = 40$ mesas e $C = 10$ cadeiras, então

$$2T + 1C + S_1 = 100$$
$$2(40) + 1(10) + S_1 = 100$$
$$S_1 = 10$$

e haverá 10 horas de folga – ou não utilizadas – disponíveis para a pintura.

Para incluir todas as variáveis em cada equação, exigência do próximo passo do simplex, as variáveis de folga que não aparecem em uma equação são adicionadas com um coeficiente de 0. Isso significa que, de fato, elas não têm influência nas equações em que foram inseridas; mas permite visualizar todas as variáveis todo o tempo. Agora, as equações aparecem da seguinte forma:

$$2T + 1C + 1S_1 + 0S_2 = 100$$
$$4T + 3C + 0S_1 + 1S_2 = 240$$
$$T, C, S_1, S_2 \geq 100$$

Visto que as variáveis de folga não geram lucro, elas são adicionadas à função objetivo original com coeficiente de lucro igual a 0. A função objetivo torna-se

$$\text{Maximizar o lucro} = \$70T + \$50C + \$0S_1 + \$0\,S_2$$

Encontrando uma solução inicial algebricamente

Analisemos novamente as novas equações de restrição. Vemos que existem duas equações e quatro variáveis. Lembre-se do seu último curso de álgebra. Quando temos a mesma quanti-

---

[1] Isso porque o simplex é um método de álgebra matricial que requer que todos os relacionamentos matemáticos sejam formulados como equações e que cada equação contenha todas as variáveis.

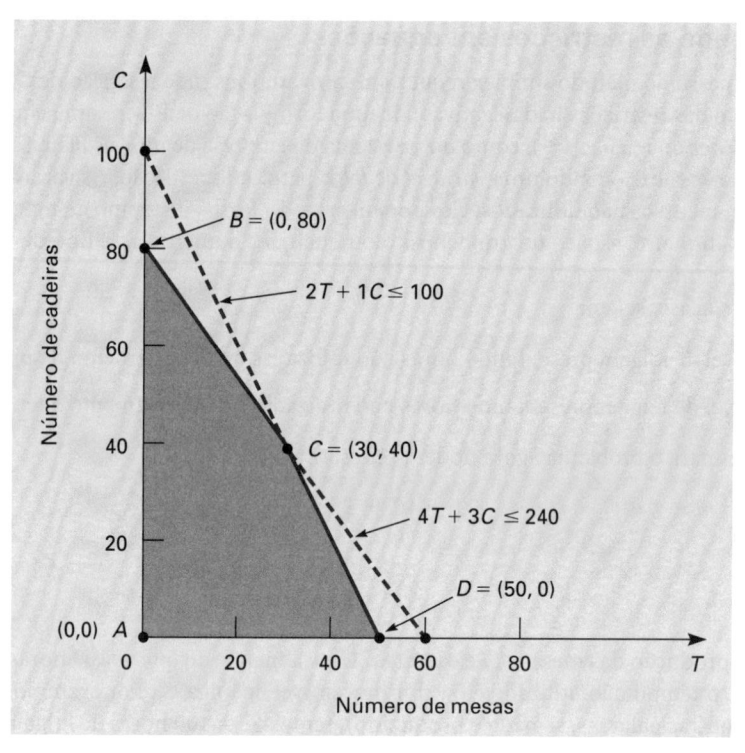

FIGURA 9.1 Vértices do problema da empresa de móveis Flair.

dade de variáveis que a de equações, é possível encontrar uma única solução para o problema. No entanto, quando existem quatro variáveis desconhecidas (T, C, S_1 e S_2, nesse caso), mas somente duas equações, é possível fazer duas das variáveis igual a 0 e, então, resolver para as outras duas. Por exemplo, se $T = C = 0$, então, $S_1 = 100$ e $S_2 = 240$. A solução encontrada dessa maneira é chamada de *solução básica viável*.

Uma solução viável básica para um sistema com n equações é encontrada configurando todas variáveis menos a n iguais a 0 e solucionando para as outras variáveis.

O método simplex começa com uma solução viável inicial em que todas as variáveis reais (como T e C) são igualadas a 0. Essa solução trivial sempre produz um lucro de $0, assim como variáveis de folga iguais aos termos constantes (lado direito) nas equações das restrições. Não é uma solução muito empolgante em termos de retorno econômico, mas é uma das soluções originais de vértice (veja a Figura 9.1). Como foi mencionado, o método simplex inicia no vértice (A) e se move acima ou sobre o vértice que gera o melhor lucro (B ou C). Finalmente, o procedimento é mover-se para um novo vértice (C), que é a solução ótima para o problema da Flair. O método simplex considera somente soluções viáveis e, portanto, não levará em conta outras possíveis combinações a não os vértices na região sombreada na Figura 9.1.

O simplex considera somente os vértices quando procura a melhor solução.

Primeiro quadro simplex

Para simplificar o manejo das equações e da função objetivo em um PPL, colocamos todos os coeficientes em um formato tabular denominado **quadro simplex**. O primeiro quadro simplex é apresentado na Tabela 9.1. Uma explicação de suas partes e de como o quadro é obtido vem a seguir.

Equações de restrição As duas equações de restrição da empresa de móveis Flair podem ser expressas como segue:

Eis as restrições no formato tabular.

Solução mista	T	C	S_1	S_2	Quantidade (lado direito)
S_1	2	1	1	0	100
S_2	4	3	0	1	240

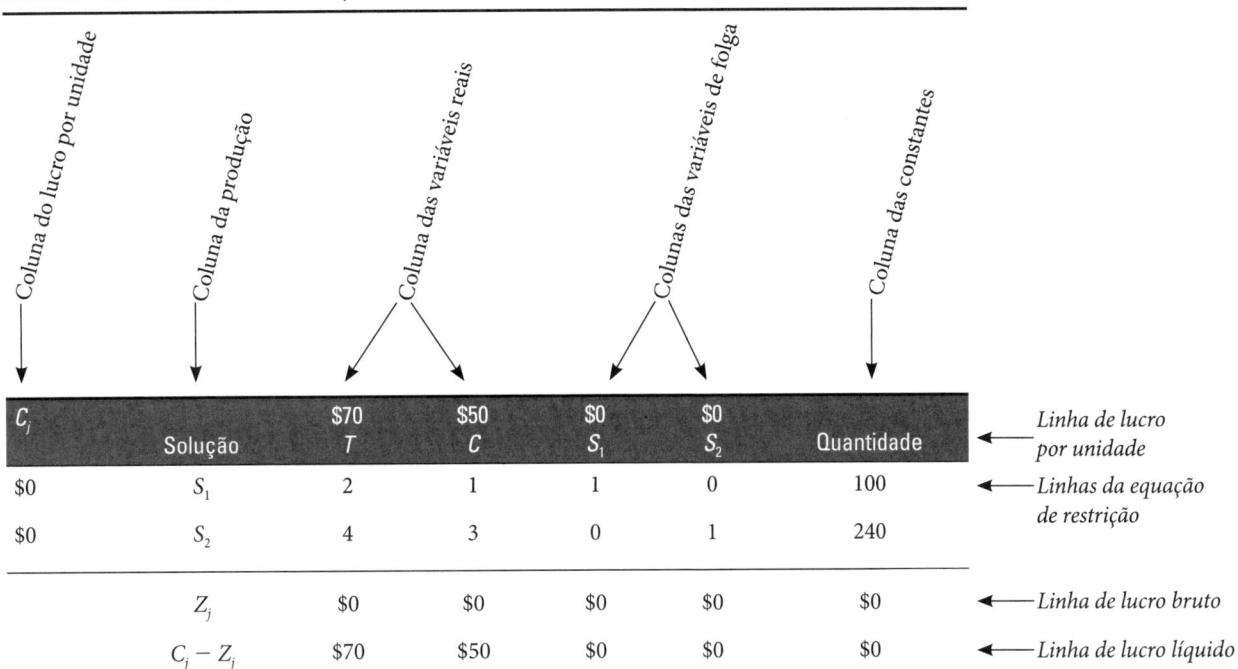

TABELA 9.1 Tabela inicial do simplex da Flair

C_j	Solução	$70 T	$50 C	$0 S_1	$0 S_2	Quantidade	
$0	S_1	2	1	1	0	100	← Linha de lucro por unidade / Linhas da equação de restrição
$0	S_2	4	3	0	1	240	
	Z_j	$0	$0	$0	$0	$0	← Linha de lucro bruto
	$C_j - Z_j$	$70	$50	$0	$0	$0	← Linha de lucro líquido

Colunas indicadas: Coluna do lucro por unidade; Coluna da produção; Coluna das variáveis reais; Colunas das variáveis de folga; Coluna das constantes.

Os números (2, 1, 1, 0) na primeira linha representam os coeficientes da primeira equação, a saber, $2T + 1C + 1S_1 + 0S_2$. Os números (4, 3, 0, 1) na segunda linha são o equivalente algébrico da restrição $4T + 3C + 0S_1 + 1S_2$.

Como foi sugerido anteriormente, começamos o procedimento da solução inicial na origem, onde $T = 0$ e $C = 0$. Os valores das outras duas variáveis devem ser não nulos, assim, $S_1 = 100$ e $S_2 = 240$. Essas duas variáveis de folga constituem a *solução inicial*; seus valores são encontrados na *coluna quantidade* (lado direito). Porque T e C não estão na solução, seus valores iniciais são automaticamente iguais a zero.

A solução mista inicial começa com as variáveis reais ou de decisão assumindo valores iguais a zero.

Essa solução inicial é uma *solução viável básica* e é representada por um vetor coluna como:

$$\begin{bmatrix} T \\ C \\ S_1 \\ S_2 \end{bmatrix} = \begin{bmatrix} 0 \\ 0 \\ 100 \\ 240 \end{bmatrix}$$

Eis a solução viável básica na forma de vetor coluna.

As variáveis na solução, chamada de *básica* na terminologia de PL, são denominadas variáveis básicas. Nesse exemplo, as variáveis básicas são S_1 e S_2. As variáveis que não estão na solução ou básicas e que foram determinadas como iguais a zero (T e C nesse caso), são chamadas de *variáveis não básicas*. É claro que, se a solução ótima para esse problema de PL fosse $T = 30$, $C = 40$, $S_1 = 0$ e $S_2 = 0$, ou

As variáveis na solução mista são chamadas de básicas. As que não estão na solução são chamadas de não básicas.

$$\begin{bmatrix} T \\ C \\ S_1 \\ S_2 \end{bmatrix} = \begin{bmatrix} 30 \\ 40 \\ 0 \\ 0 \end{bmatrix} \text{ (na forma de vetor coluna)}$$

então, T e C seriam as variáveis básicas finais e S_1 e S_2 seriam as *variáveis não básicas*. Note que, para qualquer vértice, exatamente duas das quatro variáveis serão iguais a zero.

Taxas de substituição são números no corpo da tabela. Este parágrafo explica como interpretar seu significado.

Taxas de substituição Muitos estudantes ficam inseguros quanto ao significado real dos números sob cada variável. Sabemos que as entradas são os coeficientes para aquela variável. Sob T estão os coeficientes $\binom{2}{4}$, sob C estão $\binom{1}{3}$, sob S_1 estão $\binom{1}{0}$ e sob S_2 estão $\binom{0}{1}$. Mas qual é a sua interpretação? Os números no corpo do quadro simplex (veja a Tabela 9.1) podem ser pensados como *taxas de substituição*. Por exemplo, suponha que queremos fazer T maior do que zero, isto é, produzir algumas mesas. Para cada unidade do produto T introduzido na solução atual, duas unidades do S_1 e quatro unidades do S_2 devem ser removidas da solução. Isto ocorre porque cada tabela requer duas horas do tempo de folga do departamento de pintura não utilizadas atualmente, S_1. Leva, também, quatro horas do tempo da marcenaria; portanto, quatro unidades da variável S_2 devem ser removidas da solução para cada unidade de T que entra. Da mesma forma, as taxas de substituição para cada unidade de C que entra na solução atual são uma unidade de S_1 e três unidades de S_2.

Outro ponto importante, que será enfatizado ao longo deste capítulo, é que para uma variável aparecer na coluna da solução mista, ela deve ter o número 1 em algum lugar na sua coluna e 0 nos demais locais naquela coluna. Vemos que a coluna S_1 contém $\binom{1}{0}$, assim, a variável S_1 está na solução. Da mesma forma, a coluna S_2 é $\binom{0}{1}$, assim, S_2 também está na solução.[2]

Adicionando a função objetivo Agora, seguiremos para a próxima etapa e estabeleceremos o primeiro quadro simplex. Acrescentamos uma linha para refletir os valores da função objetivo para cada variável. Essas taxas de contribuição, chamadas de C_j, aparecem logo abaixo de cada variável respectiva, como mostra a tabela a seguir:

C_j		$70	$50	$0	$0	
	Solução	T	C	S_1	S_2	Quantidade
$0	S_1	2	1	1	0	100
$0	S_2	4	3	0	1	240

As taxas do lucro por unidade não são apenas encontradas no topo da linha C_j: na última coluna da esquerda, C_j indica o lucro por unidade para cada variável atualmente na solução. Se S_1 fosse removido da solução e substituído, por exemplo, por C, $50 apareceria na coluna C_j à esquerda do termo C.

As linhas Z_j e $C_j - Z_j$ Podemos completar o quadro simplex inicial da empresa de móveis Flair acrescentando duas linhas finais. Essas duas linhas fornecem informações econômicas importantes, incluindo o lucro total e se a solução atual é ótima.

A entrada da linha Z na coluna quantidade fornece o lucro bruto.

Calculamos o valor de Z_j para cada coluna da solução inicial na Tabela 9.1 multiplicando o valor de contribuição 0 de cada número na coluna C_j por cada número naquela linha e na

---

[2] Se houvesse três restrições menores ou iguais no problema da Flair, haveria três variáveis de folga. S_1, S_2 e S_3. Os 1s e 0s apareceriam assim:

Solução mista	S_1	S_2	S_3
S_1	1	0	0
S_2	0	1	0
S_3	0	0	1

> ### EM AÇÃO — Alocação de recursos na Pantex
>
> As empresas geralmente usam técnicas de otimização, como a PL, para alocar recursos limitados a fim de maximizar lucros ou minimizar custos. Um dos problemas mais importantes da alocação de recursos enfrentados pelos Estados Unidos é desmantelar antigas armas nucleares e manter a segurança, proteção e a confiabilidade dos sistemas remanescentes. Este é o problema enfrentado pela Pantex, uma empresa que vale $300 milhões.
>
> A Pantex é responsável por desarmar, avaliar e manter o arsenal nuclear dos Estados Unidos. Ela também é responsável pelo armazenamento de componentes críticos de armas relacionados ao acordo de não-proliferação entre a Rússia e os Estados Unidos. A Pantex precisa manter um equilíbrio constante entre satisfazer as necessidades do desarmamento de armas nucleares *versus* manter os sistemas existentes de armas nucleares, enquanto aloca recursos limitados eficazmente. Como muito produtores, a Pantex deve alocar recursos escassos entre demandas que competem, todas importantes.
>
> A equipe responsável pela solução do problema de alocação de recursos da Pantex desenvolveu o Pantex Process Model (PPM). O PPM é um sistema de otimização sofisticado, capaz de analisar as necessidades nucleares sob diferentes horizontes de tempo. O modelo tem se tornado a principal ferramenta para analisar, planejar e sincronizar problemas na Pantex. Ele também ajuda determinar recursos futuros. Por exemplo, o PPM foi utilizado para ganhar um apoio do governo de $17 milhões para modificar uma fábrica existente com novos prédios e $70 milhões para construir uma nova fábrica.
>
> **Fonte:** Baseado em KJELDGAARD, Edwin, et al. Swords into Plowshares: Nuclear Weapon Dismantlement, Evaluation, and Maintenance at Pantex. *Interfaces*, v.30, n.1, January-February, 2000, p. 57-82.

coluna *j*-ésima, e somando. O valor de Z_j para a coluna da quantidade fornece a contribuição total (lucro bruto, nesse caso) da solução dada:

$$Z_j \text{ (para o lucro bruto)} = (\text{Lucro por unidade de } S_1) \times (\text{Número de unidades de } S_1)$$
$$+ (\text{Lucro por unidade de } S_2) \times (\text{Número de unidades de } S_2)$$
$$= \$0 \times 100 \text{ unidades} + \$0 \times 240 \text{ unidades}$$
$$= \$0 \text{ lucro}.$$

Os valores de Z_j para as outras colunas (sob as variáveis T, C, S_1 e S_2) representam o lucro bruto que abrimos mão pela adição de uma unidade dessa variável na solução atual. Seus cálculos são:

$$Z_j = (\text{Lucro por unidade do } S_1) \times (\text{Taxa de substituição da linha 1})$$
$$+ (\text{Lucro por unidade do } S_2) \times (\text{Taxa de substituição da linha 2})$$

Assim,

$$Z_j \text{ (para a coluna } T) = (\$0)(2) + (\$0)(4) = \$0$$
$$Z_j \text{ (para a coluna } C) = (\$0)(1) + (\$0)(3) = \$0$$
$$Z_j \text{ (para a coluna } S_1) = (\$0)(1) + (\$0)(0) = \$0$$
$$Z_j \text{ (para a coluna } S_2) = (\$0)(0) + (\$0)(1) = \$0$$

Vemos que não há perda do lucro adicionando uma unidade tanto de *T*(mesas), *C*(cadeiras), S_1 ou S_2.

O número $C_j - Z_j$ em cada coluna representa o lucro líquido, isto é, o lucro ganho menos o lucro que abrimos mão, que resultará da introdução de uma unidade de cada produto ou variável na solução. Ele não é calculado para a coluna da quantidade. Para calcular esses números, simplesmente subtraia o total do Z_j para cada coluna do valor de C_j no topo da-

A linha $C_j - Z_j$ fornece o lucro líquido introduzindo uma unidade de cada variável dentro da solução.

quela coluna da variável. Os cálculos do lucro líquido por unidade (a linha $C_j - Z_j$) desse exemplo são:

	Coluna			
	T	C	S_1	S_2
C_j para coluna	$70	$50	$0	$0
Z_j para coluna	0	0	0	0
$C_j - Z_j$ para coluna	$70	$50	$0	$0

Alcançamos uma solução ótima quando a linha $C_j - Z_j$ não tiver valores positivos.

Obviamente, quando calculamos um lucro de $0, a solução inicial não é ótima. Examinando os números na linha $C_j - Z_j$ da Tabela 9.1, vemos que o lucro total pode aumentar em $70 para cada unidade de T(mesas) e $50 para cada unidade de C(cadeiras) adicionada à solução. Um número negativo na linha $C_j - Z_j$ nos indicaria que os lucros diminuiriam se a variável correspondente fosse acrescentada à solução. Uma solução ótima é alcançada no método simplex quando a linha $C_j - Z_j$ não contiver números positivos. Esse ainda não é o caso no nosso quadro inicial.

9.3 PROCEDIMENTOS DA SOLUÇÃO SIMPLEX

Eis as cinco etapas do simplex.

Depois que um quadro inicial é completado, seguimos uma série de cinco etapas para calcular todos os números necessários no próximo quadro. Os cálculos não são difíceis, mas são complexos, e mesmo um pequeno erro aritmético pode resultar em uma resposta errada.

Primeiro listamos as cinco etapas, depois as explicamos cuidadosamente e as aplicamos completando o segundo e o terceiro quadro para os dados da empresa de móveis Flair.

Cinco etapas do método simplex para problemas de maximização

1. A variável que entra na solução é a que apresenta o maior $C_j - Z_j$ positivo.

1. Determine a próxima variável que entrará na solução. Uma maneira de fazer isso é identificar a coluna e, portanto, a variável com o maior valor positivo na linha $C_j - Z_j$ do quadro anterior. Isso significa que agora produziremos o produto que contribui com o maior lucro adicional por unidade. A coluna identificada nessa etapa é denominada *coluna pivô*.

2. A variável que sairá da solução é determinada por uma razão que devemos calcular.

2. Determine qual variável será substituída. Como acabamos de escolher uma nova variável para entrar na solução, devemos decidir qual variável básica atualmente na solução deve sair para dar lugar a ela. A segunda etapa é realizada dividindo cada valor da coluna da quantidade pelo número correspondente da coluna selecionada na primeira etapa. A linha com o *menor número não negativo* calculado dessa maneira será substituída no próximo quadro (esse menor número, a propósito, fornece o número máximo de unidades da variável que pode ser colocada na solução). Essa linha é geralmente chamada de *linha pivô*. O número na intersecção da linha pivô com a coluna pivô é denominado *número pivô*.

3. Novos cálculos da linha pivô são realizados a seguir.

3. Calcule os novos valores da linha pivô. Para tanto, simplesmente divida cada número da linha pelo número pivô.

4. As demais linhas são calculadas com a Equação 9-1.

4. Calcule os novos valores para as demais linhas (no problema da empresa de móveis Flair existem somente duas linhas no quadro do PPL, mas problemas maiores têm muito mais linhas). Todas as demais linhas são obtidas da seguinte forma:

(Novos valores das linhas) = (Antigos valores das linhas)

$$-\left[\begin{pmatrix} \text{Número acima} \\ \text{ou abaixo do} \\ \text{número pivô} \end{pmatrix} \times \begin{pmatrix} \text{Número correspondente na} \\ \text{nova linha, isto é, a linha} \\ \text{substituinte na etapa 3} \end{pmatrix}\right] \quad (9\text{-}1)$$

5. Finalmente, as linhas Z_j e $C_j - Z_j$ são recalculadas.

5. Calcule as linhas Z_j e $C_j - Z_j$ como demonstrado no quadro inicial. Se todos os números na linha $C_j - Z_j$ são 0 ou negativos, uma solução ótima foi alcançada. Se esse não for o caso, retorne à Etapa 1.

9.4 O SEGUNDO QUADRO SIMPLEX

Agora que apresentamos as cinco etapas necessárias para passar de uma solução inicial a uma solução melhorada, vamos aplicá-las ao problema da empresa de móveis Flair. Nosso objetivo é acrescentar uma variável nova à solução, ou base, para aumentar o lucro cujo valor atual, no quadro simplex, é $0.

Eis as cinco etapas para a empresa de móveis Flair.

Etapa 1. Para decidir quais variáveis entrarão a seguir na solução (deve ser T ou C, visto que elas são as únicas variáveis não básicas nesse ponto), selecionamos aquela com o maior valor positivo $C_j - Z_j$. A variável T, mesas, tem um valor $C_j - Z_j$ de $70, indicando que cada unidade de T adicionada à solução contribuirá com $70 para o lucro total. A variável C, cadeiras, têm um valor $C_j - Z_j$ de somente $50. As outras duas variáveis, S_1 e S_2, têm valores 0 e nada adicionam ao lucro. Portanto, selecionamos T como a variável para entrar na solução e identificamos sua coluna (com uma seta) como a coluna pivô. Isso é mostrado na Tabela 9.2.

inicialmente, T (mesas) entra na solução porque seu valor de $C_j - Z_j$ de $70 é o maior valor positivo.

Etapa 2. Visto que T está para entrar na solução, devemos decidir qual variável deve ser retirada. O número máximo de variáveis básicas em um problema de PL só pode ser igual à quantidade de restrições, assim, S_1 ou S_2 terão de sair para permitir que T (mesas) entre na solução ou base. Para identificar a linha pivô, cada número na coluna quantidade é dividido pelo número correspondente na coluna T.

Para a linha de S_1:

$$\frac{100 \text{ (horas do tempo de pintura disponíveis)}}{2 \text{ (horas necessárias por mesa)}} = 50 \text{ mesas}$$

Para a linha de S_2:

$$\frac{240 \text{ (horas do tempo da marcenaria disponível)}}{4 \text{ (horas necessárias por mesa)}} = 60 \text{ mesas}$$

A menor dessas razões, 50, indica o número máximo de unidades de T que podem ser produzidas sem violar nenhuma das restrições originais. Isso corresponde ao ponto D na Figura 9.2. A outra razão (60) corresponde ao ponto E nesse gráfico. Assim, a menor razão é escolhida para que a próxima solução seja viável. Também, quando $T = 50$, não existe folga na restrição 1, assim, $S_1 = 0$. Isso significa que S_1 será a próxima variável a ser substituída nessa iteração do método simplex. A linha com a menor razão (linha 1) é a linha pivô. A linha pivô e o número pivô (o número na intersecção da linha pivô e da coluna pivô) estão identificados na Tabela 9.3.

S_1 sai da solução porque a menor das duas razões indica que a próxima linha pivô será a primeira linha.

Etapa 3. Agora que decidimos qual variável deve entrar na solução (T) e qual deve sair (S_1), começamos a desenvolver o segundo quadro simplex melhorado. A Etapa 3 envolve o cálculo para a substituição da linha pivô. Isso é feito dividindo cada número da linha pivô pelo número pivô:

TABELA 9.2 Coluna pivô identificada no quadro simplex inicial

C_j →		$70	$50	$0	$0	
↓	Solução	T	C	S_1	S_2	Quantidades (RHS)
$0	S_1	2	1	1	0	100
$0	S_2	4	3	0	1	240
	Z_j	$0	$0	$0	$0	→ $0
	$C_j - Z_j$	$70	$50	$0	$0	Lucro total
		↑ Coluna pivô				

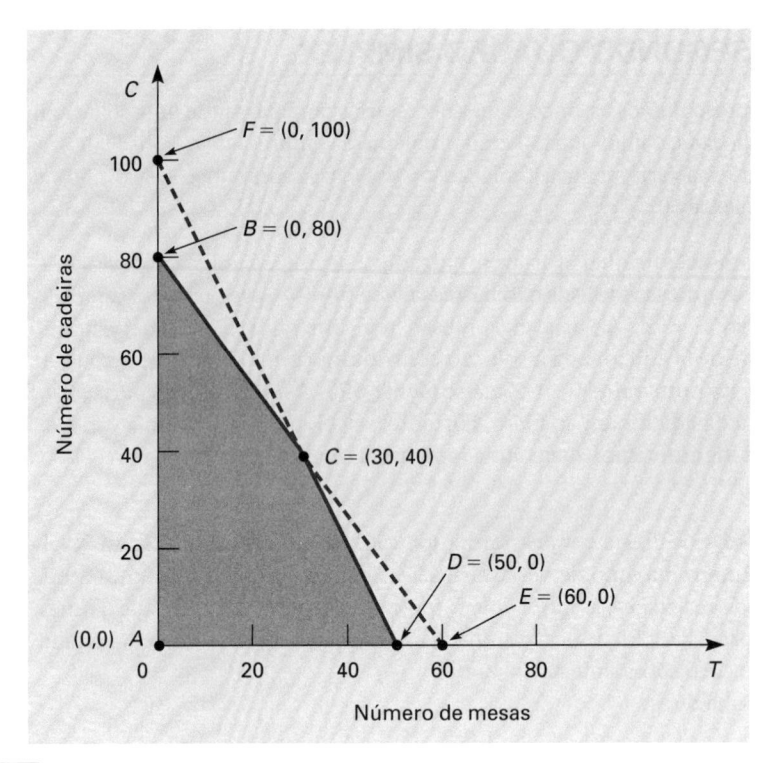

FIGURA 9.2 Gráfico do problema da empresa de móveis Flair.

$$\frac{2}{2} = 1 \quad \frac{1}{2} = 0{,}5 \quad \frac{1}{2} = 0{,}5 \quad \frac{0}{2} = 0 \quad \frac{100}{2} = 50$$

A nova linha pivô é calculada dividindo cada valor da linha pivô pelo número pivô.

A nova versão de toda a linha pivô aparece na próxima tabela. Note que T está agora na solução e que 50 unidades de T estão sendo produzidas. O valor C_j está listado como uma contribuição de \$70 por unidade de T na solução. Isso irá, definitivamente, fornecer à empresa de móveis Flair uma solução mais lucrativa do que o valor \$0 gerado no quadro inicial.

C_j	Solução	T	C	S_1	S_2	Quantidade
\$70	T	1	0,5	0,5	0	50

TABELA 9.3 Linha pivô e valor pivô identificados no quadro simplex inicial

C_j		\$70	\$50	\$0	\$0	
	Solução	T	C	S_1	S_2	Quantidade
\$0	S_1	②	1	1	0	100 ← linha pivô
\$0	S_2	4	3	0	1	240
		└ Valor pivô				
	Z_j	\$0	\$0	\$0	\$0	\$0
	$C_j - Z_j$	\$70	\$50	\$0	\$0	
		↑ Coluna pivô				

Etapa 4. O objetivo dessa etapa é ajudar a calcular os novos valores para a outra linha no corpo do quadro, isto é, a linha S_2. É um pouco mais complexo do que substituir a linha pivô, e usamos a fórmula (Equação 9.1) mostrada anteriormente. A expressão no lado direito da equação a seguir é usada para calcular o lado direito.

Agora podemos recalcular a linha S_2.

$\begin{pmatrix}\text{Número na}\\\text{nova linha } S_2\end{pmatrix}$	=	$\begin{pmatrix}\text{Número na}\\\text{velha linha } S_2\end{pmatrix}$	−	$\begin{bmatrix}\begin{pmatrix}\text{Número abaixo}\\\text{do número pivô}\end{pmatrix}$	×	$\begin{pmatrix}\text{Número concorrente}\\\text{na nova linha } T\end{pmatrix}\end{bmatrix}$
0	=	4	−	(4)	×	(1)
1	=	3	−	(4)	×	(0,5)
−2	=	0	−	(4)	×	(0,5)
1	=	1	−	(4)	×	(0)
40	=	240	−	(4)	×	(50)

Essa nova linha S_2 aparecerá no segundo quadro com o seguinte formato:

C_j	Solução	T	C	S_1	S_2	Quantidade
$70	T	1	0,5	0,5	0	50
$0	S_2	0	1	−2	1	40

Agora que T e S_2 estão na solução mista, veja os valores dos coeficientes nas suas respectivas colunas. A coluna T contém $\begin{pmatrix}1\\0\end{pmatrix}$, uma condição necessária para aquela variável estar na solução. Da mesma forma, a coluna S_2 tem $\begin{pmatrix}0\\1\end{pmatrix}$, isto é, ela contém um 1 e um 0. Basicamente, as manipulações algébricas que acabamos de ver nas Etapas 3 e 4 foram simplesmente direcionadas para produzir 0s e 1s nas posições apropriadas. Na Etapa 3, dividimos cada número na linha pivô pelo número pivô; isso garantiu que o número 1 estaria na linha do topo da coluna T. Para derivar a segunda nova linha, multiplicamos a primeira linha (cada linha é realmente uma equação) por uma constante (o número 4 aqui) e o subtraímos da segunda equação. O resultado foi a nova linha S_2 com um 0 na coluna T.

Observamos que a coluna T contém $\begin{pmatrix}1\\0\end{pmatrix}$ e a coluna S_2 contém $\begin{pmatrix}0\\1\end{pmatrix}$. Esses 0s e 1s indicam que T e S_2 estão na base (na solução).

Etapa 5. A última etapa da segunda iteração é introduzir o efeito da função objetivo. Isso envolve calcular as linhas Z_j e $C_j - Z_j$. Lembre que a entrada de Z_j para a coluna da quantidade fornece o lucro bruto da solução atual. Os outros valores de Z_j representam o lucro bruto dado pela adição de uma unidade de cada variável nessa nova solução. Os valores de Z_j são calculados como segue:

Encontramos o novo lucro na linha Z.

Z_j (para a coluna T) = ($70)(1) + ($0)(0) = $70

Z_j (para a coluna C) = ($70)(0,5) + ($0)(1) = $35

Z_j (para a coluna S_1) = ($70)(0,5) + ($0)(−2) = $35

Z_j (para a coluna S_2) = ($70)(0) + ($0)(1) = $0

Z_j (para o lucro total) = ($70)(50) + ($0)(40) = $3500

Note que o lucro atual é $3500.

TABELA 9.4 Segundo quadro simplex completo para a Flair

C_j		$70	$50	$0	$0	
	Solução	T	C	S_1	S_2	Quantidade (RHS)
$70	T	1	0,5	0,5	0	50
$0	S_2	0	1	−2	1	40
	Z_j	$70	$35	$35	$0	$3500
	$C_j - Z_j$	$0	$15	−$35	$0	

A linha $C_j - Z_j$ indica o lucro líquido da solução atual, de uma ou mais unidades de cada variável. Por exemplo, C tem um lucro de $15 por unidade.

Os números $C_j - Z_j$ representam o lucro líquido que irá resultar, dado nosso mix de produção atual, se acrescentarmos uma unidade de cada variável na solução:

	Coluna			
	T	C	S_1	S_2
C_j para coluna	$70	$50	$0	$0
Z_j para coluna	$70	$35	$35	$0
$C_j - Z_j$ para coluna	$0	$15	−$35	$0

As linhas Z_j e $C_j - Z_j$ são inseridas no segundo quadro completo, como mostra a Tabela 9.4.

Interpretando o segundo quadro

A Tabela 9.4 resume toda a informação da decisão do mix de produção da empresa de móveis Flair a partir da segunda iteração do método simplex. Analisemos rapidamente alguns itens importantes.

Analisamos a solução atual como um vértice do método gráfico.

Solução atual Nesse momento, a solução de 50 mesas e 0 cadeiras ($T = 50$, $C = 0$) gera um lucro de $3500. T é uma variável básica; C é uma variável não básica. Usando uma abordagem de PL gráfica, isso corresponde ao vértice D, como mostrado anteriormente na Figura 9.2.

Informação dos recursos Também vemos na Tabela 9.4 que a variável de folga S_2, representando a quantidade de tempo não usado do departamento de marcenaria, está na base. Ela tem um valor de 40, indicando que 40 horas do tempo de marcenaria está disponível. A variável de folga S_1 não é básica e tem um valor de 0 hora. Não há horas de folga no departamento de pintura.

Eis uma explicação do significado das taxas de substituição.

Taxas de substituição Mencionamos anteriormente que as taxas de substituição são os coeficientes do centro do quadro. Veja a coluna C. Se uma unidade de C (uma cadeira) é adicionada à solução atual, 0,5 unidades de T e uma unidade de S_2 devem ser descartadas. Isso porque a solução $T = 50$ mesas utiliza todas as 100 horas do tempo do departamento de pintura (a restrição original, você deve lembrar, era $2T + 1C + S_1 = 100$). Para conseguir uma hora de pintura necessária para fazer uma cadeira, menos 0,5 de uma mesa deve ser produzida. Isso libera uma hora para ser usada na produção de uma cadeira.

Mas por que uma unidade do S_2 (isto é, uma hora do tempo de marcenaria) deve ser descartada para produzir uma cadeira? A restrição original era $4T + 3C + S_2 = 240$ horas do tempo de marcenaria. Isso não indica que 3 horas do tempo de marcenaria são necessárias para produzir uma unidade de C? A resposta é que estamos observando taxas *marginais* de substituição. Acrescentar uma cadeira substitui 0,5 de uma mesa. Porque 0,5 de uma mesa necessita ($0,5 \times 4$ horas por mesa) = 2 horas do tempo de marcenaria, duas unidades de S_2 são liberadas. Portanto, somente uma unidade a mais de S_2 é necessária para produzir uma cadeira.

Para ter certeza que você realmente entendeu esse conceito, vamos observar mais uma coluna, S_1. Os coeficientes são $\begin{pmatrix} 0,5 \\ -2 \end{pmatrix}$. Esses valores da taxa de substituição significam que se uma hora de folga do tempo da pintura é adicionada à solução atual, *menos* 0,5 de uma mesa (T) será produzida. Entretanto, note que se uma unidade de S_1 é adicionada à solução, duas horas do tempo de marcenaria (S_2) não serão mais usadas. Isso será *acrescentado* às 40 horas de folga do tempo da marcenaria. Assim, uma taxa *negativa* de substituição significa que se uma unidade de uma variável coluna é acrescentada à solução, o valor da solução correspondente da variável (ou linha) aumentará. Uma taxa de substituição *positiva* indica que se uma unidade da variável coluna é acrescentada à solução, a variável linha diminuirá nessa taxa.

Você consegue interpretar as taxas nas colunas T e S_2 agora?

Linha do lucro líquido A linha $C_j - Z_j$ é importante por duas razões. Primeiro, ela indica se a solução atual é ótima. Quando não existem números positivos na última linha, uma solução ótima para um problema de maximização de PL foi alcançada. No caso da Tabela 9.4, vemos que os valores de $C_j - Z_j$ para as colunas T, S_1 e S_2 são 0 ou negativos. O valor para a coluna C (15) significa que o lucro líquido pode aumentar em \$15 para cada cadeira adicionada na solução atual.

A linha $C_j - Z_j$ informa (1) se a solução atual é ótima e (2) se não for, qual deve ser a próxima variável a entrar na solução.

Visto que o valor de $C_j - Z_j$ para T é 0, para cada unidade de T adicionada o lucro total continuará o mesmo, pois já estamos produzindo o número máximo de mesas possível. Um número negativo, como -35 na coluna S_1, implica que o lucro total *diminuirá* em \$35 se uma unidade de S_1 for adicionada à solução. Em outras palavras, disponibilizar uma hora de folga no departamento de pintura ($S_1 = 0$ atualmente) significa que teremos de produzir meia mesa a menos. Visto que cada mesa resulta em \$70 de contribuição, perderemos $0,5 \times \$70 = \$35$, isto é, uma perda líquida de \$35.

Mais adiante neste capítulo, discutiremos em detalhes o assunto dos *preços sombra*. Eles informam a respeito aos valores de $C_j - Z_j$ nas colunas da variável de folga. Preços sombra são simplesmente outra maneira de interpretar os valores negativos de $C_j - Z_j$; eles poderiam ser percebidos como o aumento potencial do lucro se mais uma hora de um recurso escasso (como o tempo de pintura ou marcenaria) se tornasse *disponível*.

Mencionamos que existem duas razões para considerar a linha $C_j - Z_j$ cuidadosamente. A segunda razão, é claro, é que usamos a linha para determinar qual variável entrará na próxima solução. Visto que uma solução ótima ainda não foi alcançada, prosseguiremos para o terceiro quadro simplex.

9.5 DESENVOLVENDO O TERCEIRO QUADRO

Visto que nem todos os números na linha $C_j - Z_j$ do último quadro são 0 ou negativos, a solução anterior não é ótima e devemos repetir as cinco etapas do simplex.

Etapa 1. A variável C entrará na próxima solução em virtude de seu valor $C_j - Z_j$ ser 15, que é o maior (e único) número positivo da linha. Isso significa que para cada unidade de C (cadeiras) que começamos a produzir, o valor da função objetivo aumentará em \$15. A coluna C é a nova coluna pivô.

C (cadeiras) será a próxima variável da solução porque ela tem o único valor positivo na linha $C_j - Z_j$.

Etapa 2. A próxima etapa envolve a identificação da linha pivô. A questão é qual variável atualmente na solução (T ou S_2) terá de sair para que C entre? Novamente, cada número na coluna quantidade é dividido pela sua taxa de substituição correspondente na coluna C.

$$\text{Para a linha } T: \frac{50}{0,5} = 100 \text{ cadeiras}$$

$$\text{Para a linha } S_2: \frac{40}{1} = 40$$

TABELA 9.5 Linha pivô, coluna pivô e número pivô identificados no segundo quadro simplex

		$70	$50	$0	$0	
C_j	Solução	T	C	S_1	S_2	Quantidade
$70	T	0	0,5	0,5	0	50
$0	S_2	1	①	−2	−1	40 ← Linha pivô
	Z_j	$70	$35	$35	$0	$3500
	$C_j - Z_j$	$0	$15	−$15	$0	(lucro total)

Número pivô

Coluna pivô

Substituímos a variável S_2 porque ela está na linha pivô.

Essas razões correspondem aos valores de C (a variável que está entrando na solução) nos pontos F e C na Figura 9.2 da página 386. A linha S_2 tem a razão menor, assim, a variável S_2 sairá da base (que terá um valor de 40). A nova linha pivô, coluna pivô e número pivô são mostrados na Tabela 9.5.

A linha pivô para o terceiro quadro é substituída aqui.

Etapa 3. A linha pivô é substituída dividindo cada número nela pelo número pivô (circulado). Como cada número é dividido por 1, não há mudança:

$$\frac{0}{1}=0 \quad \frac{1}{1}=1 \quad \frac{-2}{1}=-2 \quad \frac{1}{1}=1 \quad \frac{40}{1}=40$$

Toda a nova linha C fica assim:

C_j	Solução	T	C	S_1	S_2	Quantidade
$50	C	0	1	−2	1	40

Ela será colocada no novo quadro simplex na mesma posição que a linha S_2 estava (veja a Tabela 9.5).

Etapa 4. Os novos valores para a linha T agora podem ser calculados:

$$\begin{pmatrix}\text{Número}\\\text{na nova}\\\text{linha }T\end{pmatrix}=\begin{pmatrix}\text{Número}\\\text{na antiga}\\\text{linha }T\end{pmatrix}-\left[\begin{pmatrix}\text{Número}\\\text{acima do}\\\text{número pivô}\end{pmatrix}\times\begin{pmatrix}\text{Número}\\\text{correspondente}\\\text{na nova linha }C\end{pmatrix}\right]$$

A nova linha T é calculada aqui.

1	=	1	−	(0,5)	×	(0)
0	=	0,5	−	(0,5)	×	(1)
1,5	=	0,5	−	(0,5)	×	(−2)
−0,5	=	0	−	(0,5)	×	(1)
30	=	50	−	(0,5)	×	(40)

Portanto, a nova linha T aparecerá no terceiro quadro na seguinte posição:

C_j	Solução	T	C	S_1	S_2	Quantidade
$70	T	1	0	1,5	−0,5	30
$50	C	0	1	−2	1	40

Etapa 5. Finalmente, as linhas Z_j e $C_j - Z_j$ são calculadas para o terceiro quadro:

Z_j (para a coluna T) = ($70)(1) + ($50)(0) = $70

Z_j (para a coluna C) = ($70)(0) + ($50)(1) = $50

Z_j (para a coluna S_1) = ($70)(1,5) + ($50)(−2) = $5

Z_j (para a coluna S_2) = ($70)(−0,5) + ($50)(1) = $15

Z_j (para o lucro total) = ($70)(30) + ($50)(40) = $4100

A etapa final é, novamente, calcular os valores de Z_j e $C_j - Z_j$.

A linha do lucro líquido por unidade aparece como:

	Colunas			
	T	C	S_1	S_2
C_j para a coluna	$70	$50	$0	$0
Z_j para a coluna	$70	$50	$5	$15
$C_j - Z_j$ para a coluna	$0	$0	−$5	−$15

Todos os resultados para a terceira iteração de método simplex estão resumidos na Tabela 9.6. Note que como cada valor na linha $C_j - Z_j$ do quadro é negativo ou 0, uma solução ótima foi alcançada.

A solução é:

T = 30 mesas

C = 40 cadeiras

S_1 = 0 horas de folga no departamento de pintura

S_2 = 0 horas de folga no departamento de marcenaria

Lucro = $4100 para a solução ótima

Uma solução ótima é alcançada porque todos os valores de $C_j - Z_j$ são zero ou negativos.

A solução final é fazer 30 mesas e 40 cadeiras com um lucro de $4100. Esse é o mesmo resultado obtido pela solução gráfica apresentada anteriormente.

TABELA 9.6 Quadro simplex final para o problema da Flair

C_j		$70	$50	$0	$0	
	Solução	T	C	S_1	S_2	Quantidade
$70	T	1	0	1,5	−0,5	30
$50	C	0	1	−2	1	40
	Z_j	$70	$50	$5	$15	$4100
	$C_j - Z_j$	$0	$0	−$5	−$15	

Verificar que a solução não viola as restrições originais é uma boa maneira de checar que nenhum erro matemático foi cometido.

T e C são as variáveis básicas finais e S_1 e S_2 são as não básicas (e, assim, automaticamente iguais a 0). Essa solução corresponde ao vértice C na Figura 9.2.

Sempre é possível cometer um erro aritmético quando você percorre as várias etapas do simplex e iterações, assim, é recomendável verificar sua solução final. Isso pode ser feito, em parte, olhando para as restrições originais da empresa de móveis Flair e para a função objetivo:

Primeira restrição: $2T + 1C \leq 100$ horas do departamento de pintura

$$2(30) + 1(40) \leq 100$$

$$100 \leq 100 \checkmark$$

Segunda restrição: $4T + 3C \leq 240$ horas do departamento de marcenaria

$$4(30) + 3(40) \leq 240$$

$$240 \leq 240 \checkmark$$

Lucro da função objetivo = $\$70T + \$50C$

$$= \$70(30) + \$50(40)$$

$$= \$4100$$

9.6 REVISÃO DOS PROCEDIMENTOS PARA A SOLUÇÃO DE PROBLEMAS DE MAXIMIZAÇÃO DE PL

Antes de continuarmos com outros assuntos relacionados ao método simplex, vamos revisar brevemente o que aprendemos até agora com problemas de maximização de PL.

I. Formular a função objetivo e as restrições do problema de PL.

II. Acrescentar variáveis de folga para cada restrição menor ou igual e para a função objetivo do problema.

III. Desenvolver um quadro simplex inicial com variáveis de folga na base e configurar as variáveis de decisão igual a 0. Calcular os valores de Z_j e $C_j - Z_j$ para esse quadro.

IV. Seguir estas cinco etapas até que uma solução ótima seja alcançada:

Eis a revisão das cinco etapas simplex.

1. Escolha a variável com o maior valor positivo de $C_j - Z_j$ para entrar na solução. Essa é a coluna pivô.
2. Determine a variável que está na solução a ser substituída e a linha pivô selecionando a linha com a menor razão não negativa entre a coluna quantidade e a taxa de substituição da coluna pivô. Essa é a linha pivô.
3. Calcule os novos valores para a linha pivô.
4. Calcule os novos valores para a(s) outra(s) linha(s).
5. Calcule os valores de $C_j - Z_j$ para esse quadro. Se há qualquer número $C_j - Z_j$ maior do que 0, retorne à etapa 1. Se não há números $C_j - Z_j$ maiores do que 0, uma solução ótima foi alcançada.

9.7 VARIÁVEIS DE EXCESSO E ARTIFICIAIS

Para lidar com restrições $\geq$ e =, o método simplex faz uma conversão como fez com as restrições $\leq$.

Até agora, todas as restrições de PL que você viu foram do tipo menor ou igual ($\leq$). Nos problemas reais, especialmente em problemas de minimização de PL, as restrições maiores ou iguais ($\geq$) e as igualdades também são muito comuns. Para usar o método simplex, cada uma delas deve ser convertida para uma forma especial; caso contrário, o método simplex não é capaz de configurar uma solução inicial no primeiro quadro.

Antes de prosseguirmos para a próxima seção deste capítulo, que aborda a solução de problemas de minimização de PL com o método simplex, veremos como converter algumas restrições típicas:

Restrição 1: $5X_1 + 10X_2 + 8X_3 \geq 210$
Restrição 2: $25X_1 + 30X_2 = 900$

Variáveis de excesso

Restrições maiores ou iguais ($\geq$), como a restrição 1 recém-descrita, precisam de uma abordagem diferente das restrições menores ou iguais ($\leq$) que vimos no problema da empresa de móveis Flair. Elas envolvem a subtração de uma *variável de excesso* em vez da adição de uma variável de folga. A variável de excesso indica o quanto a solução excede a quantia da restrição. Devido a sua analogia com a variável de folga, a variável de excesso às vezes é chamada de *folga negativa*. Para converter a primeira restrição, começamos subtraindo a variável de excesso, S_1, para criar uma igualdade:

Subtraímos a variável de excesso para formar uma igualdade quando lidamos com a restrição $\geq$.

Restrição 1 reescrita: $5X_1 + 10X_2 + 8X_3 - S_1 = 210$

Se, por exemplo, a solução para um problema de PL envolvendo essa restrição é $X_1 = 20$, $X_2 = 8$, $X_3 = 5$, a quantia da variável de excesso poderia se calculada como segue:

$$5X_1 + 10X_2 + 8X_3 - S_1 = 210$$
$$5(20) + 10(8) + 8(5) - S_1 = 210$$
$$100 + 80 + 40 - S_1 = 210$$
$$-S_1 = 210 - 220$$
$$S_1 = 10 \text{ unidades de excesso}$$

Há ainda mais uma etapa na preparação de uma restrição $\geq$ para o método simplex.

Variáveis artificiais

Existe um pequeno problema na tentativa de usar a primeira restrição (como ela acabou de ser reescrita) para determinar uma solução simplex inicial. Visto que todas as variáveis "reais" como X_1, X_2 e X_3 são especificadas como 0 no quadro inicial, S_1 fica com um valor negativo:

$$5(0) + 10(0) + 8(0) - S_1 = 210$$
$$0 - S_1 = 210$$
$$S_1 = -210$$

Todas as variáveis nos problemas de PL, sejam reais, de folga ou de excesso, sempre *devem* ser não negativas. Se $S_1 = -210$, essa condição importante foi violada.

Para resolver a situação, introduzimos um tipo de variável denominado *variável artificial*. Simplesmente adicionamos a variável adicional, A_1, à restrição, como segue:

As variáveis artificiais são necessárias às restrições $\geq$ e $=$.

Restrição 1 complementada: $5X_1 + 10X_2 + 8X_3 - S_1 + A_1 = 210$

Agora, não somente as variáveis X_1, X_2 e X_3 podem ficar iguais a 0 na solução simplex inicial, mas a variável de excesso S_1 também. Isso resulta em $A_1 = 210$.

Analisemos a restrição 2 por um momento. Essa restrição já é uma igualdade, assim, porque preocupar-se com ela? Para ser incluída na solução simplex inicial, mesmo uma igualdade deve ter uma variável artificial adicionada:

Restrição 2 reescrita: $25X_1 + 30X_2 + A_2 = 900$

As variáveis artificiais não tem significado físico e são retiradas da solução básica antes do quadro final.

A razão para incluir uma variável artificial em uma restrição de igualdade trata do problema comum de encontrar uma solução inicial de PL. Em uma restrição simples como a número 2, é fácil prever que $X_1 = 0$, $X_2 = 30$ geraria uma solução viável inicial. Mas, e se nosso problema tivesse 10 restrições de igualdade, cada uma contendo sete variáveis? Seria extremamente difícil examinar um conjunto de soluções iniciais. Adicionando variáveis artificiais, como A_2, podemos fornecer uma solução inicial automática. Nesse caso, quando X_1, X_2 tornam-se iguais a 0, $A_2 = 900$.

As variáveis artificiais não tem significado físico e são apenas ferramentas computacionais para gerar soluções de PPL iniciais. Se uma variável artificial tem um valor positivo (não zero), a restrição original onde essa variável artificial foi acrescentada não foi satisfeita. Uma solução viável foi encontrada quando todas as variáveis artificiais são iguais a zero, indicando que todas as restrições foram satisfeitas. Antes que a solução simplex final seja alcançada, todas as variáveis artificiais devem ser retiradas da solução básica. Isso é feito pela função objetivo do problema.

Variáveis de excesso e artificiais na função objetivo

Para ter certeza que uma variável artificial é retirada antes que a solução final seja alcançada, um custo muito alto é atribuído (M).

Sempre que uma variável artificial ou de excesso for adicionada a uma das restrições, ela deve também ser incluída em outras equações e na função objetivo do problema, como foi feito com as variáveis de folga. Uma vez que as variáveis artificiais devem ser retiradas da solução, podemos atribuir um custo C_j muito alto para cada uma. Em problemas de minimização, variáveis com um custo *baixo* são as mais desejáveis e as primeiras a entrar na solução. Variáveis com um custo *alto* saem da solução rapidamente ou nunca entram nela. Em vez de fixar um valor de $10000 ou $1 milhão para cada variável artificial, entretanto, simplesmente usamos a letra $M para representar um número muito alto.[3] As variáveis de excesso, como as variáveis de folga, carregam um custo zero. Nos problemas de maximização, usamos um M negativo.

Se um problema tem a seguinte função objetivo

$$\text{Minimizar o custo} = \$5X_1 + \$9X_2 + \$7X_3$$

e restrições como as duas mencionadas, a função objetivo com as restrições teria a seguinte apresentação:

$$\text{Minimizar o custo} = \$5X_1 + \$9X_2 + \$7X_3 + \$0S_1 + \$MA_1 + \$MA_2$$
$$\text{sujeito a} \quad 5X_1 + 10X_2 + 8X_3 - 1S_1 + 1A_1 + 0A_2 = 210$$
$$25X_1 + 30X_2 + 0X_3 - 0S_1 + 0A_1 + 1A_2 = 900$$

9.8 SOLUCIONANDO PROBLEMAS DE MINIMIZAÇÃO

Agora que discutimos como lidar com funções objetivo e restrições associadas aos problemas de minimização, vamos ver como usar o método simplex para solucionar um problema típico.

Exemplo da empresa química Muddy River

A empresa química Muddy River deve produzir exatamente 1000 libras de uma mistura especial de fosfato e potássio para um cliente. O fosfato custa $5 por libra e o potássio, $6 por libra. Não mais do que 300 libras do fosfato podem ser usadas e pelo menos 150 libras de potássio devem ser usadas. O problema é determinar o custo mais baixo da mistura dos dois ingredientes.

---

[3] Um detalhe técnico: se uma variável artificial for usada em um problema de *maximização* (em um evento ocasional), é atribuído um valor de –$M na função objetivo para forçá-la a sair da base.

EM AÇÃO — Modelagem por programação linear nas florestas do Chile

Tendo de enfrentar uma série de desafios na tomada de decisões a curto prazo, a Forestal Arauco, empresa de reflorestamento chilena, buscou auxílio dos professores da Universidade do Chile na modelagem por PL. Um dos problemas do plantio a curto prazo de árvores é combinar a demanda dos produtos – definida pelo comprimento e diâmetro – com o suprimento da madeira em toras.

O sistema manual usado na época pelos reflorestadores gerava uma quantia significativa de desperdício de madeira, onde toras de grandes diâmetros, adequadas para exportação ou para serem serradas, acabavam sendo usadas como polpa de madeira, com uma considerável perda de valor. Um modelo de PL, chamado de OPTICORT pelos professores, foi a maneira lógica de conseguir melhores cronogramas.

"O sistema não somente otimizou as decisões operacionais no reflorestamento, mas também mudou o modo como os administradores analisavam o problema", relata o professor Andres Weintraub. "O modelo e seus conceitos tornaram-se a linguagem natural para discutir as operações. Eles negociavam os parâmetros e o modelo fazia o trabalho sujo. O sistema tinha que ser executado em poucos minutos para permitir a discussão e negociação; isso era um elemento crucial para o sucesso dessa ferramenta", acrescenta.

Aproximadamente dois anos foram necessários para desenvolver o programa de PL, e os pesquisadores foram cautelosos em observar duas regras fundamentais: (1) a abordagem da solução precisava ser confortável e clara para o usuário e (2) o sistema tinha que fornecer respostas para o usuário em um desenvolvimento rápido para que ele pudesse ver melhorias instantâneas.

Fonte: Baseado em SUMMEROUR, J. Chilean Forestry Firm a 'Model' of Success, *OR/MS Today*. April 1999, p. 22-3.

Esse problema pode ser apresentado matematicamente como:

$$\text{Minimizar o custo} = \$5X_1 + \$6X_2$$
$$\text{Sujeito a} \quad X_1 + X_2 = 1000 \text{ libras}$$
$$X_1 \leq 300 \text{ libras}$$
$$X_2 \geq 150 \text{ libras}$$
$$X_1, X_2 \geq 0$$

Eis a formulação matemática do problema de minimização da empresa química Muddy River.

onde:

X_1 = número de libras de fosfato

X_2 = número de libras de potássio

Note que existem três restrições, não contando as restrições não negativas; a primeira é uma igualdade, a segunda, menor ou igual, e a terceira, maior ou igual.

Análise gráfica

Uma breve análise gráfica pode ser útil para entender melhor o problema. Existem somente duas variáveis de decisão X_1 e X_2, assim, podemos traçar as restrições e a região viável. Como a primeira restrição, $X_1 + X_2 = 1000$, é uma igualdade, a solução deve estar em algum lugar sobre a linha ABC (veja a Figura 9.3). Ela deve estar, também, entre os pontos A e B por causa da restrição $X_1 \leq 300$. A terceira restrição, $X_2 \geq 150$ é, na verdade, redundante e não limitada, uma vez que X_2 será automaticamente maior do que 150 libras se as duas primeiras restrições forem consideradas. Portanto, a região viável consiste em todos os pontos no segmento de linha AB. Como você deve lembrar do Capítulo 7, entretanto, uma solução ótima estará sempre em um vértice da região viável (mesmo se a região for uma linha reta). A solução deve, portanto, ser o ponto A ou o ponto B. Uma análise rápida revela que a solução com o menor custo está no vértice B, a saber, $X_1 = 300$ de fosfato, $X = 700$ libras de potássio. O custo total é de $5700.

Analisar primeiro a solução gráfica ajuda a entender as etapas no método simplex.

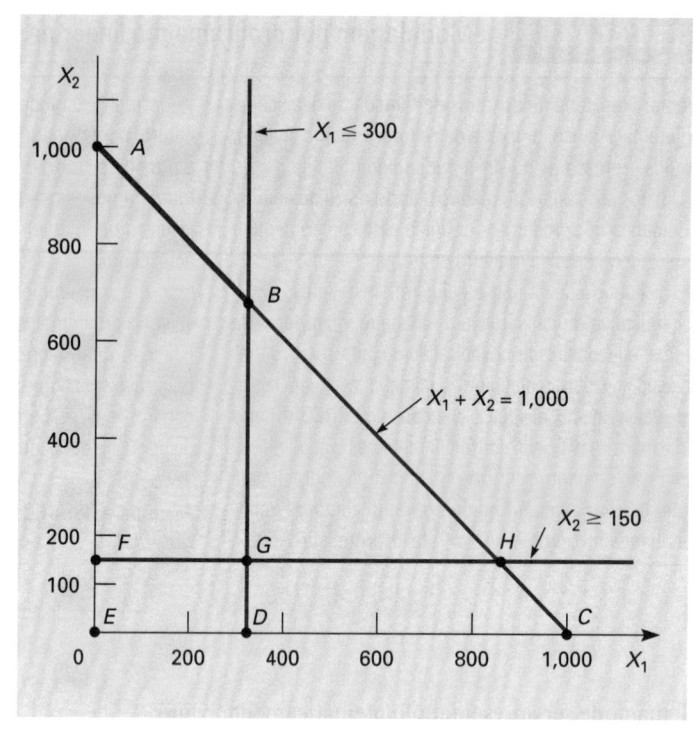

FIGURA 9.3 Gráfico da região viável da empresa Muddy River.

Você não precisa do método simplex para solucionar o problema da Muddy River, é claro. Mas somente alguns problemas serão tão simples assim. Em geral, haverá muitas variáveis e muitas restrições. O propósito desta seção é ilustrar a aplicação direta do método simplex para problemas de minimização. Quando o procedimento simplex é usado para solucionar isso, ele irá metodicamente se mover de vértice para vértice até que a solução ótima seja alcançada. Na Figura 9.3, o método simplex começará no ponto E, se moverá para o ponto F, para o ponto G e, finalmente, para o ponto B, que é a solução ótima.

Convertendo as restrições e a função objetivo

Primeiro, insira as variáveis de folga, de excesso e artificiais. Isso facilita a configuração do quadro simplex inicial como na Tabela 9.7.

O primeiro passo é aplicar o que aprendemos na seção anterior para converter as restrições e a função objetivo na forma correta para o método simplex. A restrição de igualdade, $X_1 + X_2 = 1000$, envolve apenas a adição de uma variável artificial, A_1:

$$X_1 + X_2 + A_1 = 1000$$

A segunda restrição, $X_1 \leq 300$, requer a inserção de uma variável de folga – vamos chamá-la de S_1:

$$X_1 + S_1 = 300$$

A última restrição é $X_2 \geq 150$, que é convertida em uma igualdade subtraindo a variável excesso, S_2, e acrescentando uma variável artificial, A_2.

$$X_2 - S_2 + A_2 = 150$$

Finalmente, a função objetivo, custo = $\$5\,X_1 + \$6\,X_2$, é reescrita como

$$\text{Minimizar o custo} = \$5X_1 + \$6X_2 + \$0S_1 + \$0S_2 + \$MA_1 + \$MA_2$$

O conjunto completo de restrições agora pode ser expresso como:

$$1X_1 + 1X_2 + 0S_1 + 0S_2 + 1A_1 + 0A_2 = 1000$$
$$1X_1 + 0X_2 + 1S_1 + 0S_2 + 0A_1 + 0A_2 = 300$$
$$0X_1 + 1X_2 + 0S_1 - 1S_2 + 0A_1 + 1A_2 = 150$$
$$X_1, X_2, S_1, S_2, A_1, A_2 \geq 0$$

Regras do método simplex para problemas de minimização

Problemas de minimização são muito semelhantes aos problemas de maximização que vimos neste capítulo. A diferença significativa envolve a linha $C_j - Z_j$. Nosso objetivo é minimizar o custo, e um valor negativo de $C_j - Z_j$ indica que o custo total diminuirá, se aquela variável for selecionada para entrar na solução. Assim, a nova variável que entra na solução em cada quadro (a variável da coluna pivô) será aquela com um $C_j - Z_j$ negativo que fornece a maior melhora. Escolhemos a variável que mais diminui o custo. Em problemas de minimização, uma solução ótima é alcançada quando todos os números na linha $C_j - Z_j$ são 0 ou positivos – o oposto do caso de maximização.[4] Todas as outras etapas do simplex, vistas a seguir, permanecem as mesmas.

As regras do simplex de minimização são levemente diferentes. Agora, as novas variáveis a entrar na solução mista estarão na coluna com o valor negativo de $C_j - Z_j$ indicando a maior melhora.

Etapas para os problemas de minimização simplex

1. Escolha a variável com um $C_j - Z_j$ negativo que indica o maior decréscimo no custo para entrar na solução. A coluna correspondente é a coluna pivô.
2. Determine a linha a ser substituída pela seleção daquela com a menor (não negativa) razão da taxa de substituição da coluna de quantidade para a pivô. Essa é a linha pivô.
3. Calcule novos valores para a linha pivô.
4. Calcule novos valores para as outras linhas.
5. Calcule os valores de Z_j e $C_j - Z_j$ para esse quadro. Se tiver alguns números $C_j - Z_j$ menores do que 0, retorne à Etapa 1.

Primeiro quadro simplex para o problema da empresa química Muddy River

Agora resolveremos a formulação de PL da Muddy River usando o método simplex. O quadro inicial é configurado como no exemplo de maximização anterior. Suas primeiras três linhas estão mostradas na tabela a seguir. Notamos a presença dos custos M associados às variáveis artificiais A_1 e A_2, mas as tratamos como se fossem qualquer número grande.

---

[4] Devemos notar que existe uma segunda maneira de resolver problemas de minimização com o método simplex: ela envolve um truque matemático simples. Acontece que minimizar os custos é o mesmo que maximizar o valor negativo da função objetivo. Isso significa que, em vez de escrever a função objetivo da Muddy River como:

$$\text{Minimizar Custo} = 5X_1 + 6X_2$$

podemos escrever:

$$\text{Maximizar}(-\text{Custo}) = -5X_1 - 6X_2$$

A solução que maximiza ($-$Custo) também minimiza o próprio custo. Isso significa que o mesmo procedimento simplex mostrado anteriormente para problemas de maximização pode ser utilizado, se esse truque for empregado. A única mudança é na função objetivo, que deve ser multiplicada por (-1).

Como já foi dito, elas têm o efeito de retirar da solução básica as variáveis artificiais, devido aos seus grandes custos.

C_j	Solução mista	X_1	X_2	S_1	S_2	A_1	A_2	Quantidade
$M	A_1	1	1	0	0	1	0	1000
$0	S_1	1	0	1	0	0	0	300
$M	A_2	0	1	0	−1	0	1	150

Os números na linha Z_j são calculados multiplicando a coluna C_j no extremo esquerdo do quadro pelos números correspondentes em cada uma das outras colunas. Eles são, então, inseridos na Tabela 9.7.

$$Z_j \text{ (para a coluna } X_1) = \$M(1) + \$0(1) + \$M(0) = \$M$$
$$Z_j \text{ (para a coluna } X_2) = \$M(1) + \$0(0) + \$M(1) = \$2M$$
$$Z_j \text{ (para a coluna } S_1) = \$M(0) + \$0(1) + \$M(0) = \$0$$
$$Z_j \text{ (para a coluna } S_2) = \$M(0) + \$0(0) + \$M(-1) = -\$M$$
$$Z_j \text{ (para a coluna } A_1) = \$M(1) + \$0(0) + \$M(0) = \$M$$
$$Z_j \text{ (para a coluna } A_2) = \$M(0) + \$0(0) + \$M(1) = \$M$$
$$Z_j \text{ (para o custo total)} = \$M(1000) + \$0(300) + \$M(150) = \$1150M$$

As entradas $C_j - Z_j$ são determinadas como segue:

	Coluna					
	X_1	X_2	S_1	S_2	A_1	A_2
C_j para a coluna	$5	$6	$0	$0	$M	$M
Z_j para a coluna	$M	$2M	$0	−$M	$M	$M
$C_j - Z_j$ para a coluna	−$M + 5	−$2M + 6	$0	$M	0	0

Eis a solução simplex inicial.

Essa solução inicial foi obtida deixando cada uma das variáveis X_1, X_2 e S_2 assumir um valor 0. As variáveis básicas atuais são $A_1 = 1000$ e $A_2 = 150$. Essa solução completa pode ser expressa em um vetor coluna:

TABELA 9.7 Quadro inicial simplex para o problema da empresa química Muddy River

C_j		$5	$6	$0	$0	$M	$M	
	Solução mista	X_1	X_2	S_1	S_2	A_1	A_2	Quantidade
$M	A_1	1	1	0	0	1	0	1000
$0	S_1	1	0	1	0	0	0	300
$M	A_2	0	①	0	−1	0	1	150 ← linha pivô
			└─ Número pivô					
	Z_j	$M	$2M	0	−$M	$M	$M	$1150M
	$C_j - Z_j$	−$M + 5	−$2M + 6	$0	$M	$0	0	Custo total
			↑ Coluna pivô					

$$\begin{bmatrix} X_1 \\ X_2 \\ S_1 \\ S_2 \\ A_1 \\ A_2 \end{bmatrix} = \begin{bmatrix} 0 \\ 0 \\ 300 \\ 0 \\ 1{,}000 \\ 150 \end{bmatrix}$$

Um custo extremamente alto, $1150M$ da página 398, está associado a essa resposta. Sabemos que isso pode ser reduzido significativamente; prosseguiremos com os procedimentos de solução.

Desenvolvendo o segundo quadro

Na linha $C_j - Z_j$ da Tabela 9.7, vemos que existem duas entradas com valores negativos, X_1 e X_2. Nas regras do simplex para problemas de minimização, isso significa que uma solução ótima ainda não existe. A coluna pivô é aquela com uma entrada *negativa* na linha $C_j - Z_j$ que indica a maior melhoria – mostrada na Tabela 9.7 como a coluna X_2, indicando que X_2 será o próximo a entrar na solução.

Verificamos se a solução atual é ótima analisando a linha $C_j - Z_j$.

Qual variável sairá da solução para dar lugar à nova variável, X_2? Para descobrir isso, dividimos os elementos da coluna de quantidade pelas respectivas taxas de substituição da coluna pivô:

Para a linha $A_1 = \dfrac{1000}{1} = 1000$

Para a linha $S_1 = \dfrac{300}{0}$ (esta é uma razão não definida, portanto, a ignoramos)

Para a linha $A_2 = \dfrac{150}{1} = 150$ (menor quociente, indicando a linha pivô)

A_2 é a linha pivô porque 150 é o menor quociente.

Portanto, a linha pivô é a linha A_2 e o número pivô (circulado) está na intersecção da coluna X_2 e a linha A_2.

A linha que entrará no próximo quadro simplex é encontrada dividindo cada elemento da linha pivô pelo número pivô. Isso deixa a última linha pivô intacta, exceto que agora ela representa a variável solução X_2. As outras duas linhas são alteradas, uma de cada vez, aplicando novamente a fórmula mostrada na Etapa 4:

(Novos números das linhas) = (Números na antiga linha)
$$- \left[\begin{pmatrix} \text{Número acima ou abaixo} \\ \text{do número pivô} \end{pmatrix} \times \begin{pmatrix} \text{Número correspondente} \\ \text{a linha recém substituída} \end{pmatrix} \right]$$

Linha A_1	Linha S_1
$1 = 1 - (1)(0)$	$1 = 1 - (0)(0)$
$0 = 1 - (1)(1)$	$0 = 0 - (0)(1)$
$0 = 0 - (1)(0)$	$1 = 1 - (0)(0)$
$1 = 0 - (1)(-1)$	$0 = 0 - (0)(-1)$
$1 = 1 - (1)(0)$	$0 = 0 - (0)(0)$
$-1 = 0 - (1)(1)$	$0 = 0 - (0)(1)$
$850 = 1000 - (1)(150)$	$300 = 300 - (0)(150)$

TABELA 9.8 Segundo quadro simplex para o problema da empresa química Muddy River

C_j	Solução	$5 X_1	$6 X_2	$0 S_1	$0 S_2	$M A_1	$M A_2	Quantidade
$M	A_1	1	0	0	1	1	−1	850
$0	S_1	① ← Número pivô	0	1	0	0	0	300 ← linha pivô
$6	X_2	0	1	0	−1	0	1	150
	Z_j	$M	$6	$0	$M − 6	$M	−$M + 6	$850 + $900
	$C_j − Z_j$	−$M + 5 ↑ Coluna pivô	$0	$0	−$M + 6	$0	$2M − 6	

As linhas Z_j e $C_j − Z_j$ são calculadas a seguir:

Z_j (para X_1)   = $M(1)   + $0(1)   + $6(0)   = $M

Z_j (para X_2)   = $M(0)   + $0(0)   + $6(1)   = $6

Z_j (para S_1)   = $M(0)   + $0(1)   + $6(0)   = $0

Z_j (para S_2)   = $M(1)   + $0(0)   + $6(−1) = $M − 6

Z_j (para A_1)   = $M(1)   + $0(0)   + $6(0)   = $M

Z_j (para A_2)   = $M(−1) + $0(0)   + $6(1)   = −$M + 6

Z_j (para o custo total) = $M(850) + $0(300) + 6(150) = $850M + 900

	Coluna					
	X_1	X_2	S_1	S_2	A_1	A_2
C_j para a coluna	$5	$6	$0	$0	$M	$M
Z_j para a coluna	$M	$6	$0	$M − 6	$M	−$M + 6
$C_j − Z_j$ para a coluna	−$M + $5	$0	$0	−$M + 6	0	$2M − 6

A solução após o segundo quadro ainda não é ótima.

Todos esses resultados computacionais são apresentados na Tabela 9.8.

A solução no final do segundo quadro (ponto F na Figura 9.3) é $A_1 = 850$, $S_1 = 300$, $X_2 = 150$. X_1, S_2 e A_2 são, atualmente, variáveis não básicas e tem valor de 0. O custo nesse momento é ainda alto, $850M + 900$. A resposta não é ótima porque cada número na linha $C_j − Z_j$ é zero ou positivo.

Desenvolvendo o terceiro quadro

O terceiro quadro é desenvolvido nesta seção.

A nova coluna pivô é a coluna X_1. Para determinar qual variável sairá da base para dar lugar a X_1, verificamos as razões da *coluna quantidade para a coluna pivô* novamente:

$$\text{Para a linha } A_1 = \frac{850}{1} = 850$$

$$\text{Para a linha } S_1 = \frac{300}{1} = 300 \quad \text{(menor razão)}$$

$$\text{Para a linha } X_2 = \frac{150}{0} = \text{(não definida)}$$

TABELA 9.9 Terceiro quadro simplex para o problema da empresa química Muddy River

C_j		$5	$6	$0	$0	$M	$M	
↓	Solução	X_1	X_2	S_1	S_2	A_1	A_2	Quantidade
$M	A_1	0	0	−1	①	1	−1	550 ← linha pivô
$5	S_1	1	0	1	0	0	0	300 ← Número pivô
$6	X_2	0	1	0	−1	0	1	150
	Z_j	$5	$6	−$M + 5	$M − 6	$M	−$M + 6	$550M + $2400
	$C_j − Z_j$	$0	$0	$M − 5	−$M + 6	$0	$2M − 6	
				Coluna pivô ↑				

Portanto, a variável S_1 será substituída pela X_1.[5] O número pivô, linha e coluna estão destacados na Tabela 9.8.

Para substituir a coluna pivô, dividimos cada número na linha S_1 por 1 (o número pivô circulado), deixando a linha intacta. A nova linha X_1 está mostrada na Tabela 9.9. Os outros cálculos para esse terceiro quadro simplex são:

Eis os cálculos para o terceiro quadro.

Linha A_1	Linha S_1
1 = 1 − (1)(1)	0 = 0 − (0)(1)
0 = 0 − (1)(0)	1 = 1 − (0)(0)
−1 = 0 − (1)(1)	0 = 0 − (0)(1)
1 = 1 − (1)(0)	−1 = −1 − (0)(0)
1 = 1 − (1)(0)	0 = 0 − (0)(0)
−1 = −1 − (1)(0)	1 = 1 − (0)(0)
550 = 850 − (1)(300)	150 = 150 − (0)(300)

As linhas Z_j e $C_j − Z_j$ são calculadas a seguir:

Z_j (para X_1) = $M(0) + $5(1) + $6(0) = $5

Z_j (para X_2) = $M(0) + $5(0) + $6(1) = $6

Z_j (para S_1) = $M(−1) + $5(1) + $6(0) = −$M + 5

Z_j (para S_2) = $M(1) + $5(0) + $6(−1) = $M − 6

Z_j (para A_1) = $M(1) + $5(0) + $6(0) = $M

Z_j (para A_2) = $M(−1) + $5(0) + $6(1) = −$M + 6

Z_j (para o custo total) = $M(550) + $5(300) + 6(150) = $550M + 2400

	Coluna					
	X_1	X_2	S_1	S_2	A_1	A_2
C_j para a coluna	$5	$6	$0	$0	$M	$M
Z_j para a coluna	$5	$6	−$M + 5	$M − 6	$M	−$M + 6
$C_j − Z_j$ para a coluna	$0	$0	$M − 5	−$M + 6	$0	$2M − 6

---

[5] Neste ponto, pode parecer mais eficaz em termos de custo substituir a linha A_1 em vez da linha S_1. Isso removeria a última variável artificial e seu alto custo $M da base. O método simplex, entretanto, nem sempre escolhe a rota mais direta para alcançar a solução final. Você pode ter certeza, no entanto, que ele *irá* nos levar à resposta correta. Na Figura 9.3, isso envolveria a mudança do ponto H em vez do ponto G.

O terceiro quadro ainda não é ótimo.

A solução no final das três iterações (Ponto G na Figura 9.3) ainda não é ótima porque a coluna S_2 contém um valor de $C_j - Z_j$ negativo. Note que o custo total atual não é menor do que o do final da segunda tabela, o que, por sua vez, é mais baixo do que o custo da solução inicial. Estamos na direção certa, mas ainda temos mais uma tabela para analisar!

Quarta tabela para o problema da empresa química Muddy River

A coluna pivô é agora a coluna S_2. As razões que determinam a linha e a variável a serem substituídas são calculadas como segue:

Para a linha A_1: $\dfrac{550}{1} = 550$ (linha a ser substituída)

Para a linha X_1: $\dfrac{300}{0}$ (não definido)

Para a linha X_2: $\dfrac{150}{-1}$ (não considerado porque é negativo)

Eis os cálculos para a quarta solução.

Cada número na linha pivô é dividido pelo número pivô (novamente 1, por coincidência). As outras duas linhas são calculadas como segue e estão mostradas na Tabela 9.10:

Linha X_1	Linha X_2
$1 = 1 - (0)(0)$	$0 = 0 - (1)(0)$
$0 = 0 - (0)(0)$	$1 = 1 - (1)(0)$
$1 = 1 - (0)(-1)$	$-1 = 0 - (-1)(-1)$
$0 = 0 - (0)(1)$	$0 = -1 - (-1)(1)$
$0 = 0 - (0)(1)$	$1 = 0 - (-1)(1)$
$0 = 0 - (0)(-1)$	$0 = 1 - (-1)(-1)$
$300 = 300 - (0)(550)$	$700 = 150 - (-1)(550)$

Z_j (para X_1) $= \$0(0) + \$5(1) + \$6(0) = \$5$

Z_j (para X_2) $= \$0(0) + \$5(0) + \$6(1) = \$6$

Z_j (para S_1) $= \$0(-1) + \$5(1) + \$6(-1) = -\$1$

Z_j (para S_2) $= \$0(1) + \$5(0) + \$6(0) = \$0$

Z_j (para A_1) $= \$0(1) + \$5(0) + \$6(1) = \$6$

Z_j (para A_2) $= \$0(-1) + \$5(0) + \$6(0) = -\$0$

Z_j (para o custo total) $= \$0(550) + \$5(300) + 6(700) = \$5700$

	Coluna					
	X_1	X_2	S_1	S_2	A_1	A_2
C_j para a coluna	$\$5$	$\$6$	$\$0$	$\$0$	$\$M$	$\$M$
Z_j para a coluna	$\$5$	$\$6$	$-\$1$	$\$0$	$\$6$	$\$0$
$C_j - Z_j$ para a coluna	$\$0$	$\$0$	$\$1$	$\$0$	$\$M - 6$	$\$M$

TABELA 9.10 Quarta e ótima solução simplex para o problema da empresa química Muddy River

C_j		$5	$6	$0	$0	$M	$M	
	Solução	X_1	X_2	S_1	S_2	A_1	A_2	Quantidade
$0	S_1	0	0	−1	1	1	−1	550
$5	X_1	1	0	1	0	0	0	300
$6	X_2	0	1	−1	0	1	0	700
	Z_j	$5	$6	−$1	$0	$6	$0	$5700
	$C_j - Z_j$	$0	$0	$1	$0	$M − 6	$M	

Examinando a linha $C_j - Z_j$ na Tabela 9.10, somente valores positivos ou 0 são encontrados. O quarto quadro, portanto, contém a solução ótima. Essa solução é $X_1 = 300$, $X_2 = 700$ e $S_2 = 550$. As variáveis artificiais são ambas iguais a 0, como é o S_1. Traduzido em termos de gerenciamento, a decisão da empresa química deveria ser misturar 300 libras de fosfato (X_1) com 700 libras de potássio (X_2). Isso fornece um excesso (S_2) de 550 libras de potássio a mais do que exigido pela restrição $X_2 \geq 150$. O custo dessa solução é $5700. Se você retornar à Figura 9.3, pode ver que isso é idêntico à resposta encontrada pela abordagem gráfica.

A solução ótima foi alcançada porque somente valores positivos ou zero aparecem na linha $C_j - Z_j$.

Embora pequenos problemas como este possam ser resolvidos graficamente, problemas de demanda de mistura mais realistas usam o método simplex, geralmente na forma computadorizada.

9.9 REVISÃO DOS PROCEDIMENTOS PARA A SOLUÇÃO DOS PROBLEMAS DE MINIMIZAÇÃO DE PL

Assim como resumimos as etapas para a solução dos problemas de maximização de PL com o método simplex na Seção 9.6, vamos repetir o processo para os problemas de minimização.

I. Formular a função objetivo do problema de PL e as restrições.

II. Incluir as variáveis de folga em cada restrição menor ou igual, as variáveis artificiais em cada restrição de igualdade e as variáveis de excesso e artificial em cada restrição maior ou igual. Depois, adicionar todas essas variáveis à função objetivo do problema.

III. Desenvolver uma tabela simplex inicial com as variáveis artificial e de folga na base e configurar as outras variáveis iguais a 0. Calcular os valores de Z_j e $C_j - Z_j$ para esse quadro.

IV. Seguir estas cinco etapas até que a solução ótima tenha sido alcançada.

1. Escolha a variável com um valor negativo de $C_j - Z_j$ indicando a maior melhoria para entrar na solução. Essa é a coluna pivô.
2. Determine a linha a ser substituída pela seleção daquela com a menor (não negativa) razão da taxa de substituição da coluna de quantidade para a pivô.
3. Calcule novos valores para a linha pivô.
4. Calcule novos valores para a(s) outra(s) linha(s).
5. Calcule os valores de Z_j e $C_j - Z_j$ para esse quadro. Se não tiver números $C_j - Z_j$ menores do que 0, uma solução ótima foi alcançada.

9.10 CASOS ESPECIAIS

No Capítulo 7, abordamos alguns casos especiais que podem surgir quando solucionamos problemas de PL graficamente (veja a Seção 7.7). Aqui descrevemos esses casos novamente, mas agora com relação ao método simplex.

Não viabilidade

Uma situação com solução não viável pode existir se o problema foi formulado de modo inadequado.

A *não viabilidade*, como você deve lembrar, ocorre quando não existe solução que satisfaça todas as restrições do problema. No método simplex, uma solução não viável é identificada analisando o quadro final. Nela, todas as entradas de linha $C_j - Z_j$ terão um sinal apropriado indicando a solução ótima, mas uma variável artificial (A_1) continuará na solução básica.

A Tabela 9.11 ilustra o quadro simples final para um tipo hipotético de problema de PL de minimização. A tabela fornece um exemplo de um problema formulado de modo inadequado, provavelmente contendo restrições conflitantes. A solução viável não é possível porque uma variável artificial, A_2, permanece na solução, embora todos $C_j - Z_j$ sejam positivos ou 0 (o critério para uma solução ótima em um caso de minimização).

Soluções não limitadas

Sem limites descreve programas lineares que não tem soluções finitas. Isso ocorre em problemas de maximização, por exemplo, quando uma variável solução pode ser infinitamente grande sem violar uma restrição (consulte a Figura 7.13). No método simplex, a condição sem limites será descoberta antes de chegar à final. Observaremos o problema quando tentarmos decidir qual variável remover da solução. Como foi visto neste capítulo, o procedimento é dividir cada número da coluna quantidade pelo número correspondente da coluna pivô. A linha com a menor razão positiva é substituída. Mas se todas as razões forem negativas ou indefinidas, isso indica que o problema é não limitado.

Nenhuma solução finita pode existir em problemas que não são limitados. Isso significa que uma variável pode ser infinitamente grande sem violar as restrições.

A Tabela 9.12 ilustra o segundo quadro calculado para um problema específico de maximização pelo método simplex. Ela também aponta para a condição de sem limites. A solução não é ótima porque nem todas as entradas $C_j - Z_j$ são 0 ou negativas, como é necessário em um problema de maximização. A próxima variável a entrar na solução deve ser X_1. Para determinar a variável que sairá da solução, examinamos as razões dos números da coluna quantidade por seus valores correspondentes na X_1, ou coluna pivô.

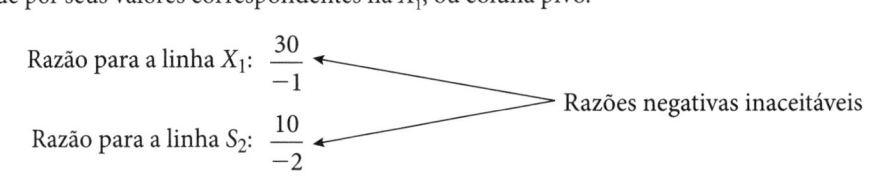

Razão para a linha X_1: $\dfrac{30}{-1}$ ⟵

Razão para a linha S_2: $\dfrac{10}{-2}$ ⟵ ⟶ Razões negativas inaceitáveis

Como ambos os números pivôs são negativos, isso indica uma solução não limitada.

TABELA 9.11 Ilustração de não viabilidade

C_j	Solução	$\$5$ X_1	$\$8$ X_2	$\$0$ S_1	$\$0$ S_2	$\$M$ A_1	$\$M$ A_2	Quantidade
$\$5$	X_1	1	0	-2	3	-1	0	200
$\$8$	X_2	0	1	1	2	-2	1	100
$\$M$	A_2	0	0	0	-1	-1	1	20
	Z_j	$\$5$	$\$8$	$-\$2$	$\$31 - M$	$-\$21 - M$	$\$M$	$\$1800 + 20M$
	$C_j - Z_j$	$\$0$	$\$0$	$\$2$	$\$M - 31$	$\$2M + 21$	$\$0$	

TABELA 9.12 Problema com uma solução não limitada

C_j →		$6	$9	$0	$0	
↓	Solução	X_1	X_2	S_1	S_2	Quantidade
$9	X_2	−1	1	2	0	30
$0	S_2	−2	0	−1	1	10
	Z_j	−$9	$9	$18	$0	$270
	$C_j - Z_j$	$15	$0	−$18	$0	
		↑ Coluna pivô				

Degeneração

Degeneração é outra situação que ocorre quando solucionamos um problema de PL usando o método simplex. Ela acontece quando três restrições passam pelo mesmo ponto. Por exemplo, suponha que um problema tenha somente três restrições $X_1 \leq 10$, $X_2 \leq 10$, e $X_1 + X_2 < 20$. Todas as linhas das três restrições passarão pelo ponto (10, 10). A degeneração é reconhecida, inicialmente, quando os cálculos da razão são efetuados. Se existe um empate para a razão menor, é um sinal de que a degeneração existe. Como resultado disso, quando o próximo quadro for desenvolvido, uma das variáveis na solução mista terá um valor de zero.

Razões iguais nos cálculos simplex sinalizam degeneração.

A Tabela 9.13 fornece um exemplo de um problema de degeneração. Nesta iteração do problema de maximização dado, a próxima variável a entrar na solução será X_1, pois ela tem o único número positivo de $C_j - Z_j$. As razões são calculadas como:

Razão para a linha X_2: $\dfrac{10}{0,25} = 40$

Razão para a linha S_2: $\dfrac{20}{4} = 5$ ← O empate na menor razão indica degeneração

Razão para a linha S_3: $\dfrac{10}{2} = 5$ ←

Teoricamente, a degeneração poderia levar a uma situação conhecida como *cíclica*, em que o algoritmo simplex se alterna indo e vindo entre as mesmas soluções não ótimas; isto é, ela coloca uma nova variável na solução, depois a retira na próxima tabela, coloca-a de volta, e assim por diante. Uma maneira simples de lidar com a questão é selecionar cada linha (S_2 ou S_3) arbitrariamente. Se não tivermos sorte e uma situação cíclica ocorrer, simplesmente voltamos e selecionamos outra linha.

Ciclos podem resultar da degeneração.

TABELA 9.13 Problema ilustrando degeneração

C_j →		$5	$8	$2	$0	$0	$0	
↓	Solução	X_1	X_2	X_3	S_1	S_2	S_3	Quantidade
$8	X_2	0,25	1	1	−2	0	0	10
$0	S_2	4	0	0,33	−1	1	0	20
$0	S_3	2	0	2	0,4	0	1	10
	Z_j	$2	$8	$8	$16	$0	$0	$80
	$C_j - Z_j$	$3	$0	−$6	−$16	$0	$0	
		↑ Coluna pivô						

TABELA 9.14 Tabela com soluções ótimas alternadas

C_j	Solução	$3 X_1	$2 X_2	$0 S_1	$0 S_2	Quantidade
$2	X_2	1,5	1	1	0	6
$0	S_2	1	0	0,5	1	3
	Z_j	$3	$2	$2	$0	$12
	$C_j - Z_j$	$0	$0	−$2	$0	

Mais de uma solução ótima

Soluções ótimas alternadas podem existir se o valor de $C_j - Z_j = 0$ para uma variável que não está na solução básica.

Soluções ótimas múltiplas ou alternadas podem ser visualizadas quando o método simplex está sendo usado analisando a tabela final. Se o valor de $C_j - Z_j$ for igual a 0 para uma variável que não estiver na solução básica, mais de uma solução ótima existe.

Tomemos a Tabela 9.14 como um exemplo. Aqui está a última tabela de um problema de maximização; cada entrada na linha $C_j - Z_j$ é 0 ou negativa, indicando que uma solução ótima foi alcançada. Aquela solução é lida como $X_2 = 6$ e $S_2 = 3$, com um lucro de $12. Note, entretanto, que a variável X_1 pode ser trazida para a solução básica sem alterar o lucro. A nova solução, com X_1 na base, será $X_1 = 3$ e $X_2 = 1,5$, com um lucro ainda de $12. Você pode modificar a Tabela 9.14 para provar isso? Note, a propósito, que esse exemplo de uma solução ótima alternada corresponde à solução gráfica da Figura 7.15.

9.11 ANÁLISE DE SENSIBILIDADE COM A TABELA SIMPLEX

No Capítulo 7, apresentamos o tópico de análise de sensibilidade porque ele se aplica aos problemas de PL que solucionamos graficamente. Esse conceito valioso mostra como a solução ótima e o valor de sua função objetivo mudam, dadas alterações nas entradas do problema. A análise gráfica é útil no entendimento intuitivo e visual de como regiões viáveis e as inclinações da função objetivo podem mudar à medida que os coeficientes do modelo mudam. Programas de computador que lidam com problemas de PL de todos os tamanhos fornecem a análise de sensibilidade como um importante recurso de saída. Esses programas usam a informação fornecida no final da tabela simplex para calcular intervalos para os coeficientes da função objetivo e intervalos para os valores dos recursos (RHS). Eles também fornecem "preços sombra", um conceito que introduzimos neste capítulo.

A empresa High Note revisitada

Na Seção 7.8, usamos a empresa High Note para ilustrar graficamente a análise de sensibilidade. A High Note é uma empresa que produz aparelhos de CD (chamados de X_1) e aparelhos de som (chamados de X_2). Sua formulação de PL é repetida aqui:

Maximizar o lucro = $50 X_1 + $120 X_2

Sujeito a $2X_1 + 4X_1 \leq 80$ (horas de tempo disponível do eletricista)
              $3X_1 + 1X_1 \leq 60$ (horas de tempo disponível do técnico de áudio)

A solução gráfica da High Note também é repetida, como vemos na Figura 9.4.

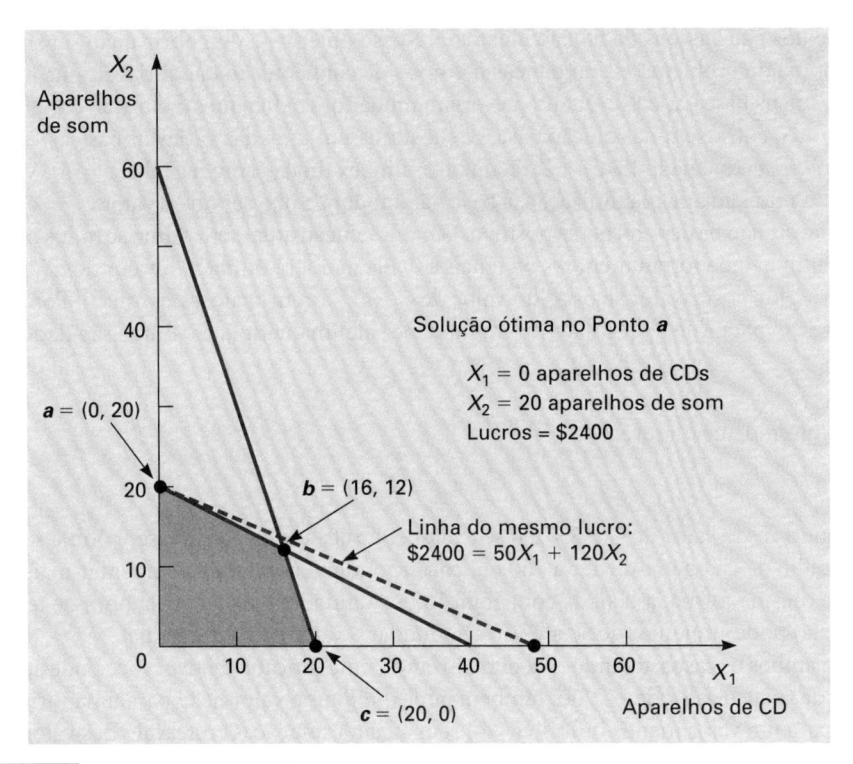

FIGURA 9.4 Solução gráfica para a empresa High Note.

Mudanças nos coeficientes da função objetivo

No Capítulo 7, vimos como usar a PL gráfica para examinar os coeficientes da função objetivo. Uma segunda maneira de ilustrar a análise de sensibilidade dos coeficientes da função objetivo é considerar o quadro simplex final do problema. Para a empresa High Note, esse quadro está na Tabela 9.15. A solução ótima é:

$X_2 = 20$ aparelhos de som
$S_2 = 40$ horas de tempo de folga dos técnicos de áudio } Variáveis básicas

$X_1 = 0$ aparelhos de CD
$S_1 = 0$ horas do tempo de folga dos eletricistas } Variáveis não básicas

Variáveis básicas (aquelas na solução) e *variáveis não básicas* (aquelas igualadas a 0) devem ser tratadas de modo diferente usando a análise de sensibilidade. Primeiro vamos considerar o caso de uma variável não básica.

TABELA 9.15 Solução ótima pelo método simplex

C_j		$50	$120	$0	$0	
	Solução	X_1	X_2	S_1	S_2	Quantidade
$120	X_2	0,5	1	0,25	0	20
$0	S_2	2,5	0	−0,25	1	40
	Z_j	$60	$120	$30	$0	$2400
	$C_j - Z_j$	−$10	$0	−$30	$0	

Variáveis não básicas são variáveis que tem um valor igual a zero.

Coeficientes não básicos da função objetivo Nosso objetivo é descobrir quão sensível a solução ótima do problema é a mudanças nas taxas de contribuição das variáveis que não estão atualmente na base (X_1 e S_1). Quanto deveriam mudar os coeficientes da função objetivo antes que X_1 ou S_1 entrassem na solução básica e substituíssem uma das variáveis básicas?

A resposta está na linha $C_j - Z_j$ do quadro simplex final (como na Tabela 9.15). Visto que este é um problema de maximização, a base não mudará a não ser que o valor $C_j - Z_j$ de uma das variáveis não básicas torne-se positivo. Isto é, a solução atual será ótima se todos os números na última linha forem menores ou iguais a 0. Ela não será ótima se o valor dos X_1 do valor de $C_j - Z_j$ for positivo ou se os S_1 do valor de $C_j - Z_j$ forem maiores do que 0. Portanto, os valores de C_j para X_1 e S_1 que não trazem mudança alguma na solução ótima são dados por:

A solução é ótima de que todos os $C_j - Z_j \leq 0$.

$$C_j - Z_j \leq 0$$

Isto é o mesmo que escrever

$$C_j \leq Z_j$$

Visto que o X_1 do valor de C_j é $50 e o seu valor Z_j é $60, a solução atual será ótima se o lucro do aparelho de CD não exceder a $60 ou, correspondentemente, não aumentar mais do que $10. Da mesma forma, a taxa da contribuição por unidade de S_1 (ou pela hora de tempo do eletricista) pode aumentar de $0 até $30 sem mudar o valor da solução atual.

O intervalo em que as taxas de C_j para as variáveis não básicas pode variar sem causar uma mudança na solução ótima é chamado de intervalo de significância.

Em ambos os casos, quando está maximizando uma função objetivo, você pode aumentar o valor de C_j até o valor de Z_j. Você também pode *diminuir* o valor de C_j para uma variável não básica para um valor menos infinito ($-\infty$) sem afetar a solução. O intervalo dos valores de C_j é chamado de intervalo de significância para variáveis não básicas.

$$-\infty < C_j \text{ (para } X_1) \leq \$60$$

$$-\infty < C_j \text{ (para } S_1) \leq \$30$$

Coeficiente básico da função objetivo A análise de sensibilidade nos coeficientes da função objetivo das variáveis que estão na base ou solução é um pouco mais complexa. Vimos que uma mudança no coeficiente da função objetivo para uma variável não básica afeta somente o valor de $C_j - Z_j$ para aquela variável. Mas uma mudança no lucro ou custo de uma variável básica pode afetar os valores de $C_j - Z_j$ de *todas* as variáveis não básicas porque este C_j está não somente na linha C_j, mas também na coluna C_j. Isso causa impacto na linha Z_j.

Testar variáveis básicas envolve refazer o quadro simplex final.

Consideremos mudar a contribuição no lucro do aparelho de som do problema da empresa High Note. Atualmente, o coeficiente da função objetivo é $120. Uma mudança nesse valor pode ser denotada pela letra maiúscula grega delta (Δ). Refazemos o quadro simplex final (mostrado inicialmente na Tabela 9.15) e vemos nossos resultados na Tabela 9.16.

Observe os novos valores de $C_j - Z_j$ para as variáveis não básicas X_1 e S_1. Eles são determinados exatamente da mesma maneira como fizemos anteriormente neste capítulo. Mas o valor de C_j para S_2 de $120 visto na Tabela 9.15, é substituído por $120 + \Delta$ na Tabela 9.16.

Novamente, reconhecemos que a solução ótima atual mudará somente se um ou mais dos valores da linha $C_j - Z_j$ tornar-se maior do que 0. A questão é: quanto pode o valor de Δ variar para que todas as entradas de $C_j - Z_j$ permaneçam negativas? Para descobrir isso, solucionamos cada coluna em função de Δ. Da coluna X_1:

$$-10 - 0{,}5\Delta \leq 0$$

$$-10 \leq 0{,}5\Delta$$

$$-20 \leq \Delta \text{ ou } \Delta \geq -20$$

TABELA 9.16 Mudança na contribuição do lucro dos aparelhos de som

C_j		$50	$120 + \Delta$	$0	$0	
	Solução	X_1	X_2	S_1	S_2	Quantidade
$120 + \Delta$	X_2	0,5	1	0,25	0	20
$0	S_2	2,5	0	−0,25	1	40
	Z_j	$60 + 0,5\Delta$	$120 + \Delta$	$30 + 0,25\Delta$	$0	$2400 + 20\Delta$
	$C_j − Z_j$	−$10 − 0,5\Delta$	$0	−$30 − 0,25\Delta$	$0	

Essa desigualdade significa que a solução ótima não mudará a não ser que o coeficiente do lucro do X_2 diminua pelo menos $20, que é uma mudança de $\Delta = -\$20$. Portanto, a variável X_1 não entrará na base a não ser que o lucro por aparelho de som caia de $120 para $100 ou menos. Isso é exatamente o que notamos graficamente na Figura 7.17. Quando o lucro por aparelho de som cai para $80, a solução ótima muda do vértice *a* para o vértice *b*.

Agora examinamos a coluna S_1:

$$-30 - 0{,}25\Delta \leq 0$$

$$-30 \leq 0{,}25\Delta$$

$$-120 \leq \Delta \text{ ou } \Delta \geq -120$$

Essa desigualdade implica que S_1 é menos sensível a mudanças do que X_1. S_1 não entrará na base a não ser que o lucro por unidade de X_2 caia de $120 para $0.

Visto que a primeira desigualdade é mais limitada, podemos afirmar que o intervalo de otimalidade para o coeficiente do lucro de X_2 é

$$100 \leq C_j \text{ (para } X_2) \leq \infty$$

Enquanto o lucro por aparelho de som for maior ou igual a $100, a produção atual de $X_2 = 20$ aparelhos de som e $X_1 = 0$ aparelhos de CD será ótima.

Na análise de problemas maiores, usaríamos esse procedimento para testar o intervalo de otimalidade de cada variável de decisão real na solução final. O procedimento nos ajuda a evitar o processo desgastante de reformular e resolver todo problema de PL cada vez que uma pequena mudança ocorre. Dentro de um conjunto limitado, a mudança nos coeficientes do lucro não forçaria uma empresa a alterar sua decisão sobre o mix de produtos ou mudar o número de unidades produzidas. Lucros gerais, é claro, mudarão se os coeficientes do lucro aumentarem ou diminuírem, mas tais cálculos são rápidos e fáceis de fazer.

O intervalo de otimalidade é o intervalo entre os valores em que o coeficiente da variável básica pode mudar sem causar uma mudança na solução mista ótima.

Mudanças nos recursos ou valores do lado extremo direito (RHS)

Fazer mudanças no lado extremo direito (os recursos de tempo dos eletricistas e técnicos) resulta em mudanças da região viável e geralmente na solução ótima.

Preços sombra Isso nos leva ao assunto importante de *preços sombra*. Exatamente quanto uma empresa estaria disposta a pagar para ter recursos adicionais disponíveis? Uma hora a mais de máquina vale $1, $5 ou $20? Vale a pena pagar uma hora extra a cada noite para os trabalhadores a fim de aumentar a produção? Informações valiosas para o gerenciamento podem ser fornecidas se o valor dos recursos adicionais for conhecido.

Felizmente, essa informação está disponível se olharmos para o quadro final do simplex de um problema de PL. Uma propriedade importante da linha $C_j − Z_j$ é que os valores negativos dos números nas suas colunas das variáveis de folga (S_1) fornecem o que chamamos

O preço sombra é o valor de uma unidade adicional de um recurso escasso. O preço sombra fornece uma informação econômica importante.

Os valores negativos dos números nas linhas da variável de folga $C_j - Z_j$ são os preços sombra.

de preços sombra. Um *preço sombra* é a mudança no valor da função objetivo resultante do aumento de uma unidade de um recurso escasso (por exemplo, acrescentar uma hora de máquina, trabalho ou outro recurso).

O quadro simplex final para o problema da empresa High Note é repetido na Tabela 9.17 (ela foi inicialmente mostrada como Tabela 9.15). O quadro indica que a solução ótima é $X_1 = 0$, $X_2 = 20$, $S_1 = 0$ e $S_2 = 40$ e o lucro $2400. Lembre que S_1 representa a folga disponível do recurso dos eletricistas e S_2, o tempo não utilizado no departamento dos técnicos de áudio.

A empresa considera contratar um eletricista extra para trabalhar meio turno. Suponhamos que custará $22 por hora em salário e benefícios para contratar esse trabalhador. A empresa deve fazer isso? A resposta é sim; o preço sombra do recurso tempo do eletricista é $30. Portanto, a empresa irá lucrar $8 (=$30 − $22) para cada hora que o novo trabalhador ajudar no processo de produção.

A High Note também deveria contratar um técnico de áudio para trabalhar meio turno em uma taxa de $14 por hora? A resposta é não. O preço sombra é $0, indicando que não há aumento na função objetivo se mais unidades desse recurso tornarem-se disponíveis. Por quê? Porque nem todo o recurso está sendo usado atualmente – 40 horas ainda estão disponíveis. Comprar mais desse recurso dificilmente seria lucrativo.

O intervalo sobre o qual os preços sombra permanecem válidos é denominado variação do lado direito.

Variação do lado direito Obviamente, não podemos acrescentar um número ilimitado de unidades de um recurso sem violar uma das restrições do problema em algum momento. Quando entendemos e calculamos o preço sombra para uma hora adicional do tempo do eletricista ($30), queremos determinar quantas horas podemos realmente usar para aumentar os lucros. O novo recurso deve aumentar em 1 hora por semana, 2 horas ou 200 horas? Em termos de PL, esse processo envolve encontrar o intervalo em que os preços sombra ainda serão válidos. O *intervalo do lado direito* informa o número de horas que a High Note pode acrescentar ou remover do departamento de eletricidade e ainda ter um preço sombra de $30.

Determinar o intervalo é simples, pois se assemelha ao processo simplex usado neste capítulo para encontrar a razão mínima para uma nova variável. A coluna S_1 e a coluna quantidade da Tabela 9.17 estão repetidas na tabela a seguir; as razões, positivas e negativas, também estão mostradas:

Quantidade	S_1	Razão
20	0,25	20/0,25 = 80
40	−0,25	40/−0,25 = −160

TABELA 9.17 Quadro final para a empresa High Note

C_j		$50	$120	$0	$50	
	Solução	X_1	X_2	S_1	S_2	Quantidade
$120	X_2	0,5	1	0,25	0	20
$0	S_2	2,5	0	−0,25	1	40
	Z_j	$60	$120	$30	$0	$2400
	$C_j − Z_j$	−$10	$0	−$30	$0	

A função objetivo aumenta $30 se 1 hora adicional do tempo do eletricista ficar disponível.

A menor razão positiva (80, nesse exemplo) indica por quantas horas o recurso de tempo dos eletricistas pode ser *reduzido* sem alterar a solução atual. Portanto, podemos diminuir o recurso do lado direito tanto quanto 80 horas – basicamente das 80 horas atuais até 0 horas – sem que a variável básica saia da solução.

A menor razão negativa (-160) informa o número de horas que podem ser acrescidas ao recurso antes que a solução mude. Nesse caso, podemos aumentar o tempo dos eletricistas por 160 horas até 240 ($= 80$ atuais $+$ 160) horas. Agora estabelecemos o intervalo de tempo dos eletricistas em que o preço sombra é válido. Esse intervalo é de 0 a 240 horas.

O recurso dos técnicos de áudio é ligeiramente diferente, já que todas as 60 horas do tempo originalmente disponível não foram usadas (note que $S_2 = 40$ horas na Tabela 9.17). Se aplicarmos o teste da razão, veremos que podemos reduzir o número de horas dos técnicos de áudio para somente 40 (a menor razão positiva $= 40/1$) antes que uma escassez ocorra. Mas visto que não estamos usando todas as horas atualmente disponíveis, podemos aumentá-las indefinidamente sem alterar a solução do problema. Note que não existem taxas de substituição na coluna S_2, assim, não existem razões negativas. Portanto, o intervalo válido para *esse* preço sombra seria de 20 ($= 60 - 40$) horas até valor superior infinito.

As taxas de substituição na coluna da variável de folga também podem ser usadas para determinar os valores atuais das variáveis da solução se o lado direito da restrição for mudado. O relacionamento a seguir é usado para encontrar esses valores:

Nova quantidade $=$ Quantidade original $+$ (Taxa de substituição) (Mudança no lado direito)

Mudanças nos valores no Lado Extremo Direito (LED) das restrições podem modificar os valores da quantidade ótima das variáveis da solução.

Por exemplo, se 12 horas a mais dos eletricistas ficarem disponíveis, os novos valores na coluna quantidade do quadro simplex são encontrados como segue:

Quantidade original	S_1	Nova quantidade
20	0,25	$20 + (0,25)(12) = 23$
40	$-0,25$	$40 + (-0,25)(12) = 37$

Portanto, se 12 horas são acrescidas, $X_2 = 23$ e $S_2 = 37$. Todas as outras variáveis são não básicas e permanecem zero. Isso gera um lucro total de $50(0) + 120(23) = \$2760$, que é um aumento de \$360 (ou o preço sombra de \$30 por hora para 12 horas do tempo do eletricista). Uma análise semelhante com a outra restrição e a coluna S_2 mostraria que se qualquer hora adicional dos técnicos de áudio fosse acrescentada, somente a folga para a restrição aumentaria.

Análise de sensibilidade por computador

Para confirmar nossos cálculos de análise de sensibilidade da empresa High Note, vamos voltar ao Programa 9.1, a execução computacional do problema feita pela planilha do Excel. Note que usamos o QM para Windows e o Excel para analisar a High Note no Capítulo 7 quando tratamos do tópico graficamente. O Programa 9.1A repete a solução e formulação do Excel e o Programa 9.1B ilustra a análise de sensibilidade.

PROGRAMA 9.1A
A solução usando o Solver para o problema de PL da High Note.

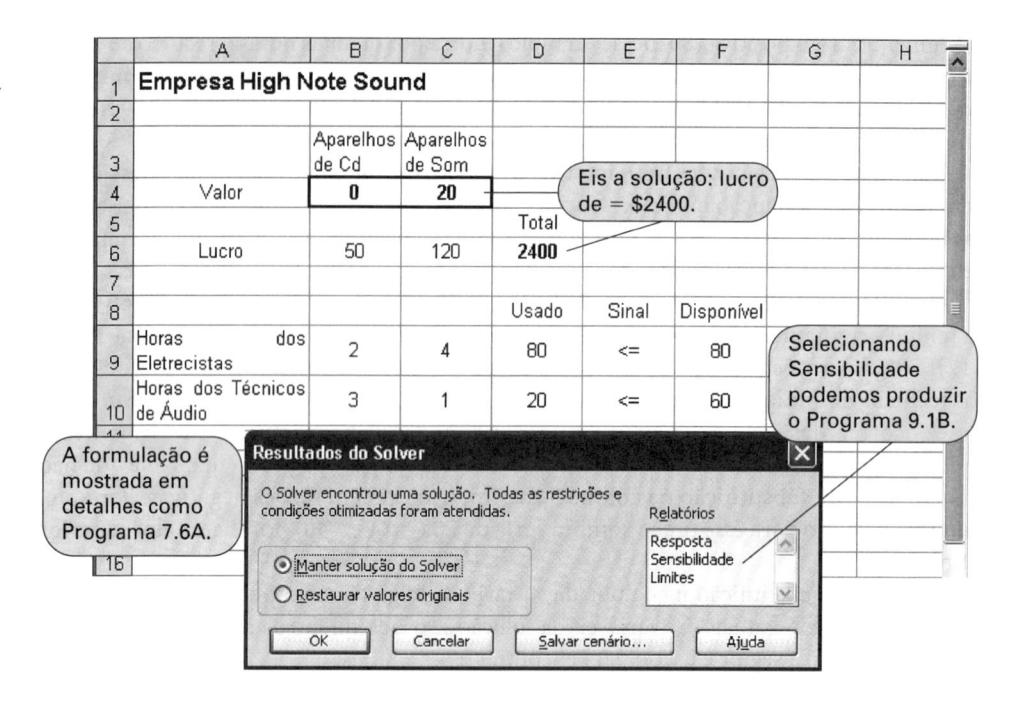

	A	B	C	D	E	F	G	H
1	Empresa High Note Sound							
2								
3		Aparelhos de Cd	Aparelhos de Som					
4	Valor	0	20					
5				Total				
6	Lucro	50	120	**2400**				
7								
8				Usado	Sinal	Disponível		
9	Horas dos Eletrecistas	2	4	80	<=	80		
10	Horas dos Técnicos de Áudio	3	1	20	<=	60		

Eis a solução: lucro de = $2400.

Selecionando Sensibilidade podemos produzir o Programa 9.1B.

A formulação é mostrada em detalhes como Programa 7.6A.

Resultados do Solver

O Solver encontrou uma solução. Todas as restrições e condições otimizadas foram atendidas.

Relatórios:
- Resposta
- Sensibilidade
- Limites

⦿ Manter solução do Solver
○ Restaurar valores originais

[OK] [Cancelar] [Salvar cenário...] [Ajuda]

PROGRAMA 9.1B
Saída da análise de sensibilidade do Solver para a empresa High Note.

	A	B	C	D	E	F	G	H
1	Microsoft Excel 11.0 Relatório de sensibilidade							
2	Planilha: [Excel_and_Excel_QM_Examples (version 1).xls]7.6_a							
3	Relatório criado: 22/2/2009 16:45:42							
4								
5								
6	Células ajustáveis							
7				Final	Reduzido	Objetivo	Permissível	Permissível
8		Célula	Nome	Valor	Custo	Coeficiente	Acréscimo	Decréscimo
9		$B$4	Valor CD	0	-10	50	10	1E+30
10		$C$4	Valor Som	20	0	120	1E+30	20
11								
12	Restrições							
13				Final	Sombra	Restrição	Permissível	Permissível
14		Célula	Nome	Valor	Preço	Lateral R.H.	Acréscimo	Decréscimo
15		$D$9	Horas dos Eletrecistas Usados	80	30	80	160	80
16		$D$10	Horas dos Técnicos de Áudio Usados	20	0	60	1E+30	40

Usaremos 80 horas do tempo do eletricista e 20 horas do tempo do técnico de áudio.

9.12 O DUAL

Cada PL primal tem um dual. O dual fornece informação econômica útil.

Cada problema de PL tem outro problema associado a ele, chamado de *dual*. A primeira maneira de formular um problema linear é denominada *primal* do problema; todos os problemas vistos até agora são problemas primais. A segunda maneira de formular o mesmo problema é chamada de *dual*. As soluções ótimas para o primal e dual são equivalentes, mas elas são derivadas de procedimentos diferentes.

O dual contém informação econômica útil para o administrador e também pode ser mais fácil de solucionar do que o problema primal, pois apresenta menos cálculos. Geralmente, se o PPL primal envolve maximizar uma função lucro sujeita a um recurso menor ou igual às restrições do recurso, o dual envolverá a minimização dos custos totais de oportunidade sujeitos às restrições do lucro do produto maior ou igual. Formular o problema dual de um primal dado não é tão complexo e, uma vez formulado, o procedimento de solução é exatamente o mesmo para qualquer problema de PL.

Vamos ilustrar *o relacionamento primal – dual* com os dados da empresa High Note. Como você deve lembrar, o problema primal é determinar a melhor produção de aparelhos de CDs (X_1) e aparelhos de som (X_2) de modo a maximizar o lucro:

Maximizar o lucro = $\$50X_1 + \$120X_2$

sujeito a $2X_1 + 4X_2 \leq 80$ (horas disponíveis de tempo do eletricista)

$3X_1 + 1X_2 \leq 60$ (horas disponíveis de tempo do técnico de áudio)

O dual desse problema tem o objetivo de minimizar o custo de oportunidade de não usar os recursos de maneira ótima. Vamos denominar as variáveis do problema que tentaremos solucionar de U_1 e U_2. U_1 representa a potencial contribuição por hora ou o valor de tempo do eletricista; em outras palavras, o valor dual de 1 hora do recurso do eletricista. U_2 representa o valor atribuído ao tempo do técnico de áudio ou o recurso técnico dual. Assim, cada restrição no problema primal terá uma restrição correspondente no problema dual.

As variáveis duais representam o valor potencial dos recursos.

As quantidades LED das *restrições* primais tornam-se coeficientes da *função objetivo* dual. O custo total da oportunidade que deve ser minimizado será representado pela função $80U_1 + 60U_2$, a saber:

Minimizar o custo de oportunidade = $80U_1 + 60U_2$

As restrições duais correspondentes são formadas da transposição[6] dos coeficientes das restrições primais. Note que se as restrições primais são $\leq$, as restrições duais são $\geq$.

$2U_1 + 3U_2 \geq 50$ → Coeficientes do lucro primal
$4U_1 + 1U_2 \geq 120$ → Coeficientes da segunda restrição primal
→ Coeficientes da primeira restrição primal

Vamos analisar o significado dessas restrições duais. Na primeira desigualdade, o LED constante (\$50) é a renda de um aparelho de CD. O coeficiente de U_1 e U_2 é a quantidade de cada recurso escasso (tempo do eletricista e tempo do técnico de áudio) necessária para produzir um aparelho de CD. Isto é, 2 horas do tempo do eletricista e 3 horas do tempo do técnico de áudio usados para produzir um aparelho de CD. Cada aparelho de CD produzido gera \$50 de renda para a Empresa High Note. Essa desigualdade afirma que o valor total atribuído ou o valor potencial dos recursos escassos necessários para produzir um aparelho de CD deve ser, pelo menos, igual ao lucro derivado do produto. A segunda restrição faz uma afirmação análoga para o produto aparelho de som.

---

[6] Por exemplo, a transposição de um conjunto de números $\begin{pmatrix} a & b \\ c & d \end{pmatrix}$ é $\begin{pmatrix} a & c \\ b & d \end{pmatrix}$. No caso da transposição de coeficientes primais $\begin{pmatrix} 2 & 4 \\ 3 & 1 \end{pmatrix}$, o resultado é $\begin{pmatrix} 2 & 3 \\ 4 & 1 \end{pmatrix}$. Consulte o Módulo 5 do CD, que trata de matrizes e determinantes, para uma revisão do conceito de transposição.

Procedimentos da formulação dual

O procedimento para formular o dual de um problema primal está resumido na lista a seguir.

Essas são as cinco etapas para a formulação do dual.

Etapas para a formação do dual

1. Se o primal é uma maximização, o dual é uma minimização, e vice-versa.
2. Os valores do LED das restrições primais tornam-se os coeficientes da função objetivo do dual.
3. Os coeficientes da função objetivo primal tornam-se os valores do LED das restrições duais.
4. A transposição dos coeficientes da restrição primal torna-se os coeficientes da restrição dual.
5. Os sinais da restrição de desigualdade são trocados.[7]

Solucionando o dual do problema da empresa High Note

O algoritmo simplex é aplicado para solucionar o problema dual anterior. Com as variáveis de excesso e artificiais apropriadas, ele pode ser reavaliado como:

Minimizar o custo de oportunidade = $80U_1 + 60U_2 + 0S_1 + 0S_2 + MA_1 + MA_2$

sujeito a
$$2U_1 + 3U_2 - 1S_1 + 1A_1 = 50$$
$$4U_1 + 1U_2 - 1S_2 + 1A_2 = 120$$

O primeiro e segundo quadros são apresentados na Tabela 9.18. O terceiro quadro contendo a solução ótima de $U_1 = 30$, $U_2 = 0$, $S_1 = 10$, $S_2 = 0$, custo da oportunidade = \$2400, aparece na Figura 9.5 junto com o quadro final do problema primal.

TABELA 9.18 Primeiro e segundo quadros do problema Dual da High Note

	C_j →	Solução	\$80 U_1	\$60 U_2	\$0 S_1	\$0 S_2	M A_1	M A_2	Quantidade
Primeiro quadro	\$M	A_1	2	3	−1	0	1	0	50
	\$M	A_2	4	1	0	1	0	1	120
		Z_j	\$6M	\$4M	−\$M	−\$M	\$M	\$M	\$170M
		$C_j - Z_j$	80 − 6M	60 − 4M	M	M	0	0	
Segundo quadro	\$80	U_1	1	1,5	−0,5	0	0,5	0	25
	\$M	A_2	0	−5	2	−1	−2	1	20
		Z_j	\$80	\$120 − 5M	−\$40 + 2M	−\$M	\$40 − 2M	\$M	\$2000 + 20M
		$C_j - Z_j$	0	5M − 60	−2M + 40	M	3M − 40	0	

---

[7] Se a j-ésima restrição do primal deve ser uma igualdade, a i-ésima variável dual não tem restrições de sinal. Esse detalhe técnico é discutido em L. Cooper e D. Steinberg. *Methods and Applications of linear Programming*. Philadelphia: W. B. Saunders, 1974, p. 170.

Solução ótima do primal

$C_j \rightarrow$	Solução	$50	$120	$0	$0	Quantidade
		X_1	X_2	S_1	S_2	
$120	X_2	0,5	1	0,25	0	20
$0	S_2	2,5	0	−0,25	1	40
	Z_j	60	120	30	0	$2400
	$C_j - Z_j$	−10	0	−30	0	

Solução ótima do dual

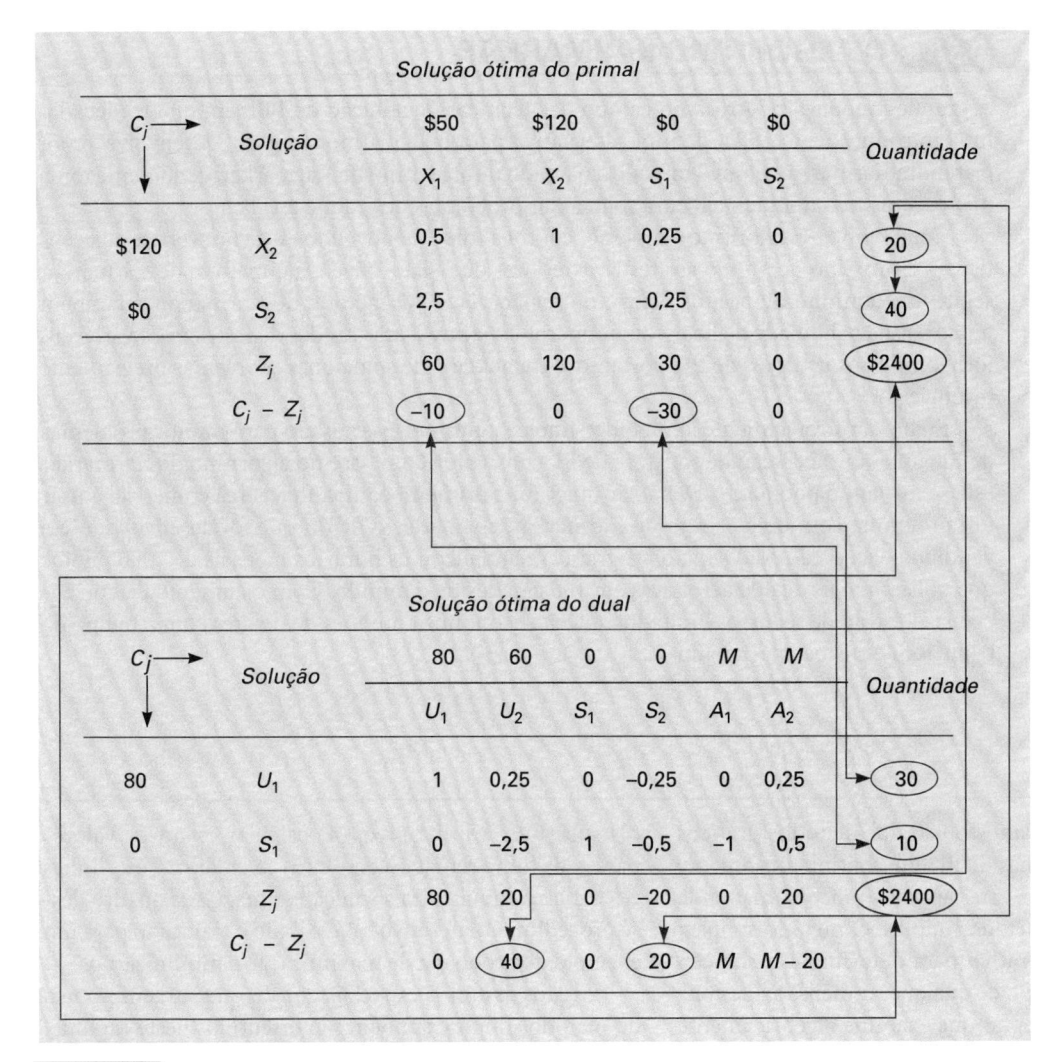

$C_j \rightarrow$	Solução	80	60	0	0	M	M	Quantidade
		U_1	U_2	S_1	S_2	A_1	A_2	
80	U_1	1	0,25	0	−0,25	0	0,25	30
0	S_1	0	−2,5	1	−0,5	−1	0,5	10
	Z_j	80	20	0	−20	0	20	$2400
	$C_j - Z_j$	0	40	0	20	M	M−20	

FIGURA 9.5 Comparação dos quadros ótimos primal e dual.

Mencionamos que o primal e o dual levam à mesma solução, embora eles sejam formulados de maneiras diferentes. Como isso acontece?

No quadro simplex final de um problema primal, os valores absolutos dos números na linha $C_j - Z_j$ sob as variáveis de folga representam as soluções para o problema dual, isto é, os ótimos U_i (veja a Figura 9.5). Na seção anterior de análise de sensibilidade, colocamos esses números nas colunas das variáveis de folga *preços sombra*. Assim, a solução para o problema dual apresenta os lucros marginais de cada unidade do recurso.

Também, o valor absoluto dos valores $C_j - Z_j$ das variáveis de folga na solução ótima *dual* representa os valores ótimos das variáveis *primais* X_1 e X_2. O custo de oportunidade mínimo derivado no dual deve ser sempre igual ao lucro máximo derivado no primal.

Note, também, os outros relacionamentos entre o primal e o dual que estão indicados na Figura 9.5 por setas. As colunas A_1 e A_2 no quadro ótimo dual podem ser ignoradas porque, como você deve lembrar, variáveis artificiais não tem significado físico.

A solução do dual gera os preços sombra.

9.13 O ALGORITMO KARMARKAR

A grande mudança ocorrida no campo das técnicas de solução de PPL em quatro décadas foi a introdução, em 1984, de uma alternativa para o algoritmo simplex. Desenvolvido por Narendra Karmarkar, o novo método, chamado de algoritmo de Karmarkar, geralmente toma menos tempo computacional para solucionar problemas de grande escala.[8]

Como vimos, o algoritmo simplex encontra a solução movendo-se de um vértice adjacente para o próximo, seguindo as arestas exteriores da região viável. Já o método de Karmarkar segue um caminho de pontos dentro da região viável. O método de Karmarkar é também único na sua habilidade de lidar com números *extremamente* grandes de restrições e variáveis, fornecendo aos usuários de PL, portanto, a capacidade de solucionar problemas previamente insolúveis.

Embora, provavelmente, o método simplex continue a ser usado para muitos problemas de PL, uma nova geração de software de PL construída com base no algoritmo de Karmarkar está se tornando popular. A Delta Air Lines foi a primeira companhia aérea comercial a usar um programa com o algoritmo de Karmarkar, chamado KORBX, que foi desenvolvido e é vendido pela AT&T. Na Delta, o programa racionalizou os horários mensais de 7000 pilotos que utilizam mais de 400 aeronaves em 166 cidades pelo mundo. Com o aumento da eficiência na alocação de recursos limitados, a Delta economiza milhões de dólares com o tempo da tripulação e custos relacionados.

RESUMO

No Capítulo 7, examinamos o uso dos métodos gráficos para solucionar problemas de PL que continham somente duas variáveis de decisão. Este capítulo avançou um grande passo introduzindo o método simplex. O método simplex é um procedimento iterativo para determinar a solução ótima de problemas de PL de qualquer dimensão. Ele consiste em uma série de regras que examina algebricamente os vértices de maneira sistemática. Cada etapa nos deixa mais próximo da solução ótima aumentando o lucro ou diminuindo o custo, enquanto mantém a viabilidade.

Este capítulo explica o procedimento para converter restrições menores ou iguais, maiores ou iguais e de igualdade no formato simplex. Essas conversões empregam a inclusão de variáveis de folga, de excesso e artificiais. Um quadro simplex inicial é desenvolvido e mostra as formulações dos dados originais do problema. Ele também contém uma linha fornecendo informações do lucro e custo e uma linha de avaliação final. A última, identificada como linha $C_j - Z_j$, é examinada para determinar se uma solução ótima já foi alcançada. Ela também destaca qual variável deveria ser a próxima a entrar na solução mista, ou base, se a solução atual não era ótima.

O método simplex consiste em cinco etapas: (1) identificar a coluna pivô, (2) identificar a linha e número pivô, (3) substituir a linha pivô, (4) calcular os novos valores para cada linha remanescente e (5) calcular o Z_j e as linhas $C_j - Z_j$ e examinar para a solução ótima. Cada quadro desse procedimento iterativo está exibido e explicado para um exemplo de problema de maximização e minimização.

Alguns assuntos especiais em PL que surgem no uso do método simplex também são discutidos neste capítulo. Exemplos de não viabilidade, soluções não limitadas, degeneração e soluções ótimas múltiplas são apresentadas.

Embora grandes problemas de PL raramente, talvez nunca, sejam solucionados à mão, o propósito deste capítulo é ajudá-lo a entender como o método simplex funciona. Compreender os princípios subjacentes irá auxiliá-lo a interpretar e analisar soluções de PL computacionais.

O Capítulo 9 também fornece fundamentação para outro assunto: responder questões sobre o problema após a solução ótima ter sido encontrada, o que é chamado de análise de pós-otimalidade ou análise de sensibilidade. A análise do valor dos recursos adicionais, chamada de preço sombra, fez parte dessa discussão. Finalmente, o relacionamento entre um problema de PL primal e seu dual foi explorado. Mostramos como derivar o dual do primal e como as soluções para as variáveis duais são, na verdade, os preços sombra.

---

[8] Para detalhes, veja KARMARKAR, Narenda. A new Polynomial Tima Algorithm for Linear Programming. *Combinatorica*. v. 4, n. 4, 1984, p.373-95 ou HOOKER, J. N. Karmarkar's Linear Programming Algorithm. *Interfaces*. v. 16, n.4, July-August, 1986, p. 75-90.

GLOSSÁRIO

Base. Conjunto de variáveis que está na solução, tem valores positivos e está listada na coluna da solução. Essas variáveis também são chamadas de **variáveis básicas**.

Coluna pivô. Coluna com o maior número positivo na linha $C_j - Z_j$ de um problema de maximização ou o maior número negativo do valor melhorado de $C_j - Z_j$, em um problema de minimização. Indica qual variável será a próxima a entrar na solução.

Coluna quantidade. Coluna no quadro simplex que fornece o valor numérico de cada variável na coluna da solução.

Degeneração. Condição que surge quando existe um empate nos valores usados para determinar qual variável será a próxima a entrar na solução. Pode levar a um ciclo de idas e vindas entre duas soluções não ótimas.

Intervalo de não significância. Intervalo dos valores em que o coeficiente de uma variável não básica pode variar sem causar uma mudança na solução ótima.

Intervalo de otimalidade. Intervalo de valores em que o coeficiente de uma variável básica pode mudar sem causar uma mudança na solução ótima.

Intervalo do lado direito. Método usado para encontrar o intervalo em que os preços sombra permanecem válidos.

Linha $C_j - Z_j$. Linha que contém o lucro líquido ou perda que resultará da introdução de uma unidade da variável indicada naquela coluna na solução.

Linha pivô. Linha correspondente à variável que sairá da base para dar lugar à variável que está entrando (como está indicado pela nova coluna pivô). É a menor razão positiva encontrada na divisão dos valores da coluna quantidade pelos valores da coluna pivô para cada linha.

Linha Z_j. Linha contendo os números para o lucro bruto ou perda dados pela adição de uma unidade de uma variável dentro da solução.

Método simplex. Método algébrico matricial para solucionar problemas de PL.

Não viabilidade. Situação em que não existe solução que satisfaça todas as restrições do problema.

Número pivô. Número na intersecção da linha pivô com a coluna pivô.

Preços sombra. Coeficientes de variáveis de folga na linha $C_j - Z_j$. Representam o valor de uma unidade adicional de um recurso.

Procedimento iterativo. Processo (algoritmo) que repete as mesmas etapas várias vezes.

Quadro simplex. Tabela para não perder de vista os cálculos em cada iteração do método simplex.

Relacionamento primal-dual. Maneiras alternativas de declarar um problema de PL.

Sem limites. Condição descrevendo problemas de maximização de PL tendo soluções que podem se tornar infinitamente grandes sem violar uma restrição declarada.

Solução. Coluna no quadro simplex que contém todas as variáveis básicas na solução.

Solução atual. Solução básica viável que é o conjunto de variáveis atualmente na solução. Ela corresponde ao vértice da região viável.

Solução básica viável. Solução para um problema de PL que corresponde a um vértice da região viável.

Taxas de substituição. Coeficientes no corpo central da tabela simplex. Indicam o número de unidades de cada variável básica que deve ser removido da solução se uma nova variável (como representada em qualquer cabeçalho de coluna) entrar.

Variáveis não básicas. Variáveis que não estão na solução ou base. Variáveis não básicas são iguais a zero.

Variável artificial. Variável que não tem um significado físico, mas age como uma ferramenta para ajudar na geração de uma solução inicial do PPL.

Variável de excesso. Variável inserida em uma restrição maior ou igual para criar uma igualdade. Representa a quantia de recurso utilizado sobre um uso mínimo necessário.

Variável de folga. Variável adicionada às restrições menores ou iguais a fim de criar uma igualdade para um método simplex. Representa uma quantidade de um recurso não utilizado.

EQUAÇÕES-CHAVE

(9-1) (Novos números das linhas) = (Números na antiga linha)
$$- \left[\begin{pmatrix} \text{Número acima ou} \\ \text{abaixo do número pivô} \end{pmatrix} \times \begin{pmatrix} \text{Número correspondente a} \\ \text{linha recém substituída} \end{pmatrix} \right]$$

Fórmula para calcular os novos valores para linhas não pivô no quadro simplex (Etapa 4 do procedimento simplex)

PROBLEMAS RESOLVIDOS

Problema resolvido 9-1

Converta as seguintes restrições e a função objetivo na forma própria para uso no método simplex:

$$\text{Minimizar o custo} = 4X_1 + 1X_2$$

$$\text{sujeito a} \quad 3X_1 + X_2 = 3$$

$$4X_1 + 3X_2 \geq 6$$

$$X_1 + 2X_2 \leq 3$$

Solução

$$\text{Minimizar custo} = 4X_1 + 1X_2 + 0S_1 + 0S_2 + MA_1 + MA_2$$

$$\text{sujeito a} \quad 3X_1 + 1X_2 \qquad\qquad + 1A_1 \qquad = 3$$

$$4X_1 + 3X_2 - 1S_1 \qquad\qquad + 1A_2 = 6$$

$$1X_1 + 2X_2 \qquad + 1S_2 \qquad\qquad = 3$$

Problema resolvido 9-2

Resolva o seguinte problema de PL:

$$\text{Maximizar o lucro} = \$9X_1 + \$7X_2$$

$$\text{sujeito a} \quad 2X_1 + 1X_2 \leq 40$$

$$X_1 + 3X_2 \leq 30$$

Solução

Começamos adicionando as variáveis de folga e convertendo as desigualdades em igualdades:

$$\text{Maximizar o lucro} = 9X_1 + 7X_2 + 0S_1 + 0S_2$$

$$\text{sujeito a} \quad 2X_1 + 1X_2 + 1S_1 + 0S_2 = 40$$

$$1X_1 + 3X_2 + 0S_1 + 1S_2 = 30$$

O quadro inicial é:

C_j		$\$9$	$\$7$	$\$0$	$\$0$	
	Solução	X_1	X_2	S_1	S_2	Quantidade
$\$0$	S_1	②	1	1	0	40
$\$0$	S_2	1	3	0	1	30
	Z_j	$\$0$	$\$0$	$\$0$	$\$0$	$\$0$
	$C_j - Z_j$	9	7	0	$\$0$	

O segundo quadro correto, o terceiro quadro e alguns cálculos seguem. As soluções ótimas, dadas no terceiro quadro, são: $X_1 = 18, X_2 = 4, S_1 = 0, S_2 = 0$ e lucro = \$190.

Etapas 1 e 2 Para ir do primeiro ao segundo quadro, notamos que a coluna pivô (no primeiro quadro) é X_1, que tem o valor mais alto de $C_j - Z_j$, \$9. A linha pivô é S_1 uma vez que 40/2 é menor do que 30/1 e o número pivô é 2.

Etapa 3 A nova linha X_1 é encontrada dividindo cada número na antiga linha S_1 pelo número pivô, a saber, $2/2 = 1$, $1/2 = 0,5$, $1/2 = 0,5$, $0/2 = 0$ e $40/2 = 20$.

Etapa 4 Os novos valores para a **linha** S_2 são calculados como:

$$\begin{pmatrix} \text{Número da} \\ \text{nova linha } S_2 \end{pmatrix} = \begin{pmatrix} \text{Número da} \\ \text{antiga linha } S_2 \end{pmatrix} - \left[\begin{pmatrix} \text{Número abaixo} \\ \text{do número pivô} \end{pmatrix} \times \begin{pmatrix} \text{Número} \\ \text{correspondente} \\ \text{a nova linha } X_1 \end{pmatrix} \right]$$

0	=	1	−	[(1) × (1)]
2,5	=	3	−	[(1) × (0,5)]
−0,5	=	0	−	[(1) × (0,5)]
1	=	1	−	[(1) × (0)]
10	=	30	−	[(1) × (20)]

Etapa 5 As seguintes linhas novas de $C_j - Z_j$ são formadas

Z_j (para X_1) = $9(1) + $0(0) = $9 $C_j - Z_j = \$9 - \$9 = 0$

Z_j (para X_2) = $9(0,5) + $0(0,25) = $4,5 $C_j - Z_j = \$7 - \$4,5 = \$2,5$

Z_j (para S_1) = $9(0,5) + $0(−0,5) = $4,5 $C_j - Z_j = 0 - 4,5 = -\$4,5$

Z_j (para S_2) = $9(0) + $0(1) = $0 $C_j - Z_j = 0 - 0 = 0$

Z_j (lucro) = $9(20) + $0(10) = $180

C_j	Solução	$9 X_1	$7 X_2	$0 S_1	$0 S_2	Quantidade
$9	X_1	1	0,5	0,5	0	20
$0	S_2	0	(2,5)	−0,5	1	10 ← Linha pivô
	Z_j	$9	$4,5	$4,5	$0	$180
	$C_j - Z_j$	0	2,5	−4,5	$0	

↑ Coluna pivô

Essa solução não é ótima e você deve executar as Etapas 1 a 5 novamente. A nova coluna pivô é X_2, a nova linha pivô é S_2 e 2,5 (circulado no segundo quadro) é o novo número pivô.

C_j	Solução	$9 X_1	$7 X_2	$0 S_1	$0 S_2	Quantidade
$9	X_1	1	0	0,6	−0,2	18
$7	X_2	0	1	−0,2	0,4	4
	Z_j	$9	7	$4	$1	$190
	$C_j - Z_j$	0	0	−4	−1	

A solução final é $X_1 = 18$, $X_2 = 4$, lucro = 190.

Problema resolvido 9-3

Use o quadro simplex final do Problema Resolvido 9.2 para responder às seguintes questões:

a. Quais são os preços sombra para as duas restrições?
b. Execute o intervalo LED para a restrição 1.
c. Se o lado direito da restrição 1 fosse aumentado para 10, qual seria o lucro máximo possível? Dê os valores para todas as variáveis.
d. Encontre o intervalo de otimalidade para o lucro em X_1.

Solução

a. Preço sombra $= -(C_j - Z_j)$
Para a restrição 1, preço sombra $= -(-4) = 4$
Para a restrição 2, preço sombra $= -(1) = 1$

b. Para a restrição 1, usamos a coluna S_1

Quantidade	S_1	Razão
18	0,6	18/(0,6) = 30
4	−0,2	4/(−0,2) = −20

A menor razão positiva é 30, assim, podemos reduzir a restrição do lado direito para 30 unidades (para um limite mais baixo de 40 − 30 = 10). Similarmente, a razão negativa de −20 indica que devemos aumentar o lado direito da restrição 1 para 20 unidades (para um limite superior de 40 + 20 = 60)

c. O lucro máximo possível = Lucro original + 10(preço sombra)

$$= 190 + 10(4) = 230$$

Os valores para as variáveis básicas são encontrados usando as quantidades originais e as taxas de substituição.

Quantidade	S_1	Razão
18	0,6	18 + (0,6)(10) = 24
4	−0,2	4 + (−0,2)(10) = 2

$X_1 = 24, X_2 = 2, S_1 = 0, S_2 = 0$ (ambas as variáveis de folga permanecem variáveis não básicas)
Lucro $= 9(24) + 7(2) = 230$ (que também foi encontrado usando o preço sombra)

d. Seja $\Delta =$ mudança no lucro para X_1

C_j →		$\$9 + \Delta$	$\$7$	$\$0$	$\$0$	
↓	Solução	X_1	X_2	S_1	S_2	Quantidade
$\$9 + \Delta$	X_1	1	0	0,6	−0,2	18
7	X_2	0	1	−0,2	0,4	4
	Z_j	$9 + \Delta$	7	$4 + (0,6)\Delta$	$1 - (0,2)\Delta$	$\$190 + 18\Delta$
	$C_j - Z_j$	0	0	$-4 - (0,6)\Delta$	$-1 + (0,2)\Delta$	

Para essa solução permanecer ótima, os valores de $C_j - Z_j$ devem permanecer negativos ou zero.

$$-4 - (0,6)\Delta \leq 0$$
$$-4 \leq (0,6)\Delta$$
$$-20/3 \leq \Delta$$

e

$$-1 + (0,2)\Delta \leq 0$$
$$(0,2)\Delta \leq 1$$
$$\Delta \leq 5$$

Desse modo, a mudança no lucro (Δ) deve ser entre −20/3 e 5. O lucro original foi 9, assim, essa solução permanece ótima enquanto o lucro em X_1 for entre 2,33 = 9 − 20/3 e 14 = 9 + 5.

Problema resolvido 9-4

Resolva o seguinte problema de PL usando o Excel e responda às perguntas com relação a uma empresa que manufatura cortadores de grama e limpadores de neve:

Maximizar o lucro = $30 cortadores + $80 limpadores

sujeito a   2 cortadores + 4 limpadores ≤ 1000 horas de trabalho disponível

6 cortadores + 2 limpadores ≤ 1200 libras de aço disponíveis

1 limpador ≤ 200 máquinas de limpadores de neve disponíveis

a. Qual é o melhor produto misto? Qual é o lucro ótimo?
b. Quais são os preços sombra? Quando a solução ótima foi alcançada, qual o recurso que tem o valor marginal mais alto?
c. Sobre quais intervalos em cada um dos valores do LED são essas sombras válidas?
d. Quais são os intervalos em que os coeficientes da função objetivo podem variar para cada uma das duas variáveis de decisão?
e. Declare o dual para esse problema. Qual é sua solução?

Solução

a. O melhor mix de produção é 100 cortadores de grama e 200 limpadores de neve, gerando um lucro de $19000. Isso é encontrado formulando o modelo no Programa 9.2A e resolvendo usando o Solver do Excel no Programa 9.2B.
b. Os preços sombra são vistos no Programa 9.2C. Cada restrição tem um preço sombra associado a ela. Para trabalho, o valor de uma hora adicional sobre as 1000 existentes é $15. Existe um valor de zero para uma libra adicional de aço visto que a linha 3 da variável de folga atualmente tem um valor de 200 libras. Em outras palavras, com 200 libras não usadas de aço, não há motivo para pagar pelo aço adicional. Finalmente, existe um valor de $20 para cada máquina

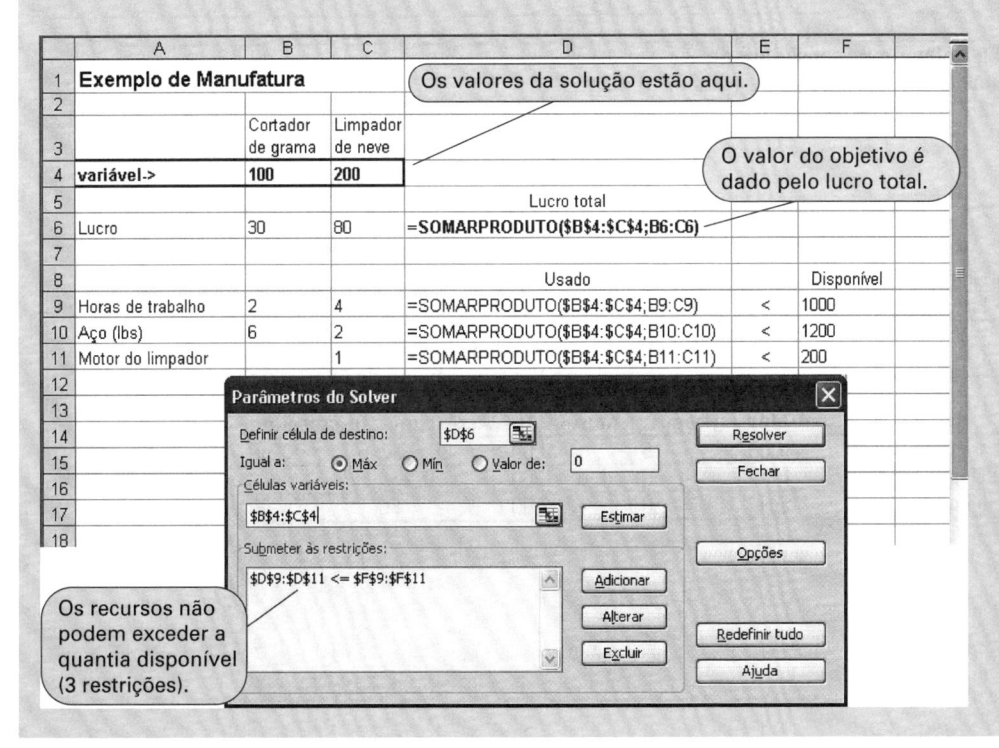

PROGRAMA 9.2A
Formulação do Excel para o Problema Resolvido 9.4.

PROGRAMA 9.2B
Formulação do Excel para o Problema Resolvido 9.4.

	A	B	C	D	E	F
1	Exemplo de Manufatura					
2						
3		Cortador de grama	Limpador de neve			
4	variável->	100	200			
5				Lucro total		
6	Lucro	30	80	19000		
7						
8				Usado		Disponível
9	Horas de trabalho	2	4	1000	<	1000
10	Aço (lbs)	6	2	1000	<	1200
11	Motor do limpador		1	200	<	200

Produza 100 cortadores de grama e 200 limpadores de neve com um lucro total de $19000.

Selecione a Resposta e os Relatórios de Sensibilidade.

Resultados do Solver
O Solver encontrou uma solução. Todas as restrições e condições otimizadas foram atendidas.
Relatórios: Resposta, Sensibilidade, Limites
● Manter solução do Solver
○ Restaurar valores originais
[OK] [Cancelar] [Salvar cenário...] [Ajuda]

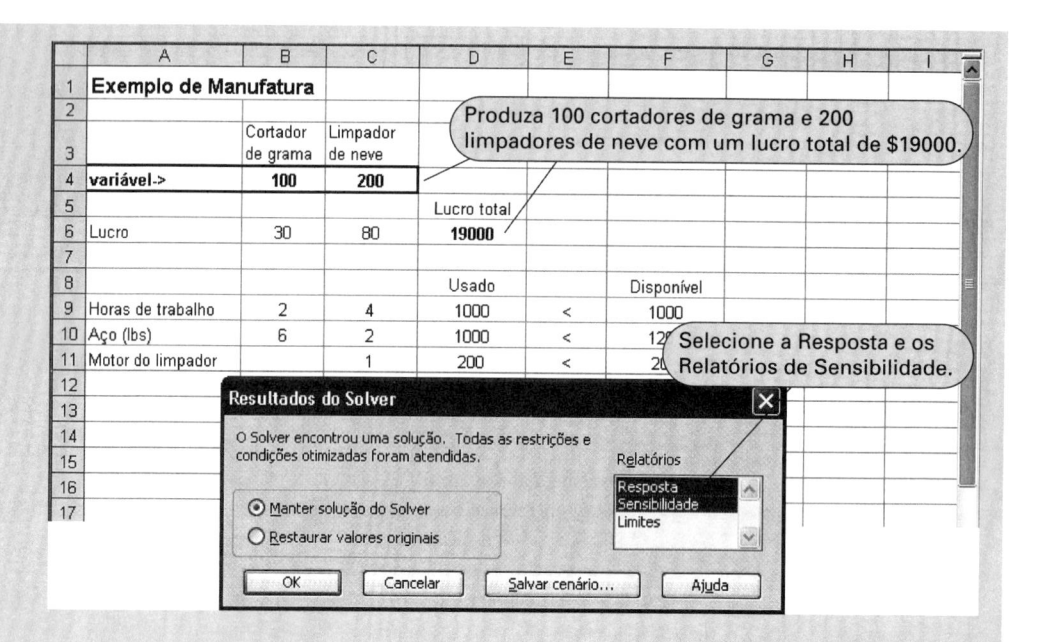

limpadora de neve adicional disponível. Assim, os limpadores de neve têm um valor marginal mais alto na solução ótima.

c. O preço sombra das horas do trabalho é valido de 800 a 1066,67 horas, isto é, pode aumentar por 66,67 (ou 67) horas ou diminuir até 200 horas. O preço sombra por libras de aço é válido de 1000 libras até um número infinito de libras. O preço sombra para máquinas de limpadores de neve varia de 180 a 250 máquinas.

d. Sem mudar a solução mista atual, o coeficiente de lucro para os cortadores pode variar de $0 a $40 e o coeficiente para os limpadores pode variar de $60 ao infinito.

PROGRAMA 9.2C
Análise de sensibilidade do Excel para o Problema Resolvido 9.4.

	A	B	C	D	E	F	G	H
1	Microsoft Excel 11.0 Relatório de sensibilidade							
2	Planilha: [Excel_and_Excel_QM_Examples (version 1).xls]9.2							
3	Relatório criado: 22/2/2009 19:30:08							
4								
5								
6	Células ajustáveis							
7				Final	Reduzido	Objetivo	Permissível	Permissível
8		Célula	Nome	Valor	Custo	Coeficiente	Acréscimo	Decréscimo
9		$B$4	varável-> Cortador de grama	100	0	30	10	30
10		$C$4	varável-> Limpador de neve	200	0	80	1E+30	20
11								
12	Restrições							
13				Final	Sombra	Restrição	Permissível	Permissível
14		Célula	Nome	Valor	Preço	Lateral R.H.	Acréscimo	Decréscimo
15		$D$9	Horas de trabalho Usado	1000	15	1000	66,6667	200
16		$D$10	Aço (lbs) Usado	1000	0	1200	1E+30	200
17		$D$11	Motor do limpador Usado	200	20	200	50	20

O número de cortadores e limpadores não deve mudar mesmo se o lucro por unidade dos cortadores aumentar acima de 10 ou cair em 30.

Cada hora adicional de trabalho irá gerar um lucro adicional de $15 até o máximo de 66,67 unidades a mais.

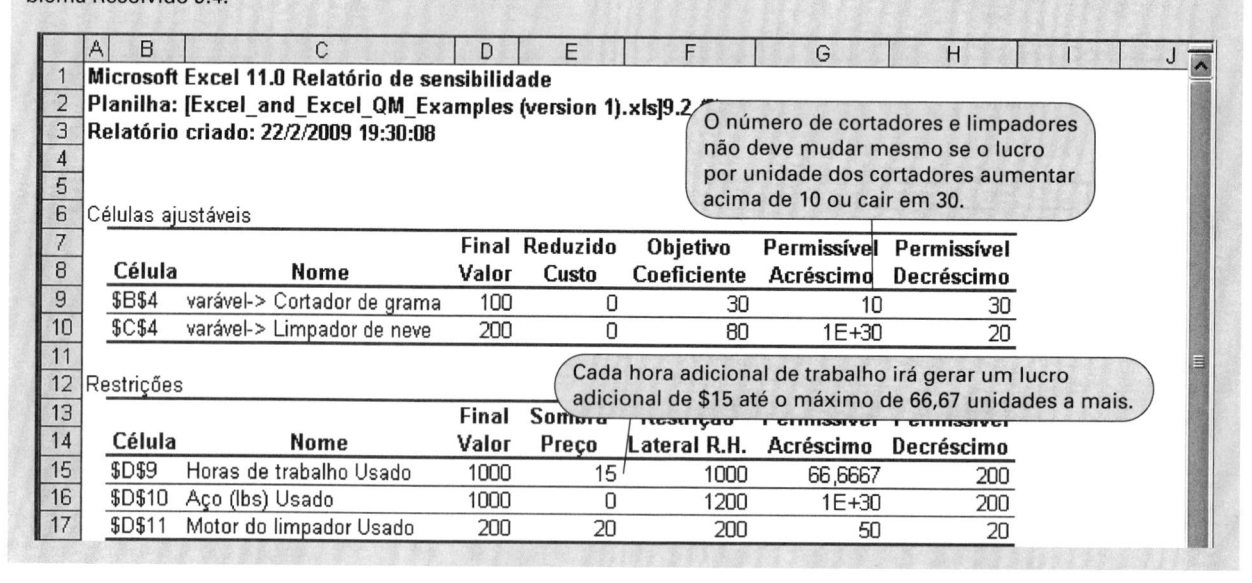

e. O dual pode ser escrito como:

$$\text{Minimizar } 1000U_1 + 1200U_2 + 200U_3$$

$$\text{sujeito a} \quad 2U_1 + 6U_2 + 0U_3 \geq 30$$

$$4U_1 + 2U_2 + 1U_3 \geq 80$$

A solução para o dual será os preços sombra no primal. Assim, $U_1 = 15$, $U_2 = 0$ e $U_3 = 20$. A solução dual fornece os lucros marginais de cada unidade adicional do recurso.

AUTOTESTE

- Antes de fazer o autoteste, consulte os objetivos de aprendizagem no início do capítulo, as notas nas margens e o glossário no final do capítulo.
- Corrija seu teste utilizando o Apêndice H ao final do livro.
- Estude novamente as páginas que correspondem a todas as perguntas que você respondeu errado ou que não tem certeza.

1. Uma solução viável básica é uma solução para um problema de PL que corresponde ao vértice da região viável.
   a. Verdadeiro
   b. Falso
2. Ao preparar uma restrição $\geq$ para um quadro simplex inicial, você deve:
   a. adicionar uma variável de folga.
   b. adicionar uma variável de excesso.
   c. subtrair uma variável artificial.
   d. subtrair uma variável de excesso e adicionar uma variável artificial.
3. No quadro simplex inicial, as variáveis da solução podem ser:
   a. somente variáveis de folga.
   b. variáveis de folga e de excesso.
   c. variáveis artificiais e de excesso.
   d. variáveis de folga e artificiais.
4. Mesmo se um problema de PL envolver muitas variáveis, uma solução ótima será sempre encontrada em um vértice do poliedro n-dimensional formando a região viável.
   a. Verdadeiro
   b. Falso
5. Qual dos seguintes, em um quadro simplex, indica que uma solução ótima para um problema de maximização foi encontrada?
   a. todos os valores de $C_j - Z_j$ são negativos ou zero.
   b. todos os valores de $C_j - Z_j$ são positivos ou zero.
   c. todas as taxas de substituição na coluna pivô são negativas ou zero.
   d. não há mais variáveis de folga na solução.
6. Para formular um problema a ser resolvido pelo método simplex, devemos adicionar as variáveis de folga para:
   a. todas as restrições de desigualdade.
   b. somente as restrições de igualdade.
   c. somente as restrições "maiores que".
   d. somente as restrições "menores que".
7. Se no quadro ótimo de um problema de PL uma variável artificial está presente na solução, isso implica:
   a. não viabilidade.
   b. sem limites.
   c. degeneração.
   d. soluções ótimas alternadas.
8. Se o quadro simplex final do valor de $C_j - Z_j$ para uma variável não básica for zero, isso indica:
   a. viabilidade.
   b. sem limites.
   c. degeneração.
   d. soluções ótimas alternadas.
9. Em um quadro simplex, todas as taxas de substituição na coluna pivô são negativas. Isso indica que:
   a. não existe uma solução viável para o problema.
   b. a solução não tem limite.
   c. existe mais de uma solução ótima.
   d. a solução está degenerada.
10. O número pivô em um problema de maximização é a coluna com:
    a. o maior valor positivo de $C_j - Z_j$.
    b. o maior valor negativo de $C_j - Z_j$.
    c. o maior valor positivo de Z_j.
    d. o maior valor negativo de Z_j.
11. Uma mudança no coeficiente da função objetivo (C_j) para uma variável básica pode afetar
    a. os valores de $C_j - Z_j$ para todas as variáveis não básicas.
    b. os valores de $C_j - Z_j$ para todas as variáveis básicas.
    c. o valor de $C_j - Z_j$ daquela variável.
    d. os valores de $C_j - Z_j$ para outras variáveis básicas.
12. A programação linear tem poucas aplicações no mundo real devido à suposição de certeza nos dados e nos relacionamentos de um problema.
    a. Verdadeiro
    b. Falso
13. Em um quadro simplex, uma variável sairá da base e será substituída por outra variável. A variável que sairá é:
    a. a variável básica com o maior C_j.
    b. a variável básica com o menor C_j.
    c. a variável básica na linha pivô.
    d. a variável básica na coluna pivô.
14. Quais dos seguintes devem ser iguais a 0?
    a. variáveis básicas.
    b. variáveis da solução.
    c. variáveis não básicas.
    d. coeficientes da função objetivo para variáveis artificiais.
15. O preço sombra para uma restrição:
    a. é o valor de uma unidade adicional daquele recurso.
    b. é sempre igual a zero se existe uma folga positiva para aquela restrição.
    c. é encontrada do valor de $C_j - Z_j$ de uma variável de folga.
    d. todas as respostas acima.
16. A solução para o problema dual:
    a. apresentas os lucros marginais de cada unidade adicional do recurso.
    b. pode sempre ser derivada examinando a linha Z_j do quadro simplex ótimo do primal.
    c. é melhor do que a solução do primal.
    d. todas as respostas acima.
17. O número de restrições em um problema dual irá se igualar ao número de:
    a. restrições em um problema dual.
    b. variáveis em um problema dual.
    c. variáveis mais o número de restrições em um problema primal.
    d. variáveis em um problema dual.

QUESTÕES PARA DISCUSSÃO E PROBLEMAS

Questões para discussão

9-1 Explique o propósito e os procedimentos do método simplex.

9-2 Como os métodos gráfico e simplex para solucionar problemas de PL diferem?

9-3 O que são as variáveis de folga, de excesso e artificial? Quando cada uma é usada e por quê? Que valor cada uma carrega na função objetivo?

9-4 Você acabou de formular um problema de PL com 12 variáveis de decisão e oito restrições. Quantas variáveis básicas haverá? Qual é a diferença entre uma variável básica e uma não básica?

9-5 Quais são as regras simplex para a seleção da coluna pivô? E da linha pivô? E do número pivô?

9-6 Como os problemas de maximização e minimização diferem quando o método simplex é aplicado?

9-7 Explique o que o valor Z_j indica no quadro simplex.

9-8 Explique o que o valor $C_j - Z_j$ indica no quadro simplex.

9-9 Qual é a razão por trás do uso do teste da razão mínima na seleção da linha pivô? O que poderia acontecer sem ele?

9-10 Um problema de PL específico tem a seguinte função objetivo:

$$\text{Maximizar o lucro} = \$8X_1 + \$6X_2 + \$12X_3 - \$2X_4$$

Qual variável deveria entrar no segundo quadro simplex? Se a função objetivo fosse

$$\text{Minimizar custo} = \$2{,}5X_1 + \$2{,}9X_2 + \$4{,}0X_3 + \$7{,}9X_4$$

Qual variável seria a melhor candidata para entrar no segundo quadro?

9-11 O que acontece se uma variável artificial está na solução ótima final? O que o administrador que formulou o problema de PL deve fazer?

9-12 O grande pesquisador operacional romeno, Dr. Ima Student, propôs que em vez de selecionar a variável com o maior valor positivo de $C_j - Z_j$ (em um problema de maximização) para ser a próxima a entrar na solução mista, uma abordagem diferente deveria ser usada. Ela sugere que qualquer variável com um valor positivo $C_j - Z_j$ pode ser escolhida mesmo se ela não for a maior. O que acontecerá se adotarmos essa nova regra para o procedimento simplex? A solução ótima ainda será alcançada?

9-13 O que é um preço sombra? Como o conceito se relaciona com o dual de um problema de PL? Como ele se relaciona com o primal?

9-14 Se um problema primal tem 12 restrições e oito variáveis, quantas restrições e variáveis terá seu correspondente dual?

9-15 Explique o relacionamento entre cada número primal e os números correspondentes no dual.

9-16 Crie seu próprio problema original de maximização com duas variáveis e três restrições menores ou iguais. Agora forme o dual para esse problema primal.

Problemas*

- **9-16** A primeira restrição no exemplo da High Note neste capítulo é:

  $2X_1 + 4X_2 \leq 80$ (horas disponíveis de tempo do eletricista)

  A Tabela 9.17 fornece o quadro simplex final para esse exemplo na página 410. Do quadro, foi determinado que o aumento máximo nas horas do eletricista eram 160 (de um total de 240).

  (a) Mude o lado direito da restrição para 240 e trace a nova região viável.
  (b) Encontre o novo vértice. Quanto foi o aumento do lucro como resultado disso?
  (c) Qual é o preço sombra?
  (d) Aumente as horas disponíveis dos eletricistas em uma unidade (para 241) e encontre a solução ótima. Quanto foi o aumento do lucro como resultado dessa hora extra? Explique por que o preço sombra do quadro simplex não é mais relevante.

- **9.18** A empresa de desenvolvimento Dreskin está construindo dois condomínios de apartamentos. Ela deve decidir quantas unidades construir em cada condomínio com base nas restrições de trabalho e material. O lucro gerado por cada apartamento no primeiro condomínio é estimado em $900 e para cada apartamento no segundo condomínio, $1500. Um quadro simplex parcial inicial para Dreskin é dado na tabela a seguir:

C_j		$900	$1500	$0	$0	
	Solução	X_1	X_2	S_1	S_2	Quantidade
		14	4	1	0	3360
		10	12	0	1	9600
	Z_j					
	$C_j - Z_j$					

(a) Complete o quadro inicial.
(b) Reconstrua as restrições originais do problema (excluindo as variáveis de folga).

---

* Nota: Q significa que o problema pode ser resolvido com QM para Windows; X significa que o problema pode ser resolvido com o Excel QM; Q/X significa que o problema pode ser resolvido com QM para Windows e/ou Excel QM.

(c) Escreva a função objetivo original do problema.
(d) Qual é a base para a solução inicial?
(e) Qual variável deve entrar na solução na próxima iteração?
(f) Qual variável deve sair da solução na próxima iteração?
(g) Quantas unidades da variável que está entrando na próxima solução serão a base no segundo quadro?
(h) Em quanto o lucro aumentará na próxima solução?

9-19 Considere o seguinte problema de PL:

Maximizar lucro $= \$0{,}80X_1 + \$0{,}40X_2 + \$1{,}20X_3 - \$0{,}10X_4$
sujeito a
$$X_1 + 2X_2 + X_3 + 5X_4 \leq 150$$
$$X_2 - 4X_3 + 8X_4 = 70$$
$$6X_1 + 7X_2 + 2X_3 - X_4 \leq 120$$
$$X_1, X_2, X_3, X_4 \geq 0$$

(a) Converta essas restrições em igualdades adicionando as variáveis de folga, de excesso ou artificial apropriadas. Também, adicione as novas variáveis na função objetivo do problema.
(b) Configure o quadro simplex inicial para esse problema. Não tente solucioná-lo.
(c) Dê valores para todas as variáveis nessa solução inicial.

9-20 Solucione o problema de PL a seguir graficamente. Depois, configure um quadro simplex e solucione o problema usando o método simplex. Indique os vértices gerados em cada iteração pelo método simplex no seu gráfico.

Maximizar o lucro $= 3X_1 + 5X_2$
Sujeito a
$$X_2 \leq 6$$
$$3X_1 + 2X_2 \leq 18$$
$$X_1, X_2 \geq 0$$

9-21 Considere o seguinte problema de PL:

Maximizar o lucro $= 10X_1 + 8X_2$
Sujeito a
$$4X_1 + 2X_2 \leq 80$$
$$X_1 + 2X_2 \leq 50$$
$$X_1, X_2 \geq 0$$

(a) Solucione esse problema graficamente.
(b) Configure o quadro simplex inicial. No gráfico, identifique o vértice representado por esse quadro.
(c) Selecione a coluna pivô. Qual variável irá entrar?
(d) Calcule a razão da taxa de substituição da quantidade para a coluna pivô. Identifique os pontos no gráfico relacionados a essas razões.
(e) Quantas unidades da variável que está entrando serão levadas para a solução no segundo quadro? O que aconteceria se a razão maior em vez da menor fosse selecionada para determinar isso (veja o gráfico)?
(f) Qual variável está saindo? Qual será o valor dessa variável no próximo quadro?
(g) Conclua solucionando esse problema com o algoritmo simplex.
(h) A solução em cada quadro simplex é um vértice no gráfico. Identifique o vértice associado a cada quadro.

9-22 Solucione o seguinte problema de PL primeiro graficamente e, depois, pelo algoritmo simplex:

Maximizar custo $= 4X_1 + 5X_2$
Sujeito a
$$X_1 + 2X_2 \geq 80$$
$$3X_1 + X_2 \geq 75$$
$$X_1, X_2 \geq 0$$

Quais são os valores das variáveis básicas em cada iteração? E as variáveis não básicas?

9-23 O quadro simplex final para um problema de maximização de PL é mostrado na tabela deste exercício. Descreva as situações encontradas na tabela.

9-24 Solucione o seguinte problema pelo método simplex. Que condição lhe impede de alcançar uma solução ótima?

Maximizar o lucro $= 6X_1 + 3X_2$
Sujeito a
$$2X_1 - 2X_2 \leq 2$$
$$-X_1 + X_2 \leq 1$$
$$X_1, X_2 \geq 0$$

9-25 Considere o seguinte problema financeiro:

Quadro para o Problema 9-23

C_j		3	5	0	0	$-M$	
	Solução	X_1	X_2	S_1	S_2	A_1	Quantidade
$\$5$	X_2	1	1	2	0	0	6
$-M$	A_1	-1	0	-2	-1	1	2
	Z_j	$\$5 + M$	$\$5$	$\$10 + 2M$	$\$M$	$-\$M$	$\$30 - 2M$
	$C_j - Z_j$	$-2 - M$	0	$-10 - 2M$	$-M$	0	

Maximizar o retorno do investimento = $2X_1 + $3X_2$

Sujeito a
$$6X_1 + 9X_2 \leq 18$$
$$9X_1 + 3X_2 \geq 9$$
$$X_1, X_2 \geq 0$$

(a) Encontre a solução ótima usando o método simplex.
(b) Que evidência indica que existe uma solução ótima alternativa?
(c) Encontre a solução ótima alternativa.
(d) Solucione esse problema graficamente e ilustre os vértices ótimos alternativos.

9-26 Na terceira iteração de um problema de maximização de PL, o quadro deste exercício é criado. Que condição especial existe quando você melhora o lucro e segue para a próxima iteração? Solucione o problema para a solução ótima.

9-27 Uma empresa farmacêutica começará a produzir três novas drogas. Uma função objetivo planejada para minimizar os custos dos ingredientes e três restrições de produção são:

Minimizar o custo = $50X_1 + 10X_2 + 75X_3$

sujeito a
$$X_1 - X_2 = 1.000$$
$$2X_2 + 2X_3 = 2.000$$
$$X_1 \leq 1.500$$
$$X_1, X_2, X_3 \geq 0$$

(a) Converta essas restrições e função objetivo na forma adequada para uso no quadro simplex.
(b) Solucione o problema pelo método simplex. Qual é a solução ótima e qual é o custo?

9-28 A empresa Bitz-Karan precisa tomar uma decisão sobre a mistura na nova comida para gatos chamada Yum-Mix. Dois ingredientes foram combinados e testados e a empresa determinou que, para cada lata de Yum-Mix, pelo menos 30 unidades de proteína e 80 unidades de riboflavina devem ser adicionadas. Esses dois nutrientes estão disponíveis em duas marcas concorrentes de suplementos alimentares para animais. O custo por quilo do suplemento da marca A é $9 e o da marca B, $15. Um quilo da marca A adicionada a cada lote de produção de Yum-Mix fornece um suprimento de uma unidade de proteína e uma unidade de riboflavina em cada lata. Um quilo da marca B fornece duas unidades de proteína e quatro unidades de riboflavina em cada lata. A Britz-Karan deve satisfazer os padrões dos nutrientes mínimos enquanto mantém os custos dos suplementos também em um mínimo.

(a) Formule esse problema para encontrar a melhor combinação dos dois suplementos para satisfazer as necessidades mínimas pelo menor custo.
(b) Encontre a solução ótima pelo método simplex.

9-29 A empresa Roniger produz dois produtos: colchões e box springs. Um contrato prévio exige que a empresa produza pelo menos 30 colchões ou box springs, em qualquer combinação. Além disso, um acordo com o sindicato exige que as máquinas de costura funcionem pelo menos 40 horas por semana, que é um período de produção. Cada box spring demanda duas horas de tempo de costura e cada colchão leva uma hora na máquina. Cada colchão produzido custa $20; cada box spring, $24.

(a) Formule esse problema para minimizar os custos totais de produção.
(b) Solucione usando o método simplex.

9-30 Cada mesa de centro produzida pela Meising Designers gera um lucro líquido de $9. Cada estante gera $12 de lucro. A empresa é pequena e seus recursos são limitados. Durante qualquer período de produção de uma semana, 10 galões de verniz e 12 chapas de madeira de boa qualidade estão disponíveis. Cada mesa de centro necessita de aproximadamente 1 galão de verniz e 1 chapa de madeira. Cada estante demanda 1 galão de verniz e duas chapas de madeira. Formule o mix de produção da Meising e solucione usando o método simplex. Quantas mesas e estantes devem ser produzidas a cada semana? Qual será o lucro máximo?

9-31 A Bagwell Distributors empacota e distribui suprimentos industriais. Uma carga padrão pode

Quadro para o Problema 9-26

C_j		$6	$3	$5	0	0	0	
	Solução	X_1	X_2	X_3	S_1	S_2	S_3	Quantidade
$5	X_3	0	1	1	1	0	3	5
$6	X_1	1	−3	0	0	0	1	12
0	S_2	0	2	0	1	1	−1	10
	Z_j	$6	−$13	$5	$5	$5	$21	$97
	$C_j - Z_j$	$0	$16	$0	−$5	−$5	−$21	

ser acondicionada em um contêiner classe A, em um contêiner classe K ou em um contêiner classe T. Um contêiner classe A gera um lucro de $8, um contêiner classe K, um lucro de $6, e um contêiner classe T, um lucro de $14. Cada carga preparada requer certa quantidade de material para embalar e determinada quantidade de tempo, como vemos na tabela a seguir:

Classe do contêiner	Material para embalagem (LB)	Tempo de empacotamento (horas)
A	2	2
K	1	6
T	3	4
Quantidade total do recurso disponível cada semana	120lb	240 horas

Bill Bagwell, diretor da firma, precisa decidir o número ótimo de cada classe de contêiner para carregar cada semana. Ele é limitado pelas restrições previamente mencionadas, mas Bill também decide que seus seis funcionários de tempo integral devem ocupar todas as 240 horas (6 trabalhadores, 40 horas) cada semana. Formule e solucione esse problema usando o método simplex.

9-32 A incorporadora Foggy Bottom acabou de comprar um pequeno hotel para converter em apartamentos. O prédio, localizado em uma área popular de Washington, D.C., próxima ao Departamento de Estado dos Estados Unidos, será altamente valorizado e para cada apartamento vendido espera-se um bom lucro. O processo de conversão, entretanto, inclui muitas opções. Basicamente, quatro tipos de apartamentos podem ser projetados dos antigos quartos do hotel. Eles podem ser apartamentos de um quarto de luxo, apartamentos de um quarto padrão, estúdios de luxo e apartamentos quitinetes. Cada um irá gerar um lucro diferente, mas cada tipo também requer um nível diferente de investimento em carpetes, pinturas, aparelhos elétricos e trabalho de marcenaria. Os empréstimos bancários ditam um orçamento limitado que pode ser alocado a cada uma dessas necessidades. Lucros e dados do custo e o custo das necessidades de conversão para cada apartamento estão mostrados na tabela a seguir.

Portanto, vimos que o custo para colocar carpete em uma unidade do apartamento de um quarto de luxo será de $1100, para uma unidade do apartamento de um quarto padrão, de $1000, e assim por diante. Um total de $3500 é orçado para todo o carpete do prédio.

As regras de zoneamento proíbem que o prédio tenha mais de 50 ou menos de 25 apartamentos quando a conversão estiver completa. A incorporadora decide, também, que para ter uma boa combinação de proprietários, pelo menos 40% e não mais de 70% das unidades devam ser de apartamentos de um quarto. Nem todo o dinheiro orçado em cada categoria precisa ser gasto, embora o lucro não seja afetado pela economia no custo. No entanto, visto que o dinheiro representa um empréstimo bancário, de maneira alguma ele pode exceder ou até mesmo ser transferido de uma área, como carpetes, para outra, como pintura.

(a) Formule a decisão da incorporadora Foggy Bottom como um programa linear para maximizar lucros.
(b) Converta sua função objetivo e as restrições a uma forma contendo as variáveis de folga, de excesso e artificial apropriadas.

9-33 O quadro simplex inicial da página 429 foi desenvolvido por Tommy Gibbs, vice-presidente de uma grande fábrica de fiação de algodão. Infelizmente, Gibbs se demitiu antes de completar essa importante aplicação de PL. Stephanie Robbins, a substituta recém-contratada, recebeu a tarefa de usar a PL para determinar quais tipos de algodão a fábrica deveria usar a fim de minimizar os custos. Sua primeira necessidade foi ter certeza de que Gibbs formulou corretamente a função objetivo e as restrições. Ela não encontrou um enunciado do problema nos arquivos, assim, decidiu reconstruir o problema do quadro inicial.

(a) Qual é a formulação correta, usando somente variáveis de decisão reais (isto é, X_i)?
(b) Que variável entrará nessa solução mista atual no segundo quadro? Qual variável básica sairá?

Quadro para o Problema 9-32

Renovação necessária	Tipo de apartamento				Orçamento total ($)
	Um quarto de luxo ($)	Um quarto padrão ($)	Estúdio de luxo ($)	Quitinete ($)	
Carpete novo	1100	1000	600	500	35000
Pintura	700	600	400	300	28000
Aparelhos novos	2000	1600	1200	900	45000
Trabalho de marcenaria	1000	400	900	200	19000
Lucro por unidade	8000	6000	5000	3500	

Quadro simplex para o Problema 9-33

C_j		$12	$18	$10	$20	$7	$8	$0	$0	$0	$0	$0	M	M	M	M	
↓	Sol.	X_1	X_2	X_3	X_4	X_5	X_6	S_1	S_2	S_3	S_4	S_5	A_1	A_2	A_3	A_4	Quant.
M	A_1	1	0	−3	0	0	0	0	0	0	0	0	1	0	0	0	100
0	S_1	0	25	1	2	8	0	1	0	0	0	0	0	0	0	0	900
M	A_2	2	1	0	4	0	1	0	−1	0	0	0	0	1	0	0	250
M	A_3	18	−15	−2	−1	15	0	0	0	−1	0	0	0	0	1	0	150
0	S_4	0	0	0	0	0	25	0	0	0	1	0	0	0	0	0	300
M	A_4	0	0	0	2	6	0	0	0	0	0	−1	0	0	0	1	70
	Z_j	$21M$	−$14M$	−$5M$	$5M$	$21M$	M	$0	$0	−M	$0	−M	M	M	M	M	$570M$
	$C_j − Z_j$	12−21M	18+14M	10+5M	20−5M	7−21M	8−M	0	0	M	0	M	0	0	0	0	

9-34 Considere o quadro ótimo a seguir, onde S_1 e S_2 são variáveis de folga adicionadas ao problema original:

C_j		$10	$30	0	0	
↓	Solução	X_1	X_2	S_1	S_2	Quantidade
$10	X_1	1	4	2	0	160
$0	S_2	0	6	−7	1	200
	Z_j	$10	$40	$20	$0	$1600
	$C_j − Z_j$	$0	−$10	−$20	0	

(a) Qual é o intervalo de otimalidade para a taxa de contribuição da variável X_1?
(b) Qual é o intervalo de insignificância da taxa de contribuição da variável X_2?
(c) Quanto você estaria disposto a pagar por uma unidade a mais do primeiro recurso, que é representado pela variável de folga S_1?
(d) Qual é o valor de uma unidade a mais do segundo recurso? Por quê?
(e) Qual seria a solução ótima se o lucro em X_2 fosse modificado para $35 em vez de $30?
(f) Qual seria a solução ótima se o lucro em X_1 fosse modificado para $12 em vez de $10? Em quanto mudaria o lucro máximo?
(g) Em quanto poderia diminuir o lado direito na restrição número 2 antes que o lucro fosse afetado?

9-35 Um programa linear foi formulado e solucionado. O quadro simplex ótimo para ele é fornecido a seguir.

(a) Quais são os preços sombra para as três restrições? O que significa um preço sombra de zero? Como ele pode ocorrer?
(b) Em quanto poderia ser mudado o lado direito da primeira restrição sem mudar a solução mista (isto é, executar o LED intervalar para essa restrição)?
(c) Em quanto poderia ser mudado o lado direito da terceira restrição sem mudar a solução mista?

9-36 A Clapper Electronics produz dois modelos de aparelhos de secretárias eletrônicas, o modelo 102 (X_1) e o modelo H23 (X_2). Jim Clapper, vice-presidente da produção, formulou suas restrições da seguinte forma:

$2X_1 + 1X_2 \leq 40$ (horas de tempo disponível da máquina de soldar)

$1X_1 + 3X_2 \leq 30$ (horas de tempo disponível do departamento de inspeção)

A função objetivo de Clapper é:

Maximizar o lucro = $9X_1 + $7X_2$

Quadro para o Problema 9-35

C_j		$80	$120	$90	0	0	0	
↓	Solução	X_1	X_2	X_3	S_1	S_2	S_3	Quantidade
$120	X_2	−1,5	1	0	0,125	−0,75	0	37,5
$90	X_3	3,5	0	1	−0,125	1,25	0	12,5
0	S_3	−1,0	0	0	0	0,5	1	10,0
	Z_j	135	120	90	3,75	22,5	0	5.625
	$C_j − Z_j$	−55	0	0	−3,75	−22,5	0	

Solucionando o problema com o método simplex, ele produziu o quadro simplex final:

C_j		$9	$7	0	0	
	Solução	X_1	X_2	S_1	S_2	Quantidade
$9	X_1	1	0	0,6	−0,2	18
$7	X_2	0	1	−0,2	0,4	4
	Z_j	$9	$7	$4	$1	$190
	$C_j - Z_j$	$0	0	−4	−1	

(a) Qual é a mistura ótima dos modelos 102 e H23 que deve ser produzida?
(b) O que as variáveis S_1 e S_2 representam?
(c) Clapper está considerando alugar uma segunda máquina de soldar a um custo para a empresa de $2,50 por hora. Ele deve fazer isso?
(d) Clapper calcula que pode empregar um inspetor por meio turno por somente $1,75 por hora. Ele deve fazer isso?

9-37 Consulte a Tabela 9.6 na página 391, que é o quadro ótimo para o problema da empresa de móveis Flair.
(a) Quais são os valores dos preços sombra?
(b) Interprete o significado físico de cada preço sombra no contexto do problema dos móveis.
(c) Qual é o intervalo em que o lucro por mesa pode variar sem mudar a base ótima (solução mista)?
(d) Qual é o intervalo de otimalidade para C (número de cadeiras produzidas)?
(e) Quantas horas a empresa pode adicionar ou reduzir do primeiro recurso (tempo do departamento de pintura) sem mudar a base?
(f) Conduza um LED intervalar no recurso do departamento de marcenaria para determinar o intervalo em que o preço sombra permanece válido.

9-38 Considere a solução ótima para o problema da empresa química Muddy River na Tabela 9.10.
(a) Para cada um dos dois ingredientes químicos, fosfato e potássio, determine o intervalo em que seu custo pode variar afetando a base.
(b) Se a restrição original de "não mais do que 300 libras de fosfato podem ser usadas" ($X_1 \leq 300$) fosse mudada para $X_1 \leq 400$, a base mudaria? Os valores de X_1, X_2 e S_2 mudariam?

9-39 Formule o dual para este problema de PL:

Maximizar o lucro $= 80X_1 + 75X_2$

$$1X_1 + 3X_2 \leq 4$$
$$2X_1 + 5X_2 \leq 8$$

Encontre o dual do dual do problema.

9-40 Qual é o dual do seguinte problema de PL?

Primal: Minimizar o custo $= 120X_1 + 250X_2$

Sujeito a
$$12X_1 + 20X_2 \geq 50$$
$$X_1 + 3X_2 \geq 4$$

9-41 O terceiro, e final, quadro simplex para o problema de PL declarado aqui é:

Maximizar o lucro $= 200X_1 + 200X_2$

Sujeito a
$$2X_1 + X_2 \leq 8$$
$$X_1 + 3X_2 \leq 9$$

Quais são as soluções para as variáveis duais, U_1 e U_2? Qual é o custo dual ótimo?

C_j		$200	$200	0	0	
	Solução	X_1	X_2	S_1	S_2	Quantidade
$200	X_1	1	0	0,6	−0,2	3
$200	X_2	0	1	−0,2	0,4	2
	Z_j	$200	$200	$80	$40	$1000
	$C_j - Z_j$	$0	0	−80	−40	

9-42 O quadro que acompanha fornece a solução ótima para este dual:

Minimizar o custo $= 120U_1 + 240U_2$

Sujeito a
$$2U_1 + 2U_2 \geq 0,5$$
$$U_1 + 3U_2 \geq 0,4$$

Como fica o problema primal correspondente e qual é a sua solução ótima?

Quadro para o Problema 9-42

C_j		$80	$120	$90	0	0	0	
	Solução	U_1	U_2	S_1	S_2	A_1	A_2	Quantidade
$120	U_1	1	0	−0,75	0,5	0,75	−0,5	0,175
$240	U_2	0	1	0,25	−0,5	0,25	0,5	0,075
	Z_j	120	240	−$30	−$60	$30	0	$39
	$C_j - Z_j$	0	0	30	60	M − 60	0	

9-43 Dada a seguinte formulação dual, reconstrua o problema primal original:

Minimizar o custo $= 28U_1 + 53U_2 + 70U_3 + 18U_4$

Sujeito a
$$U_1 + U_4 \geq 10$$
$$U_1 + 2U_2 + U_3 \geq 5$$
$$- 2U_2 + 5U_4 \geq 31$$
$$5U_3 \geq 28$$
$$12U_1 + 2U_3 - U_4 \geq 17$$
$$U_1, U_2, U_3, U_4 \geq 0$$

9-44 Uma empresa que fabrica três produtos e tem três máquinas disponíveis como recursos constrói o seguinte problema de PL:

Maximizar o lucro $= 4X_1 + 4X_2 + 7X_3$

Sujeito a
$$1X_1 + 7X_2 + 4X_3 \leq 100 \text{ (horas na máquina 1)}$$
$$2X_1 + 1X_2 + 7X_3 \leq 110 \text{ (horas na máquina 2)}$$
$$8X_1 + 4X_2 + 1X_3 \leq 100 \text{ (horas na máquina 3)}$$

Solucione esse problema no computador e responda as seguintes perguntas:
(a) Antes da terceira iteração do método simplex, qual máquina ainda não usou o tempo disponível?
(b) Quando a solução final for alcançada, existe algum tempo não utilizado em qualquer das três máquinas?
(c) Valeria a pena para a empresa ter uma hora adicional de tempo disponível da terceira máquina?
(d) Em quanto aumentaria o lucro da empresa se 10 horas extras de tempo da segunda máquina estivessem disponíveis sem custo extra?

9-45 Analistas de gerenciamento no laboratório Fresno desenvolveram o seguinte problema primal de PL:

Minimizar o custo $= 23X_1 + 18X_2$

Sujeito a
$$8X_1 + 4X_2 \geq 120$$
$$4X_1 + 6X_2 \geq 115$$
$$9X_1 + 4X_2 \geq 116$$

Esse modelo representa uma decisão a respeito do número de horas gastas pelos bioquímicos em certos experimentos do laboratório (X_1) e o número de horas gastas pelos biofísicos nas mesmas séries dos experimentos (X_2). Um bioquímico custa \$23 por hora, enquanto um biofísico tem uma média de salário de \$18 por hora. Os dois tipos de cientistas podem ser usados em três operações necessárias do laboratório: teste 1, teste 2 e teste 3. Os experimentos e seus tempos são:

Experimento do laboratório	Tipo de cientista		Tempo mínimo de teste necessário por dia
	Biofísico	Bioquímico	
Teste 1	8	4	120
Teste 2	4	6	115
Teste 3	9	4	116

Isso significa que o biofísico pode completar 8, 4 e 9 testes dos testes 1, 2 e 3 por hora. Da mesma forma, o bioquímico pode executar 4 testes do teste 1, 6 testes do teste 2 e 4 testes do teste 3 por hora. A solução ótima para o problema primal do laboratório é:

$X_1 = 8,12$ horas e $X_2 = 13,75$ horas

Custo total $= \$434,37$ por dia

A solução ótima para o problema dual é:

$U_1 = 2,07, U_2 = 1,63, U_3 = 0$

(a) Qual é o dual para o problema primal?
(b) Interprete o significado do dual e sua solução.

9-46 Considere o Problema 9-45.
(a) Se ele for solucionado com o algoritmo simplex, quantas restrições e quantas variáveis (incluindo as variáveis de folga, excesso e artificiais) seriam usadas?
(b) Se o dual desse problema fosse formulado e solucionado com o algoritmo simplex, quantas restrições e quantas variáveis (incluindo as variáveis de folga, de excesso e artificiais) seriam usadas?
(c) Se o algoritmo simplex fosse usado, seria mais fácil solucionar o problema primal ou o problema dual?

9-47 A empresa de móveis Flair descrita no Capítulo 7, e novamente neste capítulo, manufatura mesas baratas (T) e cadeiras (C). A formulação diária de PL é dada como:

Maximizar lucros $= 70T + 50C$

Sujeito a
$$4T + 3C \leq 240 \text{ horas de tempo disponível de marcenaria}$$
$$2T + 1C \leq 100 \text{ horas de tempo disponível de pintura}$$

Além disso, a Flair acredita que três restrições a mais estão em ordem. Em primeiro lugar, cada mesa e cadeira devem ser inspecionadas e podem precisar de retrabalho. A restrição a seguir descreve o tempo médio necessário para cada uma:

$$0,5T + 0,6C \leq 36 \text{ horas de inspeção/tempo de retrabalho disponível}$$

Em segundo lugar, a Flair encara uma restrição de recurso relacionada à madeira necessária para cada mesa ou cadeira e a quantia disponível cada dia:

$32T + 10C \leq 1.248$ pés lineares de madeira disponíveis para a produção.

Finalmente, a demanda para mesas é de um máximo de 40 por dia. Não existem restrições semelhantes em relação às cadeiras.

$T \leq 40$ produção *máxima* de mesas por dia

Esses dados entraram no QM para Windows disponível neste livro. As entradas e os resultados estão mostrados nos gráficos que acompanham. Consulte as saídas do computador nos Programas 9.3A, 9.3B e 9.3C para responder a essas perguntas.

(a) Quantas mesas e cadeiras a empresa de móveis Flair deve produzir diariamente? Qual é o lucro gerado por essa solução?

(b) A Flair usará todos os seus recursos até seu limite diariamente? Seja específico na explicação de sua resposta.

(c) Explique o significado físico de cada preço sombra.

(d) A Flair deve comprar mais madeira se estiver disponível a $0,07 por pé linear? Ela deve contratar mais marceneiros a $12,75 a hora?

(e) O dono da Flair foi abordado por um amigo cuja empresa gostaria de usar várias horas no departamento de pintura todos os dias. A Flair deveria vender tempo para a outra empresa? Se sim, por quanto? Explique.

(f) Qual é o intervalo em que as horas da marcenaria, pintura e inspeção/retrabalho podem flutuar antes que a solução ótima mude?

PROGRAMA 9.3A
Dados de entrada para o QM para Windows do problema revisado da empresa de móveis Flair (Problema 9-47).

Móveis Flair Revisado

	Mesas	Cadeiras		RHS	Equation form
Maximize	70	50			Max 70Mesas + 50Cadeiras
Horas de Marcenaria	4	3	<=	240	4Mesas + 3Cadeiras <= 240
Horas de Pintura	2	1	<=	100	2Mesas + Cadeiras <= 100
Horas de Inspeção	,5	,6	<=	36	.5Mesas + .6Cadeiras <= 36
Madeira (pés lineares)	32	10	<=	1.248	32Mesas + 10Cadeiras <=
Demanda	1	0	<=	40	Mesas <= 40

PROGRAMA 9.3B
Resultados (quadro final) do problema da Flair (Problema 9-47).

Móveis Flair Revisado Solution

Cj	Basic Variables	70 Mesas	50 Cadeiras	0 slack 1	0 slack 2	0 slack 3	0 slack 4	0 slack 5	Quantity
Iteration 3									
0	slack 1	0	0	1	0	-3,9437	-0,0634	0	18,9296
0	slack 2	0	0	0	1	-0,8451	-0,0493	0	8,0563
50	Cadeiras	0	1	0	0	2,2535	-0,0352	0	37,1831
70	Mesas	1	0	0	0	-0,7042	0,0423	0	27,3803
0	slack 5	0	0	0	0	0,7042	-0,0423	1	12,6197
	zj	70	50	0	0	63,3803	1,1972	0	3.775,7746
	cj-zj	0	0	0	0	-63,3803	-1,1972	0	

PROGRAMA 9.3C
Análise de sensibilidade para o problema 9-47.

Móveis Flair Revisado Solution

Variable	Value	Reduced	Original Val	Lower Bound	Upper Bound
Mesas	27,3803	0	70	41,6667	160
Cadeiras	37,1831	0	50	21,875	84
Constraint	Dual Value	Slack/Surplus	Original Val	Lower Bound	Upper Bound
Horas de Marcenaria	0	18,9296	240	221,0704	Infinity
Horas de Pintura	0	8,0563	100	91,9437	Infinity
Horas de Inspeção	63,3803	0	36	19,5	40,8
Madeira (pés lineares)	1,1972	0	1.248	600	1.411,429
Demanda	0	12,6197	40	27,3803	Infinity

(g) Em que intervalo para a solução atual a contribuição do lucro das mesas e cadeiras pode mudar?

9-48 Um fabricante de equipamentos para escritório de Chicago tenta, desesperadamente, controlar sua declaração de lucro e perda. A empresa atualmente fabrica 15 produtos diferentes, cada um codificado com uma designação de uma letra e três dígitos.
(a) Quantos dos 15 produtos devem ser produzidos a cada mês?
(b) Um número de trabalhadores interessados em economizar dinheiro para os feriados se ofereceu para trabalhar horas extras no próximo mês por um valor de $12,50 por hora. Qual deve ser a resposta do gerente?
(d) Duas toneladas de ligas de aço estão disponíveis de um fornecedor com excesso de estoque por um custo total de $8000. O aço deve ser comprado? Todo o suprimento ou parte dele?
(e) Os contadores descobriram que um erro foi cometido na contribuição para o lucro do produto N150. O valor correto é, na verdade, $8,88. Quais são as implicações desse erro?
(f) A gerência considera abandonar cinco linhas de produtos (aqueles que iniciam com a letra A até E). Se nenhuma demanda mínima mensal for estabelecida, quais são as implicações? Observe que já não existe uma demanda mínima para dois desses produtos. Use o valor corrigido para N150.

Produto	Liga de aço necessária (LB)	Plástico necessário (SQ FT)	Madeira necessária (BD FT)	Alumínio necessário (LB)	Fórmica necessária (BD FT)	Trabalho necessário (horas)	Demanda mínima mensal (unidades)	Contribuição para o lucro
A158	–	0,4	0,7	5,8	10,9	3,1	–	$18,79
B179	4	0,5	1,8	10,3	2,0	1,0	20	6,31
C023	6	–	1,5	1,1	2,3	1,2	10	8,19
D045	10	0,4	2,0	–	–	4,8	10	45,88
E388	12	1,2	1,2	8,1	4,9	5,5	–	63,00
F422	–	1,4	1,5	7,1	10,0	0,8	20	4,10
G366	10	1,4	7,0	6,2	11,1	9,1	10	81,15
H600	5	1,0	5,0	7,3	12,4	4,8	20	50,06
I701	1	0,4	–	10,0	5,2	1,9	50	12,79
J802	1	0,3	–	11,0	6,1	1,4	20	15,88
K900	–	0,2	–	12,5	7,7	1,0	20	17,91
L901	2	1,8	1,5	13,1	5,0	5,1	10	49,99
M050	–	2,7	5,0	–	2,1	3,1	20	24,00
N150	10	1,1	5,8	–	–	7,7	10	88,88
P259	10	–	6,2	15,0	1,0	6,6	10	77,01
Disponibilidade mensal	980	400	600	2500	1800	1000		

PROBLEMAS EXTRAS NA INTERNET

Veja em **www.bookman.com.br** os problemas adicionais 9-49 a 9-53 (em inglês).

BIBLIOGRAFIA

Veja a Bibliografia no final do Capítulo 7.

CAPÍTULO **10**

Modelos de Transporte e Atribuição

OBJETIVOS DE APRENDIZAGEM

Depois de ler este capítulo, os alunos serão capazes de:

1. Estruturar problemas especiais de PL utilizando os modelos de transporte e atribuição
2. Utilizar os métodos de vértice noroeste, VAM, MODI e do degrau (*stepping stone*)
3. Resolver problemas de localização de instalações e outras aplicações com modelos de transporte
4. Resolver problemas de alocação ou atribuição com o método húngaro (redução matricial)

VISÃO GERAL DO CAPÍTULO

10.1 Introdução
10.2 Estabelecendo o problema de transporte
10.3 Desenvolvendo uma solução inicial: regra do vértice noroeste
10.4 O método do degrau (stepping-stone): encontrando a solução de menor custo
10.5 O método MODI
10.6 O método de aproximação de Vogel: outra forma de encontrar uma solução inicial
10.7 Problemas de transporte não balanceados
10.8 Degeneração em problemas de transporte
10.9 Mais do que uma solução ótima
10.10 Problemas de transporte de maximização
10.11 Rotas inaceitáveis ou proibidas
10.12 Análise de localização de instalações
10.13 Abordagem do modelo de atribuição
10.14 Problemas de atribuição desbalanceados
10.15 Maximização de problemas de atribuição

Resumo • Glossário • Equações-chave • Problemas resolvidos • Autoteste • Questões para discussão e problemas • Problemas extras na Internet • Estudo de caso: Andrew-Carter, Inc. • Estudo de caso: Old Oregon Wood Store • Estudos de caso na Internet • Bibliografia

Apêndice 10.1: Usando o QM para Windows
Apêndice 10.2: Comparação entre os algoritmos simplex e do transporte

10.1 INTRODUÇÃO

Neste capítulo, analisaremos dois modelos especiais de programação linear (PL). Em virtude da estrutura desses modelos – denominados modelos do transporte e da atribuição – eles podem ser resolvidos por meio de procedimentos computacionais mais eficientes do que o método simplex.

Tanto o problema do transporte quanto o da atribuição ou alocação são membros de uma categoria de técnicas de PL denominada *problemas de fluxo em redes*. As redes, descritas em detalhes no Capítulo 12, consistem em nodos (ou pontos) e arcos (ou linhas) que unem os nodos. Estradas, sistemas de telefonia e sistemas de distribuição de água de uma cidade são exemplos de redes.

Modelo de transporte

O primeiro modelo que examinaremos é o problema do transporte, que lida com a distribuição de bens de vários pontos de distribuição (fontes) a outros pontos de demanda (destinos). Normalmente, temos uma determinada capacidade de bens em cada fonte e uma dada necessidade de bens em cada destino. Um exemplo é apresentado na Figura 10.1. O objetivo de tal problema é programar envios (transporte) das fontes até os destinos de modo que o total transportado e os custos de produção sejam minimizados.

Modelos de transporte também podem ser utilizados quando uma empresa quer decidir onde localizar uma nova instalação. Antes de abrir um novo depósito, fábrica ou escritório de vendas, é recomendável considerar os vários locais possíveis. Boas decisões financeiras a respeito da localização de instalações também tentam minimizar o total transportado e os custos de produção de todo o sistema.

Modelos de atribuição

O problema da atribuição ou alocação refere-se a uma classe de problemas de PL que envolvem a determinação da alocação mais eficiente de pessoas a projetos, vendedores a regiões, contratos a licitantes, tarefas a máquinas e assim por diante. O objetivo mais comum é minimizar o custo total ou o tempo total de execução dos trabalhos. Uma característica importante dos problemas de atribuição é que apenas uma tarefa ou trabalhador é atribuído a uma máquina ou projeto.

Algoritmos de propósito especial

Os algoritmos específicos de transporte e alocação são mais eficientes do que o uso do método simplex de PL.

Os algoritmos de propósito especial de transporte e alocação são mais eficientes do que o uso do método simplex de PL. Embora a PL possa ser utilizada para resolver esse tipo de problema (como visto no Capítulo 8), algoritmos específicos mais eficientes foram desenvolvidos para aplicações de transporte e alocação. Como ocorre no algoritmo simplex, eles envolvem

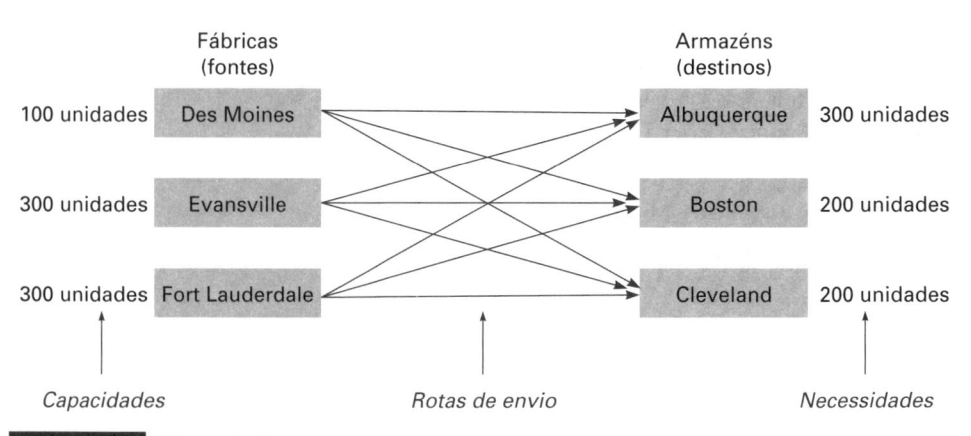

FIGURA 10.1 Exemplo de um problema de transporte no formato de rede.

HISTÓRIA — Como surgiram os métodos de transporte

O uso dos modelos de transporte para minimizar o custo de envio de várias fontes para diversos destinos foi proposto inicialmente em 1941. Esse estudo, denominado "The Distribution of a Product from Several Sources to Numerous Localities" ("A distribuição de um produto de várias fontes para diversas localidades"), foi escrito por F. L. Hitchcock. Seis anos depois, T. C. Koopmans apresentou a segunda maior contribuição para a área com um relatório intitulado "Optimum Utilization of the Transportation System" ("Utilização ótima de um sistema de transporte"). Em 1953, A. Charnes e W. W. Cooper desenvolveram o método do degrau (*stepping-stone*), um algoritmo discutido em detalhes neste capítulo. O método da Distribuição Modificada (MODI)*, uma abordagem computacional mais rápida, surgiu em 1955.

* N. de T.: Optou-se por manter a sigla em inglês MODI, que significa *Modified-Distribution*.

---

encontrar uma solução inicial, testar essa solução para ver se ela é ótima e então desenvolver uma melhor. O processo continua até que uma solução ótima seja encontrada. Diferentemente do método simplex, os métodos do transporte e alocação são bastante simples em termos de cálculos.

Versões modernas do algoritmo simplex são importantes por dois motivos:

1. Os seus tempos computacionais são geralmente 100 vezes mais rápidos do que o algoritmo simplex.
2. Elas exigem menos memória dos computadores (e, dessa forma, permitem que problemas maiores sejam resolvidos).

Na primeira metade deste capítulo, vamos analisar a composição de um problema típico de transporte. Explicaremos duas técnicas comuns para determinar soluções iniciais: o método do vértice noroeste e o método da aproximação de Vogel. Depois que a solução inicial é determinada, ela deve ser avaliada tanto pelo método *stepping-stone* quanto pelo método de distribuição modificada (MODI), que serão apresentados. Complicações comuns, como quando a demanda não é exatamente igual à oferta e o caso da solução degenerada, também ser examinadas.

Na segunda metade do capítulo, introduziremos o procedimento para solucionar problemas de alocação ou atribuição, denominado método húngaro, técnica de Flood ou método da matriz reduzida.

10.2 ESTABELECENDO O PROBLEMA DE TRANSPORTE

Começaremos com um exemplo que trata da empresa de móveis Executivo, que fabrica mesas de escritório em três locais: Des Moines, Evansville e Fort Lauderdale. A empresa distribui as mesas por meio de armazéns regionais localizados em Albuquerque, Boston e Cleveland (veja a Figura 10.2). Uma estimativa da capacidade de produção mensal de cada fábrica e uma estimativa do número de mesas que são necessárias a cada mês em cada um dos três armazéns está na Figura 10.1.

A empresa verificou que os custos de produção por mesa são os mesmos em cada fábrica e, assim, os únicos custos relevantes são aqueles de envio de cada uma das fontes para cada destino. Esses custos estão apresentados na Tabela 10.1. Assume-se que eles sejam constantes independentemente do volume transportado[1]. O problema de transporte pode ser agora descrito *como selecionar a rota de envio a ser utilizada e o número de mesas enviadas em cada rota de forma a minimizar o custo total de transporte.* Isso, é claro, deve ser feito respeitando-se as restrições sobre as capacidades de cada fábrica e as necessidades dos armazéns.

O primeiro passo, nessa etapa, é determinar um *quadro de transporte* cujo propósito é resumir de modo conciso e conveniente todos os dados relevantes a fim de manter os cálculos

Nosso objetivo é selecionar as rotas de envio e o número de unidades enviadas de modo a minimizar o custo total do transporte.

O quadro do transporte é uma forma conveniente de resumir todos os dados.

---

[1] As outras suposições válidas para problemas de PL (veja o Capítulo 7) também são aplicáveis aos problemas de transporte.

FIGURA 10.2 Localização geográfica das fábricas e armazéns da Executivo.

realizados (nesse aspecto, ele desempenha o mesmo papel que o quadro simplex nos problemas de PL). Utilizando a informação para a empresa de móveis Executivo apresentada na Figura 10.1 e na Tabela 10.1, construímos o quadro do transporte e nomeamos seus vários componentes na Tabela 10.2.

Vemos na Tabela 10.2 que a produção total das fábricas é exatamente igual à demanda dos armazéns. Quando essa situação de igualdade entre produção e demanda ocorre (algo pouco comum na vida real), diz-se que existe um *problema balanceado*. Mais adiante, veremos como lidar com problemas desbalanceados, ou seja, aqueles em que as necessidades nos destinos são maiores do que as capacidades das origens.

Tem-se uma oferta e uma demanda balanceadas quando o total da demanda é igual ao total da oferta.

10.3 DESENVOLVENDO UMA SOLUÇÃO INICIAL: REGRA DO VÉRTICE NOROESTE

Quando os dados forem arranjados na forma tabular, devemos determinar uma solução inicial viável para o problema. Um procedimento sistemático, conhecido como *regra do vértice noroeste,* requer que comecemos na última célula superior esquerda (ou vértice noroeste) da tabela para alocar unidades às rotas de envio da seguinte forma:

1. Esgotar todo o estoque (capacidade da fábrica) em cada linha antes de descer para a próxima linha.

TABELA 10.1 Custos de transporte por mesa para a empresa de móveis Executivo

De \ Para	Albuquerque	Boston	Cleveland
Des Moines	$5	$4	$3
Evansville	$8	$4	$3
Fort Lauderdale	$9	$7	$5

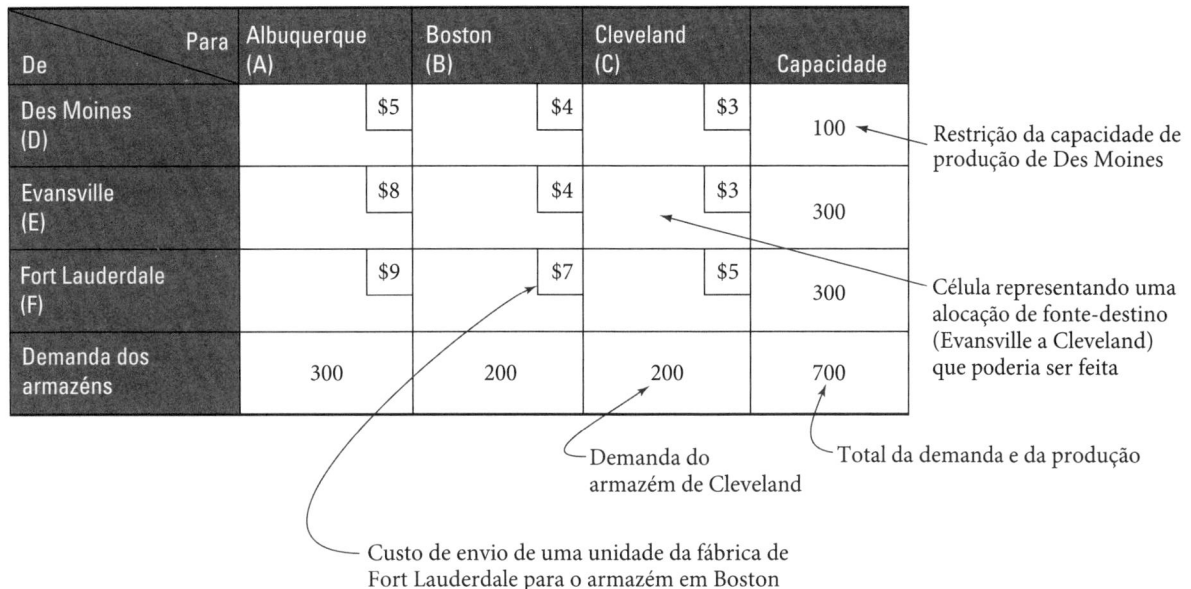

TABELA 10.2 Tabela de transporte da empresa de móveis Executivo

De \ Para	Albuquerque (A)	Boston (B)	Cleveland (C)	Capacidade
Des Moines (D)	$5	$4	$3	100
Evansville (E)	$8	$4	$3	300
Fort Lauderdale (F)	$9	$7	$5	300
Demanda dos armazéns	300	200	200	700

- Restrição da capacidade de produção de Des Moines
- Célula representando uma alocação de fonte-destino (Evansville a Cleveland) que poderia ser feita
- Demanda do armazém de Cleveland
- Total da demanda e da produção
- Custo de envio de uma unidade da fábrica de Fort Lauderdale para o armazém em Boston

2. Esgotar as demandas (armazéns) de cada coluna antes de se movimentar para a próxima coluna (à direita).
3. Verificar se todas as produções e demandas foram satisfeitas.

Podemos utilizar agora a regra do vértice noroeste a fim de encontrar uma solução inicial viável para o problema da empresa de móveis Executivo mostrada na Tabela 10.2.

Neste exemplo, é necessário cinco etapas para fazer as atribuições de envio iniciais (veja a Tabela 10.3):

1. Começando com o vértice superior direito, atribuímos 100 unidades de Des Moines para Albuquerque. Isso esgota a capacidade ou produção da fábrica de Des Moines. Mas ainda faltará 100 mesas no armazém de Albuquerque. Desça para a segunda linha na mesma coluna.

Eis uma explicação dos cinco passos necessários para fazer uma atribuição de envio inicial para a Móveis Executivo.

TABELA 10.3 Solução inicial para o problema da empresa de móveis Executivo utilizando o método do vértice noroeste

De \ Para	Albuquerque (A)	Boston (B)	Cleveland (C)	Capacidade
Des Moines (D)	100 $5	$4	$3	100
Evansville (E)	200 $8	100 $4	$3	300
Fort Lauderdale (F)	$9	(100) $7	200 $5	300
Demanda dos armazéns	300	200	200	700

Significa que a empresa está enviando 100 unidades pela rota Fort Lauderdade–Boston

2. Atribua 200 unidades de Evansville para Albuquerque. Isso satisfaz a demanda de Albuquerque que precisa de um total de 300 mesas. A fábrica de Evansville ainda tem uma sobra de 100 unidades, assim, vamos nos mover para a próxima coluna à direita na segunda linha.
3. Atribua 100 unidades de Evansville para Boston. A produção de Evansville está agora esgotada, mas o armazém de Boston ainda precisa de 100 unidades. Nesse ponto, nos movemos verticalmente para baixo na coluna de Boston até a próxima linha.
4. Atribua 100 unidades de Fort Lauderdale para Boston. Esse envio suprirá a demanda de Boston, que é de 200 unidades. A fábrica de Fort Lauderdale ainda tem 200 unidades disponíveis que ainda não foram enviadas.
5. Aloque 200 unidades de Fort Lauderdale para Cleveland. Esse movimento final supre a demanda de Cleveland e supre Fort Lauderdale. Isso sempre acontecerá com um problema balanceado. A programação de envio inicial agora está completa.

Podemos facilmente calcular o custo dessa alocação de envio.

Rota		Unidades enviadas	×	Custo por unidade ($)	=	Custo total ($)
De	Para					
D	A	100		5		500
E	A	200		8		1600
E	B	100		4		400
F	B	100		7		700
F	C	200		5		1000
						Total 4200

Uma solução viável é obtida quando todas as restrições de demanda e produção forem satisfeitas.

Uma solução viável é obtida quando todas as restrições de oferta e demanda forem satisfeitas. Essa solução é viável, pois a produção e a demanda estão satisfeitas. Ela também é fácil e rápida de obter. Contudo, teríamos muita sorte se essa solução fornecesse o custo ótimo para o problema do transporte, porque esse método de alocar cargas às rotas ignorou totalmente os custos de envio de cada uma das rotas.

Depois de a solução inicial ter sido encontrada, ela deve ser avaliada a fim de verificar se é ótima. Calculamos um índice de melhoria para cada célula vazia utilizando tanto o método *stepping-stone* quanto o MODI. Se isso indicar que uma solução melhor é possível, usamos o caminho *stepping-stone* para nos movermos dessa solução para soluções melhores até encontrarmos a solução ótima.

10.4 O MÉTODO DO DEGRAU (STEPPING-STONE): ENCONTRANDO A SOLUÇÃO DE MENOR CUSTO

O método do degrau (*stepping-stone*) é uma técnica iterativa para passar de uma solução inicial viável para uma solução viável ótima. Esse processo apresenta duas partes distintas. A primeira envolve testar a solução atual para verificar se é possível melhorá-la e a segunda parte envolve fazer alterações na solução atual de forma a obter uma solução melhor. Esse processo continua até que uma solução ótima seja obtida.

Para que o método do degrau seja aplicado a um problema de transporte, uma regra sobre o número de rotas utilizadas deve ser observada: o *número de rotas ocupadas (ou células na tabela) deve ser sempre igual ao número de linhas mais o número de colunas menos um*. No problema da empresa de móveis Executivo, isso significa que a solução inicial deve ter 3 + 3 − 1 = 5 células utilizadas. Assim:

Rotas de envio ocupadas (células) = número de linhas + número de colunas − 1

$$5 = 3 + 3 - 1$$

MODELAGEM NO MUNDO REAL	**A abordagem do transporte movimenta areia no aeroporto de Brisbane**
Definir o problema	Muitos grandes projetos de construção, como o da expansão do Aeroporto Internacional de Brisbane, na Austrália, requerem o transporte de cascalho, pedra, areia e outros materiais de um local a outro. Em Brisbane, a areia próxima à área da baía foi movida para várias partes do aeroporto e utilizada como enchimento. Antigamente, engenheiros civis em geral utilizavam seu próprio bom senso na decisão de como transportar tais materiais das áreas de escavação para o destino final.
Desenvolver o modelo	Para resolver esse problema de transporte comum, um modelo matemático denominado algoritmo OKA (*out-of-kilter*) foi escolhido. A análise precisou de apenas três pessoas/semana de consultoria.
Obter os dados de entrada	As entradas do modelo foi o custo/distância do transporte entre cada local-fonte possível e cada destino e os limites máximos e mínimos da quantidade de areia que precisaria ser movimentada ao longo das rotas.
Desenvolver a solução	O OKA determinou o plano de transporte da areia de menor custo dos 26 locais-fonte para os 35 locais de destino. Ele também programou a movimentação mês a mês.
Testar a solução	Um teste-piloto no aeroporto (utilizando cinco fontes e nove destinos) foi utilizado para provar que o modelo seria capaz de economizar tempo e dinheiro.
Analisar os resultados	A análise forneceu um mecanismo para alterar a solução encontrada se a quantidade de areia na fonte fosse diferente da esperada.
Implementar os resultados	Foi estimado primeiramente que 2,5 milhões de metros cúbicos de areia precisariam ser movimentados. O modelo de transporte resultou em uma movimentação de apenas 1,8 milhão de metros cúbicos, proporcionando uma economia de $802000, ou 27% do total do orçamento de transporte para o projeto.

Fonte: Baseado em LAWRENCE, M. PERRY, C. Earthmoving on Construction Project. *Interfaces.* v. 14, n. 1, March-April, 1984, p. 84–6.

Quando o número de rotas ocupadas é menor que isso, a solução inicial é dita *degenerada*. Mais adiante, falaremos sobre o que fazer se o número de células (quadrados) usado é menor do que o número de linhas mais o número de colunas menos um.

Testando a solução para possíveis melhorias

Como o método do degrau funciona? A abordagem utilizada é avaliar o custo-eficácia do envio de mercadorias por rotas de transporte que não estão atualmente na solução. Cada rota não utilizada (ou quadrado) no quadro de transporte é testada com a seguinte pergunta: "O que aconteceria com o custo total de envio se uma unidade de nosso produto (no nosso exemplo, uma mesa de escritório) fosse enviada por um caminho não utilizado?".

O método do degrau envolve o teste de cada rota não utilizada a fim de verificar se o envio de uma unidade nessa rota irá aumentar ou diminuir o custo total.

O teste de cada quadrado não utilizado é executado utilizando estas cinco etapas:

Cinco etapas para avaliar quadrados não utilizados com o método do degrau

1. Selecione um quadrado não utilizado para ser avaliado.
2. Começando nesse quadrado, trace um caminho fechado de volta ao quadrado original via quadrados que estão sendo atualmente utilizados e se deslocando apenas com movimentos horizontais e verticais.
3. Iniciando com um símbolo de adição (+) no quadrado não utilizado, coloque sinais alternados de menos (-) e mais em cada canto dos quadrados do caminho fechado recém-traçado.
4. Calcule o *índice de melhoria* pela adição do custo unitário encontrado em cada quadrado contendo um símbolo de mais e depois subtraia o custo unitário de cada quadrado contendo um símbolo de menos.
5. Repita os passos 1 a 4 até que um índice de melhoria tenha sido calculado para todos os quadrados não utilizados. Se todos os índices obtidos são maiores ou iguais a zero, uma solução ótima foi encontrada. Se não, é possível melhorar a solução atual diminuindo o custo total de transporte.

Note que cada linha e cada coluna terão duas alterações ou nenhuma.

Para ver como o método do degrau funciona, vamos aplicar essas etapas aos dados da empresa de móveis Executivo na Tabela 10.3 a fim de avaliar as rotas de envio não utilizadas. As quatro rotas atualmente não utilizadas são: Des Moines a Boston, Des Moines a Cleveland, Evansville a Cleveland e Fort Lauderdale a Albuquerque.

Caminhos fechados são utilizados para determinar a alternância entre os sinais de mais e menos.

Etapas 1 e 2. Começando com a rota Des Moines-Boston, primeiro traçamos um caminho fechado utilizando apenas os quadrados ocupados atualmente (veja a Tabela 10.4) e depois colocamos sinais de mais e menos de forma alternada nos cantos desse caminho. Para indicar mais claramente o significado de um *caminho fechado*, vemos que somente quadrados atualmente utilizados para envio podem ser utilizados como cantos da rota sendo traçada. Desse modo, o caminho Des Moines-Boston a Des Moines-Albuquerque a Fort Lauderdale-Albuquerque a Fort Lauderdale-Boston a Des Moines-Boston não é aceitável, uma vez que o quadrado Fort Lauderdale-Albuquerque está atualmente vazio. Ocorre que *somente uma* rota é possível para cada quadrado que queremos testar.

Como atribuir os sinais de mais e menos.

Etapa 3. Como decidimos quais quadrados recebem os sinais de mais ou menos? A resposta é simples. Uma vez que estamos testando o custo-eficácia do caminho Des Moines-Boston, fazemos de conta que estamos enviando uma mesa de Des Moines a Boston. Isso representa uma unidade a mais que estamos enviando de uma cidade para outra, assim, colocamos o sinal de mais na caixa (quadrado). Mas se enviamos uma unidade a *mais* do que antes de Des Moines para Boston, acabamos enviando 101 mesas da fábrica de Des Moines.

A capacidade da fábrica é de somente 100 unidades, desse modo, devemos enviar uma mesa a menos de Des Moines para Albuquerque, sendo que essa alteração é feita para evitar a violação da restrição de capacidade da fábrica. Para indicar que o envio de Des Moines para Albuquerque foi reduzido, colocamos um sinal de menos na caixa. Prosseguindo no caminho fechado, notamos que não estamos mais satisfazendo a necessidade do armazém de Albuquerque de 300 unidades. De fato, se o envio de Des Moines-Albuquerque é reduzido para 99 unidades, a carga de Evansville-Albuquerque precisa aumentar em uma unidade, totalizando 201 mesas. Colocamos um sinal de mais nessa célula para indicar esse aumento. Finalmente, observamos que, se forem atribuídas 201 mesas à rota Evansville-Albuquerque, a rota Evansville-Boston deve ser reduzida de uma unidade para 99 mesas a fim de manter a restrição da capacidade da fábrica de Evansville de 300 unidades. Assim, um sinal de menos deve ser colocado na célula de Evansville-Boston. Observamos na Tabela 10.4 que todas as quatro rotas no caminho fechado estão equilibradas em termos de limitações de demanda e oferta.

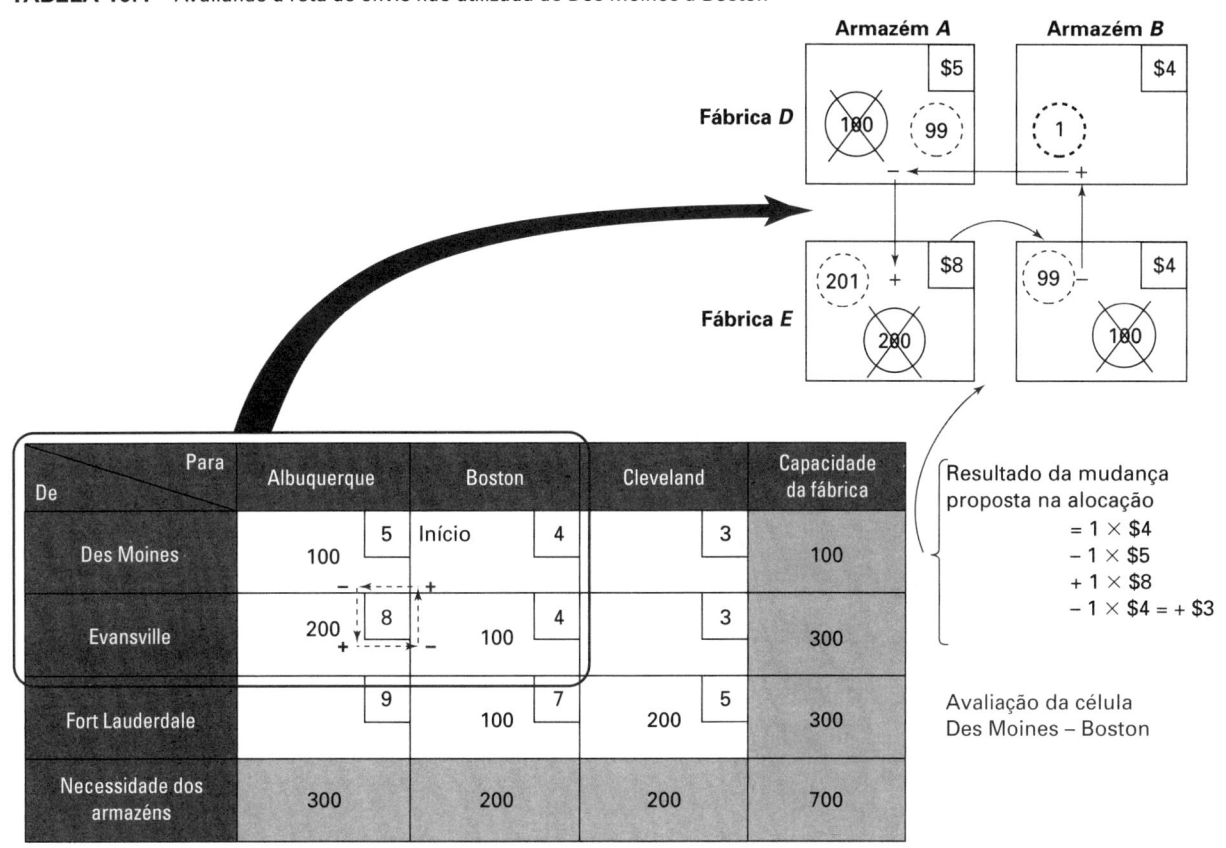

TABELA 10.4 Avaliando a rota de envio não utilizada de Des Moines a Boston

Para De	Albuquerque	Boston	Cleveland	Capacidade da fábrica
Des Moines	100 5	Início 4	3	100
Evansville	200 8	100 4	3	300
Fort Lauderdale	9	100 7	200 5	300
Necessidade dos armazéns	300	200	200	700

Resultado da mudança proposta na alocação
= 1 × $4
− 1 × $5
+ 1 × $8
− 1 × $4 = + $3

Avaliação da célula Des Moines – Boston

Etapa 4. Um *índice de melhoria* (I_{ij}) para a rota Des Moines-Boston é agora calculado somando os custos das células com o sinal de mais e subtraindo os custos das células com o sinal de menos. Assim:

Índice Des Moines-Boston = I_{DB} = +$4 − $5 + $8 − $4 = +$3

Isso significa que cada mesa enviada pela rota Des Moines-Boston aumentará o custo total de transporte em +$3 sobre o valor atual.

Etapa 5. Agora, vamos examinar a rota não utilizada Des Moines-Cleveland, que é ligeiramente mais difícil de traçar como um caminho fechado. Novamente, você notará que viramos apenas nos cantos que representam rotas existentes. O caminho pode cruzar a célula de Evansville-Cleveland, mas não pode virar ou colocar um sinal de + ou − ali. Somente uma célula ocupada pode ser utilizada como degrau (*stepping-stone*) (Tabela 10.5).

O caminho fechado que usaremos é +DC − DA + EA − EB + FB − FC:

O índice de melhoria da rota Des Moines-Cleveland = I_{DC}

= +$3 − $5 + $8 − $4 + $7 − $5

= +$4

Assim, abrir essa rota também não diminuirá o custo total de transporte.

O cálculo do índice de melhoria é feito pela soma dos custos das células com o sinal de mais subtraído dos custos das células com o sinal de menos. O valor I_{ij} é o índice de melhoria da rota da fonte i para o destino j.

Um caminho pode atravessar qualquer célula, mas pode virar somente em um quadro ou célula que está ocupado.

TABELA 10.5 Avaliando a rota de envio Des Moines-Cleveland (D-C)

De \ Para	(A) Albuquerque	(B) Boston	(C) Cleveland	Capacidade
(D) Des Moines	$5 — 100	$4	$3 Início +	100
(E) Evansville	$8 + 200	$4 — 100	$3	300
(F) Fort Lauderdale	$9 +	$7 100	$5 — 200	300
Demanda dos armazéns	300	200	200	700

As outras duas rotas podem ser avaliadas de maneira semelhante:

O índice de melhoria da rota Evansville-Cleveland = I_{EC}

$$= +\$3 - \$4 + \$7 - \$5$$

$$= +\$1$$

(Caminho fechado: +EC − EB + FB − FC)

O índice de melhoria da rota Fort Lauderdale-Albuquerque = I_{FA}

$$= +\$9 - \$7 + \$4 - \$8$$

$$= -\$2$$

(Caminho fechado: +FA − FB + EB − EA)

Em virtude desse índice de melhoria (I_{EA}) ser negativo, é possível economizar nos custos de transporte se utilizarmos a rota Fort Lauderdale-Albuquerque (que atualmente não está sendo usada).

Obtendo uma melhoria na solução

Para reduzir o custo total, selecionamos a rota com o índice negativo indicando a maior melhoria.

Cada índice negativo calculado pelo método do degrau (*stepping-stone*) representa a quantidade que pode ser reduzida no custo total de transporte se uma unidade do produto for enviada por aquela rota. Encontramos somente um índice negativo no problema da empresa de móveis Executivo, −$2 na rota entre a fábrica de Fort Lauderdale e o armazém de Albuquerque. No entanto, se existisse mais de um índice de melhoria negativo, nossa estratégia seria escolher a rota (célula não utilizada) com o valor negativo indicando a maior melhoria, isto é, o menor valor negativo.

O máximo que podemos enviar pela nova rota é encontrado pelo exame dos sinais de menos no caminho fechado. Selecionamos o menor valor encontrado nas células com o sinal de menos.

O próximo passo é enviar o maior número permitido de unidades (mesas, no nosso exemplo) por essa nova rota (Fort Lauderdale a Albuquerque). Qual é a quantidade máxima que pode ser enviada por essa rota mais econômica? A quantidade é encontrada analisando o caminho fechado de sinais de mais e menos e pela seleção do *menor valor* encontrado nas células contendo o *sinal de menos*. Para obter a nova solução, esse número é adicionado a todas as células do caminho fechado com o sinal de mais e subtraído de todas as células no caminho com o sinal de menos. As demais células permanecem inalteradas.

TABELA 10.6 Caminho do degrau (stepping-stone) utilizado para avaliar a rota F-A

De \ Para	A	B	C	Capacidade da fábrica
D	$5 100	$4	$3	100
E	$8 −200 ←	$4 +100	$3	300
F	$9 +	$7 −100	$5 200	300
Necessidade dos armazéns	300	200	200	700

Vejamos como esse processo pode auxiliar na solução do exemplo da empresa de móveis Executivo. Vamos repetir a tabela do transporte (Tabela 10.6) para o problema. Note que a rota do degrau (*stpping-stone*) de Fort Lauderdale a Albuquerque (*F-A*) está destacada. A quantidade máxima que pode ser enviada na nova rota aberta (*F-A*) é o menor valor encontrado nas células contendo o sinal de menos – nesse caso, 100 unidades. Por que 100 unidades? Uma vez que o custo total diminui em $2 por unidade enviada, sabemos que devemos enviar o número máximo possível de unidades. A Tabela 10.6 indica que cada unidade enviada pela rota *F-A* resulta em um aumento de uma unidade enviada de *E* para *B* e um decréscimo de uma unidade na quantidade enviada das rotas *F* para *B* (agora 100 unidades) e *E* para *A* (agora 200 unidades). Dessa forma, o máximo que podemos enviar pela rota *F-A* é 100. Isso resulta em nada enviar de *F* para *B*.

Alterar a rota de envio envolve adicionar as células do caminho fechado sinais de mais (+) e subtrair das células sinais de menos (−).

Adicionamos 100 unidades ao 0 sendo enviado pela rota *F-A*; depois, subtraímos 100 da rota *F-B*, deixando 0 nessa célula (mas ainda equilibrando o total da linha para *F*); então, somamos 100 para a rota *E-B*, atingindo 200, e, finalmente, subtraímos 100 da rota *E-A*, deixando 100 unidades enviadas. Note que os novos valores ainda produzem os totais corretos de linhas e colunas como o exigido. A nova solução é apresentada na Tabela 10.7.

O custo total de envio foi reduzido por (100 unidades) × ($2 economizado por unidade) = $200 e é agora $4000. Esse custo pode, é claro, também ser obtido pela multiplicação do custo de cada unidade enviada pelo número de unidades transportadas na rota, isto é, (100 × $5) + (100 × $8) + (200 × $4) + (100 × $9) + (200 × $5) = $4000.

TABELA 10.7 Segunda solução para o problema da empresa de móveis Executivo

De \ Para	A	B	C	Capacidade da fábrica
D	$5 100	$4	$3	100
E	$8 100	$4 200	$3	300
F	$9 100	$7	$5 200	300
Necessidade dos armazéns	300	200	200	700

A solução apresentada na Tabela 10.7 pode ou não ser ótima. Para determinar se é possível melhorá-la, retornamos às cinco primeiras etapas apresentadas anteriormente para testar cada célula que está sendo utilizada *agora*. Os quatro índices de melhoria – cada um representando uma rota de envio disponível – são:

Os índices de melhoria para cada uma das quatro rotas não utilizadas devem ser testados agora para ver se algum é negativo.

D para $B = I_{DB} = +\$4 - \$5 + \$8 - \$4 = +\$3$

(Caminho fechado: $+DB - DA + EA - EB$)

D para $C = I_{DC} = +\$3 - \$5 + \$9 - \$5 = +\$2$

(Caminho fechado: $+DC - DA + FA - FC$)

E para $C = I_{EC} = +\$3 - \$8 + \$9 - \$5 = -\$1$

(Caminho fechado: $+EC - EA + FA - FC$)

F para $B = I_{FB} = +\$7 - \$4 + \$8 - \$9 = +\$2$

(Caminho fechado: $+FB - EB + EA - FA$)

Dessa forma, uma melhoria poderá ser obtida pelo envio do máximo de unidades permitido de E para C (veja a Tabela 10.8). Somente as células E-A e F-C tem o sinal de menos no caminho fechado; como o menor valor nessas duas células é 100, somamos 100 unidades a E-C e F-A e subtraímos 100 unidades de E-A e F-C. O novo custo para essa terceira solução é \$3900,00, calculado na seguinte tabela:

O custo da terceira solução

Rota		Unidades enviadas	×	Custo por unidade ($)	=	Custo total ($)
De	Para					
D	A	100		5		500
E	B	200		4		800
E	C	100		3		300
F	A	200		9		1800
F	C	100		5		500
						Total 3900

A Tabela 10.9 contém a alocação ótima de envio porque cada índice de melhoria que pode ser calculado nesse ponto é maior ou igual a zero, como mostrado nas equações a seguir. Os índices de melhoria para a tabela são:

TABELA 10.8 Caminho para avaliar a rota E-C

De \ Para	A	B	C	Capacidade da fábrica
D	$5 100	$4	$3	100
E	$8 100 −	$4 200	$3 Início +	300
F	$9 100 +	$7	$5 200 −	300
Necessidade dos armazéns	300	200	200	700

TABELA 10.9 Terceira solução e ótima

De \ Para	A	B	C	Capacidade da fábrica
D	$5 100	$4	$3	100
E	$8	$4 200	$3 100	300
F	$9 200	$7	$5 100	300
Necessidade dos armazéns	300	200	200	700

$$D \text{ para } B = I_{DB} = +\$4 - \$5 + \$9 - \$5 + \$3 - \$4 = \underline{+\$2}$$

(Caminho: +DB − DA + FA − FC + EC − EB)

$$D \text{ para } C = I_{DC} = +\$3 - \$5 + \$9 - \$5 = \underline{+\$2}$$

(Caminho: +DC − DA + FA − FC)

$$E \text{ para } A = I_{EA} = +\$8 - \$9 + \$5 - \$3 = \underline{+\$1}$$

(Caminho: +EA − FA + FC − EC)

$$F \text{ para } B = I_{FB} = +\$7 - \$5 + \$3 - \$4 = \underline{+\$1}$$

(Caminho: +FB − FC + EC − EB)

Como todos esses índices de melhoria são maiores ou igual a zero, encontramos uma solução ótima.

A parte mais difícil na resolução de problemas desse tipo é identificar cada caminho degrau (*stepping-stone*) a fim de calcularmos os índices de melhoria. Na Seção 10.5, apresentamos uma maneira mais fácil de avaliar células vazias em problemas de transporte – especialmente aqueles com muitas fontes e destinos –, o método MODI. Também demonstramos outra forma de desenvolver uma solução inicial para o problema de transporte: o método de aproximação de Vogel. Antes de investigar esses métodos, vamos resumir as etapas do algoritmo do transporte.

Resumo das etapas do algoritmo do transporte (minimização)

1. Determine uma tabela de transporte balanceada.
2. Determine uma solução inicial utilizando o método do vértice noroeste ou o da aproximação de Vogel.
3. Calcule o índice de melhoria para cada célula vazia utilizando o método do degrau (*stepping stone*) ou o método MODI. Se os índices de melhoria são todos não negativos, pare: a solução ótima foi encontrada. Se qualquer índice é negativo, siga para a Etapa 4.
4. Selecione a célula com o índice de melhoria indicando o maior decréscimo no custo. Preencha essa célula utilizando o caminho do degrau (*stepping-stone*) e siga para a Etapa 3.

O algoritmo do transporte tem quatro etapas básicas.

Utilizando o Excel QM para resolver problemas de transporte O módulo de transporte do Excel QM utiliza o suplemento Solver da planilha a fim de encontrar a solução ótima para problemas de transportes como o da empresa de móveis Executivo. O Programa 10.1A ilustra os dados de entrada e as fórmulas do custo total. Para encontrar uma solução ótima, precisamos abrir o menu Ferramentas, clicar em Solver e selecionar Resolver. A saída é apresentada no Programa 10.1B.

448 Análise Quantitativa para Administração

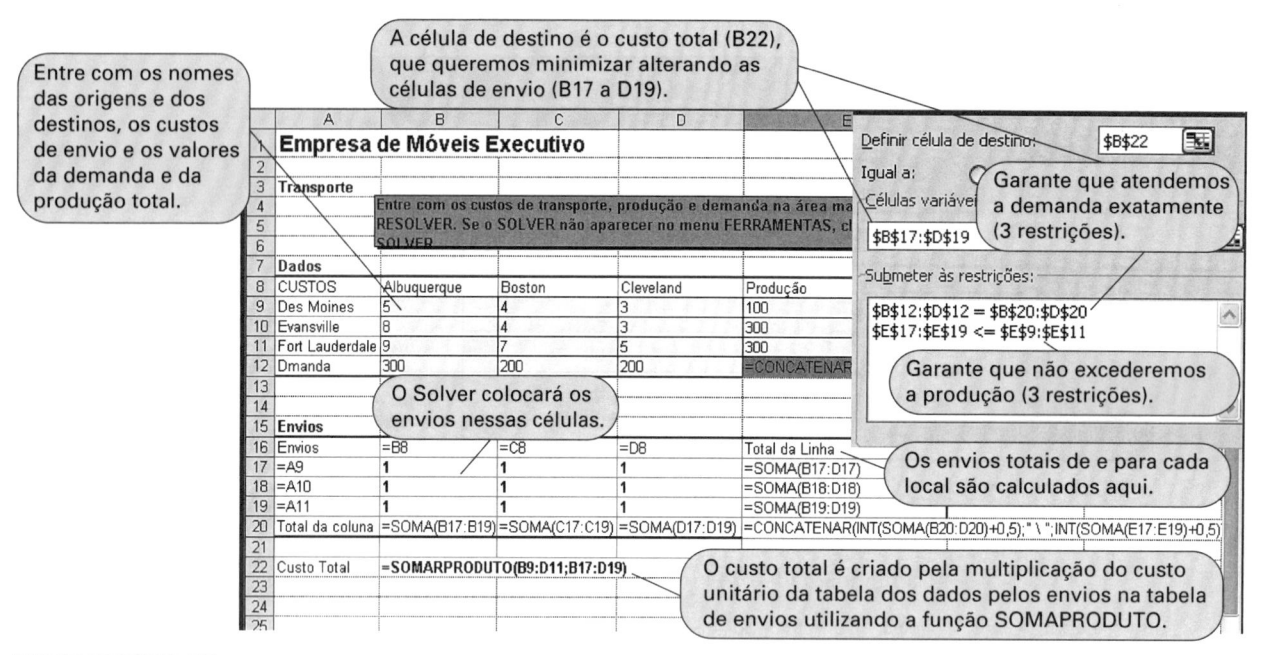

Entre com os nomes das origens e dos destinos, os custos de envio e os valores da demanda e da produção total.

A célula de destino é o custo total (B22), que queremos minimizar alterando as células de envio (B17 a D19).

	A	B	C	D	E
1	Empresa de Móveis Executivo				
2					
3	Transporte				
4		Entre com os custos de transporte, produção e demanda na área ma			
5		RESOLVER. Se o SOLVER não aparecer no menu FERRAMENTAS, cl			
6		SOLVER			
7	Dados				
8	CUSTOS	Albuquerque	Boston	Cleveland	Produção
9	Des Moines	5	4	3	100
10	Evansville	8	4	3	300
11	Fort Lauderdale	9	7	5	300
12	Dmanda	300	200	200	=CONCATENAR
13					
14					
15	Envios				
16	Envios	=B8	=C8	=D8	Total da Linha
17	=A9	1	1	1	=SOMA(B17:D17)
18	=A10	1	1	1	=SOMA(B18:D18)
19	=A11	1	1	1	=SOMA(B19:D19)
20	Total da coluna	=SOMA(B17:B19)	=SOMA(C17:C19)	=SOMA(D17:D19)	=CONCATENAR(INT(SOMA(B20:D20)+0,5);" \ ";INT(SOMA(E17:E19)+0,5)
21					
22	Custo Total	=SOMARPRODUTO(B9:D11;B17:D19)			

Definir célula de destino: $B$22
Igual a:
Células variáveis:
$B$17:$D$19
Submeter às restrições:
$B$12:$D$12 = $B$20:$D$20
$E$17:$E$19 <= $E$9:$E$11

Garante que atendemos a demanda exatamente (3 restrições).

Garante que não excederemos a produção (3 restrições).

O Solver colocará os envios nessas células.

Os envios totais de e para cada local são calculados aqui.

O custo total é criado pela multiplicação do custo unitário da tabela dos dados pelos envios na tabela de envios utilizando a função SOMAPRODUTO.

PROGRAMA 10.1A Tela de entrada do Excel QM e fórmulas utilizando dados da empresa de móveis Executivo.

PROGRAMA 10.1B
Saída do Excel QM com a solução ótima para o problema da Executivo.

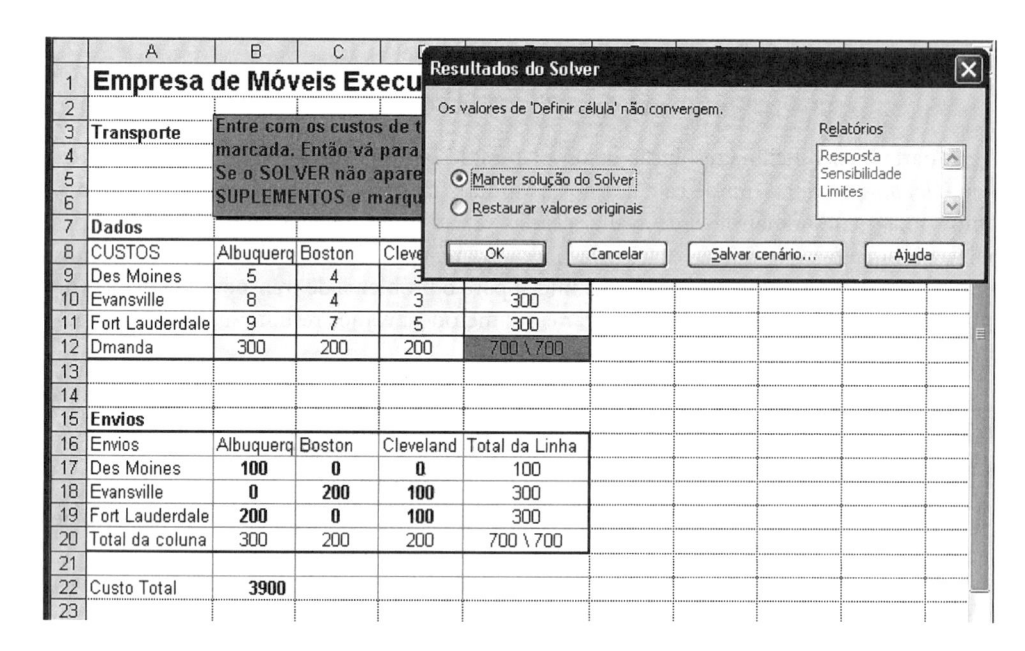

	A	B	C	D	E
1	Empresa de Móveis Executivo				
2					
3	Transporte	Entre com os custos de t			
4		marcada. Então vá para			
5		Se o SOLVER não apare			
6		SUPLEMENTOS e marqu			
7	Dados				
8	CUSTOS	Albuquerq	Boston	Cleve	
9	Des Moines	5	4	3	
10	Evansville	8	4	3	300
11	Fort Lauderdale	9	7	5	300
12	Dmanda	300	200	200	700 \ 700
13					
14					
15	Envios				
16	Envios	Albuquerq	Boston	Cleveland	Total da Linha
17	Des Moines	100	0	0	100
18	Evansville	0	200	100	300
19	Fort Lauderdale	200	0	100	300
20	Total da coluna	300	200	200	700 \ 700
21					
22	Custo Total	3900			

Resultados do Solver
Os valores de 'Definir célula' não convergem.
● Manter solução do Solver
○ Restaurar valores originais
Relatórios: Resposta, Sensibilidade, Limites
OK Cancelar Salvar cenário... Ajuda

10.5 O MÉTODO MODI

O método MODI (*modified distribution*) possibilita o cálculo dos índices de melhoria rapidamente para cada célula não utilizada sem a necessidade de determinar todos os caminhos fechados. Em virtude disso, ele frequentemente proporciona uma considerável economia de tempo quando comparado ao método do degrau (*stepping-stone*) na resolução de problemas de transporte.

O MODI tem algumas vantagens sobre o método do degrau (stepping-stone).

Como utilizar a abordagem MODI

Na aplicação do método MODI, começamos com uma solução inicial obtida pela utilização da regra do vértice noroeste.[2] Mas agora devemos calcular um valor para cada linha (chame esses valores de R_1, R_2 e R_3, se existirem três linhas) e um para cada coluna (K_1, K_2 e K_3) no quadro do transporte. Em geral, denominamos:

R_i = valor atribuído para a linha *i*;

K_j = valor atribuído à coluna *j*;

C_{ij} = custo na célula *ij* (custo do envio da fonte *i* para o destino *j*).

O método MODI requer cinco etapas:

Cinco etapas do método MODI para testar células não utilizadas

1. Calcule os valores para cada linha e coluna, calculando:

$$R_i + K_j = C_{ij} \qquad (10\text{-}1)$$

mas *somente para aquelas células que são atualmente usadas ou estão ocupadas*. Por exemplo, se a célula na interseção da linha 2 com a coluna 1 está ocupada, calculamos $R_2 + K_1 = C_{21}$

2. Depois de todas as equações terem sido escritas, calcule $R_1 = 0$.
3. Resolva o sistema de equações para todos os valores de *R* e *K*.
4. Calcule o *índice de melhoria* para cada célula não utilizada pela fórmula:

$$\text{Índice de melhoria } (I_{ij}) = C_{ij} - R_i - K_j \qquad (10\text{-}2)$$

5. Selecione o melhor índice negativo e prossiga resolvendo o problema como foi feito com o método do degrau (*stepping-stone*).

Eis as cinco etapas do método MODI.

---

[2] Note que qualquer solução inicial viável será obtida pela regra do vértice noroeste, pelo método de aproximação de Vogel ou por uma atribuição arbitrária.

EM AÇÃO Respondendo questões sobre depósitos na empresa San Miguel

A empresa San Miguel, localizada nas Filipinas, enfrenta problemas únicos de distribuição. Com mais de 300 produtos – incluindo cerveja, bebidas alcoólicas, sucos, água mineral, alimentos, aves e carne – para enviar a cada esquina do arquipélago das Filipinas, os custos de envio e de armazenagem representam uma grande parte do custo total dos produtos.

A empresa enfrenta as seguintes questões:

- Que produtos devem ser produzidos em cada fábrica e em qual depósito eles devem ser armazenados?
- Que depósitos (armazéns) devem ser mantidos e onde os novos devem ser localizados?
- Quando um depósito deve ser aberto ou fechado?
- Que centros de demanda cada depósito deve atender?

Utilizando um modelo de transporte de PL, a San Miguel é capaz de responder essas perguntas. A empresa utiliza dois tipos de depósitos: próprios e com pessoal da empresa; alugado, mas com pessoal da empresa; e contratados (totalmente gerenciado por terceiros).

O departamento de pesquisa operacional da San Miguel calculou que a empresa economizou $7,5 milhões anuais com a configuração ótima de depósitos para cerveja em relação à configuração nacional existente. Além disso, uma análise da armazenagem de sorvete e de outros produtos congelados indicou que uma configuração ótima de depósitos, comparada à existente, produziria uma economia de $2,17 milhões.

Fonte: Com base em DEL ROSARIO. Logistical Nightmare. OR/MS Today (April 1999): 44-46.

Resolvendo o problema da empresa de móveis Executivo com o MODI

Vamos aplicar essas regras ao problema da empresa de móveis Executivo. A solução inicial pelo método do vértice noroeste é repetida na Tabela 10.10. O MODI será utilizado para calcular um índice de melhoria da para cada célula não utilizada. Note que a única alteração na tabela do transporte é que as bordas foram rotuladas com R_is (linhas) e K_js (colunas).

Primeiro determinamos uma equação para cada célula ocupada:

Resolvendo para os valores R e K.

(1) $R_1 + K_1 = 5$

(2) $R_2 + K_1 = 8$

(3) $R_2 + K_2 = 4$

(4) $R_3 + K_2 = 7$

(5) $R_3 + K_3 = 5$

TABELA 10.10 Solução inicial para o problema da Executivo no formato MODI

R_i	K_j De \ Para	K_1 Albuquerque	K_2 Boston	K_3 Cleveland	Capacidade da fábrica
R_1	Des Moines	$5 / 100	$4	$3	100
R_2	Evansville	$8 / 200	$4 / 100	$3	300
R_3	Fort Lauderdade	$9	$7 / 100	$5 / 200	300
	Necessidade dos armazéns	300	200	200	700

Calculando $R_1 = 0$, podemos resolver facilmente, passo a passo, para K_1, R_2, K_2, R_3 e K_3:

(1) $R_1 + K_1 = 5$
$\quad\;\; 0 + K_1 = 5 \quad K_1 = 5$

(2) $R_2 + K_1 = 8$
$\quad\;\; R_2 + 5 = 8 \quad R_2 = 3$

(3) $R_2 + K_2 = 4$
$\quad\;\;\; 3 + K_2 = 4 \quad K_2 = 1$

(4) $R_3 + K_2 = 7$
$\quad\;\; R_3 + 1 = 7 \quad R_3 = 6$

(5) $R_3 + K_3 = 5$
$\quad\;\;\; 6 + K_3 = 5 \quad K_3 = -1$

Observe que esses valores R e K não serão sempre positivos; é comum ocorrerem valores nulos ou negativos. Além disso, após resolver para Rs e Ks em alguns poucos problemas práticos, você pode perceber que os cálculos podem ser feitos de cabeça sem a necessidade de escrever as equações.

O próximo passo é calcular os índices de melhoria para cada célula não utilizada. Novamente, a fórmula utilizada é:

$$\text{Índice de melhoria } (I_{ij}) = C_{ij} - R_i - K_j$$

Temos:

Índice de Des Moines a Boston $\qquad I_{DB} = C_{12} - R_1 - K_2 = 4 - 0 - 1$
$\qquad\qquad\qquad\qquad\qquad\qquad\qquad\qquad\;\; = +\$3.$

Índice de Des Moines a Cleveland $\qquad I_{DC} = C_{13} - R_1 - K_3 = 3 - 0 - (-1)$
$\qquad\qquad\qquad\qquad\qquad\qquad\qquad\qquad\;\; = +\$4.$

Índice de Evansville a Cleveland $\qquad I_{EC} = C_{23} - R_2 - K_3 = 3 - 3 - (-1)$
$\qquad\qquad\qquad\qquad\qquad\qquad\qquad\qquad\;\; = +\$1.$

Índice de Fort Lauderdale a Albuquerque $\quad I_{FA} = C_{31} - R_3 - K_1 = 9 - 6 - 5$
$\qquad\qquad\qquad\qquad\qquad\qquad\qquad\qquad\;\; = -\$2.$

Estes são os mesmos índices calculados pelo método stepping-stone, mas agora é necessário determinar apenas um caminho fechado.

Note que esses índices são exatamente os mesmos obtidos com a abordagem do degrau (*stepping-stone*) (veja as Tabelas 10.4 e 10.5). Como um dos índices é negativo, a solução atual não é ótima. Mas agora é necessário determinar apenas um caminho fechado, Fort Lauderdale a Albuquerque, a fim de seguir os procedimentos de solução do método do degrau (*stepping-stone*).

Para sua conveniência, os passos que seguiremos a fim de determinar uma solução melhor depois que a obtenção dos índices de melhoria foram determinados são expostos brevemente:

Para melhorar a solução, seguimos estes quatro passos.

1. Comece com a célula com o melhor índice de melhoria (Fort Lauderdale a Albuquerque), trace um caminho fechado (um caminho degrau) de volta à célula original pelas células que são atualmente utilizadas.

2. Inicie com um sinal de mais (+) na célula não utilizada, coloque sinais de menos (-) e sinais de mais de forma alternada em cada célula de canto do caminho fechado recém-traçado.

3. Selecione a menor quantidade encontrada naquelas células contendo os sinais de menos. *Some* esse número a todas as células no caminho fechado com o sinal de mais e *subtraia* desse número o valor de todas as células com o sinal de menos.
4. Calcule novos índices de melhoria para essa nova solução utilizando o método MODI. Note que os novos valores R_i e K_j devem ser calculados.

Seguindo esse procedimento, a segunda e a terceira solução para a empresa de móveis Executivo podem ser encontradas. Na forma tabular, os resultados dos seus cálculos pelo MODI serão idênticos às Tabelas 10.7 (segunda solução utilizando o método do degrau) e 10.9 (solução ótima). Com cada nova solução MODI, devemos recalcular os valores R e K. Esses valores são então utilizados para calcular os novos índices de melhoria de forma a determinar se é possível uma redução nos próximos custos de envio.

10.6 O MÉTODO DE APROXIMAÇÃO DE VOGEL: OUTRA FORMA DE ENCONTRAR UMA SOLUÇÃO INICIAL

Além do método do vértice noroeste de encontrar uma solução inicial para o problema do transporte, abordaremos outra técnica importante – *o método de aproximação de Vogel* (VAM). O VAM não é tão simples quanto a abordagem do vértice noroeste, mas torna mais fácil encontrar uma boa solução inicial – frequentemente a solução *ótima*.

O método de aproximação de Vogel lida com o problema de encontrar uma boa solução inicial levando em conta os custos associados a cada rota alternativa. Isso é algo que o método do vértice noroeste não faz. Para aplicar o VAM, primeiro calculamos para cada linha e coluna a penalização enfrentada se fizéssemos o transporte pela *segunda melhor rota* em vez de pela rota do *menor custo*.

As seis etapas envolvidas na determinação da solução VAM inicial são ilustradas com os dados da empresa Executivo (começamos com o mesmo *layout* mostrado na Tabela 10.2).

Essas são as seis etapas do VAM.

Etapa 1. Para cada linha e coluna da tabela do transporte, encontre a diferença entre os dois custos de envio unitários. Esses números representam a diferença entre o custo de distribuição na *melhor* rota na linha ou coluna e a *segunda melhor* rota na linha ou coluna (isso é o *custo de oportunidade* de não utilizar a melhor rota).

A Etapa 1 foi feita na Tabela 10.11. Os números na parte de cima das colunas e à direita das linhas representam essas diferenças. Por exemplo, na linha E os três custos de transporte são $8, $4 e $3. Os dois menores custos são $4 e $3. Portanto, a diferença é $1.

Etapa 2. Identifique a linha ou coluna com o maior custo de oportunidade ou diferença. No caso da Tabela 10.11, a linha ou coluna selecionada é a coluna A, com uma diferença de 3.

As atribuições no VAM são baseadas nos custos da penalização.

Etapa 3. Atribua o maior número possível de unidades à célula com o menor custo da linha ou coluna selecionada.

A Etapa 3 foi feita na Tabela 10.12. Sob a coluna *A*, a rota de menor custo é *D-A* (com um custo de $5) e 100 unidades foram atribuídas a essa célula. Não foi atribuído mais a essa célula porque, se isso fosse feito, a disponibilidade de *D* seria ultrapassada.

Etapa 4. Elimine qualquer linha ou coluna que tenha sido completamente satisfeita pelas atribuições recém-realizadas. Isso pode ser feito pela colocação de um × na célula apropriada.

A Etapa 4 foi feita na linha *D* da Tabela 10.12. Nenhuma atribuição futura será feita nas rotas *D-B* e *D-C*.

TABELA 10.11 Tabela de transporte com a apresentação da diferença entre linhas e colunas VAM

De \ Para	Albuquerque A	Boston B	Cleveland C	Total disponível	Custos de oportunidade
	3	0	0		
Des Moines D	5	4	3	100	1
Evansville E	8	4	3	300	1
Fort Lauderdale F	9	7	5	300	2
Total necessário	300	200	200	700	

Etapa 5. Recalcule a diferença de custos para a tabela do transporte omitindo as linhas e colunas eliminadas na etapa anterior.

Isso também está na Tabela 10.12, bem como cada alteração nas diferenças A, B e C. A linha D foi eliminada e as diferenças E e F permanecem as mesmas da Tabela 10.11.

Etapa 6. Retorne à Etapa 2 para as linhas e colunas restantes e repita as etapas até que uma solução inicial viável tenha sido obtida.

No nosso caso, a coluna B apresenta agora a maior diferença, que é 3. Atribuímos 200 unidades à célula com o menor custo na coluna B que não foi riscada, que é a E-B. Uma vez que agora a necessidade de B foi satisfeita, colocamos um X na célula F-B para eliminá-la. As diferenças são calculadas novamente. Esse processo é resumido na Tabela 10.13.

A maior diferença agora está na linha E. Assim, devemos atribuir tantas unidades quanto possível à célula de menor custo na linha E, ou seja, E-C com um custo de $3. A alocação

TABELA 10.12 Atribuição VAM com as necessidade de D satisfeitas

De \ Para	A	B	C	Total disponível	Custos de oportunidade
	~~1~~	~~0~~ 3	~~0~~ 2		
D	5 / 100	4 / X	3 / X	100	1
E	8	4	3	300	1
F	9	7	5	300	2
Total necessário	300	200	200	700	

TABELA 10.13 Segunda atribuição VAM com as necessidades de B satisfeitas

De \ Para	A (̶3̶ 1)	B (̶∅̶ 3)	C (̶∅̶ 2)	Total disponível	Custos de oportunidade
D	5 / 100	4 / X	3 / X	100	̶1̶
E	8 /	4 / 200	3 /	300	̶X̶5
F	9 /	7 / X	5 /	300	̶2̶4
Total necessário	300	200	200	700	

máxima de 100 unidades esgota a disponibilidade restante em E. Assim, a célula E-A pode ser riscada. Isso está ilustrado na Tabela 10.14.

As duas atribuições finais, em F-A e F-C, podem ser feitas pela análise das restrições de fornecimento (nas linhas) e demanda (nas colunas). Vemos que uma atribuição de 200 unidades para F-A e 100 unidades para F-C completa a tabela (veja a Tabela 10.15).

O custo dessa atribuição VAM = (100 unidades × \$5) + (200 unidades × \$4) + (100 unidades × \$3) + (200 unidades × \$9) + (100 unidades × \$5) = \$3900.

Depois de essa solução inicial ter sido encontrada, você deve avaliá-la com o método do degrau (*stepping-stone*) ou com o MODI. Nesse exemplo, os índices de melhorias mostrarão que a solução inicial encontrada pelo método de aproximação de Vogel é a solução ótima para o problema de transporte da empresa de móveis Executivo. Embora a solução inicial da aproximação de Vogel não seja sempre a solução ótima, ela é, em geral, uma solução com um custo menor do que a obtida pelo método do vértice noroeste. Assim, embora exija mais cálculos para obter a solução inicial, o método VAM tende a minimizar o número total de cálculos necessários para chegar à solução ótima.

O método VAM pode encontrar a solução ótima com sua solução inicial, gerando menos cálculos do que as demais técnicas.

TABELA 10.14 Terceira atribuição VAM com as necessidades de E satisfeitas

De \ Para	A	B	C	Total disponível
D	5 / 100	4 / X	3 / X	100
E	8 / X	4 / 200	3 / 100	300
F	9 /	7 / X	5 /	300
Total necessário	300	200	200	700

TABELA 10.15 Atribuição final para balancear as necessidades de linhas e colunas

De \ Para	A	B	C	Total disponível
D	5 100	4 X	3 X	100
E	8 X	4 200	3 100	300
F	9 200	7 X	5 100	300
Total necessário	300	200	200	700

10.7 PROBLEMAS DE TRANSPORTE NÃO BALANCEADOS

Uma situação que ocorre com frequência em problemas reais é quando a demanda total não é igual ao total produzido. Esses *problemas não balanceados* podem ser manejados com facilidade pelos procedimentos utilizados anteriormente se primeiro introduzirmos *fontes auxiliares ou fictícias* ou *destinos auxiliares ou fictícios*. Na situação em que o total produzido é maior do que a demanda total, um destino fictício (armazém ou depósito), com demanda exatamente igual ao excesso, é criado. Se a demanda total é maior do que o total produzido, introduzimos uma fonte fictícia (fábrica) com uma produção igual ao excesso de demanda sobre a produção. Em qualquer caso, coeficientes de custo de envio iguais a zero são atribuídos a cada local fictício ou rota porque, de fato, nenhum envio será feito de uma fábrica fictícia ou para um depósito fictício. Qualquer unidade adicionada a um destino fictício representa um excesso de capacidade, e unidades atribuídas a fontes fictícias representam demandas não satisfeitas.

Fontes ou destinos fictícios são utilizados para balancear problemas em que a demanda não é igual à oferta.

Demanda menor do que a oferta

Considerando o problema original da empresa de móveis Executivo, suponha que a fábrica de Des Moines aumenta sua taxa de produção para 250 mesas (a capacidade dessa fábrica era de 100 unidades por período de produção). A empresa agora é capaz de suprir uma demanda total de 850 mesas por período. A necessidade de depósitos, contudo, permanece a mesma (em 700 mesas), assim, os totais de linhas e colunas não estão balanceados.

Para balancear esse tipo de problema, simplesmente adicionamos uma coluna auxiliar (fictícia) que representará uma necessidade falsa de depósito de 150 mesas. Isso é de algum modo semelhante à adição de uma variável de folga na solução de um problema de PL. Da mesma forma que foi atribuído um valor de zero dólares às variáveis na função objetivo do PPL, os custos de envio para esse depósito (armazém) fictício são todos configurados como zero.

A regra do vértice noroeste é utilizada mais uma vez, na Tabela 10.16, para encontrar uma solução inicial para o problema modificado da empresa de móveis Executivo. Para completar essa tarefa e encontrar uma solução ótima, você pode usar tanto o método do degrau (*stepping-stone*) ou o método MODI.

Note que as 150 unidades de Fort Lauderdale para o depósito fictício representam 150 unidades que *não* são despachadas de Fort Lauderdale.

TABELA 10.16 Solução inicial para um problema desbalanceado em que a demanda é menor do que a oferta

De \ Para	Albuquerque (A)	Boston (B)	Cleveland (C)	Depósito fictício	Capacidade da fábrica
Des Moines (D)	5 250	4	3	0	250
Evansville (E)	8 50	4 200	3 50	0	300
Fort Lauderdale (F)	9	7	5 150	0 150	300
Necessidade dos armazéns	300	200	200	150	850

← Capacidade de Des Moines

Custo total = 250($5) + 50($8) + 200($4) + 50($3) + 150($5) + 150($0) = $3350

Demanda maior do que a oferta

O segundo tipo de condição desbalanceada ocorre quando a demanda total é maior do que a oferta. Isso significa que os consumidores ou depósitos necessitam mais de um produto do que as fábricas da empresa podem fornecer. Nesse caso, precisamos adicionar uma linha fictícia (auxiliar) representando uma fábrica falsa.

A nova fábrica terá uma produção exatamente igual à diferença entre a demanda total e a produção real. Os custos de envio da fábrica fictícia para cada destino serão iguais a zero.

Vamos exemplificar esse problema para a empresa de aparelhos de som Happy Sound. A Happy Sound fabrica sistemas de áudio de alta-fidelidade em três fábricas e os distribui por meio de três depósitos (armazéns) regionais. A capacidade de produção de cada planta, a demanda em cada depósito e os custos unitários de envio são apresentados na Tabela 10.17.

Como podemos ver na Tabela 10.18, uma fábrica fictícia (auxiliar) adiciona uma linha extra, balanceando o problema e permitindo a aplicação da regra do vértice noroeste para encontrar a solução inicial mostrada. Essa solução inicial mostra 50 unidades sendo enviadas da planta fictícia para o depósito C. Isso significa que o depósito C terá 50 unidades a menos do que a sua necessidade. Em geral, qualquer unidade enviada de uma fonte fictícia representa uma demanda não atendida no respectivo destino.

TABELA 10.17 Tabela de transporte desbalanceada para a empresa Happy Sound

De \ Para	Depósito (A)	Depósito (B)	Depósito (C)	Capacidade da fábrica
Planta W	$6	$4	$9	200
Planta X	$10	$5	$8	175
Planta Y	$12	$7	$6	75
Demanda dos depósitos	250	100	150	450 / 500

Os totais não estão balanceados

TABELA 10.18 Solução inicial de um problema desbalanceado em que a demanda é maior do que a oferta

De \ Para	Depósito (A)	Depósito (B)	Depósito (C)	Capacidade da fábrica
Planta W	6 200	4	9	200
Planta X	10 50	5 100	8 25	175
Planta Y	12	7	6 75	75
Planta fictícia	0	0	0 50	50
Demanda dos depósitos	250	100	150	500

Custo total da solução inicial = 200($6) + 50($10) + 100($5) + 25($8) + 75($6) + 50($0) = $2850

10.8 DEGENERAÇÃO EM PROBLEMAS DE TRANSPORTE

Mencionamos brevemente esse assunto neste capítulo. A degeneração ocorre quando o número de células ocupadas ou rotas na solução de uma tabela de transporte é menor do que o número de linhas mais o número de colunas menos 1. Essa situação pode surgir na solução inicial ou em qualquer solução subsequente. A degeneração requer um procedimento especial para corrigir o problema. Sem um número suficiente de células ocupadas a fim de traçar um caminho fechado para cada rota não utilizada, é impossível aplicar o método do degrau (*stepping-stone*) ou calcular os valores R e K necessários na técnica MODI. Você deve lembrar que nenhum problema discutido até agora neste capítulo foi degenerado.

A degeneração ocorre quando o número de células ocupadas é menor do que o número de linhas mais o número de colunas menos um.

Para manejar problemas degenerados, criamos uma célula artificialmente ocupada – isto é, colocamos um zero (representando um falso envio) em uma das células não utilizadas e então tratamos essa célula como se ela estivesse ocupada. A célula escolhida deve estar em uma posição tal a permitir que *todos* os caminhos-degrau (*stepping-stone*) sejam fechados, embora exista alguma flexibilidade na seleção da célula que receberá o zero.

Degeneração em uma solução inicial

A degeneração pode ocorrer na aplicação da regra do vértice noroeste para encontrar uma solução inicial, como veremos no caso da empresa de despachos Martin. A Martin tem três depósitos, de onde ela supre a demanda de três grandes consumidores (lojas varejistas) em San Jose. Os custos de envio da Martin, a oferta nos depósitos e as demandas dos consumidores estão apresentadas na Tabela 10.19. Note que as origens desse problema são os depósitos e os destinos são as lojas de varejo. Atribuições de envio iniciais são feitas na tabela pela aplicação da regra do vértice noroeste.

Essa solução inicial é degenerada porque ela viola a regra de que o número de células utilizadas deve ser igual ao número de linhas mais o de colunas menos um (isto é, 3 + 3 − 1 = 5 é maior do que o número de células ocupadas). Nesse problema, especificamente, a degeneração ocorre porque tanto a necessidade da linha quanto a da coluna (linha 1 e coluna 1) são satisfeitas simultaneamente. Isso quebra o padrão dos degraus que normalmente vemos nas soluções do vértice noroeste.

Para corrigir o problema, colocamos um zero em uma célula não utilizada. Com o método do vértice noroeste, esse zero deve ser colocado em uma das células adjacentes à última célula preenchida para recompor o padrão dos degraus. Nesse caso, as células representando

TABELA 10.19 Solução inicial de um problema degenerado

Para De	Consumidor 1	Consumidor 2	Consumidor 3	Capacidade do depósito
Depósito 1	8 100	2	6	100
Depósito 2	10	9 100	9 20	120
Depósito 3	7	10	7 80	80
Demanda dos consumidores	100	100	100	300

tanto o caminho do depósito 1 para o consumidor 2 ou do depósito 2 para o consumidor 1 são adequadas. Se você tratar a nova célula que contém o zero como outra célula ocupada qualquer, então qualquer um dos métodos de solução poderá ser utilizado.

Degeneração durante estágios posteriores da solução

Um problema de transporte pode tornar-se degenerado após o estágio da solução inicial, se o preenchimento de uma célula vazia resultar no esvaziamento simultâneo de duas (ou mais) células ocupadas em vez de apenas uma. Tal problema ocorre quando duas ou mais células com o sinal de menos empatam em um caminho fechado na menor quantidade. Para corrigir esse problema, um zero deve ser colocado em uma (ou mais) das células previamente preenchidas de modo que somente uma dessas células fique vazia.

Exemplo da Pinturas Bagwell Após uma iteração do método do degrau (*stepping-stone*), analistas de custos da Pinturas Bagwell produziram a tabela de transporte mostrada na Tabela 10.20. A solução na Tabela 10.20 não é degenerada, mas também não é ótima. Os índices de melhoria para as células atualmente não utilizadas são:

Índice da Fábrica A – Depósito 2 = +2;

Índice da Fábrica A – Depósito 3 = +1;

Índice da Fábrica B – Depósito 3 = –15; ← *Somente rotas com índices negativos.*

Índice da Fábrica C – Depósito 2 = +11.

TABELA 10.20 Tabela de transporte da Pinturas Badwell

Para De	Depósito 1	Depósito 2	Depósito 3	Capacidade das fábricas
Fábrica 1	8 70	5	16	70
Fábrica 2	15 50	10 80	7	130
Fábrica 3	3 30	9	10 50	80
Necessidade dos depósitos	150	80	50	280

Custo total de envio = $2700

TABELA 10.21 Determinando um caminho fechado para a rota Fábrica B – Depósito 3

De \ Para	Depósito 1	Depósito 3
Fábrica B	50 — ←·········+ 15	7
Fábrica C	30 +·········→ 3	— 50 10

Assim, uma solução melhor pode ser obtida pela abertura da rota da fábrica B para o depósito 3. Vamos utilizar o procedimento do degrau a fim de encontrar a próxima solução para o problema da Pinturas Badwell. Começamos traçando um caminho fechado para a célula não utilizada representando a Fábrica *B*-Depósito 3. Isso é mostrado na Tabela 10.21, que é uma versão abreviada da Tabela 10.20 e contém somente as fábricas e os depósitos necessários para o caminho fechado.

A menor quantidade em uma célula contendo um sinal de menos é 50, assim, adicionamos 50 unidades às rotas da fábrica *B* ao depósito 3 e da fábrica *C* ao depósito 1 e subtraímos 50 unidades das duas células contendo os sinais de menos. Contudo, isso faz com que duas células anteriormente ocupadas tornem-se 0. Isso significa que não vão existir células ocupadas suficientes na nova solução e ela será degenerada. Portanto, teremos que colocar um zero artificialmente em uma das células previamente ocupadas (geralmente aquela com o menor custo de envio) para lidar com o problema da degeneração.

10.9 MAIS DO QUE UMA SOLUÇÃO ÓTIMA

Assim como ocorre com problemas de PL, um problema de transporte pode ter múltiplas soluções ótimas. Essa situação ocorre quando um ou mais dos índices de melhoria que calculamos para cada célula não utilizada é zero na solução ótima. Isso significa que é possível encontrar rotas de envio alternativas com o mesmo custo total. A solução ótima alternativa pode ser encontrada ao enviar o máximo pela célula não utilizada por meio do caminho do degrau (*stepping-stone*). Na prática, múltiplas soluções ótimas fornecem ao administrador uma grande flexibilidade na seleção e uso dos recursos.

Soluções múltiplas são possíveis quando um ou mais índices de melhoria nos estágios da solução ótima são iguais a zero.

10.10 PROBLEMAS DE TRANSPORTE DE MAXIMIZAÇÃO

Se o objetivo de um problema de transporte é maximizar o lucro, uma pequena alteração será necessária no algoritmo do transporte. Uma vez que o índice de melhoria para uma célula vazia indica como os valores da função objetivo mudarão se uma unidade é colocada naquela célula vazia, a solução ótima é alcançada quando todos os índices de melhoria forem negativos ou zero. Se algum índice for positivo, a célula com o maior índice de melhoria positivo é selecionada para ser preenchida com o caminho do degrau (*stepping-stone*). Essa nova solução é avaliada e o processo continua até que não existam mais índices de melhoria positivos.

A solução ótima para um problema de maximização é encontrada quando todos os índices de melhoria são negativos ou zero.

10.11 ROTAS INACEITÁVEIS OU PROIBIDAS

Às vezes, existem problemas de transporte em que uma das fontes é incapaz de enviar para um ou mais destinos. Quando isso ocorre, diz-se que o problema tem uma *rota inaceitável* ou *proibida*. Em um problema de minimização, a uma rota proibida é atribuído um custo muito

Um custo bastante alto é atribuído a uma rota proibida para prevenir que ela seja utilizada.

alto para prevenir que essa rota nunca seja utilizada na solução ótima. Depois da colocação desse alto custo na tabela do transporte, o problema é resolvido utilizando as técnicas discutidas previamente. Em um problema de maximização, o custo muito alto utilizado no problema de minimização muda de sinal e fica negativo, tornando-se um lucro ruim ou prejuízo. O procedimento descrito na Seção 10.10 é então utilizado.

10.12 ANÁLISE DE LOCALIZAÇÃO DE INSTALAÇÕES

O método do transporte é especialmente útil para auxiliar uma empresa a decidir onde localizar uma nova fábrica ou depósito. Um novo local é um assunto de grande importância financeira para uma empresa, portanto, várias alternativas de localização devem ser consideradas e avaliadas. Embora uma grande variedade de fatores subjetivos seja considerada, incluindo qualidade da mão de obra, presença de sindicatos, atitude e aparência da comunidade, infraestrutura e recursos educacionais e de lazer para os funcionários, a decisão final também envolve a minimização dos custos totais de transporte e de produção. Isso significa que cada localização alternativa de uma instalação deve ser analisada dentro de uma estrutura de um sistema *global* de distribuição. A nova localização que produzirá um custo mínimo para o todo o sistema será a recomendada. Vamos considerar o caso da empresa Hardgrave.

A localização de uma nova instalação dentro de um sistema de distribuição global é auxiliada pelo método do transporte.

Determinando a localização de uma nova fábrica para a Hardgrave

A Hardgrave produz componentes para computadores nas suas fábricas em Cincinnati, Salt Lake City e Pittsburgh. Essas plantas não estão conseguindo atender a demanda dos quatro depósitos em Detroit, Dallas, Nova York e Los Angeles. Como consequência, a empresa decidiu construir uma nova fábrica para expandir a sua capacidade produtiva. Os dois locais considerados são Seattle e Birmingham; as duas cidades são atrativas em termos de fornecimento de mão de obra, serviços municipais e facilidade de financiamento da fábrica.

A Tabela 10.22 apresenta os custos de produção e a necessidade de produtos para cada uma das três fábricas existentes, a demanda em cada um dos quatro depósitos e os custos estimados de produção de novas fábricas sendo projetadas. Os custos de transporte de cada planta para cada depósito estão resumidos na Tabela 10.23.

TABELA 10.22 Dados da demanda e produção da Hardgrave

Depósito	Demanda mensal (unidades)	Planta de produção	Produção mensal	Custo para produzir uma unidade
Detroit	10000	Cincinnati	15000	48
Dallas	12000	Salt Lake City	6000	50
Nova York	15000	Pittsburgh	14000	52
Los Angeles	9000		35000	
	46000			

Produção necessária para a nova fábrica = 46000 − 35000 = 11000 unidades mensais

Custo estimado de produção por unidade nas plantas propostas	
Seattle	$53
Birmingham	$49

TABELA 10.23 Custos de transporte da Hardgrave

Para De	Detroit	Dallas	Nova York	Los Angeles
Cincinnati	$25	$55	$40	$60
Salt Lake City	35	30	50	40
Pittsburgh	36	45	26	66
Seattle	60	38	65	27
Birmingham	35	30	41	50

A questão importante que a Hardgrave enfrenta agora é: qual dos dois novos locais fornecerá o menor custo para a empresa no conjunto das fábricas e depósitos existentes? Note que os custos de cada rota da fábrica para o depósito é encontrada pela adição dos custos de envio (no corpo da Tabela 10.23) ao respectivo custo unitário de produção (da Tabela 10.22). Assim, o custo total de produção mais o custo de transporte de um componente de computador de Cincinnati para Detroit é $73 ($25 de transporte mais $48 de produção).

Para determinar qual nova planta (Seattle ou Birmingham) apresentará o menor custo de produção e distribuição no sistema, resolvemos dois problemas de transporte – um para cada uma das duas possíveis combinações. As Tabelas 10.24 e 10.25 mostram as duas soluções ótimas resultantes com o custo total de cada uma. Parece que Seattle deve ser escolhida como o local da nova fábrica: o seu custo total de $3704000 é menor do que os $3741000 de Birmingham.

Resolvemos dois problemas de transporte para encontrar a nova planta com o menor custo no sistema.

Utilizando o Excel QM como um recurso de solução. Podemos utilizar o Excel QM para resolver cada um dos dois problemas da Hardgrave. O Programa 10.2A reflete a análise computacional para Birmingham. Como vimos neste capítulo, o módulo de transporte do Excel QM utiliza o Solver. A saída do problema aparece no Programa 10.2B

TABELA 10.24 Solução ótima da planta de Birmingham: o custo total da Hardgrave é $374100

Para De	Detroit	Dallas	Nova York	Los Angeles	Produção mensal
Cincinnati	73 10000	103	88 1000	108 4000	15000
Salt Lake City	85	80 1000	100	90 5000	6000
Pittsburgh	88	97	78 14000	118	14000
Birmingham	84	79 11000	90	99	11000
Demanda mensal	10000	12000	15000	9000	46000

TABELA 10.25 Solução ótima da planta de Seattle: o custo total da Hardgrave é $370400

De \ Para	Detroit	Dallas	Nova York	Los Angeles	Produção mensal
Cincinnati	73 10000	103 4000	88 1000	108	15000
Salt Lake City	85	80 6000	100	90	6000
Pittsburgh	88	97	78 14000	118	14000
Birmingham	113	91 2000	118	80 9000	11000
Demanda mensal	10000	12000	15000	9000	46000

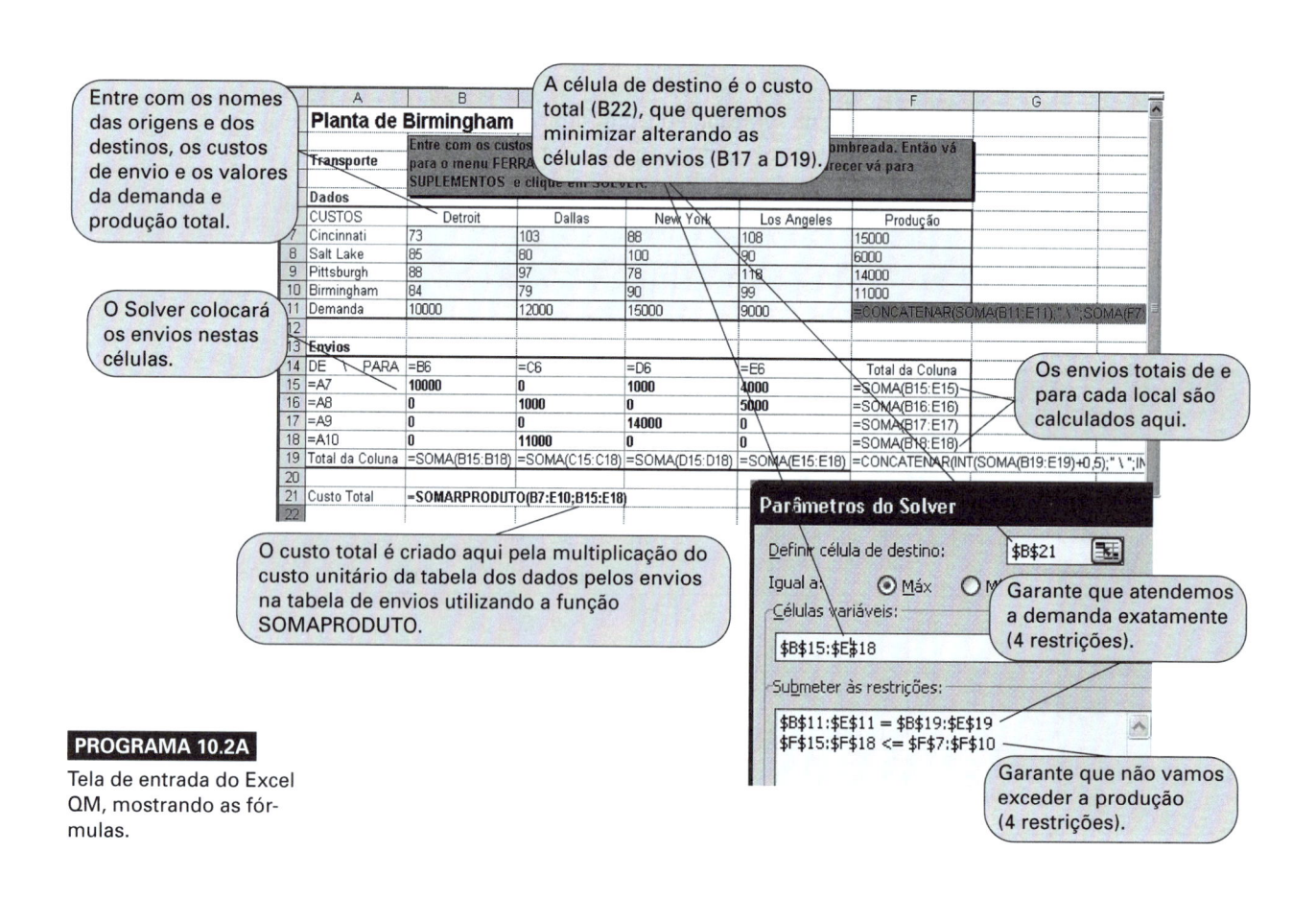

Entre com os nomes das origens e dos destinos, os custos de envio e os valores da demanda e produção total.

A célula de destino é o custo total (B22), que queremos minimizar alterando as células de envios (B17 a D19).

O Solver colocará os envios nestas células.

Os envios totais de e para cada local são calculados aqui.

O custo total é criado aqui pela multiplicação do custo unitário da tabela dos dados pelos envios na tabela de envios utilizando a função SOMAPRODUTO.

Garante que atendemos a demanda exatamente (4 restrições).

Garante que não vamos exceder a produção (4 restrições).

	A	B	C	D	E	F	G
1	Planta de Birmingham						
2							
3	Transporte						
4							
5	Dados						
6	CUSTOS	Detroit	Dallas	New York	Los Angeles	Produção	
7	Cincinnati	73	103	88	108	15000	
8	Salt Lake	85	80	100	90	6000	
9	Pittsburgh	88	97	78	118	14000	
10	Birmingham	84	79	90	99	11000	
11	Demanda	10000	12000	15000	9000	=CONCATENAR(SOMA(B11:E11);" \ ";SOMA(F7	
12							
13	Envios						
14	DE \ PARA	=B6	=C6	=D6	=E6	Total da Coluna	
15	=A7	10000	0	1000	4000	=SOMA(B15:E15)	
16	=A8	0	1000	0	5000	=SOMA(B16:E16)	
17	=A9	0	0	14000	0	=SOMA(B17:E17)	
18	=A10	0	11000	0	0	=SOMA(B18:E18)	
19	Total da Coluna	=SOMA(B15:B18)	=SOMA(C15:C18)	=SOMA(D15:D18)	=SOMA(E15:E18)	=CONCATENAR(INT(SOMA(B19:E19)+0,5);" \ ";IN	
20							
21	Custo Total	=SOMARPRODUTO(B7:E10;B15:E18)					
22							

Parâmetros do Solver

Definir célula de destino: $B$21

Igual a: ● Máx ○ Mín

Células variáveis: $B$15:$E$18

Submeter às restrições:
$B$11:$E$11 = $B$19:$E$19
$F$15:$F$18 <= $F$7:$F$10

PROGRAMA 10.2A
Tela de entrada do Excel QM, mostrando as fórmulas.

PROGRAMA 10.2B

Análise no Programa 10.2A da Saída do Excel QM com a solução ótima para o problema da Hardgrave para Birmingham.

	A	B	C	D	E	F
1	**Planta de Birmingham**					
2		Entre com os custos de transporte, prod				
3	Transporte	Então vá para o menu FERRAMENTAS				
4		aparecer vá para SUPLEMENTOS e cli				
5	Dados					
6	CUSTOS	Detroit	Dallas	New York	Los Angeles	Produção
7	Cincinnati	73	103	88	108	15000
8	Salt Lake	85	80	100	90	6000
9	Pittsburgh	88	97	78	118	14000
10	Birmingham	84	79	90	99	11000
11	Demanda	10000	12000	15000	9000	46000 \ 46000
12						
13	Envios					
14	DE \ PARA	Detroit	Dallas	New York	Los Angeles	Total da Coluna
15	Cincinnati	10000	0	1000	4000	15000
16	Salt Lake	0	1000	0	5000	6000
17	Pittsburgh	0	0	14000	0	14000
18	Birmingham	0	11000	0	0	11000
19	Total da Coluna	10000	12000	15000	9000	46000 \ 46000
20						
21	Custo Total	3741000				

10.13 ABORDAGEM DO MODELO DE ATRIBUIÇÃO

O segundo algoritmo de objetivo especial discutido neste capítulo é o método de atribuição. Cada problema de atribuição tem uma tabela ou matriz associada a ele. Geralmente, as linhas contêm os objetos ou pessoas que queremos alocar, e nas colunas estão as tarefas ou coisas que desejamos atribuir. Os números na tabela são os custos associados a cada atribuição específica.

Um problema de atribuição pode ser visto como um problema de transporte em que a capacidade de cada fonte (ou pessoa a ser alocada) é um e a demanda em cada destino (ou trabalho a ser feito) também é um. Tal formulação pode ser resolvida com a utilização do algoritmo do transporte, mas ele apresentará um problema grave de degeneração. Contudo, esse tipo de problema é muito fácil de resolver com o método da atribuição.

Como exemplo do método da atribuição, vamos considerar o caso da oficina Fix-It, que acabou de receber novos aparelhos para serem consertados com urgência: (1) um rádio, (2) um forno elétrico e (3) uma cafeteira. Três técnicos, cada um com talento e habilidades específicas, estão disponíveis para realizar os consertos. O dono da Fix-It estima os custos salariais associados para atribuir a cada técnico cada uma das tarefas (aparelhos a serem consertados). Os custos, apresentados na Tabela 10.26, diferem porque o dono acredita que cada trabalhador irá diferir em tempo de conserto e habilidade para realizar esse leque variado de serviços.

O objetivo do proprietário é atribuir essas três tarefas aos técnicos de uma maneira que resulte no menor custo total para a oficina. Note que tal atribuição de pessoas às tarefas deve

O objetivo é atribuir projetos a pessoas (um projeto para uma pessoa) de modo que o custo total seja mínimo.

TABELA 10.26 Custos estimados de reparo de projetos para o problema de atribuição da oficina Fix-It

Pessoa	Projeto		
	1	2	3
Adams	$11	$14	$6
Brown	8	10	11
Cooper	9	12	7

TABELA 10.27 Resumo das alternativas de atribuição e custos da oficina Fix-It

Atribuição dos projetos				
1	2	3	Custos do trabalho ($)	Custos totais ($)
Adams	Brown	Cooper	11 + 10 + 7	28
Adams	Cooper	Brown	11 + 12 + 11	34
Brown	Adams	Cooper	8 + 14 + 7	29
Brown	Cooper	Adams	8 + 12 + 6	26
Cooper	Adams	Brown	9 + 14 + 11	34
Cooper	Brown	Adams	9 + 10 + 6Y	25

Uma forma de resolver um problema pequeno é enumerar todas as alternativas possíveis.

ser na base de um para um; cada trabalho será atribuído a um único trabalhador. Portanto, o número de linhas deve ser sempre igual ao número de colunas em uma tabela de custos do problema.

Como o problema da oficina Fix-It consiste em somente três trabalhadores e três produtos, uma forma fácil de determinar a solução é listar todas as possíveis atribuições e seus respectivos custos. Por exemplo, se o técnico Adam deve consertar o aparelho 1, Brown, o 2, e Cooper, o 3, o custo total será $11 + $10 + $7 = $28. A Tabela 10.27 resume as seis opções de atribuições. A tabela também mostra que a solução de menor custo é atribuir o conserto do aparelho 1 ao técnico Cooper, do aparelho 2 ao Brown e do aparelho 3 ao Adams, com um custo total de $25.

A redução matricial reduz a tabela para um conjunto de custos de oportunidade. Esses custos mostram as desvantagens de não escolher a atribuição do menor custo (ou a melhor).

Obter a solução por enumeração funciona para pequenos problemas, mas torna-se ineficiente com problemas maiores. Por exemplo, um problema envolvendo a atribuição de quatro trabalhadores a quatro tarefas requer que sejam considerados 4! (=4 × 3 × 2 × 1), ou 24 alternativas. Um problema com oito trabalhadores e oito tarefas, que nem é muito grande em uma situação real, precisa de 8! (= 8 × 7 × 6 × 5 × 4 × 3 × 2 × 1), ou 40320 possíveis soluções! Como é claramente impraticável comparar tantas alternativas, um método de resolução mais eficiente torna-se necessário.

O método húngaro (técnica de Flood)

O *método húngaro* de atribuição é um meio eficiente de encontrar uma solução ótima sem precisar fazer uma comparação direta de cada opção. Ele opera sobre o princípio da *redução matricial*, o que significa que somar ou subtrair valores apropriados na matriz ou tabela de custos possibilita reduzir o problema a uma matriz de *custos de oportunidade*. Os custos de oportunidade mostram as desvantagens relativas associadas à atribuição de *qualquer* pessoa a uma tarefa em vez de fazer a *melhor* atribuição, ou a de menor custo. Queremos fazer atribuições de forma que o custo de oportunidade da atribuição seja zero. O método húngaro indicará quando é possível fazer tais atribuições.

Existem basicamente três etapas no método[3]:

As três etapas do método da atribuição

Aqui estão as três etapas do método da atribuição.

1. *Encontre a tabela do custo de oportunidade*:
   (a) subtraindo o menor número de cada linha da tabela ou matriz de custos originais de cada número naquela linha
   (b) subtraindo o menor valor em cada coluna da tabela obtida na parte (a) de cada número naquela coluna

---

[3] Esses passos são aplicáveis se pudermos assumir que a matriz é balanceada, isto é, o número de linhas na matriz é igual ao número de colunas. Na Seção 10.14, discutimos como lidar com problemas desbalanceados.

2. *Teste a tabela resultante da Etapa 1 para verificar se uma atribuição ótima pode ser feita.* O procedimento é traçar o número mínimo de retas horizontais ou verticais necessárias para cobrir todos os zeros na tabela. Se o número de retas é igual ao número de linhas ou colunas na tabela, uma atribuição ótima pode ser realizada. Se o número de retas é menor que o número de linhas ou colunas, prosseguimos para a Etapa 3.

3. *Revise a tabela atual de custo de oportunidade.* Isso é feito subtraindo o menor número não coberto por uma reta de todos os outros números não cobertos. Esse menor número é também adicionado a todos os números que estão na interseção das retas horizontais e verticais. Depois, retornamos à Etapa 2 e continuamos o ciclo até que uma atribuição ótima seja possível.

Esse "algoritmo" de atribuição não é tão difícil de aplicar como o algoritmo de PL discutido nos Capítulos 7 a 9 ou tão complexo como o procedimento de transporte visto neste capítulo. Ele exige apenas algumas somas e subtrações cuidadosas e uma atenção às três etapas anteriores. Essas etapas estão diagramadas na Figura 10.3. Vamos aplicá-las.

O método da atribuição é bem mais fácil do que utilizar a PL.

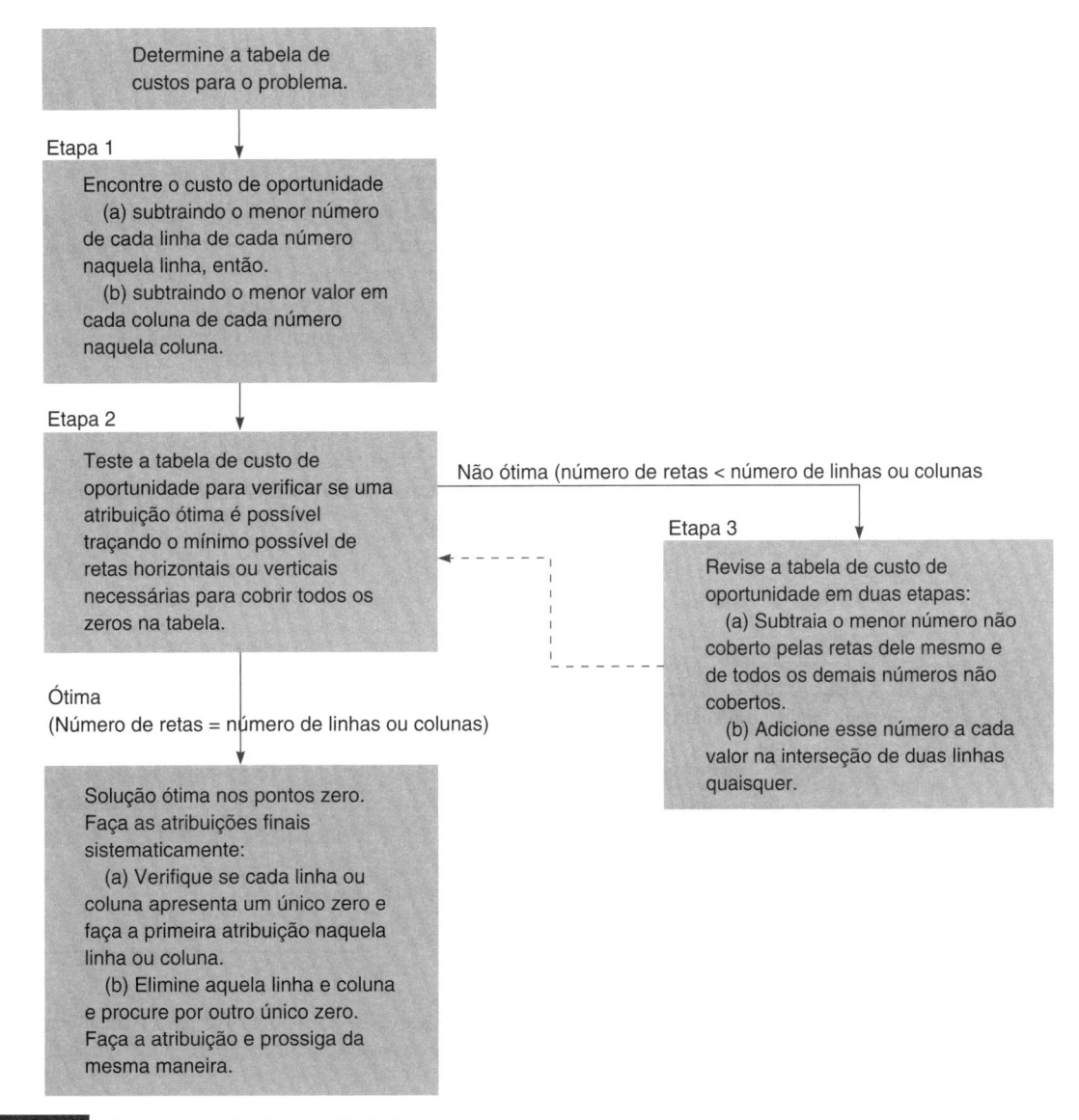

FIGURA 10.3 Etapas do método da atribuição.

A coluna e a linha dos custos de oportunidade refletem o custo sacrificado ao não escolher a opção de menor custo.

Etapa 1: Determine a tabela do custo de oportunidade. Como já mencionado, o custo de oportunidade de qualquer decisão que tomamos na vida consiste nas oportunidades que são sacrificadas quando fazemos tal decisão. Por exemplo, o custo de oportunidade do tempo não pago que uma pessoa gasta para iniciar um novo negócio é o salário que a pessoa ganharia por aquelas horas em outro trabalho ou emprego. Esse conceito importante no método de atribuição é mais bem exemplificado com um problema. Para sua conveniência, a tabela de custos originais para o problema da oficina Fix-It é repetida na Tabela 10.28.

Suponha que decidimos atribuir a Cooper o aparelho dois. A tabela mostra que o custo dessa atribuição é $12. Baseado no conceito dos custos de oportunidade, essa não é a melhor decisão, uma vez que Cooper pode consertar o aparelho 3 por somente $7. Assim, a atribuição de Cooper ao aparelho dois envolve um custo de oportunidade de $5 (= $12 − $7), a quantidade que estamos sacrificando por fazer essa atribuição em vez de uma de menor custo. Da mesma forma, atribuir o aparelho um ao Cooper representa um custo de oportunidade de $9 − $7 = $2. Finalmente, como a atribuição de Cooper ao aparelho três é a melhor atribuição, podemos dizer que o custo de oportunidade dessa atribuição é ($7 − $7). O resultado dessa operação para cada uma das linhas na Tabela 10.28 é denominado linha dos custos de oportunidade e é mostrado na Tabela 10.29.

A essa altura, notamos que embora a atribuição do Cooper para o aparelho 3 seja a melhor maneira de utilizar Cooper, ela não é necessariamente a abordagem mais barata para consertar o aparelho 3. Adam pode executar a mesma tarefa por somente $6. Em outras palavras, se olharmos o problema da atribuição com uma visão de projeto e não pessoal, a *coluna* custos de oportunidade pode ser completamente diferente.

O total dos custos de oportunidade reflete a análise dos custos de oportunidade das linhas e colunas.

O que precisamos para completar a etapa 1 do método de atribuição é a tabela do total dos custos de oportunidade, isto é, uma que reflita os custos de oportunidade nas linhas e colunas. Isso envolve seguir a parte (b) da etapa 1 para derivar a coluna dos custos de oportunidade.[4] Simplesmente pegamos os custos na Tabela 10.29 e subtraímos o menor número de cada coluna de cada número naquela coluna. O custo total de oportunidade é mostrado na Tabela 10.30.

Note que os números nas colunas 1 a 3 são os mesmos que os da Tabela 10.29, uma vez que o menor valor em cada coluna foi zero. Assim, podemos descobrir que atribuir Cooper ao trabalho 3 é parte da solução ótima devido à natureza relativa dos custos de oportunidade. O que estamos tentando medir é a eficiência relativa para toda a tabela de custos e encontrar qual atribuição é melhor para a solução global.

TABELA 10.28 Custo da atribuição de cada funcionário ao problema da oficina Fix-It

Pessoa	Projeto		
	1	2	3
Adams	$11	$14	$6
Brown	8	10	11
Cooper	9	12	7

TABELA 10.29 Tabela do custo de oportunidade da linha para a oficina Fix-It, Parte (a)

Pessoa	Projeto		
	1	2	3
Adams	$5	$8	$0
Brown	0	2	3
Cooper	2	5	0

---

[4] Você consegue pensar em uma situação em que a parte (b) da etapa um não seja necessária? Tente determinar uma tabela de custos na qual uma solução ótima seja possível após completar a parte (a) da etapa 1.

Etapa 2: Teste para uma atribuição ótima. O objetivo da oficina Fix-It é alocar os três técnicos ao reparo dos aparelhos de modo que o custo total da mão de obra seja mínimo. Em forma de tabela do total dos custos de oportunidade, isso significa que queremos ter um custo total de oportunidade atribuído de zero. Em outras palavras, uma solução ótima tem um custo total de oportunidade de zero para todas as atribuições.

Analisando a Tabela 10.30, vemos que existem quatro oportunidades possíveis com custo de oportunidade zero. Podemos atribuir Adams ao trabalho 3 e Brown ao 1 ou ao 2. Mas isso deixa Cooper sem uma atribuição de custo de oportunidade de zero. Lembre que dois trabalhadores não podem receber a mesma tarefa; cada um deve fazer um e somente um conserto e cada projeto ou trabalho deve ser atribuído a apenas uma pessoa. Assim, mesmo que a tabela de custos tenha quatro zeros, ainda não é possível fazer uma atribuição que resulte em um custo total de oportunidade de zero.

Um teste simples foi projetado para auxiliar a determinar se uma atribuição ótima pode ser feita. O método consiste em encontrar o número *mínimo* de retas (verticais e horizontais) necessário para cobrir todos os zeros na tabela de custos (cada reta deve ser traçada de forma a cobrir o maior número de zeros possível a cada vez). Se o número de retas for igual ao número de linhas ou colunas na tabela, uma atribuição ótima poderá ser feita. Se, por outro lado, o número de retas for menor do que número de linhas ou colunas, uma atribuição ótima não poderá ser realizada. Nesse caso, devemos seguir para a Etapa 3 e desenvolver uma nova tabela com o custo total de oportunidade.

A Tabela 10.31 mostra que é possível cobrir os quatro zeros na Tabela 10.30 com somente duas retas. Como existem três linhas, uma atribuição ótima não poderá ser realizada.

Etapa 3: Revise a tabela do custo total de oportunidade. Uma solução ótima raramente é obtida com a tabela inicial do custo de oportunidade. Frequentemente, precisamos revisar a tabela de modo a trocar um custo zero (ou mais) de uma posição coberta por uma linha reta para uma nova posição que não está coberta por uma linha reta. Intuitivamente, queremos que essa posição não coberta surja com um custo de oportunidade de zero.

Isso pode ser realizado pela subtração do menor valor não coberto por uma reta de todos os valores não cobertos por uma linha reta. Esse mesmo menor valor é então somado a cada número (incluindo os zeros) que estão na interseção de quaisquer duas retas.

O menor número não coberto na Tabela 10.31 é 2, assim, esse valor é subtraído de cada um dos 4 números não cobertos. O valor 2 é também adicionado aos números que estão nas interseções das filas cobertas. Os resultados da Etapa 3 estão na Tabela 10.32

Para testar uma atribuição ótima, retornamos à Etapa 2 e determinamos o número mínimo de retas necessário para cobrir todos os zeros na tabela de custos de oportunidade revisada. Porque são necessárias três retas para cobrir os zeros (veja a Tabela 10.33), uma atribuição ótima pode ser feita.

Quando um custo de oportunidade zero é encontrado para todas as atribuições, uma atribuição ótima pode ser feita.

Essa linha teste é utilizada para verificar se a solução é ótima.

TABELA 10.30 Tabela do custo total de oportunidade para a oficina Fix-It, Etapa 1, Parte (b)

Pessoa	Projeto		
	1	2	3
Adams	$5	$6	$0
Brown	0	0	3
Cooper	2	3	0

TABELA 10.31 Teste para a solução ótima para o problema da oficina Fix-It

Pessoa	Projeto		
	1	2	3
Adams	$5	$6	$0
Brown	0	0	3	← Cobrindo a linha 1
Cooper	2	3	0

Cobrindo a linha 2

TABELA 10.32 Tabela do custo de oportunidade revisada para o problema da oficina Fix-It

Pessoa	Projeto		
	1	2	3
Adams	$3	$4	$0
Brown	0	0	5
Cooper	0	1	0

TABELA 10.33 Teste de otimalidade na tabela do custo de oportunidade revisada da oficina Fix-It

Pessoa	Projeto		
	1	2	3
Adams	$3	$4	$0
Brown	0	0	5 — Cobrindo a linha 3
Cooper	0	1	0

Cobrindo a linha 1   Cobrindo a linha 2

Fazendo a atribuição final

Fazer uma atribuição ótima envolve primeiro verificar as linhas e colunas onde existe apenas uma célula com zero.

É evidente que a atribuição ótima para o problema da oficina Fix-It é Adams para o projeto (aparelho) 3, Brown para o projeto (aparelho) 2 e Cooper para o projeto (aparelho) 1. Na resolução de grandes problemas, contudo, é melhor ter como base uma abordagem mais sistemática para realizar atribuições válidas. Uma delas é primeiro selecionar uma linha ou coluna que contém somente uma célula com zero. Tal situação é encontrada na primeira linha, do Adams, na qual o único zero está na coluna do projeto 3. Uma atribuição pode ser feita a essa célula e então as retas atravessam suas linhas e colunas (veja a Tabela 10.34). Das linhas e colunas não cobertas, novamente escolhemos uma linha ou coluna em que exista somente uma célula com zero. Fazemos essa atribuição e continuamos o procedimento até que todas as pessoas sejam atribuídas a uma tarefa.

Os custos totais de mão de obra dessa atribuição são calculados a partir da tabela dos custos originais (veja a Tabela 10.28). Eles são:

Atribuição	Custo ($)
Adams ao projeto 3	6
Brown ao projeto 2	10
Cooper ao projeto 1	9
Custo total	25

Utilizando o Excel QM para o problema da atribuição da oficina Fix-It. O módulo de atribuição do Excel QM pode ser utilizado para resolver o problema da Fix-It. A tela de entrada utilizando os dados da Tabela 10.28 é mostrada primeiro no Programa 10.3A. As restrições também são mostradas no Programa 10.3A. Quando todos os dados forem fornecidos, selecionamos o comando Ferramentas, seguido pelo comando Solver. O Solver do Excel utiliza a PL para otimizar problemas de atribuição. Depois selecionamos o comando Resolver. A solução é apresentada no Programa 10.3B.

TABELA 10.34 Tabela do custo de oportunidade revisada para o problema da oficina Fix-It

Pessoa	Projeto			Pessoa	Projeto			Pessoa	Projeto		
	1	2	3		1	2	3		1	2	3
Adams	$3	$4	[$0]	Adams	$3	$4	[$0]	Adams	$3	$4	[$0]
Brown	0	0	5	Brown	0	0	5	Brown	0	[0]	5
Cooper	0	1	0	Cooper	[0]	1	0	Cooper	[0]	1	0

Capítulo 10 • Modelos de Transporte e Atribuição

	A	B	C	D
1	**Problema da Atribuição da Oficina Fix-It**			
2				
3	**Atribuições**			
4	Entre com os custos de atribuição na área sombreada.			
5	FERRAMENTAS, item SOLVER. Se o SOLVER não é uma			
6	em SUPLEMENTOS e marque a opção SOLVER. Se ela			
7				
8				
9				
10	**Dados**			
11	CUSTOS	Projeto 1	Projeto 2	Projeto 3
12	Adams	11	14	6
13	Brown	8	10	11
14	Cooper	9	12	7
15				
16	**Atribuições**			
17	Atribuições	Projeto 1	Projeto 2	Projeto 3	Total da Linha
18	=A12	0	0	1	=SOMA(B18:D18)
19	=A13	0	1	0	=SOMA(B19:D19)
20	=A14	1	0	0	=SOMA(B20:D20)
21	Total da Coluna	=SOMA(B18:B20)	=SOMA(C18:C20)	=SOMA(D18:D20)	=SOMA(B21:D21)
22					
23	Custo Total	=SOMARPRODUTO(B12:D14;B18:D20)			

Parâmetros do Solver
- Definir célula de destino: $B$23
- Igual a: ● Máx ○ Mín ○ Valor de:
- Células variáveis: $B$18:$D$20
- Submeter às restrições:
  - $B$21:$D$21 = 1
  - $E$18:$E$20 = 1

A célula de destino é o custo total (B23), que queremos minimizar alterando as células das atribuições.

Garante que cada projeto é atribuído exatamente a um empregado (3 restrições).

Garante que cada empregado é atribuído exatamente a um projeto (3 restrições).

O Solver colocará as atribuições nessas células.

Entre com os nomes e os códigos da atribuição.

As atribuições totais para cada pessoa e projeto são calculados aqui.

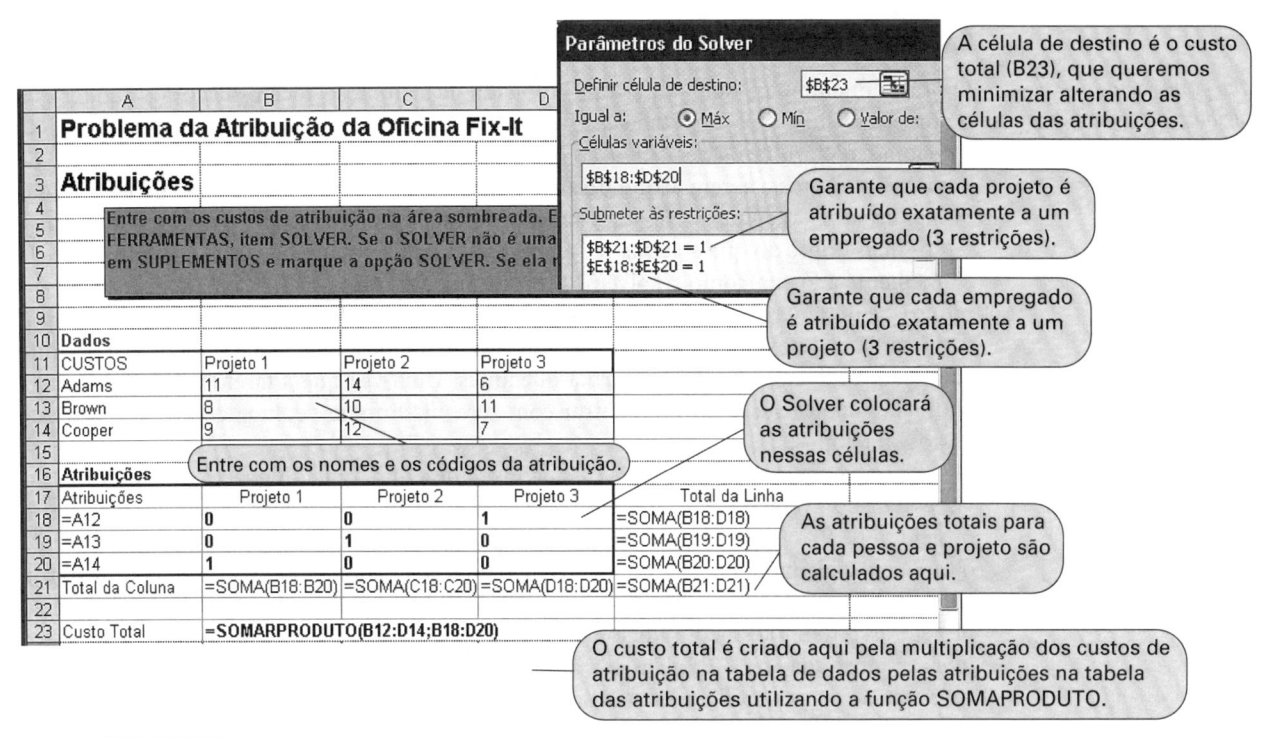

O custo total é criado aqui pela multiplicação dos custos de atribuição na tabela de dados pelas atribuições na tabela das atribuições utilizando a função SOMAPRODUTO.

PROGRAMA 10.3A Módulo de atribuição do Excel QM.

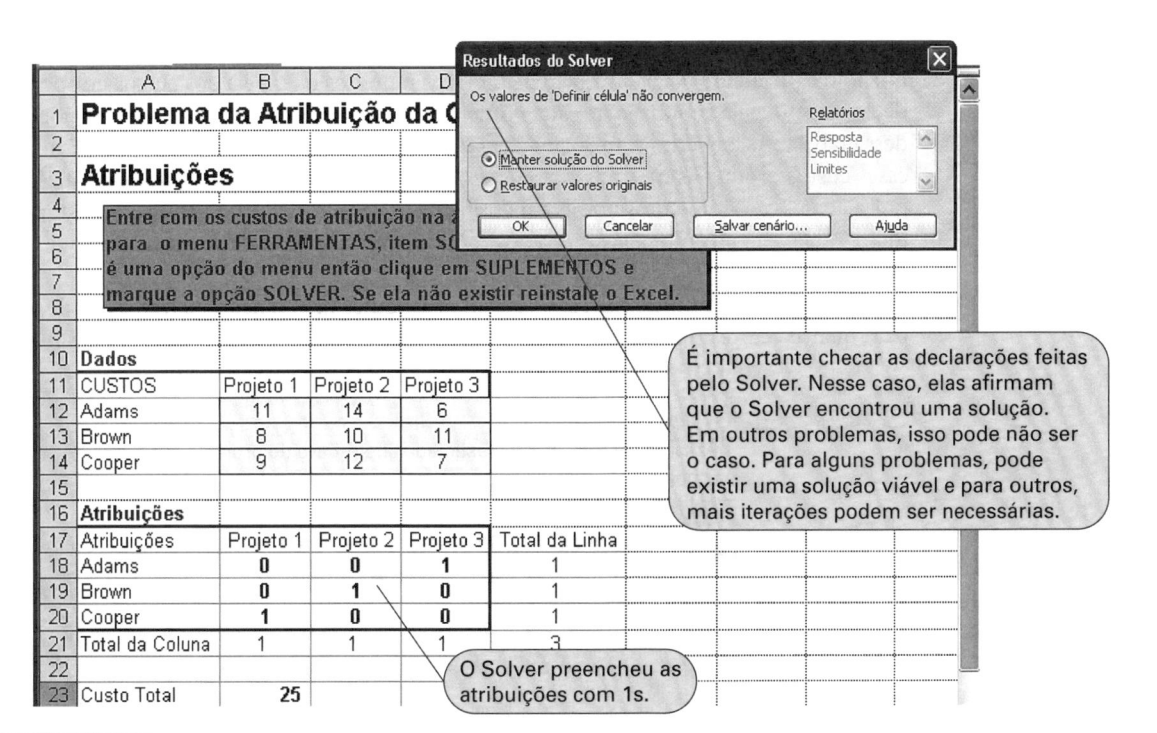

	A	B	C	D
1	**Problema da Atribuição da**			
2				
3	**Atribuições**			
4	Entre com os custos de atribuição na			
5	para o menu FERRAMENTAS, item SO			
6	é uma opção do menu então clique em SUPLEMENTOS e			
7	marque a opção SOLVER. Se ela não existir reinstale o Excel.			
8				
9				
10	**Dados**			
11	CUSTOS	Projeto 1	Projeto 2	Projeto 3
12	Adams	11	14	6
13	Brown	8	10	11
14	Cooper	9	12	7
15				
16	**Atribuições**			
17	Atribuições	Projeto 1	Projeto 2	Projeto 3	Total da Linha
18	Adams	0	0	1	1
19	Brown	0	1	0	1
20	Cooper	1	0	0	1
21	Total da Coluna	1	1	1	3
22					
23	Custo Total	25			

Resultados do Solver
Os valores de 'Definir célula' não convergem.
- ● Manter solução do Solver
- ○ Restaurar valores originais

Relatórios: Resposta, Sensibilidade, Limites

É importante checar as declarações feitas pelo Solver. Nesse caso, elas afirmam que o Solver encontrou uma solução. Em outros problemas, isso pode não ser o caso. Para alguns problemas, pode existir uma solução viável e para outros, mais iterações podem ser necessárias.

O Solver preencheu as atribuições com 1s.

PROGRAMA 10.3B Tela de saída do Excel QM para o problema da oficina Fix-It.

Um problema de atribuição balanceado é aquele em que o número de linhas é igual ao número de colunas.

10.14 PROBLEMAS DE ATRIBUIÇÃO DESBALANCEADOS

O procedimento para solucionar um problema de atribuição recém-discutido requer que o número de linhas em uma tabela seja igual ao número de colunas. Esse tipo de problema é denominado *problema de atribuição balanceado*. Frequentemente, contudo, o número de pessoas ou objetos a serem atribuídos não é igual ao número de tarefas ou clientes ou máquinas listadas nas colunas. Nesses casos, o problema é *desbalanceado*. Quando isso ocorre e temos mais linhas do que colunas, simplesmente adicionamos uma tarefa ou coluna fictícia (semelhante à forma como resolvemos o problema de transporte desbalanceado neste capítulo). Se o número de tarefas que precisam ser feitas exceder o número de pessoas disponíveis, adicionamos uma linha fictícia. Isso cria uma tabela de mesma dimensão e permite resolver o problema da mesma forma que antes. Uma vez que a tarefa ou pessoa fictícia realmente não existe, é razoável entrar com zeros na linha ou coluna como estimativa de custos ou tempos.

Suponha que o proprietário da oficina Fix-It descubra que um quarto funcionário, Davis, está disponível para realizar um dos três trabalhos urgentes. Davis pode fazer o primeiro projeto por $10, o segundo, por $13, e o terceiro, por $8. O dono da oficina ainda enfrenta o mesmo problema básico, isto é, que técnico ou trabalhador atribuir para qual projeto (ou conserto) de forma a minimizar o custo da mão de obra. Contudo, não temos um quarto projeto, assim, simplesmente adicionamos uma coluna ou projeto fictício. A tabela de custos inicial é mostrada em 10.35. Um dos quatro colaboradores, você já deve ter percebido, será atribuído ao projeto fictício; em outras palavras, o trabalhador não será alocado a uma das tarefas. O Problema 10.35 solicita que você encontre uma solução ótima para os dados da Tabela 10.35.

10.15 MAXIMIZAÇÃO DE PROBLEMAS DE ATRIBUIÇÃO

Problemas de maximização podem ser facilmente convertidos em problemas de minimização. Isso é feito pela subtração de cada valor pelo maior valor na tabela de escores.

Alguns problemas de atribuição são formulados em termos de maximizar o rendimento, lucro ou eficácia de uma atribuição em vez de minimizar custos. É fácil obter um problema de minimização equivalente pela conversão de todos os números na tabela dos custos de oportunidade. Isso é feito pela subtração de cada número na tabela original de valores pelo maior número dessa tabela. As entradas transformadas representam os custos de oportunidade; minimizar esses custos produz as mesmas atribuições do problema de maximização original. Uma vez que a atribuição ótima desse problema transformado tenha sido calculada, o rendimento ou lucro total é encontrado pela adição dos rendimentos originais daquelas células que estão na atribuição ótima.

Considere o seguinte exemplo. A marinha britânica quer alocar quatro navios de patrulha para quatro setores do mar do Norte. Em algumas áreas, esses navios devem coibir a pesca

TABELA 10.35 Custos estimados de reparo de projetos para o problema de atribuição da oficina Fix-It com Davis incluído

Pessoa	Projeto 1	2	3	Fictícia
Adams	$11	$14	$6	$0
Brown	8	10	11	0
Cooper	9	12	7	0
Davis	10	13	8	0

TABELA 10.36 Eficácia dos navios britânicos em patrulhar setores

Navio	Setor			
	A	B	C	D
1	20	60	50	55
2	60	30	80	75
3	80	100	90	80
4	65	80	75	70

TABELA 10.37 Custos de oportunidade dos navios britânicos

Navio	Setor			
	A	B	C	D
1	80	40	50	45
2	40	70	20	25
3	20	0	0	20
4	35	20	25	30

ilegal, e em outros setores, detectar submarinos inimigos; assim, o comandante atribui um escore a cada navio em termos de sua provável eficácia em cada setor. Essas eficácias relativas estão ilustradas na Tabela 10.36. Com base nesses valores, o comandante quer determinar a atribuição de patrulhamento mais eficiente possível.

O procedimento de solução passo a passo é o seguinte. Primeiro convertemos a tabela de maximização de eficácia em uma tabela de minimização de custos de oportunidade. Isso é feito pela subtração de cada escore pelo valor 100 (maior escore da tabela). Os custos de oportunidade resultantes são apresentados na Tabela 10.37.

Agora seguimos os passos 1 e 2 do algoritmo da atribuição. O menor número em cada linha é subtraído de cada valor naquela linha (veja a Tabela 10.38); depois, o menor número em cada coluna é subtraído de cada número naquela coluna (como mostrado na Tabela 10.39).

O número mínimo de retas necessárias para cobrir todos os zeros na tabela do custo total de oportunidade é quatro. Dessa forma, uma atribuição ótima já pode ser realizada. Você deve ser capaz, nesse ponto, de determinar a solução ótima, que é: navio 1 para o setor *D*, navio 2 para o setor *C*, navio 3 para o setor *B* e navio 4 para o setor *A*.

A eficácia geral, calculada a partir dos dados originais dos escores de eficácia na Tabela 10.36, pode ser determinada como:

Subtração na linha: o menor número em cada linha é subtraído de cada número nessa linha.

Subtração na coluna: o menor número em cada coluna é subtraído de cada número nessa coluna.

Atribuição	Eficácia
Navio 1 para o setor *D*	55
Navio 2 para o setor *C*	80
Navio 3 para o setor *B*	100
Navio 4 para o setor *A*	65
Eficácia total	300

TABELA 10.38 Linha dos custos de oportunidade para o problema da marinha britânica

Navio	Setor			
	A	B	C	D
1	40	0	10	5
2	20	50	0	5
3	20	0	10	20
4	15	0	5	10

TABELA 10.39 Total dos custos de oportunidade para o problema da marinha britânica

Navio	Setor			
	A	B	C	D
1	25	0	10	0
2	5	50	0	0
3	5	0	10	15
4	0	0	5	5

EM AÇÃO — Programação dos árbitros da liga americana com um modelo de atribuição

A programação de árbitros no beisebol profissional é um problema complexo que deve incluir vários critérios. Na atribuição de um juiz a um jogo, um objetivo comum é minimizar os gastos totais com viagem e, ao mesmo tempo, satisfazer restrições relacionadas à frequência, como limitar o número de vezes que um dirigente ou equipe é exposto em cada time, balancear o número de jogos em casa e fora de casa, equilibrar a exposição de um time no decorrer de um campeonato e assim por diante. Essas restrições complicam o problema de tal forma que, exceto para os casos mais triviais, o uso de um programa de computador é essencial.

A liga americana é composta de 14 times de beisebol profissional organizados em três divisões. A programação dos jogos, construída a cada inverno antes do início do campeonato, é um problema de programação difícil. Os fatores a serem considerados incluem o número de jogos realizados contra outros times dentro e fora de uma divisão, a divisão entre jogos em casa e fora de casa, o tempo de viagem e os possíveis conflitos nas cidades que tem times na liga nacional.

Os objetivos de balancear a atribuição de pessoal (juízes e auxiliares) de maneira relativamente equilibrada, minimizando custos de viagem são por natureza conflitantes. A tentativa de balancear a atribuição dos árbitros precisa de considerável tempo de voo e movimentação de equipamentos, aumentando, dessa forma, os gastos com viagens.

Utilizando um modelo de atribuição como parte de um sistema com base em microcomputadores, a liga americana foi capaz de reduzir as milhas voadas em aproximadamente 4% durante o primeiro ano de uso. Além de provocar uma economia de $30000 para a liga, isso melhorou o balanceamento e a exposição dos juízes.

Fonte: Com base em EVANS, J. Scheduling American League Umpires. *Interfaces*, November-December 1988, p. 42-51.

RESUMO

Neste capítulo, exploramos o modelo de transporte e o de atribuição. Vimos como desenvolver uma solução inicial para o problema de transporte com o método do vértice noroeste e da aproximação de Vogel. Os métodos do caminho do degrau (*stepping-stone*) e o MODI foram utilizados para calcular os índices de melhoria para células vazias. Soluções melhores foram desenvolvidas utilizando o caminho do degrau. Os casos especiais do problema de transporte incluíram a degeneração, os problemas desbalanceados e as múltiplas soluções ótimas. Demonstramos como utilizar o modelo de transporte para a análise da localização de instalações.

Vimos como o problema da atribuição pode ser considerado um caso especial do problema de transporte e apresentamos o método húngaro para a solução de problemas de atribuição. Quando problemas de atribuição são desbalanceados, colunas ou linhas fictícias são utilizadas para balanceá-lo. Problemas de atribuição com maximização de objetivos também foram considerados.

GLOSSÁRIO

Análise de localização de instalações. Aplicação do método de transporte que auxilia uma empresa a decidir onde localizar uma nova fábrica, depósito ou outro recurso.

Custos de oportunidade. Em um problema de atribuição, custo adicional originado quando a atribuição com o menor custo possível em uma linha ou coluna não é realizada.

Degeneração. Condição que ocorre quando o número de células ocupadas em qualquer solução é menor do que o número de linhas mais o número de colunas menos um em uma tabela de transporte.

Destino fictício ou auxiliar (*dummy*). Destino artificial ou fictício adicionado a uma tabela de um problema de transporte quando a oferta total é maior que a demanda total. A demanda no destino fictício é fixada de forma que a oferta total e a demanda sejam iguais. O custo de transporte para um destino fictício é zero.

Fonte. Origem ou local de oferta em um problema de transporte.

Fonte fictícia (*dummy*). Fonte artificial adicionada a uma tabela de transporte quando a demanda total é maior do que o total da oferta. A oferta na fonte fictícia é fixada de modo que os totais da demanda e oferta sejam iguais. O custo de transporte para a célula da fonte fictícia é zero.

Índice de melhoria. Custo líquido de enviar uma unidade em uma rota não utilizada na solução atual de um problema de transporte.

Linha ou coluna fictícia (*dummy*). Colunas ou linhas extras adicionadas de forma a "balancear" um problema de atribuição para que os números de colunas e linhas sejam iguais.

Método de Aproximação de Vogel (VAM). Algoritmo relativamente eficaz usado para encontrar uma solução inicial viável de um problema de transporte. Essa solução inicial é frequentemente uma solução ótima.

Método de Distribuição Modificado (MODI). Técnica utilizada para avaliar uma célula vazia em um problema de transporte.

Método do degrau (*stepping-stone*). Técnica iterativa para mover-se de uma solução inicial viável a uma solução ótima em problemas de transporte.

Método húngaro. Abordagem de redução matricial para resolver problemas de atribuição.

Problema de atribuição balanceado. Problema de atribuição em que o número de linhas é igual ao número de colunas.

Problema de transporte. Caso de PL específico que lida com a programação de envios (despachos) de fontes de produção a destinos finais de forma que o custo total de transporte seja minimizado.

Problema de transporte balanceado. Condição sob a qual a demanda (em todos os destinos) é igual à oferta (produção) total (em todas as fontes).

Redução matricial. Abordagem do método de atribuição que reduz os custos de atribuição originais a uma tabela de custos de oportunidade.

Regra do vértice noroeste. Procedimento sistemático para estabelecer uma solução inicial viável no problema de transporte.

Tabela de transporte. Tabela que resume todos os dados de transporte para auxiliar a manter em dia os cálculos do algoritmo. Armazena informações sobre demanda, oferta, custos de envio, unidades despachadas, origens e destinos.

Técnica de Flood. Outro nome para o método húngaro.

EQUAÇÕES-CHAVE

(10-1) $R_i + K_j = C_{ij}$

Equação utilizada para calcular os valores de custos MODI (R_i, K_j) para cada interseção de coluna e linha das células utilizadas na solução.

(10-2) Índice de Melhoria (I_{ij}) = $C_{ij} - R_i - K_j$

Equação utilizada para calcular um índice de melhoria para cada célula não utilizada pelo método MODI. Se todos os índices de melhoria forem maiores ou iguais a zero, uma solução ótima foi encontrada.

PROBLEMAS RESOLVIDOS

Problema resolvido 10-1

Don Yale, presidente da Hardrock, empresa que comercializa concreto, tem plantas em três locais e atualmente trabalha em três grandes projetos de construção, localizados em diferentes áreas. O custo de transporte por carga de caminhão de concreto, a capacidade das fábricas e as necessidades dos projetos são fornecidos na tabela a seguir.

a. Formule uma solução inicial viável para o problema de transporte da Hardrock utilizando a regra do vértice noroeste.
b. Avalie cada rota de envio não utilizada (cada célula vazia) pela aplicação do método do degrau (*stepping-stone*) e calculando todos os índices de melhoria. Não esqueça de:
  1. Verificar se a oferta e a demanda são iguais.
  2. Preencher a tabela utilizando o método do canto noroeste.
  3. Verificar se existe um número adequado de células ocupadas por uma solução "normal", isto é, se o número de linhas + número de colunas – 1 = número de células ocupadas.
  4. Encontrar um caminho fechado para cada célula vazia.
  5. Determinar o índice de melhoria para cada célula não utilizada.
  6. Alocar tantas unidades quanto possível para a célula que fornece a melhor melhoria (se existir uma).
  7. Repitir os passos 3 a 6 até que nenhuma melhoria seja encontrada.

De \ Para	Projeto A	Projeto B	Projeto C	Capacidade das plantas
Planta 1	$10	$4	$11	70
Planta 2	$12	$5	$8	50
Planta 3	$9	$7	$6	30
Necessidades dos projetos	40	50	60	150

Solução

a. Solução do vértice noroeste:

Custo inicial = 40($10) + 30($4) + 20($5) + 30($8) + 30($6) = $1040

De \ Para	Projeto A	Projeto B	Projeto C	Capacidade das plantas
Planta 1	$10 40	$4 30	$11	70
Planta 2	$12	$5 20	$8 30	50
Planta 3	$9	$7	$6 30	30
Necessidade dos projetos	40	50	60	150

b. Utilizando o método do degrau (*stepping-stone*), os seguintes índices de melhoria são calculados:

Caminho: Planta 1 para Projeto C = $11 − $4 + $5 − $8 = $4

(Caminho Fechado: 1C para 1B para 2B para 2C)

De \ Para	Projeto A	Projeto B	Projeto C	Capacidade das plantas
Planta 1	10 40	4 30	11	70
Planta 2	12	5 20	8 30	50
Planta 3	9	7	6 30	30
Necessidade dos projetos	40	50	60	150

Caminho: Planta 1 para Projeto C

Caminho: Planta 2 para Projeto A = $12 − $5 + $4 − $10 = $1
(Caminho Fechado: 2A para 2B para 1B para 1A)

De \ Para	Projeto A	Projeto B	Projeto C	Capacidade das plantas
Planta 1	10 40	4 30	11	70
Planta 2	12	5 20	8 30	50
Planta 3	9	7	6 30	30
Necessidade dos projetos	40	50	60	150

Caminho: Planta 2 para Projeto A

Caminho: Planta 3 para Projeto A = $9 − $6 + $8 − $5 + $4 − $10 = $0
(Caminho Fechado: 3A para 3C para 1B para 1A)

De \ Para	Projeto A	Projeto B	Projeto C	Capacidade das plantas
Planta 1	10 40	4 30	11	70
Planta 2	12	5 20	8 30	50
Planta 3	9	7	6 30	30
Necessidade dos projetos	40	50	60	150

Caminho: Planta 3 ao Projeto A

Caminho: Planta 3 para Projeto B = $7 − $6 + $8 − $5 = +$4
(Caminho Fechado: 3B para 3C para 2C para 2B)

De \ Para	Projeto A	Projeto B	Projeto C	Capacidade das plantas
Planta 1	$10 40	$4 30	$11	70
Planta 2	$12	$5 20	$8 30	50
Planta 3	$9	$7	$6 30	30
Necessidade dos projetos	40	50	60	150

Caminho: Planta 3 ao Projeto B

Uma vez que todos os índices são maiores ou iguais a zero (todos são positivos ou zero), essa solução inicial fornece a programação de transporte ótima, ou seja, 40 unidades de 1 para A, 30 unidades de 1 para B, 20 unidades de 2 para B, 30 unidades de 2 para C e 30 unidades de 3 para C.

Como encontramos o caminho que permitiu a melhoria, queremos enviar todas as unidades possíveis para essa célula e depois verificar novamente cada célula vazia. Como o índice de melhoria da planta 3 para o projeto A é zero, observamos que existem múltiplas soluções ótimas.

Problema resolvido 10-2

A solução inicial encontrada no Problema 10-1 é ótima, mas o índice de melhoria para uma das células vazias é zero, indicando a existência de outra solução ótima. Utilize o caminho do degrau (*stepping-stone*) para encontrar essa outra solução ótima.

Solução

Utilizando o caminho do degrau, percebemos que o menor número de unidades em uma célula em que deve ser feita uma subtração é 20 unidades da planta 2 para o projeto B. Assim, 20 unidades serão subtraídas de cada célula com um sinal de menos e adicionadas a cada célula com um sinal de mais. O resultado é mostrado a seguir:

De \ Para	Projeto A	Projeto B	Projeto C	Capacidade das plantas
Planta 1	$10 20	$4 50	$11	70
Planta 2	$12	$5	$8 50	50
Planta 3	$9 20	$7	$6 10	30
Necessidade dos projetos	40	50	60	150

Problema resolvido 10-3

Resolva o problema da localização de instalações da empresa Hardgrave mostrado na Tabela 10.25 na página 462 com uma formulação de PL.

Solução

Primeiro temos que formular esse problema de transporte como um modelo de PL pela introdução de variáveis de decisão com duplo subscrito. X_{11} representa o número de unidades enviadas da origem 1 (Cincinnati) para o destino 1 (Detroit), X_{12} representa os despachos da origem 1 (Cincinnati) para o destino 2 (Dallas) e assim por diante. Em geral, as variáveis de decisão para um problema de transporte com m origens e n destinos são representadas como:

$$X_{ij} = \text{número de unidades enviadas da origem } i \text{ para o destino } j$$

onde:

$$i = 1, 2, \ldots, m$$
$$j = 1, 2, \ldots, n$$

Em virtude do objetivo do modelo de transporte ser minimizar o custo total de transporte, desenvolvemos a seguinte expressão:

$$\text{Minimizar} = 73X_{11} + 103X_{12} + 88X_{13} + 108X_{14}$$
$$85X_{21} + 80X_{22} + 100X_{23} + 90X_{24}$$
$$88X_{31} + 97X_{32} + 78X_{33} + 118X_{34}$$
$$113X_{41} + 91X_{42} + 118X_{43} + 80X_{44}$$

Agora determinamos as restrições de oferta para cada uma das quatro plantas:

$$X_{11} + X_{12} + X_{13} + X_{14} \leq 15000 \text{ (Produção de Cincinnati)}$$
$$X_{21} + X_{22} + X_{23} + X_{24} \leq 6000 \text{ (Produção de Salt Lake City)}$$
$$X_{31} + X_{32} + X_{33} + X_{34} \leq 14000 \text{ (Produção de Pittsburgh)}$$
$$X_{41} + X_{42} + X_{43} + X_{44} \leq 11000 \text{ (Produção de Seattle)}$$

Com quatro depósitos como destinos, precisamos das seguintes restrições de demanda:

$$X_{11} + X_{12} + X_{13} + X_{14} = 10000 \text{ (Demanda de Detroit)}$$
$$X_{21} + X_{22} + X_{23} + X_{24} = 12000 \text{ (Demanda de Dallas)}$$
$$X_{31} + X_{32} + X_{33} + X_{34} = 15000 \text{ (Demanda de Nova York)}$$
$$X_{41} + X_{42} + X_{43} + X_{44} = 9000 \text{ (Demanda de Los Angeles)}$$

Nos Capítulos 7, 8 e 9, vimos como o QM para Windows e a planilha do Excel podem ser utilizados para resolver problemas de PL. Uma solução computacional confirmará que o custo total de envio será $3704000.

Embora códigos de PL possam ser utilizados com problemas de transporte, o módulo especial de transporte do Excel QM (mostrando anteriormente) e o QM para Windows (mostrado no Apêndice 10.1) facilitam a inserção de dados, a execução e a interpretação.

Problema resolvido 10-4

A Prentice Hall, editora com sede em New Jersey, quer alocar três universitários recentemente contratados, Jones, Smith e Wilson, aos distritos regionais de vendas em Omaha, Dallas e Miami. Mas a empresa também dispõe de um escritório regional que está abrindo em Nova York e quer enviar um dos três para lá, se isso for mais econômico do que movê-los para Omaha, Dallas ou Miami. O custo de alocar Jones para Nova York é $1000, Smith, $800 e Wilson, $1500. Qual é a atribuição ótima dos novos contratados para os escritórios regionais de vendas?

De \ Para	Omaha	Miami	Dallas
Jones	$800	$1100	$1200
Smith	$500	$1600	$1300
Wilson	$500	$1000	$2300

Solução

a. A tabela de custos apresenta uma quarta coluna que representa Nova York. Para balancear o problema, acrescentamos uma linha fictícia (pessoa) com custo de realocação de zero para cada cidade.

Contratado \ Escritório	Omaha	Miami	Dallas	Nova York
Jones	$800	$1100	$1200	$1000
Smith	$500	$1600	$1300	$800
Wilson	$500	$1000	$2300	$1500
Fictícia (*Dummy*)	$0	$0	$0	$0

b. Subtraia o menor número em cada linha e cubra os zeros (a subtração nas colunas produzirá os mesmos valores, portanto, não é necessária).

Contratado \ Escritório	Omaha	Miami	Dallas	Nova York
Jones	0	300	400	200
Smith	0	1100	800	300
Wilson	0	500	1800	1000
Fictícia (*Dummy*)	0	0	0	0

c. Subtraia o menor número não coberto (200), o adicione a cada célula onde as duas linhas se cruzam e cubra todos os zeros.

Contratado \ Escritório	Omaha	Miami	Dallas	Nova York
Jones	0	100	200	0
Smith	0	900	600	100
Wilson	0	300	1600	800
Fictícia (*Dummy*)	200	0	0	0

d. Subtraia o menor número não coberto (100), o adicione a cada célula onde as duas linhas se cruzam e cubra todos os zeros.

Contratado \ Escritório	Omaha	Miami	Dallas	Nova York
Jones	0	0	100	0
Smith	0	800	500	100
Wilson	0	200	1500	800
Fictícia (*Dummy*)	300	0	0	100

e. Subtraia o menor número não coberto (100), o adicione a cada célula onde as duas linhas se cruzam e cubra todos os zeros.

Contratado \ Escritório	Omaha	Miami	Dallas	Nova York
Jones	~~100~~	~~0~~	~~100~~	~~0~~
Smith	~~0~~	~~700~~	~~400~~	~~0~~
Wilson	~~0~~	~~100~~	~~1400~~	~~700~~
Fictícia (*Dummy*)	~~400~~	~~0~~	~~0~~	~~100~~

f. Como foi necessário quatro linhas para cobrir todos os zeros, uma atribuição ótima pode ser feita nas células zero. Atribuímos:

Fictícia (ninguém) a Dallas
Wilson a Omaha
Smith a Nova York
Jones a Miami
Custo = $0 + $500 + $800 + $1100 = $2400

AUTOTESTE

- Antes de fazer o autoteste, consulte os objetivos de aprendizagem no início do capítulo, as notas nas margens e o glossário no final do capítulo.
- Corrija seu teste utilizando o Apêndice H ao final do livro.
- Estude novamente as páginas que correspondem a todas as perguntas que você respondeu errado ou que não tem certeza.

01. Se a demanda total é igual ao total da oferta em um problema de transporte, o problema é:
    a. degenerado.
    b. balanceado.
    c. desbalanceado.
    d. inviável.
02. Qual método é utilizado para avaliar se a solução de um problema de transporte é ótima?
    a. Método do vértice noroeste.
    b. Método da aproximação de Vogel (VAM).
    c. Método da distribuição modificada (MODI).
    d. Todas as respostas acima.
03. Em um problema de transporte, o que indica que uma solução de custo mínimo foi encontrada?
    a. Todos os índices de melhoria são negativos ou zero.
    b. Todos os índices de melhoria são positivos ou zero.
    c. Todos os índices de melhoria são iguais a zero.
    d. Todas as células em uma linha fictícia estão vazias.
04. O método da aproximação de Vogel sempre fornece uma solução inicial de menor custo do que o método do vértice noroeste.
    a. Verdadeiro.
    b. Falso.
05. Se o número de células preenchidas em uma tabela de transporte não é igual ao número de linhas mais o de colunas menos um, então o problema é dito ser:
    a. desbalanceado.
    b. degenerado.
    c. ótimo.
    d. de maximização.
06. Se a solução para um problema de transporte é degenerada, então:
    a. será impossível avaliar todas as células vazias sem remover a degeneração.
    b. uma coluna ou linha fictícia deverá ser adicionada.
    c. existirá mais do que uma solução ótima.
    d. o problema não terá uma solução viável.
07. Se a demanda total é maior que a capacidade total em um problema de transporte, então:
    a. a solução ótima será degenerada.
    b. uma fonte fictícia deverá ser adicionada.
    c. um destino fictício deverá ser adicionado.
    d. uma fonte fictícia e um destino fictício devem ser adicionados.
08. Na solução do problema da localização de instalações em que existem dois locais possíveis, o algoritmo de transporte pode ser utilizado. Ao fazer isso:
    a. duas linhas (fontes) devem ser adicionadas às linhas existentes e o problema aumentado deve ser resolvido.
    b. dois problemas de transporte separados devem ser resolvidos.
    c. custos de zero devem ser utilizados para cada uma das novas instalações.
    d. o método MODI deve ser utilizado para avaliar as células vazias.
09. O método húngaro é:
    a. uma forma de desenvolver uma solução inicial para o problema de transporte.
    b. utilizado para resolver o problemas de atribuição.
    c. também denominado método de aproximação de Vogel.
    d. utilizado somente para problemas em que o objetivo é maximizar o lucro.
10. Em um problema de atribuição, poderá ser necessário adicionar mais de uma linha na tabela.
    a. Verdadeiro.
    b. Falso.
11. Quando utilizamos o método húngaro, uma atribuição ótima pode sempre ser feita quando cada linha e cada coluna têm pelo menos um zero.
    a. Verdadeiro.
    b. Falso.
12. Um problema de atribuição pode ser considerado um tipo especial de problema de transporte com qual das seguintes características?
    a. A capacidade de cada fonte e a demanda de cada destino é igual a um.
    b. O número de linhas é igual ao número de colunas.
    c. O custo de cada rota de envio é igual a um.
    d. Todas as respostas acima.

QUESTÕES PARA DISCUSSÃO E PROBLEMAS

Questões para discussão

10-1 O modelo de transporte é um exemplo de decisão sobre certeza ou de decisão sobre incerteza? Por quê?

10-2 Por que o VAM fornece uma boa solução inicial viável? O método da regra do vértice noroeste sempre pode fornecer uma solução com o custo tão baixo quanto o VAM?

10-3 O que é um problema de transporte *balanceado*? Descreva a abordagem que você utilizaria para resolver um problema *desbalanceado*.

10-4 O método do degrau (*stepping-stone*) está sendo utilizado para resolver um problema de transporte. A menor quantidade em uma célula com um sinal de menos é 35, mas duas células diferentes com o sinal de menos também apresentam 35 unidades em cada uma delas. Que problema isso causará e como essa dificuldade será resolvida?

10-5 O método do degrau (*stepping-stone*) está sendo utilizado para resolver um problema de transporte. Existe somente uma célula vazia com um índice de melhoria negativo e esse índice é −2. O caminho do degrau (*stepping-stone*) para essa célula indica que a menor quantidade das células com o sinal de menos é 80 unidades. Se o custo total para a solução atual é $900, qual será o custo total para a solução melhorada? O que você pode concluir sobre quanto o custo total irá diminuir quando desenvolver cada nova solução para qualquer problema de transporte?

10-6 Explique o que acontece quando a solução de um problema de transporte não tem $m + n - 1$ células ocupadas (onde m = número de linhas e n = número de colunas na tabela).

10-7 O que é a abordagem de enumeração para resolver um problema de atribuição? Ela é uma forma prática de resolver um problema com 5 linhas × 5 colunas? E um problema 7 × 7? Por quê?

10-8 Pense no problema de transporte no início deste capítulo. Como um problema de atribuição pode ser resolvido com a abordagem de transporte? Prepare o problema da oficina Fix-It (mostrado na Tabela 10.26) utilizando a abordagem de transporte. Que condição dificultará a solução desse problema?

10-9 Você é o supervisor de uma planta de produção e é responsável pela programação dos trabalhadores para as tarefas disponíveis. Depois de estimar o custo de atribuir cada um dos cinco trabalhadores disponíveis na sua planta a cinco projetos que ser devem concluídos imediatamente, você resolve o problema utilizando o método húngaro. A seguinte solução é encontrada e você apresenta esta atribuição de tarefas:

Jones ao projeto A
Smith ao projeto B
Thomas ao projeto C
Gibbs ao projeto D
Heldman ao projeto E

O custo ótimo encontrado foi de $492 para essas atribuições. O gerente geral da empresa inspeciona suas estimativas de custos iniciais e o informa que o benefício dos funcionários aumentou, significando que cada um dos 25 números da sua tabela de custos está defasado em $5. Ele sugere que você refaça o problema imediatamente e publique as novas atribuições. Isso é necessário? Por quê? Qual será o novo custo ótimo?

10-10 A empresa de pesquisa em marketing da Sue Simmons tem um representante local em todos os estados americanos exceto cinco. Sue decide expandir a empresa para cobrir todo o país transferindo cinco voluntários experientes de seus locais de trabalho atuais para novos escritórios em cada um dos cinco estados. O objetivo de Simmons é realocar os cinco representantes ao menor custo possível. Portanto, ela cria uma tabela 5x5 de custos de realocação e se prepara para resolver o modelo de melhor atribuição utilizando o método húngaro. Na última hora, Simmons lembra que os primeiros quatro voluntários não fizeram objeções quanto às novas cidades de trabalho, mas o quinto voluntário fez uma restrição. Ele simplesmente se recusa a assumir o novo posto em Tallahassee, Flórida – o motivo alegado foi medo das baratas sulistas! Como Sue deve alterar a matriz de custos de modo a assegurar que essa atribuição não faça parte da solução ótima?

Problemas*

10-11 O gerente da empresa de móveis Executivo decidiu expandir a capacidade de produção na sua fábrica

Dados para o Problema 10-11

Necessidades dos novos depósitos		Capacidades das novas fábricas	
Albuquerque (A)	200 mesas	Des Moines (D)	300 mesas
Boston (B)	200 mesas	Evansville (E)	150 mesas
Cleveland (C)	300 mesas	Fort Lauderdale (f)	250 mesas

Dados para o Problema 10-11

De \ Para	Albuquerque	Boston	Cleveland
Des Moines	5	4	3
Evansville	8	4	3
Fort Lauderdale	9	7	5

---

* Nota: Q significa que o problema pode ser resolvido com o QM para Windows; X significa que o problema pode ser resolvido com o Excel; Q/X significa que ele pode ser resolvido tanto com o QM para Windows quanto com o Excel.

Dados para o Problema 10-13

De \ Para	Projeto A	Projeto B	Projeto C	Capacidade das plantas
Planta 1	$10	$4	$11	70
Planta 2	$12	$5	$8	50
Planta 3	$9	$7	$6	30
Necessidades dos projetos	40	50	60	150

de Des Moines e cortar a produção das demais. Ele também percebeu uma virada no mercado de suas mesas de escritório e revisou as necessidades dos seus três depósitos.

(a) Utilize a regra do vértice noroeste para estabelecer uma escala de envio inicial viável e calcule o seu custo.

(b) Utilize o método do degrau (*stepping Stone*) para testar se uma solução melhor é possível.

(c) Explique o significado e as implicações de um índice de melhoria que é igual a zero. Que decisões um administrador pode tomar com essa informação? Como a solução final é afetada?

10-12 Utilizando a capacidade de produção ampliada fornecida no Problema 10-11, utilize o VAM e o método do degrau a fim de encontrar a solução ótima para esse problema.

10-13 A Hardrock tem plantas em três locais e atualmente trabalha em três grandes projetos, cada um em um local diferente. O custo de envio por caminhão de concreto, as capacidades diárias de cada planta e as necessidades diárias de cada projeto estão apresentadas na tabela:

(a) Determine uma solução inicial viável para o problema de transporte da Hardrock utilizando a regra do vértice noroeste. Avalie cada rota de envio não utilizada calculando todos os índices de melhoria. Essa solução é ótima? Por quê?

(b) Existe mais de uma solução ótima para esse problema? Por quê?

10-14 O dono da Hardrock decidiu aumentar a capacidade da sua menor planta (veja o Problema 10-13). Em vez de produzir 30 cargas de concreto por dia na planta 3, a capacidade será aumentada para 60 cargas ao dia. Encontre a nova solução ótima utilizando a regra do vértice noroeste e o método do degrau (*stepping-stone*). Como a mudança da capacidade da terceira planta alterou as atribuições de envio ótimas? Discuta os conceitos de degeneração e as múltiplas soluções ótimas em relação a esse problema.

10-15 A empresa Saussy Lumber envia assoalhos de pinho para três almoxarifados a partir de suas fábricas em Pineville, Oak Ridge e Mapletown. Determine a melhor programação de transporte para os dados apresentados na tabela. Utilize o método do vértice noroeste e o método do degrau.

10-16 Utilizando os mesmos dados da empresa Saussy Lunmber e a mesma solução inicial que você encontrou pela regra do vértice noroeste, resolva o Problema 10-15 utilizando o método MODI.

10-17 A Krampf Lines Railway Company é especialista no manejo de carvão. Na sexta-feira, 13 de abril, a Krampf tinha carros vazios nas seguintes cidades e nas seguintes quantidades:

Tabela para o Problema 10-15

De \ Para	Depósito 1	Depósito 2	Depósito 3	Capacidade das fábricas (T)
Pineville	$3	$3	$2	25
Oakridge	4	2	3	40
Mapletown	3	2	3	30
Necessidade dos depósitos (T)	30	30	35	95

De \ Para	Coal Valley	Coaltown	Coal Junction	Coalsburg
Morgantown	50	30	60	70
Youngtown	20	80	10	90
Pittsburgh	100	40	80	30

Cidade	Carros Disponíves
Morgantown	35
Youngtown	60
Pittsburgh	25

Na segunda-feira, 16 de abril, as seguintes cidades precisam das seguintes quantidades de carros de carvão:

Cidade	Demanda de carros
Coal Valley	30
Coaltown	45
Coal Junction	25
Coalsburg	20

Utilizando um diagrama das distâncias de cidade a cidade de via férrea, o despachante constrói uma tabela de milhagem para as cidades mencionadas. O resultado é apresentado na tabela a seguir. Minimize a milhagem total que os carros precisam percorrer de uma cidade a outra, determine o melhor envio dos carros de carvão. Utilize a regra do vértice noroeste e o método MODI.

10-18 Um fabricante produz ar-condicionados para quartos nas fábricas de Houston, Phoenix e Memphis. Os aparelhos são enviados para distribuidores regionais em Dallas, Atlanta e Denver. Os custos de envio variam e a empresa quer encontrar uma forma de minimizar esse custo atendendo à demanda em cada um dos centros de distribuição. Dallas necessita de 800 aparelhos por mês, Atlanta, de 600 e Denver, de 200. Houston tem 800 aparelhos disponíveis mensalmente, Phoenix, 650, e Memphis, 300. O custo de envio por unidade de Houston a Dallas é $8, para Atlanta, $12, e para Denver, $10. O custo unitário de envio de Phoenix para Dallas é $10, para Atlanta é $14 e para Denver, $9. O custo unitário de envio de Memphis para Dallas é $11, para Atlanta é $8 e para Denver, $12. Quantas unidades devem ser enviadas de cada fábrica para cada centro de distribuição regional? Qual é o custo total disso?

10-19 A Móveis Finlândia fabrica mesas em instalações localizadas em três cidades – Reno, Denver e Pittsburgh. As mesas são então enviadas para três lojas de varejo localizadas em Phoenix, Cleveland e Chicago. O gerente quer desenvolver um cronograma de distribuição que atenda à demanda ao menor custo possível. O custo de envio, por unidade, de cada fonte para cada destino é mostrado na próxima tabela:

De \ Para	Phoenix	Cleveland	Chicago
Reno	10	16	19
Denver	12	14	13
Pittsburgh	18	12	12

A produção disponível é de 120 unidades em Reno, 200 em Denver e 160 em Pittsburgh. Phoenix tem um demanda de 140 unidades, Cleveland, uma demanda de 160 unidades e Chicago, de 180 unidades. Quantas unidades devem ser enviadas de cada fábrica para cada loja de varejo se o custo deve ser minimizado? Qual é o custo total de envio?

10-20 A Móveis Finlândia está enfrentando uma queda na demanda por mesas em Chicago: a demanda caiu para 150 unidades (veja o Problema 10-19). Que condição especial irá existir? Qual é a solução de custo mínimo? Sobrarão unidades (mesas) em qualquer uma das fábricas?

10-21 O estado do Missouri tem três companhias principais de energia (A, B e C). Durante os meses de pico da demanda, as autoridades responsáveis autorizam essas companhias a juntar o excesso de produção e distribuí-la a pequenas companhias de energia independentes que não têm fontes geradoras grandes o suficiente para atender à demanda. O excesso de geração é distribuído com base no custo por quilowatt/hora transmitido. A tabela mostra a demanda e a geração, em milhões de quilowatts/hora, e o custo por quilowatt/hora necessário para transmitir energia elétrica a quatro pequenas companhias nas cidades de W, X, Y e Z.

De \ Para	W	X	Y	Z	Excesso de geração
A	12¢	4¢	9¢	5¢	55
B	8	1	6	6	45
C	1	12	4	7	30
Demanda de energia não satisfeita	40	20	50	20	

Utilize o VAM para encontrar uma atribuição de transmissão inicial do excesso de geração de ener-

Tabela para o Problema 10-22

De \ Para	Destino A	Destino B	Destino C	Geração
Fonte 1	$8	$9	$4	72
Fonte 2	5	6	8	38
Fonte 3	7	9	6	46
Fonte 4	5	3	7	19
Demanda	110	34	31	175

gia. Depois, aplique a técnica MODI para encontrar o sistema de distribuição de menor custo.

10-22 Considere a tabela de transporte acima:

Encontre uma solução inicial utilizando a regra do vértice noroeste. Que condição especial existe? Explique qual é o procedimento para resolver o problema.

10-23 Os três bancos de sangue no condado de Franklin são coordenados por um escritório central que facilita a distribuição do sangue para os quatro hospitais da região. O custo de envio de um recipiente padrão de sangue de cada banco para cada hospital é mostrado na tabela a seguir. Também são apresentados o número de recipientes disponíveis em cada banco de sangue e os necessários a cada duas semanas em cada hospital. Quantos envios devem ser feitos a cada duas semanas de cada banco de sangue para cada hospital de modo que o custo total de envio seja minimizado?

10-24 A empresa de investimento imobiliário B. Hall identificou quatro pequenos edifícios de apartamentos nos quais ela gostaria de investir. A senhora Hall discutiu com três companhias de poupança e empréstimo sobre financiamento. Porque ela tem sido uma boa cliente no passado e tem mantido um alto escore de crédito na comunidade, cada empresa de poupança e empréstimo está disposta a financiar toda ou parte da hipoteca necessária para cada propriedade. Cada empresa de financiamento apresentou taxas de juros diferentes para cada propriedade (as taxas são afetadas pela vizinhança do prédio, pelas condições da propriedade e pelo desejo de diversificação da empresa de financiar prédios de tamanhos variados). Assim, cada empresa de empréstimo apresentou um valor máximo que emprestaria a Hall. Essa informação está resumida na tabela a seguir.

Todos os edifícios são igualmente atrativos para Hall como investimento, assim, ela decidiu comprar

Tabela para o Problema 10-23

De \ Para	Hospital 1	Hospital 2	Hospital 3	Hospital 4	Estoque
Banco 1	$8	$9	$11	$16	50
Banco 2	12	7	5	8	80
Banco 3	14	10	6	7	120
Demanda	90	70	40	50	250

Tabela para o Problema 10-24

Empresa de poupança e empréstimo	Propriedade (taxa de juros em %)				Linha máxima de crédito
	Hill St.	Banks St.	Park Ave.	Drury Lane	
First Homestead	8	8	10	11	80000
Commonwealth	9	10	12	10	100000
Washington Federal	9	11	10	9	120000
Empréstimo necessário para comprar o prédio	$60000	$40000	$130000	$70000	

a maior quantidade de edifícios possível com a menor taxa de juros total. Ela deve fazer um empréstimo com qual empresa para comprar quais edifícios? Mais do que uma empresa de poupança e empréstimo pode financiar a mesma propriedade.

10-25 O gerente de produção da J. Mehta está planejando uma série de períodos de produção de um mês de pias de aço inoxidável. A demanda para os próximos quatro meses é:

Mês	Demanda por pias de aço inoxidável
1	120
2	160
3	200
4	100

A empresa Metha pode produzir, normalmente, 100 pias de aço inoxidável em um mês. Isso pode ser feito durante as horas regulares de produção a um custo de $100 por pia. Se a demanda em determinado mês não puder ser satisfeita, o gerente de produção tem três opções: (1) ele pode produzir até 50 pias adicionais por mês com horas extras, mas a um custo de $130 a unidade; (2) ele pode comprar um número limitado de pias de um concorrente amigo para revender (o número máximo desse tipo de compra é 450 pias no período de quatro meses a um custo de $150 por unidade); ou (3) ele pode suprir a demanda com o estoque disponível. O custo de manutenção do estoque é de $10 por pia por mês. Atrasos na entrega não são permitidos. O estoque disponível no início do mês é de 40 pias. Estabeleça esse problema como um de transporte para minimizar custos. Use a regra do vértice noroeste para encontrar um nível inicial de produção e de compras externas para o quadrimestre.

10-26 A fábrica Ashley, que produz bagageiros de teto para automóveis, mantém atualmente fábricas em Atlanta e Tulsa que atendem grandes centros de distribuição em Los Angeles e Nova York. Em virtude da expansão da demanda, a Ashley decidiu construir uma terceira fábrica e, após deliberações, está considerando apenas duas cidades: New Orleans ou Houston. Os custos pertinentes de produção e distribuição bem como as capacidades das plantas e as demandas de distribuição estão mostrados na tabela a seguir.

Qual das duas fábricas possíveis deve ser aberta?

10-27 Marc Smith, vice-presidente de operações da HHN, empresa que produz gabinetes para comutadores telefônicos, está enfrentando problemas para atender

Tabela para o Problema 10-26

De \ Para	Los Angeles	New York	Produção normal	Custo unitário de produção ($)
Atlanta *(Plantas existentes)*	$8	$5	600	6
Tulsa	$4	$7	900	5
New Orleans *(Locais propostos)*	$5	$6	500	4 (Antecipada)
Houston	$4	$6	500	3 (Antecipada)
Demanda prevista	800	1200	2000	

Indica custo de distribuição (envio, manejo e estocagem). Será seis por bagageiro se enviado de Houston para Nova York.

Tabela para o Problema 10-27

	Localização da fábrica (planta)				
Área de mercado	Waterloo	Pusan	Bogotá	Fontainebleau	Dublin
Canadá					
Demanda 4000					
Custo de Produção	$50	$30	$40	$50	$45
Custo de Transporte	10	25	20	25	25
América do Sul					
Demanda 5000					
Custo de Produção	50	30	40	50	45
Custo de Transporte	20	25	10	30	30
Borda do Pacífico					
Demanda 5000					
Custo de Produção	50	30	40	50	45
Custo de Transporte	25	10	25	40	40
Europa					
Demanda 4000					
Custo de Produção	50	30	40	50	45
Custo de Transporte	25	40	30	10	20
Capacidade	8000	2000	5000	9000	9000

a previsão de produção de cinco anos devido à capacidade limitada nas três fábricas existentes. Essas três fábricas estão localizadas em Waterloo, Pusan e Bogotá. Você, como um hábil assistente, informou que em virtude das restrições de capacidade e do mercado mundial em expansão para os gabinetes da HHN, uma nova fábrica será criada. O departamento imobiliário avisou Marc que dois locais parecem especialmente bons em virtude da situação política estável e da taxa de câmbio favorável: Dublin, na Irlanda, e Fontainebleau, na França. Marc pede que você analise os dados na tabela a seguir e determine onde a quarta fábrica deve ser localizada com base nos custos de produção e transporte. *Nota*: Esse problema é degenerado com os dados dos dois locais.

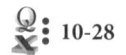

10-28 A Don Levine considera acrescentar mais uma fábrica às suas três existentes, localizadas em Decatur, Minneapolis e Carbondale. Tanto St. Louis quanto East St. Louis estão sendo considerados. Avaliando somente o custo unitário de transporte, como mostrado na tabela, qual das duas cidades é a melhor?

	Das fábricas existentes			
Para	Decatur	Minneapolis	Carbondale	Demanda
Blue Earth	20	$17	$21	250
Ciro	25	27	20	200
Des Moines	22	25	22	350
Capacidade	300	200	150	

	Das fábricas propostas	
Para	East St. Louis	St Louis
Blue Earth	$29	$27
Ciro	30	28
Des Moines	30	31
Capacidade	150	150

10-29 Utilizando os dados do Problema 10-28 mais o custo unitário de produção apresentado na tabela a seguir, que locais proporcionarão o menor custo?

Local	Custo de produção
Decatur	$50
Minneapolis	60
Carbondale	70
East St. Louis	40
St. Louis	50

10-30 Na operação de uma oficina, quatro tarefas devem ser executadas em uma de quatro máquinas. As horas necessárias para cada tarefa em cada máquina são apresentadas na próxima tabela. O supervisor da fábrica quer atribuir as tarefas de modo a minimizar o tempo total. Utilize o método da atribuição para encontrar a melhor solução.

Tarefa	Máquina			
	W	X	Y	Z
A12	10	13	16	13
A15	12	13	15	12
B2	9	12	12	11
B9	14	16	18	16

10-31 Quatro automóveis chegaram à oficina de reparos do Bubba para vários tipos de trabalho, variando da renovação da transmissão a um conserto de freios. O nível de experiência dos mecânicos é bastante variado e Bubba quer minimizar o tempo necessário para completar todos os serviços. Ele estimou o tempo, em minutos, que cada mecânico levaria para realizar cada trabalho. Billy pode completar o trabalho 1 em 400 minutos, o 2 em 90 minutos, o 3 em 60 minutos e o 4 em 120 minutos. Taylor pode terminar o trabalho 1 em 650 minutos, o 2 em 120 minutos, o 3 em 90 minutos e o 4 em 180 minutos. Mark termina o trabalho 1 em 480 minutos, o 2 em 120 minutos, o 3 em 80 minutos e o 4 em 180 minutos. John irá completar o primeiro trabalho em 500 minutos, o segundo em 110 minutos, o terceiro em 90 minutos e o quarto em 150 minutos. Cada mecânico deve ser alocado a apenas um desses trabalhos. Qual é o tempo mínimo necessário para completar os quatro carros? Quem deve ser alocado a cada um dos trabalhos (carros)?

10-31 Equipes de árbitros de beisebol estão atualmente em quatro cidades onde três séries de jogos estão começando. Quando esses jogos terminarem, as equipes de árbitros precisam trabalhar em outras quatro cidades diferentes. As distâncias (em milhas) de cada uma das cidades em que as equipes estão atualmente trabalhando até as cidades onde os novos jogos serão realizados estão apresentadas na tabela a seguir:

De	Para			
	Kansas City	Chicago	Detroit	Toronto
Seattle	1500	1730	1940	2070
Arlington	460	810	1020	1270
Oakland	1500	1850	2080	X
Baltimore	960	610	400	330

O X indica que uma equipe em Oakland não pode ser enviada a Toronto. Determine que equipe de árbitros deve ser enviada a cada cidade de modo a minimizar a distância total de viagem. Quantas milhas serão percorridas se essas atribuições forem feitas?

10-33 No Problema 10-32, a distância mínima a ser percorrida foi encontrada. Para ver quão melhor essa solução é da atribuição que poderia ter sido feita sem usar o método húngaro, encontre as atribuições que forneçam a máxima distância percorrida. Compare essa distância total com a distância encontrada no Problema 10.32.

10-34 Roscoe Davis, chefe de departamento de uma faculdade de administração, decidiu aplicar o método húngaro na alocação dos professores às disciplinas do próximo semestre. Como critério de julgamento de quem deve ministrar qual disciplina, o professor Davis reviu as avaliações dos professores dos últimos dois anos (feitas pelos alunos). Uma vez que cada um dos quatro professores lecionou cada uma das quatro disciplinas uma ou mais vezes nos últimos dois anos, Davis pode atribuir uma nota a cada professor em cada disciplina. As notas estão apresentadas na tabela a seguir. Encontre a melhor alocação dos professores às disciplinas de modo a maximizar a nota global.

Professor	Disciplina			
	Estatística	Administração	Finanças	Economia
Anderson	80	65	95	40
Sweeney	70	60	80	75
Willians	85	40	80	60
McKinney	55	80	65	55

10-35 A administradora do St. Charles General Hospital deve nomear enfermeiras-chefes para os novos departamentos de urologia, cardiologia, ortopedia e obstetrícia. Em antecipação ao esse problema de pessoal, ela havia contratado quatro enfermeiras: Hawkins, Condriac, Bardot e Hoolihan. Acreditando na análise quantitativa para a solução de problemas, a administradora entrevistou cada enfermeira analisando a personalidade e o talento e desenvolveu uma escala de custo variando de 0 a 100 para ser utilizada na alocação. Um 0 para a enfermeira Bardot quando alocada à unidade de Cardiologia implica que ela é perfeitamente adequada para o trabalho. Um valor próximo de 100, por outro lado, implica que ela não é a pessoa adequada para chefiar a unidade. A tabela a seguir fornece um conjunto completo de valores de custo que a administradora do hospital acredita representar todas as alocações possíveis. Que enfermeira deve ser atribuída a cada unidade?

Enfermeira	Departamento			
	Urologia	Cardiologia	Ortopedia	Obstetrícia
Hawkins	28	18	15	75
Condriac	32	48	23	38
Bardot	51	36	24	36
Hoolihan	25	38	55	12

| Componente | Fábrica | | | | | | | |
eletrôncco	1	2	3	4	5	6	7	8
C53	$0,10	$0,12	$0,13	$0,11	$0,10	$0,06	$0,16	$0,12
C81	0,05	0,06	0,04	0,08	0,04	0,09	0,06	0,06
D5	0,32	0,40	0,31	0,30	0,42	0,35	0,36	0,49
D44	0,17	0,14	0,19	0,15	0,10	0,16	0,19	0,12
E2	0,06	0,07	0,10	0,05	0,08	0,10	0,11	0,05
E35	0,08	0,10	0,12	0,08	0,09	0,10	0,09	0,06
G99	0,55	0,62	0,61	0,70	0,62	0,63	0,65	0,59

10-36 A Gleming acabou de desenvolver um novo líquido para máquinas de lavar e está preparando uma campanha promocional nacional pela televisão. A empresa decidiu programar uma série de comerciais de um minuto durante o pico da audiência das donas de casa no horário das 13 às 17 horas. Para alcançar a maior audiência possível, a Gleaming quer programar um comercial em cada uma das quatro redes nacionais e deseja que um comercial apareça em cada um dos quatro blocos de uma hora. Os índices de exposição para cada uma dessas horas, que representa o número de telespectadores por $1000 gastos, estão apresentados na tabela a seguir. Que rede deve ser alocada em cada horário de modo a fornecer a máxima exposição à audiência?

| Intervalos horários | Rede | | | |
	A	B	C	Independente
Das 13 às 14 horas	27,1	18,1	11,3	9,5
Das 14 às 15 horas	18,9	15,5	17,1	10,6
Das 15 às 16 horas	19,2	18,5	9,9	7,7
Das 16 às 17 horas	11,5	21,4	16,8	12,8

10-37 Como mencionado na Seção 10.14, a oficina Fix-It contratou um quarto funcionário, Davis. Resolva a tabela de custos para a nova atribuição ótima de trabalhadores a projetos. Por que essa solução ocorre?

| Trabalhador | Projeto | | |
	1	2	3
Adams	$11	$14	$6
Brown	8	10	11
Cooper	9	12	7
Davis	10	13	8

10-38 A empresa Patrícia Garcia está produzindo sete novos produtos médicos. Cada uma das oito fábricas existentes pode adicionar um único produto na sua linha atual de equipamentos médicos. Os custos unitários de manufatura para produzir as diferentes peças em cada uma das fábricas são apresentados na tabela a seguir. Como a Garcia pode atribuir os novos produtos a cada uma das fábricas de modo a minimizar os custos de manufatura?

10-39 A Haifa Instrumentos, fabricante israelense de unidades de diálise portáteis e outros produtos médicos, desenvolveu um plano agregado de oito meses. A capacidade e a demanda (em unidades) foram previstas como mostrado na tabela.

O custo de cada unidade de diálise é $1000 no tempo normal, $1300 com horas-extras e $1500 com subcontratos. O custo de manejo de estoque é de $100 por unidade por mês. Não existe início ou fim do material estocado.

Capacidade da fonte	Janeiro	Fevereiro	Março	Abril	Maio	Junho	Julho	Agosto
Trabalho								
Tempo Regular	235	255	290	300	300	290	300	290
Horas-extras	20	24	26	24	30	28	30	30
Subcontrato	12	15	15	17	17	19	19	20
Demanda	255	294	321	301	330	320	345	340

Astronauta	Missão									
	12 Jan.	27 Jan.	5 Fev.	26 Fev	26 Mar.	12 Abr.	1 Maio	9 Jun.	20 Ago.	19 Set.
Vincze	9	7	2	1	10	9	8	9	2	6
Veit	8	8	3	4	7	9	7	7	4	4
Anderson	2	1	10	10	1	4	7	6	6	7
Herbert	4	4	10	9	9	9	1	2	3	4
Schatz	10	10	9	9	8	9	1	1	1	1
Plane	1	3	5	7	9	7	10	10	9	2
Certo	9	9	8	8	9	1	1	2	2	9
Moses	3	2	7	6	4	3	9	7	7	9
Brandon	5	4	5	9	10	10	5	4	9	8
Drtina	10	10	9	7	6	7	5	4	8	8

(a) Determine um plano de produção, utilizando o modelo de transporte que minimiza o custo. Qual é o custo desse plano?

(b) Por meio de um melhor planejamento, a produção no tempo normal pode ser fixada exatamente no mesmo valor, 275 por mês. Isso altera a solução?

(c) Se os custos das horas extras aumentam de $1300 para $1400, isso altera a resposta da parte (a)? O que acontece se ela baixa para $1200?

10-40 A equipe de astronautas da NASA inclui 10 especialistas em missões que possuem doutorado tanto em astrofísica quanto em astromedicina. Um desses especialistas será alocado a cada um de 10 voos programados para os próximos nove meses. Os especialistas em missões são responsáveis pela execução de experimentos científicos no espaço ou por lançar, recuperar ou reparar satélites. O chefe dos astronautas, ele mesmo um ex-membro de equipe com três missões no currículo, deve decidir quem deve ser alocado e treinado para cada uma das missões, que são totalmente diferentes. Claramente, astronautas com educação em Medicina são mais adequados para missões que envolvem experimentos biológicos ou médicos, enquanto que aqueles com educação em Engenharia ou Física são mais apropriados para outros tipos de missão. O chefe atribui uma nota em uma escala que varia de 1 a 10 para cada uma das possíveis missões, com10 indicando uma associação perfeita entre o astronauta e a missão e 1 indicando um erro de atribuição. Somente um especialista é atribuído para cada voo e nenhum é realocado até que todos os demais tenham cumprido pelo menos uma missão.

(a) Quem deve ser alocado a que missão?

(b) A NASA acabou de receber uma notificação de que Anderson irá casar em Fevereiro e que lhe foi concedido uma altamente desejada turnê publicitária pela Europa nesse mês. (Ele pretende levar a esposa e usar a viagem também como lua-de-mel.) Como isso afetará a programação final?

(c) O astronauta Certo reclamou que sua nota nas missões de janeiro não foram justas. Ela acredita que ambas deveriam ser 10; o chefe concorda e refaz a escala. Alguma mudança ocorre na programação determinada no item (b)?

(d) Quais são as os pontos fortes e fracos desse tipo de abordagem de atribuição?

PROBLEMAS EXTRAS NA INTERNET

Veja em **www.bookman.com.br** os problemas adicionais 10-41 a 10-47 (em inglês).

ESTUDO DE CASO

Andrew-Carter, Inc.

A Andrew-Carter, Inc. (A-C) é uma grande distribuidora canadense de acessórios de iluminação para outdoors. Esses assessórios são distribuídos por toda a América do Norte e tem tido alta demanda ao longo de vários anos. A empresa opera três fábricas desses equipamentos que os distribuem para cinco centros de distribuição (armazéns).

Durante a atual recessão, a A-C teve uma grande queda na demanda pelos seus produtos seguindo o declínio do mercado doméstico. Com base em previsões de taxas de juros, o chefe de operações acredita que a demanda doméstica e, consequentemente, para seus produtos permanecerá em recesso no futuro previsível. A A-C está considerando fechar uma de suas fábricas, pois atualmente opera com um excesso previsto de capacidade de 34000 unidades semanais. As demandas semanais previstas para o próximo ano são:

Armazém 1	9000 unidades
Armazém 1	13000 unidades
Armazém 1	11000 unidades
Armazém 1	15000 unidades
Armazém 1	8000 unidades

A capacidade das fábricas em unidades semanais é:

Fábrica 1, horas normais	27000 unidades
Fábrica 1, horas extras	7000 unidades
Fábrica 2, horas normais	20000 unidades
Fábrica 2, horas extras	5000 unidades
Fábrica 3, horas normais	25000 unidades
Fábrica 3 horas extras	6000 unidades

Se a A-C fechar qualquer uma das suas fábricas, seu custo semanal mudará, pois os custos fixos são menores para uma fábrica inativa. A Tabela 10.40 mostra os custos de produção em cada fábrica, tanto para as horas normais quanto para as extras, e também os custos fixos para a fábrica em atividade e inativa. A Tabela 10.41 mostra os custos de distribuição de cada fábrica até cada centro de distribuição (armazém).

Questões para discussão

1. Avalie as várias configurações possíveis para as fábricas fechadas e em operação que podem atender a demanda semanal prevista. Determine que configuração minimiza os custos totais.
2. Discuta as implicações do fechamento de uma das fábricas.

Fonte: Professor Michael Ballot, University of the Pacific.

TABELA 10.40 Custos variáveis e fixos semanais da Andrew-Carter, Inc.

Fábrica	Custo varável	Custo fixo por semana	
		Operacional	Não operacional
Fábrica 1, horas normais	$2,80/unidade	$14000	$6000
Fábrica 1, horas extras	3,52		
Fábrica 2, horas normais	2,78	12000	5000
Fábrica 2, horas extras	3,48		
Fábrica 3, horas normais	2,72	15000	7500
Fábrica 3, horas extras	3,42		

TABELA 10.41 Custos de distribuição por unidade da Andrew-Carter, Inc.

Da fábrica	Para o centro de distribuição				
	W_1	W_2	W_3	W_4	W_5
No. 1	$0,50	$0,44	$0,49	$0,46	$0,56
No. 2	0,40	0,52	0,50	0,56	0,57
No. 3	0,56	0,53	0,51	0,54	0,35

ESTUDO DE CASO

Old Oregon Wood Store

Em 1992, George Brown inaugurou a fábrica Old Oregon Wood Store para produzir mesas Old Oregon. Cada mesa é cuidadosamente produzida à mão com madeira de carvalho da mais alta qualidade. As mesas Old Oregon podem suportar mais de 500 libras de peso e, desde que a fábrica começou, nenhuma mesa foi devolvida por defeitos de mão de obra ou problemas estruturais. Além de serem duras, todas as mesas recebem um belo acabamento com um verniz especial que George aperfeiçoou nos últimos 20 anos de trabalho com acabamento em materiais de madeira.

O processo de manufatura consiste em quatro etapas: preparação, montagem, acabamento e embalagem. Cada etapa é executada por uma pessoa. Além de acompanhar todo o processo, George é responsável pelo acabamento. Tom Surowski executa a etapa de preparação, que envolve o corte no formato dos componentes básicos das mesas. Leon Davis é encarregado da montagem e Cathy Stark faz a embalagem do produto.

Embora cada pessoa seja responsável por apenas uma etapa do processo produtivo, cada um pode executar qualquer uma delas. É uma política de George que ocasionalmente alguém fabrique várias mesas sem qualquer ajuda de outro colega. Uma pequena competição é utilizada para ver quem consegue completar uma mesa inteira no menor tempo. George mantém um registro dos tempos médios totais e das etapas intermediárias. Os dados estão apresentados na Figura 10.4.

Cathy foi a que mais demorou para construir uma mesa Old Oregon. Além de ser mais lenta do que os demais funcionários, Cathy está também infeliz com sua tarefa atual de embalar, que a deixa ociosa a maior parte do dia. Ela preferiria trabalhar no acabamento e em segundo lugar na preparação.

Além de se preocupar com a qualidade, George também está preocupado com a eficiência e com os custos. Quando um dos empregados falta um dia, isso lhe causa um grande problema de programação. Em alguns casos, George aloca outros empregados com horas extras para completar o trabalho necessário. Outras vezes, ele simplesmente espera que o empregado retorne ao trabalho para completar a sua etapa no processo de manufatura. As duas soluções causam problemas. Horas extras aumentam os custos e a espera pelo retorno do empregado provoca atrasos em todo o processo produtivo.

Para superar esses problemas, Randy Lane foi contratado. A principal tarefa de Randy é executar vários tipos de trabalho e ajudar se algum dos outros empregados faltar. George treinou Randy em todas as etapas do processo de manufatura e ele está feliz com a rapidez com que Randy aprendeu a construir uma mesa Old Oregon completa. Tempos totais e intermediários são fornecidos na Figura 10.5.

```
0           100          160          250         275
| Preparação | Montagem | Acabamento | Embalagem |
                      (Tom)

0            80          160          220         230
| Preparação | Montagem | Acabamento | Embalagem |
                     (George)

0           110          200          280         290
| Preparação | Montagem | Acabamento | Embalagem |
                      (Leon)

0           120          190          290         315
| Preparação | Montagem | Acabamento | Embalagem |
                     (Cathy)
```

FIGURA 10.4 Tempo de fabricação em minutos.

```
            110          190          290         300
| Preparação | Montagem | Acabamento | Embalagem |
```

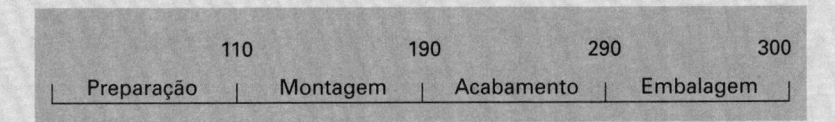

FIGURA 10.5 Tempo em minutos que Randy executa as etapas.

Questões para discussão

1. Qual é a forma mais rápida de produzir uma mesa Old Oregon utilizando a equipe original? Quanto pode ser pago por dia?
2. As taxas de produção e quantidades mudariam significativamente se George permitisse que Randy executasse uma das quatro etapas de produção e colocasse um dos funcionários da equipe original como substituto?
3. Qual é o menor tempo para produzir uma mesa com a equipe original se Cathy fosse realocada para a etapa de preparação ou acabamento?
4. Qualquer pessoa trabalhando na etapa de embalagem estará subutilizada. Você pode encontrar uma forma melhor de utilizar as quatro ou cinco pessoas da equipe do que cada um fazendo uma única etapa ou um fazendo todas? Quantas mesas poderiam ser produzidas por dia com esse novo esquema?

ESTUDOS DE CASO NA INTERNET

Veja em **www.bookman.com.br** os estudos de caso adicionais (em inglês).

BIBLIOGRAFIA

ADLAKHA, V., KOWALSKI, K. Simple Algorithm for the Source-Induced Fixed-Charge Transportation Problem. *Journal of the Operational Research Society*, v. 55, n. 12, p. 1275-80, 2004.

AWAD, Rania M., CHINNECK John W. Proctor Assignment at Carleton University. *Interfaces*. v. 28, n. 2, March-April 1998, p. 58-71.

BOWMAN, E. Production Scheduling by the Transportation Method of Linear Programming. *Operations Research*. v. 4, 1956.

DAWID, Herbert, KONIG, Johannes, STRAUSS, Christine. An Enhanced Rostering Model for Airline Crews. *Computers and Operations Research*. v. 28, n. 7, June 2001, p. 671-688.

DOMICH, P. D. et al. Locating Tax Facilities: A Graphics-Based Microcomputer Optimization Model. *Management Science*. v. 37, August 1991, p. 960-79.

KOKSALAN, Murat, SURAL, Haldun. Efes Beverage Group Makes Location and Distribution Decisions for Its Malt Plants. *Interfaces*. v. 29, n. 2, March-April, 1999, p. 89-103.

LIU, Shiang-Tai. The Total Cost Bounds of the Transportation Problem with Varying Demand and Supply. *Omega*. v. 31, n. 4, p. 247-51, 2003.

MCKEOWN, P., WORKMAN, B. A Study in Using Linear Programming to Assign Students to Schools, *Interfaces*, v. 6, n. 4, August 1976.

POOLEY, J. Integrated Production and Distribution Facility Planning at Ault Foods. *Interfaces*. v. 24, n. 4, July-August 1994, p. 113-21.

RENDER, B., STAIR, R. M. Introduction to Management Science. Boston (MA): Allyn & Bacon, 1992.

APÊNDICE 10.1: USANDO O QM PARA WINDOWS

O QM para Windows tem tanto o módulo de transporte quanto o de atribuição no seu menu. Os dois são fáceis de utilizar em termos de entrada de dados e interpretação dos resultados de saída. O Programa 10.4 utiliza os dados de transporte da amostra da Tabela 10.42 como entrada. O Programa 10.5 mostra as telas de entrada e de saída para o exemplo de atribuição da oficina Fix-It, apresentado neste capítulo.

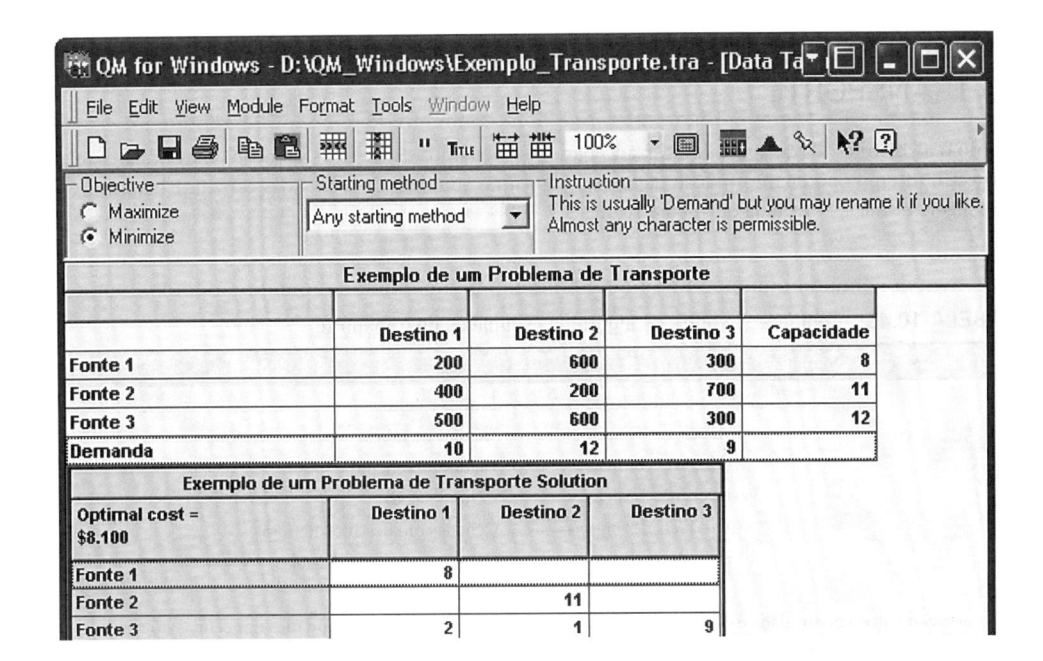

PROGRAMA 10.4
Entradas e resultados do QM para Windows para os dados de transporte da Tabela 10.42.

Exemplo de um Problema de Transporte

	Destino 1	Destino 2	Destino 3	Capacidade
Fonte 1	200	600	300	8
Fonte 2	400	200	700	11
Fonte 3	500	600	300	12
Demanda	10	12	9	

Exemplo de um Problema de Transporte Solution

Optimal cost = $8.100	Destino 1	Destino 2	Destino 3
Fonte 1	8		
Fonte 2		11	
Fonte 3	2	1	9

TABELA 10.42 Amostra de dados para programa de transporte para o QM para Windows

De \ Para	Armazém 1	Armazém 2	Armazém 3	Quantidade disponível
Fábrica 1	200	600	300	8
Fábrica 2	400	200	700	11
Fábrica 3	500	800	300	12
Quantidade	10	12	9	31

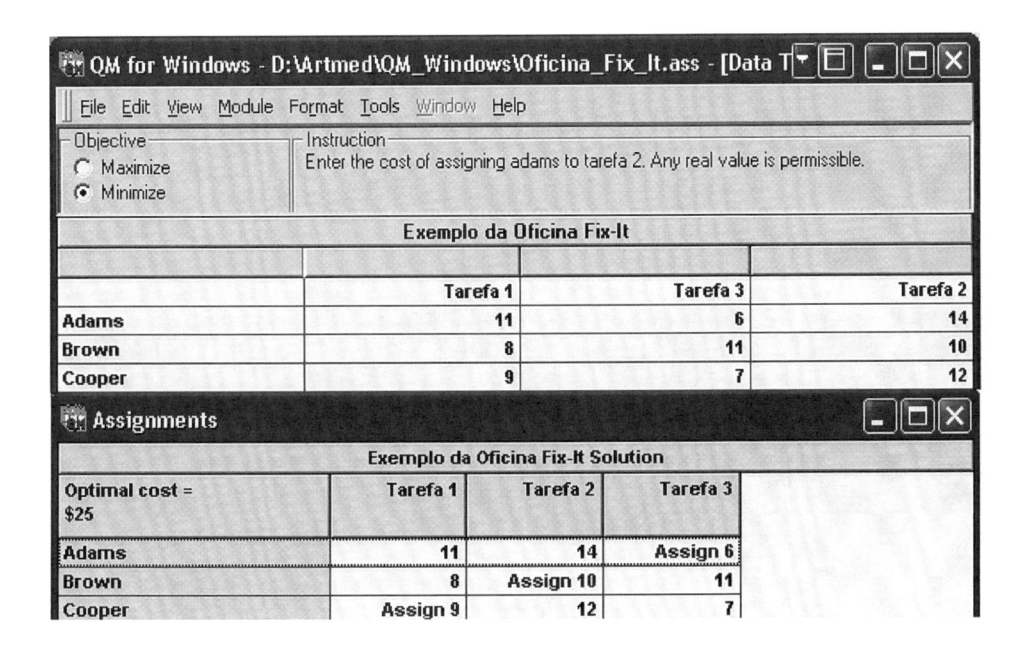

PROGRAMA 10.5
Entradas e saídas do QM para Windows para o exemplo da oficina Fix-It.

Exemplo da Oficina Fix-It

	Tarefa 1	Tarefa 3	Tarefa 2
Adams	11	6	14
Brown	8	11	10
Cooper	9	7	12

Exemplo da Oficina Fix-It Solution

Optimal cost = $25	Tarefa 1	Tarefa 2	Tarefa 3
Adams	11	14	Assign 6
Brown	8	Assign 10	11
Cooper	Assign 9	12	7

APÊNDICE 10.2: COMPARAÇÃO ENTRE OS ALGORITMOS SIMPLEX E DO TRANSPORTE

Como o algoritmo de transporte é utilizado para resolver tipos específicos de problemas lineares, ele fornece o mesmo tipo de informação dada pelo algoritmo simplex. Uma lista das características desses dois algoritmos é apresentada na Tabela 10.43.

TABELA 10.43 Comparação entre os algoritmos simplex e de transporte

Simplex	Transporte
Restrições ⟷	Linhas e colunas
Variáveis de decisão ⟷	Células na tabela
Variáveis básicas ⟷	Células preenchidas
Variáveis não básicas ⟷	Células vazias
Variáveis de folga ⟷	Células com destinos fictícios
Variáveis artificiais ⟷	Células com fontes fictícias
$C_j - Z_j$ ⟷	Índice de melhoria
Menor razão entre a quantidade e os coeficientes da coluna pivô para encontrar a variável que sai ⟷	Menor número de unidades nas células do caminho do degrau (*stepping-stone*) com o sinal menos
Variável deixando a base ⟷	Célula que fica vazia
Variável entrando (na coluna pivô) ⟷	Célula vazia que é preenchida
Solução degenerada – zero na coluna quantidade ⟷	Solução degenerada – um zero é colocado na célula vazia.

CAPÍTULO 11

Programação Inteira, Programação por Objetivo e Programação não Linear

OBJETIVOS DE APRENDIZAGEM

Depois de ler este capítulo, os alunos serão capazes de:

1. Entender as diferenças entre PL e programação inteira
2. Entender e solucionar os três tipos de problemas de programação inteira
3. Aplicar o método *branch and bound* para solucionar problemas de programação inteira
4. Solucionar problemas de programação por objetivo graficamente e utilizar uma técnica simplex modificada
5. Formular problemas de programação não linear e solucioná-los usando o Excel

VISÃO GERAL DO CAPÍTULO

11.1 Introdução
11.2 Programação inteira
11.3 Modelando com variáveis 0-1 (binárias)
11.4 Programação por objetivos
11.5 Programação não linear

Resumo • Glossário • Problemas resolvidos • Autoteste • Questões para discussão e problemas • Problemas extras na Internet • Estudo de caso: Schank Marketing Research • Estudo de caso: Ponte do rio Oakton • Estudo de caso: Shopping Center Puyallup • Bibliografia

11.1 INTRODUÇÃO

Programação inteira é a extensão da PL que soluciona problemas que requerem soluções inteiras.

Acabamos de estudar dois tipos especiais de modelos programação linear (PL) – os modelos de transporte e atribuição – que foram tratados fazendo certas modificações na abordagem geral da PL. Este capítulo apresenta uma série de modelos de programação matemática que surge quando algumas das suposições básicas da PL tornam-se mais ou menos restritivas.

Por exemplo, uma suposição da PL é que variáveis de decisão podem assumir valores fracionários como $X_1 = 0{,}33$, $X_2 = 1{,}57$ ou $X_3 = 109{,}4$. No entanto, vários problemas de negócios só podem ser solucionados se as variáveis têm valores *inteiros*. Quando uma companhia aérea decide quantos Boeing 757 ou Boeing 777 comprar, ela não pode fazer um pedido para 5,38 aeronaves; ela deve pedir 4, 5, 6, 7 ou outra quantidade inteira. Na Seção 11.2, apresentaremos o tópico da programação inteira. Mostraremos como solucionar problemas de programação inteira graficamente e com o uso de um algoritmo chamado de método *branch and bound*.

A programação por objetivo é a extensão da PL que permite que mais de um objetivo seja declarado.

A maior limitação da PL é que ela obriga o tomador de decisão a declarar somente um objetivo. Mas e se um negócio tiver vários objetivos? A gerência pode querer maximizar o lucro, mas ela também pode querer maximizar a fatia de mercado, manter os empregos e minimizar os custos. Muitos desses objetivos podem ser conflitantes e difíceis de quantificar. A South States Power and Light, por exemplo, quer construir uma usina nuclear em Taft, Louisiana. Seus objetivos são maximizar a energia gerada, confiança e segurança e minimizar o custo da operação do sistema e os efeitos no meio ambiente na comunidade. A programação por objetivo é uma extensão da PL que permite objetivos múltiplos como esses.

Programação não linear ocorre quando os objetivos ou restrições são não lineares.

A programação linear pode, é claro, ser aplicada somente em casos nos quais as restrições e a função objetivo sejam lineares. No entanto, em muitas situações este não é o caso. O preço de vários produtos, por exemplo, pode ser uma função do número de unidades produzidas. Quanto mais unidades são feitas, o preço por unidade diminui. Portanto, uma função objetivo pode ser lida como segue:

$$\text{Maximizar o lucro} = 25X_1 - 0{,}4X_1^2 + 30X_2 - 0{,}5X_2^2$$

Devido aos termos ao quadrado, esse é um problema de programação não linear.

Vamos examinar cada uma dessas extensões da PL – programação inteira, por objetivo e não linear.

11.2 PROGRAMAÇÃO INTEIRA

Os valores da solução devem ser números inteiros em uma programação inteira.

Um modelo de *programação inteira* tem restrições e uma função objetivo idêntica àquela formulada pela PL. A única diferença é que uma ou mais das variáveis de decisão precisa ter um valor inteiro no final da solução. Existem três tipos de problemas de programação inteira:

Existem três tipos de programação inteira: programação inteira pura, inteira mista e inteira 0-1.

1. Problemas de programação inteira pura são casos em que todas as variáveis devem ter valores inteiros.
2. Problemas de programação inteira mista são casos em que algumas, mas não todas, variáveis de decisão devem ter valores inteiros.
3. Problemas de programação inteira 0-1 são casos especiais em que todas as variáveis de decisão devem ter valores inteiros de 0 a 1 como solução.

Resolver um problema de programação inteira é muito mais difícil do que resolver um problema de PL. O tempo necessário para solucionar alguns deles pode ser longo mesmo em computadores mais rápidos. O algoritmo mais comum para resolver problemas de programação inteira é o método *branch and bound*. Demonstraremos como ele pode ser usado no exemplo de um problema inteiro puro a seguir.

Exemplo de programação inteira da Companhia Elétrica Harrison. A Companhia Elétrica Harrison, localizada na área antiga de Chicago, fabrica dois produtos muito populares com os restauradores de casas: candelabros antigos e ventiladores de teto. Ambos exigem um processo de produção de duas etapas envolvendo fiação e montagem. Leva aproximadamente 2 horas para instalar a fiação de cada candelabro e 3 horas para instalar a fiação de um ventilador de teto. A montagem final dos candelabros e ventiladores requer 6 e 5 horas, respectivamente. A capacidade de produção é tal que somente 12 horas do tempo da fiação e 30 horas do tempo da montagem estão disponíveis. Se cada candelabro produzido gera um lucro líquido para a empresa de $7 e cada ventilador, de $6, a decisão de produção mista da Harrison pode ser formulada usando a PL como segue:

Maximizar o lucro = $7X_1 + $6X_2$

sujeito a $2X_1 + 3X_2 \leq 12$ (horas da fiação)

$6X_1 + 5X_2 \leq 30$ (horas da montagem)

$X_1, X_2 \geq 0$

onde

X_1 = número de candelabros produzidos

X_2 = número de ventiladores de teto produzidos

Com somente duas variáveis e duas restrições, o gerente de produção da Harrison, Wes Wallace, empregou a abordagem gráfica da PL (veja a Figura 11.1) para gerar a solução ótima

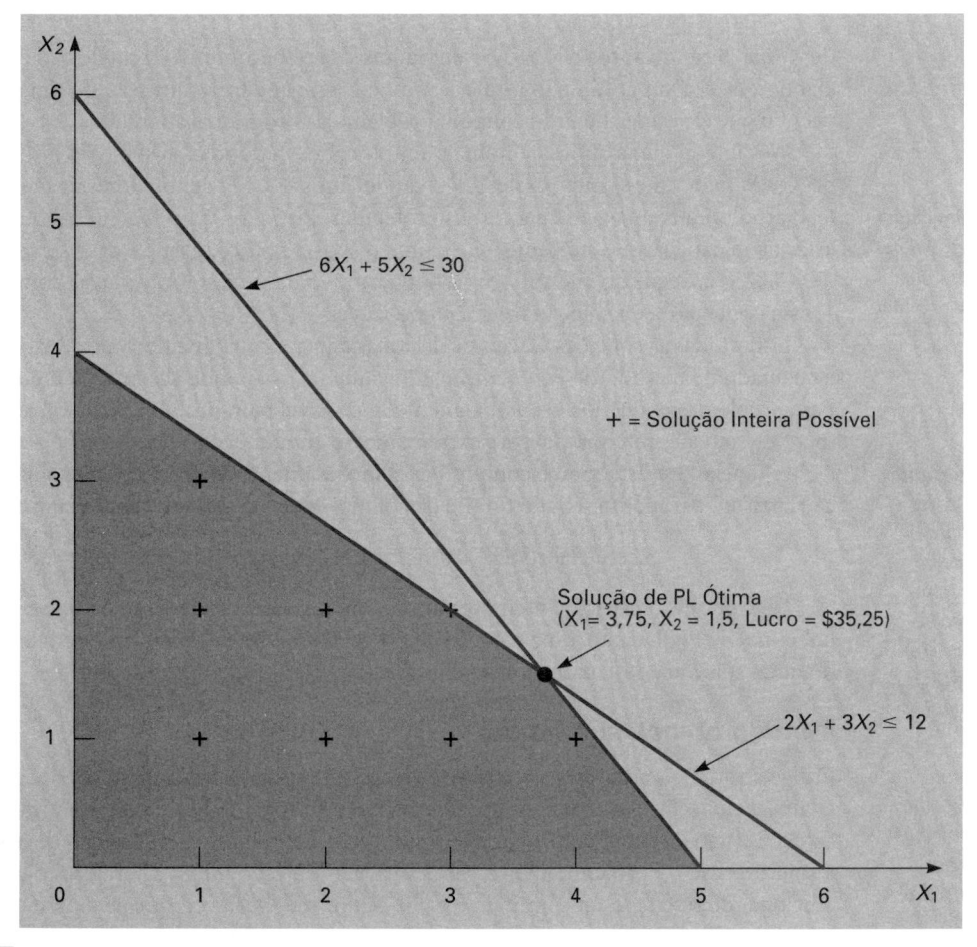

FIGURA 11.1 Problema da Elétrica Harrison.

TABELA 11.1 Solução Inteira para o Problema da Companhia Elétrica Harrison

Candelabros (X_1)	Ventiladores (X_2)	Lucro ($7X_1 + $6X_2$)
0	0	$0
1	0	7
2	0	14
3	0	21
4	0	28
5	0	35 ← Solução ótima do problema de Programação Linear Inteiro.
0	1	6
1	1	13
2	1	20
3	1	27
4	1	34 ← Solução se o arredondamento for utilizado.
0	2	12
1	2	19
2	2	26
3	2	33
0	3	18
1	3	25
0	4	24

Embora a enumeração seja viável para alguns problemas de programação inteira, ela pode ser difícil ou impossível para problemas grandes.

de $X_1 = 3{,}75$ candelabros e $X_2 = 1{,}5$ ventiladores de teto durante o ciclo de produção. Evidenciando que a companhia não poderia produzir ou vender uma fração de um produto, Wes decidiu que ele estava lidando com um problema de programação inteira.

Wes julgou que a abordagem mais simples era arredondar as soluções ótimas fracionais de X_1 e X_2 para valores inteiros de $X_1 = 4$ candelabros e $X_2 = 2$ ventiladores de teto. Infelizmente, o arredondamento pode gerar dois problemas. Primeiro, a nova solução inteira pode não estar na região viável e, portanto, não é uma resposta prática. Este é o caso se arredondarmos $X_1 = 4, X_2 = 2$. Segundo, mesmo se arredondarmos para uma solução viável, como $X_1 = 4, X_2 = 1$, essa pode não ser a solução inteira *ótima* viável.

O arredondamento é uma maneira de atingir valores da solução inteira, mas nem sempre gera a melhor solução.

Listar todas as soluções viáveis e selecionar aquela com o melhor valor da função objetivo é chamado de método da *enumeração*. Obviamente, isso pode ser muito entediante mesmo para problemas pequenos e é praticamente impossível para problemas maiores porque o número de soluções inteiras viáveis é extremamente grande.

A Tabela 11.1 lista todo o conjunto de soluções inteiras válidas para o problema da Elétrica Harrison. Ao analisar o lado direito da coluna, vemos que a solução *ótima* inteira é:

$$X_1 = 5 \text{ candelabros}, X_2 = 0 \text{ ventiladores de teto, com um lucro} = \$35$$

Um conceito importante é que uma solução de programação inteira nunca pode ser melhor do que a solução para o mesmo problema de PL. O problema inteiro é geralmente pior em termos de custo maior e lucro menor.

Note que essa restrição inteira resulta em um nível de lucro menor do que a solução original ótima de PL. De fato, uma solução de programação inteira *nunca* produz um lucro maior do que a solução de PL para o mesmo problema; *geralmente*, significa um valor menor.

Método *branch and bound*

O branch and bound divide a região da solução viável em subproblemas até que uma solução ótima seja encontrada.

O algoritmo mais comum para a solução de programas lineares é chamado de método *branch and bound*. Esse método começa com a solução para o PLI relaxado a fim de permitir soluções (não inteiras) contínuas. Se as variáveis são inteiras, essa solução deve ser também a solução para o problema inteiro. Se as variáveis não são inteiras, a região viável é dividida adicionando restrições que limitam o valor de uma das variáveis que não era inteira. A região viável dividida resulta em problemas que são, então, solucionados. Os limites no valor da função objetivo são encontrados e usados para ajudar a determinar quais subproblemas podem ser eliminados das considerações e quando a solução ótima foi encontrada. Se a solução para um subproblema não gera uma solução ótima, um novo subproblema é selecionado e a ramificação continua. As etapas específicas envolvidas quando tratamos de problema de maximização são:

Seis etapas na solução de problemas de maximização de programação inteira por *branch and bound*[1]

1. Solucione o problema original usando PL. Se a resposta satisfizer as restrições inteiras, o problema está resolvido. Se não, esse valor fornece um limite superior inicial.
2. Encontre qualquer solução viável que satisfaça as restrições inteiras para serem usadas como um limite inferior. Em geral, arredondar para baixo cada variável fará isto.
3. Ramifique uma variável da etapa 1 que não tenha um valor inteiro. Divida o problema em dois subproblemas baseados em valores inteiros que estão imediatamente acima e abaixo do valor não inteiro. Por exemplo, se $X_2 = 3{,}75$ estava na solução final, introduza a restrição $X_2 \geq 4$ no primeiro subproblema e $X_2 \leq 3$ no segundo subproblema.
4. Crie nós no topo desses dois novos ramos pela solução dos novos problemas.
5. (a) Se um ramo gera uma solução para o problema de PL que *não for viável*, acabe com o ramo.
   (b) Se um ramo gera uma solução para o problema de PL que é viável, mas não uma solução inteira, vá para a etapa 6.
   (c) Se o ramo gera uma solução *inteira viável*, examine o valor da função objetivo. Se esse valor se igualar ao limite superior, uma solução ótima foi alcançada. Se não for igual ao limite superior, mas excede o limite inferior, configure como um novo limite inferior e vá para a etapa 6. Finalmente, se for menor do que o limite inferior, acabe com esse ramo.
6. Examine os ramos novamente e configure o limite superior igual ao máximo valor da função objetivo em todos os nós finais. Se o limite superior se igualar ao limite inferior, pare. Se não, volte à etapa 3.

Companhia Elétrica Harrison revisitada

Lembre que a formulação da programação inteira da Companhia Elétrica Harrison é:

$$\text{Maximizar o lucro} = \$7X_1 + \$6X_2$$

$$\text{sujeito a} \quad 2X_1 + 3X_2 \leq 12$$

$$6X_1 + 5X_2 \leq 30$$

e X_1 e X_2 devem ser inteiros não negativos, onde

$$X_1 = \text{número de candelabros produzidos}$$

$$X_2 = \text{número de ventiladores de teto produzidos}$$

Lembre que a Figura 11.1 ilustra graficamente que a solução ótima não inteira é:

$$X_1 = 3{,}75 \text{ candelabros}$$

$$X_2 = 1{,}5 \text{ ventiladores de teto}$$

$$\text{Lucro} = \$35{,}25$$

---

[1] Problemas de minimização envolvem reverter os papéis dos limites superiores e inferiores.

Dividimos o problema em subproblemas A e B.

Visto que X_1 e X_2 não são inteiros, essa solução não é válida. O valor do lucro de $35,25 servirá de *limite superior* inicial. Notamos que o arredondamento para baixo fornece $X_1 = 3$ e $X_2 = 1$, lucro = $27, o que é viável e pode ser usado como um *limite inferior*.

O problema é, agora, dividido em dois subproblemas, A e B. Podemos considerar a ramificação em uma variável que não tem uma solução inteira; vamos escolher o X_1 desta vez:

Subproblema A	Subproblema B
Maximizar lucro = $7X_1 + $6X_2$	Maximizar lucro = $7X_1 + $6X_2$
sujeito a $2X_2 + 3X_2 \leq 12$	sujeito a $2X_2 + 3X_2 \leq 12$
$6X_1 + 5X_2 \leq 30$	$6X_1 + 5X_2 \leq 30$
$X_1 \geq 4$	$X_1 \leq 3$

Se você solucionar ambos os problemas graficamente, observará as soluções:

Solução ótima do subproblema A: [$X_1 = 4$ e $X_2 = 1,2$ com um lucro de $35,20]

Solução ótima do subproblema B: [$X_1 = 3$ e $X_2 = 2$ com lucro de $33,00]

Essa informação é apresentada na forma de ramos na Figura 11.2. Completamos as etapas de 1 a 4 do método *branch and bound*.

Podemos parar a busca dos ramos do subproblema B porque ele tem toda uma solução viável inteira (veja a etapa 5(c)). O valor do lucro $33 torna-se o novo *limite inferior*. O ramo do Subproblema B é procurado mais adiante porque ele tem uma solução não inteira. O segundo *limite superior* toma o valor de $32,20, substituindo $35,25 do primeiro nó.

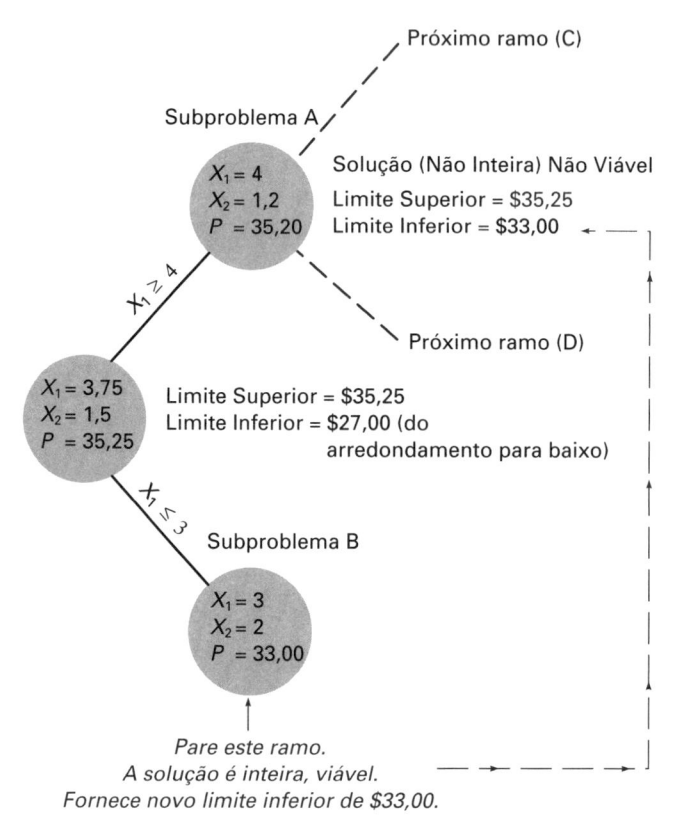

FIGURA 11.2 Primeira ramificação da Elétrica Harrison: subproblemas A e B.

O subproblema *A* é agora ramificado em dois subproblemas: *C* e *D*. O subproblema *C* tem a restrição adicional de $X_2 \geq 2$. O subproblema *D* adiciona a restrição $X_2 \leq 1$. A lógica para desenvolver esses subproblemas é que, visto que a solução ótima do subproblema *A* de $X_2 = 1,2$ não é viável, a resposta viável inteira deve estar na região $X_2 \geq 2$ ou na região $X_2 \leq 1$.

A ramificação do subproblema A gera os subproblemas C e D.

Subproblema C	*Subproblema D*
Maximizar lucro = $\$7X_1 + \$6X_2$	Maximizar lucro = $\$7X_1 + \$6X_2$
sujeito a $\quad 2X_1 + 3X_2 \leq 12$	sujeito a $\quad 2X_1 + 3X_2 \leq 12$
$\quad\quad\quad\quad 6X_1 + 5X_2 \leq 30$	$\quad\quad\quad\quad 6X_1 + 5X_2 \leq 30$
$\quad\quad\quad\quad X_1 \geq 4$	$\quad\quad\quad\quad X_1 \geq 4$
$\quad\quad\quad\quad X_2 \geq 2$	$\quad\quad\quad\quad X_2 \leq 1$

O subproblema *C* não tem solução viável, porque as duas primeiras restrições estão violadas se as restrições $X_1 \geq 4$ e $X_2 \geq 2$ são observadas. Acabamos com este ramo e não consideramos sua solução.

A solução ótima do subproblema *D* é $X_1 = 4,17$, $X_2 = 1$, lucro = \$35,16. Essa solução não inteira gera um *novo limite superior* de \$35,16, substituindo \$35,20. Os subproblemas *C* e *D*, assim como os ramos finais para o problema, estão mostrados na Figura 11.3.

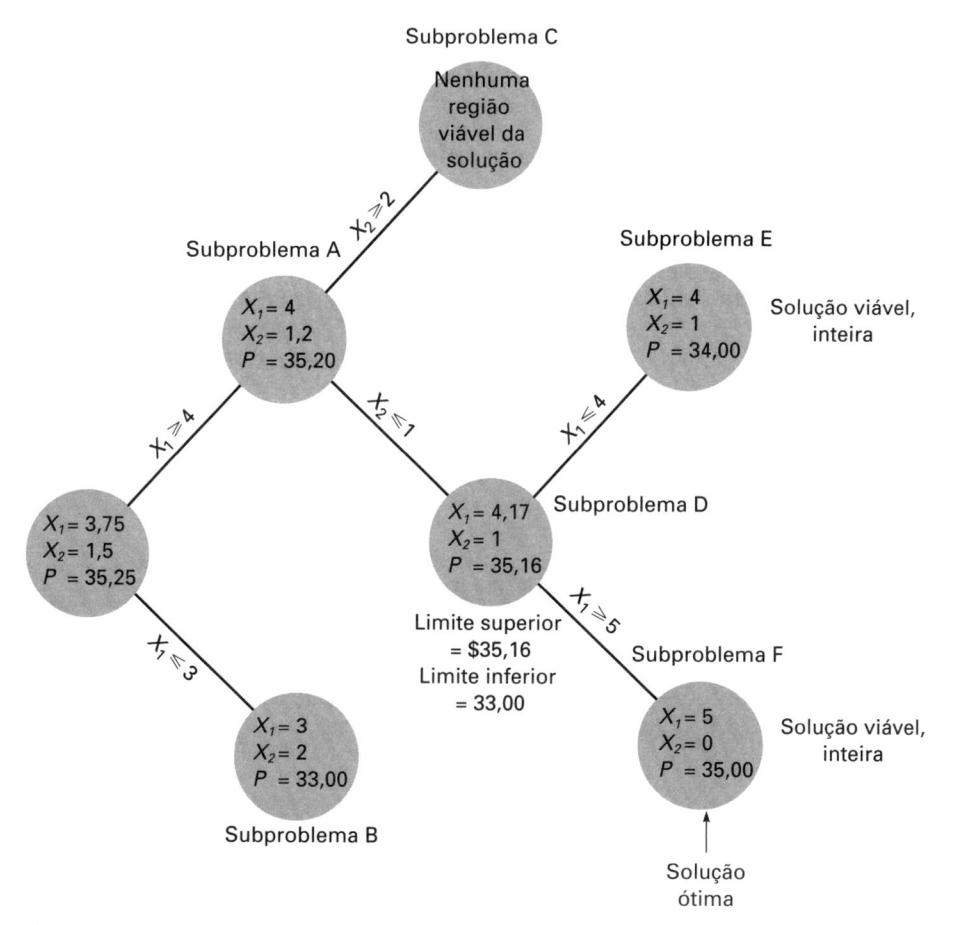

FIGURA 11.3 Solução *branch and bound* completa da Elétrica Harrison.

Finalmente, criamos os subproblemas E e F e resolvemos para X_1 e X_2 com as restrições adicionadas $X_1 \leq 4$ e $X_1 \geq 5$. Os subproblemas e suas soluções são:

Subproblema E	*Subproblema F*
Maximizar lucro = $\$7X_1 + \$6X_2$	Maximizar lucro = $\$7X_1 + \$6X_2$
sujeito a $\quad 2X_1 + 3X_2 \leq 12$	sujeito a $\quad 2X_1 + 3X_2 \leq 12$
$\qquad\qquad 6X_1 + 5X_2 \leq 30$	$\qquad\qquad 6X_1 + 5X_2 \leq 30$
$\qquad\qquad X_1 \geq 4$	$\qquad\qquad X_1 \geq 4$
$\qquad\qquad X_1 \leq 4$	$\qquad\qquad X_1 \geq 5$
$\qquad\qquad X_2 \leq 1$	$\qquad\qquad X_2 \leq 1$
Solução ótima para E:	Solução ótima para F:
$X_1 = 4$, $X_2 = 1$, lucro = \$34	$X_1 = 5$, $X_2 = 0$, lucro = \$35

A regra da parada para o processo de ramificação é que continuamos até que o novo limite superior seja menor ou igual ao limite inferior *ou* nenhuma ramificação a mais seja possível. O último é o caso aqui, porque ambos os ramos geraram soluções inteiras viáveis. A solução ótima está no nó do subproblema F: $X_1 = 5$, $X_2 = 0$, lucro = \$35. Você pode confirmar isso, é claro, voltando à Tabela 11.1.

O método *branch and bound* foi computadorizado e funciona para solucionar problemas com um número de pequeno a médio de variáveis inteiras. Em problemas grandes, às vezes o analista deve se conformar com uma resposta quase ótima. Muita pesquisa foi feita sobre esse assunto e novos algoritmos que aumentam a eficiência dos programas de computador estão sempre em estudo.

Usando software para resolver o problema de programação inteira da Harrison

As planilhas do QM para Windows e do Excel conseguem lidar com problemas de programação inteira como o do caso da Elétrica Harrison. O Programa 11.1A ilustra os dados de entrada para o QM para Windows e o Programa 11.1B fornece os resultados.

Para usar o QM para Windows, selecione o módulo de Programação Inteira e Inteira Mista. Especifique o número de restrições e os números das variáveis. O Programa 11.1A

PROGRAMA 11.1A
Tela de entrada para o QM para Windows com dados da Elétrica Harrison.

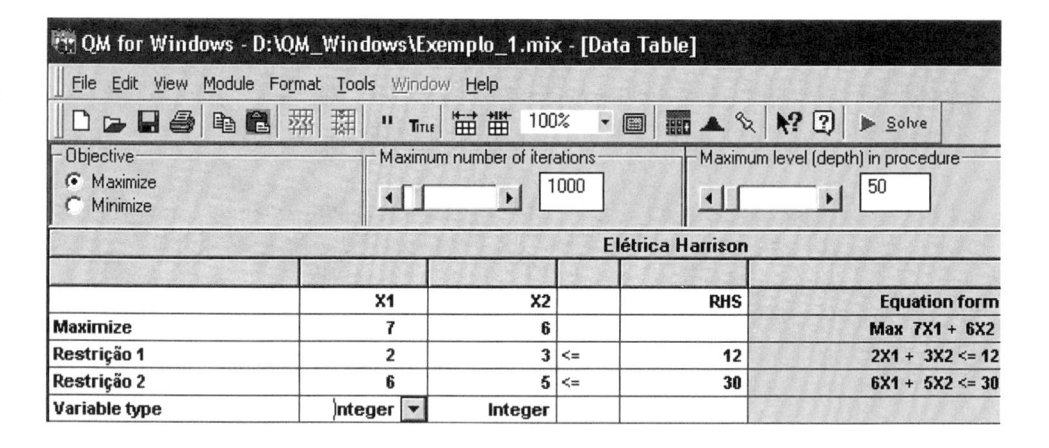

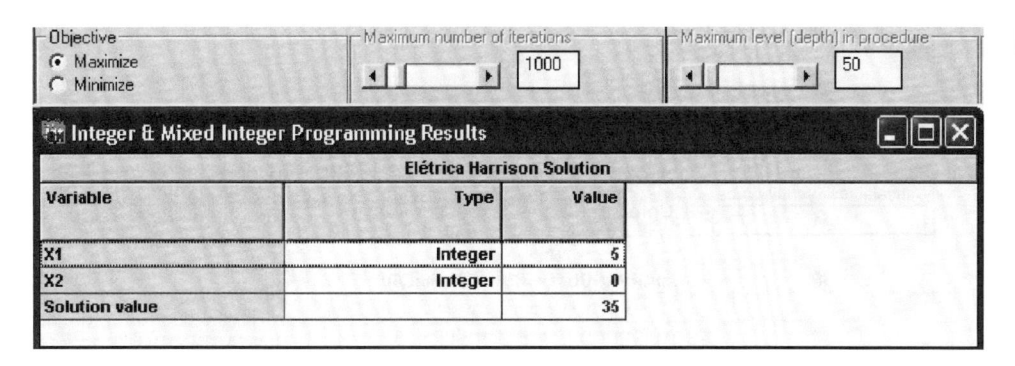

PROGRAMA 11.1B
Tela da solução para o QM para Windows com dados da Elétrica Harrison.

Variable	Type	Value
X1	Integer	5
X2	Integer	0
Solution value		35

PROGRAMA 11.1C
Tela dos resultados da iteração para o QM para Windows com dados da Elétrica Harrison.

Elétrica Harrison Solution

Iteration	Level	Added constraint	Solution type	Solution Value	X1	X2
			Optimal	35	5	0
1	0		NONinteger	35,25	3,75	1,5
2	1	X1<= 3	INTEGER	33	3	2
3	1	X1>= 4	NONinteger	35,2	4	1,2
4	2	X2<= 1	NONinteger	35,17	4,17	1
5	3	X1<= 4	INTEGER	34	4	1
6	3	X1>= 5	INTEGER	35	5	0
7	2	X2>= 2	Infeasible			

fornece a tela de entrada, com os dados fornecidos para o exemplo da Elétrica Harrison. A última linha da tabela permite classificar cada variável de acordo com o tipo (Real, Inteira ou 0-1). Uma vez que todas as variáveis tenham sido corretamente especificadas, clique em *Solve* (resolver) e você verá a saída semelhante à do Programa 11.1B. Para ver os resultados do *branch and bound*, selecione *Window-Iteration Results* (Janela – Resultados das Iterações) Esses resultados estão mostrados no Programa 11.1C.

As soluções para os subproblemas de *branch and bound* identificados na seção anterior estão apresentados na saída. A solução ótima, contínua (não inteira), está identificada como nível 0 (iteração 1) da saída. As soluções para os subproblemas *A* e *B* correspondem ao nível 1 (iterações 2 e 3) da saída. O nível 2 da saída fornece as soluções para os subproblemas *C* e *D*; e o nível 3 da saída fornece as soluções para os subproblemas *E* e *F*.

Os programas 11.2A, B e C ilustram uma abordagem da planilha do Excel para o mesmo problema. O Programa 11.2A formula o problema para o Solver, o Programa 11.2B mostra como especificar que as variáveis são inteiras e o Programa 11.2C mostra a solução. Tanto o QM para Windows quanto o Excel produzem a mesma solução de 5 candelabros e 0 ventiladores de teto.

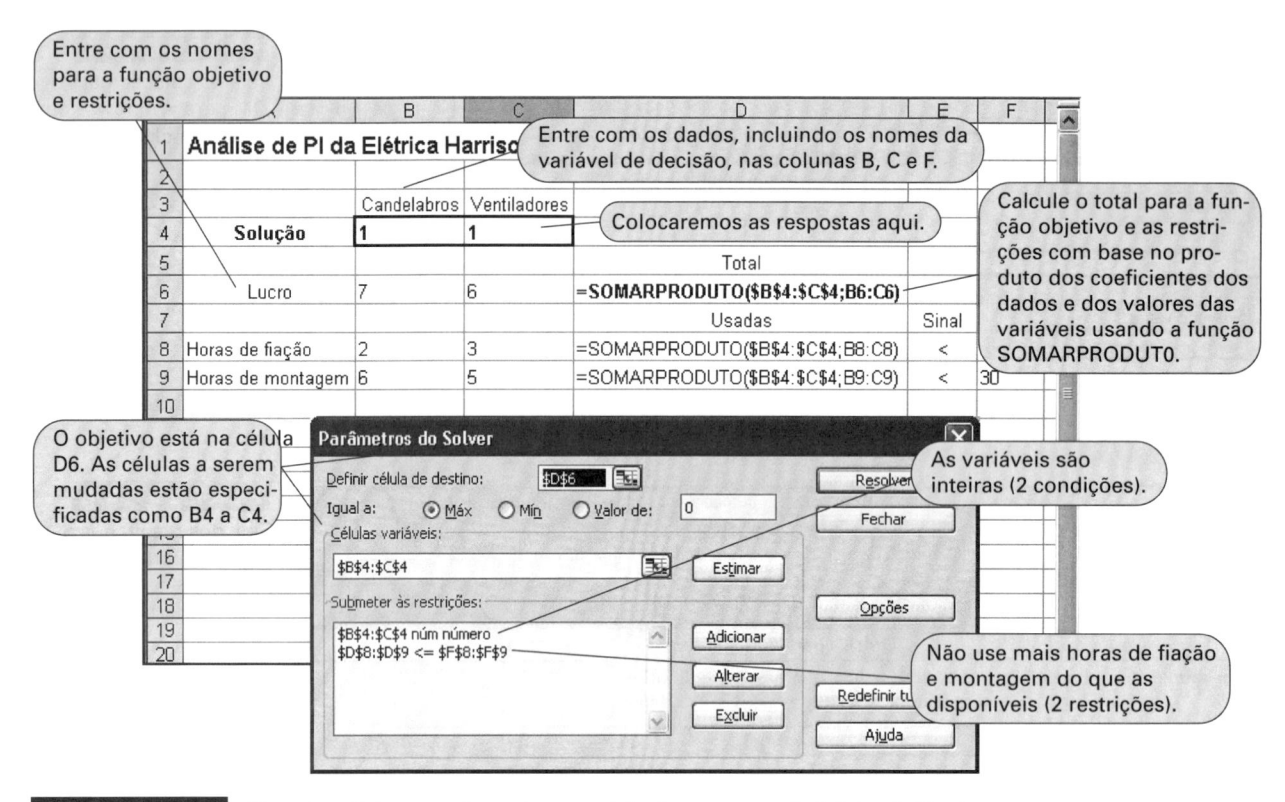

PROGRAMA 11.2A Usando o Solver para formular o modelo de programação inteira da Harrison.

PROGRAMA 11.2B
As variáveis inteiras estão especificadas com um menu suspenso no Solver.

Exemplo de problema de programação inteira mista

Embora o exemplo da Eletrônica Harrison seja um problema inteiro puro, existem muitas situações em que algumas das variáveis são restritas a serem inteiras e outras não. O exemplo a seguir é de um problema de programação inteira mista.

A empresa química Bagwell, em Jackson, Mississippi, fabrica dois produtos químicos industriais. O primeiro produto, xyline, deve ser produzido em sacos de 50 libras; o segundo,

	A	B	C	D	E	F	G
1	Análise de PI da Elétrica Harrison						
2							
3		Candelabros	Ventiladores				
4	Solução	5	0				
5				Total			
6	Lucro	7	6	35			
7				Usadas	Sinal	Limite	
8	Horas de fiação	2	3	10	<	12	
9	Horas de montagem	6	5	30	<	30	
10							

PROGRAMA 11.2C
Solução do Excel para o modelo de programação inteira para a Elétrica Harrison.

hexall, é vendido por libras a granel e, portanto, pode ser produzido em qualquer quantidade.
O xyline e o hexall são compostos de três ingredientes – A, B e C – como segue:

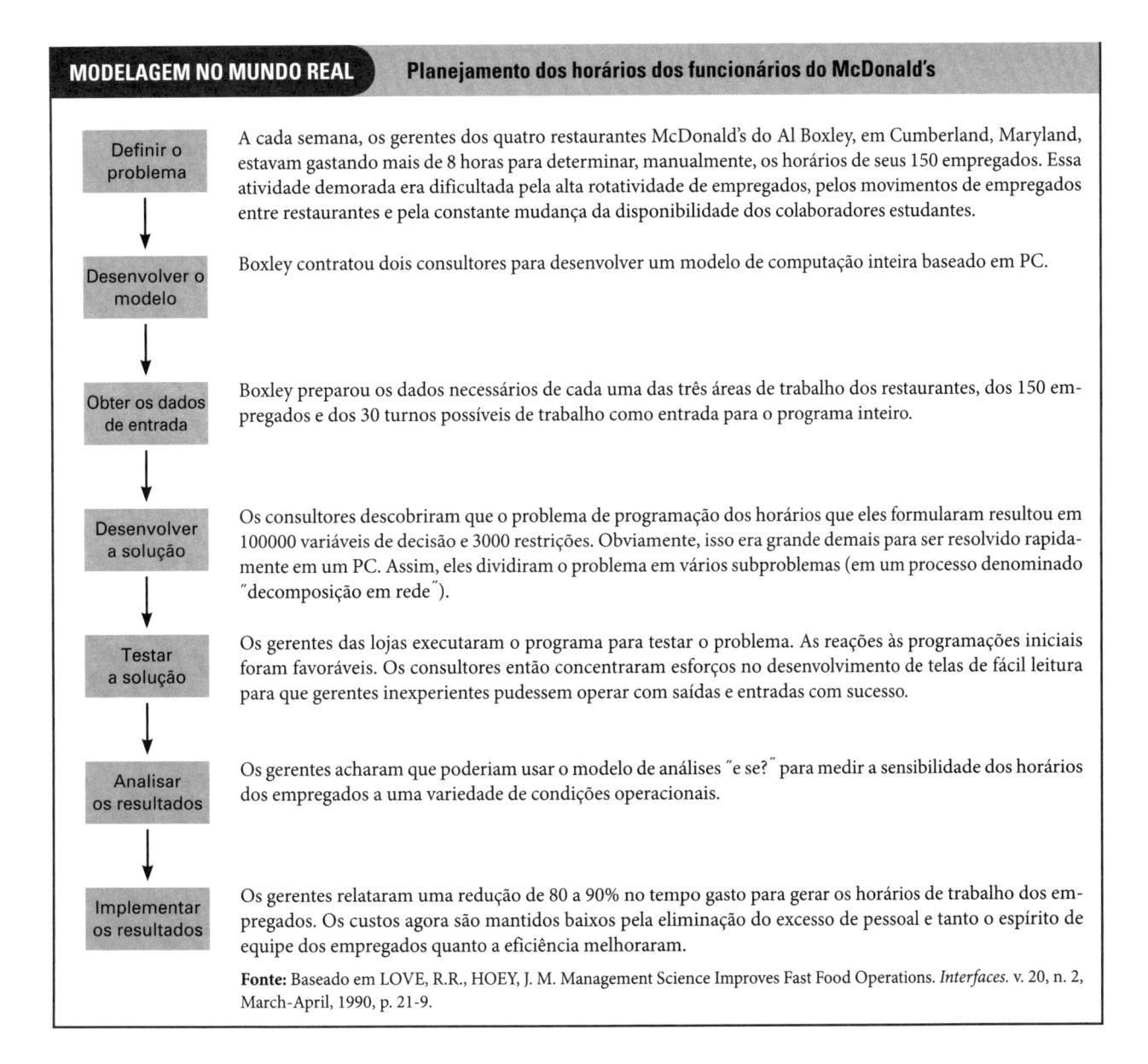

MODELAGEM NO MUNDO REAL — **Planejamento dos horários dos funcionários do McDonald's**

Definir o problema

A cada semana, os gerentes dos quatro restaurantes McDonald's do Al Boxley, em Cumberland, Maryland, estavam gastando mais de 8 horas para determinar, manualmente, os horários de seus 150 empregados. Essa atividade demorada era dificultada pela alta rotatividade de empregados, pelos movimentos de empregados entre restaurantes e pela constante mudança da disponibilidade dos colaboradores estudantes.

Desenvolver o modelo

Boxley contratou dois consultores para desenvolver um modelo de computação inteira baseado em PC.

Obter os dados de entrada

Boxley preparou os dados necessários de cada uma das três áreas de trabalho dos restaurantes, dos 150 empregados e dos 30 turnos possíveis de trabalho como entrada para o programa inteiro.

Desenvolver a solução

Os consultores descobriram que o problema de programação dos horários que eles formularam resultou em 100000 variáveis de decisão e 3000 restrições. Obviamente, isso era grande demais para ser resolvido rapidamente em um PC. Assim, eles dividiram o problema em vários subproblemas (em um processo denominado "decomposição em rede").

Testar a solução

Os gerentes das lojas executaram o programa para testar o problema. As reações às programações iniciais foram favoráveis. Os consultores então concentraram esforços no desenvolvimento de telas de fácil leitura para que gerentes inexperientes pudessem operar com saídas e entradas com sucesso.

Analisar os resultados

Os gerentes acharam que poderiam usar o modelo de análises "e se?" para medir a sensibilidade dos horários dos empregados a uma variedade de condições operacionais.

Implementar os resultados

Os gerentes relataram uma redução de 80 a 90% no tempo gasto para gerar os horários de trabalho dos empregados. Os custos agora são mantidos baixos pela eliminação do excesso de pessoal e tanto o espírito de equipe dos empregados quanto a eficiência melhoraram.

Fonte: Baseado em LOVE, R.R., HOEY, J. M. Management Science Improves Fast Food Operations. *Interfaces.* v. 20, n. 2, March-April, 1990, p. 21-9.

Quantidade por saco de 50 libras de xyline (LB)	Quantidade por libra de hexall (LB)	Quantidade de ingredientes disponíveis
30	0,5	2000 lb – ingrediente A
18	0,4	800 lb – ingrediente B
2	0,1	200 lb – ingrediente C

Bagwell vende sacos de 50 libras de xyline por $85 e hexall em qualquer peso por $1,50 por libra.

Se fizermos X = número de sacos de 50 libras de xyline produzidos e Y = número de libras de hexall (a granel) misturado, o problema de Bagwell pode ser descrito com a programação inteira mista:

$$\text{Maximizar o lucro:} = \$85X + \$1{,}50Y$$

$$\text{sujeito a} \quad 30X + 0{,}5Y \leq 2000$$

$$18X + 0{,}4Y \leq 800$$

$$2X + 0{,}1Y \leq 200$$

$$X, Y \leq 0 \text{ e } X \text{ inteiro}$$

Note que Y representa o peso a granel e não é necessário que seja um valor inteiro.

Usando o QM para Windows e Excel para solucionar o modelo de programação inteira de Bagwell A solução para o problema de Bagwell é produzir 44 sacos de xyline e 20 libras de hexall, gerando um lucro de $3770 (a solução ótima linear, à propósito, é produzir 44444 sacos de xyline e 0 libras de hexall, gerando um lucro de $3777,78). Isso está ilustrado primeiro no Programa 11.3 que usa o módulo de Programação Inteira Mista no QM para Windows. Note que a variável X é identificada como Inteira, enquanto que Y é Real no Programa 11.3.

EM AÇÃO — Programação inteira mista na cadeia de suprimentos da IBM

A manufatura de semicondutores é uma operação muito cara, geralmente exigindo investimentos de bilhões de dólares. O Grupo de Sistemas e Tecnologias da IBM tem usado a programação inteira mista (PIM) junto com outras técnicas de pesquisas operacionais para planejar e otimizar sua cadeia de suprimentos de semicondutores. A tarefa de otimização da cadeia de suprimentos (OCS) tem sido considerado um negócio difícil e deve incorporar uma variedade de critérios de planejamento e restrições.

A IBM usa uma máquina central de planejamento (MCP) para balancear os recursos da cadeia de suprimentos contra a demanda de semicondutores. A PIM é parte importante desse MCP. O modelo PIM é um problema de minimização de custo com restrições relacionadas ao fluxo do material e outro aspecto da cadeia de suprimentos.

Alguns dos modelos envolvidos na OCS incluem aquisição de serviços entre múltiplas fábricas, logística de envio entre fábricas e desenvolvimento de planos de produção para todas as fábricas dentro do sistema. Eles podem envolver um horizonte de planejamento de alguns dias, alguns meses ou até mesmo anos, dependendo no tipo específico da aplicação. Enquanto que a PL é comumente usada na modelagem da cadeia de suprimento, é necessário utilizar modelos em que algumas das variáveis devem ser inteiras. Os modelos PIM resultantes são tão grandes (milhões de variáveis) que não podem ser resolvidos mesmo com os computadores mais rápidos. Portanto, o Grupo de Sistemas e Tecnologias da IBM desenvolveu métodos heurísticos para resolver os modelos de otimização como parte do sistema de planejamento avançado da empresa.

Os benefícios da MCP são muitos. As entregas no prazo melhoraram em 15%. Foi observada uma redução de 25 a 30% no estoque como resultado do modelo. A empresa também observou uma melhora na alocação do ativo fixo entre 2 a 4% dos custos. O modelo permitiu que as perguntas "e se?" fossem rapidamente respondidas — um processo que não era possível no passado. O planejamento estratégico também foi facilitado pelo MCP. A IBM se beneficiou grandemente do uso da PIM no gerenciamento da cadeia de semicondutores.

Fonte: Baseado em DENTON, Brian T., FORREST, John e MILNE, R. John. IBM solves a Mixed-Integer Program to Optimize Its Semiconductor Supply Chain. *Interfaces*, v. 36, n. 5, September-October, 2006, p. 386-99.

Capítulo 11 • Programação Inteira, Programação por Objetivo e Programação não Linear

Nos Programas 11.4A e 11.4B, usamos o Excel para fornecer um método alternativo de solução.

PROGRAMA 11.3
Programa inteiro misto da Bagwell com o QM para Windows.

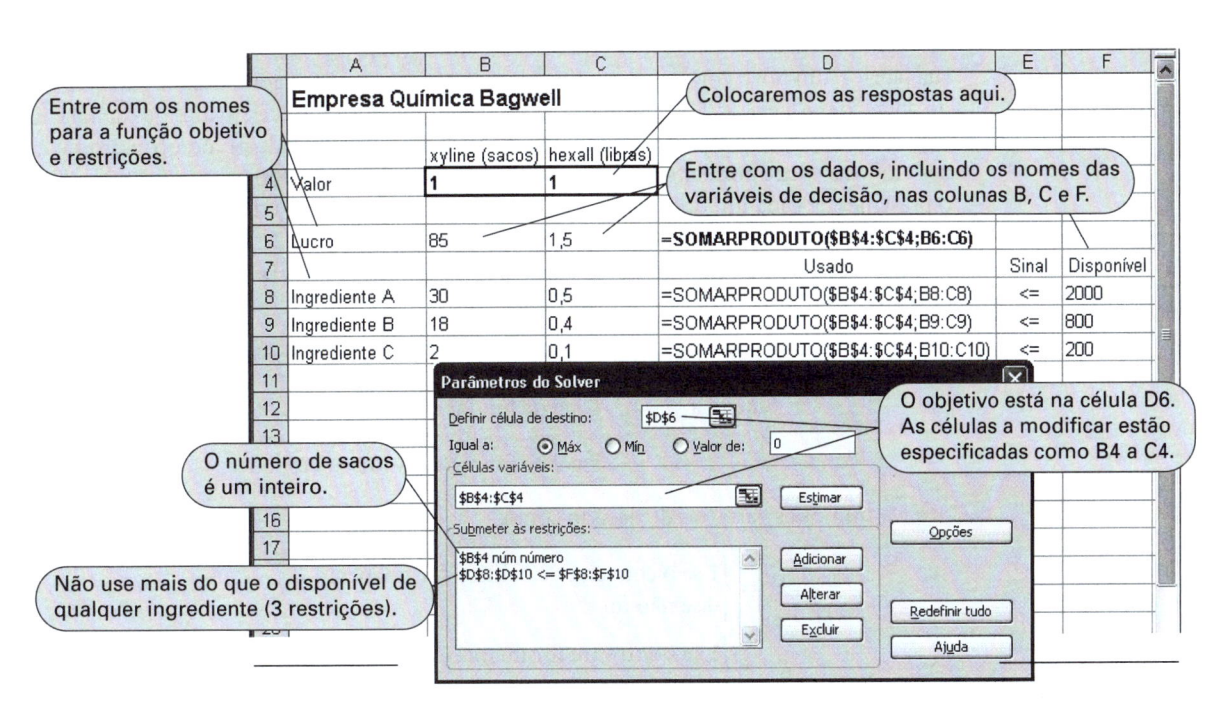

	Xylene	Hexall		RHS	Equation form
Maximize	85	1,5			Max 85Xylene + 1.5Hexall
Ingrediente A	30	,5	<=	2.000	30Xylene + .5Hexall <= 2000
Ingrediente B	18	,4	<=	800	18Xylene + .4Hexall <= 800
Ingrediente C	2	,1	<=	201	2Xylene + .1Hexall <= 201
Variable type	Integer	Real			
Solution->	44	20	Optimal Z->	3.770	

PROGRAMA 11.4A Formulação no Excel do problema de programação inteira da Bagwell com Solver.

Anotações:
- Entre com os nomes para a função objetivo e restrições.
- Colocaremos as respostas aqui.
- Entre com os dados, incluindo os nomes das variáveis de decisão, nas colunas B, C e F.
- O objetivo está na célula D6. As células a modificar estão especificadas como B4 a C4.
- O número de sacos é um inteiro.
- Não use mais do que o disponível de qualquer ingrediente (3 restrições).

	A	B	C	D	E	F
3		Empresa Química Bagwell				
		xyline (sacos)	hexall (libras)			
4	Valor	1	1			
5						
6	Lucro	85	1,5	=SOMARPRODUTO($B$4:$C$4;B6:C6)		
7				Usado	Sinal	Disponível
8	Ingrediente A	30	0,5	=SOMARPRODUTO($B$4:$C$4;B8:C8)	<=	2000
9	Ingrediente B	18	0,4	=SOMARPRODUTO($B$4:$C$4;B9:C9)	<=	800
10	Ingrediente C	2	0,1	=SOMARPRODUTO($B$4:$C$4;B10:C10)	<=	200

Parâmetros do Solver:
- Definir célula de destino: $D$6
- Igual a: Máx
- Células variáveis: $B$4:$C$4
- Submeter às restrições:
  $B$4 núm número
  $D$8:$D$10 <= $F$8:$F$10

PROGRAMA 11.4B
Solução do Excel para a análise do problema da Bagwell.

	A	B	C	D	E	F
1	Empresa Química Bagwell					
2						
3		xyline (sacos)	hexall (libras)			
4	Valor	44	20			
5						
6	Lucro	85	1,5	3770		
7				Usado	Sinal	Disponível
8	Ingrediente A	30	0,5	1330	<=	2000
9	Ingrediente B	18	0,4	800	<=	800
10	Ingrediente C	2	0,1	90	<=	200

11.3 MODELANDO COM VARIÁVEIS 0-1 (BINÁRIAS)

Nesta seção, demonstramos como as variáveis 0-1 podem ser usadas para modelar muitas situações diferentes. Tipicamente, é atribuído para uma variável 0-1 um valor de 0 se certa condição não for satisfeita e 1 se a condição for satisfeita. Outro nome para uma variável 0-1 é *variável binária*. Um problema comum desse tipo, o de atribuição, envolve decidir a quais indivíduos designar um conjunto de tarefas (isso foi discutido no Capítulo 10). Nesse tipo de problema, um valor de 1 indica que é atribuída uma tarefa específica a uma pessoa e um valor de 0 indica que não foi feita uma atribuição. Apresentamos outros tipos de problemas de 0-1 para mostrar a aplicabilidade abrangente dessa técnica de modelagem.

Exemplo do controle orçamentário de capital

Uma decisão comum do controle orçamentário de capital envolve a seleção de um conjunto de projetos possíveis quando limitações de orçamento nos impedem de selecionar todos eles. Uma variável 0-1 separada pode ser definida para cada projeto. Veremos isso no exemplo a seguir.

A indústria química Quemo está considerando três projetos possíveis de melhoria para a sua fábrica: um novo conversor catalítico, um novo programa de computador para o controle de operações e a expansão do armazém usado como depósito. Necessidades de capital e limitações no orçamento para os próximos dois anos impedem a indústria de comprometer-se com todos eles no momento. O valor líquido atual (o valor futuro do projeto é atualizado para o presente) de cada um dos projetos, as necessidades de capital e a disponibilidade de fundos para os próximos dois anos são fornecidos na Tabela 11.2.

Para formular isso como um problema de programação inteira, identificamos a função objetivo e as restrições da seguinte forma:

Maximizar o valor líquido atual dos projetos empreendidos

Sujeito a   Total de fundos no ano $1 \leq \$20000$

Total de fundos no ano $2 \leq \$16000$

Definimos as variáveis de decisão como:

$$X_1 = \begin{cases} 1 \text{ se o conversor catalítico for financiado} \\ 0 \text{ se não for} \end{cases}$$

$$X_2 = \begin{cases} 1 \text{ se o software for financiado} \\ 0 \text{ se não for} \end{cases}$$

$$X_3 = \begin{cases} 1 \text{ se o projeto da expansão do armazém for financiado} \\ 0 \text{ se não for} \end{cases}$$

A expressão matemática do problema de programação inteira torna-se:

TABELA 11.2 Informação da indústria química Quemo

Projeto	Valor líquido atual	Ano 1	Ano 2
Conversor catalítico	$25000	$8000	$7000
Software	$18000	$6000	$4000
Expansão do armazém	$32000	$12000	$8000
Fundos disponíveis		$20000	$16000

$$\text{Maximizar VLA} = 25000X_1 + 18000X_2 + 32000X_3$$
$$\text{Sujeito a} \quad 8000X_1 + 6000X_2 + 12000X_3 \leq 20000$$
$$7000X_1 + 4000X_2 + 8000X_3 \leq 16000$$
$$X_1, X_2, X_3 = 0 \text{ ou } 1$$

Se isso fosse solucionado com o computador, veríamos que a solução ótima é $X_1 = 1$, $X_2 = 0$, $X_3 = 1$ com uma função objetivo no valor de $57000. Isso significa que a Quemo deveria financiar o projeto do conversor catalítico e a expansão do armazém, mas não o projeto do software. O valor líquido atual desses investimentos será de $57000.

Limitando o número de alternativas selecionadas

Um uso comum de variáveis 0-1 envolve a limitação do número de projetos ou itens que são selecionados de um grupo. Suponha que no exemplo da Quemo seja solicitado que a empresa selecione não mais do que dois dos três projetos, apesar dos fundos disponíveis. Isso poderia ser modelado adicionando a seguinte restrição ao problema:

$$X_1 + X_2 + X_3 \leq 2$$

Se quisermos forçar a seleção de exatamente dois dos três projetos para financiar, esta restrição deveria ser usada:

$$X_1 + X_2 + X_3 = 2$$

Isso força exatamente duas das variáveis a terem valores de 1, enquanto a outra variável deve ter um valor de 0.

Seleções dependentes

Às vezes, a seleção de um projeto depende de alguma maneira da seleção de outro projeto. Essa situação pode ser modelada com o uso de variáveis 0-1. Por exemplo, suponha que no problema da Quemo o novo conversor catalítico pudesse ser comprado somente se o software também fosse comprado. Esta restrição faria com que isso acontecesse:

$$X_1 \leq X_2$$

ou, de modo equivalente,

$$X_1 - X_2 \leq 0$$

Assim, se o software não for comprado, o valor de X_2 é 0 e o valor de X_1 também deve ser 0 por causa dessa restrição. Entretanto, se o software for comprado ($X_2 = 1$), então é possível que o conversor catalítico também seja comprado ($X_1 = 1$), embora isso não seja necessário.

Se quisermos que tanto o conversor catalítico quanto o software sejam selecionados ou não selecionados, devemos usar a seguinte restrição:

$$X_1 = X_2$$

ou, de modo equivalente,

$$X_1 - X_2 = 0$$

Portanto, se ambas variáveis são iguais a 0, a outra deve ser também igual a 0. Se ambas forem iguais a 1, a outra deve também ser igual a 1.

Exemplo do problema da despesa fixa

Geralmente, as empresas enfrentam decisões que envolvem uma despesa fixa que afetará o custo de operações futuras. Construir uma nova fábrica ou pagar um aluguel a longo prazo

TABELA 11.3 Custos fixos e variáveis para a Sitka

Local	Custo fixo anual	Custo variável por unidade	Capacidade anual
Baytown, TX	$340000	$32	21000
Lake Charles, LA	$270000	$33	20000
Mobile, AL	$290000	$30	19000

de uma instalação existente envolveria um custo fixo que pode variar dependendo do tamanho da instalação e localização. Uma vez que a fábrica for construída, os custos variáveis de produção serão afetados pelo custo do trabalho na cidade específica onde ela está localizada. Segue um exemplo.

A Sitka planeja construir pelo menos uma nova fábrica e três cidades são consideradas: Bayton, Texas, Lake Charles, Louisiana, e Mobile, Alabama. Uma vez que a fábrica ou fábricas forem construídas, a empresa deseja ter capacidade suficiente para produzir pelo menos 38000 unidades por ano. Os custos associados às possíveis localizações são fornecidos na Tabela 11.3.

Modelando esse problema como um programa inteiro, a função objetivo é minimizar o total do custo fixo e do custo variável. As restrições são: (1) o total da capacidade de produção é de pelo menos 38000; (2) o número de unidades produzidas na fábrica de Baytown é de 0 se a fábrica não for construída e não mais de 21000 se a fábrica for construída; (3) o número de unidades produzidas na fábrica de Lake Charles é 0 se a fábrica não for construída e não mais do que 20000 se a fábrica for construída; (4) o número de unidades na fábrica de Mobile é 0 se a fábrica não for construída e não mais do que 19000 se a fábrica for construída.

Então, definimos as variáveis de decisão como:

$$X_1 = \begin{cases} 1 \text{ se a fábrica for construída em Baytown} \\ 0 \text{ se não for construída} \end{cases}$$

$$X_2 = \begin{cases} 1 \text{ se a fábrica for construída em Lake Charles} \\ 0 \text{ se não for construída} \end{cases}$$

$$X_3 = \begin{cases} 1 \text{ se a fábrica for construída em Mobile} \\ 0 \text{ se não for construída} \end{cases}$$

X_4 = número de unidades produzidas na fábrica de Baytown

X_5 = número de unidades produzidas na fábrica de Lake Charles

X_6 = número de unidades produzidas na fábrica de Mobile

A formulação do problema de programação inteira torna-se:

Maximizar o custo = $340000X_1 + 270000X_2 + 290000X_3 + 32X_4 + 33X_5 + 30X_6$

sujeito a
$$X_4 + X_5 + X_6 \geq 38000$$
$$X_4 \leq 21000X_1$$
$$X_5 \leq 20000X_2$$
$$X_6 \leq 19000X_3$$

$X_1, X_2, X_3 = 0$ ou $1; X_4, X_5, X_6 \geq 0$ e inteiro

O número de unidades produzidas deve ser zero se a fábrica não for construída.

Note que se $X_1 = 0$ (significando que a fábrica de Baytown não é construída), então X_4 (número de unidades produzidas na fábrica de Baytown) deve ser igual a zero também devido à segunda restrição. Se $X_1 = 1$, então X_4 pode ser um valor inteiro menor ou igual ao limite de 21000.

A terceira e quarta restrições são usadas de maneira similar para garantir que nenhuma unidade seja produzida nos outros locais se as fábricas não forem construídas. A solução ótima é

$$X_1 = 0, \quad X_2 = 1, \quad X_3 = 1, \quad X_4 = 0, \quad X_5 = 19000, \quad X_6 = 19000$$

Valor da função objetivo = 1757000

Isso significa que as fábricas serão construídas em Lake Charles e Mobile. Cada uma delas produzirá 19000 unidades por ano e o custo total anual será de $1757000.

Exemplo de investimento financeiro

Existem inúmeras aplicações financeiras com variáveis 0-1. Um tipo muito comum de problema envolve a seleção de um grupo de oportunidades de investimentos. O exemplo a seguir ilustra essa aplicação.

Eis um exemplo de análise portfólio de ações com a programação 0-1.

A empresa de investimentos Simkin, Simkin and Steinberg, localizada em Houston, é especialista na recomendação de portfólio de ações de petróleo para clientes com muito dinheiro. Um desses clientes fez as seguintes especificações: (1) pelo menos duas empresas do Texas devem estar no portfólio, (2) não mais do que um investimento pode ser feito em companhias petrolíferas estrangeiras, (3) uma de duas ações de empresas de petróleo da Califórnia devem ser compradas. O cliente tem mais de $3 milhões disponíveis para investimentos e insiste em comprar grandes blocos de ações de cada companhia em que investe. A Tabela 11.4 descreve várias ações que a Simkin está cogitando. O objetivo é maximizar o retorno anual no investimento sujeito às restrições.

Para formular isso como um problema de programação inteira 0-1, a Simkin determina X_1 como uma variável inteira 0-1, onde $X_i = 1$ se a ação i for comprada e $X_i = 0$ se i não for comprada.

Maximizar o retorno $= 50X_1 + 80X_2 + 90X_3 + 120X_4 + 110X_5 + 40X_6 + 75X_7$

Sujeito a $\quad X_1 + X_4 + X_5 \geq 2 \quad$ (Restrição do Texas)

$\quad\quad\quad\quad\quad X_2 + X_3 \leq 1 \quad$ (Restrição da companhia estrangeira)

$\quad\quad\quad\quad\quad X_6 + X_7 = 1 \quad$ (Restrição da Califórnia)

$480X_1 + 540X_2 + 680X_3 + 1,000X_4 + 700X_5 + 510X_6 + 900X_7 \leq 3000$

(limite de 3 milhões)

Todas as variáveis devem ser 0 ou 1 em valor.

Usando o Excel para solucionar o exemplo da Simkin Além do QM para Windows, o Excel e o solver podem ser usados para solucionar esse tipo de problema. Para indicar que a variável é

TABELA 11.4 Oportunidades de investimentos em petróleo

Ação	Nome da empresa	Retorno anual esperado ($1000s)	Custo por bloco de ações ($1000s)
1	Trans-Texas Oil	50	480
2	British Petroleum	80	540
3	Dutch Shell	90	680
4	Houston Drilling	120	1000
5	Texas Petroleum	110	700
6	San Diego Oil	40	510
7	California Petro	75	900

uma variável 0-1 (binária) no Solver, selecione Adicionar restrição e selecione bin (para binária), como mostra o Programa 11.5A. A entrada completa do Solver é mostrada no Programa 11.5B e a saída está no Programa 11.5C. Como vemos na tela da saída (Programa 11.5C), X_3, X_4, X_5 e X_6 são iguais a 1 na solução inteira e X_1, X_2 e X_7 são 0. Isso significa que a Simkin deve investir na Dutch Shell, Houston Drilling, Texas Petroleum e San Diego Oil e não nas outras empresas petrolíferas. O retorno esperado é de $360000.

Lembre que problemas de atribuição solucionados pela PL, como visto no Capítulo 8, na verdade também são programas inteiros 0-1. Todas as atribuições de tarefas a pessoas, por exemplo, são representados por um 1 (a pessoa consegue a tarefa) ou 0 (não foi atribuída determinada tarefa a uma pessoa).

11.4 PROGRAMAÇÃO POR OBJETIVOS

As empresas geralmente têm mais do que um objetivo.

No cenário de negócios de hoje, a maximização do lucro ou a minimização do custo não são os únicos objetivos que uma empresa estabelece. Geralmente, a maximização total do

PROGRAMA 11.5A
Entrada do Solver para as variáveis 0-1 (Binárias) para a Simkin.

PROGRAMA 11.5B
Entrada completa para o problema de programação inteira para Simkin.

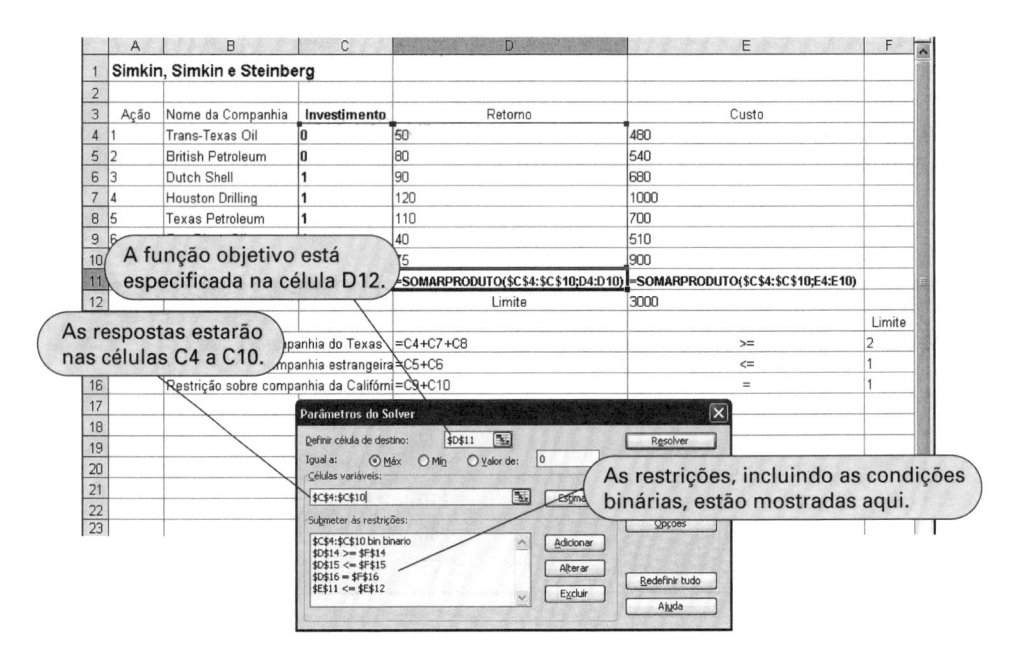

	A	B	C	D	E	F	G	H
1	Simkin, Simkin e Steinberg							
2								
3	Ação	Nome da Companhia	**Investimento**	Retorno	Custo			
4	1	Trans-Texas Oil	0	50	480			
5	2	British Petroleum	0	80	540			
6	3	Dutch Shell	1	90	680			
7	4	Houston Drilling	1	120	1000			
8	5	Texas Petroleum	1	110	700			
9	6	San Diego Oil	1	40	510			
10	7	California Petro	0	75	900			
11			Total	**360**	2890			
12				Limite	3000			
13						Limite		
14		Restrição sobre companhia do Texas		2	>=	2		
15		Restrição sobre companhia estrangeira		1	<=	1		
16		Restrição sobre companhia da Califórnia		1	=	1		

PROGRAMA 11.5C
Solução do Excel para o problema de programação inteira da Simkin.

EM AÇÃO — A Continental Airlines economiza $40 milhões usando o CrewSolver

As companhia aéreas usam processos de última geração e ferramentas automatizadas para desenvolver uma programação de voos e tripulação que maximize o lucro. Essas programações designam rotas específicas às aeronaves, e agendam pilotos e comissários de bordo a cada uma delas. Quando ocorrem interrupções, os aviões e a tripulação frequentemente são incapazes de aderir à atribuição do próximo dia. As empresas aéreas se deparam com interrupções na escala por uma variedade de razões inesperadas como mau tempo, problemas mecânicos e indisponibilidade de tripulação.

Em 1993, a Continental Airlines começou a desenvolver um sistema que lidava com as interrupções em tempo real. Trabalhando com a Tecnologia CALEB, a empresa desenvolveu os sistemas CrewSolver e o OptSolver (baseados nos modelos de programação inteira 0-1) para gerar soluções abrangentes de recuperação tanto para as aeronaves quanto para a tripulação. Essas soluções evitam perdas e promovem a satisfação do cliente reduzindo o cancelamento de voos e minimizando os atrasos. Essas soluções de recuperação de tripulações são de baixo custo e mantém uma alta qualidade de vida para os pilotos e comissários de bordo.

No final de 2000 e no decorrer de 2001, a Continental e outras linhas aéreas passaram por quatro grandes interrupções. As duas primeiras foram devido a severas tempestades de neve no início de janeiro e em março de 2001. As enchentes de Houston provocadas pela tempestade tropical Allison fechou um grande centro de operações de aviação comercial em junho de 2001 e deixou as aeronaves em locais onde não estavam programadas para estar. O ataque terrorista de 11 de setembro de 2001 fez com que aeronaves e tripulações ficassem espalhadas por muitos locais e interrompeu totalmente a programação dos voos. O sistema CrewSolver forneceu uma recuperação mais rápida e eficiente do que era possível no passado. Foi estimado que o sistema CrewSolver economizou aproximadamente $40 milhões nessas grandes interrupções em 2001. Esse sistema também garantiu uma economia de custos em outras situações e tornou a recuperação mais fácil quando havia interrupções menores devido a problemas locais com o tempo em outros períodos durante o ano.

Fonte: Baseado em YU, Gang, ARGUELLO, Michael e WHITE, Sandra. A New Era for Crew Recovery at Continental Airlines. *Interfaces*, v. 33, Janeiro-Fevereiro, 2003, p. 5-22.

---

lucro é apenas um de muitos objetivos, que incluem metas contraditórias como maximizar a participação no mercado, manter os empregos, fornecer gerenciamento ecológico de qualidade, minimizar o nível do ruído da vizinhança e satisfazer inúmeros outros objetivos não econômicos.

A deficiência das técnicas de programação matemática como a programação linear e inteira é que a função objetivo é mensurada em somente uma dimensão. A PL não pode ter *objetivos múltiplos* a não ser que todos sejam mensurados nas mesmas unidades (como dólares), uma situação improvável. Para complementar a PL, foi desenvolvida uma técnica chamada de *programação por objetivo*.

A programação por objetivo é capaz de lidar com problemas de decisão envolvendo múltiplos objetivos. Esse é um conceito com quatro décadas que começou com o trabalho de

A programação por objetivos permite múltiplos objetivos.

A programação por objetivo "satisfaz," diferentemente da PL, que tenta "otimizar." Isso significa chegar o mais próximo possível do alcance dos objetivos.

Charnes e Cooper em 1961 e foi melhorado e expandido por Lee e Ignizio nos anos de 1970 e 1980 (veja a Bibliografia).

Em situações típicas de tomada de decisão, os objetivos estabelecidos pela gerência podem ser alcançados somente à custa de outros objetivos. É necessário estabelecer uma hierarquia de importância para que os objetivos com baixa prioridade sejam tratados somente após os objetivos com alta prioridade terem sido satisfeitos. Visto não ser sempre possível alcançar cada objetivo na amplitude desejada pelos tomadores de decisão, a programação por objetivo tenta alcançar um nível satisfatório de objetivos múltiplos. Isto, é claro, difere da PL que tenta encontrar a melhor saída possível para um *único* objetivo. Laureado com o Nobel, Herbert A. Simon, da Universidade de Carnegie-Mellon, declara que administradores modernos, em vez de otimizar, talvez tenham que "satisfazer" ou "chegar o mais próximo possível" dos objetivos a serem alcançados. Esse é o caso com modelos como a programação por objetivo.

A função objetivo é a principal diferença entre a programação por objetivos e a PL.

Como a programação por objetivo difere da PL? A função objetivo é a diferença principal. Em vez de tentar maximizar ou minimizar a função objetivo diretamente, tentamos minimizar os *desvios* entre a definição dos objetivos e o que podemos realmente alcançar dentro das restrições dadas. Na abordagem da PL pelo Simplex, tais desvios são chamados de variáveis de folga e excedentes. Como o coeficiente de cada uma delas é zero na função objetivo, as variáveis de folga e excedentes não tem impacto na solução ótima. Na programação por objetivos, as variáveis de desvio são tipicamente as únicas variáveis da função objetivo, e o objetivo é minimizar o total dessas *variáveis de desvio*.

Na programação por objetivos queremos minimizar as variáveis de desvio que são os únicos termos na função objetivo.

Quando o modelo de programação por objetivos é formulado, o algoritmo computacional é quase o mesmo do problema de minimização solucionado pelo método simplex.

Exemplo de programação por objetivos: Companhia Elétrica Harrison revisitada

Para ilustrar a formulação de um problema de programação por objetivo, vamos voltar ao caso da Companhia Elétrica Harrison apresentado anteriormente neste capítulo como um problema de programação inteira. A formulação daquele problema, como você deve lembrar, é

$$\text{Maximizar o lucro} = \$7X_1 + \$6X_2$$

$$\text{sujeito a} \quad 2X_1 + 3X_2 \leq 12 \text{ (horas da fiação)}$$

$$6X_1 + 5X_2 \leq 30 \text{ (horas da montagem)}$$

$$X_1, X_2 \geq 0$$

onde:

$$X_1 = \text{número de candelabros produzidos}$$

$$X_2 = \text{número de ventiladores de teto produzidos}$$

Vimos que se a gerência da Harrison tinha um único objetivo, digamos, lucro, a PL poderia ser usada para encontrar a solução ótima. Mas vamos supor agora que a empresa está se mudando para uma nova localização durante um período de produção específico e julga que a maximização do lucro não seja um objetivo realista. A gerência estabelece um nível de lucro satisfatório durante o período de ajuste: $30. Agora temos um problema de programação por objetivo em que queremos encontrar a produção mista que fique o mais próximo possível desse objetivo dadas as restrições do tempo. Esse caso simples fornece um bom ponto de partida para lidar com programas por objetivos mais complicados.

Definimos duas variáveis de desvio:

$$d_1^- = \text{não alcance do lucro visado}$$

$$d_1^+ = \text{lucro visado acima do esperado}$$

Agora podemos declarar o problema da Elétrica Harrison como um modelo de programação de um único objetivo:

Minimizar o lucro visado não alcançado ou acima do esperado = $d_1^- + d_1^+$

sujeito a

$\$7X_1 + \$6X_2 + d_1^- - d_1^+ = \$30$ (restrição do objetivo do lucro)

$2X_1 + 3X_2 \leq 12$ (restrição das horas da fiação)

$6X_1 + 5X_2 \leq 30$ (restrição das horas da montagem)

$X_1, X_2, d_1^-, d_1^+ \geq 0$

Note que a primeira restrição declara que o lucro obtido, $\$7X_1 + 6X_2$, mais qualquer lucro não alcançado menos qualquer lucro acima do esperado precisa se igualar ao objetivo de $30. Por exemplo, se $X_1 = 3$ candelabros e $X_2 = 2$ ventiladores de teto, então $33 de lucro foi obtido. Isso excede $30 por $3, assim, d_1^+ deve ser igual a 3. Visto que a restrição do objetivo do lucro foi alcançada e ficou acima do esperado, a Harrison não alcançou o lucro visado e d_1^- será, claramente, igual a zero. Esse problema está agora pronto para a solução pelo algoritmo da programação por objetivo.

Se o lucro visado de $30 é atingido plenamente, vemos que ambos d_1^+ e d_1^- são iguais a zero. A função objetivo será, também, zero. Se a gerência da Harrison está preocupada somente com o não alcance do lucro visado, como mudaria a função objetivo? Como segue: minimizar lucro visado não alcançado = d_1^-. Isto também é um objetivo razoável, visto que a empresa provavelmente não ficaria insatisfeita com um alcance acima do esperado do seu objetivo. Em geral, uma vez que todos os objetivos e restrições são identificados em um problema, a gerência deve analisar cada objetivo para ver se o não alcance ou o alcance acima do esperado daquele objetivo é uma situação aceitável. Se o alcance acima do esperado é aceitável, a variável apropriada d_1^+ pode ser eliminada da função objetivo. Se o não alcance do objetivo está bom, a variável d_1^- deve ser retirada. Se a gerência procura atingir plenamente um objetivo, ambos os d_1^+ e d_1^- devem aparecer na função objetivo.

As variáveis de desvio são zero se um objetivo for completamente obtido.

Extensão a múltiplos objetivos igualmente importantes

Agora, vamos examinar a situação em que a gerência da Harrison quer alcançar vários objetivos, todos com a mesma prioridade.

Objetivo 1: produzir um lucro de $30, se possível, durante o período de produção

Objetivo 2: utilizar todo o tempo disponível das horas do departamento de fiação

Objetivo 3: evitar horas extras no departamento de montagem

Objetivo 4: satisfazer a necessidade de um contrato para produzir pelo menos sete ventiladores de teto

As variáveis de desvio podem ser definidas como segue:

d_1^- = não alcance do lucro visado

d_1^+ = lucro visado acima do esperado

d_2^- = tempo ocioso no departamento de fiação (subutilizado)

d_2^+ = horas extras departamento de fiação (utilização a mais)

d_3^- = tempo ocioso no departamento de montagem (subutilização)

d_3^- = horas extras no departamento de montagem (utilização a mais)

d_4^- = não alcance do objetivo do ventilador de teto

d_4^+ = alcance acima do esperado do objetivo do ventilador de teto

Precisamos de uma definição clara das variáveis de desvio, como estas.

A gerência não está preocupada com lucro visado acima do esperado, horas extras no departamento de fiação, tempo ocioso no departamento de montagem ou se mais do que sete ventiladores são produzidos: portanto d_1^+, d_2^+, d_3^- e d_4^+ podem ser omitidos da função objetivo. A nova função objetivo e restrições são:

$$\text{Minimizar o desvio total} = d_1^- + d_2^- + d_3^+ + d_4^-$$

sujeito a
$$7X_1 + 6X_2 + d_1^- - d_1^+ = 30 \quad \text{(restrição do lucro)}$$
$$2X_1 + 3X_2 + d_2^- - d_2^+ = 12 \quad \text{(restrição das horas da fiação)}$$
$$6X_1 + 5X_2 + d_3^- - d_3^+ = 30 \quad \text{(restrição da montagem)}$$
$$X_2 + d_4^- - d_4^+ = 7 \quad \text{(restrição do ventilador de teto)}$$

Todas as variáveis $X_i, d_i \geq 0$

Classificação dos objetivos por níveis de prioridade

A ideia principal na programação por objetivos é que um objetivo é mais importante do que outro. As prioridades são atribuídas a cada variável de desvio.

Na maioria dos problemas de programação por objetivo, um objetivo será mais importante do que outro, que por sua vez será mais importante do que um terceiro. A ideia é que os objetivos possam ser classificados de acordo com a sua importância aos olhos do administrador. Objetivos de ordem inferior são considerados após os objetivos de ordem superior serem satisfeitos. Prioridades (Pis) são designadas para cada variável de desvio – com a classificação de que P_1 é o objetivo mais importante, P_2 é o próximo mais importante, então P_3 e assim por diante.

Suponha que a Elétrica Harrison configura as prioridades mostradas na tabela a seguir:

Objetivo	Prioridade
Alcançar um lucro acima de $30 tanto quanto possível	P_1
Utilizar todas as horas do departamento de fiação	P_2
Evitar horas extras no departamento de montagem	P_3
Produzir pelo menos sete ventiladores de teto	P_4

EM AÇÃO — O uso da programação por objetivos para a alocação de remédios contra a tuberculose em Manila

A alocação de recursos é crucial quando aplicada ao setor da saúde. É caso de vida ou morte quando nem o recurso correto ou a quantidade correta estão disponíveis para satisfazer a demanda do paciente. Essa foi a situação enfrentada pelo Centro de Saúde de Manila (Filipinas), cujo suprimento de medicamentos para pacientes com tuberculose Categoria I não estava alocado de modo eficiente nos seus 45 centros regionais de saúde. Quando o suprimento do remédio contra a tuberculose não chega aos pacientes a tempo, a doença se agrava e pode resultar em morte. Somente 74% de pacientes com tuberculose estavam sendo curados em Manila, 11% a menos do que a meta de taxa de cura de 85% fixada pelo governo. Diferentemente de outras doenças, a tuberculose pode ser tratada somente com quatro remédios e não pode ser curada com medicamentos alternativos.

Pesquisadores do Instituto de Tecnologia Mapka criaram um modelo, usando a programação por objetivo, a fim de otimizar a alocação dos recursos para o tratamento da tuberculose ao mesmo tempo que consideravam as restrições de suprimento. A função objetivo do modelo foi satisfazer o objetivo da taxa de cura de 85% (equivalente a minimizar o número insuficiente de medicamentos antituberculose nos 45 centros). Quatro restrições do objetivo consideraram os inter-relacionamentos entre as variáveis no sistema de distribuição. O objetivo 1 era satisfazer as necessidades da medicação (um regime de seis meses) para cada paciente. O objetivo 2 era suprir cada centro de saúde com a alocação apropriada. O objetivo 3 era satisfazer a taxa de cura de 85%. O objetivo 4 era satisfazer as necessidades do medicamento em cada centro de saúde.

O modelo de programação por objetivo tratou com sucesso todos esses objetivos e aumentou a taxa de cura da tuberculose para 88%, uma melhora de 13% na alocação do medicamento sobre a abordagem de distribuição anterior. Isso significa que 335 vidas por ano foram salvas por meio desse cuidadoso uso da programação por objetivo.

Fonte: Baseado em ESMERIA, G. J. C. An Application of Goal Programming in the Allocation of Anti-TB Drugs in Rural Health Centers in the Philippines. *Proceedings of the 12th Annual Conference of the Production and Operations Management Society.* v.50, March 2001, Orlando, FL: 50.

Isso significa, de fato, que a prioridade em satisfazer o objetivo do lucro (P_1) é infinitamente mais importante do que o objetivo da fiação (P_2), que é infinitamente mais importante do que o objetivo da montagem (P_3), por sua vez infinitamente mais importante do que produzir, pelo menos, sete ventiladores de teto (P_4).

Com a classificação dos objetivos considerada, a nova função objetivo torna-se:

$$\text{Minimizar o desvio total} = P_1 d_1^- + P_2 d_2^- + P_3 d_3^+ + P_4 d_4^-$$

As restrições permanecem iguais às anteriores.

A prioridade 1 é infinitamente mais importante do que a prioridade 2, que é infinitamente mais importante do que o próximo objetivo e assim por diante.

Resolvendo problemas de programação por objetivo graficamente

Assim como resolvemos problemas de PL graficamente no Capítulo 7, podemos analisar problemas de programação por objetivo dessa maneira. Primeiro, devemos estar cientes das três características dos problemas de programação por objetivo: (1) modelos de programação por objetivo são todos de minimização; (2) não existe um objetivo único, mas múltiplos objetivos a serem alcançados; (3) o desvio de um objetivo de alta prioridade deve ser minimizado na maior escala possível antes que o próximo objetivo de maior prioridade seja considerado.

Vamos usar o problema de programação por objetivo da Companhia Elétrica Harrison como um exemplo. O modelo é formulado como:

$$\text{Minimizar o desvio total} = P_1 d_1^- + P_2 d_2^- + P_3 d_3^+ + P_4 d_4^-$$

Sujeito a
$$7X_1 + 6X_2 + d_1^- - d_1^+ = 30 \text{ (lucro)}$$
$$2X_1 + 3X_2 + d_2^- - d_2^+ = 12 \text{ (fiação)}$$
$$6X_1 + 5X_2 + d_3^- - d_3^+ = 30 \text{ (montagem)}$$
$$X_2 + d_4^- - d_4^+ = 7 \text{ (ventiladores de teto)}$$
$$X_1, X_2, d_i^-, d_i^+ \geq 0 \text{ (não negatividade)}$$

onde:

X_1 = número de candelabros produzidos

X_2 = número de ventiladores de teto produzidos

Para solucionar esse problema, traçamos uma restrição por vez, começando com a que tem as variáveis com a mais alta prioridade de desvio. Isso é a restrição do lucro, visto que d_1^- tem a prioridade P_1 na função objetivo. A Figura 11.4 mostra a linha da restrição do lucro. Note que traçando a linha, as variáveis de desvio d_1^- e d_1^+ são ignoradas. Para minimizar d_1^+ (o lucro visado não alcançado de $30), a área viável está na região sombreada. Qualquer ponto na região sombreada satisfaz o primeiro objetivo porque o lucro excede $30.

As restrições gráficas são traçadas uma de cada vez.

A Figura 11.5 inclui o segundo objetivo prioritário de minimizar d_2^-. A região abaixo da linha da região $2X_1 + 3X_2 = 12$ representa os valores para d_2^-, enquanto a região acima da linha representa d_2^+. Para evitar a subutilização das horas do departamento de fiação, a área abaixo da linha é eliminada. Mas esse objetivo deve ser alcançado dentro da área viável já definida para satisfazer o primeiro objetivo.

O terceiro objetivo é evitar horas extras no departamento de montagem, significando que queremos d_3^+ o mais próximo possível de zero. Como podemos ver na Figura 11.6, esse objetivo também pode ser alcançado completamente. A área que contem pontos de solução que irá satisfazer os três objetivos prioritários é limitada pelos pontos A, B, C, D. Dentro dessa faixa estreita, qualquer solução irá satisfazer os três objetivos mais importantes.

O quarto objetivo é produzir pelo menos sete ventiladores de teto e, portanto, minimizar d_4^-. Para atingir esse objetivo final, a área abaixo da linha da restrição $X_2 = 7$ deve ser eliminada. Mas não podemos fazer isso sem violar um dos objetivos da mais alta prioridade.

FIGURA 11.4
Análise do primeiro objetivo.

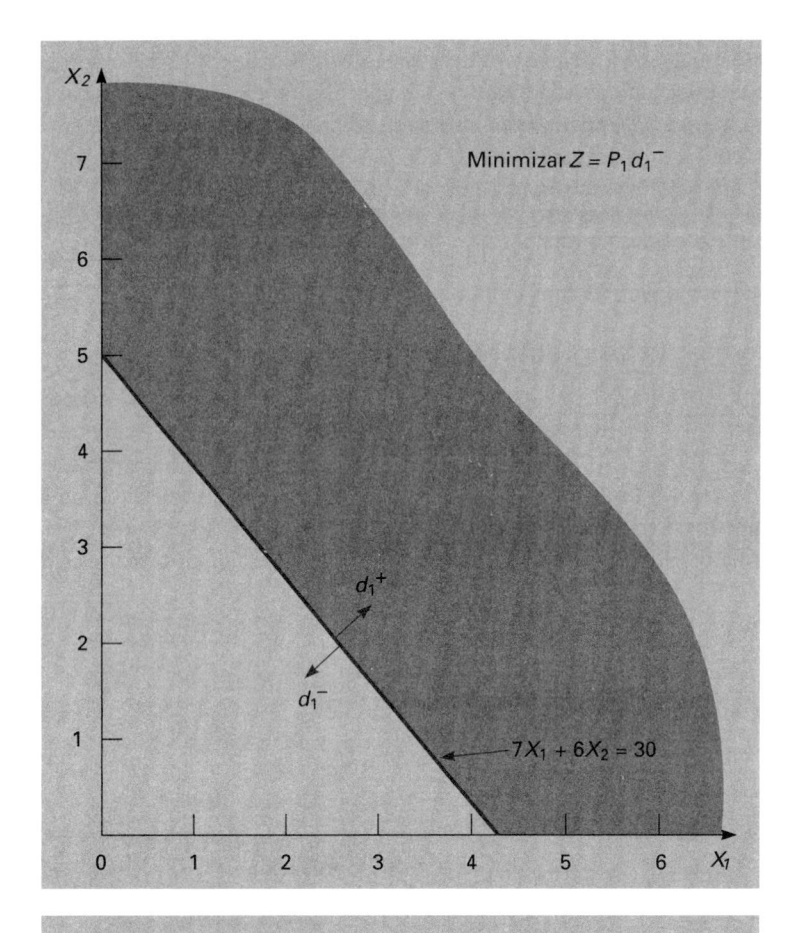

Minimizar $Z = P_1 d_1^-$

$7X_1 + 6X_2 = 30$

d_1^+
d_1^-

FIGURA 11.5
Análise do primeiro e segundo objetivos.

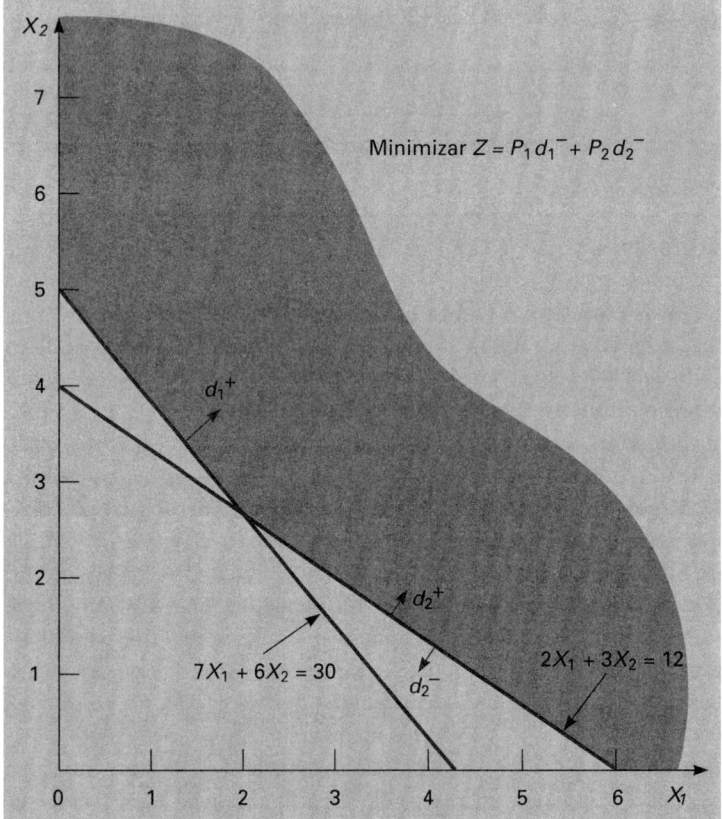

Minimizar $Z = P_1 d_1^- + P_2 d_2^-$

$7X_1 + 6X_2 = 30$
$2X_1 + 3X_2 = 12$

d_1^+
d_2^+
d_2^-

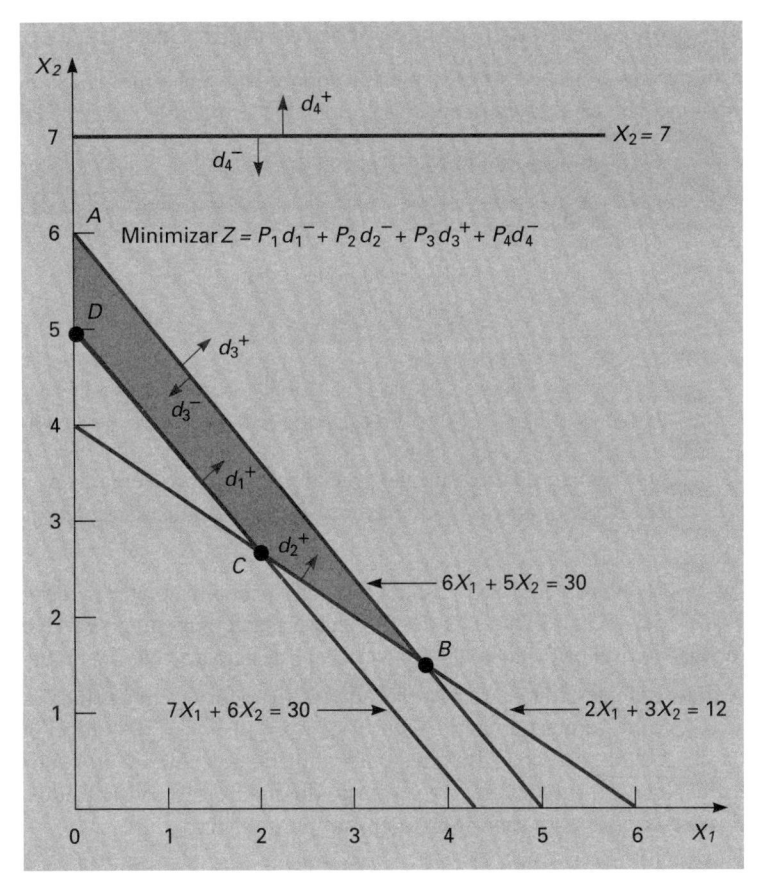

FIGURA 11.6 Análise de todos os quatro objetivos prioritários.

Queremos, então, encontrar um ponto de solução que irá, ainda, satisfazer os três primeiros objetivos e, também, chegar o mais próximo possível do alcance do quarto objetivo. Você sabe qual seria esse ponto?

O vértice A parece ser a solução ótima. Vemos com facilidade que suas coordenadas são $X_1 = 0$ candelabros e $X_2 = 6$ ventiladores de teto. Substituindo esses valores dentro das restrições do objetivo, notamos que as outras variáveis são

A solução é encontrada no vértice A, que satisfaz os três primeiros objetivos e chega próximo do alcance do quarto objetivo.

$$d_1^- = \$0, \quad d_1^+ = \$6, \quad d_2^- = 0 \text{ horas}, \quad d_2^+ = 6 \text{ horas}$$

$$d_3^- = \$0 \text{ horas}, \quad d_3^+ = 0 \text{ horas}, \quad d_4^- = 1 \text{ ventilador de teto}$$

$$d_4^+ = 0 \text{ ventiladores de teto}$$

Portanto, o objetivo do lucro foi satisfeito e excedido por $6 (um lucro de $36 foi alcançado), o departamento de fiação foi totalmente utilizado porque as 6 horas extras foram utilizadas, o departamento de montagem não tem tempo ocioso (ou hora extra) e o objetivo do ventilador de teto não foi atingido por somente um ventilador. Essa foi a solução mais satisfatória para o problema.

A abordagem gráfica para a programação por objetivo tem as mesmas desvantagens que tinha com a PL – a saber, ela pode somente tratar de problemas com duas variáveis reais. Modificando o método simplex da PL, uma solução mais geral para os problemas de programação por objetivo pode ser encontrada.

Método simplex modificado para a programação por objetivo

Para demonstrar como o método simplex modificado pode resolver um problema de programação por objetivo, voltamos novamente ao exemplo da Companhia Elétrica Harrison:

$$\text{Minimizar} = P_1 d_1^- + P_2 d_2^- + P_3 d_3^+ + P_4 d_4^-$$

sujeito a
$$7X_1 + 6X_2 + d_1^- - d_1^+ = 30$$
$$2X_1 + 3X_2 + d_2^- - d_2^+ = 12$$
$$6X_1 + 5X_2 + d_3^- - d_3^+ = 30$$
$$X_2 + d_4^- - d_4^+ = 7$$
$$X_1, X_2, d_i^-, d_i^+ \geq 0$$

Eis quatro diferenças entre o quadro simplex da PL e o quadro de programação por objetivo.

A Tabela 11.5 apresenta o quadro simplex inicial para esse problema. Devemos apontar quatro características desse quadro que diferem dos outros quadros simplex que vimos no Capítulo 9:

1. As variáveis do problema estão listadas no topo, primeiro com as variáveis de decisão (X_1 e X_2), depois as variáveis de desvio negativas e finalmente as variáveis de desvio positivas. O nível prioritário de cada variável é designado na linha do topo.

2. As variáveis de desvio negativas para cada restrição fornecem a solução básica viável inicial. (Assim, vemos que $d_1^- = 30$, $d_2^- = 12$, $d_3^- = 30$ e $d_4^- = 7$). O nível prioritário de cada variável na solução mista atual é introduzido na coluna C_j no lado extremo esquerdo. Note que os coeficientes no corpo do quadro são configurados exatamente como se estivessem em uma abordagem simplex normal.

Cada prioridade P_i tem uma linha Z_j e $C_j - Z_j$ separada.

3. Existe uma linha separada Z_j e $C_j - Z_j$ para cada uma das prioridades P_i. Visto que os objetivos do lucro, objetivos das horas de departamento e objetivos de produção são mensurados em unidades diferentes, as quatro linhas prioritárias separadas são necessárias. Na programação por objetivo, a última linha do quadro simplex contém

TABELA 11.5 Quadro da programação por objetivo inicial

C_j		0	0	P_1	P_2	0	P_4	0	0	P_3	0	
	Solução	X_1	X_2	d_1^-	d_2^-	d_3^-	d_4^-	d_1^+	d_2^+	d_3^+	d_4^+	Quantidade
P_1	d_1^-	7	6	1	0	0	0	-1	0	0	0	30
P_2	d_2^-	2	3	0	1	0	0	0	-1	0	0	12
0	d_3^-	6	5	0	0	1	0	0	0	-1	0	30
P_4	d_4^-	0	1	0	0	0	1	0	0	0	-1	7
	P_4	0	1	0	0	0	1	0	0	0	-1	7
Z_j	P_3	0	0	0	0	0	0	0	0	0	0	0
	P_2	2	3	0	1	0	0	0	-1	0	0	12
	P_1	7	6	1	0	0	0	-1	0	0	0	30
$C_j - Z_j$	P_4	0	-1	0	0	0	0	0	0	0	1	
	P_3	0	0	0	0	0	0	0	0	1	0	
	P_2	-2	-3	0	0	0	0	0	1	0	0	
	P_1	-7	-6	0	0	0	0	1	0	0	0	

Coluna pivô

o objetivo (P_1) com a classificação mais alta, a próxima linha contém o objetivo P_2 e assim por diante. As linhas são calculadas exatamente como no método simplex normal, mas são feitas para cada nível prioritário. Na Tabela 11.5, os valores de $C_j - Z_j$ para a coluna X_1, por exemplo, são lidos como $-7 P_1 - 2 P_2 + 0 P_3 + 0 P_4$.

4. Na seleção da variável a entrar na solução mista, iniciamos com a linha com a prioridade mais alta, P_1, e selecionamos o valor mais negativo de $C_j - Z_j$ nela (a coluna pivô é X_1 na Tabela 11.5). Se não há um número negativo na linha $C_j - Z_j$ para P_1, seguimos para a prioridade P_2 da linha $C_j - Z_j$ e selecionamos o maior número negativo lá. Uma linha negativa $C_j - Z_j$ que tem um número positivo na linha P abaixo dela, entretanto, é ignorada. Isso significa que os desvios de um objetivo mais importante (um na linha mais baixa) seriam *aumentados* se aquela variável fosse trazida para a solução.

Selecionar a próxima variável a entrar na solução mista.

Depois de configurarmos o quadro simplex inicial modificado, nos movemos em direção à solução ótima da mesma forma que ocorreu com os procedimentos simplex de minimização descritos em detalhes no Capítulo 9. Lembrando as quatro características recém-listadas, a próxima etapa seguindo da Tabela 11.5 para a 11.6 é encontrar a linha pivô. Fazemos isso dividindo os valores das quantidades pelos seus valores correspondentes da coluna pivô (X_1) e escolhendo aquele com a menor razão positiva. Assim, d_1^- deixa a base no segundo quadro e é substituído por X_1.

As novas linhas do quadro são calculadas exatamente como no método simplex normal. Você deve lembrar que isso significa calcular primeiro uma nova linha pivô e, depois, usar a fórmula da Seção 9.3 para encontrar as outras novas linhas.

Vemos na nova linha $C_j - Z_j$ para a prioridade P na Tabela 11.6, que não existem valores negativos. Assim, o primeiro objetivo prioritário foi alcançado. A prioridade 2 é o próximo objetivo e encontramos duas entradas negativas na sua linha $C_j - Z_j$. Novamente, o maior é selecionado como a coluna pivô e X_2 será a próxima variável a entrar na solução mista. Vamos pular dois quadros e ir diretamente à Tabela 11.7 que contém a solução mais satisfatória para o problema (um dos problemas extras permite trabalhar nesse quadro final).

TABELA 11.6 Segundo quadro da programação por objetivo

C_j		0	0	P_1	P_2	0	P_4	0	0	P_3	0	
	Solução	X_1	X_2	d_1^-	d_2^-	d_3^-	d_4^-	d_1^+	d_2^+	d_3^+	d_4^+	Quantidade
0	X_1	1	$6/7$	$1/7$	0	0	0	$-1/7$	0	0	0	$30/7$
P_2	d_2^-	0	$9/7$	$-2/7$	1	0	0	$2/7$	-1	0	0	$24/7$
0	d_3^-	0	$-1/7$	$-6/7$	0	1	0	$6/7$	0	-1	0	$30/7$
P_4	d_4^-	0	1	0	0	0	1	0	0	0	-1	7
	P_4	0	1	0	0	0	1	0	0	0	-1	7
Z_j	P_3	0	0	0	0	0	0	0	0	0	0	0
	P_2	0	$9/7$	$-2/7$	1	0	0	$2/7$	-1	0	0	$24/7$
	P_1	0	0	0	0	0	0	0	0	0	0	0
	P_4	0	-1	0	0	0	0	0	0	0	1	
$C_j - Z_j$	P_3	0	0	0	0	0	0	0	0	1	0	
	P_2	0	$-9/7$	$2/7$	0	0	0	$-2/7$	1	0	0	
	P_1	0	0	1	0	0	0	0	0	0	0	

Coluna pivô

TABELA 11.7 Solução final para a programação por objetivo para a Elétrica Harrison

C_j →		0	0	P_1	P_2	0	P_4	0	0	P_3	0	
↓	Solução	X_1	X_2	d_1^-	d_2^-	d_3^-	d_4^-	d_1^+	d_2^+	d_3^+	d_4^+	Quantidade
0	d_2^+	8/5	0	0	−1	3/5	0	0	1	−3/5	0	6
0	X_2	6/5	1	0	0	1/5	0	0	0	−1/5	0	6
0	d_1^+	1/5	0	−1	0	6/5	0	1	0	−6/5	0	6
P_4	d_4^-	−6/5	0	0	0	−1/5	1	0	0	1/5	−1	1
Z_j	P_4	−6/5	0	0	0	−1/5	1	0	0	1/5	−1	1
	P_3	0	0	0	0	0	0	0	0	0	0	0
	P_2	0	0	0	0	0	0	0	0	0	0	0
	P_1	0	0	0	0	0	0	0	0	1	0	0
$C_j - Z_j$	P_4	6/5	0	0	0	1/5	0	0	0	−1/5	1	
	P_3	0	0	0	0	0	0	0	0	**1**	0	
	P_2	0	0	0	1	0	0	0	0	0	0	
	P_1	0	0	1	0	0	0	0	0	0	0	

Note que na solução final o primeiro, o segundo e o terceiro objetivos foram totalmente alcançados: não há entradas $C_j - Z_j$ negativas nas suas linhas. No entanto, um valor negativo aparece (na coluna d_3^+) na linha de prioridade 4, indicando que o objetivo não foi totalmente alcançado. Na verdade, d_4^- é igual a 1, significando que não atingimos o objetivo do ventilador de teto por um ventilador. Mas há um número positivo (veja o "1" sombreado) na coluna d_3^+ no nível de prioridade P_3 e, portanto, em um nível de prioridade mais alto. Se tentarmos forçar d_3^- para dentro da solução mista a fim de alcançar o objetivo P_4, será à custa de um objetivo mais importante (P_3) que já foi satisfeito. Não queremos sacrificar o objetivo P_3, assim, essa será a melhor solução possível da programação por objetivo. A resposta é:

$X_1 = 0$ candelabros produzidos

$X_2 = 6$ ventiladores de teto produzidos

$d_1^+ = \$6$ acima do objetivo do lucro

$d_2^+ = 6$ horas da fiação sobre o mínimo configurado

$d_4^- = 1$ ventilador a menos do desejado

Programação por objetivos com objetivos ponderados

Quando níveis de prioridade são usados na programação por objetivo, qualquer objetivo no nível de prioridade mais alto é infinitamente mais importante do que objetivos em níveis de prioridade mais baixos. Entretanto, pode acontecer que um objetivo seja mais importante do que outro, mas ele pode ser somente duas ou três vezes mais importante. Em vez de colocar esses objetivos em diferentes níveis de prioridade, eles são colocados no mesmo nível de prioridade, mas com pesos diferentes. Quando usamos a programação por objetivo ponderada, os coeficientes na função objetivo para as variáveis de desvio incluem tanto o nível de prioridade quanto o peso. Se todos os objetivos estão no mesmo nível de prioridade, apenas usar os pesos como coeficientes da função objetivo é o suficiente.

Considere o exemplo da Elétrica Harrison em que o objetivo menos importante é o 4 (produzir pelo menos sete ventiladores de teto). Suponha que a Harrison decida acrescentar outro objetivo de produzir pelo menos dois candelabros. O objetivo de sete ventiladores de teto é considerado duas vezes mais importante do que esse objetivo, assim, ambos devem estar no mesmo nível de prioridade. Ao objetivo de dois candelabros é designado um peso de 1, enquanto que ao objetivo de sete ventiladores de teto será dado um peso de 2. Ambos estarão no nível de prioridade 4. Uma nova restrição (objetivo) será acrescentada:

$$X_1 + d_5^- - d_5^+ = 2 \qquad \text{(candelabros)}$$

O novo valor da função objetivo será

$$\text{Minimizar o total do desvio} = P_1 d_1^- + P_2 d_2^- + P_3 d_3^+ + P_4(2d_4^-) + P_4 d_5^-$$

Note que o objetivo do ventilador de teto tem um peso de 2. O peso para o objetivo do candelabro é 1. Tecnicamente, a todos os objetivos nos outros níveis de prioridade são atribuídos também pesos 1.

Usando o QM para Windows para resolver o problema da Harrison O módulo de programação por objetivo do QM para Windows está ilustrado nos Programas 11.6A, 11.6B e 11.6C. A tela de entrada é mostrada primeiro no Programa 11.6A. Note na primeira tela que existem colunas de nível de prioridade para cada restrição. Para este exemplo, a prioridade, tanto para o desvio positivo quanto para o negativo, será de zero desde que a função objetivo não contenha ambos os tipos de variáveis de desvio para qualquer um desses objetivos. Se um problema

Companhia Elétrica Harrison

	Wt(d+)	Prty(d+)	Wt(d-)	Prty(d-)	X1	X2		RHS
Restrição 1	0	0	1	1	7	6	=	30
Restrição 2	0	0	1	2	2	3	=	12
Restrição 3	1	3	0	0	6	5	=	30
Restrição 4	0	0	1	4	0	1	=	7

PROGRAMA 11.6 A
Análise da programação por objetivo da Elétrica Harrison usando o QM para Windows: entradas.

Final Tableau — Companhia Elétrica Harrison Solution

	X1	X2	d-1	d-2	d-3	d-4	d+1	d+2	d+3	d+4	RHS
Restrição 1	1,6	0	0	-1	,6	0	0	1	-,6	0	6
Restrição 2	1,2	1	0	0	,2	0	0	0	-,2	0	6
Restrição 3	,2	0	-1	0	1,2	0	1	0	-1,2	0	6
Restrição 4	-1,2	0	0	0	-,2	1	0	0	,2	-1	1
Priority 4	-1,2	0	0	0	-,2	0	0	0	,2	-1	1
Priority 3	0	0	0	0	0	0	0	0	-1	0	0
Priority 2	0	0	0	-1	0	0	0	0	0	0	0
Priority 1	0	0	-1	0	0	0	0	0	0	0	0

PROGRAMA 11.6 B
Quadro final para a Elétrica Harrison usando o QM para Windows.

Companhia Elétrica Harrison Solution

Item			
Decision variable analysis	Value		
X1	0		
X2	6		
Priority analysis	Nonachievement		
Priority 1	0		
Priority 2	0		
Priority 3	0		
Priority 4	1		
Constraint Analysis	RHS	d+ (row i)	d- (row i)
Restrição 1	30	6	0
Restrição 2	12	6	0
Restrição 3	30	0	0
Restrição 4	7	0	1

PROGRAMA 11.6 C
Resumo da tela da solução para o problema da programação por objetivo para a Elétrica Harrison usando o QM para Windows.

tinha um objetivo com ambas as variáveis de desvio na função objetivo, ambas as colunas de nível de prioridade para esse objetivo (restrição) conteriam outros valores que não zero. Além disso, o peso para cada variável de desvio contida na função objetivo é listada como 1 (ele é 0 se a variável não está aparecendo na função objetivo). Se pesos diferentes são usados, eles seriam colocados na coluna de peso apropriada dentro de um nível de prioridade.

O quadro final é mostrado no Programa 11.6B e ele é idêntico em conteúdo à Tabela 11.7. A solução com uma análise de desvios e a realização de objetivos está mostrada no Programa 11.6C. Vemos que as duas primeiras restrições têm variáveis de desvio negativas iguais a 0, indicando total realização desses objetivos. Na verdade, ambas as variáveis de desvio positivas têm valores de 6, indicando uma realização acima do esperado desses objetivos por 6 unidades cada. O objetivo (restrição) 3 tem ambas as variáveis de desvio iguais a 0, indicando a realização completa daquele objetivo, enquanto que o objetivo 4 tem uma variável de desvio negativa igual a 1, indicando uma subrrealização por 1 unidade.

11.5 PROGRAMAÇÃO NÃO LINEAR

As programações linear, inteira e por objetivos presumem que a função objetivo do problema e as restrições sejam lineares. Isso significa que elas não contêm termos não lineares como X_1^3, $1/X_2$, $\log X_3$ ou $5X_1 X_2$. No entanto, em muitos problemas de programação matemática, a função objetivo e/ou uma ou mais restrições são não lineares.

Nesta seção, examinamos três categorias de problemas de programação não linear (PNL) e ilustramos como o Excel pode, geralmente, ser usado para resolver tais problemas.

Função objetiva não linear e restrições lineares

Eis um exemplo de uma função objetivo não linear.

A empresa de aparelhos elétricos Great Western vende dois modelos de fornos tostadores, o Microtoaster (X_1) e o forno tostador autolimpante (X_2). A empresa tem um lucro de $28 para cada Microtoaster independentemente do número vendido. Os lucros para o modelo autolimpante, entretanto, aumentam à medida que mais unidades são vendidas devido ao custo *overhead* fixo. O lucro nesse modelo pode ser expresso como $21X_2 + 0{,}25X_2^2$.

Portanto, a função objetivo da empresa é não linear:

EM AÇÃO — Modelo de programação por objetivo para gastos com presídios na Virginia

Presídios por todos os Estados Unidos estão superlotados; há uma necessidade de expansão de suas capacidades e substituição ou renovação das instalações obsoletas. Este estudo demonstra como a programação por objetivo foi usada no problema de alocação de capital enfrentado pelo Departamento Correcional da Virginia.

Os itens de dispêndio considerados pelo departamento correcional da Virginia incluíam instalações novas e renovadas de segurança máxima, média e mínima, programas de entretenimento comunitários e aumento de pessoal. A técnica de programação por objetivo forçou todos os projetos de presídios a serem totalmente aceitos ou rejeitados.

Variáveis do modelo definiram a construção, a renovação ou o estabelecimento de um tipo específico de instalação correcional para uma localização determinada ou propósito e indicou as pessoas necessárias para as instalações. As restrições do objetivo se encaixam em cinco categorias: capacidade adicional para os internos criadas pelas instalações novas e renovadas; custos operacionais e de pessoal associados a cada item das despesas; impacto da construção e renovação da instalação no aprisionamento, na duração da sentença e na liberação com antecedência e liberdade condicional; a mistura de diferentes tipos de instalações exigidas pelo sistema; e as exigências de pessoal resultantes de vários gastos de capital para as instalações correcionais.

Os resultados da solução para a Virginia foram uma nova instalação de segurança máxima para atividades de tratamento para drogas, álcool e psiquiátrico; uma nova instalação de segurança mínima para jovens delinquentes, duas instalações de segurança mínima normais; dois novos programas de entretenimento em áreas urbanas; renovação de uma instalação existente de segurança média e uma de segurança mínima; 250 novos agentes correcionais; quatro novos administradores; 46 novos especialistas de tratamento/conselheiros; e seis novos funcionários da área médica.

Fonte: Baseado em RUSSELL R., TAYLOR, B., KEOWN, A. *Computer Environmental Urban Systems.* v. 11, n. 4, 1986, p. 135-46.

Capítulo 11 • Programação Inteira, Programação por Objetivo e Programação não Linear

Maximizar o lucro $= 28X_1 + 21X_2 + 0{,}25X_2^2$

O lucro da Great Western está sujeito a duas restrições lineares no tempo disponível da capacidade de produção e vendas:

$X_1 + X_2 \leq 1000$ (unidades da capacidade de produção)

$0{,}5X_1 + 0{,}4X_2 \leq 500$ (horas do tempo de vendas disponíveis)

$X_1, X_2 \geq 0$

Quando uma função objetivo contém termos ao quadrado (como $0{,}25X_2^2$) e as restrições do problema são lineares, ela é chamada de problema de *programação quadrática*. Vários problemas úteis no campo da seleção de portfólios se encaixam nessa categoria. Problemas quadráticos podem ser resolvidos por um método modificado do método simplex. Esse método está fora do escopo deste livro, mas pode ser encontrado em fontes listadas na Bibliografia.

A programação quadrática contém termos ao quadrado na função objetivo.

Como exemplo, podemos utilizar o poderoso comando Solver do Excel para resolver o modelo da Great Western. Os Programas 11.7A e 11.7B fornecem a entrada e a saída, respectivamente.

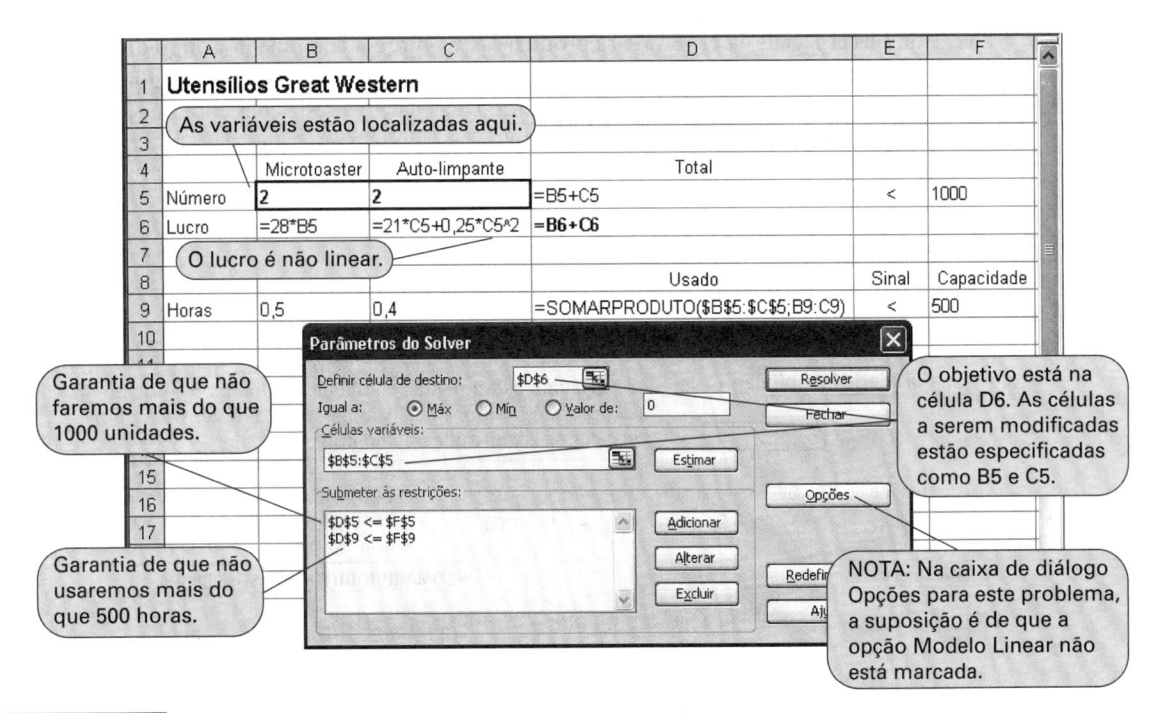

PROGRAMA 11.7A Uma formulação do Excel para o problema de PNL da Great Western.

PROGRAMA 11.7B Solução para o Problema de PNL da Great Western usando o Solver como mostra o Programa 11.7A.

Função objetiva não linear e restrições não lineares

Um exemplo em que o objetivo e as restrições são não lineares.

O lucro anual de uma Unidade Hospitalar de tamanho médio depende do número de pacientes admitidos (X_1) e do número de pacientes cirúrgicos admitidos (X_2). A função objetiva não linear para a unidade é:

$$\$13X_1 + \$6X_1X_2 + \$5X_2 + \$1/X_2$$

A Unidade Hospitalar identifica três restrições, duas das quais são também não lineares, que afetam as operações. Elas são:

$$2X_1^2 + 4X_2 \leq 90 \text{ (capacidade de enfermagem, em milhares de dias de trabalho)}$$

$$X_1 + X_2^3 \leq 75 \text{ (capacidade de raios X, em milhares)}$$

$$8X_1 - 2X_2 \leq 61 \text{ (orçamento de marketing necessário, em milhares de \$)}$$

Um exemplo de restrições não lineares.

O Solver pode lidar com tal problema (veja o Programa 11.8A). A solução ótima é fornecida no Programa 11.8B.

Função objetiva com restrições não lineares

A Thermlock Corp. produz juntas de vedação e gaxetas como as usadas para vedar juntas de ônibus espaciais da NASA. Para produzi-las, a empresa combina dois ingredientes: borracha (X_1) e óleo (X_2). O custo da borracha de qualidade industrial usada é \$5 por libra e o custo do óleo de alta viscosidade é \$7 por libra. Duas das três restrições com que a Thermlock se depara são não lineares. A função objetivo da empresa e restrições são:

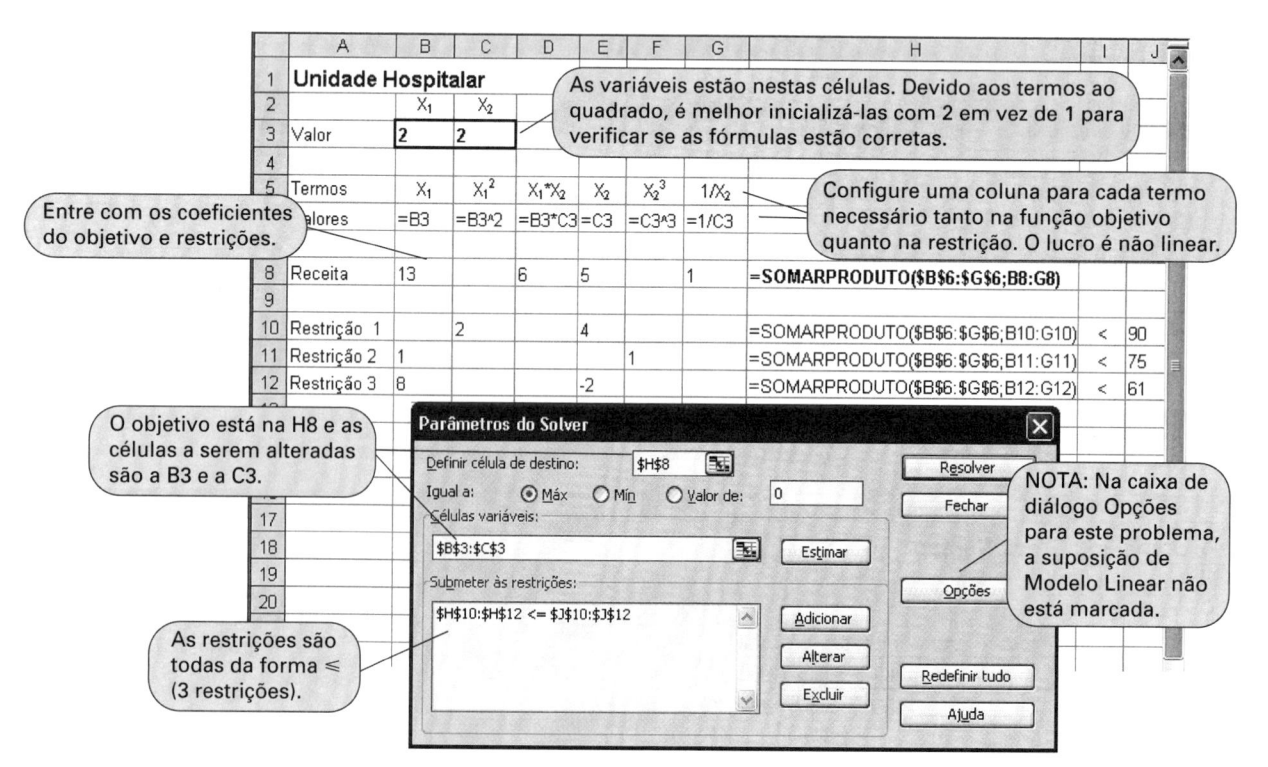

PROGRAMA 11.8A Uma formulação do Excel para o problema de PNL da Unidade Hospitalar.

PROGRAMA 11.8B
Solução do Excel para o problema de PNL da Unidade Hospitalar.

	A	B	C	D	E	F	G	H	I	J
1	Unidade Hospitalar									
2		X_1	X_2							
3	Valor	6,0663	4,1003							
4										
5	Termos	X_1	X_1^2	$X_1 \cdot X_2$	X_2	X_2^3	$1/X_2$			
6	Valores	6,0663	36,7995	24,8732	4,1003	68,9337	0,2439			
7								Total		
8	Receita	13		6	5		1	248,8457		
9										
10	Restrição 1		2		4			90	<	90
11	Restrição 2	1				1		75	<	75
12	Restrição 3	8			-2			40,32956	<	61

Minimizar os custos = $\$5X_1 + \$7X_2$

sujeito a $\quad 3X_1 + 0,25X_1^2 + 4X_2 + 0,3X_2^2 \geq 125$ (restrição da fundição)

$\qquad\qquad 13X_1 + X_1^3 \geq 80$ (resistência à tração)

$\qquad\qquad 0,7X_1 + X_2 \geq 17$ (elasticidade)

Para resolver esta programação não linear, utilizamos novamente o Excel. O Programa 11.9A ilustra como formular as restrições e como configurar os parâmetros do Solver. A saída é fornecida no Programa 11.9B.

Nem sempre encontramos uma solução ótima para a programação não linear.

Procedimentos computacionais para a programação não linear

Diferentemente dos métodos de PL, os procedimentos computacionais para resolver muitos dos problemas não lineares nem sempre geram uma solução com número finito de etapas. Além disso, não existe um método geral para resolver todos os problemas não lineares. Téc-

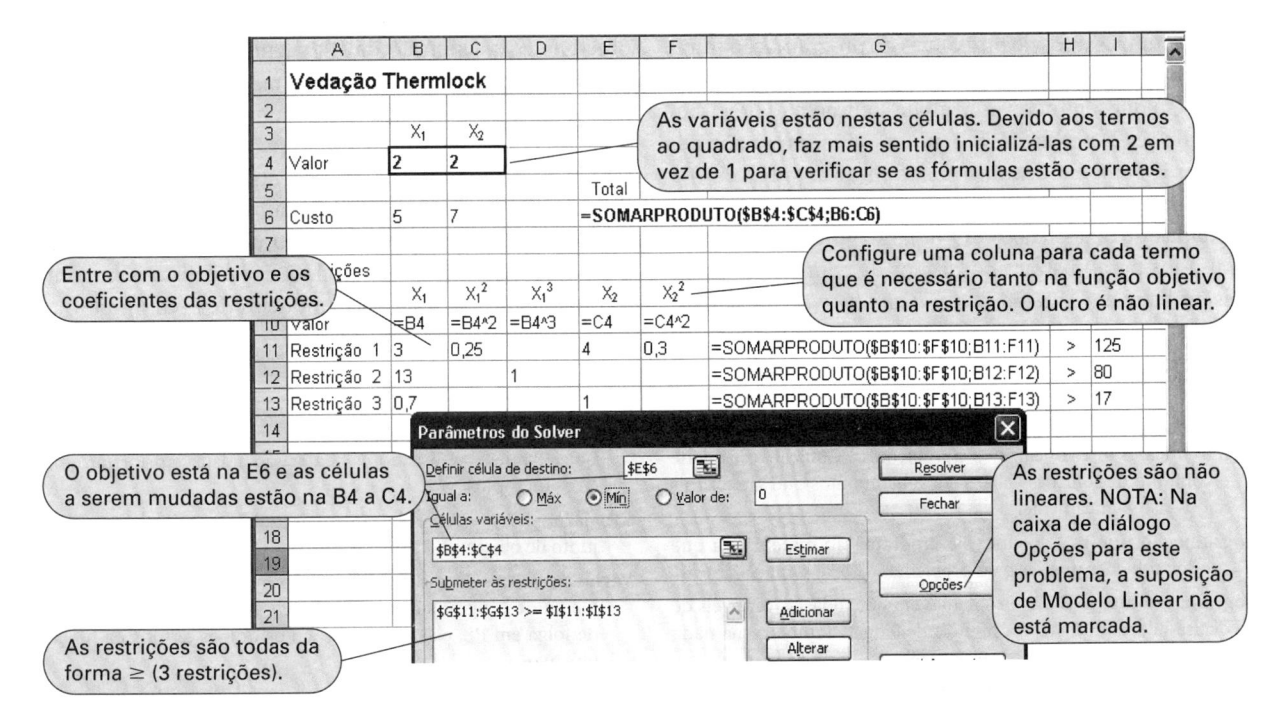

PROGRAMA 11.9A Formulação do Excel para o Problema de PNL da Thermlock.

PROGRAMA 11.9B

Solução do problema de PNL usando o Solver para a Thermlock.

	A	B	C	D	E	F	G	H	I
1	Vedações Thermlock								
2									
3		X_1	X_2						
4	Valor	3,3253	14,6723						
5					Total				
6	Custo	5	7		119,3325				
7									
8	Restrições								
9		X_1	X_1^2	X_1^3	X_2	X_2^2			
10	Valor	3,3253	11,0578	36,7708	14,6723	215,2756	Total		
11	Restrição 1	3	0,25		4	0,3	136,0122	>	125
12	Restrição 2	13		1			80	>	80
13	Restrição 3	0,7			1		17	>	17

nicas *de otimização clássica*, baseadas em cálculo, podem tratar alguns casos especiais, geralmente tipos de problemas mais simples. O *método do gradiente*, às vezes chamado de método da subida mais íngreme, é um procedimento iterativo que se move de uma solução viável para a próxima melhorando o valor da função objetivo. Ele foi computadorizado e pode lidar com problemas com restrições e objetivos não lineares. No entanto, talvez a melhor maneira de lidar com problemas não lineares é tentar reduzi-los numa forma que seja linear ou quase linear. A *programação separada* trata de uma classe de problemas nos quais o objetivo e as restrições são aproximadas pelas funções lineares. Dessa maneira, o poderoso algoritmo simplex pode ser novamente aplicado. Em geral, trabalhos na área de PNL são os menos visuais e os mais difíceis de todos os modelos de análise quantitativa.

RESUMO

Este capítulo aborda três tipos especiais de problemas de PL. O primeiro, a programação inteira, examina problemas que não podem ter respostas fracionárias. Também vimos que existem três tipos de problemas de programação inteira: (1) programas puros ou todos inteiros, (2) problemas mistos, em que algumas variáveis de solução não precisam ser inteiras e (3) problemas 0-1, nos quais todas as soluções são 0 ou 1. Também demonstramos como as variáveis 0-1 podem ser usadas para modelar situações especiais como problemas de taxas fixas. O QM para Windows e o Excel são usados para ilustrar abordagens de computador para esses problemas. O método *branch and bound*, um algoritmo popular para a solução de problemas lineares inteiros e mistos, também foi descrito.

A última parte do capítulo discutiu a programação por objetivo. Essa extensão da PL permite que os problemas tenham múltiplos objetivos. Mostramos como resolver tal problema graficamente e usando um método modificado do algoritmo simplex. Novamente, um software como o QM para Windows é uma ferramenta poderosa na solução desse desdobramento da PL. Finalmente, o tópico avançado da PNL é introduzido como um problema de programação matemático especial. O Excel é visto como uma ferramenta útil na solução de modelos de PNL simples.

GLOSSÁRIO

Método *branch and bound*. Algoritmo para a solução de programas lineares inteiros e mistos e problemas atribuição. Ele divide o conjunto de soluções viáveis em subconjuntos que são examinados sistematicamente.

Programação inteira. Técnica de programação matemática que produz soluções inteiras para problemas de programação linear.

Programação inteira 0-1. Problemas em que todas as variáveis de decisão devem ter valores inteiros de 0 ou 1. Também chamada de variável binária.

Programação não linear. Categoria de programação matemática que permite que a função objetivo e/ou as restrições sejam não lineares.

Programação por objetivo. Técnica de programação matemática que permite aos tomadores de decisão ajustar e priorizar objetivos múltiplos.

Satisfazer. Processo de chegar o mais próximo possível do seu conjunto de objetivos.

Variáveis de desvio. Termos que são minimizados em um problema de programação por objetivo. Assim como as variáveis de folga em PL, elas são reais. São os únicos termos na função objetivo.

PROBLEMAS RESOLVIDOS

Problema resolvido 11-1

Considere o problema de programação inteira 0-1 a seguir:

$$\text{Minimizar} \quad 50X_1 + 45X_2 + 48X_3$$

$$\text{sujeito a} \quad 19X_1 + 27X_2 + 34X_3 \leq 80$$

$$22X_1 + 13X_2 + 12X_3 \leq 40$$

$$X_1, X_2, X_3 \text{ devem ser 0 ou 1}$$

Agora, reformule esse problema com restrições adicionais para que não mais do que duas das três variáveis possa ter um valor igual a 1 na solução. Além disso, tenha certeza de que se $X_1 = 1$, então $X_2 = 1$ também. Depois, resolva o novo problema usando o Excel.

Solução

O Excel pode lidar com problemas inteiros, inteiros mistos e inteiros 0-1. O Programa 11.10 abaixo mostra duas novas restrições para lidar com o problema reformulado. As restrições são

$$X_1 + X_2 + X_3 \leq 2$$

e

$$X_1 - X_2 \leq 0$$

A saída está no Programa 11.10B na página 530. A solução ótima é $X_1 = 1$, $X_2 = 1$, $X_3 = 0$ com um valor da função objetivo de 95.

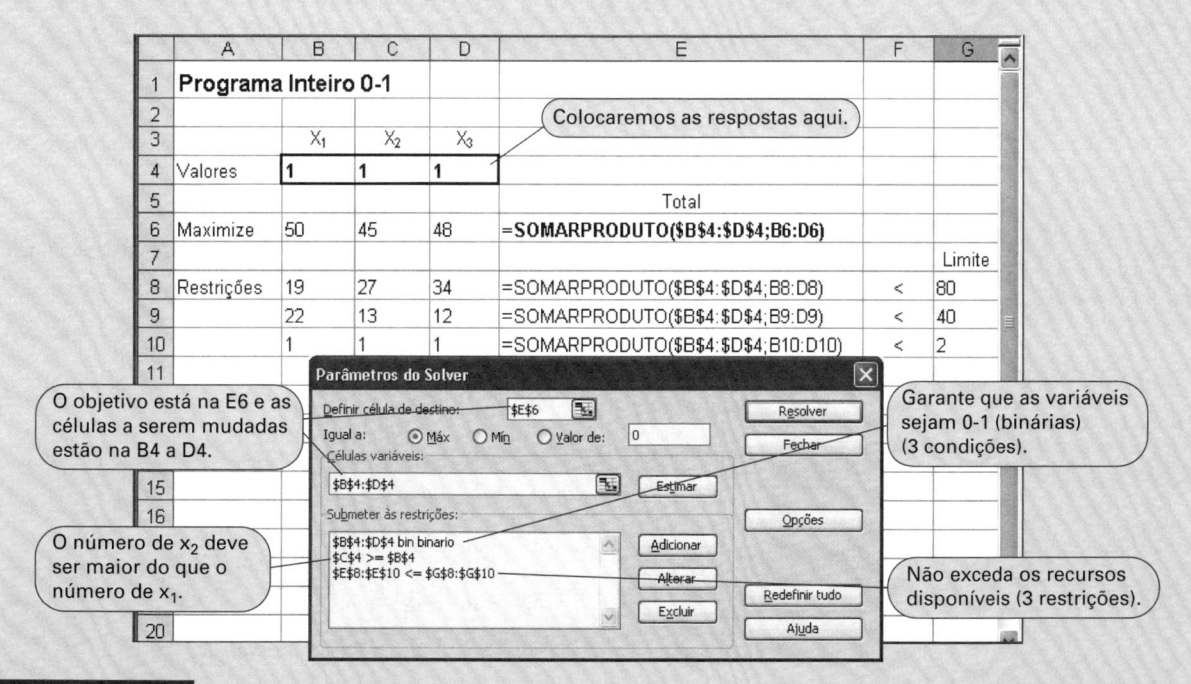

PROGRAMA 11.10A A formulação do Excel para o problema de programação inteira 0-1 para o Problema Resolvido 11-1.

	A	B	C	D	E	F	G
1	Programa Inteiro 0-1						
2							
3		X_1	X_2	X_3			
4	Valores	1	1	0			
5					Total		
6	Maximize	50	45	48	95		
7							Limite
8	Restrições	19	27	34	46	<	80
9		22	13	12	35	<	40
10		1	1	1	2	<	2

PROGRAMA 11.10 B
Saída da formulação do Excel no Programa 11.10A com a solução para o problema de programação inteira 0-1 para o Problema Resolvido 11-1.

Problema resolvido 11-2

Lembre do problema de programação por objetivo da Companhia Elétrica Harrison visto na Seção 11.4. Sua formulação de PL era

Maximizar o lucro = $\$7X_1 + \$6X_2$

sujeito a
$$2X_1 + 3X_2 \leq 12 \text{ (horas da fiação)}$$
$$6X_1 + 5X_2 \leq 30 \text{ (horas da montagem)}$$
$$X_1, X_2 \geq 0$$

onde
X_1 = número de candelabros produzidos
X_2 = número de ventiladores de teto produzidos

Reformule o problema da Elétrica Harrison como um modelo de programação por objetivo com os seguintes objetivos:

Prioridade 1: Produzir pelo menos 4 candelabros e 3 ventiladores e teto.

Prioridade 2: Limitar as horas extras no departamento de montagem a 10 horas e no departamento de fiação, a 6 horas.

Prioridade 3: Maximizar o lucro.

Solução:

Minimizar $P_1(d_1^- + d_2^-) + P_2(d_3^+ + d_4^+) + P_3 d_5^-$

Sujeito a
$$\left. \begin{array}{l} X_1 + d_1^- - d_1^+ = 4 \\ X_2 + d_2^- - d_2^+ = 3 \end{array} \right\} \text{Prioridade 1}$$

$$\left. \begin{array}{l} 2X_1 + 3X_2 + d_3^- - d_3^+ = 18 \\ 6X_1 + 5X_2 + d_4^- - d_4^+ = 40 \end{array} \right\} \text{Prioridade 2}$$

$$7X_1 + 6X_2 + d_5^- - d_5^+ = 99999 \} \text{Prioridade 3}$$

Na restrição do objetivo da prioridade 3, 99999 representa um lucro alto irreal. É apenas um truque matemático para usar como uma meta a fim de que consigamos chegar o mais próximo possível do lucro máximo.

AUTOTESTE

- Antes de fazer o autoteste, consulte os objetivos de aprendizagem no início do capítulo, as notas nas margens e o glossário no final do capítulo.
- Corrija seu teste utilizando o Apêndice H ao final do livro.
- Estude novamente as páginas que correspondem a todas as perguntas que você respondeu errado ou que não tem certeza.

1. Se todas as variáveis de decisão necessitam de soluções inteiras, o problema é:
   a. um tipo de problema de programação inteira pura.
   b. um tipo de problema de método simplex.
   c. um tipo de problema de programação inteira mista.
   d. um problema do tipo Gorsky.
2. Em um problema de programação inteira mista
   a. alguns inteiros devem ser pares e outros ímpares.
   b. algumas variáveis de decisão devem requerer somente resultados inteiros e algumas variáveis devem permitir resultados contínuos.
   c. objetivos diferentes são misturados mesmo que às vezes eles tenham prioridades relativas estabelecidas
3. Um modelo contendo uma função objetivo linear e restrições lineares, mas necessitando que uma ou mais das variáveis de decisão tomem um valor inteiro no final da solução é chamado de
   a. um problema de programação inteira.
   b. um problema de programação por objetivo.
   c. um problema de programação não linear.
   d. um problema de PL de objetivos múltiplos.
4. Uma solução da programação inteira nunca pode produzir um lucro maior do que a solução da PL para o mesmo problema.
   a. Verdadeiro
   b. Falso
5. Na programação por objetivo, se os objetivos são alcançados, o valor da função objetivo será sempre igual a zero.
   a. Verdadeiro
   b. Falso
6. O objetivo em um problema de programação por objetivo com um nível de prioridade é maximizar a soma das variáveis de desvio.
   a. Verdadeiro
   b. Falso
7. Laureado com o Nobel, Herbert A. Simon da Universidade de Carnegie-Melon, afirma que os administradores modernos devem sempre otimizar, não satisfazer.
   a. Verdadeiro
   b. Falso
8. O problema com taxa fixa é tipicamente classificado como:
   a. um problema de programação por objetivo.
   b. um problema inteiro 0-1.
   c. um problema de programação quadrática.
   d. um problema de atribuição.
9. Um problema de programação inteira 0-1:
   a. necessita que as variáveis de decisão tenham valores entre 0 e 1.
   b. necessita que todas as restrições tenham coeficientes entre 0 e 1.
   c. necessita que as variáveis de decisão tenham coeficientes entre 0 e 1.
   d. necessita que as variáveis de decisão sejam iguais a 0 ou 1.
10. A programação por objetivo:
    a. necessita somente que você saiba se o objetivo é a maximização direta do lucro ou minimização do custo.
    b. permite ter objetivos múltiplos.
    c. é um algoritmo com um objetivo de uma solução rápida para um problema de programação inteira pura.
    d. é um algoritmo com um objetivo de uma solução rápida para um problema de programação inteira mista.
11. A programação não linear inclui problemas
    a. em que a função objetivo é linear, mas algumas restrições são não lineares.
    b. em que as restrições são lineares, mas a função objetivo é não linear.
    c. em que tanto a função objetivo quanto as restrições não são lineares.
    d. solucionáveis por programação quadrática.
    e. todas as alternativas acima.

QUESTÕES PARA DISCUSSÃO E PROBLEMAS

Questões para discussão

11-1 Compare as semelhanças e diferenças da programação por objetivo e da linear.

11-2 Quando o algoritmo *branch and bound* é usado para solucionar um problema inteiro puro, a variável cujo valor não é inteiro é selecionada e a ramificação dessa variável resulta em dois novos subproblemas de PL. Explique por que as soluções para os subproblemas de PL não podem ter um valor da função objetivo melhor do que o limite superior anterior.

11-3 Liste as vantagens e desvantagens da solução dos problemas de programação inteira por (a) arredondamento, (b) enumeração e (c) o método *branch and bound*.

11-4 Qual é a diferença entre os três tipos de programação inteira? Qual é o mais comum? Por quê?

11-5 Qual é o significado e o papel do limite inferior e superior no método *branch and bound*?

11-6 O que significa "satisfazer" e por que esse termo é usado geralmente na programação por objetivo?

11-7 O que são variáveis de desvio? Como elas diferem das variáveis de decisão em problemas de PL tradicionais?

11-8 Se você fosse reitor da universidade que está cursando e estivesse empregando a programação por objetivo para ajudar na tomada de decisão, quais seriam seus objetivos? Que tipos de restrições você incluiria no seu modelo?

11-9 O que significa classificar objetivos na programação por objetivo? Como isso afeta a solução do problema?

11-10 Como a solução dos problemas de programação por objetivo com o método simplex modificado difere do uso da abordagem simplex regular para problemas de PL?

11-11 Quais dos seguintes são problemas de PNL e por quê?

(a) Maximizar o lucro $= 3X_1 + 5X_2 + 99X_3$
Sujeito a $\quad X_1 \geq 10$
$\quad X_2 \leq 5$
$\quad X_3 \geq 18$

(b) Minimizar o custo $= 25X_1 + 30X_2 + 8X_1X_2$
Sujeito a $\quad X_1 \geq 8$
$\quad X_1 + X_2 \geq 12$
$\quad 0,0005X_1 - X_2 = 11$

(c) Minimizar $Z = P_1d_1^- + P_2d_2^+ + P_3d_3^+$
sujeito a $\quad X_1 + X_2 + d_1^- - d_1^+ = 300$
$\quad X_2 + d_2^- - d_2^+ = 200$
$\quad X_1 + d_3^- - d_3^+ = 100$

(d) Maximizar o lucro $= 3X_1 + 4X_2$
Sujeito a $\quad X_1^2 - 5X_2 \geq 8$
$\quad 3X_1 + 4X_2 \geq 12$

(e) Minimizar o custo $= 18X_1 + 5X_2 + X_2^2$
Sujeito a $\quad 4X_1 - 3X_2 \geq 8$
$\quad X_1 + X_2 \geq 18$

Alguns desses são problemas de programação quadrática?

Problemas*

- 11-12 Elizabeth Bailey é proprietária e gerente geral da Princess Bride, que fornece serviços de planejamento de casamentos no sudoeste de Louisiana. Ela utiliza propagandas no rádio para anunciar seu negócio. Dois tipos de propaganda estão disponíveis: durante o horário nobre e em outros horários. Cada propaganda no horário nobre custa $390 e atinge 8200 pessoas, enquanto que as propagandas fora do horário nobre custam $240 e atingem 5100. Bailey orçou $1800 por semana para propaganda. Com base em comentários dos seus clientes, Bailey decidiu ter pelo menos duas propagandas no horário nobre e não mais de seis nos outros horários.
  (a) Formule isso como um programa linear e resolva usando o computador.
  (b) Encontre uma solução inteira boa ou ótima da parte (a) arredondando ou uma conjetura para a solução.
  (c) Resolva isso como um problema de programação inteira usando o método *branch and bound*.

- 11-13 Um grupo de estudantes universitários está planejando acampar durante as próximas férias. O grupo precisa caminhar muitas milhas através do bosque para chegar ao acampamento, e tudo o que é necessário para essa caminhada deve ser colocado em uma mochila e carregado até o acampamento. A estudante Tina Shawl identificou oito itens que ela gostaria de levar na caminhada, mas o peso combinado é muito alto para carregar. Ela decidiu classificar a utilidade de cada um deles em uma escala de 1 a 100, com 100 sendo o mais útil. O peso dos itens em libras e seus valores de utilidade são fornecidos abaixo:

Item	1	2	3	4	5	6	7	8
Peso	8	1	7	6	3	12	5	14
Utilidade	80	20	50	55	50	75	30	70

Reconhecendo que a caminhada até o acampamento é longa, um limite de 35 libras foi estabelecido como o peso máximo total dos itens a serem carregados.

---

* Nota: Q significa que o problema pode ser resolvido com o QM para Windows; X significa que o problema pode ser resolvido com o Excel; QX significa que o problema pode ser resolvido com QM para Windows e/ou Excel QM.

(a) Formule isso como um problema de programação 0-1 para maximizar o total da utilidade dos itens carregados. Resolva esse problema usando o computador.

(b) Suponha que o item número 3 seja um pacote extra de baterias, que pode ser usado com muitos outros itens. Tina decidiu que ela só levará o item número 5, um CD player, se ela também levar o item número 3. Por outro lado, se ela levar o item número 3, ela pode ou não levar o item número 5. Modifique esse problema para refletir isso e resolva-o novamente.

11-14 A empresa Student vende dois tipos de pôsteres para a parede, um pôster grande de 3 por 4 pés e um menor de 2 por 3 pés. O lucro com a venda de cada pôster grande é $3; cada pôster menor rende $2. A empresa, embora lucrativa, não é grande; ela consiste em um aluno de artes, Jan Meising, da Universidade do Kentucky. Devido aos seus horários de aula, Jan tem as seguintes restrições semanais: (1) no máximo três pôsteres grandes podem ser vendidos, (2) no máximo cinco pôsteres pequenos podem ser vendidos e (3) no máximo 10 horas podem ser gastas nos pôsteres durante a semana, com cada pôster grande necessitando de 2 horas de trabalho e cada pequeno levando 1 hora. Com o semestre chegando ao fim, Jan planeja férias de três meses na Inglaterra e não quer deixar para trás pôsteres inacabados. Encontre a solução inteira que irá maximizar seu lucro.

11-15 Uma companhia aérea é proprietária de uma frota antiga de aviões a jato Boeing 737. Ela está considerando fazer uma compra grande de no máximo 17 novos jatos Boeing modelos 737 e 767. A decisão deve levar em conta inúmeros custos e fatores de capacidade, incluindo os que seguem: (1) a companhia aérea pode financiar no máximo $1,6 bilhão em compras; (2) cada Boeing 737 custará $80 milhões e cada Boeing 767, $110 milhões; (3) pelo menos um terço das aeronaves compradas devem ser as de longo alcance 767; (4) o orçamento anual de manutenção não deve ser maior do que $8 milhões; (5) o custo anual de manutenção para cada 757 está estimado em $800000 e para cada 767 comprado é de $500000; e (6) cada 757 pode levar 125000 passageiros por ano, enquanto cada 767 pode voar com 81000 passageiros anualmente. Formule isso como um problema de programação inteira para maximizar a capacidade anual de transporte de passageiros. Que categoria de problema de programação inteira é este? Resolva este problema.

11-16 A Trapeze é uma empresa de investimentos e está atualmente avaliando seis oportunidades diferentes. Não existe capital suficiente para investir em todos eles, mas mais do que um será selecionado. Um modelo de programação inteira 0-1 foi planejado para decidir quais dessas oportunidades escolher. As variáveis X_1, X_2, X_3, X_4, X_5 e X_6 representam as seis alternativas. Para cada uma das situações seguintes, escreva uma restrição (ou várias restrições) que seriam usadas.

(a) Pelo menos 3 dessas alternativas devem ser selecionadas.

(b) Tanto o investimento 1 quanto o investimento 4 devem ser feitos, mas não ambos.

(c) Se o investimento 4 for selecionado, o investimento 6 também deve ser selecionado. Entretanto, se o investimento 4 não for selecionado, ainda é possível selecionar o número 6.

(d) O investimento 5 não pode ser selecionado a não ser que os investimentos 2 e 3 também sejam selecionados.

(e) O investimento 5 deve ser selecionado se os investimentos 2 e 3 também forem selecionados.

11-17 A Horizon Wireless, uma companhia de telefones celular, está se expandindo para entrar em uma nova era. Torres de transmissão são necessárias a fim de fornecer cobertura para os telefones móveis a diferentes áreas da cidade. Uma grade é sobreposta em um mapa da cidade para ajudar a determinar onde as torres devem ser localizadas. A grade consiste em oito áreas designadas de A a H. Seis possíveis localizações das torres (enumeradas de 1 a 6) foram identificadas e cada localização pode servir várias áreas. A tabela abaixo indica as áreas servidas por cada uma das torres.

Localização da torre	1	2	3	4	5	6
Áreas servidas	A, B, D	B, C, G	C, D, E, F	E, F, H	E, G, H	A, D, F

Formule este problema como um modelo de programação 0-1 a fim de minimizar o número total de torres necessárias para cobrir todas as áreas. Resolva usando o computador.

11-18 A empresa de construção Innis é especialista na construção de casas com preços moderados em Cincinnati, Ohio. Tom Innis identificou oito localizações potenciais para a construção de residências familiares, mas ele não pode construir casas em todas as localizações porque possui somente $300000 para investir em todos os projetos. A tabela mostra os custos de construção de casas em cada área e o lucro esperado da venda de cada casa. Observe que os custos de construção das casas diferem consideravelmente devido ao custo do terreno, preparação do lugar e diferenças nos modelos a serem construídos. Note também que não é possível construir uma fração de casa.

Localização	Custo da construção neste lugar ($)	Lucro esperado ($)
Clifton	60000	5000
MT. Auburn	50000	6000
Mt. Adams	82000	10000
Amberly	103000	12000
Norwood	50000	8000
Covington	41000	3000

Roselawn	80000	9000
Eden Park	69000	10000

(a) Formule o problema do Innis usando a programação inteira 0-1.

(b) Resolva com o QM para Windows ou Excel.

11-19 Uma empresa imobiliária está considerando três possíveis projetos: um pequeno conjunto de apartamentos, um pequeno Shopping Center e um miniarmazém. Cada um deles precisa de financiamentos diferentes para os próximos dois anos e o valor líquido atual do investimento também varia. A tabela a seguir fornece a quantia necessária do investimento (em $1000s) e o valor líquido atual (VLA) de cada um (também expresso em $1000s):

		Investimento	
	VLA	Ano 1	Ano 2
Apartamento	18	40	30
Shopping Center	15	30	20
Miniarmazém	14	20	20

A empresa tem $80000 para investir no ano 1 e $50000 para investir no ano 2.

(a) Desenvolva um programa de programação inteira para maximizar o VLA nesta situação.

(b) Resolva o problema da parte (a) usando o computador. Qual dos três projetos será realizado se o VLA for maximizado? Quanto dinheiro seria usado em cada ano?

11-20 Volte à situação da empresa imobiliária no Problema 11-19.

(a) Suponha que o shopping center e os apartamentos seriam localizados em propriedades adjacentes e o shopping center seria considerado somente se os apartamentos também fossem construídos. Formule a restrição que estipularia isso.

(b) Formule uma restrição que obrigaria dois dos três projetos a serem realizados.

11-21 A Triangle Utilities fornece energia elétrica para três cidades. A empresa tem quatro geradores de energia. O gerador principal opera 24 horas por dia, com uma parada ocasional para manutenção de rotina. Os outros três geradores (1, 2 e 3) estão disponíveis para fornecer energia adicional, se necessário. Um custo de partida incorre cada vez que um desses geradores é usado. Os custos de partida são de $6000 para o gerador 1, $5000 para o 2 e $4000 para o 3. Esses geradores são usados das seguintes maneiras: um pode iniciar às 6:00 e trabalhar por 8 ou 16 horas ou ele pode começar às 14h e trabalhar por 8 horas (até as 22h) Todos os geradores, com exceção do gerador principal, são desligados às 22:00 horas. As previsões indicam a necessidade de 3200 megawatts a mais do que o fornecido pelo gerador principal antes das 14h e esta necessidade aumenta para 5700 megawatts entre as 1:00 e 22h. O gerador 1 poder fornecer no máximo 2400 megawatts, o gerador 2 pode fornecer no máximo 2100 megawatts e o gerador 3 pode fornecer no máximo 3300 megawatts. O custo por megawatt usado por um período de 8 horas é de $8 para o 1, $9 para o 2 e $7 para o 3.

(a) Formule este problema como um problema de programação inteira para determinar o menor custo para satisfazer as necessidades da área.

(b) Resolva usando o computador.

11-22 O gerente de campanha para um político que concorre à reeleição de um cargo está planejando a campanha. Quatro possibilidades de propaganda foram selecionadas: propaganda na TV, rádio, cartazes e propaganda no jornal. O custo delas é de $900 para cada propaganda na TV, $500 para cada propaganda no rádio, $600 para um cartaz por um mês e $180 para cada propaganda no jornal. O público atingido por cada tipo de propaganda está estimado em 40000 para a TV, 32000 por cada anúncio no rádio, 34000 por cada cartaz e 17000 por cada anúncio no jornal. O orçamento total para a propaganda é de $16000. Os objetivos a seguir foram estabelecidos e classificados:

1. O número de pessoas atingidas deve ser, no mínimo, de 1500000.
2. O orçamento total mensal não deve ser excedido.
3. Juntos, o número de propagandas na TV ou no rádio devem ser de, pelo menos, 6.
4. Não mais do que 10 propagandas de qualquer tipo devem ser usadas.

(a) Formule isto como um problema de programação por objetivo.

(b) Resolva usando o computador.

(c) Quais objetivos são satisfeitos completamente e quais não são?

11-23 Resolva o seguinte problema de programação inteira usando a abordagem *branch and bound*:

Maximizar o lucro = $\$2X_1 + \$3X_2$

Sujeito a
$$X_1 + 3X_2 \leq 9$$
$$3X_1 + X_2 \leq 7$$
$$X_1 - X_2 \leq 1$$

onde X_1 e X_2 devem ser valores inteiros não negativos.

11-24 Geraldine Shawhan é presidente da Shawhan File Works, uma empresa que fabrica dois tipos de arquivos de metal. A demanda para o modelo de duas gavetas é de, no máximo, 600 arquivos por mês; a demanda para o arquivo de três gavetas está limitada a 400 por semana. A Shawhan File Works tem uma capacidade de operação mensal de 1300 horas, com o arquivo de duas gavetas levando uma hora para ser produzido e o arquivo de três gavetas levando duas horas. Cada modelo de duas gavetas gera um lucro de $10 e o lucro para o modelo maior é de $15.

Shawhan listou os seguintes objetivos em ordem de importância:
1. Alcançar um lucro tão próximo quanto possível de $11000 cada semana.
2. Evitar a subutilização da capacidade de produção da empresa.
3. Vender tantos arquivos de duas ou três gavetas quantos os indicados pela demanda.

Configure isto como um problema de programação por objetivo.

11-25 Resolva o Problema 11-24 graficamente. Existem objetivos que não foram alcançados nesta solução? Explique.

11-26 A Eletrônica Hilliard produz chips de computador especialmente codificados para cirurgia a laser nos tamanhos 64MB, 256MB e 512MB (1MB significa que o chip contem 1 milhão de bytes de informação). Para produzir um chip de 64MB são necessárias 8 horas de trabalho, um chip de 256MB leva 13 horas e um chip de 512MB necessita de 16 horas. Blank, o gerente de vendas da empresa, estima que as vendas máximas mensais dos chips de 64MB, 256MB e 512MB sejam de 40, 50 e 60, respectivamente. A empresa tem os seguintes objetivos (classificados do mais importante ao menos importante):
1. Preencher um pedido do seu melhor cliente de 30 chips de 64MB e 35 chips de 256MB.
2. Fornecer chips suficientes para pelo menos satisfazer a estimativa de vendas fixada por Blank.
3. Evitar a subutilização da capacidade de produção.

Formule este problema usando a programação por objetivo.

11-27 O método simplex modificado é apresentado para o exemplo da Companhia Elétrica Harrison na Tabela 11.5, 11.6 e 11.7 nas páginas 520-522. Foram omitidas duas iterações do método entre o segundo quadro na Tabela 11.6 e o quadro final na Tabela 11.7. Aplique o método para fornecer os terceiros e quarto quadros que estão faltando. Para quais vértices (A, B, C ou D) na Figura 11.6 estes quadros correspondem?

11-28 Um fabricante de Oklahoma produz dois itens: telefones de viva voz (X_1) e telefones de teclas (X_2). O modelo de programação por objetivo a seguir foi formulado para encontrar o número de cada produto a cada dia para satisfazer os objetivos da empresa:

Minimizar $\quad P_1 d_1^- + P_2 d_2^- + P_3 d_3^+ + P_4 d_1^+$

sujeito a $\quad 2X_1 + 4X_2 + d_1^- - d_1^+ = 80$

$\quad\quad\quad\quad 8X_1 + 10X_2 + d_2^- - d_2^+ = 320$

$\quad\quad\quad\quad 8X_1 + 6X_2 + d_3^- - d_3^+ = 240$

$\quad\quad\quad\quad$ Todos $X_i, d_i \geq 0$

(a) Configure o quadro completo de programação por objetivo inicial para este problema.

(b) Encontre a solução ótima usando o método simplex modificado.

11-29 O major Bill Bligh, diretor do programa de treinamento militar de seis meses do Army War College, está interessado em como os 20 oficiais fazendo o curso gastam seu precioso tempo enquanto estão sob seu comando. O major Bligh identifica que existem 168 horas por semana e julga que seus alunos estão usando-as mal. Bligh determina

X_1 = número de horas de sono necessárias por semana

X_2 = número de horas pessoais (alimentação, higiene pessoal, lavar roupas e assim por diante)

X_3 = número de horas de aula e estudo

X_4 = número de horas de vida social fora da base (namorar, esportes, visita a familiares e assim por diante)

Ele acredita que os estudantes devem estudar 30 horas por semana para ter tempo de entender o conteúdo. Esse é o objetivo mais importante. Bligh acha que os estudantes necessitam, em média, de no máximo 7 horas de sono por noite e que esse é o objetivo número 2. Ele acredita que o objetivo número 3 é fornecer pelo menos 20 horas por semana de tempo social.
(a) Formule isto como um problema de programação por objetivo.
(b) Resolva o problema usando o computador.

11-30 Mick Garcia, corretor de investimentos certificado (CIC), foi solicitado por um cliente a investir $250000. Essa quantia pode ser investida em ações, títulos ou em um fundo mútuo imobiliário. O retorno esperado do investimento é de 13% para as ações, 8% para os títulos e 10% para o investimento imobiliário. A cliente quer um retorno esperado muito alto, mas ficaria satisfeita com 10% do retorno esperado do seu dinheiro. Devido às considerações de risco, vários objetivos foram estabelecidos para manter o risco em um nível aceitável. Um objetivo é aplicar pelo menos 30% do dinheiro em títulos. Outro objetivo é que o total do dinheiro do investimento imobiliário não deve exceder 50% do dinheiro investido em ações e títulos combinados. Além desses objetivos, há uma restrição absoluta. De maneira alguma mais de $150000 devem ser investidos em uma só área.
(a) Formule isto como um problema de programação por objetivo.
(b) Use qualquer software disponível para resolver este problema. Quanto deve ser aplicado em cada uma das opções de investimento? Qual é o retorno total? Qual dos objetivos não foi satisfeito?

11-31 A Hinkel Rotary Engine, Ltd. produz modelos de motores de automóveis de quatro e seis cilindros. O lucro da empresa para cada motor de quatro cilindros vendido durante seu ciclo de produção trimestral é de $1800 - $50X_1$, onde X_1 é o número de motores vendidos. A Hinkel lucra $2400 - $70X_2$ para cada motor grande vendido, com X_2 igual ao número de motores de seis cilindros vendidos. Existem 5000 horas de tempo de produção disponíveis durante cada ciclo de produção. Um motor de quatro cilindros necessita de 100 horas do tempo de produção, enquanto motores de seis cilindros levam 130 horas para serem manufaturados. Formule este problema de planejamento de produção para a Hinkel.

11-32 A Motorcross of Wisconsin produz dois modelos de motos de neve, o XJ6 e o XJ8. Em qualquer semana de produção programada, a Motorcross tem 40 horas disponíveis na sua ala de testes. Cada XJ6 necessita de 1 hora para testes e cada XJ8 necessita de 2 horas. A receita da empresa (em $1000s) é não linear e é declarada como (Número de XJ6s)(4 - 0,1 número de XJ6s) + (Número de XJ8s)(5 - 0,2 número de XJ8s).
(a) Formule este problema.
(b) Resolva usando o Excel.

11-33 Durante a estação mais movimentada do ano, a Green-Go Fertilizer produz dois tipos de fertilizantes. O tipo padrão (X) é apenas um fertilizante e o outro tipo (Y) é um fertilizante especial combinado com um eliminador de ervas daninha. O modelo a seguir foi desenvolvido para determinar quanto de cada tipo deve ser produzido para maximizar o lucro sujeito à restrição do trabalho:

Maximizar o lucro $= 12X - 0,04X^2 + 15Y - 0,06Y^2$

Sujeito a $\quad 2X + 4Y \leq 160$ horas

$\quad X, Y \geq 0$

Encontre a solução ótima para este problema.

11-34 Pat McCormack, consultor financeiro para a Investors R Us, está avaliando duas ações de uma indústria específica. Ele deseja minimizar a variância de um portfólio dessas duas ações, mas quer ter um retorno esperado de pelo menos 9%. Depois de obter dados históricos da variância e dos retornos, ele desenvolveu o seguinte programa não linear:

Minimizar a variância do portfólio $= 0,16X^2 + 0,2XY + 0,09Y^2$

Sujeito a $\quad X + Y = 1 \quad$ (deve ser investido em todos os fundos)

$\quad 0,11X + 0,08Y \geq 0,09 \quad$ (retorno do investimento)

$\quad X, Y \geq 0$

onde

X = proporção do dinheiro investido na ação 1

Y = proporção do dinheiro investido na ação 2

Resolva isto usando o Excel e determine quanto investir em cada uma das duas ações. Qual é o retorno para este portfólio? Qual é a variância deste portfólio?

11-35 A Summertime Tees vende dois tipos muito populares de camisetas bordadas na Flórida: uma camiseta sem mangas e uma camiseta padrão. O custo da camiseta sem mangas é $6 e o custo da camiseta padrão é $8. A demanda para as camisetas é sensível ao preço e dados históricos indicam que as demandas semanais são dadas por:

$$X_1 = 500 - 12P_1$$
$$X_2 = 400 - 15P_2$$

onde

X_1 = demanda pela camiseta sem mangas
P_1 = preço da camiseta sem mangas
X_2 = demanda pela camiseta padrão
P_2 = preço da camiseta padrão

(a) Desenvolva uma equação para o lucro total.
(b) Use o Excel para encontrar a solução ótima para o programa não linear a seguir. Use a função do lucro para desenvolver a parte (a).

Maximizar lucro

sujeito a $\quad X_1 = 500 - 12P_1$

$\quad X_2 = 400 - 15P_2$

$\quad P_1 \leq 20$

$\quad P_2 \leq 25$

$\quad X_1, P_1, X_2, P_2 \geq 0$

11-36 O problema de programação inteira no quadro abaixo foi desenvolvido para ajudar o banco First National a decidir onde, dentro de 10 locais possíveis, situar quatro novas agências:

Onde X_i representa Winter Park, Maitland, Osceola, Downtown, South Orlando, Airport, Winter Garden, Apopka, Lake Mary, Cocoa Beach, para i igual a 1 a 10, respectivamente.

(a) Onde os quatro novos locais devem ser situados e qual será o retorno esperado?
(b) Se pelo menos uma agência deve ser aberta em Maitland ou Osceola, isso mudará as respostas? Acrescente a nova restrição e execute novamente.
(c) O retorno esperado em Apokpa foi superestimado. O valor correto é de $160000 por ano (isto é, 160). Usando as suposições iniciais (a saber, ignorando (b)), a sua resposta para a parte (a) muda?

PI para o Problema 11-36

Maximizar retornos esperados $= 120X_1 + 100X_2 + 110X_3 + 140X_4 + 155X_5 + 128X_6 + 145X_7 + 190X_8 + 170X_9 + 150X_{10}$

sujeito a

$20X_1 + 30X_2 + 20X_3 + 25X_4 + 30X_5 + 30X_6 + 25X_7 + 20X_8 + 25X_9 + 30X_{10} \leq 110$

$15X_1 + 5X_2 + 20X_3 + 20X_4 + 5X_5 + 5X_6 + 10X_7 + 20X_8 + 5X_9 + 20X_{10} \leq 50$

$X_2 + X_6 + X_7 + X_9 + X_{10} \leq 3$

$X_2 + X_3 + X_5 + X_8 + X_9 \geq 2$

$X_1 + X_3 + X_{10} \geq 1$

$X_1 + X_2 + X_3 + X_4 + X_5 + X_6 + X_7 + X_8 + X_9 + X_{10} \leq 4$

Todos $X_i = 0$ ou 1

PROBLEMAS EXTRAS NA INTERNET

Veja em **www.bookman.com.br** os problemas adicionais 11-37 a 11-42 (em inglês).

ESTUDO DE CASO

Schank Marketing Research

A Schank Marketing Research acabou de assinar contratos para conduzir estudos para quatro clientes. Atualmente, três gerentes de projetos estão disponíveis. Embora todos sejam capazes de lidar com cada tarefa, as horas e os custos para completar os estudos dependem da experiência e do conhecimento de cada gerente. Usando seu julgamento, John Schank, o presidente, estabeleceu o custo para cada possível tarefa. Esses custos, que são na verdade os salários que cada gerente receberia de cada tarefa, estão resumidos na tabela a seguir.

Schank está muito hesitante em negligenciar a NASA, que tem sido um cliente importante no passado (a NASA contratou a empresa para estudar a atitude do público em relação ao Ônibus Espacial e uma Estação Espacial proposta). Além disso, Schank prometeu oferecer a Ruth um salário de pelo menos $3000 no seu próximo trabalho. De contratos anteriores, Schank também sabe que o Gardener não se dá muito bem com a administração da CBT Television, assim, ele quer evitar designá-lo à CBT. Finalmente, como a Hines Corporation é também um cliente antigo e valioso, Schank julga que é duas vezes mais importante designar um gerente de projeto imediatamente para a tarefa da Hines do que fornecer um para General Foundry, um novo cliente. Schank quer minimizar os custos totais de todos os projetos ao mesmo tempo em que considera cada um desses objetivos. Todos os objetivos são importantes, mas se ele tiver que classificá-los, ele colocaria a NASA em primeiro lugar, seu receio sobre Gardener em segundo, sua necessidade de satisfazer a Hines Corporation em terceiro, sua promessa a Ruth em quarto e sua preocupação em minimizar todos os custos por último.

Cada gerente de projeto pode lidar, no máximo, com um novo cliente.

Questões para discussão

1. Se Shank não estivesse preocupado com eliminar custos, como ele formularia este problema para resolvê-lo quantitativamente?
2. Desenvolva uma formulação que irá incorporar todos os cinco objetivos.

Gerente de projetos	Cliente			
	Hines corp.	Nasa	General foundry	CBT Televison
Gardener	$3200	$3000	$2800	$2900
Ruth	2700	3200	3000	3100
Hardgraves	1900	2100	3300	21000

ESTUDO DE CASO

Ponte do rio Oakton

O rio Oakton há muito tem sido considerado um impedimento ao desenvolvimento de certa área metropolitana de tamanho médio no sudeste. Localizado ao leste da cidade, o rio dificultava o acesso das pessoas que moram às margens leste ao trabalho na cidade ou em torno dela e aos shoppings e atrações culturais que a cidade oferecia. Da mesma forma, o rio impedia o acesso daqueles às margens oeste aos resorts no oceano que estão a uma hora ao leste. A ponte sobre o rio Oakton foi construída antes da Segunda Guerra Mundial e era totalmente inadequada para lidar com o tráfego existente e muito menos com o aumento de tráfego gerado pelo crescimento da área. Uma delegação do estado prevaleceu sobre o governo federal para fornecer a maior parte dos fundos para uma nova ponte com pedágio sobre o rio Oakton e a legislatura do estado proporcionou o restante do dinheiro necessário para o projeto.

O progresso na construção da ponte tem estado de acordo com o que foi antecipado no início da construção. A comissão de autoestradas do estado, que terá jurisdição operacional sobre a ponte, concluiu que a abertura da ponte para o tráfego provavelmente aconteça no início do próximo verão, como previsto. Uma força-tarefa foi criada para recrutar, treinar e programar trabalhadores necessários para operar a instalação do pedágio.

A equipe que faz parte da força-tarefa conhece os problemas orçamentários do estado. Eles têm como objetivo manter os custos com pessoal o mais baixo possível. Uma área de interesse especial é o número de coletores de pedágio necessários. A ponte está agendando três turnos de coletores: turno A da meia noite às 8h, turno B das 8h às 16h e turno C das 16h à meia noite. Recentemente, o sindicato dos funcionários negociou um contrato com o estado que requer que todos os coletores de pedágio sejam permanentes, trabalhando em tempo integral. Além disso, todos os coletores devem trabalhar cinco dias folgando dois, no mesmo turno. Assim, por exemplo, um trabalhador poderia ser designado a trabalhar de terça a sábado no turno A, seguido por folgas no domingo e na segunda. Um empregado não poderia ser designado a trabalhar, digamos, terça-feira no turno A seguido de quarta-feira, quinta-feira, sexta-feira e sábado no turno B ou em qualquer outra mistura de turnos durante um bloco de cinco dias. Os empregados escolheriam suas designações por ordem de tempo no trabalho.

A força-tarefa recebeu projeções do fluxo do tráfego na ponte por dia e hora. Essas projeções são baseadas em deduções de padrões de tráfego existentes – o padrão de ir ao trabalho, fazer compras e o tráfego para a praia atualmente conhecido, com projeções de crescimento. Dados padrão de outras instalações de pedágio no estado permitiram que a força-tarefa convertesse esses fluxos de tráfego em necessidades de coletores de pedágios, isto é, o número mínimo de coletores requeridos por turno, por dia, para lidar com a carga de tráfego antecipada. Essas necessidades de coletores de pedágio estão resumidas na tabela:

Número mínimo de coletores de pedágio necessários por turno

Turno	Domingo	Segunda	Terça	Quarta	Quinta	Sexta	Sábado
A	8	13	12	12	13	13	15
B	10	10	10	10	10	13	15
C	15	13	13	12	12	13	8

Os números na tabela incluem um ou dois coletores extra por turno para substituir coletores que ficam doentes e para ajudar os coletores nos seus intervalos. Note que cada um dos oito coletores necessários para o turno A no domingo, por exemplo, poderiam ter vindo de qualquer dos turnos A programados para iniciar na quarta-feira, quinta-feira, sexta-feira, sábado ou domingo.

Questões para discussão

1. Determine o número mínimo de coletores de pedágio que deveriam ser contratados para satisfazer as necessidades expressas na tabela.
2. O sindicato indicou que ele poderá mudar sua oposição à mistura de turnos no bloco de cinco dias em troca de compensações adicionais e benefícios. Em quanto o número de coletores de pedágios necessários poderia ser reduzido se isso fosse feito?

Fonte: Baseado em RENDER, B., STAIR, R. M. e GREENBERG, I. Cases and Readings in Managment Science. 1990, p. 55-6, 2a. ed.

ESTUDO DE CASO

Shopping Center Puyallup

Jane Rodney, da empresa de desenvolvimento Rodney, quer decidir que tipo de loja incluir no seu novo Shopping Center Puyllup. Ela já contratou um supermercado, uma farmácia e outras lojas consideradas essenciais. Entretanto, ela ainda tem 16000 pés quadrados disponíveis de espaço para serem alocados. Ela redigiu uma lista dos 15 tipos de lojas que ela pode considerar (veja a Tabela 11.8), incluindo o espaço necessário para cada uma. Jane acha que não terá problemas para encontrar ocupantes para qualquer tipo de loja.

Os acordos de aluguel que Jane usou em suas lojas incluem dois tipos de pagamentos. A loja precisa pagar um aluguel anual dependendo do tamanho e tipo da loja. Além disso, Jane recebe uma pequena percentagem das vendas da loja se as vendas excederem uma quantia mínima especificada. A quantia do aluguel anual de cada loja está mostrada na segunda coluna da tabela. Para estimar o lucro de cada tipo de loja, Jane

TABELA 11.8 Características de possíveis aluguéis, Shopping Center Puyallup

Tipo de loja	Tamanho da loja (1000s pés quadrados)	Aluguel anual ($1000s)	Valor atual ($1000S)	Custo da construção ($1000s)
Roupas				
1. Homem	1,0	$4,4	$28,1	$24,6
2. Mulher	1,6	6,1	34,6	32,0
3. Variedade (ambos)	2,0	8,3	50,0	41,4
Restaurantes				
4. Chique	3,2	24,0	162,0	124,4
5. Lanchonete	1,8	19,5	77,8	64,8
6. Bar	2,1	20,7	100,4	79,8
7. Balas e Sorvetes	1,2	7,7	45,2	38,6
Bens de consumo duráveis				
8. Ferragem	2,4	19,4	80,2	66,8
9. Cutelaria e variedades	1,6	11,7	51,4	45,1
10. Malas e couros	2,0	15,2	62,5	54,3
Miscelânea				
11. Agência de viagem	0,6	3,9	18,0	15,0
12. Tabacaria	0,5	3,2	11,6	13,4
13. Eletrônicos	1,4	11,3	50,4	42,0
14. Brinquedos	2,0	16,0	73,6	63,7
15. Salão de beleza	1,0	9,6	51,2	40,0

calculou o valor atual de todo o aluguel futuro e pagamentos das percentagens das vendas. Isso é fornecido na terceira coluna. Jane quer atingir o *valor total atual* mais alto sobre o conjunto de lojas selecionadas. Entretanto, ela não pode simplesmente escolher as lojas com os valores atuais maiores porque há muitas restrições. A primeira, é claro, é que ela tem apenas 16000 pés quadrados disponíveis.

Além disso, uma condição no financiamento do projeto exige que o total anual do aluguel deve ser pelo menos igual aos custos fixos anuais (impostos, taxas administrativas, serviço de débito, etc.). Os custos anuais foram de $130000 para essa parte do projeto. Finalmente, o total dos fundos disponíveis para a construção dessa parte do projeto foi de $700000 e cada tipo de loja requer custos diferentes de construção dependendo do tamanho e tipo de loja (quarta coluna na tabela).

Além disso, Jane tem certas exigências em termos do mix de lojas que ela julga ser o melhor. Ela quer pelo menos uma loja dos grupos de roupas, bens de consumo duráveis e miscelâneas e duas da categoria de restaurante. Ela não deseja mais do que duas do grupo de roupas. Também, o número de lojas no grupo de miscelâneas não deve exceder ao número das lojas de roupas e bens de consumo duráveis juntas.

Questões para discussão

1. Quais inquilinos devem ser selecionados para o shopping center?

Fonte: Adaptado de BIERMAN, H., BONINI, C. P. e HAUSMAN, W. H. Quantitative Analysis. 7a. ed., Homewood, IL: Richard D. Irwin, Inc., p.. 467-68, copyright © 1986.

BIBLIOGRAFIA

AKÖZ, Onur, PETROVIC Dobrila. A Fuzzy Goal Programming Method with Imprecise Goal Hierarchy. *European Journal of Operational Research.* v. 181, n. 3, September 2007, p. 1427-33.

ARAZ, Ceyhun, MIZRAK, Pinar Ozfirat, OZKARAHAN, Irem. An Integrated Multicriteria Decision-Making Methodology for Outsourcing Management. *Computers & Operations Research.* v. 34, n. 12, December 2007, p. 3738-56.

BERTSIMAS, Dimitris, DARNELL Christopher, SOUCY Robert. Portfolio Construction through Mixed-Integer Programming at Grantham, Mayo, Van Otterloo and Company. *Interfaces.* v. 29, n.1, January 1999, p. 49-66.

CHANG, Ching-Ter. Multi-Choice Goal Programming. *Omega.* v. 25, n.4, August 2007, p. 389-96.

CHARNES, A., COOPER, W. W. *Management Models and Industrial Applications of Linear Programming.* vol. I and II, New York: John Wiley & Sons, Inc. 1961.

DAWID, Herbert, KONIG, Johannes, STRAUSS Christine. An Enhanced Rostering Model for Airline Crews. *Computers and Operations Research.* v. 28, n. 7, June 2001, p. 671-88.

DREES, Lawrence David, WILHELM, Wilbert E. Scheduling Experiments on a Nuclear Reactor Using Mixed Integer Programming. *Computers and Operations Research.* v. 28, n.10, September 2001, p. 1013-37.

HUETER, Jackie, SWART William. An Integrated Labor-Management System for Taco Bell. *Interfaces.* v. 28, n.1, January-February 1998, p. 75-91.

IGNIZIO, James P. *Introduction to Linear Goal Programming*. Beverly Hills: Sage Publications, 1985.

KATOK, Elena, OTT Dennis. Using Mixed-Integer Programming to Reduce Label Changes in the Coors Aluminum Can Plant. *Interfaces*. v.30, n. 2, March 2000, p. 1-12.

KUBY, Michael, et al. Planning China's Coal and Electricity Delivery System. *Interfaces*. v. 25, n. 1, January-February 1995, p. 41-68.

LAND, Alisa, POWELL Susan. A Survey of the Operational Use of ILP Models. *Annals of Operations Research*. v. 149, n. 1, 2007, p. 147-56.

LEE, Sang M., SCHNIEDERJANS Marc J. A Multicriterial Assignment Problem: A Goal Programming Approach. *Interfaces*. v. 13, n. 4, August 1983, p. 75-9.

PATI, Rupesh Kumar, VRAT Prem, KUMAR Pradeep. A Goal Programming Model for a Paper Recycling System. *Omega*. v. 36, n.3, June 2008, p. 405-17.

REYES, Pedro M., FRAZIER Gregory V. Goal Programming Model for Grocery Shelf Space Allocation. *European Journal of Operational Research*. v. 181, n. 2, September 2007, p. 634-44.

WADHWA, Vijay, RAVINDRAN A. Ravi. Vendor Selection in Outsourcing. *Computers & Operations Research*. v. 34, n. 12, December 2007, p. 3725-37.

ZANGWILL, W. I. *Nonlinear Programming: A Unified Approach*. Upper Saddle River, NJ: Prentice Hall, 1969.

CAPÍTULO **12**

Modelos de Redes

OBJETIVOS DE APRENDIZAGEM

Depois de ler este capítulo, os alunos serão capazes de:

1. Conectar todos os pontos de uma rede enquanto minimizam a distância total utilizando a técnica da árvore geradora mínima
2. Determinar o fluxo máximo de uma rede utilizando a técnica do fluxo máximo
3. Encontrar o menor caminho em uma rede utilizando a técnica da menor rota
4. Entender o importante papel do software na solução de problemas de rede

VISÃO GERAL DO CAPÍTULO

12.1 Introdução
12.2 Técnica da árvore geradora mínima
12.3 Técnica do fluxo máximo
12.4 A técnica da rota mais curta

Resumo • Glossário • Problemas resolvidos • Autoteste • Questões para discussão e problemas • Problemas extras na Internet • Estudo de caso: Bebidas Binder • Estudo de caso: Problemas de trânsito da Southwestern University • Estudos de caso na Internet • Bibliografia

Apêndice 12.1: Modelos de rede com o QM para Windows

542 Análise Quantitativa para Administração

12.1 INTRODUÇÃO

Três modelos de rede serão abordados neste capítulo.

Este capítulo apresenta três modelos de redes que podem ser utilizados para resolver vários problemas: a técnica da árvore geradora mínima, do fluxo máximo e da menor rota. A *técnica da árvore geradora mínima* determina o caminho pela rede que conecta todos os pontos enquanto minimiza a distância total. Quando os pontos representam casas em um quarteirão, a árvore geradora mínima pode ser utilizada para determinar a melhor maneira de conectar todas as casas à rede elétrica, ao sistema de água ou ao esgoto e assim por diante, de forma a minimizar a distância total ou o comprimento da rede elétrica ou de água e esgoto. A *técnica do fluxo máximo* encontra o fluxo máximo de qualquer quantidade ou substância ao longo de uma rede. Essa técnica pode determinar, por exemplo, o número máximo de veículos (carros, caminhões e outros) que podem trafegar em uma rede de ruas de um local a outro. Finalmente, a *técnica da rota mínima* pode encontrar o caminho mais curto em uma rede. Por exemplo, essa técnica pode encontrar a rota mais curta de uma cidade a outra utilizando uma rede de rodovias.

Os círculos na rede são denominados nodos. As linhas conectando os nodos são chamadas de arcos.

Todos os exemplos utilizados para descrever as várias técnicas de rede neste capítulo são pequenos e simples comparados aos problemas reais. Isso foi feito com o intuito de facilitar o entendimento dessas técnicas. Em muitos casos, esses pequenos problemas de rede podem ser resolvidos por inspeção ou intuição. Em problemas grandes, contudo, encontrar uma solução pode ser muito difícil e requerer o uso dessas poderosas técnicas de redes. Grandes problemas podem exigir centenas ou mesmo milhares de iterações. Para usar essas técnicas com o computador, é necessário utilizar a abordagem sistemática que vamos apresentar.

Você verá vários tipos de redes neste capítulo. Embora elas representem muitas coisas diferentes, algumas terminologias são comuns a todas. Os pontos da rede são denominados *nodos*. Geralmente, eles são representados por círculos, embora algumas vezes quadrados ou retângulos também sejam utilizados. As linhas conectando os nodos são denominadas *arcos*.

12.2 TÉCNICA DA ÁRVORE GERADORA MÍNIMA

A técnica da árvore geradora mínima conecta nodos por uma distância mínima.

A técnica da árvore geradora mínima envolve conectar todos os pontos de uma rede juntos de modo a minimizar a distância entre eles. Ela tem sido aplicada, por exemplo, pelas companhias telefônicas para conectar todos os telefones e, ao mesmo tempo, minimizar o comprimento total de cabos telefônicos.

Considere a construtora Lauderdale, que está atualmente desenvolvendo um projeto de casas luxuosas na praia de Panama City, Flórida. Melvin Lauderdale, proprietário e presidente da empresa, deve determinar a forma mais barata de fornecer água e energia elétrica a cada uma das casas. A rede de casas é apresentada na Figura 12.1.

Como pode ser visto na Figura 12.1, existem oito casas no golfo. A distância entre cada uma das casas (em pés) é mostrada na rede. A distância entre as casas 1 e 2, por exemplo, é de 300 pés (o número 3 está entre os nodos 1 e 2). Agora, a técnica da árvore geradora mínima é utilizada para determinar a menor distância que pode conectar todos os nodos (casas). A abordagem é resumida da seguinte forma:

Existem quatro passos para o problema da árvore geradora mínima.

Etapas para a técnica da árvore geradora mínima

1. Selecione qualquer nodo na rede.
2. Conecte esse ao nodo mais próximo que minimize a distância total.
3. Considerando todos os nodos que estão agora conectados, encontre e conecte ao mais próximo que não está conectado. Se existir um empate (isto é, dois nodos a uma mesma distância), selecione um ao acaso. Um empate sugere que pode existir mais de uma solução ótima.
4. Repita a etapa três até que todos os nodos estejam conectados.

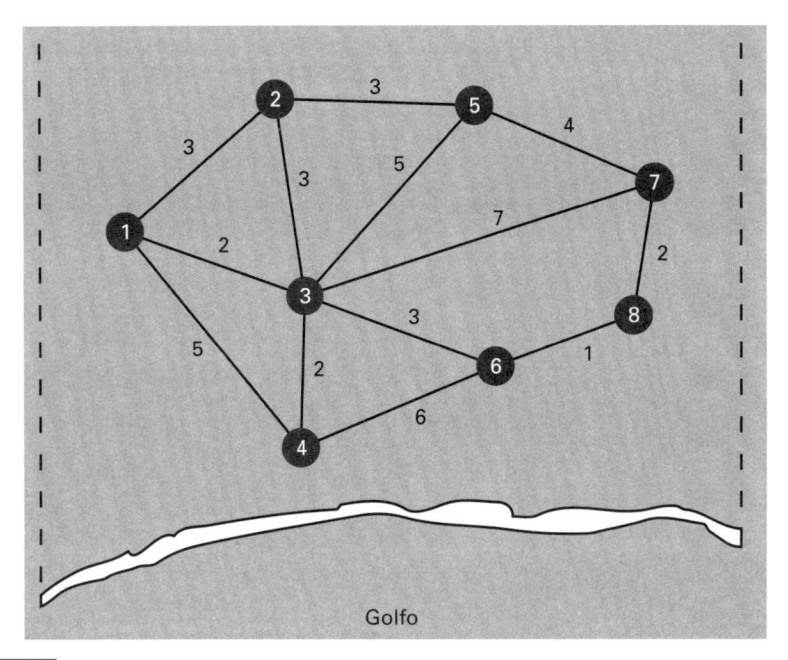

FIGURA 12.1 Rede para a construtora Lauderdale.

Agora, vamos resolver a rede representada na Figura 12.1 para Melvin Lauderdale. Começamos selecionando arbitrariamente o nodo 1. Como o nodo mais próximo é o terceiro, que está a uma distância de 2 (220 pés), conectamos o nodo 1 ao nodo 3. Isso é mostrado na Figura 12.2.

Considerando os nodos 1 e 3, agora procuramos um novo nodo mais próximo. Ele é o nodo 4, que está mais próximo do nodo 3. A distância é 2 (200 pés). Novamente, conectamos esses nodos (veja a Figura 12.3, parte (a)).

Etapa 1: Selecionamos o nodo 1.

Etapa 2: Conectamos o nodo 1 ao nodo 3.

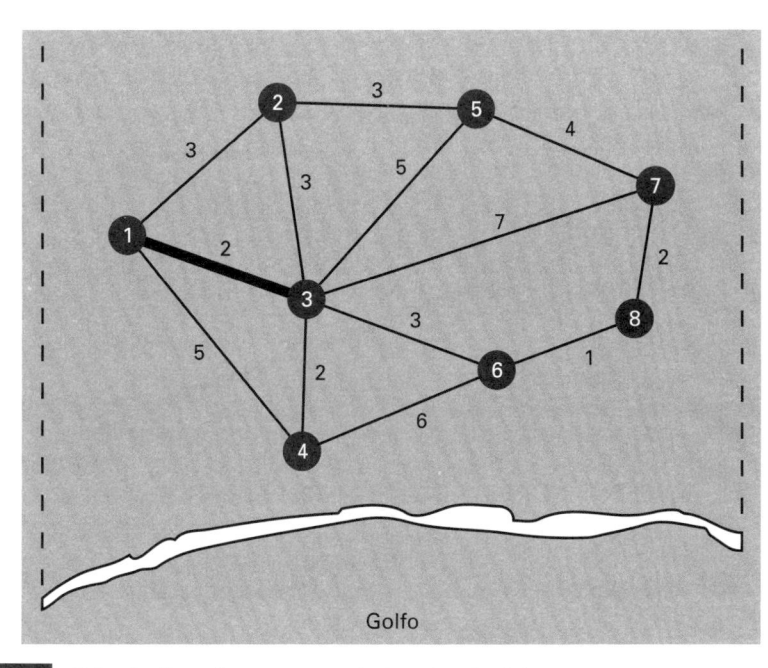

FIGURA 12.2 Primeira iteração para a construtora Lauderdale.

(a) Segunda iteração

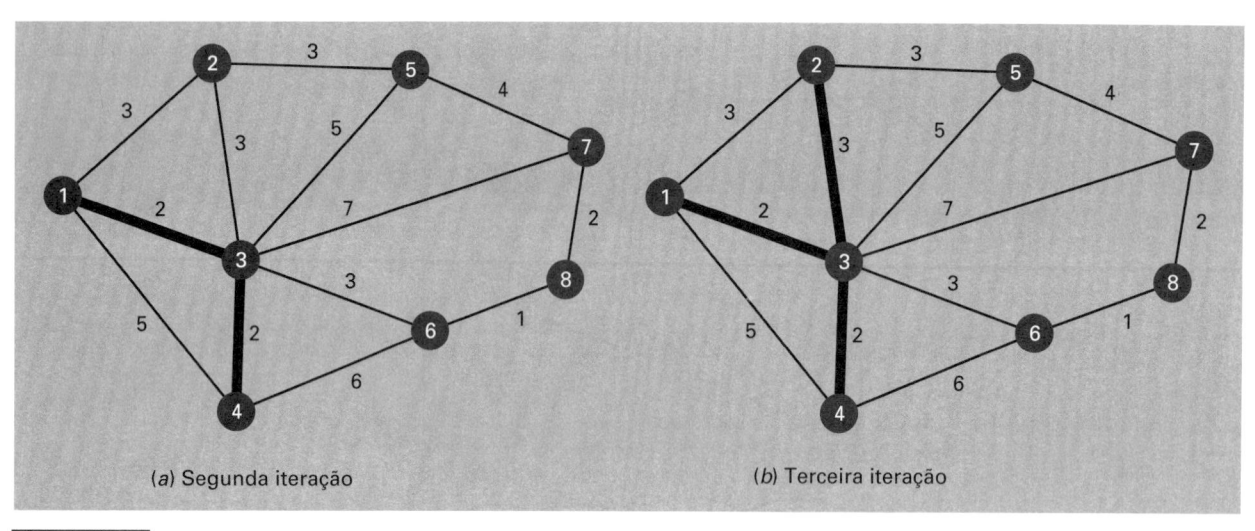

(b) Terceira iteração

FIGURA 12.3 Segunda e terceira iterações.

Etapa 3: Conectamos o nodo seguinte mais próximo.

Etapa 4: Repetimos o processo.

Continuamos procurando por um nodo ainda não conectado que esteja mais próximo dos nodos 1, 3 e 4. Ele pode ser o nodo 2 ou o 6, pois ambos estão a uma distância de 3 (300 pés) do nodo 3. Vamos pegar o nodo 2 e conectá-lo ao nodo 3 (veja a Figura 12.3, parte (b)).

Seguimos o processo observando que existe outro empate na próxima iteração com uma distância mínima de 3 (nodo 2 ao nodo 5 e nodo 3 ao nodo 6). Você deve notar que não consideramos o caminho nodo 1 ao nodo 2 com uma distância, também, de 3, pois esses nodos já estão conectados. Arbitrariamente selecionamos o nodo 5 e o conectamos ao nodo 2 (veja a Figura 12.4, parte (a)). O nodo seguinte mais próximo é o 6 e o conectamos ao nodo 3 (veja a Figura 12.4, parte (b)).

Nesse estágio, temos apenas 2 nodos que ainda não foram conectados. O nodo 8 é o que está mais próximo do nodo 6 com uma distância de 1 e o conectamos (veja a Figura 12.5, parte (a)). Só resta o nodo 7 e ele é conectado ao nodo 8 (veja a Figura 12.5, parte (b)).

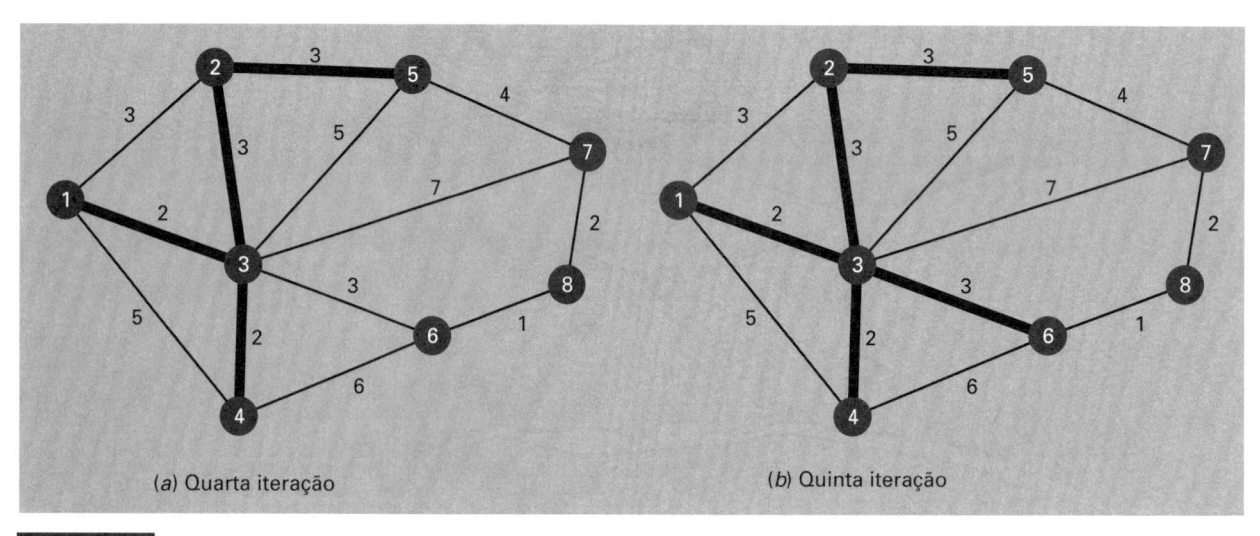

(a) Quarta iteração

(b) Quinta iteração

FIGURA 12.4 Quarta e quinta Iterações.

(a) Quarta iteração

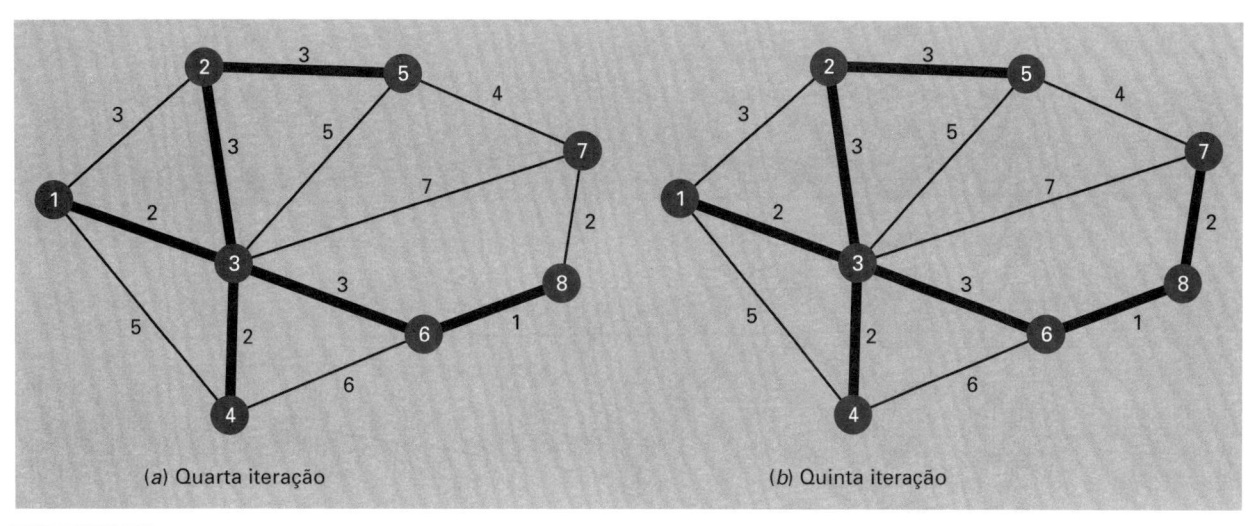

(b) Quinta iteração

FIGURA 12.5 Sexta e sétima (última) iterações.

A solução final pode ser vista na sétima e última iteração (veja a Figura 12.5, parte (b)). Os nodos 1, 2, 4 e 6 estão todos conectados ao nodo 3. O nodo 2 está conectado ao nodo 5. O nodo 6 está conectado ao nodo 8 e o nodo 8 está conectado ao nodo 7. Todos os nodos estão agora conectados. A distância total é encontrada somando a distância nos arcos utilizados na árvore geradora. Nesse exemplo, a distância é 2 + 2 + 3 + 3 + 3 + 1 + 2 = 16 (ou 1600 pés).

12.3 TÉCNICA DO FLUXO MÁXIMO

A *técnica do fluxo máximo* permite determinar a quantidade máxima de material que pode fluir por uma rede. Ela tem sido utilizada, por exemplo, para encontrar o número máximo de automóveis que podem trafegar em um sistema de rodovias.

A técnica do fluxo máximo encontra o maior fluxo que uma determinada rede pode suportar.

EM AÇÃO — Análise de uma rede de telecomunicações com a árvore geradora

Modelos de redes têm sido utilizados para resolver problemas variados por muitas companhias diferentes. Nas telecomunicações, sempre existe a necessidade de conectar sistemas computacionais e aparelhos de uma maneira eficiente. A Digital Equipment Corporation (DEC), por exemplo, estava interessada em como conectar equipamentos e computadores em uma rede local (LAN) utilizando uma tecnologia denominada Ethernet. O departamento de rede da DEC (DECnet) era responsável por isso e outras soluções de redes e telecomunicações.

Devido ao número de dificuldades técnicas, era importante ter uma forma eficaz de transportar pacotes de informação através da LAN. A solução foi utilizar um algoritmo de árvore geradora. O sucesso dessa abordagem pode ser visto em um poema escrito por um dos desenvolvedores:

"Penso que nunca verei um grafo mais bonito do que uma árvore.

Uma árvore que tem a conectividade sem laços como principal propriedade

Uma árvore que deve se ramificar

para que os pacotes possam qualquer rede alcançar.

Primeiro a rota deve ser escolhida

sendo por identificação definida.

Então as rotas de menor custo a partir da raiz são traçadas

E na árvore essas rotas são posicionadas

Para concluir faço uma rede captadora

E por fim as pontes encontram a árvore geradora."

Fonte: Com base em PERLMAN, Radia et al. Spanning the LAN. Data Communications. October 21, 1997, p. 68-70

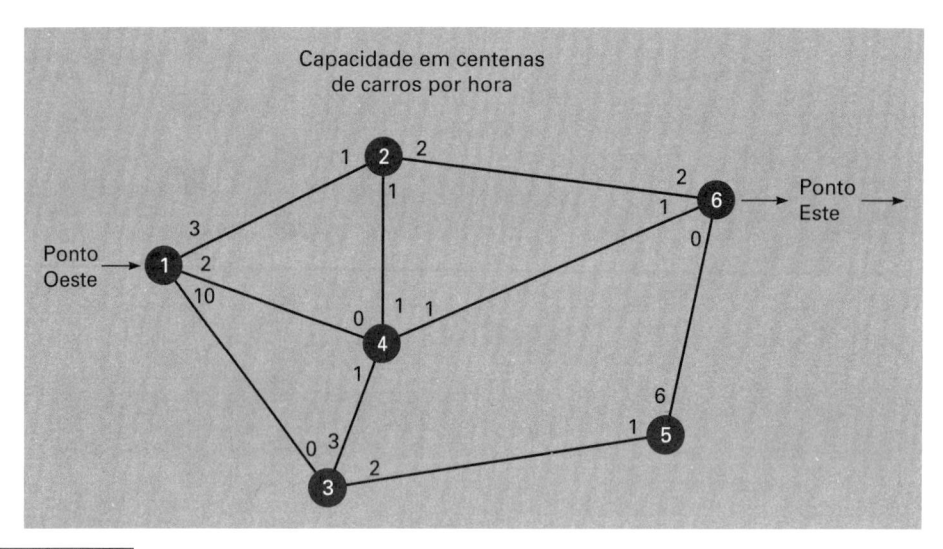

FIGURA 12.6 Rede de rodovias para Waukesha.

Waukesha, uma pequena cidade em Wisconsin, está desenvolvendo um sistema de rodovias para a área central da cidade. Bill Blackstone, um dos projetistas da cidade, quer determinar o número máximo de carros que pode trafegar pela cidade do oeste para o leste. A rede de ruas é apresentada na Figura 12.6.

As ruas são indicadas pelos seus respectivos nodos. Olhe para a rua entre os nodos 1 e 2. Os valores próximos aos nodos indicam o número máximo de carros (em centenas de carros por hora) que podem trafegar pelos vários nodos. O número 3 próximo ao nodo 1 indica que 300 carros por hora podem trafegar do nodo 1 para o nodo 2. Olhe os números 1, 1 e 2 próximos ao nodo 2. Esses números indicam o fluxo máximo de carros do nodo 2 para os nodos 1, 4 e 6 respectivamente. Como você pode ver, o fluxo máximo do nodo 2 de volta ao nodo 1 é 100 carros por hora (1). Cem carros por hora (1) podem trafegar do nodo 2 para o nodo 4 e 200 carros (2) podem trafegar para o nodo 6. Note que o tráfego pode fluir nas duas direções em uma rua. Um zero (0) significa que a rua é de mão-única.

O trânsito pode fluir nas duas direções.

A técnica do fluxo máximo não é difícil e envolve as seguintes etapas:

As quatro etapas da técnica do fluxo máximo.

Etapas para a técnica do fluxo máximo

1. Escolha qualquer caminho do início (fonte) ao final (destino) com algum fluxo. Se não existe um caminho com fluxo, então a solução ótima foi encontrada.
2. Encontre o arco nesse caminho com a menor capacidade de fluxo disponível. Chame essa capacidade de C. Isso representa a capacidade adicional máxima que pode ser alocada a essa rota.
3. Para cada nodo nesse caminho, diminua a capacidade de fluxo na direção do fluxo pela quantia C. Para cada nodo nesse caminho, aumente a capacidade de fluxo na direção oposta na quantia C.
4. Repita essas etapas até que um aumento no fluxo não seja mais possível.

Começamos escolhendo um caminho arbitrariamente e ajustamos o fluxo.

Começamos tomando arbitrariamente o caminho 1-2-6, que está no topo da rede. Qual é o fluxo máximo do oeste para o leste? É 2, pois somente 2 unidades (200 carros) podem trafegar do nodo 2 para o 6. Agora ajustamos as capacidades de fluxo (veja a Figura 12.7). Como você pode ver, subtraímos o fluxo máximo de 2 ao longo do caminho 1-2-6 na direção do fluxo (oeste para leste) e adicionamos 2 ao caminho na direção contra o fluxo (leste para oeste). O resultado é um novo caminho mostrado na Figura 12.7.

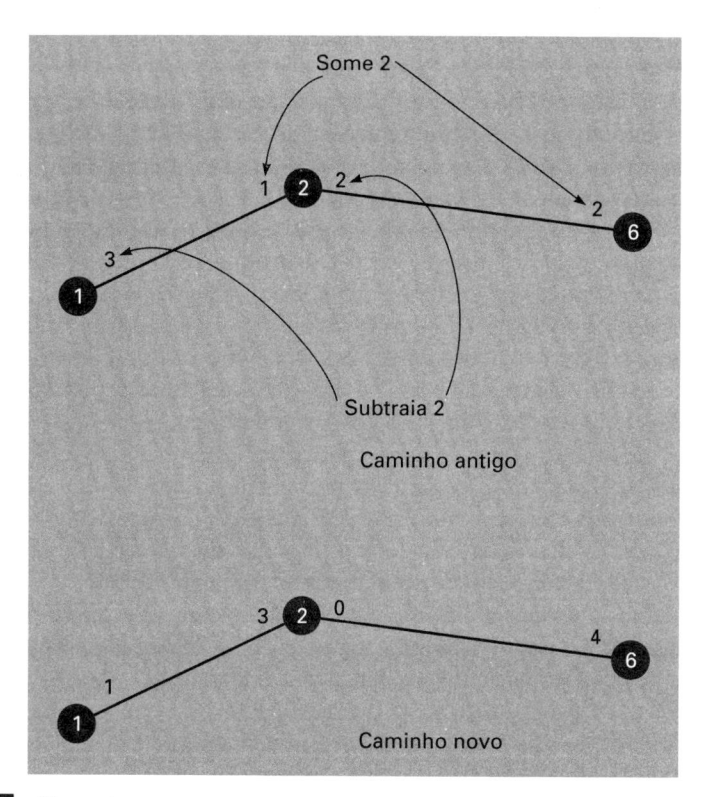

FIGURA 12.7 Ajuste da capacidade para o Caminho 1-2-6 Primeira Iteração.

EM AÇÃO — Sistema de controle de tráfego na via expressa Hanshin

A via expressa Hanshin começou com uma seção de 2,3 km de estrada na cidade de Osaka, Japão, em 1960. Esse pequeno trecho de autoestrada foi a primeira via expressa urbana com pedágio na cidade. O fluxo de tráfego era de aproximadamente 5000 carros por dia. Hoje, a via expressa inclui 200 km de estrada em um sistema que conecta Osaka e Kobe no Japão. O fluxo de tráfego no início dos anos 90 era maior do que 800000 veículos por dia, com mais de um milhão de carros diários nos horários de pico.

Como discutido neste capítulo, maximizar o fluxo de tráfego por meio de uma rede envolve uma investigação da capacidade atual e futura dos vários ramos de tal rede. Além da análise de capacidade, Hanshin decidiu utilizar um sistema de controle de tráfego automatizado para maximizar o fluxo de tráfego ao longo da via expressa existente e reduzir os congestionamentos e gargalos causados por acidentes, manutenção da rodovia e carros quebrados. Esperava-se que o sistema de controle também aumentasse a renda da via expressa.

A administração da Hanshin investigou o número de acidentes e quebras de veículos na rodovia expressa para auxiliar a reduzir problemas e aumentos futuros no fluxo de tráfego. O sistema de controle de tráfego fornece controle direto e indireto. O controle direto inclui o controle do número de veículos que entram na via expressa nas várias rampas de acesso. O controle indireto envolve o fornecimento de informações abrangentes atualizadas ao minuto sobre o fluxo de veículos e as condições gerais de trânsito na via expressa. As informações sobre o tráfego em geral são obtidas por intermédio de veículos detectores, câmeras de TV, detectores ultrassônicos e por identificadores automáticos de veículos que leem a informação nas placas dos carros. Os dados coletados desses mecanismos fornecem aos motoristas e às pessoas em casa informações que eles necessitam para decidir se irão ou não utilizar a rodovia expressa.

Essa aplicação revelou que a solução de um problema envolve uma variedade de componentes, incluindo análise quantitativa, equipamentos e outros elementos como o fornecimento de informações aos motoristas.

Fonte: Com base em YOSHINO, T et al. The Traffic-Control System on the Hanshin expressway y. Interfaces. v. 25 January-February 1995, p. 94-108.

É importante notar que o novo caminho apresentado na Figura 12.7 reflete a nova capacidade relativa nesse estágio. O valor do fluxo por nodo representa dois fatores. Um fator é o fluxo que vem do nodo. O segundo fator é o fluxo que pode ser reduzido chegando ao nodo. Primeiro considere o fluxo do oeste para leste. Olhe para o caminho que vai do nodo 1 para o

2. O número 1 no nodo 1 nos informa que 100 carros podem trafegar do nodo 1 para o nodo 2. Olhando para o caminho do nodo 2 para o 6, podemos ver que o número 0 para o nodo 2 nos informa que 0 carros podem trafegar do nodo 2 para o 6. Considere agora o fluxo do leste para oeste mostrado no novo caminho representado na Figura 12.7. Primeiro, considere o caminho do nodo 6 para o nodo 2. O número 4 no nodo 6 nos informa o total pelo qual podemos tanto reduzir o fluxo do nodo 2 para o 6 quanto aumentar o fluxo do nodo 6 para o 2 (ou alguma combinação desses fluxos vindo ou saindo do nodo 6), dependendo do *status* atual dos fluxos. Uma vez que indicamos que existe atualmente somente 2 unidades (200 carros) indo do nodo 2 para o nodo 6, o máximo que podemos reduzir, nessa situação, é 2, nos deixando com a capacidade de também permitir um fluxo de 2 unidades do nodo 6 para o nodo 2 (nos dando uma mudança total de 4 unidades). Olhando para o caminho do nodo 2 para o 1, podemos ver o número 3 no nodo 2. Isso nos informa que a mudança total nessa direção é 3 e isso provém da redução do fluxo do nodo 1 para o nodo 2 ou aumentando o fluxo do nodo 2 para o nodo 1. Uma vez que o fluxo do nodo 1 para o nodo 2 é atualmente 2, podemos reduzi-lo por 2, nos deixando com uma capacidade para também permitir um fluxo de 1 unidade do nodo 2 para o nodo 1 (fornecendo uma mudança total de 3 unidades). Nesse estágio, temos um fluxo de 200 carros através da rede do nodo 1 para o nodo 2 e para o nodo 6. Também refletimos a nova capacidade relativa, como mostrado na Figura 12.7.

O processo é repetido.

Agora repetimos o processo tomando outro caminho com capacidade existente. Vamos arbitrariamente pegar o caminho 1-2-4-6. A capacidade máxima ao longo desse caminho é 1. Na verdade, a capacidade de cada nodo ao longo desse caminho (1-2-4-6) indo do oeste para o leste é 1. Lembre, a capacidade do ramo 1-2 agora é 2 (200 carros por hora) porque 2 unidades estão fluindo através da rede. Dessa forma, aumentamos o fluxo ao longo do caminho 1-2-4-6 por 1 e ajustamos a capacidade do fluxo (veja a Figura 12.8).

Temos agora um fluxo de 3 unidades (300 carros): 200 carros por hora ao longo do caminho 1-2-6 mais 100 carros por hora ao longo do caminho 1-2-4-6. Podemos ainda aumentar o fluxo? Sim, ao longo do caminho 1-3-5-6. Esse é o caminho inferior. Consideramos a capacidade máxima para cada nodo ao longo dessa rota. A capacidade do nodo 1 para o nodo 3 é de 10 unidades; a capacidade do nodo 3 para o nodo 5 é de 2 unidades; e a capacidade do nodo 5 para o nodo 6 é de 6 unidades. Estamos limitados pelo menor desses valores, que é 2 unidades do fluxo do nodo 3 para o nodo 5. O aumento de duas unidades ao longo desse caminho é apresentado na Figura 12.9.

Continuamos até que não existam mais caminhos com capacidade não utilizada.

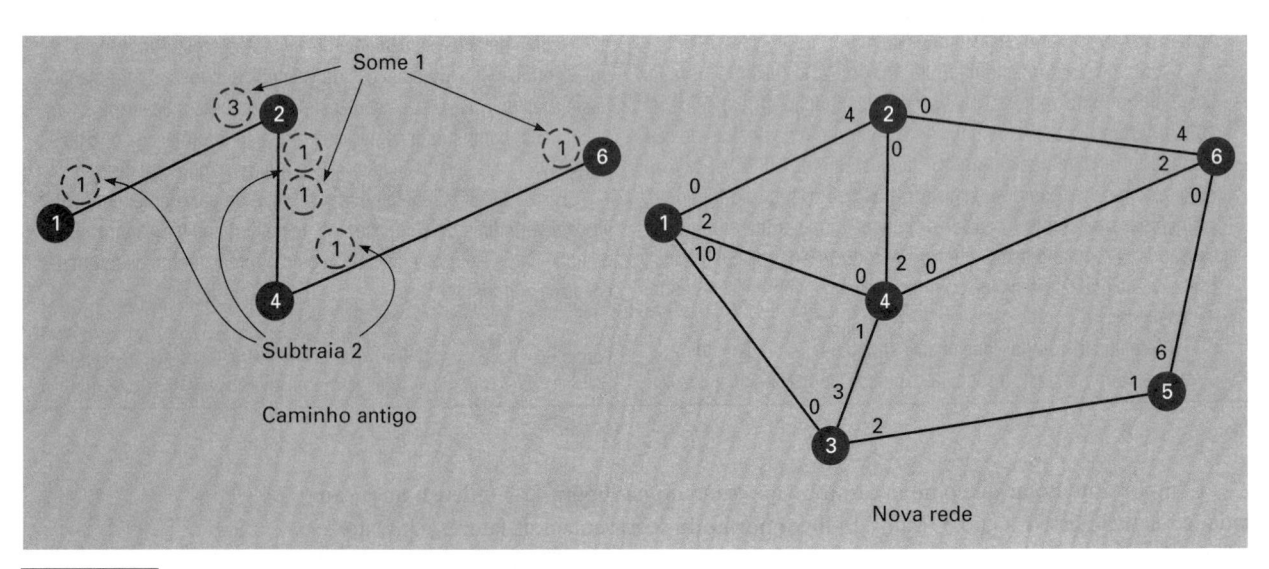

Novamente, repetimos o processo, tentando encontrar um caminho com uma capacidade não utilizada ao longo da rede. Se você examinar cuidadosamente a última iteração apresenta-

FIGURA 12.8 Segunda iteração para o sistema rodoviário Waukesha.

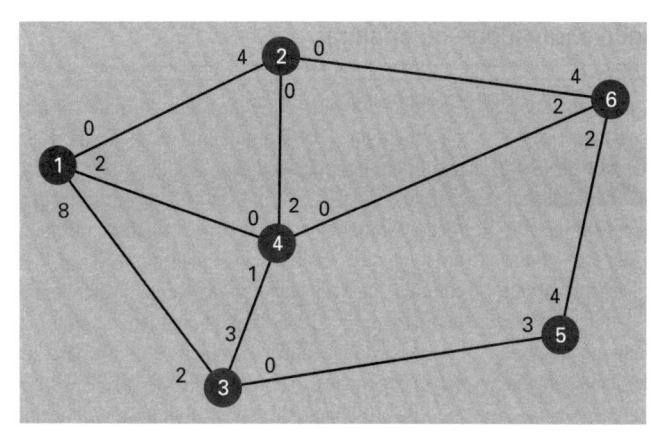

FIGURA 12.9 Terceira e última iteração para o sistema rodoviário Waukesha.

da na Figura 12.9, verá que não existem mais caminhos do nodo 1 para o nodo 6 com capacidade não utilizada, mesmo que vários outros ramos na rede tenham capacidade não utilizada. O fluxo máximo de 500 carros por hora está resumido na tabela a seguir:

Caminho	Fluxo (carros por hora)
1-2-6	200
1-2-4-6	100
1-3-5-6	200
	Total 500

Você pode também comparar a rede original com a final para ver o fluxo entre quaisquer dos nodos.

12.4 A TÉCNICA DA ROTA MAIS CURTA

A técnica da rota mais curta descobre como uma pessoa ou item pode viajar de um local para outro com o menor total percorrido possível. Em outras palavras, ela encontra a menor rota para vários destinos.

Todos os dias, a Ray Design, Inc., precisa transportar camas, cadeiras e outros itens de mobiliário da fábrica ao depósito. Isso envolve viajar por várias cidades. Ray quer encontrar a rota mais curta. A rede de ruas é apresentada na Figura 12.10.

A técnica da rota mais curta pode ser utilizada para minimizar a distância total de qualquer nodo inicial até um nodo final. A técnica é resumida nas seguintes etapas.

A técnica da rota mais curta minimiza a distância ao longo da rede.

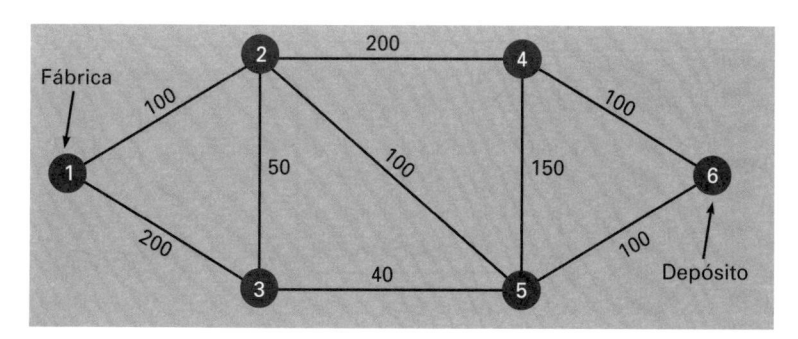

FIGURA 12.10 Ruas da fábrica da Ray até o depósito.

EM AÇÃO: Melhorando o transporte de crianças

No início dos anos 90, a Carolina do Norte estava gastando quase $150 milhões no transporte de estudantes para as escolas. O sistema de transporte de estudantes do estado envolve cerca de 13000 ônibus, 100 escolas distritais e 700000 alunos. Em 1989, a Assembleia Geral do estado decidiu investigar formas de poupar dinheiro pelo desenvolvimento de um melhor sistema de transporte para os estudantes. A Assembleia Geral se comprometeu a distribuir mais fundos para os distritos que transportassem os estudantes de forma eficiente e de apenas reembolsar as despesas daqueles que não fossem eficientes em termos de como eles transportavam os estudantes de e para as escolas públicas.

Os dados de entrada para o modelo de rede da Carolina do Norte incluíram o número de ônibus utilizados e o total de despesas operacionais. O total de despesas operacionais continha os salários dos motoristas, o salário de outras pessoas encarregadas do transporte, pagamentos aos governantes locais, custos de combustível, custos de peças e manutenção e outros custos relacionados.

Os valores de entrada foram utilizados para calcular um escore de eficiência para os diferentes distritos. Esses escores de eficiência foram então utilizados no auxílio à distribuição de fundos aos distritos. Os distritos com um escore de eficiência de 0,9 ou maior receberam recursos totais. A conversão de escores de eficiência em fundos foi recebida com ceticismo no início. Após vários anos, contudo, mais administradores estatais perceberam a utilidade da abordagem. Em 1994-95, a abordagem da distribuição de fundos com base na eficiência foi a única utilizada para determinar a alocação dos fundos.

A distribuição de fundos com base na eficiência resultou na eliminação de centenas de ônibus escolares, com uma economia de mais de $25 milhões em um período de três de anos.

Fonte: Baseado em T. Sexton, et al. "Improving Pupil Transportation in North Carolina", Interfaces 24 (January-February 1994): 87-103.

As etapas da técnica da rota mais curta.

Etapas para a técnica da rota mais curta

1. Encontre o nodo mais próximo da origem (fábrica). Coloque a distância em destaque ao lado do nodo.
2. Encontre o próximo nodo mais perto da origem (fábrica) e coloque a distância em destaque ao lado do nodo. Em alguns casos, vários caminhos terão que ser examinados até encontrar o segundo nodo mais próximo.
3. Repita esse processo até que você tenha coberto toda a rede. A última distância no nodo final será a distância da rota mais curta. Você deve notar que a distância colocada em destaque ao lado de cada nodo é a rota mais curta para esse nodo. Essas distâncias são utilizadas como resultados intermediários na busca pelo nodo seguinte mais próximo.

Procuramos o nodo mais próximo da origem.

Examinando a Figura 12.10, vemos que o nodo mais próximo da fábrica é o nodo 2, com uma distância de 100 milhas. Assim, vamos conectar esses dois nodos. Essa primeira iteração é apresentada na Figura 12.11.

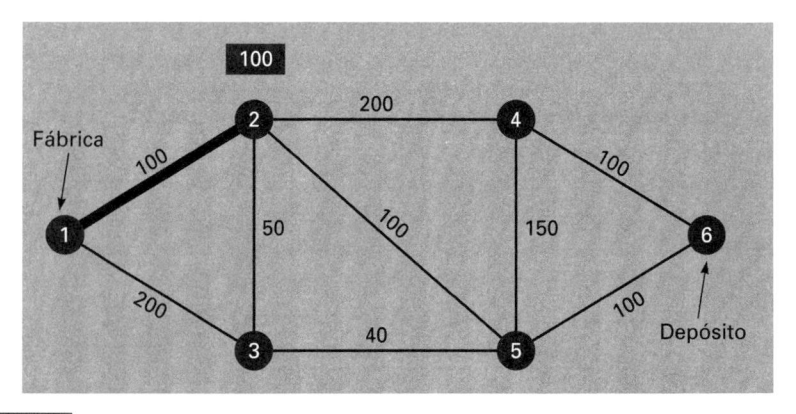

FIGURA 12.11 Primeira iteração para a Ray Design.

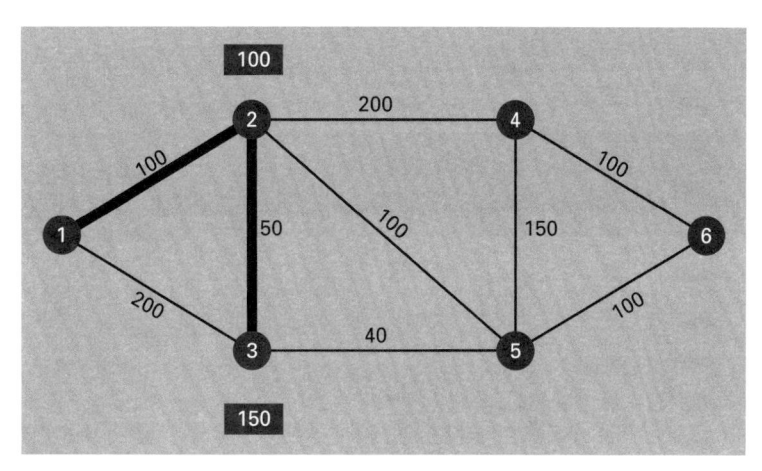

FIGURA 12.12 Segunda iteração para a Ray Design.

MODELAGEM NO MUNDO REAL — A AT&T resolve problemas de rede

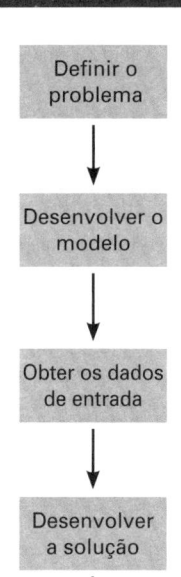

Definir o problema

Com mais de 80 milhões de consumidores nos Estados Unidos e necessitando de mais de 40 mil milhas de cabos, a rede de fibra ótica da AT&T é a maior do setor. Lidando com mais de 80 bilhões de chamadas por ano, a empresa definiu a manutenção da confiabilidade da sua rede, maximizando o fluxo enquanto minimiza os recursos investidos, como um de seus problemas mais importantes.

Desenvolver o modelo

A AT&T desenvolveu vários modelos abrangentes para tratar as questões de confiabilidade. Esses modelos investigaram dois aspectos importantes da confiabilidade da rede: (1) prevenção de falhas e (2) reposta rápida a falhas quando elas ocorrem. Esses modelos incluem o Roteamento na Rede em Tempo Real (RTNR – *Real Time Network Routing*), a restauração automática rápida (FASTAR – FAST *Automatic Restoration*) e a Rede Ótica Síncrona (SONET – *Synchronous Optical NETwork*).

Obter os dados de entrada

Mais de 10 meses foram gastos na coleta de dados para os modelos. Em virtude da grande quantidade de informações, a AT&T utilizou a agregação de dados para reduzir o tamanho do problema da rede e facilitar a solução.

Desenvolver a solução

A solução utilizou uma rotina de otimização para encontrar a melhor forma de encaminhar o tráfego de voz e dados através da rede minimizando o número de falhas nas mensagens e os recursos necessários. Devido à enorme quantidade de dados e ao tamanho do problema, uma solução otimizada foi gerada para cada conjunto possível de demanda de tráfego e possibilidade de falhas.

Testar a solução

A AT&T fez testes comparativos das soluções obtidas pela nova abordagem de otimização com as soluções obtidas por ferramentas de planejamento antigas. As expectativas de melhoria de 5 a 10% foram alcançadas. A empresa utilizou também a simulação computacional para testar a solução sob diferentes condições.

Analisar os resultados

Para analisar os resultados, a AT&T precisou reverter a etapa de agregação executada durante a fase de coleta dos dados. Uma vez que o processo de desagregação foi executado, a empresa foi capaz de determinar a melhor abordagem de roteamento através de sua grande rede. A análise dos resultados incluiu uma investigação da capacidade integrada e da capacidade ociosa fornecida pela solução.

Implementar os resultados

Quando implementada, a nova abordagem foi capaz de reduzir os recursos da rede por mais de 30% e ao mesmo tempo manter alta confiabilidade. Durante o estudo, 99,98% das chamadas foram completadas com sucesso na primeira tentativa. O sucesso da implementação resultou em ideias para novas mudanças e melhorias, incluindo uma abordagem de otimização total que pode identificar a capacidade ociosa e colocá-la em operação.

Fonte: Com base em AMBS, Ken et al. Optimizing Restoration Capacity at the AT&T Network. Interfaces. v. 30, n. 1, January-February 2000, p. 26-44.

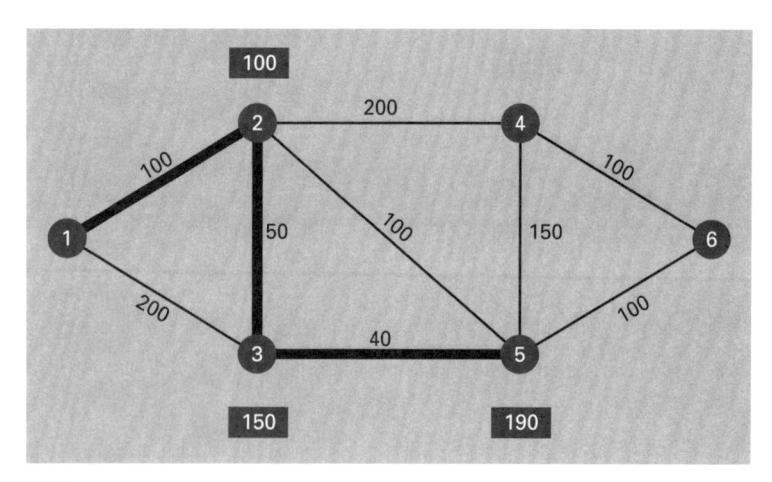

FIGURA 12.13 Terceira iteração para a Ray Design.

O processo é repetido.

Repetimos o processo. O nodo seguinte mais próximo é tanto o nodo 4 quanto o nodo 5. O nodo 4 está 200 milhas distante do nodo 2 e o nodo 2 está a 100 milhas do nodo 1. Assim, o nodo 4 está a 300 milhas da origem. Existem dois caminhos do nodo 5, 2-5 e 3-5, até a origem. Note que você não precisa voltar para a origem porque já sabemos qual é a rota mais curta do nodo 2 e do nodo 3 até a origem. A distância mínima é colocada em destaque ao lado dos nodos. O caminho 2-5 é 100 milhas e o nodo 2 está a 100 milhas da origem. Assim, a distância total é 200 milhas. De maneira semelhante, podemos determinar que o caminho do nodo 5 até a origem passando pelo nodo 3 é 190 (40 milhas entre os nodos 5 e 3 mais 150 milhas do nodo 3 até a origem). Assim, escolhemos o nodo 5 passando pelo nodo 3 até a origem (veja a Figura 12.13).

O nodo mais próximo será tanto o 4 quanto o 6, os últimos nodos restantes. O nodo 4 está a 300 milhas da origem (300 = 200 do nodo 4 até o nodo 2 mais 100 do nodo 2 até a origem). O nodo 6 está a 290 milhas da origem (290 = 100 + 190). O nodo 6 tem a distância mínima e, porque ele é o nodo final, terminamos (veja a Figura 12.14). A rota mais curta é 1-2-3-5-6, com a distância mínima de 290 milhas.

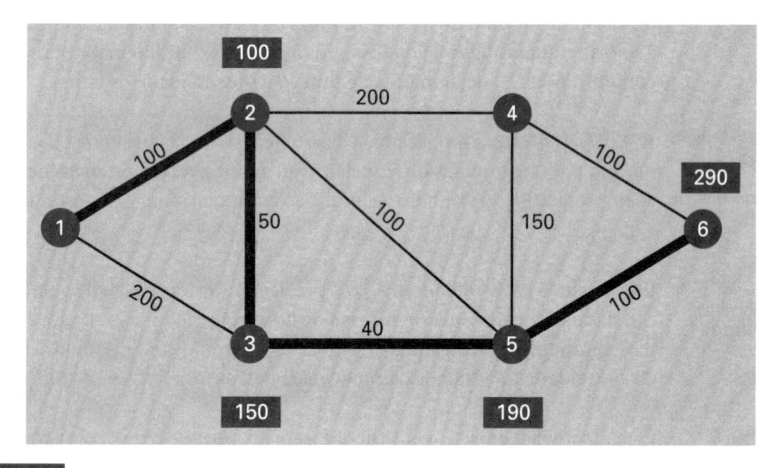

FIGURA 12.14 Quarta e última iteração para a Ray Design.

RESUMO

Apresentamos três técnicas importantes de rede neste capítulo. Primeiro, discutimos a árvore geradora mínima, que determina o caminho através de uma rede que conecta todos os nodos enquanto minimiza a distância total. Depois, discutimos a técnica do fluxo máximo que encontra o fluxo máximo de qualquer quantidade ou substância que pode trafegar por uma rede. Finalmente, a técnica da rota mais curta, que encontra o caminho menor em uma rede, foi examinada.

GLOSSÁRIO

Árvore geradora mínima. Técnica que determina o caminho em uma rede que conecta todos os nós enquanto minimiza a distância total.

Técnica da rota mais curta. Técnica que determina o menor caminho em uma rede.

Técnica do fluxo máximo. Técnica que encontra o fluxo máximo de qualquer quantidade ou substância que pode trafegar em uma rede.

PROBLEMAS RESOLVIDOS

Problema resolvido 12-1

Roxie LaMothe, proprietário de uma grande fazenda de criação de cavalos próximo a Orlando, Flórida, está planejando instalar um sistema completo de água conectando todos os vários estábulos e celeiros. A localização das instalações e as distâncias entre elas são fornecidas na rede apresentada na Figura 12.15. Roxie deve determinar a forma mais barata de fornecer água para cada instalação. O que você recomenda?

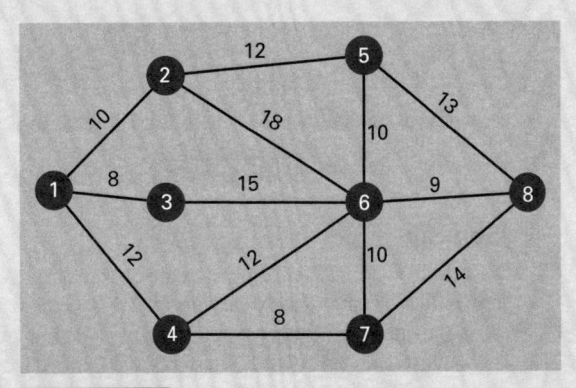

FIGURA 12.15

Solução

Esse é um problema típico de árvore geradora mínima que pode ser resolvido manualmente. Começamos selecionando o nodo 1 e o conectando ao nodo mais próximo, que é o nodo 3. Os nodos 1 e 2 são os próximos a serem conectados, seguidos pelos nodos 1 e 4. Agora, conectamos o nodo 4 ao 7 e o nodo 7 ao nodo 6. Nesse estágio, os únicos pontos não conectados são os nodos 6 ao 8 e o nodo 6 ao 5. A solução final pode ser vista na Figura 12.16.

FIGURA 12.16

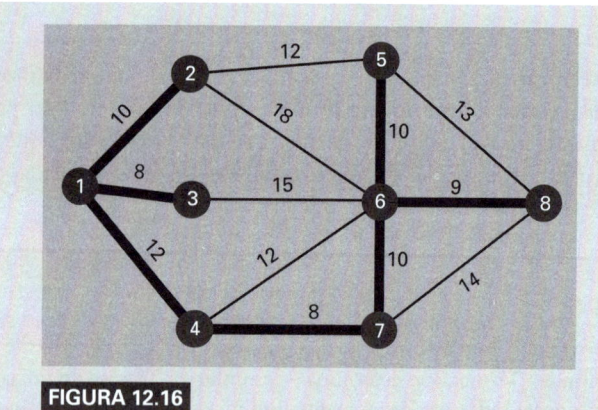

Problema resolvido 12-2

PetroChem, uma refinaria de petróleo próxima ao rio Mississippi ao sul de Baton Rouge, Louisiana, está projetando uma nova planta para produzir diesel combustível. A Figura 12.17 mostra a rede dos principais centros de processamento e a taxa de fluxo existente (em milhares de galões de combustível). O gerente da PetroChem quer determinar a quantidade máxima de combustível que pode fluir através da planta, do nodo 1 para o nodo 7.

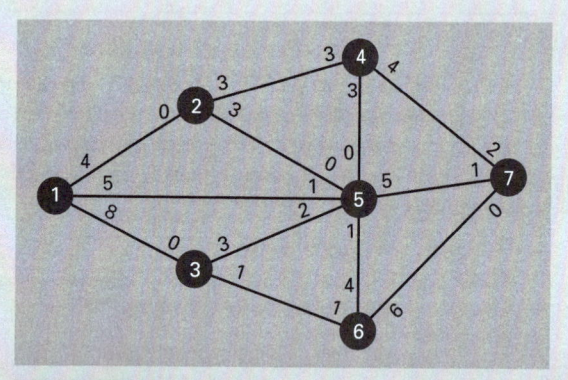

FIGURA 12.17

Solução

Este problema pode ser resolvido com as etapas apresentadas na técnica do fluxo máximo. Iniciamos tomando arbitrariamente o caminho 1-2-5-7. O fluxo máximo é 3 ao longo desse caminho. O próximo caminho que escolhemos é 1-2-4-7. O fluxo máximo possível considerando o fluxo 1-2-5-7 é 1. O fluxo 1-7 é 4, e o fluxo 1-5-6-7 é 1. Finalmente, o fluxo 1-3-6-7 é 1. O fluxo total é 10 (10 = 3 + 1 + 4 + 1 + 1). A rede da Figura 12.18, mostrando o fluxo em milhares de galões, detalha a solução manual.

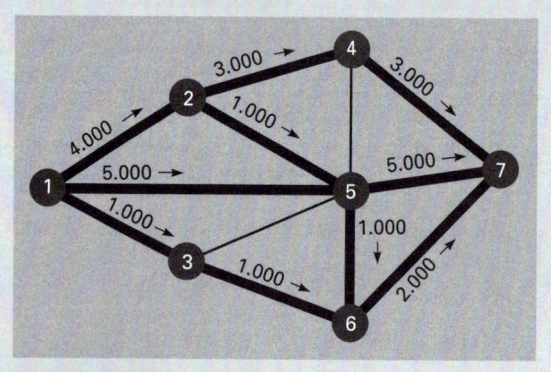

FIGURA 12.18

Problema resolvido 12-3

A rede da Figura 12.19 mostra as rodovias e as cidades ao redor de Leadville, Colorado. Tom de Leadville, um fabricante de capacetes para ciclistas, deve transportar seus capacetes a um distribuidor com base em Dillon, Colorado. Para tanto, ele deve passar por várias cidades. Tom quer encontrar o caminho mais curto para ir de Leadville a Dillon. O que você recomenda?

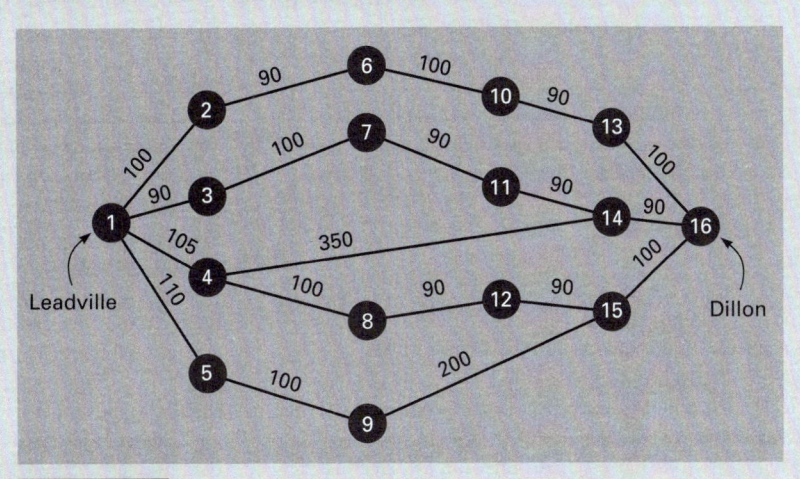

FIGURA 12.19

Solução

Este problema pode ser resolvido utilizando a técnica da rota mais curta discutida neste capítulo. O nodo mais próximo da origem (Leadville) é o 3, com uma distância de 90 milhas. Assim, colocamos 90 em destaque ao lado do nodo 3. O nodo seguinte mais próximo da origem é o 7, a 190 milhas de distância. Novamente, colocamos em destaque 190 sobre o nodo 7. O próximo nodo é o 11, a 280 milhas, e então o nodo 14, a 370 milhas. Finalmente, podemos ver que o seguinte e mais próximo nodo (último) é o nodo 16, a 460 milhas. Veja a Figura 12.20 para a solução.

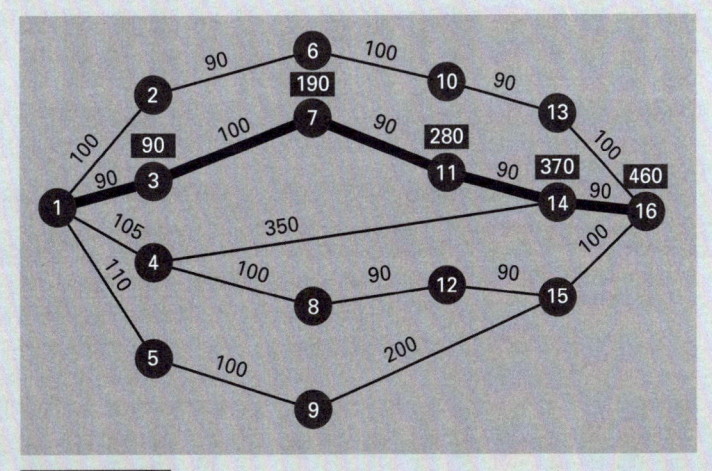

FIGURA 12.20

AUTOTESTE

- Antes de fazer o autoteste, consulte os objetivos de aprendizagem no início do capítulo, as notas nas margens e o glossário no final do capítulo.
- Corrija seu teste utilizando o Apêndice H ao final do livro.
- Estude novamente as páginas que correspondem a todas as perguntas que você respondeu errado ou que não tem certeza.

1. Que técnica é utilizada para conectar todos os pontos de uma rede pela menor distância possível entre eles?
   a. fluxo máximo.
   b. fluxo mínimo.
   c. árvore geradora mínima.
   d. rota mais curta.
   e. travessia mais longa.
2. O primeiro passo na técnica da árvore geradora mínima é:
   a. selecionar o nodo com a maior distância entre ele e qualquer outro nodo.
   b. selecionar o nodo com a menor distância entre ele e qualquer outro nodo.
   c. selecionar o nodo que está mais próximo da origem.
   d. selecionar qualquer arco que conecta dois nodos.
   e. selecionar qualquer nodo.
3. O primeiro passo na técnica do fluxo máximo é:
   a. selecionar qualquer nodo.
   b. escolher qualquer caminho do início ao fim com algum fluxo.
   c. escolher o caminho com o fluxo máximo.
   d. escolher o caminho com o fluxo mínimo.
   e. escolher um caminho onde o fluxo indo para qualquer nodo é maior do que o fluxo vindo de qualquer nodo.
4. Em qual técnica você conecta o nodo mais próximo à solução existente que não está atualmente conectado?
   a. árvore máxima.
   b. menor rota.
   c. árvore geradora mínima.
   d. fluxo máximo.
   e. fluxo mínimo.
5. Na técnica da rota mais curta, o objetivo é determinar a rota da origem a um destino que passa pelo menor número de outros nodos.
   a. Verdadeiro.
   b. Falso.
6. Ajustar os valores da capacidade de fluxo em um caminho é um passo importante de qual técnica?
   a. fluxo máximo.
   b. fluxo mínimo.
   c. árvore geradora máxima.
   d. árvore geradora mínima.
   e. rota mais curta.
7. Quando a solução ótima foi atingida com a técnica do fluxo máximo, cada nodo estará conectado com pelo menos um outro nodo.
   a. Verdadeiro.
   b. Falso.
8. Uma grande cidade está se preparando para atrasos durante o horário de pico quando as ruas estiverem fechadas para manutenção. Em um dia de semana normal, 160000 veículos trafegam em uma autoestrada do centro a um ponto 15 milhas a oeste. Qual das técnicas discutidas neste capítulo pode ajudar os planejadores da cidade a determinar se as rotas alternativas possuem capacidade suficiente para todo o tráfego?
   a. a técnica da árvore geradora mínima.
   b. a técnica do fluxo máximo
   c. a técnica da rota mais curta.
9. O centro computacional de uma grande universidade está instalando novos cabos de fibra ótica de uma rede que irá abranger todo o campus. Qual das técnicas deste capítulo pode ser utilizada para determinar a menor quantidade de cabos necessária para conectar os 20 prédios do campus?
   a. a técnica da árvore geradora mínima.
   b. a técnica do fluxo máximo
   c. a técnica da rota mais curta.
10. Em um problema de árvore geradora mínima, a solução ótima foi encontrada quando:
    a. o nodo inicial e o final estão conectados por um caminho contínuo.
    b. o fluxo a partir do nodo inicial é igual ao fluxo ao nodo final.
    c. todos os arcos foram selecionados para ser parte da árvore.
    d. todos os nodos foram conectados e são parte da árvore.
11. _____ é uma técnica utilizada para encontrar como uma pessoa ou item pode viajar de um local para outro com a menor distância total percorrida.
12. A técnica que permite determinar a quantidade máxima de material que pode fluir através de uma rede é denominada _____.
13. A técnica _____ pode ser utilizada para conectar todos os pontos de uma rede enquanto minimiza a distância entre eles.

QUESTÕES PARA DISCUSSÃO E PROBLEMAS

Questões para discussão

12-1 O que é a técnica da árvore geradora mínima? Que tipos de problemas podem ser resolvidos utilizando essa técnica de análise quantitativa?

12-2 Descreva as etapas da técnica do fluxo máximo.

12-3 Forneça vários exemplos de problemas que podem ser resolvidos utilizando a técnica do fluxo máximo.

12-4 Quais são os passos da técnica da rota mais curta?

12-5 Descreva um problema que pode ser resolvido pela técnica da rota mais curta.

12-6 É possível obter soluções ótimas alternativas com a técnica da rota mais curta? Existe uma forma automática de saber se você tem uma solução alternativa ótima?

Problemas*

12-7 A Construtora Bechtold vai instalar linhas de energia em um grande condomínio. Steve Bechtold quer minimizar o total de fios utilizados, o que diminuirá o seu gasto. O projeto da rede de energia do condomínio está apresentado na Figura 12.21. Cada casa foi numerada e as distâncias entre elas são dadas em centenas de pés. O que você recomenda?

12-8 A cidade de New Berlin considera transformar várias de suas ruas em mão-única. Qual é o número máximo de carros por hora que podem trafegar do leste ao oeste? A rede está apresentada na Figura 12.22.

12-9 A Mudanças Transworld foi contratada para transportar os móveis e equipamentos do escritório da Cohen para sua nova sede. Que rota você recomenda? A rede de ruas é apresentada na Figura 12.23.

12-10 Devido ao desaquecimento econômico, a Construções Bechtold precisa mudar seus planos em relação ao condomínio mencionado no Problema 12-7. O resultado é que o caminho do nodo 6 ao 7 tem agora uma distância de 7. Que impacto isso tem no tamanho total de fios necessários para a rede de transmissão de energia elétrica?

12-11 Devido ao crescimento dos impostos sobre propriedades e um plano de desenvolvimento rodoviário agressivo, a cidade de New Berlin conseguiu aumentar a capacidade de duas de suas ruas (veja o Problema 12-8). A capacidade ao longo do caminho do

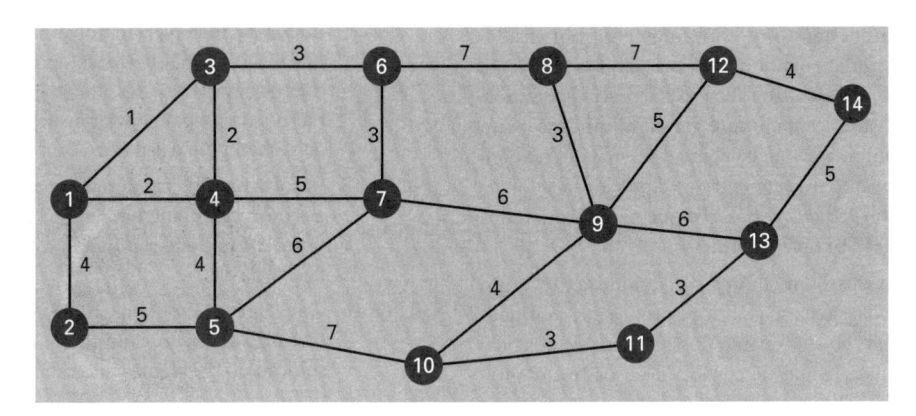

FIGURA 12.21 Rede para o Problema 12-7.

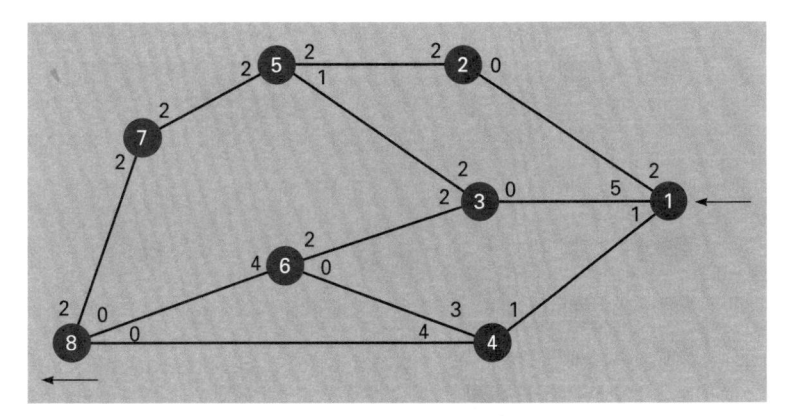

FIGURA 12.22 Rede para o Problema 12-8.

* Nota: Q significa que o problema pode ser resolvido com o QM para Windows.

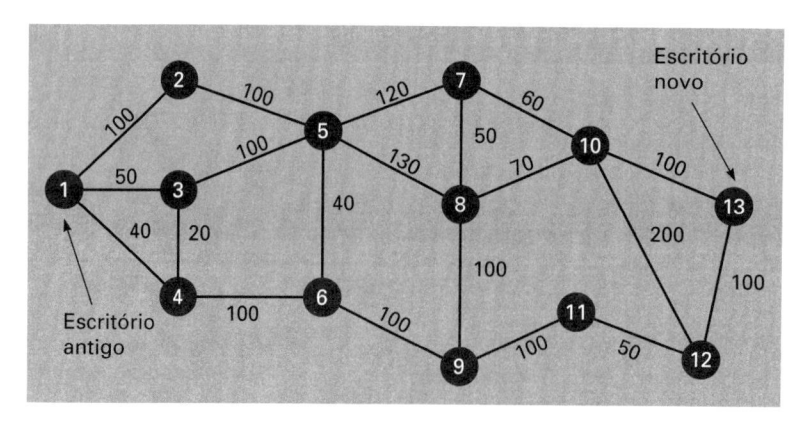

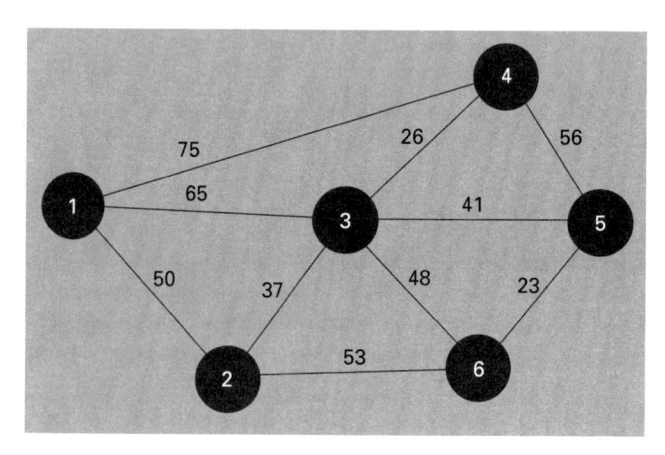

FIGURA 12.23 Rede para o Problema 12-9

nodo 1 para o nodo 2 aumentou de 2 para 5. Além disso, a capacidade do nodo 1 para o nodo 4 aumentou de 1 para 3. Que impacto essas mudanças tem sobre o número de carros por hora que pode transitar do leste para o oeste?

12-12 O diretor de segurança quer conectar as câmeras de vídeo utilizadas na segurança de cinco locais potencialmente problemáticos a um controle central. Contudo, como o ambiente é potencialmente explosivo, o cabo deve ser conduzido em um eletroduto especial que tem o ar continuamente purificado. Esse eletroduto é muito caro, mas largo o suficiente para acomodar cinco cabos (o máximo necessário). Utilize a técnica da árvore geradora mínima a fim de encontrar a distância com a rota mais curta para conduzir o eletroduto entre os cinco locais apontados na Figura 12.24 (observe que não faz diferença qual deles é o controle principal).

12-13 Um dos nossos melhores consumidores teve um grande colapso na sua fábrica e precisa que fabriquemos tantos objetos quanto possível para ele nos próximos dias até que ele consiga fazer os reparos necessários. Existem várias forma de fazer esses objetos (ignorando custos) com o nosso equipamento de uso geral. Qualquer sequência de atividades que leve do nodo 1 ao nodo 6 na Figura 12.25 pode produzir o objeto. Quantos objetos podemos produzir por dia? As quantidades são dadas em objetos por dia.

12-14 A Mudanças Transworld, como outras empresas de mudanças, acompanha de perto o impacto da construção de novas ruas para assegurar que suas rotas permaneçam as mais eficientes. Infelizmente, ocorreu a construção inesperada de uma rua devido à falta de planejamento para a manutenção de ruas em torno da cidade de New Haven, representada pelo nodo 9 na rede (veja o Problema 12-9). Todas as ruas que levam ao nodo 9, exceto a rua do nodo 9 ao 11, não poderão mais ser utilizadas. Isso terá impacto na rota usada para enviar os móveis e equipamentos da Cohen para o seu novo centro de operações?

12-15 Resolva o problema de árvore geradora mínima com a rede apresentada na Figura 12.26. Assuma que os números na rede representam distâncias em centenas de jardas.

12-16 Considere o Problema 12-15. Que impacto teria a troca do valor do caminho 6-7 para 500 jardas na solução do problema e na distância total?

12-17 O sistema de rodovias em torno de um complexo hoteleiro na International Drive (nodo 1) para a Disney World (nodo 11) em Orlando, Florida, está

FIGURA 12.24 Rede para o Problema 12-12.

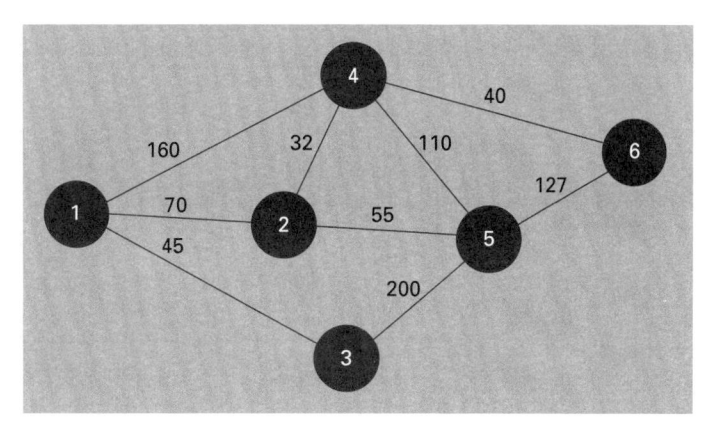

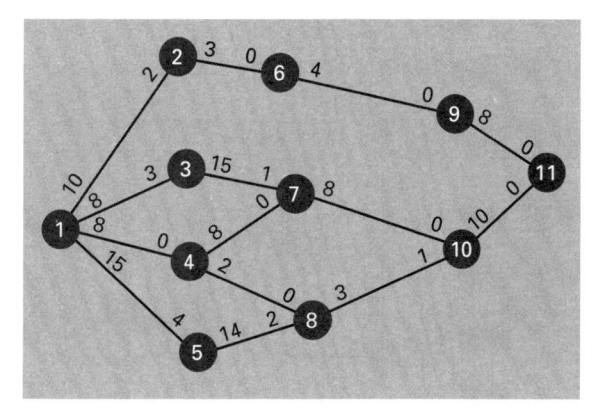

FIGURA 12.25 Rede para o Problema 12-13.

representado por uma rede na Figura 12.27. Os números nos nodos representam o fluxo de tráfego em centenas de carros por hora. Qual é o fluxo máximo de carros que podem trafegar do complexo de hotéis ao Disney World?

12-18 Um projeto de construção de rodovias aumentará a capacidade no entorno exterior das rodovias da International Drive à Disney World para 200 carros por hora (veja o Problema 12-17). Os dois caminhos afetados são o 1-2-6-9-11 e o 1-5-8-10-11. Que impacto isso terá sobre o fluxo total de carros? O fluxo total de carros aumentará para 400 carros por hora?

12-19 Resolva o problema de fluxo máximo representado na rede da Figura 12.28. Os números na rede representam milhares de galões por hora fluindo através da planta de processamento químico.

12-20 Dois terminais na planta de processamento químico, representados pelos nodos 6 e 7, precisam de reparos emergenciais (veja o Problema 12-19). Nenhum

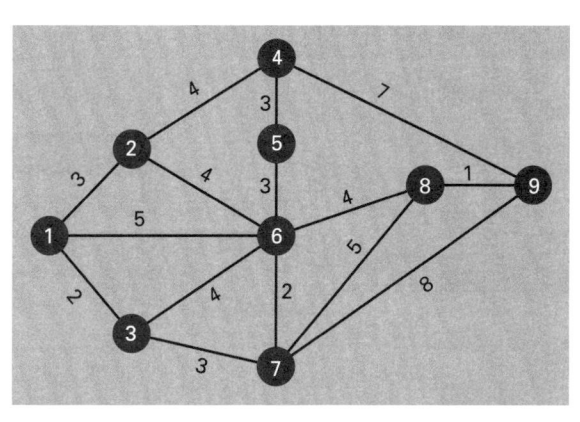

FIGURA 12.26 Rede para o Problema 12-15.

FIGURA 12.27 Rede para o Problema 12-17.

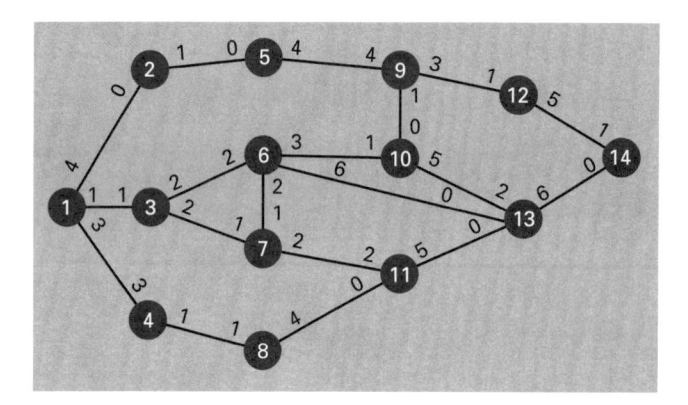

FIGURA 12.28 Rede para o Problema 12-19.

material pode fluir de e para esses nodos. Que impacto isso terá na capacidade da rede?

Q: 12-21 Resolva o problema da rota mais curta representado pela rede na Figura 12.29 indo do nodo 1 ao nodo 16. Todos os números representam quilômetros entre cidades alemãs próximas à Floresta Negra.

Q: 12-22 Devido ao mau tempo, as rodovias representadas pelos nodos 7 e 8 foram fechadas (veja o Problema 12-21). Nenhum tráfego pode ocorrer nessas rodovias. Descreva o impacto que isso terá (se tiver algum) na rota mais curta pela rede.

Q: 12-23 A Construtora Grey que determinar a maneira mais barata de conectar apartamentos em seus edifícios com TV a cabo. Ela identificou 11 possíveis ramos ou rotas que podem ser utilizadas para conectar os apartamentos. O custo em centenas de dólares em cada ramo está resumido na tabela a seguir.

(a) Qual é a forma mais barata de passar os cabos pelos apartamentos?

Ramo	Nodo inicial	Nodo final	Custo (em $100)
1	1	2	5
2	1	3	6
3	1	4	6
4	1	5	5

Ramo	Nodo inicial	Nodo final	Custo (em $100)
5	2	6	7
6	3	7	5
7	4	7	7
8	5	8	4
9	6	7	1
10	7	9	6
11	8	9	2

(b) Depois de revisar os cabos e os custos de instalação, a Construtora Grey quer alterar os custos para instalar os cabos de TV entre os apartamentos. Os primeiros ramos precisam ser alterados. As mudanças estão resumidas na tabela. Qual é o impacto no custo total?

Ramo	Nodo inicial	Nodo final	Custo (em $100)
1	1	2	5
2	1	3	1
3	1	4	1
4	1	5	1
5	2	6	7
6	3	7	5
7	4	7	7
8	5	8	4

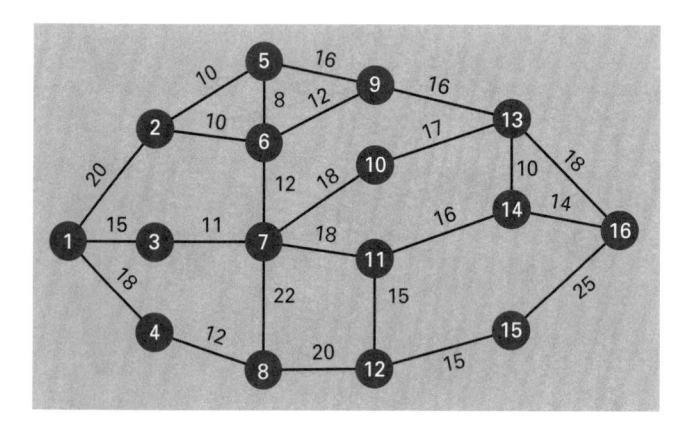

FIGURA 12.29 Rede para o Problema 12-21.

Ramo	Nodo inicial	Nodo final	Custo (em $100)
9	6	7	1
10	7	9	6
11	8	9	2

12-24 Para ir de Quincy a Old Bainbridge, George Olin pode escolher entre 10 rodovias possíveis. Cada rodovia pode ser considerada um ramo no problema da rota mais curta.

(a) Determine a melhor maneira de ir de Quincy (nodo 1) a Old Bainbridge (nodo 8) que irá minimizar a distância total percorrida. Todas as distâncias estão em centenas de milhas.

Ramo	Nodo inicial	Nodo final	Distância (em centenas de milhas)
1	1	2	3
2	1	3	2
3	2	4	3
4	3	5	3
5	4	5	1
6	4	6	4
7	5	7	2
8	6	7	2
9	6	8	3
10	7	8	6

(b) George Olin cometeu um engano em estimar a distância entre Quincy e Old Bainbridge. As novas distâncias estão na próxima tabela. Que impacto isso terá na rota mais curta de Quincy a Old Bainbridge?

Ramo	Nodo inicial	Nodo final	Distância (em centenas de milhas)
1	1	2	3
2	1	3	2
3	2	4	3
4	3	5	1
5	4	5	1
6	4	6	4
7	5	7	2
8	6	7	2
9	6	8	3
10	7	8	6

12-25 A South Side Oil and Gas, uma nova empresa localizada em Texas, está construindo um oleoduto para transportar petróleo dos campos de exploração até a refinaria e outros locais. Existem 10 oleodutos (ramos) na rede. O petróleo flui em centenas de galões e a rede de oleodutos é apresentada na tabela a seguir.

(a) Qual é o fluxo máximo que pode fluir através dessa rede?

Ramo	Nodo inicial	Nodo final	Capacidade	Capacidade inversa	Fluxo
1	1	2	10	4	10
2	1	3	8	2	5
3	2	4	12	1	10
4	2	5	6	6	0
5	3	5	8	1	5
6	4	6	10	2	10
7	5	6	10	10	0
8	5	7	5	5	5
9	6	8	10	1	10
10	7	8	10	1	5

(b) A South Side precisa alterar os padrões de fluxo de sua rede de oleodutos. Os novos dados estão na tabela a seguir. Que impacto isso terá no fluxo máximo que flui pela rede?

Ramo	Nodo inicial	Nodo final	Capacidade	Capacidade inversa	Fluxo
1	1	2	10	4	10
2	1	3	8	2	5
3	2	4	12	1	10
4	2	5	0	0	0
5	3	5	8	1	5
6	4	6	10	2	10
7	5	6	10	10	0
8	5	7	5	5	5
9	6	8	10	1	10
10	7	8	10	1	5

12-26 A tabela a seguir representa uma rede com os arcos identificados pelos seus nodos inicial e final. Desenhe a rede e utilize a técnica da árvore geradora mínima a fim de encontrar a distância mínima necessária para conectar esses nodos.

Arco	Distância
1-2	12
1-3	8
2-3	7
2-4	10
3-4	9
3-5	8
4-5	8
4-6	11
5-6	9

12-27 A rede representada na Figura 12.30 mostra as ruas de uma cidade com o número de carros por hora que podem trafegar por elas. Encontre o número máximo de carros que podem transitar por hora nesse sistema. Quantos carros trafegam em cada rua (arcos) para permitir esse fluxo máximo?

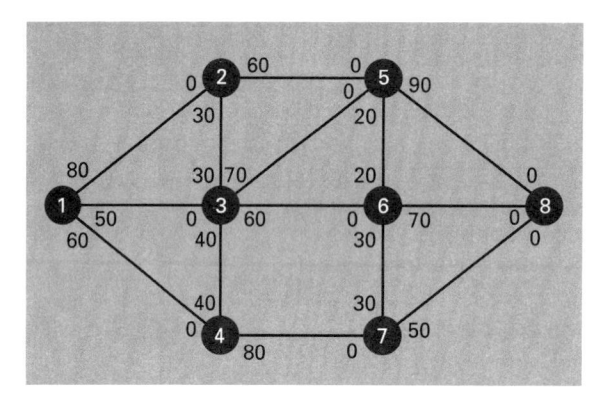

FIGURA 12.30 Rede para o Problema 12-27.

12-28 Consulte o Problema 12-27. Como o número máximo de carros seria afetado se a rua do nodo 3 para o nodo 6 fosse fechada temporariamente?

12-29 Utilize o algoritmo da rota mais curta para determinar a distância mínima do nodo 1 ao nodo 7 na Figura 12.31. Que nodos estão incluídos nessa rota?

12-30 A Universidade Northwest está finalizando uma rede em barramento que irá conectar computadores em toda a universidade. O principal objetivo é esticar um cabo principal de um lado do campus a outro (nodos 1 a 25) por condutos subterrâneos. Esses condutos estão representados na rede da Figura 12.32; a distância entre eles está em centenas de pés. Felizmente, os condutos subterrâneos têm capacidade suficiente para abrigar os novos cabos.

(a) Dada a rede desse problema, qual é a distância (em centenas de pés) da rota mais curta entre os nodos 1 ao 25?

(b) Além da rede conectando computadores, um novo sistema telefônico está sendo planejado. O sistema de telefones irá utilizar os mesmos condutos subterrâneos. Se o sistema de telefones for instalado, os seguintes caminhos ao longo dos condutos terão toda a capacidade utilizada e não estarão disponíveis para a rede em barramento: 6-11, 7-12 e 17-20. Que alterações (se for necessário) você terá que fazer ao novo caminho utilizado pela rede em barramento se o sistema telefônico for instalado?

(c) A universidade vai, de fato, instalar o novo sistema telefônico antes da instalação dos cabos para os computadores. Em virtude da demanda inesperada de uso da rede de computadores, um cabo adicional será necessário para os nodos 1 ao 25. Infelizmente, o cabo da rede em barramento original está sendo utilizado à plena capacidade. Considerando essa situação, qual é o melhor caminho para a segunda rede de cabos?

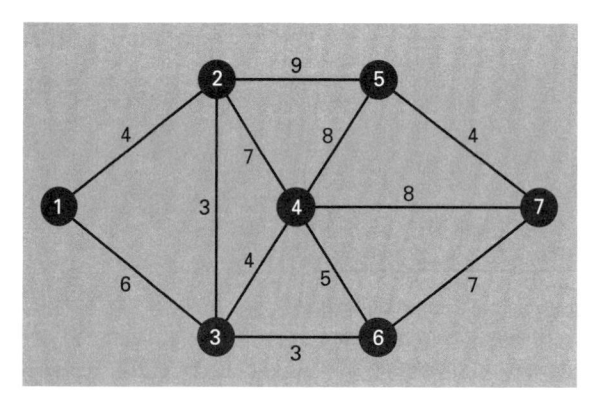

FIGURA 12.31 Rede para o Problema 12-29.

FIGURA 12.32 Rede para o Problema 12-30.

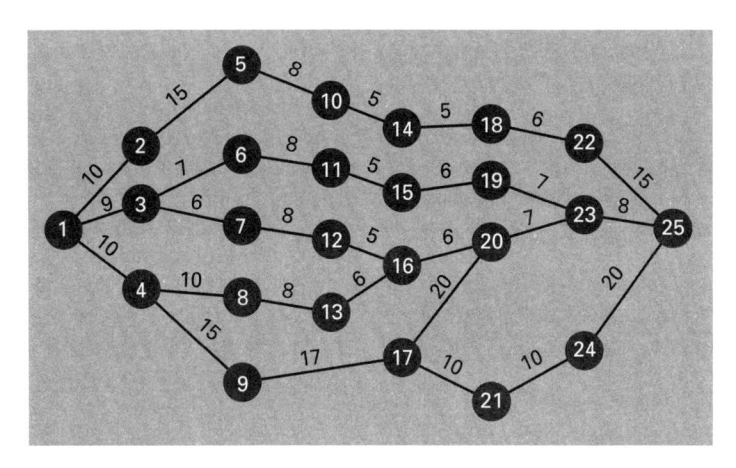

PROBLEMAS EXTRAS NA INTERNET

Veja em **www.bookman.com.br** os problemas adicionais 12-31 a 12-35 (em inglês).

ESTUDO DE CASO

Bebidas Binder

A Bebidas Binder ficou perto da falência quando o estado do Colorado quase aprovou um imposto sobre bebidas. A empresa produz refrigerantes para grandes mercearias na área. Após a rejeição do imposto sobre bebidas, a Binder prosperou. Em poucos anos, a empresa já tinha uma grande fábrica em Denver com um depósito a leste de Denver. O problema era transportar o produto final para o depósito. Embora Bill não tivesse facilidade com distâncias, ele era bom com tempos. Denver é uma grande cidade com muitas ruas que podem ser tomadas da fábrica até o depósito, como o mostrado na Figura 12.33.

A fábrica de refrigerantes está localizada na esquina das ruas North e Columbine. A Rua High também intercepta a

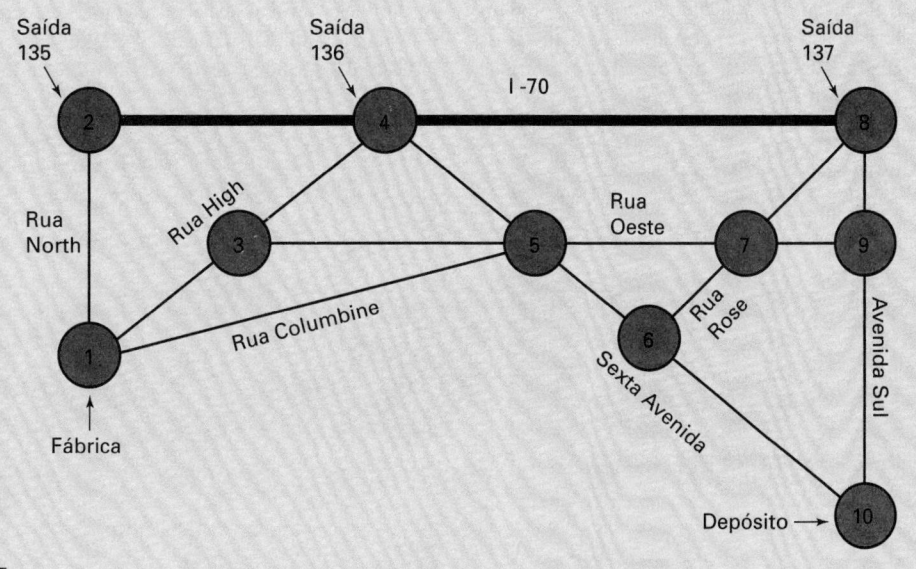

FIGURA 12.33 Mapa das ruas para o caso da Bebidas Binder.

North e a Columbine na fábrica. Vinte minutos ao norte da fábrica está a rodovia I-70, uma grande autoestrada leste-oeste em Denver.

A Rua North intercepta a I-70 na Saída 135. Leva-se cinco minutos dirigindo para leste na I-70 para chegar à Saída 136. Essa Saída conecta I-70 com a Rua High e a Sexta Avenida. Dez minutos para o leste na I-70 está a saída 137. Essa saída conecta a Rua Rose e a Avenida Sul.

Da fábrica são necessários 20 minutos na Rua High, que vai à direção nordeste, para chegar à Rua West. São necessários outros 20 minutos na Rua High para chegar à Saída 136 da I-70.

Leva-se 30 minutos pela Rua Columbine para alcançar a Rua West a partir da fábrica. A Rua Columbine vai para o leste e levemente para o norte.

A Rua West vai à direção leste e oeste. Da Rua High, leva-se 15 minutos para alcançar a Sexta Avenida na Rua West. A Rua Columbine também chega nessa interseção. Desse cruzamento, levam-se mais 20 minutos na Rua Oeste para alcançar a Rua Rose e outros 15 para chegar à Avenida Sul.

Da Saída 136 na Sexta Avenida, demora-se 5 minutos para chegar à Rua West. A Sexta Avenida continua até a Rua Rose e requer 25 minutos para percorrê-la. A Sexta Avenida então vai direto ao depósito. Da Rua Rose, são necessários 40 minutos para chegar ao armazém na Sexta Avenida.

Na Saída 137, a Rua Rose vai para o Sudoeste. Leva-se 20 minutos para a interseção com a rua West e outros 20 para chegar à Sexta Avenida. Da Saída 137, a Avenida Sul vai para o Sul. Leva-se 10 minutos para chegar à rua West e outros 15 minutos para alcançar o Depósito.

Questão para discussão

1. Que rota você recomenda?

ESTUDO DE CASO

Problemas de trânsito da Southwestern University

A Southwestern University (SWU), localizada na pequena cidade de Stephenville, Texas, teve um aumento de interesse no seu programa de futebol americano agora que um técnico famoso foi contratado. O aumento da venda de ingressos para a próxima estação significa receitas adicionais, mas significa também um aumento das reclamações devido aos problemas de trânsito associados aos jogos. Quando o novo estádio estiver construído, isso ficará ainda pior. Marty Starr, reitor da SWU, solicitou que o Comitê de Planejamento da Universidade examinasse o problema.

Com base nas projeções de tráfego, o Dr. Starr quer ter capacidade suficiente para que 35000 carros por hora possam trafegar do estádio para a autoestrada estadual. Para aliviar os problemas de trânsito antecipados, algumas das ruas atuais que levam da universidade à autoestrada estadual estão sendo consideradas para alargamento a fim de aumentar sua capacidade. As capacidades atuais das ruas em número de carros (milhares) por hora são mostradas na Figura 12.34. Uma vez que o principal problema será após o jogo, somente o fluxo deixando o estádio está indicado. Esses fluxos incluem algumas ruas próximas ao estádio que se tornam mão-única por um curto período de tempo após cada jogo, com oficiais de polícia para controlar o trânsito.

Alexander Lee, membro do Comitê de Planejamento da Universidade, afirma que um breve exame da capacidade das ruas no diagrama da Figura 12.33 indica que o número total de carros por hora que pode deixar o estádio (nodo 1) é 33000. O número de carros que pode passar pelos nodos 2, 3 e 4 é 35000 por hora e o número de carros que pode passar nos nodos 5, 6 e 7 é ainda maior. Dessa forma, o Dr. Lee sugeriu que a capacidade atual é de 33000 carros por hora. Ele também sugeriu que

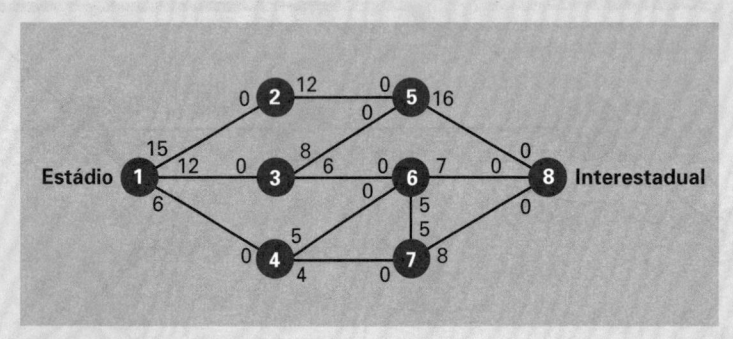

FIGURA 12.34

uma recomendação seja feita ao prefeito da cidade para a expansão de uma das rotas do estádio à autoestrada a fim de permitir o fluxo adicional de 2000 carros por hora. Ele recomenda expandir qualquer rota que seja mais em conta. Se a cidade optar por não expandir essa rua, ele acredita que o problema de trânsito continuará, mas de forma manejável.

Com base na experiência, acredita-se que se a capacidade das ruas estiver dentro dos 2500 carros por hora do número que deixa o estádio, o problema não será tão grave. Contudo, a gravidade do problema aumentará drasticamente para cada 1000 carros adicionais que sejam colocados nas ruas.

Questões para discussão

1. Se não houver expansão, qual é o número máximo de carros por hora que pode, de fato, trafegar do estádio para a autoestrada estadual? Por que esse número não é igual a 33000, como o Dr. Lee sugeriu?
2. Se o custo para expandir uma rua for o mesmo para qualquer uma das ruas, que rua você recomendaria que tivesse sua capacidade de fluxo aumentada a fim de expandir a capacidade para 33000? Que ruas você recomendaria expandir para obter uma capacidade de sistema de 35000 carros por hora?

ESTUDOS DE CASO NA INTERNET

Veja em **www.bookman.com.br** os estudos de caso adicionais (em inglês).

BIBLIOGRAFIA

AHUJA, R. K., MAGNANTI, T. L., ORLIN, J. B.. *Network Flows: Theory, Algorithms, and Applications.* Upper Saddle River (NJ): Prentice Hall, 1993.

BAZLAMACCI, Cuneyt F., HINDI Khalil S. Minimum-Weight Spanning Tree Algorithms: A Survey and Empirical Study. *Computers and Operations Research.* v. 28, n. 8, July 2001, p. 767-85.

CIPRA, Barry. Taking Hard Problems to the Limit: Mathematics. *Science*, March 4, 1997, p. 1570.

CURRENT, J. The Minimum-Covering/Shortest Path Problem. *Decision Sciences.* v. 19, Summer 1988, p. 490-503.

EREL, Erdal, GOKCEN Hadi. Shortest-Route Formulation of Mixed-Model Assembly Line Balancing Problem. *European Journal of Operational Research.* v. 116, n. 1, 1999, p. 194-204.

JAIN, A., MAMER, J. W. Approximations for the Random Minimal Spanning Tree with Application to Network Provisioning. *Operations Research.* v. 36, July-August 1988, p. 575-84.

JOHNSONBAUGH, Richard. *Discrete Mathematics.* Upper Saddle River (NJ): Prentice Hall, 2001. 5th ed.

KAWATRA, R., BRICKER, D.. A Multiperiod Planning Model for the Capacitated Minimal Spanning Tree Problem. *European Journal of Operational Research.* v. 121, n. 2, 2000, p. 412-9.

LIU, Jinming, RAHBAR, Fred. Project Time-Cost Trade-off Optimization by Maximal Flow Theory. *Journal of Construction Engineering & Management.* v. 130, n. 4, July/August 2004, p. 607-9.

ONAL, Hayri, et al. Two Formulations of the Vehicle Routing Problem. *The Logistics and Transportation Review.* June 1996, p. 177-191.

SANCHO, N. G. F. On the Maximum Expected Flow in a Network. *Journal of Operational Research Society.* v. 39, May 1988, p. 481-85.

SEDEÑO-NODA, Antonio, GONZÁLEZ-MARTÍN, Carlos, ALONSO, Sergio. A Generalization of the Scaling Max-Flow Algorithm. *Computers & Operations Research.* v. 31, n. 13, November 2004, p. 2183-98.

TROUTT, M. D., WHITE, G. P. Maximal Flow Network Modeling of Production Bottleneck Problems. *Journal of the Operational Research Society.* v. 52, n. 2, February 2001, p. 182-7

APÊNDICE 12.1: MODELOS DE REDE COM O QM PARA WINDOWS

Os modelos de redes, incluindo as técnicas da árvore geradora mínima, fluxo máximo e o da rota mais curta, foram abordados neste capítulo. O QM para Windows pode ser utilizado para resolver cada um desses problemas de rede. Os ramos (arcos) são identificados pelos nodos iniciais e finais para cada uma dessas técnicas, assim, a rede deve ser desenhada antes de entrar com os dados do problema. No problema da árvore geradora mínima, o custo ou a distância é fornecido para cada ramo. Na técnica do fluxo máximo, a capacidade do fluxo e capacidade do fluxo inverso são fornecidas para cada ramo. Para a técnica da rota mais curta, a distância associada a cada ramo é fornecida.

A técnica da árvore geradora mínima conecta nodos em uma rede enquanto minimiza distâncias ou custos. O exemplo da empresa de construção Lauderdale é utilizado para descrever o procedimento geral (veja a Seção 12.2). O Programa 12.1 mostra a saída do QM para Windows para esse problema. Note que todos os dados de entrada são apresentados. A coluna Include mostra quais ramos estão incluídos como parte da solução. A solução mostra que a distância mínima é 16 (16 centenas de pés).

PROGRAMA 12.1
QM para Windows para a técnica da árvore geradora mínima.

Starting node for iterations: 1
Note: Multiple optimal solutions exist

Networks Results — Waukesha Solution

Branch name	Start node	End node	Cost	Include	Cost
Ramo 1	1	2	3	Y	3
Ramo 2	1	3	2	Y	2
Ramo 3	1	4	5		
Ramo 4	2	3	3		
Ramo 5	2	5	3	Y	3
Ramo 6	3	4	2	Y	2
Ramo 7	3	5	5		
Ramo 8	3	6	3	Y	3
Ramo 9	3	7	7		
Ramo 10	4	6	6		
Ramo 11	5	7	4		
Ramo 12	6	8	1	Y	1
Ramo 13	7	8	2	Y	2
Total					16

O problema do fluxo máximo determina o fluxo máximo de carros, químicos ou outros itens ao longo de uma rede existente. O exemplo da Rodovias Waukesha foi explicado na Seção 12.3. O Programa 12.2 mostra os dados de entrada para esse problema. O Programa 12.3 mostra como o QM para Windows pode ser usado para resolver esse problema.

PROGRAMA 12.2
QM para Windows para o modelo do fluxo máximo.

Source: 1 Sink: 6
Instruction: Enter the name for this branch. Almost any character is permissible.

Waukesha

Branch name	Start node	End node	Capacity	Reverse capacity
Ramo 1	1	2	3	1
Ramo 2	1	3	10	0
Ramo 3	1	4	2	0
Ramo 4	2	4	1	1
Ramo 5	2	6	2	2
Ramo 6	3	4	3	1
Ramo 7	3	5	2	1
Ramo 8	4	6	1	1
Ramo 9	5	6	6	0

PROGRAMA 12.3
Saída do modelo do fluxo máximo.

Source: 1 Sink: 6
Instruction: There are more results available in additional windows. These may be opened by using the WINDOW option in the Main Menu.

Waukesha Solution

Iteration	Path	Flow	Cumulative Flow
1	1-> 2-> 6	2	2
2	1-> 3-> 5-> 6	2	4
3	1-> 2-> 4-> 6	1	5

O problema da rota mais curta determina como uma pessoa ou item pode viajar de um local a outro pela menor distância total possível. Neste capítulo, exploramos o problema da Ray Design (veja a Seção 12.4). Para ilustrar o uso do QM para Windows, vamos utilizar esses dados para resolver um problema típico de rota mínima. Os dados de entrada estão apresentados no Programa 12.4. Os resultados (saídas) são apresentados no Programa 12.5.

Exemplo de Rota Mínima

	Start node	End node	Distance
Ramo 1	1	2	100
Ramo 2	1	3	200
Ramo 3	2	3	50
Ramo 4	2	4	200
Ramo 5	2	5	100
Ramo 6	3	5	40
Ramo 7	4	5	140
Ramo 8	4	6	100
Ramo 9	5	6	100

PROGRAMA 12.4
Dados de entrada do QM para Windows para o modelo da rota mais curta.

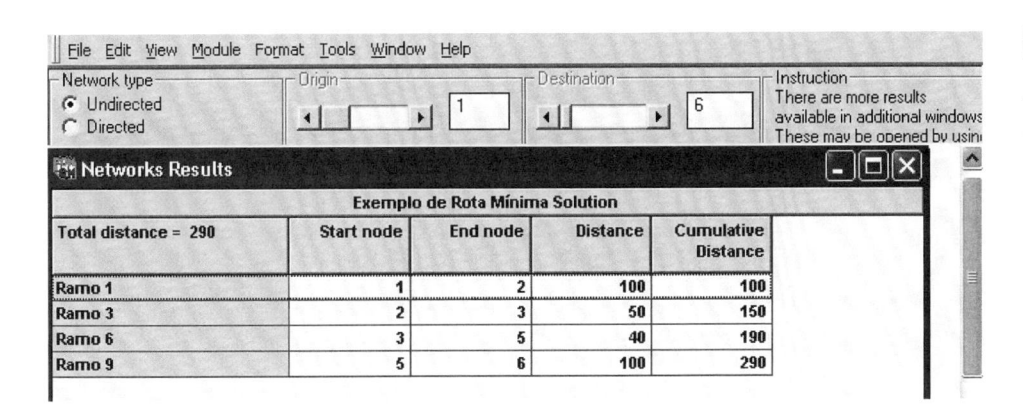

Exemplo de Rota Mínima Solution

Total distance = 290	Start node	End node	Distance	Cumulative Distance
Ramo 1	1	2	100	100
Ramo 3	2	3	50	150
Ramo 6	3	5	40	190
Ramo 9	5	6	100	290

PROGRAMA 12.5
Resultados do QM para Windows para o modelo da rota mais curta.

CAPÍTULO 13

Gestão de Projetos

OBJETIVOS DE APRENDIZAGEM

Depois de ler este capítulo, os alunos serão capazes de:

1. Entender como planejar, monitorar e controlar projetos utilizando o PERT e CPM
2. Determinar o adiantamento, encurtamento, adiamento, atraso e horas de folga para cada atividade, junto com o tempo total do término do projeto
3. Reduzir o tempo total do projeto ao custo mínimo total pela aceleração da rede usando técnicas manuais ou de programação linear
4. Entender o papel importante do software na gestão de projetos

VISÃO GERAL DO CAPÍTULO

13.1 Introdução
13.2 PERT/CPM
13.3 PERT/Custo
13.4 Aceleração do projeto
13.5 Outros tópicos em gestão de projetos

Resumo • Glossário • Equações-chave • Problemas resolvidos • Autoteste • Questões para discussão e problemas • Problemas extras na Internet • Estudo de caso: Construção do estádio da Universidade Southwestern • Estudo de caso: Centro de Pesquisa e Planejamento Familiar da Nigéria • Estudos de caso na Internet • Bibliografia

Apêndice 13.1: Gestão de projeto com o QM para Windows

13.1 INTRODUÇÃO

A gestão de projetos pode ser utilizada para administrar projetos complexos.

Projetos realistas desenvolvidos pela Microsoft, pela General Motors ou pelo Departamento de Defesa dos Estados Unidos são grandes e complexos. Um empresário construindo um prédio de escritórios, por exemplo, deve completar milhares de atividades que custam milhões de dólares. A NASA deve inspecionar inúmeros componentes antes de lançar um foguete. O estaleiro Avondale, em New Orleans, exige dezenas de milhares de etapas para a construção de um rebocador de navios. Quase todos os setores se preocupam em como lidar de modo eficaz com projetos complicados e de larga escala. É um problema difícil e os riscos são altos. Milhões de dólares já foram desperdiçados devido ao mau planejamento de projetos. Atrasos desnecessários ocorreram devido à má programação. Como esses problemas podem ser resolvidos?

O primeiro passo no planejamento e programação de um projeto é desenvolver uma *estrutura analítica do projeto*. Isso envolve identificar as atividades que devem ser executadas no projeto. Pode haver níveis variados de detalhes e é possível decompor cada atividade em seus componentes mais básicos. O tempo, o custo, as necessidades de recursos, os antecessores e as pessoas responsáveis são identificados para cada atividade. Depois que isso for feito, uma programação para o projeto pode ser executada.

O PERT é probabilístico, enquanto o CPM é determinístico.

O PERT (*Program Evaluation and Review Technique* – Técnica de Avaliação e Revisão do Programa) e CPM (*Critical Path Method* – Método do Caminho Crítico) são duas técnicas populares da análise quantitativa que ajudam gerenciadores a planejar, programar, monitorar e controlar projetos grandes e complexos. Elas foram desenvolvidas porque uma melhor maneira de administrar era necessária (veja o quadro História).

Quando o PERT e o CPM foram desenvolvidos, eles eram semelhantes em suas abordagens básicas, mas diferiam na forma como os tempos das atividades eram estimados. Para cada atividade PERT, três estimativas eram combinadas para determinar tempo esperado do término da atividade. Portanto, o PERT é uma técnica probabilística. Por outro lado, o CPM é um método determinístico, visto que ele presume que os tempos são conhecidos com certeza. Apesar dessas diferenças, as duas técnicas são tão parecidas que o termo PERT/CPM é geralmente usado para descrever a abordagem geral. Essa terminologia é usada neste capítulo, e as diferenças são destacadas quando apropriado.

Existem seis etapas comuns ao PERT e CPM:

Seis etapas do PERT/CPM

1. Defina o projeto e todas as suas atividades significativas ou tarefas.
2. Desenvolva os relacionamentos entre as atividades. Decida quais atividades devem preceder as demais.
3. Trace uma rede conectando todas as atividades.
4. Atribua um tempo ou um custo estimado para cada atividade.
5. Calcule o tempo do caminho mais longo através da rede, denominado *caminho crítico*.
6. Use a rede para ajudar a planejar, programar, monitorar e controlar o projeto.

O caminho crítico é importante porque as atividades nesse caminho podem atrasar todo o projeto.

Encontrar o caminho crítico é a principal parte do controle de um projeto. As atividades no caminho crítico representam tarefas que atrasarão todo o projeto. Os administradores derivam a flexibilidade identificando as atividades não críticas e replanejando, reprogramando e realocando recursos como financeiros e de pessoal.

13.2 PERT/CPM

Quase todo projeto grande pode ser subdividido em diversas atividades menores ou tarefas que podem ser analisadas com o PERT/CPM. Quando você percebe que os projetos podem

HISTÓRIA — Como o PERT e CPM começaram

Os administradores têm planejado, programado, monitorado e controlado grandes projetos por centenas de anos, mas somente nos últimos 50 anos as técnicas de análise quantitativa começaram a ser aplicadas a grandes projetos. Uma das primeiras técnicas foi o Diagrama de Gantt. Esse tipo de gráfico mostra os tempos do início e fim de uma ou mais atividades, como o ilustrado pela figura ao lado.

Em 1958, o Escritório de Projetos Especiais da Marinha dos Estados Unidos desenvolveu a técnica de avaliação e revisão de programa (PERT) para planejar e controlar o programa de construção do míssil Polaris. Esse projeto envolveu a coordenação de milhares de empreiteiros. Hoje, o PERT ainda é usado para monitorar inúmeras programações de contratos governamentais. Aproximadamente na mesma época (1957), o método do caminho crítico (CPM) foi desenvolvido por J. E. Kelly, da Remington Rand, e M. R. Walker, da du Pont. Originalmente, o CPM foi usado para colaborar na construção e manutenção das plantas químicas da du Pont.

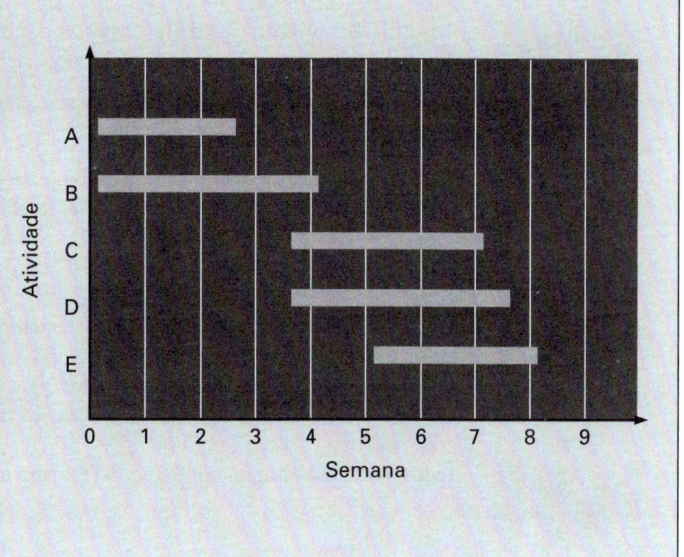

---

ter milhares de atividades específicas, entende por que é importante ser capaz de responder perguntas como as seguintes:

1. Quando todo o projeto será finalizado?
2. Quais são as atividades ou tarefas *críticas* do projeto, isto é, aquelas que atrasarão todo o projeto se não forem feitas no prazo?
3. Quais são as atividades *não críticas*, isto é, aquelas que podem ser adiadas sem atrasar o término do projeto?
4. Se existem três estimativas de tempo, qual é a probabilidade de que o projeto será completado em uma data específica?
5. Em qualquer data específica, o projeto está em dia, atrasado ou adiantado?
6. Em uma data qualquer, o dinheiro gasto é igual, menor ou maior do que a quantia orçada?
7. Existem recursos suficientes disponíveis para terminar o projeto no prazo?

Perguntas respondidas pelo PERT.

Exemplo de PERT/CPM da General Foundry

A General Foundry é uma metalúrgica de Milwaukee que há muito tenta evitar a despesa da instalação de um equipamento de controle da poluição do ar. O grupo local de proteção ao meio ambiente recentemente deu à fundição 16 semanas de prazo para instalar um sistema complexo de filtros de ar na sua chaminé principal. A General Foundry foi alertada de que será obrigada a fechar se o dispositivo não for instalado no período determinado. Lester Harky, sócio-gerente, quer ter certeza de que o sistema de filtragem seja instalado sem percalços e no tempo previsto.

O primeiro passo é definir o projeto e todas as suas atividades.

Quando o projeto iniciar, a construção dos componentes internos para o dispositivo (atividade *A*) e as modificações que são necessárias para o piso e o teto (atividade *B*) podem começar. A construção da chaminé coletora (atividade *C*) pode iniciar quando os componentes internos estiverem completos e a colocação do novo piso de concreto e a instalação da estrutura (atividade *D*) pode ser concluída tão logo o telhado e o piso tenham sido modificados. Após a chaminé coletora ter sido fabricada, a fornalha de alta temperatura pode ser construída (atividade *E*) e a instalação do sistema de controle da poluição (atividade *F*) pode começar. O dispositivo da despoluição do ar pode ser instalado (atividade *G*) após a fornalha

MODELAGEM NO MUNDO REAL — PERT ajuda a mudar a cara da British Airways

Definir o problema

A British Airways (BA) queria rejuvenescer sua imagem usando consultores internacionais em design para desenvolver uma nova identidade. A "remodelação" deveria ser feita em todas as áreas da imagem pública da BA o mais rápido possível.

Desenvolver o modelo

Usando um pacote de gestão de projeto computadorizado – PERTMASTER, da Abex Software – a equipe da BA construiu um modelo PERT de todas as tarefas envolvidas.

Obter os dados de entrada

Os dados foram coletados de cada departamento envolvido. Impressores foram solicitados a desenvolver estimativas de tempo para a entrega de novos materiais de escritório da companhia, tabelas de horários e etiquetas das malas; fornecedores de roupas, para uniformes; e a empresa Boeing, para todas as etapas envolvidas na remodelação das partes internas e externas dos jatos da BA.

Desenvolver a solução

Todos os dados entraram no PETMASTER para uma programação e a determinação do caminho crítico.

Testar a solução

O cronograma resultante não agradou a administração da BA. A Boeing não conseguiria preparar o enorme 747 para a inauguração de gala em 4 de dezembro. A fabricação dos uniformes também atrasariam todo o projeto.

Analisar os resultados

Uma análise da data mais cedo possível que todos os itens de uma aeronave restaurada poderiam estar prontos (nova pintura, estofamento, carpetes, decoração e assim por diante) revelou que havia apenas materiais suficientes para converter totalmente um pequeno Boeing 737 que estava disponível na fábrica de Seattle. A análise do caminho crítico também mostrou que os uniformes – o trabalho do designer britânico Roland Klein – teriam que ser inaugurados seis meses depois numa cerimônia separada.

Implementar os resultados

O pequeno 737 foi reformado a tempo para um show de luzes em um auditório especialmente construído em um hangar do Aeroporto de Heathrow. Veículos na terra também ficaram prontos a tempo.

Fonte: Baseado em Industrial Management and Data Systems. March-April, 1986, p. 6-7.

---

de alta temperatura ter sido construída, o piso de concreto for feito e a estrutura for instalada. Finalmente, depois de instalado o sistema de controle e o dispositivo de despoluição, o sistema pode ser inspecionado e testado (atividade *H*).

Predecessores imediatos são determinados na segunda etapa.

Todas essas atividades parecem muito confusas e complexas até que sejam colocadas na rede. Em primeiro lugar, todas as atividades devem ser numeradas. Essa informação é mostrada na Tabela 13.1. Vemos na tabela que antes que a chaminé coletora possa ser construída (atividade *C*), os componentes internos devem ser fabricados (atividade *A*). Portanto, a atividade *A* é a antecessora imediata da atividade *C*. Da mesma forma, as atividades *D* e *E* devem ser executadas antes da instalação do dispositivo de despoluição do ar (atividade *G*).

Traçando a rede do PERT/CPM

Atividades e acontecimentos são traçados e conectados na terceira etapa.

Uma vez que as atividades foram especificadas (etapa 1 do procedimento PERT) e a gerência decidiu quais atividades devem preceder as outras (etapa 2), a rede pode ser traçada (etapa 3).

Existem duas técnicas comuns para traçar redes PERT. A primeira é chamada de atividade no nó (*Activity-On-Node* – AON) porque os nós representam as atividades. A segunda

TABELA 13.1 Atividades e antecessores imediatos para a General Foundry

Atividade	Descrição	Antecessores
A	Construir os componentes internos	—
B	Modificar o telhado e o piso	—
C	Construir a chaminé coletora	A
D	Colocar o concreto e instalar a estrutura	B
E	Construir a fornalha de alta temperatura	C
F	Instalar o sistema de controle	C
G	Instalar o dispositivo de despoluição de ar	D, E
H	Inspecionar e testar	F, G

é chamada de atividade no arco (*Activity-On-Arc – AOA*) porque os arcos são usados para representar as atividades. Neste livro, apresentamos a técnica AON, pois é mais fácil e é geralmente usada nos softwares comerciais.

Na construção de uma rede AON, um nó deve representar o início do projeto e um nó, o final do projeto. Haverá um nó (representado como um triângulo neste capítulo) para cada atividade. A Figura 13.1 fornece a rede completa para a General Foundry. Os arcos (setas) são usados para mostrar os antecessores de cada atividade. Por exemplo, as setas na direção da atividade *G* indicam que ambos, *D* e *E* são antecessores imediatos a *G*.

Tempos de atividades

O próximo passo tanto no CPM quanto no PERT é atribuir estimativas do tempo necessário para completar cada atividade Para alguns projetos, como os de construção, o tempo para completar cada atividade pode ser conhecido com certeza. Os criadores do CPM atribuíram apenas um tempo estimado para cada atividade. Esses tempos são, então, usados para encontrar o caminho crítico, como descrito nas seções a seguir.

Entretanto, para projetos únicos ou para novos trabalhos, fornecer estimativas de tempo das atividades nem sempre é uma tarefa fácil. Sem dados históricos sólidos, os administradores geralmente ficam inseguros sobre os tempos das atividades. Por isso, os criadores do PERT empregaram a distribuição da probabilidade baseada em três estimativas de tempo para cada

A quarta etapa é atribuir tempos para a atividade.

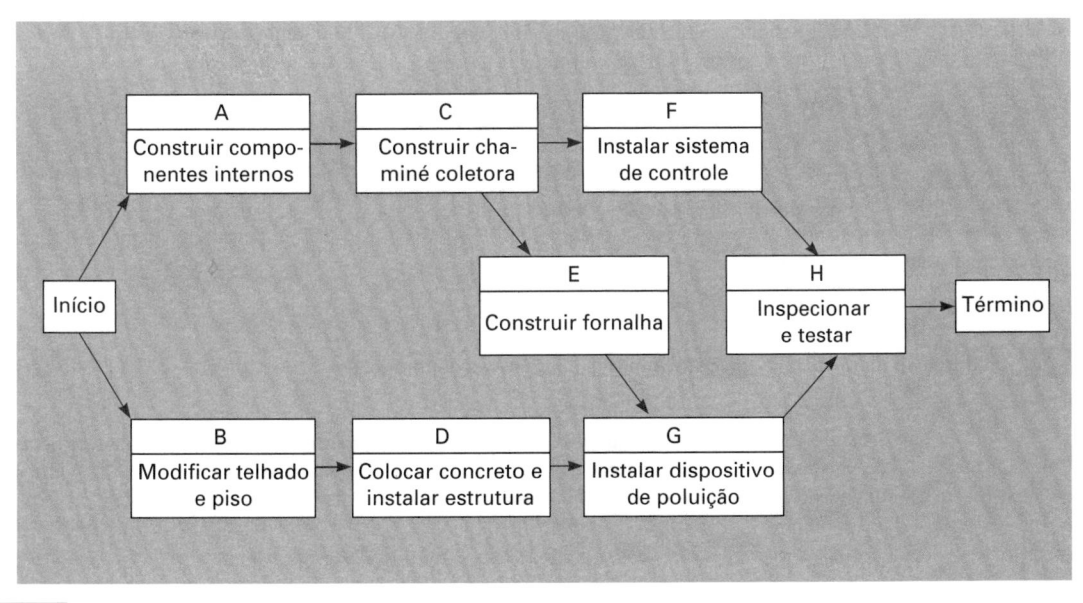

FIGURA 13.1 Rede para a General Foundry.

atividade. Uma média ponderada desses tempos é usada com o PERT, em vez da estimativa única de tempo usada com o CPM, e essas médias são usadas para encontrar o caminho crítico. As estimativas de tempo no PERT são:

Tempo Otimista (a) = tempo que uma atividade levará se tudo ocorrer bem. Deve haver somente uma pequena probabilidade disso ocorrer (digamos 1/100).

Tempo Pessimista (b) = tempo que uma atividade levará assumindo condições muito desfavoráveis. Deve haver, também, uma pequena possibilidade disso acontecer.

Tempo Mais Provável (m) = tempo estimado mais realista para completar a atividade.

A distribuição da probabilidade beta é frequentemente usada.

O PERT geralmente assume que as estimativas de tempo sigam a *distribuição de probabilidade beta* (veja a Figura 13.2). Essa distribuição contínua é apropriada, em muitos casos, para determinar tempos de finalização de atividades.

Para encontrar o *tempo esperado da atividade* (t), a distribuição beta pondera as estimativas da seguinte forma:

$$t = \frac{a + 4m + b}{6}$$

(13-1)

Para calcular a dispersão ou a *variância do tempo da finalização da* atividade, use esta fórmula:[1]

$$\text{Variância} = \left(\frac{b-a}{6}\right)^2$$

(13-2)

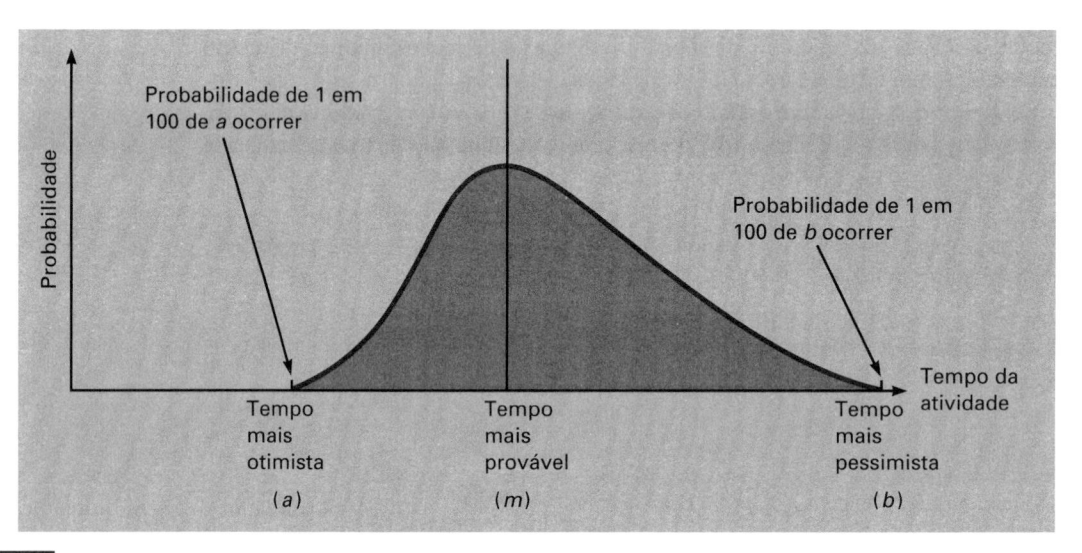

FIGURA 13.2 Distribuição da probabilidade Beta com três estimativas de tempo.

---

[1] Esta fórmula é baseada no conceito estatístico de que de um extremo a outro da distribuição beta existem 6 desvios padrão (±3 desvios padrão da média). Se $b - a$ representa 6 desvios padrão, então $(b - a)/6$ representa um desvio padrão. Portanto, a variância será $[(b - a)/6]^2$.

TABELA 13.2 Estimativas de tempo (Semanas) para General Foundry

Atividade	Otimista, a	Mais provável, m	Pessimista, b	Tempo esperado $t = (a + 4m + b)/6$	Variância, $[(b - a)/6]^2$
A	1	2	3	2	$\left(\dfrac{3-1}{6}\right)^2 = \dfrac{4}{36}$
B	2	3	4	3	$\left(\dfrac{4-2}{6}\right)^2 = \dfrac{4}{36}$
C	1	2	3	2	$\left(\dfrac{3-1}{6}\right)^2 = \dfrac{4}{36}$
D	2	4	6	4	$\left(\dfrac{6-2}{6}\right)^2 = \dfrac{16}{36}$
E	1	4	7	4	$\left(\dfrac{7-1}{6}\right)^2 = \dfrac{36}{36}$
F	1	2	9	3	$\left(\dfrac{9-1}{6}\right)^2 = \dfrac{64}{36}$
G	3	4	11	5	$\left(\dfrac{11-3}{6}\right)^2 = \dfrac{64}{36}$
H	1	2	3	2	$\left(\dfrac{3-1}{6}\right)^2 = \dfrac{4}{36}$
				25	

A Tabela 13.2 mostra as estimativas de tempo otimista, mais provável e pessimista para cada atividade da General Foundry. Ela também revela o tempo esperado (t) e variância para cada uma das atividades, como calculado com as Equações 13-1 e 13-2.

Como encontrar o caminho crítico

Uma vez que o tempo esperado de finalização para cada atividade foi determinado, o aceitamos como o tempo real para aquela tarefa. A variabilidade no tempo será considerada mais tarde.

Embora a Tabela 13.2 indique que o tempo esperado total para as oito atividades da General Foundry seja de 25 semanas, é evidente pela Figura 13.1 que muitas das tarefas podem ser feitas simultaneamente. Para descobrir quanto tempo, de fato, o projeto necessitará, determinamos o caminho crítico para a rede.

O caminho crítico é o caminho mais longo pela rede. Se Lester Harky quiser reduzir o tempo total do projeto para a General Foundry, ele precisará reduzir a duração de alguma atividade no caminho crítico. Inversamente, qualquer atraso de uma atividade no caminho crítico atrasará a finalização de todo o projeto.

A quinta etapa é calcular o caminho mais longo pela rede – o caminho crítico.

Para encontrar o caminho crítico, precisamos determinar as seguintes quantidades para cada atividade na rede:

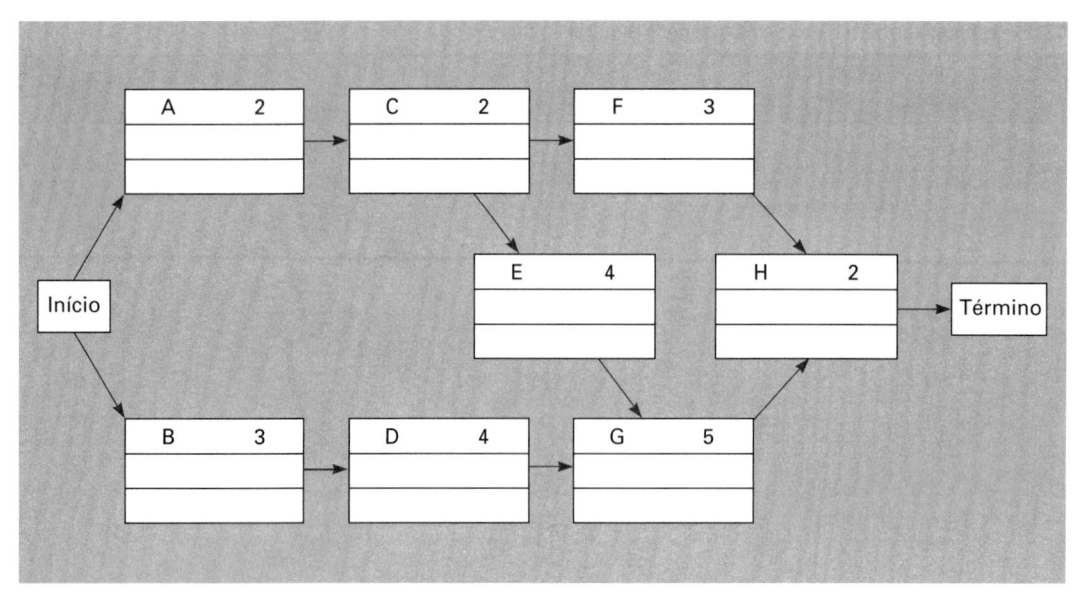

FIGURA 13.3 Rede da General Foundry's Network com tempo esperado das atividades.

1. **Início mais cedo (IC):** o mais cedo que uma atividade pode começar sem a violação das necessidades imediatas do antecessor.
2. **Término mais cedo (TC):** o mais cedo que uma atividade pode terminar.
3. **Início mais tarde (IT):** o mais tarde que uma atividade pode começar sem atrasar todo o projeto.
4. **Término mais tarde (TT):** o mais tarde que uma atividade pode terminar sem atrasar todo o projeto

Na rede, representamos esses tempos assim como os tempos das atividades (t) nos nós, como visto aqui:

Atividade	t
IC	TC
IT	TT

Primeiro mostramos como determinar os tempos mais cedo. Após encontrá-los, os tempos mais tarde podem ser calculados.

Tempos mais cedo. Existem duas regras básicas quando calculamos os tempos IC e TC. A primeira regra é para o término mais cedo, calculado como segue:

Término mais cedo = Início mais cedo + Tempo esperado da atividade

$$TC = IC + t \tag{13-3}$$

Também, antes que cada atividade possa ser iniciada, todas as suas atividades antecessoras devem ser completadas. Em outras palavras, procuramos o maior TC para todos os antecessores imediatos na determinação do IC. A segunda regra é para o início mais cedo, calculado como segue:

Início mais cedo = O maior dos términos mais cedo dos antecessores imediatos:

IC = O maior TC dos antecessores imediatos

O início de todo o projeto será feito no tempo zero. Portanto, toda a atividade que não tiver predecessor terá um início mais cedo de zero. Assim, IC = 0 para *A* e *B* no problema da General Foundry, como visto aqui:

O IC é o maior TC dos antecessores imediatos.

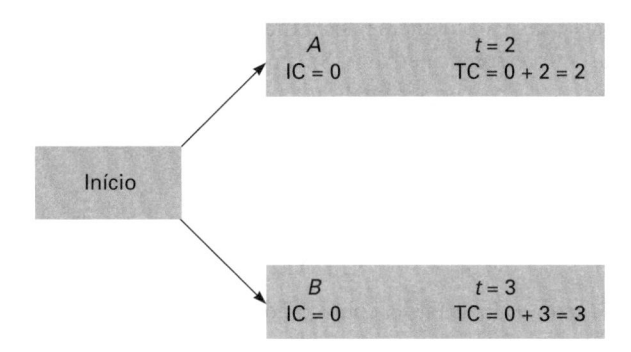

```
          A           t = 2
          IC = 0      TC = 0 + 2 = 2
Início
          B           t = 3
          IC = 0      TC = 0 + 3 = 3
```

O restante dos tempos mais cedo para a General Foundry está mostrado na Figura 13.4. Eles são encontrados dando um *passo adiante* pela rede. Em cada etapa, TC = IC + *t*, e IC é o maior TC dos antecessores. Note que a atividade *G* tem um início mais cedo de 8, visto que ambos *D* (com TC = 7) e *E* (com TC = 8) são antecessores imediatos. A atividade *G* não pode iniciar até que ambos os antecessores sejam concluídos, assim, escolhemos o maior dos términos mais cedo para eles. Portanto, *G* tem um IC = 8. O tempo final para o projeto será de 15 semanas, que é o TC para a atividade *H*.

Os tempos mais cedo são encontrados começando pelo início do projeto e dando um passo adiante pela rede.

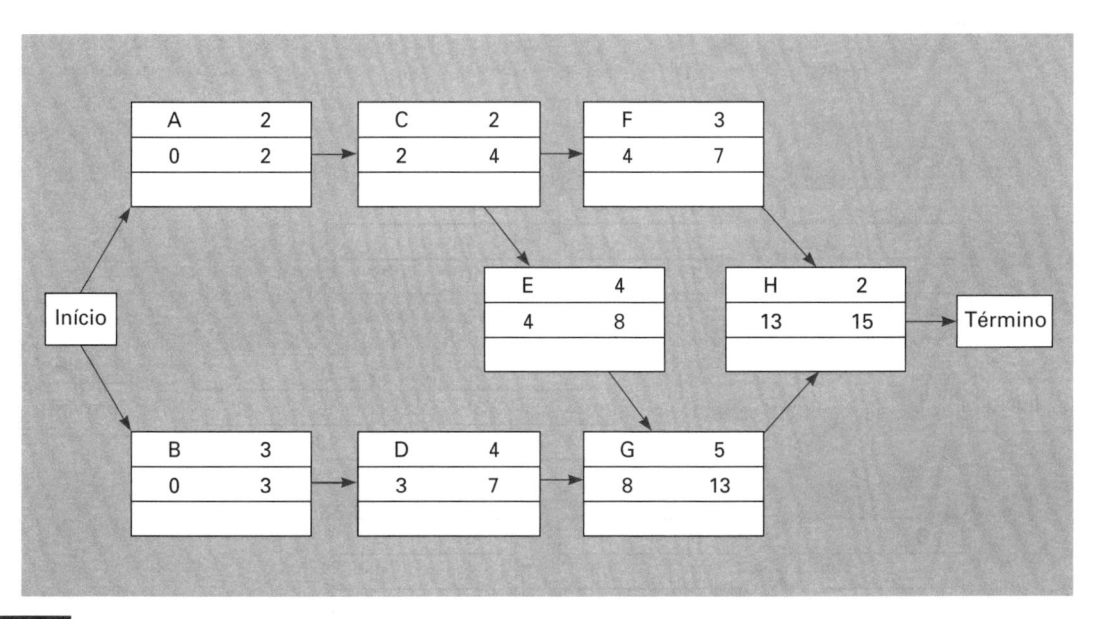

FIGURA 13.4 Início Mais Cedo (IC) da General Foundry e Término Mais Cedo (TC).

Os tempos mais tarde são encontrados começando no término do projeto e dando um passo para trás pela rede.

Tempos mais tarde. A próxima etapa para encontrar o caminho crítico é calcular o início mais tarde (IT) e o término mais tarde (TT) para cada atividade. Fazemos isso dando um *passo para trás* pela rede, isto é, começando pelo final e andando em ordem inversa.

Existem duas regras básicas a seguir quando calculamos os tempos mais tarde. A primeira regra envolve o início mais tarde, calculado como:

Início mais tarde = Término mais tarde − Tempo da atividade

$$IT = TT - t \tag{13-4}$$

O TT é o menor IT das atividades que imediatamente vem a seguir.

Além disso, visto que todos os antecessores imediatos devem ser concluídos antes que uma atividade possa ser iniciada, o início mais tarde para uma atividade determina o término mais tarde para seus antecessores imediatos. Se uma atividade for antecessora imediata para duas ou mais atividades, ela precisa ser finalizada para que todas as atividades seguintes possam começar por seus inícios mais tarde. Portanto, a segunda regra envolve o término mais tarde, calculado como:

Término mais tarde = Menor início mais tarde para as atividades seguintes, ou

TT = Menor IT das atividades seguintes

Para calcular os tempos mais tarde, começamos no término e voltamos para trás. Visto que o término para o projeto da General Foundry é 15, a atividade *H* tem TT = 15. O início mais tarde para a atividade *H* é:

$$IT = TT - t = 15 - 2 = 13 \text{ semanas}$$

Continuando andando para trás, esse início mais tarde de 13 torna-se o término mais tarde para os antecessores imediatos *F* e *G*. Todos os tempos mais tarde estão mostrados na Figura 13.5. Observe que para a atividade *C*, que é a predecessor imediato para duas atividades (*E* e *F*), o término mais tarde é o menor início mais tarde (4 e 10) para as atividades *E* e *F*.

Tempo de folga é o tempo livre para uma atividade.

Conceitos de folga nos cálculos do caminho crítico. Depois que IC, IT, TC e TT foram determinados, é simples achar a quantidade do *tempo de folga*, ou tempo livre, que cada ativi-

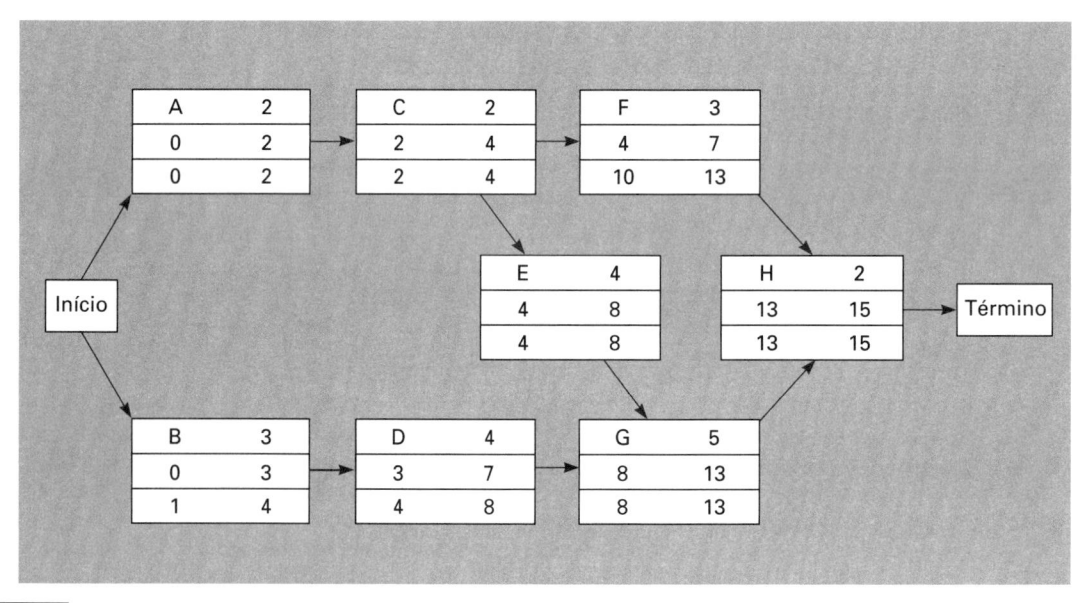

FIGURA 13.5 Início Mais Tarde (IT) e Término Mais Tarde (TT) da General Foundry.

> ### EM AÇÃO — Pessoal de terra da Delta orquestra uma decolagem suave
>
> Os três motores do Voo 199 rangem sua chegada enquanto o avião gigante movimenta-se pesadamente na pista de taxiamento com 200 passageiros vindos de San Juan. Em uma hora, a aeronave estará pronta para voar novamente.
>
> Mas antes que esse jato possa partir, há trabalho a ser feito: centenas de passageiros e toneladas de bagagem e carga para descarregar e carregar; centenas de refeições, milhares de galões de combustível para o jato, incontáveis refrigerantes e garrafas de licor para reabastecer; cabine e banheiros para limpar; tanques da toalete para esvaziar; e motores, asas e trem de pouso para inspecionar.
>
> O pessoal de terra, composto de 12 colaboradores, sabe que qualquer erro – um carregador de carga quebrado, uma bagagem perdida, um passageiro mal direcionado – pode significar uma partida atrasada e desencadear uma reação em cadeia de dores de cabeça de Orlando a Dallas para cada destino de um voo de conexão.
>
> Dennis Dettro, o gerente de operações da Delta do Aeroporto Internacional de Orlando, gosta de chamar a operação de reabastecimento e recarga do avião de "uma sinfonia bem-orquestrada". Como uma equipe de mecânicos aguardando por um carro de corrida, tripulações treinadas estão a postos para o Voo 199 com carrinhos para a bagagem, carregadores de carga hidráulicos, um caminhão para carregar comida e drinques, outro para levar o pessoal da limpeza, outro para abastecer e um quarto para retirar a água. A "orquestra" geralmente trabalha tão suavemente que a maioria dos passageiros nunca suspeita das proporções do esforço. Gráficos do PERT e Gant ajudam a Delta e outras companhias aéreas com a equipe de trabalho e a programação que são necessárias para o desempenho da sinfonia.
>
> **Fontes:** Baseado no New York Times. January 21, 1997, C1, C20; e Wall Street Journal. August 1994, B1.

dade tem. A folga é a duração do tempo que uma atividade pode ser atrasada sem atrasar todo o projeto. Matematicamente,

$$\text{Folga} = IT - IC \text{ ou Folga} = TT - TC \tag{13-5}$$

A Tabela 13.3 resume o IC, TC, IT, TT e os tempos de folga para todas as atividades da General Foundry. A atividade *B*, por exemplo, tem 1 semana de tempo de folga visto que IT − IC = 1 − 0 = 1 (ou, similarmente, TT − TC = 4 − 3 = 1). Isso significa que ela pode ser adiada em até uma semana sem que o projeto atrase além do esperado.

Por outro lado, as atividades *A, C, E, G,* e *H não* têm tempo de folga, ou seja, nenhuma delas pode ser adiada sem atrasar todo o projeto. Por causa disso, elas são chamadas de *atividades críticas* e estão no *caminho crítico*. O caminho crítico de Lester Harky está mostrado na forma de rede na Figura 13.6. O tempo total para a conclusão do projeto, 15 semanas, é visto como os maiores números nas colunas TC ou TT da Tabela 13.3. Os gerentes industriais chamam isso de cronograma limite.

Atividades críticas não têm tempo de folga.

TABELA 13.3 Programação e tempo de folga da General Foundry

Atividade	Início mais cedo IC	Término mais cedo TC	Início mais tarde IT	Término mais tarde TT	Folga IT − IC	No caminho crítico?
A	0	2	0	2	0	Sim
B	0	3	1	4	1	Não
C	2	4	2	4	0	Sim
D	3	7	4	8	1	Não
E	4	8	4	8	0	Sim
F	4	7	10	13	6	Não
G	8	13	8	13	0	Sim
H	13	15	13	15	0	Sim

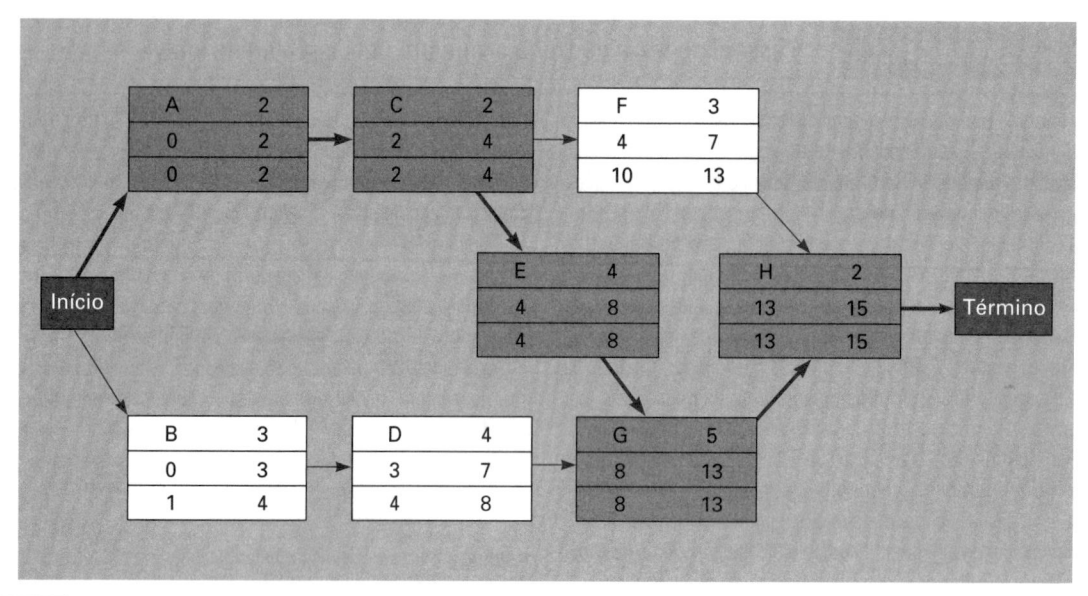

FIGURA 13.6 Caminho crítico da General Foundry (A-C-E-G-H).

Probabilidade de finalização do projeto

O cálculo da variância do projeto é feito somando as variâncias das atividades ao longo do caminho crítico.

A *análise do caminho crítico* nos ajudou a determinar que a finalização esperada do projeto da fundição é de 15 semanas. Harky sabe, entretanto, que se o projeto não for completado em 16 semanas, a General Foundry será obrigada a fechar pelos inspetores ambientais. Ele também está ciente de que existe uma variância significativa na estimativa do tempo para várias atividades. A variação nas atividades que estão no caminho crítico pode afetar o término geral do projeto – possivelmente atrasando-o. Essa é uma ocorrência que preocupa muito Harky.

O PERT usa a variância das atividades do caminho crítico para ajudar a determinar a variância de todo o projeto. Se os tempos das atividades são estatisticamente dependentes, a variância do projeto é calculada somando as variâncias das atividades críticas.

$$\text{Variância do projeto} = \Sigma \text{ variâncias das atividades no caminho crítico} \tag{13-6}$$

Da Tabela 13.2, sabemos que

Atividade crítica	Variância
A	$4/36$
C	$4/36$
E	$36/36$
G	$64/36$
H	$4/36$

Portanto, a variância do projeto é:

$$\text{Variância do projeto} = 4/36 + 4/36 + 36/36 + 64/36 + 4/36 = 112/36 = 3{,}11$$

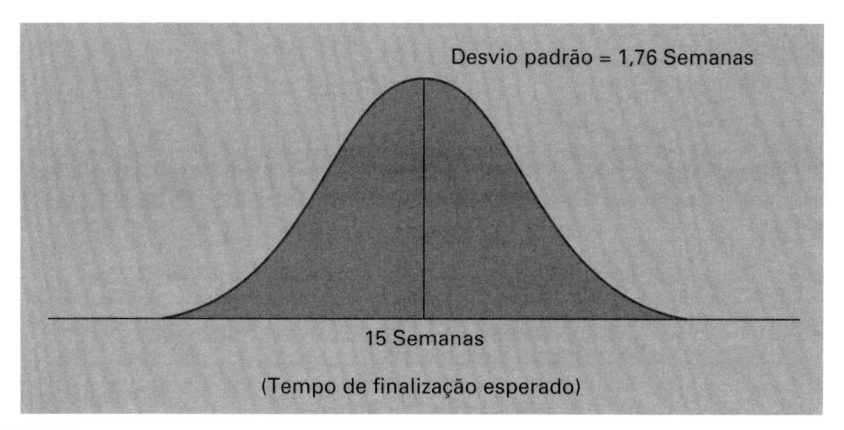

FIGURA 13.7 Distribuição da probabilidade para os tempos da finalização do projeto.

Sabemos que o desvio padrão é a raiz quadrada da variância, assim:

Calculando o desvio padrão.

$$\text{Desvio padrão} = \sigma_T = \sqrt{\text{Variância do projeto}}$$

$$= \sqrt{3{,}111} = 1{,}76 \text{ semanas}$$

Como essa informação pode ser usada para ajudar a responder questões relativas à probabilidade da finalização do projeto a tempo? Além de assumir que os tempos da atividade são independentes, também assumimos que o término total do projeto segue uma distribuição normal de probabilidade. Com essas suposições, a curva normal (Figura 13.7) pode ser usada para representar as datas da finalização do projeto. Ela também significa que existe uma chance de 50% de que todo o projeto será completado em menos do que as esperadas 15 semanas e uma chance de 50% de que ele excederá as 15 semanas.[2]

PERT tem duas suposições.

Para Harky encontrar a probabilidade de que seu projeto será terminado nas 16 semanas, ou antes da data limite, ele precisa determinar a área apropriada abaixo da curva normal. A equação normal padrão pode ser aplicada como segue:

Calculando a probabilidade da finalização do projeto.

$$Z = \frac{\text{Data devida} - \text{Data esperada de finalização}}{\sigma_T} \quad (13\text{-}7)$$

$$= \frac{16 \text{ semanas} - 15 \text{ semanas}}{1{,}76 \text{ semanas}} = 0{,}57$$

onde:

Z é o número de desvios padrão que a data devida ou alvo está da média ou data esperada.

Verificando a tabela normal no Apêndice A, encontramos a probabilidade de 0,71566. Portanto, existe uma chance de 71,6% de que o equipamento de controle da poluição possa ser colocado em 16 semanas ou menos. Isso é mostrado na Figura 3.8.

---

[2] Você deve estar ciente de que atividades não críticas também têm variabilidade (como mostra a Tabela 13.2). Na verdade, um caminho crítico diferente pode evoluir por causa da situação probabilística. Isso também pode fazer com que as estimativas da probabilidade não sejam confiáveis. Nesses casos, é melhor usar a simulação para determinar as probabilidades.

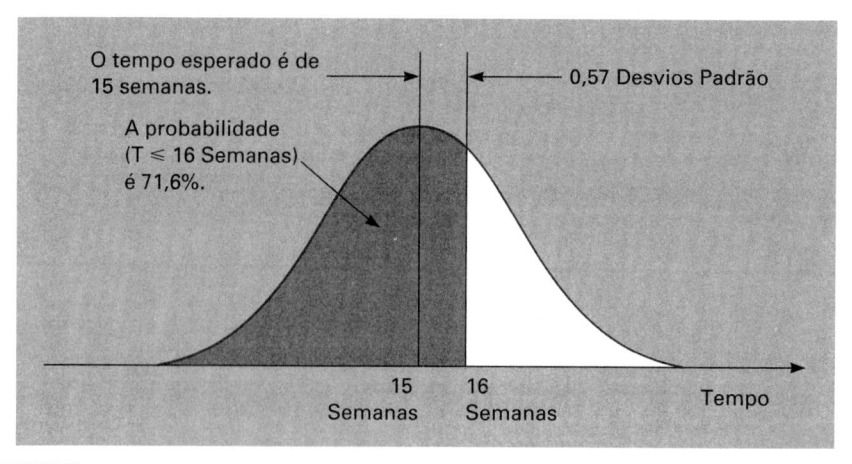

FIGURA 13.8 Probabilidade da General Foundry satisfazer a data limite de 16 semanas.

O que o PERT foi capaz de fornecer

Até agora, o PERT forneceu a Lester Harky várias informações valiosas sobre gerenciamento:

1. A data esperada da finalização do projeto é de 15 semanas.
2. Existe uma chance de 71,6% de que o equipamento será colocado dentro da data limite de 16 semanas. O PERT pode, facilmente, encontrar a probabilidade de finalizar o projeto em qualquer data que Harky esteja interessado.
3. Cinco atividades (*A, C, E, G, H*) estão no caminho crítico. Se qualquer uma for adiada por qualquer motivo, todo o projeto será adiado.
4. Três atividades (*B, D, F*) não são críticas, mas tem algum tempo de folga. Isso significa que Harky pode pegar seus recursos emprestado, se necessário, possivelmente para agilizar todo o projeto.
5. Uma programação detalhada das datas do início e do final das atividades foi disponibilizada (veja Tabela 13.3).

A sexta e última etapa é monitorar e controlar o projeto usando a informação fornecida pelo PERT.

Análise da sensibilidade e gestão do projeto

Durante qualquer projeto, o tempo necessário para completar uma atividade pode variar do tempo projetado ou esperado. Se a atividade estiver no caminho crítico, a finalização total do projeto irá mudar, como já discutido. Além de ter um impacto no tempo total da finalização do projeto, existe também um impacto no início mais cedo, início mais tarde, término mais tarde e nos tempos de folga para outras atividades. O impacto exato depende do relacionamento entre as várias atividades.

Nas seções anteriores, definimos uma atividade antecessora imediata como uma atividade que vem logo antes de uma dada atividade. Em geral, uma *atividade antecessora* é aquela que deve ser completada antes que uma dada atividade possa ser iniciada. Considere a atividade *G* (instalar o equipamento de despoluição) para o exemplo da General Foundry. Como foi visto, essa atividade está no caminho crítico. As atividades antecessoras são *A, B, C, D* e *E*. Todas essas atividades devem ser completadas antes que a atividade *G* possa começar. Uma *atividade sucessora* é uma atividade que pode ser iniciada somente após a dada atividade estar acabada. A atividade *H* é a única atividade sucessora para a atividade *G*. Uma *atividade paralela* é uma atividade que não depende diretamente da atividade dada. Novamente, considere a atividade *G*. Existem algumas atividades paralelas a ela? Analisando a rede para a General Foundry, pode ser visto que a atividade *F* é uma atividade paralela da atividade *G*.

Depois que as atividades antecessoras, sucessoras e paralelas forem definidas, podemos explorar o impacto de um aumento (diminuição) no tempo de uma atividade do caminho crí-

TABELA 13.4 Impacto geral de um aumento (diminuição) do tempo de uma atividade para uma atividade do caminho crítico

Atividade	Início mais cedo IC	Término mais cedo TC	Início mais tarde IT
Início mais cedo	Aumento (diminuição)	Sem mudança	Sem mudança
Término mais cedo	Aumento (diminuição)	Sem mudança	Sem mudança
Início mais tarde	Aumento (diminuição)	Aumento (diminuição)	Sem mudança
Término mais tarde	Aumento (diminuição)	Aumento (diminuição)	Sem mudança
Folga	Sem mudança	Aumento (diminuição)	Sem mudança

tico nas outras atividades da rede. Os resultados estão resumidos na Tabela 13.4. Se o tempo para completar a atividade *G* aumenta, haverá um aumento no início mais cedo, no término mais cedo, no início mais tarde e no término mais tarde para todas as atividades sucessoras. Como essas atividades seguem a atividade *G*, esses tempos também aumentarão. Devido ao tempo de folga ser igual ao término mais tarde menos o término mais cedo (ou o início mais tarde menos o início mais cedo; TT – TC ou IT – IC), não haverá mudança na folga para as atividades sucessoras. Devido à atividade *G* estar no caminho crítico, um aumento no seu tempo aumentará o total da finalização do projeto. Isso significaria que o término mais tarde, o início mais tarde e o tempo de folga aumentaria para todas as atividades paralelas. Você pode verificar isso fazendo um caminho de volta pela rede usando o total mais alto do tempo de finalização do projeto. Não existem mudanças para as atividades antecessoras.

13.3 PERT/CUSTO

Embora o PERT seja um excelente método de monitorar e controlar a extensão do projeto, ele não considera um fator importante: o *custo* do projeto. O *PERT/Custo* é uma modificação do PERT que permite a um administrador planejar, programar monitorar e controlar o custo assim como o tempo.

Começaremos esta seção investigando como os custos podem ser planejados e programados. Depois, veremos como os custos podem ser monitorados e controlados.

Usar o PERT/Custo para planejar, programar, monitorar e controlar o custo do projeto ajuda a completar a sexta e última etapa do PERT.

EM AÇÃO — Projetos de custos na Nortel

Muitas empresas, incluindo a Nortel, uma grande companhia de telecomunicações, estão se beneficiando da gestão de projeto. Com mais de 20000 projetos em andamento estimados em um valor total acima de $2 bilhões, a gestão de projetos na Nortel tem sido um desafio. Conseguir os dados de entrada necessários, incluindo tempo e custos, pode ser difícil.

Como muitas empresas, a Nortel usava práticas de contabilidade padrão para monitorar e controlar custos. Isso tipicamente envolvia a alocação de custos para cada departamento. Muitos projetos, entretanto, atravessam múltiplos departamentos. Isso pode dificultar a coleta de informações sobre o custo na hora certa. Os gerentes de projeto geralmente conseguem os dados do projeto mais tarde do que gostariam. Visto que os dados estão alocados nos departamentos, geralmente eles não são detalhados o suficiente para dar aos gerentes uma visão precisa dos custos reais do projeto.

A fim de reunir dados mais precisos para a gestão do projeto, a Nortel adotou um método de atividade baseada em custo (ABC) muito usado em operações de manufatura. Além dos dados dos custos padrão, cada atividade do projeto foi codificada com um número de identificação do projeto e um número de localização de pesquisa e desenvolvimento regional. Isso melhorou muito a habilidade dos gerentes de controlar os custos. Devido à simplificação de alguns processos de custos do final do mês, a abordagem também diminuiu os gastos do projeto na maioria dos casos. Os gerentes também conseguiram informações mais detalhadas dos custos. Pelo fato de os dados dos custos serem codificados para cada projeto, também foi possível ter resposta rápidas. Nesse caso, conseguir bons dados de entrada reduziu os custos, diminuiu o tempo necessário para obter *feedback* crucial sobre o projeto e tornou o gerenciamento mais preciso.

Fonte: Baseado em DOREY.Chris. The ABCs of R&D at Nortel. *CMA Magazine*. March 1998, p. 19-23.

Planejando e programando os custos do projeto: processo orçamentário

A abordagem geral no processo orçamentário de um projeto é determinar quanto deve ser gasto cada semana ou mês. Isso é realizado como segue:

Quatro etapas para o processo orçamentário

1. Identifique todos os custos associados a cada uma das atividades. Depois, some esses custos para conseguir um custo estimado ou orçamento para cada atividade.
2. Se você está lidando com um projeto grande, várias atividades podem ser combinadas em pacotes maiores de trabalho. Um *pacote de trabalho* é simplesmente um conjunto lógico de atividades. Como o projeto da General Foundry que estamos usando como exemplo é pequeno, uma atividade será um pacote de trabalho.
3. Converta o custo orçado por atividade em um custo por período de tempo. Para tanto, assuma que o custo da finalização de qualquer atividade é gasto de modo uniforme ao longo do tempo. Portanto, se o custo orçado para uma atividade dada é de $48000 e o tempo esperado da atividade é de quatro semanas, o custo orçado por semana é de $12000 (= $48000/4 semanas).
4. Usando os inícios mais cedo e mais tarde, descubra quanto dinheiro deve ser gasto durante cada semana ou mês para finalizar o projeto na data desejada.

Orçando para a General Foundry. Vamos aplicar esse processo orçamentário ao problema da General Foundry. O gráfico de Gantt para este problema, mostrado na Figura 13.9, ilustra o processo. Neste gráfico, uma barra horizontal mostra quando cada atividade será realizada com base nos inícios mais cedo. Para desenvolver uma programação do orçamento, vamos determinar quanto será gasto em cada atividade durante cada semana e colocar essas quantias no gráfico no lugar das barras. Lester Harky calculou cuidadosamente os custos associados a cada uma dessas oito atividades. Ele também dividiu o orçamento total para cada atividade pelo seu término esperado a fim de determinar seu orçamento semanal. O orçamento para a atividade A, por exemplo, é de $22000 (veja a Tabela 13.5). Visto que o seu tempo esperado (*t*) é de 2 semanas, $11000 é gasto cada semana para completar a atividade. A Tabela 13.5 também fornece dois dados que encontramos anteriormente usando o PERT: o início mais cedo (IC) e o início mais tarde (IT) para cada atividade.

Analisando o total dos custos orçados para as atividades, vemos que todo o projeto custará $308000. Encontrar o orçamento semanal ajudará Harky a determinar como o projeto está progredindo semana a semana.

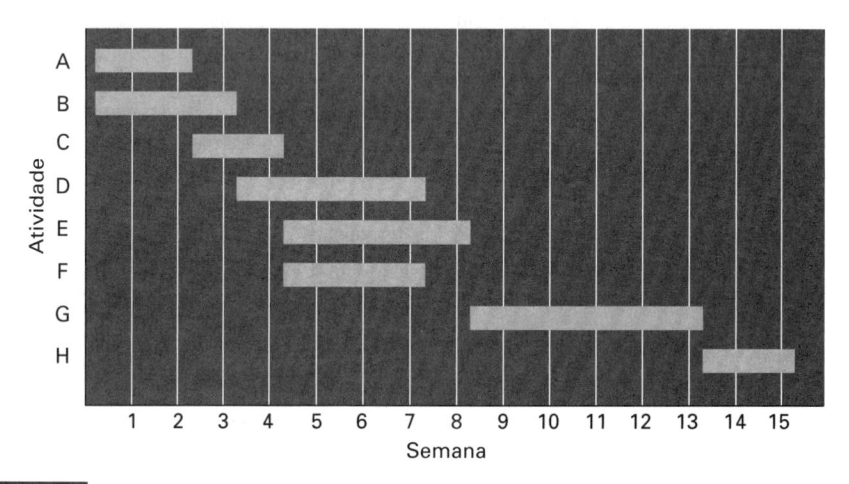

FIGURA 13.9 Gráfico de Gantt para o exemplo da General Foundry.

TABELA 13.5 Custo da atividade para a General Foundry, Inc.

Atividade	Início mais cedo, IC	Início mais tarde, IT	Tempo esperado, t	Custo orçado total ($)	Custo orçado por semana ($)
A	0	0	2	22000	11000
B	0	1	3	30000	10000
C	2	2	2	26000	13000
D	3	4	4	48000	12000
E	4	4	4	56000	14000
F	4	10	3	30000	10000
G	8	8	5	80000	16000
H	13	13	2	16000	8000
				Total = 308000	

O orçamento semanal para o projeto é desenvolvido a partir dos dados na Tabela 13.5. O início mais cedo para a atividade A, por exemplo, é 0. Como A leva 2 semanas para ser finalizada, seu orçamento semanal de $11000 deveria ser gasto nas semanas 1 e 2. Para a atividade B, o início mais cedo é 0, o tempo de finalização esperado é 3 semanas e o custo orçado por semana é $10000. Portanto, $10000 deveria ser gasto para a atividade B nas semanas 1, 2 e 3. Usando o início mais cedo, podemos encontrar as semanas exatas durante as quais o orçamento para cada atividade deve ser gasto. Essas quantias semanais podem ser somadas para todas as atividades que chegam ao orçamento semanal para todo o projeto. Isso é mostrado na Tabela 13.6. Observe as similaridades entre este gráfico e o gráfico de Gantt mostrado na Figura 13.9.

Um orçamento é calculado usando o IC.

Você entende como o orçamento semanal para o projeto (total por semana) é determinado na Tabela 14.6? As únicas duas atividades que podem ser executadas durante a primeira semana são as atividades A e B porque seus inícios mais cedo são 0. Portanto, durante a primeira semana, um total de $21000 deve ser gasto. Como as atividades A e B continuam a ser executadas na segunda semana, um total de $21000 também deve ser gasto durante aquele período. O início mais cedo para a atividade C é no final da semana 2 (IC = 2 para a atividade

TABELA 13.6 Custo orçado (em milhares de dólares) para a General Foundry usando o início mais cedo

Atividade	Semana															Total
	1	2	3	4	5	6	7	8	9	10	11	12	13	14	15	
A	11	11														22
B	10	10	10													30
C			13	13												26
D				12	12	12	12									48
E					14	14	14	14								56
F					10	10	10									30
G									16	16	16	16	16			80
H														8	8	16
																308
Total por semana	21	21	23	25	36	36	36	14	16	16	16	16	16	8	8	
Total até o presente	21	42	65	90	126	162	198	212	228	244	260	276	292	300	308	

C). Portanto, $13000 é gasto na atividade *C* nas semanas 3 e 4. Como *B* também está sendo executada durante a semana 3, o orçamento total na semana 3 é de $23000. Cálculos similares são feitos para todas as atividades a fim de determinar o total orçado para o projeto inteiro para cada semana. Então, esses totais semanais podem ser acrescentados para determinar a quantia total que será gasta até o presente (total até o presente). Essa informação está exibida na última linha da tabela.

As atividades ao longo do caminho crítico devem gastar seu orçamento nos tempos mostrados na Tabela 13.6. As atividades que *não* estão no caminho crítico, entretanto, podem iniciar mais tarde. Esse conceito é incorporado no início mais tarde, IT, para cada atividade. Portanto, se *os inícios mais tarde* são usados, outro orçamento pode ser obtido. Esse orçamento atrasará o dispêndio dos fundos até o último momento possível. Os procedimentos para calcular o orçamento quando o IT é usado são os mesmos quando o IC é usado. Os resultados dos novos cálculos estão na Tabela 13.7.

Outro orçamento é calculado usando o IT.

Compare os orçamentos dados na Tabelas 13.6 e 13.7. A quantia que deveria ser gasta até o presente (total até o presente) para o orçamento na Tabela 13.7 usa poucos recursos financeiros nas primeiras semanas. Isso porque esse orçamento é preparado usando os inícios mais tarde. Portanto, o orçamento na Tabela 13.7 mostra os tempos *mais tarde* possíveis que os fundos podem ser gastos de modo a ainda finalizar o projeto a tempo. O orçamento na Tabela 13.6 revela os tempos *mais cedo* possíveis que os fundos podem ser gastos. Portanto, um administrador pode escolher qualquer orçamento que esteja entre os orçamentos apresentados nessas duas tabelas. Essas duas tabelas formam as variações viáveis do orçamento. Esse conceito está ilustrado na Figura 13.10.

As variações do orçamento para a General Foundry foram estabelecidas traçando os orçamentos totais até o presente para IC e IT. Lester Harky pode usar qualquer orçamento entre essas variações viáveis e ainda completar o projeto da despoluição do ar a tempo. Orçamentos como os mostrados na Figura 13.10 são normalmente desenvolvidos antes do início do projeto. Portanto, à medida que o projeto está sendo concluído, os fundos gastos devem ser monitorados e controlados.

Embora exista fluxo de caixa e vantagens no gerenciamento do dinheiro para adiar as atividades até os inícios mais tarde, tais adiamentos podem criar problemas com a finalização do projeto dentro do cronograma. Se alguma atividade não é iniciada até seu início mais

TABELA 13.7 Custo orçado (em milhares de dólares) para a General Foundry usando o início mais tarde

Atividade	1	2	3	4	5	6	7	8	9	10	11	12	13	14	15	Total
A	11	11														22
B		10	10	10												30
C			13	13												26
D					12	12	12	12								48
E					14	14	14	14								56
F											10	10	10			30
G									16	16	16	16	16			80
H														8	8	16
																308
Total por semana	11	21	23	23	26	26	26	26	16	16	26	26	26	8	8	
Total até o presente	11	32	55	78	104	130	156	182	198	214	240	266	292	300	308	

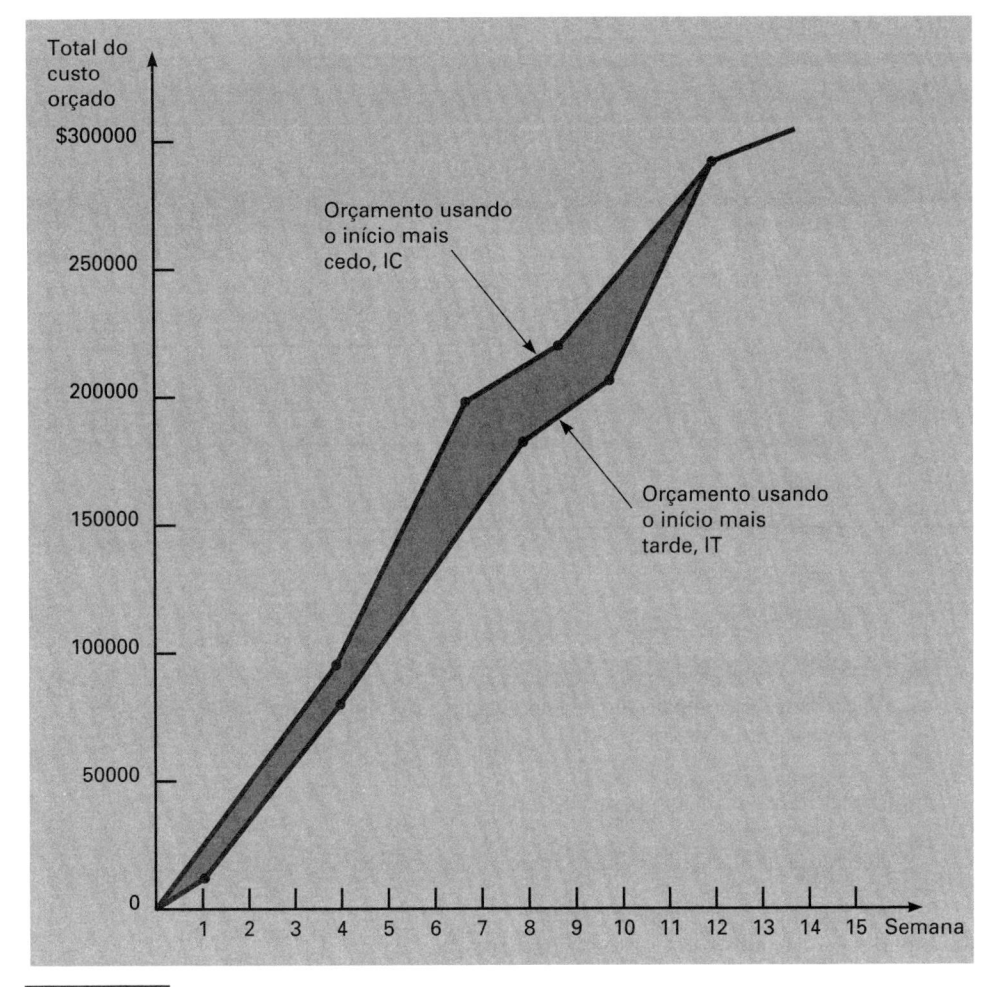

FIGURA 13.10 Variações do orçamento para a General Foundry.

tarde, não há folga restante. Qualquer adiamento subsequente nessa atividade atrasará o projeto. Por isso, não é recomendável programar todas as atividades para começar no início mais tarde.

Monitorando e controlando os custos do projeto

O objetivo de monitorar e controlar os custos é assegurar que o projeto progrida dentro do cronograma e que os excessos de gastos sejam mínimos. O status do projeto deve ser verificado periodicamente.

Lester Harky quer saber como está indo o seu projeto de despoluição do ar. Estamos agora na sexta semana de um projeto de 15 semanas. As atividades A, B e C foram concluídas. Essas atividades tiveram gastos de $20000, $36000, e $26000, respectivamente. A atividade D está somente 10% finalizada e até agora o custo gasto foi $6000. A atividade E está 20% completa com um custo de $20000 e a atividade F está 20% completa com um custo de $4000. As atividades G e H ainda não começaram. O projeto de despoluição do ar está dentro do cronograma? Qual é o valor do trabalho finalizado? Existem custos excedentes?

O projeto está dentro do cronograma e dentro do orçamento?

TABELA 13.8 Monitorando e controlando o custo orçado

Atividade	Total do custo orçado ($)	Percentagem da finalização	Valor do trabalho finalizado ($)	Custo atual ($)	Diferença da atividade ($)
A	22000	100	22000	20000	-2000
B	30000	100	30000	36000	6000
C	26000	100	26000	26000	0
D	48000	10	4800	6000	1,200
E	56000	20	11200	20000	8,800
F	30000	20	6000	4000	-2,000
G	80000	0	0	0	0
H	16000	0	0	0	0
			Total 100000	112000	12000 Excedente

O valor do trabalho finalizado ou custo atual para qualquer atividade pode ser calculado como segue:

$$\text{Valor do trabalho finalizado} = (\text{Percentagem do trabalho finalizado}) \times (\text{Orçamento total da atividade}) \quad (13\text{-}8)$$

A diferença da atividade também é de interesse:

$$\text{Diferença da atividade} = \text{Custo atual} - \text{Valor do trabalho finalizado} \quad (13\text{-}9)$$

Se uma diferença da atividade for negativa, existe um custo inferior ao previsto, mas se o número for positivo, houve um custo maior do que o previsto.

A Tabela 13.8 fornece essa informação para a General Foundry. A segunda coluna contém o custo total orçado (da Tabela 13.6) e a terceira coluna contém a percentagem da finalização. Com esses dados e com o custo atual esperado para cada atividade, podemos calcular o valor do trabalho finalizado e os custos excedentes e inferiores aos previstos para cada atividade.

Calcule o valor do trabalho finalizado multiplicando os tempos do custo orçado pela percentagem da finalização.

Uma maneira de avaliar o valor do trabalho finalizado é multiplicar o custo total orçado pela percentagem da finalização de cada atividade.[3] A atividade D, por exemplo, tem um valor do trabalho finalizado de $4800 (= $48000 vezes 10%). Para determinar a quantia excedente ou inferior para qualquer atividade, o valor do trabalho finalizado é subtraído do custo atual. Essas diferenças podem ser somadas para determinar os custos excedentes ou inferiores para o projeto. Como você pode ver, na semana 6 há um custo excedente de $12000. Além disso, o valor do trabalho finalizado é de somente $100000 e o custo atual do projeto é de $112000. Como esses custos se comparam aos custos orçados para a semana 6? Se Harky tivesse decidido usar o orçamento para os inícios mais cedo (veja a Tabela 13.6), sabemos que $162000 deveriam ter sido gastos. Portanto, o projeto está com a programação atrasada e há custos excedentes. Harky precisa trabalhar mais rápido nesse projeto para finalizá-lo no prazo e ele precisa controlar custos futuros cuidadosamente para tentar eliminar o custo excedente atual de $12000. Para monitorar e controlar custos, a quantia orçada, o valor do trabalho finalizado e os custos atuais devem ser calculados periodicamente.

---

[3] A percentagem de finalização para cada atividade pode ser avaliada de outras maneiras. Por exemplo, podemos examinar a razão das horas de trabalho gastas pelo total de horas de trabalho estimadas.

> **EM AÇÃO** — Gestão de projeto e desenvolvimento de software
>
> Embora os computadores tenham revolucionado a forma como as empresas conduzem seus negócios e tenham possibilitado que algumas empresas alcancem uma vantagem competitiva de longo prazo no mercado, o software que controla esses computadores é geralmente mais caro do que o planejado e leva mais tempo para ser desenvolvido do que o esperado. Em alguns casos, grandes projetos de software nunca são finalizados completamente. A London Stock Exchange, por exemplo, tinha um software ambicioso chamado TAURUS, criado com o objetivo de melhorar as operações computacionais na bolsa. O projeto TAURUS, que custou milhares de centenas de dólares, nunca foi finalizado. Após inúmeros adiamentos e custos excedentes, o projeto foi finalmente suspenso. O sistema FLORIDA, um software ambicioso para o Departamento de Saúde e Serviços de Reabilitação (HRS) para o estado da Flórida, também foi adiado, custou mais do que o previsto e não operou como o esperado. Embora nem todos os projetos de desenvolvimento de software sejam adiados ou estejam acima do orçamento, foi estimado que mais da metade de todos os projetos de software custou acima de 189% da sua projeção original.
>
> Para controlar grandes projetos de software, muitas empresas estão usando técnicas de gestão. A Ryder Systems, a American Express Financial Advisors e a United Airlines criaram departamentos de gerenciamento para seus projetos de software e sistemas de informação. Esses departamentos têm autoridade para monitorar grandes projetos de software e fazer mudanças nas datas limites, nos orçamentos e nos recursos empregados para completar o desenvolvimento do software.
>
> **Fonte:** Baseado em KING, Julia. Tough Love Reins in IS Projects. Computerworld. June 19, 1995, p. 1-2.

Na próxima seção, veremos como um projeto pode ser abreviado gastando dinheiro adicional. A técnica é chamada de método do caminho crítico – CPM (*Critical Path Method*).

13.4 ACELERAÇÃO DO PROJETO

Às vezes, os projetos têm datas limites que podem ser impossíveis de satisfazer com procedimentos normais de finalização. Entretanto, usando hora extra, trabalho nos finais de semana, trabalhadores extras ou equipamento extra, pode ser possível finalizar um projeto em menos tempo do que o normalmente necessário. Entretanto, geralmente isso fará com que o custo do projeto aumente. Quando o CPM foi desenvolvido, a possibilidade de reduzir o tempo de finalização do projeto foi reconhecida; esse processo é chamado de *aceleração*.

Abreviar um projeto é chamado de aceleração.

Quando o projeto é acelerado, o *tempo normal* para cada atividade é usado para encontrar o caminho crítico. O custo normal é o da finalização da atividade usando procedimentos normais. Se a finalização do projeto utilizando procedimentos normais satisfaz o prazo estipulado, não há problemas. Entretanto, se o prazo final for antes da finalização normal do projeto, algumas medidas extraordinárias devem ser tomadas. Outro conjunto de tempos e custos deve ser desenvolvido para cada atividade. O *tempo de aceleração* é o tempo mais curto possível da atividade e ele requer o uso de recursos adicionais. O *custo acelerado* é o preço da finalização do projeto em um tempo mais cedo do que o normal. Se um projeto deve ser acelerado, é desejável fazer isso pelo menor custo adicional.

A aceleração do projeto com CPM envolve quatro etapas:

Quatro etapas da aceleração do projeto

1. Encontre o caminho crítico normal e identifique as atividades críticas.
2. Calcule o custo acelerado por semana (ou outro período de tempo) para todas as atividades da rede. Esse processo usa a seguinte fórmula:[4]

$$\text{Tempo normal/Período de tempo} = \frac{\text{Custo acelerado} - \text{Custo normal}}{\text{Tempo normal} - \text{Tempo acelerado}} \quad (13\text{-}10)$$

---
[4] Essa fórmula assume que a aceleração dos custos é linear. Se eles não forem, ajustes devem ser feitos.

3. Selecione a atividade no caminho crítico com o menor custo acelerado por semana. Acelere essa atividade à sua máxima extensão possível ou ao ponto em que seu prazo limite desejado seja alcançado.

4. Verifique se o caminho crítico que você está acelerando continua sendo crítico. Geralmente, uma redução no tempo da atividade ao longo do caminho crítico ocasiona um caminho não crítico ou caminhos que se tornam críticos. Se o caminho crítico é ainda o caminho mais longo pela rede, retorne à etapa 3. Se não, encontre o novo caminho crítico e retorne à etapa 3.

Exemplo da General Foundry

Suponha que foi dado à General Foundry 14 semanas em vez de 16 semanas para instalar o novo equipamento de controle de poluição ou encarar o fechamento da empresa por ordem judicial. Como você deve lembrar, o tamanho do caminho crítico de Lester Harky era de 15 semanas. O que ele pode fazer? Sabemos que Harky possivelmente não poderá satisfazer o prazo limite a não ser que ele seja capaz de diminuir o tempo de algumas atividades.

Os tempos normal e acelerado da General Foundry e os custos normal e acelerado são mostrados na Tabela 13.9. Note, por exemplo, que o tempo da atividade B é de 3 semanas (essa estimativa também foi usada para o PERT) e seu tempo acelerado é de 1 semana. Isso significa que a atividade pode ser diminuída em 2 semanas se recursos extras forem providenciados. O custo normal é de $30000 e o custo acelerado é de $34000. Ou seja, acelerar a atividade B irá custar à General Foundry $4000 adicionais. Supõe-se que os custos acelerados são lineares. Como mostra a Figura 13.11, o custo acelerado da atividade B por semana é de $2000. O custo acelerado para todas as atividades pode ser calculado de uma maneira similar. Assim, as etapas 3 e 4 podem ser aplicadas para reduzir o tempo de finalização do projeto.

As atividades A, C e E estão no caminho crítico e cada uma tem um custo acelerado mínimo por semana de $1000. Harky pode acelerar a atividade A em uma semana a fim de reduzir o tempo de finalização do projeto para 14 semanas. O custo é de $1000 adicionais.

Agora existem dois caminhos críticos.

Neste estágio, existem dois caminhos críticos. O caminho crítico original consiste nas atividades A, C, E, G e H, com o tempo de finalização de 14 semanas. O novo caminho crítico consiste nas atividades B, D, G e H, também com um tempo de finalização de 14 semanas. Qualquer aceleração a mais deve ser feita em ambos os caminhos críticos. Por exemplo, se Harky quer reduzir o tempo de finalização do projeto em 2 semanas adicionais, ambos os caminhos devem ser reduzidos. Isso pode ser feito reduzindo a atividade G, que está em ambos os caminhos críticos, em duas semanas por um custo adicional de $2000 por semana. O tempo total de finalização seria de 12 semanas e o custo total acelerado seria de

TABELA 13.9 Dados normal e acelerado para a General Foundry

Atividade	Tempo (semanas)		Custo ($)		Custo acelerado por semana ($)	Caminho crítico?
	Normal	Acelerado	Normal	Acelerado		
A	2	1	22000	23000	1000	Sim
B	3	1	30000	34000	2000	Não
C	2	1	26000	27000	1000	Sim
D	4	3	48000	49000	1000	Não
E	4	2	56000	58000	1000	Sim
F	3	2	30000	30500	500	Não
G	5	2	80000	86000	2000	Sim
H	2	1	16000	19000	3000	Sim

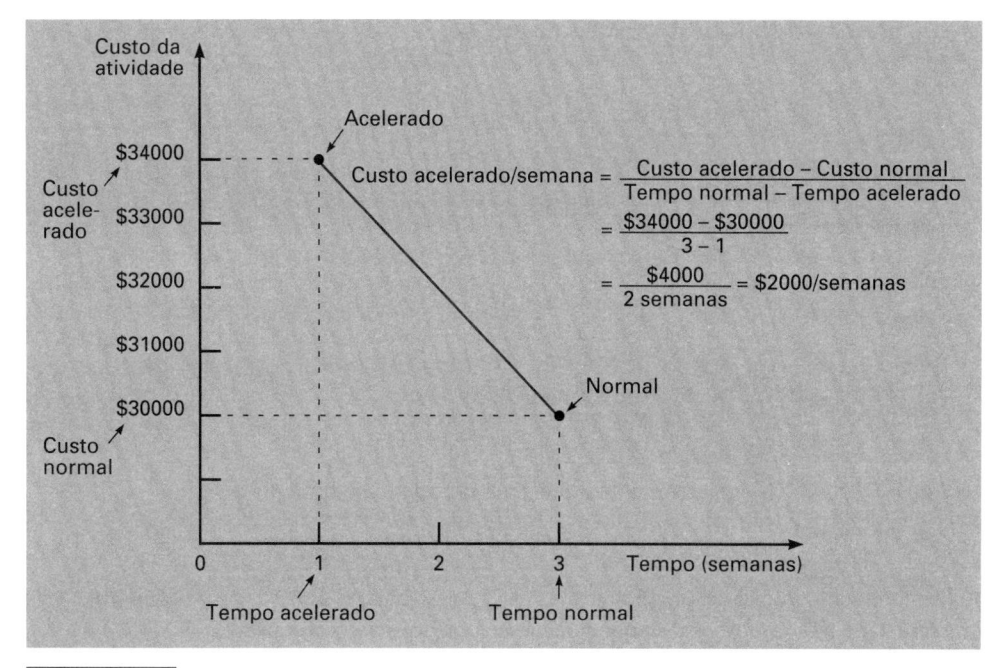

FIGURA 13.11 Tempos normal e acelerado e custos para a atividade B.

$$\text{Custo acelerado/semana} = \frac{\text{Custo acelerado} - \text{Custo normal}}{\text{Tempo normal} - \text{Tempo acelerado}}$$

$$= \frac{\$34000 - \$30000}{3 - 1}$$

$$= \frac{\$4000}{2 \text{ semanas}} = \$2000/\text{semanas}$$

$5000 ($1000 para reduzir a atividade A em uma semana e $4000 para reduzir a atividade G em duas semanas).

Para rede pequenas, como a da General Foundry, é possível usar o procedimento de quatro etapas a fim de encontrar o custo mínimo para a redução das datas de finalização do projeto. Para redes maiores, entretanto, essa abordagem é impraticável; técnicas mais sofisticadas, como a programação linear, devem ser empregadas.

Aceleração do projeto com a programação linear

A programação linear (veja os Capítulos 7 a 9) é outra abordagem para encontrar a melhor forma de acelerar o projeto. Ilustramos seu uso na rede da General Foundry. Os dados necessários são obtidos da Tabela 13.9 e Figura 13.12.

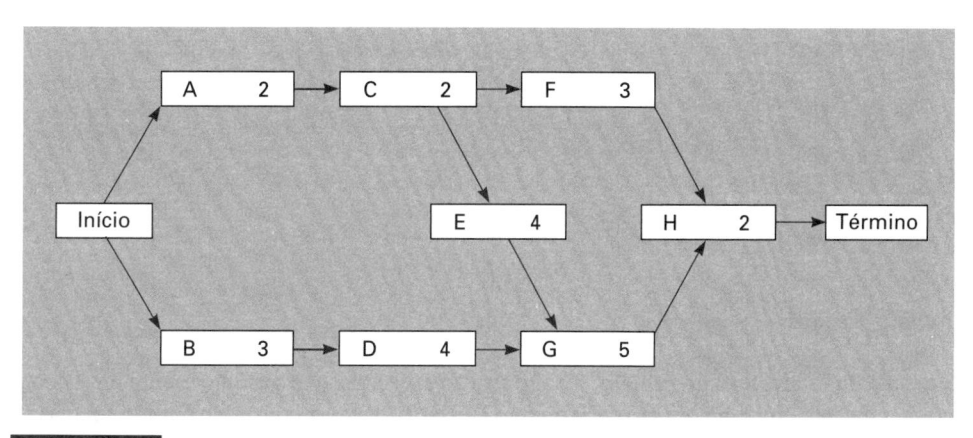

FIGURA 13.12 Rede da General Foundry com os tempos da atividade.

A primeira etapa é definir as variáveis de decisão para o programa linear.

Começamos definindo as variáveis de decisão. Se X é o término mais cedo para uma atividade, então:

$$X_A = \text{TC para a atividade } A$$
$$X_B = \text{TC para a atividade } B$$
$$X_C = \text{TC para a atividade } C$$
$$X_D = \text{TC para a atividade } D$$
$$X_E = \text{TC para a atividade } E$$
$$X_F = \text{TC para a atividade } F$$
$$X_G = \text{TC para a atividade } G$$
$$X_H = \text{TC para a atividade } H$$
$$X_{\text{Início}} = \text{tempo do início para o projeto (geralmente 0)}$$
$$X_{\text{término}} = \text{término mais cedo para o projeto}$$

Embora o nó inicial tenha uma variável ($X_{\text{Início}}$) associada a ela, isso não é necessário, visto que será dado a ela um valor de 0 que poderia ser usado em vez da variável.

Y é definido como o número de semanas que cada atividade é acelerada. Y_A é o número de semanas que decidimos acelerar a atividade A, Y_B é a quantidade do tempo de aceleração usado na atividade B e assim por diante até Y_H.

A próxima etapa é determinar a função objetivo.

Função objetivo. Visto que o objetivo é minimizar o custo da aceleração do total do projeto, nossa função objetivo da PL é:

$$\text{Minimizar o custo da aceleração} = 1000Y_A + 2000Y_B + 1000Y_C + 1000Y_D + 1000Y_E + 500Y_F + 2000Y_G + 3000Y_H$$

(Esses coeficientes foram extraídos da Tabela 13.9.)

As restrições aceleradas são determinadas a seguir.

Restrições do tempo acelerado. As restrições são necessárias para assegurar que cada atividade não seja acelerada mais do que seu tempo máximo de aceleração. O máximo para cada variável Y é a diferença entre o tempo normal e o tempo acelerado (da Tabela 13.9):

$$Y_A \leq 1$$
$$Y_B \leq 2$$
$$Y_C \leq 1$$
$$Y_D \leq 1$$
$$Y_E \leq 2$$
$$Y_F \leq 1$$
$$Y_G \leq 3$$
$$Y_H \leq 1$$

Restrição da finalização do projeto. Essa restrição especifica que o último evento deve ocorrer antes da data limite do projeto. Se o projeto de Harky deve ser concluído em 12 semanas,

$$X_{\text{término}} \leq 12$$

Restrições descrevendo a rede. O conjunto final das restrições descreve a estrutura da rede. Cada atividade terá uma restrição para cada um dos seus antecessores. A forma dessas restrições é:

A etapa final é determinar as restrições do evento.

Término mais cedo ⩾ Término mais cedo para o antecessor + Tempo da atividade
$$TC \geq EF_{antecessor} + (t - Y)$$
ou
$$X \geq X_{antecessor} + (t - Y)$$

O tempo da atividade é dado como $t - Y$ ou o tempo normal da atividade menos o tempo economizado pela aceleração. Sabemos que TC = IC + Tempo da atividade e IC = maior TC dos antecessores.

Começamos ajustando o início do projeto ao tempo zero: $X_{início} = 0$.

Para a atividade A, $\quad X_A \geq X_{início} + (2 - Y_A)$
ou $\quad X_A - X_{início} + Y_A \geq 2$

Para a atividade B, $\quad X_B \geq X_{início} + (3 - Y_B)$
ou $\quad X_B - X_{início} + Y_B \geq 3$

Para a atividade C, $\quad X_C \geq X_A + (2 - Y_C)$
ou $\quad X_C - X_A + Y_C \geq 2$

Para a atividade D, $\quad X_D \geq X_B + (4 - Y_D)$
ou $\quad X_D - X_B + Y_D \geq 4$

Para a atividade E, $\quad X_E \geq X_C + (4 - Y_E)$
ou $\quad X_E - X_C + Y_E \geq 4$

Para a atividade F, $\quad X_F \geq X_C + (3 - Y_F)$
ou $\quad X_F - X_C + Y_F \geq 3$

Para a atividade G, precisamos de duas restrições, visto que existem dois antecessores. A primeira restrição para a atividade G é:

$$X_G \geq X_D + (5 - Y_G)$$
ou
$$X_G - X_D + Y_G \geq 5$$

A segunda restrição para a atividade G é:

$$X_G \geq X_E + (5 - Y_G)$$
ou
$$X_G - X_E + Y_G \geq 5$$

PROGRAMA 13.1
Solução do problema acelerado utilizando o Solver.

Atividade A é acelerada em uma semana e a atividade G é acelerada em duas. Existem outras soluções ótimas para este problema.

O custo total acelerado é de $5000.

A fórmula na célula T4 é copiada da coluna T (de T5 a T25).

	A	B	C	D	E	F	G	H	I	J	K	L	M	N	O	P	Q	R	S	T	U	V
1	Problema Acelerado da General Foundry																					
2		Y_A	Y_B	Y_C	Y_D	Y_E	Y_F	Y_G	Y_H	X_{ST}	X_A	X_B	X_C	X_D	X_E	X_F	X_G	X_H	X_{FIN}			
3	Valores	1	0	0	0	0	0	2	0	0	1	3	3	7	7	10	10	12	12	Totais		
4	Minimize o Custo	1000	2000	1000	1000	1000	500	2000	3000											5000		
5	A acel. máx.	1																		1	<	1
6	B acel. máx.		1																	0	<	2
7	C acel. máx.			1																0	<	1
8	D acel. máx.				1															0	<	1
9	E acel. máx.					1														0	<	2
10	F acel. máx.						1													0	<	1
11	G acel. máx.							1												2	<	3
12	H acel. máx.								1											0	<	1
13	Data devida																		1	12	<	12
14	Início									1										0	=	0
15	A restrição	1								-1	1									2	>	2
16	B restrição		1							-1		1								3	>	3
17	C restrição			1							-1		1							2	>	2
18	D restrição				1								-1	1						4	>	4
19	E restrição					1								-1	1					4	>	4
20	F restrição						1							-1		1				7	>	3
21	G restrição 1							1								-1		1		5	>	5
22	G restrição 2							1									-1	1		5	>	5
23	H restrição 1								1								-1		1	2	>	2
24	H restrição 2								1									-1	1	2	>	2
25	Restrição final																		-1 1	0	>	0

Para a atividade H, precisamos de duas restrições, visto que existem dois antecessores. A primeira restrição para a atividade H é

$$X_H \geq X_F + (2 - Y_H)$$

ou $\quad X_H - X_F + Y_H \geq 2$

A segunda restrição para a atividade H é

$$X_H \geq X_G + (2 - Y_H)$$

ou $\quad X_H - X_G + Y_H \geq 2$

Para indicar a finalização do projeto quando a atividade H estiver concluída, temos

$$X_{\text{término}} \geq X_H$$

Depois de acrescentar restrições não negativas, esse problema de PL pode ser solucionado para os valores ótimos de Y. Isso pode ser feito com o QM para Windows ou como o Excel. O Programa 13.1 fornece a solução do Excel para este problema.

13.5 OUTROS TÓPICOS EM GESTÃO DE PROJETOS

Vimos como programar um projeto e desenvolver o cronograma do orçamento. Entretanto, existem outros fatores importantes e úteis para um gerente de projetos, apresentados brevemente a seguir.

Subprojetos

Para problemas extremamente grandes, uma atividade pode ser composta de vários subatividades. Cada atividade pode ser vista como um projeto menor ou um subprojeto do projeto original. A pessoa responsável pela atividade deve criar um gráfico PERT/CPM para gerenciar esse projeto. Muitos pacotes de software têm a habilidade de incluir vários níveis de subprojetos.

Marcos

Grandes eventos em um projeto são geralmente referidos como *marcos*. Eles estão normalmente refletidos nos gráficos de Gantt e PERT para destacar a importância de alcançar esses eventos.

Nivelamento do recurso

Além de gerenciar o tempo e os custos envolvidos em um projeto, um gerente também deve interessar-se pelos recursos usados em um projeto. Esses recursos podem ser equipamentos ou pessoas. No planejamento de um projeto (e, geralmente, como parte da estrutura analítica de projetos), um gerente deve identificar quais recursos são necessários a cada atividade. Por exemplo, em um projeto de construção pode haver várias atividades necessitando o uso de equipamento pesado, como um guindaste. Se a empresa de construção tiver somente um guindaste, irão ocorrer conflitos se duas atividades que precisam do guindaste são programadas para o mesmo dia. Para atenuar um problema como este, o *nivelamento de recurso* é empregado. Isso significa que uma ou mais atividades são deslocadas do início mais cedo para outro tempo (não mais tarde do que o início mais tarde) a fim de que a utilização do recurso seja distribuída de forma mais uniforme durante o tempo. Se o recurso é a equipe da construção, isso é muito vantajoso, pois a equipe é mantida ocupada e a hora extra é minimizada.

Software

Existem inúmeros pacotes de software para gestão de projeto no mercado tanto para computadores grandes como para computadores pessoais. Alguns deles são: Microsoft Project, Harvard Project Manager, MacProject, Timeline, Primavera Project Planner, Artemis e Open Plan. Muitos desses softwares traçam gráficos PERT assim como *gráficos de Gantt*. Eles podem ser usados para desenvolver a programação de orçamento, ajustar automaticamente os inícios de atividades com base nos tempos iniciais das atividades anteriores e nivelar a utilização dos recursos.

Bons pacotes de software para computadores pessoais variam em preço; podem custar de alguns dólares a milhares de dólares. Para computadores grandes, o software pode custar muito mais. As empresas têm investido centenas de dólares em softwares de gestão de projetos e suporte porque eles ajudam a tomar melhores decisões e a manter o controle de aspectos que, de outra forma, seriam incontroláveis.

RESUMO

Os fundamentos do PERT e CPM foram apresentados neste capítulo. Ambas as técnicas são excelentes para controlar projetos grandes e complexos.

O PERT é probabilístico e permite estimativas de três tempos para cada atividade. Essas estimativas são usadas para o tempo de finalização do projeto, a variância e para a probabilidade de que o projeto seja completado em uma data determinada. O PERT/COST, uma extensão do PERT padrão, pode ser usado para planejar, programar, monitorar e controlar os custos do projeto. Com o PERT/COST, é possível determinar se existem custos excedentes ou inferiores em qualquer ponto no tempo. Também é possível determinar se o projeto está dentro da programação.

O CPM, embora semelhante ao PERT, tem a habilidade de acelerar projetos reduzindo seu tempo de finalização por meio de gastos adicionais de recursos. Finalmente, vimos que a programação linear pode ser usada para acelerar a rede em uma quantia desejada por um custo mínimo.

GLOSSÁRIO

Aceleração. Processo de redução do tempo total para completar um projeto gastando fundos adicionais.

Análise do caminho crítico. Análise que determina o tempo total da finalização do projeto, o caminho crítico para o projeto, a folga, o IC, o IT e o TT para cada atividade.

Antecessor imediato. Atividade que deve ser completada antes que outra atividade possa começar.

Atividade. Trabalho ou tarefa que consome tempo e é uma parte importante do total do projeto.

Atividade no arco (AOA – activity-on-arc). Rede em que as atividades são representadas por arcos.

Atividade no nó (AON – activity-on-node). Rede em que as atividades são representadas por nós. Esse é o modelo ilustrado no livro.

Caminho crítico. Série de atividades que tem folga zero. É o caminho mais longo pela rede. Um adiamento de qualquer atividade que está no caminho crítico irá adiar a finalização de todo o projeto.

CPM. Método do caminho crítico. Técnica de rede determinística similar ao PERT, mas que permite a aceleração do projeto.

Distribuição de probabilidade beta. Uma distribuição de probabilidade usada geralmente no cálculo da finalização esperada de uma atividade.

Estimativas do tempo das atividades. Três estimativas de tempo usadas para determinar a finalização esperada e a variância para uma atividade em uma rede PERT.

Estrutura analítica de projetos (EAP). Lista de atividades que devem ser executadas em um projeto.

Evento. Ponto no tempo que marca o início ou final de uma atividade.

Gráfico de Gantt. Gráfico de barras indicando quando as atividades (representadas por barras) em um projeto podem começar.

Início mais cedo (IC). Início mais cedo que uma atividade pode começar sem violar as necessidades precedentes.

Início mais tarde (IT). Tempo mais tarde que uma atividade pode ser iniciada sem atrasar todo o projeto.

Marco. Evento importante em um projeto.

Nivelamento do recurso. Processo de uniformização da utilização dos recursos em um projeto.

Passo adiante. Procedimento que vai do início da rede até o final da rede. Usado para determinar os inícios mais cedo e os finais mais cedo da atividade.

Passo para trás. Procedimento que se movimenta do fim da rede para o seu início. Ele é utilizado na determinação dos tempos de atraso e adiamento.

PERT. Técnica de avaliação e revisão do programa. Técnica de rede que permite três estimativas de tempo para cada atividade no projeto

PERT/Custo. Técnica que permite ao tomador de decisão planejar, programar, monitorar e controlar o custo do projeto, além de projetar o tempo.

Rede. Exposição gráfica de um projeto que contém as atividades e os eventos.

Tempo de folga. Tempo que uma atividade pode ser adiada sem atrasar todo o projeto. A folga é igual ao início mais tarde menos o início mais cedo ou o término mais tarde menos o término mais cedo.

Tempo esperado da atividade. Média do tempo que deve levar para completar uma atividade. $t = (a + 4m + b)/6$.

Tempo mais provável (m). Tempo esperado para completar uma atividade.

Tempo otimista (a). Menor tempo necessário para completar uma atividade.

Tempo pessimista (b). Maior tempo necessário para completar uma atividade.

Término mais cedo (TC). Término mais cedo que uma atividade pode ser finalizada sem violar as necessidades precedentes.

Término mais tarde (TT). Tempo mais tarde que uma atividade pode ser finalizada sem atrasar todo o projeto.

Variância da finalização da atividade. Medida da dispersão do tempo da finalização da atividade. Variância = $[(b - a)/6]^2$.

EQUAÇÕES-CHAVE

(13-1) $t = \dfrac{a + 4m + b}{6}$

Tempo esperado de finalização da atividade por atividade.

(13-2) Variância $= \left(\dfrac{b - a}{6}\right)^2$

Variância da atividade.

(13-3) TC = IC + t

Término mais cedo.

(13-4) IT = TT − t

Início mais tarde

(13-5) Folga = IT − IC   ou   Folga = TT − TC

Tempo de folga em uma atividade

(13-6) Variância do projeto = Σ variâncias das atividades no caminho crítico.

(13-7) $Z = \dfrac{\text{Data devida} - \text{Data esperada de finalização}}{\sigma_T}$

Número de desvios padrão que a data objetivo fica da data esperada usando a distribuição normal.

(13-8) Valor do trabalho finalizado = (Percentagem do trabalho finalizado)×(Orçamento total da atividade)

(13-9) Diferença da atividade = Custo Atual − Valor do trabalho já feito.

(13-10) $\dfrac{\text{Custo acelerado/}}{\text{Período de tempo}} = \dfrac{\text{Custo acelerado} - \text{Custo normal}}{\text{Tempo normal} - \text{Tempo acelerado}}$

O custo no CPM da redução do tempo de uma atividade por um período de tempo.

PROBLEMAS RESOLVIDOS

Problema resolvido 13-1

Para completar a montagem de uma asa para uma aeronave experimental, Scott DeWitte definiu as etapas principais e sete atividades envolvidas. Essas atividades foram classificadas de *A* a *G* na tabela a seguir, que também mostra seus tempos de finalização esperados e a variância para cada atividade.

Atividade	a	m	b	Antecessores imediatos
A	1	2	3	—
B	2	3	4	—
C	4	5	6	A
D	8	9	10	B
E	2	5	8	C, D
F	4	5	6	B
G	1	2	3	E

Solução

Embora não seja necessário para este problema, um diagrama de todas as atividades pode ser útil. Um diagrama PERT para a montagem da asa é mostrado na Figura 13.13.

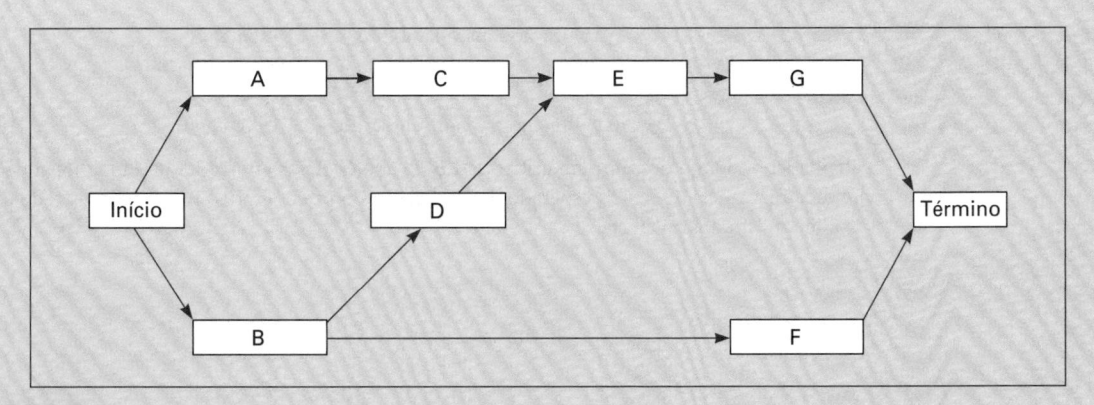

FIGURA 13.13 Diagrama PERT para Scott DeWitte (Problema Resolvido 13-1).

Os tempos esperados e as variâncias podem ser calculados usando as fórmulas apresentadas no capítulo. Os resultados estão resumidos na tabela:

Atividade	Tempo esperado (em semanas)	Variância
A	2	1/9
B	3	1/9
C	5	1/9
D	9	1/9
E	5	1
F	5	1/9
G	2	1/9

Problema resolvido 13-2

Volte ao Problema Resolvido 13-1. Agora Scott quer determinar o caminho crítico para todo o projeto de montagem da asa, assim como o tempo total da finalização do projeto. Além disso, ele deseja determinar o início mais cedo, o início mais tarde e os términos para todas as atividades.

Solução

O caminho crítico, os inícios mais cedo, os términos mais cedo, os inícios mais tarde e os términos mais tarde podem ser determinados usando os procedimentos apresentados no capítulo. Os resultados estão resumidos na tabela:

Atividade	Tempo da atividade				
	IC	TC	IT	TT	Folga
A	0	2	5	7	5
B	0	3	0	3	0
C	2	7	7	12	5
D	3	12	3	12	0
E	12	17	12	17	0
F	3	8	14	19	11
G	17	19	17	19	0

Duração esperada do projeto = 19 semanas

Variância do caminho crítico = 1,33

Desvio padrão para o caminho crítico = 1,16 semanas

As atividades ao longo do caminho crítico são *B, D, E* e *G*. Essas atividades têm uma folga de zero, como mostra a tabela. O tempo esperado da finalização do projeto é 19. Os inícios mais cedo e mais tarde estão mostrados na tabela.

AUTOTESTE

- Antes de fazer o autoteste, consulte os objetivos de aprendizagem no início do capítulo, as notas nas margens e o glossário no final do capítulo.
- Corrija seu teste utilizando o Apêndice H ao final do livro.
- Estude novamente as páginas que correspondem a todas as perguntas que você respondeu errado ou que não tem certeza.

1. Modelos de rede como o PERT e CPM são usados
   a. para planejar projetos grandes e complexos.
   b. para programar projetos grandes e complexos.
   c. para monitorar projetos grandes e complexos.
   d. para controlar projetos grandes e complexos.
   e. para todas as alternativas acima.
2. A diferença principal entre o PERT e o CPM é que
   a. o PERT usa uma estimativa de tempo.
   b. o CPM tem três estimativas de tempo.
   c. o PERT tem três estimativas de tempo.
   d. com o CPM, é assumido que todas as atividades podem ser realizadas ao mesmo tempo.
3. O início mais cedo para uma atividade é igual a
   a. o maior TC dos antecessores imediatos.
   b. o menor TC dos antecessores imediatos.
   c. o maior IC dos antecessores imediatos.
   d. o menor IC dos antecessores imediatos.
4. O término mais tarde de uma atividade é encontrado voltando pela rede. O término mais tarde é igual a
   a. o maior TT das atividades para as quais ele é o antecessor imediato.
   b. o menor TT das atividades para as quais ele é o antecessor imediato.
   c. o maior IT das atividades para as quais ele é o antecessor imediato.
   d. o menor IT das atividades para as quais ele é o antecessor imediato.
5. Quando o PERT é usado e as probabilidades são encontradas, uma das suposições feitas é que
   a. todas as atividades estão no caminho crítico.
   b. os tempos das atividades são independentes.
   c. todas as atividades têm a mesma variância.
   d. a variância do projeto é igual à soma das variâncias de todas as atividades do projeto.
   e. todas as alternativas acima.
6. No PERT, o tempo estimado b representa
   a. o tempo mais otimista.
   b. o tempo mais provável.
   c. o tempo mais pessimista.
   d. o tempo esperado.
   e. nenhuma das alternativas acima.
7. No PERT, o tempo de folga é igual a
   a. IC + t.
   b. IT – IC.
   c. 0.
   d. TC – IC.
   e nenhuma das alternativas acima.

8. O desvio padrão para o projeto de PERT é aproximadamente
   a. a raiz quadrada da soma das variâncias ao longo do caminho crítico.
   b. a soma dos desvios padrão da atividade do caminho crítico.
   c. a raiz quadrada da soma das variâncias das atividades do projeto.
   d. todas as alternativas acima.
   e. nenhuma das alternativas acima.
9. O caminho crítico é o
   a. caminho mais curto na rede.
   b. o caminho mais longo na rede.
   c. o caminho com a menor variância.
   d. o caminho com a maior variância.
   e. nenhuma das alternativas acima.
10. Se a finalização do projeto é distribuída normalmente e a data devida para o projeto é maior do que o tempo esperado da finalização, a probabilidade de que o projeto será finalizado na data devida é
    a. menor do que 0,50.
    b. maior do que 0,50.
    c. igual a 0,50.
    d. indeterminável se não houver mais informações.
11. Se a atividade A não estiver no caminho crítico, a folga para A será igual a
    a. TT – TC.
    b. TC – IC.
    c. 0.
    d. todas as alternativas acima.
12. Se um projeto for acelerado a um custo adicional mínimo possível, a primeira atividade a ser acelerada deve
    a. estar no caminho crítico.
    b. ser aquela com o tempo menor da atividade.
    c. ser aquela com o tempo maior da atividade.
    d. ser aquela com o custo menor.
13. As atividades _____ são aquelas que adiarão todo o projeto se estiverem atrasadas ou forem adiadas.
14. PERT significa _____.
15. A aceleração do projeto pode ser executada usando uma _____.
16. O PERT pode usar três estimativas para cada tempo da atividade. Essas três estimativas são _____, _____ e _____.
17. O início mais tarde menos o início mais cedo é chamado de _____ para qualquer atividade.
18. A percentagem da finalização do projeto, o valor do trabalho finalizado e os custos reais são usados para _____ os projetos.

QUESTÕES PARA DISCUSSÃO E PROBLEMAS

Questões para discussão

13-1 Quais são algumas das perguntas que podem ser respondidas pelo PERT e CPM?

13-2 Quais são as principais diferenças entre o PERT e o CPM?

13-3 O que é uma atividade? O que é um evento? O que é um antecessor imediato?

13-4 Descreva como os tempos esperados da atividade e das variâncias podem ser calculados numa rede PERT.

13-5 Discuta brevemente o que significa a análise do caminho crítico. O que são as atividades do caminho crítico e por que elas são importantes?

13-6 O que são o início mais cedo e o início mais tarde da atividade? Como são calculados?

13-7 Descreva o significado da folga e discuta como ela pode ser determinada.

13-8 Como podemos determinar a probabilidade de que um projeto será finalizado numa certa data? Quais suposições são feitas nesse cálculo?

13-9 Descreva brevemente o PERT/Custo e como ele é usado.

13-10 O que é a aceleração e como ela é feita à mão?

13-11 Por que a programação linear e útil no CPM acelerado?

Problemas*

13-12 Sid Davidson é gerente de RH da Babson and Willcount, empresa especializada em consultoria e pesquisa. Um dos programas de treinamento que Sid está considerando para gerentes de nível médio da consultoria é o treinamento de liderança. Sid listou diversas atividades que devem ser completadas antes que um programa de treinamento dessa natureza possa ser conduzido. As atividades e antecessores imediatos aparecem na tabela a seguir:

Atividades	Antecessores imediatos
A	–
B	–
C	–
D	B
E	A, D
F	C
G	E, F

Desenvolva uma rede para este problema.

13-13 Sid Davidson conseguiu determinar os tempos da atividade para o programa de treinamento de liderança. Ele quer determinar o tempo total da finalização do projeto e o caminho crítico. Os tempos da atividade aparecem na tabela a seguir (veja o Problema 13-12):

Atividades	Tempo (dias)
A	2
B	5
C	1
D	10
E	3
F	6
G	8
	35

• 13-14 Jean Walker está fazendo planos para seu feriado escolar nas praias da Flórida. Aplicando as técnicas que aprendeu nas aulas de métodos quantitativos, ela identificou as atividades que são necessárias para preparar a sua viagem. A tabela a seguir lista as atividades e os antecessores imediatos. Faça um gráfico deste projeto.

Atividades	Antecessores imediatos
A	–
B	–
C	A
D	B
E	C, D
F	A
G	E, F

13-15 Os tempos da atividade para o projeto do Problema 13-14 são os seguintes. Encontre os tempos mais cedo, mais tarde e de folga para cada atividade. Depois, encontre o caminho crítico.

Atividades	Tempo (dias)
A	3
B	7
C	4
D	2
E	5
F	6
G	3

---

* Nota: Q significa que o problema pode ser resolvido com o QM para Windows; X significa que o problema pode ser resolvido com o Excel; e Q/X significa que ele pode ser resolvido tanto com o QM para Windows quanto com o Excel.

- **13-16** Monohan Machinery é especialista no desenvolvimento de equipamentos para a eliminação de ervas daninhas em pequenos lagos. George Monohan, presidente da Monohan Machinery, está convencido de que arrancar as ervas daninhas é melhor do que usar produtos químicos para matá-las. Os produtos químicos provocam poluição e as ervas daninhas parecem crescer mais rápido quando os produtos químicos são usados. George considera construir uma máquina para eliminar as ervas daninhas de rios estreitos e canais. As atividades necessárias para construir uma dessas máquinas experimentais estão listadas na tabela a seguir. Construa uma rede para essas atividades.

Atividades	Antecessores imediatos
A	—
B	—
C	A
D	A
E	B
F	C, E
G	D, F

Q: 13-17 Depois de consultar Butch Radner, George Monohan conseguiu determinar os tempos de atividade para construir a máquina de eliminar ervas daninhas a ser usada em rios estreitos. George quer determinar os IC, TC, IT, TT e a folga para cada atividade. O tempo total da finalização do projeto e o caminho crítico também devem ser determinados (veja o Problema 13-16 para mais detalhes). Os tempos da atividade estão mostrados na tabela a seguir:

Atividades	Tempo (semanas)
A	6
B	5
C	3
D	2
E	4
F	6
G	10
H	7

Q: 13-18 Um projeto foi planejado usando o PERT com três estimativas de tempo. O tempo esperado da finalização do projeto foi determinado como 40 semanas. A variância do caminho crítico é 9.
(a) Qual é a probabilidade de que o projeto seja finalizado em 40 semanas ou menos?
(b) Qual é a probabilidade de que o projeto leve mais tempo do que 40 semanas?
(c) Qual é a probabilidade de que o projeto seja finalizado em 46 semanas ou menos?
(d) Qual é a probabilidade de que o projeto leve mais do que 46 semanas?
(e) O gerente do projeto quer estipular a data devida de conclusão do projeto para que haja 90% de chance da finalização dentro do programado. Portanto, haverá somente 10% de chance de que o projeto levará mais tempo do que a data devida. Qual deveria ser essa data devida?

Q: 13-19 Tom Schriber, gerente de RH da Management Resources, está projetando um programa para auxiliar seus clientes na procura de emprego. Algumas das atividades incluem preparar currículos, escrever cartas, marcar entrevistas para possíveis empregos, pesquisar empresas e indústrias e assim por diante. Algumas das informações sobre as atividades estão na tabela a seguir:

Atividades	Dias a	m	b	Antecessor imediato
A	8	10	12	—
B	6	7	9	—
C	3	3	4	—
D	10	20	30	A
E	6	7	8	C
F	9	10	11	B, D, E
G	6	7	10	B, D, E
H	14	15	16	F
I	10	11	13	F
J	6	7	8	G, H
K	4	7	8	I, J
L	1	2	4	G, H

(a) Construa uma rede para este programa.
(b) Determine o tempo esperado e a variância para cada atividade.
(c) Determine os IC, TC, IT, TT e a folga para cada atividade.
(d) Determine o caminho crítico e tempo de finalização do projeto.
(e) Determine a probabilidade de que o projeto seja finalizado em 70 dias ou menos.
(f) Determine a probabilidade de que o projeto seja finalizado em 80 dias ou menos.
(g) Determine a probabilidade de que o projeto seja finalizado em 90 dias ou menos.

Q: 13-20 Usando o PERT, Ed Rose foi capaz de determinar que o tempo esperado de finalização do projeto para a construção de um iate de lazer é de 21 meses e a variância do projeto é de 4.
(a) Qual é a probabilidade de que o projeto seja completado em 17 meses ou menos?

(b) Qual é a probabilidade de que o projeto seja completado em 20 meses ou menos?
(c) Qual é a probabilidade de que o projeto seja completado em 23 meses ou menos?
(d) Qual é a probabilidade de que o projeto seja completado em 25 meses ou menos?

13-21 O projeto de despoluição de ar discutido neste capítulo progrediu durante as últimas semanas e está agora no final da semana 8. Lester Harky quer saber o valor do trabalho completado, a quantia de qualquer custo excedente ou inferior para o projeto e em quanto o projeto está à frente ou atrás do programado desenvolvendo uma tabela como a 13.8 da página 588. Os números estão mostrados na tabela a seguir:

Atividade	Percentual de computadores	Custo atual ($)
A	100	20000
B	100	36000
C	100	26000
D	100	44000
E	50	25000
F	60	15000
G	10	5000
H	10	1000

13-22 Fred Ridgeway é responsável pela gerência de um programa de treinamento e desenvolvimento. Ele sabe o início mais cedo, o início mais tarde e os custos totais de cada atividade. Essa informação é dada na tabela a seguir:

Atividades	IC	IT	t	Custo total ($1000)
A	0	0	6	10
B	1	4	2	14
C	3	3	7	5
D	4	9	3	6
E	6	6	10	14
F	14	15	11	13
G	12	18	2	4
H	14	14	11	6
I	18	21	6	18
J	18	19	4	12
K	22	22	14	10
L	22	23	8	16
M	18	24	6	18

(a) Usando o início mais cedo, determine o orçamento mensal de Fred.
(b) Usando o início mais tarde, determine o orçamento mensal de Fred.

13-23 O projeto de aceleração da General Foundry está mostrado na Tabela 13.9 da página 590. Acelere esse projeto para 13 semanas usando o CPM. Quais são os tempos finais para cada atividade após a aceleração?

13-24 Bowman Builders fabrica depósitos de aço para uso comercial. Joe Bowman, presidente da empresa, cogita a produção de depósitos para uso doméstico. As atividades necessárias para construir um modelo experimental e os dados relacionados estão na tabela a seguir:

(a) Qual é a data de finalização do projeto?
(b) Formule um problema de PL para acelerar este projeto em 10 semanas.

Atividade	Tempo normal	Tempo acelerado	Custo normal ($)	Custo acelerado ($)	Antecessor imediato
A	3	2	1000	1600	—
B	2	1	2000	2700	—
C	1	1	300	300	—
D	7	3	1300	1600	A
E	6	3	850	1000	B
F	2	1	4000	5000	C
G	4	2	1500	2000	D, E

13-25 A Construtora Bender está envolvida na construção de prédios municipais e outras estruturas usadas principalmente pelos municípios e pelo estado. Isso exige desenvolver documentos legais, delinear estudos viáveis, obter a avaliação de investimentos e assim por diante. Recentemente, foi solicitado a Render apresentação de uma proposta para a construção de um prédio municipal. O primeiro passo é obter os documentos legais e executar todas as etapas necessárias antes que o contrato seja assinado. Isso requer a conclusão de mais de 20 atividades separadas. Essas atividades, seus antecessores imediatos e os tempos necessários são fornecidos na tabela 13.10.

Os tempos estimados otimistas (a), mais prováveis (m) e pessimistas (b) foram estipulados para todas as atividades descritas na tabela. Usando os dados, determine o tempo total da finalização do projeto para essa etapa preliminar, o caminho crítico e o tempo de folga para todas as atividades envolvidas.

13-26 Adquirir um diploma de uma faculdade ou universidade pode ser uma tarefa longa e difícil. Certas disciplinas devem ser completadas antes que outras possam ser realizadas. Desenvolva um diagrama de

Capítulo 13 • Gestão de Projetos 603

TABELA 13.10 Dados para o Problema 13-25 da construtora Bender

Atividade	Tempo necessário (semanas)			Descrição da atividade	Antecessor imediato
	a	m	b		
1	1	4	5	Minuta dos documentos legais	—
2	2	3	4	Preparação das declarações financeiras	—
3	3	4	5	Rascunho do histórico	—
4	7	8	9	Rascunho do plano da viabilidade da demanda	—
5	4	4	5	Revisão e aprovação de documentos legais	1
6	1	2	4	Revisão e aprovação do histórico	3
7	4	5	6	Revisão do estudo da viabilidade	4
8	1	2	4	Plano final da parte financeira do estudo da viabilidade	7
9	3	4	4	Plano dos fatos relevantes das negociações de títulos	5
10	1	1	2	Revisão e aprovação das declarações financeiras	2
11	18	20	26	Recebimento do valor do projeto	—
12	1	2	3	Revisão e finalização da parte financeira do estudo de viabilidade	8
13	1	1	2	Finalização da declaração do rascunho	6,9,10,11,12
14	0,10	0,14	0,16	Todos os materiais enviados para a avaliação das ações	13
15	0,2	0,3	0,4	Declarações impressas e distribuídas a todos as partes interessadas	14
16	1	1	2	Apresentação dos serviços de avaliação de ações	14
17	1	2	3	Recebimento da avaliação de ações	16
18	3	5	7	Publicidade das ações	15,17
19	0,1	0,1	0,2	Execução do contrato de compra	18
20	0,1	0,14	0,16	Declaração final autorizada e completa	19
21	2	3	6	Compra do contrato	19
22	0,1	0,1	0,2	Procedimentos das ações disponíveis	20
23	0	0,2	0,2	Assinatura do contrato de construção	21, 22

rede em que cada atividade é uma disciplina específica que deve ser feita para um curso específico. Os antecessores imediatos serão os pré-requisitos do curso. Não esqueça de incluir todos os requisitos da universidade, faculdade e do departamento do curso. Depois, tente agrupar esses cursos em semestres ou trimestres para a sua faculdade. Quanto tempo vai levar para você se formar? Quais disciplinas que, se não cursadas na sequência adequada, podem atrasar sua graduação?

Q: 13-27 A Produções Dream Team estava na fase final do projeto do seu novo filme, Killer Worms, a ser lançado no próximo verão. A empresa contratada para coordenar o lançamento, a Market Wise, identificou 16 tarefas críticas (veja a página 604) a serem completadas antes do lançamento do filme.
(a) Quantas semanas antes do lançamento do filme a Market Wise deve iniciar sua campanha de marketing? Quais são as atividades do caminho crítico? As tarefas são as seguintes:

Tabela para o Problema 13-27

Atividade	Antecessor imediato	Tempo otimista	Tempo mais provável	Tempo pessimista
Tarefa 1	—	1	2	4
Tarefa 2	—	3	3,5	4
Tarefa 3	—	10	12	13
Tarefa 4	—	4	5	7
Tarefa 5	—	2	4	5
Tarefa 6	Tarefa 1	6	7	8
Tarefa 7	Tarefa 2	2	4	5,5
Tarefa 8	Tarefa 3	5	7,7	9
Tarefa 9	Tarefa 3	9,9	10	12
Tarefa 10	Tarefa 3	2	4	5
Tarefa 11	Tarefa 4	2	4	6
Tarefa 12	Tarefa 5	2	4	6
Tarefa 13	Tarefas 6, 7, 8	5	6	6,5
Tarefa 14	Tarefas 10, 11, 12	1	1,1	2
Tarefa 15	Tarefas 9, 13	5	7	8
Tarefa 16	Tarefa 14	5	7	9

(b) Se as Tarefas 9 e 10 não fossem necessárias, qual impacto isso teria no caminho crítico e o número de semanas necessárias para completar a campanha de marketing?

13-28 Os tempos estimados (em semanas) e os antecessores imediatos para as atividades em um projeto estão dados na tabela a seguir. Suponha que os tempos da atividade sejam independentes.

Atividade	Antecessor imediato	a	m	b
A	—	9	10	11
B	—	4	10	16
C	A	9	10	11
D	B	5	8	11

(a) Calcule o tempo esperado e a variância para cada atividade.
(b) Qual é o tempo esperado de finalização do caminho crítico? Qual é o tempo esperado de finalização do outro caminho na rede?
(c) Qual é a variância do caminho crítico? Qual é a variância do outro caminho na rede?
(d) Se o tempo para completar o caminho A-C for normalmente distribuído, qual é a probabilidade de que esse caminho será finalizado em 22 semanas ou menos?
(e) Se o tempo para completar o caminho B-D é distribuído normalmente, qual é a probabilidade de que este caminho será finalizado em 22 semanas ou menos?
(f) Explique por que a probabilidade de que o caminho crítico seja finalizado em 22 semanas ou menos não é necessariamente a probabilidade de que o projeto seja finalizado em 22 semanas.

13-29 Os custos seguintes foram estimados para as atividades em um projeto:

Atividade	Antecessores imediatos	Tempo	Custo ($)
A	—	8	8000
B	—	4	12000
C	A	3	6000
D	B	5	15000
E	C, D	6	9000
F	C, D	5	10000
G	F	3	6000

(a) Desenvolva uma programação de custo baseada no início mais cedo.
(b) Desenvolva uma programação de custo baseada no início mais tarde.
(c) Suponha que foi determinado que os $6000 para a atividade G não sejam distribuídos igualmente durante as três semanas. O custo para a primeira semana é de $4000 e o custo é de $1000 por semana para cada uma das duas últimas semanas. Modifique a programação do custo baseado no início mais cedo para refletir essa situação.

13-30 A firma de contabilidade Scott Corey está instalando um novo sistema de computador. Várias ações devem ser feitas para assegurar que o sistema trabalhe de forma adequada antes que todas as contas sejam inseridas no novo sistema. A tabela a seguir fornece informações sobre o projeto. Quanto tempo levará para instalar o sistema? Qual é o caminho crítico?

Atividade	Antecessor imediato	Tempo (semanas)
A	—	3
B	—	4
C	A	6
D	B	2
E	A	5
F	C	2
G	D, E	4
H	F, G	5

13-30 O sócio administrativo da firma de contabilidade Scott Corey (veja o Problema 13-30) decidiu que o sistema deve estar funcionando em 16 semanas. Consequentemente, a informação sobre a aceleração do projeto foi reunida e é mostrada na tabela:

Atividade	Antecessor imediato	Tempo normal	Tempo acelerado	Custo normal ($)	Custo acelerado ($)
A	—	3	2	8000	9800
B	—	4	3	9000	10000
C	A	6	4	12000	15000
D	B	2	1	15000	15500
E	A	5	3	5000	8700
F	C	2	1	7500	9000
G	D, E	4	2	8000	9400
H	F, G	5	3	5000	6600

(a) Se o projeto deve ser finalizado em 16 semanas, qual atividade deve ser acelerada para ocasionar num custo adicional mínimo? Qual é o custo total disso?

(b) Liste todos os caminhos da rede. Depois de a aceleração na parte (a) ter sido feita, qual é o tempo necessário para cada caminho? Se o tempo de finalização do projeto deve ser reduzido em mais uma semana para que o total do tempo seja de 15 semanas, qual atividade ou atividades devem ser aceleradas? Resolva isso por inspeção. Observe que às vezes é melhor acelerar uma atividade que não tem o menor custo se ela estiver em vários caminhos do que acelerar várias atividades em caminhos separados quando existe mais do que um caminho crítico.

PROBLEMAS EXTRAS NA INTERNET

Veja em **www.bookman.com.br** os problemas adicionais 13-32 a 13-39 (em inglês).

ESTUDO DE CASO

Construção do estádio da Universidade Southwestern

Após seis meses de estudo, muito jogo político e análises financeiras, o Dr. Martin Starr, reitor da Universidade Southwestern, chegou a uma decisão. Para o deleite de seus estudantes e o desapontamento dos apoiadores de seus atletas, a SWU não irá se deslocar para um novo campo de futebol, mas irá expandir a capacidade do seu estádio no campus.

Aumentar 21000 lugares, incluindo dúzias de camarotes luxuosos, não irá agradar ninguém. O influente técnico de futebol, Bo Pitterno, há muito tem defendido a necessidade de um estádio de primeira classe, com dormitórios para os seus jogadores e um escritório pomposo para o técnico do time futuro campeão da NCAA. Mas a decisão foi tomada e todos, incluindo o técnico, devem aprender a aceitá-la.

O trabalho era começar a construção imediatamente após o término da temporada de 2002. Isso permitiria exatamente 270 dias até o jogo de abertura da temporada de 2003. A construtora Hill (do ex-aluno Bob Hill) assinou o contrato. Bob Hill analisou as tarefas que seus engenheiros destacaram e encarou o reitor Starr: "Garanto que o time irá estar em campo dentro da programação no próximo ano", disse ele, confiante. "Eu realmente espero", replicou o reitor. "A multa contratual de $10000 por dia pelo atraso não é nada comparado ao que o técnico Pitterno irá fazer com você se nosso jogo de abertura com a Penn State for adiado ou cancelado." Hill, suando um pouco, não respondeu. Em um Texas louco por futebol, a reputação da Hill iria por água abaixo se o objetivo de 270 dias não fosse alcançado.

De volta ao seu escritório, Hill revisou novamente a data. (Veja a Tabela 13.11 e note que as estimativas de tempo otimistas podem ser usadas como tempo acelerado.) Ele, então, reuniu seus colaboradores. "Pessoal, se não estivermos 75% certos de que terminaremos este estádio em 270 dias, eu quero este projeto acelerado! Deem-me os custos para a data alvo de 250 dias e também para 240 dias. Eu quero estar na frente, não apenas no tempo certo!".

Questões para discussão

1. Desenvolva uma rede graficamente para a Construtora Hill e determine o caminho crítico. Quanto tempo é esperado que o projeto leve?
2. Qual é a probabilidade de terminar em 270 dias?
3. Se for necessário acelerar para 250 ou 240 dias, como Hill agiria e a que custo? Como foi observado no caso, suponha que as estimativas do tempo otimista possam ser usadas como tempos acelerados.

TABELA 13.11 Projeto do Estádio da Universidade Southwestern

Atividade	Descrição	Predecessores	Estimativas do tempo (dias)			Custo acelerado ($)
			Otimista	Mais provável	Pessimista	
A	Hipotecas, seguro, planejamento de impostos	—	20	30	40	1500
B	Fundação, concretagem para os boxes	A	20	65	80	3500
C	Melhoria dos camarotes e assentos do estádio	A	50	60	100	4000
D	Melhoria das passarelas, escadarias, elevadores	C	30	50	100	1900
E	Fiação interna, tornos	B	25	30	35	9500
F	Aprovação da inspeção	E	1	1	1	0
G	Instalação hidráulica	D, E	25	30	35	2500
H	Pintura	G	10	20	30	2000
I	Maquinaria/ar condicionado/ trabalhos em metal	H	20	25	60	2000
J	Azulejos/carpetes/janelas	H	8	10	12	6000
K	Inspeção	J	1	1	1	0
L	Acabamentos/limpeza	I, K	20	25	60	4500

Fonte: Adaptado de HEIZER, J., RENDER, B. Operations Management. Upper Saddle River (NJ): Prentice Hall, 2000, p. 693-94. 6ª ed.

ESTUDO DE CASO

Centro de Pesquisa e Planejamento Familiar da Nigéria

Adinombe Watage, diretor do Centro de Pesquisa e Planejamento Familiar da Nigéria, é o responsável por organizar e treinar cinco equipes de trabalhadores de campo para executar atividades educacionais e de extensão como parte de um grande projeto para demonstrar aceitação de um novo método de controle de natalidade. Esses trabalhadores já tinham treinamento na educação de planejamento familiar, mas devem receber treinamento específico relativo ao novo método de contracepção. Dois tipos de materiais também precisam ser preparados: (1) aqueles para serem usados no treinamento dos trabalhadores e (2) aqueles para serem distribuídos no campo. Técnicos para o treinamento, transporte e acomodações para os participantes devem ser providenciados.

Dr. Watage primeiro marcou uma reunião com seu pessoal do escritório. Juntos, eles identificaram as atividades que devem ser feitas, suas sequências necessárias e o tempo que elas iriam requerer. Elas estão exibidas na Tabela 13.12.

Louis Odaga, chefe do consultório, observou que o projeto deveria ser completado em 60 dias. Com a sua calculadora solar, ele somou o tempo necessário: 94 dias. "Uma tarefa impossível, então", ele observou. "Não," Dr. Watage respondeu. "Algumas dessas tarefas podem ser desenvolvidas paralelamente." "Tenha cuidado", avisou o Dr. Oglagadu, chefe dos enfermeiros. "Não há muitos de nós para sair por aí. Temos somente dez pessoas neste consultório."

"Eu posso ver se temos pessoal suficiente depois de fazer a programação temporária das atividades", Dr. Watage respondeu. "Se a programação for muito apertada, eu tenho permissão do Fundo Pathminder para gastar alguma verba para apressar o projeto, se eu conseguir provar que ele pode ser feito com o menor custo possível. Você pode ajudar-me a provar isso? Aqui estão os custos para as atividades com o tempo decorrido que planejamos e os custos e tempos se vamos abreviá-las para um mínimo absoluto." Esses dados estão dados na Tabela 13.13.

Questões para discussão

1. Algumas das tarefas deste projeto podem ser feitas paralelamente. Prepare um diagrama mostrando a rede necessária de tarefas e defina o caminho crítico. Qual é a extensão do projeto sem a aceleração?

2. Neste ponto, o projeto pode ser feito dada a restrição de pessoal de 10 pessoas?
3. Se o caminho crítico for maior do que 60 dias, qual é a menor quantia que o Dr. Watage pode gastar e ainda alcançar o objetivo da programação? Como ele pode provar para a Fundação Pathminder que esse é o custo mínimo alternativo?

Fonte: Professor Curtis P. McLaughlin, Kenan-Flagler Business School, Universidade da Carolina do Norte em Chapter Hill.

TABELA 13.12 Atividades do Centro de Pesquisa e Planejamento Familiar

Atividade	Deve seguir	Tempo (dias)	Pessoal necessário
A. Identificar os técnicos e sua programação	—	5	2
B. Providenciar transporte para a base	—	7	3
C. Identificar e coletar materiais de treinamento	—	5	2
D. Providenciar acomodações	A	3	1
E. Identificar a equipe	A	7	4
F. Trazer a equipe	B, E	2	1
G. Transportar técnicos para a base	A, B	3	2
H. Imprimir o material do programa	C	10	6
I. Entregar o material do programa	H	7	3
J. Conduzir treinamento do programa	D, F, G, I	15	0
K. Executar treinamento de campo	J	30	0

TABELA 13.13 Custos do Centro de Pesquisa e Planejamento Familiar

Atividade	Normal Tempo	Normal Custo ($)	Mínimo Tempo	Mínimo Custo ($)	Custo médio por semana economizado ($)
A. Identificar técnicos	5	400	2	700	100
B. Providenciar transporte	7	1000	4	1450	150
C. Identificar materiais	5	400	3	500	50
D. Providenciar acomodações	3	2500	1	3000	250
E. Identificar equipe	7	400	4	850	150
F. Trazer a equipe	2	1000	1	2000	1000
G. Transportar técnicos	3	1500	2	2000	500
H. Imprimir materiais	10	3000	5	4000	200
I. Enviar materiais	7	200	2	600	80
J. Treinar a equipe	15	5000	10	7000	400
K. Executar trabalho de campo	30	10000	20	14000	400

BIBLIOGRAFIA

AHUJA, V., THIRUVENGADAM,V. Project Scheduling and Monitoring: Current Research Status. *Construction Innovation*. v. 4, n. 1, 2004, p. 19-31.

GRIFFITH, Andrew F. Scheduling Practices and Project Success. *Cost Engineering*.v. 48, n. 9, 2006, p. 24-30.

HERROELEN, Willy e LEUS,Roel. Project Scheduling Under Uncertainty: Survey and Research Potentials. *European Journal of Operational Research*. v.165, n. 2, 2005, p. 289-306.

JORGENSEN, Trond e WALLACE, Stein W. Improving Project Cost Estimation by Taking into Account Managerial Flexibility. *European Journal of Operational Research*. v. 127, n. 2, 2000, p. 239-51.

LANCASTER, John e OZBAYRAK, Mustafa. Evolutionary Algorithms Applied to Project Scheduling Problems—A Survey of the State-of-the-art. International Journal of Production Research. v. 45, n. 2, 2007, p. 425-50

MANTEL, Samuel J., MEREDITH, Jack R., SHAFER, Scott M. e Sutton, Margaret M. *Project Management in Practice*. New York: John Wiley & Sons, Inc., 2001.

PREMACHANDRA, I. M. An Approximation of the Activity Duration Distribution in PERT. *Computers and Operations Research*.v. 28, n. 5, April 2001, p. 443-52.

ROE, Justin. Bringing Discipline to Project Management. *Harvard Business Review*. April 1998, p. 153-60.

SANDER, Wayne. The Project Manager's Guide. *Quality Progress*. January 1998, p. 109.

VAZIRI, Kabeh, CARR,Paul G., NOZICK, Linda K. Project Planning for Construction under Uncertainty with Limited Resources. *Journal of Construction Engineering & Management*. v. 133, n. 4, 2007, p. 268-76.

WALKER II, Edward D. Introducing Project Management Concepts Using a Jewelry Store Robbery. *Decision Sciences Journal of Innovative Education*.v. 2, n. 1, 2004, p. 65-69.

LU, Ming, LI, Heng. Resource-Activity Critical-Path Method for Construction Planning. *Journal of Construction Engineering & Management*. v. 129, n. 4, 2003, p. 412-20.

APÊNDICE 13.1: GESTÃO DE PROJETO COM O QM PARA WINDOWS

O PERT é uma das técnicas de projeto de gerenciamento mais populares. Neste capítulo, exploramos o exemplo da General Foundry. Quando os tempos esperados e as variâncias foram calculados para cada atividade, podemos usar os dados para determinar a folga, o caminho crítico e o tempo total para a finalização do projeto. O Programa 13.2A mostra a entrada do QM para Windows para o problema da General Foundry. Selecionando a lista precedente como o tipo de rede, os dados podem ser inseridos sem nunca construir a rede. O método indicado é para estimativas de três tempos, embora isso possa ser mudado para uma estimativa única, aceleração ou orçamento do custo. O Programa 13.2B fornece a saída para o problema da General Foundry. O caminho crítico consiste em atividades com folga zero.

PROGRAMA 13.2A
Tela de entrada do QM para Windows para a General Foundry.

	Optimistic time	Most Likely time	Pessimistic time	Prec 1	Prec 2	Prec 3	Prec 4	Prec 5
A	1	2	3					
B	2	3	4					
C	1	2	3	A				
D	2	4	6	B				
E	1	4	7	C				
F	1	2	9	C				
G	3	4	11	D	E			
H	1	2	3	F	G			

PROGRAMA 13.2B
Tela da solução do QM para Windows para a General Foundry.

Project Management (PERT/CPM) Results							
General Foundry Solution							
	Activity time	Early Start	Early Finish	Late Start	Late Finish	Slack	Standard
Project	15						1,7638
A	2	0	2	0	2	0	,3333
B	3	0	3	1	4	1	,3333
C	2	2	4	2	4	0	,3333
D	4	3	7	4	8	1	,6667
E	4	4	8	4	8	0	1
F	3	4	7	10	13	6	1,3333
G	5	8	13	8	13	0	1,3333
H	2	13	15	13	15	0	,3333

Além da gestão de projeto básico, o QM para Windows também permite a aceleração do projeto em que recursos adicionais são usados para reduzir o tempo de finalização do projeto. O Programa 13.3A mostra a tela de entrada para os dados da General Foundry da Tabela 13.9. A saída é mostrada no Programa 13.1B. Isso indica que o tempo normal é de 15 semanas, mas o projeto pode ser finalizado em 7 semanas, se necessário; ele pode ser finalizado em qualquer número de semanas entre 7 e 15. Selecionar Windows – Crash Schedule fornece informação adicional relacionada a esses outros tempos.

PROGRAMA 13.3A
Tela de Entrada do QM para Windows para a aceleração do exemplo da General Foundry.

	Normal time	Crash time	Normal Cost	Crash Cost	Prec 1	Prec 2	Prec 3	Prec 4	Prec 5
General Foundry									
A	2	1	22	23					
B	3	1	30	34					
C	2	1	26	27	A				
D	4	3	48	49	B				
E	4	2	56	58	C				
F	3	2	30	30,5	C				
G	5	2	80	86	D	E			
H	2	1	16	19	F	G			

PROGRAMA 13.3B
Tela da saída do QM para Windows para o exemplo da General Foundry.

	Normal time	Crash time	Normal Cost	Crash Cost	Crash cost/pd	Crash by	Crashing cost
General Foundry Solution							
Project	15	7					
A	2	1	22	23	1	1	1
B	3	1	30	34	2	2	4
C	2	1	26	27	1	1	1
D	4	3	48	49	1	1	1
E	4	2	56	58	1	2	2
F	3	2	30	30,5	,5	0	0
G	5	2	80	86	2	3	6
H	2	1	16	19	3	1	3
TOTALS			308				18

Monitorar e controlar projetos é sempre um aspecto importante do projeto de gerenciamento. Neste capítulo, demonstramos como construir orçamentos usando os tempos dos inícios mais cedo e os tempos dos términos mais cedo. Os Programas 13.4 e 13.5 mostram como o QM para Windows pode ser usado para desenvolver orçamentos com os inícios mais cedo e com os términos mais tarde para um projeto. Os dados são do exemplo da General Foundry nas Tabelas 13.6 e 13.7.

PROGRAMA 13.4
QM para Windows para orçamento com os inícios mais cedo da General Foundry.

General Foundry Solution

	Period 1	Period 2	Period 3	Period 4	Period 5	Period 6	Period 7	Period 8	Period 9	Period 10	Period 11	Period 12	Period 13	Period 14	Period 15
A	11.	11.													
B	10.	10.	10.												
C			13.	13.											
D				12.	12.	12.	12.								
E					14.	14.	14.	14.							
F					10.	10.	10.								
G									16.	16.	16.	16.	16.		
H														8.	8.
Total in	21.	21.	23.	25.	36.	36.	36.	14.	16.	16.	16.	16.	16.	8.	8.
Cumulative	21.	42.	65.	90.	126.	162.	198.	212.	228.	244.	260.	276.	292.	300.	308.

PROGRAMA 13.5
QM para Windows para orçamento com os inícios mais tarde da General Foundry.

General Foundry Solution

	Period 1	Period 2	Period 3	Period 4	Period 5	Period 6	Period 7	Period 8	Period 9	Period 10	Period 11	Period 12	Period 13	Period 14	Period 15
A	11.	11.													
B		10.	10.	10.											
C			13.	13.											
D					12.	12.	12.	12.							
E					14.	14.	14.	14.							
F											10.	10.	10.		
G									16.	16.	16.	16.	16.		
H														8.	8.
Total in	11.	21.	23.	23.	26.	26.	26.	26.	16.	16.	26.	26.	26.	8.	8.
Cumulative	11.	32.	55.	78.	104.	130.	156.	182.	198.	214.	240.	266.	292.	300.	308.

CAPÍTULO 14

Filas e Modelos de Teoria das Filas

OBJETIVOS DE APRENDIZAGEM

Depois de ler este capítulo, os alunos serão capazes de:

1. Descrever o compromisso entre curvas de custo de espera e custo de serviço
2. Entender as três partes de um sistema de filas: a população, a própria fila e as instalações de serviço
3. Descrever as configurações dos sistemas básicos de filas
4. Entender as hipóteses dos modelos simples apresentados neste capítulo
5. Analisar as várias características operacionais das filas

VISÃO GERAL DO CAPÍTULO

14.1 Introdução
14.2 Custos das filas
14.3 Características de um sistema de filas
14.4 Modelo de filas de um único canal com chegadas de Poisson e tempos de serviço exponenciais ($M/M/1$)
14.5 Modelo de filas multicanal com chegadas de Poisson e tempos de serviço exponenciais ($M/M/m$)
14.6 Modelo com tempo de serviço constante ($M/D/1$)
14.7 Modelo de população finita ($M/M/1$ com fonte finita)
14.8 Algumas relações gerais de características operacionais
14.9 Modelos de filas mais complexos e o uso da simulação

Resumo • Glossário • Equações-chave • Problemas resolvidos • Autoteste • Questões para discussão e problemas • Problemas extras na Internet • Estudo de caso: Fundição New England • Estudo de caso: Hotel Winter Park • Estudos de caso na Internet • Bibliografia

Apêndice 14.1: Usando o QM para Windows

14.1 INTRODUÇÃO

O estudo das filas, denominado de teoria das filas, é uma das técnicas mais antigas e mais utilizadas de análise quantitativa. Filas são ocorrências diárias, que afetam pessoas fazendo compras em supermercados, abastecendo o carro, fazendo um depósito no banco ou esperando ao telefone uma resposta da atendente de linha área. As filas também podem assumir a forma de máquinas à espera de conserto, caminhões aguardando a descarga ou aviões em linha esperando autorização para a decolagem. Os três componentes básicos de um processo de filas são as chegadas, as estações de serviço e a fila de espera real.

Neste capítulo, discutimos como modelos analíticos de filas podem auxiliar administradores a avaliar o custo e a eficácia dos sistemas de serviço. Começamos analisando os custos das filas e depois descrevemos suas características e as suposições matemáticas utilizadas para desenvolver os modelos de filas. Também fornecemos as equações necessárias para calcular as características operacionais de um sistema de serviço e mostramos exemplos de como elas são utilizadas. Você ainda vai aprender como economizar tempo computacional por meio da aplicação de tabelas de filas e da execução de programas computacionais de filas.

14.2 CUSTOS DAS FILAS

Um dos objetivos da análise de filas é encontrar o melhor nível de serviço de uma empresa.

Muitos problemas de filas estão centrados na questão de encontrar o nível ideal de serviço que uma empresa deve prover. Os supermercados devem decidir quantos caixas devem estar disponíveis. Postos de gasolina precisam decidir quantas bombas devem funcionar e quantos atendentes contratar. Plantas de manufatura devem determinar o número ótimo de mecânicos em serviço a cada turno para consertar máquinas que quebram. Bancos devem decidir quantos caixas devem estar abertos para atender os clientes durante várias horas do dia. Em muitos casos, esse nível de serviço é uma opção sobre a qual o administrador tem controle. Um caixa extra, por exemplo, pode ser emprestado de outra ocupação ou pode ser contratado e treinado rapidamente se a demanda justificar. No entanto, nem sempre esse é o caso. Uma fábrica pode não conseguir localizar ou contratar um mecânico treinado para reparar máquinas eletrônicas sofisticadas.

Quando uma empresa *tem* controle, seu objetivo é normalmente encontrar uma solução intermediária entre os dois extremos. Por outro lado, uma empresa pode reter uma grande equipe e fornecer muita prestação de serviço. Isso pode resultar em um excelente serviço ao consumidor, com raramente mais do que um ou dois clientes na fila. Os clientes ficam satisfeitos com a rápida resposta e apreciam a conveniência. Isso, contudo, pode ser muito caro.

O outro extremo é ter o *mínimo* possível de caixas, bombas de gasolina ou atendentes. Isso irá manter um *custo de serviço* mínimo, mas pode resultar em insatisfação do cliente. Quantas vezes você irá retornar à grande loja de departamentos que teve somente um caixa aberto no dia que você fez compras? À medida que o tamanho da fila aumenta, resultando em um serviço ruim, consumidores e a reputação podem ser perdidos.

Administradores devem balancear entre o custo de fornecer um bom serviço e o custo do tempo de espera do cliente, sendo esse último difícil de quantificar.

Muitos administradores reconhecem o equilíbrio que deve ser mantido entre o custo de fornecer um bom serviço e o custo do tempo de espera do cliente. Eles querem filas que sejam curtas o suficiente para não gerar insatisfação dos clientes e não fazer com que eles desistam da compra ou que comprem, mas nunca voltem. Mas eles estão dispostos a permitir algum tempo de espera se isso tiver como contrapartida uma significativa redução nos custos de serviço.

Uma forma de avaliar uma instalação de serviço é analisar o custo esperado total, um conceito ilustrado na Figura 14.1. O custo esperado total é a soma do custo esperado do serviço mais o custo esperado da demora.

HISTÓRIA — Como os modelos de filas começaram

A teoria das filas começou com o trabalho de pesquisa de um engenheiro dinamarquês chamado A. K. Erlang. Em 1909, Erlang testou flutuações da demanda no tráfego telefônico. Oito anos depois, ele publicou um relatório abordando os atrasos nos equipamentos de discagem automática. No final da Segunda Guerra Mundial, o trabalho de Erlang foi estendido para problemas mais gerais e para aplicações de filas nos negócios.

Os custos de serviço aumentam à medida que uma empresa tenta melhorar seu nível de serviço. Por exemplo, se três equipes de estivadores, em vez de duas, são empregadas para descarregar um navio de carga, os custos de serviço aumentam pelo preço adicional dos salários. Contudo, à medida que o serviço melhora em rapidez, o custo do tempo de espera nas filas diminui. Esse custo de espera pode refletir uma perda de produtividade dos trabalhadores enquanto esperam que ferramentas ou máquinas sejam consertadas ou pode ser uma estimativa dos custos da perda de consumidores em virtude de um péssimo serviço e longas filas.

O custo total esperado é a soma do custo do serviço mais o custo de espera.

Exemplo da companhia de transporte Three Rivers

Como um exemplo, vamos analisar o caso da empresa de transporte Three Rivers, que opera uma grande instalação portuária no rio Ohio, próximo a Pittsburgh. Aproximadamente cinco navios chegam para descarregar suas cargas de aço e minério a cada turno de 12 horas de trabalho. Cada hora que um navio fica na fila esperando para ser descarregado custa à empresa uma grande quantia de dinheiro, aproximadamente $1000 por hora. Da experiência, os administradores estimam que se uma equipe de estivadores ficar encarregada do trabalho de descarga, cada navio irá esperar uma média de sete horas para ser descarregado. Se duas equipes estiverem trabalhando, o tempo médio de espera cai para quatro horas; para três equipes, esse tempo é de três, e para quatro equipes de estivadores, cada navio terá que esperar em média apenas duas horas. Mas cada equipe adicional de estivadores tem um custo elevado devido aos contratos com o sindicato.

O superintendente da Three Rivers quer determinar o número ótimo de equipes de estivadores para trabalhar em cada turno. O objetivo é minimizar os custos totais esperados. Essa análise está resumida na Tabela 14.1. Para minimizar a soma dos custos do serviço e dos custos de espera, a empresa decidiu utilizar duas equipes de estivadores em cada turno.

O objetivo é encontrar o nível de serviço que minimiza o custo esperado total.

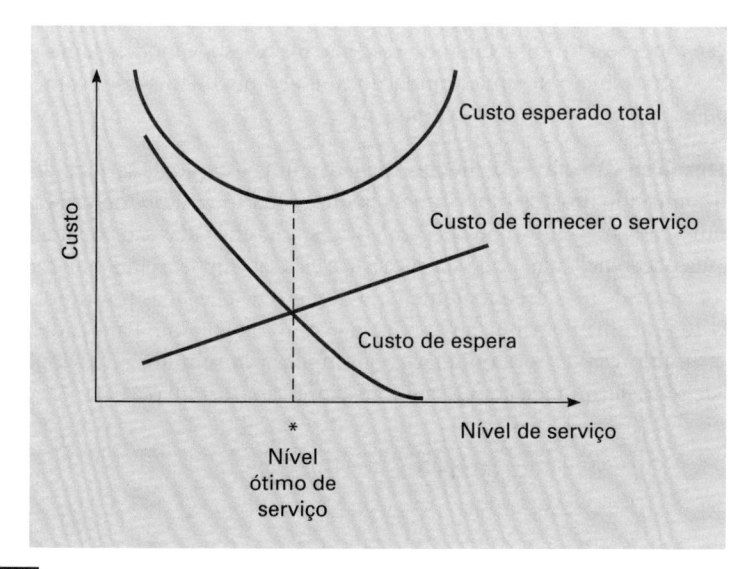

FIGURA 14.1 Custos e níveis de serviço de uma fila.

TABELA 14.1 Análise dos custos das filas de espera da Three Rivers

	Número de equipes de estivadores trabalhando			
	1	2	3	4
(a) Número médio de navios chegando por turno	5	5	5	5
(b) Tempo médio que cada navio espera para ser descarregado (horas)	7	4	3	2
(c) Total de horas perdidas por navio por turno ($a \times b$)	35	20	15	10
(d) Custo estimado por hora do tempo de espera de um navio	$1000	$1000	$1000	$1000
(e) Valor do tempo perdido pelo navio ou custo de espera ($c \times d$)	$35000	$20000	$15000	$10000
(f) Salários* da equipe de estivadores ou custo do serviço	$6000	$12000	$18000	$24000
(g) Custo total esperado ($e + f$)	$41000	($32000) ← Custo ótimo	$33000	$34000

* Os salários da equipe de estivadores são calculados como o número de pessoas em uma equipe padrão (assume-se que 50) vezes o número de horas que cada pessoa trabalha por dia (12 horas) vezes o salário horário de $10 por hora. Se duas equipes são utilizadas, os custos são apenas dobrados.

14.3 CARACTERÍSTICAS DE UM SISTEMA DE FILAS

Nesta seção, vamos examinar os três componentes de um sistema de filas: (1) as chegadas ou entradas no sistema (às vezes denominadas *população fonte*), (2) a fila propriamente dita e (3) a estação de serviço. Esses três componentes têm certas características que devem ser analisadas antes de os modelos matemáticos de filas serem desenvolvidos.

Características de chegada

A fonte de entrada que gera chegadas ou clientes para o sistema de serviço tem três características principais. É importante considerar o *tamanho* da população fonte, o *padrão* das chegadas na fila e o *comportamento* das chegadas.

Na maioria dos modelos de fila, assume-se que a população é infinita.

Tamanho da população O tamanho da população é considerado como sendo não limitado (*infinito*) ou limitado (*finito*). Quando o número de clientes ou chegadas em um dado momento é apenas uma pequena parte das chegadas potenciais, a população fonte é considerada infinita. Para objetivos práticos, exemplos de populações infinitas incluem carros esperando em um posto de pedágio de uma rodovia, compradores chegando a um supermercado ou estudantes fazendo a matrícula em uma grande universidade. Muitos modelos de fila assumem que a população fonte seja infinita. Quando esse não for o caso, a modelagem se torna muito mais complexa. Um exemplo de uma população finita é uma oficina com somente oito máquinas que podem quebrar e precisar de conserto.

As chegadas são aleatórias quando não podem ser previstas. Assume-se, também, que elas sejam independentes umas das outras.

Padrões de chegada no sistema Os clientes chegam a uma estação de serviço de acordo com algum critério conhecido (por exemplo, um paciente a cada 15 minutos ou um estudante para aconselhamento a cada meia hora) ou chegam ao acaso. As chegadas são consideradas aleatórias quando a sua ocorrência não pode ser prevista e elas são supostas independentes uma das outras. Em problemas de filas, frequentemente o número de chegadas por unidade de tempo pode ser descrito por uma distribuição conhecida como de Poisson. Para cada índice dado, como dois consumidores por hora ou quatro caminhões por minuto, a distribuição discreta de Poisson pode ser determinada com a seguinte expressão (fórmula):

$$P(X) = \frac{e^{-\lambda}\lambda^X}{X!} \quad \text{para} \quad X = 0,1,2,3,4,\ldots \tag{14-1}$$

onde:

$P(X)$ = probabilidade de X chegadas

X = número de chegadas por unidade de tempo

λ = taxa de chegadas

$e = 2,71828\ldots$

Com a ajuda de tabela do Apêndice C, os valores de $e^{-\lambda}$ são fáceis de encontrar. Podemos utilizá-los na fórmula para encontrar probabilidades. Por exemplo, se $\lambda = 2$, do Apêndice C encontramos que $e^{-2} = 0,1353$. As probabilidades de Poisson de que $x = 0, 1, 3$ quando $\lambda = 2$ são:

A distribuição de probabilidade de Poisson é utilizada em muitos modelos de filas para representar o padrão das chegadas dos clientes.

$$P(X) = \frac{e^{-\lambda}\lambda^X}{X!}$$

$$P(0) = \frac{e^{-2}2^0}{0!} = \frac{(0,1353)1}{1} = 0,1353 = 14\%$$

$$P(1) = \frac{e^{-2}2^1}{1!} = \frac{e^{-2}2}{1} = \frac{0,1353(2)}{1} = 0,2706 = 27\%$$

$$P(2) = \frac{e^{-2}2^2}{2!} = \frac{e^{-2}4}{2(1)} = \frac{0,1353(4)}{2} = 0,2706 = 27\%$$

Essas probabilidades, bem como outras para $\lambda = 2$ e $\lambda = 4$, são mostradas na Figura 14.2. Note que a probabilidade de que nove ou mais clientes cheguem em um determinado período de tempo é praticamente nula. As chegadas, é claro, nem sempre seguem um modelo de Poisson (elas podem seguir outras distribuições) e devem ser examinadas para garantir que se encaixam no modelo antes que essa distribuição seja aplicada. Isso normalmente envolve observar as chegadas, fazer um gráfico dos dados e aplicar testes estatísticos de aderência, tópico discutido em textos mais avançados.

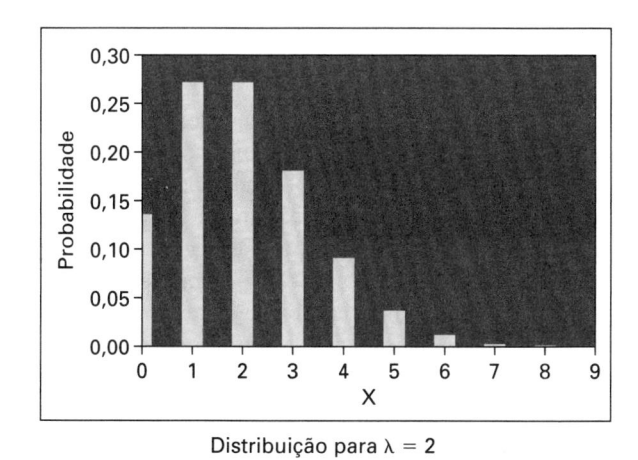

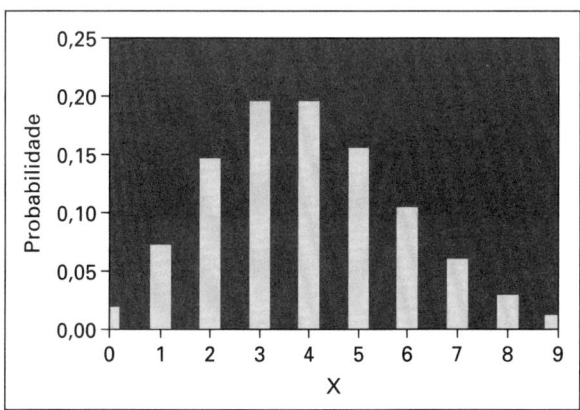

FIGURA 14.2 Exemplos de distribuição de Poisson para duas taxas de chegada diferentes.

Comportamento das chegadas Muitos modelos de filas assumem que um cliente chegando é um cliente paciente. Clientes pacientes são pessoas ou máquinas que esperam na fila até que eles sejam atendidos e não trocam de fila. Infelizmente, a vida e a análise quantitativa são complicadas pelo fato de que as pessoas podem se recusar a esperar ou desistir. A recusa consiste no cliente que não entra na fila porque ela está muito longa e não atende suas necessidades ou interesses. A desistência é caracterizada por clientes que entram na fila, mas se tornam impacientes com a demora e vão embora sem o atendimento. De fato, essas duas situações servem para acentuar a necessidade de uma teoria e uma análise de filas. Quantas vezes você já viu um comprador em um supermercado com um carrinho cheio de produtos – incluindo perecíveis, como leite, comida congelada ou carne – simplesmente abandonar o local antes de passar pelo caixa porque a fila estava muito longa? Essa ocorrência dispendiosa para a loja torna os administradores conscientes da importância de decisões sobre os níveis de serviço.

Os conceitos de recusa e desistência.

Características das filas de espera

A própria fila é o segundo componente de um sistema de filas. O comprimento de uma filha pode ser tanto limitado quanto ilimitado. Uma fila é limitada quando ela não pode, por restrições físicas, aumentar até o infinito. Esse pode ser o caso de um pequeno restaurante que tem somente 10 mesas e não pode servir mais de 50 jantares. Modelos de filas analíticos são abordados neste capítulo sob a suposição de serem ilimitados no tamanho da fila. Uma fila é ilimitada quando o seu tamanho não é restrito, como no caso de um posto de pedágio cobrando os automóveis que chegam.

Assume-se nos modelos desse capítulo que as filas podem ser infinitas.

Uma segunda característica das filas é a disciplina. Isso se refere à regra pela qual os clientes na fila receberão o serviço. Muitos sistemas utilizam uma disciplina conhecida como FIFO (*First-In, Fist-Out* – Primeiro que chega, primeiro que sai). Em uma sala de emergência de um hospital ou em um caixa expresso de supermercado, contudo, várias outras prioridades podem prevalecer sobre o FIFO. Pacientes que estão muito mal terão prioridade de atendimento sobre pacientes com dedos ou narizes quebrados. Clientes com menos de 10 itens tem prioridade nos caixas expressos. O sistema operacional de um computador é outro exemplo de um sistema de fila que opera com uma programação de prioridades. Em muitas grandes empresas, quando a folha de pagamento precisa ser rodada em datas específicas, o programa tem prioridade sobre qualquer outro que estiver sendo executado.[1]

Muitos modelos de filas utilizam a regra FIFO. Isso não é adequado a todos os sistemas de serviço, principalmente àqueles que lidam com emergências.

Características das instalações de serviços

O terceiro componente de um sistema de filas é a estação de serviço. É importante examinar duas propriedades básicas: (1) a configuração do sistema de serviço e (2) o padrão do tempo de serviço.

Configuração básica do sistema de filas Sistemas de serviço são normalmente classificados com relação ao seu número de servidores e ao número de etapas ou paradas do serviço que devem ser feitas. Um *sistema de canal único*, com um servidor, pode ser exemplificado por um banco *drive-in* que tem apenas um caixa de atendimento aberto, ou por um restaurante de comida rápida *drive-through* que se tornou muito popular em vários países. Se, por outro lado, o banco tiver vários caixas funcionando e cada consumidor espera em uma única fila pelo primeiro caixa disponível, um *sistema multicanal* estará funcionando. Muitos bancos hoje utilizam sistemas de serviço multicanal, como grandes barbearias e muitos balcões de companhias aéreas.

O número de canais de serviço em um sistema de filas é o número de servidores.

Um sistema de uma única fase é aquele em que o consumidor recebe serviço de uma única estação (ou servidor) e depois sai do sistema. Um restaurante de comida rápida no qual a pessoa que recebe o pedido também traz a comida e recebe o pagamento é um sistema de uma única fase. Uma agência de liberação de carteiras de motorista em que a pessoa faz a requisição, pontua no teste e depois paga a taxa da carteira é outro exemplo. Mas se o restaurante

Um sistema de fase única significa que o cliente é atendido em uma única estação antes de sair do sistema. Um sistema multifase significa duas ou mais paradas antes de sair do sistema.

---

[1] O termo FIFS (*First In, First Served* – primeiro a chegar, primeiro a ser atendido) é frequentemente utilizado no lugar do FIFO. Outra disciplina de fila é a LIFS (*last in, first served* – último a entrar, primeiro a ser atendido), comum quando o material está empilhado e os itens no topo são usados primeiro.

requer que você faça o pedido em um local, pague em outro e pegue a comida em um terceiro, ele se torna um sistema multifase. De modo semelhante, se o posto do DETRAN é grande ou muito frequentado, você deverá, provavelmente, esperar numa fila para fazer a requisição (a primeira parada ou fase), depois entrar em outra fila para fazer o teste ou exame médico (a segunda parada), ir ao banco pagar a taxa (terceira fase) e retornar mais tarde para pegar a carteira (última fase). Para auxiliá-lo a relacionar os conceitos de canais e fases, a Figura 14.3 apresenta quatro possíveis configurações.

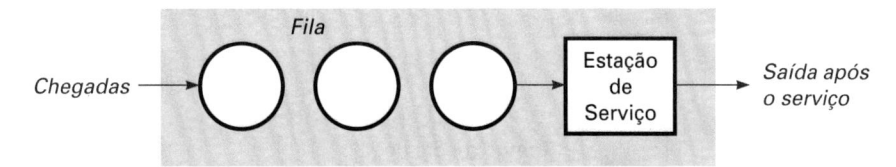

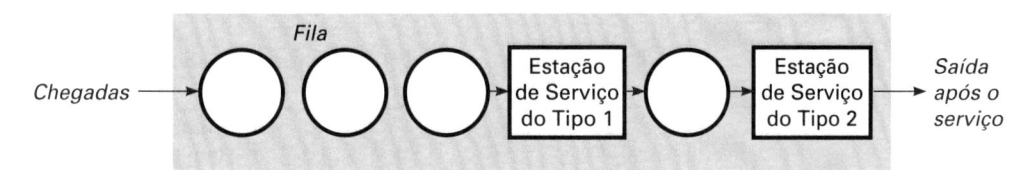

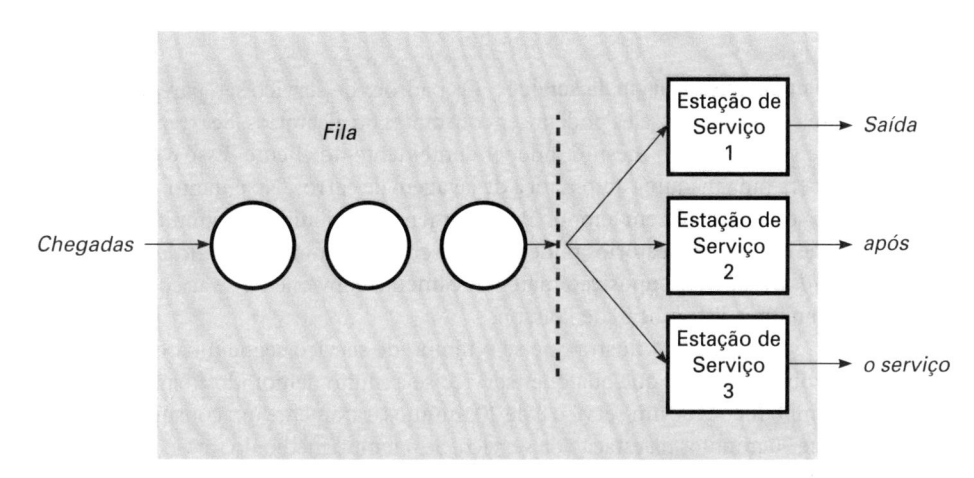

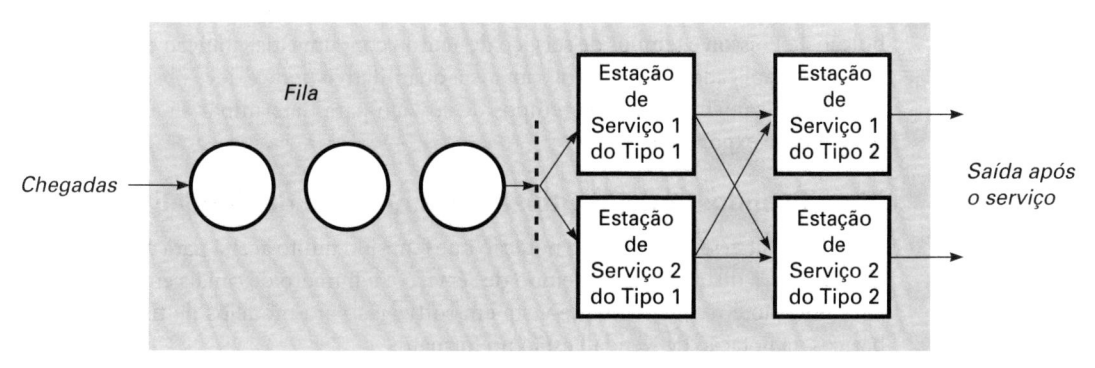

FIGURA 14.3 Quatro configurações básicas de um sistema de filas.

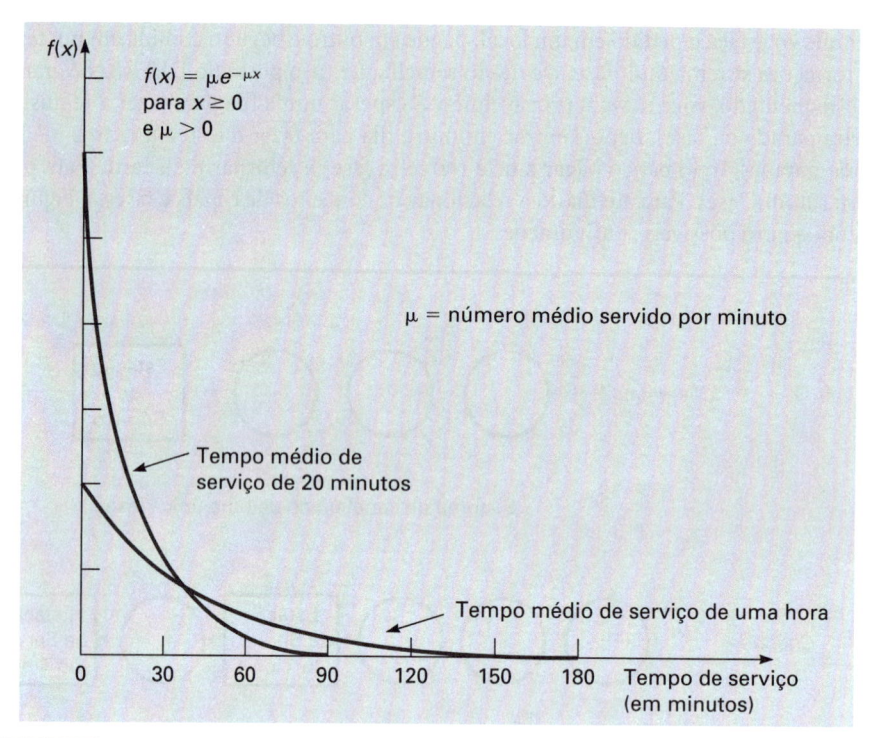

FIGURA 14.4 Dois exemplos da distribuição exponencial para tempos de serviços (veja a Seção 2.13 para uma discussão sobre esse modelo).

Distribuição do tempo de serviço Os padrões de serviço são parecidos com os das chegadas no sentido de que eles podem ser constantes ou aleatórios. Se o tempo do serviço é constante, ele será sempre o mesmo independentemente do cliente. Esse é o caso em um serviço que opera uma máquina automática de lavagem de carros. No entanto, é mais comum que o serviço seja executado em tempos aleatoriamente distribuídos. Em muitos casos, podemos assumir que os tempos aleatórios podem ser descritos por uma *distribuição de probabilidade exponencial*. Essa é uma suposição matematicamente conveniente se as chegadas ocorrem de acordo com uma distribuição de Poisson.

Os tempos de serviço frequentemente seguem uma distribuição exponencial negativa.

A Figura 14.4 ilustra que se o tempo de serviço segue uma distribuição exponencial, a probabilidade de que qualquer serviço seja muito demorado é baixa. Por exemplo, quando o tempo médio de um serviço é de 20 minutos, raramente um consumidor irá demorar mais do que 90 minutos na estação de serviço. Se o tempo médio do serviço é de uma hora, a probabilidade de gastar mais do que 180 minutos sendo servido é praticamente zero.

É importante verificar que as hipóteses, de chegadas de Poisson e tempos de serviço exponenciais, são válidas antes de utilizar o modelo.

A distribuição exponencial é importante no processo de construir modelos matemáticos de filas porque a base teórica de muitos modelos supõe chegadas de acordo com uma distribuição de Poisson e tempos de serviço de acordo com uma distribuição exponencial. Antes de eles serem aplicados, entretanto, o analista quantitativo pode e deve observar, coletar e representar graficamente dados de tempos de serviço para determinar se eles se ajustam a uma distribuição exponencial.

Identificando modelos utilizando a notação de Kendall

D. G. Kendall desenvolveu uma notação que tem sido muito aceita para especificar os padrões de chegada, a distribuição do tempo de serviço e o número de canais em um sistema de filas. Essa notação é frequentemente vista em softwares para modelos de filas. Os três símbolos básicos da notação de Kendall estão no formato:

Distribuição de chegadas /Distribuição do tempo de serviço/Número de canais de serviço abertos

| MODELAGEM NO MUNDO REAL | Serviços públicos de saúde do condado de Montgomery |

Definir o problema

Em 2002, o Centro de Controle e Prevenção de Doenças passou a exigir que os departamentos de saúde pública criassem planos para a vacinação contra a varíola. Um condado deve estar preparado para vacinar qualquer pessoa na área infectada em poucos dias. Isso se tornou uma preocupação principalmente depois dos ataques terroristas de 11 de setembro de 2001.

Desenvolver o modelo

Modelos de filas para planejamento de capacidade e modelos de simulação de eventos discretos foram desenvolvidos em um esforço conjunto do Serviço de Saúde Pública do Condado de Montgomery (Maryland) e da Universidade de Maryland em College Park.

Obter os dados de entrada

Dados foram coletados sobre a época em que a vacinação deveria ocorrer e os remédios a serem utilizados. Exercícios clínicos foram utilizados para essa finalidade.

Desenvolver a solução

Os modelos indicaram o número de funcionários necessário para obter capacidades específicas e evitar o congestionamento nas clínicas.

Testar a solução

O plano de vacinação contra a varíola foi testado por meio da simulação de uma clínica de vacinação fictícia em um exercício completo envolvendo residentes passando pela clínica. Isso ressaltou a necessidade de modificações em algumas áreas. Um modelo de simulação computacional foi desenvolvido para testes adicionais.

Analisar os resultados

Os resultados do planejamento de capacidades e dos modelos de filas fornecem boas estimativas do desempenho real do sistema. Os planejadores das clínicas e administradores podem rapidamente estimar a capacidade e a congestão com o desenvolvimento da situação.

Implementar os resultados

Os profissionais da saúde podem baixar os resultados desse estudo de um site. As diretrizes incluem sugestões para operações de estações de trabalho. As melhorias do processo são contínuas.

Fonte: Baseado em AABY, Kay et al. Montgomery County's Public Health Service Operations Research to Plan Emergency Mass Dispensing and Vaccination Clinics. Interfaces. v. 36, n. 6, November-December 2006, p. 569-79.

em que letras específicas são utilizadas para representar distribuições de probabilidade. As seguintes letras são comumente utilizadas na notação de Kendall:

M = Distribuição de Poisson para o número de ocorrências (ou tempos exponenciais)

D = Taxa constante (determinística)

G = Distribuição geral com média e variância conhecidas

Assim, um modelo de canal único com chegadas de Poisson e tempo de serviço exponencial será representado por:

$$M/M/1$$

Quando um segundo canal é adicionado, teremos:

$$M/M/2$$

Um modelo M/M/2 tem chegadas de Poisson, tempos de serviço exponenciais e dois canais.

EM AÇÃO — Utilizando a teoria das filas em uma clínica de olhos de um hospital

A clínica de olhos para pacientes ambulatoriais no Hospital Royal Preston, no Reino Unido, não é diferente de qualquer outra no mundo. Ela está frequentemente com excesso de consultas, superlotada e com tempo de espera dos pacientes excessivo. Mesmo que o anunciado seja que os pacientes não esperam mais de 30 minutos para serem atendido após a hora marcada, na verdade eles esperam em média 50 minutos.

Muitos problemas em clínicas hospitalares podem ser explicados como um círculo vicioso de eventos: (1) as secretárias aceitam reservas em excesso em virtude da grande quantidade de pacientes; (2) isso significa que os pacientes terão que enfrentar longas filas; (3) médicos ficam sobrecarregados; e (4) quando um médico fica doente, as secretárias gastam muito tempo cancelando e remarcando as consultas.

Para romper esse círculo, a clínica do Royal Preston precisava reduzir o tempo de espera dos pacientes. Isso foi feito pela aplicação de modelos de filas dirigidos por computador e pela tentativa de reduzir a variabilidade do tempo dos pacientes. O hospital utilizou um software de filas para tratar especificamente da estatística dos 30 minutos da declaração ao paciente. Os pesquisadores assumiram que: (1) cada paciente chega no horário; (2) a distribuição do serviço era conhecido pelo histórico; (3) 12% dos pacientes faltavam às consultas; (4) 1/3 dos pacientes entrava na fila para uma segunda consulta.

Fazendo uma lista de 13 recomendações (muitas não quantitativas) para a clínica, os pesquisadores retornaram dois anos depois para verificar que muitas das suas sugestões foram seguidas (ou pelo menos houve uma tentativa), embora o desempenho da clínica não mostrasse uma grande melhoria. O tempo de espera dos pacientes ainda era longo, a clínica continuava superlotada e consultas precisavam ser canceladas. A conclusão: os modelos podem auxiliar a entender um problema, mas alguns problemas, como esse da clínica ambulatorial, são confusos e difíceis de resolver.

Fonte: Com base em BENNETT J. C., WORTHINGTON D. J. An Example of Good but Partially Successful OR Engagement: Improving Outpatient Clinic Operations. Interfaces. v.28, n. 5, September-October 1998, p. 56-69.

Se existem m canais distintos de serviço no sistema de filas com chegadas de Poisson e tempos de serviço exponencial, a notação de Kendall será $M/M/m$. Um sistema de três canais com chegadas de Poisson e tempo de serviço constante será identificado por $M/D/3$. Um sistema de quatro canais com chegadas de Poisson e tempos de serviço que são normalmente distribuídos será identificado por $M/G/4$.

Existe uma notação mais detalhada com termos adicionais que indicam a capacidade máxima do sistema e o tamanho da população. Quando eles são omitidos assume-se que não existe limites para o tamanho da fila e da população. Muitos dos modelos que estudaremos apresentam essas propriedades.

14.4 MODELO DE FILAS DE UM ÚNICO CANAL COM CHEGADAS DE POISSON E TEMPOS DE SERVIÇO EXPONENCIAIS ($M/M/1$)

Estas sete hipóteses devem ser satisfeitas para a utilização do modelo de um único canal e uma única fase.

Nesta seção, apresentamos uma abordagem analítica para determinar medidas de desempenho importantes de um sistema de serviço típico. Depois de essas medidas numéricas terem sido calculadas, será possível adicionar dados de custos e tomar decisões que equilibrem níveis de serviço desejados e custos de serviço de espera na fila.

Hipóteses do modelo

O modelo de um único canal e de uma única fase considerado é um dos modelos de filas mais simples e utilizados. Ele precisa que sete condições sejam satisfeitas:

1. As chegadas são atendidas com base na regra FIFO.
2. Cada chegada espera para ser atendida independentemente do tamanho da fila, isto é, não existe recusa ou desistência.
3. As chegadas são independentes, mas o número médio de chegadas (a taxa de chegadas) não muda com o tempo.
4. As chegadas são descritas por uma distribuição de probabilidade de Poisson e provém de uma população infinita ou muito grande.
5. O tempo de serviço varia de um cliente para outro e são independentes um do outro, mas sua taxa média é conhecida.

6. Os tempos de serviço ocorrem de acordo com uma distribuição de probabilidade exponencial.
7. A taxa média de serviço é maior do que a taxa média de chegadas.

Quando essas sete condições forem satisfeitas, podemos desenvolver uma série de equações que definem as *características operacionais* do sistema de filas. A matemática utilizada para derivar cada equação é bastante complexa e além do escopo deste livro, assim, apenas apresentaremos os resultados das fórmulas aqui.

Equações do modelo *M/M*/1

Seja:

λ = número médio de chegadas por período de tempo (por exemplo, por hora)

μ = número médio de pessoas ou itens atendidos por período de tempo.

Na determinação da taxa de chegadas (λ) e de serviço (μ), o mesmo período de tempo deve ser utilizado. Por exemplo, se λ é o número médio de chegadas por hora, então μ deve representar o número médio que pode ser atendidos por hora.

As equações das filas são:

1. O número médio de consumidores ou unidades no sistema, *L*; isto é, o número na fila mais o número sendo atendido:

$$L = \frac{\lambda}{\mu - \lambda} \qquad (14\text{-}2)$$

Essas sete equações de filas para o modelo de canal único e fase única descrevem as características operacionais importantes do sistema de serviço.

2. Tempo médio que um cliente gasta no sistema, *W*; isto é, o tempo gasto na fila mais o tempo sendo atendido:

$$W = \frac{1}{\mu - \lambda} \qquad (14\text{-}3)$$

3. Número médio de clientes na fila, L_q:

$$L_q = \frac{\lambda^2}{\mu(\mu - \lambda)} \qquad (14\text{-}4)$$

4. O tempo médio que um cliente gasta esperando na fila, W_q:

$$W_q = \frac{\lambda}{\mu(\mu - \lambda)} \qquad (14\text{-}5)$$

5. O *fator de utilização* do sistema, ρ (a letra grega minúscula rô); isto é, a probabilidade que a estação de serviço esteja sendo utilizada:

$$\rho = \frac{\lambda}{\mu} \qquad (14\text{-}6)$$

6. O percentual de tempo ocioso, P_0; isto é, a probabilidade que o sistema esteja vazio:

$$P_0 = 1 - \frac{\lambda}{\mu} \qquad (14\text{-}7)$$

7. A probabilidade de que o número de clientes no sistema seja maior do que *k*, $P_{n>k}$:

$$P_{n>k} = \left(\frac{\lambda}{\mu}\right)^{k+1} \qquad (14\text{-}8)$$

Caso da Oficina de Surdinas do Arnold

Agora aplicamos essas fórmulas ao caso da Oficina de Surdinas do Arnold em New Orleans. O mecânico da empresa, Reid Blank, consegue instalar novas surdinas a uma taxa de três por hora ou aproximadamente uma a cada 20 minutos. Os consumidores que precisam desse serviço chegam à oficina na média de duas por hora. Larry Arnold, o dono da oficina, estudou modelos de filas no seu programa de MBA e acredita que todas as sete condições para um modelo de único canal são satisfeitas. Ele calcula os valores numéricos das características operacionais do modelo:

$\lambda = 2$ carros chegando por hora

$\mu = 3$ carros atendidos por hora

$L = \dfrac{\lambda}{\mu - \lambda} = \dfrac{2}{3-2} = \dfrac{2}{1}$ = 2 carros no sistema em média

$W = \dfrac{1}{\mu - \lambda} = \dfrac{1}{3-2}$ = 1 hora é o tempo médio que um carro gasta no sistema

$L_q = \dfrac{\lambda^2}{\mu(\mu - \lambda)} = \dfrac{2^2}{3(3-2)} = \dfrac{4}{3(1)} = \dfrac{4}{3} = 1{,}33$ carros esperando na fila, em média

$W_q = \dfrac{\lambda}{\mu(\mu - \lambda)} = \dfrac{2}{3(3-2)} = \dfrac{2}{3}$ horas = 40 minutos = tempo médio de espera por carro

Observe que W e W_q estão em *horas*, uma vez que λ foi definido como o número de chegadas por hora.

$\rho = \dfrac{\lambda}{\mu} = \dfrac{2}{3} = 0{,}67$ = percentual do tempo que um mecânico está ocupado ou a probabilidade de que o servidor esteja ocupado

$P_0 = 1 - \dfrac{\lambda}{\mu} = 1 - \dfrac{2}{3} = 0{,}33$ = probabilidade de que o sistema esteja vazio

Probabilidade de mais do que k carros no sistema

k	$P_{n>k} = (2/3)^{k+1}$
0	0,667 ← *Note que isso é igual a $1 - P_0 = 1 - 0{,}33 = 0{,}667$.*
1	0,444
2	0,296
3	0,198 ← *Implica que existe uma chance de 19,8% de que mais de três carros estejam no sistema.*
4	0,132
5	0,088
6	0,058
7	0,039

Utilizando o Excel QM na Oficina de Surdinas Arnold O Excel QM pode facilmente resolver o modelo de canal único e de única fase do Arnold. Utilizando as equações apresentadas no Programa 14.1A, o Excel QM fornece os resultados no Programa 14.1B.

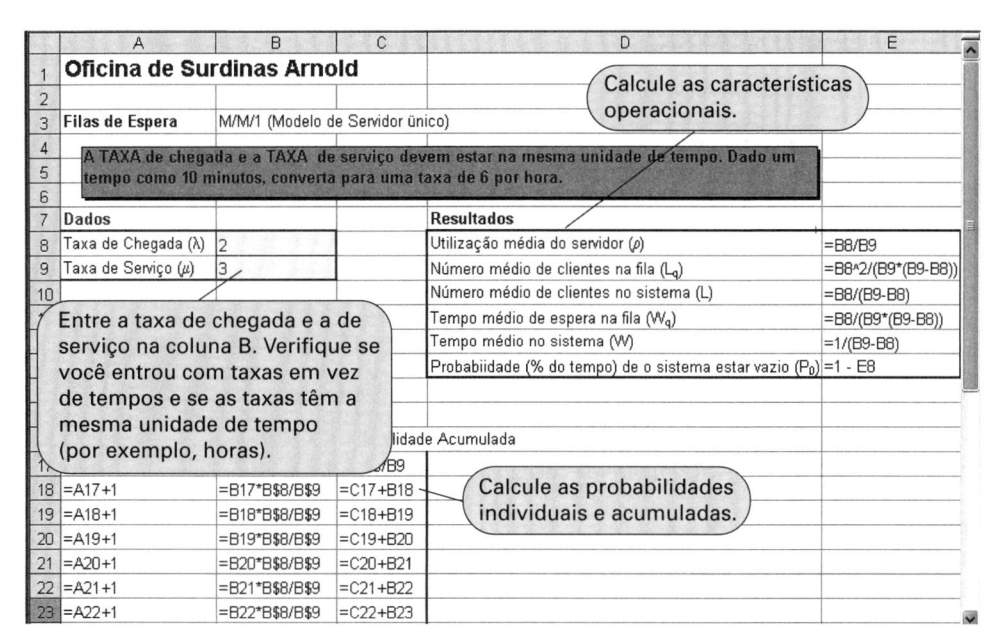

PROGRAMA 14.1A

Fórmulas e dados de entrada utilizando o Excel QM para Windows para o problema de filas da Oficina de Surdinas do Arnold.

	A	B	C	D	E
1	Oficina de Surdinas Arnold				
2					
3	Filas de Espera	M/M/1 (Modelo de Servidor único)			
4	A TAXA de chegada e a TAXA de serviço devem estar na mesma unidade de tempo. Dado um tempo como 10 minutos, converta para uma taxa de 6 por hora.				
5					
6					
7	Dados			Resultados	
8	Taxa de Chegada (λ)	2		Utilização média do servidor (ρ)	=B8/B9
9	Taxa de Serviço (μ)	3		Número médio de clientes na fila (L_q)	=B8^2/(B9*(B9-B8))
10				Número médio de clientes no sistema (L)	=B8/(B9-B8)
11				Tempo médio de espera na fila (W_q)	=B8/(B9*(B9-B8))
12				Tempo médio no sistema (W)	=1/(B9-B8)
13				Probabiidade (% do tempo) de o sistema estar vazio (P_0)	=1 - E8
14					
15					
16			Probabilidade Acumulada		
17			/B9		
18	=A17+1	=B17*B$8/B$9	=C17+B18		
19	=A18+1	=B18*B$8/B$9	=C18+B19		
20	=A19+1	=B19*B$8/B$9	=C19+B20		
21	=A20+1	=B20*B$8/B$9	=C20+B21		
22	=A21+1	=B21*B$8/B$9	=C21+B22		
23	=A22+1	=B22*B$8/B$9	=C22+B23		

Calcule as características operacionais.

Entre a taxa de chegada e a de serviço na coluna B. Verifique se você entrou com taxas em vez de tempos e se as taxas têm a mesma unidade de tempo (por exemplo, horas).

Calcule as probabilidades individuais e acumuladas.

PROGRAMA 14.1B

Resultados da análise com o Excel QM para o Programa 14.1A.

	A	B	C	D	E
1	Oficina de Surdinas Arnold				
2					
3	Filas de Espera	M/M/1 (Modelo de Servidor único)			
4	A TAXA de chegada e a TAXA de serviço devem estar na mesma unidade de tempo. Dado um tempo como 10 minutos, converta para uma taxa de 6 por hora.				
5					
6					
7	Dados			Resultados	
8	Taxa de Chegada (λ)	2		Utilização média do servidor (ρ)	0,6667
9	Taxa de Serviço (μ)	3		Número médio de clientes na fila (L_q)	1,3333
10				Número médio de clientes no sistema (L)	2,0000
11				Tempo médio de espera na fila (W_q)	0,6667
12				Tempo médio no sistema (W)	1,0000
13				Probabiidade (% do tempo) de o sistema estar vazio (P_0)	0,3333
14					
15	Probabilidades				
16	Número	Probabilidade	Probabilidade Acumulada		
17	0	0,333333	0,333333		
18	1	0,222222	0,555556		
19	2	0,148148	0,703704		
20	3	0,098765	0,802469		
21	4	0,065844	0,868313		
22	5	0,043896	0,912209		

Introduzindo custos no modelo Agora que as características de um sistema de filas foram calculadas, Arnold decide fazer uma análise econômica do seu impacto. O modelo de espera conseguiu prever potenciais tempos de espera, tamanho de fila, tempo de ociosidade e assim por diante. Mas ele não identificou decisões ótimas nem considerou fatores de custo. Como declarado antes, a solução de um problema de filas pode exigir que o administrador faça uma troca compensatória entre o custo elevado de proporcionar um serviço de melhor qualidade e os custos menores de espera em consequência da melhoria do serviço. Esses custos são denominados custos de espera e custos de serviço.

Fazer uma análise econômica é o próximo passo. Ela permite que fatores de custo sejam incluídos.

O custo total do serviço é:

Custo total do serviço = (Número de canais)(Custo por canal)

$$\text{Custo total do serviço} = mC_S \tag{14-9}$$

onde:

m = número de canais

C_S = custo do serviço (custo do trabalho) de cada canal

O custo de espera quando o custo do tempo de espera é baseado no tempo no sistema é:

Total do custo de espera = (Tempo total gasto esperando por todas as chegadas)(Custo de espera)

= (Número de chegadas)(Tempo médio de espera por chegada)C_W

assim:

$$\text{Custo total de espera} = (\lambda W)C_W \tag{14-10}$$

Se o custo do tempo de espera é baseado no tempo na fila, ele se torna:

$$\text{Custo total de espera} = (\lambda W_q)C_W \tag{14-11}$$

Esses custos são baseados em qualquer unidade de tempo (frequentemente horas) utilizada para determinar λ. Somando o custo total do serviço com o custo total de espera, temos o custo total do sistema de filas. Quando o tempo de espera for baseado no tempo no sistema, isso será:

Custo total = Custo total do serviço + Custo total de espera

$$\text{Custo total} = mC_S + \lambda W C_W \tag{14-12}$$

Quando o tempo de espera tem como base o tempo na fila, o custo total será:

$$\text{Custo total} = mC_S + \lambda W_q C_W \tag{14-13}$$

Às vezes, queremos determinar o custo diário e para tanto simplesmente encontramos o número total de chegadas por dia. Vamos considerar a situação da Oficina de Surdinas do Arnold.

O tempo de espera de um cliente frequentemente é considerado o fator mais importante.

Arnold estima que o custo de espera de um cliente, em termos da não satisfação do cliente e perda da reputação, é de $10 por hora de tempo gasto esperando na fila (depois que os carros já estão sendo atendidos, os clientes não se importam em esperar). Em virtude de um carro esperar em média 2/3 de uma hora e de aproximadamente 16 carros serem atendidos diariamente (dois por hora vezes oito horas por dia), o número total de horas que os clientes gastam esperando pela instalação da surdina a cada dia é (2/3)×16 = 32/3 ou 10 2/3 horas. Portanto, neste caso:

Custo diário total de espera = (8 horas por dia)$\lambda W_q C_W$ = (8)(2)(2/3)($10) = $106,67

O único outro custo que Larry Arnold pode identificar nessa situação de fila é o pagamento do mecânico Reid Blank, que recebe $7 por hora:

Custo diário total de serviço = (8 horas por dia)mCs = 8(1)($7)=$56.

O custo diário total do sistema como ele está atualmente configurado é o custo total de espera e o custo total do serviço, que fornece:

Custo de espera mais custo do serviço é igual ao custo total.

Custo total diário do sistema de espera = $106,67 + $56 = $162,67

Agora vem a decisão. Arnold descobre que a Rusty Muffler, uma concorrente do outro lado da cidade, emprega um mecânico chamado Jimmy Smith que pode instalar eficientemente uma nova surdina a uma taxa de quatro por hora. Lary Arnold contata Smith e pergunta se ele tem interesse em trocar de empregador. Smith relata que pode considerar sair da Rusty Muffler, mas somente se receber um salário por hora de $9. Arnold, um homem de negócios astuto, decide que pode ser lucrativo despedir Blank e substituí-lo pelo mais rápido, porém mais caro, Smith.

Ele primeiro recalcula todas as características operacionais utilizando a nova taxa de serviço de quatro surdinas por hora:

$\lambda = 2$ carros chegando por hora

$\mu = 4$ carros atendidos por hora

$L = \dfrac{\lambda}{\mu - \lambda} = \dfrac{2}{4-2} = 1$ carro em média no sistema

$W = \dfrac{1}{\mu - \lambda} = \dfrac{1}{4-2} = \dfrac{1}{2}$ hora no sistema, em média

$L_q = \dfrac{\lambda^2}{\mu(\mu - \lambda)} = \dfrac{2^2}{4(4-2)} = \dfrac{4}{8} = \dfrac{1}{2}$ carro esperando na fila, em média

$W_q = \dfrac{\lambda}{\mu(\mu - \lambda)} = \dfrac{2}{4(4-2)} = \dfrac{2}{8} = \dfrac{1}{4}$ hora = 15 minutos de tempo de espera por carro, em média

$\rho = \dfrac{\lambda}{\mu} = \dfrac{2}{4} = 0{,}5 =$ percentual do tempo que o mecânico está ocupado

$P_0 = 1 - \dfrac{\lambda}{\mu} = 1 - 0{,}5 = 0{,}5 =$ probabilidade de que o sistema esteja vazio

Probabilidade de mais do que k carros no sistema

k	$P_{n>k} = \left(\dfrac{2}{4}\right)^{k+1}$
0	0,500
1	0,250
2	0,125
3	0,062
4	0,031
5	0,016
6	0,008
7	0,004

É evidente que o rápido Smith irá resultar em filas e tempos de espera consideravelmente menores. Por exemplo, um cliente gastará agora em média ½ hora no sistema e ¼ de hora esperando para ser atendido enquanto ele espera 1 hora no sistema e 2/3 hora na fila com Blank como mecânico. O custo diário de espera com Smith será:

Custo total de espera diário = (8 horas por dia)$\lambda W_q C_w$ = (8)(2)(1/4)($10) = $40,00 por dia

Note que o tempo total gasto esperando para os 16 clientes por dia é agora

(16 carros por dia) × (1 hora por dia) = 4 horas

em vez das 10,7 horas com Blank. Dessa forma, a espera é menos que a metade do que era mesmo com a taxa de serviço mudando somente de três para quatro por hora.

Eis uma comparação para o custo total utilizando dois mecânicos diferentes.

O custo do serviço aumentará em virtude do salário mais alto, mas o custo total diminuirá, como podemos ver aqui:

Custo do serviço do Smith = 8 horas/dia × $9/hora = $72 por dia.

Custo total esperado = Custo de espera + Custo do serviço = $40 + $72

= $112 por dia.

Como o custo diário total esperado com Blank como mecânico era $162, Arnold pode decidir contratar Smith e reduzir o custo por $162 − $112 = $50 por dia.

Melhorando o ambiente de filas

Embora reduzir o tempo de espera seja um fator importante na redução do custo de espera de um sistema de filas, um administrador pode encontrar outras formas de reduzir esse custo. O custo total de espera é baseado no tempo total gasto na espera (baseado em W ou W_q) e o custo de espera (C_W). Reduzir qualquer um desses dois diminuirá o custo global da espera. A melhoria do ambiente de filas tornando a espera menos desagradável pode reduzir C_W na medida em que os clientes não ficarão frustrados por precisarem esperar. Há revistas nas salas de espera dos médicos para que os pacientes possam ler enquanto aguardam. Jornais ficam disponíveis nas filas dos caixas em supermercados e os clientes podem ler as manchetes para passar o tempo enquanto esperam. A espera de chamadas telefônicas geralmente é acompanhada de música. Em grandes parques de diversões, existem telas de projeção e televisões em algumas das filas para tornar o tempo de espera mais interessante. Às vezes, a fila é tão divertida que é quase uma atração em si mesma.

Todas essas coisas são projetadas para manter o cliente ocupado e melhorar as condições ambientais de modo que o tempo pareça passar mais rápido. Consequentemente, o custo de espera (C_W) torna-se menor e o custo total do sistema de filas é reduzido. Algumas vezes, reduzir o custo total dessa forma é mais fácil do que reduzir o custo total diminuindo W ou W_q. No caso da oficina, Arnold pode considerar colocar uma televisão na sala de espera e reprojetar o ambiente de modo que o consumidor se sinta mais confortável enquanto espera o seu carro ser consertado.

14.5 MODELO DE FILAS MULTICANAL COM CHEGADAS DE POISSON E TEMPOS DE SERVIÇO EXPONENCIAIS (*M/M/m*)

O próximo passo lógico é apresentar o sistema de filas multicanal, em que dois ou mais servidores ou canais estão disponíveis. Suponha novamente que clientes esperando por um serviço formam uma única fila e então se dirigem para o primeiro servidor disponível. Exemplos de sistema de filas multicanal de fase única são encontrados atualmente em muitos bancos. Uma fila comum é formada e o cliente no início da fila segue para o primeiro caixa disponível (veja a Figura 14.3 para uma configuração típica multicanal).

O sistema multicanal apresentado aqui novamente assume que as chegadas seguem uma distribuição de Probabilidade de Poisson e que os tempos de serviço são exponencialmente distribuídos. O serviço é baseado no primeiro que chega, primeiro que sai (FIFO) e todos os servidores trabalham a uma mesma taxa. Outras suposições listadas anteriormente para o modelo de canal único também se aplicam.

O modelo multicanal também assume chegadas de acordo com uma Poisson e serviços exponenciais.

Equações para o modelo de filas multicanal

Se fizermos:

m = número de canais abertos

λ = taxa média de chegadas

μ = taxa média de serviço por canal

as seguintes fórmulas podem ser utilizadas na análise de filas de espera:

1. A probabilidade de que tenha zero clientes ou unidades no sistema:

$$P_0 = \frac{1}{\left[\sum_{n=0}^{n=m-1} \frac{1}{n!}\left(\frac{\lambda}{\mu}\right)^n\right] + \frac{1}{m!}\left(\frac{\lambda}{\mu}\right)^m \frac{m\mu}{m\mu - \lambda}} \quad \text{para } m\mu > \lambda \qquad (14\text{-}14)$$

2. O número médio de consumidores ou unidades no sistema:

$$L = \frac{\lambda\mu(\lambda/\mu)^m}{(m-1)!(m\mu - \lambda)^2} P_0 + \frac{\lambda}{\mu} \qquad (14\text{-}15)$$

3. Tempo médio que um cliente gasta no sistema, W; isto é, o tempo gasto na fila mais o tempo sendo atendido:

$$W = \frac{\mu(\lambda/\mu)^m}{(m-1)!(m\mu - \lambda)^2} P_0 + \frac{1}{\mu} = \frac{L}{\lambda} \qquad (14\text{-}16)$$

4. Número médio de clientes ou unidades na fila esperando por serviço:

$$L_q = L - \frac{\lambda}{\mu} \qquad (14\text{-}17)$$

5. O tempo médio que um cliente ou unidade gasta na fila esperando pelo serviço:

$$W_q = W - \frac{1}{\mu} = \frac{L_q}{\lambda} \qquad (14\text{-}18)$$

6. A taxa de utilização:

$$\rho = \frac{\lambda}{m\mu} \qquad (14\text{-}19)$$

Essas equações são obviamente mais complexas do que as utilizadas no modelo de um único canal, embora elas sejam utilizadas exatamente da mesma maneira e forneçam o mesmo tipo de informação que o modelo mais simples.

Oficina de Surdinas do Arnold Revisitada

Para uma aplicação do sistema de filas multicanal, vamos retornar ao exemplo da Oficina de Surdinas do Arnold. Anteriormente, Larry Arnold examinou duas opções. Ele pode ficar com o seu mecânico atual, Reid Blank, com um custo total esperado de $163 por dia ou ele pode despedir Blank e contratar um colaborador levemente mais caro, mas mais rápido, chamado Jimmy Smith. Com Smith, os custos de serviço do sistema podem ser reduzidos para $112 por dia.

Arnold analisa abrir um segundo canal de serviço que irá operar a mesma velocidade do primeiro.

Uma terceira opção agora é explorada. Arnold descobre que com um custo mínimo ele pode abrir uma segunda baia em que as surdinas podem ser instaladas. Em vez de despedir seu primeiro mecânico, Blank, ele quer contratar um segundo trabalhador. Do novo mecânico se espera a mesma taxa de instalação de surdinas de Blank, isto é, aproximadamente $\mu = 3$ por hora. Clientes que ainda chegam à taxa de $\lambda = 2$ por hora irão esperar em uma única fila até que um dos dois mecânicos esteja livre. Para descobrir como essa opção se compara com a do sistema de um único canal, Arnold calcula as várias características operacionais para o sistema de $m = 2$ canais.

$$P_0 = \frac{1}{\left[\sum_{n=0}^{1} \frac{1}{n!}\left(\frac{2}{3}\right)^n\right] + \frac{1}{2!}\left(\frac{2}{3}\right)^2\left(\frac{2(3)}{2(3)-2}\right)}$$

$$= \frac{1}{1 + \frac{2}{3} + \frac{1}{2}\left(\frac{4}{9}\right)\left(\frac{6}{6-2}\right)} = \frac{1}{1 + \frac{2}{3} + \frac{1}{3}} = \frac{1}{2} = 0{,}5$$

= probabilidade de 0 carros no sistema, isto é, o sistema estar vazio

$$L = \left(\frac{(2)(3)(2/3)^2}{1![2(3)-2]^2}\right)\left(\frac{1}{2}\right) + \frac{2}{3} = \frac{8/3}{16}\left(\frac{1}{2}\right) + \frac{2}{3} = \frac{3}{4} = 0{,}75$$

= número médio de carros no sistema

$$W = \frac{L}{\lambda} = \frac{3/4}{2} = \frac{3}{8} \text{ hora} = 22\,\tfrac{1}{2} \text{ minutos}$$

= tempo médio que um carro gasta no sistema

$$L_q = -\frac{\lambda}{\mu} = \frac{3}{4} - \frac{2}{3} = \frac{1}{12} = 0{,}083$$

= número médio de carros na fila

Tempos de espera dramaticamente reduzidos a partir da abertura da segunda baia de serviço.

$$W_q = \frac{L_q}{\lambda} = \frac{0{,}083}{2} = 0{,}0415 \text{ hora} = 2\,\tfrac{1}{2} \text{ minutos}$$

= tempo médio que um carro gasta na fila

TABELA 14.2 Efeito do nível de serviço nas características de operação do Arnold

Característica	Um mecânico (Reid blank) $\mu = 3$	Dois mecânicos $\mu = 3$ para cada um	Um mecânico rápido (Jimmy smith) $\mu = 4$
Probabilidade de o sistema estar vazio (P_0)	0,33	0,50	0,50
Número médio de carros no sistema (L)	2 carros	0,75 carros	1 carro
Tempo médio gasto no sistema (W)	60 minutos	22,5 minutos	30 minutos
Número médio de carros na fila (L_q)	1,33 carros	0,083 carros	0,50 carros
Tempo médio gasto na fila (W_q)	40 minutos	2,5 minutos	15 minutos

Esses dados são comparados com as características operacionais anteriores na Tabela 14.2. O aumento do serviço a partir da abertura do segundo canal tem um grande impacto em quase todas as características. Em particular, o tempo gasto na fila caiu de 40 minutos com um mecânico (Blank) ou 15 minutos com o Smith para somente 2½ minutos. De forma semelhante, o número médio de carros na fila caiu para 0,083 (aproximadamente 1/12 carros).[2] Mas isso significa que uma segunda baia deve ser aberta?

Tempos de espera muito mais baixos resultam na abertura da segunda baia de serviço.

Para completar sua análise econômica, Arnold assume que o segundo mecânico receberá o mesmo pagamento que o atual, Blank, ou seja, $7 por hora. O custo diário de espera será:

Custo total de espera diário = (8 horas por dia)$\lambda W_q C_w$ = (8)(2)(0,0415)($10) = $6,64

Note que o tempo de espera total para os 16 carros por dia é (16 carros/dia)×(0,0415 horas/carro) = 0,664 horas por dia em vez de 10,67 horas com somente um mecânico.

O custo do serviço dobra, pois agora são dois mecânicos:

Custo total do serviço por dia = (8 horas por dia)mC_s = (8)2($7) = $112

O custo total diário do sistema como ele é configurado atualmente é o custo total de espera e o custo total do serviço, que é:

Custo diário total do sistema de filas = + $6,64 + $112 = $118,64

Como você deve lembrar, o custo com apenas Blank como mecânico é $162 por dia. Embora a abertura de um segundo canal tenha um efeito positivo na reputação com os clientes e também reduza o custo do tempo de espera, ele acarreta um aumento no custo de fornecimento do serviço. Veja a Figura 14.1 e você perceberá que tal compromisso é uma das bases da teoria das filas. A decisão de Arnold é substituir seu mecânico atual com o Smith rápido e não abrir uma segunda baia de serviço.

Utilizando o Excel QM para a análise do modelo de filas multicanal do Arnold Da mesma forma que utilizamos o Excel QM para modelar o problema de filas de canal único do Arnold, podemos modelar o caso multicanal com o Excel também. Os Programas 14.2A e 14.2B fornecem as entradas, as fórmulas e os resultados, respectivamente.

---

[2] Você deve ter notado que adicionar um segundo mecânico não apenas diminui o tamanho e o tempo de espera na fila pela metade mas a torna ainda menor e mais rápida. Isso ocorre em virtude de as chegadas e os serviços serem aleatórios. Quando existe somente um mecânico e dois consumidores chegam dentro de um mesmo minuto, o segundo terá uma longa espera. O fato de que um mecânico pode ter ficado de 30 a 40 minutos ocioso antes dos dois consumidores chegarem não altera esses tempos médios de espera. Dessa forma, o modelo de um único canal tem tempos de espera mais altos comparado ao modelo multicanal.

PROGRAMA 14.2A

Dados de Entrada e Fórmulas para o Problema de Decisão Multicanal do Arnold Utilizando o Excel QM.

	A	B	C	D	E
1	Oficina de Surdinas Arnold Multicanal				
2					
3	Filas de Espera	M/M/s			
4	A TAXA de chegada e a TAXA de serviço devem estar na mesma unidade de tempo. Dado um tempo como 10 minutos, converta para uma taxa de 6 por hora.				
5					
6	Dados			Resultados	
7	Taxa de chegada (λ)	2		Utilização média do servidor (ρ)	=B7/(B8*B9)
8	Taxa de serviço (μ)	3		Número médio de clientes na fila (L_q)	=PROCV($B$9;$A$40:$G$61;7)
9	Número de servidores (s)	2		Número médio de clientes no sistema (L)	=E8+B7/B8
10				Tempo médio de espera na fila (W_q)	=E8/B7
					=E10+1/B8
				sistema estar vazio (P_0)	=PROCV($B$9;$A$40:$G$61;5)

Entre a taxa de chegada e o número de servidores na coluna B. Verifique se você inseriu taxas em vez de tempos e se as taxas têm a mesma unidade de tempo (por exemplo, horas).

Calcule as características operacionais utilizando a tabela criada na linha 37.

	...	D	E
	...-1) Term2		P0(s)
40	1	=($B$7/$B$8)^A40/FATORIAL(A40)	=SOMA(B39:$B39)	=+B40/(1-$B$7/(A40*$B$8))	=1/(C40+D40)
41	2	=($B$7/$B$8)^A41/FATORIAL(A41)	=SOMA(B$39:$B40)	=+B41/(1-$B$7/(A41*$B$8))	=1/(C41+D41)
42	3	=($B$7/$B$8)^A42/FATORIAL(A42)	=SOMA(B$39:$B41)	=+B42/(1-$B$7/(A42*$B$8))	=1/(C42+D42)
43	4	=($B$7/$B$8)^A43/FATORIAL(A43)	=SOMA(B$39:$B42)	=+B43/(1-$B$7/(A43*$B$8))	=1/(C43+D43)
44	5	=($B$7/$B$8)^A44/FATORIAL(A44)	=SOMA(B$39:$B43)	=+B44/(1-$B$7/(A44*$B$8))	=1/(C44+D44)
45	6	=($B$7/$B$8)^A45/FATORIAL(A45)	=SOMA(B$39:$B44)	=+B45/(1-$B$7/(A45*$B$8))	=1/(C45+D45)
46	7	=($B$7/$B$8)^A46/FATORIAL(A46)	=SOMA(B$39:$B45)	=+B46/(1-$B$7/(A46*$B$8))	=1/(C46+D46)

PROGRAMA 14.2B

Resultados da Análise com o Excel QM para o Programa 14.2A.

	A	B	C	D	E
1	Oficina de Surdinas Arnold Multicanal				
2					
3	Filas de Espera	M/M/s			
4	A TAXA de chegada e a TAXA de serviço devem estar na mesma unidade de tempo. Dado um tempo como 10 minutos, converta para uma taxa de 6 por hora.				
5					
6	Dados			Resultados	
7	Taxa de chegada (λ)	2		Utilização média do servidor (ρ)	0,3333
8	Taxa de serviço (μ)	3		Número médio de clientes na fila (L_q)	0,0833
9	Número de servidores (s)	2		Número médio de clientes no sistema (L)	0,7500
10				Tempo médio de espera na fila (W_q)	0,0417
11				Tempo médio no sistema (W)	0,3750
12				Probabilidade (% do tempo) de o sistema estar vazio (P_0)	0,5000
13	Probabilidades				
14		Número	Probabilidade	Probabilidade Acumulada	
15		0	0,5000	0,5000	
16		1	0,3333	0,8333	
17		2	0,1111	0,9444	
18		3	0,0370	0,9815	
19		4	0,0123	0,9938	
20		5	0,0041	0,9979	
21		6	0,0014	0,9993	
22		7	0,0005	0,9998	

14.6 MODELO COM TEMPO DE SERVIÇO CONSTANTE (*M/D/*1)

Taxas de serviço constantes aceleram o processo em comparação ao tempo de serviço exponencialmente distribuído com o mesmo valor de μ.

Alguns sistemas de serviço têm taxas de serviço constantes em vez de tempos exponencialmente distribuídos. Quando clientes ou equipamentos são processados de acordo com ciclos fixos, como no caso de uma lavagem automática de carros ou um parque de diversões, taxas de serviço constantes são adequadas. Como taxas constantes são certas, os valores para L_q, W_q, L e W são sempre menores do que eles seriam nos modelos discutidos

EM AÇÃO — Filas nas eleições

As grandes filas nos locais de votação na recente eleição presidencial foram motivo de preocupação. Em 2000, alguns eleitores na Flórida esperaram até duas horas na fila para poder votar. A contagem final favoreceu o vencedor por 527 votos dos quase seis milhões emitidos no estado. Alguns eleitores ficaram cansados de esperar e simplesmente deixaram a fila sem votar, o que afetou o resultado. Uma mudança de 0,01% podia ter causado resultados diferentes. Em 2004, foram registrados casos de eleitores em Ohio que esperaram na fila por dez horas para votar. Se somente 19 eleitores potenciais a cada jurisdição eleitoral nos 12 maiores condados em Ohio abandonassem a fila sem votar, o resultado da eleição seria diferente. Existiram problemas óbvios com o número de máquinas disponíveis em algumas zonas eleitorais. Uma zona, por exemplo, precisava de 13 máquinas, mas tinha somente duas. Inexplicavelmente, havia 68 máquinas em depósitos que nem sequer foram utilizadas. Outros estados também tiveram longas filas.

O problema básico foi não haver máquinas de votação suficientes em muitos distritos eleitorais, embora alguns tivessem máquinas suficientes e não apresentassem problemas. Por que esse problema ocorreu em alguns distritos? Parte do motivo está relacionada à má previsão do número de eleitores que compareceriam às urnas em vários distritos. Independentemente do motivo, a má distribuição das máquinas entre os distritos parece ter sido a razão principal das longas filas nas eleições nacionais. Modelos de filas podem fornecer uma forma científica de analisar as necessidades e antecipar as filas de votação com base no número de máquinas alocadas.

O distrito eleitoral básico pode ser modelado como um sistema de filas multicanal. Pela avaliação do intervalo de valores da previsão do número de eleitores em diferentes horários do dia, é possível determinar os tamanhos das filas com base no número de máquinas disponíveis. Mesmo que ainda existam algumas filas, se o estado não tiver máquinas de votação suficientes para satisfazer as necessidades antecipadas, a distribuição apropriada dessas máquinas ajudará a manter o tempo de espera em valores razoáveis.

Fonte: Com base em BELENKY, Alexander S., LARSON, Richard C. To Queue or Not to Queue. OR/MS Today. v. 33, n. 3, June 2006, p. 30-34.

que apresentam tempos de serviço variáveis. Na verdade, tanto o tamanho médio da fila quanto o tempo médio de espera na fila são a metade com o modelo de taxa de serviço constante.

Equações do modelo de tempo de serviço constante

As fórmulas para o modelo de taxa de serviço constante são:

1. Número médio de clientes na fila:

$$L_q = \frac{\lambda^2}{2\mu(\mu - \lambda)} \qquad (14\text{-}20)$$

2. Tempo médio na fila:

$$W_q = \frac{\lambda}{2\mu(\mu - \lambda)} \qquad (14\text{-}21)$$

3. Número médio de clientes no sistema:

$$L = L_q + \frac{\lambda}{\mu} \qquad (14\text{-}22)$$

4. Tempo médio no sistema:

$$W = W_q + \frac{1}{\mu} \qquad (14\text{-}23)$$

A Reciclagem Garcia-Golding

A Reciclagem Garcia-Golding coleta e compacta latas de alumínio e garrafas de vidro na cidade de Nova York. Seus motoristas de caminhão, que descarregam os materiais recicláveis, atualmente esperam 15 minutos antes de conseguir esvaziar os caminhões. O custo do tempo desperdiçado do motorista e do caminhão na espera é avaliado em $60 por hora. Um novo compactador automatizado que pode ser comprado é capaz de processar a carga de um caminhão a uma taxa constante de 12 por hora (isto é, cinco minutos por caminhão). Os caminhões descarregam conforme uma distribuição de Poisson a uma taxa média de oito por hora. Se o novo compactador for adquirido, seu custo será amortizado a uma taxa de $3 por caminhão descarregado. Um relatório interno de uma faculdade local fez a seguinte análise para avaliar os custos *versus* as vantagens da compra:

$$\text{Custo de espera atual de uma viagem} = (¼ \text{ hora esperando})(\$60/\text{custo por hora})$$

$$= \$15/\text{viagem}$$

$$\text{Sistema novo: } \lambda = 8 \text{ caminhões/chegando por hora}$$

$$\mu = 12 \text{ caminhões atendidos por hora}$$

Análise de custo para o exemplo da reciclagem.

$$\text{Tempo médio de espera na fila} = W_q = \frac{\lambda}{2\mu(\mu-\lambda)} = \frac{8}{2(12)(12-8)}$$

$$= \frac{1}{12} \text{ horas}$$

$$\text{Custo de espera/viagem com o novo compactador} = (\tfrac{1}{12} \text{ horas de espera})(\$60/\text{custo da hora})$$

$$= \$5/\text{viagem}$$

$$\text{Economia com o novo equipamento} = \$15 \text{ (sistema atual)} - \$5 \text{ (sistema novo)}$$

$$= \$10/\text{viagem}$$

$$\text{Custo do novo equipamento amortizado} = \$3/\text{viagem}$$

$$\text{Economia líquida} = \$7/\text{viagem}$$

Usando o Excel QM para o modelo de taxa de serviço constante da Garcia-Golding Para resolver esse modelo de taxa de serviço constante com o Excel QM, consultamos os Programas 14.3A e 14.3B. O primeiro fornece as fórmulas e dados para o Excel e o último contém os parâmetros do modelo calculado, incluindo W_q.

PROGRAMA 14.3A
Fórmulas e Dados de Entrada para o Modelo de Filas de Tempo Constante para o Excel QM para Windows Aplicado à Empresa de Reciclagem Garcia-Golding.

	A	B	C	D	E
1	**Reciclagem Garcia-Golding**				
2					
3	Filas de Espera	M/D/1 (Tempos de serviço constante)			
4	A TAXA de chegada e a TAXA de serviço devem estar na mesma unidade de tempo. Dado um tempo como 10 minutos, converta para uma taxa de 6 por hora.				
5					
6	Dados			Resultados	
7	Taxa de chegada (λ)	8		Utilização média do servidor (ρ)	=B7/B8
8	Taxa de serviço (μ)	12		Número médio de clientes na fila (L_q)	=B7^2/(2*(B8*(B8-B7)))
9				Número médio de clientes no sistema (L)	=E8+B7/B8
10				Tempo médio de espera na fila (W_q)	=B7/(2*(B8*(B8-B7)))
11				Tempo médio de espera no sistema (W)	=E10+1/B8
12				(% do tempo) de o sistema estar vazio (P_0)	=1-E7
14	Custo da espera/hora	60			
15	Custo da espera/viagem	=B14*E10			

Calcule as características operacionais.

Entre a taxa de chegada e a de serviço na coluna B. Verifique se você inseriu taxas em vez de tempos e se as taxas têm a mesma unidade de tempo (por exemplo, horas).

Calcule o custo com base no tempo médio de espera.

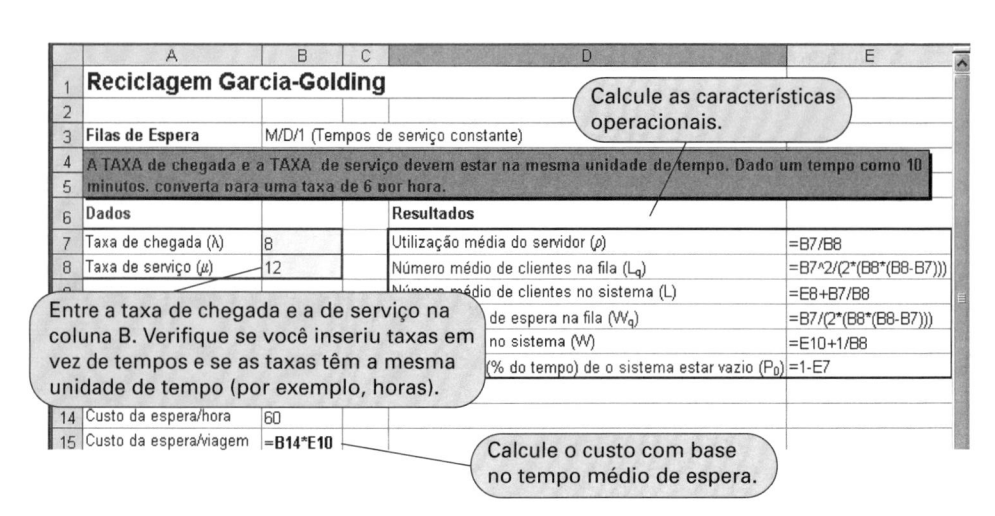

	A	B	C	D	E
1	**Reciclagem Garcia-Golding**				
2					
3	Filas de Espera	M/D/1 (Tempos de serviço constante)			
4	A TAXA de chegada e a TAXA de serviço devem estar na mesma unidade de tempo.				
5	Dado um tempo como 10 minutos, converta para uma taxa de 6 por hora.				
6	Dados			Resultados	
7	Taxa de chegada (λ)	8		Utilização média do servidor (ρ)	0,6667
8	Taxa de serviço (μ)	12		Número médio de clientes na fila (L_q)	0,6667
9				Número médio de clientes no sistema (L)	1,3333
10				Tempo médio de espera na fila (W_q)	0,0833
11				Tempo médio no sistema (W)	0,1667
12				Probabilidade (% do tempo) de o sistema estar va	0,3333
13					
14	Custo da espera/hora	$ 60,00			
15	Custo da espera/viager	$ 5,00			

PROGRAMA 14.3B
Resultados do Modelo de Tempo de Serviço Constante com o Excel QM para o Programa 14.3A.

14.7 MODELO DE POPULAÇÃO FINITA (*M/M*/1 COM FONTE FINITA)

Quando existe uma população de clientes potenciais limitada para uma estação de serviço, precisamos considerar um modelo de fila diferente. Esse modelo seria usado, por exemplo, se você quisesse consertar equipamentos em uma fábrica que tem cinco máquinas, se você fosse o responsável pela manutenção de uma frota de 10 aviões de uma ponte aérea ou se você administrasse um bloco hospitalar com 20 leitos. O modelo de população limitada permite que qualquer número de pessoas de manutenção (servidores) seja considerado.

A razão de esse modelo ser diferente dos três modelos de filas vistos é que agora existe uma relação de dependência entre o tamanho da fila e a taxa de chegadas. Para exemplificar com uma situação extrema, se a sua fábrica tiver cinco máquinas e todas estiverem quebradas e esperando conserto, a taxa de chegadas cai para zero. Em geral, quando o tamanho da fila aumenta em um modelo de população limitada, a taxa de chegadas dos clientes ou máquinas diminui.

Nesta seção, descrevemos um modelo de população fonte finita que apresenta as seguintes características:

1. Existe somente um servidor.
2. A população de unidades procurando serviço é finita.[3]
3. As chegadas seguem uma distribuição de Poisson e os tempos de serviço são exponencialmente distribuídos.
4. Os clientes são atendidos com base no primeiro que chega é o primeiro a ser atendido.

Equações para o modelo de população finita

Utilizando:

λ = taxa média de chegadas, μ = taxa média de serviço e N = tamanho da população

as características operacionais para o modelo de população finita de um único canal ou servidor são:

---
[3] Embora não exista um número definido que podemos utilizar para separar populações finitas de infinitas, a prática geral é esta: se o número na fila é uma proporção significativa da população considerada, utilize um modelo de filas finito. *Finite Queuing Tables* por L. G. Peck e R. N. Hazelwood. New York (NY): John Wiley & Sons, 1958, elimina muito da matemática envolvida no cálculo das características operacionais para tais modelos.

1. A probabilidade de que o sistema esteja vazio:

$$P_0 = \frac{1}{\sum_{n=0}^{N} \frac{N!}{(N-n)!} \left(\frac{\lambda}{\mu}\right)^n}$$ (14-24)

2. Tamanho médio da fila:

$$L_q = N - \left(\frac{\lambda + \mu}{\lambda}\right)(1 - P_0)$$ (14-25)

3. O número médio de clientes ou unidades no sistema:

$$L = L_q + (1 - P_0)$$ (14-26)

4. Tempo médio de espera na fila:

$$W_q = \frac{L_q}{(N-L)\lambda}$$ (14-27)

5. O tempo médio no sistema:

$$W = W_q + \frac{1}{\mu}$$ (14-28)

6. Probabilidade de n clientes ou unidades no sistema:

$$P_n = \frac{N!}{(N-n!)} \left(\frac{\lambda}{\mu}\right)^n P_0 \quad \text{para } n = 0, 1, \dots, N$$ (14-29)

Exemplo do departamento de comércio

Registros passados indicam que cada uma das impressoras com velocidade de impressão de cinco páginas do departamento de comércio americano, em Washington, D.C, precisa de conserto após aproximadamente 20 horas de uso. Os problemas foram determinados como seguindo uma distribuição de Poisson. O único técnico para fazer o serviço pode consertar uma impressora em duas horas, em média, de acordo com uma distribuição exponencial.

Para calcular as características operacionais do sistema, primeiro observamos que a taxa média de chegada é: $\lambda = 1/20 = 0{,}05$ impressoras/hora. A taxa média de serviço é $\mu = \frac{1}{2} = 0{,}50$ impressoras/hora. Então:

1. $P_0 = \dfrac{1}{\sum_{n=0}^{5} \dfrac{5!}{(5-n)!} \left(\dfrac{0{,}05}{0{,}5}\right)^n} = 0{,}564$ (você mesmo pode confirmar esses cálculos)

2. $L_q = 5 - \left(\dfrac{0{,}05 + 0{,}5}{0{,}05}\right)(1 - P_0) = 5 - (11)(1 - 0{,}564) = 5 - 4{,}8$

   $= 0{,}2$ impressoras

3. $L = 0{,}2 + (1 - 0{,}564) = 0{,}64$ impressoras

4. $W_q = \dfrac{0{,}2}{(5-0{,}64)(0{,}05)} = \dfrac{0{,}2}{0{,}22} = 0{,}91$ horas

5. $W = 0{,}91 + \dfrac{1}{0{,}50} = 2{,}91$ horas

Se o custo de ociosidade da impressora é $120 por hora e o técnico recebe $25 por hora, também podemos calcular o custo total por hora:

Custo horário total = (Número médio de impressoras estragadas)
(Custo de ociosidade da impressora) + Custo do técnico por hora

= (0,64)($120) + $25 = $76,80 + $25,00 = $101,80

Resolvendo o modelo de população finita do departamento de comércio com o Excel QM O Programa 14.4A mostra os dados de entrada e as fórmulas utilizadas para auxiliar a resolução desse problema utilizando o Excel QM. Os resultados são fornecidos no Programa 14.4B. Note que os cálculos do computador são mais precisos porque existe um maior número de casas decimais nos cálculos do computador do que em nossos cálculos na seção anterior.

Entre a taxa de chegada e a de serviço na coluna B. Verifique se você inseriu taxas em vez de tempos e se as taxas tem a mesma unidade de tempo (por exemplo, horas).

Calcule as características operacionais. Note que P_0 na célula E12 foi calculado utilizando a função que está embutida no Excel QM.

	B	C	D
3		M/M/s com população finita	
4		A taxa de chegadas é para cada membro da população. Se eles precisam de serviço a cada 20 minutos, então entram 3 (por hora).	
6			Resultados
7	Taxa de chegadas (λ) por consumidor	0,05	Utilização média do servidor (ρ)	=E13/(B8*B9)
8	Taxa de serviço (μ)	0,5	Número médio de clientes na fila (L_q)	=SOMARPRODUTO($B$19:$B$49;D19:D49)
9	Número de servidores	1	Número médio de clientes no sistema (L)	=SOMARPRODUTO(A19:A24;$B$19:$B$24)
10	Tamanho da população (N)	5	Tempo médio de espera na fila (W_q)	=E8/E13
11			Tempo médio no sistema (W)	=E9/E13
12	Custo do tempo ocioso/hora	120	Probabiidade de o sistema estar vazio (P_0)	=ÍNDICE(K19:K49;B9+1)
13	Custo do Serviço/hora	25	Taxa de chegadas efetiva	=SOMARPRODUTO(B19:B49;E19:E49)
14				
15	Custo total/hora	=B12*E9+B13		

Calcule o custo horário com base no número médio de clientes no sistema.

PROGRAMA 14.4A Fórmulas e dados de entrada do Excel QM para resolver o modelo de população finita do exemplo do departamento de comércio.

	A	B	C	D	E
1	**Departamento de Comércio**				
2					
3	Filas de Espera	M/M/s com população finita			
4			A taxa de chegadas é para cada membro da população. Se eles precisam de serviço a cada 20 minutos, então entram 3 (por hora).		
6	Dados			Resultados	
7	Taxa de chegadas (λ) por consumidor	0,05		Utilização média do servidor (ρ)	0,4360
8	Taxa de serviço (μ)	0,5		Número médio de clientes na fila (L_q)	0,2035
9	Número de servidores	1		Número médio de clientes no sistema (L)	0,6395
10	Tamanho da população (N)	5		Tempo médio de espera na fila (W_q)	0,9333
11				Tempo médio no sistema (W)	2,9333
12	Custo do tempo ocioso/hora	120		Probabiidade de o sistema estar vazio (P_0)	0,5640
13	Custo do Serviço/hora	25		Taxa de chegadas efetiva	0,2180
14					
15	Custo total/hora	**101,74**			
16					
17	**Probabilidades**				
18	Número, n	Probabilidade, P(n)	Probabilidade Acumulada		
19	0	0,5640	0,5640		
20	1	0,2820	0,8459		
21	2	0,1128	0,9587		
22	3	0,0338	0,9926		

PROGRAMA 14.4B Resultados do Excel QM para o modelo de filas de população finita do programa 14.4A.

14.8 ALGUMAS RELAÇÕES GERAIS DE CARACTERÍSTICAS OPERACIONAIS

Um estado estacionário é uma condição de operação normal de um sistema de filas.

Certos relacionamentos existem entre características operacionais específicas para qualquer sistema de filas em estado estacionário. Existe uma condição de estado estacionário quando um sistema de filas está na sua condição estabilizada normal de condições de operação, usualmente após um estado inicial transitório que pode ocorrer (por exemplo, tendo consumidores esperando na porta quando um negócio abre pela manhã). Tanto a taxa de chegadas quanto a de serviço devem ser estáveis nesse estado. As duas primeiras dessas relações foram creditadas a John D. C. Little, assim, elas são denominadas Equações de Fluxo de Little.

Um sistema de filas está em um estado transiente antes de o estado estacionário ter sido alcançado.

$$L = \lambda W \text{ (ou } W = L/\lambda) \tag{14-30}$$

$$L_q = \lambda W_q \text{ (ou } W_q = L_q/\lambda) \tag{14-31}$$

A terceira condição que deve sempre ser satisfeita é:

Tempo médio no sistema = tempo médio na fila + tempo médio sendo servido

$$W = W_q + 1/\mu \tag{14-32}$$

A vantagem dessas fórmulas é que uma vez que uma dessas quatro características seja conhecida, as outras características podem ser facilmente determinadas. Isso é importante porque para certos modelos de filas, uma delas pode ser bem mais fácil de determinar que as outras. Elas são aplicáveis a todos os sistemas de filas discutidos nesse capítulo, exceto ao modelo de população finita.

14.9 MODELOS DE FILAS MAIS COMPLEXOS E O USO DA SIMULAÇÃO

Muitos problemas práticos de filas que podem ocorrer na produção e na operação de sistemas de serviço têm características como as da Oficina de Surdinas do Arnold, da Reciclagem Garcia-Golding ou do Departamento de Comércio. Isso é verdadeiro quando a situação envolve um único ou vários canais, chegadas de Poisson e tempos exponenciais ou tempos de serviço constantes, uma população fonte infinita e serviço FIFO.

Modelos mais complicados lidam com variações das hipóteses básicas, mas mesmo quando esses não podem ser aplicados, podemos optar pelo uso da simulação computacional, tópico do Capítulo 15.

Frequentemente, contudo, variações desses casos específicos estão presentes em uma análise. Tempos de serviço em uma oficina de conserto de automóveis, por exemplo, tendem a seguir uma distribuição normal de probabilidade em vez de uma exponencial. Um sistema universitário de matrícula em que os alunos mais antigos têm prioridade na escolha das disciplinas e horários sobre todos os demais alunos é um exemplo de um modelo do primeiro que chega é o primeiro a ser atendido com uma disciplina de prioridade de fila com preempção. Um exame físico para selecionar recrutas para as forças armadas é um exemplo de um sistema multifase – diferente dos modelos de fase únicos discutidos. Um recruta primeiro entra na fila para tirar sangue em uma estação, depois espera para fazer um exame dos olhos na próxima estação, fala com um psiquiatra na terceira e é examinado por um médico para verificar se tem problemas de saúde em uma quarta. Em cada fase, o recruta deve entrar em outra fila e esperar por sua vez.

Modelos para lidar com esses casos foram desenvolvidos por pesquisadores operacionais. A matemática necessária é mais complexa do que a dos modelos vistos neste capítulo[4], e muitos problemas reais de aplicações de teoria das filas são complexos demais para serem modelados de modo analítico.

---

[4] Frequentemente, os resultados qualitativos dos modelos de filas são tão úteis quanto os quantitativos. Resultados mostram que é inerentemente mais eficiente agrupar recursos, utilizar um despacho central e utilizar sistemas únicos de múltiplos servidores em vez de múltiplos sistemas de um único servidor.

A simulação, tópico do Capítulo 15, é uma técnica em que números aleatórios são utilizados para fazer inferências sobre distribuições de probabilidade (como chegadas e serviços). Utilizando essa abordagem, muitas horas, dias ou meses de dados podem ser processados por um computador em poucos segundos. Isso permite a análise de fatores controláveis, como adicionar mais um canal de serviço sem de fato fazê-lo fisicamente. Basicamente, sempre que um modelo analítico padrão de filas fornecer apenas uma aproximação pobre do sistema de serviço real, é recomendável desenvolver um modelo de simulação.

RESUMO

Filas e sistemas de serviço são partes importantes do mundo dos negócios. Neste capítulo, descrevemos várias situações comuns de filas e apresentamos modelos matemáticos para analisar filas seguindo certas hipóteses. Essas suposições são (1) chegadas provêm de populações infinitas ou muito grandes, (2) as chegadas são distribuídas de acordo com Poisson, (3) as chegadas são tratadas com uma base FIFO e não existe recusa ou desistência, (4) os tempos de serviço seguem uma distribuição exponencial ou são constantes e (5) a taxa média de serviço é maior do que a taxa média de chegada.

Os modelos ilustrados aqui são para problemas de um único canal ou multicanal e de uma única fase. Depois de calcular uma série de características operacionais, os custos totais esperados foram estudados. Como foi mostrado graficamente na Figura 14.1, o custo total consiste na soma dos custos de fornecimento do serviço mais o custo da espera.

As características operacionais básicas para um sistema foram apresentadas como sendo (1) a taxa de utilização, (2) o percentual de tempo ocioso, (3) o tempo médio gasto esperando na fila e no sistema, (4) o número médio de clientes no sistema e na fila e (5) as probabilidades de ter vários números de consumidores no sistema.

Este capítulo enfatizou que existe uma variedade de modelos de fila que não preenchem as suposições dos modelos tradicionais. Nesses casos, utilizamos modelos matemáticos mais complexos ou uma técnica denominada simulação computacional. A aplicação da simulação a problemas de sistemas de filas, controle de estoque, quebra de máquinas e outras situações de análise quantitativa é discutida no Capítulo 15.

GLOSSÁRIO

Características operacionais. Características descritivas de um sistema de filas incluindo o número de consumidores na fila e no sistema, o tempo médio de espera na fila e no sistema e o percentual de tempo vazio.

Custo de espera. O que custa a uma empresa ter clientes ou objetos esperando para ser servidos.

Custo do serviço. Custo de fornecer um nível de serviço específico.

Desistência. Quando um consumidor entra em uma fila, mas a deixa antes de ter recebido o serviço.

Disciplina da fila. Regra pela qual os clientes recebem serviço.

Distribuição de Poisson. Distribuição de probabilidade normalmente utilizada para descrever chegadas aleatórias de um sistema.

Distribuição de probabilidade exponencial. Distribuição de probabilidade frequentemente utilizada para descrever tempos de serviço aleatórios em um sistema.

Equações de fluxo de Little. Conjunto de relações que existe para qualquer sistema de filas no estado estacionário.

Estado estacionário. Condições de operação estabilizadas, normais, de um sistema de filas.

Estado transitório. Condição inicial de um sistema de filas antes de ser alcançado o estado estacionário.

Fator de utilização (ρ). A proporção de tempo que um equipamento de serviço está sendo utilizado.

FIFO. Disciplina de fila (significando que o primeiro que chega é o primeiro a ser atendido) na qual os clientes são servidos na ordem estrita de chegada.

Fila não limitada. Uma fila que pode tornar-se infinita.

Fila ou fila de espera. Um ou mais objetos ou clientes esperando para ser servidos.

Limite da fila. Fila que não pode crescer além de um determinado valor.

M/D/1. Notação de Kendall para um modelo com taxa constante de serviço.

M/M/1. Notação de Kendall para o modelo de um único canal com chegadas de Poisson e tempos de serviço exponenciais.

M/M/m. Notação de Kendall para um modelo de filas multicanal (com m servidores) com chegadas de Poisson e tempos de serviço exponenciais.

Notação de Kendall. Método de classificar um sistema de filas com base na distribuição de chegadas, a distribuição do tempo de serviço e o número de canais de serviço.

População fonte. População de itens da qual provêm às chegadas para as filas do sistema.

População infinita ou não limitada. População fonte muito grande quando comparada ao número de clientes atualmente no sistema.

População limitada ou finita. Caso em que o número de clientes (consumidores) no sistema é uma proporção significativa da população fonte.

Recusa. Quando um cliente que chega se recusa a entrar na fila.

Sistema de filas de canal único. Sistema com uma única estação de serviço alimentado pela fila.

Sistema de filas multicanal. Sistema que tem mais do que uma estação de serviço, todas alimentadas por uma única fila.

Sistema de uma única fase. Sistema de filas em que o serviço é oferecido em uma única estação.

Sistema multifase. Sistema em que o serviço é recebido de mais de uma estação, uma após a outra.

Teoria das filas. Estudo matemático das filas.

EQUAÇÕES-CHAVE

λ = número médio de chegadas por período de tempo

μ = número médio de pessoas ou itens atendidos por período de tempo

(14-1) $P(X) = \dfrac{e^{-\lambda}\lambda^X}{X!}$

Distribuição de probabilidade de Poisson usada para descrever chegadas.

As equações 14-2 a 14-8 descrevem as características operacionais de um modelo de canal único que tem chegadas de Poisson e taxas de serviço exponenciais.

(14-2) L = número médio de unidades (clientes) no sistema

$= \dfrac{\lambda}{\mu - \lambda}$

(14-3) W = tempo médio que uma unidade gasta no sistema (tempo de espera + tempo de serviço)

$= \dfrac{1}{\mu - \lambda}$

(14-4) L_q = Número médio de unidades na fila $= \dfrac{\lambda^2}{\mu(\mu - \lambda)}$

(14-5) W_q = Tempo médio que uma unidade gasta esperando na fila

$= \dfrac{\lambda}{\mu(\mu - \lambda)}$

(14-6) ρ = fator de utilização do sistema $= \dfrac{\lambda}{\mu}$

(14-7) P_0 = probabilidade de 0 unidades (isto é, que a unidade de serviço esteja vazia)

$= 1 - \dfrac{\lambda}{\mu}$

(14-8) $P_{n>k}$ = probabilidade de mais do que k unidades estejam no sistema

$= \left(\dfrac{\lambda}{\mu}\right)^{k+1}$

As equações 14-8 a 14-13 são utilizadas para encontrar os custos de um sistema de filas.

(14-9) Custo total do serviço = mC_S

onde

M = número de canais

C_S = custo do serviço (custo do trabalho) de cada canal

(14-10) Custo total de espera por período de tempo = $(\lambda W)C_W$

C_W = custo de espera

Custo do tempo de espera com base no tempo no sistema

(14-11) Custo total de espera por período de tempo = $(\lambda Wq)C_W$

Custo do tempo de espera com base no tempo na fila

(14-12) Custo total = $mC_S + \lambda WC_W$

Custo do tempo de espera com base no tempo no sistema

(14-13) Custo total = $mC_S + \lambda WqC_W$

Custo do tempo de espera com base no tempo na fila.

As equações 14-14 a 14-19 descrevem as características operacionais de modelos multicanal que têm chegadas de Poisson e taxas de serviço exponenciais, onde m = número de canais abertos.

(14-14) $P_0 = \dfrac{1}{\left[\displaystyle\sum_{n=0}^{n=m-1} \dfrac{1}{n!}\left(\dfrac{\lambda}{\mu}\right)^n\right] + \dfrac{1}{m!}\left(\dfrac{\lambda}{\mu}\right)^m \dfrac{m\mu}{m\mu - \lambda}}$

para $m\mu > \lambda$

Probabilidade de que não haja pessoas ou unidades no sistema

(14-15) $L = \dfrac{\lambda\mu(\lambda/\mu)^m}{(m-1)!(m\mu - \lambda)^2} P_0 + \dfrac{\lambda}{\mu}$

O número médio de pessoas ou unidades no sistema

(14-16) $W = \dfrac{\mu(\lambda/\mu)^m}{(m-1)!(m\mu - \lambda)^2} P_0 + \dfrac{1}{\mu} = \dfrac{L}{\lambda}$

Tempo médio que uma unidade gasta no sistema (tempo na fila + tempo sendo atendido)

(14-17) $L_q = L - \dfrac{\lambda}{\mu}$

Número médio de pessoas ou unidades na fila esperando pelo serviço

(14-18) $W_q = W - \dfrac{1}{\mu} = \dfrac{L_q}{\lambda}$

Tempo médio que uma pessoa ou unidade gasta na fila esperando para ser servido

(14-19) $\rho = \dfrac{\lambda}{m\mu}$

Taxa de utilização

As equações 14-20 a 14-23 descrevem as características operacionais de um modelo de canal único que tem chegadas de Poisson e taxa de serviço constante.

(14-20) $L_q = \dfrac{\lambda^2}{2\mu(\mu - \lambda)}$

Tamanho médio da fila

(14-21) $W_q = \dfrac{\lambda}{2\mu(\mu - \lambda)}$

Tempo médio na fila

(14-22) $L = L_q + \dfrac{\lambda}{\mu}$

Número médio de clientes no sistema

(14-23) $W = W_q + \dfrac{1}{\mu}$

Tempo médio de espera no sistema

As equações 14-24 a 14-29 descrevem as características operacionais de um modelo de canal único que tem chegadas de Poisson e população alvo finita.

(14-24) $P_0 = \dfrac{1}{\sum_{n=0}^{N} \dfrac{N!}{(N-n)!} \left(\dfrac{\lambda}{\mu}\right)^n}$

Probabilidade de que o sistema esteja vazio

(14-25) $L_q = N - \left(\dfrac{\lambda + \mu}{\lambda}\right)(1 - P_0)$

Tamanho médio da fila

(14-26) $L = L_q + (1 - P_0)$

Número médio de clientes ou unidades no sistema

(14-27) $W_q = \dfrac{L_q}{(N - L)\lambda}$

Tempo médio de espera na fila

(14-28) $W = W_q + \dfrac{1}{\mu}$

Tempo médio no sistema

(14-29) $P_n = \dfrac{N!}{(N-n)!} \left(\dfrac{\lambda}{\mu}\right)^n P_0 \quad \text{para} \quad n = 0,1 \ldots, N$

Probabilidade de n clientes ou unidades no sistema

As equações 14-30 a 14-32 são as equações de fluxo de Little, que podem ser usadas quando um sistema se encontra no estado estacionário.

(14-30) $L = \lambda W$

(14-31) $L_q = \lambda W_q$

(14-32) $W = W_q + 1/\mu$

PROBLEMAS RESOLVIDOS

Problema resolvido 14-1

A loja de móveis Maitland tem uma média de 50 clientes por turno. A gerente da Maitland quer determinar se ela deve contratar um, dois, três ou quatro vendedores. Ela determinou que o tempo médio de espera será de sete minutos com um vendedor, quatro minutos com dois, três minutos com três e dois minutos com quatro vendedores. Ela estimou que o custo de espera de um cliente é de $1 por minuto. O custo de um vendedor por turno (incluindo os benefícios adicionais) é $70.

Quantos vendedores devem ser contratados?

Solução

Os cálculos da gerente são:

	Quantidade de vendedores			
	1	2	3	4
(a) Número médio de clientes por turno	50	50	50	50
(b) Tempo médio de espera por cliente (minutos)	7	4	3	2
(c) Tempo total de espera por turno ($a \times b$) (minutos)	350	200	150	100
(d) Custo por minuto do tempo de espera (estimado)	$1,00	$1,00	$1,00	$1,00
(e) Valor do tempo perdido ($c \times d$) por turno	$350	$200	$150	$100
(f) Custo salarial por turno	$70	$140	$210	$280
(g) Custo total por turno	$420	$340	$360	$380

Em virtude do custo mínimo total por turno estar relacionado a dois vendedores, a estratégia ótima da gerente é contratar esse número de vendedores.

Problema resolvido 14-2

Marty Schatz é dono e gerente de um carrinho de refrigerantes e cachorro-quente próximo ao campus. Embora Marty possa servir em média 30 clientes por hora (μ), ele tem somente 20 clientes em média por hora (λ). Como Marty tem capacidade para atender 50% mais clientes do que os que de fato visitam seu estabelecimento, não faz sentido para ele que exista fila.

Marty lhe contrata para examinar a situação e para determinar algumas características da sua fila. Depois de analisar o problema, você faz as sete suposições listadas na Seção 14.4. Quais são as suas descobertas?

Solução

$L = \dfrac{\lambda}{\mu - \lambda} = \dfrac{20}{30 - 20} = 2$ clientes em média no sistema.

$W = \dfrac{1}{\mu - \lambda} = \dfrac{1}{30 - 20} = 0{,}1$ hora (6 minutos) é o tempo médio que um cliente gasta no sistema

$L_q = \dfrac{\lambda^2}{\mu(\mu - \lambda)} = \dfrac{20^2}{30(30 - 20)} = 1{,}33$ clientes, em média, na fila esperando ser servido

$w_q = \dfrac{\lambda}{\mu(\mu - \lambda)} = \dfrac{20}{30(30 - 20)} = 1/15$ hora = (4 minutos) tempo médio de espera de um cliente na fila

$\rho = \dfrac{\lambda}{\mu} = \dfrac{20}{30} = 0{,}67 = 0{,}67 =$ percentual do tempo que Marty está ocupado atendendo clientes

$P_0 = 1 - \dfrac{\lambda}{\mu} = 1 - \rho = 0{,}33 =$ probabilidade de que não existam clientes no sistema (sendo servidos ou esperando na fila) em qualquer horário

	Probabilidade de que k ou mais clientes esperem na fila e/ou estejam sendo atendidos
k	$P_{n>k} = \left(\dfrac{\lambda}{\mu}\right)^{k+1}$
0	0,667
1	0,444
2	0,296
3	0,198

Problema resolvido 14-3

Considere o Problema Resolvido 14.2. Marty concordou que esses números representam sua situação aproximada de negócios. Você está bastante surpreso com o tamanho da fila e obtém dele um custo estimado do tempo de espera do cliente (na fila, não sendo servido) como 10 centavos por minuto. Durante as 12 horas que está aberto ele atende (12 × 20) = 240 clientes. O cliente fica na fila, em média, 4 minutos, assim, o custo total de espera dos clientes é (240 × 4 minutos) = 960 minutos. O valor dos 960 minutos é ($0.10)(960 minutos) = $96. Você diz a Marty que 10 centavos é uma estimativa conservadora e que ele provavelmente pode economizar $96 em insatisfação dos clientes se contratar outro atendente. Após discutir muito, Marty concorda em lhe dar todo o cachorro-quente que você conseguir comer durante a semana em troca dos seus serviços de analista e do resultado de ter dois atendentes servindo os clientes.

Assumindo que Marty siga seu conselho e contrate um segundo funcionário cuja taxa de serviço se iguala a dele, complete a análise.

Solução

Com dois atendentes, o sistema se torna de dois canais ou $m = 2$. Os cálculos fornecem:

$$P_0 = \frac{1}{\left[\sum_{n=0}^{n=m-1} \frac{1}{n!}\left[\frac{20}{30}\right]^n\right] + \frac{1}{2!}\left[\frac{20}{30}\right]^2 \left[\frac{2(30)}{2(30)-20}\right]}$$

$$= \frac{1}{(1)(2/3)^0 + (1)(2/3)^1 + (1/2)(4/9)(6/4)} = 0,5$$

= probabilidade de não ter clientes no sistema

$$L = \left[\frac{(20)(30)(20/30)^2}{(2-1)![(2)(30-20)]^2}\right] 0,5 + \frac{20}{30} = 0,75 \text{ clientes no sistema, em média}$$

$$W = \frac{L}{\lambda} = \frac{3/4}{20} = \frac{3}{80} \text{ horas} = 2,25 \text{ minutos é o que um cliente gasta, em média, no sistema}$$

$$L_q = L - \frac{\lambda}{\mu} = \frac{3}{4} - \frac{20}{30} = \frac{1}{12} = 0,083 \text{ clientes esperando na fila, em média}$$

$$W_q = \frac{L_q}{\lambda} = \frac{1/12}{20} = \frac{1}{240} \text{ horas} = \frac{1}{4} \text{ minutos} = \text{tempo médio de espera de um cliente na fila}$$

$$\rho = \frac{\lambda}{m\mu} = \frac{20}{2(30)} = \frac{1}{3} = 0,33 = \text{taxa de utilização}$$

Você tem agora (240 clientes)×(1/240 horas) = 1 hora = tempo total de espera por dia

O custo total de 60 minutos de tempo de espera do cliente é (60 minutos) ($0,10 por minuto) = $6.

Agora você pode relatar a Marty que a contratação de um atendente adicional economizará $96 − $6 = $90 em insatisfação dos clientes por cada turno de 12 horas. Marty responde que a contratação também deve reduzir o número de pessoas que olham para a fila e vão embora bem como daquelas que se chateiam e abandonam a fila. Você diz ao Marty que está pronto para dois cachorros-quente com muita mostarda.

Problema resolvido 14-4

Vacation Inns é uma cadeia de hotéis que opera na parte sudoeste dos Estados Unidos. A empresa utiliza um telefone 0800 para aceitar reservas a qualquer um dos seus hotéis. O tempo médio para processar cada chamada é de três minutos e em média de 12 chamadas são recebidas por hora. A distribuição de probabilidade que descreve as chegadas é desconhecida. Sobre um período de tempo específico foi determinado que um cliente gasta, em média, seis minutos esperando ou sendo atendido ao telefone. Encontre o tempo médio na fila, o tempo médio no sistema, o número médio de clientes na fila e o número médio de clientes no sistema.

Solução

As distribuições de probabilidade são desconhecidas, mas sabemos tempo médio no sistema (6 minutos). Assim, podemos utilizar as Equações de fluxo de Little:

$W = 6$ minutos = 6/60 hora = 0,1 hora

$\lambda = 12$ por hora

$\mu = 60/3 = 20$ por hora

Tempo médio na fila = $W_q = W - 1/\mu = 0,1 - 1/20 = 0,1 - 0,05 = 0,05$ hora

Número médio no sistema = $L = \lambda W = 12(0,1) = 12$ chamadas

Número médio na fila = $L_q = \lambda W_q = 12(0,05) = 0,6$ chamadas

AUTOTESTE

- Antes de fazer o autoteste, consulte os objetivos de aprendizagem no início do capítulo, as notas nas margens e o glossário no final do capítulo.
- Corrija seu teste utilizando o Apêndice H ao final do livro.
- Estude novamente as páginas que correspondem a todas as perguntas que você respondeu errado ou que não tem certeza.

1. Muitos sistemas utilizam a disciplina de fila conhecida como regra FIFO:
   a. Verdadeiro
   b. Falso
2. Antes de utilizar a distribuição exponencial para construir modelos de filas, o analista quantitativo deve determinar se os dados do tempo de serviço seguem a distribuição.
   a. Verdadeiro
   b. Falso
3. Em um sistema multicanal de uma única fase, as chegadas passarão por pelo menos duas estações de serviço diferentes.
   a. Verdadeiro
   b. Falso
4. Qual das seguintes *não* é uma hipótese do modelo M/M/1:
   a. as chegadas provêm de uma população muito grande ou infinita.
   b. as chegadas estão distribuídas de acordo com uma Poisson.
   c. as chegadas são tratadas com a regra FIFO e não existe recusa ou desistência.
   d. os tempos de serviço seguem uma distribuição exponencial.
   e. a taxa média de chegada é mais rápida que a taxa média de serviço.
5. Um sistema de filas descrito como M/M/1 terá:
   a. tempos de serviço exponenciais.
   b. duas filas.
   c. tempos de serviço constantes.
   d. taxas de chegada constantes.
6. Os carros entram em um *drive-through* de um restaurante de comida rápida para fazer um pedido e seguem para pagar a comida e pegar o pedido. Isso é um exemplo de:
   a. sistema multicanal
   b. sistema multifase
   c. sistema de múltiplas filas
   d. nenhuma das alternativas acima
7. O fator de utilização de um sistema é definido como:
   a. número médio de pessoas atendidas dividido pelo número médio de chegadas por período de tempo
   b. o tempo médio que um cliente espera na fila
   c. a proporção de tempo que a estação de serviço está em uso
   d. o percentual de tempo vazio
   e. nenhuma das alternativas acima
8. Qual das seguintes não terá uma disciplina de fila FIFO?
   a. restaurante de comida rápida (*fast-food*)
   b. posto de correio
   c. caixa de pagamento de uma mercearia
   d. sala de emergência de um hospital
9. Uma companhia tem um técnico responsável pela manutenção dos 20 computadores da empresa. Quando um computador falha, o técnico é chamado para o conserto. Se ele estiver ocupado, a máquina deve esperar para ser consertada. Isso é um exemplo de:
   a. um sistema multicanal
   b. um sistema com população finita
   c. um sistema com taxa de serviço constante
   d. um sistema multifase
10. Na execução de uma análise de custos de um sistema de filas, o custo de espera (C_W) é às vezes baseado no tempo na fila e em outras no tempo no sistema. O custo de espera deve ser baseado no tempo no sistema em qual das seguintes situações:
    a. esperando na fila para dar uma volta em um brinquedo de um parque de diversões
    b. esperando para discutir um problema de saúde com um médico
    c. esperando para tirar uma foto e ganhar um autógrafo de um ídolo de rock
    d. esperando que o computador seja consertado e possa voltar a ser utilizado em serviços
11. Consumidores entram em uma fila de uma cafeteria na base do primeiro a chegar será o primeiro a ser servido. A taxa de chegada segue uma distribuição de Poisson e o tempo de serviço, uma distribuição exponencial. Se o número médio de chegadas é de seis por minuto e a taxa de serviço de um único servidor é de dez por minuto, qual é o número médio de consumidores no sistema?
    a. 0,6
    b. 0,9
    c. 1,5
    d. 0,25
    e. nenhuma das alternativas acima
12. No modelo padrão de filas, assumimos que a disciplina da fila é _____.
13. O tempo de serviço no modelo de filas M/M/1 é presumido ser _____.
14. Quando administradores encontram fórmulas padrão de filas inadequadas ou matematicamente insolúveis, eles frequentemente recorrem a _____ para obter suas soluções.

QUESTÕES PARA DISCUSSÃO E PROBLEMAS

Questões para discussão

14-1 O que é o problema da fila? Quais são os componentes de um sistema de filas?

14-2 Quais são as hipóteses que sustentam os modelos de filas?

14-3 Descreva as características operacionais importantes de um sistema de filas.

14-4 Por que a taxa de serviço deve ser maior do que a taxa de chegadas em um sistema de filas de um único canal?

14-5 Descreva brevemente três situações em que a disciplina FIFO não é aplicável na análise de filas.

14-6 Forneça exemplos de quatro situações em que a população fonte é finita ou limitada.

14-7 Quais são os componentes dos seguintes sistemas? Faça um esquema e explique a configuração de cada um.
(a) barberia
(b) lavagem de carro
(c) lavanderia
(d) pequena mercearia

14-8 Dê um exemplo de uma situação em que o custo do tempo de espera tem como base o tempo de espera na fila. Dê um exemplo de uma situação em que o custo do tempo de espera está baseado no tempo de espera no sistema.

14-9 Você acha que a distribuição de Poisson, que assume chegadas independentes, é um bom modelo da taxa de chegada dos sistemas de filas a seguir? Defenda sua posição em cada caso.
(a) lancheria da sua universidade
(b) barbearia
(c) ferragem
(d) consultório de um dentista
(e) aula na faculdade
(f) cinema

Problemas*

14-10 A loja Schmedley tem aproximadamente 300 consumidores fazendo compras no estabelecimento entre 9h e 17h aos sábados. Para decidir quantos caixas devem ficar abertos em cada sábado, o gerente da Schmedley considera dois fatores: o tempo de espera do cliente (e o custo de espera associado) e o custo de serviço de empregar caixas adicionais. Os caixas recebem um salário médio de $8 a hora. Quando somente um está trabalhando, o tempo de espera por cliente é de aproximadamente 10 minutos (ou 1/6 de hora); quando dois caixas estão em serviço, o tempo médio para pagar as compras é de seis minutos por pessoa; quatro minutos quando três caixas estiverem abertos; e três minutos quando quatro caixas estiverem funcionando.

A administração da Schmedley conduziu uma pesquisa de satisfação dos consumidores e verificou que a loja perde aproximadamente $10 em vendas devido à insatisfação para cada hora que um cliente aguarda para pagar por suas compras. Utilizando a informação fornecida, determine o número ótimo de caixas que devem trabalhar a cada sábado a fim de minimizar o custo total esperado da loja.

14-11 A Rockwell Electronics mantém uma equipe de serviço para consertar quebras de máquinas que ocorrem a uma média de $\lambda = 3$ por dia (aproximadamente Poisson por natureza).

A equipe pode atender uma média de $\mu = 8$ máquinas por dia, com uma distribuição do tempo de conserto que se assemelha a distribuição exponencial.
(a) Qual é a taxa de utilização desse sistema de serviço?
(b) Qual é o tempo médio na fila de uma máquina que está quebrada?
(c) Quantas máquinas estão esperando conserto, em média, em determinado tempo?
(d) Qual é a probabilidade de que mais do que uma máquina esteja no sistema? E a probabilidade de mais do que duas estarem quebradas e esperando conserto ou em conserto? E mais de três? E mais de quatro?

14-12 A partir de dados históricos, a Lavadora de Carros do Harry estima que carros sujos cheguem a uma taxa de 10 por hora ao longo de todo o dia aos sábados. Com uma equipe na linha de lavagem, Harry imagina que os carros podem ser limpos a uma taxa de um a cada cinco minutos. Um carro por vez é lavado nesse exemplo de fila de espera de um único canal.

Assumindo chegadas de Poisson e tempos de serviço exponenciais, encontre:
(a) o número médio de carros na fila
(b) o tempo médio que um carro fica na fila
(c) tempo médio que um carro gasta no sistema
(d) a taxa de utilização da lavadora de carros
(e) a probabilidade de que não haja carros no sistema

14-13 Mike Dreskin gerencia um grande complexo de cinemas em Los Angeles denominado Cinema I, II, III, e IV. Cada uma das quatro salas passa um filme diferente; a programação é feita de forma balanceada para evitar a multidão que poderia ocorrer se todos os quatro filmes começassem no mesmo horário. O complexo tem um único compartimento e um bilheteiro que podem manter uma taxa de serviço de 280 clientes por hora. Os tempos de serviço seguem uma distribuição exponencial. As chegadas em um dia típico são distribuídas de acordo com Poisson e ocorrem a uma taxa de 210 por hora.

Para determinar a eficiência da operação de vendas de bilhetes atual, Mark quer examinar várias características operacionais da fila.
(a) Encontre o número médio de frequentadores de cinema esperando na fila para comprar um bilhete.
(b) Qual é o percentual de tempo em que o bilheteiro está ocupado?

---

* Nota: Q significa que o problema pode ser resolvido com o QM para Windows; X significa que o problema pode ser resolvido com o Excel; e Q/X significa que ele pode ser resolvido tanto com o QM para Windows quanto com o Excel.

(c) Qual é o tempo médio que um cliente gasta no sistema?
(d) Qual é o tempo médio gasto esperando na fila para chegar à bilheteria?
(e) Qual é a probabilidade de que não exista mais de duas pessoas no sistema? Mais de três? Mais de quatro?

14-14 A fila da cafeteria universitária no centro estudantil é uma instalação de autosserviço em que os estudantes selecionam os alimentos que querem e então formam uma única fila para pagar no caixa. Os estudantes chegam a uma taxa de aproximadamente quatro por minuto de acordo com uma distribuição de Poisson. O único caixa que recebe os pagamentos leva aproximadamente 12 segundos por cliente de acordo com uma distribuição exponencial.
(a) Qual é a probabilidade de que existam mais de dois estudantes no sistema? E mais de três estudantes? E mais de quatro?
(b) Qual é a probabilidade de que o sistema esteja vazio?
(c) Quanto tempo em média um estudante deve esperar antes de chegar ao caixa?
(d) Qual é o número esperado de estudantes na fila?
(e) Qual é o número médio de estudantes no sistema?
(f) Se um segundo caixa for colocado (os dois trabalhando no mesmo ritmo), como as características calculadas nos itens (b), (c), (d) e (e) mudam? Assuma que o cliente espera em uma única fila e é atendido pelo primeiro caixa livre.

14-15 A época de colheita do trigo no meio-oeste Americano é curta e muitos fazendeiros despacham suas cargas de caminhão para um gigante silo central de armazenagem em um período de duas semanas. Em virtude disso, os caminhões carregados com trigo que esperam para descarregar e retornar ao campo geralmente esperam em uma fila com uma distância de uma quadra do armazém. O silo central é propriedade de uma cooperativa e é de interesse de cada fazendeiro que o processo de descarga e armazenagem seja o mais eficiente possível. O custo da deterioração dos grãos causado por atrasos na descarga, o custo do aluguel dos caminhões e o tempo ocioso dos motoristas são motivos de preocupação para os membros da cooperativa. Embora os fazendeiros tenham dificuldades em quantificar danos à colheita, é fácil atribuir custos de espera e descarga para os caminhões e motoristas em $18 por hora. O silo funciona 16 horas por dia, sete dias por semana durante a época de colheitas e é capaz de descarregar 35 caminhões por hora de acordo com uma distribuição exponencial. Os caminhões carregados chegam durante todo o dia (no horário em que o silo está aberto) a uma taxa de aproximadamente 30 por hora, seguindo um padrão de Poisson.

Para auxiliar a cooperativa a entender o problema do tempo desperdiçado pelos caminhões que ficam esperando na fila ou no local da descarga, encontre:
(a) o número médio de caminhões no sistema de descarga

(b) o tempo médio por caminhão no sistema
(c) a taxa de utilização do local da descarga
(d) a probabilidade de que existam mais de três caminhões no sistema em um determinado tempo
(e) o custo diário total dos fazendeiros quando seus caminhões ficam presos no processo de descarga.

A cooperativa, como mencionado, utiliza o silo somente duas semanas por ano. Os fazendeiros estimam que aumentar a capacidade do silo diminuirá os custos de descarga em 50% no próximo ano. O aumento da armazenagem custará $9000 fora da estação de colheita. Vale a pena aumentar a área de armazenagem?

14-16 A loja de departamentos Ashley, em Kansas City, mantém com sucesso um departamento de vendas por catálogo em que os vendedores recebem pedidos por telefone. Se o vendedor está ocupado em uma linha, chamadas destinadas ao departamento de catálogo são respondidas automaticamente por uma secretária eletrônica que solicita que o comprador espere. Tão logo o vendedor esteja livre a chamada que estiver mais tempo na espera é transferida e atendida primeiro. As chamadas chegam a uma taxa de aproximadamente 12 por hora. O vendedor é capaz de atender em média um pedido a cada quatro minutos. As chamadas seguem uma distribuição de Poisson e o tempo de atendimento, uma exponencial. O vendedor ganha $10 por hora, mas em virtude da perda de reputação e vendas, a Ashley perde $50 por hora do tempo gasto por clientes esperando serem atendidos pelo vendedor.
(a) Qual é o tempo médio que os compradores por catálogo devem esperar antes que suas ligações sejam transferidas para o vendedor?
(b) Qual é o número médio de ligações esperando para fazer um pedido?
(c) A Ashley está considerando contratar um segundo vendedor para o departamento. Esse vendedor ganhará o mesmo que o outro. A empresa deve contratar um segundo vendedor? Explique.

14-17 Automóveis chegam a uma janela *drive-through* de um posto de correio a uma taxa de quatro a cada dez minutos. O tempo médio de serviço é de dois minutos. As taxas de chegada seguem uma distribuição de Poisson e os tempos de serviço são distribuídos exponencialmente.
(a) Qual é o tempo médio de um carro no sistema?
(b) Qual é o número médio de carros no sistema?
(c) Qual é o tempo médio que um carro gasta até ser atendido?
(d) Qual é o número médio de carros na fila atrás do cliente sendo atendido?
(e) Qual é a probabilidade de que não haja carros sendo atendidos?
(f) Qual é o percentual de tempo que o atendente postal está ocupado?
(g) Qual é a probabilidade de que existam exatamente dois carros no sistema?

14-18 Para o Problema 14-17, uma segunda janela de *drive-through* está sendo considerada. Uma única fila seria formada e assim que um carro chegasse ao início dessa ele se dirigiria ao atendente postal dis-

ponível. O atendente da nova janela trabalharia na mesma taxa do atual.
(a) Qual é tempo médio de um carro no sistema?
(b) Qual é o número médio de carros no sistema?
(c) Qual é o tempo médio que um carro gasta até ser atendido?
(d) Qual é o número médio de carros na fila atrás do cliente sendo atendido?
(e) Qual é a probabilidade de que não haja carros sendo atendidos?
(f) Qual é o percentual de tempo que o atendente postal está ocupado?
(g) Qual é a probabilidade de que existam exatamente dois carros no sistema?

14-19 Juhn and Sons, um distribuidor de frutas por atacado, emprega um funcionário cujo trabalho é carregar frutas nos caminhões da empresa que estão saindo. Os caminhões chegam ao terminal de embarque a uma média de 24 por dia, ou 3 três por hora, de acordo com uma distribuição de Poisson. O funcionário carrega o caminhão a uma taxa de quatro por hora seguindo aproximadamente uma distribuição exponencial no tempo de serviço.

Determine as características operacionais desse problema do terminal de carga. Qual é a probabilidade de que existam mais do que três caminhões tanto sendo carregados quanto esperando para sê-lo? Discuta os resultados do seu modelo computacional de filas.

14-20 Juhn acredita que colocar um segundo carregador de frutas irá melhorar substancialmente a eficiência da empresa. Ele estima que uma equipe de duas pessoas no terminal de carga, ainda agindo como um sistema de servidor único, dobraria a taxa de carregamento de quatro caminhões para oito caminhões por hora. Analise o efeito de tal alteração na fila e compare os resultados com aqueles encontrados no Problema 14-19.

14-21 Os motoristas de caminhão trabalhando para a Juhn and Sons (veja os Problemas 14-19 e 14-20) recebem um salário de $10 por hora, em média. Os carregadores de frutas recebem aproximadamente $6 por hora. Os motoristas de caminhão esperando na fila ou no terminal de carga estão recebendo salário, mas não estão sendo produtivos e não geram receita para a empresa durante esse tempo. Qual seria o custo por hora economizado para a empresa associado a empregar dois carregadores em vez de um?

14-21 A Juhn and Sons, distribuidora de frutas por atacado (do Problema 14-19), está considerando a construção de uma segunda plataforma ou terminal para agilizar o processo de carga de suas frutas nos caminhões. Eles pensam que isso será mais eficiente do que simplesmente contratar outro carregador para auxiliar com a primeira plataforma (como no Problema 14-20).

Assuma que os trabalhadores em cada plataforma serão capazes de carregar quatro caminhões por hora e que esses caminhões irão continuar chegando a uma taxa de três por hora. Encontre as novas condições operacionais do sistema de fila. Essa nova abordagem é, de fato, mais rápida do que as outras duas consideradas?

14-23 Bill First, gerente geral da loja de departamentos Worthmore, estimou que cada hora que um cliente gasta na fila esperando ser atendido custa à loja $100 em vendas perdidas e reputação. Os clientes chegam aos caixas a uma taxa de 30 por hora e o tempo médio de serviço é de três minutos. A distribuição de Poisson descreve as chegadas e os tempos de serviço são exponencialmente distribuídos. O número de caixas pode ser dois, três ou quatro, com cada um trabalhando a mesma taxa. Bill estima que, entre salários e benefícios, cada balconista receba $10 por hora. A loja está aberta 10 horas por dia.
(a) Encontre o tempo médio na fila se dois, três ou quatro caixas forem utilizados.
(b) Qual é o tempo total gasto esperando na fila diariamente se dois, três ou quatro caixas forem usados?
(c) Calcule o custo de espera diário total e o custo de serviço se dois, três ou quatro caixas forem utilizados. Qual é o custo diário total mínimo?

14-24 Billy é dono do único banco em uma pequena cidade do Arkansas. Numa sexta-feira típica, uma média de dez clientes por hora chega ao banco para realizar alguma operação bancária. Há somente um caixa no banco e o tempo médio necessário que ele gasta para atender um cliente é de quatro minutos. Supõe-se que o tempo de serviço para atender um cliente tenha uma distribuição exponencial. Embora esse seja o único banco na cidade, algumas pessoas começaram a utilizar o banco de uma cidade vizinha a aproximadamente 20 milhas de distância. Uma fila única é utilizada e o primeiro cliente da fila se dirige ao primeiro caixa disponível. Se um único caixa é utilizado no banco do Billy, encontre:
(a) o tempo médio na fila
(b) o número médio de clientes na fila
(c) o tempo médio que um cliente gasta no sistema
(d) o número médio de clientes no sistema
(e) a probabilidade de que o banco esteja vazio

14-25 Lembre a situação do banco do Billy no Problema 14-24. Billy está considerando contratar um segundo caixa (que irá trabalhar à mesma taxa do primeiro) para reduzir o tempo de espera dos clientes e assume que isso diminuirá o tempo de espera pela metade. Se um segundo caixa é contratado, encontre:
(a) o tempo médio na fila
(b) o número médio de clientes na fila
(c) o tempo médio que um cliente gasta no sistema
(d) o número médio de clientes no sistema
(e) a probabilidade de que o banco esteja vazio

14-26 Para a situação do banco do Billy nos Problemas 14-24 e 14-25, o salário mais benefícios de um caixa seria $12 por hora. O banco fica aberto oito horas por dia. Foi estimado que o custo de espera é $25 por hora na fila.
(a) Quantos clientes entram no banco em um dia típico?

(b) Quanto tempo total um cliente gasta esperando na fila durante todo o dia se um caixa for utilizado? Qual é o total diário do custo do tempo de espera?
(c) Quanto tempo total os clientes gastam esperando na fila durante todo o dia se dois caixas forem utilizados? Qual é o custo total do tempo de espera?
(d) Se Billy quer minimizar o tempo de espera total e o custo de pessoal, quantos caixas ele deve utilizar?

14-27 Clientes chegam à máquina automática de venda de café a uma taxa de quatro por minuto, seguindo uma distribuição de Poisson. A máquina de café libera um copo de café em exatos dez segundos.
(a) Qual é o número médio de pessoas esperando na fila?
(b) Qual é o número médio de pessoas no sistema?
(c) Quanto uma pessoa irá esperar na fila antes de solicitar o seu café?

14-28 O número médio de clientes no sistema do modelo de um único canal e de única fase descrito na Seção 14.4 é

$$L = \frac{\lambda}{\mu - \lambda}$$

Mostre que para $m = 1$ servidor, o modelo de fila multicanal da Seção 14.5,

$$L = \frac{\lambda\mu\left(\frac{\lambda}{\mu}\right)^m}{(m-1)!(m\mu - \lambda)^2}P_0 + \frac{\lambda}{\mu}$$

é idêntico ao sistema de um único canal. Note que a fórmula para P_0 (Equação 14-12) deve ser utilizada neste exercício altamente algébrico.

14-29 Um mecânico atende cinco máquinas de furar para uma manufatura de chapas de aço. As máquinas quebram a uma média de uma a cada seis dias de trabalho e as quebras seguem uma distribuição de Poisson. O mecânico consegue consertar uma máquina por dia, em média. O tempo de conserto segue uma distribuição exponencial.
(a) Em média, quantas máquinas estarão esperando conserto?
(b) Em média, quantas máquinas estão no sistema?
(c) Quantas máquinas estão funcionando em ordem, em média?
(d) Qual é o tempo médio de espera na fila?
(e) Qual é o tempo médio de espera no sistema?

14-30 Um técnico monitora um grupo de cinco computadores que dirigem uma instalação manufatureira automatizada. É necessário, em média, 15 minutos (exponencialmente distribuído) para consertar um computador que apresenta um problema. O computador trabalha uma média de 85 minutos (com distribuição de Poisson) sem precisar de ajuste. Qual é:
(a) o número médio de computadores esperando por ajuste?
(b) o número médio de computadores que não estão trabalhando em ordem?
(c) a probabilidade de o sistema estar vazio?
(d) o tempo médio na fila?
(e) o tempo médio no sistema?

14-31 A estação típica de metrô em Washington, D.C., tem seis portas giratórias, cada uma controlada por gerente da estação e capaz de ser utilizada tanto para entrada quanto para saída, mas nunca para as ambos. O gerente quer decidir quantas portas devem ser usadas para a entrada de passageiros e quantas devem ser utilizadas para a saída em períodos diferentes do dia.

Os passageiros entram na estação universitária de Washington a uma taxa de 84 por minuto entre as 7h e 9h. Os passageiros saindo dos trens nessa parada alcançam a área das portas giratórias a uma taxa de 48 por minuto nos mesmos horários de pico da manhã. Cada porta giratória permite que uma média de 30 passageiros por minuto entre ou saia. As chegadas e os tempos de serviço foram determinados como seguindo distribuições de Poisson e exponenciais, respectivamente. Assuma que os passageiros formam uma fila comum tanto nas áreas de entrada e saída e seguem para a primeira porta giratória livre.

O gerente da estação universitária de Washington não deseja que um passageiro da sua estação tenha que esperar na fila por uma porta giratória mais do que seis segundos e também não quer mais de oito pessoas, em média, em qualquer uma das filas de entrada ou saída.
(a) Quantas portas giratórias devem ficar abertas em cada direção cada manhã?
(b) Discuta as hipóteses necessárias para solucionar esse problema utilizando a teoria das filas.

14-32 A banda da escola de Ensino Médio Clear Brook criou uma lavadora de carros a fim de arrecadar fundos para a compra de novos equipamentos. O tempo médio para lavar um carro é de quatro minutos e esse tempo é exponencialmente distribuído. Os carros chegam a uma taxa de um a cada cinco minutos (ou doze por hora) e o número de chegadas por período de tempo é descrito por uma distribuição de Poisson.
(a) Qual é o tempo médio de espera de um carro na fila?
(b) Qual é o número médio de carros na fila?
(c) Qual é o número médio de carros no sistema?
(d) Qual é o tempo médio no sistema?
(e) Qual é a probabilidade de que existam mais de três carros no sistema?

14-33 Quando um membro adicional da banda chega para auxiliar na lavadora de carros (veja o Problema 14-32), ficou decidido que dois caros devem ser lavados por vez em vez de apenas um. As duas equipes trabalham com a mesma taxa.
(a) Qual é o tempo médio que os carros esperam na fila?
(b) Qual é o número médio de carros na fila?
(c) Qual é o número médio de carros no sistema?
(d) Qual é o tempo médio no sistema?

PROBLEMAS EXTRAS NA INTERNET

Veja em **www.bookman.com.br** os problemas adicionais 14-34 a 14-38 (em inglês).

ESTUDO DE CASO

Fundição New England

Durante mais de 75 anos, a Fundição New England produziu fogões a lenha para uso doméstico. Recentemente, com o aumento do preço da energia, George Mathison, presidente da Fundição New England, viu suas vendas triplicarem. Esse grande aumento nas vendas dificultou a manutenção da qualidade de todos os fogões a lenha e produtos relacionados.

Diferentemente de outros fabricantes de fogões a lenha, a Fundição New England está sozinha no negócio de fogos e produtos relacionados a fogões. Seus principais produtos são o Warmglo I, o Warmglo II, o Warmglo III e o Warmglo IV. O Warmglo I é o menor fogão a lenha com uma saída de calor de 30000 Btu e o Warmglo IV é o maior com uma saída calórica de 60000 Btu. Além disso, a Fundição New England produz um grande conjunto de produtos para serem utilizados com um dos seus fogões, incluindo grades, termômetros, chaminés, chão da chaminé, adaptadores, luvas para fogão, suportes, protetores, etc. A empresa também publica um panfleto e vários livros de bolso sobre instalação dos fogões, operação, manutenção e fonte de lenha. George acredita que a grande diversidade de produtos foi um dos principais responsáveis pelo aumento das vendas.

O Warmglo III vende mais do que qualquer outro tipo de fogão por uma ampla margem de diferença. A geração de calor e os acessórios disponíveis são ideais para uma casa típica. O Warmglo III também tem várias características excelentes que o torna um dos mais atraentes e eficientes fogões no mercado. Cada Warmglo III tem uma válvula de entrada de ar termostaticamente controlada que permite que o fogão se ajuste automaticamente para produzir as saídas calóricas corretas para variadas condições do tempo. Uma entrada de ar secundária é usada para aumentar a saída de calor no caso de um tempo muito frio. As partes internas do fogão produzem uma chama horizontal para uma queima mais eficiente e os gases de saída são forçados a fazer um caminho em forma de S através do fogão. O caminho em forma de S permite uma combustão mais completa dos gases e uma melhor transferência do calor do fogo e gases pelo ferro fundido para a área a ser aquecida. Essas características, em conjunto com os acessórios, resultaram em uma expansão de vendas e estimularam George a construir uma nova fábrica para manufaturar fogões Warmglo III. Um diagrama geral da fábrica é apresentado na Figura 14.5.

A nova fundição utiliza equipamentos de última geração, incluindo o novo Disamatic, que auxilia na manufatura das partes do fogão. A despeito dos novos equipamentos ou procedimentos, as operações de fundição permaneceram basicamente inalteradas por centenas de anos. Inicialmente, um padrão de madeira é feito para cada peça de ferro do fogão que precisa ser fundida. O modelo de madeira é uma réplica exata da peça fundida que precisa ser manufaturada. Todos os modelos da Fundição New England são feitos pela empresa Precision Patterns e armazenados em uma oficina de modelos e área de manutenção. Depois, um molde especial feito de areia é moldado em torno do modelo de madeira. Podem existir dois ou mais moldes de areia para cada modelo de madeira. Misturar a areia e fazer os moldes é um processo executado na área de moldagem. Quando o modelo de madeira é removido, o resultado do molde de areia é uma imagem negativa da peça que deve ser fundida. Na próxima etapa, os moldes são transportados ao local de fundição, onde ferro derretido é derramado nos moldes e deixado para esfriar. Quando o ferro solidifica, os moldes são então movidos para a área de limpeza, polimento e preparação. Os moldes são jogados em grandes vibradores que retiram a maioria da areia da peça. A peça bruta é então submetida a uma corrente muito forte de ar comprimido para tirar o resto da areia e polida para retirar as rebarbas. As peças são, então, pintadas com uma tinta especial resistente ao calor, montadas nos fogões sendo fabricados e inspecionadas para verificar defeitos que ainda não tenham sido detectados. Finalmente, o fogão pronto é enviado para a área de armazenagem e despacho, onde é embalado e enviado ao destino apropriado.

Atualmente, a oficina de modelos e o departamento de manutenção estão localizados no mesmo local. Uma grande bancada é utilizada tanto pelo pessoal da manutenção para pegar ferramentas e peças quanto pelos moldadores de areia que precisam de vários padrões para a operação de moldagem. Peter Nawler e Bob Bryan, responsáveis pela bancada, são capazes de atender dez pessoas por hora (ou aproximadamente cinco cada um). Em média, quatro pessoas da manutenção e três do departamento de moldes chegam à bancada por hora. Pessoas do departamento de moldes e da manutenção chegam ao acaso e são atendidas em uma única fila; Peter e Bob seguem uma política de atender antes o primeiro a chegar. Devido ao local onde se localizam a área de moldagem e o departamento de manutenção, são necessários três minutos para que alguém da manutenção chegue à bancada e um minuto para alguém do departamento de moldes.

Após observar a operação da moldagem e da manutenção ao longo de várias semanas, George decidiu fazer algumas mudanças no layout da fábrica. Um esquema dessas mudanças é mostrado na Figura 14.6.

A separação do departamento de manutenção do local de moldagem traz algumas vantagens. Os funcionários do departamento de manutenção precisarão de apenas um minuto para chegar à bancada de peças e ferramentas em vez dos três da situação anterior. Utilizando estudos de tempo e movimentação,

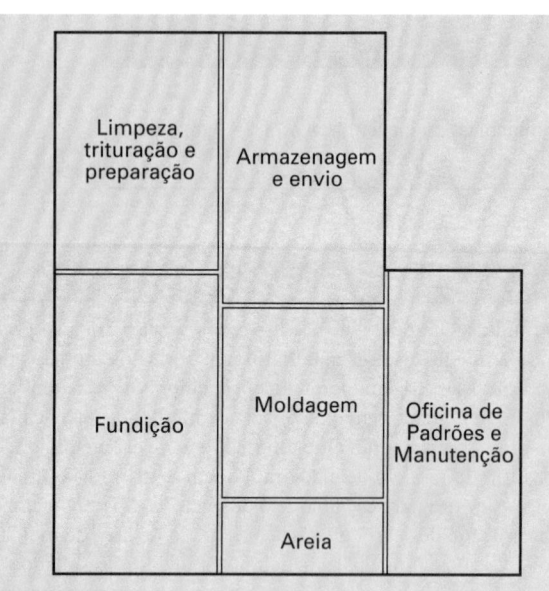

FIGURA 14.5 Panorama da fábrica.

FIGURA 14.6 Panorama da fábrica

George conseguiu determinar que a melhoria do layout do departamento de manutenção permitiria que Bob atendesse seis pessoas desse departamento por hora e a melhoria do layout do departamento de padrões permitiria que Peter atendesse sete pessoas da oficina de moldes por hora.

Questões para discussão

1. Quanto tempo o novo layout vai economizar?
2. Se o pessoal da manutenção fosse pago $9,50 por hora e o pessoal da moldagem fosse pago $11,75 por hora, quanto poderia ser economizado por hora com o novo layout da fábrica?

ESTUDO DE CASO

Hotel Winter Park

Donna Shader, gerente do Hotel Winter Park, está pensando em como reestruturar a recepção para alcançar um nível ótimo de eficiência de pessoal e serviços aos hóspedes. No momento, o hotel tem cinco recepcionistas em serviço, cada uma com uma fila separada durante o pico do check-in, que ocorre entre 15h e 17h. Análises das chegadas durante esse tempo mostram que uma média de 90 hóspedes chega a cada hora (embora não exista um limite superior do número que pode chegar a um dado momento). Cada hóspede gasta em média três minutos na recepção para se registrar.

Donna está considerando três planos para melhorar o serviço ao hóspede pela redução do tempo que cada um espera na fila. A primeira proposta designa um funcionário como um atendente de serviço rápido para hóspedes com registro corporativo, segmento que preenche cerca de 30% de todos os quartos ocupados. Em virtude de os hóspedes corporativos serem pré-registrados, seu check-in leva apenas dois minutos. Com esses hóspedes separados dos demais, o tempo médio para registrar um hóspede comum sobe para 3,4 minutos. No plano um, os hóspedes não corporativos podem escolher qualquer uma das quatro filas restantes.

O segundo plano é programar um sistema de fila única. Todos os hóspedes formam uma única fila para serem atendidos por qualquer um dos cinco atendentes que ficar disponível. Essa opção exigirá espaço suficiente no saguão para uma possível grande fila.

A terceira proposta envolve o uso de uma máquina automática (ATM – Automatic Teller Machine). Essa ATM pode fornecer a mesma taxa de serviço de um atendente. Dado que o uso inicial dessa tecnologia seria mínimo, Shader estima que 20% dos clientes, principalmente os clientes frequentes, estaria disposta a usar as máquinas (isso pode ser uma estimativa conservadora se os hóspedes perceberem vantagens no uso da ATM, como ocorre com os clientes dos bancos. O Citibank relata que 95% dos seus clientes de Manhattan utilizam as máquinas ATM). Donna irá manter uma fila única de clientes que preferem fazer o check-in com uma pessoa em vez de uma máquina. Esse serviço será feito por cinco atendentes, embora Donna espere que a máquina permita uma redução para quatro.

Questões para discussão

1. Determine o tempo médio que um hóspede gasta no check-in. Como isso mudará sob cada uma das opções anunciadas?
2. Qual opção você recomenda?

ESTUDOS DE CASO NA INTERNET

Veja em **www.bookman.com.br** os estudos de caso adicionais (em inglês).

BIBLIOGRAFIA

BALDWIN, Rusty O., et al. Queueing Network Analysis: Concepts, Terminology, and Methods. *Journal of Systems & Software.* v. 66, n. 2, 2003, p. 99-118.

BARRON, K. Hurry Up and Wait. *Forbes.* October 16, 2000, p. 158-164.

CAYIRLI, Tugba, VERAL, Emre. Outpatient Scheduling in Health Care: A Review of Literature. *Production & Operations Management.* v. 12, n. 4, 2003, p. 519-49.

COOPER, R. B. *Introduction to Queuing Theory.* New York (NY): Elsevier/North Holland, 1980. 2nd ed.

DE BRUIN, Arnoud M. et al. Modeling the Emergency Cardiac Inpatient Flow: An Application of Queuing Theory. *Health Care Management Science.* v. 10, n. 2, 2007, p. 125-37.

DERBALA, Ali. Priority Queuing in an Operating System. *Computers & Operations Research.* v. 32, n. 2, 2005, p. 229-38.

GRASSMANN, Winfried K. Finding the Right Number of Servers in Real-World Queuing Systems. *Interfaces.* v. 18, n. 2, March-April 1988, p. 94-104.

JANIC, Milan. Modeling Airport Congestion Charges. *Transportation Planning & Technology.* v. 28, n. 1, 2005, p. 1-26.

KATZ, K., LARSON, B., LARSON, R. Prescription for the Waiting-in-Line Blues. *Sloan Management Review.* Winter 1991, p. 44-53.

KOIZUMI, Naoru, KUNO, Eri, SMITH, Tony E. Modeling Patient Flows Using a Queuing Network with Blocking. Health Care Management Science. v. 8, n. 1, 2005, p. 49-60.

LARSON, Richard C. Perspectives on Queues: Social Justice and the Psychology of Queuing. *Operations Research.* v. 35, n. 6, November-December 1987, p. 895-905.

MURTOJÄRVI, Mika, et al. Determining the Proper Number and Price of Software Licenses. *IEEE Transactions on Software Engineering.* v. 33, n. 5, 2007, p. 305-315.

PRABHU, N. U. *Foundations of Queuing Theory.* Norwell (MA): Kluewer Academic Publishers, 1997.

TARKO, A. P. Random Queues in Signalized Road Networks. *Transportation Science.* v.34, n. 4, November 2000, p. 415-25.

APÊNDICE 14.1: USANDO O QM PARA WINDOWS

Este apêndice demonstra a facilidade de uso do QM para Windows para resolver problemas de filas. O Programa 4.5 representa a Oficina de Surdinas do Arnold com dois servidores. A única entrada necessária é a seleção do próprio modelo, um título, se vai incluir ou não custos, a unidade de tempo sendo utilizada para as taxas de chegada e serviço (horas, nesse exemplo), a taxa de chegada (dois carros por hora), a taxa de serviço (três carros por hora) e o número de servidores (dois, nesse caso). Em virtude da unidade de tempo estar especificada em horas, W e W_q serão dados em horas, mas eles também são convertidos em minutos e segundos, como visto no Programa 14.5.

O Programa 14.6 reflete um modelo de taxa de serviço constante, ilustrado neste capítulo com o exemplo da Reciclagem Garcia-Golding. Os outros modelos de filas também podem ser resolvidos pelo QM para Windows, que fornece uma análise custo/econômica.

PROGRAMA 14.5

Utilizando o QM para Windows para Resolver o Modelo de Filas Multicanal (Oficina de Surdina do Arnold).

Parameter	Value	Parameter	Value	Minutes	Seconds
M/M/s		Average server utilization	0,33		
Arrival rate(lambda)	2	Average number in the queue(Lq)	0,08		
Service rate(mu)	3	Average number in the system(Ls)	0,75		
Number of servers	2	Average time in the queue(Wq)	0,04	2,5	150
		Average time in the system(Ws)	0,38	22,5	1.350

PROGRAMA 14.6

Utilizando o QM para Windows para Resolver o Modelo de Tempo de Serviço Constante (Dados do Garcia-Golding).

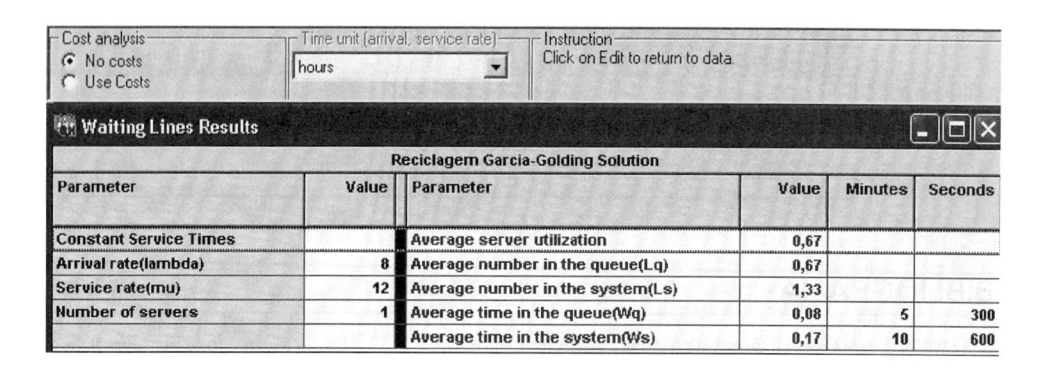

Parameter	Value	Parameter	Value	Minutes	Seconds
Constant Service Times		Average server utilization	0,67		
Arrival rate(lambda)	8	Average number in the queue(Lq)	0,67		
Service rate(mu)	12	Average number in the system(Ls)	1,33		
Number of servers	1	Average time in the queue(Wq)	0,08	5	300
		Average time in the system(Ws)	0,17	10	600

Reciclagem Garcia-Golding Solution

CAPÍTULO **15**

Modelagem por Simulação

OBJETIVOS DE APRENDIZAGEM

Depois de ler este capítulo, os alunos serão capazes de:

1. Lidar com uma grande variedade de problemas de simulação
2. Entender as sete etapas necessárias para conduzir um estudo de simulação
3. Explicar as vantagens e desvantagens da simulação
4. Desenvolver intervalos de números aleatórios e utilizá-los para gerar resultados
5. Entender os pacotes de simulação computacional disponíveis

VISÃO GERAL DO CAPÍTULO

15.1 Introdução
15.2 Vantagens e desvantagens da simulação
15.3 A simulação Monte Carlo
15.4 Simulação e análise de estoques
15.5 Simulação de um problema de fila
15.6 Modelos de simulação com incrementos de tempo fixo e do próximo evento
15.7 Modelo de simulação para uma política de manutenção
15.8 Dois outros tipos de modelos de simulação
15.9 Verificação e validação
15.10 O papel da simulação computacional

Resumo • Glossário • Problemas resolvidos • Autoteste • Questões para discussão e problemas • Problemas extras na Internet • Estudo de caso: Alabama Airlines • Estudo de caso: Statewide Development Corporation • Estudos de caso na Internet • Bibliografia

15.1 INTRODUÇÃO

De alguma forma, todos nós temos consciência da importância dos modelos de simulação no mundo. A Boeing Corporation e a Airbus Industries, por exemplo, utilizam modelos de simulação dos seus aviões propostos e testa as propriedades aerodinâmicas nesses modelos. A sua organização de defesa civil local pode executar resgates e praticar evacuações com a simulação das condições de desastres naturais de um vendaval ou furacão. As forças armadas americanas simulam ataques inimigos e estratégias de defesa em jogos de guerra de computador. Estudantes de administração utilizam jogos de administração que simulam situações de negócios competitivas e realistas. Milhares de empresas, governos e organizações de serviço desenvolvem modelos de simulação para auxiliar na tomada de decisões sobre controle de estoque, cronogramas de manutenção, layout de fábricas, investimentos e previsões de vendas.

De fato, a simulação é uma das ferramentas de análise quantitativa mais usadas. Diversas pesquisas em grandes empresas americanas revelam que mais da metade utilizam simulação no planejamento corporativo.

A simulação parece ser a solução para todos os problemas de gerenciamento, mas, infelizmente, isso não é verdade. Mesmo assim, ela é uma técnica quantitativa flexível e fascinante que pode ser utilizada nos seus estudos. Vamos começar nossa discussão sobre simulação com uma definição simples.

Simular é tentar duplicar as propriedades, a aparência e as características de um sistema real. Neste capítulo, mostramos como simular um sistema de gerenciamento ou administração pela construção de um modelo matemático que tenta representar o sistema real o máximo possível. Não construímos modelos *físicos*, como os utilizados para testar aviões em um túnel de vento. Mas assim como um modelo físico de uma aeronave é testado e modificado sob condições experimentais, nosso modelo matemático é usado para experimentar e estimar os efeitos de várias ações. O objetivo da simulação é imitar matematicamente uma situação do mundo real, estudar suas propriedades e características operacionais para, finalmente, tirar conclusões e tomar decisões com base nos resultados da simulação. Desse modo, o sistema real não é alterado até que as vantagens e desvantagens do que pode ser uma grande decisão sejam primeiro avaliadas no modelo do sistema.

O objetivo da simulação é imitar uma situação real com um modelo matemático que não afeta as operações. As sete etapas da simulação estão ilustradas na Figura 15.1.

Para utilizar a simulação, um administrador deve (1) definir o problema, (2) introduzir as variáveis associadas ao problema, (3) construir um modelo numérico, (4) determinar possíveis alternativas ou cursos de ação para testes, (5) realizar o experimento, (6) considerar os resultados (decidindo possivelmente modificar o modelo ou alterar os dados de entrada) e (7) decidir qual curso de ação será seguido. Esses resultados estão ilustrados na Figura 15.1.

Os problemas abordados pela simulação podem variar de um muito simples para outro extremamente complexo, desde uma análise de um caixa de banco até uma análise da economia norte-americana. Embora simulações muito pequenas possam ser executadas manualmente, o uso eficaz dessa técnica requer meios automatizados de realização dos cálculos, ou seja, um computador. Mesmo modelos de grande escala, simulando anos de decisões de negócios, por exemplo, podem ser realizados em um tempo computacional razoável. Embora a simulação seja uma das mais antigas ferramentas de análise quantitativa (veja o quadro História a seguir), foi apenas após a introdução dos computadores em meados de 1940 e no início dos anos 50 que ela se tornou uma forma prática de resolver problemas administrativos e militares.

A explosão dos computadores pessoais criou uma riqueza de linguagens de simulação e ampliou o seu uso. Agora, até mesmo as planilhas podem ser utilizadas para realizar estudos de simulação bastante complexos.

Começaremos este capítulo apresentando as vantagens e desvantagens da simulação. Depois, explicaremos o método Monte Carlo de simulação. Três exemplos de simulação, nas áreas de controle de estoque, filas e planejamento de manutenção, serão apresentados. Outros modelos de simulação além da abordagem de Monte Carlo também são discutidos brevemente. Finalmente, o importante papel dos computadores será exemplificado.

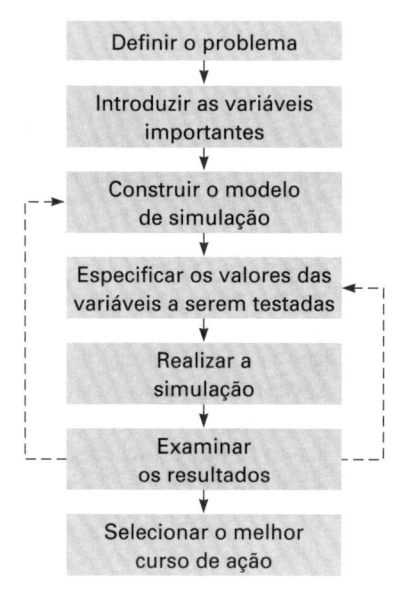

```
              Definir o problema
                     ↓
              Introduzir as variáveis
                   importantes
                     ↓
    ┌──→    Construir o modelo
    │         de simulação
    │              ↓
    │     Especificar os valores das  ←──┐
    │      variáveis a serem testadas    │
    │              ↓                     │
    │          Realizar a                │
    │          simulação                 │
    │              ↓                     │
    └──      Examinar        ────────────┘
            os resultados
                  ↓
            Selecionar o melhor
              curso de ação
```

FIGURA 15.1 Processo da simulação.

15.2 VANTAGENS E DESVANTAGENS DA SIMULAÇÃO

A simulação é um recurso que se tornou amplamente aceito pelos administradores por vários motivos:

1. Ela é relativamente direta e flexível.
2. O desenvolvimento recente na área de software tornou alguns modelos de simulação muito fáceis de serem desenvolvidos.
3. Ela pode ser utilizada para analisar situações reais grandes e complexas que não podem ser resolvidas pelos modelos quantitativos tradicionais. Por exemplo, pode não ser possível construir e resolver um modelo matemático de um sistema de governo de uma cidade que incorpore fatores sociais, econômicos, ambientais e políticos importantes. A simulação tem sido utilizada com sucesso para modelar sistemas urbanos, hospitais, sistemas educacionais, economias estadual e nacional e mesmo sistemas mundiais de alimentação.
4. A simulação permite a formulação de questões do tipo "e se". Os administradores gostam de saber de antemão quais opções são atrativas. Com um computador, um administrador pode tentar várias políticas decisórias em uma questão de minutos.
5. A simulação não interfere no sistema real. Pode gerar muito tumulto, por exemplo, experimentar novas políticas ou ideias em um hospital, em uma escola ou fábrica. Com a simulação, os experimentos são feitos com o modelo, não com o sistema real.
6. A simulação permite estudar o efeito interativo de componentes individuais ou variáveis para determinar quais são importantes.
7. É possível "comprimir o tempo" com a simulação. O efeito de organizar pedidos, da publicidade e de outras políticas sobre muitos meses ou anos podem ser determinadas pela simulação computacional em um breve período de tempo.
8. A simulação permite a inclusão de complicações reais que muitos modelos de análise quantitativa não permitem. Por exemplo, alguns modelos de filas requerem distribuições exponenciais e de Poisson; alguns modelos de estoque e de redes requerem normalidade. A simulação, no entanto, pode utilizar *qualquer* distribuição de probabilidade que o usuário definir, ela não precisa de distribuições padrões.

Essas oito vantagens da simulação a tornam umas das técnicas quantitativas mais utilizadas em empresas norte-americanas.

HISTÓRIA — Simulação

A história da simulação começou 5000 anos atrás com os jogos de guerra dos chineses, denominados weich'i, e evoluiu em 1780, quando os prussianos utilizaram jogos para ajudá-los no treinamento das forças armadas. Desde então, todas as maiores organizações militares têm usado jogos de guerra para testar estratégias militares em ambientes simulados.

A partir dos jogos militares ou operacionais, um novo conceito, a Simulação Monte Carlo, foi desenvolvido como uma técnica quantitativa pelo grande matemático John von Neumann durante a segunda guerra mundial. Trabalhando com nêutrons no Laboratório Científico de Los Alamos, Von Neumann utilizou a simulação para resolver problemas físicos que eram muito complexos ou caros para serem analisados manualmente ou por modelos físicos. A natureza aleatória dos nêutrons sugeria o uso de uma roleta para lidar com as probabilidades. Pela semelhança com o jogo, Von Neumann o denominou modelo de Monte Carlo para estudo das leis da chance.

Com o advento e a popularidade do uso dos computadores nas empresas nos anos 1950, a simulação cresceu como uma ferramenta de gestão. Linguagens computacionais especializadas foram desenvolvidas no final dos anos 1960 (GPSS e SIMSCRIPT) para lidar com problemas de larga escala de modo mais eficaz. Nos anos 1980, foram desenvolvidos programas de simulação pré-escritos para lidar com situações envolvendo desde a teoria das filas ao controle de estoques. Eles receberam nomes como Xcell, SLAM, Witness e MAP/1.

As principais desvantagens da simulação são:

1. Bons modelos de simulação para situações complexas podem custar caro. Muitas vezes o processo de desenvolvimento do modelo é longo e complicado. Um modelo de plano corporativo, por exemplo, para levar meses e mesmo anos para ser desenvolvido.

2. A simulação não gera soluções ótimas para os problemas como ocorre com outras técnicas de análise quantitativa, como a do lote econômico, a programação linear ou o PERT. É uma abordagem de tentativa e erro que pode produzir soluções diferentes em execuções repetidas.

3. Os administradores devem gerar todas as condições e restrições para as soluções que eles querem examinar. O modelo de simulação não produz respostas sozinho.

4. Cada modelo de simulação é único. Suas soluções e inferências geralmente não podem ser transferidas a outros problemas.

15.3 A SIMULAÇÃO MONTE CARLO

Quando um sistema contém elementos que exibem comportamentos aleatórios, o *Método Monte Carlo* (MMC) de simulação pode ser aplicado.

Existem variáveis em abundância nos problemas de administração porque pouco na vida é certo.

A ideia básica na simulação Monte Carlo é gerar valores das variáveis que se comportem como o modelo sendo estudado. Existem muitas variáveis em sistemas reais que são probabilísticas por natureza e são elas que desejamos simular. Alguns exemplos dessas variáveis são:

1. Demanda de estoque com base diária ou semanal.
2. Tempo de entrega de um item de estoque solicitado.
3. Tempos entre quebra de máquinas.
4. Tempos entre chegadas a uma estação de serviço.
5. Tempos de execução de um serviço.
6. Tempo para completar as atividades de um projeto.
7. Número de empregados que falta o trabalho por dia.

A base da simulação Monte Carlo é a experimentação com os elementos probabilísticos por meio de amostras aleatórias. A técnica pode ser decomposta em cinco etapas:

Cinco etapas da simulação Monte Carlo

1. Determine as distribuições de probabilidade para as principais variáveis.
2. Construa uma distribuição de probabilidade para cada variável determinada na etapa 1.
3. Estabeleça um intervalo de números aleatórios para cada variável.
4. Gere os números aleatórios.
5. Simule, de fato, a série de experiências.

O Método Monte Carlo pode ser usado com variáveis aleatórias.

Examinaremos cada uma dessas etapas ilustrando-as com o seguinte exemplo:

Exemplo: Loja de pneus do Harry

A Loja de Pneus do Harry vende todos os tipos de pneus, mas um pneu radial popular é responsável por grande parte das vendas. Reconhecendo que o custo do estoque pode ser bastante significativo com esse produto, Harry quer determinar uma política para gerenciar seu estoque. Para analisar como a demanda se comporta em um período de tempo, ele quer simular a demanda diária por certo período de dias.

Etapa 1: Determine as distribuições de probabilidade. Uma maneira comum de determinar a distribuição de probabilidade para uma determinada variável é examinar os resultados históricos. A probabilidade, ou frequência relativa para cada resultado possível de uma variável, é encontrada pela divisão da frequência das observações pelo número total de observações feitas. A demanda diária dos pneus radiais na Loja do Harry nos últimos 200 dias é apresentada na Tabela 15.1. Podemos converter esses dados em uma distribuição de probabilidade se assumirmos que a taxa de demanda passada será mantida no futuro, dividindo cada frequência de demanda pelo total da demanda. Isso é ilustrado na Tabela 15.2.

Para determinar a distribuição de probabilidade para os pneus, assumimos que a demanda histórica é um bom indicador de resultados futuros.

Observe que as distribuições de probabilidade não precisam ter como base apenas dados históricos. Frequentemente, administradores utilizam estimativas com base em julgamentos e experiências para criar uma distribuição. Algumas vezes, uma amostra das vendas, da quebra de máquinas ou das taxas de serviço são utilizadas para criar probabilidades para essas variáveis. A própria distribuição pode ser empírica, como na Tabela 15.1, ou baseada em distribuições conhecidas como a normal, binomial, Poisson ou exponencial.

Etapa 2: Construa a distribuição de probabilidade acumulada para cada variável. A conversão de uma distribuição de probabilidade regular, como a da coluna direita da Tabela 15.2, para uma *distribuição acumulada* de probabilidade é uma tarefa fácil. A probabilidade acumulada é a probabilidade de que a variável (demanda) seja menor ou igual a determinado valor.

TABELA 15.1 Dados históricos da demanda por pneus radiais na Loja de Pneus do Harry

Demanda por pneus	Frequência (dias)
0	10
1	20
2	40
3	60
4	40
5	30
	200

TABELA 15.2 Probabilidade da demanda por pneus radiais

Demanda variável	Probabilidade de ocorrência
0	10/200 = 0,05
1	20/200 = 0,10
2	40/200 = 0,20
3	60/200 = 0,30
4	40/200 = 0,20
5	30/200 = 0,15
	200/200 = 1,00

Uma distribuição acumulada lista todos os valores possíveis e suas probabilidades. Na tabela 15.3, vemos que a probabilidade acumulada para o nível de demanda é a soma do número da coluna da probabilidade (coluna do meio) com os valores das probabilidades anteriores (coluna mais à direita). A probabilidade acumulada, representada graficamente na Figura 15.2, é utilizada na Etapa 3 para fazer a atribuição dos números aleatórios.

Etapa 3: Determine os intervalos de números aleatórios. Depois de termos determinado a distribuição de probabilidade acumulada para cada variável incluída no modelo de simulação, devemos atribuir um conjunto de números aleatórios para representar cada valor possível ou resultado. Eles são denominados intervalos de números aleatórios. Números aleatórios são discutidos detalhadamente na etapa 4. Basicamente, um número aleatório é uma série de dígitos (digamos, dois dígitos de 01, 02, ..., 98, 99, 00) que foram selecionados por um processo totalmente aleatório.

Os números aleatórios podem, de fato, ser utilizados de diversas formas – desde que eles representem a proporção correta dos resultados.

Se existe 5% de chance de que a demanda por um produto (como o pneu radial do Harry) seja de 0 unidades por dia, queremos que 5% dos números aleatórios disponíveis correspondam à demanda de 0 unidades. Se um total de 100 dígitos aleatórios forem utilizados na simulação (pense neles como fichas em um recipiente), podemos atribuir a demanda de 0 unidades aos primeiros cinco números aleatórios: 01, 02, 03, 04, e 05.[1] Uma demanda simulada de 0 unidades será criada a cada vez que um dos cinco números de 01 a 05 for retirado. Se existe, também, uma chance de 10% de que a demanda pelo mesmo produto seja de uma unidade por dia, podemos deixar que os próximos 10 números (06, 07, 08, 09, 10, 11, 12, 13, 14 e 15) representem a demanda – e assim por diante para os demais níveis da demanda.

Em geral, utilizando a distribuição de probabilidade acumulada calculada e representada graficamente na etapa 2, podemos determinar o intervalo de números aleatórios para cada

TABELA 15.3 Probabilidades acumuladas para pneus radiais

Demanda diária	Probabilidade	Probabilidade acumulada
0	0,05	0.05
1	0,10	0.15
2	0,20	0.35
3	0,30	0.65
4	0,20	0.85
5	0,15	1,00

As probabilidades acumuladas são encontradas somando-se todas as probabilidades até o valor da demanda atual.

---

[1] Alternativamente, podemos atribuir os números aleatórios 00, 01, 02, 03, 04 para representar a demanda de 0 unidades. Os dois dígitos 00 podem ser pensados como 0 ou 100. Contanto que cinco números em 100 sejam atribuídos à demanda 0, não faz diferença alguma quais são esses números.

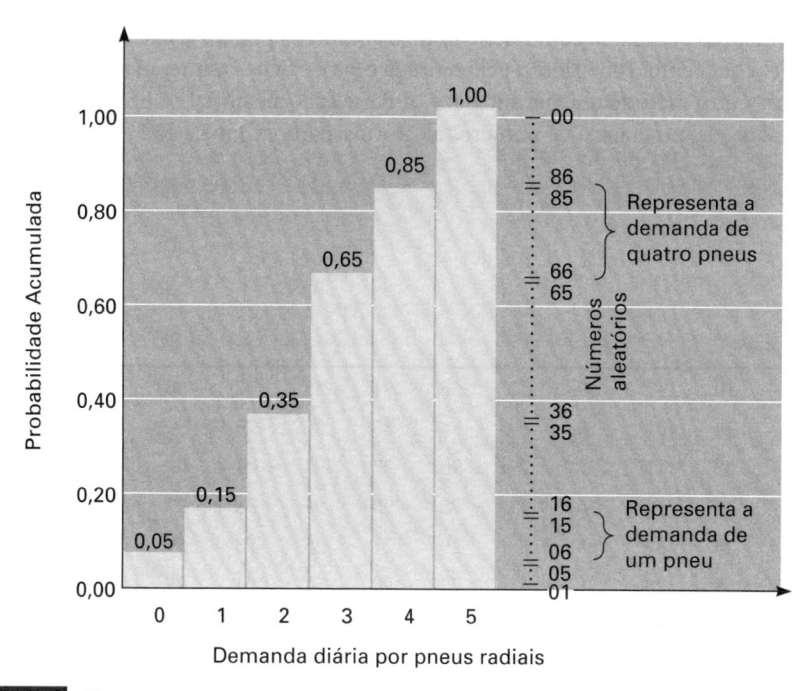

FIGURA 15.2 Representação gráfica da distribuição de probabilidade acumulada para os pneus radiais.

nível da demanda de modo muito simples. Você irá notar na Tabela 15.4 que o intervalo selecionado para representar cada possível demanda diária está relacionado de forma próxima à probabilidade acumulada na esquerda. O final de cada intervalo é sempre igual à probabilidade acumulada em percentual.

Da mesma forma, podemos ver na Figura 15.2 e na Tabela 15.4 que o tamanho de cada intervalo à direita corresponde à probabilidade de uma de cada demanda diária possível. Portanto, na atribuição de números aleatórios à demanda diária para os pneus radiais, a amplitude do intervalo de números aleatórios (36 a 65) corresponde exatamente à probabilidade (ou proporção) de tal ocorrência (demanda). Uma demanda diária para três pneus radiais ocorre 30% das vezes. Qualquer dos 30 números maiores do que 35 e menores ou iguais a 65 serão atribuídos a tal evento.

Etapa 4: Gere números aleatórios. Números aleatórios podem ser gerados de várias formas para problemas de simulação. Se o problema é muito grande e o processo sendo estudado envolve milhares de repetições da simulação, programas computacionais estão disponíveis para gerar os números aleatórios necessários.

A relação entre intervalos e probabilidades acumuladas é que o extremo superior de cada intervalo é igual a probabilidade acumulada em percentual.

TABELA 15.4 Atribuição de intervalos de números aleatórios para a Loja de Pneus do Harry

Demanda diária	Probabilidade	Probabilidade acumulada	Intervalo de números aleatórios
0	0,05	0,05	01 a 05
1	0,10	0,15	06 a 15
2	0,20	0,35	16 a 35
3	0,30	0,65	36 a 65
4	0,20	0,85	66 a 85
5	0,15	1,00	86 a 00

Existem várias formas de obter números aleatórios: geradores de números aleatórios (que são funções próprias nas planilhas e em muitas linguagens computacionais), tabelas (como a Tabela 15.5), roda de roleta, entre outros.

Se a simulação é manual, como neste livro, os números podem ser selecionados por uma roda de roleta que tenha 100 valores, pela retirada cega de fichas numeradas de um chapéu ou por qualquer outro método que permita fazer uma seleção aleatória.[2] A forma mais comum é escolher valores de uma tabela de números aleatórios, como a Tabela 15.5.

TABELA 15.5 Tabela de números aleatórios

52	06	50	88	53	30	10	47	99	37	66	91	35	32	00	84	57	07
37	63	28	02	74	35	24	03	29	60	74	85	90	73	59	55	17	60
82	57	68	28	05	94	03	11	27	79	90	87	92	41	09	25	36	77
69	02	36	49	71	99	32	10	75	21	95	90	94	38	97	71	72	49
98	94	90	36	06	78	23	67	89	85	29	21	25	73	69	34	85	76
96	52	62	87	49	56	59	23	78	71	72	90	57	01	98	57	31	95
33	69	27	21	11	60	95	89	68	48	17	89	34	09	93	50	44	51
50	33	50	95	13	44	34	62	64	39	55	29	30	64	49	44	30	16
88	32	18	50	62	57	34	56	62	31	15	40	90	34	51	95	26	14
90	30	36	24	69	82	51	74	30	35	36	85	01	55	92	64	09	85
50	48	61	18	85	23	08	54	17	12	80	69	24	84	92	16	49	59
27	88	21	62	69	64	48	31	12	73	02	68	00	16	16	46	13	85
45	14	46	32	13	49	66	62	74	41	86	98	92	98	84	54	33	40
81	02	01	78	82	74	97	37	45	31	94	99	42	49	27	64	89	42
66	83	14	74	27	76	03	33	11	97	59	81	72	00	64	61	13	52
74	05	81	82	93	09	96	33	52	78	13	06	28	30	94	23	37	39
30	34	87	01	74	11	46	82	59	94	25	34	32	23	17	01	58	73
59	55	72	33	62	13	74	68	22	44	42	09	32	46	71	79	45	89
67	09	80	98	99	25	77	50	03	32	36	63	65	75	94	19	95	88
60	77	46	63	71	69	44	22	03	85	14	48	69	13	30	50	33	24
60	08	19	29	36	72	30	27	50	64	85	72	75	29	87	05	75	01
80	45	86	99	02	34	87	08	86	84	49	76	24	08	01	86	29	11
53	84	49	63	26	65	72	84	85	63	26	02	75	26	92	62	40	67
69	84	12	94	51	36	17	02	15	29	16	52	56	43	26	22	08	62
37	77	13	10	02	18	31	19	32	85	31	94	81	43	31	58	33	51

Fonte: Retirada de *A Million Random Digits with 100,000 Normal Deviates*. New York: The Free Press, 1955, p. 7, com permissão da Corporação RAND.

---

[2] Um método de gerar números aleatórios, desenvolvido em 1940, é denominado método do meio do quadrado de Von Neumann. Ele funciona da seguinte forma: (1) selecione um número arbitrário de n dígitos (por exemplo, $n = 4$ dígitos), (2) eleve o número ao quadrado; (3) extraia os n dígitos do meio e faça deles o próximo número aleatório. Como um exemplo para um número de quatro dígitos, use 3614. O quadrado desse valor é 13060996. Os quatro dígitos do meio desse resultado são 0609, que é o próximo número aleatório; os passos 2 e 3 são repetidos. O método do meio do quadrado é simples e fácil de programar, mas muitas vezes os números se repetem e não são mais aleatórios. Por exemplo, tente utilizar o método iniciando com 6100 como o primeiro número escolhido de forma arbitrária!

EM AÇÃO — Simulando o sistema OnStar da GM para avaliar alternativas estratégicas

A General Motors (GM) tem um sistema veicular de comunicação bidirecional, OnStar, líder nos negócios telemáticos de fornecimento de serviços de comunicação para automóveis. A comunicação pode ser feita com um sistema automático (conselheiro virtual) ou com um conselheiro humano por meio de uma conexão de telefone celular. Esse sistema é utilizado para situações como notificação de batidas, navegação, acesso à Internet e informações sobre trânsito. O OnStar atende milhares de chamadas de emergência mensalmente e muitas vidas tem sido salvas pelo fornecimento de respostas emergenciais rápidas.

No desenvolvimento de um novo modelo de negócios para o OnStar, a GM utilizou um modelo de simulação integrado para analisar a nova indústria telemática. Seis fatores foram considerados nesse modelo: aquisição dos consumidores, a escolha dos consumidores, o serviço dos consumidores, a dinâmica financeira e os resultados societários. A equipe responsável por esse modelo relatou que uma estratégia agressiva seria a melhor maneira de abordar a nova indústria. Isso incluía a instalação do OnStar em cada veículo GM e a assinatura grátis do serviço por um ano. Isso eliminava o alto custo da instalação nas revendas, mas mantinha o custo de o consumidor não assinar o serviço OnStar.

A implementação dessa estratégia de negócios e o crescimento subsequente progrediu como o indicado pelo modelo. No outono de 2001, o OnStar tinha uma fatia de mercado de 80% com mais de dois milhões de assinantes e esse número estava crescendo rapidamente. A OnStar está avaliada em entre $4 e $10 bilhões.

Fonte: Com base em: A Multimethod Approach for Creating New Business Models: The General Motors OnStar Project. *Interfaces*, v. 32, n. 1, January-February 2002, p. 20-34.

A Tabela 15.5 foi gerada por um programa de computador. Cada dígito ou número dela tem a mesma probabilidade de ocorrência. Em cada grande tabela de números aleatórios, 10% serão de algarismos 1, 10% de algarismos 2, 10% de 3 e assim por diante. Como tudo é aleatório, podemos selecionar valores de qualquer ponto da tabela para uso em nossos procedimentos de simulação na etapa 5.

Etapa 5: Simule o experimento. Podemos simular resultados de um experimento simplesmente selecionando números aleatórios da Tabela 15.5. Começando em qualquer lugar da tabela, procuramos o intervalo na Tabela 15.4 ou Figura 15.2 em que cada número pertence. Por exemplo, se o número aleatório escolhido é 81 e o intervalo 66 a 85 representa a demanda diária de quatro pneus, então selecionamos o valor de 4 pneus como demanda.

Agora apresentamos uma simulação de 10 dias da demanda de pneus radiais na loja do Harry (veja a Tabela 15.6). Selecionamos os números aleatórios necessários da Tabela 15.5, começando no canto superior esquerdo e continuando para baixo na primeira coluna.

TABELA 15.6 Simulação de 10 dias da demanda por pneus radiais

Dia	Número aleatório	Demanda diária simulada
1	52	3
2	37	3
3	82	4
4	69	4
5	98	5
6	96	5
7	33	2
8	50	3
9	88	5
10	90	5

39 = Total da demanda de 10 dias
3,9 = demanda média diária por pneus

Em uma simulação curta os resultados simulados podem ser diferentes dos analíticos.

Observe que a demanda média de 3,9 pneus nesses 10 dias de simulação difere significativamente da demanda diária esperada, que podemos calcular dos dados da Tabela 15.2:

$$\text{Demanda diária esperada} = \sum_{i=0}^{5} (\text{Probabilidade de } i \text{ pneus}) \times (\text{Demanda de } i \text{ pneus})$$

$$= (0,05)(0) + (0,10)(1) + (0,20)(2) + (0,30)(3)$$
$$+ (0,20)(4) + (0,15)(5)$$

$$= 2,95 \text{ pneus}$$

Se essa simulação fosse repetida milhares de vezes, seria muito mais provável que a demanda média *simulada* seria aproximadamente a mesmo que a demanda *esperada*.

Naturalmente, seria arriscado tirar qualquer conclusão apressada com respeito à operação da empresa com base em uma simulação tão curta. Contudo, essa simulação manual demonstra um princípio importante. Ela ajuda a entender o processo da simulação Monte Carlo utilizado nos modelos computacionais.

A simulação da loja do Harry envolveu apenas uma variável. O verdadeiro poder da simulação aparece quando diversas variáveis estão envolvidas em uma situação mais complexa. Na Seção 15.4, veremos a simulação de um problema de estoque em que tanto a demanda quanto o tempo de resposta do pedido variam.

Como você pode esperar, o computador pode ser uma ferramenta muito útil na execução do trabalho tedioso em grandes simulações. Nas próximas duas seções, demonstraremos como o QM para Windows e o Excel podem ser utilizados para a simulação.

Utilizando o QM para Windows para a simulação

O Programa 15.1 é uma simulação Monte Carlo utilizando o QM para Windows. As entradas desse modelo são todos os possíveis valores para a variável, o número de experimentos a serem gerados e também as frequências associadas ou as probabilidades para cada valor. Se as frequências forem as entradas, o QM para Windows calculará as probabilidades bem como a distribuição de probabilidades acumuladas. Vimos que o valor esperado (2,95) é calculado matematicamente e podemos comparar a média amostral atual (2,908) com ele. Se outra simulação for executada, a média amostral poderá ser outra.

PROGRAMA 15.1
Simulação Monte Carlo da loja de pneus do Harry utilizando o QM para Windows.

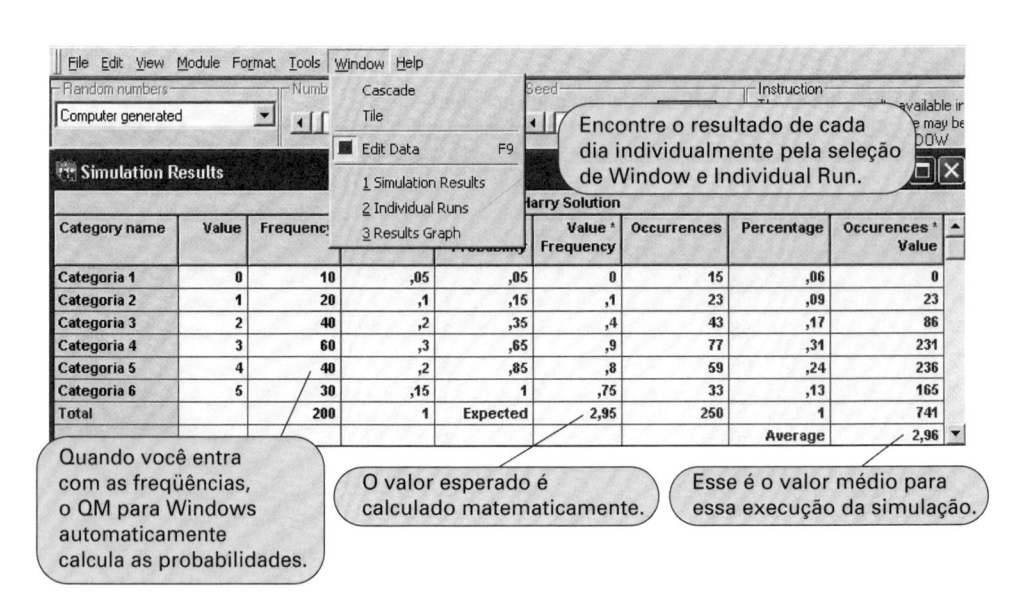

Category name	Value	Frequency	Probability	Value × Frequency	Occurrences	Percentage	Occurences × Value
Categoria 1	0	10	,05	,05	0	15	,06	0
Categoria 2	1	20	,1	,15	,1	23	,09	23
Categoria 3	2	40	,2	,35	,4	43	,17	86
Categoria 4	3	60	,3	,65	,9	77	,31	231
Categoria 5	4	40	,2	,85	,8	59	,24	236
Categoria 6	5	30	,15	1	,75	33	,13	165
Total		200	1	Expected	2,95	250	1	741
							Average	2,96

Quando você entra com as freqüências, o QM para Windows automaticamente calcula as probabilidades.

O valor esperado é calculado matematicamente.

Esse é o valor médio para essa execução da simulação.

Encontre o resultado de cada dia individualmente pela seleção de Window e Individual Run.

Simulação com a planilha do Excel

A habilidade para gerar números aleatórios e então "consultar" esses números em uma tabela, de modo a associá-los com um evento específico, faz da planilha uma ferramenta excelente para realizar simulações. O Excel QM não tem um módulo de simulação porque podemos modelar todos os problemas de simulação diretamente no Excel. O Programa 15.2A ilustra uma simulação no Excel para a loja de pneus do Harry.

Note que as probabilidades acumuladas são calculadas na coluna D do Programa 15.2A. Esse procedimento reduz a chance de erros e é útil em grandes simulações envolvendo mais níveis de demanda.

A função ALEATÓRIO() na coluna H é usada para gerar um número aleatório entre 0 e 1. A função PROCV na coluna I procura o número aleatório (gerado na coluna H) na coluna mais à esquerda da tabela de procura definida ($C$3:$E$8). Ela se move para baixo pela coluna até encontrar uma célula que é maior do que o número aleatório. Depois, segue para a linha anterior e pega o valor da coluna E da tabela.

Na tela de resultados do Programa 15.2B, por exemplo, o primeiro número aleatório mostrado é 0,585. O Excel procurou para baixo na coluna esquerda da tabela de consulta ($C$3:$E$8) do Programa 15.2B até encontrar o valor 0,65. Da linha anterior, ele recuperou o valor na coluna E, que é 0,3. Pressionando a tecla da função F9, os números aleatórios e a simulação são recalculados.

A função FREQUENCIA no Excel (coluna C no Programa 15.2A) é utilizada para encontrar quantos valores pertencem a um determinado intervalo de dados. Essa é uma função matricial, assim, procedimentos especiais são necessários para lidar com ela. Primeiro marque a região em que os resultados devem ser apresentados (C16:C21, neste exemplo). Depois, entre com a função, como ilustrado na célula C16, e pressione Ctrl + Shift + Enter. Isso faz com que a fórmula seja inserida como uma matriz em todas as células destacadas (células C16:C21).

A função INV.NORM no Excel facilita muito a tarefa de gerar números aleatórios, como você pode ver no Programa 15.3A. A média é 40 e o desvio padrão é 5. O formato é

$$= \text{INV.NORM}(probabilidade; média; desvio\_padrão).$$

Os resultados são apresentados no Programa 15.3B.

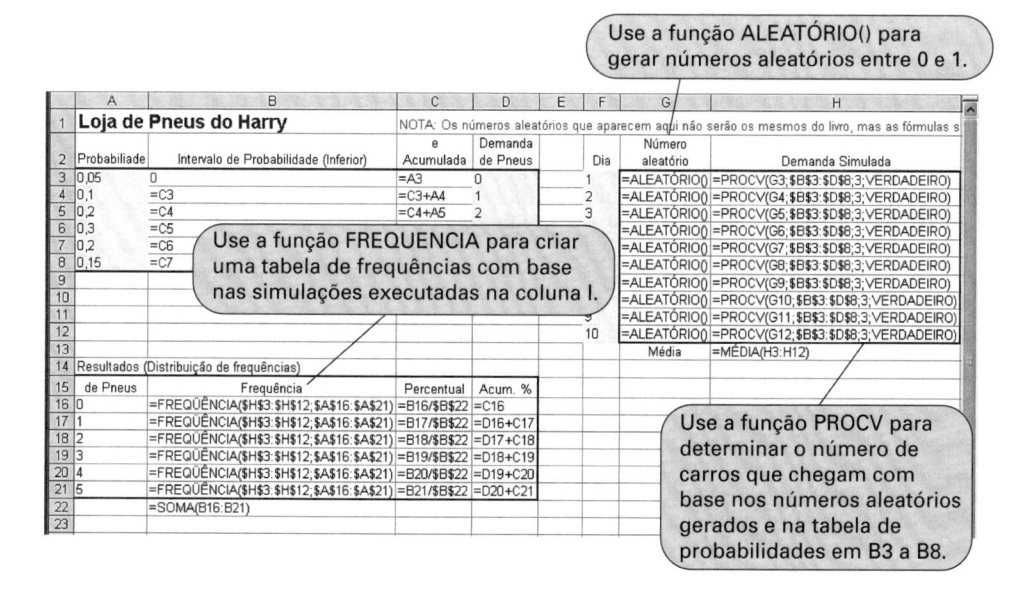

PROGRAMA 15.2A Usando o Excel para simular a demanda de pneus da Loja do Harry.

PROGRAMA 15.2A

Resultados da simulação no Excel para a loja de pneus do Harry mostrando uma média simulada de 2,8 pneus por dia.

	A	B	C	D	E	F	G	H
1	**Loja de Pneus do Harry**				NOTA: Os números aleatórios que aparecem aqui não serão os m			
2	Probabiliade	Intervalo de Probabilidade (Inferior)	Probabilidade Acumulada	Demanda de Pneus		Dia	Número aleatório	Demanda Simulada
3	0,05	0,00	0,05	0		1	0,1022	1
4	0,10	0,05	0,15	1		2	0,0415	0
5	0,20	0,15	0,35	2		3	0,4430	3
6	0,30	0,35	0,65	3		4	0,7676	4
7	0,20	0,65	0,85	4		5	0,8661	5
8	0,15	0,85	1,00	5		6	0,7923	4
9						7	0,4424	3
10						8	0,4798	3
11						9	0,1336	1
12						10	0,6854	4
13							Média	2,8
14	Resultados (Distribuição de frequências)							
15	Demanda de Pneus	Frequência	Percentual	Acum. %				
16	0	1	10%	10%				
17	1	2	20%	30%				
18	2	0	0%	30%				
19	3	3	30%	60%				
20	4	3	30%	90%				
21	5	1	10%	100%				
22		10						

O resultado da simulação com a planilha mostra uma média simulada de 2,8 pneus por dia.

A média é 40 e o desvio padrão é 5. Use a função ALEATÓRIO para gerar os valores aleatórios que se comportam normalmente.

O Excel calcula uma distribuição de frequências para os 200 números aleatórios.

	A	B	C	D	E
1	Gerando números aleatórios normais			NOTA: Os números aleatórios que aparecem aqui não ser	
2					
3	Número aleatório		Valor	Frequência	Percentual
4	=INV.NORM(ALEATÓRIO();40;5)		26	=FREQÜÊNCIA(A4:A203;C4:C19)	=D4/$D$20
5	=INV.NORM(ALEATÓRIO();40;5)		28	=FREQÜÊNCIA(A4:A203;C4:C19)	=D5/$D$20
6	=INV.NORM(ALEATÓRIO();40;5)		30	=FREQÜÊNCIA(A4:A203;C4:C19)	=D6/$D$20
7	=INV.NORM(ALEATÓRIO();40;5)		32	=FREQÜÊNCIA(A4:A203;C4:C19)	=D7/$D$20
8	=INV.NORM(ALEATÓRIO();40;5)		34	=FREQÜÊNCIA(A4:A203;C4:C19)	=D8/$D$20
9	=INV.NORM(ALEATÓRIO();40;5)		36	=FREQÜÊNCIA(A4:A203;C4:C19)	=D9/$D$20
10	=INV.NORM(ALEATÓRIO();40;5)		38	=FREQÜÊNCIA(A4:A203;C4:C19)	=D10/$D$20
11	=INV.NORM(ALEATÓRIO();40;5)		40	=FREQÜÊNCIA(A4:A203;C4:C19)	=D11/$D$20
12	=INV.NORM(ALEATÓRIO();40;5)		42	=FREQÜÊNCIA(A4:A203;C4:C19)	=D12/$D$20
13	=INV.NORM(ALEATÓRIO();40;5)		44	=FREQÜÊNCIA(A4:A203;C4:C19)	=D13/$D$20
14	=INV.NORM(ALEATÓRIO();40;5)		46	=FREQÜÊNCIA(A4:A203;C4:C19)	=D14/$D$20
15	=INV.NORM(ALEATÓRIO();40;5)		48	=FREQÜÊNCIA(A4:A203;C4:C19)	=D15/$D$20
16	=INV.NORM(ALEATÓRIO();40;5)		50	=FREQÜÊNCIA(A4:A203;C4:C19)	=D16/$D$20
17	=INV.NORM(ALEATÓRIO();40;5)		52	=FREQÜÊNCIA(A4:A203;C4:C19)	=D17/$D$20
18	=INV.NORM(ALEATÓRIO();40;5)		54	=FREQÜÊNCIA(A4:A203;C4:C19)	=D18/$D$20
19	=INV.NORM(ALEATÓRIO();40;5)		56	=FREQÜÊNCIA(A4:A203;C4:C19)	=D19/$D$20
20	=INV.NORM(ALEATÓRIO();40;5)			=SOMA(D3:D19)	
201	=INV.NORM(ALEATÓRIO();40;5)				
202	=INV.NORM(ALEATÓRIO();40;5)				
203	=INV.NORM(ALEATÓRIO();40;5)				

PROGRAMA 15.3A

Gerando valores normais no Excel.

As linhas de 21 a 200 estão ocultas.

	A	B	C	D	E	F	G	H
1	Gerando números aleatórios normais							
2								
3	Número aleatório		Valor	Frequência	Percentual			
4	36,8252		26	0	0,0%			
5	26,7562		28	1	0,5%			
6	51,5683		30	2	1,0%			
7	38,5689		32	4	2,0%			
8	35,8082		34	7	3,5%			
9	41,2480		36	18	9,0%			
10	46,6420		38	29	14,5%			
11	46,5457		40	30	15,0%			
12	42,2825		42	32	16,0%			
13	41,0019		44	35	17,5%			
14	42,8288		46	13	6,5%			
15	43,2898		48	20	10,0%			
16	36,3537		50	1	0,5%			
17	35,7475		52	4	2,0%			
18	33,6098		54	3	1,5%			
19	37,1114		56	1	0,5%			
20	47,2095			200				
201	42,0976							
202	43,6628							
203	41,1308							
204								

PROGRAMA 15.3B
Saídas do Excel com números aleatórios normais.

15.4 SIMULAÇÃO E ANÁLISE DE ESTOQUES

No Capítulo 6, apresentamos o tema dos modelos de estoque "determinísticos". Esses modelos muito utilizados têm como base as hipóteses de que tanto a demanda como o *lead time* são conhecidos e constantes. Em muitas situações reais de estoques, contudo, a demanda e o *lead time* são variáveis e uma análise precisa é difícil de executar de outra forma que não a simulação.

Nesta seção, apresentamos um problema de estoque com duas variáveis de decisão e duas componentes probabilísticas. O proprietário de uma ferragem descrita na próxima seção quer determinar a quantidade a ser pedida e o ponto do pedido para um produto específico que tem demandas diárias e pontos de pedido probabilísticos (incertos). Ele deseja fazer diversos experimentos de simulação, testando vários valores do pedido e vários pontos de pedido de modo a minimizar seu estoque total para esse item. Os custos de estoque, nesse caso, incluem o do pedido, da manutenção e de falta de estoque.

A simulação é útil quando a demanda e o tempo de entrega do pedido são probabilísticos; nesse caso, os modelos de estoque e de lote econômico (do Capítulo 6) não podem ser utilizados.

Ferragem Simkin

Mark Simkin, proprietário e gerente geral da Ferragem Simkin, quer encontrar uma política de estoque para um produto específico, a furadeira elétrica modelo Ace, que seja boa e de baixo custo. Devido à complexidade da situação, ele decidiu utilizar a simulação. O primeiro passo no processo de simulação, que pode ser visto na Figura 15.1, é definir o problema. Simkin determina que nessa etapa é preciso encontrar uma boa política de estoque para a furadeira elétrica Ace.

Na segunda etapa desse processo, Simkin identifica dois tipos de variáveis: as entradas controláveis e as não controláveis. As entradas controláveis (ou variáveis de decisão) são a quantidade a ser pedida e o ponto do pedido. Simkin deve especificar os valores que quer considerar. As outras variáveis importantes são as entradas não controláveis: a demanda diária flutuante e o *lead time*. A simulação Monte Carlo é utilizada para simular os valores das duas variáveis.

A demanda diária para a furadeira Ace é relativamente baixa, mas sujeita a alguma variabilidade. Nos últimos 300 dias, Simkin observou as vendas na coluna 2 da Tabela 15.7. Ele

| MODELAGEM NO MUNDO REAL | O serviço postal americano simula a automação |

Definir o problema

O Serviço Postal Americano (USPS – U. S. Postal Service) reconhece que a tecnologia da automação é a única forma de lidar com o aumento do volume de correspondência, manter a competitividade e satisfazer os objetivos de serviço. Para tanto, ele precisa considerar opções de automação: (1) equipamentos automáticos ou semiautomáticos diferentes, (2) na força de trabalho, (3) nas instalações e (4) em diferentes custos de operação.

Desenvolver o modelo

A Kenan Systems Corporation foi contratada para desenvolver uma simulação nacional denominada META (Model for Evaluating Technology Alternatives) a fim de quantificar os efeitos das diferentes estratégias de automação. A versão inicial da META levou três meses para ser desenvolvida.

Obter os dados de entrada

Os dados precisavam ser coletados dos recursos tecnológicos do USPS e dos departamentos de serviços de entrega. Eles incluíram um levantamento nacional que avaliou 3200 das 150000 cidades com rotas de entrega.

Desenvolver a solução

Os dados de entrada específicos foram a quantidade e o tipo de correspondência processada, as pessoas/equipamentos utilizados, o fluxo da correspondência e os custos unitários. O META modela como o sistema de correspondência nacional funcionará com esses cenários ou entradas. O META não é um modelo de otimização, mas, em vez disso, ele permite que o usuário examine mudanças nas saídas que resultam da modificação das entradas.

Testar a solução

As simulações do META foram submetidas a um período de três meses de avaliação para assegurar que os cenários executados produziam saídas confiáveis. Centenas de cenários do META foram executados.

Analisar os resultados

O USPS utiliza o META para analisar o efeito de taxas de desconto, das mudanças ou dos avanços tecnológicos e das mudanças nas operações atuais.

Implementar os resultados

O sistema postal americano estima uma economia, a partir de 1995, de 100000 anos de trabalho anualmente, que equivale a mais de $4 bilhões em valor monetário. O modelo de simulação também assegura que tecnologias futuras serão implementadas de forma oportuna e produtiva.

Fontes: DEBRY, M. E., DeSILVA, A. H., DILISIO, F. J.. Management Science in Automating Postal Operations: Facility and Equipment Planning in the United States Postal Service. Interfaces. v. 22, n. 1 January-February 1992, p. 110-30 e LASKY, M. D., BALBACH, C. T. Special Delivery: New, Sophisticated Software Helps United States Postal Service Sort Out Complex Problems while Identifying $2 Billion per Year in Potential Savings. OR/MS Today. v. 23, n. 6, December 1996, p. 38-41.

TABELA 15.7 Probabilidades e intervalos de números aleatórios para a demanda diária de furadeiras Ace

Demanda pelas furadeiras Ace	(2) Frequências (dias)	(3) Probabilidades	(4) Probabilidades acumuladas	(5) Intervalo de números aleatórios
0	15	0,05	0,05	01 a 05
1	30	0,10	0,15	06 a 15
2	60	0,20	0,35	16 a 35
3	120	0,40	0,75	36 a 75
4	45	0,15	0,90	76 a 90
5	30	0,10	1,00	91 a 00
	300	1,00		

TABELA 15.8 Probabilidades e intervalos de números aleatórios para os pedidos do lead time

(1) Lead time (dias)	(2) Frequência (pedidos)	(3) Probabilidades	(4) Probabilidades acumuladas	(5) Intervalo de números aleatórios
1	10	0,20	0,20	01 a 20
2	25	0,50	0,70	21 a 70
3	15	0,30	1,00	71 a 00
	50	1,00		

converte esses dados de frequências históricas em uma distribuição de probabilidade para a variável demanda diária (coluna 3). Uma distribuição acumulada de probabilidade é formada na coluna 4. Finalmente, Simkin estabelece um intervalo de números aleatórios para representar cada possível demanda diária (coluna 5).

Quando Sinkin faz um pedido para reabastecer seu estoque de furadeiras Ace, existe um prazo de entrega de um a três dias. Isso significa que o *lead time* também pode ser considerado uma variável probabilística. O número de dias para receber os últimos 50 pedidos está apresentado na Tabela 15.8. De forma semelhante a que fez para a demanda variável, Simkin determina a distribuição de probabilidade para um *lead time* variável (coluna 3 da Tabela 15.8), calcula a distribuição acumulada (coluna 4) e atribui intervalos de números aleatórios para tempo possível (coluna 5). A terceira etapa no processo de simulação é desenvolver o modelo de simulação. Um diagrama de fluxo, ou fluxograma, é útil na codificação dos procedimentos lógicos para programar esse processo de simulação (veja a Figura 15.3).

Nos fluxogramas, símbolos especiais são utilizados para representar diferentes partes da simulação. Os retângulos representam ações que devem ser tomadas. O losango representa pontos de ramificação onde o próximo passo depende de uma resposta a uma questão no losango. Os pontos iniciais e finais da simulação são representados por retângulos com as extremidades ovaladas.

A quarta etapa dessa simulação é especificar os valores das variáveis que queremos testar.

A primeira política de estoque que a Ferragem Simkins quer simular é um pedido de 10 com um ponto de novo pedido de 5. Isto é, cada vez que o nível de estoque disponível no final do dia for 5 ou menos, Simkins fará um pedido ao seu fornecedor para mais 10 furadeiras. Se o *lead time* é de um dia, a propósito, o pedido não chegará no outro dia de manhã mas no início do próximo dia de trabalho.

Um intervalo de entrega é o lead time no recebimento de um pedido – o tempo que ele foi feito até o que ele foi recebido.

A quinta etapa do processo é realizar a simulação e o método de Monte Carlo é utilizado para tanto. Todo o processo é simulado por um período de 10 dias na Tabela 15.9. Podemos assumir que o estoque no início é de 10 unidades no primeiro dia (de fato, em uma simulação longa faz pouca diferença o nível inicial do estoque, uma vez que na vida real a tendência é simular centenas ou milhares de dias; nesse caso, o valor inicial terá uma pequena participação ou quase nenhuma na média final). Os números aleatórios para o problema de estoque da Simkin estão apresentados na segunda coluna da Tabela 15.5.

A Tabela 15.9 é preenchida no dia anterior (ou linha) por vez, da esquerda para a direita. É um processo de quatro etapas:

1. Inicie cada dia simulado verificando se qualquer pedido chegou (coluna 2). Se sim, aumente o estoque atual (na coluna 3) pela quantia pedida (10 unidades, nesse caso).

Eis como simulamos o exemplo da Ferragem Simkin.

2. Gere a demanda diária a partir da distribuição de probabilidade da demanda na Tabela 15.7 pela seleção de um número aleatório. O número aleatório está registrado na coluna 4. A demanda simulada está anotada na coluna 5.

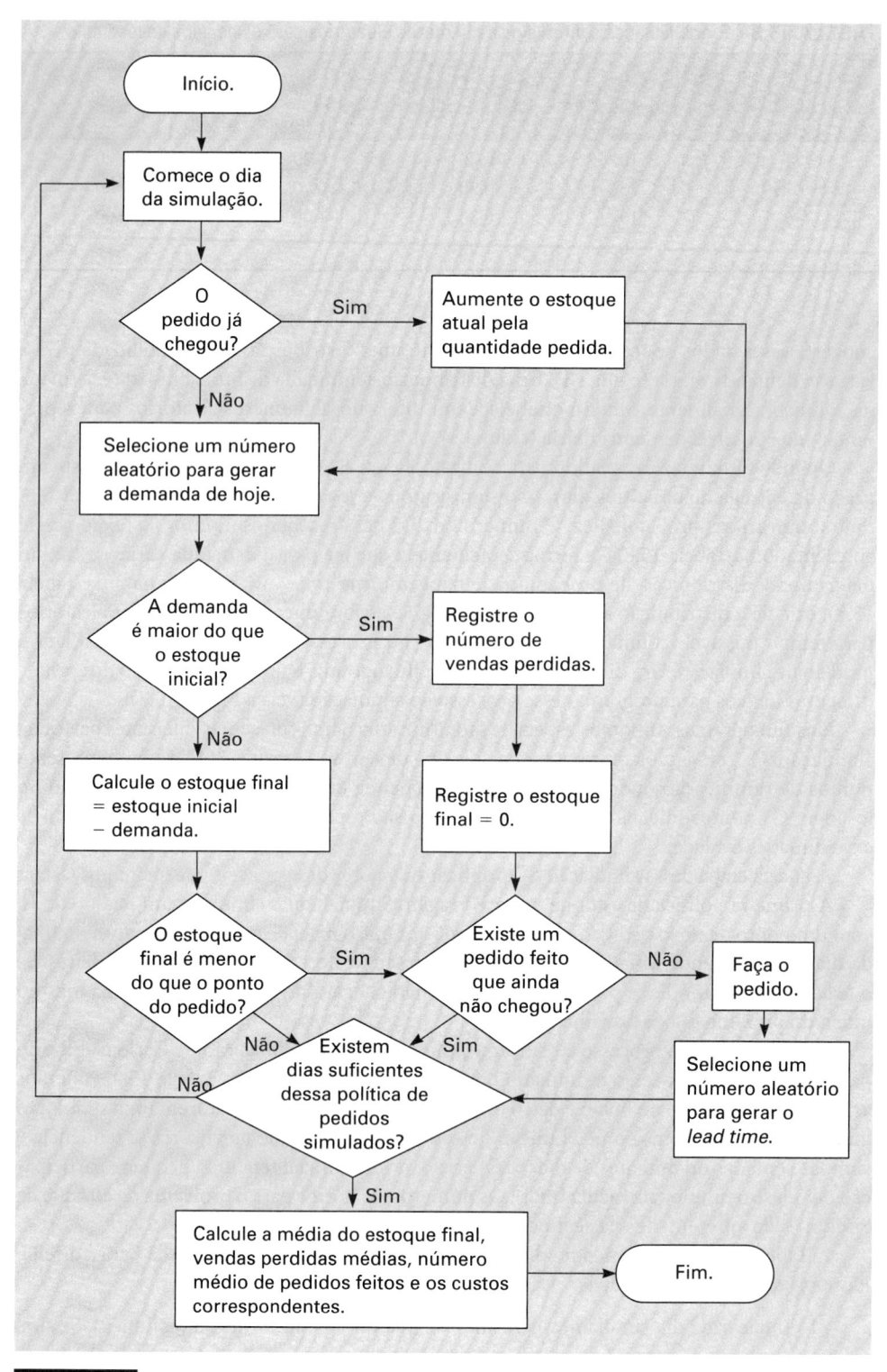

FIGURA 15.3 Diagrama de fluxo para o exemplo do estoque da ferragem Simkin.

Capítulo 15 • Modelagem por Simulação

TABELA 15.9 Primeira simulação do estoque da Ferragem Simkin

Quantidade pedida = 10 unidades				Ponto de refazer o pedido = 5 unidades					
(1) Dia	(2) Unidades	(3) Estoque inicial	(4) Número aleatório	(5) Demanda ocorrida	(6) Estoque final	(7) Vendas perdidas	(8) Pedir?	(9) Número aleatório	(10) *Lead time*
1	...	10	06	1	9	0	Não		
2	0	9	63	3	6	0	Não		
3	0	6	57	3	③[a]	0	Sim	⑫[b]	1
4	0	3	㉔[c]	5	0	2	Não[d]		
5	⑩[e]	10	52	3	7	0	Não		
6	0	7	69	3	4	0	Sim	33	2
7	0	4	32	2	2	0	Não		
8	0	2	30	2	0	0	Não		
9	⑩[f]	10	48	3	7	0	Não		
10	0	7	88	4	3	0	Sim	14	1
					Total 41	2			

[a] Esse é o primeiro estoque que ficou abaixo do ponto de refazer o pedido de cinco furadeiras. Em virtude de que não existem pedidos feitos e não entregues, um pedido é feito.
[b] O número aleatório 2 é gerado pra representar o primeiro *lead time*. Ele foi retirada da coluna 2 da Tabela 15.5 como o próximo número da lista sendo utilizado.
[c] Novamente, note que os dígitos aleatórios 02 foram utilizados para o *lead time* (veja a nota de rodapé b). Assim, o próximo número na coluna é 94.
[d] Nenhum pedido é feito no quarto dia porque existe um pedido já feito do dia anterior que ainda não chegou.
[e] O *lead time* para o primeiro pedido feito é um dia, mas, como já ressaltado no texto, um pedido não chega na manhã do dia seguinte, mas no início do próximo dia. Assim, o primeiro pedido chega no início do dia 5.
[f] Essa é a chegada do pedido feito no final do dia 06. Felizmente para Simkin, nenhuma venda foi perdida durante os dois dias de *lead time* até que o pedido chegasse.

3. Calcule o estoque do final de cada dia e registre o valor na coluna 6. O estoque do final do dia é igual ao estoque inicial menos a demanda. Se o estoque disponível é insuficiente para satisfazer a demanda diária, satisfaça o que for possível e registre o número de vendas perdidas (na coluna 7).

4. Determine se o estoque no final do dia alcançou o ponto de refazer o pedido (5 unidades). Se isso aconteceu e se não existirem pedidos feitos, faça um pedido (coluna 8). O *lead time* para o novo pedido é simulado inicialmente escolhendo um número aleatório da Tabela 15.5 e registrando o seu valor na coluna 9. (Podemos continuar para baixo na mesma fila da tabela de números aleatórios que usamos para gerar números para a variável demanda.) Finalmente, convertemos esse número aleatório em um *lead time* utilizando a distribuição criada na Tabela 15.8.

Analisando os custos de estoque do Simkin

Agora que os resultados da simulação foram gerados, Simkin está pronto para seguir à etapa 6 do seu processo – examinar os resultados. Uma vez que o objetivo é encontrar uma solução de baixo-custo, Simkin deve determinar que custos são esses com base nos resultados. Ao fazer isso, Simkin encontra alguns resultados interessantes. A média diária do estoque final é:

$$\text{Estoque final médio} = \frac{41 \text{ unidades no total}}{10 \text{ dias}} = 4,1 \text{ unidades por dia}$$

Também verificamos a média das vendas perdidas e o número de pedidos feitos por dia:

$$\text{Média de vendas perdidas} = \frac{2 \text{ vendas perdidas}}{10 \text{ dias}} = 0{,}2 \text{ unidades por dia}$$

$$\text{Número médio de pedidos feitos} = \frac{3 \text{ pedidos}}{10 \text{ dias}} = 0{,}3 \text{ pedidos por dia}$$

Esses dados são úteis no estudo dos custos da política de estoque sendo simulada.

A loja do Simkin está aberta 200 dias por ano. Ele estima que o custo de fazer um pedido para a furadeira Ace é $10. O custo de manter uma furadeira em estoque é $6 por furadeira por ano, que também pode ser visto como três centavos por furadeira por dia (sobre os 200 dias úteis do ano). Finalmente, Simkin observa que o custo de cada falta de estoque, ou venda perdida, é $8. Qual é o custo total diário do estoque do Simkin para a política de uma quantidade pedida $Q = 10$ e ponto de reposição $PR = 5$?

Vamos examinar os três componentes do custo:

$$\begin{aligned}
\text{Custo do pedido diário} &= (\text{custo de fazer um pedido}) \\
&\times (\text{número de pedidos diários}) \\
&= \$10 \text{ por pedido} \times 0{,}3 \text{ pedidos diários} = \$3
\end{aligned}$$

$$\begin{aligned}
\text{Custo de manutenção diário} &= (\text{custo de manter uma unidade por um dia}) \\
&\times (\text{estoque final médio}) \\
&= \$0{,}03 \text{ por unidade por dia} \times 4{,}1 \text{ unidades por dia} \\
&= \$0{,}12
\end{aligned}$$

$$\begin{aligned}
\text{Custo diário da falta de estoque} &= (\text{custo por venda perdida}) \\
&\times (\text{número médio de vendas perdidas por dia}) \\
&= \$8 \text{ por venda perdida} \times 0{,}2 \text{ vendas perdidas por dia} \\
&= \$1{,}60
\end{aligned}$$

$$\text{Custo diário total do estoque} = \text{Custo diário do pedido} + \text{Custo diário de manutenção} + \text{Custo diário da falta de estoque} = \$4{,}72$$

Assim, o custo total diário do estoque para essa simulação é de $4,72. Determinando esses valores diários para um ano de 200 dias úteis, tem-se o custo dessa política de estoque como aproximadamente $944.

É importante lembrar que a simulação deve ser conduzida por muitos dias antes de ser legitimada para gerar conclusões sólidas.

Agora observe algo importante. Essa simulação deve ser prolongada por mais dias antes de tirarmos conclusões sobre o custo da política de estoque sendo testada. Se uma simulação manual estiver sendo realizada, 100 dias irá fornecer uma ideia melhor. Se um computador estiver fazendo os cálculos, 1000 dias será bastante útil para alcançar estimativas de custos precisas.

Digamos que Simkin *complete* os 1000 dias de simulação da política com uma quantidade do pedido de 10 furadeiras e ponto de reposição de 5 furadeiras. Isso completa a análise? A resposta é não – isso é apenas o começo! Agora devemos verificar se o modelo está correto e validar o modelo para que ele, de fato, represente a situação na qual está baseado. Como indicado na Figura 15.1, uma vez que os resultados do modelo são analisados, podemos querer voltar atrás e modificar o modelo que desenvolvemos. Se estivermos satisfeitos com o modelo, podemos especificar outros valores das variáveis. Simkin deve agora comparar essa estratégia potencial com outras possibilidades. Por exemplo, e se $Q = 10$ e $PR = 4$ ou $Q = 12$ e $PR = 6$ ou $Q = 14$ e $PR = 5$? Talvez cada combinação de valores de Q de 6 a 20 furadeiras e PR de 3 a 10 devam ser simulados. Depois de simular todas as combinações razoáveis de tamanhos do pedido e pontos de reposição, Simkin deve seguir à etapa 7 do processo de simulação e provavelmente selecionar o par que fornece o menor custo total do estoque.

EM AÇÃO: Simulando a cadeia de suprimentos da Volkswagen

A Volkswagen (VW) da América importa, comercializa e distribui carros Volkswagen e Audis nos Estados Unidos de sua matriz na Alemanha. Como parte de um esforço de reengenharia, a empresa desenvolveu um modelo de simulação computacional utilizando o software PROMODEL a fim de analisar como economizar gastos em sua grande cadeia de suprimentos.

Desde o início de 1900, a distribuição de veículos nos Estados Unidos tem seguido o sistema introduzido pela Ford Motor. Essa estrutura, em que os as montadoras veem as revendedores como seus consumidores principais, é tão antiga que seus objetivos de desempenho originais são raramente examinados. Revendas e montadoras estão frouxamente unidas, com cada um gerenciando seus próprios custos de estoque. Assim como outros fabricantes, a VW incentiva as revendedoras a suportar tanto estoque quanto possível, mas entende que estoque em excesso pode fazer com que a revenda quebre. As revendas reconhecem a ameaça dos custos de estoque, mas se não comprarem carros suficientes, a VW pode restringir o fornecimento ou instalar novas revendas. Uma revenda VW média vende 30 carros por mês e possui pouco menos de 100 carros em estoque.

Para aumentar as chances de um consumidor poder comprar sua primeira escolha de carro e ser capaz de entregar esse carro em 48 horas e ainda reduzir os custos totais (revendas e VW) com transporte, financiamento e armazenagem, a VW considerou uma nova estratégia: agrupar veículos em depósitos regionais. Em vez de abrir esses centros e observar o quão bem esse conceito funcionaria, a VW simulou o fluxo dos carros das fábricas até as revendas. O modelo mostrou que haveria uma significativa redução de custos pela abertura desses centros. Os administradores da VW também aprenderam que o desempenho da cadeia de suprimentos deve ser vista ao nível do sistema.

Fonte: Com base em KARABAKAL, N., GUNAL A., RITCHIE W. Supply-Chain Analysis at Volkswagen of America. *Interfaces*. v. 30, n. 4, July-August 2000, p. 46-55.

15.5 SIMULAÇÃO DE UM PROBLEMA DE FILA

Uma área importante da aplicação da simulação tem sido na análise de filas. Como já mencionado, as hipóteses necessárias para resolver modelos de fila analiticamente são bastante restritivas. Para muitos sistemas de filas mais realistas, a simulação pode ser, de fato, a única abordagem disponível.

Esta seção mostra a simulação de uma grande doca de descarga e sua fila associada. As chegadas das barcas na doca não seguem uma distribuição de Poisson e as taxas de descarga (tempos de serviço) não são exponenciais nem constantes. Assim, os modelos matemáticos de filas do Capítulo 14 não podem ser utilizados.

Porto de New Orleans

Barcas totalmente carregadas chegam à noite a New Orleans depois de longas viagens descendo o rio Mississipi vindo das cidades industriais do meio-oeste. O número de barcas atracando em uma noite qualquer varia de 0 a 5. As probabilidades de 0, 1, 2, 3, 4, ou 5 chegadas estão apresentadas na Tabela 15.10. Na mesma tabela, determinamos a distribuição de probabilidade acumulada e os intervalos de números aleatórios correspondentes para cada um dos possíveis valores.

Um estudo feito pelo superintendente da doca revela que, em virtude da natureza das suas cargas, o número de barcas descarregadas tende a variar diariamente. O superintendente fornece informações a partir das quais podemos criar uma distribuição de probabilidade para a variável da *taxa de descarga diária* (veja a Tabela 15.11). Com recém-feito com a variável de chegada, podemos determinar um intervalo de números aleatórios para os valores da taxa de descarga.

As taxas de chegada das barcas e os tempos de descarga são variáveis aleatórias. A menos que elas sigam as distribuições de probabilidade vistas no Capítulo 14, devemos adotar uma abordagem de simulação.

TABELA 15.10 Taxas de chegadas noturnas de barcas e intervalos de números aleatórios

Número de chegadas	Probabilidade	Probabilidade acumulada	Intervalo de números aleatórios
0	0,13	0,13	01 a 13
1	0,17	0,30	14 a 30
2	0,15	0,45	31 a 45
3	0,25	0,70	46 a 70
4	0,20	0,90	71 a 90
5	0,10	1,00	91 a 00

TABELA 15.11 Taxas de descarga e intervalos de números aleatórios

Taxa diária de descarga	Probabilidade	Probabilidade acumulada	Intervalo de números aleatórios
1	0,05	0,05	01 a 05
2	0,15	0,20	06 a 20
3	0,50	0,70	21 a 70
4	0,20	0,90	71 a 90
5	0,10	1,00	91 a 00

As barcas são descarregadas segundo uma política da primeira que chega é a primeira a ser descarregada. Qualquer barca que não for descarregada no dia da chegada deve esperar até o dia seguinte para ser descarregada. Ficar com uma barca ancorada na doca é um problema caro; o superintendente recebe ligações furiosas dos proprietários das barcas lembrando ele que "tempo é dinheiro". Além de solicitar ao controlador do porto de New Orleans mais pessoal, o superintendente decide realizar um estudo de simulação das chegadas, descargas e atrasos. Uma simulação de 100 dias seria a ideal, mas com a finalidade de ilustração, o superintendente começa com uma análise curta de 15 dias. Os números aleatórios são extraídos da linha do topo da Tabela 15.5 para gerar as taxas de chegadas diárias. Eles são retirados da segunda linha do topo da Tabela 15.5 para criar as taxas de descarga diárias. A Tabela 15.12 mostra a simulação do porto dia a dia.

TABELA 15.12 Simulação da fila de descarga de barcas no porto de New Orleans

(1) Dia	(2) Número de barcas do dia anterior	(3) Número aleatório	(4) Número de chegadas noturnas	(5) Total a ser descarregado	(6) Número aleatório	(7) Barcas descarregadas
1	—[a]	52	3	3	37	3
2	0	06	0	0	63	0[b]
3	0	50	3	3	28	3
4	0	88	4	4	02	1
5	3	53	3	6	74	4
6	2	30	1	3	35	3
7	0	10	0	0	24	0[c]
8	0	47	3	3	03	1
9	2	99	5	7	29	3
10	4	37	2	6	60	3
11	3	66	3	6	74	4
12	2	91	5	7	85	4
13	3	35	2	5	90	4
14	1	32	2	3	73	3[d]
15	0	00	5	5	59	3
	20		41			39
	Total de atrasos		Total de chegadas			Total de descargas

[a]Podemos começar sem atrasos do dia anterior. Em uma simulação longa, mesmo se começássemos com cinco atrasos do dia anterior, essa condição inicial seria diluída no valor médio.
[b]Três barcas podem ter sido descarregadas no segundo dia. Mas, em virtude de não ter havido chegadas e não termos registros anteriores, zero descargas ocorreram.
[c]A mesma situação mencionada na nota de fim de tabela (b) ocorreu.
[d]Dessa vez, quatro barcas foram descarregadas, mas como existiam somente três na fila, o número é registrado como três.

O superintendente estará interessado provavelmente em pelo menos três informações importantes.

$$\text{Número médio de barcas que não foram descarregadas no dia} = \frac{20 \text{ atrasos}}{15 \text{ dias}}$$

$$= 1{,}33 \text{ barcas não descarregadas por dia}$$

$$\text{Número médio de chegadas noturnas} = \frac{41 \text{ chegadas}}{15 \text{ dias}} = 2{,}73 \text{ chegadas}$$

$$\text{Número médio de barcas descarregadas por dia} = \frac{39 \text{ descargas}}{15 \text{ dias}} = 2{,}60 \text{ descargas}$$

Eis os resultados da simulação em relação ao número médio de barcas que não puderam ser descarregadas, número médio de chegadas noturnas e número médio de descargas.

Quando esses dados são analisados no contexto do custo dos atrasos, das horas ociosas de trabalho e do custo de contratar uma equipe extra de estivadores, será possível que o superintendente e o controlador do porto tomem decisões melhores sobre a mão de obra. Eles poderiam tentar simular novamente o processo assumindo taxas de descargas diferentes que corresponderiam a um aumento das equipes de descarga. Embora a simulação seja uma ferramenta que não garanta uma solução ótima para problemas como esse, ela pode ser útil em recriar um processo e identificar boas alternativas de decisão.

Utilizando o Excel para simular o problema da fila do porto de New Orleans

Como vimos neste capítulo, problemas de simulação podem ser modelados diretamente no Excel (o Excel QM não contém um módulo de simulação). Para ilustrar o problema do Porto de New Orleans, o Programa 15.4A fornece as fórmulas necessárias. Para uma revisão da função PROCV, veja o Programa 15.2A. Os resultados da simulação no Excel são apresentados no Programa 15.4B.

PROGRAMA 15.4A

Um modelo de simulação no Excel para a fila do porto de New Orleans.

PROGRAMA 15.4B
Resultados das fórmulas do Excel do Programa 15.4A.

	A	B	C	D	E	F	G	H	I	J	K
1	Descargas de barcas no Porto de New Orleans										
2											
3	Dia	Não descarregadas	Número aleatório	Chegadas	Total a ser descarregado	Número aleatório	Descargas possíveis	Descarregadas			
4	1	0	0,7547	4	4	0,2708	3	3			
5	2	1	0,9294	5	6	0,4527	3	3			
6	3	3	0,3126	2	5	0,1608	2	2			
7	4	3	0,8926	4	7	0,8426	4	4			
8	5	3	0,4616	3	6	0,7580	4	4			
9	6	2	0,6019	3	5	0,7733	4	4			
10	7	1	0,7385	4	5	0,1593	2	2			
11	8	3	0,8087	4	7	0,9825	5	5			
12	9	2	0,4347	2	4	0,2422	3	3			
13	10	1	0,1753	1	2	0,9815	5	2			
14											
15	Chegadas de barcas						Taxas de descarga				
16	Demanda	Probabilidade	Inferior	Acumulada	Demanda		Número	Probabilidade	Inferior	Acumulada	Descargas
17	0	0,13	0,00	0,13	0		1	0,05	0,00	0,05	1
18	1	0,17	0,13	0,30	1		2	0,15	0,05	0,20	2
19	2	0,15	0,30	0,45	2		3	0,50	0,20	0,70	3
20	3	0,25	0,45	0,70	3		4	0,20	0,70	0,90	4
21	4	0,20	0,70	0,90	4		5	0,10	0,90	1,00	5
22	5	0,10	0,90	1,00	5						

15.6 MODELOS DE SIMULAÇÃO COM INCREMENTOS DE TEMPO FIXO E DO PRÓXIMO EVENTO

Os modelos de simulação são frequentemente classificados em duas categorias: modelos com incrementos de tempo fixo e modelos com incrementos do próximo evento. Esses termos se referem à frequência com que o *status* do sistema é atualizado. Com o incremento de tempo fixo, atualizamos o sistema em intervalos fixos (por exemplo, a cada minuto, segundo ou hora). Utilizamos modelos com incrementos do próximo evento quando for necessário registrar a informação a cada tempo que o *status* do sistema muda. Por exemplo, se precisamos determinar o tempo médio que um consumidor espera na fila, precisamos saber quando cada consumidor chega e quando cada consumidor abandona o sistema.

Todos os exemplos vistos até agora são classificados como modelos com incrementos de tempo fixos. Eles envolvem o *status* do sistema (o número de unidades de estoque ou o número de barcas chegando) no início ou no final do dia. Fomos capazes de calcular todas as informações necessárias desses dados. Os resultados foram obtidos pela geração aleatória do número de eventos ocorrido a cada dia e pela atualização do *status* do sistema.

No modelo de incremento pelo próximo evento, em vez de gerar o número de eventos em cada período de tempo, geramos aleatoriamente o tempo que decorre até a ocorrência do próximo evento. Sempre que um evento ocorre, o status do sistema é atualizado e sua posição é registrada. Isso nos permite calcular as medidas necessárias de desempenho, como o tempo médio na fila ou tempo médio no sistema. O exemplo da próxima seção ilustra isso.

15.7 MODELO DE SIMULAÇÃO PARA UMA POLÍTICA DE MANUTENÇÃO

A simulação é muito utilizada em problemas de manutenção.

A simulação é uma técnica valiosa para analisar várias políticas de manutenção antes que sejam implementadas. Uma empresa pode decidir se contrata mais pessoal para a área com base nos custos de quebra de máquinas e custos adicionais de mão de obra. Ela pode simular a reposição de peças que ainda não tenham falhado para explorar maneiras de prevenir quebras futuras. Muitas empresas utilizam modelos de simulação computacionais para decidir se e quando parar toda uma fábrica para atividades de manutenção. Esta seção fornece um exemplo do valor da simulação para testar políticas de manutenção.

Empresa de energia Three Hills

A empresa de energia Three Hills fornece eletricidade para uma grande área metropolitana por meio de uma série de aproximadamente 200 geradores hidroelétricos. A gerência reconhece que mesmo um gerador com boa manutenção terá falhas periódicas e quebras. A demanda de energia nos últimos três anos tem sido consistentemente alta e a companhia está preocupada com o tempo de reparo dos geradores. Ela emprega atualmente quatro técnicos treinados e bem-pagos ($30 por hora) para fazer os reparos. Cada um trabalha em turnos de oito horas. Dessa forma, existe uma pessoa responsável pelo conserto trabalhando 24 horas por dia, sete dias por semana.

Tão ou mais caros do que os salários dos técnicos são os custos das quebras. Para cada hora que um de seus geradores fica parado, a Three Hills perde aproximadamente $75. Essa quantia é o custo da energia de reserva que a empresa precisa "pegar emprestado" de uma empresa de serviço público vizinha.

Stephanie Robbins foi encarregada de realizar uma análise administrativa do problema das quebras. Ela determina que a simulação é a ferramenta adequada em virtude da natureza probabilística desse problema. Stephanie decide que seu objetivo é determinar (1) o custo de manutenção do serviço, (2) o custo simulado da quebra da máquina e (3) o total dessas quebras e os custos de manutenção (que fornecem o custo total do sistema). Uma vez que o tempo total das máquinas fora de serviço é necessário para calcular o custo da quebra, Stephanie deve saber quando cada máquina quebra e quando ela volta a funcionar. Dessa forma, um modelo de simulação com incrementos de tempo pelo próximo evento deve ser utilizado. No planejamento dessa simulação, um diagrama de fluxo, como o da Figura 15.4, foi desenvolvido.

Stephanie identificou duas componentes importantes de manutenção. Primeiro, o tempo entre quebra sucessivas de geradores varia historicamente de um valor tão pequeno quanto meia hora até um tão grande quanto três horas. Para as 100 quebras que já ocorreram, Stephanie construiu uma distribuição de frequências dos tempos de falha (veja a Tabela 15.13). Ela também criou uma distribuição de probabilidade e atribuiu intervalos de números aleatórios a cada intervalo esperado de tempo de falhas.

Ela percebeu que os colaboradores que fazem os consertos registram seus tempos de manutenção em blocos de uma hora. Em virtude do tempo que eles levam para alcançar um gerador quebrado, os tempos são geralmente arredondados para uma, duas ou três horas. Na Tabela 15.14, ela executou uma análise estatística dos tempos de conserto passados, semelhante ao que foi feito com os tempos entre falhas.

Stephanie começou a simulação selecionando uma série de números aleatórios para gerar os tempos simulados das falhas dos geradores e uma segunda série para simular os tempos

TABELA 15.13 Tempos de quebra dos geradores da empresa de energia Three Hills

Tempo registrado entre falhas (horas)	Número observado de vezes	Probabilidade	Probabilidade acumulada	Intervalo de números aleatórios
0,5	5	0,05	0,05	01 a 05
1,0	6	0,06	0,11	06 a 11
1,5	16	0,16	0,27	12 a 27
2,0	33	0,33	0,60	28 a 60
2,5	21	0,21	0,81	61 a 81
3,0	19	0,19	1,00	82 a 00
Total	100	1,00		

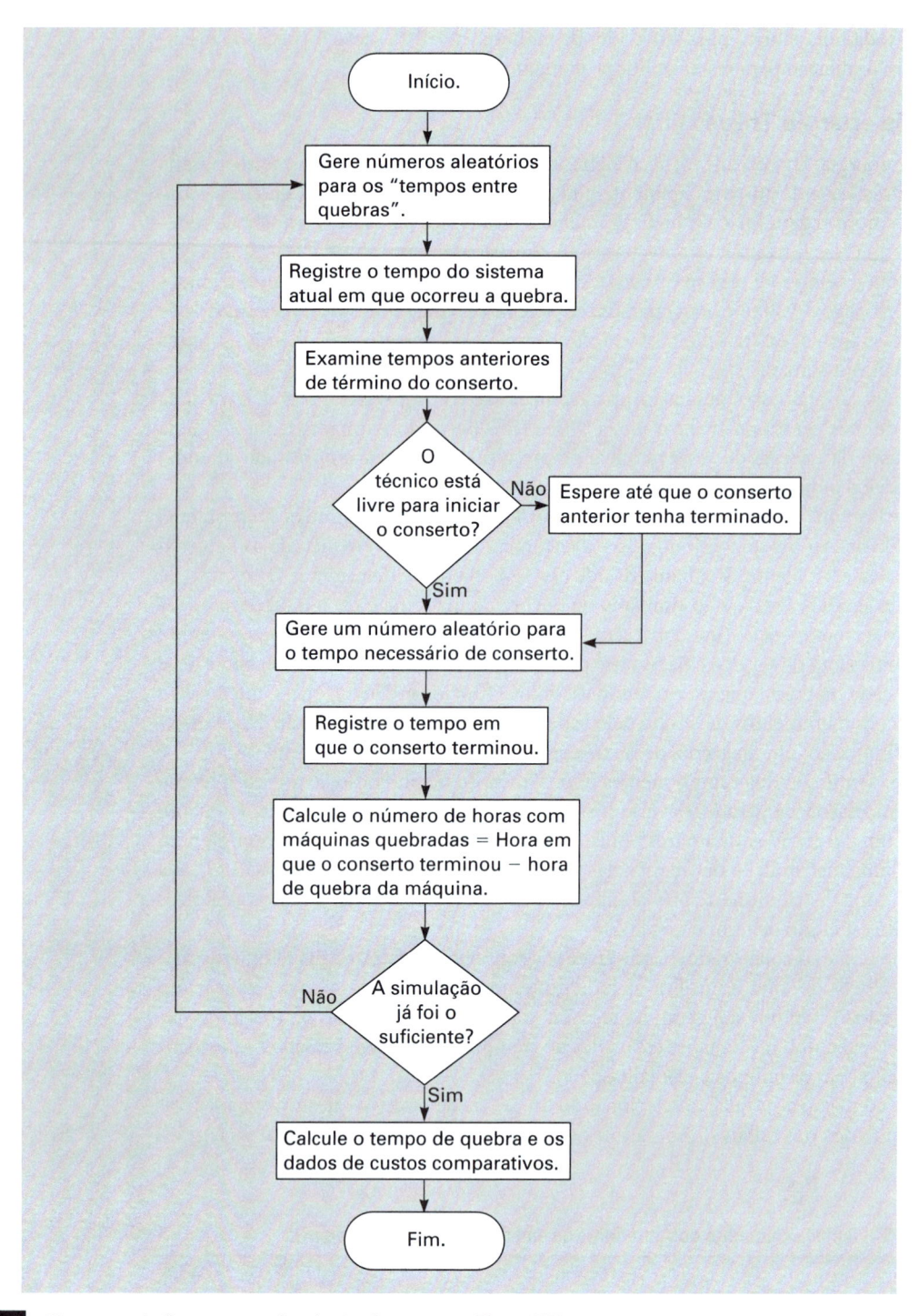

FIGURA 15.4 Diagrama de fluxo para a simulação da empresa Three Hills.

TABELA 15.14 Tempos necessários para consertar os geradores

Tempo necessário para o conserto (horas)	Número observado de vezes	Probabilidade	Probabilidade acumulada	Intervalo de números aleatórios
1	28	0,28	0,28	01 a 28
2	52	0,52	0,80	29 a 80
3	20	0,20	1,00	81 a 00
Total	100	1,00		

de reparos necessários. Uma simulação de 15 falhas de máquinas está apresentada na Tabela 15.15. Agora examinaremos os elementos da tabela, uma coluna por vez.

Coluna 1: Número de quebras. Contagem das quebras à medida que elas acontecem, variando de 1 a 15.

Coluna 2: Número aleatório para o número de quebras. Número utilizado para simular o tempo entre quebras. O número nessa coluna foi selecionado da segunda coluna à direita da Tabela 15.5.

Coluna 3: Tempo entre as quebras. Número gerado da coluna 2 dos números aleatórios e do intervalo de número aleatórios definido na Tabela 15.13. O primeiro valor, 57, está no intervalo 28 a 60, implicando um tempo de duas horas desde a quebra anterior.

Coluna 4: Tempo de quebra. Converte os dados na coluna 3 em um tempo real do dia para cada quebra. Essa simulação assume que o primeiro dia inicia à meia-noite (00:00 horas). Uma vez que o tempo entre zero quebra e a primeira quebra é duas horas, a primeira falha de máquina é registrada às 2 horas no relógio da simulação. A segunda quebra ocorre 1,5 horas depois, assim, o tempo de relógio calculado é às 03:30 horas.

Coluna 5: Tempo que o técnico está livre para começar o conserto. Duas horas depois da primeira quebra se assumimos que o técnico começa a trabalhar às 00:00 horas e não está

EM AÇÃO — Simulando a sala de cirurgia do hospital Jackson Memorial

O Hospital Jackson Memorial, em Miami, é o maior hospital da Flórida, contendo 1576 leitos, e é considerado um dos melhores hospitais dos Estados Unidos. Em junho de 1996, ele recebeu a maior nota de reconhecimento oficial entre todos os outros hospitais do mesmo setor do país. O Departamento de Gerenciamento de Sistemas de Engenharia do Jackson está constantemente à procura de maneiras de melhorar a eficiência do hospital, e a construção de novas salas de cirurgias estimulou o desenvolvimento da simulação das 31 já existentes.

Os limites da sala de cirurgia incluem a área de contenção e uma área de recuperação e ambas vinham enfrentando problemas devido à programação deficiente dos serviços. Um estudo de simulação, modelado com o pacote ARENA, procurou maximizar o uso das atuais salas de cirurgia e das equipes de suporte. As entradas do modelo incluíram: (1) o tempo que um paciente espera na sala de permanência, (2) o processo específico a que o paciente é submetido, (3) a atribuição de pessoal, (4) a disponibilidade de salas e (5) o horário.

A primeira dificuldade enfrentada pela equipe de pesquisa no Jackson foi a grande quantidade de registros em que procurar por dados para o modelo de simulação probabilística. O segundo problema foi a qualidade dos dados. Uma análise completa dos registros determinou quais eram bons e quais deviam ser descartados. No final, a cuidadosa filtragem das bases de dados resultou em um bom conjunto de informações para as entradas do modelo. O modelo de simulação desenvolveu com sucesso cinco medidas de desempenho das salas de cirurgia: (1) número de procedimentos diários, (2) número médio de casos, (3) utilização de pessoal, (4) utilização de salas e (5) tempo médio na sala de espera.

Fonte: Com base em CENTENO, M. A., et al. Challenges of Simulating Hospital Facilities. Proceedings of the 12th Annual Conference of the Production and Operations Management Society, Orlando (FL), March 2001, p. 50.

676 Análise Quantitativa para Administração

TABELA 15.15 Simulação das quebras e consertos dos geradores

(1) Número da quebra	(2) Número aleatório para quebras	(3) Tempo entre quebras	(4) Tempo de quebra	(5) Tempo que o técnico está livre para começar o conserto	(6) Número aleatório para o tempo de conserto	(7) Tempo de conserto necessário	(8) Término do tempo de conserto	(9) Número de horas que a máquina ficou parada
1	57	2	02:00	02:00	07	1	03:00	1
2	17	1,5	03:30	03:30	60	2	05:30	2
3	36	2	05:30	05:30	77	2	07:30	2
4	72	2,5	08:00	08:00	49	2	10:00	2
5	85	3	11:00	11:00	76	2	13:00	2
6	31	2	13:00	13:00	95	3	16:00	3
7	44	2	15:00	16:00	51	2	18:00	3
8	30	2	17:00	18:00	16	1	19:00	2
9	26	1,5	18:30	19:00	14	1	20:00	1,5
10	09	1	19:30	20:00	85	3	23:00	3,5
11	49	2	21:30	23:00	59	2	01:00	3,5
12	13	1,5	23:00	01:00	85	3	04:00	5
13	33	2	01:00	04:00	40	2	06:00	5
14	89	3	04:00	06:00	42	2	08:00	4
15	13	1,5	05:30	08:00	52	2	10:00	4,5

comprometido com o conserto de algum gerador anterior. Antes de registrar esse tempo na segunda e em todas as linhas subsequentes, contudo, devemos verificar na coluna 8 para ver em que tempo o técnico termina o trabalho anterior. Olhe, por exemplo, a sétima quebra. Ela ocorre às 15 horas. Mas o técnico só completou o trabalho anterior, a sexta quebra, às 16:00. Assim, a entrada na coluna 5 é 16:00 horas.

Uma suposição adicional é feita para lidar com o fato de que cada técnico trabalha somente 8 horas por turno. Quando um trabalhador é substituído pelo do próximo turno, o que está começando simplesmente toma as ferramentas do que está saindo e continua o trabalho do anterior no mesmo gerador até que o trabalho esteja concluído. Não existe tempo perdido e nem tempo de trabalho sobreposto. Além disso, o custo do trabalho para as 24 horas é exatamente 24 horas × $30 por hora = $720.

Coluna 6: Número aleatório para o tempo de conserto. Número selecionado da primeira coluna à direita da Tabela 15.5. Ele auxilia a simular os tempos de conserto.

Coluna 7: Tempo de conserto necessário. Valor gerado da sexta coluna de números aleatórios e da distribuição dos tempos de conserto da Tabela 15.14. O primeiro número aleatório, 7, representa um tempo de conserto de uma hora, uma vez que ele pertence ao intervalo de números aleatórios de 01 a 28.

Coluna 8: Final do tempo de conserto. Soma da entrada na coluna 5 (início do tempo livre do técnico) mais o tempo de conserto necessário da coluna 7. Uma vez que o primeiro conserto começa às 02:00 horas e leva uma hora para ser feito, a finalização do conserto é registrada na coluna 8 como 03:00.

Coluna 9: Número de horas que as máquinas estão quebradas. Diferença entre a coluna 4 (tempo de quebra) e a coluna 8 (tempo que o conserto termina). No primeiro caso, essa diferença é de uma hora (03:00 menos 02:00). No caso da décima quebra, a diferença é 23:00 horas menos 19:30 horas, ou 3,5 horas.

Análise de custo da simulação

A simulação da quebra dos 15 geradores na Tabela 15.15 abarca um tempo de 34 horas de operação. O relógio do sistema inicia à 00:00 horas do dia 1 e roda até o conserto final às 10:00 horas do dia 2.

O fator crítico que interessa a Robbins é o número total de horas que os geradores estão fora de serviço (da coluna 9). Isso foi calculado como 44 horas. Ela também nota que no final do período da simulação, um acúmulo começa a se formar. A décima terceira quebra ocorreu à 1h, mas o trabalho não pode ser iniciado até às 4h. As quebras de número 14 e 15 tiveram o mesmo tipo de atraso. Robbins está determinada a escrever um programa computacional para executar mais algumas centenas de quebras simuladas, mas primeiro quer analisar os dados que já coletou.

Ela mede seus objetivos da seguinte forma:

$$\text{Custo de manutenção do serviço} = 34 \text{ horas de tempo de trabalho} \times \$30 \text{ por hora}$$
$$= \$1020$$

$$\text{Custo simulado da quebra de máquinas} = 44 \text{ horas total de quebra}$$
$$\times \$75 \text{ perdidos por hora de máquina quebrada}$$
$$= \$3300$$

$$\text{Custo total de manutenção do sistema simulado atual} = \text{Custo do serviço} + \text{Custo das quebras}$$
$$= \$1020 + \$3300$$
$$= \$4320$$

Políticas preventivas de manutenção também podem ser simuladas.

Um custo de $4320 é razoável somente quando comparado com outras opções de manutenção mais ou menos atrativas. Por exemplo, a Three Hills deve adicionar um segundo técnico de tempo integral para cada turno? Ela deve contratar mais um técnico para que ele compareça a cada quatro turnos a fim de auxiliar no serviço que estiver atrasado? Essas são duas alternativas que Robbins pode escolher e considerar com a simulação. Você poderá ajudá-la resolvendo o Problema 15-25 no final do capítulo.

Como mencionado no começo desta seção, a simulação também pode ser utilizada em outros problemas de manutenção, incluindo a análise de *manutenção preventiva*. Talvez a Three Hills deva considerar estratégias para substituir geradores, motores, válvulas, fios, interruptores e outras várias peças que comumente falham. Ela pode (1) substituir todas as peças de determinado tipo quando uma falhar em qualquer gerador, ou (2) consertar ou substituir todas as peças após determinado tempo de serviço com base em um ciclo médio estimado de vida. Novamente, isso poderá ser feito pela determinação de distribuições de probabilidade para taxas de falha, seleção de números aleatórios e simulação de falhas passadas e seus custos associados.

Construindo um modelo de simulação no Excel para a companhia de energia Three Hills

Os Programas 15.5A e 15.5B fornecem uma abordagem com planilhas Excel para simular um problema de manutenção da empresa Three Hills. As fórmulas são mostradas no Programa 15.5A e os resultados no Programa 15.5B.

15.8 DOIS OUTROS TIPOS DE MODELOS DE SIMULAÇÃO

Os modelos de simulação são frequentemente divididos em três categorias. A primeira é o método Monte Carlo recém-discutido que utiliza os conceitos de distribuições de probabilidade e números aleatórios para avaliar como um sistema responde a várias políticas. As outras duas categorias são jogos operacionais e sistemas de simulação. Embora teoricamente os três métodos sejam distintos, o crescimento da simulação computacional criou bases comuns dos procedimentos e dificultou essa diferenciação.[3]

Jogos operacionais

Os jogos operacionais referem-se a uma simulação que envolve dois ou mais jogadores competindo. Os melhores exemplos são os jogos de guerra (militares) e jogos de negócios ou empresariais. Ambos permitem aos participantes a igualdade administrativa e a habilidade de tomar decisões em situações hipotéticas de conflito.

Os jogos de guerra ou militares são utilizados ao redor do mundo para treinar os militares de alta patente das forças armadas nacionais, para testar estratégias ofensivas e defensivas e para examinar a eficácia de equipamentos e armamentos. Os jogos de negócios, inicialmente desenvolvidos pela empresa Booz, Allen e Hamilton em 1950, são populares tanto com executivos quanto com estudantes de negócios. Eles fornecem uma oportunidade de testar suas habilidades de gestão e tomada de decisões em ambientes competitivos. A pessoa ou equipe que tiver o melhor desempenho no ambiente simulado é recompensada pelo conhecimento de que a sua empresa foi a mais bem-sucedida na obtenção de um grande lucro, na tomada de uma grande fatia de mercado ou no aumento do valor do empreendimento no mercado de ações.

Durante cada período da competição, seja uma semana, um mês ou um trimestre, as equipes respondem a condições de mercado pela codificação de suas últimas decisões de gerência com respeito ao estoque, produção, financiamento, investimento, marketing e pesquisa. O ambiente de negócios competitivo é simulado pelo computador e um relatório que resume as

---

[3] Teoricamente, números aleatórios são utilizados somente na simulação Monte Carlo. Contudo, em alguns jogos complexos ou sistemas de simulação em que todos os relacionamentos não podem ser definidos precisamente, pode ser necessário utilizar conceitos probabilísticos ou o método Monte Carlo.

Capítulo 15 • Modelagem por Simulação

PROGRAMA 15.5A Um modelo de planilha do Excel para simular a companhia de energia Three Hills.

Anotações:
- Use a função ALEATÓRIO() para gerar números aleatórios entre 0 e 1.
- Use a função PROCV para determinar o tempo entre as quebras com base no número aleatório gerado e na tabela de probabilidade em A17 a E22.
- O técnico só estará livre quando tiver completado o conserto anterior.
- Use a função ALEATÓRIO() para gerar números aleatórios entre 0 e 1.
- Use a função PROCV para determinar o tempo de conserto com base no número aleatório gerado e a tabela de probabilidade em G17 a I21.
- Exceto na primeira vez, o tempo de quebra é o tempo da quebra anterior mais o número aleatório gerado.

	A	B	C	D	E	F	G	H
1	Companhia de Ene							
2								
3	Número de quebras	Números aleatórios	Tempo entre quebras	Tempo das quebras	Tempo que o técnico está livre	Número aleatório	Tempo de conserto	Final do conserto
4	1	=ALEATÓRIO()	=PROCV(B4;$C$17:$E$22;3;V	=C4	=D4	=ALEATÓRIO()	=PROCV(F4;$	=E4+G4
5	2	=ALEATÓRIO()	=PROCV(B5;$C$17:$E$22;3;V	=D4+C5	=MÁXIMO(D5;H4)	=ALEATÓRIO()	=PROCV(F5;$	=E5+G5
6	3	=ALEATÓRIO()	=PROCV(B6;$C$17:$E$22;3;V	=D5+C6	=MÁXIMO(D6;H5)	=ALEATÓRIO()	=PROCV(F6;$	=E6+G6
7	4	=ALEATÓRIO()	=PROCV(B7;$C$17:$E$22;3;V	=D6+C7	=MÁXIMO(D7;H6)	=ALEATÓRIO()	=PROCV(F7;$	=E7+G7
8	5	=ALEATÓRIO()	=PROCV(B8;$C$17:$E$22;3;V	=D7+C8	=MÁXIMO(D8;H7)	=ALEATÓRIO()	=PROCV(F8;$	=E8+G8
9	6	=ALEATÓRIO()	=PROCV(B9;$C$17:$E$22;3;V	=D8+C9	=MÁXIMO(D9;H8)	=ALEATÓRIO()	=PROCV(F9;$	=E9+G9
10	7	=ALEATÓRIO()	=PROCV(B10;$C$17:$E$22;3;\	=D9+C10	=MÁXIMO(D10;H9)	=ALEATÓRIO()	=PROCV(F10;	=E10+G10
11	8	=ALEATÓRIO()	=PROCV(B11;$C$17:$E$22;3;\	=D10+C11	=MÁXIMO(D11;H10)	=ALEATÓRIO()	=PROCV(F11;	=E11+G11
12	9	=ALEATÓRIO()	=PROCV(B12;$C$17:$E$22;3;\	=D11+C12	=MÁXIMO(D12;H11)	=ALEATÓRIO()	=PROCV(F12;	=E12+G12
13	10	=ALEATÓRIO()	=PROCV(B13;$C$17:$E$22;3;\	=D12+C13	=MÁXIMO(D13;H12)	=ALEATÓRIO()	=PROCV(F13;	=E13+G13
14								
15	Tabela de demanda						Tempo de conserto	
16	Tempo entre	Probabilidade	Inferior	Acumulada	Demanda		Tempo de conserto	Probabilidade
17	0,5	0,05	=0	=B17	=A17		1	0,28
18	1	0,06	=C17+B17	=D17+B18	=A18		2	0,52
19	1,5	0,16	=C18+B18	=D18+B19	=A19		3	0,2
20	2	0,33	=C19+B19	=D19+B20	=A20			
21	2,5	0,21	=C20+B20	=D20+B21	=A21			
22	3	0,19	=C21+B21	=D21+B22	=A22			

PROGRAMA 15.5B Resultados da planilha Excel do Programa 15.5A.

	A	B	C	D	E	F	G	H	I	J	K
1	Companhia de Energia Three Hills										
2											
3	Número de quebras	Números aleatórios	Tempo entre quebras	Tempo das quebras	Tempo que o técnico está livre	Número aleatório	Tempo de conserto	Final do conserto			
4	1	0,2327	1,5	1,5	1,5	0,7992	2	3,5			
5	2	0,9582	3,0	4,5	4,5	0,0869	1	5,5			
6	3	0,7340	2,5	7,0	7,0	0,9453	3	10,0			
7	4	0,6232	2,5	9,5	10,0	0,9706	3	13,0			
8	5	0,4240	2,0	11,5	13,0	0,8789	3	16,0			
9	6	0,6906	2,5	14,0	16,0	0,7491	2	18,0			
10	7	0,3494	2,0	16,0	18,0	0,3828	2	20,0			
11	8	0,2146	1,5	17,5	20,0	0,3997	2	22,0			
12	9	0,2017	1,5	19,0	22,0	0,1205	1	23,0			
13	10	0,1638	1,5	20,5	23,0	0,9386	3	26,0			
14											
15	Tabela de demanda						Tempo de conserto				
16	Tempo entre quebras	Probabilidade	Inferior	Acumulada	Demanda		Tempo de conserto	Probabilidade	Inferior	Acumulada	Lead time
17	0,50	0,05	0,00	0,05	0,50		1	0,28	0,00	0,28	1
18	1,00	0,06	0,05	0,11	1,00		2	0,52	0,28	0,80	2
19	1,50	0,16	0,11	0,27	1,50		3	0,20	0,80	1,00	3
20	2,00	0,33	0,27	0,60	2,00						
21	2,50	0,21	0,60	0,81	2,50						
22	3,00	0,19	0,81	1,00	3,00						

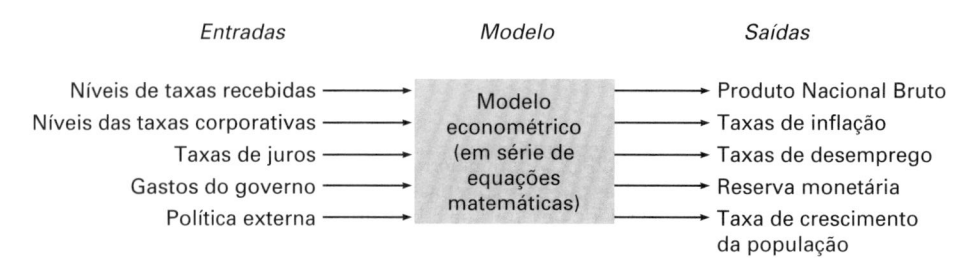

```
                Entradas              Modelo                Saídas

      Níveis de taxas recebidas  ──→    Modelo       ──→ Produto Nacional Bruto
      Níveis das taxas corporativas ──→ econométrico ──→ Taxas de inflação
      Taxas de juros             ──→   (em série de  ──→ Taxas de desemprego
      Gastos do governo          ──→    equações     ──→ Reserva monetária
      Política externa           ──→   matemáticas)  ──→ Taxa de crescimento
                                                         da população
```

FIGURA 15.5 Entradas e saídas de um sistema econômico de simulação típico.

condições de mercado atuais é apresentado aos jogadores. Isso permite que as equipes simulem anos de condições operacionais em poucos dias, semanas ou semestres.

Simulação de sistemas

A *simulação de sistema* é semelhante aos jogos de negócios na medida em que ela permite ao usuário testar várias políticas e decisões administrativas para avaliar seus efeitos no ambiente de operações. Essa variação da simulação modela a dinâmica de grandes sistemas. Tais sistemas incluem operações corporativas[4], a economia nacional, um hospital ou sistema de governo municipal.

Em um *sistema de operação corporativa*, as vendas, os níveis de produção, as políticas de marketing, os investimentos, os contratos com sindicatos, as taxas de utilidade, o financiamento e outros fatores estão relacionados a uma série de equações matemáticas que são examinadas por simulação. Em uma simulação de um sistema de governo urbano, a simulação de sistemas pode ser empregada para avaliar o impacto do aumento de impostos, os gastos de capital em estradas e edifícios, a disponibilidade de moradia, as novas rotas de coleta de lixo, a imigração e emigração, a localização de novas escolas ou centros de idosos, as taxas de nascimento e morte e muitos outros assuntos vitais. A simulação de sistemas econômicos, também chamados de modelos econométricos, é usada por agências governamentais, bancos e grandes organizações para prever taxas de inflação, reservas de moeda doméstica e estrangeira e níveis de desemprego. Entradas e saídas de um sistema econômico típico de simulação estão ilustradas na Figura 15.5.

O valor dos sistemas de simulação reside na sua permissão de questões do tipo "e se?" para testar os efeitos de várias políticas. Um grupo de planejamento corporativo, por exemplo, pode mudar o valor de qualquer entrada, como o orçamento de publicidade, e examinar o impacto nas vendas, nas fatias de mercado ou nos custos de curto-prazo. A simulação pode ser utilizada, ainda, para avaliar diferentes projetos de pesquisa e desenvolvimento ou para determinar horizontes de planejamento de longo prazo.

Modelos econométricos são simulações enormes envolvendo milhares de equações de regressão ligadas por fatores econômicos. Eles utilizam questões do tipo "e se?" para testar várias políticas.

15.9 VERIFICAÇÃO E VALIDAÇÃO

No desenvolvimento de um modelo de simulação, é importante que o modelo seja verificado para confirmar se ele está funcionando corretamente e fornecendo uma boa representação da situação real. O processo de *verificação* envolve determinar se o modelo computacional é internamente consistente e seguir a lógica do modelo conceitual.

A *validação* é o processo de comparar um modelo ao sistema real que ele representa para assegurar que ele é acurado. As suposições do modelo devem ser verificadas para conferir se as distribuições apropriadas de probabilidade estão sendo utilizadas. Uma análise das entra-

---

[4] Isso é algumas vezes denominado *dinâmica industrial*, termo cunhado por Jay Forrester. O objetivo de Forrester foi encontrar uma forma "para mostrar como políticas, decisões, estruturas e protelações estão inter-relacionadas para influenciar o crescimento e a estabilidade" em sistemas industriais. Veja FORRESTER, J. W. *Industrial dynamics*. Cambridge (MA): MIT Press, 1961.

> **EM AÇÃO** — Simulando a operação de um restaurante Taco Bell
>
> Determinar quantos funcionários devem ser utilizados a cada 15 minutos para executar cada função em um restaurante Taco Bell é um problema complexo e irritante. Assim, a Taco Bell, gigante de $5 bilhões com 6500 pontos de vendas nos Estados Unidos e no exterior, decidiu construir um modelo de simulação. A empresa escolheu o MOSDIM como o software para desenvolver um novo sistema de gerenciamento da mão de obra denominado LMS.
>
> Para desenvolver e utilizar o modelo de simulação, a Taco Bell precisou coletar uma grande quantidade de dados. Quase tudo o que acontece em um restaurante, do padrão de chegada dos clientes ao tempo necessário para enrolar um taco, precisou ser traduzido em dados confiáveis e precisos. Por exemplo, os analistas tiveram que estudar os tempos e fazer a análise dos dados para cada tarefa que é parte da preparação de cada produto do menu. Para surpresa dos pesquisadores, as horas dedicadas para coletar os dados superaram em muito aquelas necessárias para, de fato, construir o modelo LMS.
>
> As entradas do LMS incluem informações sobre pessoal, como o número de pessoas e o cargo. As saídas são medidas de desempenho, como o tempo médio no sistema, o tempo médio no caixa, a utilização de pessoal e de equipamentos. O modelo se pagou integralmente. Mais de $53 milhões em custos de serviço foram economizados nos primeiros quatro anos de uso do LMS.
>
> **Fonte:** Com base em HUETER J. e SWART W. An Integrated Labor-Management System for Taco Bell. Interfaces. v. 28, n. 1, January-February 1998, p. 75-91 e PRINGLE, L. The Productivity Engine. OR/MS Today. v. 27, June 2000, p. 30.

das e saídas deve ser feita para ver se os resultados são razoáveis. Se soubermos quais são os resultados para um conjunto específico de valores de entrada, podemos usar esses valores no modelo computacional para verificar se os resultados do modelo de simulação são consistentes com o sistema real sendo modelado.

Tem sido dito que a verificação responde a questão "nós construímos o modelo corretamente?". Por outro lado, a validação responde a questão "nós construímos o modelo certo?" Somente após estarmos convencidos de que o modelo é bom devemos utilizar os seus resultados.

A verificação está relacionada à construção correta de um modelo. A validação está relacionada à construção do modelo correto.

15.10 O PAPEL DA SIMULAÇÃO COMPUTACIONAL

Os computadores são essenciais na simulação de tarefas complexas. Eles podem gerar números aleatórios, simular milhares de períodos de tempo em questões de segundos ou minutos e fornecer ao administrador relatórios que facilitam a tomada de decisões. De fato, uma abordagem computacional é quase uma necessidade para podermos tirar conclusões válidas da simulação. Em virtude de ser necessário um grande número de simulações, seria difícil confiar apenas em lápis e papel.

Três tipos de linguagens de programação estão disponíveis para auxiliar no processo de simulação. O primeiro tipo são as linguagens de propósito geral, que incluem Visual Basic, C++ e Java. O segundo tipo, as linguagens de simulação de propósito especial, apresenta três vantagens: (1) exige menos tempo de programação para grandes simulações, (2) é normalmente mais eficiente e fácil para controlar erros e (3) apresenta geradores de números aleatórios embutidos como procedimentos. Algumas das principais linguagens desse tipo são: GPSS/H, SLAM II, SIMSCRIPT II.5 e Arena.

Linguagens de simulação de propósito especial têm várias vantagens sobre as linguagens gerais como o Visual Basic.

A simulação se tornou tão popular que um terceiro tipo foi desenvolvido, os programas comerciais de simulação pré-escritos. Alguns são generalizados para lidar com diversas situações variando de filas a estoques. Esses programas incluem o Extend, o AutoMod, o ALPHA/Sim, o SIMUL8, o STELLA, o AweSim!, o SLX, e muitos outros.[5] Esse programas rodam em computadores pessoais e frequentemente apresentam capacidades gráficas animadas. Muitos desses pacotes têm recursos para verificar se a distribuição de probabilidade adequada está sendo utilizada e para analisar os resultados estatisticamente.

---

[5] Para uma lista de softwares de simulação, veja SWAIN, James J. Gamim reality. OR/MS Today. v. 32, n. 6, December 2005, p. 44-55.

Como foi mostrado nos Programas 15.2, 15.3, 15.4 e 15.5, planilhas como o Excel podem ser utilizadas para desenvolver uma simulação rápida e facilmente. Existem muitos suplementos para o Excel, como @Risk, Crystal Ball, RiskSim e XLSim, que podem ser utilizados para simulação básica.

RESUMO

O objetivo deste capítulo foi discutir o conceito e a abordagem da simulação como uma ferramenta para a solução de problemas. A simulação envolve a construção de um modelo matemático que tenta descrever uma situação real. O objetivo do modelo é incorporar variáveis importantes e seus inter-relacionamentos de tal forma que possamos estudar o impacto de mudanças gerenciais no sistema global. A abordagem tem muitas vantagens sobre outras técnicas de análise quantitativa e são especialmente úteis quando um problema é muito complexo ou difícil para ser resolvido por outros meios.

O método de simulação Monte Carlo é desenvolvido pelo uso de distribuições de probabilidade e números aleatórios. Intervalos de números aleatórios são determinados para representar possíveis resultados para cada variável aleatória no modelo. Os números aleatórios são selecionados de uma tabela de números aleatórios ou gerados por computador para simular os resultados das variáveis. O procedimento de simulação é realizado várias vezes a fim de avaliar o impacto de longo prazo de cada política sendo estudada. A simulação Monte Carlo feita manualmente é ilustrada em problemas de controle de estoque, filas e manutenção de máquinas. Ilustramos os modelos de gerenciamento do tempo da simulação pelos critérios do incremento do tempo fixo e pelo do próximo evento. Finalmente, destacamos a importância da verificação e validação do processo de simulação.

Jogos operacionais e simulação de sistemas são outras duas categorias da simulação e foram também apresentadas. O capítulo finaliza com uma discussão da importância do computador no processo de simulação.

GLOSSÁRIO

Diagrama de fluxo ou fluxograma. Recurso gráfico para apresentar a lógica do modelo de simulação. É uma ferramenta que auxilia na escrita do programa computacional da simulação.

Intervalo de números aleatórios. Conjunto de números aleatórios atribuídos para representar possíveis resultados de uma simulação.

Jogo operacional. Uso da simulação em situações competitivas, como jogos militares, de negócios e administrativos.

Linguagem de propósito geral. Linguagens de programação, como Visual Basic, C++ ou Java, usadas para simular um problema.

Linguagens de simulação de propósito especial. Linguagens de programação especialmente projetadas para serem eficientes na codificação de problemas de simulação. Algumas dessas linguagens são: GPSS/H, a SIMSCRIPT II.5 e SLAM II.

Modelo de incremento de tempo fixo. Modelo de simulação em que o status do sistema é atualizado em intervalos específicos de tempo.

Modelo de incremento do próximo evento. Modelo de simulação em que o status do sistema é atualizado sempre que o próximo evento ocorre.

Número aleatório. Número cujos dígitos são selecionados completamente ao acaso.

Programas de simulação pré-escritos. Programas gráficos pré-estruturados para lidar com uma variedade de situações.

Simulação. Técnica de análise quantitativa que envolve a construção de um modelo matemático que representa situações reais. O modelo é então utilizado para estimar os efeitos de várias ações e decisões.

Simulação Monte Carlo. Simulação que faz experimentos com elementos probabilísticos de um sistema pela geração de números aleatórios que criam valores para esses elementos.

Sistema de simulação. Modelos de simulação que lidam com a dinâmica de grandes sistemas organizacionais ou governamentais.

Validação. Processo de comparar um modelo com o sistema real que ele representa para assegurar ele seja preciso.

Verificação. Processo de determinar que o modelo computacional é internamente consistente e segue a lógica do modelo conceitual.

PROBLEMAS RESOLVIDOS

Problema resolvido 15-1

A empresa de encanamento e aquecimento Higgins mantém um estoque de aquecedores de água com capacidade para 30 galões que vende e instala para proprietários de residências. O dono da empresa, Jerry Higgins, gosta da ideia de ter um grande suprimento em mãos para satisfazer a demanda, mas também reconhece que o custo para tanto é alto. Ele examina as vendas dos aquecedores nas últimas 50 semanas e percebe o seguinte:

Vendas semanais de aquecedores	Número de semanas em que esse número foi vendido
4	6
5	5
6	9
7	12
8	8
9	7
10	3
	Total 50

a. Se Higgins mantém um estoque constante de oito aquecedores em qualquer semana, quantas vezes ele ficará sem estoque durante uma simulação de 20 semanas? Use números aleatórios da sétima coluna da Tabela 15.5, começando com o número aleatório 10.
b. Qual é o número médio de vendas por semana (incluindo a falta de estoque) sobre o período simulado de 20 semanas?
c. Utilizando uma técnica analítica que não seja simulação, qual é o número esperado de vendas semanais? Como esse resultado se compara com a resposta em (b)?

Solução

Em virtude da variável de interesse ser o número de vendas por semana, um modelo com incremento de tempo fixo deve ser usado.

Vendas de aquecedores	Probabilidade	Intervalo de números aleatórios
4	0,12	01 a 12
5	0,10	13 a 22
6	0,18	23 a 40
7	0,24	41 a 64
8	0,16	65 a 80
9	0,14	81 a 94
10	0,06	95 a 00
	1,00	

a.

Semana	Número aleatório	Vendas simuladas	Semana	Número aleatório	Vendas simuladas
1	10	4	11	08	4
2	24	6	12	48	7
3	03	4	13	66	8
4	32	6	14	97	10
5	23	6	15	03	4
6	59	7	16	96	10
7	95	10	17	46	7
8	34	6	18	74	8
9	34	6	19	77	8
10	51	7	20	44	7

Com um estoque de oito aquecedores, Higgins ficará sem aquecedores três vezes durante o período simulado de 20 semanas (nas semanas 7, 14 e 16).

b. Média das vendas simulada $= \dfrac{\text{Total de vendas}}{20 \text{ semanas}} = 6{,}75$ por semana.

c. Utilizando valores esperados

$$E(\text{vendas}) = 0{,}12(4) + 0{,}10(5) + 0{,}18(6) + 0{,}24(7)$$
$$+ 0{,}16(8) + 0{,}14(9) + 0{,}06(10)$$
$$= 6{,}88 \text{ aquecedores}$$

Com uma simulação mais longa, essas duas abordagens produzirão valores mais próximos.

Problema resolvido 15-2

O gerente da empresa de poupança e empréstimo Denton está tentando determinar quantos caixas são necessários em uma janela *drive-in* durante os horários de pico. Como política geral, o gerente quer oferecer um serviço tal que o tempo de espera de um cliente na fila não ultrapasse dois minutos. Dado o nível de serviço existente, como mostrado pelos dados na próxima tabela, a janela de atendimento *drive-in* atende esse critério.

Dados de tempo de serviço			
Tempo de serviço (em minutos)	Probabilidade (frequência)	Probabilidade acumulada	Intervalo de números aleatórios
0,0	0,00	0,00	(impossível)
1,0	0,25	0,25	01 a 25
2,0	0,20	0,45	26 a 45
3,0	0,40	0,85	46 a 85
4,0	0,15	1,00	86 a 00

Dados das chegadas dos clientes			
Tempo entre chegadas sucessivas de clientes	Probabilidade (frequência)	Probabilidade acumulada	Intervalo de números aleatórios
0	0,10	0,10	01 a 10
1,0	0,35	0,45	11 a 45
2,0	0,25	0,70	46 a 70
3,0	0,15	0,85	71 a 85
4,0	0,10	0,95	86 a 95
5,0	0,05	1,00	96 a 00

Solução

Uma vez que o tempo médio de espera é a variável de interesse, um modelo que incrementa o tempo pelo próximo evento deve ser utilizado.

(1) Cliente número	(2) Número aleatório	(3) Intervalo de chegada	(4) Tempo de chegada	(5) Número aleatório	(6) Tempo de serviço	(7) Início do serviço	(8) Fim do serviço	(9) Tempo de espera	(10) Tempo ocioso
1	50	2	9:02	52	3	9:02	9:05	0	2
2	28	1	9:03	37	2	9:05	9:07	2	0
3	68	2	9:05	82	3	9:07	9:10	2	0
4	36	1	9:06	69	3	9:10	9:13	4	0
5	90	4	9:10	98	4	9:13	9:17	3	0
6	62	2	9:12	96	4	9:17	9:21	5	0
7	27	1	9:13	33	2	9:21	9:23	8	0
8	50	2	9:15	50	3	9:23	9:26	8	0
9	18	1	9:16	88	4	9:26	9:30	10	0
10	36	1	9:17	90	4	9:30	9:34	13	0
11	61	2	9:19	50	3	9:34	9:37	15	0
12	21	1	9:20	27	2	9:37	9:39	17	0
13	46	2	9:22	45	2	9:39	9:41	17	0
14	01	0	9:22	81	3	9:41	9:44	19	0
15	14	1	9:23	66	3	9:44	9:47	21	0

Leia os dados como no seguinte exemplo para a primeira linha:

Coluna 1: Número de clientes.
Coluna 2: Da terceira coluna de números aleatórios da Tabela 15.5.
Coluna 3: Intervalo de tempo correspondente a um número aleatório (número aleatório igual a 50 implica um intervalo de 2 minutos).
Coluna 4: Iniciando às 09:00 o primeiro intervalo é às 9:02.
Coluna 5: Da primeira coluna de números aleatórios da Tabela 15.5.
Coluna 6: Tempo do caixa correspondente ao número aleatório 52 é 3 minutos.
Coluna 7: O caixa está disponível e pode iniciar às 9:02.
Coluna 8: O caixa completa o serviço às 9:05 (9:02 + 0:03).
Coluna 9: Tempo de espera para o cliente é 0, pois o caixa está disponível.
Coluna 10: Tempo ocioso do caixa foi de 2 minutos (9:00 às 9:02).

A janela de atendimento *drive-in* claramente não atende o critério do gerente de um tempo médio de espera de 2 minutos. De fato, podemos observar que a fila cresce gradualmente logo após alguns clientes terem sido simulados. Essa observação pode ser confirmada pelo valor esperado calculado tanto na taxa de chegada quanto na de serviço.

AUTOTESTE

- Antes de fazer o autoteste, consulte os objetivos de aprendizagem no início do capítulo, as notas nas margens e o glossário no final do capítulo.
- Corrija seu teste utilizando o Apêndice H ao final do livro.
- Estude novamente as páginas que correspondem a todas as perguntas que você respondeu errado ou que não tem certeza.

1. A simulação é uma técnica normalmente reservada para estudar somente problemas mais simples e diretos.
   a. Verdadeiro   b. Falso
2. Um modelo de simulação é projetado para chegar a uma única resposta numérica específica para determinado problema.
   a. Verdadeiro   b. Falso
3. A simulação requer normalmente familiaridade com a estatística para a avaliação dos resultados.
   a. Verdadeiro   b. Falso
4. Uma simulação com incremento de tempo pelo próximo evento será apropriada se a variável de interesse é:
   a. a venda diária de jornais.
   b. a quantidade de chuva de um dia específico.
   c. o tempo médio que cada consumidor espera na fila.
   d. o número de chamadas para o 190 que ocorrem em um dia.
5. O processo de verificação envolve certificarmos que:
   a. o modelo representa adequadamente o sistema real.
   b. o modelo é internamente lógico e consistente.
   c. os números aleatórios corretos são utilizados.
   d. um número suficiente de experimentos de simulação é executado.
6. O processo de validação envolve verificarmos que:
   a. o modelo representa adequadamente o sistema real.
   b. o modelo é lógico e internamente consistente.
   c. os números aleatórios corretos são utilizados.
   d. um número suficiente de experimentos de simulação é executado.
7. Qual das seguintes é uma vantagem da simulação?
   a. Ela permite a compressão do tempo.
   b. Ela é sempre relativamente simples e barata.
   c. Os resultados são geralmente transferíveis para outros problemas.
   d. Ela sempre encontra a solução ótima de um problema.
8. Qual das seguintes é uma desvantagem da simulação?
   a. Ela é barata mesmo para problemas bastante complexos.
   b. Ela sempre gera uma solução ótima para o problema.
   c. Os resultados são normalmente transferidos para outros problemas.
   d. Os administradores devem gerar todas as condições e restrições para as soluções que eles querem examinar.
9. Um metereologista está simulando o número de dias de chuva em um mês. O intervalo de números aleatórios de 01 a 30 foi usado para indicar que choveu em um determinado dia e o intervalo de 31 a 00 para indicar que a chuva não ocorreu. Qual é a probabilidade de que tenha chovido?
   a. 0,30   b. 0,31
   c. 1,00   d. 0,70
10. A simulação é mais bem definida como uma técnica para:
    a. fornecer respostas numéricas concretas.
    b. aumentar o entendimento de um problema.
    c. fornecer soluções rápidas para problemas relativamente simples.
    d. fornecer soluções ótimas para problemas complexos.
11. Linguagens computacionais especializadas têm sido desenvolvidas para permitir que alguém facilmente simule tipos específicos de problemas.
    a. Verdadeiro   b. Falso
12. Quando simulamos o experimento Monte Carlo, a demanda média simulada em um longo experimento deve ser aproximadamente igual à:
    a. demanda real.   b. demanda esperada.
    c. demanda amostral.   d. demanda diária.
13. O objetivo da simulação é:
    a. imitar uma situação do mundo real.
    b. estudar as propriedades e características operacionais de uma situação do mundo real.
    c. tirar conclusões e tomar decisões com base nos resultados da simulação.
    d. todas as opções acima.
14. Utilizar a simulação para um problema de filas será apropriado se:
    a. as taxas de chegadas seguem uma distribuição de Poisson.
    b. a taxa de serviço é constante.
    c. a disciplina da fila é assumida como sendo FIFO.
    d. existe 10% de chance de que um cliente abandone a fila antes de ser atendido.
15. Entre as linguagens de simulação de propósito especial podemos incluir:
    a. C++.
    b. Visual Basic.
    c. GPSS/H.
    d. Java.
    e. todas as listadas acima.
16. A distribuição de probabilidade foi determinada e a probabilidade de duas chegadas na próxima hora é 0,20. Um intervalo de números aleatórios foi atribuído a essa situação. Quais dos seguintes não será um intervalo adequado:
    a. 01-20
    b. 21-40
    c. 00-20
    d. 00-19
    e. todas as alternatives acima são apropriadas
17. Em uma simulação Monte Carlo, a variável que podemos querer simular é:
    a. o *lead time* para um pedido de estoque chegar.
    b. os tempos entre quebras de máquina.
    c. os tempos entre chegadas em uma instalação de serviço.
    d. o número de colaboradores ausentes em um dia.
    e. todas as alternativas acima.
18. Use os seguintes números aleatórios para simular respostas do tipo sim ou não a dez questões iniciando na primeira linha e fazendo:
    a. os dígitos duplos de 00-49 representarem sim e os de 50-99 representarem não.
    b. os dígitos duplos pares representarem sim e os ímpares, não.
    c. os números aleatórios: 52 06 50 88 53 30 10 47 99 37 66 91 35 32 00 84 57 00

QUESTÕES PARA DISCUSSÃO E PROBLEMAS

Questões para discussão

15-1 Quais são as vantagens e limitações dos modelos de simulação?

15-2 Por que um administrador pode ser obrigado a usar a simulação em vez de um modelo analítico quando lidar com um problema de
(a) política de reposição de estoques?
(b) descargas de navios em um porto?
(c) serviço de caixa de um banco?
(d) a economia americana?

15-3 Que tipos de problemas administrativos podem ser resolvidos mais facilmente com técnicas de análise quantitativa do que com simulação?

15-4 Quais são as principais etapas de um processo de simulação?

15-5 O que é a simulação Monte Carlo? Quais são os objetivos do seu uso e que etapas devem ser seguidas para aplicá-la?

15-6 Liste três maneiras de gerar números aleatórios para uso na simulação.

15-7 Discuta os conceitos de verificação e validação na simulação.

15-8 Quando é apropriado utilizar um modelo de simulação com incrementos do próximo evento?

15-9 Na simulação de uma política de pedidos para furadeiras na Ferragem Simkin, os resultados (Tabela 15.9) mudariam significativamente se um longo período fosse simulado? Por que um período de dez dias de simulação é válido ou inválido?

15-10 Por que o computador é necessário para realizar uma simulação do mundo real?

15-11 O que é um jogo operacional? O que é uma simulação de sistema? Dê exemplos de como cada uma pode ser aplicada.

15-12 Você acha que as aplicações de simulação aumentarão muito nos próximos 10 anos? Explique.

15-13 Por que um analista iria preferir uma linguagem de propósito geral como o Visual Basic quando existem vantagens no uso de linguagens específicas como GPSS/H, SIMSCRIPT II.5 e SLAM II?

Problemas*

Os problemas a seguir envolvem simulações que devem ser feitas manualmente. Você deve estar ciente de que para obter resultados precisos e significativos, longos períodos devem ser simulados. Isso é normalmente feito com o uso de um computador. Se você é capaz de programar alguns dos problemas utilizando uma planilha (veja os Problemas 15.2, 15.3, 15.4 e 15.5) ou o QM para Windows (veja o Problema 15.1), sugerimos que você tente fazê-lo. Se não, a simulação manual ainda o ajudará a entender o processo de simulação.

15-14 A Clark Property Management é responsável por um grande complexo de apartamentos no lado leste de New Orleans. George Clark está preocupado com a projeção dos custos para a substituição dos compressores dos aparelhos de ar condicionado. Ele quer simular o número de falhas dos compressores anuais para os próximos 20 anos. Utilizando dados de um conjunto de apartamentos semelhante em um subúrbio de New Orleans, Clark determina as frequências relativas de falhas durante o ano como o mostrado na tabela.

Número de falhas de compressores de aparelhos de ar condicionado	Probabilidades (frequências relativas)
0	0,06
1	0,13
2	0,25
3	0,28
4	0,20
5	0,07
6	0,01

Ele decide similar o período de 20 anos selecionando números aleatórios de dois dígitos da terceira coluna da Tabela 15.5, começando com o número aleatório 50.

Faça a simulação para Clark. É comum ter três ou mais anos consecutivos de operação com duas ou menos falhas de compressores por ano?

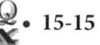

15-15 O número de carros que chegam por hora à Lavadora de Carros Lundberg durante as últimas 200 horas de operação é observado e registrado como sendo:

Número de carros chegando	Frequências
3 ou menos	0
4	20
5	30
6	50
7	60
8	40
9 ou mais	0
	Total 200

---

* Nota: Q significa que o problema pode ser resolvido com o QM para Windows; X significa que o problema pode ser resolvido com o Excel; e Q/X significa que ele pode ser resolvido tanto com o QM para Windows quanto com o Excel.

(a) Determine a distribuição de probabilidade e a distribuição de probabilidade acumulada para a variável número de carros que chegam.
(b) Estabeleça o intervalo de números aleatórios para a variável.
(c) Simule 15 horas de chegadas de carros e calcule o número médio de chegadas por hora. Selecione os números aleatórios necessários da primeira coluna da Tabela 15.5, começando com o valor 52.

- 15-16 Calcule o número esperado de carros que chegam no Problema 15-1 utilizando a fórmula do valor esperado. Compare esse resultado com aquele obtido pela simulação.

- 15-17 Consulte os dados do Problema 15-1, que lida com a empresa de encanamento e aquecimento de Higgins. Higgins coletou agora 100 semanas de dados encontrando a seguinte distribuição de vendas:

Vendas semanais de aquecedores	Número de semanas em que essas vendas ocorreram
3	2
4	9
5	10
6	15
7	25
8	12
9	12
10	10
11	5

(a) Simule novamente o número de faltas de estoque que ocorre semanalmente durante um período de 20 semanas (assumindo que Higgins mantém um estoque semanal constante de oito aquecedores)
(b) Conduza essa simulação de 20 semanas mais duas vezes e compare esses resultados com o obtido na parte (a). Eles mudaram significativamente? Explique.
(c) Qual é o número esperado de vendas semanais?

- 15-18 Um aumento do tamanho da equipe de descarga de barcas no porto de New Orleans (veja a Seção 15.5) resultou em uma nova distribuição de probabilidade para as taxas diárias de descarga. Especificamente, a Tabela 15.11 pode ser revisada como o apresentado a seguir:

Taxa diária de descarga	Probabilidade
1	0,03
2	0,12
3	0,40
4	0,28
5	0,12
6	0,05

(a) Simule novamente 15 dias de descarga das barcas e calcule o número médio de barcas que não são descarregadas no dia e o número médio de barcas descarregadas diariamente. Retire os números aleatórios da última linha da Tabela 15.5 para gerar as chegadas diárias e da penúltima linha para gerar a taxa de descarga diária.
(b) Como esses resultados podem ser comparados aos resultados anteriores deste capítulo?

- 15-19 Cada jogo de futebol realizado em casa nos últimos oito anos na Universidade Eastern State teve todos os ingressos vendidos. A renda da venda de ingressos é significativa, mas a venda de comida, bebida e souvenirs têm contribuído muito para a lucratividade do programa de futebol. Um dos souvenires é o programa dos jogos. O número de programas vendidos em cada jogo é descrito pela seguinte distribuição de probabilidade:

Número (em centenas) de programas vendidos	Probabilidade
23	0,15
24	0,22
25	0,24
26	0,21
27	0,18

Historicamente, a Eastern nunca vendeu menos do que 2300 ou mais do que 2700 programas em um jogo. Cada programa custa $0,80 e é vendido por $2,00. Todo programa não vendido em um jogo é doado a um centro de reciclagem e não produz renda.
(a) Simule a venda de programas em 10 jogos de futebol. Utilize a última coluna da Tabela 15.5 e comece no topo da coluna.
(b) Se a universidade decidiu imprimir 2500 programas para cada jogo, qual será o lucro médio para os 10 jogos simulados na parte (a)?
(c) Se a universidade decide imprimir 2600 programas para cada jogo, qual será o lucro médio para os 10 jogos simulados na parte (a)?

- 15-20 Com referência ao Problema 15-19, suponha que as vendas do programa de futebol descritas pela distribuição de probabilidade naquele problema somente se apliquem aos dias de tempo bom. Quando o tempo está ruim no dia do jogo, o público cai pela metade da capacidade. Quando isso acontece, as vendas de programas também diminuem e a distribuição das vendas é dada pela seguinte tabela:

Número (em centenas) de programas vendidos	Probabilidade
12	0,25
13	0,24
14	0,19
15	0,17
16	0,15

Os programas devem ser impressos dois dias antes do dia do jogo. A universidade está tentando determinar o número de programas que deve ser impresso com base na previsão do tempo.

(a) Se a previsão é de 20% de chance de tempo ruim, simule o tempo para 10 jogos com essa previsão. Utilize a quarta coluna da Tabela 15.5.

(b) Simule a demanda para programas em dez jogos em que o tempo está ruim. Use a quinta coluna da tabela de números aleatórios (Tabela 15.5) e inicie com o primeiro número dessa coluna.

(c) Comece com uma chance de 20% de tempo ruim e 80% de chance de tempo bom, desenvolva um fluxograma que será utilizado para preparar a simulação da demanda por programas de futebol para dez jogos.

(d) Suponha que exista uma chance de 20% de tempo ruim e a universidade decidiu imprimir 2500 programas. Simule o lucro total que será obtido para dez jogos.

15-21 O Centro de Utensílios Dumoor vende e presta assistência a várias das principais marcas de eletrodomésticos. As vendas passadas para um modelo específico de geladeira resultaram na seguinte distribuição de probabilidade para a demanda:

Demanda semanal	0	1	2	3	4
Probabilidade	0,20	0,40	0,20	0,15	0,05

O *lead time* em semanas está descrito pela seguinte distribuição:

Lead time (semanas)	1	2	3
Probabilidade	0,15	0,35	0,50

Baseado em considerações de custo bem como de espaço de armazenagem, a empresa decidiu pedir dez unidades desse produto a cada vez que um pedido é feito. O custo de manutenção é de $1 por semana para cada unidade que está no estoque no final da semana. O custo da falta de estoque é de $40 por ocorrência. A companhia decidiu fazer um pedido sempre que apenas duas geladeiras estiverem no estoque no final da semana. Simule dez semanas de operação para a Utensílios Dumoor assumindo que existem atualmente cinco unidades no estoque. Determine qual é o custo semanal da falta de estoque e o custo semanal de manutenção para esse problema.

15-22 Repita a simulação do Problema 15-21, assumindo que o ponto de reposição é de quatro unidades em vez de apenas duas. Compare os custos dessas duas situações.

15-23 A loja de ferragens Simkin simulou uma política de pedido para a furadeira elétrica Ace que envolve uma quantidade de 10 unidades com um ponto de reposição de cinco unidades. A primeira tentativa de desenvolver uma estratégia de quantidade pedida que seja eficiente em custo está ilustrada na Tabela 15.9. A breve simulação resultou em um custo total diário do estoque de $4,72. Simkin quer agora comparar essa estratégia com uma em que ele pede uma quantidade de 12 furadeiras com um ponto de reposição de 6. Conduza uma simulação de 10 dias e discuta as implicações em termos de custos.

15-24 Faça um fluxograma que represente a lógica e os passos para simular a chegada das barcas e a descarga no Porto de New Orleans (veja a Seção 15.5). Para uma revisão sobre fluxogramas, veja a Figura 15.3.

15-25 Stephanie Robbins é a analista administrativa da companhia de energia Three Hills que foi encarregada de simular os custos de manutenção. Na Seção 15.7, descrevemos a simulação da quebra de 15 geradores e dos tempos de conserto necessários quando um técnico está trabalhando por turno. O custo total de manutenção simulado do sistema atual foi de $4320.

Robbins quer agora examinar o custo-eficácia relativo de adicionar mais um trabalhador por turno. O novo técnico receberá $30 por hora, que é o mesmo salário do primeiro técnico. O custo da quebra de um gerador por hora é de $75. Robbins faz uma suposição crucial quando ela inicia: os tempos de conserto com dois técnicos serão exatamente metade do tempo necessário quando um único técnico estava trabalhando por turno. A Tabela 15.14 pode ser refeita da seguinte maneira:

Tempo necessário para o conserto (horas)	Probabilidade
0,5	0,28
1,0	0,52
1,5	0,20
	1,00

(a) Simule esse sistema de manutenção proposto por um período de 15 quebras de geradores. Selecione os números aleatórios necessários para o tempo entre as quebras da segunda linha de baixo para cima da Tabela 15.5 (começando com o dígito 69). Selecione os números aleatórios para os tempos de conserto dos geradores da última linha da Tabela 15.5 (começando com o valor 37).

(b) A Three Hills deve contratar um segundo técnico para cada turno?

15-26 A Divisão de Aeronaves Brennan da Empresa TLN opera um grande número de plotters computadorizados. Durante a maior parte do tempo, uma máquina Plotter é utilizada para criar desenhos de aerofólios complexos e peças da fuselagem.

Os plotters computadorizados consistem em um sistema com um minicomputador conectado a mesa plana de quatro por cinco pés com uma série de canetas à tinta suspensas sobre ela. Quando uma folha de papel em branco ou plástico transparente é colocada adequadamente na mesa, o computador orienta uma série de movimentos horizontais e verticais das canetas até que a figura desejada seja desenhada.

Essas máquinas são altamente confiáveis, com exceção das quatro sofisticadas canetas à tinta que são anexas. As canetas constantemente entopem e emperram em uma posição elevada ou abaixada. Quando isso ocorre, o plotter não pode ser usado.

Atuamente, a Aeronaves Brennan substitui cada caneta assim que ela falha. O gerente de serviço tem, contudo, proposto substituir as quatro canetas assim que uma falha. Isso deve diminuir a frequência com que o plotter falha. Atualmente, leva uma hora para substituir uma caneta. Todas as quatro podem ser substituídas em duas horas. O custo total do plotter sem uso é de $50 por hora. Cada caneta custa $8.

Se apenas uma caneta é substituída a cada emperramento ou entupimento, os seguintes dados são válidos:

Horas entre falhas se uma caneta for substituída durante um conserto	Probabilidade
10	0,05
20	0,15
30	0,15
40	0,20
50	0,20
60	0,15
70	0,10

Com base nas estimativas do gerente de serviço, se todas as quatro canetas forem substituídas cada vez que uma falha, a distribuição de probabilidade de falhas é:

Horas entre falhas se todas as quatro canetas forem substituídas durante um conserto	Probabilidade
100	0,15
110	0,25
120	0,35
130	0,20
140	0,05

(a) Simule o problema da Aeronaves Brennan e determine a melhor política. A empresa deve substituir uma caneta ou todas as canetas do plotter cada vez que ocorre uma falha?
(b) Desenvolva uma segunda abordagem para resolver esse problema, desta vez sem simulação. Compare os resultados. Como isso afeta a política de decisão da Brennan usando simulação?

15-27 O Dr. Mark Greenberg pratica odontologia em Topeka, Kansas. Greenberb tenta marcar as consultas de modo que os pacientes não tenham que esperar além da hora marcada. Sua planilha de consultas de 20 de outubro está apresentada na tabela a seguir:

Paciente	Horário marcado	Tempo necessário estimado
Adams	09:30	15
Brown	09:45	20
Crowford	10:15	15
Dannon	10:30	10
Erving	10:45	30
Fink	11:15	15
Graham	11:30	20
Hinkel	11:45	15

Infelizmente, nem todos os pacientes chegam exatamente no horário e os tempos estimados para atender os pacientes são apenas estimativas. Alguns casos levam mais tempo que o esperado e alguns menos.

A experiência de Greenberg mostra o seguinte:

(a) 20% dos pacientes chegam 20 minutos mais cedo.
(b) 10% dos pacientes chegam 10 minutos mais cedo.
(c) 40% dos pacientes chegam no horário.
(d) 25% dos pacientes chegam 10 minutos atrasados.
(e) 5% dos pacientes chegam 20% minutos atrasados.

Ele estima ainda que:

(a) em 15% das vezes ele termina o trabalho em 20% menos do que o estimado.
(b) 50% do tempo ele termina o serviço no tempo estimado.
(c) em 25% das vezes ele acaba o serviço em 20% mais tempo do que o estimado.
(d) em 10% do tempo ele termina o serviço em 40% mais tempo do que o estimado.

O Dr. Greenberg deve sair às 12h15min, no dia 20 de outubro para pegar um voo para uma convenção de dentistas em Nova York. Assumindo que ele está pronto para começar seu trabalho às 09h30min e que os pacientes são tratados na ordem em foram previamente marcados (mesmo se um paciente atrasado chega após um adiantado), ele será capaz de pegar o voo? Comente essa simulação.

15-28 A corporação Pelnor é a maior produtora nacional de máquinas de lavar industriais. O principal ingrediente do seu processo de produção é uma folha de aço inoxidável de oito por dez pés. O aço é usado tanto para manufaturar o tambor (interno), quanto o gabinete (externo).

O aço é comprado semanalmente com base contratual da Fundição Smith-Layton, que, em virtude da disponibilidade limitada e do tamanho do lote, pode enviar 8000 ou 10000 pés quadrados de aço inoxidável por semana. Quando o pedido semanal da Pelnor é feito, existe uma chance de 45% que sejam enviados 8000 pés quadrados e 55% de chance de receber o pedido maior.

A Pelnor utiliza o aço inoxidável em uma base aleatória. As probabilidades de demanda de cada semana são:

Aço necessário por semana (pés quadrados)	Probabilidade
6000	0,05
7000	0,15
8000	0,20
9000	0,30
10000	0,20
11000	0,10

A Pelnor não pode armazenar mais do que 25000 pés quadrados de aço em qualquer época. Em virtude de cláusula contratual, os pedidos devem ser feitos semanalmente a despeito do estoque existente.

(a) Simule a chegada dos pedidos de aço inoxidável e faça isso por 20 semanas (comece a primeira semana com um estoque inicial de 0 pés quadrados de aço). Se um estoque ao final de uma determinada semana é em algum momento negativo, assuma que é permitido refazer um pedido e atender a demanda com o próximo pedido.

(b) A Pelnor deve aumentar a área de estocagem? Se sim, em quanto? Se não, comente sobre o sistema.

15-29 O hospital geral de Milwakee tem uma sala de emergência que está dividida em seis departamentos: (1) uma estação de exames preliminares para tratar problemas menores e fazer diagnósticos; (2) um departamento de raio X; (3) uma sala de cirurgia; (4) uma sala de moldes sob medida; (5) uma sala de observação para recuperação e observação geral antes do diagnóstico final ou liberação; e (6) um departamento de liberação em que funcionários fecham as contas dos pacientes e providenciam a cobrança ou preenchem os formulários de seguro.

As probabilidades de que um paciente vá de um desses departamentos para outro estão apresentadas na tabela a seguir:

(a) Simule o caminho percorrido por dez pacientes da emergência. Trabalhe com um paciente por vez a partir da entrada de cada um na sala inicial de exames até que ele seja liberado pelo departamento de cobrança e seguro. Você deve estar ciente de que um mesmo paciente pode entrar em um departamento mais de uma vez.

(b) Utilizando os seus dados da simulação, quais são as chances que um paciente entre no departamento de raio X duas vezes?

15-30 O gerente do banco First Syracuse está preocupado com a perda de clientes da sua matriz no centro na cidade. Uma solução proposta é adicionar uma ou mais estações de atendimento *drive-through* para facilitar que os clientes com carro obtenham um serviço rápido sem precisar estacionar. Chris Carlson, presidente do banco, pensa que o banco deve somente arriscar o custo de instalar um *drive-through*. Ele foi informado pela sua equipe que o custo (amortizado em um período de 20 anos) de construir um *drive-through* é de $12000 por ano. Existe ainda um custo anual de $16000 em salários e benefícios para a equipe do novo posto de atendimento.

Entretanto, diretora de análise administrativa, Beth Shader, acredita que os seguintes dois fatores incentivam a imediata construção de duas estações de *drive-through*. De acordo com um artigo recente na revista *Banking Research*, clientes que esperam em longas filas por serviços em estações *drive-through* custam ao banco $1 por minuto em perda de reputação. Além disso, adicionar um segundo *drive-through* custará ao banco $16000 em custos de pessoal, mas os custos de construção amortiza-

Tabela para o Problema 15-29

De	Para	Probabilidade
Exame inicial e sala de emergência de entrada	Departamento de raio X	0,45
	Sala de cirurgia	0,15
	Sala de observação	0,10
	Departamento de liberação	0,30
Departamento de raio X	Sala de cirurgia	0,10
	Sala de moldes	0,25
	Sala de observação	0,35
	Departamento de liberação	0,30
Sala de cirurgia	Sala de moldes	0,25
	Sala de observação	0,70
	Departamento de liberação	0,05
Sala de moldes	Sala de observação	0,55
	Departamento de raio X	0,05
	Departamento de liberação	0,40
Sala de observação	Sala de cirurgia	0,15
	Departamento de raio X	0,15
	Departamento de liberação	0,70

dos podem ser cortados para um total de $20000 por ano se dois *drive-through* forem instalados juntos em vez de um de cada vez. Para completar sua análise, Shader coletou as chegadas e as taxas de serviço de um mês em um *drive-through* de um banco concorrente do centro da cidade. Esses dados estão mostrados como análises observadas 1 e 2 nas duas tabelas a seguir.

(a) Simule um período de tempo de uma hora, das 13 às 14h de um *drive-through* de um único atendente.
(b) Simule um período de tempo de uma hora, das 13 às 14h de um *drive-through* de um sistema com dois atendentes.
(c) Realize uma análise de custos das duas opções. Assuma que o banco fica aberto sete horas por dia e 200 dias por ano.

Análise observacional 1 – 1000 observações de tempos entre chegadas	
Tempo entre chegadas (Minutos)	Número de ocorrências
1	200
2	250
3	300
4	150
5	100

Análise observacional 2 – 1000 observações de tempos de serviço	
Tempo de serviço (Minutos)	Número de ocorrências
1	100
2	150
3	350
4	150
5	150
6	100

PROBLEMAS EXTRAS NA INTERNET

Veja em **www.bookman.com.br** os problemas adicionais 15-31 a 15-37 (em inglês).

ESTUDO DE CASO

Alabama Airlines

A Alabama Airlines foi inaugurada em junho de 1995 como uma ponte aérea com seu centro de operações em Birmingham. Produto da desregulamentação aérea, a Alabama Air juntou-se ao crescente número de empresas aéreas ponto a ponto de curta distância que tiveram sucesso, incluindo a Line Star, Comair, Atlantic Southeast, Skywest e Business Express.

A empresa foi criada e é gerenciada por dois ex-pilotos, David Douglas (que trabalhava na falecida Eastern Airlines) e Savas Ozatalay (antigamente na Pan Am). Eles adquiriram uma frota de 12 jatos e as posições nos aeroportos que ficaram vagas em 1994 com o encolhimento da Delta Airlines.

Com o rápido crescimento da empresa, Douglas voltou sua atenção ao sistema de reservas de discagem gratuita da Alabama Air. Entre meia-noite e 6h, somente um agente telefônico trabalha. O tempo entre duas chamadas, nesse período, está distribuído como o apresentado pela Tabela 15.16. Douglas cuidadosamente observou e cronometrou o agente e estimou que o tempo necessário para processar o pedido de um passageiro está distribuído como o apresentado na Tabela 15.17.

TABELA 15.16 Distribuição das chamadas

Tempo entre duas chamadas sucessivas (Minutos)	Probabilidade
1	0,11
2	0,21
3	0,22
4	0,20
5	0,16
6	0,10

Todos os clientes que ligam para a Alabama Air ficam na espera e são atendidos por ordem de chamada a menos que o agente de reservas esteja livre para atendimento imediato. Douglas quer decidir se um segundo agente deve ser contratado para suprir a demanda dos clientes. Para manter a satisfação dos clientes, a empresa não deseja que um cliente espere na linha por mais de três a quatro minutos e também quer manter uma alta taxa de ocupação do agente.

TABELA 15.17 Distribuição do tempo de serviço

Tempo para processar o pedido de um cliente (minutos)	Probabilidade
1	0,20
2	0,19
3	0,18
4	0,17
5	0,13
6	0,10
7	0,03

TABELA 15.18 Distribuição das chamadas

Tempo entre duas chamadas sucessivas (minutos)	Probabilidade
1	0,22
2	0,25
3	0,19
4	0,15
5	0,12
6	0,07

Além disso, a empresa está planejando uma nova campanha publicitária televisiva. Como resultado, ela espera um aumento das chamadas pelo telefone 0800. Com base em campanhas semelhantes no passado, a distribuição das chamadas da meia-noite às 6h é esperada ser semelhante à apresentada na Tabela 15.18 (a mesma distribuição de tempo de serviço se aplica).

Questões para discussão

1. O que você aconselha que a Alabama Air faça com o sistema atual de reservas tendo como base a distribuição de chamadas original? Crie um modelo de simulação para investigar o cenário. Descreva o modelo cuidadosamente e justifique a duração da simulação, hipóteses e medidas de desempenho.
2. Quais são as suas recomendações com respeito à utilização do agente de reservas e a satisfação dos consumidores se a empresa aérea seguir adiante com a campanha publicitária?

Fonte: Professor Zbigniew H. Przasnyski, Universidade Loyola Marymount.

ESTUDO DE CASO

Statewide Development Corporation

A Statewide Development Corporation construiu um grande complexo de apartamentos em Gainesville, Florida. Como parte da estratégia de marketing orientada aos estudantes, a empresa declarou que se existir qualquer problema com encanamentos ou com o sistema de ar-condicionado, uma pessoa da manutenção irá tentar resolver o problema dentro de uma hora. Se um morador ou inquilino tiver que esperar mais de uma hora pela manutenção, uma dedução de $10 no aluguel do mês será feita para cada hora adicional de espera. Uma secretária eletrônica irá receber as ligações e registrar o tempo da ligação se o encarregado da manutenção estiver ocupado. Experiências passadas de outros complexos mostraram que durante a semana quando muitos ocupantes estão na universidade, existe pouca dificuldade em cumprir a garantia de uma hora. Contudo, foi observado que os finais de semana tem sido especialmente problemáticos durante os meses de verão.

Um estudo do número de chamadas ao escritório central nos finais de semana com queixas sobre problemas com o encanamento e o ar-condicionado resultaram na seguinte distribuição:

Tempo entre chamadas (minutos)	Probabilidade
30	0,15
60	0,30
90	0,30
120	0.25

O tempo necessário para atender o problema de uma chamada varia de acordo com a dificuldade do problema. As peças necessárias para muitos consertos são mantidas em um almoxarifado no complexo. Contudo, para certos tipos de problemas incomuns, uma viagem até uma loja especializada local é necessária. Se a peça estiver disponível no local, o encarregado da manutenção termina um serviço antes de verificar a próxima reclamação. Se a peça não estiver disponível no local e alguma ligação tiver sido recebida, o encarregado da manutenção irá passar em outro apartamento antes de ir para a casa especializada, pegar a peça e retornar ao complexo de apartamentos. Registros anteriores indicam que, em aproximadamente 10% de todas as chamadas, uma viagem deve ser feita para a loja especializada.

O tempo necessário para resolver um problema se uma peça estiver disponível no local varia de acordo com o seguinte:

Tempo para o conserto (minutos)	Probabilidade
30	0,45
60	0,30
90	0,20
120	0.05

Leva aproximadamente 30 minutos para diagnosticar problemas difíceis para os quais não existem peças no local. Uma vez que uma peça tenha sido obtida na loja especializada, leva aproximadamente uma hora para instalar a nova peça. Se qualquer chamada for recebida e registrada enquanto o encarregado da manutenção estiver fora comprando a nova peça, essa nova chamada irá esperar até que a peça tenha sido instalada.

O custo entre salários e benefícios para o encarregado da manutenção é $20 por hora. A administração quer determinar se dois encarregados devem trabalhar nos fins de semana em vez de um. É assumido que cada um dos encarregados trabalha no mesmo ritmo (taxa).

Questões para discussão

1. Use a simulação como auxílio para analisar esse problema. Declare as hipóteses que você fizer sobre a situação para ajudar a clarear o problema.
2. Em um final de semana típico, quantos moradores terão que esperar mais de uma hora e quanto a empresa irá gastar com esses moradores?

ESTUDOS DE CASO NA INTERNET

Veja em **www.bookman.com.br** os estudos de caso adicionais (em inglês).

BIBLIOGRAFIA

BANKS, Jerry et al. *Discrete-Event System Simulation.* Upper Saddle River (NJ): Prentice Hall, 2005. 4th ed.

EVANS, J. R., OLSON D. L. *Introduction to Simulation and Risk Analysis.* Upper Saddle River (NJ): Prentice Hall, 2002, 2nd ed.

FISHMAN, G. S., KULKARNI, V. G. Improving Monte Carlo Efficiency by Increasing Variance. *Management Science.* v. 38, n. 10, October 1992, p. 1432-44.

FU, Michael C. Optimization for Simulation: Theory vs. Practice. *INFORMS Journal on Computing.* v. 14, n. 3, Summer 2002, p. 192-215.

GASS, Saul I., ASSAD, Arjang A. Model World: Tales from the Time Line—The Definition of OR and the Origins of Monte Carlo Simulation. *Interfaces.* v. 35, n. 5, September-October 2005, p. 429-35.

GAVIRNENI, Srinagesh, MORRICE, Douglas J., MULLARKEY, Peter. Simulation Helps Manager Shorten Its Sales Cycle. *Interfaces.* v. 34, n. 2, March-April 2004, p. 87-96.

HARTVIGSEN, David. *SimQuick: Process Simulation with Excel* Upper Saddle River (NJ): Prentice Hall, 2004, 2nd ed.

LEE, Dong-Eun. Probability of Project Completion Using Stochastic Project Scheduling Simulation. *Journal of Construction Engineering & Management.* v. 131, n. 3, 2005, p. 310-18.

MELÃO, N., PIDD, M. Use of Business Process Simulation: A Survey of Practitioners. *Journal of the Operational Research Society.* v. 54, n. 1, 2003, p. 2-10.

PEGDEN, C. D., SHANNON, R. E., SADOWSKI, R. P. *Introduction to Simulation Using SIMAN.* New York: McGraw-Hill, 1995.

SABUNCUOGLU, Ihsan, HATIP, Ahmet. The Turkish Army Uses Simulation to Model and Optimize Its Fuel-Supply System. *Interfaces.* v.35, v. 6, November-December 2005, p. 474-82.

SMITH, Jeffrey S. Survey on the Use of Simulation for Manufacturing System Design and Operation. *Journal of Manufacturing Systems.* v. 22, n. 2, 2003, p. 157-71.

TERZI, Sergio, CAVALIERI, Sergio. Simulation in the Supply Chain Context: A Survey. *Computers in Industry.* v. 53, n. 1, 2004, p. 3-16.

WINSTON, Wayne L. *Simulation Modeling Using @Risk.* Pacific Grove (CA): Duxbury, 2001.

ZHANG, H., C. M. Tam, SHI, Jonathan J. Simulation Based Methodology for Project Scheduling. *Construction Management & ed Economics.* v. 20, n. 8, 2002, p. 667-8.

CAPÍTULO **16**

Análise de Markov

OBJETIVOS DE APRENDIZAGEM

Depois de ler este capítulo, os alunos serão capazes de:

1. Determinar estados ou condições futuras usando a análise de Markov
2. Calcular condições de longo prazo ou estáveis usando apenas a matriz das probabilidades de transição
3. Entender o uso da análise de estados absorventes para prever condições futuras

VISÃO GERAL DO CAPÍTULO

16.1 Introdução
16.2 Estados e probabilidades de estado
16.3 Matriz das probabilidades de transição
16.4 Prevendo a participação de mercado futura
16.5 Análise de Markov de operações de máquinas
16.6 Condições de equilíbrio
16.7 Estados absorventes e matriz fundamental: aplicação de contas a receber

Resumo • Glossário • Equações-chave • Problemas resolvidos • Autoteste • Questões para discussão e problemas • Problemas extras na Internet • Estudo de caso: Rentall Trucks • Estudos de caso na Internet • Bibliografia

Apêndice 16.1: Análise de Markov com o QM para Windows
Apêndice 16.2: Análise de Markov com Excel

16.1 INTRODUÇÃO

A análise de Markov é uma técnica que lida com probabilidades de ocorrências futuras pela análise de probabilidades atualmente conhecidas.[1] A técnica tem inúmeras aplicações em administração, incluindo para analisar a conquista de mercado, prever maus pagadores, prever matrículas universitárias e determinar se uma máquina irá quebrar no futuro.

A análise de Markov faz a suposição de que o sistema parte de uma condição ou estado inicial. Por exemplo, dois fabricantes concorrentes têm 40 e 60% das vendas em um mercado, respectivamente, como estados iniciais. Talvez em dois meses as fatias de mercado das duas empresas mudarão para 45 e 55%, respectivamente. Prever esses estados futuros envolve o conhecimento das possibilidades do sistema ou das probabilidades de mudança de um estado para outro. Para um problema específico, essas probabilidades podem ser coletadas e colocadas em uma tabela ou matriz. Essa *matriz das probabilidades de transição* mostra as probabilidades de que o sistema mude de um período de tempo para outro. Esse é o processo de Markov e ele permite prever os estados ou condições futuras.

A matriz das probabilidades de transição mostra as possibilidades de mudanças.

Assim como muitas outras técnicas quantitativas, a análise de Markov pode ser estudada em qualquer nível de profundidade ou sofisticação. Felizmente, o principal requisito matemático é que você saiba executar operações básicas com matrizes e resolver sistemas de equações. Se você não está familiarizado com essas técnicas, pode revisar o módulo 5 do CD que acompanha o livro, que cobre matrizes e outras ferramentas matemáticas úteis, antes de seguir adiante.

O nível deste curso não contempla um estudo detalhado da matemática de Markov, assim, vamos limitar nossa discussão aos processos de Markov que seguem quatro suposições:

Há quatro suposições na análise de Markov.

1. Há um número finito de estados possíveis.
2. As probabilidades das mudanças de estados permanecem as mesmas ao longo do tempo.
3. É possível prever qualquer estado futuro a partir de estados prévios e da matriz de probabilidades de transição.
4. O tamanho e as demais características do sistema (por exemplo, o número total de produtores e consumidores) não se alteram durante a análise.

16.2 ESTADOS E PROBABILIDADES DE ESTADO

Estados coletivamente exaustivos e mutuamente exclusivos são duas hipóteses adicionais da análise de Markov.

Estados são usados para identificar todas as possíveis condições de um processo ou sistema. Por exemplo, uma máquina pode estar em um de dois estados em qualquer ponto do tempo. Ela pode estar funcionando corretamente ou não estar funcionando corretamente. Denominamos o funcionamento adequado da máquina de primeiro estado e de funcionamento incorreto de segundo estado. De fato, é possível identificar estados específicos para muitos processos ou sistemas. Se existem apenas três mercearias em uma pequena cidade, um morador pode ser cliente de qualquer uma em um dado ponto do tempo. Portanto, existem três estados correspondendo às três mercearias existentes. Se estudantes podem seguir três especialidades na área de administração (digamos, ciência da administração, administração de sistemas de informação e administração geral), cada uma dessas áreas pode ser considerada um estado.

Na análise de Markov, também assumimos que os estados são coletivamente exaustivos e mutuamente exclusivos. Coletivamente exaustivos significa que podemos listar todos os estados possíveis de um sistema ou processo. Nossa discussão da análise de Markov assume que existe um número finito de estados para um sistema ou processo. Mutuamente exclusivos implica que um sistema pode estar em somente um estado a cada vez. Um estudante pode estar em apenas uma das áreas especializadas de administração e não em duas ou mais áreas

---

[1] O responsável pelo conceito foi A. A. Markov, cujos estudos de 1905 sobre sequências de experimentos encadeados foram utilizados para descrever o princípio do movimento Browniano.

ao mesmo tempo. Também significa que uma pessoa pode ser cliente de somente uma única mercearia em um dado ponto no tempo.

Após os estados terem sido identificados, o próximo passo é determinar a probabilidade de que o sistema esteja nesse estado. Essa informação é inserida em um *vetor de probabilidades de estado*.

$$\pi(i) = \text{vetor de probabilidades de estado para o período } i$$
$$= (\pi_1, \pi_2, \pi_3, ..., \pi_n) \tag{16-1}$$

onde:

$n = $ número de estados

$\pi_1, \pi_2, ..., \pi_n = $ probabilidade de estar no estado 1, estado 2, ..., estado n

Em alguns casos, quando estamos lidando com um item apenas, como uma máquina, é possível saber com total certeza em que estado o item está. Por exemplo, se estamos investigando somente uma máquina, podemos saber que, nesse ponto do tempo, a máquina está funcionando corretamente. Assim, o vetor de estados pode ser representado da seguinte forma:

$$\pi(1) = (1, 0)$$

onde:

$\pi(1) = $ vetor de estados para a máquina no período 1

$\pi_1 = 1 = $ probabilidade de estar no primeiro estado

$\pi_2 = 0 = $ probabilidade de estar no segundo estado

Isso mostra que a probabilidade de a máquina estar funcionando corretamente, estado 1, é 1, e a probabilidade de máquina não estar funcionando corretamente, estado 2, é 0, para o primeiro período. Em muitos casos, entretanto, lidaremos com mais de um item.

O vetor das probabilidades de estado para o exemplo das três mercearias

Analisemos o vetor de estados para as pessoas na pequena cidade com três mercearias. Pode existir um total de 100000 pessoas que compram nas três mercearias durante um dado mês. Quarenta mil pessoas podem comprar da American Food, o que será representado como estado 1. Trinta mil pessoas podem fazer compras na Food Mart, o que será chamado de estado 2. E 30000 pessoas podem fazer compras na Atlas Food, o que será representando como estado 3. A probabilidade de que uma pessoa fará compras em uma das três mercearias são:

Estado 1 – Mercearia American Food $40000/100000 = 0{,}40 = 40\%$

Estado 2 – Mercearia Food Mart $30000/100000 = 0{,}30 = 30\%$

Estado 3 – Mercearia Atlas Food $30000/100000 = 0{,}30 = 30\%$

Essas probabilidades podem ser colocadas em um vetor de probabilidades de estado mostrado a seguir:

$$\pi(1) = (0{,}4, 0{,}3, 0{,}3)$$

onde:

$\pi(1) = $ vetor das probabilidades de estado para as mercearias no período 1

$\pi_1 = 0{,}4 = $ probabilidade de que uma pessoa compre na American Food, estado 1

$\pi_2 = 0{,}3 = $ probabilidade de que uma pessoa compre na Food Mart, estado 2

$\pi_3 = 0{,}3 = $ probabilidade de que uma pessoa compre na Atlas Foods, estado 3

O vetor de probabilidades representa fatias do mercado.

Você também deve notar que as probabilidades no vetor de estados para as três mercearias representam fatias de mercado para essas três lojas no primeiro período. Assim, a American Food tem 40% do Mercado, a Food Mart, 30%, e a Atlas Food, 30% do mercado no período 1. Quando estamos lidando com fatias de mercado, elas podem ser usadas no lugar das probabilidades.

A gerência dessas três mercearias deve estar interessada em saber como a sua participação no mercado muda com o tempo. Os consumidores não compram sempre na mesma loja, eles podem ir a lojas diferentes na sua próxima compra. Neste exemplo, um estudo foi executado para analisar a fidelidade dos consumidores a uma determinada loja. Verificou-se que 80% dos que compram na American Food em um mês retornam no próximo. Contudo, dos demais 20% dos consumidores, 10% irão comprar na Food Mart e os outros 10% na Atlas Food nas suas próximas compras. Para os consumidores que compraram na Food Mart neste mês, 70% irão retornar, 10% irão trocá-la pela American Food e 20%, pela Atlas Food. Dos consumidores que compraram na Atlas Food neste mês, 60% irão retornar, 20% irão trocá-la pela American Food e os restantes 20% pela Food Mart.

A Figura 16.1 fornece um diagrama de árvore que ilustra essa situação. Note que dos 40% de participação de mercado da American Food neste mês, 32% (0,40×0,80 = 0,32) irão retornar, 4% irão comprar na Food Mart e 4% na Atlas Food. Para encontrar a participação de mercado da American Food no próximo mês, podemos somar esses 32% dos consumidores que irão retornar aos 3% dos que irão deixar a Food Mart para consumir na American e aos 6% que irão deixar a Atlas Food para comprar na American. Assim, a American Food terá 41% de participação no mercado no próximo mês.

Embora o diagrama e os cálculos recém-ilustrados possam ser utilizados para encontrar as probabilidades de estado para o próximo mês e o mês seguinte, ele rapidamente ficaria bastante grande. No lugar do diagrama de árvore, é mais fácil usar a matriz de probabilidades de transição. Essa matriz é utilizada junto com as probabilidades de estado atuais para prever as condições futuras.

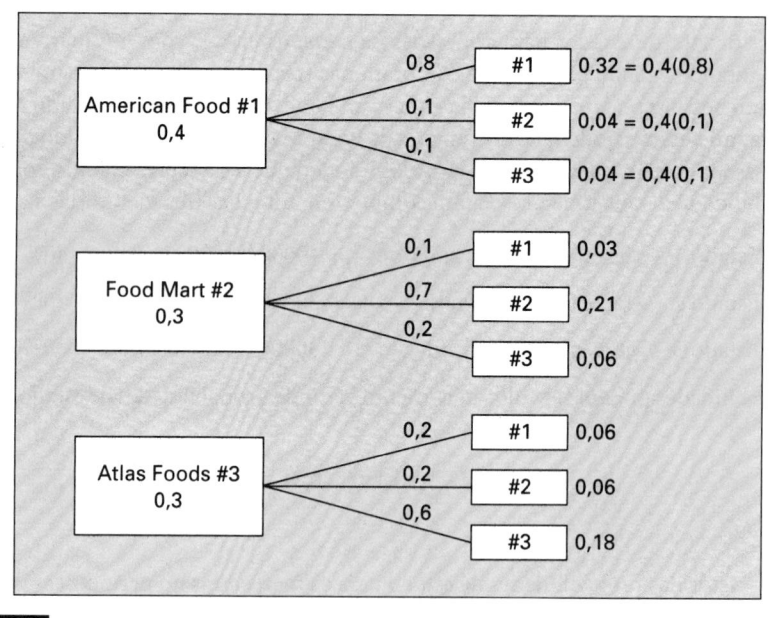

FIGURA 16.1 Diagrama de árvore para o exemplo das três mercearias.

16.3 MATRIZ DAS PROBABILIDADES DE TRANSIÇÃO

O conceito que nos permite sair do estado atual, como a participação de mercado, para um estado futuro é a *matriz das probabilidades de transição*. Ela é uma matriz de probabilidades condicionais de estar em um estado futuro dado o estado atual. A seguinte definição é útil:

A matriz das probabilidades de transição permite determinar o estado futuro a partir de um estado atual.

Seja P_{ij} = a probabilidade condicional de estar no estado j no futuro dado o estado i atual

Por exemplo, P_{12} é a probabilidade de estar no estado 2 no futuro dado que o evento estava no estado 1 no período anterior:

Seja P = matriz das probabilidades de transição

$$P = \begin{bmatrix} P_{11} & P_{12} & P_{13} & \cdots & P_{1n} \\ P_{21} & P_{22} & P_{23} & \cdots & P_{2n} \\ \vdots & & & & \vdots \\ P_{m1} & \cdots & & & P_{mn} \end{bmatrix} \quad (16\text{-}2)$$

Valores individuais de P_{ij} são normalmente determinados de modo empírico. Por exemplo, se temos observado ao longo do tempo que 10% das pessoas que atualmente compram na loja 1 (ou estado 1) irão comprar na loja 2 (ou estado 2) no próximo período, sabemos que P_{12} = 0,1 = 10%.

Probabilidades de transição para as três mercearias

Utilizamos dados históricos das três mercearias para determinar o percentual de consumidores que irá trocar de loja a cada mês. Colocamos essas probabilidades de transição na seguinte matriz:

$$P = \begin{bmatrix} 0,8 & 0,1 & 0,1 \\ 0,1 & 0,7 & 0,7 \\ 0,2 & 0,2 & 0,6 \end{bmatrix}$$

Lembre que a American Food representa o estado 1, a Food Mart, o estado 2, e a Atlas Food, o estado 3. O significado dessas probabilidades pode ser expresso em termos dos vários estados da seguinte maneira:

Linha 1

$0,8 = P_{11}$ = probabilidade de estar no estado 1 depois de estar no estado 1 no período anterior

$0,1 = P_{12}$ = probabilidade de estar no estado 2 depois de estar no estado 1 no período anterior

$0,1 = P_{13}$ = probabilidade de estar no estado 3 depois de estar no estado 1 no período anterior

Linha 2

$0,1 = P_{21}$ = probabilidade de estar no estado 1 depois de estar no estado 2 no período anterior

$0,7 = P_{22}$ = probabilidade de estar no estado 2 depois de estar no estado 2 no período anterior

$0,2 = P_{23}$ = probabilidade de estar no estado 3 depois de estar no estado 2 no período anterior

Linha 3

$0,2 = P_{31}$ = probabilidade de estar no estado 1 depois de estar no estado 3 no período anterior

$0,2 = P_{32}$ = probabilidade de estar no estado 2 depois de estar no estado 3 no período anterior

$0,6 = P_{33}$ = probabilidade de estar no estado 3 depois de estar no estado 3 no período anterior

A soma das probabilidades de qualquer linha da matriz de transição deve ser igual a 1.

Note que as três probabilidades na linha do topo somam 1. As probabilidades para qualquer linha da matriz de transição também somarão 1.

Depois de determinar as probabilidades de estado e as probabilidades da matriz de transição, é possível prever as probabilidades dos estados futuros.

16.4 PREVENDO A PARTICIPAÇÃO DE MERCADO FUTURA

Um dos objetivos da análise de Markov é prever o futuro. Dados um vetor de probabilidades de estado e uma matriz de probabilidades de transição, não é muito difícil determinar as probabilidades de estado em uma data futura. Com esse tipo de análise, conseguimos calcular a probabilidade de que uma pessoa irá comprar em uma determinada mercearia no futuro. Em virtude de essa probabilidade ser equivalente à participação do mercado, é possível determinar a participação no mercado futura para a American Food, Food Mart e Atlas Food. Quando o período atual é 0, calcular as probabilidades para o próximo período (período 1) pode ser realizado da seguinte forma:

Calculando participações de mercado futuras.

$$\pi(1) = \pi(0)P \quad (16\text{-}3)$$

Além disso, se estamos em qualquer período n, podemos calcular as probabilidades de estado para o período $n + 1$ da seguinte maneira:

$$\pi(n + 1) = \pi(n)P \quad (16\text{-}4)$$

A Equação 16.3 pode ser usada para responder a questão da participação do mercado para o próximo período das mercearias. Os cálculos são:

$$\pi(1) = \pi(0)P$$
$$= (0{,}4, 0{,}3, 0{,}3) \begin{bmatrix} 0{,}8 & 0{,}1 & 0{,}1 \\ 0{,}1 & 0{,}7 & 0{,}2 \\ 0{,}2 & 0{,}2 & 0{,}6 \end{bmatrix}$$
$$= [(0{,}4)(0{,}8) + (0{,}3)(0{,}1) + (0{,}3)(0{,}2), (0{,}4)(0{,}1)$$
$$+ (0{,}3)(0{,}7) + (0{,}3)(0{,}2), (0{,}4)(0{,}1) + (0{,}3)(0{,}2) + (0{,}3)(0{,}6)]$$
$$= (0{,}41, 0{,}31, 0{,}28)$$

Como você pode ver, a participação no mercado da American Food e da Food Mart aumentou enquanto a da Atlas Food diminuiu. Essa tendência irá continuar no próximo período e no seguinte? Da equação 16-4, podemos derivar um modelo que indicará quais são as probabilidades de estado em qualquer período futuro. Considere dois períodos de tempo a partir de agora:

$$\pi(2) = \pi(1)P$$

Sabemos que:

$$\pi(1) = \pi(0)P$$

Então, teremos:

$$\pi(2) = \pi(1)P = [\pi(0)P]P = \pi(0)PP = \pi(0)P^2$$

Em geral:

$$\pi(n) = \pi(0).P^n \quad (16\text{-}5)$$

Assim, as probabilidades de estado de n períodos futuros podem ser obtidas das probabilidades do estado atual e da matriz das probabilidades de transição.

No exemplo das três mercearias, vimos que a American Food e a Food Mart tinham aumentado suas participações no mercado no período seguinte, enquanto a Atlas Food tinha perdido mercado. A Atlas irá eventualmente perder toda a sua fatia de mercado? Ou as três mercearias irão alcançar uma condição estável? Embora a Equação 16-5 ajude a responder essas questões, é melhor discutir isso em termos de condições de equilíbrio ou estados estacionários. Para introduzir o conceito de equilíbrio, apresentamos uma segunda aplicação da análise de Markov: a quebra de máquinas.

16.5 ANÁLISE DE MARKOV DE OPERAÇÕES DE MÁQUINAS

Paul Tolsky, proprietário da Tolsky Works, registrou a operação de sua fresadora por vários anos. Nos últimos dois anos, 80% do tempo a fresadora funcionou corretamente no mês quando tinha funcionado corretamente no mês anterior. Isso também significa que somente em 20% do tempo a máquina não funcionou corretamente em um dado mês quando ela funcionou corretamente no mês anterior. Além disso, foi observado que 90% do tempo a máquina ficou incorretamente ajustada para qualquer mês se ela foi incorretamente ajustada no mês anterior. Somente 10% do tempo a máquina operou corretamente em um dado mês quando ela *não* operou corretamente no mês precedente. Em outras palavras, a máquina *pode* corrigir a si mesma quando não funciona corretamente no passado e isso acontece 10% das vezes. Esses valores podem ser utilizados agora para construir a matriz de probabilidades de transição. Novamente, o estado 1 é a situação em que a máquina está funcionando corretamente e o estado 2 é a situação em que a máquina não está funcionando corretamente. A matriz das probabilidades de transição para essa máquina é:

$$P = \begin{bmatrix} 0,8 & 0,2 \\ 0,1 & 0,9 \end{bmatrix}$$

onde:

P_{11} = probabilidade de que a máquina funcionará corretamente este mês dado que ela funcionou corretamente no mês anterior;

P_{12} = probabilidade de que a máquina *não* funcionará corretamente este mês dado que ela *funcionou* corretamente no mês anterior

P_{21} = probabilidade de que a máquina funcionará corretamente este mês dado que ela *não* funcionou corretamente no mês anterior

P_{22} = probabilidade de que a máquina *não* funcionará corretamente este mês dado que ela *não* funcionou corretamente no último mês.

Olhe a matriz da máquina. As duas probabilidades na linha superior são as probabilidades de funcionamento correto e de não funcionamento correto dado que a máquina funcionou corretamente no mês anterior. Em virtude de esses eventos serem mutuamente exclusivos e coletivamente exaustivos, a soma da linha deve ser igual a 1.

As probabilidades nas linhas devem somar 1 porque os eventos são mutuamente exclusivos e coletivamente exaustivos.

Qual é a probabilidade de que a máquina do Tolsky esteja funcionando corretamente daqui a um mês? Qual é a probabilidade de que a máquina esteja funcionando corretamente daqui a dois meses? Para responder a essas questões, aplicamos novamente a Equação 16-3:

$$\begin{aligned} \pi(1) &= \pi(0)P \\ &= (1,0)\begin{bmatrix} 0,8 & 0,2 \\ 0,1 & 0,9 \end{bmatrix} \\ &= [(1)(0,8) + (0)(0,1), (1)(0,2) + (0)(0,9)] \\ &= (0,8, 0,2) \end{aligned}$$

Portanto, a probabilidade de que a máquina funcione corretamente um mês a partir de agora, dado que agora ela está funcionando corretamente, é 0,80. A probabilidade de que ela não funcionará corretamente em um mês é 0,20. Agora podemos utilizar esses resultados para determinar a probabilidade de que a máquina funcionará corretamente daqui a dois meses. A análise é exatamente a mesma:

$$\pi(2) = \pi(1)P$$
$$= (0{,}8, 0{,}2)\begin{bmatrix} 0{,}8 & 0{,}2 \\ 0{,}1 & 0{,}9 \end{bmatrix}$$
$$= [(0{,}8)(0{,}8) + (0{,}2)(0{,}1), \ (0{,}8)(0{,}2) + (0{,}2)(0{,}9)]$$
$$= (0{,}66, 0{,}34)$$

Isso significa que daqui a dois meses a probabilidade de que a máquina esteja funcionando corretamente é 0,66. A probabilidade de que a máquina não esteja funcionando corretamente é 0,34. Essa análise poderia ser repetida inúmeras vezes a fim de calcular probabilidades para meses futuros.

16.6 CONDIÇÕES DE EQUILÍBRIO

Analisando o exemplo da máquina Tolsky, é fácil pensar que eventualmente todas as participações de mercado ou probabilidades de estado serão 0 ou 1. No entanto, esse geralmente não é o caso. Uma divisão equilibrada do mercado ou probabilidades é normalmente encontrada.

Uma maneira de calcular a participação de equilíbrio do mercado, ou as probabilidades do estado de equilíbrio, é utilizar a análise de Markov para diversos períodos. É possível verificar se os valores futuros estarão se aproximando de um valor estável. Por exemplo, é possível repetir a análise de Markov para 15 períodos para a máquina Tolsky. Isso não é difícil de fazer manualmente. Os resultados desses cálculos estão na Tabela 16.1.

A máquina inicia funcionando corretamente (no estado 1) no primeiro período. No período 5, existe somente uma probabilidade de 0,4934 de que a máquina esteja funcionando corretamente e no período 10 essa probabilidade é de apenas 0,3602. No período 15, a pro-

TABELA 16.1 Probabilidades de estado para 15 períodos para o exemplo da máquina Tolsky

Período	Estado 1	Estado 2
1	1,000000	0,000000
2	0,800000	0,200000
3	0,660000	0,340000
4	0,562000	0,438000
5	0,493400	0,506600
6	0,445380	0,554620
7	0,411766	0,588234
8	0,388236	0,611763
9	0,371765	0,628234
10	0,360235	0,639754
11	0,352165	0,647834
12	0,346515	0,653484
13	0,342560	0,657439
14	0,339792	0,660207
15	0,337854	0,662145

babilidade que a máquina ainda esteja funcionando corretamente é aproximadamente 0,34. A probabilidade que a máquina irá funcionar corretamente em períodos futuros está diminuindo, mas ela diminui a uma taxa cada vez mais lenta. O que você espera no longo prazo? Se fizermos esses cálculos para 100 períodos, o que irá acontecer? Existirá um equilíbrio nesse caso? Se a resposta é sim, qual é esse equilíbrio? Olhando a Tabela 16.1, parece que existe um equilíbrio em 0,333 ... ou 1/3. Mas como podemos ter certeza?

Por definição, existe um *estado de equilíbrio* se as probabilidades de estado ou fatias de mercado não mudam após um grande número de períodos. Assim, no equilíbrio, as probabilidades de estado para um período futuro devem ser as mesmas probabilidades de estado do período atual. Esse fato é a chave para determinar as probabilidades no estado de equilíbrio. Essa relação pode ser expressa da seguinte forma:

As condições de equilíbrio existem se as probabilidades de estado não mudam após um grande número de períodos.

Da equação 16.4 é sempre verdadeiro que:

$$\pi(\text{próximo período}) = \pi(\text{desse período})P$$

ou

$$\pi(n + 1) = \pi(n)P$$

No equilíbrio, sabemos que:

$$\pi(n + 1) = \pi(n)$$

Portanto, no equilíbrio:

$$\pi(n + 1) = \pi(n)P = \pi(n)$$

Assim

$$\pi(n) = \pi(n)P$$

Ou, eliminando o termo *n*:

$$\pi = \pi P \qquad (16\text{-}6)$$

A equação 16-6 mostra que, no equilíbrio, as probabilidades de estado para o *próximo* período são iguais às probabilidades de estados do período *atual*. Para a máquina Tolsky, isso pode ser expresso da seguinte maneira:

No equilíbrio, as probabilidades de estado para o próximo período são iguais às probabilidades de estado para esse período.

$$\pi = \pi P$$

$$(\pi_1, \pi_2) = (\pi_1, \pi_2) \begin{bmatrix} 0{,}8 & 0{,}2 \\ 0{,}1 & 0{,}9 \end{bmatrix}$$

Utilizando multiplicação de matrizes, tem-se:

$$(\pi_1, \pi_2) = [(\pi_1)(0{,}8) + (\pi_2)(0{,}1), (\pi_1)(0{,}2) + (\pi_2)(0{,}9)]$$

O *primeiro termo* no lado esquerdo, π_1, é igual ao *primeiro termo* do lado direito $(\pi_1)(0{,}8) + (\pi_2)(0{,}1)$. Além disso, o *segundo termo* do lado esquerdo, π_2, é igual ao *segundo termo* do lado direito $(\pi_1)(0{,}2) + (\pi_2)(0{,}9)$. Isso resulta em:

$$\pi_1 = 0{,}8\pi_1 + 0{,}1\pi_2 \qquad (a)$$

$$\pi_2 = 0{,}2\pi_1 + 0{,}9\pi_2 \qquad (b)$$

Também sabemos que as probabilidades de estado π_1 e π_2, nesse caso, devem somar 1. (Olhando a Tabela 16.1, percebe-se que π_1 e π_2 somam 1 para todos os 15 períodos.). Podemos expressar essa propriedade da seguinte maneira:

$$\pi_1 + \pi_2 + \ldots + \pi_n = 1 \qquad (c)$$

Para a máquina Tolsky, temos:

$$\pi_1 + \pi_2 = 1 \qquad (d)$$

Sempre desconsideramos uma das equações na resolução das condições de equilíbrio.

Agora, temos três equações para a máquina (**a**, **b** e **d**). Sabemos que a Equação **d** deve se manter. Assim, podemos abandonar ou a Equação **a** ou a **b** e resolver as duas equações restantes para π_1 e π_2. É necessário abandonar uma das equações para podermos finalizar com duas incógnitas e duas equações. Se estivermos resolvendo para as condições de equilíbrio que envolvem três estados, teremos quatro equações. Novamente, será necessário abandonar uma das equações para ficarmos com três equações e três incógnitas. Em geral, quando resolvemos para as condições de equilíbrio, será sempre necessário abandonar uma das equações de modo que o número de equações fique igual ao número total de variáveis para o qual estamos resolvendo. A razão pela qual podemos abandonar uma das equações é que elas estão inter-relacionadas matematicamente. Em outras palavras, uma das equações é redundante na especificação do relacionamento entre as várias equações de equilíbrio.

Vamos arbitrariamente desconsiderar a equação **a**. Assim, resolveremos as duas seguintes equações:

$$\pi_2 = 0{,}2\pi_1 + 0{,}9\pi_2$$
$$\pi_1 + \pi_2 = 1$$

Alterando os termos da primeira equação, tem-se

$$0{,}1\pi_2 = 0{,}2\pi_1$$

ou

$$\pi_2 = 2\pi_1$$

Substituindo esse resultado na Equação **d**, tem-se:

$$\pi_1 + \pi_2 = 1$$

ou

$$\pi_1 + 2\pi_1 = 1$$

ou

$$3\pi_1 = 1$$
$$\pi_1 = 1/3 = 0{,}333333$$

Dessa forma:

$$\pi_2 = 2/3 = 0{,}666667$$

Os valores das probabilidades de estado iniciais não têm influência nas condições de equilíbrio.

Compare esses resultados com a Tabela 16.1. Como você pode ver, a probabilidade no estado de equilíbrio para o estado 1 é 0,333333 e a probabilidade no estado de equilíbrio para o estado 2 é 0,666667. Esses valores são os que esperaríamos analisando os resultados tabelados. Essa análise indica que é necessário apenas saber a matriz de transição na determinação da participação de mercado de equilíbrio. Os valores iniciais para as probabilidades de estado ou as fatias de mercado não têm influência nas probabilidades no estado de equilíbrio. A análise para determinar probabilidades no estado de equilíbrio ou fatias de mercado é a mesma quando existem mais estados. Se existissem três estados (como no exemplo das mercearias), teríamos que resolver três equações para os três estados de equilíbrio; se existissem quatro estados, teríamos que resolver quatro equações simultâneas para quatro valores de equilíbrio desconhecidos e assim por diante.

Você poder querer confirmar que os estados de equilíbrio que acabamos de calcular são, de fato, estados de equilíbrio. Isso pode ser feito pela multiplicação dos estados de equilíbrio

Capítulo 16 • Análise de Markov 705

> **MODELAGEM NO MUNDO REAL**
>
> **A Merrill Lynch administra o risco de liquidez**
>
> **Definir o problema**
>
> A Divisão Bancos e de Mercado Global da Merrill Lynch tem um portfólio de vários bilhões de dólares de linha de crédito comprometidos com mais de 100 instituições. O dinheiro deve estar disponível no caso dessas instituições precisarem usar suas linhas de crédito. Planejar as reservas monetárias e gerenciar o risco de liquidez (a habilidade de atender as obrigações em dinheiro) são tarefas difíceis em um ambiente dinâmico.
>
> **Desenvolver o modelo**
>
> A equipe de Ciência da Administração da Merrill Lynch desenvolveu um modelo que incorpora várias técnicas diferentes, incluindo processos de transição de Markov, em um modelo de simulação para analisar o risco de liquidez do portfólio de crédito rotativo.
>
> **Obter os dados de entrada**
>
> Para desenvolver a matriz de transição dos movimentos de avaliação de crédito, dados foram coletados sobre as correlações dos movimentos de avaliações de crédito das empresas dentro da mesma indústria. O modelo utiliza informações extraídas de uma base de dados de empréstimos bancários para fazer projeções.
>
> **Desenvolver a solução**
>
> Uma vez que os dados foram fornecidos ao sistema, os modelos de simulação em Arena ou SAS geram saídas sem que o usuário precise conhecer essas linguagens.
>
> **Testar a solução**
>
> O modelo foi testado exaustivamente e foi determinado que pelo menos 5000 replicações do modelo de simulação seriam necessárias para obter os resultados estáveis.
>
> **Analisar os resultados**
>
> O modelo reduziu a necessidade de reserva de liquidez do banco de 50 para 20% das obrigações. Como resultado, $40 bilhões de liquidez tornaram-se disponíveis para outros usos.
>
> **Implementar os resultados**
>
> Versões do modelo foram instaladas em várias estações de trabalho no banco Merrill Lynch norte-americano e os funcionários executam o software sempre que necessário. O modelo é utilizado para medir cenários de riscos extremos e também para fazer planejamento de longo prazo. As melhorias continuam com o refinamento de parâmetros do modelo, a atualização da matriz de transição de migração e a manutenção de estimativas de correlações atuais da indústria.
>
> **Fonte:** Com base em DUFFY, Tom, et al. Merrill Lynch Improves Liquidity Risk Management for Revolving Credit Lines. Interfaces. v. 35, n. 5, September-October 2005: p. 353-69.

pela matriz de transição original. Os resultados serão os mesmos estados de equilíbrio. Executar essa análise também é uma forma excelente de verificar suas respostas às questões e aos problemas do final do capítulo.

16.7 ESTADOS ABSORVENTES E MATRIZ FUNDAMENTAL: APLICAÇÕES DE CONTAS A RECEBER

Nos exemplos discutidos até agora, assumimos que é possível para o processo ou sistema ir de um estado a qualquer outro estado entre quaisquer dois períodos. Em alguns casos, entretanto, se você está em um estado, foi "absorvido" por ele e irá permanecer nesse estado. Qualquer estado com essa propriedade é chamado de *estado absorvente*. Um exemplo disso é uma aplicação de contas a receber.

Se você está em um estado absorvente, não pode ir para qualquer outro estado no futuro.

Um sistema de contas a receber normalmente coloca os dívidas ou recebimentos de seus clientes em uma de várias categorias ou estados dependendo de quanto a conta está atrasada no seu pagamento.

É claro que a categoria exata ou o estado depende da política determinada por cada empresa. Quatro estados típicos ou categorias de contas a receber são:

Estado 1 (π_1): pagas, todas as contas

Estado 2 (π_2): dívida ruim, atraso de mais de três meses

Estado 3 (π_3): atraso de menos de um mês

Estado 4 (π_4): atraso entre um a três meses

Em qualquer período dado, nesse caso um mês, um consumidor pode estar em desses quatro estados.[2] Para este exemplo, será suposto que se a conta mais antiga está atrasada mais de três meses ela é automaticamente colocada na categoria de dívida ruim. Além disso, um consumidor pode pagar tudo (estado 1), ter a conta mais antiga com atraso de menos de um mês (estado 3) ou ter a conta mais antiga com um atraso entre um e três meses (estado 4), ou ainda ter a sua conta mais antiga atrasada em mais de três meses, que é um dívida ruim (estado 2).

Como em qualquer outro processo de Markov, podemos determinar a matriz de transição das probabilidades para esses quatro estados. Essa matriz irá refletir a propensão do consumidor de se mover entre as quatro categorias de um mês para outro. A probabilidade de estar na categoria pago para qualquer item ou conta no mês futuro, dado que um consumidor está na categoria pago para um item comprado neste mês, é 100% ou 1. É impossível que um consumidor que pagou toda a sua compra em um dado mês deva algum dinheiro no mês seguinte. Outro estado absorvente é o dívida ruim. Se a conta não for paga em três meses, supomos que a empresa irá considerá-la irrecuperável e não irá tentar cobrá-la no futuro. Assim, uma pessoa na categoria de dívida ruim irá permanecer nessa categoria para sempre. Para qualquer estado absorvente, a probabilidade de que um consumidor estará nesse estado no futuro é 1 e a probabilidade de que o consumidor estará em qualquer outro estado é 0.

Se uma pessoa está em um estado absorvente agora, a probabilidade de ela estar em um estado absorvente no futuro é de 100%.

Esses valores serão colocados em uma matriz de probabilidades de transição. Mas, antes de construir essa matriz, precisamos saber as probabilidades dos outros dois estados – um atraso de menos de um mês e um atraso entre um e três meses. Para uma pessoa que deve a menos de um mês, existe uma probabilidade de 0,60 de estar na categoria pago, uma probabilidade de 0 de estar na categoria de dívida ruim, uma probabilidade de 0,20 de permanecer no mesmo estado e de 0,20 de passar para a categoria de dever entre um e três meses. Para uma pessoa que está devendo entre um e três meses, existe uma probabilidade de 0,40 de ir para a categoria de dívida paga, uma probabilidade de 0,10 de ir para a categoria de dívida ruim, 0,30 de probabilidade de mudar para a categoria de menos de um mês de atraso e 0,20 de probabilidade de permanecer na mesma categoria no próximo mês.

Como podemos obter a probabilidade de 0,30 de estar na categoria de um a três meses por um mês e de estar na categoria de menos de um mês no próximo mês? Como essas categorias são determinadas pela dívida mais antiga não paga, é possível pagar uma conta já vencida

---

[2] Você também deve estar ciente de que os quatro estados podem ser colocados em qualquer ordem que escolher. Por exemplo, você pode achar mais natural ordenar esse problema com os seguintes estados:

1. Pago

2. Atraso de menos de um mês

3. Atraso entre um e três meses

4. Atraso de mais de três meses, dívida ruim

Isso é perfeitamente legítimo e a única razão pela qual essa ordem não está sendo usada é para facilitar a manipulação de matrizes que você verá em breve.

há mais de um mês, mas há menos de três e ainda ter outra conta que está vencida há menos de um mês. Ou seja, qualquer consumidor pode ter mais de uma dívida a ser paga em qualquer ponto do tempo. Com essa informação, é possível construir a matriz de probabilidades de transição para o problema.

Este mês	Próximo mês			
	Pago	Dívida ruim	< 1 mês	1 a 3 meses
Pago	1	0	0	0
Dívida ruim	0	1	0	0
Menos de 1 mês	0,6	0	0,2	0,2
De 1 a 3 meses	0,4	0,1	0,3	0,2

Assim,

$$P = \begin{bmatrix} 1 & 0 & 0 & 0 \\ 0 & 1 & 0 & 0 \\ 0,6 & 0 & 0,2 & 0,2 \\ 0,4 & 0,1 & 0,3 & 0,2 \end{bmatrix}$$

Se soubermos a fração de pessoas em cada uma das quatro categorias ou estados para um dado período, podemos determinar a fração de pessoas nessas quatro categorias ou estados em qualquer período futuro. Essas frações são colocadas como um vetor de probabilidades de estado e multiplicada pela matriz das probabilidades de transição. Esse procedimento foi descrito na Seção 16.5.

As condições de equilíbrio são ainda mais interessantes. É claro que, no longo prazo, qualquer um estará em apenas duas categorias: a das contas pagas ou de dívidas ruins. Isso é porque essas categorias são estados absorventes. Mas quantas pessoas, ou quanto dinheiro, estarão em cada uma dessas categorias? Saber a quantidade total de dinheiro que estará em cada uma dessas categorias irá auxiliar a empresa a gerenciar suas dívidas ruins e seu fluxo de caixa. Essa análise requer o uso da *matriz fundamental*.

No longo prazo, todos estarão em apenas duas categorias: conta paga ou dívida ruim.

Para obter a matriz fundamental, é necessário particionar a matriz das probabilidades de transição, P. Isso pode ser feito da seguinte forma:

$$P = \begin{bmatrix} 1 & 0 & | & 0 & 0 \\ 0 & 1 & | & 0 & 0 \\ \hline 0,6 & 0 & | & 0,2 & 0,2 \\ 0,4 & 0,1 & | & 0,3 & 0,2 \end{bmatrix} \begin{matrix} I & 0 \\ \downarrow & \downarrow \\ \\ \uparrow & \uparrow \\ A & B \end{matrix} \quad (16\text{-}7)$$

$$I = \begin{bmatrix} 1 & 0 \\ 0 & 1 \end{bmatrix} \quad 0 = \begin{bmatrix} 0 & 0 \\ 0 & 0 \end{bmatrix}$$

$$A = \begin{bmatrix} 0,6 & 0 \\ 0,4 & 0,1 \end{bmatrix} \quad = \begin{bmatrix} 0,2 & 0,2 \\ 0,3 & 0,2 \end{bmatrix}$$

onde:

I = uma matriz identidade (isto é, a matriz com valores 1 na diagonal e 0 no resto)

0 = a matriz com todos os valores iguais a zero.

A matriz fundamental pode ser calculada como:

$$F = (I - B)^{-1} \tag{16-8}$$

F *é a matriz fundamental.*

Na equação (16-8), $(I - B)$ significa que subtraímos a matriz B da matriz I. O sobrescrito -1 significa que tomamos o inverso do resultado $(I - B)$. Eis como calculamos a matriz fundamental para a aplicação de contas a receber:

$$F = (I - B)^{-1}$$

ou

$$F = \left(\begin{bmatrix} 1 & 0 \\ 0 & 1 \end{bmatrix} - \begin{bmatrix} 0{,}2 & 0{,}2 \\ 0{,}3 & 0{,}2 \end{bmatrix} \right)^{-1}$$

Subtraindo B de I, tem-se:

$$F = \begin{bmatrix} 0{,}8 & -0{,}2 \\ -0{,}3 & 0{,}8 \end{bmatrix}^{-1}$$

Determinar o inverso de uma matriz grande envolve vários passos, como descrito no Módulo 5 no CD que acompanha o livro. O Apêndice 16.2 mostra como essa inversa pode ser encontrada utilizando a planilha. Contudo, para uma matriz com duas linhas e duas colunas, os cálculos são relativamente simples, como mostrados aqui:

O inverso da matriz $\begin{bmatrix} a & b \\ c & d \end{bmatrix}$ é

$$\begin{bmatrix} a & b \\ c & d \end{bmatrix}^{-1} = \begin{bmatrix} \dfrac{d}{r} & \dfrac{-b}{r} \\ \dfrac{-c}{r} & \dfrac{a}{r} \end{bmatrix} \tag{16-9}$$

onde:

$$r = ad - bc$$

Para encontrar a matriz F do exemplo das contas a receber, primeiro determinamos:

$$r = ad - bc = (0{,}8)(0{,}8) - (-0{,}3)(-0{,}2) = 0{,}64 - 0{,}06 = 0{,}58$$

Com isso, temos:

$$F = \begin{bmatrix} 0{,}8 & -0{,}2 \\ -0{,}3 & 0{,}8 \end{bmatrix}^{-1} = \begin{bmatrix} \dfrac{0{,}8}{0{,}58} & \dfrac{-(-0{,}2)}{0{,}58} \\ \dfrac{-(-0{,}3)}{0{,}58} & \dfrac{0{,}8}{0{,}58} \end{bmatrix} = \begin{bmatrix} 1{,}38 & 0{,}34 \\ 0{,}52 & 1{,}38 \end{bmatrix}$$

Agora, podemos utilizar a matriz fundamental para o cálculo da quantidade de dívidas ruins que podemos esperar no longo prazo. Primeiro, precisamos multiplicar a matriz fundamental, F, pela matriz A. Isso é feito da seguinte forma:

$$FA = \begin{bmatrix} 1{,}38 & 0{,}34 \\ 0{,}52 & 1{,}38 \end{bmatrix} \times \begin{bmatrix} 0{,}6 & 0 \\ 0{,}4 & 0{,}1 \end{bmatrix}$$

ou

$$FA = \begin{bmatrix} 0{,}97 & 0{,}03 \\ 0{,}86 & 0{,}14 \end{bmatrix}$$

A nova matriz *FA* tem um significado importante. Ela indica a probabilidade de que uma quantia em um dos estados não absorventes irá terminar em um dos estados absorventes. A linha de cima da matriz indica as probabilidades de que uma quantia na categoria de dívida vencida há menos de um mês irá acabar na categoria paga ou de dívida ruim. A probabilidade de uma quantia que esteja vencida há menos de um mês seja paga é de 0,97 e a probabilidade de que ela torne-se uma dívida ruim é 0,03. A segunda linha tem uma interpretação semelhante para o outro estado não absorvente, que é o de uma dívida entre um e três meses vencida. Portanto, existe uma probabilidade de 0,86 que uma quantia nessa categoria seja paga e uma probabilidade de 0,14 que ela torne-se uma dívida ruim, isto é, não seja mais paga.

A matriz FA indica a probabilidade de que uma quantia acabe em algum estado absorvente.

Essa matriz pode ser utilizada de várias formas. Se soubermos as quantias nas categorias de dívidas vencidas há menos de um mês e dívidas vencidas entre um e três meses, podemos determinar quanto dessas quantias irá virar dinheiro e quanto irá acabar como dívida ruim. Façamos a matriz *M* representar a quantidade de dinheiro que está em cada um dos estados não absorventes como segue:

A matriz M representa o dinheiro nos estados absorventes: pago ou dívida ruim.

$$M = (M_1, M_2, M_3, ..., M_n)$$

onde:

n = número de estados não absorventes

M_1 = quantidade no primeiro estado ou categoria

M_2 = quantidade no segundo estado ou categoria

M_n = quantidade no n-ésimo estado ou categoria

Assuma que existe $2000 na categoria de dívidas vencidas há menos de um mês e $5000 na categoria de dívidas vencidas entre um e três meses. Então *M* pode ser representada da seguinte forma:

$$M = (2000, 5000)$$

EM AÇÃO — Usando a análise de Markov no Curling

A análise de Markov é bastante aplicada ao campo dos esportes, incluindo beisebol, jai alai e o relativamente desconhecido, mas em ascensão, curling. O jogo é disputado em locais fechados em pistas de gelo com 14 pés de largura e 146 pés de comprimento. Em cada lado há uma "casa", que são quatro círculos concêntricos em que cada time tenta posicionar suas pedras circulares de granito polido pesando 45 libras cada.

A vantagem estratégica do curling é conhecida como "ter o martelo" (semelhante a ter a rebatida final no beisebol). A única diferença no início de cada jogo é qual time vence o lançamento da moeda e começa com o martelo. Assim, o estado inicial de Markov será tanto [0, 0] quanto [0, 1]. A probabilidade de alcançar diferentes estados no final do jogo é determinada pelas matrizes de probabilidades de transição (que foram obtidas dos 13 últimos anos de dados estatísticos registrados no campeonato masculino canadense de curling). Os pesquisadores desenvolveram um modelo de Markov para determinar o valor esperado de vencer o lançamento da moeda no curling. Eles também estudaram quais estratégias são melhores durante o jogo.

O curling foi o foco de uma cena durante um episódio da série ER, da NBC. À medida que a câmera dava um panorama do saguão do hospital, um grupo de funcionários do ER lançava a pedra do curling pelo saguão. A primeira aparição real do curling foi nos jogos olímpicos de inverno de 2002, realizados em Salt Lake City, Utah. Agora você pode acompanhar de perto as futuras competições do esporte para conferir a importância de ganhar no jogo da moeda.

Fonte: Com base em KOSTAK, K. J., WILLOUGHBY, K. A. OR/MS Rocks the House. OR/MS Today December 1999, p. 36-39.

A quantidade de dinheiro que será paga ou colocada como dívida ruim pode ser calculada pela multiplicação da matriz M pela matriz FA que já foi calculada. Eis os cálculos:

$$\text{Quantia paga e de dívidas ruins} = MFA$$

$$= (2.000, 5.000) \begin{bmatrix} 0{,}97 & 0{,}03 \\ 0{,}86 & 0{,}14 \end{bmatrix}$$

$$= (6.240, 760)$$

Assim, de um total de $7000 ($2000 de dívidas de menos de um mês e $5000 de dívidas entre um e três meses), $6240 serão finalmente pagas e $760 acabarão como dívidas ruins.

RESUMO

Com as suposições discutidas neste capítulo, é possível utilizar a análise de Markov para prever estados futuros e determinar condições de equilíbrio. Exploramos um caso especial de análise de Markov em que existem um ou mais estados absorventes. Isso envolve o uso da matriz fundamental para determinar condições de equilíbrio.

Neste capítulo, somente três aplicações da análise de Markov foram estudadas. Examinamos a máquina de Tolsky, a participação de mercado de três mercearias e um sistema de contas a receber. As aplicações do método são muito ricas e qualquer sistema dinâmico que atenda as suposições do modelo pode ser analisado pela abordagem de Makov.

GLOSSÁRIO

Análise de Markov. Tipo de análise que permite prever o futuro pelo uso das probabilidades de estado e da matriz das probabilidades de transição.

Condição de equilíbrio. Condição que existe quando as probabilidades de estado para um período futuro são as mesmas que as probabilidades de estado para o período prévio.

Estado absorvente. Estado em que não se pode sair. A probabilidade de ir de um estado absorvente a qualquer outro estado é 0.

Matriz das probabilidades de transição. Matriz contendo todas as probabilidades de transição para determinado processo ou sistema.

Matriz fundamental. Matriz que é a inversa da matriz I menos B. Ela é necessária no cálculo das condições de equilíbrio quando estados absorventes estão envolvidos.

Participação ou fatia de mercado. Fração da população que compra em uma loja ou mercado específico. Quando expressada como uma fração, a participação de mercado pode ser utilizada no lugar das probabilidades de estado.

Probabilidades de estado. Probabilidade de que um evento ocorra em um ponto do tempo. Os exemplos incluem a probabilidade de que uma pessoa faça compras em uma determinada mercearia em certo mês.

Probabilidades de transição. Probabilidade condicional de que um evento irá ocorrer em um estado futuro dado que ocorreu no estado atual.

Vetor de probabilidades de estado. Coleção ou vetor de todas as probabilidades de estado para um dado sistema ou processo. O vetor das probabilidades de estado pode ser de um estado inicial ou futuro.

EQUAÇÕES-CHAVE

(16-1) $\pi(i) = (\pi_1, \pi_2, ..., \pi_n)$

Vetor de probabilidades de estado para o período i.

(16-2) $P = \begin{bmatrix} P_{11} & P_{12} & P_{13} & \cdots & P_{1n} \\ P_{21} & P_{22} & P_{23} & \cdots & P_{2n} \\ \vdots & & & & \vdots \\ P_{m1} & \cdots & & & P_{mn} \end{bmatrix}$

Matriz das probabilidades de transição, isto é, probabilidades de passar de um estado a outro.

(16-3) $\pi(1) = \pi(0)P$

Fórmula para calcular as probabilidades para o estado 1, dado os valores do estado 0.

(16-4) $\pi(n+1) = \pi(n)P$

Fórmula para calcular as probabilidades de estado para o período n + 1 se estamos no período n.

(16-5) $\pi(n) = \pi(0)P^n$

Fórmula para calcular o as probabilidades de estado para o período n se estamos no período 0.

(16-6) $\pi = \pi P$

Equação do estado de equilíbrio utilizada para derivar as probabilidades de equilíbrio.

(16-7) $P = \begin{bmatrix} I & | & 0 \\ \hline A & | & B \end{bmatrix}$

Partição da matriz de transição para análise dos estados absorventes.

(16-8) $F = (I - B)^{-1}$

Matriz fundamental utilizada para calcular as probabilidades de terminar em um estado absorvente.

(16-9) $\begin{bmatrix} a & b \\ c & d \end{bmatrix}^{-1} = \begin{bmatrix} \dfrac{d}{r} & \dfrac{-b}{r} \\ \dfrac{-c}{r} & \dfrac{a}{r} \end{bmatrix}$ onde $r = ad - bc$

Inversa de uma matriz com duas linhas e duas colunas.

PROBLEMAS RESOLVIDOS

Problema resolvido 16-1

George Walls, diretor da Bradley School, está preocupado com a queda nas matrículas. A Escola Bradley é uma faculdade técnica especializada no treinamento de programadores e operadores de computador. Ao longo dos anos, tem crescido a concorrência entre a Bradley School, a International Technology e a Career Academy. Essas três escolas competem no oferecimento de educação nas áreas de programação e operação de computadores e secretariado.

Para ter um melhor entendimento de qual dessas escolas está emergindo como líder, George decidiu fazer um levantamento. Sua pesquisa verificou o número de estudantes que se transferiram de uma escola para outra durante suas carreiras acadêmicas. Em média, a Bradley School conseguiu reter 65% dos estudantes originalmente matriculados. Vinte por cento dos estudantes originalmente matriculados se transferiram para a Career Academy e 15% se transferiram para a International Technology. A Career Academy tem a mais alta taxa de retenção: 90% dos seus estudantes permanecem durante todo o curso. George estimou que aproximadamente metade dos alunos que deixaram a Career Academy foram para a Bradley e a outra metade foi para a International Technology. Essa escola, por sua vez, foi capaz de reter 80% dos alunos matriculados. Dez por cento dos originalmente matriculados foram para a Career Academy e os restantes 10% se matricularam na Bradley.

Atualmente, a Bradley tem 40% do mercado. A Career Academy, a escola mais nova, tem 35%, e os restantes 25% são estudantes que frequentam a International Technology. George quer determinar a participação no mercado da Bradley para o próximo ano. Qual é a participação de mercado de equilíbrio para a Bradley School, a International Technology e a Career Academy?

Solução

Os dados para este problema podem ser resumidos da seguinte forma:

Estado 1 – participação inicial = 0,40 — Bradley School
Estado 2 – participação inicial = 0,35 — Career Academy
Estado 3 – participação inicial = 0,25 — International Technology

Os valores da matriz de transição são:

De	Para 1 Bradley	Para 2 Career	Para 3 International
1 Bradley	0,65	0,20	0,15
2 Career	0,05	0,90	0,05
3 International	0,10	0,10	0,80

Para determinar a participação de mercado da Bradley para o próximo ano, George precisa multiplicar a participação de mercado atual pela matriz de probabilidades de transição. Eis a estrutura global desses cálculos.

$$(0{,}40, 0{,}35, 0{,}25) \begin{bmatrix} 0{,}65 & 0{,}20 & 0{,}15 \\ 0{,}05 & 0{,}90 & 0{,}05 \\ 0{,}10 & 0{,}10 & 0{,}80 \end{bmatrix}$$

Assim, a participação de mercado para a Bradley School, a International Technology e a Career Academy pode ser calculada tomando as participações atuais no mercado e multiplicando pela matriz das probabilidades de transição como mostrado. O resultado será uma nova matriz com três números, cada um representando a fatia de mercado de cada uma das escolas. A obtenção detalhada da matriz é:

$$\text{Fatia de mercado da Bradley School} = (0{,}40)(0{,}65) + (0{,}35)(0{,}05) + (0{,}25)(0{,}10)$$
$$= 0{,}303$$

$$\text{Fatia de mercado da Career Academy} = (0{,}40)(0{,}20) + (0{,}35)(0{,}90) + (0{,}25)(0{,}10)$$
$$= 0{,}420$$

$$\text{Fatia de mercado da International Technology} = (0{,}40)(0{,}15) + (0{,}35)(0{,}05) + (0{,}25)(0{,}80)$$
$$= 0{,}278$$

Agora George quer calcular a participação de mercado de equilíbrio para as três escolas. Na situação de equilíbrio, as fatias de mercado futuras são iguais às existentes vezes a matriz das probabilidades de transição. Fazendo a variável X representar as várias participações de mercado para as três escolas, é possível desenvolver uma relação geral que permitirá determinar as condições de equilíbrio.

Sejam:

X_1 = participação de mercado da Bradley School
X_2 = participação de mercado da Career Academy
X_3 = participação de mercado da International Technology

No equilíbrio,

$$(X_1, X_2, X_3) = (X_1, X_2, X_3) \begin{bmatrix} 0{,}65 & 0{,}20 & 0{,}15 \\ 0{,}05 & 0{,}90 & 0{,}05 \\ 0{,}10 & 0{,}10 & 0{,}80 \end{bmatrix}$$

O próximo passo é realizar as multiplicações apropriadas no lado direito da equação. Fazendo isso, obteremos três equações com três incógnitas. Além disso, sabemos que a soma da participação de mercado da três escolas para qualquer período é igual a 1. Assim, teremos quatro equações, que são:

$$X_1 = 0{,}65X_1 + 0{,}05X_2 + 0{,}10X_3$$
$$X_2 = 0{,}20X_1 + 0{,}90X_2 + 0{,}10X_3$$
$$X_3 = 0{,}15X_1 + 0{,}05X_2 + 0{,}80X_3$$
$$X_1 + X_2 + X_3 = 1$$

Como temos quatro equações, mas apenas três incógnitas, podemos eliminar uma das três primeiras equações, restando assim três equações com três incógnitas. Essas equações podem ser resolvidas utilizando-se procedimentos algébricos padrões para obter as condições de equilíbrio para as três escolas. Os resultados desses cálculos estão apresentados na tabela a seguir.

Escola	Participação de mercado
X_1 (Bradley)	0,158
X_2 (Career)	0,579
X_3 (International)	0,263

Problema resolvido 16-2

A Universidade Central State administra exames de competência computacional todos os anos. Esses exames permitem que os estudantes sejam liberados da disciplina de Introdução ao Computador da Universidade. Os resultados dos exames são apresentados em um dos seguintes quatro estados:

Estado 1: passa em todos os exames e fica isento da disciplina

Estado 2: não passa em todos os exames na terceira tentativa e precisa fazer a disciplina

Estado 3: não passa no exames na primeira tentativa

Estado 4: não passa nos exames na segunda tentativa

O coordenador de curso para os exames registrou a seguinte matriz de probabilidades de transição:

$$\begin{bmatrix} 1 & 0 & 0 & 0 \\ 0 & 1 & 0 & 0 \\ 0,8 & 0 & 0,1 & 0,2 \\ 0,2 & 0,2 & 0,4 & 0,2 \end{bmatrix}$$

Atualmente, existem 200 estudantes que não passaram em todos os exames na primeira tentativa. Além disso, existem 50 estudantes que não passaram na segunda tentativa. No longo prazo, quantos estudantes serão liberados da disciplina porque passaram nos exames? Quantos dos 250 estudantes terão que fazer a disciplina?

Solução

Os valores da matriz de transição podem ser resumidos da seguinte forma:

	Para			
De	1	2	3	4
1	1	0	0	0
2	0	1	0	0
3	0,8	0	0,1	0,1
4	0,2	0,2	0,4	0,2

O primeiro passo para determinar quantos estudantes terão que fazer a disciplina e quantos serão liberados é particionar a matriz de transição nas quatro matrizes seguintes: *I*, 0, *A* e *B*.

$$I = \begin{bmatrix} 1 & 0 \\ 0 & 1 \end{bmatrix}$$

$$0 = \begin{bmatrix} 0 & 0 \\ 0 & 0 \end{bmatrix}$$

$$A = \begin{bmatrix} 0,8 & 0 \\ 0,2 & 0,2 \end{bmatrix}$$

$$B = \begin{bmatrix} 0,1 & 0,1 \\ 0,4 & 0,2 \end{bmatrix}$$

O próximo passo é calcular a matriz fundamental, representada pela letra F. Essa matriz é determinada pela subtração da matriz B da matriz I e tomando a inversa do resultado:

$$F = (I - B)^{-1} = \begin{bmatrix} 0,9 & -0,1 \\ -0,4 & 0,8 \end{bmatrix}^{-1}$$

Encontramos primeiro:

$$r = ad - bc = (0,9)(0,8) - (-0,4)(-0,1) = 0,68$$

$$F = \begin{bmatrix} 0,9 & -0,1 \\ -0,4 & 0,8 \end{bmatrix}^{-1} = \begin{bmatrix} \dfrac{0,8}{0,68} & \dfrac{-(-0,1)}{0,68} \\ \dfrac{-(-0,4)}{0,68} & \dfrac{0,9}{0,68} \end{bmatrix} = \begin{bmatrix} 1,176 & 0,147 \\ 0,588 & 1,324 \end{bmatrix}$$

Agora multiplicamos a matriz F pela matriz A. Esse passo é necessário para determinar quantos estudantes serão liberados da disciplina e quantos deverão fazê-la. Multiplicando a matriz F por A, tem-se:

$$FA = \begin{bmatrix} 1,176 & 0,147 \\ 0,588 & 1,324 \end{bmatrix} \begin{bmatrix} 0,8 & 0 \\ 0,2 & 0,2 \end{bmatrix}$$

$$= \begin{bmatrix} 0,971 & 0,029 \\ 0,735 & 0,265 \end{bmatrix}$$

O passo final é multiplicar o resultado da matriz FA pela matriz M, como mostrado aqui:

$$MFA = (200 \quad 50) \begin{bmatrix} 0,971 & 0,029 \\ 0,735 & 0,265 \end{bmatrix}$$

$$= (231 \quad 19)$$

Como você pode ver, a matriz MFA consiste em dois números. O número de estudantes que serão dispensados da disciplina é 231 e os que terão que cursá-la é 19.

AUTOTESTE

- Antes de fazer o autoteste, consulte os objetivos de aprendizagem no início do capítulo, as notas nas margens e o glossário no final do capítulo.
- Corrija seu teste utilizando o Apêndice H ao final do livro.
- Estude novamente as páginas que correspondem a todas as perguntas que você respondeu errado ou que não tem certeza.

1. Se os estados de um sistema ou processo são tais que o sistema pode estar somente em um único estado a cada vez, eles são:
   a. coletivamente exaustivos.
   b. mutuamente exclusivos.
   c. absorventes.
   d. evanescentes.
2. O produto de um vetor de probabilidades de estado pela matriz de probabilidades de transição irá resultar em:
   a. outro vetor de probabilidades de estado.
   b. uma bagunça sem sentido.
   c. a inversa da matriz dos estados de equilíbrio.
   d. todas as respostas acima.
   e. nenhuma das respostas acima.
3. No longo prazo, as probabilidades de estados serão 0 e 1
   a. em nenhuma ocasião.
   b. em todas as ocasiões.
   c. em algumas ocasiões.
4. Para encontrar as condições de equilíbrio
   a. o primeiro vetor das probabilidades de estado deve ser conhecido.
   b. a matriz de probabilidades de transição é desnecessária.
   c. os termos gerais no vetor das probabilidades de estado são usados em duas ocasiões.
   d. a matriz das probabilidades de transição deve ser elevada ao quadrado antes de ser invertida.
   e. nenhuma das afirmações acima.
5. Qual das seguintes não é uma hipótese da análise de Markov?
   a. existe um número limitado de estados possíveis.
   b. existe um número limitado de períodos futuros.
   c. um estado futuro pode ser previsto de um estado prévio e pela matriz de probabilidades de transição.
   d. o tamanho e a estrutura do sistema não mudam durante a análise.
   e. todas as afirmações acima são hipóteses da análise de Markov.
6. Na análise de Markov, as probabilidades de estado devem
   a. somar 1.
   b. ser menores do que 0.
   c. ser menores do 0,01.
   d. ser maiores do que 1.
   e. ser maiores do que 0,01.
7. Se as probabilidades de estado não mudam de um período para outro, então
   a. o sistema está em equilíbrio.
   b. cada probabilidade de estado deve ser igual a 0.
   c. cada probabilidade de estado deve ser igual a 1.
   d. o sistema está no estado fundamental.
8. Na matriz de probabilidades de transição,
   a. a soma das probabilidades em cada linha deve ser igual a 1.
   b. a soma das probabilidades em cada coluna deve ser igual a 1.
   c. deve ter pelo menos um 0 em cada linha.
   d. deve ter pelo menos um 0 em cada coluna.
9. É necessário usar a matriz fundamental
   a. para encontrar as condições de equilíbrio quando não existem estados absorventes.
   b. para encontrar as condições de equilíbrio quando existem um ou mais estados absorventes.
   c. para encontrar a matriz de transição de probabilidades.
   d. para determinar o inverso de uma matriz.
10. Na análise de Markov, a _____ permite ir de um estado atual para um estado futuro.
11. Na nálise de Markov, assumimos que as probabilidades de estado são ambas _____ e _____.
12. A _____ é a probabilidade de que o sistema esteja em um estado específico.

QUESTÕES PARA DISCUSSÃO E PROBLEMAS

Questões para discussão

16-1 Liste as hipóteses feitas na análise de Markov.

16-2 O que são o vetor de probabilidades de estado e a matriz de probabilidades de transição e como eles podem ser determinados?

16-3 Descreva como podemos utilizar a análise de Markov para fazer previsões.

16-4 O que é uma condição de equilíbrio? Como sabemos que temos uma condição de equilíbrio e como podemos calcular as condições de equilíbrio dada a matriz de probabilidades de transição?

16-5 O que é um estado absorvente? Forneça vários exemplos de estados absorventes.

16-6 O que é a matriz fundamental e como ela é usada para determinar as condições de equilíbrio?

Problemas*

- **16-7** Encontre a inversa das seguintes matrizes:

    (a) $\begin{bmatrix} 0,9 & -0,1 \\ -0,2 & 0,7 \end{bmatrix}$

    (b) $\begin{bmatrix} 0,8 & -0,1 \\ -0,3 & 0,9 \end{bmatrix}$

    (c) $\begin{bmatrix} 0,7 & -0,2 \\ -0,2 & 0,9 \end{bmatrix}$

    (d) $\begin{bmatrix} 0,8 & -0,2 \\ -0,1 & 0,7 \end{bmatrix}$

- **16-8** Ray Cahnman é o orgulhoso proprietário de um carro esporte de 1955. Em um dia qualquer, Ray nunca sabe se seu carro vai pegar. Noventa por cento das vezes ele pega se ele funcionou na manhã anterior e 70% das vezes ele não pega se ele não funcionou na manhã anterior.
    - (a) Construa a matriz das probabilidades de transição.
    - (b) Qual é a probabilidade de que ele pegue amanhã se ele pegou hoje?
    - (c) Qual é a probabilidade de que ele pegue amanhã se ele não pegou hoje?

- **16-9** Alan Resnik, amigo de Ray Cahnman, apostou $5 com Ray de que o seu carro não irá pegar daqui a cinco dias (veja o Problema 16-8)
    - (a) Qual é a probabilidade de que ele não pegue daqui a cinco dias se ele pegou hoje?
    - (b) Qual é a probabilidade de que ele não pegue daqui a cinco dias se ele não pegou hoje?
    - (c) Qual é a probabilidade de que ele pegue no longo prazo se a matriz de probabilidades de transição não mudar?

- **16-10** Ao longo de um mês qualquer, a Dress-Rite perde 10% dos seus clientes para a Fashion, Inc. e 20% de seu mercado para a Luxury Living. Já a Fashion, Inc. perde 5% do seu mercado para a Dress-Rite e 10% para a Luxury Living a cada mês. A Luxury Living perde 5% do seu mercado para a Fashion, Inc. e 5% para a Dress-Rite. Atualmente, cada uma dessas lojas de roupas tem a mesma participação no mercado. Como estará a participação de mercado no próximo mês? O que vai acontecer em três meses?

- **16-11** Construa um diagrama para ilustrar a participação de mercado no próximo mês para o Problema 16-10.

- **16-12** A Goodeating produz uma variedade de marcas de comida para cachorro. Uma das suas marcas mais rentáveis é a Goodeating em sacos de 50 libras. George Hamilton, presidente da Goodeating, utiliza uma máquina muito velha para colocar as 50 libras automaticamente em cada saco. Infelizmente, em virtude da idade da máquina, ela ocasionalmente enche os sacos demais ou de menos. Quando a máquina está colocando corretamente as 50 libras de comida de cachorro em cada embalagem, existe uma probabilidade de 0,10 de que ele irá colocar apenas 49 libras no dia seguinte e uma probabilidade de 0,20 de que irá colocar 51 libras na embalagem no próximo dia. Se a máquina está atualmente colocando 49 libras em cada saco, há uma probabilidade de 0,30 de que coloque 50 libras em cada saco e uma probabilidade de 0,20 de que ela coloque 51 libras em cada saco no dia seguinte. Além disso, se a máquina está colocando 51 libras em cada saco hoje, existe uma probabilidade de 0,40 de que ela irá colocar 50 libras em cada saco amanhã e uma probabilidade de 0,10 de que ela irá colocar 49 libras em cada embalagem no dia seguinte.
    - (a) Se a máquina está colocando 50 libras em cada saco hoje, qual é a probabilidade que ela irá colocar 50 libras em cada saco amanhã?
    - (b) Resolva a parte (a) quando a máquina está colocando somente 49 libras em cada saco hoje.
    - (c) Resolva a parte (a) quando a máquina está colocando 51 libras em cada saco hoje.

- **16-13** Resolva o problema 16-12 (da empresa de comida para cachorro Goodeating) para cinco períodos.

- **16-14** A Universidade de South Wisconsin teve matrículas estáveis nos últimos cinco anos. A instituição tem a sua própria livraria, chamada de University Book Store, mas existem três outras livrarias privadas na cidade: a livraria do Bill, a College e a livraria Battle. A universidade está preocupada com o grande número de alunos que estão trocando a livraria da universidade por uma das livrarias privadas. Como resultado, o reitor da South Wisconsin, Andy Lange, resolveu dar a um estudante três horas de créditos universitários para verificar o problema. A seguinte matriz de probabilidades de transição foi obtida:

	Universidade	Bill	College	Battle
Universidade	0,60	0,20	0,10	0,10
Bill	0,00	0,70	0,20	0,10
College	0,10	0,10	0,80	0,00
Battle	0,05	0,05	0,10	0,80

Atualmente, cada uma das quatro livrarias tem uma mesma participação no mercado. Qual será a divisão do mercado no próximo período?

- **16-15** Andy Lange, reitor da Universidade de South Wisconsin, está preocupado com o declínio dos negócios na livraria da Universidade (veja o Problema 16-14 para detalhes). Os estudantes reclamaram que os preços eram muito altos. Andy, entretanto, decidiu não baixar os preços. Se as mesmas condições permanecerem, qual é a posição de mercado de cada uma das quatro livrarias que Andy pode esperar no longo prazo?

---

* Nota: Q significa que o problema pode ser resolvido com o QM para Windows; X significa que o problema pode ser resolvido com o Excel; e Q/X significa que ele pode ser resolvido tanto com o QM para Windows quanto com o Excel.

16-16 A Hervis Rent-a-Car tem três locais de aluguel de carros na grande área de Houston: as agências Northside, West End e Suburban. Os clientes podem alugar um carro em qualquer um desses locais e retornar em qualquer outro local sem taxas adicionais. Contudo, se muitos carros forem retirados da agência Northside, que é a mais popular, pode ser um problema para Hervis. Para fins de planejamento, Hervis quer saber onde os carros, de fato, estarão. Dados anteriores indicam que 80% dos carros alugados na agência Northside são devolvidos na própria agência e os restantes estão igualmente distribuídos entre as outras duas agências. Para a agência de West End, cerca de 70% dos carros alugados são devolvidos na própria agência, 20% são devolvidos na agência Northside e o resto na agência Suburban. Dos carros alugados na agência Suburban, 60% são retornados na própria agência, 25%, na agência Northside e os outros 15%, na West End. Se atualmente existem 100 carros sendo alugados na Northside, 80 na West End e 60 na agência Suburban, quantos desses carros serão devolvidos em cada uma das agências?

16-17 Um estudo sobre contas a receber na loja de departamentos A&W indica que as contas estão em dia, atrasadas em até um mês, atrasadas em até dois meses ou lançadas como pagas ou dívidas perdidas. Das contas que estão em dia, 80% são pagas no mês e o resto torna-se até um mês atrasado. Das contas com um mês de atraso, 90% são pagas e as demais tornam-se contas com até dois meses de atraso. As contas com dois meses de atraso são pagas (85%) ou lançadas como dívidas perdidas. Se as vendas médias mensais totalizam $150000, determine quanto a empresa espera receber dessa quantia. Quanto será lançado como dívida perdida?

16-18 A indústria de telefones celulares é bastante competitiva. Duas empresas na grande área de Lubbock, a Horizon e a Local Cellular, estão constantemente disputando o mercado uma da outra. Cada empresa tem um acordo de serviço de um ano. No final de cada ano, alguns clientes renovam, enquanto outros trocam de companhia. Os consumidores da Horizon tendem a ser fiéis: 80% renovam e 20% mudam. Cerca de 70% dos clientes da Local Cellular renovam e aproximadamente 30% a trocam pela Horizon. Se existem atualmente 100000 clientes da Horizon e 80000 da Local Cellular, quanto se espera que cada companhia tenha no próximo ano?

16-19 A indústria de computadores pessoais está em constante mutação e a tecnologia motiva os consumidores a trocarem suas máquinas por novos modelos todos os anos. A fidelidade à marca é muito importante e as companhias realizam ações para manter seus clientes felizes. Contudo, alguns clientes atuais vão trocar de companhia. Três marcas específicas, a Doorway, a Bell e a Kumpaq, têm as maiores fatias de mercado. Quem tem um computador Doorway irá comprar outro da mesma marca 80% das vezes, enquanto nas demais vezes irá comprar das duas outras empresas em iguais proporções. Os proprietários dos computadores Bell comprarão outro Bell 90% das vezes, enquanto 5% deles irão comprar um Kumpaq e outros 5% comprarão um Doorway. Cerca de 70% dos proprietários de um Kumpaq vão trocá-lo por outro enquanto 20% irão comprar um Doorway e o restante um Bell. Se cada marca tem atualmente 200000 clientes que planejam comprar um novo computador no próximo ano, quantos computadores de cada tipo serão vendidos?

16-20 Na Seção 16.7, investigamos um problema de contas a receber. Como as categorias dívidas pagas e dívidas perdidas vão mudar com a seguinte matriz de probabilidades de transição?

$$P = \begin{bmatrix} 1 & 0 & 0 & 0 \\ 0 & 1 & 0 & 0 \\ 0{,}7 & 0 & 0{,}2 & 0{,}1 \\ 0{,}4 & 0{,}2 & 0{,}2 & 0{,}2 \end{bmatrix}$$

16-21 O professor Green leciona uma disciplina de programação durante o período de verão. Os estudantes precisam fazer várias provas para serem aprovados na disciplina e cada estudante tem três chances para fazer cada uma das provas. Os seguintes estados descrevem a situação:

1. Estado 1: passa em todas as provas e é aprovado na disciplina.
2. Estado 2: não passa nas provas na terceira tentativa e é reprovado na disciplina.
3. Estado 3: é reprovado nas provas na primeira tentativa.
4. Estado 4: é reprovado nas provas na terceira tentativa.

Após observar várias turmas, o professor Green foi capaz de obter a seguinte matriz de transição:

$$P = \begin{bmatrix} 1 & 0 & 0 & 0 \\ 0 & 1 & 0 & 0 \\ 0{,}6 & 0 & 0{,}1 & 0{,}3 \\ 0{,}3 & 0{,}3 & 0{,}2 & 0{,}2 \end{bmatrix}$$

No momento, existem 50 alunos que não passaram em todas as provas na primeira tentativa e 30 alunos que não passaram em todas as provas na segunda tentativa. Quantos alunos nesses dois grupos passarão na disciplina e quantos serão reprovados na disciplina?

16-22 A Hicourt Industries é uma gráfica comercial em uma cidade de porte médio no centro da Flórida. Seus competidores são a Printing House e a Gandy Printers. No último mês, a Hicourt Industries tinha aproximadamente 30% do mercado. A Printing House tinha 50% do mercado e a Gandy Printers tinha 20% do mercado. A associação local das gráficas revelou recentemente como essas três gráficas e outras empresas de impressão pequenas não envolvidas no mercado comercial conseguiram reter suas bases de clientes. A Hicourt foi a mais bem-sucedida em manter seus consumidores. Oitenta por cento dos seus clientes em um mês qualquer permaneceram fiéis no mês seguinte. A Printing House, por outro lado, teve uma taxa de retenção de somente 70%. A Gandy Printers está na pior situação. Somente 60% dos clientes em um dado mês permaneceram com a empresa. Em um mês, as posições de mercado tiveram mudanças significativas. Isso foi bastante animador para George Hicourt, diretor da Hicourt Industries. Este mês, a Hicourt conseguiu obter uma fatia de 38% do mercado. A Printing House por outro lado, perdeu participação no mercado. Neste mês, ela teve somente 42% de participação. A Gandy Printers permaneceu com a mesma participação: ela tem 20% do mercado. Analisando apenas as participações de mercado, George concluiu que ele foi capaz de tomar 8% do mercado da Printing House. George estimou que, em poucos meses, ele praticamente pode colocar a Printing House fora do mercado. Sua esperança é capturar 80% do mercado total, representado pelos seus 30% originais mais a fatia de 50% com que a Printing House começou. George conseguirá alcançar seu objetivo? Como será a participação de mercado de cada uma dessas três empresas no longo prazo? A Hicourt Industries será capaz de levar a Printing House à falência?

16-23 John Jones, da lavanderia Bayside, fornece serviços de limpeza e lavagem de roupas de cama e mesa para condomínios na costa do golfo há 10 anos. Atualmente, John atende 26 condomínios. Os dois concorrentes principais de John são a Cleanco, que atualmente atende 15 condomínios, e a Beach Services, que faz o mesmo serviço para 11 condomínios.

Recentemente, John contatou o Banco Bay a respeito de um empréstimo para expandir seus negócios. Ele mantém registros detalhados dos seus clientes e dos clientes que ele recebeu dos seus dois principais concorrentes. Durante o ano passado, John manteve 18 dos 26 clientes originais. No mesmo período, ele conseguiu um novo cliente da Cleanco e dois novos da Beach. Infelizmente, John perdeu seis dos seus clientes originais para a Cleanco e dois para a Beach Services durante o mesmo ano. John também verificou que a Cleanco manteve 80% dos seus clientes atuais. Ele também sabe que a Beach Services manterá pelo menos 50% dos seus clientes. Para John obter o empréstimo do Banco Bay, ele precisa mostrar ao agente de empréstimos que manterá uma participação de mercado adequada. Os agentes bancários estão preocupados com a tendência recente da participação de mercado e decidiram não dar o empréstimo a John a menos que ele mantenha 35% de participação no longo prazo. Que tipo de equilíbrio de mercado John pode esperar? Se você fosse um agente do Banco Bay, daria o empréstimo?

16-24 Determine o vetor de probabilidades de estado e a matriz de probabilidades de transição dadas as seguintes informações:

A Loja 1 tem atualmente 40% do mercado; a Loja 2 tem 60% do mercado.
Em cada período, os clientes da Loja 1 tem 80% de chance de retornarem e 20% de mudarem para a Loja 2.
Em cada período, os clientes da Loja 2 tem uma chance de 90% de retornarem e 10% de mudarem para a Loja 1.

16-25 Encontre π(2) para o Problema 16-24.

16-26 Encontre as condições de equilíbrio para o Problema 16-24. Explique o que elas significam.

16-27 O resultado de uma pesquisa recente com estudantes da Universidade de South Wisconsin mostrou que a livraria da Universidade tem 40% do mercado (veja o Problema 16-14). As outras três livrarias, do Bill, a College e a Battle, dividem o restante do mercado. Dado que as probabilidades de estado são as mesmas, qual é a participação de mercado para o próximo período com essas condições iniciais de participação? Que impacto a participação inicial de mercado tem em cada loja no próximo período? Qual é o impacto nas participações de equilíbrio de mercado?

16-28 Sandy Sprunger é sócio da maior operadora de troca rápida de óleo em uma cidade de médio porte no meio-oeste. Atualmente, a empresa tem 60% do mercado. Existe um total de 10 lojas de lubrificação

Dados do Problema 16-28

De	\multicolumn{10}{c}{Para}
	1	2	3	4	5	6	7	8	9	10
1	0,60	0,10	0,10	0,10	0,05	0,01	0,01	0,01	0,01	0,01
2	0,01	0,80	0,01	0,01	0,01	0,10	0,01	0,01	0,01	0,03
3	0,01	0,01	0,70	0,01	0,01	0,10	0,01	0,05	0,05	0,05
4	0,01	0,01	0,01	0,90	0,01	0,01	0,01	0,01	0,01	0,02
5	0,01	0,01	0,01	0,10	0,80	0,01	0,03	0,01	0,01	0,01
6	0,01	0,01	0,01	0,01	0,01	0,91	0,01	0,01	0,01	0,01
7	0,01	0,01	0,01	0,01	0,01	0,10	0,70	0,01	0,10	0,04
8	0,01	0,01	0,01	0,01	0,01	0,10	0,03	0,80	0,01	0,01
9	0,01	0,01	0,01	0,01	0,01	0,10	0,01	0,10	0,70	0,04
10	0,01	0,01	0,01	0,01	0,01	0,10	0,10	0,05	0,00	0,70

rápida na área. Depois de realizar algumas pesquisas básicas de marketing, Sandy determinou as probabilidades iniciais ou fatias de mercado mais a matriz de transição que representam as probabilidades de que os consumidores troquem de uma loja de lubrificantes para outra. Esses valores são apresentados na tabela a seguir: As probabilidades iniciais ou participações de mercado para as lojas de 1 a 10 são: 0,6, 0,1, 0,1, 0,1, 0,05, 0,01, 0,01, 0,01, 0,01 e 0,01.

(a) Com esses dados, determine as fatias de mercado para o próximo período de cada uma das 10 lojas.
(b) Quais são as fatias de mercado de equilíbrio?
(c) Sandy acredita que as estimativas originais das participações de mercado estavam erradas. Ela acredita que a Loja 1 tem 40% do mercado e a 2, 30%. Todas as demais permanecem com os mesmos valores. Se esse for o caso, qual é o impacto nas participações de mercado para o próximo período e as participações de equilíbrio?
(d) Uma consultora de marketing acredita que a Loja 1 tem um grande apelo. Ela acredita que essa Loja irá reter 99% da sua participação de mercado atual e que 1% pode mudar para a Loja 2. Se a consultora está certa, a Loja 1 terá 90% do mercado no longo prazo?

16-29 Durante uma visita recente ao seu restaurante favorito, Sandy (proprietária da Loja 1) encontrou Chris Talley (proprietária da Loja 7) (Veja o Problema 16-28). Após um almoço agradável, Sandy e Chris tiveram uma discussão acalorada sobre as participações de mercado para as operações de troca rápida de óleo na cidade delas. Aqui está a conversa:

Sandy: Minha empresa é tão superior que depois que alguém troca o óleo em uma das minhas lojas, ele nunca mais faz isso em outro local. Pensando bem, talvez uma pessoa em 100 irá testar a sua loja após visitar uma das minhas. Em um mês, eu terei 99% do mercado e você terá 1% do mercado.

Chris: Você entendeu tudo ao contrário. Em um mês, eu terei 99% do mercado e você terá apenas 1%. De fato, eu pagarei a você uma refeição no restaurante de sua escolha se você estiver certa. Se eu estiver certa, você vai me pagar um daqueles grandes bifes no restaurante de carnes do David. Fechado?

Sandy: Sim! Pegue o seu talão de cheques ou cartão de crédito. Você terá o privilégio de pagar uma refeição para dois no restaurante caríssimo de frutos do mar do Anthony.

(a) Suponha que Sandy esteja certa sobre os clientes que frequentam uma de suas lojas de troca rápida de óleo. Ela vencerá a aposta com Chris?
(b) Suponha que Chris esteja correta sobre os clientes que visitam uma de suas lojas de troca rápida de óleo. Ela vencerá a aposta?
(c) Descreva o que aconteceria se tanto Sandy quanto Chris estiverem corretas sobre os consumidores que visitam as suas lojas de troca rápida de óleo.

16-30 A primeira loja de troca rápida de óleo no Problema 16-28 retém 73% do mercado. Isso representa uma probabilidade de 0,73 na primeira linha e na primeira coluna da matriz de probabilidades de transição. Os outros valores de probabilidades na primeira linha são igualmente distribuídos entre as outras lojas (isto é, 3% cada). Que impacto isso tem nas fatias de mercado de equilíbrio para as lojas de troca rápida de óleo?

PROBLEMAS EXTRAS NA INTERNET

Veja em **www.bookman.com.br** os problemas adicionais 16-31 a 16-34 (em inglês).

ESTUDO DE CASO

Rentall Trucks

Jim Fox, executivo da Rentall Trucks, não conseguia acreditar. Ele havia contratado um dos melhores escritórios de advogados, a Folley, Smith e Christensen. Os honorários para fazer o contrato foram mais de $50000. A Folley, Smith e Christensen, entretanto, cometeu uma omissão importante nos contratos e esse deslize provavelmente custará milhões de dólares à Rentall Trucks. Pela centésima vez, Jim analisou a situação e considerou o inevitável.

A Rentall Trucks foi fundada por Robert (Bob) Renton há mais de 10 anos. Ela se especializou em alugar caminhões para pessoas físicas e jurídicas. A empresa prosperou e Bob aumentou seu valor líquido em milhões de dólares. Bob foi uma lenda nos negócios de aluguel, conhecido por todos por seu tino aguçado para os negócios.

Apenas um ano e meio atrás, alguns executivos da Rentall e alguns investidores de fora se ofereceram para comprar a Rentall de Bob, que estava próximo de se aposentar, e a oferta foi inacreditável. Seus filhos e netos poderiam viver com muito conforto com os resultados da venda. A Folley, Smith e Christensen fez os contratos para os executivos da Rentall e para os outros investidores e a venda foi feita.

Sendo um perfeccionista, foi apenas uma questão de tempo até Bob visitar os escritórios da Rentall para relatar todos os erros que a empresa estava fazendo e como resolver alguns dos seus problemas. Pete Rosen, diretor da Rentall, ficou extremamente irritado com as constantes interferências de Bob e em um breve encontro de 10 minutos, Pete disse a Bob que nunca mais entrasse no escritório da Rentall novamente. Foi então que Bob decidiu reler os contratos e ele e seu advogado descobriram que nenhuma cláusula impedia que Bob competisse diretamente com a Rentall.

O breve encontro de dez minutos com Pete Rosen foi o início da Rentran. Em menos de seis meses, Bob Renton tinha atraído alguns dos principais executivos da Rentall para o seu novo negócio, Rentran, que competiria diretamente com a Rentall Trucks de todas as formas. Após poucos meses de operações, Bob estimou que a Rentran tinha aproximadamente 5% do mercado total nacional de aluguel de caminhões. A Rentall tinha cerca de 80% do mercado e outra empresa, a National Rentals, tinha os restantes 15% do mercado.

Jim Fox da Rentall estava em estado de choque. Em poucos meses, a Rentran já havia capturado 5% do total do mercado. A essa taxa, a Rentran dominaria completamente o mercado em poucos anos. Pete Rosen perguntava a si mesmo se a Rentall poderia manter 50% do mercado no longo prazo. Como resultado dessas preocupações, Pete contratou uma empresa de pesquisa de marketing que analisou uma amostra aleatória de clientes de aluguel de caminhões. A amostra consistiu em 1000 clientes existentes ou potenciais. A empresa de pesquisa de marketing foi muito cuidadosa assegurando que a amostra representasse as verdadeiras condições de mercado. A amostra, recolhida em agosto, consistiu em 800 consumidores da Rentale, 60 da Rentran e os restantes da National. A mesma amostra foi analisada no mês seguinte com respeito à propensão dos consumidores de trocar de companhia. Dos clientes originais da Rentall, 200 mudaram para a Rentran e 80 para a National. A Rentran conseguiu reter 51 dos seus clientes originais. Três clientes mudaram para a Rentall e seis para a National. Finalmente, 14 clientes mudaram da National para a Rentall e 35 da Nacional para a Rentran.

O encontro da diretoria aconteceria em duas semanas e havia algumas questões difíceis a serem respondidas: o que aconteceu e o que pode ser feito em relação à Rentran? Na opinião de Jim Fox, nada pode ser feito sobre a custosa omissão da Folley, Smith e Christensen. A única solução seria a tomada imediata de ações corretivas que poderiam frear a habilidade da Rentran de atrair os consumidores da Rentall.

Depois de uma análise cuidadosa da Rentran, da Rentall e dos negócios de aluguel de caminhões em geral, Jim concluiu que mudanças imediatas seriam necessárias em três áreas: política de aluguel, publicidade e linha de produtos. Com respeito à política de aluguéis, várias mudanças deveriam ser feitas para tornar o aluguel de um caminhão fácil e rápido. A Rentall poderia implementar muitas das técnicas usadas pela Hertz e outras agências de aluguel de carros. Além disso, seria necessário mudanças na linha de produtos. Os menores caminhões da Rentall deveriam ser mais confortáveis e fáceis de dirigir. Transmissão automática, assentos individuais confortáveis, ar-condicionado, sistemas de rádio e CD estéreo de qualidade e piloto automático deveriam ser incluídos. Embora caros e difíceis de manter, esses itens poderiam fazer uma diferença significativa na participação de mercado. Finalmente, Jim sabia que era preciso mais publicidade. A publicidade tinha que ser imediata e agressiva. A propaganda no jornal e na televisão tinha que aumentar e uma boa campanha publicitária era necessária. Se essas novas mudanças fossem implementadas já, existiria uma boa chance de a Rentall conseguir manter sua fatia de mercado próxima aos 80%. Para confirmar a hipótese de Jim, a mesma empresa de pesquisa de marketing foi empregada para analisar os efeitos dessas mudanças utilizando a mesma amostra de 1000 clientes.

A empresa de pesquisa de marketing Meyers Marketing Research executou um teste-piloto na amostra de 1000 clientes. Os resultados da análise revelaram que a Rentall perderia somente 100 dos seus clientes originais para a Rentran e 20 para a National se a nova política fosse implementada. Além disso, a Rentall atrairia consumidores tanto da Rentran quanto da National. Foi estimado que a Rentall obteria agora 9 clientes da Rentran e 28 da National.

Questões para discussão

1. Quais serão as participações de mercado em um mês se essas mudanças forem feitas? E se não forem feitas?
2. Quais serão as fatias de mercado em três meses com as mudanças?
3. Se as condições de mercado não mudarem, qual é a participação de mercado da Rentall no longo prazo? Como isso se compara à participação de mercado se as mudanças não forem feitas?

ESTUDOS DE CASO NA INTERNET

Veja em **www.bookman.com.br** os estudos de caso adicionais (em inglês).

BIBLIOGRAFIA

AVIV, Yossi, PAZGAL, Amit. A Partially Observed Markov Decision Process for Dynamic Pricing. *Management Science*. v 1, n. 9, September 2005, p. 1400-16.

ÇELIKYURT, U., ÖZEKICI, S. Multiperiod Portfolio Optimization Models in Stochastic Markets Using the Mean-Variance Approach. *European Journal of Operational Research*. v. 179, n. 1, 2007, p. 186-202.

DESLAURIERS, Alexandre, et al. Markov Chain Models of a Telephone Call Center with Call Blending. Computers & Operations Research. v. 34, n. 6, 2007, p. 1616-45

FREEDMAN, D. *Markov Chains*. San Francisco: Holden-Day, Inc., 1971.

JUNEJA, Sandeep, SHAHABUDDIN, Perwez. Fast Simulation of Markov Chains with Small Transition Probabilities. *Management Science*. v. 47, n. 4, April 2001, p. 547-62.

PARK, Yonil, SPOUGE, John L. Searching for Multiple Words in a Markov Sequence. *INFORMS Journal on Computing*. v. 16, n. 4, Fall 2004, p. 341-347.

RENAULT, Jérôme. The Value of Markov Chain Games with Lack of Information on One Side. *Mathematics of Operations Research*. v. 31, n. 3, August 2006, p. 490-512.

ZHU, Quanxin, GUO, Xianping. Markov Decision Processes with Variance Minimization: A New Condition and Approach. *Stochastic Analysis & Applications*. v. 25, n. 3, 2007, p. 577-92.

APÊNDICE 16.1: ANÁLISE DE MARKOV COM O QM PARA WINDOWS

A análise de Markov pode ser utilizada para uma variedade de problemas práticos, incluindo participação de mercado, condições de equilíbrio e identificação de pacientes no sistema médico. O exemplo das mercearias foi usado para mostrar como a análise de Markov pode ser utilizada para determinar futuras condições de participação no mercado. Os Programas 16.1 e 16.2 revelam como o QM para Windows é usado para calcular as participações no mercado e condições de equilíbrio. Note que as condições iniciais e as participações no mercado finais (probabilidades) também são apresentadas.

Uma análise dos estados absorventes também é incluída neste capítulo utilizando o exemplo das contas a receber. O Programa 16.3 mostra como o QM para Windows é usado para calcular a quantia paga e de dívidas ruins utilizando a análise de estados absorventes.

Três Mercearias Solution

	State 1	State 2	State 3
End of Period 1			
State 1	,8	,1	,1
State 2	,1	,7	,2
State 3	,2	,2	,6
End prob (given initial)	,41	,31	,28
End of Period 2			
State 1	,67	,17	,16
State 2	,19	,54	,27
State 3	,3	,28	,42
End prob (given initial)	,42	,31	,27
End of Period 3			
State 1	,59	,22	,2
State 2	,26	,45	,29
State 3	,35	,31	,34

PROGRAMA 16.1
Análise de Markov com o QM para Windows para as três mercearias.

PROGRAMA 16.2
Resultados da análise de Markov para o exemplo das três mercearias.

Três Mercearias 5 step transition matrix			
	State 1	State 2	State 3
State 1	,49247	,27233	,2352
State 2	,34659	,36866	,28475
State 3	,39614	,32188	,28198
Ending probability (given	,41981	,31609	,2641
Steady State probability	,42107	,3158	,26317

PROGRAMA 16.3
Resultados da análise dos estados absorventes do exemplo das contas a receber da Seção 16.7.

Contas a Receber Solution				
Markov Matrix (sorted if necessary)	Pago	Débito Ruim	Atrasada até 1 mês	Atrasada até 3 meses
Pago	1	0	0	0
Débito Ruim	0	1	0	0
Atrasada até 1 mês	,6	0	,2	,2
Atrasada até 3 meses	,4	,1	,3	,2
B matrix	Atrasada até 1 mês	Atrasada até 3 meses		
Atrasada até 1 mês	,2	,2		
Atrasada até 3 meses	,3	,2		
F matrix (I-B)^-1	Atrasada até 1 mês	Atrasada até 3 meses		
Atrasada até 1 mês	1,3793	,3448		
Atrasada até 3 meses	,5172	1,3793		
FA matrix	Pago	Débito Ruim		
Atrasada até 1 mês	,9655	,0345		
Atrasada até 3 meses	,8621	,1379		

APÊNDICE 16.2: ANÁLISE DE MARKOV COM EXCEL

Executar as operações matriciais da análise de Markov é muito fácil com o Excel, embora o processo de entrada seja diferente da maioria das operações da planilha. As duas funções que podem ser úteis com matrizes são MATRIZ.MULT, para a multiplicação de matrizes, e MATRIZ.INVERSO, para encontrar o inverso de uma matriz. Contudo, procedimentos especiais são usados quando elas são inseridas na planilha. A adição e subtração de matrizes também são fáceis no Excel com a utilização de procedimentos especiais.

Utilizando o Excel para prever futuras posições de mercado

Ao utilizar a análise de Markov para prever posições futuras no mercado ou estados futuros, matrizes são multiplicadas. Para multiplicar matrizes no Excel, usamos a MATRIZ.MULT da seguinte forma:

1. Marque as células que irão conter a matriz resultado.
2. Digite MATRIZ.MULT(matriz 1, matriz 2), onde matriz 1 e matriz 2 são os intervalos de células das duas matrizes sendo multiplicadas.
3. Em vez de apenas pressionar Enter, mantenha pressionada as teclas Ctrl e Shift e pressione Enter.

Pressionar Ctrl + Shift + Enter é usado para indicar que uma operação matricial está sendo executada e, dessa forma, as células na matriz mudarão de acordo.

O Programa 16.4A mostra as fórmulas para o exemplo das três mercearias da Seção 16.2. Entramos com o período de tempo na coluna A apenas para referência, pois iremos calcular as probabilidades de estado ao longo do tempo até o período 6. As probabilidades de estado (células B6 a D6) e a matriz de

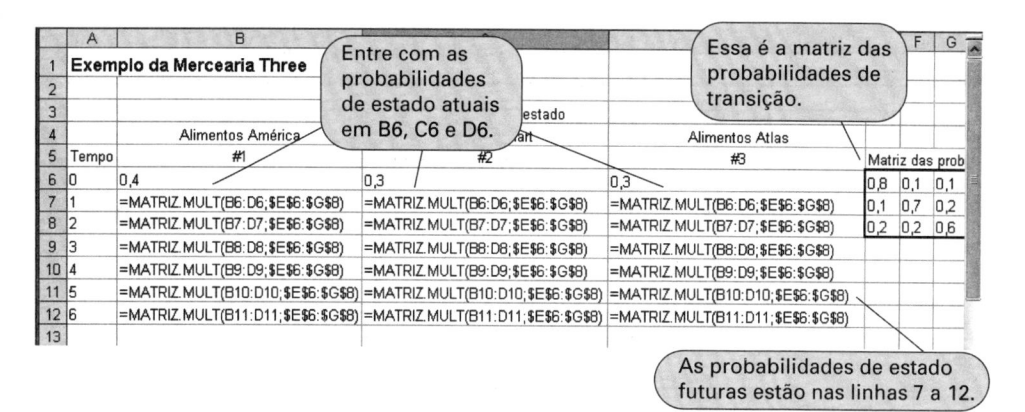

PROGRAMA 16.4A

Dados de entrada e fórmulas do Excel para as três mercearias.

	A	B	C	D	E	F	G
1	Exemplo da Mercearia Three						
2			Entre com as probabilidades de estado atuais em B6, C6 e D6.		Essa é a matriz das probabilidades de transição.		
3				estado			
4		Alimentos América		art	Alimentos Atlas		
5	Tempo	#1	#2	#3	Matriz das prob		
6	0	0,4	0,3	0,3	0,8	0,1	0,1
7	1	=MATRIZ.MULT(B6:D6;$E$6:$G$8)	=MATRIZ.MULT(B6:D6;$E$6:$G$8)	=MATRIZ.MULT(B6:D6;$E$6:$G$8)	0,1	0,7	0,2
8	2	=MATRIZ.MULT(B7:D7;$E$6:$G$8)	=MATRIZ.MULT(B7:D7;$E$6:$G$8)	=MATRIZ.MULT(B7:D7;$E$6:$G$8)	0,2	0,2	0,6
9	3	=MATRIZ.MULT(B8:D8;$E$6:$G$8)	=MATRIZ.MULT(B8:D8;$E$6:$G$8)	=MATRIZ.MULT(B8:D8;$E$6:$G$8)			
10	4	=MATRIZ.MULT(B9:D9;$E$6:$G$8)	=MATRIZ.MULT(B9:D9;$E$6:$G$8)	=MATRIZ.MULT(B9:D9;$E$6:$G$8)			
11	5	=MATRIZ.MULT(B10:D10;$E$6:$G$8)	=MATRIZ.MULT(B10:D10;$E$6:$G$8)	=MATRIZ.MULT(B10:D10;$E$6:$G$8)			
12	6	=MATRIZ.MULT(B11:D11;$E$6:$G$8)	=MATRIZ.MULT(B11:D11;$E$6:$G$8)	=MATRIZ.MULT(B11:D11;$E$6:$G$8)			
13							

As probabilidades de estado futuras estão nas linhas 7 a 12.

PROGRAMA 16.4B

Resultados do Excel para o exemplo das três mercearias.

	A	B	C	D	E	F	G
1	Exemplo da Mercearia Three						
2							
3			Probabilidades de estado				
4		Alimentos América	Alimentos Mart	Alimentos Atlas			
5	Tempo	#1	#2	#3	Matriz das probabilidades de transição		
6	0	0,4000	0,3000	0,3000	0,8	0,1	0,1
7	1	0,4100	0,3100	0,2800	0,1	0,7	0,2
8	2	0,4150	0,3140	0,2710	0,2	0,2	0,6
9	3	0,4176	0,3155	0,2669			
10	4	0,4190	0,3160	0,2650			
11	5	0,4198	0,3161	0,2641			
12	6	0,4203	0,3161	0,2637			

probabilidades de transição (células E6 a G8) são fornecidas como mostrado. Usamos a multiplicação de matrizes para encontrar as probabilidades de estado para o próximo período. Destaque as células B7, C7 e D7 (esse é o local onde a matriz resultante estará) e digite MATRIZ.MULT(B6:D6; E6:G8), como mostrado na tabela. Então pressione Ctrl+Shift+Enter (tudo ao mesmo tempo) e essa fórmula é colocada em cada uma das três células que foram destacadas. Quando você tiver feito isso, o Excel coloca { } ao redor da fórmula na barra de fórmulas no topo da tela. Depois, copiamos as células B7, C7 e D7 para as linhas 8 a 13, como mostrado. O Programa 16.4B mostra o resultado e as probabilidades de estado para os próximos seis períodos.

Utilizando o Excel para encontrar a matriz fundamental e os estados absorventes

O Excel pode ser usado para encontrar a matriz fundamental utilizada para prever condições futuras quando existem estados absorventes. A função MATRIZ.INVERSO é usada no exemplo das contas a receber da Seção 16.7 deste capítulo. O Programa 16.5A mostra as fórmulas e o Programa 16.5B fornece os resultados. Lembre que todas as células da matriz (B18 a C19) devem ser marcadas antes de executar a função MATRIZ.INVERSO. Lembre também que as teclas Ctrl + Shift + Enter devem ser pressionadas simultaneamente.

A adição e a subtração de matriz podem ser feitas de forma similar aos métodos recém-descritos. No Programa 16.5A, a matriz I – B foi calculada utilizando o método matricial. Primeiro, destacamos (marcamos) as células B14 a C15 (onde a planilha deve colocar o resultado). Depois, digitamos a fórmula vista nessas células e pressionamos teclas Ctrl + Shift + Enter (as três teclas devem ser pressionadas simultaneamente), fazendo com que a fórmula seja inserida em cada uma das células. O Excel então calcula os valores apropriados como mostrado no Programa 16.5B.

PROGRAMA 16.5A
Dados de entrada e fórmulas do Excel para o exemplo das contas a receber.

	A	B	C	D	E	F	G
1		Exemplo de de contas a receber					
2							
3				1	0	0	0
4	P=	I : 0	=	0	1	0	0
5		A : B		0,6	0	0,2	0,2
6				0,4	0,1	0,3	0,2
7							
8							
9		I - B =		=D3:E4-F5:G6	=D3:E4-F5:G6		
10				=D3:E4-F5:G6	=D3:E4-F5:G6		
11							
12		F = (I - B) inversa		=MATRIZ.INVERSO(D9:E10)	=MATRIZ.INVERSO(D9:E10)		
13				=MATRIZ.INVERSO(D9:E10)	=MATRIZ.INVERSO(D9:E10)		
14							
15		FA =		=MATRIZ.MULT(D12:E13;D5:E6)	=MATRIZ.MULT(D12:E13;D5:E6)		
16				=MATRIZ.MULT(D12:E13;D5:E6)	=MATRIZ.MULT(D12:E13;D5:E6)		
17							

Essa é a matriz das probabilidades de transição particionada da Seção 16.7.

Calcule a matriz fundamental (F) com a função MATRIZ.INVERSO.

Calcule a matriz FA com a função MATRIZ.MULT.

PROGRAMA 16.5B
Resultados do Excel para o exemplo das contas a receber.

	A	B	C	D	E	F	G	H	I
1		Exemplo de de contas a receber							
2									
3				1	0	0	0		
4	P=	I : 0	=	0	1	0	0		
5		A : B		0,6	0	0,2	0,2		
6				0,4	0,1	0,3	0,2		
7									
8									
9		I - B =		0,8	-0,2				
10				-0,3	0,8				
11									
12		F = (I - B) inversa		1,37931	0,344828				
13				0,517241	1,37931				
14									
15		FA =		0,965517	0,034483				
16				0,862069	0,137931				
17									

CAPÍTULO **17**

Controle Estatístico de Qualidade

OBJETIVOS DE APRENDIZAGEM

Depois de ler este capítulo, os alunos serão capazes de:
1. Definir a qualidade de um produto ou serviço
2. Desenvolver quatro tipos de gráficos de controle: R, p, c e $\bar{x}$
3. Entender as bases teóricas do controle estatístico de qualidade, incluindo do teorema central do limite
4. Saber se um processo está sob controle

VISÃO GERAL DO CAPÍTULO

17.1 Introdução
17.2 Definindo qualidade e a gestão da qualidade total (TQM)
17.3 Controle Estatístico do Processo (CEP)
17.4 Gráficos de controle para variáveis
17.5 Gráficos de controle para atributos

Resumo • Glossário • Equações-chave • Problemas resolvidos • Autoteste • Questões para discussão e problemas • Problemas extras na Internet • Estudos de caso na Internet • Bibliografia

Apêndice 17.1: Usando o QM para Windows para o CEP

17.1 INTRODUÇÃO

O controle estatístico do processo utiliza estatística e probabilidade para auxílio no controle do processo e para a produção de bens e produtos consistentes.

Existe mais de uma empresa tentando produzir e vender quase todo produto ou serviço. O preço é o fator determinante se uma venda é feita ou perdida, mas outro aspecto é a *qualidade*. De fato, a qualidade é, frequentemente, a questão principal e a má qualidade pode ser muito cara tanto para a empresa fabricante quanto para o consumidor.

Por esse motivo, empresas empregam táticas de gerenciamento da qualidade. O gerenciamento da qualidade, mais frequentemente chamado de *Controle da Qualidade* (CQ), é crucial em toda a organização. Um dos principais papéis de um administrador é assegurar que sua empresa tenha um produto de qualidade no lugar certo, no tempo certo e por um preço justo. A qualidade não é uma preocupação apenas dos produtos manufaturados, mas também é importante para serviços, de bancos a hospitais e educação.

Começamos este capítulo tentando definir o que é a qualidade. Depois, lidamos com a metodologia mais importante para o gerenciamento da qualidade, o Controle Estatístico do Processo (CEP). O CEP é a aplicação das ferramentas estatísticas discutidas no Capítulo 2 ao controle de processos que resulta em produtos e serviços.

17.2 DEFININDO QUALIDADE E A GESTÃO DA QUALIDADE TOTAL (TQM)

A qualidade de um produto ou serviço é o grau que o produto ou serviço atende as especificações.

Para algumas pessoas, um produto de qualidade é forte, pesado e, em geral, mais durável que outros produtos. Em alguns casos, essa é uma boa definição da qualidade de um produto, mas nem sempre. Um bom fusível, por exemplo, *não* é aquele que dura mais durante períodos de corrente de alta voltagem. Assim, a *qualidade de um produto ou serviço* é o grau que o produto ou serviço atende as especificações. As definições de qualidade também incluem uma ênfase na satisfação das necessidades do consumidor. Como você pode ver na Tabela 17.1, as duas primeiras são semelhantes a nossa definição.

O gerenciamento total da qualidade envolve toda a organização.

A Gestão da Qualidade Total (TQM – *Total Quality Management*) refere-se a uma ênfase na qualidade que engloba toda a empresa, dos fornecedores aos consumidores. A TQM enfatiza um compromisso da gerência em ter toda a empresa direcionada à excelência em todos os aspectos dos produtos e serviços que são importantes para os consumidores. Satisfazer as expectativas dos consumidores requer uma preocupação com a TQM, se a empresa pretende competir e liderar mercados globais.

TABELA 17.1 Várias definições de qualidade

"Qualidade é o grau que um produto atende ao projeto ou às especificações."
GILMORE H. L Product Conformance Cost. *Quality Progress*, June 1974, p.16.

"Qualidade é a totalidade das características que um produto ou serviço traz consigo na sua habilidade de satisfazer necessidades implícitas ou explícitas."
JOHNSON, Ross, WINCHELL, William O. *Production and Quality*. Milwaukee (WI): American Society of Quality Control, 1989, p. 2.

"Qualidade é adequação ao uso."
JURAN, J. M. *Quality Control Handbook*. New York: McGraw-Hill, 1974, p. 2. 3rd ed.

"Qualidade é definida pelo consumidor; o consumidor quer produtos e serviços que, ao longo da sua vida, satisfaçam necessidades e expectativas a um custo que representa valor."
Definição de Ford como apresentada SCHERKENBACH, William W. *Deming's Road to Continual Improvement*. Knoxville, TN: SPC Press, 1991, p. 161.

"Mesmo que a qualidade não possa ser definida, você sabe o que ela é."
PIRSIG, R. M.. *Zen and the Art of Motorcycle Maintenance*. New York: Bantam Books, 1974, p. 213.

HISTÓRIA — Como o controle de qualidade evoluiu

No início do século XX, um artesão habilidoso começava e terminava um produto inteiro. Com a revolução industrial e o sistema de fábricas, trabalhadores não tão habilidosos, cada um fazendo uma pequena porção do produto final, tornou-se uma situação comum. Com isso, a responsabilidade pela qualidade final de um produto foi transferida aos supervisores e o orgulho artesanal declinou.

À medida que as empresas se tornaram grandes no século XX, a inspeção tornou-se mais técnica e organizada. Os inspetores eram frequentemente agrupados; seu trabalho era assegurar que lotes ruins não fossem enviados aos consumidores. A partir de 1920, as principais ferramentas de Controle de Qualidade foram desenvolvidas. W. Shewhart introduziu os gráficos de controle em 1924 e, em 1930, H. F. Dodge e H. G. Romig projetaram tabelas de aceitação por amostragem. Também nessa época, a importância do CQ em todas as áreas de uma empresa tornou-se reconhecida.

Durante e após a Segunda Guerra Mundial, a importância da qualidade cresceu, frequentemente com o incentivo do governo americano. As empresas reconheceram que mais do que inspeção, era necessário fazer um produto com qualidade. A qualidade tinha que ser colocada no processo produtivo.

Depois da Segunda Guerra, o norte-americano W. Edwards Deming foi ao Japão ensinar os conceitos estatísticos do CQ a um setor de manufatura devastado. Um segundo pioneiro, J. M. Juran, seguiu Deming ao Japão, reforçando o suporte da alta gerência e o seu envolvimento na batalha da qualidade. Em 1961, V. Feigenbaum escreveu o livro clássico *Total Quality Control* (Controle da Qualidade Total), que lançou uma mensagem fundamental: "faça certo da primeira vez!". Em 1979, Philip Crosby publicou *Quality is Free*, ressaltando a necessidade do empenho dos empregados e da gerência na batalha contra a má qualidade. Em 1988, o governo americano apresentou seu primeiro incentivo, na forma de prêmio, para a obtenção de qualidade. Ele ficou conhecido como Malcolm Baldrige National Quality Awards.

Nos últimos anos, um método de gerenciamento da qualidade denominado Seis Sigma foi desenvolvido na indústria eletrônica. O objetivo do Seis Sigma é a melhoria contínua do desempenho para reduzir e eliminar defeitos. Tecnicamente, para obter a qualidade Seis Sigma, deve-se ter um índice de defeitos menor do que 3,4 por milhão. Essa abordagem da qualidade tem resultado na obtenção de significativas reduções de custo em muitas empresas. A General Electric estima que tenha poupado $12 bilhões durante um período de cinco anos e outras empresas também relataram economias de centenas de milhões de dólares.

17.3 CONTROLE ESTATÍSTICO DO PROCESSO (CEP)

O *Controle Estatístico do Processo* (CEP) envolve determinar e monitorar padrões, tomar medidas e ações corretivas enquanto um produto ou serviço é produzido. Amostras das saídas do processo são examinadas; se elas estão dentro de limites aceitáveis, o processo pode continuar. Se elas ficam fora de certos valores, o processo é parado e, tipicamente, as causas responsáveis são localizadas e removidas.

O Controle Estatístico do Processo ajuda a estabelecer padrões. Ele também pode monitorar, medir e corrigir problemas de qualidade.

Os gráficos de controle são diagramas que mostram limites superiores e inferiores para o processo que está sendo controlado. Um gráfico de controle é uma representação gráfica dos dados sobre o tempo. Os gráficos de controle são construídos de uma forma que dados novos possam ser rapidamente comparados com o desempenho passado. Limites superiores e inferiores em um gráfico de controle pode ser em unidades de temperatura, pressão, peso, comprimento e assim por diante. Coletamos amostras das saídas do processo e representamos a média dessas amostras em um gráfico que também apresenta os limites.

Um diagrama de controle é uma forma gráfica de representar dados sobre o tempo.

A Figura 17.1 apresenta graficamente informações úteis que podem ser representadas nos gráficos de controle. Quando as médias das amostras estão dentro dos limites de controle (superior e inferior) e nenhum padrão é discernível, o processo é dito sob controle; do contrário, o processo está fora de controle ou desajustado.

Variabilidade no processo

Todos os processos estão sujeitos a certo grau de variabilidade. Walter Shewhart, dos Laboratórios Bell, fez a distinção entre causas comuns e especiais de variação enquanto estudava dados de processos, em 1920. O segredo é manter a variação sob controle. Assim, agora vamos analisar como construir gráficos de controle que podem ajudar administradores e trabalhadores a desenvolver um processo capaz de produzir dentro de limites especificados.

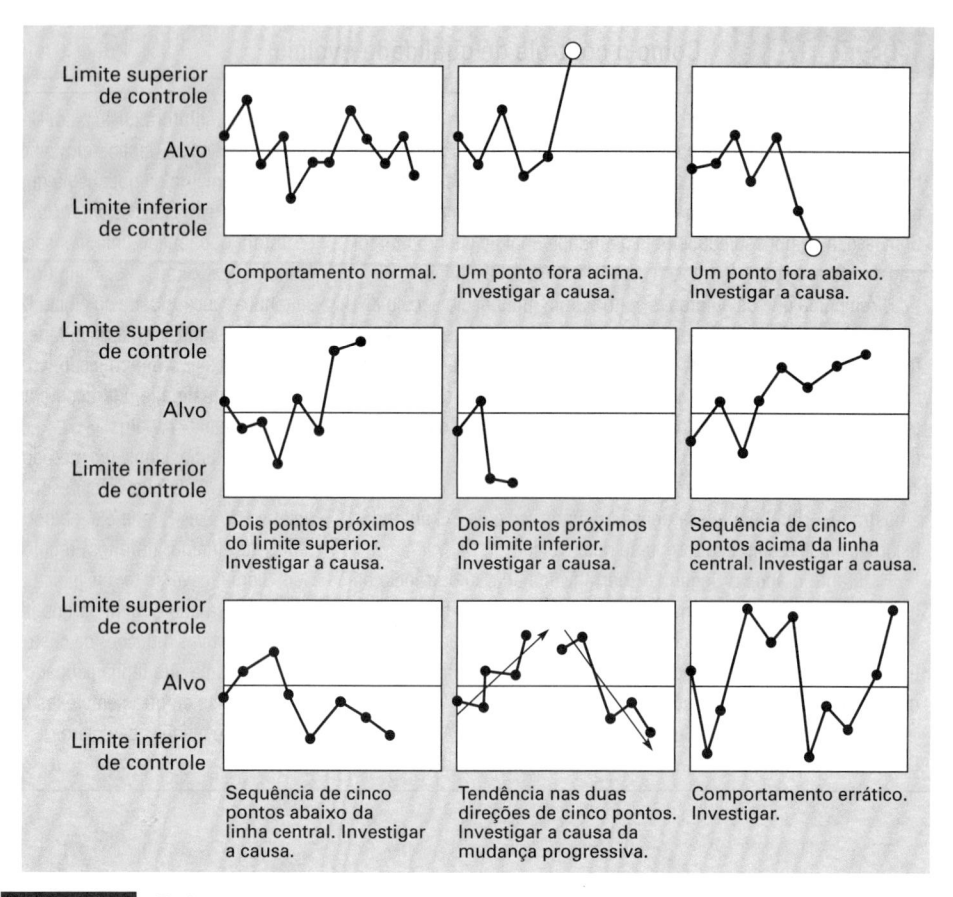

FIGURA 17.1 Padrões que devem ser procurados nos gráficos de controle.

(**Fonte:** HANSEN, Bertrand L. *Quality Control: Theory and Applications*. 1963, p. 65. renovado em 1991. Citado com a permissão da Prentice Hall, Upper Saddle River, NJ.)

Construindo gráficos de controle Quando gráficos de controle são construídos, médias de pequenas amostras (frequentemente de cinco itens ou peças) são usadas, ao contrário de dados de peças individuais. Peças individuais tendem a apresentar um comportamento errático para que seja possível visualizar tendências rapidamente. O propósito dos gráficos de controle é auxiliar a distinguir entre variações naturais e variações que pode ser atribuídas a causas identificáveis.

EM AÇÃO — Controle estatístico do processo auxilia a DuPont e o ambiente

A DuPont descobriu que o CEP é uma excelente forma de resolver problemas ambientais. Com o objetivo de reduzir os resíduos da manufatura e de lixo tóxico em 35%, a DuPont reuniu informações dos seus sistemas de controle de qualidade e de suas bases de dados de gerenciamento de material.

Gráficos e diagramas examinando causas e efeitos revelaram onde os maiores problemas ocorriam. Assim, a empresa começou a reduzir o material descartado por meio da melhoria dos padrões do CEP na produção. Juntando sistemas de monitoramento de informações de chão de fábrica com padrões de qualidade do ar, a DuPont identificou formas de reduzir as emissões. Utilizando um sistema de avaliação de fornecedores acoplado a requerimentos de compras just-in-time, a empresa iniciou o controle sobre o material de risco que entrava.

A DuPont agora economiza mais de 15 milhões de libras de plástico anualmente ao reciclar o material em produtos em vez de simplesmente jogar fora. Por meio da compra eletrônica, a empresa reduziu o gasto com papel a um mínimo, e com o uso de novos projetos de embalagens, cortou o material processado em aproximadamente 40%.

Pela integração do CEP às atividades adequadas ao ambiente, a DuPont fez grandes melhorias que excederam em muito as normas regulamentares e resultaram em enormes economias de custos.

Fonte: Com base em *Automotive Industries*, June 1996, p. 93; e DWINELLS, E. E. SHEFFER, J. P. *APICS – The Performance Advantage*. March 1992, p. 30-31.

Variações naturais Variações naturais afetam quase todos os processos de produção e devem ser esperadas. Essas variações são aleatórias e incontroláveis. As *variações naturais* são as muitas fontes de variação dentro de um processo que está em controle estatístico. Elas se comportam como um sistema constante de causas aleatórias. Embora valores medidos individualmente sejam todos diferentes, como um grupo eles formam um padrão que pode ser descrito por uma distribuição. Quando essas distribuições são normais, elas podem ser caracterizadas por dois parâmetros:

Variações naturais são fontes de variações em um processo que está sob controle estatístico.

1. Média, μ (a medida de tendência central, nesse caso, o valor médio)
2. Desvio padrão, σ (variação, a quantidade em que os pequenos valores diferem dos grandes)

Enquanto a distribuição (precisão da saída) permanecer dentro de limites especificados, o processo é dito "sob controle" e variações modestas são toleráveis.

Variações determináveis Quando um processo não está sob controle, devemos detectar e eliminar as causas especiais (determináveis) de variação. Essas variações não são aleatórias e podem ser controladas quando a sua causa for identificada. Fatores como desgaste da máquina, equipamento mal ajustado, trabalhadores mal treinados ou cansados ou novos lotes de matéria-prima são fontes potenciais de variações determináveis. Gráficos de controle como os ilustrados na Figura 17.1 ajudam o administrador a localizar onde está o problema.

Variações determináveis em um processo podem ser atribuídas a problemas específicos.

A habilidade de um processo operar dentro do controle estatístico é determinada pela variação total que provém de causas naturais – a variação mínima que pode ser obtida após todas as causas determináveis terem sido eliminadas. O objetivo de um sistema de controle de um processo, então, é fornecer um sinal estatístico de quando causas determináveis estão presentes. Com tal sinal, é possível tomar uma ação rápida para eliminar a causa determinável.

17.4 GRÁFICOS DE CONTROLE PARA VARIÁVEIS

Gráficos de controle para a média, $\bar{x}$, e para a amplitude, R, são utilizados para monitorar processos que são mensurados em unidades contínuas. Exemplos típicos seriam o peso, o comprimento e o volume. O gráfico-$\bar{x}$ (gráfico-x barra) indica se mudanças na tendência central de um processo ocorreram. Isso pode ser por fatores como desgaste de ferramentas, aumento gradual da temperatura, um método diferente utilizado no segundo turno ou um novo material com uma resistência diferente. O gráfico-R indica que um ganho ou uma perda de uniformidade ocorreu. Tais mudanças podem ser decorrentes de mancais gastos, peças frouxas, fluxo descontínuo de lubrificante para a máquina ou descuido do operador da máquina. Os dois tipos de gráficos se complementam quanto monitoramos variáveis.

Diagramas da média ($\bar{x}$) medem a tendência central de um processo.

Diagramas da amplitude (R) medem a diferença entre os valores extremos (maior e menor) da amostra.

O teorema central do limite

A base probabilística para o gráfico da média ($\bar{x}$) é o *teorema central do limite*. Em termos gerais, esse teorema afirma que, a despeito da distribuição da população de todas as peças ou serviços, a distribuição de $\bar{x}$ (média da amostra retirada da população considerada) será aproximadamente normal à medida que o tamanho da amostra aumenta. Felizmente, mesmo se n é bastante pequeno (como 4 ou 5 observações), a distribuição da média será ainda aproximadamente normal. O teorema declara que (1) a média da distribuição de $\bar{x}$ (representada por $\mu_{\bar{x}}$) será igual à média da população (representada por μ) e (2) o desvio padrão da distribuição amostral, $\sigma_{\bar{x}}$, será igual ao desvio padrão da população (σ) dividido pela raiz quadrada do tamanho da amostra, n. Em outras palavras:

O teorema central do limite declara que a distribuição da média de uma amostra segue uma distribuição normal à medida que o tamanho da amostra aumenta.

$$\mu_{\bar{x}} = \mu \quad e \quad \sigma_{\bar{x}} = \frac{\sigma_x}{\sqrt{n}}$$

Embora possam existir situações em que podemos conhecer $\mu_{\bar{x}}$ e (μ), normalmente devemos estimar esse valor com a média de todas as médias das amostras (representada como $\bar{\bar{x}}$).

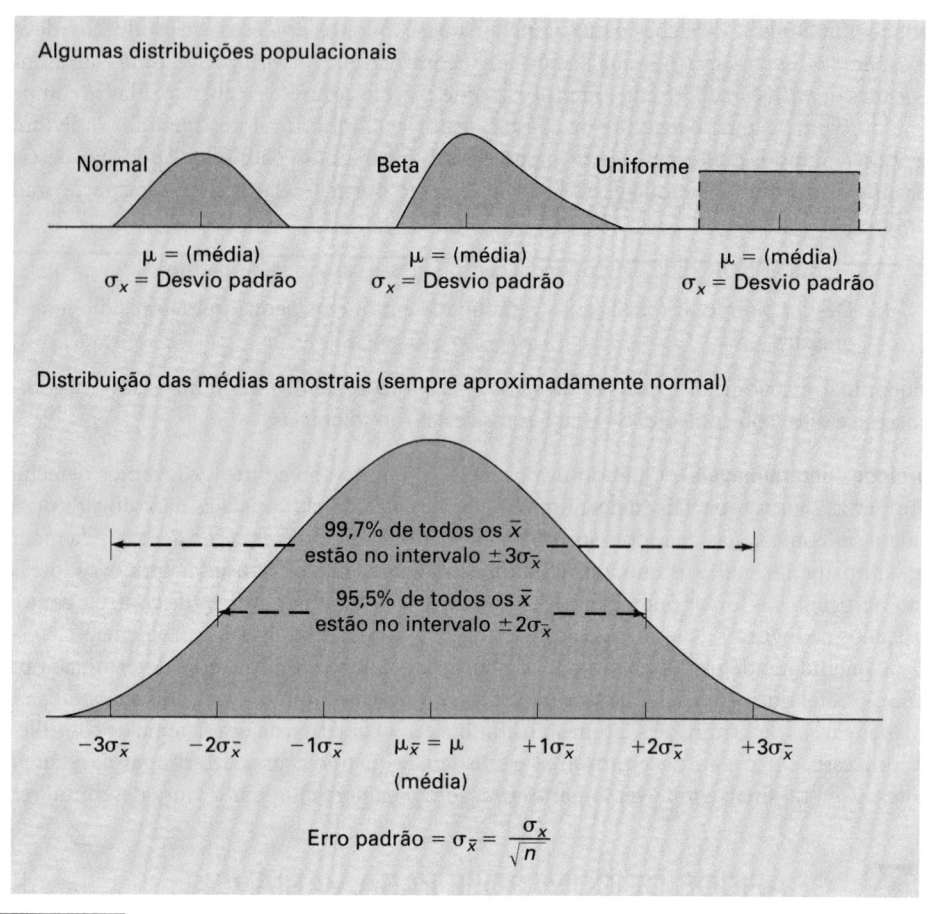

FIGURA 17.2 Populações e distribuição amostral.

A Figura 17.2 mostra três possíveis distribuições populacionais, cada uma com sua média, μ, e desvio padrão, σ_x. Se uma série de amostras aleatórias ($\bar{x}_1, \bar{x}_2, \bar{x}_3, \bar{x}_4$ e assim por diante), cada uma de tamanho n, é retirada de qualquer uma delas, a distribuição resultante, $\bar{x}_i$, será semelhante à curva da parte inferior da Figura 17.2. Em virtude de ela ser uma distribuição normal (discutida no Capítulo 2), podemos afirmar que:

1. 99,74% das vezes, as médias amostrais estarão em um intervalo de $\pm 3\sigma_{\bar{x}}$ em torno da média da população se o processo tiver apenas variações aleatórias.

2. 95,44% das vezes, as médias amostrais estarão em um intervalo de $\pm 2\sigma_{\bar{x}}$ em torno da média da população se o processo tiver somente variações aleatórias.

Se um ponto do gráfico de controle fica fora do intervalo $\pm 3\sigma_{\bar{x}}$ dos limites de controle, estaremos 99,74% certos de que o processo mudou. Essa é a teoria por trás dos gráficos de controle.

Estabelecendo os limites de gráfico de $\bar{x}$

Se soubermos por meio de dados históricos o desvio padrão da população do processo, $\sigma_{\bar{x}}$, podemos determinar os limites (superior e inferior) de controle pelas seguintes fórmulas:

$$\text{LSC (Limite superior de controle)} = \bar{\bar{x}} + z\sigma_{\bar{x}} \quad (17\text{-}1)$$

$$\text{LIC (Limite inferior de controle)} = \bar{\bar{x}} - z\sigma_{\bar{x}} \quad (17\text{-}2)$$

onde:

$\bar{\bar{x}}$ = média das médias amostrais

z = número de desvios padrão (2 para 95,5% de confiança, 3 para 99,7%)

$\sigma_{\bar{x}}$ = desvio padrão da distribuição amostral das médias das amostras = $\dfrac{\sigma_x}{\sqrt{n}}$

Exemplo de enchimento de caixas Suponha que um lote de produção grande de caixas de cereais matinais é amostrado a cada hora. Para determinar os limites de controle que incluem 99,7% das médias amostrais, 36 caixas são aleatoriamente selecionadas e pesadas. O desvio padrão da população das caixas é estimado, por meio da análise de dados anteriores, como

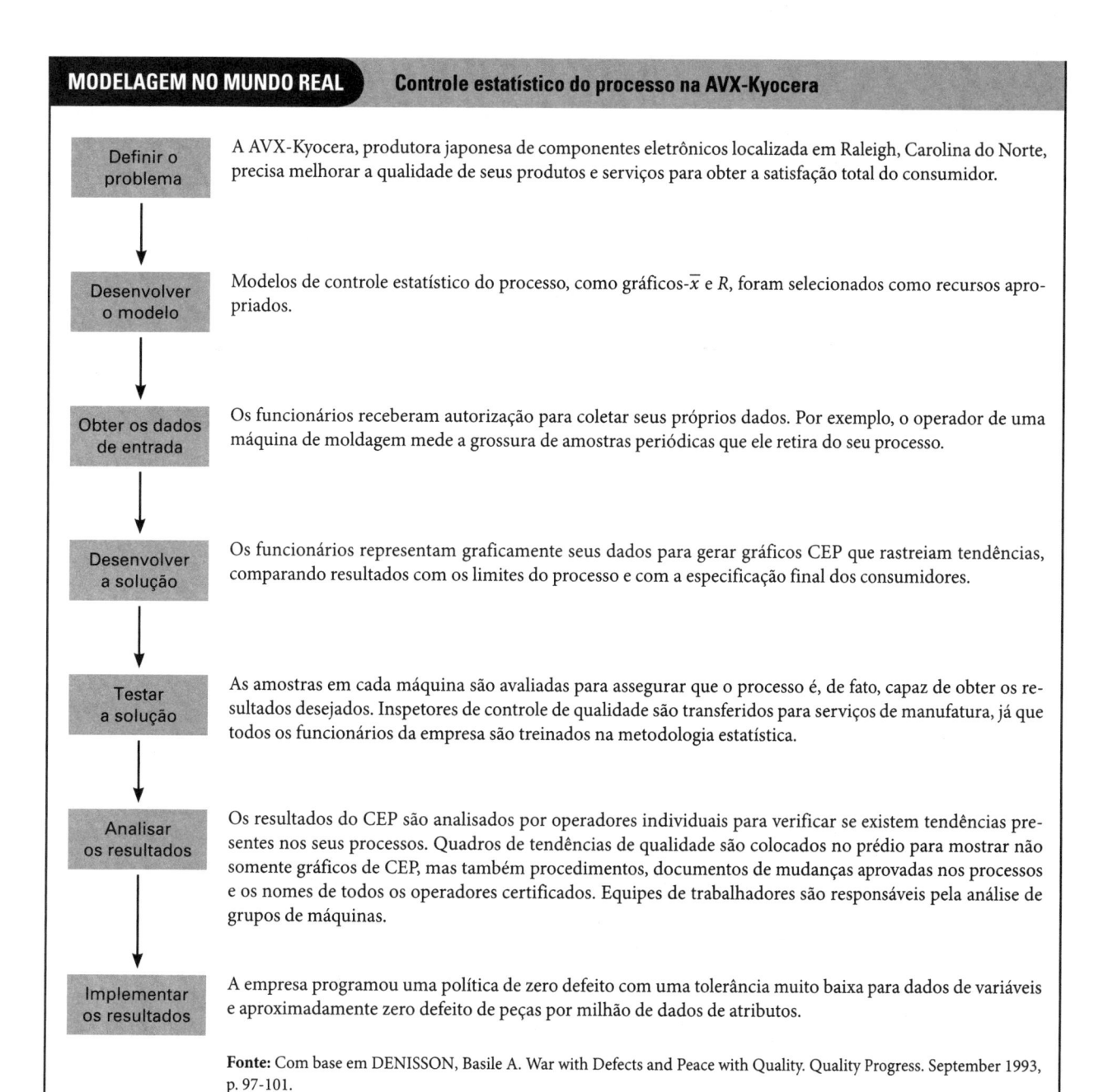

MODELAGEM NO MUNDO REAL — **Controle estatístico do processo na AVX-Kyocera**

Definir o problema
A AVX-Kyocera, produtora japonesa de componentes eletrônicos localizada em Raleigh, Carolina do Norte, precisa melhorar a qualidade de seus produtos e serviços para obter a satisfação total do consumidor.

Desenvolver o modelo
Modelos de controle estatístico do processo, como gráficos-$\bar{x}$ e R, foram selecionados como recursos apropriados.

Obter os dados de entrada
Os funcionários receberam autorização para coletar seus próprios dados. Por exemplo, o operador de uma máquina de moldagem mede a grossura de amostras periódicas que ele retira do seu processo.

Desenvolver a solução
Os funcionários representam graficamente seus dados para gerar gráficos CEP que rastreiam tendências, comparando resultados com os limites do processo e com a especificação final dos consumidores.

Testar a solução
As amostras em cada máquina são avaliadas para assegurar que o processo é, de fato, capaz de obter os resultados desejados. Inspetores de controle de qualidade são transferidos para serviços de manufatura, já que todos os funcionários da empresa são treinados na metodologia estatística.

Analisar os resultados
Os resultados do CEP são analisados por operadores individuais para verificar se existem tendências presentes nos seus processos. Quadros de tendências de qualidade são colocados no prédio para mostrar não somente gráficos de CEP, mas também procedimentos, documentos de mudanças aprovadas nos processos e os nomes de todos os operadores certificados. Equipes de trabalhadores são responsáveis pela análise de grupos de máquinas.

Implementar os resultados
A empresa programou uma política de zero defeito com uma tolerância muito baixa para dados de variáveis e aproximadamente zero defeito de peças por milhão de dados de atributos.

Fonte: Com base em DENISSON, Basile A. War with Defects and Peace with Quality. Quality Progress. September 1993, p. 97-101.

sendo de 2 onças. A média de todas as amostras é 16 onças. Então, temos $\bar{\bar{x}} = 16$ onças, $\sigma_x = 2$ onças, $n = 36$ e $z = 3$. Os limites de controle são:

$$\text{LSC}_{\bar{x}} = \bar{\bar{x}} + z\sigma_{\bar{x}} = 16 + 3\left(\frac{2}{\sqrt{36}}\right) = 16 + 1 = 17 \text{ onças}$$

$$\text{LIC}_{\bar{x}} = \bar{\bar{x}} - z\sigma_{\bar{x}} = 16 - 3\left(\frac{2}{\sqrt{36}}\right) = 16 - 1 = 15 \text{ onças}$$

Se o desvio padrão do processo não estiver disponível ou é difícil de calcular, o que é normalmente o caso, essas equações se tornam impraticáveis. Na prática, os cálculos dos limites de controle têm como base a amplitude média em vez do desvio padrão. Podemos utilizar as equações:

Os limites do gráfico de controle podem ser determinados utilizando a amplitude em vez do desvio padrão.

$$\text{LSC}_{\bar{x}} = \bar{\bar{x}} + A_2\bar{R} \qquad (17\text{-}3)$$

$$\text{LIC}_{\bar{x}} = \bar{\bar{x}} - A_2\bar{R} \qquad (17\text{-}4)$$

onde:

$\bar{R}$ = média das amostras

A_2 = valor encontrado na Tabela 17.2 (que assume que $Z = 3$)

$\bar{\bar{x}}$ = média das médias amostrais

Exemplo da Super Cola A Super Cola engarrafa refrigerantes em embalagens que anunciam "peso líquido 16 ouças". Uma média geral do processo de 16,01 onças foi determinada tomando vários lotes de amostras, em que cada amostra era composta de cinco garrafas. A amplitude média do processo é 0,25 onças. Queremos determinar os limites (superior e inferior) de controle para a média desse processo.

Analisando a Tabela 17.2 e uma amostra de cinco na coluna A_2 do fator média, encontramos o número 0,577. Assim, os limites superior e inferior de controle são:

$$\begin{aligned}
\text{LSC}_{\bar{x}} &= \bar{\bar{x}} + A_2\bar{R} \\
&= 16,01 + (0,577)(0,25) \\
&= 16,01 + 0,144 \\
&= 16,154 \\
\text{LIC}_{\bar{x}} &= \bar{\bar{x}} - A_2\bar{R} \\
&= 16,01 - 0,144 \\
&= 15,866
\end{aligned}$$

O limite superior de controle é 16,154 e o inferior é 15,866.

Determinando os limites do gráfico da amplitude

A dispersão ou variabilidade também é importante. A tendência central pode estar sob controle, mas a dispersão pode estar fora de controle.

Acabamos de determinar os limites de controle para a média do processo. Além da preocupação com a média do processo, os administradores estão interessados na *dispersão* ou *variabilidade*. Embora a média do processo esteja sob controle, a variabilidade pode não estar. Por exemplo, algo pode ter ocorrido como o afrouxamento de uma peça do equipamento. Como resultado, a média das amostras pode permanecer a mesma, mas a variação dentro das amostras pode ser grande. Por esse motivo, é bastante comum encontrar um gráfico para a *ampli-*

TABELA 17.2 Fatores para calcular os limites dos gráficos de controle

Tamanho da amostra, n	Fator da média, A_2	Amplitude superior, D_4	Amplitude inferior, D_3
2	1,880	3,268	0
3	1,023	2,574	0
4	0,729	2,282	0
5	0,577	2,114	0
6	0,483	2,004	0
7	0,419	1,924	0,076
8	0,373	1,864	0,136
9	0,337	1,816	0,184
10	0,308	1,777	0,223
12	0,266	1,716	0,284
14	0,235	1,671	0,329
16	0,212	1,636	0,364
18	0,194	1,608	0,392
20	0,180	1,586	0,414
25	0,153	1,541	0,459

Fonte: Reimpresso com a permissão Sociedade Americana para Testes de Materiais. Direitos autorais 1951. Obtida da publicação técnica especial "Controle de qualidade para materiais", p. 63 e 72.

tude de forma a monitorar a variabilidade do processo. A teoria por trás dos gráficos de controle para a amplitude é a mesma da média do processo. São estabelecidos limites que contêm ±3 desvios padrão da distribuição para a amplitude média R. Com algumas poucas hipóteses simplificadoras, podemos determinar os limites (superior e inferior) para a amplitude:

$$\text{LSC}_R = D_4 \overline{R} \qquad (17\text{-}5)$$

$$\text{LIC}_R = D_3 \overline{R} \qquad (17\text{-}6)$$

onde:

LSC_R = limite superior para a amplitude

LIC_R = limite inferior para a amplitude

D_3 e D_4 = valores da Tabela 17.2

Exemplo da amplitude Como um exemplo, considere o processo em que a amplitude média é 53 libras. Se o tamanho da amostra é 5, queremos determinar os limite de controle (superior e inferior) do gráfico da amplitude.

Analisando a Tabela 17.2 e considerando uma amostra de tamanho $n = 5$, encontramos que $D_3 = 0$ e $D_4 = 2,114$. Os limites de controle para o gráfico da amplitude são:

$$\begin{aligned}
\text{LSC}_R &= D_4 \overline{R} \\
&= (2,114)(53 \text{ libras}) \\
&= 112,042 \text{ libras} \\
\text{LIC}_R &= D_3 \overline{R} \\
&= (0)(53 \text{ libras}) \\
&= 0
\end{aligned}$$

Um resumo das etapas para criar e utilizar os gráficos de controle para a média e a amplitude é a apresentado a seguir.

Cinco etapas para utilização dos gráficos $\bar{x}$ e R

1. Colete entre 20 e 25 amostras de tamanhos $n = 4$ ou $n = 5$ do processo estável e calcule a média e a amplitude de cada uma.
2. Calcule as médias gerais ($\bar{\bar{x}}$ e $\bar{R}$), determinar os limites de controle apropriados, normalmente ao nível de 99,7%, e calcule os limites preliminares de controle superior e inferior. Se o processo não está atualmente estável, utilize a média desejada, μ, em vez de $\bar{\bar{x}}$ para calcular os limites.
3. Represente graficamente as médias amostrais e as amplitudes nos seus gráficos de controle respectivos e determine se os seus valores estão fora dos limites aceitáveis.
4. Investigue os padrões de pontos que indicam que o processo está fora de controle. Tente descobrir as causas das variações e então reinicie o processo.
5. Colete amostras adicionais e, se necessário, revalide os limites de controle utilizando os novos dados.

17.5 GRÁFICOS DE CONTROLE PARA ATRIBUTOS

Amostrar atributos é diferente de amostrar variáveis.

Gráficos de controle para $\bar{x}$ e R não se aplicam quando estamos amostrando *atributos*, que são tipicamente classificados como defeituosos e não defeituosos. Medir defeituosos envolve contá-los (por exemplo, o número de lâmpadas queimadas em um lote, o número de erros de digitação em um texto). Existem dois tipos de gráficos de controle por atributos: (1) aqueles que medem o percentual de defeituosos em uma amostra, denominados *gráficos-p* e (2) aqueles que contam o número de defeitos, denominados *gráficos-c*.

Gráficos-*p*

Os limites dos gráficos-p têm por base a distribuição binomial e são fáceis de calcular.

Os gráficos-*p* são o modo principal de controlar atributos. Embora atributos classificados como bons ou ruins sigam uma distribuição binomial, a distribuição normal pode ser utilizada para calcular os limites dos gráficos-*p* quando os tamanhos das amostras forem grandes. O procedimento é semelhante à abordagem do gráfico-$\bar{x}$, também baseado no teorema central do limite.

As fórmulas para os limites (superior e inferior) de um gráficos-*p* são:

$$\text{LSC}_p = \bar{p} + z\sigma_p \quad (17\text{-}7)$$

$$\text{LIC}_p = \bar{p} - z\sigma_p \quad (17\text{-}8)$$

onde:

$\bar{p}$ = proporção média ou fração de defeituosos na amostra.

z = número de desvios padrão ($z = 2$ para limites de 95,5% e $z = 3$ para limites de 99,7%)

σ_p = desvio padrão da distribuição amostral

O σ_p é estimado por $\hat{\sigma}_p$, que é:

$$\hat{\sigma}_p = \sqrt{\frac{\bar{p}(1-\bar{p})}{n}} \quad (17\text{-}9)$$

Onde n é o tamanho de cada amostra.

Exemplo do gráfico-*p* da ARCO Utilizando um pacote computacional de base de dados popular, digitadores de entrada de dados na ARCO inserem milhares de registros de seguros dia-

EM AÇÃO — O caro experimento da Unisys com serviços de saúde

Em janeiro de 1996, o futuro parecia promissor em relação à expansão da Unisys nos negócios de serviços de saúde. Ela havia recém-derrotado a Blue Cross/Blue Shield da Flórida por um contrato de $86 milhões de dólares para atender os funcionários do estado com serviços de seguros de saúde. O serviço era processar as demandas dos 215 empregados da Flórida – uma área em crescimento aparentemente simples e lucrativa para uma companhia tradicional de computadores como a Unisys.

No entanto, um ano depois o contrato não foi somente cancelado, mas a Unisys foi multada em $500000 por não atender os padrões de qualidade. Eis duas medidas de qualidade, ambas atributos (isto é, defeituoso ou não defeituoso), em que a empresa estava fora de controle:

1. **Percentual de demandas processadas com erros.** Uma auditoria de um período de três meses realizada pela Coopers e Lybrand descobriu que a Unysis cometeu erros em 8,5% das demandas processadas. O padrão da indústria é 3,5% de "defeituosos"

2. **O percentual de demandas processadas dentro de 30 dias.** Para esse atributo, um "defeito" é o tempo de processamento ser maior do que o contratado. Em um mês, 13% das demandas excederam o limite de 30 dias para serem processadas, bem acima dos 5% permitido pelo estado da Flórida.

O contrato da Flórida foi uma dor de cabeça para a Unisys, que subestimou o trabalho intensivo de processamento de seguros de saúde. O chefe executivo James Unruh cancelou futuros projetos em serviços de saúde. Nesse meio tempo, Ron Poppel afirmou "realmente precisamos de alguém que esteja no ramo dos seguros de saúde".

Fontes: *Business Week*, June 16, 1997, p. 6 e July 15, 1996, p. 32 e *Information Week*, June 16, 1997, p. 144.

---

riamente. Amostras do trabalho de 20 digitadores são apresentadas na tabela. Cem registros digitados por cada funcionário foram cuidadosamente examinados para determinar se eles continham erros. A fração defeituosa em cada amostra foi calculada.

Amostra	Número de erros	Fração defeituosa	Amostra	Número de errors	Fração defeituosa
1	6	0,06	11	6	0,06
2	5	0,05	12	1	0,01
3	0	0,00	13	8	0,08
4	1	0,01	14	7	0,07
5	4	0,04	15	5	0,05
6	2	0,02	16	4	0,04
7	5	0,05	17	11	0,11
8	3	0,03	18	3	0,03
9	3	0,03	19	0	0,00
10	2	0,02	20	4	0,04
				80	

Queremos determinar limites de controle que incluam 99,7% das variações aleatórias no processo de entrada quando ele está sob controle. Assim $z = 3$.

$$\bar{p} = \frac{\text{Número total de erros}}{\text{Número total de registros examinados}} = \frac{80}{(100)(20)} = 0,04$$

$$\hat{\sigma}_p = \sqrt{\frac{(0,04)(1-0,04)}{100}} = 0,02$$

(Nota: 100 é o tamanho de cada amostra = n)

$$\text{LSC}_p = \bar{p} + z\,\hat{\sigma}_p = 0,04 + 3(0,02) = 0,10$$

$$\text{LIC}_p = \bar{p} - z\,\hat{\sigma}_p = 0,04 - 3(0,02) = 0$$

(uma vez que não podemos ter um percentual de defeituosos negativo)

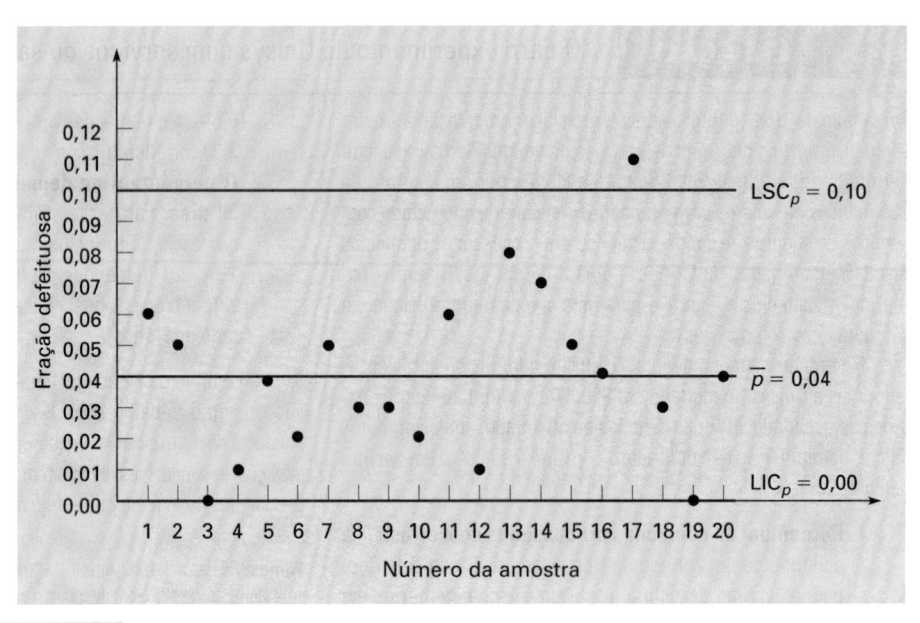

FIGURA 17.3 Gráfico-*p* para a entrada de dados para a ARCO.

Quando representamos graficamente os limites de controle e a fração de defeituosos amostral, encontramos somente uma entrada de dados (digitador número 17) fora de controle. A empresa pode querer examinar o trabalho dessa pessoa mais detalhadamente para verificar se existe algum problema sério (veja a Figura 17.3).

Usando o Excel QM para o CEP O Excel e outras planilhas são muito usadas na indústria para manter gráficos de controle. O módulo de qualidade do Excel QM pode determinar gráficos-$\bar{x}$, gráficos-*p* e gráficos-*c*. Os Programas 17.1A e 17.1B ilustram a abordagem da planilha com o Excel QM para calcular os limites de controle do gráfico-*p* para o exemplo da ARCO. O

PROGRAMA 17.1A
Dados de entrada e fórmulas do Excel QM para o programa do diagrama-*p* para os dados da ARCO.

	A	B	C	D	E	F	G
1	ARCO			Controle de Qualidade			
2							
3	Número de amostras	20		Entre com o tamanho da amostra e então com o			
4	Tamano da Amostra	100		número de defeituosos em cada amostra.			
5							
6	Data					Resultados	
7		# Defeitos		% Defeitos		Tamanho total da amostra	=B3*B4
8	Amostra 1	6		=B8/$B$4		Total de defeitos	=SOMA(B8:B27)
9	Amostra 2	5		=B9/$B$4		Percentual de defeitos	=G8/G7
10	Amostra 3	0		=B10/$B$4		Desvio padrão de p	=RAIZ(((1-G9)*G9)/B4)
11	Amostra 4	1		=B11/$B$4			
12	Amostra 5	4		=B12/$B$4		Limite de Controle Superior	=G9+3*G10
13	Amostra 6	2		=B13/$B$4		Linha central	=G9
14	Amostra 7	5		=B14/$B$4		Limite de Controle Inferior	=SE(G9-3*G10>0;G9-3*G10;0)
15	Amostra 8	3		=B15/$B$4			
16	Amostra 9	3		=B16/$B$4			
17	Amostra 10	2		=B17/$B$4			
18	Amostra 11	6		=B18/$B$4			
19	Amostra 12	1		=B19/$B$4			
20	Amostra 13	8		=B20/$B$4			
21	Amostra 14	7		=B21/$B$4			
22	Amostra 15	5		=B22/$B$4			
23	Amostra 16	4		=B23/$B$4			
24	Amostra 17	11		=B24/$B$4			
25	Amostra 18	3		=B25/$B$4			
26	Amostra 19	0		=B26/$B$4			
27	Amostra 20	4		=B27/$B$4	=SE(D25>$G$12;"Acima do LSC";SE(D25<$G$14;"Abaixo do LIC";""))		

PROGRAMA 17.1B

Resultados do Excel QM da análise do diagrama-p para os dados da ARCO.

	A	B	C	D	E	F	G
1	ARCO			Controle de Qualidade			
2							
3	Número de amostras	20		Entre com o tamanho da amostra e então com o número de defeituosos em cada amostra.			
4	Tamano da Amostra	100					
5							
6	Data					Resultados	
7		# Defeitos		% Defeitos		Tamanho total da amostra	2000
8	Amostra 1	6		0,06		Total de defeitos	80
9	Amostra 2	5		0,05		Percertual de defeitos	4,00%
10	Amostra 3	0		0,00		Desvio padrão de p	1,96%
11	Amostra 4	1		0,01			
12	Amostra 5	4		0,04		Limite de Controle Superior	9,88%
13	Amostra 6	2		0,02		Linha central	4,00%
14	Amostra 7	5		0,05		Limite de Controle Inferior	0
15	Amostra 8	3		0,03			
16	Amostra 9	3		0,03			
17	Amostra 10	2		0,02			
18	Amostra 11	6		0,06			
19	Amostra 12	1		0,01			
20	Amostra 13	8		0,08			
21	Amostra 14	7		0,07			
22	Amostra 15	5		0,05			
23	Amostra 16	4		0,04			
24	Amostra 17	11		0,11	Acima do LSC		
25	Amostra 18	3		0,03			
26	Amostra 19	0		0,00			
27	Amostra 20	4		0,04			

Programa 17.1A mostra os dados de entrada e as fórmulas. O Programa 17.1B fornece os resultados (saídas). O Excel também contém um programa gráfico integrado representado pelo "Assistente de Gráfico".

Gráficos-c

No exemplo da ARCO discutido, contamos o número de registros incorretos que foram digitados em uma base de dados. Um registro defeituoso é um que não é exatamente correto. Um registro ruim pode conter mais de um defeito, entretanto. Usamos os gráficos-c para controlar o *número* de defeitos por unidade de saída (ou por registro de seguro, nesse caso).

Gráficos de controle de defeitos são úteis para monitorar processos em que uma grande quantidade de erros potenciais pode ocorrer, mas o número real que de fato ocorre é relativamente pequeno. Defeitos podem ser palavras digitadas erradas em um jornal, manchas em uma mesa ou a falta de picles em um hambúrguer em um restaurante de comida rápida.

A distribuição de probabilidade de Poisson, que tem a variância igual à média, é a base para os gráficos. Uma vez que $\bar{c}$ é o número médio de defeitos por unidade, o desvio padrão é igual a $\sqrt{\bar{c}}$. Para calcular os limites de controle de 99,7% para c, utilizamos a fórmula:

$$\bar{c} \pm 3\sqrt{\bar{c}} \qquad (17\text{-}10)$$

Segue um exemplo.

Os gráficos-c contam o número de defeitos, enquanto os gráficos-p verificam o percentual de defeituosos.

Exemplo de um gráfico-c para a empresa de táxi Red Top A Red Top recebe várias reclamações por dia sobre o comportamento de seus motoristas. Durante o período de nove dias (em que dias são as unidades de medida), o proprietário recebeu o seguinte número de ligações de passageiros irritados: 3, 0, 8, 9, 6, 7, 4, 9, 8, de um total de 54 reclamações.

Para calcular os limite de controle de 99,7%, temos:

$$\bar{c} = \frac{54}{9} = 6 \text{ reclamações por dia}$$

Assim:

$$\text{LSC}_c = \bar{c} + 3\sqrt{\bar{c}} = 6 + 3\sqrt{6} = 6 + 3(2{,}45) = 13{,}35$$

$$\text{LIC}_c = \bar{c} - 3\sqrt{\bar{c}} = 6 - 3\sqrt{6} = 6 - 3(2{,}45) = 0 \leftarrow$$

(uma vez que não podemos ter um limite de controle negativo)

Depois que o proprietário fez um gráfico de controle resumindo esses dados e fixou-o de forma visível na sala dos motoristas, o número de chamadas recebidas caiu para uma média de três por dia. Você consegue explicar por que isso pode ter ocorrido?

RESUMO

Para um gerente de uma empresa que produz bens e serviços, a qualidade é o grau que o produto atende especificações. O controle de qualidade tornou-se um dos mais importantes mandamentos dos negócios.

A expressão "qualidade não pode ser inspecionada em um produto" é o tema central das empresas modernas. Cada vez mais empreendimentos de classe mundial estão seguindo as ideias da Gestão da Qualidade Total (TQM – *Total Quality Management*), que foca toda a empresa, dos fornecedores aos consumidores.

Os aspectos estatísticos do controle de qualidade datam de 1920, mas são de especial interesse no nosso mercado globalizado deste novo século. Os recursos do Controle Estatístico do Processo descritos neste capítulo incluem os diagramas da média ($\bar{x}$), da amplitude (R) para amostras de variáveis e os gráficos-p e c para amostras de atributos.

GLOSSÁRIO

Gestão da qualidade total (TQM – *Total quality management*). Ênfase na qualidade que envolve toda a organização.

Gráfico-c. Gráfico de controle de qualidade usado para controlar o número de defeitos por unidades de saída.

Gráfico de controle. Representação gráfica de um processo ao longo do tempo.

Gráfico-p. Gráfico de controle de qualidade usado para controlar atributos.

Gráfico-R. Gráfico de controle do processo que controla a amplitude dentro das amostras; indica que um ganho ou perda de uniformidade ocorreu em um processo produtivo.

Gráfico-$\bar{x}$. Gráfico de controle de qualidade para variáveis que indica quando uma mudança na tendência central ocorre em um processo produtivo.

Qualidade. Grau que um produto ou serviço atende as especificações determinadas para ele.

Teorema central do limite. Base teórica dos gráficos de controle para a média ($\bar{x}$). Declara que, a despeito da distribuição da população de todas as peças ou serviços, a distribuição da média da amostra ($\bar{x}$) tenderá para uma distribuição normal à medida que o tamanho da amostra aumenta.

Variação determinável. Variação no processo de produção que pode ser atribuída a causas específicas.

Variações naturais. Variações que podem afetar quase todos os processos de produção de alguma forma e devem ser esperadas; também conhecidas como causas comuns.

EQUAÇÕES-CHAVE

(17-1) Limite superior de controle (LSC) = $\bar{\bar{x}} + z\sigma_{\bar{x}}$

Limite superior de um gráfico-$\bar{x}$ utilizando desvios padrão.

(17-2) Limite inferior de controle (LIC) = $\bar{\bar{x}} - z\sigma_{\bar{x}}$

Limite inferior de um gráfico-$\bar{x}$ utilizando desvios padrão.

(17-3) $\text{LSC}_{\bar{x}} = \bar{\bar{x}} + A_2 \bar{R}$

Limite superior de um gráfico-$\bar{x}$ utilizando amplitude e valores tabelados.

(17-4) $\text{LIC}_{\bar{x}} = \bar{\bar{x}} - A_2 \bar{R}$

Limite inferior de um gráfico-$\bar{x}$ utilizando amplitude e valores tabelados.

(17-5) $\text{LSC}_R = D_4 \bar{R}$

Limite superior de um gráfico de amplitude.

(17-6) $\text{LIC}_R = D_3 \bar{R}$

Limite inferior de um gráfico de amplitude.

(17-7) $\text{LSC}_p = \bar{p} + z\sigma_p$
Limite superior de um gráfico-p.

(17-8) $\text{LIC}_p = \bar{p} - z\sigma_p$
Limite inferior de um gráfico-p.

(17-9) $\hat{\sigma}_p = \sqrt{\dfrac{\bar{p}(1-\bar{p})}{n}}$

Desvio padrão estimado para a distribuição da proporção de defeituosos

(17-10) $\bar{c} \pm 3\sqrt{\bar{c}}$

Limites (inferior e superior) para um gráfico-c

PROBLEMAS RESOLVIDOS

Problema resolvido 17-1

O fabricante de peças de precisão para furadeiras de bancada produz eixos para uso na construção dessas. O diâmetro médio de um eixo é 0,56 polegadas. A amostra inspecionada contém seis eixos cada. A amplitude média dessas amostra é 0,006 polegadas. Determine os limites de controle do gráfico de controle.

Solução

O fator para a média A_2 da Tabela 17.2, em que o tamanho da amostra é 6, é 0,483. Com esse fator, você pode obter os limites de controle:

$$\text{LSC}_{\bar{x}} = 0{,}56 + (0{,}483)(0{,}006) \qquad \text{LCL}_{\bar{x}} = 0{,}56 + 0{,}0029$$
$$= 0{,}56 + 0{,}0029 = 0{,}5629 \qquad\qquad\quad = 0{,}5571$$

Problema resolvido 17-2

A Nocaf Drinks é um fabricante de café descafeinado em frascos chamados Nocaf. Cada frasco deve conter um peso líquido de 4 onças. A máquina que enche os frascos com café é nova e o gerente de operações quer ter certeza que ela está ajustada corretamente. Ele retira amostras de $n = 8$ frascos e registra a média e a amplitude em onças para cada amostra. Os dados de várias amostras são apresentados na tabela a seguir. Note que cada amostra é composta de 8 frascos.

Amostra	Amplitude	Média	Amostra	Amplitude	Média
A	0,41	4,00	E	0,56	4,17
B	0,55	4,16	F	0,62	3,93
C	0,44	3,99	G	0,54	3,98
D	0,48	4,00	H	0,44	4,01

A máquina está corretamente ajustada e controlada?

Solução

Primeiro encontramos que: $\bar{\bar{x}} = 4{,}03$ e $\bar{R} = 0{,}51$. Utilizando a Tabela 17.2, calculamos:

$$\text{LSC}_{\bar{x}} = \bar{\bar{x}} + A_2\bar{R} = 4{,}03 + (0{,}373)(0{,}51) = 4{,}22$$
$$\text{LIC}_{\bar{x}} = \bar{\bar{x}} - A_2\bar{R} = 4{,}03 - (0{,}373)(0{,}51) = 3{,}84$$
$$\text{LSC}_R = D_4\bar{R} = (1{,}864)(0{,}51) = 0{,}95$$
$$\text{LIC}_R = D_3\bar{R} = (0{,}136)(0{,}51) = 0{,}07$$

Parece que a média do processo e a amplitude estão em controle.

Problema resolvido 17-3

A Crabill Electronics, Inc. fabrica resistores e, entre os 100 últimos inspecionados, o percentual de defeituosos foi de 0,05. Determine os limites de 99,7% de confiança para esse processo.

Solução

$$\text{LSC}_p = \bar{p} + 3\sqrt{\frac{\bar{p}(1-\bar{p})}{n}} = 0,05 + 3\sqrt{\frac{(0,05)(1-0,05)}{100}}$$

$$= 0,05 + 3(0,0218) = 0,1154$$

$$\text{LIC}_p = \bar{p} - 3\sqrt{\frac{\bar{p}(1-\bar{p})}{n}} = 0,05 - 3(0,0218)$$

$$= 0,05 - 0,0654 = 0 \text{ (uma vez que o percentual de defeituosos não pode se negativo)}$$

AUTOTESTE

- Antes de fazer o autoteste, consulte os objetivos de aprendizagem no início do capítulo, as notas nas margens e o glossário no final do capítulo.
- Corrija seu teste utilizando o Apêndice H ao final do livro.
- Estude novamente as páginas que correspondem a todas as perguntas que você respondeu errado ou que não tem certeza.

1. O grau que um produto ou serviço atende as especificações é uma definição de:
   a. sigma.
   b. qualidade.
   c. amplitude.
   d. variabilidade do processo.
2. Um gráfico de controle para monitorar um processo em que os valores são mensurados em unidades contínuas como peso ou volume é chamado de gráfico por:
   a. atributos.
   b. medidas.
   c. variáveis.
   d. qualidade.
3. O tipo de gráfico utilizado para controlar o número de defeitos por unidade de saída é o:
   a. gráfico-$\bar{x}$.
   b. gráfico-R.
   c. gráfico-p.
   d. gráfico-c.
4. Gráficos de controle para atributos são:
   a. gráficos-p.
   b. gráficos-m.
   c. gráficos-R.
   d. gráficos-$\bar{x}$.
5. A distribuição de Poisson é muitas vezes utilizada com
   a. gráficos-R.
   b. gráficos-p.
   c. gráficos-c.
   d. gráficos-$\bar{x}$.
6. O tipo de variabilidade que indica que um processo está fora de controle é chamado de:
   a. variação natural.
   b. variação determinável
   c. variação aleatória
   d. variação média
7. Uma empresa está implementando um novo programa de controle de qualidade. Os itens amostrados são classificados como defeituosos ou não defeituosos. O tipo de gráfico de controle que deve ser utilizado é:
   a. um gráfico-R.
   b. um gráfico de controle para variáveis.
   c. um gráfico de controle por atributos.
   d. um gráfico de controle dos limites.
8. Depois de um diagrama de controle (para média) ter sido desenvolvido, as amostras são retiradas e as médias são calculadas para cada amostra. O processo pode ser considerado fora de controle se:
   a. uma das médias amostrais está acima do limite de controle superior.
   b. uma das médias amostrais está abaixo do limite de controle inferior.
   c. cinco médias amostrais consecutivas mostram uma tendência consistente (aumentando ou diminuindo).
   d. todas as respostas acima são verdadeiras.
9. Uma máquina deve encher latas de refrigerantes com 12 onças. No entanto, embora a quantidade média nas latas seja aproximadamente de 12 onças (com base na média da amostra), existe muita variabilidade em cada lata individual. O tipo de gráfico que detecta esse problema da melhor forma será:
   a. um gráfico-p.
   b. um gráfico-R.
   c. um gráfico-c.
   d. um gráfico por atributos.
10. Se um processo tem apenas variações aleatórias (ele está controlado), então 95,5% das vezes a média amostral estará dentro de:
    a. 1 desvio padrão da média populacional
    b. 2 desvios padrão da media populacional
    c. 3 desvios padrão da media populacional
    d. 4 desvios padrão da media populacional

QUESTÕES PARA DISCUSSÃO E PROBLEMAS

Questões para discussão

17-1 Por que o teorema do limite central é tão importante para o CEP?

17-2 Por que os gráficos-$\bar{x}$ e R são normalmente utilizados juntos?

17-3 Explique a diferença entre gráficos de controle para variáveis e gráficos de controle para atributos.

17-4 Explique a diferença entre gráficos-c e gráficos-p.

17-5 Quando se utilizam os gráficos de controle, quais são alguns padrões que indicam que o processo está fora de controle?

17-6 O que pode ocasionar que um processo fique fora de controle?

17-7 Explique por que um processo pode estar fora de controle mesmo que os valores de todas as amostras estejam dentro dos limites de controle.

Problemas*

17-8 A Shader Storage Technologies produz unidades de refrigeração para produtores de comida e estabelecimentos que vendem comida. A temperatura global que essas unidades mantém é 46° Fahrenheit e a amplitude média é 2° Fahrenheit. Amostras de 6 são retiradas para monitorar o processo. Determine os limites dos gráficos de controle da média e da amplitude para essas unidades de refrigeração.

17-9 Quando configurado na posição padrão, o Autopitch pode lançar bolas em direção ao batedor com uma velocidade de 60 milhas por hora (mph). O mecanismo Autopitch é destinado tanto a times grandes quanto pequenos da liga para ajudar a melhorar as médias das rebatidas. Os executivos da Autopitch tomam amostras de 10 desses mecanismos de lançamento ao mesmo tempo para monitorá-los e manter a mais alta qualidade. A amplitude média é 3 mph. Utilizando técnicas de gráficos de controle, determine os limites de controle para a média e a amplitude do Autopitch.

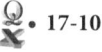

17-10 A Zipper Products, Inc. produz granola (cereal e barras) e outros produtos de alimentos naturais. Sua granola cereal natural é amostrada para assegurar o peso adequado. Cada amostra contém oito caixas do cereal. A média geral para as amostras é 17 onças. A amplitude é de somente 0,5 onças. Determine os limites superior e inferior da média para as caixas do cereal.

17-11 Pequenas caixas do cereal NutraFlakes contêm no rótulo "peso líquido 10 onças". A cada hora, amostras aleatórias de $n = 4$ caixas são pesadas para verificar o controle do processo. Cinco horas de observações produziram o seguinte:

Tempo	Pesos			
	Caixa 1	Caixa 2	Caixa 3	Caixa 4
9	9,8	10,4	9,9	10,3
10	10,1	10,2	9,9	9,8
11	9,9	10,5	10,3	10,1
12	9,7	9,8	10,2	10,2
13	9,7	10,1	9,9	9,9

Usando esses dados, construa limites para os gráficos de $\bar{x}$ e R. Esse processo está controlado? Que outros passos o departamento de Controle de Qualidade deve seguir a partir desse ponto?

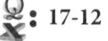

17-12 A amostragem de quatro peças de um cortador de fio de precisão (a ser utilizado na montagem de computadores) a cada hora das últimas 24 horas produziu os seguintes resultados:

Hora	$\bar{x}$	R	Hora	$\bar{x}$	R
1	3,25"	0,71"	13	3,11"	0,85"
2	3,10	1,18	14	2,83	1,31
3	3,22	1,43	15	3,12	1,06
4	3,39	1,26	16	2,84	0,50
5	3,07	1,17	17	2,86	1,43
6	2,86	0,32	18	2,74	1,29
7	3,05	0,53	19	3,41	1,61
8	2,65	1,13	20	2,89	1,09
9	3,02	0,71	21	2,65	1,08
10	2,85	1,33	22	3,28	0,46
11	2,83	1,17	23	2,94	1,58
12	2,97	0,40	24	2,64	0,97

Desenvolva limites de controle apropriados para determinar se existe algum motivo de preocupação nesse processo.

17-13 Devido a má qualidade de vários produtos de semicondutores usados no seu processo de manufatura, o Microlaboratories decidiu desenvolver um programa de CQ (Controle de Qualidade). Em virtude dos semicondutores comprados de fornecedores serem bons ou defeituosos, Milton Fisher decidiu desenvolver gráficos de controle por atributos. O número total de semicondutores em cada amostra é 200. Além disso, Milton quer determinar os limites dos gráficos de controle para vários valores da fração defeituosa (p) na amostra obtida. Para ter mais flexibilidade, ele decidiu desenvolver uma tabela que lista valores para p, LSC e LIC. Os valores para p devem estar no intervalo de 0,01 a 0,10 com um incremento de 0,01 a cada vez. Quais são os limites (superior e inferior) para uma confiança de 99,7%?

17-14 Nos últimos dois meses, Suzan Shader esteve preocupada com a máquina número 5 na Fábrica Oeste. Para verificar se a máquina está operando corretamente, amostras foram tomadas e as médias e amplitudes para cada amostra foram calculadas. Cada amostra consiste em 12 itens produzidos pela máquina. Recentemente, 12 amostras foram retiradas e, para cada uma, a amplitude e a média foram calculadas. A amplitude e a média foram 1,1 e 46 para a primeira amostra, 1,31 e 45 para a segunda, 0,91 e 46 para a terceira, e 1,1 e 47 para a quarta. Depois da quarta amostra, a média aumentou. Para a quinta amostra, a amplitude foi de 1,21 e a média de 48; para a amostra de número seis, 0,87 e 47; para a número sete, 0,86 e 50; e para a oitava amostra os valores foram 1,11 e 49. Após a oitava amostra a média da amostra continuou a aumentar, nunca ficando abaixo de 50. Para a amostra número 9, a amplitude

---

* Nota: Q significa que o problema pode ser resolvido com o QM para Windows; X significa que o problema pode ser resolvido com o Excel; e Q/X significa que ele pode ser resolvido tanto com o QM para Windows quanto com o Excel.

e a média foram 1,12 e 51; para a amostra número 10, os valores foram 0,99 e 52; para o número 11, a amplitude foi 0,86 e a média 50; e para a amostra 12, os valores foram de 1,20 e 52.

Embora o chefe de Suzan não estivesse muito preocupado com o processo, Suzan estava. Durante a instalação, o fornecedor ajustou a média do processo em 47 com uma amplitude média de 1,0. A percepção de Suzan é de que alguma coisa está definitivamente errada com a máquina número 5. Você concorda?

17-15 A Kitty Products atende ao crescente mercado de suprimentos para gatos com uma linha completa de produtos, variando de coleiras e brinquedos a pó contra pulgas. Um dos seus mais novos produtos, um tubo de pasta que previne bolas de pelos em gatos de pelos longos, é produzido por uma máquina automática que está ajustada para encher cada tubo com 63,5 gramas de pasta.

Para manter o processo de enchimento sob controle, quatro tubos são retirados ao acaso da linha de produção a cada quatro horas. Após vários dias, os dados mostrados na tabela a seguir foram obtidos. Determine os limites de controle para esse processo e represente graficamente os dados amostrais para os gráficos da média e da amplitude.

Amostra número	$\bar{x}$	R	Amostra número	$\bar{x}$	R	Amostra número	$\bar{x}$	R
1	63,5	2,0	10	63,5	1,3	18	63,6	1,8
2	63,6	1,0	11	63,3	1,8	19	63,8	1,3
3	63,7	1,7	12	63,2	1,0	20	63,5	1,6
4	63,9	0,9	13	63,6	1,8	21	63,9	1,0
5	63,4	1,2	14	63,3	1,5	22	63,2	1,8
6	63,0	1,6	15	63,4	1,7	23	63,3	1,7
7	63,2	1,8	16	63,4	1,4	24	64,0	2,0
8	63,3	1,3	17	63,5	1,1	25	63,4	1,5
9	63,7	1,6						

17-16 A Coronel Electric é uma grande empresa que produz lâmpadas incandescentes e outros produtos elétricos. Um tipo específico de lâmpada é suposta ter uma vida média de 1000 horas antes de queimar. Periodicamente, a companhia testa 5 dessas lâmpadas e avalia o tempo médio de duração antes de queimar. A seguinte tabela fornece os resultados de 10 de tais amostras.

Amostra	1	2	3	4	5	6	7	8	9	10
Média	979	1087	1080	934	1072	1007	952	986	1063	958
Amplitude	50	94	57	65	135	134	101	98	145	84

(a) Qual é a media geral dessas médias? Qual é a amplitude média?
(b) Quais são os limites superior e inferior de 99,7% do gráfico de controle para a média?
(c) Esse processo está sob controle? Explique.

17-17 Para Problema17-16, determine os limites superior e inferior de controle para a amplitude. Essas amostras indicam que o processo está sob controle?

17-18 Kate Drew pinta ornamentos de madeira para o Natal há vários anos. Recentemente, ela contratou algumas amigas para aumentar o volume dos seus negócios. Na inspeção da qualidade do trabalho, ela notou que algumas manchas leves ocasionalmente ficam aparentes. Uma amostra de 20 peças resultou nos seguintes números de manchas em cada peça: 0, 2, 1, 0, 0, 3, 2, 0, 4, 1, 2, 0, 0, 1, 2, 1, 0, 0, 0, 1. Determine os limites de controle para o número de manchas em cada peça.

17-19 O novo reitor da Universidade Big State agradou aos estudantes quando tornou o processo de matrícula uma de suas mais altas prioridades. Os estudantes devem consultar um conselheiro, matricular-se nas disciplinas, obter a permissão de estacionamento, pagar a matrícula e as mensalidades e comprar os livros-texto e outros materiais. Durante um período de matrícula, 10 estudantes a cada hora foram entrevistados e o número em cada grupo que tinha pelo menos uma reclamação foram os seguintes: 0, 2, 1, 0, 0, 1, 3, 0, 1, 2, 2, 0. Determine os limites (99,7%) para a proporção de estudantes que tem reclamações sobre o novo procedimento de matrícula.

PROBLEMAS EXTRAS NA INTERNET

Veja em **www.bookman.com.br** os problemas adicionais 17-20 a 17-23 (em inglês).

ESTUDOS DE CASO NA INTERNET

Veja em **www.bookman.com.br** os estudos de caso adicionais (em inglês).

BIBLIOGRAFIA

CROSBY, P. B. Quality Is Free. New York: McGraw-Hill, 1979.

DEMING, W. E. Out of the Crisis. Cambridge, MA: MIT Center for Advanced Engineering Study, 1986.

FOSTER, S. Thomas. Managing Quality, 2nd ed. Upper Saddle River, NJ: Prentice Hall, 2004

FOSTER, S. Thomas. Managing Quality: Integrating the Supply Chain. Upper Saddle River (NJ): Prentice Hall, 2007. 3rd ed.

GOETSCH, David, and Stanley Davis. Quality Management, 5th ed. Upper Saddle River (NJ): Prentice Hall, 2006.

JURAN, Joseph M., GODFREY, A. Blanton. Juran's Quality Handbook. New York: McGraw-Hill, 1999. 5th ed.

NAVEH, Eitan, EREZ, Miriam. Innovation and Attention to Detail in the Quality Improvement Paradigm. Management Science. v. 50, n. 11, November 2004, p. 1576-86.

RAVICHANDRAN, T. Swiftness and Intensity of Administrative Innovation Adoption: An Empirical Study of TQM in Information Systems. Decision Sciences. v. 31, n. 3, Summer 2000, p. 691-724.

SMITH, Gerald. Statistical Process Control and Quality Improvement, 5th ed. Upper Saddle River, NJ: Prentice Hall, 2004.

SUMMERS, Donna. Quality. Upper Saddle River (NJ): Prentice Hall, 2006. 4th ed.

TARÍ, Juan José, MOLINA, José Francisco, CASTEJÓN, Juan Luis. The Relationship between Quality Management Practices and Their Effects on Quality Outcomes. European Journal of Operational Research. v. 183, n. 2, December 2007, p. 483-501.

WILSON, Darryl D., COLLIER, David A. An Empirical Investigation of the Malcolm Baldrige National Quality Award Casual Model. Decision Sciences. v. 31, n. 2, Spring 2000, p. 361-390.

WITTE, Robert D. Quality Control Defined. Contract Management. v. 47, n. 5, May 2007, p. 51-3.

ZHU, Kaijie, ZHANG, Rachel Q., TSUNG, Fugee. Pushing Quality Improvement Along Supply Chains. Management Science. v. 53, n, 3, March 2007, p. 421-436.

APÊNDICE 17.1: USANDO O QM PARA WINDOWS PARA O CEP

O módulo de controle de qualidade do QM para Windows pode determinar muitos dos gráficos de controle e limites do CEP apresentados neste capítulo. Uma vez que o módulo for selecionado, clicamos em *New* (novo) e indicamos o tipo de gráfico *p*-chart, *x*-bar chart ou *c*-chart (diagrama-*p*, diagrama de $\bar{x}$ e diagrama-*c*). Na próxima tela, indicamos quantas amostras devem ser tomadas. Uma caixa de diálogo aparece, em que devemos indicar o número de itens em cada amostra e digitar os valores apropriados para cada amostra. O Programa 17.2 é a tela de saída para o gráfico-*p* dos dados da ARCO encontrados na Seção 17.5. O QM para Windows calcula a pro*p*orção média ($\bar{p}$), desvio padrão e os limites de controle superior e inferior. Dessa tela, podemos selecionar *Window* (janela) e então *Control Chart* (gráfico de controle) para, de fato, visualizar o gráfico e ver os padrões que podem indicar que o processo está fora de controle.

PROGRAMA 17.2
Análise dos dados da ARCO com o QM para calcular os limites do gráfico-*p*.

Method: 3 sigma (99.73%) Sample Size: 100 Center line (0 = use mean): 0

Quality Control Results — Programa 17.2 Solution

Sample	Number of Defects	Fraction Defective		3 sigma (99.73%)
Amostra 1	6	,06	Total Defects	80
Amostra 2	5	,05	Total units sampled	2.000
Amostra 3	0	0	Defect rate (pbar)	,04
Amostra 4	1	,01	Std dev of proportions	,0196
Amostra 5	4	,04		
Amostra 6	2	,02	UCL (Upper control limit)	,0988
Amostra 7	5	,05	CL (Center line)	,04
Amostra 8	3	,03	LCL (Lower Control Limit)	0
Amostra 9	3	,03		
Amostra 10	2	,02		
Amostra 11	6	,06		
Amostra 12	1	,01		
Amostra 13	8	,08		
Amostra 14	7	,07		
Amostra 15	5	,05		

Apêndices

A. Áreas sob a Curva Normal Padrão

B. Probabilidades Binomiais

C. Valores de $e^{-\lambda}$ para Uso na Distribuição de Poisson

D. Valores da Distribuição F

E. Utilizando o POM-QM para Windows

F. Usando o Excel QM

G. Soluções dos Problemas Selecionados

H. Soluções dos Autotestes

APÊNDICE A: ÁREAS SOB A CURVA NORMAL PADRÃO

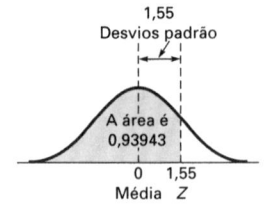

Exemplo: Para encontrar a área sob a curva normal, você deve conhecer quantos desvios padrão o ponto procurado está à direita da média. Desse modo, a área sob a curva pode ser lida diretamente da tabela. Por exemplo, a área total sob a curva normal para o ponto que está 1,55 desvios padrão à direita da média é 0,93943.

	00	0,01	0,02	0,03	0,04	0,05	0,06	0,07	0,08	0,09
0,0	0,50000	0,50399	0,50798	0,51197	0,51595	0,51994	0,52392	0,52790	0,53188	0,53586
0,1	0,53983	0,54380	0,54776	0,55172	0,55567	0,55962	0,56356	0,56749	0,57142	0,57535
0,2	0,57926	0,58317	0,58706	0,59095	0,59483	0,59871	0,60257	0,60642	0,61026	0,61409
0,3	0,61791	0,62172	0,62552	0,62930	0,63307	0,63683	0,64058	0,64431	0,64803	0,65173
0,4	0,65542	0,65910	0,66276	0,66640	0,67003	0,67364	0,67724	0,68082	0,68439	0,68793
0,5	0,69146	0,69497	0,69847	0,70194	0,70540	0,70884	0,71226	0,71566	0,71904	0,72240
0,6	0,72575	0,72907	0,73237	0,73536	0,73891	0,74215	0,74537	0,74857	0,75175	0,75490
0,7	0,75804	0,76115	0,76424	0,76730	0,77035	0,77337	0,77637	0,77935	0,78230	0,78524
0,8	0,78814	0,79103	0,79389	0,79673	0,79955	0,80234	0,80511	0,80785	0,81057	0,81327
0,9	0,81594	0,81859	0,82121	0,82381	0,82639	0,82894	0,83147	0,83398	0,83646	0,83891
1,0	0,84134	0,84375	0,84614	0,84849	0,85083	0,85314	0,85543	0,85769	0,85993	0,86214
1,1	0,86433	0,86650	0,86864	0,87076	0,87286	0,87493	0,87698	0,87900	0,88100	0,88298
1,2	0,88493	0,88686	0,88877	0,89065	0,89251	0,89435	0,89617	0,89796	0,89973	0,90147
1,3	0,90320	0,90490	0,90658	0,90824	0,90988	0,91149	0,91309	0,91466	0,91621	0,91774
1,4	0,91924	0,92073	0,92220	0,92364	0,92507	0,92647	0,92785	0,92922	0,93056	0,93189
1,5	0,93319	0,93448	0,93574	0,93699	0,93822	0,93943	0,94062	0,94179	0,94295	0,94408
1,6	0,94520	0,94630	0,94738	0,94845	0,94950	0,95053	0,95154	0,95254	0,95352	0,95449
1,7	0,95543	0,95637	0,95728	0,95818	0,95907	0,95994	0,96080	0,96164	0,96246	0,96327
1,8	0,96407	0,96485	0,96562	0,96638	0,96712	0,96784	0,96856	0,96926	0,96995	0,97062
1,9	0,97128	0,97193	0,97257	0,97320	0,97381	0,97441	0,97500	0,97558	0,97615	0,97670
2,0	0,97725	0,97784	0,97831	0,97882	0,97932	0,97982	0,98030	0,98077	0,98124	0,98169
2,1	0,98214	0,98257	0,98300	0,98341	0,98382	0,98422	0,98461	0,98500	0,98537	0,98574
2,2	0,98610	0,98645	0,98679	0,98713	0,98745	0,98778	0,98809	0,98840	0,98870	0,98899
2,3	0,98928	0,98956	0,98983	0,99010	0,99036	0,99061	0,99086	0,99111	0,99134	0,99158
2,4	0,99180	0,99202	0,99224	0,99245	0,99266	0,99286	0,99305	0,99324	0,99343	0,99361
2,5	0,99379	0,99396	0,99413	0,99430	0,99446	0,99461	0,99477	0,99492	0,99506	0,99520
2,6	0,99534	0,99547	0,99560	0,99573	0,99585	0,99598	0,99609	0,99621	0,99632	0,99643
2,7	0,99653	0,99664	0,99674	0,99683	0,99693	0,99702	0,99711	0,99720	0,99728	0,99736
2,8	0,99744	0,99752	0,99760	0,99767	0,99774	0,99781	0,99788	0,99795	0,99801	0,99807
2,9	0,99813	0,99819	0,99825	0,99831	0,99836	0,99841	0,99846	0,99851	0,99856	0,99861
3,0	0,99865	0,99869	0,99874	0,99878	0,99882	0,99886	0,99889	0,99893	0,99896	0,99900
3,1	0,99903	0,99906	0,99910	0,99913	0,99916	0,99918	0,99921	0,99924	0,99926	0,99929
3,2	0,99931	0,99934	0,99936	0,99938	0,99940	0,99942	0,99944	0,99946	0,99948	0,99950

	00	0,01	0,02	0,03	0,04	0,05	0,06	0,07	0,08	0,09
3,3	0,99952	0,99953	0,99955	0,99957	0,99958	0,99960	0,99961	0,99962	0,99964	0,99965
3,4	0,99966	0,99968	0,99969	0,99970	0,99971	0,99972	0,99973	0,99974	0,99975	0,99976
3,5	0,99977	0,99978	0,99978	0,99979	0,99980	0,99981	0,99981	0,99982	0,99983	0,99983
3,6	0,99984	0,99985	0,99985	0,99986	0,99986	0,99987	0,99987	0,99998	0,99988	0,99989
3,7	0,99989	0,99990	0,99990	0,99990	0,99991	0,99991	0,99992	0,99992	0,99992	0,99992
3,8	0,99993	0,99993	0,99993	0,99994	0,99994	0,99994	0,99994	0,99995	0,99995	0,99995
3,9	0,99995	0,99995	0,99996	0,99996	0,99996	0,99996	0,99996	0,99996	0,99997	0,99997

Fonte: Reimpressão de Robert O, Schlaifer, *Introduction to Statistics for Business Decisions*, publicado pela McGraw-Hill Book Company, 1961, com permissão do proprietário dos direitos autorais, do presidente e dos membros da Harvard College.

APÊNDICE B: PROBABILIDADES BINOMIAIS

Probabilidade de exatamente r sucessos em n tentativas

						P					
n	r	0,05	0,10	0,15	0,20	0,25	0,30	0,35	0,40	0,45	0,50
1	0	0,9500	0,9000	0,8500	0,8000	0,7500	0,7000	0,6500	0,6000	0,5500	0,5000
	1	0,0500	0,1000	0,1500	0,2000	0,2500	0,3000	0,3500	0,4000	0,4500	0,5000
2	0	0,9025	0,8100	0,7225	0,6400	0,5625	0,4900	0,4225	0,3600	0,3025	0,2500
	1	0,0950	0,1800	0,2550	0,3200	0,3750	0,4200	0,4550	0,4800	0,4950	0,5000
	2	0,0025	0,0100	0,0225	0,0400	0,0625	0,0900	0,1225	0,1600	0,2025	0,2500
3	0	0,8574	0,7290	0,6141	0,5120	0,4219	0,3430	0,2746	0,2160	0,1664	0,1250
	1	0,1354	0,2430	0,3251	0,3840	0,4219	0,4410	0,4436	0,4320	0,4084	0,3750
	2	0,0071	0,0270	0,0574	0,0960	0,1406	0,1890	0,2389	0,2880	0,3341	0,3750
	3	0,0001	0,0010	0,0034	0,0080	0,0156	0,0270	0,0429	0,0640	0,0911	0,1250
4	0	0,8145	0,6561	0,5220	0,4096	0,3164	0,2401	0,1785	0,1296	0,0915	0,0625
	1	0,1715	0,2916	0,3685	0,4096	0,4219	0,4116	0,3845	0,3456	0,2995	0,2500
	2	0,0135	0,0486	0,0975	0,1536	0,2109	0,2646	0,3105	0,3456	0,3675	0,3750
	3	0,0005	0,0036	0,0115	0,0256	0,0469	0,0756	0,1115	0,1536	0,2005	0,2500
	4	0,0000	0,0001	0,0005	0,0016	0,0039	0,0081	0,0150	0,0256	0,0410	0,0625
5	0	0,7738	0,5905	0,4437	0,3277	0,2373	0,1681	0,1160	0,0778	0,0503	0,0313
	1	0,2036	0,3281	0,3915	0,4096	0,3955	0,3602	0,3124	0,2592	0,2059	0,1563
	2	0,0214	0,0729	0,1382	0,2048	0,2637	0,3087	0,3364	0,3456	0,3369	0,3125
	3	0,0011	0,0081	0,0244	0,0512	0,0879	0,1323	0,1811	0,2304	0,2757	0,3125
	4	0,0000	0,0005	0,0022	0,0064	0,0146	0,0284	0,0488	0,0768	0,1128	0,1563
	5	0,0000	0,0000	0,0001	0,0003	0,0010	0,0024	0,0053	0,0102	0,0185	0,0313
6	0	0,7351	0,5314	0,3771	0,2621	0,1780	0,1176	0,0754	0,0467	0,0277	0,0156
	1	0,2321	0,3543	0,3993	0,3932	0,3560	0,3025	0,2437	0,1866	0,1359	0,0938
	2	0,0305	0,0984	0,1762	0,2458	0,2966	0,3241	0,3280	0,3110	0,2780	0,2344
	3	0,0021	0,0146	0,0415	0,0819	0,1318	0,1852	0,2355	0,2765	0,3032	0,3125
	4	0,0001	0,0012	0,0055	0,0154	0,0330	0,0595	0,0951	0,1382	0,1861	0,2344
	5	0,0000	0,0001	0,0004	0,0015	0,0044	0,0102	0,0205	0,0369	0,0609	0,0938
	6	0,0000	0,0000	0,0000	0,0001	0,0002	0,0007	0,0018	0,0041	0,0083	0,0156
7	0	0,6983	0,4783	0,3206	0,2097	0,1335	0,0824	0,0490	0,0280	0,0152	0,0078
	1	0,2573	0,3720	0,3960	0,3670	0,3115	0,2471	0,1848	0,1306	0,0872	0,0547
	2	0,0406	0,1240	0,2097	0,2753	0,3115	0,3177	0,2985	0,2613	0,2140	0,1641
	3	0,0036	0,0230	0,0617	0,1147	0,1730	0,2269	0,2679	0,2903	0,2918	0,2734
	4	0,0002	0,0026	0,0109	0,0287	0,0577	0,0972	0,1442	0,1935	0,2388	0,2734
	5	0,0000	0,0002	0,0012	0,0043	0,0115	0,0250	0,0466	0,0774	0,1172	0,1641
	6	0,0000	0,0000	0,0001	0,0004	0,0013	0,0036	0,0084	0,0172	0,0320	0,0547
	7	0,0000	0,0000	0,0000	0,0000	0,0001	0,0002	0,0006	0,0016	0,0037	0,0078
8	0	0,6634	0,4305	0,2725	0,1678	0,1001	0,0576	0,0319	0,0168	0,0084	0,0039
	1	0,2793	0,3826	0,3847	0,3355	0,2670	0,1977	0,1373	0,0896	0,0548	0,0313

		P									
n	r	0,05	0,10	0,15	0,20	0,25	0,30	0,35	0,40	0,45	0,50
	2	0,0515	0,1488	0,2376	0,2936	0,3115	0,2965	0,2587	0,2090	0,1569	0,1094
	3	0,0054	0,0331	0,0839	0,1468	0,2076	0,2541	0,2786	0,2787	0,2568	0,2188
	4	0,0004	0,0046	0,0185	0,0459	0,0865	0,1361	0,1875	0,2322	0,2627	0,2734
	5	0,0000	0,0004	0,0026	0,0092	0,0231	0,0467	0,0808	0,1239	0,1719	0,2188
	6	0,0000	0,0000	0,0002	0,0011	0,0038	0,0100	0,0217	0,0413	0,0703	0,1094
	7	0,0000	0,0000	0,0000	0,0001	0,0004	0,0012	0,0033	0,0079	0,0164	0,0313
	8	0,0000	0,0000	0,0000	0,0000	0,0000	0,0001	0,0002	0,0007	0,0017	0,0039
9	0	0,6302	0,3874	0,2316	0,1342	0,0751	0,0404	0,0207	0,0101	0,0046	0,0020
	1	0,2985	0,3874	0,3679	0,3020	0,2253	0,1556	0,1004	0,0605	0,0339	0,0176
	2	0,0629	0,1722	0,2597	0,3020	0,3003	0,2668	0,2162	0,1612	0,1110	0,0703
	3	0,0077	0,0446	0,1069	0,1762	0,2336	0,2668	0,2716	0,2508	0,2119	0,1641
	4	0,0006	0,0074	0,0283	0,0661	0,1168	0,1715	0,2194	0,2508	0,2600	0,2461
	5	0,0000	0,0008	0,0050	0,0165	0,0389	0,0735	0,1181	0,1672	0,2128	0,2461
	6	0,0000	0,0001	0,0006	0,0028	0,0087	0,0210	0,0424	0,0743	0,1160	0,1641
	7	0,0000	0,0000	0,0000	0,0003	0,0012	0,0039	0,0098	0,0212	0,0407	0,0703
	8	0,0000	0,0000	0,0000	0,0000	0,0001	0,0004	0,0013	0,0035	0,0083	0,0176
	9	0,0000	0,0000	0,0000	0,0000	0,0000	0,0000	0,0001	0,0003	0,0008	0,0020
10	0	0,5987	0,3487	0,1969	0,1074	0,0563	0,0282	0,0135	0,0060	0,0025	0,0010
	1	0,3151	0,3874	0,3474	0,2684	0,1877	0,1211	0,0725	0,0403	0,0207	0,0098
	2	0,0746	0,1937	0,2759	0,3020	0,2816	0,2335	0,1757	0,1209	0,0763	0,0439
	3	0,0105	0,0574	0,1298	0,2013	0,2503	0,2668	0,2522	0,2150	0,1665	0,1172
	4	0,0010	0,0112	0,0401	0,0881	0,1460	0,2001	0,2377	0,2508	0,2384	0,2051
	5	0,0001	0,0015	0,0085	0,0264	0,0584	0,1029	0,1536	0,2007	0,2340	0,2461
	6	0,0000	0,0001	0,0012	0,0055	0,0162	0,0368	0,0689	0,1115	0,1596	0,2051
	7	0,0000	0,0000	0,0001	0,0008	0,0031	0,0090	0,0212	0,0425	0,0746	0,1172
	8	0,0000	0,0000	0,0000	0,0001	0,0004	0,0014	0,0043	0,0106	0,0229	0,0439
	9	0,0000	0,0000	0,0000	0,0000	0,0000	0,0001	0,0005	0,0016	0,0042	0,0098
	10	0,0000	0,0000	0,0000	0,0000	0,0000	0,0000	0,0000	0,0001	0,0003	0,0010
15	0	0,4633	0,2059	0,0874	0,0352	0,0134	0,0047	0,0016	0,0005	0,0001	0,0000
	1	0,3658	0,3432	0,2312	0,1319	0,0668	0,0305	0,0126	0,0047	0,0016	0,0005
	2	0,1348	0,2669	0,2856	0,2309	0,1559	0,0916	0,0476	0,0219	0,0090	0,0032
	3	0,0307	0,1285	0,2184	0,2501	0,2252	0,1700	0,1110	0,0634	0,0318	0,0139
	4	0,0049	0,0428	0,1156	0,1876	0,2252	0,2186	0,1792	0,1268	0,0780	0,0417
	5	0,0006	0,0105	0,0449	0,1032	0,1651	0,2061	0,2123	0,1859	0,1404	0,0916
	6	0,0000	0,0019	0,0132	0,0430	0,0917	0,1472	0,1906	0,2066	0,1914	0,1527
	7	0,0000	0,0003	0,0030	0,0138	0,0393	0,0811	0,1319	0,1771	0,2013	0,1964
	8	0,0000	0,0000	0,0005	0,0035	0,0131	0,0348	0,0710	0,1181	0,1647	0,1964
	9	0,0000	0,0000	0,0001	0,0007	0,0034	0,0116	0,0298	0,0612	0,1048	0,1527
	10	0,0000	0,0000	0,0000	0,0001	0,0007	0,0030	0,0096	0,0245	0,0515	0,0916
	11	0,0000	0,0000	0,0000	0,0000	0,0001	0,0006	0,0024	0,0074	0,0191	0,0417
	12	0,0000	0,0000	0,0000	0,0000	0,0000	0,0001	0,0004	0,0016	0,0052	0,0139
	13	0,0000	0,0000	0,0000	0,0000	0,0000	0,0000	0,0001	0,0003	0,0010	0,0032
	14	0,0000	0,0000	0,0000	0,0000	0,0000	0,0000	0,0000	0,0000	0,0001	0,0005
	15	0,0000	0,0000	0,0000	0,0000	0,0000	0,0000	0,0000	0,0000	0,0000	0,0000

		P									
n	r	0,05	0,10	0,15	0,20	0,25	0,30	0,35	0,40	0,45	0,50
20	0	0,3585	0,1216	0,0388	0,0115	0,0032	0,0008	0,0002	0,0000	0,0000	0,0000
	1	0,3774	0,2702	0,1368	0,0576	0,0211	0,0068	0,0020	0,0005	0,0001	0,0000
	2	0,1887	0,2852	0,2293	0,1369	0,0669	0,0278	0,0100	0,0031	0,0008	0,0002
	3	0,0596	0,1901	0,2428	0,2054	0,1339	0,0716	0,0323	0,0123	0,0040	0,0011
	4	0,0133	0,0898	0,1821	0,2182	0,1897	0,1304	0,0738	0,0350	0,0139	0,0046
	5	0,0022	0,0319	0,1028	0,1746	0,2023	0,1789	0,1272	0,0746	0,0365	0,0148
	6	0,0003	0,0089	0,0454	0,1091	0,1686	0,1916	0,1712	0,1244	0,0746	0,0370
	7	0,0000	0,0020	0,0160	0,0545	0,1124	0,1643	0,1844	0,1659	0,1221	0,0739
	8	0,0000	0,0004	0,0046	0,0222	0,0609	0,1144	0,1614	0,1797	0,1623	0,1201
	9	0,0000	0,0001	0,0011	0,0074	0,0271	0,0654	0,1158	0,1597	0,1771	0,1602
	10	0,0000	0,0000	0,0002	0,0020	0,0099	0,0308	0,0686	0,1171	0,1593	0,1762
	11	0,0000	0,0000	0,0000	0,0005	0,0030	0,0120	0,0336	0,0710	0,1185	0,1602
	12	0,0000	0,0000	0,0000	0,0001	0,0008	0,0039	0,0136	0,0355	0,0727	0,1201
	13	0,0000	0,0000	0,0000	0,0000	0,0002	0,0010	0,0045	0,0146	0,0366	0,0739
	14	0,0000	0,0000	0,0000	0,0000	0,0000	0,0002	0,0012	0,0049	0,0150	0,0370
	15	0,0000	0,0000	0,0000	0,0000	0,0000	0,0000	0,0003	0,0013	0,0049	0,0148
	16	0,0000	0,0000	0,0000	0,0000	0,0000	0,0000	0,0000	0,0003	0,0013	0,0046
	17	0,0000	0,0000	0,0000	0,0000	0,0000	0,0000	0,0000	0,0000	0,0002	0,0011
	18	0,0000	0,0000	0,0000	0,0000	0,0000	0,0000	0,0000	0,0000	0,0000	0,0002
	19	0,0000	0,0000	0,0000	0,0000	0,0000	0,0000	0,0000	0,0000	0,0000	0,0000
	20	0,0000	0,0000	0,0000	0,0000	0,0000	0,0000	0,0000	0,0000	0,0000	0,0000

		P								
n	r	0,55	0,60	0,65	0,70	0,75	0,80	0,85	0,90	0,95
1	0	0,4500	0,4000	0,3500	0,3000	0,2500	0,2000	0,1500	0,1000	0,0500
	1	0,5500	0,6000	0,6500	0,7000	0,7500	0,8000	0,8500	0,9000	0,9500
2	0	0,2025	0,1600	0,1225	0,0900	0,0625	0,0400	0,0225	0,0100	0,0025
	1	0,4950	0,4800	0,4550	0,4200	0,3750	0,3200	0,2550	0,1800	0,0950
	2	0,3025	0,3600	0,4225	0,4900	0,5625	0,6400	0,7225	0,8100	0,9025
3	0	0,0911	0,0640	0,0429	0,0270	0,0156	0,0080	0,0034	0,0010	0,0001
	1	0,3341	0,2880	0,2389	0,1890	0,1406	0,0960	0,0574	0,0270	0,0071
	2	0,4084	0,4320	0,4436	0,4410	0,4219	0,3840	0,3251	0,2430	0,1354
	3	0,1664	0,2160	0,2746	0,3430	0,4219	0,5120	0,6141	0,7290	0,8574
4	0	0,0410	0,0256	0,0150	0,0081	0,0039	0,0016	0,0005	0,0001	0,0000
	1	0,2005	0,1536	0,1115	0,0756	0,0469	0,0256	0,0115	0,0036	0,0005
	2	0,3675	0,3456	0,3105	0,2646	0,2109	0,1536	0,0975	0,0486	0,0135
	3	0,2995	0,3456	0,3845	0,4116	0,4219	0,4096	0,3685	0,2916	0,1715
	4	0,0915	0,1296	0,1785	0,2401	0,3164	0,4096	0,5220	0,6561	0,8145
5	0	0,0185	0,0102	0,0053	0,0024	0,0010	0,0003	0,0001	0,0000	0,0000
	1	0,1128	0,0768	0,0488	0,0283	0,0146	0,0064	0,0022	0,0004	0,0000
	2	0,2757	0,2304	0,1811	0,1323	0,0879	0,0512	0,0244	0,0081	0,0011
	3	0,3369	0,3456	0,3364	0,3087	0,2637	0,2048	0,1382	0,0729	0,0214
	4	0,2059	0,2592	0,3124	0,3602	0,3955	0,4096	0,3915	0,3280	0,2036

| | | \multicolumn{9}{c}{P} |
n	r	0,55	0,60	0,65	0,70	0,75	0,80	0,85	0,90	0,95
	5	0,0503	0,0778	0,1160	0,1681	0,2373	0,3277	0,4437	0,5905	0,7738
6	0	0,0083	0,0041	0,0018	0,0007	0,0002	0,0001	0,0000	0,0000	0,0000
	1	0,0609	0,0369	0,0205	0,0102	0,0044	0,0015	0,0004	0,0001	0,0000
	2	0,1861	0,1382	0,0951	0,0595	0,0330	0,0154	0,0055	0,0012	0,0001
	3	0,3032	0,2765	0,2355	0,1852	0,1318	0,0819	0,0415	0,0146	0,0021
	4	0,2780	0,3110	0,3280	0,3241	0,2966	0,2458	0,1762	0,0984	0,0305
	5	0,1359	0,1866	0,2437	0,3025	0,3560	0,3932	0,3993	0,3543	0,2321
	6	0,0277	0,0467	0,0754	0,1176	0,1780	0,2621	0,3771	0,5314	0,7351
7	0	0,0037	0,0016	0,0006	0,0002	0,0001	0,0000	0,0000	0,0000	0,0000
	1	0,0320	0,0172	0,0084	0,0036	0,0013	0,0004	0,0001	0,0000	0,0000
	2	0,1172	0,0774	0,0466	0,0250	0,0115	0,0043	0,0012	0,0002	0,0000
	3	0,2388	0,1935	0,1442	0,0972	0,0577	0,0287	0,0109	0,0026	0,0002
	4	0,2918	0,2903	0,2679	0,2269	0,1730	0,1147	0,0617	0,0230	0,0036
	5	0,2140	0,2613	0,2985	0,3177	0,3115	0,2753	0,2097	0,1240	0,0406
	6	0,0872	0,1306	0,1848	0,2471	0,3115	0,3670	0,3960	0,3720	0,2573
	7	0,0152	0,0280	0,0490	0,0824	0,1335	0,2097	0,3206	0,4783	0,6983
8	0	0,0017	0,0007	0,0002	0,0001	0,0000	0,0000	0,0000	0,0000	0,0000
	1	0,0164	0,0079	0,0033	0,0012	0,0004	0,0001	0,0000	0,0000	0,0000
	2	0,0703	0,0413	0,0217	0,0100	0,0038	0,0011	0,0002	0,0000	0,0000
	3	0,1719	0,1239	0,0808	0,0467	0,0231	0,0092	0,0026	0,0004	0,0000
	4	0,2627	0,2322	0,1875	0,1361	0,0865	0,0459	0,0185	0,0046	0,0004
	5	0,2568	0,2787	0,2786	0,2541	0,2076	0,1468	0,0839	0,0331	0,0054
	6	0,1569	0,2090	0,2587	0,2965	0,3115	0,2936	0,2376	0,1488	0,0515
	7	0,0548	0,0896	0,1373	0,1977	0,2670	0,3355	0,3847	0,3826	0,2793
	8	0,0084	0,0168	0,0319	0,0576	0,1001	0,1678	0,2725	0,4305	0,6634
9	0	0,0008	0,0003	0,0001	0,0000	0,0000	0,0000	0,0000	0,0000	0,0000
	1	0,0083	0,0035	0,0013	0,0004	0,0001	0,0000	0,0000	0,0000	0,0000
	2	0,0407	0,0212	0,0098	0,0039	0,0012	0,0003	0,0000	0,0000	0,0000
	3	0,1160	0,0743	0,0424	0,0210	0,0087	0,0028	0,0006	0,0001	0,0000
	4	0,2128	0,1672	0,1181	0,0735	0,0389	0,0165	0,0050	0,0008	0,0000
	5	0,2600	0,2508	0,2194	0,1715	0,1168	0,0661	0,0283	0,0074	0,0006
	6	0,2119	0,2508	0,2716	0,2668	0,2336	0,1762	0,1069	0,0446	0,0077
	7	0,1110	0,1612	0,2162	0,2668	0,3003	0,3020	0,2597	0,1722	0,0629
	8	0,0339	0,0605	0,1004	0,1556	0,2253	0,3020	0,3679	0,3874	0,2985
	9	0,0046	0,0101	0,0207	0,0404	0,0751	0,1342	0,2316	0,3874	0,6302
10	0	0,0003	0,0001	0,0000	0,0000	0,0000	0,0000	0,0000	0,0000	0,0000
	1	0,0042	0,0016	0,0005	0,0001	0,0000	0,0000	0,0000	0,0000	0,0000
	2	0,0229	0,0106	0,0043	0,0014	0,0004	0,0001	0,0000	0,0000	0,0000
	3	0,0746	0,0425	0,0212	0,0090	0,0031	0,0008	0,0001	0,0000	0,0000
	4	0,1596	0,1115	0,0689	0,0368	0,0162	0,0055	0,0012	0,0001	0,0000
	5	0,2340	0,2007	0,1536	0,1029	0,0584	0,0264	0,0085	0,0015	0,0001
	6	0,2384	0,2508	0,2377	0,2001	0,1460	0,0881	0,0401	0,0112	0,0010

		P								
n	r	0,55	0,60	0,65	0,70	0,75	0,80	0,85	0,90	0,95
	7	0,1665	0,2150	0,2522	0,2668	0,2503	0,2013	0,1298	0,0574	0,0105
	8	0,0763	0,1209	0,1757	0,2335	0,2816	0,3020	0,2759	0,1937	0,0746
	9	0,0207	0,0403	0,0725	0,1211	0,1877	0,2684	0,3474	0,3874	0,3151
	10	0,0025	0,0060	0,0135	0,0282	0,0563	0,1074	0,1969	0,3487	0,5987
15	0	0,0000	0,0000	0,0000	0,0000	0,0000	0,0000	0,0000	0,0000	0,0000
	1	0,0001	0,0000	0,0000	0,0000	0,0000	0,0000	0,0000	0,0000	0,0000
	2	0,0010	0,0003	0,0001	0,0000	0,0000	0,0000	0,0000	0,0000	0,0000
	3	0,0052	0,0016	0,0004	0,0001	0,0000	0,0000	0,0000	0,0000	0,0000
	4	0,0191	0,0074	0,0024	0,0006	0,0001	0,0000	0,0000	0,0000	0,0000
	5	0,0515	0,0245	0,0096	0,0030	0,0007	0,0001	0,0000	0,0000	0,0000
	6	0,1048	0,0612	0,0298	0,0116	0,0034	0,0007	0,0001	0,0000	0,0000
	7	0,1647	0,1181	0,0710	0,0348	0,0131	0,0035	0,0005	0,0000	0,0000
	8	0,2013	0,1771	0,1319	0,0811	0,0393	0,0138	0,0030	0,0003	0,0000
	9	0,1914	0,2066	0,1906	0,1472	0,0917	0,0430	0,0132	0,0019	0,0000
	10	0,1404	0,1859	0,2123	0,2061	0,1651	0,1032	0,0449	0,0105	0,0006
	11	0,0780	0,1268	0,1792	0,2186	0,2252	0,1876	0,1156	0,0428	0,0049
	12	0,0318	0,0634	0,1110	0,1700	0,2252	0,2501	0,2184	0,1285	0,0307
	13	0,0090	0,0219	0,0476	0,0916	0,1559	0,2309	0,2856	0,2669	0,1348
	14	0,0016	0,0047	0,0126	0,0305	0,0668	0,1319	0,2312	0,3432	0,3658
	15	0,0001	0,0005	0,0016	0,0047	0,0134	0,0352	0,0874	0,2059	0,4633
20	0	0,0000	0,0000	0,0000	0,0000	0,0000	0,0000	0,0000	0,0000	0,0000
	1	0,0000	0,0000	0,0000	0,0000	0,0000	0,0000	0,0000	0,0000	0,0000
	2	0,0000	0,0000	0,0000	0,0000	0,0000	0,0000	0,0000	0,0000	0,0000
	3	0,0002	0,0000	0,0000	0,0000	0,0000	0,0000	0,0000	0,0000	0,0000
	4	0,0013	0,0003	0,0000	0,0000	0,0000	0,0000	0,0000	0,0000	0,0000
	5	0,0049	0,0013	0,0003	0,0000	0,0000	0,0000	0,0000	0,0000	0,0000
	6	0,0150	0,0049	0,0012	0,0002	0,0000	0,0000	0,0000	0,0000	0,0000
	7	0,0366	0,0146	0,0045	0,0010	0,0002	0,0000	0,0000	0,0000	0,0000
	8	0,0727	0,0355	0,0136	0,0039	0,0008	0,0001	0,0000	0,0000	0,0000
	9	0,1185	0,0710	0,0336	0,0120	0,0030	0,0005	0,0000	0,0000	0,0000
	10	0,1593	0,1171	0,0686	0,0308	0,0099	0,0020	0,0002	0,0000	0,0000
	11	0,1771	0,1597	0,1158	0,0654	0,0271	0,0074	0,0011	0,0001	0,0000
	12	0,1623	0,1797	0,1614	0,1144	0,0609	0,0222	0,0046	0,0004	0,0000
	13	0,1221	0,1659	0,1844	0,1643	0,1124	0,0545	0,0160	0,0020	0,0000
	14	0,0746	0,1244	0,1712	0,1916	0,1686	0,1091	0,0454	0,0089	0,0003
	15	0,0365	0,0746	0,1272	0,1789	0,2023	0,1746	0,1028	0,0319	0,0022
	16	0,0139	0,0350	0,0738	0,1304	0,1897	0,2182	0,1821	0,0898	0,0133
	17	0,0040	0,0123	0,0323	0,0716	0,1339	0,2054	0,2428	0,1901	0,0596
	18	0,0008	0,0031	0,0100	0,0278	0,0669	0,1369	0,2293	0,2852	0,1887
	19	0,0001	0,0005	0,0020	0,0068	0,0211	0,0576	0,1368	0,2702	0,3774
	20	0,0000	0,0000	0,0002	0,0008	0,0032	0,0115	0,0388	0,1216	0,3585

APÊNDICE C: VALORES DE $e^{-\lambda}$ PARA USO NA DISTRIBUIÇÃO DE POISSON

λ	$e^{-\lambda}$	λ	$e^{-\lambda}$
0,0	1,0000	3,1	0,0450
0,1	0,9048	3,2	0,0408
0,2	0,8187	3,3	0,0369
0,3	0,7408	3,4	0,0334
0,4	0,6703	3,5	0,0302
0,5	0,6065	3,6	0,0273
0,6	0,5488	3,7	0,0247
0,7	0,4966	3,8	0,0224
0,8	0,4493	3,9	0,0202
0,9	0,4066	4,0	0,0183
1,0	0,3679	4,1	0,0166
1,1	0,3329	4,2	0,0150
1,2	0,3012	4,3	0,0136
1,3	0,2725	4,4	0,0123
1,4	0,2466	4,5	0,0111
1,5	0,2231	4,6	0,0101
1,6	0,2019	4,7	0,0091
1,7	0,1827	4,8	0,0082
1,8	0,1653	4,9	0,0074
1,9	0,1496	5,0	0,0067
2,0	0,1353	5,1	0,0061
2,1	0,1225	5,2	0,0055
2,2	0,1108	5,3	0,0050
2,3	0,1003	5,4	0,0045
2,4	0,0907	5,5	0,0041
2,5	0,0821	5,6	0,0037
2,6	0,0743	5,7	0,0033
2,7	0,0672	5,8	0,0030
2,8	0,0608	5,9	0,0027
2,9	0,0550	6,0	0,0025
3,0	0,0498		

APÊNDICE D: VALORES DA DISTRIBUIÇÃO F

Tabela da distribuição F para os 5% de probabilidade superior ($\alpha = 0,05$)

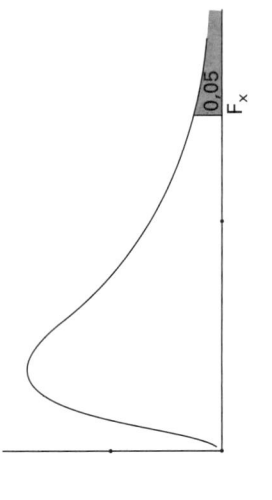

gl2 \ gl1	1	2	3	4	5	6	7	8	9	10	12	15	20	24	30	120	∞
1	161,4	199,5	215,7	224,6	230,2	234,0	236,8	238,9	240,5	241,9	243,9	245,9	248,0	249,0	250,1	253,3	254,3
2	18,51	19,00	19,16	19,25	19,30	19,33	19,35	19,37	19,38	19,40	19,41	19,43	19,45	19,45	19,46	19,49	19,50
3	10,13	9,55	9,28	9,12	9,01	8,94	8,89	8,85	8,81	8,79	8,74	8,70	8,66	8,64	8,62	8,55	8,53
4	7,71	6,94	6,59	6,39	6,26	6,16	6,09	6,04	6,00	5,96	5,91	5,86	5,80	5,77	5,75	5,66	5,63
5	6,61	5,79	5,41	5,19	5,05	4,95	4,88	4,82	4,77	4,74	4,68	4,62	4,56	4,53	4,50	4,40	4,36
6	5,99	5,14	4,76	4,53	4,39	4,28	4,21	4,15	4,10	4,06	4,00	3,94	3,87	3,84	3,81	3,70	3,67
7	5,59	4,74	4,35	4,12	3,97	3,87	3,79	3,73	3,68	3,64	3,57	3,51	3,44	3,41	3,38	3,27	3,23
8	5,32	4,46	4,07	3,84	3,69	3,58	3,50	3,44	3,39	3,35	3,28	3,22	3,15	3,12	3,08	2,97	2,93
9	5,12	4,26	3,86	3,63	3,48	3,37	3,29	3,23	3,18	3,14	3,07	3,01	2,94	2,90	2,86	2,75	2,71
10	4,96	4,10	3,71	3,48	3,33	3,22	3,14	3,07	3,02	2,98	2,91	2,85	2,77	2,74	2,70	2,58	2,54
11	4,84	3,98	3,59	3,36	3,20	3,09	3,01	2,95	2,90	2,85	2,79	2,72	2,65	2,61	2,57	2,45	2,40
12	4,75	3,89	3,49	3,26	3,11	3,00	2,91	2,85	2,80	2,75	2,69	2,62	2,54	2,51	2,47	2,34	2,30
13	4,67	3,81	3,41	3,18	3,03	2,92	2,83	2,77	2,71	2,67	2,60	2,53	2,46	2,42	2,38	2,25	2,21
14	4,60	3,74	3,34	3,11	2,96	2,85	2,76	2,70	2,65	2,60	2,53	2,46	2,39	2,35	2,31	2,18	2,13
15	4,54	3,68	3,29	3,06	2,90	2,79	2,71	2,64	2,59	2,54	2,48	2,40	2,33	2,29	2,25	2,11	2,07
16	4,49	3,63	3,24	3,01	2,85	2,74	2,66	2,59	2,54	2,49	2,42	2,35	2,28	2,24	2,19	2,06	2,01
17	4,45	3,59	3,20	2,96	2,81	2,70	2,61	2,55	2,49	2,45	2,38	2,31	2,23	2,19	2,15	2,01	1,96
18	4,41	3,55	3,16	2,93	2,77	2,66	2,58	2,51	2,46	2,41	2,34	2,27	2,19	2,15	2,11	1,97	1,92
19	4,38	3,52	3,13	2,90	2,74	2,63	2,54	2,48	2,42	2,38	2,31	2,23	2,16	2,11	2,07	1,93	1,88
20	4,35	3,49	3,10	2,87	2,71	2,60	2,51	2,45	2,39	2,35	2,28	2,20	2,12	2,08	2,04	1,90	1,84
24	4,26	3,40	3,01	2,78	2,62	2,51	2,42	2,36	2,30	2,25	2,18	2,11	2,03	1,98	1,94	1,79	1,73
30	4,17	3,32	2,92	2,69	2,53	2,42	2,33	2,27	2,21	2,16	2,09	2,01	1,93	1,89	1,84	1,68	1,62
40	4,08	3,23	2,84	2,61	2,45	2,34	2,25	2,18	2,12	2,08	2,00	1,92	1,84	1,79	1,74	1,58	1,51
60	4,00	3,15	2,76	2,53	2,37	2,25	2,17	2,10	2,04	1,99	1,92	1,84	1,75	1,70	1,65	1,47	1,39
120	3,92	3,07	2,68	2,45	2,29	2,18	2,09	2,02	1,96	1,91	1,83	1,75	1,66	1,61	1,55	1,35	1,25
∞	3,84	3,00	2,60	2,37	2,21	2,10	2,01	1,94	1,88	1,83	1,75	1,67	1,57	1,52	1,46	1,22	1,00

Tabela da distribuição F para os 1% de probabilidade superior ($\alpha = 0{,}01$)

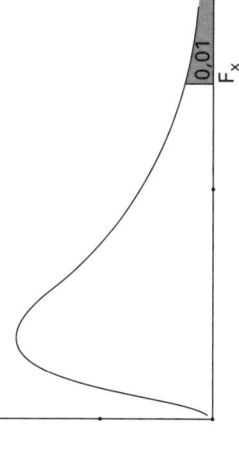

gl2	\ gl1	1	2	3	4	5	6	7	8	9	10	12	15	20	24	30	120	∞
1		4052	5000	5403	5625	5764	5859	5928	5982	6022,5	6056	6106	6157	6209	6235	6261	6339	6366
2		98,50	99,00	99,17	99,25	99,30	99,33	99,36	99,37	99,39	99,40	99,42	99,43	99,45	99,46	99,47	99,49	99,50
3		34,12	30,82	29,46	28,71	28,24	27,91	27,67	27,49	27,35	27,23	27,05	26,87	26,69	26,60	26,50	26,22	26,13
4		21,20	18,00	16,69	15,98	15,52	15,21	14,98	14,80	14,66	14,55	14,37	14,20	14,02	13,93	13,84	13,56	13,46
5		16,26	13,27	12,06	11,39	10,97	10,67	10,46	10,29	10,16	10,05	9,89	9,72	9,55	9,47	9,38	9,11	9,02
6		13,75	10,92	9,78	9,15	8,75	8,47	8,26	8,10	7,98	7,87	7,72	7,56	7,40	7,31	7,23	6,97	6,88
7		12,25	9,55	8,45	7,85	7,46	7,19	6,99	6,84	6,72	6,62	6,47	6,31	6,16	6,07	5,99	5,74	5,65
8		11,26	8,65	7,59	7,01	6,63	6,37	6,18	6,03	5,91	5,81	5,67	5,52	5,36	5,28	5,20	4,95	4,86
9		10,56	8,02	6,99	6,42	6,06	5,80	5,61	5,47	5,35	5,26	5,11	4,96	4,81	4,73	4,65	4,40	4,31
10		10,04	7,56	6,55	5,99	5,64	5,39	5,20	5,06	4,94	4,85	4,71	4,56	4,41	4,33	4,25	4,00	3,91
11		9,65	7,21	6,22	5,67	5,32	5,07	4,89	4,74	4,63	4,54	4,40	4,25	4,10	4,02	3,94	3,69	3,60
12		9,33	6,93	5,95	5,41	5,06	4,82	4,64	4,50	4,39	4,30	4,16	4,01	3,86	3,78	3,70	3,45	3,36
13		9,07	6,70	5,74	5,21	4,86	4,62	4,44	4,30	4,19	4,10	3,96	3,82	3,66	3,59	3,51	3,25	3,17
14		8,86	6,51	5,56	5,04	4,69	4,46	4,28	4,14	4,03	3,94	3,80	3,66	3,51	3,43	3,35	3,09	3,00
15		8,68	6,36	5,42	4,89	4,56	4,32	4,14	4,00	3,89	3,80	3,67	3,52	3,37	3,29	3,21	2,96	2,87
16		8,53	6,23	5,29	4,77	4,44	4,20	4,03	3,89	3,78	3,69	3,55	3,41	3,26	3,18	3,10	2,84	2,75
17		8,40	6,11	5,18	4,67	4,34	4,10	3,93	3,79	3,68	3,59	3,46	3,31	3,16	3,08	3,00	2,75	2,65
18		8,29	6,01	5,09	4,58	4,25	4,01	3,84	3,71	3,60	3,51	3,37	3,23	3,08	3,00	2,92	2,66	2,57
19		8,18	5,93	5,01	4,50	4,17	3,94	3,77	3,63	3,52	3,43	3,30	3,15	3,00	2,92	2,84	2,58	2,49
20		8,10	5,85	4,94	4,43	4,10	3,87	3,70	3,56	3,46	3,37	3,23	3,09	2,94	2,86	2,78	2,52	2,42
24		7,82	5,61	4,72	4,22	3,90	3,67	3,50	3,36	3,26	3,17	3,03	2,89	2,74	2,66	2,58	2,31	2,21
30		7,56	5,39	4,51	4,02	3,70	3,47	3,30	3,17	3,07	2,98	2,84	2,70	2,55	2,47	2,39	2,11	2,01
40		7,31	5,18	4,31	3,83	3,51	3,29	3,12	2,99	2,89	2,80	2,66	2,52	2,37	2,29	2,20	1,92	1,80
60		7,08	4,98	4,13	3,65	3,34	3,12	2,95	2,82	2,72	2,63	2,50	2,35	2,20	2,12	2,03	1,73	1,60
120		6,85	4,79	3,95	3,48	3,17	2,96	2,79	2,66	2,56	2,47	2,34	2,19	2,03	1,95	1,86	1,53	1,38
∞		6,63	4,61	3,78	3,32	3,02	2,80	2,64	2,51	2,41	2,32	2,18	2,04	1,88	1,79	1,70	1,32	1,00

APÊNDICE E: UTILIZANDO O POM-QM PARA WINDOWS

Bem-vindos ao POM-QM para Windows. Junto com o Excel QM (veja o APÊNDICE F), ele disponibiliza o software de mais fácil utilização disponível para a área de análise quantitativa/métodos quantitativos (QA/QM). Este software também pode ser usado para a área de gerenciamento de produção/operações (POM). É possível exibir todos os módulos, somente os módulos QM ou somente os módulos POM. Visto que este livro é sobre métodos quantitativos, somente os módulos QM são apresentados ao longo do texto e ele é citado como QM para Windows. O QM para Windows é um pacote projetado para ajudá-lo a aprender e entender melhor esse assunto. O software pode ser usado tanto para solucionar problemas quanto para checar as respostas de cálculos feitos à mão. Esse software é extremamente fácil de usar devido às seguintes características:

- Qualquer um familiarizado com planilhas ou com o processador de dados do Windows conseguirá usar o QM para Windows. Todos os módulos têm telas de ajuda que podem ser acessadas a qualquer momento.
- As telas para qualquer modelo são consistentes, portanto, quando você estiver acostumado com o uso de um módulo, será fácil utilizar os outros módulos.
- O editor de dados do tipo planilha permite a utilização de tela cheia.
- Os arquivos são abertos e salvos como no Windows e são nomeados por módulos, o que facilita encontrar os arquivos salvos previamente.
- É fácil mudar de um método de solução para outro a fim de comparar métodos e respostas.
- Os gráficos são de fácil exibição e impressão.

Instalando o POM-QM para Windows

Para todas as instalações, incluindo esta, é melhor estar certo de que nenhum programa, incluindo os programas de proteção contra vírus, esteja sendo executado enquanto você está instalando um programa novo:

1. Insira o CD Render/Stair/Hanna no seu drive de CD, possivelmente o drive D:.
2. A partir do botão Iniciar do Windows, selecione *Executar, Procurar*.
3. Troque para o drive que contém o CD.
4. Selecione *Iniciar* e pressione Enter ou clique em OK.
5. Selecione *Install*.
6. Selecione *POM-QM para Windows* da próxima tela e siga as instruções na tela.

Valores padronizados foram determinados no programa de instalação, mas você pode mudá-los se quiser. Ajuda e atualizações para este software estão disponíveis em www.prenhall.com/weiss.

O QM para Windows requer informações gerais para operar. A primeira tela é o termo de aceitação da utilização de um software licenciado. Na segunda tela você deve entrar com o seu nome, universidade, curso e professor. O nome é obrigatório. Quando você terminar, clique em OK.

Depois de completado o processo de registro, um ícone do programa, chamado POM-QM para Windows, é adicionado ao seu desktop. Além disso, um atalho para o programa será colocado no desktop. Para usar o programa QM para Windows, clique duas vezes no atalho no desktop ou use Iniciar, POM-QM para Windows.

A tela que está exibida é a tela básica para o software e contém os vários componentes que fazem parte da maioria das telas. Esta tela foi exibida no Capítulo 1 como Programa 1.1. O topo daquela tela é a barra de títulos padrão do Windows. Abaixo da barra de títulos está a barra de menu padrão do Windows. A barra de menu é fácil de usar. Os detalhes das oito opções de menu *File* (Arquivo), *Edit* (Editar), *View* (Visualizar), *Module* (Módulo), *Format*

(Formatar), *Tools* (Ferramentas), *Window* (Janela) e *Help* (Ajuda) estão explicadas no apêndice. No início do programa, as únicas opções habilitadas são *File* (para abrir um arquivo previamente salvo ou para sair do programa), *Module* (para selecionar um módulo) e *Help*. As outras opções serão habilitadas à medida que um arquivo for escolhido ou um problema for iniciado.

Abaixo do menu estão duas barras de ferramentas: uma barra de ferramenta padrão e uma de ferramenta de formatação. As barras de ferramentas contêm atalhos padrão para vários comandos do menu. Se você passar o mouse sobre o botão por dois segundos, uma explicação do recurso será exibida na tela.

A próxima barra contém uma instrução. Existe sempre uma instrução para ajudá-lo a decidir o que fazer ou o que inserir. Geralmente, a instrução indica a seleção de um módulo ou a abertura de um arquivo. Quando os dados serão inseridos na tabela dos dados, a instrução irá explicar que tipo de dados (inteiros, reais, positivos, etc.) deve ser fornecido.

No Programa 1.1 do Capítulo 1, mostramos a lista dos módulos após clicar em *Module*. Selecionamos somente mostrar os módulos QM. Existem 18 módulos nesta categoria.

Criando um novo problema

A primeira opção que será selecionada é File, seguida por *New* (Novo) ou *Open* (Abrir) para criar um novo conjunto de dados ou para carregar um conjunto de dados salvo anteriormente. Essa é uma opção que será selecionada várias vezes. Em alguns módulos, quando *New* for selecionado, haverá um menu de submódulos. Quando esse for o caso, um deles deve ser selecionado antes de entrar com o problema.

A fila do topo da tela de criação contém uma caixa de texto em que o título do problema pode ser fornecido. Para muitos módulos, é necessário entrar com o número das linhas no problema. As linhas terão nomes diferentes dependendo dos módulos. Por exemplo, na programação linear, as linhas são restrições, enquanto que na previsão, as linhas são períodos passados. De qualquer modo, o número das linhas pode ser escolhido com a barra de rolagem ou a caixa de texto. Em geral, o número máximo de linhas em qualquer módulo é 90.

O POM-QM para Windows tem a capacidade de permitir diferentes opções para os nomes da linha e da coluna padrão. Selecione um dos botões do tipo rádio para indicar que estilo de nome padrão deve ser usado. Em muitos módulos, os nomes das linhas não são usados para cálculos, mas você deve ter cuidado porque em alguns módulos (em especial em Gerenciamento de Projetos), os nomes podem estar relacionados com os anteriores.

Muitos módulos exigem que você entre com o número de colunas. Isso é dado da mesma maneira que o número de linhas. Todos os nomes das linhas e colunas podem ser mudados nos dados da tabela.

Alguns módulos terão uma caixa de opção extra, como, por exemplo, para escolher minimizar ou maximizar ou selecionar se as distâncias são simétricas. Selecione uma dessas opções. Em muitos casos, essa opção poderá ser mudada mais tarde na tela dos dados.

Quando você estiver satisfeito com as suas opções, clique no botão **OK** ou pressione a tecla **Enter**. Uma tela de dados vazia será exibida. As telas irão diferir de módulo para módulo.

Entrando e editando dados

Após um novo conjunto de dados ser criado ou um conjunto de dados existente ser carregado, os dados podem ser editados. Cada entrada é uma posição de uma linha ou coluna. Você navega pela planilha usando as teclas de movimentação do cursor. Essas teclas funcionam de uma maneira regular com uma exceção: a tecla **Enter**.

A barra de instrução na tela irá conter uma instrução breve descrevendo o que deve ser feito. Existem, basicamente, três tipos de células na tabela de dados. Um tipo é uma célula de dados padrão em que você entra com um nome ou um número. Um segundo tipo é uma célula que não pode ser mudada. Um terceiro tipo é uma célula que contém um menu suspenso. Por exemplo, os sinais de uma restrição em uma programação linear são escolhidos por esse tipo de célula. Para ver todas as opções, pressione a seta ao lado da célula.

Resolvendo um problema
Existem várias maneiras de resolver um problema. A maneira mais fácil é pressionar o botão Solve na barra de ferramentas padrão. A tecla de função F9 também pode ser usada. Finalmente, se você pressionar a tecla Enter *após ter entrado com o último dado, o problema será resolvido. Após a resolução do problema, para retornar à edição de dados pressione o botão* Edit, *que substituiu o botão Solve na barra de ferramentas padrão ou use o F9.*

Enter
Esta tecla se move de célula para célula da esquerda para a direita, do topo para baixo, pulando a primeira coluna (que geralmente contém nomes). Portanto, quando entrar com uma tabela de dados, se você iniciar no lado esquerdo mais alto e continuar para o lado direito mais baixo linha por linha, esta tecla é bastante útil.

Existe mais um aspecto para a tela de dados que precisa ser considerado. Alguns módulos precisam de dados extras além dos da tabela. Na maioria desses casos, os dados estão contidos nas combinações de texto/barra de rolagem que aparecem no topo da tabela de dados.

Apresentação das soluções

Formatação numérica
A formatação é manejada automaticamente pelo programa. Por exemplo, em muitos casos o número 1000 será formatado automaticamente como 1,000. Não digite a vírgula. O programa não permite fazer isso!

Você pode apertar o botão **Solve** (Resolver) para iniciar o processo de solução. Uma nova tela será exibida.

É importante observar que existe mais informação sobre a solução disponível. Isso pode ser visto pelos ícones dados na parte de baixo. Clique neles para visualizar a informação. Por outro lado, note que a opção Window no menu principal está agora habilitada. Ela está sempre habilitada quando uma solução está sendo apresentada. Mesmo se os ícones estiverem cobertos por uma janela, a opção Window sempre irá permitir a visualização das outras janelas da solução.

Agora que examinamos como criar e resolver um problema, explicaremos todas as opções do menu disponíveis.

Arquivo

O menu arquivo contém as opções usuais encontradas no Windows.

***New* (Novo)**   Como já dito, essa opção inicia um novo problema/arquivo.

***Open* (Abrir)**   Essa opção é usada para abrir/carregar um arquivo previamente salvo. A seleção do arquivo é feita por uma caixa de diálogo padrão comum do Windows. Note que a extensão para arquivos no sistema QM para Windows é dada pelas três primeiras letras do nome do módulo. Por exemplo, todos os arquivos da programação linear têm a extensão *.lin. Quando você vai para a caixa de diálogo aberta, o valor por padrão é o programa procurar por arquivos do tipo do módulo corrente. Isso pode ser mudado na parte de baixo à esquerda onde diz "*Files of Type*" (arquivos do tipo).

Eliminando arquivos
Não é possível eliminar (deletar) um arquivo utilizando o QM para Windows; para tanto, utilize o gerenciador de arquivos do Windows.

Os nomes que são válidos são nomes padrão de arquivos aceitos pelo Windows. Letras maiúsculas ou minúsculas não fazem diferença. Além do nome do arquivo, você pode anteceder o nome com uma letra do *drive* (seguido de dois pontos) ou fornecer todo o caminho. Exemplos de arquivos válidos são:

amostra, teste, c:amostra, problema de programacao linear, capitulo8, problema1.

Você pode digitar os nomes dos arquivos em maiúsculas, minúsculas ou uma combinação de ambas. Em todos os exemplos, o QM para Windows irá adicionar uma extensão de três letras no final do nome do arquivo. Por exemplo, um problema de programação linear terá adicionado ao nome do arquivo a terminação **.lin** (assumindo que seja realmente um problema de programação linear).

No caso de haver um problema com o drive ou com o arquivo, uma mensagem de erro será exibida para o caso específico.

***Save* (Salvar)**   Salvar irá substituir o arquivo sem perguntar se você quer sobrescrever a versão prévia do arquivo existente. Se você tentar salvar um arquivo que não foi previamente nomeado, será solicitado que você dê um nome ao arquivo.

***Save as* (Salvar como)**   Salvar como irá solicitar um nome antes de salvar o arquivo. Você também pode especificar o drive, por exemplo, C ou A. Essa opção é muito similar à opção para carregar um arquivo de dados. Quando você selecionar essa opção, a Caixa de Diálogo Salvar Como será exibida. Ela é essencialmente idêntica àquela mostrada anteriormente.

***Save as Excel File* (Salvar como arquivo Excel)**   Salvar como arquivo Excel salva um arquivo do Excel com os dados e fórmulas apropriadas para as soluções e está disponível para alguns, mas não todos os módulos.

***Save as HTML* (Salvar como HTML)**   Salvar como HTML salva as tabelas como um arquivo formatado como HTML que pode ser colocado imediatamente na Internet.

***Print* (Imprimir)**   Imprimir irá exibir uma tela do menu impressa com quatro abas. A aba (*Information*) Informação permite selecionar qual das tabelas de saída deve ser impressa. A aba (*Header*) cabeçalho da página permite controlar a informação exibida no topo da página. A aba Layout controla o estilo da impressão. A aba (*Print Options*) Opções de Impressão permite a mudança de algumas configurações de impressão. A informação pode ser impressa como texto ASCII ou como uma tabela (grade) semelhante à tabela na tela. Tente ambos os tipos de impressão e veja qual delas você prefere.

***Exit the Program* (Sair do programa)**   A última opção do menu Arquivo (*File*) é *Exit* (Sair). Ele permite sair do programa se você estiver na tela dos dados ou sair da tela da solução e retornar à tela dos dados, se você estiver na tela da solução. Isso também pode ser feito pressionando o botão do comando Edit na tela da solução.

Edição (*Edit*)

Os comandos *Edit* têm três propósitos. Os primeiros quatro comandos são usados para inserir ou eliminar linhas ou colunas. O próximo comando é usado para copiar uma entrada de uma célula para todas as células abaixo dela na coluna. Isso nem sempre é útil, mas às vezes economiza muito trabalho. As duas últimas entradas podem ser usadas para copiar a tabela de dados para outros programas do Windows.

Visualizador (*View*)

O visualizador tem muitas opções que possibilitam personalizar a aparência da tela. A barra de ferramenta pode ser exibida ou não. A barra de Instrução pode ser exibida na sua localização por omissão acima dos dados ou abaixo dos dados, como uma janela suspensa ou não ser exibida.

As cores podem ser configuradas para monocromáticas (preto ou branco) ou deste estado (monocromático) para voltar para as cores originais.

Módulo (*Module*)

O módulo está mostrado no Capítulo 1 como o Programa 1.1. A seleção do módulo contém uma lista de programas disponíveis neste livro.

Formatar (*Format*)

Formatar tem muitas opções para a exibição. As cores para todas as telas e o tipo de fonte e tamanho para a tabela podem ser configurados. Os zeros podem ser configurados para serem exibidos com espaços vazios em vez de zeros. O título do problema que é exibido na tabela dos dados e foi criado na tela de criação pode ser mudado. A tabela pode ser diminuída ou aumentada. Isto é, as larguras das colunas podem ser diminuídas ou aumentadas.

Ferramentas (*Tools*)

A opção do menu Ferramentas é uma área disponível para comentar problemas. Se você quiser escrever uma nota sobre o problema, selecione anotação; a nota será gravada com o arquivo, se você salvar o arquivo.

Uma calculadora está disponível para cálculos simples, incluindo a extração de raiz quadrada. Uma calculadora da distribuição normal que pode ser usada para encontrar intervalos de confiança e assemelhados.

A calculadora da distribuição normal é encontrada na opção de menu Tools (Ferramentas).

Janela (*Window*)

A opção do menu Window está habilitada somente na tela da solução. Uma saída adicional está disponível sob Window. O tipo de saída depende do módulo usado.

Ajuda (*Help*)

A primeira opção da ajuda, *Contents* (Assuntos), exibe três escolhas possíveis – *General Issues* (Questões gerais) *Commands* (comandos) e *Modules* (Módulos). Selecionar as duas primeiras irá fornecer informação mais detalhada sobre o POM-QM para Windows em geral. Selecionar a terceira, Modules, fornecerá uma breve descrição do módulo. Vale a pena verificar essa tela pelo menos uma vez para ter certeza de que não existem diferenças entre as suas suposições e as suposições do programa. Se não existir nada a ser informado em relação à opção, ela irá aparecer na tela ajuda assim como no capítulo apropriado deste livro.

A ajuda também contém um manual com detalhes adicionais sobre o programa, um *link* para a atualização do programa por meio de www.prenhall.com/weiss e um *link* para o suporte por e-mail. Se você enviar e-mail, tenha certeza de que incluiu o nome do programa (POM-QM para Windows), a versão do programa (veja em *About* no menu *Help*), o módulo no qual o problema ocorre e uma explicação detalhada do problema. Você também deve anexar o arquivo de dados em que o problema ocorre.

APÊNDICE F: USANDO O EXCEL QM

Excel QM

O Excel QM foi projetado para que você aprenda e entenda tanto a análise quantitativa quanto o Excel. Ainda que o software contenha muitos módulos e submódulos, as telas para cada módulo são consistentes e fáceis de usar. Os módulos são ilustrados nos Programas 1.2A e 1.2B. Esse software é fornecido por meio de um CD na contracapa do seu livro sem custo. Disquetes não são necessários, mas a versão 5 do Excel ou acima deve estar instalada no seu computador.

Para instalar o Excel QM, siga os seguintes passos:

1. Insira o CD Render/Stair/Hanna no drive de CD do seu computador, provavelmente o drive D:.
2. A partir do botão Iniciar do Windows, selecione *Executar*, *Procurar*.
3. Mude para o drive que contém o CD.
4. Selecione *Iniciar* e pressione Enter ou clique em OK.
5. Selecione *Install*.
6. Selecione *Excel QM* da próxima tela e siga as instruções dessa tela.

Valores padrão (*default*) foram atribuídos para o programa, mas você poderá alterá-los se quiser. A pasta padrão é C:\Program Files\ExcelQM (C:\Arquivos de Programas\Excel QM). De modo geral, basta clicar Next (*próximo*) cada vez que o programa de instalação faz uma pergunta. Uma ajuda e atualizações desse software estão disponíveis em www.prenhall.com/weiss.

Iniciando o programa

Com o Excel fechado, para iniciar o Excel QM, clique em Iniciar, Programas e depois no ícone do Excel QM. Além disso, a instalação irá criar um atalho que será colocado no desktop. Ele poderá ser utilizado para iniciar o Excel QM.

O Excel QM serve a dois objetivos no processo de aprendizagem. Primeiro, ele pode simplesmente lhe ajudar a resolver problemas extras. Você entra com os dados apropriados e o programa fornece soluções numéricas. O QM para Windows opera no mesmo princípio. No entanto, o Excel QM permite uma segunda abordagem, isto é, observar as *fórmulas* do Excel usadas para obter soluções e modifica-las para lidar com uma grande variedade de problemas. Essa abordagem "aberta" permite que você observe, entenda e até mesmo mude as fórmulas que o Excel utiliza nos cálculos, revelando o poder do Excel como uma ferramenta de análise quantitativa.

Suporte técnico

Se você tiver problemas técnicos com o POM-QM para Windows ou com o QM para Excel que seu professor não consiga resolver, mande-me um e-mail para o endereço que você encontra no site www.prenhall.com/weiss para grupo@bookman.com.br. Se você mandar um e-mail, verifique se incluiu o nome do programa (QM para Excel ou POM-QM para Windows), a versão do programa (pode ser vista no menu "*About*" dos dois programas), o módulo no qual o problema ocorreu e uma explicação detalhada do problema. Se for pertinente, anexe o arquivo em que o problema aconteceu.

APÊNDICE G: SOLUÇÕES DOS PROBLEMAS SELECIONADOS

Capítulo 1

1-14 (a) Renda total = $300; Custo variável total = $160
(b) PE = 50; renda total = $750

1-16 PE = 4,28

1-18 $5,80

1-20 PE = 96; renda total = $4800

Capítulo 2

2-14 0,30

2-16 (a) 0,10 (b) 0,04 (c) 0,25 (d) 0,40

2-18 (a) 0,20 (b) 0,09 (c) 0,31 (d) dependente

2-20 (a) 0,3 (b) 0,3 (c) 0,8 (d) 0,49 (e) 0,24
(f) 0,27

2-22 0,719

2-24 (a) 0,08 (b) 0,84 (c) 0,44 (d) 0,92

2-26 (a) 0,995 (b) 0,885
(c) Supondo que os eventos são independentes

2-28 0,78

2-30 2,85

2-32 (a) 0,1172 (b) 0,0439 (c) 0,0098 (d) 0,0010
(e) 0,1719

2-34 0,328, 0,590

2-36 0,776

2-38 (a) 0,0548 (b) 0,6554 (c) 0,6554 (d) 0,2119

2-40 1829,27

2-42 (a) 0,5 (b) 0,27425 (c) 48,2

2-44 0,7365

2-46 0,162

Capítulo 3

3-16 (a) tomada de decisão sob incerteza
(b) critério maximax (c) sub 100

3-18 (a) Maximizar o VME (b) sub 100
(c) $292857 (ou abaixo de $7143)

3-20 mercado de ações; OPE mínima = 21500

3-22 (a) $200 (b) $80

3-24 (b) Ter 11 caixas em estoque
(c) Ter 13 caixas em estoque

3-26 (b) Fabricar 300 caixas com VME = $1800

3-28 Construir a clínica

3-32 Não coletar informações, mas construir o quadriplex

3-34 P(instalação bem-sucedida/pesquisa favorável) = 0,53
P(instalação bem-sucedida/pesquisa desfavorável) = 0,11

3-36 P(mercado favorável/pesquisa favorável) = 0,78
P(mercado favorável/estudo favorável) = 0,89
Fazer a pesquisa VME(com pesquisa) = $24160

3-38 0,923; 0,077; 0,250; 0,750

3-40 Não fazer a pesquisa e não construir a clínica; eles são avessos ao risco

3-42 (a) Rua Broad, 27,5 minutos (b) Autoestrada
(c) Avesso ao risco

3-44 Não fazer a pesquisa; construir uma instalação de médio porte; VME = $670000

3-46 (a) Usar a informação, VME = $29200
(b) VME = $46000
(c) Não obter informação, VME = $28000
(d) Não usar informação
(e) Utilidade esperada = 0,62, propenso ao risco
(f) Utilidade esperada = 0,80, avesso ao risco.

Capítulo 4

4-10 (b) SST = 29,5   SSE = 12   SSR = 17,5
$\hat{Y} = 1 + 1{,}0X$ (c) $\hat{Y} = 7$

4-12 (a) $\hat{Y} = 1 + 1{,}0X$

4-16 (a) $83502 (b) O modelo prevê o preço médio para uma casa desse tamanho
(c) Idade, número de quartos, tamanho do lote
(d) 0,3969

4-18 $\hat{Y} = 1{,}02 + 0{,}00343X$; para $X = 450$, $\hat{Y} = 2{,}57$; para $X = 800$, $\hat{Y} = 3{,}76$

4-22 O modelo com a idade é melhor, pois ele tem o r^2 (0,78) mais alto.

4-24 $\hat{Y} = 82185{,}6 + 25{,}94X_1 - 2151{,}74X_2 - 1711{,}54X_3$;
X_1 = pés quadrados X_2 = quartos, X_3 = idade
(a) $\hat{Y} = 82185{,}6 + 25{,}94(2000) - 2151{,}74(3) - 1711{,}54(10) = \$110495$ (arredondado)

4-26 O melhor modelo é $\hat{Y} = 1{,}518 + 0{,}669X$; $\hat{Y}$ = despesas (milhões), X = admissões (100s), $r^2 = 0{,}974$. O r^2 ajustado diminui quando o número de camas é acrescentado, assim, somente admissões deve ser usado.

4-28 $\hat{Y} = 57{,}686 - 0{,}166X_1 - 0{,}005X_2$; $\hat{Y}$ = mpg, X_1 = potência, X_2 = peso. Esse é melhor, pois tanto o r^2 quanto o r^2 ajustado são mais altos.

4-30 O modelo de regressão com o SAT por si próprio é significativo indicando que escolas com escores SAT mais altos cobram mais, mas $r^2 = 0{,}22$. Quando uma variável auxiliar (dummy) para pública/privada é utilizada, o r^2 sobe para 0,79. O coeficiente indica que as escolas privadas são mais caras.

Capítulo 5

5-12 $F_{13} = 19$; DMA = 7,78

5-14 $F_{13} = 13{,}67$; DMA = 2,54 para uma media móvel de 3 anos. $F_{13} = 2{,}31$; DMA = 14 para uma média móvel ponderada de 3 anos.

5-16 A equação de tendência tem o menor DMA (1,39)

5-18 Ano 1, 410,0; ano 2, 422,0; ano 3, 443,9; ano 4, 466,1; ano 5, 495,2; ano 6, 521,8

5-20 DMA para $\alpha = 0{,}3$ é 74,56; DMA para $\alpha = 0{,}6$ é 51,8; DMA para $\alpha = 0{,}9$ é 38,1.

5-22 Se os anos forem codificados de 1 a 5, $Y = 421{,}2 + 33{,}6X$. Vendas do próximo ano = 622,8.

5-24 (a) 13,67   (b) 13,17   (c) DMA(3 anos, MM) = 2,20; DMA(3 anos, MMP) = 2,72

5-26 (a) 46,9   (b) 57,6   (c) DMA é menor para a = 0,1, mas se as vendas forem 85, a outra previsão está mais próxima.

5-28 67,4

5-30 (a) Trimestre 1, 0,8825; Trimestre 2, 0,9816; Trimestre 3, 0,9712; Trimestre 4, 1,1569
(b) $\hat{Y} = 237{,}75 + 3{,}67X$
(c) 300,066; 303,732; 307,398; 311,064
(d) 264,794; 298,158; 298,534; 359,872

5-32 $F_{11} = 6{,}26$; DMA = 0,58 para $\alpha = 0{,}8$ é o menor.

5-34 270, 390, 189, 351

Capítulo 6

6-18 (a) 20000   (b) 50   (c) 50

6-20 $45 a mais, PRP = 4000

6-22 8 milhões

6-24 28284; 34641; 40000

6-26 (a) 10   (b) 324,92   (c) 6,5 dias; 65 unidades
(d) máximo = 259,94; média = 129,97
(e) 7,694 etapas; $192,35; $37384,71   (f) 5

6-28 (a) $z = 2{,}05$ (b) 3,075   (c) 23,075   (d) $4,61

6-30 Adicione160 pés, $1920

6-32 2697

6-34 Fique com o desconto, Custo = $49912,50

6-36 8,96

6-40 $4,50; $6,00; $7,50

6-42 Item 4 LE = 45

6-44 Pedir 200 unidades

Capítulo 7

7-14 40 aparelhos de ar-condicionado e 60 ventiladores, lucro = $1900

7-16 175 propagandas no rádio, 10 propagandas na TV

7-18 40 graduação, 20 mestrado, $160000

7-20 $20000 Petroquímica; $30000 serviço público; retorno = $4200; risco = 6

7-22 $X = 18{,}75$, $Y = 18{,}75$, lucro = $150

7-24 (1358,7, 1820,6), $3179,30

7-26 (a) lucro = $2375   (b) 25 barris podadas, 62,5 barris regulares   (c) 25 acres podadas, 125 acres regulares

7-28 (a) Sim   (b) Não muda

7-34 (a) 25 unidades do produto 1, 0 unidades do produto 2   (b) 25 unidades do recurso 1, 75 unidades do recurso 2, 50 unidades do recurso 3
(c) 0, 0 e 25   (d) Recurso 3, até $25 (preço dual)   (e) O lucro total irá decrescer por 5 (valor do custo reduzido),

7-36 24 cocos, 12 peles; lucro = 5040 rúpias

7-42 Produzir somente modems regulares (27750 deles)

Capítulo 8

8-2 (b) $50000 em títulos de Los Angeles, $175000 em Medicamentos Palmer, $25000 em Casas Geriátricas

8-4 1,33 libras de produtos de aveia por cavalo, 0 libras de grãos, 3,33 libras de produtos minerais

8-6 6,875 propagandas na TV; 10 no rádio; 9 em outdoors e 10 em jornais

8-8 Utilize 30 de aluguel de 5 meses começando em março, 100 de 5 meses iniciando em abril, 170 de 5 meses começando em maio, 160 de 5 meses iniciando em junho e 10 de 5 meses começando em julho.

8-10 Enviar 400 estudantes do setor A para a escola B, 300 de A para a escola E, 500 de B para a escola B, 100 de C para a escola C, 800 de D para a escola C e 400 de E para a escola E.

8-12 (b) 0,499 libras de carne, 0,173 libras de galinha, 0,105 libras de espinafre e 0,762 libras de batatas. Custo total $1,75.

8-14 13,7 novos funcionários começam em agosto e 72,2 iniciam em outubro.

Capítulo 9

9-18 (b) $14X_1 + 4X_2 \leq 3360; 10X_1 + 12X_2 \leq 9600$
(d) $S_1 = 3360, S_2 = 9600$ (e) X_2 (f) S_2
(g) 800 unidades de X_2 (h) 1200000

9-20 $X_1 = 2, X_2 = 6, S_1 = 0, S_2 = 0, P = \$36$

9-22 $X_1 = 14, X_2 = 33, C = \$221$

9-24 Ilimitado

9-26 Degeneração; $X_1 = 27, X_2 = 5, X_3 = 0, P = \$177$

9-28 (a) Min, $C = 9X_1 + 15X_2$
$X_1 + 2X_2 \geq 30$
$X_1 + 4X_2 \geq 40$
(b) $X_1 = 0, X_2 = 20, C = \$300$

9-30 8 mesas de centro, 2 estantes, lucro = 96

9-34 (a) 7,5 a infinito (b) Menos infinito a \$40
(c) \$20 (d) \$0

9-36 (a) 18 do modelo 102 e 4 do modelo H23
(b) S_1 = tempo de folga da soldagem e S_2 = tempo de folga da inspeção (c) Sim – o preço sombra é \$4 (d) Não – o preço sombra é menor do que \$1,75

9-38 (a) Menos infinito a \$6 para o fosfato; \$5 a mais infinito para o potássio (b) A base não irá mudar; mas X_1, X_2 e S_2 mudarão.

9-40 max $P = 50U_1 + 4U_2$
$12U_1 + 1U_2 \leq 120$
$20U_1 + 3U_2 \leq 250$

Capítulo 10

10-12 Des Moines a Albuquerque 200, Des Moines a Boston 50, Des Moines a Cleveland 50, Evansville a Boston 150, Fort Lauderdale a Cleveland 250, Custo = \$3200. A solução inicial é ótima.

10-16 25 unidades de Pineville para 3; 30 unidades de Oak Ridge para 2; 10 unidades de Oakville para 3; 30 unidades de Mapletown para 1, Custo = \$230.

10-18 Custo total = \$14700.

10-22 Degeneração; precisa por um zero em uma célula vazia (como a 2-B)

10-24 Custo total dos juros = \$28300.

10-26 Custo de New Orleans = \$20000; Custo de Houston \$19500, assim Houston deve ser selecionada.

10-28 Custo da East Saint Louis = 17400; Custo de Saint Louis = 17,50; Saint Louis é \$150 por semana mais barato.

10-30 $A$12 para W, $A$15 para Z, $B$2 para Y, $B$9 para X, 50 horas.

10-32 4580 Milhas

10-34 Escore total = 335

10-36 Escore global = 75,5

10-38 Custo total = \$1,18

10-40 (a) 96 (b) 92 (c) Sim, escore = 93

Capítulo 11

11-12 (a) 2 comerciais por semana no horário nobre, 4,25 comerciais por semana fora do horário nobre, audiência = 38075.
(b) 2 comerciais por semana no horário nobre, 4 comerciais por semana fora do horário nobre, audiência 36800.
(c) 4 comerciais por semana no horário nobre, 1 comerciais por semana fora do horário nobre, audiência = 37900.

11-14 3 pôsteres grandes e 4 pequenos.

11-18 Construir em Mt. Auburn, Mt. Adams, Norwood, Covington e Eden Park.

11-20 (a) $X_1 \geq X_2$ (b) $X_1 + X_2 + X_3 = 2$

11-22 (b) 0 comerciais na TV, 0,73 rádio, 0 outdoor e 88,86 no jornal

11-28 $X_1 = 15, X_2 = 20$

11-32 18,3 XJ6 and 10,8 XJ8; Retorno = 70420,

11-34 0,333 no estoque 1 e 0,667 no estoque 2; variância =0,102; retorno = 0,09

Capítulo 12

12-8 200 no caminho 1–2–5–7–8, 200 no caminho 1–3–6–8, e 100 no caminho 1–4–8, Total = 500

12-10 A distância mínima é: 47 (4700 pés)

12-12 A distância total é 177, Conectar 1–2, 2–3, 3–4, 3–5, 5–6

12-14 A distância total é 430, Rota 1–3–5–7–10–13

12-16 O tamanho mínimo da árvore geradora é 23

12-18 O fluxo máximo é 17

12-20 O fluxo máximo é 2000 galões

12-22 A rota mínima é 76. O caminho é: 1–2–6–9–13–16

12-24 (a) 1200 milhas (b) 1000 milhas

12-26 Distância total = 40

12-28 Número máximo = 190

12-30 (a) A distância mínima é 49. (b) A distância mínima é 55. (c) A distância mínima é 64.

Capítulo 13

13-18 (a) 0,50 (b) 0,50 (c) 0,97725 (d) 0,02275
(e) 43,84

13-20 (a) 0,0228 (b) 0,3085 (c) 0,8413 (d) 0,9772

13-24 14

13-28 (b) Caminho crítico A–C leva 20 semanas; caminho B–D leva 18 semanas (c) 0,222 para A–C; 5 para B–D (d) 1,00 (e) 0,963 (f) caminho B–D tem mais variabilidade e maior probabilidade de exceder 22 semanas.

13-34 Tempo para completar o projeto é 38,3 semanas.

13-36 Tempo para terminar é 25,7.

Capítulo 14

14-10 Custos totais para 1, 2, 3 e 4 caixas são $564, $428, $392 e $406, respectivamente.

14-12 (a) 4,167 carros (b) 0,4167 horas (c) 0,5 horas (d) 0,8333 (e) 0,1667

14-14 (a) 0,512; 0,410; 0,328 (b) 0,2 (c) 0,8 minutos (d) 3,2 (e) 4 (f) 0,429; 0,038 minutos, 0,15; 0,95

14-16 (a) 0,2687 horas (b) 3,2 (c) Sim, Economia = $142,50 por hora

14-18 (a) 0,0397 horas (b) N 0,9524 (c) 0,006 horas (d) 0,1524 (e) 0,4286 (f) 0,4 (g) 0,137

14-20 Com uma pessoa, $L = 3$, $W = 1$ hora, $L_q = 2{,}25$ e $W_q = 0{,}75$ horas
Com duas pessoas, $L = 0{,}6$, $W = 0{,}2$ horas, $L_q = 2{,}225$ e $W_q = 0{,}075$ horas

14-22 Não

14-24 (a) 0,1333 horas (b) 1,333 (c) 0,2 horas (d) 2 (e) 0,333

14-26 (a) 80 clientes por dia (b) 10,66 horas, $266,50 (c) 0,664, $16,60 (d) 2 caixas, $208,60

14-30 (a) 0,576 (b) 1,24 (c) 0,344 (d) 0,217 horas (e) 0,467 horas

Capítulo 15

15-14 Não

15-16 Valor esperado 6,35 (usando a fórmula). O número médio é 7 no Problema 15-15.

15-18 (b) Número médio de não descarregadas = 0,40. Número médio de chegadas = 2,07.

15-26 (a) Custo/hora é geralmente mais caro para substituir uma caneta por vez.
(b) Custo esperado/hora com a política de 1 caneta = $1,38 (ou $58/falha);
Custo esperado/hora com a política de 4 canetas = $1,12 (ou $132/falha).

Capítulo 16

16-8 (b) 90% (c) 30%

16-10 Próximo mês, 4/15, 5/15, 6/15, Três meses, 0,1952, 0,3252, 0,4796

16-12 (a) 70% (b) 30% (c) 40%

16-14 25% para a Battles; 18,75% para a Universidade; 26,25% para o Bill; 30% para a College.

16-16 111 na Northside, 75 na West End e 54 na Suburban.

16-18 A Horizon terá 104000 clientes e a Local terá 76000.

16-20 Nova matriz de probabilidades de transição = (5,645,16, 1,354,84)

16-22 50% Hicourt, 30% Printing House e 20% Gandy

16-26 A loja 1 terá 1/3 dos clientes e a loja 2 terá 2/3.

Capítulo 17

17-8 45,034 a 46,966 para $\bar{x}$ e 0 a 4,008 para R.

17-10 16,814 a 17,187 para $\bar{x}$ e 0,068 a 0,932 para R

17-12 2,236 a 3,728 para $\bar{x}$ e 0 a 2,336 para R. Sob controle.

17-16 (a) 1011,8 para $\bar{x}$ e 96,3 para R (b) 956,23 a 1067,37 (c) O processo está fora de controle

17-18 LIC = 0, LSC = 4

CD Módulo 1

M1-4 SUN−80

M1-6 Lambda = 3,0445, Valor do IC = 0,0223, RI = 0,58, CR = 0,0384

M1-8 1 Carro 1, 0,4045

M1-10 A universidade B tem a média ponderada mais alta = 0,4995

CD Módulo 2

M2-6 A rota mais curta é 1–2–6–7, com uma distância total de 10 milhas

M2-8 A rota mais curta é 1–2–6–7, com uma distância total de 14 milhas.

M2-10 A rota mais curta é 1–2–5–8–9, Distância = 19 milhas

M2-12 4 unidades do item 1, 1 unidade do item 2 e nenhuma unidade dos itens 3 e 4

M2-14 Enviar 6 unidades do item 1, 1 unidade do item 2 e 1 unidade do item 3.

M2-16 A rota mais curta é 1–3–6–11–15–17–19–20

CD Módulo 3

M3-6 (a) OL = $8(20{,}000 − X)$ for $X \leq 20{,}000$; OL = 0 caso contrário (b) $0,5716 (c) $0,5716 (d) 99,99% (e) Edite o livro

M3-8 (a) PE = 1,500 (b) Lucro esperado = $8,000

M3-10 (a) OL = $10(30 − X)$ for $X \leq 30$; OL = 0 caso contrário (b) EOL = $59,34 (c) VEIP = $59,34

M3-12 (a) Use o processo novo, Novo VME = $283,000, (b) Aumente o preço de venda, Novo VME = $296000.

M3-14 PE = 4,955

M3-16 VEIP = $249,96

M3-18 VEIP = $51,24

CD Módulo 4

M4-8 Estratégia para $X: X_2$; estratégia para $Y: Y_1$; valor do jogo = 6

M4-10 $X_1 = 35/57; X_2 = 22/57; Y_1 = 32/57; Y_2 = 25/57$; valor do jogo = 66,70

M4-12 (b) $Q = 41/72, 1 - Q = 31/72; P = 55/72, 1 - P = 17/72$

M4-14 Valor do jogo = 9,33

M4-16 Existem pontos de sela. A Shoe Town deve investir $15000 em propaganda e a Fancy Foot deve investir $20000 em propaganda.

M4-18 Elimine a estratégia dominante X_2, então Y_3 é dominado e pode ser eliminado. O valor do jogo é 6.

M4-20 Sempre jogo a estratégia A_{14}, $3 milhões.

CD Módulo 5

M5-8 $X = -3/2, Y = 1/2; Z = 7/2$

M5-16 $\begin{pmatrix} -48/60 & 6/60 & 32/60 \\ 6/60 & -12/60 & 6/60 \\ 12/60 & 6/60 & -8/60 \end{pmatrix}$

M5-18 $0X_1 + 4X_2 + 3X_3 = 28; 1X_1 + 2X_2 + 2X_3 = 16$

CD Módulo 6

M6-6 (a) $Y'' = 12X - 6$ (b) $Y'' = 80X^3 + 12X$ (c) $Y'' = 6/X^4$ (d) $Y'' = 500/X^6$

M6-8 (a) $Y'' = 30X^4 - 1$ (b) $Y'' = 60X^2 + 24$ (c) $Y'' = 24/X^5$ (d) $Y'' = 250/X^6$

M6-10 $X = 5$ é ponto de inflexão

M6-12 $Q = 2400, TR = 1440000$

M6-14 $P = 5,48$

APÊNDICE H: SOLUÇÕES DOS AUTOTESTES

Capítulo 1

1. c
2. d
3. b
4. b
5. c
6. c
7. d
8. c
9. d
10. a
11. a
12. análise quantitativa
13. definir o problema
14. modelo esquemático
15. algoritmo

Capítulo 2

1. c
2. b
3. a
4. d
5. b
6. c
7. a
8. c
9. b
10. d
11. b
12. a
13. a
14. b
15. a

Capítulo 3

1. b
2. c
3. c
4. a
5. c
6. b
7. a
8. c
9. a
10. d
11. b
12. c
13. a
14. c
15. b

Capítulo 4

1. b
2. c
3. d
4. b
5. b
6. c
7. b
8. c
9. a
10. b
11. b
12. c

Capítulo 5

1. b
2. a
3. d
4. c
5. b
6. b
7. d
8. b
9. d
10. b
11. a
12. d
13. b
14. c

Capítulo 6

1. e
2. e
3. c
4. c

5. a
6. b
7. d
8. c
9. b
10. a
11. a
12. d
13. d

Capítulo 7
1. b
2. a
3. b
4. c
5. a
6. b
7. c
8. c
9. b
10. c
11. a
12. a
13. a
14. a

Capítulo 8
1. a
2. b
3. d
4. d
5. c
6. e
7. d
8. a
9. b
10. c
11. b

Capítulo 9
1. a
2. d
3. d
4. a
5. a
6. d

7. a
8. d
9. b
10. a
11. a
12. b
13. c
14. c
15. d
16. a
17. b

Capítulo 10
1. b
2. c
3. b
4. b
5. b
6. a
7. b
8. b
9. b
10. a
11. b
12. a

Capítulo 11
1. a
2. b
3. a
4. a
5. a
6. b
7. b
8. b
9. d
10. b
11. e

Capítulo 12
1. c
2. e
3. b
4. c
5. b
6. a

7. b
8. b
9. a
10. d
11. Rota mínima
12. Fluxo máximo
13. Árvore geradora mínima

Capítulo 13
1. e
2. c
3. a
4. d
5. b
6. c
7. b
8. a
9. b
10. b
11. a
12. a
13. Caminho Crítico
14. Técnica de avaliação e revisão do programa
15. Modelo de programação linear
16. Otimista. Mais provável. Pessimista
17. Folga
18. Monitoramento e controle

Capítulo 14
1. a
2. a
3. b
4. e
5. c
6. b
7. c
8. d
9. b
10. d
11. c
12. Primeiro a chegar, primeiro a ser servido
13. Distribuído exponencialmente
14. Simulação

Capítulo 15
1. b
2. b
3. a
4. c
5. b
6. a
7. a
8. d
9. a
10. b
11. a
12. b
13. d
14. d
15. c
16. c
17. e
18. (a) não, sim, não, não, não, sim, sim, sim, não, sim
    (b) sim, sim, sim, sim, não, sim, sim, não, não, não

Capítulo 16
1. b
2. a
3. c
4. c
5. b
6. a
7. a
8. a
9. b
10. Matriz das probabilidades de transição
11. Coletivamente exaustivos, mutuamente exclusivos
12. Vetor das probabilidades de estado

Capítulo 17
1. b
2. c
3. d
4. a
5. c
6. b
7. c
8. d
9. b
10. b

CD Módulo 1
1. a
2. d
3. b
4. b
5. c
6. b
7. b
8. b

CD Módulo 2
1. c
2. b
3. e
4. c
5. b
6. a
7. c
8. e
9. a
10. a
11. c
12. c
13. b
14. b

CD Módulo 3
1. c
2. d
3. b
4. a
5. b
6. b
7. c

CD Módulo 4
1. b
2. a
3. c
4. b
5. b
6. b
7. a

CD Módulo 5
1. c
2. a
3. b
4. c
5. b
6. a
7. e
8. d

CD Módulo 6
1. a
2. d
3. a
4. b
5. c
6. d
7. d

Índice

A função de separação no controle de estoques, 225
Aaby, Kay, 619-620n
Abordagem por médias móveis centradas, 201-202
Aceleração do projeto
  com a programação linear, 589-594
  com o método do caminho crítico, 589-594
Aditividade, 281
Aeroporto de Brisbane, abordagem de transporte, modelagem, 441
Ahire, Sanjay, 238n
Airbus Industries, 652
Ajustamento da tendência, alisamento exponencial com, 194-195
Alabama Airlines, 692-693
Algoritmo de Karmarkar, 416-417
Algoritmo de transporte, comparações do algoritmo simplex e, 494
Algoritmo simplex, 281
  comparação do algoritmo do transporte e, 494
Algoritmos, 29
Algoritmos de propósito especial, 436-438
Alisamento adaptativo, 209-210
Alisamento de primeira ordem, 195
Alisamento de segunda ordem, 195
Alisamento duplo, 195
Alisamento exponencial, 192-195
  com ajuste da tendência, 194-195
  Excel QM para o, 194
Alocação de remédios contra a tuberculose em Manila, programação por objetivos para, 516
ALPHA/Sim, 681
Alternativas, 95-96, 280-281
Ambs, Ken, 551n
American Airlines
  determinação da programação da tripulação, 289-290
  previsão de peças de reposição, 207
Análise ABC, 254-262
Análise Bayesiana na estimação de probabilidade, valores, 112-115

Análise de decisão. *Veja também* Tomando decisões; Árvores de decisão
  árvores de decisão, 105-112
  em equações-chave, 122-123
  modelos de decisão com QM para Windows, 138-139
  na teoria da utilidade, 115-122
  na tomada de decisão, 95-108
  no teorema de Bayes, 139-140
  pela Análise Bayesiana, 112-115
Análise de estoques, simulação e, 663-668
Análise de localização de instalações, 460-463
Análise de otimalidade, 308
Análise de pós-otimalidade, 30-31, 308
Análise de regressão múltipla, 155-160
Análise de sensibilidade, 30-31, 103-105, 308-315
  com modelos de lote econômico, 233-235
  com o quadro simplex, 406-413
  gerenciamento de projetos e, 582-583
  mudanças nos coeficientes da função objetivo, 309-310
    mudanças no QM para Windows, 310-311
    mudanças no Solver, 311-312
  mudanças nos coeficientes tecnológicos, 311-314
  mudanças nos recursos ou valores do lado direito, 313-314
  QM para Windows, 314
  Solver do Excel, 314-315
  por computador, 411-413
Análise de uma rede de telecomunicações com a árvore geradora, 545
Análise marginal
  com distribuição normal, 258-259
  com distribuições discretas, 251-253
Análise quantitativa, 26-41
  analisando os resultados, 29-31, 40-41
  análise de sensibilidade e, 29-31
  aquisição de dados de entrada, 28-29, 39-40
  definição do problema na, 27-28, 36-39
  desenvolvimento da solução na, 29, 39-41

  desenvolvimento do modelo na, 27-29, 31-32, 38-40
  equações-chave, 42
  falta de comprometimento pelo, 41
  implementação, 31, 41
  modelos de planilha na, 33-36
  o que é, 26
  origem da, 27-28
  testando a solução, 29, 40-41
Anbil, R., 289-290n
Andrew-Carter, 490
Aplicação da programação de trabalho da programação linear, 347-349
Aplicação de baldeação da programação linear, 357-359
Aplicação de mistura de ingredientes, 359-360
Aplicações de marketing da programação linear, 338-342
Aplicações de transporte a programação linear, 352-356
Aplicações financeiras da programação linear, 350-352
Aplicações na manufatura da programação linear, 342-348
Árbitros da Liga Americana, modelo de atribuição para, 472
Árbitros de beisebol, modelo de atribuição para, 472
Áreas sob a curva normal, 68-71
Arena, 681
Arrependimento minimax, 99-100
Artemis, 594-595
Árvore de estrutura de material, 256-258
Árvore geradora mínima, 542-545
  etapas para, 542
Árvores de decisão
  com o QM para Windows, 139
  etapas da análise, 105-112
AT&T, soluções de problemas de rede, 551
Atingir meta, técnica de otimização no Excel, 36
Atividade antecessora, 582-583
Atividade no arco, 573

Atividade no nodo, 573
Atividade sucessora, 582-583
Atividades críticas, 579
Atividades paralelas, 582-583
Atribuição ótima, teste para, 467
AutoMod, 681
Avesso ao risco, 117-118
AweSim, 681

Balbach, C. T., 664*n*
Balking, 616
Banca de jornal, 258-261
Banco Chase, 374-375
Bangash, Alex, 242*n*
Barnett, Arnold, 58-59*n*
Bayes, Thomas, 57-58
Bebidas Binder, 563-564
Belenky, Alexander S., 631*n*
Bennett, J. C., 620-621*n*
Bistritz, Nancy, 98-99*n*
Bixby, Ann, 313-314*n*
British Airways, programa de avaliação e revisão, técnica, 572-573

Café du Donut, 257-259
Caminho crítico
  análise do, 580
  encontrar, 575-579
Caminho de volta, 578
Canal, 30, 89
Características das instalações de serviço, 616-618
Características de chegada dos sistemas de filas, 614-616
Características de operação, filas, 619-620
Carrinho kanban, 260-262
Centeno, M. A., 675*n*
Centro de planejamento familiar da Nigéria, 606-607
Centros de distribuição, programação linear para, 357-359
Certeza, tomando decisão sob, 95-97
Charnes, A., 437-438
Chile, 37-38
China, planejando o sistema de fornecimento de eletricidade e carvão, sistema de, 30
Churchman, C. W., 39-40*n*
Ciclos, 187-188
Ciência da administração, 27-28
Classificação dos objetivos por níveis de prioridade, 516-517
Coeficiente de correlação, 147-148, 150
Coeficiente de determinação, 147-148, 174
Coeficiente de realismo, 97-99
Coeficientes da função objetivo
  mudanças nos, 309-310, 407-409
  QM para Windows e mudanças no, 310-311
  Solver e mudanças nos, 311-312
Coeficientes da função objetivo, 408-409
Coeficientes não básicos da Função Objetivo, 408
Coeficientes tecnológicos, mudanças nos coeficientes, 311-314
COGS (*Consumer Goods Program* ou Programa de Consumo de Bens), 210-211

Coluna auxiliar, 470-471
Comitê de Organização dos Jogos Olímpicos de Atenas (COJOA), 40-41
Componentes da tendência para modelos de regressão, 205-207
Componentes sazonais dos modelos de regressão, 205-207
Composto da força de vendas, 184
Compressão do tempo, 653
Computadores. *Veja também* Excel; Excel QM; QM para Windows
  na análise de sensibilidade, 411-413
  na análise quantitativa, 33-36
  na previsão, 210-211
  na programação linear, 302-303
  na regressão, 148, 150-151
  na simulação, 635-638, 681-683
Constante de suavização, 192-193
  selecionando, 193-194
Construtora Haynes, 73-75
Controle de estoques, 224-267
  análise ABC, 254-262
  com o QM para Windows, 276-278
  decisões no, 226-227
  demanda dependente, 256-262
  equações-chave para o, 264-265
  importância do, 225-227
  just-in-time, 260-263
  lote econômico e, 227-235
  lote econômico sem a hipótese de recebimento instantâneo, 235-239
  modelos com descontos por quantidade, 240-244
  modelos de período único, 254-261
  no estoque de segurança, 243-256
  planejamento de necessidades de materiais, 257-260
  planejamento de recursos empresariais, 262-264
  ponto de renovar o pedido, 234-236
Cooper, L., 414*n*
Cooper, W. W., 437-438
Corporação Boeing, 655
Corporação Pritsker, 50-51
Critério de decisão de Laplace, 99-100
Critério de decisão otimista, 97-98
Critério de decisão pessimista, 97-98
Critério de Hurwicz, 97-99
Critério Maximax, 96-98
Critério Maximin, 97-98
Critério realista, 97-99
Curva de uso, estoque, 228-229
Curva de utilidade, construção, 115-119
Curva normal, áreas sob, 68-71
Custo de compra de itens do estoque, 232-233
Custos
  conglomerado, 228-229
  Custo com Base na Atividade (CBA), método, 583
  de aceleração, 589
  de estoque, 229-230, 232-233
  de manuseio, 233, 236-237
  de projeto, 584-589
  de serviço, 612-613
  do pedido, 228-229, 236-238

  fila de espera, 612-614, 623-626
  igualar, 235-238
  modelo de custo anual para a execução da produção, 233, 236-237
  normal, 589
  oportunidade, 464
  problemas de transporte, 440-448
Custos de espera, 612-613
Custos de falta de estoque
  estoque de segurança com, desconhecidos, 248-256
  ponto de refazer o pedido com, conhecidos, 245-248
Custos de manutenção para um modelo de execução da produção, 233, 236-237

Dados contábeis, 39-40
Dados de entrada, obtenção, na análise quantitativa, 28-29, 38-40
Dados válidos, coleta, 39-40
Dantzig, George D., 281
Debrey, M. E., 664*n*
Decisões de estoque, 226-227
Decisões seqüenciais, 106-108
Decomposição, 203-204
  na previsão com tendência e componente sazonal, 203-205
  QM para Windows, 205-206
Degeneração, 405, 457-459
Delta Airlines, 416-417
  pessoal de terra orquestra uma decolagem suave, 579
  programação dos aviões na, com Coldstart, 341-342
Demanda
  dependente, 256-262
  irregular, no controle de estoque, 225
  previsão, 184
  problema de transporte desbalanceado, 455-457
Demanda dos consumidores, previsão, 184
Descarte de armas nucleares, 120-121
Descontos por quantidade no controle de estoques, 225
DeSilva, A. H., 664*n*
Destino auxiliar, 455-456
Destinos, 436-437
Desvio médio absoluto (DMA), 186
Diagrama Gantt, 571-572, 594-595
Diagramas de dispersão, 142-144
  séries temporais e, 184-185
DiLisio, F. J., 664*n*
Disciplinas de filas, 616
Disneylândia, previsão, 210-211
Distribuição acumulada, 655-656
Distribuição binomial, 65-69
Distribuição de Poisson, 77-78
  Excel para, 92
  notação de Kendall, 619-620
  sistema de filas, 614-615
Distribuição de probabilidade, 60-66
  binomial, 65-69
  distribuição F, 75-77
  variável aleatória contínua, 64-66
  variável aleatória discreta, 60-63

Distribuição de probabilidade discreta
  valor esperado da, 62-64
  variância da, 63-65
Distribuição discreta, 251-253
Distribuição do tempo de serviço, 618
Distribuição exponencial, 76-77
Distribuição exponencial de probabilidade, 618
Distribuição exponencial negativa, 76-77
Distribuição F, 75-77
Distribuição normal, 68-75
  análise marginal com, 258-259
  Excel para, 92
Divisibilidade, 282
Dorey, Chris, 583n
Downs, Brian, 313-314n
Du Pont, 571-572
Dual, 412-415

Eleições, filas nas, 631
Eletrônica Blake, 135-137
Empresa de bicicletas Matin-Pullin, 275-276
Empresa de móveis Flair, 282-284, 294-299
Empresa San Miguel Corporation, respondendo questões sobre depósitos na, 450
Empresa TransAlta, regressão múltipla, modelagem na, 148, 150
Enlatados Marca Vermelha, 372-374
Enumeração completa, 29
Equações, convertendo restrições, 379-380
Equações de fluxo de Little, 635-637
Erlang, A. K., 612-613
Erro percentual médio absoluto (EPMA), 186-187
Erro quadrado médio (EQM), 186-187
Esmeria, G. J. C., 516n
Estado estacionário, 635-637
Estado transitório, 635-637
Estados da natureza, 95
Estágios posteriores da solução, degeneração durante, 458-459
Estender, 681
Estimativa da variância do erro, 174
Estimativa do desvio padrão do erro, 174
Estoque, 224
Estoque de segurança, 243-256
  com custos desconhecidos de falta de estoque, 248-256
Estrutura analítica do projeto, 570-571
Evans, J., 472n
Eventos coletivamente exaustivos, 49-53
Eventos dependentes, 53-56
Eventos independentes, 52-54
Eventos mutuamente exclusivos, 49-53
Excel
  análise de regressão, 176-183
  estatística básica utilizando, 90-92
  modelos de regressão múltipla, 156-158
  na previsão, 190-191
  o Solver na solução de problemas de programação linear, 294-299
  para a distribuição de Poisson, 92
  para a distribuição normal, 92
  para o teorema de Bayes, 139-140
  para probabilidades binomiais, 91-92
  para valores esperados e variâncias, 91-92

  simulação com planilha, 661-663
  suplemento Solver, 332-335
Excel QM
  como ferramenta de solução, 460-463
  na análise de tendência, 198-199
  na previsão, 190-193
  na solução de problemas de teoria da decisão, 104-106
  na solução de problemas de transporte, 446-448
  para alisamento exponencial, 194
  para análise de localização de instalações, 460-463
  para modelos da etapa da produção, 238-239
  para modelos de filas, 622-623, 629-630, 635-637
  para o modelo de tempo de serviço constante, 632-633
  para o problema de atribuição, 468-469
  para problemas com desconto pela quantidade, 243-244
  para problemas de básicos de estoques LE, 232
Excel Solver
  mudanças nos coeficientes da função objetivo, 311-312
  mudanças nos valores dos recursos, 314-315
Exemplo da administradora de imóveis Jenny Wilson, 159-160

Fábrica de móveis Old Oregon, 491-492
Falta de estoque, 243-244
  evitando, no controle de estoque, 226-227
FIFO (método do primeiro a chegar, primeiro a sair), 616
FIFS (primeiro a chegar, primeiro a ser servido), 616n
Fila não limitada, 616
Filas, 612
Filas de espera. *Veja também* Teoria das filas
  características, 616
  custos de, 612-614
Finalização do projeto
  como restrições, 592-593
  probabilidade da, 580-582
Fluxograma, 665, 666
Folga, conceito de, no cálculo do caminho crítico, 578-579
Fonte auxiliar, 455-456
Forças Armadas Americanas, 652
Fórmula binomial, resolvendo problemas com, 66-67
Fornecimento e demanda
  irregular, no controle de estoque, 225
Forrester, Jay, 678, 680n
Frigorífico Swift, 313-314
Função densidade, 64-66
Função objetivo
  aceleração do projeto com programação linear, 592
  modelo simplex, 382
  variáveis de excesso e artificiais na, 394
Função objetivo linear com restrições não lineares, 526-527
Fundição New England, 646-649

General Motors, 659
Gerenciamento do projeto, 570-595
  análise de sensibilidade e, 582-583
  com o QM para Windows, 608-610
  equações-chave no, 596-597
  marcos, 594-595
  método do caminho crítico, 589-594
  nivelamento de recursos, 594-595
  PERT, 570-583
  PERT/custos, 583-589
  software, 594-595
  subprojetos, 594-595
Gorman, Michael F., 238n
GPSS, 652
GPSS/H, 681
Greenberg, I., 538-539n
Grupo de ciência da administração, 28-29
Guerra fria, 120-121
Gunal, A., 669n

Hanke, John E., 195n
Harvard Project Manager, 594-595
Haskell, M., 210-211n
Hazelwood, R. N., 633n
Hewlett-Packard (HP), 226-227
Hitchcock, F. L., 437-438
Hoey, J. M., 504-505n
Hooker, J. N., 416-417n
Hospital Jackson Memorial, simulando a sala de cirurgia do, 675
Hospital Royal Preston, teoria das filas no, 620-621
Hotel Winter Park, 648-649
Hueter, J., 681n

IBM
  cadeia de suprimentos, programação inteira mista na, 506
  IMPACT (*Inventory Management Program and Control Technique*), 210-211
Ilimitado, 404-405
Incerteza, decisão sob incerteza, 96-101
Inclinação da equação de regressão, 174
Índice de melhoria, 443, 451-452, 472-473
Índice sazonal, etapas utilizadas para calcular, com base nas médias móveis centradas, 198-200
Informação perfeita, valor esperado da, 101-103
Início mais cedo, 575-577
Início mais tarde, 575-576, 578, 585-586
Intercepto da equação de regressão, 174
Intervalo de significância, 408
Investimento financeiro, 511-513
Itens de estoque, custo de compra dos, 232-233

Java, 681
Jogo padrão, 116-117
Jogos olímpicos, 40-41
Jogos operacionais, 678-678, 680
Jones, Peg, 171-172

Kanban
  carrinho, 260-262
  etapas do, 260-262
  produção, 260-262

Kantorovich, Leonid, 281
Karabakal, N., 669n
Karmarkar, Narendra, 281, 416-417
Kelly, J. E., 571-572
Kendall, D. G., 618
Keown, A., 524n
King, Julia, 589n
Kjeldgaard, Edwin, 383n
Kolmogorov, A. N., 281
Koopmans, T. C., 437-438
KORBX, 416-417
Kuby, M., 30n

Lançamento de moeda, 49-50
Lançamento do dado, 49-51
Larson, Richard C., 631n
Lasky, M. D., 664n
Lawrence, M., 441n
Lee, H., 226-227n
Linguagem C++, 681
Linguagens de simulação de propósito especial, 681
Linha auxiliar, 470-471
Linha do lucro líquido, modelo simplex, 389
Linhas aéreas Continental, 512-513
Linhas aéreas North-South, 171-173
Lista de materiais, 256-257
Little, John D. C., 635-637
Lote econômico (LE), 227-235
   análise de sensibilidade com, 233-235
   encontrando, 230-232
   sem a suposição do recebimento instantâneo, 235-239
Love, R. R., 504-505n

Machol, Robert, 58-59n
MacProject, 594-595
Manufatura Brown, 237-239
MAP/1, 654
Marcos, 594-595
Média móvel ponderada, 189-193
Média ponderada, 97-99
Médias móveis, 189-193
Melhorando o ambiente de filas, 626
Merrill Lynch, 28-29
Método *branch and bound,* 498-503
Método da atribuição
   etapas do, 464-465
   programação da arbitragem da Liga Americana com, 472
Método da Distribuição Modificada (MDM), 437-438, 449-452
   equação, 472-473
Método da matriz reduzida, 437-438
Método da solução pelo vértice, 292-294, 301-302
Método da subida mais íngreme ou método do gradiente, 528
Método de enumeração, 498
Método de Holt, 195
Método de simulação Monte Carlo, 652, 654-663, 678n
Método de solução da linha do mesmo lucro, 288-292, 294, 302
Método Delphi, 49-50, 183

Método do caminho crítico, 570-571, 589-594
   aceleração do projeto com, 589-594
   desenhando a rede, 573
   encontrando o caminho crítico, 575-580
   etapas do, 570-571
   origem de, 571-572
   tempos de atividade, 573-575
Método do custo com base na atividade, 583
Método do degrau (*stepping-stone*), 437-438, 440-441
   obtendo uma melhoria na solução, 444-448
   testando a solução para possíveis melhorias, 441-444
Método do gradiente, 528
Método do meio do quadrado de Von Neumann, 658n
Método húngaro, 437-438, 464-467
Método simplex, 378-417
   algoritmo de Karmarkar, 416-417
   análise de sensibilidade com, 406-413
   degeneração, 405
   determinado a solução inicial, 378-384
   dual no, 412-415
   equações chave para, 417-418
   mais de uma solução ótima, 406
   modificado, para programação por objetivos, 520-522
   na solução de problemas de maximização, 392
   na solução de problemas de minimização, 394-403
   não viabilidade, 404
   procedimentos da solução, 384
   segundo quadro no, 385-389
   soluções não limitadas, 404-405
   terceiro quadro no, 389-392
   variáveis artificiais no, 392-394
   variáveis de excesso, 392-394
Métodos de transporte, origens dos, 437-438
Mexicana Wire Works, 331-332
Microsoft Project, 594-595
Mix de produção, Programação linear para, 342-343, 345
Modelagem
   com variáveis binárias, 508-513
   na análise quantitativa, 27-29, 38-40
Modelagem com variáveis binárias (0-1), 508-513
Modelagem por simulação, 652-683
   com a planilha Excel, 661-663
   com incrementos fixos de tempo, 672
   computadores na, 635-638, 681-683
   de sistemas, 678, 680
   do problema de filas, 669-672
   e a análise de estoque, 663-668
   história da, 654
   incrementos do próximo evento, 672
   jogos operacionais e, 678, 680
   método Monte Carlo, 652, 654-663, 678n
   modelos complexos de filas e, 635-638
   para uma política de manutenção, 672-675
   QM para Windows, 660
   tipos de, 678, 680
   vantagens e desvantagens, 653-654
   verificação e validação, 678, 680-681

Modelando com regressão múltpla na empresa canadense TransAlta, 148, 150
Modelo causal, 183
Modelo da etapa de produção, 235-238
   custo de manutenção anual para, 236-237
   usando o Excel QM para, 238-239
Modelo de atribuição, 436-437
   fazendo a atribuição final em, 468-469
   método húngaro, 464-467
   programação da arbitragem da Liga Americana com, 472
Modelo de filas multicanal com chegadas de Poisson e tempos de serviço exponenciais ($M/M/m$), 626-630
Modelo de população finita ($M/M/1$ com fonte finita), 633-637
Modelo de serviço de tempo constante, 630-633
Modelo de simulação com incremento de tempo fixo, 672
Modelo de transporte, 436-437
Modelo de utilidade multiatributo (MUM), 120-121
Modelo esquemático, 28-29
Modelo físico, 28-29
Modelos de controle de estoque de período único, 254-261
Modelos de desconto por quantidade, 240-244
Modelos de escala, 28-29
Modelos de filas
   complexos, e o uso da simulação, 635-638
   equações para características operacionais, 621
   equações para multicanal, 627-629
   identificação, com a notação de Kendall, 618-621
   origem da, 612-613
   tempo de serviço constante, 630-633
   único canal, com chegadas de Poisson e tempos de serviço exponenciais, 620-626
Modelos de planilha, papel dos, na análise quantitativa, 33-36
Modelos de previsão de séries temporais, 182, 187-207, 210-211
   alisamento exponencial e, 192-195
   decomposição, 187-190
   diagrama de dispersão e, 184-185
   média móveis na, 189-193
   projeção da tendência na, 196-199
   variações sazonais com tendência na, 201-203
   variações sazonais na, 198-200
Modelos de redes, 542-552
   com o QM para Windows, 565-567
   técnica da árvore geradora mínima, 542-545
   técnica do caminho mínimo ou rota mais curta, 548-552
   técnica do fluxo máximo, 545-549
Modelos de regressão, 142-163
   análise múltpla e, 159-160
   com tendência e componentes sazonais, 205-207
   construção de, 159-160
   cuidados e armadilhas, 163
   determinando a significância, 152-156
   diagrama de dispersão e, 142-144

equações-chave na, 164-165
formulas para cálculos, 173-174
medindo o ajuste do, 145-148, 150
na estimação da variância, 150-153
objetivos da, 142
regressão linear simples e, 143-146
regressão não linear e, 160-163
suposições da, 150-153
tabela da análise de variância e, 154-156
usando softwares para, 148, 150-151
utilizando o QM para Windows, 174-176
variáveis auxiliares (dummy), 158-160
variáveis binárias na, 158-159
Modelos de simulação por incrementos do próximo evento, 672
Modelos determinísticos, 33-34, 570-571
Modelos econométricos, 678, 680
Modelos matemáticos, 28-29, 39-40, 652
  categorizados por risco, 33-34
  natureza linear dos, 280-281
  vantagens dos, 33-34
Modelos probabilísticos, 33-34, 570-571
Modelos qualitativos, 183-184
MOSDIM, 681
Multicolinearidade, 160

Não viabilidade, 404
National Broadcasting Company (NBC), vendas de espaços comerciais, 301
Nebike, R., 40-41n
Newkirk, J., 210-211n
Nodo de decisão, 105-107
Nodos, programação dinâmica e, 542
Nortel, custos dos projetos na, 583
Nós do estado da natureza, 105-107
Notação de Kendall, identificando modelos utilizando, 618-621
Números aleatórios, 656
  geração, 656-659
  intervalos e, 656-657
  tabelas de, 658

Oakton River Bridge, 537-539
Objetivos ponderados, com programação por objetivos, 522-524
Opinião do júri de executivos, 183
Oportunidade esperada perdida, 102-104
Oportunidade perdida, 99-101
Orçamento, etapas do, 584
Orçamento de capital, 508-510
Oregon, Universidade do, 89
Otimização na UPS, 352

Pantex, alocação de recursos na, 383
Parâmetros, 28-29
Peck, L. G., 633n
Perlman, Radia, 545n
Perry, C., 441n
PERT (*program evaluation and review technique* – Técnica de avaliação e revisão do programa), 570-583
  análise de sensibilidade e gerenciamento do projeto, 582-583
  como encontrar o caminho crítico, 575-579
  etapas do, 570-571

história, 571-572
probabilidade de finalização do projeto, 580-582
tempos de atividades, 573-575
traçando a rede com, 573
PERT/custo, 583-589
Pesquisa de marketing, programação linear para, 340-342
Pesquisa de mercado, 184
Pesquisa Operacional (PO), 27-28
Planejamento de atividades, programação linear para, 349-351
Planejamento de necessidades de materiais, 257-260
Planejamento dos horários dos empregados do McDonald, 504-505
Plano aberto, 594-595
Plano de necessidades de material líquido e bruto, 258-260
Plossl, G. W., 209-210n
Poliedro de dimensão n, 378
Política de manutenção, Modelo de simulação para, 672-675
Ponto de decisão, 105-107
Ponto de equilíbrio, 32
Ponto de reposição, 234-236, 663
  com custos de falta de estoque conhecidos, 245-248
Pontos do estado da natureza, 105-107
Pontos extremos. *Veja* Método da solução pelo vértice
População fonte, 614
Preço dual, recursos escassos, 314
Preços sombra, 314, 409-410, 415
Previsão, 182-211
  alisamento adaptativo na, 209-210
  com o QM para Windows, 219-221
  com tendência e componentes sazonais, 205-207
  computadores na, 210-211
  diagramas de dispersão para, 184-185
  do método da decomposição, com tendência e componente sazonal, 203-205
  equações-chave, 211-213
  etapas na, 182
  mensurando a acurácia, 186-187
  modelos causais para, 183
  modelos de series temporais para, 182, 187-207
  modelos qualitativos para, 183-184
  monitorando e controlando, 208-211
  tipos de, 182-184
Previsão de séries temporais da General Electric (FCST1 e FCST2), 210-211
Primal, 412-413
Primavera Project Planner, 594-595
Pritsker, A. A. B., 50-51n
Probabilidade, 48-78
  análise Bayesiana na estimação de valores, 112-115
  conceitos fundamentais, 48-50
  condicional, 53-54, 106-109
  conjunta, 52-54
  de término do projeto, 580-582
  definição, 48

distribuição de Poisson de, 77-78
distribuição exponencial, 618
distribuição exponencial de, 76-77
distribuição normal, 68-75
e eventos dependentes, 53-56
e eventos independentes, 52-54
equações-chave, 79-80
estatística básica utilizando o Excel e, 90-92
eventos mutuamente exclusivos, 49-53
lei da adição, 52-53
marginal, 52-55
no teorema de Bayes, 55-58
nos eventos coletivamente exaustivos, 49-53
objetiva, 49-50
regras de, 48-50
revisadas, 57-60
segurança de vôo e, 58-59
subjetiva, 49-50
tipos de, 49-50
usando o Excel, 90-92
variância de uma distribuição discreta, 63-65
variável aleatória e, 60-61
Probabilidades a posteriori, 55-56, 106-109
Probabilidades binomiais, 91-92
Problema, definindo, na análise quantitativa, 27-28, 36-39
Problema balanceado, 438-439
Problema da carga do caminhão, programação linear para, 355–356
Problema da despesa fixa, 509-511
Problema de atribuição balanceado, 470-471
Problema de envio, programação linear para, 352-354
Problema do mix de produção, 282
Problemas da dieta, programação linear para, 359-360
Problemas da mistura e combinação de ingredientes, programação linear para, 360-363
Problemas de atribuição
  balanceados, 470-471
  desbalanceados, 470-471
  maximização, 470-471
  programação linear para, 347-349, 470-471
  QM para Windows para, 492-493
Problemas de desconto por quantidade, Excel QM para, 243-244
Problemas de filas
  QM para Windows na solução, 649-650
  simulação de, 669-672
Problemas de maximização
  método simplex para, 384
  na alocação, 470-471
  no transporte, 459
Problemas de minimização, 498-499n
  regras do método Simplex, 397
  resolução, 300-303, 394-403
Problemas de programação inteira (zero-um), 496
Problemas de programação inteira mista, 496, 504-507
Problemas de programação inteira pura, 496
Problemas de Programação Linear (PL)
  formulação de, 282-284
  QM para Windows na solução, 294-295
  requerimentos de, 280-282

solução gráfica de, 284-294
Solver do Excel na solução, 294-299
Problemas de programação quadrática, 525
Problemas de teoria da decisão, Excel QM, na solução, 104-106
Problemas de transporte, 436-437
　análise de localização de instalações, 460-463
　degeneração, 457-459
　desbalanceado, 455-457
　desenvolvimento da solução inicial, 438-440
　estabelecendo, 437-439
　índice de melhoria, 443, 451-452, 472-473
　maximização, 459
　método da aproximação de Vogel, 451-456
　método do degrau (*stepping-stone*), 440-448
　método MODI, 437-438, 449-452, 472-473
　QM para Windows, 492-493
　rotas inaceitáveis ou proibidas no, 459-460
　solução com o Excel QM, 446-448
　soluções ótimas múltiplas, 459
Problemas desbalanceados
　atribuição, 470-471
　transporte, 455-457
Procedimentos computacionais para programação não linear, 526-528
Processo analítico hierárquico, 34-36
Processo de Bernoulli, 65-66
Processo de Otimização de Logística Técnica Avançada (POLTA), 40-41
Produção kanban, 260-262
Programação da produção, programação linear para, 343, 345-348
Programação inteira, 496-507
　método *branch and bound*, 498-503
　modelagem com variáveis 0-1 (binárias), 508-513
　não linear, 524-525
　objetivo, 512-524
　tipos de problemas, 496
Programação Linear (PL), 280-315, 338-363. *Veja também* Método simplex
　aceleração do projeto com, 589-594
　análise de sensibilidade, 308-315
　aplicações de baldeação, 357-359
　aplicações de manufatura, 342-348
　aplicações de marketing, 338-342
　aplicações financeiras, 350-352
　aplicações na mistura de ingredientes, 359-363
　aplicações no planejamento de atividades, 347-349
　em aplicações de transporte, 352-356
　hipóteses básicas do, 281-282
　modelagem de florestas do Chile, 395
　na solução de problemas de minimização, 300-303
　não finito, 305
　origem da, 281
　planejamento da produção no frigorífico Swift, 313-314

　redundância, 306
　solução não viável, 303-305
　soluções ótimas alternativas, 306-308
Programação matemática, 280-281
Programação não linear, 496, 524-525
　procedimentos computacionais, 526-528
Programação paramétrica, 308
Programação por objetivos, 496, 512-524
　método simplex modificado para, 520-522
　objetivos ponderados, 522-524
　resolvendo problemas graficamente, 517, 519
Programação separável, 528
Programas de simulação pré-escritos, 681
Projeções da tendência, 196-199
Proporcionalidade, 281
Publicidade. *Veja* Seleção de mídias
Publicidade em jornal. *Veja* Seleção de mídias
Publicidade no rádio. *Veja* Seleção de mídias
Publicidade televisiva. *Veja* Seleção de mídias
Puyallup Mall, 538-539

QM para Windows, 33-35
　árvores de decisão com, 139
　com modelos de redes, 565-567
　controle de estoque com, 276-278
　gerenciamento de projetos com, 608-610
　modelos de decisão com, 138-139
　modelos de regressão usando, 174-176
　mudanças nos coeficiente da função objetivo e o, 310-311
　mudanças nos recursos ou valores do lado direito, 314
　na resolução de problemas de filas, 649-650
　na simulação, 660
　para decomposição, 205-206
　para problemas de programação linear, 294-295
　para problemas de transporte, 492-493
　previsão, 210-211
　previsão com, 219-221
Quadro simplex, análise de sensibilidade com, 406-413
Qualidade. *Veja* Controle Estatístico do Processo (CEP)
Quantidade ótima produzida, determinação da, 237-238
Quantidade pedida, 663

Recurso de solução, usando o Excel QM como, 460-463
Recursos
　alocação de, na Pantex, 383
　armazenagem, no controle de estoques, 225
　mudanças no, 409-411
　nivelamento, 594-595
　preço dual, 314
　preço sombra, 314
　restrições, 280-281
Recusa, 616
Rede Americana para Compartilhamento de Órgãos ou *United Network for Organ Sharing* (UNOS), 50-51

Redes de telecomunicações, análise com a árvore geradora, 545
Redução matricial, 464
Redundância, 306
Regra do canto noroeste, 438-440, 449n
Regressão
　computadores na, 148, 150-151
　linear simples, 143-146
　múltipla, 155-160
　não linear, 160-163
Regressão pelos mínimos quadrados. *Veja* Análise de regressão
Relacionamento primal-dual, 413
Relações gerais das características operacionais, 635-637
Render, B., 537-538n
Representação gráfica das restrições, 284-289
Representantes do serviço ao consumidor (CSRs), 313-314
Restrições, 280-281
　conversão, em equações, 379-380
　equações, 380-382
　maior ou igual a, 393
　na descrição de redes, 593-594
　não negativas, 284
　representação gráfica, 284-289
Restrições não lineares, função objetivo linear com, 526-527
Resultados
　análise de, na análise quantitativa, 29-31, 40-41
　na implementação da análise quantitativa, 31
Revisão das probabilidades, 57-60
　com o teorema de Bayes, 55-58
Risco
　modelos matemáticos categorizados por, 33-34
　preferências para, 118-119
　tomando decisões sob, 96-97, 100-106
Ritchie, W., 669n
Rotas ocupadas, problema do transporte, 440-441
Russell, R., 524n
Ruth, Stephen, 171-172

Savage, S. L., 355n
Sazonalidade, 187-188
Schank Marketing Research, 537-538
Segundo quadro simplex, 385-389
Segurança nas viagens aéreas, análise probabilística, 58-59
Seif, Mike, 313-314n
Seleção de mídias, programação linear para, 338-341
Seleção de portfólios, programação linear para a, 350-352
Seleções dependentes, 509-510
Serviço de saúde no Reino Unido (NHS), 98-99
Serviço postal americano, simulação de automação, 664
Serviços públicos de saúde do condado de Montgomery, sistema de filas no, 619-620

Sexton, T., 549-550n
Significância, testando o modelo para, 152-156
SIMSCRIPT, 654
SIMSCRIPT II.29, 681
SIMUL8, 681
Simulação de sistemas, 678, 680
Sinal de rastreamento, 208-209
Sistema de operação corporativa, 678, 680
Sistema de planejamento das necessidades de estoque (PNE), 242
Sistema de planejamento de recursos empresariais, 262-264
Sistema de um único canal, 616
Sistema de uma única fase, 616-617
Sistema multicanal, 616
Sistema multifase, 617
Sistemas de filas
    características dos, 614-621
    modelo de canal único com chegadas de Poisson e tempos de serviço exponenciais, 626-630
    modelo de filas multicanal com chegadas de Poisson e tempos de serviço exponenciais, 620-626
    modelos com tempo de serviço constante, 630-633
    modelos de população finita, 633-637
    relações gerais das características operacionais, 635-637
Sistemas OnStar, 659
SLAM, 654
SLAM II, 681
SLX, 681
Software, 589, 594-595
Software de previsão dedicado, 210-211
Solução, desenvolvimento, na análise quantitativa, 29, 39-41
Solução básica viável, 380
Solução de custo mínimo, encontrar, para o problema de transporte, 440-448
Solução gráfica de um problema de programação linear, 284-294
Solução inicial
    degeneração na, 457-458
    para o problema do transporte, 438-440
Solução não viável, 303-305
Solução ótima, mais de uma, 406
Solução pelo método de aproximação de Vogel, 449n, 451-456
Solucionar equações simultaneamente, 293-294
Soluções ilimitadas, 404-405
Soluções ótimas alternativas, 306-308
Solver
    suplemento do Excel, 332-335
    técnica de otimização, 36
Soma dos quadrados da regressão (SSR), 145-147
Soma dos quadrados dos erros, 174
Soma móvel dos erros de previsão (SMEP), 208-209
Stair, R. M., 538-539n
Starr, Dr. Marty, 44-46

Starting Right Corporation, 134-136
Statewide Development Corporation, 693-694
Steinberg, D., 414n
STELLA, 681
Subprojetos, 594-595
Subtração de colunas, maximização de problemas de atribuição, 471
Subtração de linhas, maximização de problemas de atribuição, 471
Sumco, 231-232
Summerour, J., 395n
Suposição do recebimento instantâneo, 235-236
Swain, James J., 681n
Swart, W., 681n

Tabela da análise de variância (ANOVA), 154-156
Tabela da normal padrão, utilizando a, 69-72
Tabela de custos de oportunidade
    encontrando, 464-466
    revisando, 466-468
Tabela de decisão, 95
Tabela de retorno, 95
Tabela de transporte, 437-439
Tabelas da binomial, resolvendo problemas com, 66-69
Taco Bell, 184, 681
Taxas de substituição, 381-382, 388-389
Taylor, B., 524n
Taylor, Frederick W., 27-28
Técnica de Flood, 437-438, 464-467
Técnica do caminho mínimo, 542, 548-552
    passos de, 549-550
Técnica do fluxo máximo, 542, 546
Técnicas clássicas de otimização, 526-528
Tecnologias Lucent, 242
Tempo de aceleração, 589, 592-594
Tempo esperado da atividade, 573-574
Tempo mais provável, 573-574
Tempo normal, 589
Tempo otimista, 573-574
Tempo pessimista, 573-574
Tempos de atividade, 573-575
Tendência, 187-188
Tendência central, 62-64
Teorema de Bayes
    dedução do, 89-90
    utilizando o Excel para, 139-140
Teoria da utilidade, 115-122
Teoria das filas
    custos das filas, 612-614, 623-626
    equações-chave para, 612-613, 620-621, 638-640
Teradyne, modelagem do estoque na, 228-229
Término mais cedo (TC), 575-577
Término mais tarde (TT), 575-576, 578
Testando na análise quantitativa, 29, 40-41
Timeline, 594-595
Tirar (extrair) uma carta, 50-52
Tomando decisões
    etapas da, 95-97
    sob certeza, 95-97
    sob incerteza, 96-101

    sob risco, 96-97, 100-102
    tipos de ambiente, 95-97
    utilidade como critério, 118-122
Transplantes de fígado nos Estados Unidos, 50-51
Transporte escolar na Carolina do Norte, técnica da rota mais curta, 549-550
Tupperware Internacional, previsão na, 186-187

ULAM, 50-51
Último a entrar, primeiro a sair (LIFS), 616n
Universidade de York, 98-99
Universidade do Sudoeste (SWU)
    comida e bebida nos jogos de futebol, 44-46
    construção do estádio, 605-606
    prevendo espectadores dos jogos de futebol da, 218
    problemas de trânsito da, 564-565
Utilidade
    como critério de decisão, 118-122
    mensuração, 115-119

Validação, 678, 680-681
Valor esperado
    da informação perfeita, 101-103
    de uma distribuição de probabilidade discreta, 62-64
    usando o Excel para, 91-92
Valor monetário esperado, 100-102
Valores do lado direito (LD), mudanças nos, 313-314, 409-411
Variações aleatórias, 187-188
Variações sazonais, 198-200
    com tendência, 201-203
Variância
    distribuição de probabilidade discreta, 63-65
    do tempo de término da atividade, 573-574
    estimativa, 150-153
    estimativa do erro, 174
    testando probabilidades com a distribuição F, 75-77
    utilizando o Excel para, 91-92
Variáveis, 28-29
    aleatória, 60-61
    aleatória contínua, 60-61, 64-66
    aleatória discreta, 60-63
    artificial, 392-394
    auxiliares (*dummy*), 158-160
    binária, 158-159, 508-513
    controlável, 28-29
    de decisão, 28-29
    de desvio, 513-514
    de excesso, 392-394
    dependente, 142
    independente, 142
    indicadoras, 158-159
    modelagem com 0-1, 508-513
Variáveis colineares, 160
Variáveis de folga, 379-380
Variável explanatória, 142
Variável previsora, 142
Variável resposta, 142
Verificação, 678, 680-681

Via expressa Hanshin, no sistema de controle de tráfego, 547
Viés, 186-187
Visual Basic, 681
Volkswagen, simulando a cadeia de suprimentos da, 669
Von Neumann, John, 654

Walker, M. R., 571-572
Wichern, Dean W., 195n
Wight, O. W., 209-210n
Witness, 654
Worthington, D. J., 620-621n
WTVX, 89

Xcell, 654

Yoshino, T., 547n
Yurkiewicz, J., 210-211n